U0195182

卫星海洋环境动力学国家重点实验室
国家海洋局第二海洋研究所 资助出版

西北太平洋及其边缘海环流

第一卷

袁耀初 编著

海洋出版社
2016年·北京

图书在版编目（CIP）数据

西北太平洋及其边缘海环流．第一卷/袁耀初编著．—北京：海洋出版社，2016.11
ISBN 978-7-5027-9649-5

Ⅰ.①西…　Ⅱ.①袁…　Ⅲ.①北太平洋-边缘海-大洋环流-文集　Ⅳ.①P731.27-53

中国版本图书馆 CIP 数据核字（2016）第 307586 号

责任编辑：高　英　朱　林　陈茂廷
责任印制：赵麟苏
海洋出版社　出版发行
http://www.oceanpress.com.cn
北京市海淀区大慧寺路 8 号　邮编：100081
北京画中画印刷有限公司印刷　新华书店北京发行所经销
2016 年 11 月第 1 版　2016 年 11 月第 1 次印刷
开本：889mm×1194mm　1/16　印张：33.5
字数：1033 千字　定价：188.00 元
发行部：62132549　邮购部：68038093　总编室：62114335

袁耀初简介

袁耀初，1937年11月生，浙江宁波人。1960年北京大学数学力学系力学专业毕业；1960—1964年在北京大学数学力学系力学专业从事教育工作；1964—1973年在国防科委从事物理力学研究；1973年调入国家海洋局第二海洋研究所，现任国家海洋局第二海洋研究所二级研究员，博士生导师，从事物理海洋学研究。自20世纪80年代以来，袁耀初主持和参加国家自然科学重点、面上和重大国际合作基金项目11项，主持和参加国家海洋局、国家攻关及国家重点基础发展规划“973”项目、科学技术部基础和重大国际合作项目等项目13项，综合上述项目总共24项，深入开展了西北太平洋环流及其边缘海环流研究，发表论著200余篇。研究内容概括为以下几个方面：黑潮研究（自源地至日本以南海域）；琉球群岛以东西边界流及深层流研究；黄、东海海域环流；黄、东海海域“入海气旋爆发性发展过程的海气相互作用”调查研究；南海环流变异及其与太平洋水相互作用；菲律宾以东海域环流等；自1977年以来，成功地提出和发展与实际观测结果相一致的10种海洋环流数值研究模式，应用于不同海域。1979年获浙江省先进工作者称号，1986年获国家海洋局在“六五”期间双文明建设中先进海洋工作者称号，1992年起享受国务院政府特殊津贴，1995年获国家海洋局科技进步一等奖，1996年获国家科技进步二等奖，1996年获国家海洋局科技进步二等奖，1997年获国家海洋局科技进步奖，1997年获“国家海洋局双百人才工程”海洋科学研究类第一梯队首批人选，2005年获海洋局海洋创新成果二等奖。曾任国际大地测量与地球物理学联合会（IUGG）中国委员会委员，1991年至2013年任国际太平洋与亚洲边缘海研究委员会执行委员（The Pacific-Asian Marginal Seas（PAMS）Steering Committee Member）。

袁耀初虽年逾古稀，但仍保持满腔热情，与学生和同事们合作，继续奋斗在科研工作上，例如在杭州2013年4月主持第十七届国际太平洋与亚洲边缘海研究（PAMS）国际会议，在日本那霸（Naha）2015年4月第十八届太平洋与亚洲边缘海研究（PAMS）国际会议，他主持专题3（Session：3）“The circulation in South China Sea and its Interaction with the neighboring waters（南海环流以及它与邻近海域水体相互作用）”学术报告与研讨，并在会上做了特邀报告。他寄语：心胸坦荡，虚怀若谷，保持平常心、心无杂念，才能将名利看穿，不为荣辱所动，能容人与物，保持精神欢愉。

前　言

由于西北太平洋及其边缘海的特殊地理位置及其在全球气候变化中的重要作用，自20世纪80年代以来，该区域的研究在国内外越来越受到重视。多年来，我国发起多项研究计划，组织了诸多研究项目，我国的海洋科学工作者在该区域的研究中取得了许多杰出而丰硕的成果。笔者在长约40年的科研生涯里主要致力于西北太平洋及其边缘海环流的研究，在此期间，主持或参加国家科学技术部项目、国际合作项目及国家海洋局项目13项，主持或参加国家自然科学基金项目11项，取得了一系列重要成果。笔者的成果以中文和英文形式发表在国内外许多著名杂志及专著上。这些成果在一定程度上反映了西北太平洋及其边缘海环流研究的进步过程，也成为这一领域和相关领域开辟未来的重要基础。我们将这一领域自1980年至今以笔者作为作者的重要成果整理成文集，取名《西北太平洋及其边缘海环流》出版。

本文集分4卷出版，共收录论文预估203篇；第一卷、第二卷汇集中文论文106篇，第三卷、第四卷汇集英文论文预估97篇。

第一卷包含3部分内容：第一部分黄、东海环流，东海与日本以南黑潮的变异以及琉球群岛以东海流（论文36篇）；第二部分黄、东海海气相互作用的研究“入海气旋爆发性发展过程的相互作用”（论文10篇）；第三部分评述性论文（论文6篇）。

第二卷包含5部分内容：第一部分台湾海峡与台湾岛以东环流、黑潮的变异以及琉球群岛以东海流（论文24篇）；第二部分吕宋海峡海流和南海环流及其与太平洋水相互作用（论文15篇）；第三部分西北太平洋环流及赤道流系（论文3篇）；第四部分菲律宾以东海域环流（论文2篇），第五部分评述性论文（论文10篇）。

第三卷包含3部分内容：Chapter 1. Circulations in the Yellow and East China Seas, Variability of the Kuroshio and the Currents East of the Ryukyu Islands（论文31篇）；Chapter 2. Study on the Air-Sea Interaction Process of Cyclone Outbreak over the

Yellow and East China Seas（论文 13 篇）；Chapter 3. Review（预估论文 4 篇）。

第四卷包含 5 部分内容：Chapter 1. Currents in Taiwan Strait, the Kuroshio and its Influence on the Circulation East of Taiwan, and the Currents East of the Ryukyu Islands（论文 15 篇）；Chapter 2. Currents in the Luzon Strait, Variability of Circulations in the South China Sea and its Interaction with Pacific Water（预估论文 28 篇）；Chapter 3. A Study of Models for the Calculation of an Equatorial flow（论文 2 篇）；Chapter 4. The Circulation in North Pacific（论文 1 篇）；Chapter 5. Review（预估论文 3 篇）。

为了读者了解这套文集反映的研究成果的进展脉络、要点的方便以及根据需要查阅内容的方便，笔者还对这套文集的内容进行了系统地分析，指出了文集在各具体方面的重要贡献，并以“承担的项目和研究贡献概述”为题的内容置于前言之后。

笔者希望这一系列研究成果能有助于人们更全面、深入地了解西北太平洋环流及其边缘海环流，有助于从事海洋研究新一代学者们，在未来科学研究创新与发现以及开发前沿，提供帮助与正能量；真诚地希望这套文集对海洋环境及资源开发与利用也会起到积极作用。

本文集汇总成果的获得受到来自国家自然科学基金委员会、国家科学技术部、国家海洋局的 24 个项目（详见“承担的项目和研究贡献概述”）的资助；本文集汇总成果的获得和本文集的出版也得到卫星海洋环境动力学国家重点实验室以及国家海洋局第二海洋研究所等大力资助与帮助；在此我们表示衷心的感谢。我们还十分感谢上述研究项目与论文成果的合作者——苏纪兰院士、管秉贤教授、周明煜研究员、秦曾灏教授、孙湘平研究员、袁业立院士、方国洪院士、胡敦欣院士、陈大可院士、刘倬腾教授、陈镇东教授、日本国高野健三教授、金子新教授、韩国 Lie Heung-Jae 博士等等，正是在与他们真诚、成功的合作支持下完成了所有合作研究项目，他们为这套文集成果的获得，做出了很重要贡献。我也向本套文集收录文章的其他所有作者表示诚挚的谢意，感谢他们对相关论文所做出的重要贡献。本套文集的出版过程中，《海洋学报》编辑部的高英、陈茂廷等同志做了大量的编辑方面的很辛苦工作，编辑、校对都十分细致，为本文集出版作出了很大贡献，在此一并表示深深地感谢！

袁耀初

2016 年 6 月

承担的项目和研究贡献概述

近几十年来西北太平洋及其边缘海环流研究得到国家和海洋学界的高度重视，并取得了一系列重要成果。随着海洋科学技术的发展，这些成果对将这一领域的研究引向深入以及对其他相关领域研究的渗透愈来愈显珍贵。《西北太平洋及其边缘海环流》文集共分4卷，收录了袁耀初等为作者、发表时间自1980年至2017年预估的论文203篇。这些论文反映了袁耀初在主持和在西北太平洋及边缘海洋环流研究等方面取得的重要成果。为了让读者清晰了解这套文集反映的袁耀初等的工作脉络及其对科学的重要贡献，以下分承担的项目和研究贡献概述两个方面给予介绍。

一、承担的项目

我们的研究，国家自然科学基金委员会、国家科学技术部以及国家海洋局等给予了有力的资助与帮助。自20世纪80年代以来，袁耀初负责和参加国家自然科学（重点、面上和重大国际合作）基金、国家海洋局、国家攻关及国家重点基础发展规划“973”项目、科学技术部基础和重大国际合作项目等以下共24项。

（一）主持或参加国家科学技术部项目、国际合作项目及国家海洋局项目等情况

（1）国家海洋局国际合作项目“中美在长江口及其附近海域沉积动力学合作调查研究”（1980—1983年，主要参加者）。

（2）国家海洋局项目“中日黑潮合作调查研究”（1986—1992年，总负责人：苏纪兰，南方片课题负责人：袁耀初，北方片负责人：孙湘平、郭炳火）。

（3）国家海洋局项目“国家海洋局第二海洋研究所与日本筑波大学、九州大学及鹿儿岛大学合作研究”（1991—1993年，中方负责人：袁耀初，日方负责人：Takano Kenzo）。

（4）中日副热带环流合作调查研究（1995—1999年，总负责人：苏纪兰，国家海洋局第二海洋研究所负责人：袁耀初）。

（5）国家海洋局项目“国家海洋局第二海洋研究所与日本广岛大学在台湾以东黑潮及其邻近海域海流合作研究”（1996—1999年，中方负责人：袁耀初，日方负责人：Kaneko Arata）。

（6）国家海洋局项目“国家海洋局第二海洋研究所与韩国海洋研究与发展研究所（KORDI）合作研究：The Circulation and Air-Sea Interaction in the Yellow and Each China Seas, with Special Attention to the Cyclonic Outbreaks”（1999—2000年，中方负责人：袁耀初，韩方负责人：Lie Heung-Jae）。

（7）国家海洋局项目“国家海洋局第二海洋研究所与日本广岛大学合作研究：The Circulation and Air-Sea Interaction in the Yellow and Each China Seas, with Special Attention to the Cyclonic Outbreaks”（1999—2000年，中方负责人：袁耀初，日方负责人：Kaneko Arata）。

（8）国家科技部基础项目“气旋发展对海洋环流及水文影响的研究”（1999—2000年，负责人：袁耀初）。

（9）国家科技部“973”“中国近海环流形成变异机制、数值预测方法及对环境影响的研究”02课题“东海黑潮结构变异及其与陆架水的相互作用”（G1999043802，1999—2004年，负责人：袁业立，袁耀初）。

（10）国家科技部“973”“中国近海环流形成变异机制、数值预测方法及对环境影响的研究”05课题“南海季风环流及其变异机理研究”（G1999043805，1999—2004年，负责人：袁耀初、王康墡）。

（11）国家海洋局国家专项“极端天气过程重点海域海流——海温和盐度影响”（2004—2006 年，主要参加者，负责东海海流与水文的影响）。

（12）主持国家科学技术部国际科技国际合作重大项目“中美印（尼）日南海与邻近海域水交换及其变异合作研究”（No. 2006DFB21630，2007—2010 年，负责人：袁耀初、方国洪）。

（13）国家科学技术部“973”项目“基于全球实时海洋观测计划（Argo）的上层海洋结构、变异及预测研究”（No. 2007 CB816003，2008—2011 年，项目负责人：陈大可，课题“太平洋西边界流与中国近海的热盐交换”负责人：王桂华，子课题“吕宋海峡海域两侧上、中和深层热盐交换的差异和变化”，负责人：袁耀初）。

（二）主持或参加国家自然科学基金项目情况

（1）国家自然科学基金面上项目“西北太平洋环流及其对我国近海环流的影响”（批准号：49070257，1991—1993 年，主持人：袁耀初）。

（2）国家自然科学基金重点项目“东海陆架边缘海海洋通量的模式研究”（批准号：49136136，1992—1995 年，主持人：袁耀初）（附：由胡敦欣负责总的重点项目“东海陆架边缘海海洋通量的研究”（编号：49136130），共有 6 个重点项目，本项目是其中之一重点项目）。

（3）国家自然科学基金面上项目“台湾以东黑潮与深层流研究”（批准号：49776287，1995—1997 年，主持人：袁耀初）。

（4）国家自然科学基金面上项目“东海环流数值研究”（批准号：49776287，1998—2000 年，主持人：袁耀初）。

（5）国家自然科学基金重点项目“黄、东海入海气旋爆发性过程的海气相互作用研究”（批准号：49736200，1998—2001 年，主持人：袁耀初）。

（6）国家自然科学基金面上项目“琉球群岛两侧海流变异的研究”（批准号：40176007，2002—2004 年，主持人：袁耀初）。

（7）国际（地区）合作与交流项目“第 12 届太平洋与亚洲边缘海/日本海与东中国海研讨会”（批准号：40311340050，2003 年，主持人：袁耀初）。

（8）国家自然科学基金国际（地区）合作与交流重大项目“中日吕宋海峡流量及其变异的合作研究：观测与模式”（批准号：40520140073，2005—2009 年，主持人：袁耀初）。

（9）国家自然科学基金面上项目“南海北部浮游动物昼夜垂直迁移的声学观测研究”（批准号：41406021，2015—2017 年，主要参加者）。

（10）国家自然科学基金面上项目“琼州海峡的沿海声层析研究”（批准号：41476020，2015—2017 年，主要参加者）。

（11）国家自然科学基金面上项目“琉球海流的起源及其对东海的入侵和影响”（批准号：41576001，2016 年 1 月—2019 年 12 月，主要参加者）。

二、研究贡献概述

对上述 24 项科研项目，我们深入开展西北太平洋环流及其边缘海环流研究。我们的重要成就与贡献，概括地总结为以下几个方面。

（一）黑潮研究（自源地至日本以南海域）

1. 东海黑潮及其变异

在对外开放的新形势下，国家海洋局于 1986—1992 年实施了中日黑潮合作调查研究项目，其中国家海洋局第二海洋研究所负责中日东海黑潮合作调查研究，并由袁耀初主持这个项目研究。其后的 20 世纪 90 年代期间，袁耀初作为主持人之一仍继续主持与日本科学家进行多次合作研究。

（1）关于东海黑潮来源，改变了传统的看法，认为除沿台湾东岸北上的黑潮主流以外，还有部分来自琉球群岛以东。

由于台湾岛至西表岛之间的通道（约位于 24. 5°N）水深较浅，黑潮不能全部由此通道通过。问题是黑潮有多少流量能通过此通道？经过调查研究与数值计算，我们发现黑潮在台湾东南的净向北流量约为 45×10^6 m^3/s，其中的大约 56%，即 25×10^6 m^3/s 的流量能通过此通道进入东海。之后，在 1998 年台湾大学刘倬腾等以及在 1999 年杨益等分别对在台湾东北海域 11 调查航次的水文资料进行分析和计算结合 ADCP 测流资料，表明通过该通道流量为（23 ±3）$\times10^6$ m^3/s，证实了我们的发现。其次，我们发现东海黑潮流量除来自台湾东侧的直接贡献外，还有部分表层水来自琉球群岛的东南侧、部分中层低盐水来自通过冲绳岛以南海脊深槽进入东海的琉球海流水。这些补充使得东海流量的多年平均值增至 27×10^6 m^3/s。这些发现已被中国台湾学者陈镇东在 1998 年论文所引用。

（2）揭示黑潮多核结构和发现东海黑潮逆流。

黑潮流结构，甚为复杂，主要有两个特性。对于这两个主要特征揭示的贡献：①袁耀初是较早发现黑潮多核结构者之一。以东海著名的 PN 断面为例，在 1992 年 1 月和 4 月，分别出现 1 个流核和 2 个流核，在 1997 年 7 月厄尔尼诺期间，PN 断面也有 2 个流核，而在 1995 年和 1998 年秋季，我们首次发现黑潮在东海 PN 断面出现 3 个流核，这表明黑潮的流核多数呈多核结构。在 TK 断面（吐噶喇海峡）也是如此。并指出，黑潮主核心的最大流速，总是出现在最大的地形坡度处。②通过海洋观测和理论研究袁耀初都发现，在东海东北向流动的黑潮以下水层总存在一支向南流动的逆流，其位置一处位于坡折底部附近，另一处位于海槽下层。

（3）系统地揭示了东海黑潮流量季节变化。

我们通过多年调查研究与理论计算揭示：黑潮通过 PN 断面的流量多年统计季平均值在夏季时最大，秋季最小，多年平均值为 27.0×10^6 m^3/s。黑潮通过 TK 断面的流量也是夏季最大。

（4）揭示东海黑潮年际变化。发现 1995 年与 1998 年是东海黑潮的异常年，也发现 1997 年强厄尔尼诺期间黑潮出现异常现象。

发现 1995 年与 1998 年东海黑潮出现异常现象：黑潮通过 PN 断面流量在春季最大，夏季最小。同期黑潮通过 TK 断面的流量的季节变化也如此，这与上述东海黑潮多年统计的流量季节变化规律，即夏季时最大的结论相反。袁耀初发现，出现这个异常现象与冲绳岛以南反气旋涡的强度变化以及从厄尔尼诺过渡到拉尼娜现象有关。

袁耀初还发现，1997 年强厄尔尼诺时、1998 年夏季及以后出现拉尼娜现象时黑潮的流态和流量都出现异常现象。在 1997 年厄尔尼诺时东海黑潮流速与流量都减小，通过 PN 断面的平均流量为 25.0×10^6 m^3/s，低于多年平均值，并发现 1997 年东海黑潮流量的季节变化与平常年变化规律相反，东海黑潮的流量在夏季最小。

（5）揭示东海黑潮热通量的季节变化及物质通量变化。

在中纬度，海洋与大气都向高纬度处输运热量。以 PN 断面为例，通过 1987—1990 年共 12 个航次调查研究，黑潮通过 PN 断面的年平均热量为 2.100×10^{15} W，揭示了它的季节变化：黑潮通过 PN 断的热量在夏季最大，为 2.302×10^{15} W，其次为冬季与春季，分别为 2.083×10^{15} W 与 2.039×10^{15} W，秋季最小，为 1.957×10^{15} W。1994 年春季航次调查，采用改进逆方法，获得通过 PN 断面 Tco_2、颗粒有机碳（POC）和溶解有机碳（DOC）的通量分别为 65.0×10^6 mol/ s，0.17×10^6 mol/ s 和 2.2×10^6 mol / s。这表明，Tco_2、POC 和 DOC 分别占总的碳通量的 96.5%，0.2% 和 3.3%，这是首次在东海获得海洋碳通量。

2. 台湾以东黑潮及其变异

（1）发现黑潮在台湾以东至少存在两个不同流态 。

在中日副热带环流合作调查研究中，通过理论计算及实测，除获得传统的黑潮主流通过台湾苏澳以东海脊作反气旋弯曲进入东海认识结果外，发现 1995 年 10 月及 1996 年 5—6 月厄尔尼诺期间黑潮还有一个东分支向东北方向进入琉球群岛以东海域，成为琉球群岛以东西边界流的来源之一，称之为琉球群岛以东黑潮分支。但在 1997 年厄尔尼诺期间不存在这个东分支。由此表明台湾以东黑潮至少存在两个不同流态，是与厄尔尼诺（或拉尼娜）现象密切相关。

（2）发现 1997 年强厄尔尼诺期间，台湾以东黑潮出现异常现象。

与东海黑潮在厄尔尼诺期间出现异常现象相似，在 1997 年强厄尔尼诺期间，台湾以东黑潮流速与流量都明显减小，1997 年 7 月和 12 月的流量比平常年分别减小约 40% 与 46%。其次，由于 1997 年强厄尔尼诺期间，在台湾以东海域不存在黑潮的东分支，这也是 1997 年强厄尔尼诺期间台湾以东黑潮流量减小的原因之一。

3. 日本以南黑潮海域的海流

在日本以南黑潮海域有以下 8 个航次：①1976—1977 年 CSK，1976 年 5 月，1977 年 3 月、5 月及 1977 年 9 月共 4 个航次；②1986 年 6 月航次；③1987 年 12 月—1998 年 1 月冬季航次；④1988 年 5—6 月航次及 1988 年 10—11 月航次。此外，为了研究东海黑潮的流量，琉球群岛以东海流的流量以及黑潮通过日本九洲东南断面 KS 流量的三者之间关系，还有 1987 年 9—10 月秋季航次和 1990 年 1—2 月冬季航次。我们对上述 10 个航次分别采用逆方法、改进逆方法及 β 螺旋方法，计算了日本以南黑潮流速及流量的季节变化，得到以下 4 个方面的重要结果。

（1）1976—1977 年 4 个航次日本以南黑潮大弯曲的变化。

①1976 年 5 月黑潮呈 A 型大弯曲。之后，黑潮大弯曲向西南方向移动，如在 1977 年 3 月时。1977 年 5 月，在纪伊半岛近海，弯曲变细，以致最后发生冷涡与黑潮分离现象。1977 年 8 月黑潮大弯曲再次发生，1977 年 9 月时，黑潮大弯曲呈 S 状。②1977 年 5 月，分离出的冷涡中心，位于 30°N，137°E，冷涡中心的水温比周围的水温低 8℃左右，直径约为 200 km，流速较大，垂直深度可达 700 m 左右。③在这 4 个航次中，前两个航次黑潮的流幅比后两个航次时宽，但流速比后两个航次都小，尤其在 1977 年 9 月航次，黑潮流速最大，其最大流速为 109 cm/s。④这 4 个航次在 200 m 水层 15℃等温线都能近似表征黑潮流轴的位置。

（2）关于黑潮通过日本以南海域的流量。

以九州东南断面 KS 为例，在 1987 年 9—10 月秋季航次，黑潮通过该断面的流量（东北向）为 67.31 $\times10^6$ m^3/s，其中流量的 34.7%，即 23.3$\times10^6$ m^3/s 为来自东海黑潮通过吐噶喇断面 TK 的流量，而其余的 65.3%，即 44$\times10^6$ m^3/s 为来自琉球群岛以东的海流。但是在上层黑潮通过断面 KS 的大部分流量为来自吐噶喇海峡断面 TK 的黑潮水。当然上述流量的分配在不同时期，是有变化的。例如在 1990 年 1—2 月冬季航次通过断面 KS 流量为 57.4$\times10^6$ m^3/s，其中来自断面 TK 的黑潮流量为 21.4$\times10^6$ m^3/s，其贡献为 37.3%，其余 62.7%来自琉球群岛以东海流的流量为 36.0$\times10^6$ m^3/s。

（3）日本以南黑潮流向太平洋的流量。

我们计算了日本以南黑潮流向太平洋的流量，例如在 1987 年 12 月—1988 年 1 月冬季航次、1988 年 5—6 月航次与 1988 年 10—11 月航次在日本以南黑潮流向太平洋的流量分别为 64$\times10^6$ m^3/s，51$\times10^6$ m^3/s 与 50$\times10^6$ m^3/s。这表明在日本以南黑潮流向太平洋的流量在冬季最大，春、秋季几乎相同。

（4）日本以南流量垂向分布。

对日本以南黑潮分层流量计算表明，黑潮在日本以南，基本位于 1 500 m 以浅水层中。例如在 1987 年冬季黑潮流量在 1 500 m 以浅流量为总流量的 95%。日本以南黑潮以下都存在逆向流。

4. 黑潮源地

黑潮源地参见以下（六）菲律宾以东海域环流。

（二）琉球群岛以东西边界流及深层流研究

1986—1999 年袁耀初主持了 3 个在琉球群岛以东海域的中日合作调查研究，在该海域的中外联合调查研究尚属首次。关于琉球群岛以东海流，有很多问题，亟需解决的是：是否存在着持续的、较强的西边界流，其结构如何，这是人们长期关注的问题。自 1986 年以来，对该海域取得以下创新性成果。

1. 通过实测和数值研究相结合，揭示琉球群岛以东西边界流的确持续存在，并发现它常有两个流核，其中一个总在次表层

通过数值计算发现，这支西边界流有两个流核，其中一个总在次表层，占有相当部分流量，并提出

日本以南黑潮的中、下层流量主要来自这支流的次表层流核。解释了东海黑潮与日本以南黑潮流量有较大的差额的原因。1991—1993 年国家海洋局第二海洋研究所与日本筑波大学等 3 个大学的合作调查研究期间，在该海域进行了两个航次调查，时间长达 11 个月，并在 3 个锚碇站测流，其中锚碇测流站 OC（25°34′N，128°20′E），最深观测深度为 4 480 m。实测流证实了袁耀初的发现，并进一步发现上述的流结构在各个季节都存在，但发现次表层的位置有季节变化，从而由实测结果及理论模式都证实琉球群岛以东西边界流的存在。

2. 首次揭示琉球群岛以东西边界流的来源

发现琉球群岛以东西边界流有 3 个来源：反气旋式的再生环流、130°E 的西向流及台湾以东黑潮的东分支。反气旋式的再生环流总是存在；黑潮的的东分支在 1995 年 10 月及 1996 年 5—6 月拉尼娜时期间存在，已被实测流证实，但在 1997 年厄尔尼诺期间不存在。这属首次报道。

3. 首次定量计算了琉球群岛两侧的水（包括中层低盐水）交换

东海与西北太平洋通过琉球海脊的水交换是一个重要课题，首先定量计算了通过琉球海脊的流量。中国台湾陈镇东直接引用了袁耀初的结论：“Yuan 等（1995）报导了 WPS（西菲律宾海）低盐水通过 127°E 与 26°N 附近琉球海脊中深的峡谷进入琉球海槽”。

4. 1991—1993 年发现在任何季节琉球群岛以东 3 000 m 深海域存在一支稳定的、西南向流

深层流关系着海洋深处的水更新，深层流的研究对长期的气候变化的了解和认识海流结构皆有实际意义。袁耀初与日方科学家合作，通过长期的海流实测及数值研究相结合，获得了上述发现。必须指出，在锚碇测流站 OC（25°34′N，128°20′E），最深观测深度为 4 480 m，时间长达 11 个月，发现各个季节琉球群岛以东 3 000 m 深海域均存在一支稳定的、西南向边界流，这在我国属首次发现，填补了我国深层流研究的空白。

（三）黄、东海海域环流

1. 揭示黄海暖流结构，发现黄海暖流在冬、夏季不同动力成因

黄海暖流是黄海的主要海流。发现了黄海暖流在冬、夏季不同成因及动力机制，首次揭示冬季偏北风场与地形变化相互作用有助于黄海暖流向西北方向流，揭示冬季黄海环流有两个涡旋：西侧涡旋为气旋式涡，而东侧涡旋为反气旋式涡，中间槽处黄海暖流流向与风向相反，向西北流动；而在夏季偏南风的作用，不可能使其北上。

2. 揭示台湾暖流在冬、夏季的不同形态以及对马暖流来源，得到了浙江近岸上升流的两个重要结论

台湾暖流是东海陆海架主要海流，它由内、外两侧分支组成。袁耀初等通过数值模式与海流实测相结合，揭示台湾暖流的内侧分支在冬、夏季的不同来源，并进一步揭示冬季台湾暖流的重要特性：它位于强沿岸锋的东侧，流速较强，其西侧则为沿岸南向流。关于东海陆架环流，首先指出地形与斜压场相互作用是重要动力原因，而其次是风的作用。揭示对马暖流来源于台湾暖流与黑潮的混合水。

我们分别研究了夏季与冬季浙江近岸上升流，得出以下两个重要结论。

（1）上升流流速在 $1\times10^{-4}\sim23\times10^{-4}$ cm/s 之间。由于在冬季出现近岸附近锋面，冬季上升流出现的区域比夏季时要向东移。

（2）浙江近岸上升流的出现是台湾暖流内侧分支与地形变化相互作用的结果。从底部边界层理论可知，在底部 Ekman 层以外，台湾暖流内侧分支基本上是地转流，其方向近似为沿着等深线（沿岸）方向，而在底部 Ekman 层内非地转的、穿越等深线向岸方向分量流动，在斜坡地形下，诱导较强的上升流。这是由于水体必须满足连续方程。台湾暖流内侧分支愈强，则出现的上升流也愈强。

3. 台湾海峡海流

限于资料，我们采用诊断、半诊断和预报模式计算了该海域 1988 年夏季台湾海峡海流，综合获得以下重要结果。

（1）海峡内水平速度分布，东侧最大，西侧次之，中间最小。速度在表层最大，由诊断、半诊断及预报计算所得表层最大流速分别为 59. 1，62. 1 及 62. 0 cm/s，位于澎湖水道内，方向皆为东北向。

（2）通过台湾海峡的流量为 0.83×10^{6}m^3/s，向东北方向流向东海。在台湾海峡南边界，通过东、西两半边界的流量分别为 0.58×10^6 和 0.25×10^6 m^3/s。这表明，主要流量是从澎湖水道流入。

（3）夏季上升流主要发生在福建近岸海域，台湾近岸上升流主要在海峡东南海域。

（四）成功地主持黄、东海海域“入海气旋爆发性发展过程的海气相互作用”试验调查，获得了创新研究成果

在黄、东海海域，入海气旋发展与爆发引起海上巨大灾害，对我国国民经济以及人民生命财产带来了巨大损失。爆发性气旋如果没有海洋提供水汽使潜热大量释放，不可能形成。然而，对其产生、发展的物理机制尚不十分清楚，对其预报更是一个难题。反过来，由于气旋的强烈发展，也改变海洋环境状况，影响海洋生物的生长和活动，以及近海污染物的扩散与净化过程。因此，对这类典型海气相互作用的研究，无论从科学上还是从社会经济上，以及对提高天气和海洋环境的预报准确率上都有重要意义。

1998—2000 年袁耀初主持的国家自然科学基金重点项目“黄、东海入海气旋爆发性发展过程的海气相互作用研究”，也属国家海洋局科学研究重点项目，并被列入中、韩、日国际合作研究项目。袁耀初与中国气象学家周明煜、秦曾灏合作研究，圆满地按计划完成了 1999 年 6 月两个航次各项任务，获得物理海洋学及气象学 7 个调查项目的高质量观测资料，实现了国际合作研究，为完成本项目打了很好基础。

该项目通过海洋和大气同步观测，采用观测与理论分析及数值模拟相结合的方法，获得如下突出成果与进展：①黄、东海各流系相互作用对热通量分布有直接影响；②观测与模式都发现在气旋发展过程中，气旋中心区存在负的潜热和感热通量，这与水文及环流结构的特征有直接相关；③黑潮及其两侧暖、冷涡对气旋发展与加强所需要能量及气旋路径有重要影响；④海洋对大气的热输送，特别是潜热输送对气旋发展起着重要作用；还提出海上气旋发展的新动力机制。

2002 年 6 月通过国家自然科学基金委项目验收，项目综合评价为 A。验收专家组对项目成果鉴定意见：“以上成果在国内外还未见诸文献报道，属首次发现。部分研究成果对入海气旋发展的预报具有实用价值”。鉴定专家组一致认为该项目的总体水平属国际先进，部分为国际领先。

（五）南海环流变异及其与太平洋水相互作用

1999 年以后，袁耀初主要从事南海环流及其变异、南海与黑潮相互作用研究，负责了 4 个重要项目（或课题）。以下阐述 4 个项目（或课题）获得的创新研究成果。

第一，1999 年 10 月—2004 年 9 月“973”项目“中国近海环流形成变异机理、数值预测方法及对环境影响的研究”，袁耀初负责所属课题 05：“南海季风环流及其变异机理”。①专家组成果评审一致认为，05 课题首次成功地回收长期、深海锚碇测流系统和吕宋海峡锚碇测流系统，对完成多个课题的目标与内容起了很重要作用，对项目总目标的实现，有突出贡献。锚碇测流站位于南海东北部，成功地获得 450 m 以浅 77 天 ADCP 资料，以及在 2 000 m 和 2 300 m 7 个月海流计资料，对上、中层及深层流的重要特征有新的认识和发现：日与月平均流速在 1 月最强，9 月次强，8 月最弱；季节变化，冬季流速最强，秋季其次，夏季最弱。自 50 m 至 2 300 m 均存在两个多月周期振动：在 450 m 以浅水层振动周期为 75 天，振动方向为逆时针；在 2 000 m 与 2 300 m 水层振动周期分别为 68 天和 69 天，振动方向也以逆时针为主。②成功地进行了吕宋海峡航次调查，引导了中日国际合作重大研究项目。通过吕宋海峡锚碇测流发现，在 200 m 处黑潮向西北方向入侵，在 500 m 处黑潮流速可达 40 cm/ s 以上，而在 800 m 处南海水向东流。发现 14 天的大潮/小潮周期变化及 4~6 天周期的天气尺度振动。③采用多种模式，揭示了南海环流在冬、夏季的季节特征及其变异的动力机理。

第二，以下两个重大项目：(1) 袁耀初主持的国家自然科学基金国际（地区）合作和交流项目“中日吕宋海峡流量及其变异的合作研究：观测与模式”（2005—2009 年）；(2) 国家科技部国际合作项目“中美印（尼）日南海与邻近海域水交换及其变异合作研究”（2007—2010 年，负责人：袁耀初、方国洪）执行过程中，于 2008 年 4 月和 10 月两次在吕宋海峡中日合作调查航次，采用了声学层析系统这项关键性技术观测海流，并与锚碇测流系统紧密结合，获得了成功。对吕宋海峡（也包括整个南海）海流观测这项关键性技术属首次应用。

第三，2009 年 1 月—2011 年 12 月参加“973” Argo 项目，负责所属“吕宋海峡海域两侧上、中和深层热盐交换的差异和变化”课题，主持了 3 个调查航次。特别是 2009 年 7 月 7 日—2011 年 4 月 10 日调查航次，在锚碇站 N2（20°40.441′N，120°38.324′E）获得了 50 m 至 550 m 各水层长期、很丰富的海流观测资料，国内在此区域调查是很少有的。通过锚碇观测、Argo 漂流标观测资料以及模式研究，获得不少创新成果。

上述第二与第三的 3 个项目（或课题）的研究成果，分以下两个方面：（1）南海环流的季节变化；（2）南海与太平洋水相互作用，分为上、中、深层的 3 个水层阐明创新成果。

1. 南海环流的季节变化

南海环流的结构分为南海海盆尺度环流、次海盆尺度环流及中尺度涡旋。南海环流具有很强的季节变化特性。在南海存在着许多活跃的中尺度涡，关于气旋型和反气旋型涡旋研究的综述，请见本文集第二集评述性论文管秉贤与袁耀初（2006）《中国近海及其附近海域若干涡旋研究综述Ⅰ. 南海和台湾以东海域》及袁耀初与管秉贤（2012）《南海和台湾以东及其附近海域涡旋，中国区域海洋学——物理海洋学》。我们采用计算结果与实际观测达到一致的许多数值研究模式：（1）改进逆方法，（2）发展三维海流的诊断模式，并与上述改进逆方法相结合，（3）The P-vector method，（4）广义随底坐标海洋模式（a generalized topography-following ocean model），（5）自组织特征图（the self organizing map（SOM））及（6）(1/12)°global HYCOM model 等计算了南海环流与吕宋海峡海流的季节与年际变化。主要结果，以南海中部与北部海域环流为例，给出如下。

（1）南海中部环流重要特征。

① 在夏季及夏季风爆发前（在 1998 年南海夏季风爆发前，即自 4 月 22 日—5 月 24 日）重要特征。

在夏季，南海中部、越南中部外海存在较强反气旋型涡 W1 及其东北冷涡 C1，在不同年夏季 W1 与 C1 相对位置有所变化。在越南近岸、暖涡 W1 西侧存在一支北向西边界流，揭示了西部强化现象。在 W1 与 C1 之间存在一支逆风东南向海流。这是夏季南海中部环流的一个重要特征，其动力机制是斜压场与地形联合作用《Joint effect of the baroclinicity and relief（JEBAR）》和在偏南季风作用下风应力和地形相互作用是产生上述夏季环流的最重要动力原因。只有考虑上述两个最重要的动力原因，才能产生上述实际的夏季南海环流。倘若采用 Sverdrup 关系计算流速，得到的流速的量级偏小，至少相差一个数量级。这也表明，夏季南海环流不满足 Sverdrup 关系。上述 W1 与 C1 在夏季时总是成对产生，不少学者称它们为偶极子，但 W1 强度比 C1 强度大，因此袁耀初等（2005）称它们为准偶极子。但是，在 1998 年南海夏季风爆发前，即自 4 月 22 日—5 月 24 日航次，越南以东近岸的北向沿岸流强于 1998 年夏季时北向沿岸流。在 1998 年南海夏季风爆发前这支较强的、北向的沿岸流一直可达 17°N 附近。而在 1998 年夏季时这支沿岸北向西边界流自计算海域的西南边界只能达 14°N 附近。

比较 2000 年夏季航次与 1998 年夏季航次时的南海环流系统，可以发现在定性上两者结构十分相似，但定量上也有不同之处。例如与 2000 年夏季航次时相比较，1998 年夏季反气旋式涡 W1 的位置南移，其最大流速为 56 cm/s，小于 2000 年夏季时的最大流速 66 cm/s，暖涡 W1 的水平尺度也要小于 2000 年夏季时暖涡 W1 的水平尺度。

②冬季时南海中部、越南中部外海中尺度涡的特性和结构，与夏季时相反，但其动力原因与夏季时相同。例如，在冬季越南近岸出现西边界南向射流，揭示了西部强化现象。这支沿岸南向射流以东、114°E 以西存在一个尺度大的显著气旋式环流，其位于南自 10°N 附近北至 16°N 附近。在区域东中部存在一个尺度不大的、较弱的反气旋暖涡，此暖水向南一直扩展到巴拉望岛西北。该反气旋涡中心约位于 14°N。在上述强的气旋式环流涡与较弱的反气旋式环流涡之间，存在一支强的、逆风方向的，即偏东北方向的海流，其流速很强。上述是冬季南海中部基本流态。产生上述基本流态的主要动力原因有以下两点：(i) 在偏东北季风作用下，与地形变化相互作用，一支强的逆风而上海流沿着南海中间深槽向东北方向流动，而在西侧形成一个强的气旋式环流，其东侧形成一个较弱的反气旋式环流。这就是产生上述基本流态的动力原因之一，我们首次提出这个结论，并指出，其动力原因与冬季黄海暖流形成机制有相似

之处。(ii) 斜压场与地形变化的联合效应 (JEBAR) 也是产生上述基本流态的主要动力原因之一。

(2) 南海北部海域环流重要特征。

①在夏季南海北部环流，受黑潮通过吕宋海峡入侵南海的影响很大。在吕宋岛以西海域存在一个反气旋式涡。在约 118°E 以西海域存在一个气旋式环流系统，其核心是东沙群岛西南气旋式冷涡，南海北部环流系统主要受气旋环流所支配。

②冬季时南海北部环流系统：a. 在吕宋岛西北明显存在一个气旋式环流系统，并有 3 个冷水中心；b. 在此气旋式环流系统的一个冷水中心（约 19°30′N，119°30′E）以西，存在一个反气旋式涡；c. 在海南岛以南出现一个暖的、反气旋式环流；d. 在南海北部，114°E 以东、广东沿岸外侧存在一支东北向流。这是管秉贤首次指出的，冬季时出现南海暖流。

(3) 南海环流的动力机制。

南海环流的动力机制是斜压场与地形联合作用 (JEBAR) 及在季风作用下风应力与地形相互作用是产生上述夏季环流的最重要动力原因。南海环流不满足 Sverdrup 关系。

2. 南海与太平洋水相互作用

(1) 在 400 m 以浅水层黑潮进入吕宋海峡入侵南海。

总结 400 m 以浅水层各时期黑潮进入吕宋海峡入侵南海，发现黑潮通过吕宋海峡入侵南海的动力原因存在两种时间变化尺度，即季节变化和年际变化尺度，其相应动力原因分别是与东亚季风和 ENSO 变化直接相关，即存在由于季风发生引起的季节变化和由于 ENSO 变化引起的年际变化。例如，比较 2008 年 10 月与 2009 年夏季黑潮的入侵可以发现，存在两种变化尺度，即在 2008 年 10 月由季风引起的季节变化以及在 2009 年夏季由于 ENSO 影响使得黑潮上游弱流量所造成的年际变化。以下我们分别简述这两种时间变化的尺度引起的黑潮通过吕宋海峡入侵南海。

①由于东亚季风发生引起黑潮入侵的季节变化。

由于季风推动黑潮入侵南海机制，我们从第二与第三的 3 个项目（或课题）的研究成果、长期锚锭测流结果以及数值研究成果都表明，黑潮入侵南海最强发生在冬季（12 月、1—2 月），其次分别为春季（3—5 月），秋季（9—11 月），而最弱是在夏季（6—8 月）。

②由于 ENSO 变化引起黑潮入侵的年际变化。

主要结果为：①揭示黑潮在上层（从表层至约 400 m）通过吕宋海峡进入南海，其流量与厄尔尼诺（或拉尼娜）现象紧密相关，例如 1992 年 3 月（厄尔尼诺年）与 2008 年 4 月（拉尼娜年）黑潮通过吕宋海峡上层进入南海，其流量分别 $6.6\times10^6\ m^3/s$（参见以下 Table 列出的文献 [4] ）与 $2.66\times10^6\ m^3/s$（参见以下 Table 列出的文献 [5] ），这表明在厄尔尼诺年黑潮通过吕宋海峡入侵南海流量比拉尼娜年大。②从锚碇测流和 Argo 漂移轨迹观测以及模式结果，首次发现黑潮在 2009 年夏季向西北方向通过吕宋海峡入侵南海（参见以下 Table 列出的文献 [7, 9] ）。分析发现斜压场与地形变化的联合效应 (JEBAR) 是 2009 年夏季黑潮入侵的重要机制。黑潮入侵年际变化是由于 2009 年（El Niño 时期）黑潮上游弱的流量所致。

③比较了由于季风和 ENSO 变化引起的黑潮入侵南海的两种动力机制。

基于锚碇站 N2（20°40.441′N，120°38.324′E）在 2009 年 7 月 7 日—2011 年 4 月 10 日长期海流观测结果（以下简称为“2009-2011 年观测”），从 AVISO 资料集获得表层地转流以及在 2010—2011 年冬季 Argo 浮子轨迹观测结果，结合 (1/12)° global HYCOM 模式数值计算，我们比较了 2009—2010 年冬季（El Niño）和 2010—2011 年冬季（La Niña）期间黑潮入侵南海，得出以下重要结果（在本文集第四卷，参见以下 Table 列出的文献 [8—9] ）：这两个冬季黑潮都通过吕宋海峡入侵南海，但在 2009—2010 年冬季（简称 period-E）黑潮入侵要比 2010—2011 年冬季（简称 period-L）要强。例如从表层地转流的结果可知，2009—2010 年冬季（El Niño）黑潮能向西北方向入侵南海到达 118°E 以西海域，而 2010—2011 年冬季（La Niña）黑潮向西入侵不能到达 118°E 海域。我们也可以从锚碇测流结果来分析，定义 $\Delta_{max}(z)$ 在 period-E 期间与 period-L 期间在观测深度 z 处月平均速度的纬向分量的最大绝对值的相对差。锚碇测流观测表明 $\Delta_{max}(z)>0$，这也表明在 period-E 期间黑潮入侵强于 period-L 期间。特别在深层 $\Delta_{max}(z)$ 比在表层大。(1/12)° global HYCOM 数值模式结果也与观测结果完全一致。其次，从动力机制分析可知，也阐明了为什么 2009—2010 年冬季（El Niño）黑潮入侵比 2010—2011 年冬季（La Niña）强的原因（参见以下 Table 列出的文献［8—9］）。

④黑潮入侵南海的长周期变化分析。

基于上述“2009—2011 年”观测资料，采用改进小波功率谱分析进行计算，发现最强的功率谱密度峰出现在最主要周期为 112 天处等。从动力机制分析，最主要周期为 112 天出现是与黑潮在吕宋海峡向西北方向入侵南海紧密地相关的，这是首次、很有价值的发现。

（2）中层水南海与太平洋水交换。

通过吕宋海峡 500~1 500 m 中层水南海与太平洋水交换的研究得出以下成果：在 2008 年 10—12 月航次，模式流和 Argo 漂流标观测资料都发现，在 10—12 月西北风作用下，有一个 Argo 漂流标在区域 20°20′~21°00′N，120°45′~121°50′E 在表层与 1 000 m 处海流作用下，迫使其通过吕宋海峡进入南海。进一步研究结果揭示：在 20°30′N 以北，吕宋海峡附近中层水（例如 1 000 m 处）主要是西南向流或西向流，而在 20°10′N 以南，则是东南向流。但是，通过吕宋海峡中层水其净流量还是向东方向。这一成果是对以前“吕宋海峡三明治结构”理论（认为南海中层水总是向东流向太平洋）的一个发展。

（3）在 1 500 m 至海底深层南海与太平洋水交换。

在 1 500 m 至海底深层，模式流表明，太平洋水通过吕宋海峡，向西流向南海。例如在 2008 年春季航次，其向西流量为 $1.74\times10^{6}\ m^{3}/s$（参见以下 Table 列出的文献［5］）。该值与近来其他研究得到的深层流量值较为接近。

（4）在各时期南海与太平洋通过吕宋海峡上、中、下层水交换的流量。参见下表。

Table Existing estimates of zonal volume transports through the Luzon Strait during spring, summer, autumn and winter (unit: 1 Sv = $10^{6}\ m^{3}/s$, the negative value: westward). *: El Niño years, **: La Niña years, ***: the normal

Source	Upper layer		Middle layer			Deeper layer			Total	Period and model or observation
	0~400 m	0~500 m	400~1 200 m	500~1 200 m	1 200~1 500 m	1 500 m~bottom	1 500~2 000 m	2 000 m~bottom		
Yuan et al. (2014a)									-2.15	2009 summer*
Yuan et al. (2012b)									-4.0	2008 October***
Yuan et al. (2012a)		-2.66		0.74	-1.0	-1.74			-4.66	2008 April**
Yuan et al. (2009)	-6.6		1.9		0.7		1.1	-0.1	-3.0	1992 March*
Yuan et al. (2008a)	-3.5		0.22		-0.02	-0.20			-3.5	1994 Aug. 28-Sep. 10*
Yuan et al. (2008b)	-0.82			2.4						2002 spring***
Liao et al. (2008)	-10.3		2.1		1.0		0			1998 Nov 28-Dec. 27**

[1] Yuan Y C, Liao G H, Yang C H. The Kuroshio near the Luzon Strait and circulation in the northern South China Sea during August and September 1994. Journal of Oceanography, 2008a, 64 (5): 777-788.

[2] Yuan Y C, Liao G H, Guan W B, et al. The circulation in the upper and middle layers of the Luzon Strait during spring 2002. J Geophys Res, 2008b, 113, C06004, doi: 10.1029/2007JC004546.

[3] Liao G H, Yuan Y C, Xu X H. Three Dimensional Diagnostic Study of the Circulation in the South China Sea during winter 1998. Journal of Oceanography, 2008, 64 (5): 803-814.

[4] Yuan Y C, Liao G H, Yang C H. A diagnostic calculation of the circulation in the upper and middle layers of the Luzon Strait and the northern South China Sea during March 1992. Dynamics of Atmospheres and Oceans, 2009, 47: 86-113.

[5] Yuan Y C, Liao G H, Kaneko A, et al. Currents in the Luzon Strait obtained from moored ADCP observations and a diagnostic calculation of circulation in spring 2008. Dynamics of Atmospheres and Oceans, 2012a, 58: 20-43.

[6] Yuan Y C, Liao G H, Yang C H, et al. Currents in the Luzon Strait evidenced by CTD and Argo observations and a diagnostic model in October 2008. Atmosphere-Ocean, 2012b, 50 (supp.): 27-39.

[7] Yuan Y C, Liao G H, Yang C H, et al. Summer Kuroshio Intrusion through the Luzon Strait confirmed from observations and a diagnostic model in summer 2009. Progress in Oceanography, 2014a, 121: 44-59.

[8] Yuan Y C, Tseng Y H, Yang C H, et al. Variation in the Kuroshio intrusion: Modeling and interpretation of observations collected around the Luzon Strait from July, 2009 to March, 2011. J Geophys Res: Oceans, 2014b, 119, doi: 10.1002/2013JC009776, 3447-3463.

[9] Yuan Yaochu, Zhu Xiao-Hua, Zhou Feng. Progress of studies in China from July 2010 to May 2015 on the influence of the Kuroshio on neighboring Chinese Seas and the Ryukyu Current. Acta Oceanologica Sinica, 2015, 34 (12): 1-10.

上述前 8 篇论文都已在本论文集第四卷（英文版）Chapter 2 中，而第 9 篇论文已在第四卷 Chapter 5 中。

（六）菲律宾以东海域环流

根据 1986—1989 年中美 TOGA 调查 6 个航次的调查资料以及 1991 年 11—12 月“向阳红五号”调查船我国首次 WOCE 调查资料，采用改进逆方法，计算了菲律宾以东海域环流，着重研究了黑潮源地区域、北赤道及棉兰老海的三大主要海流。我们以 TOGA 自 1986 年 2 月至 1989 年 4—5 月的 6 个航次为例，即 1986 年 2 月，1986 年 11 月，1987 年 9—10 月，1988 年 4—5 月，1988 年 10 月及 1989 年 12 月航次，研究这三大主要海流。注意到，在上述调查期间，1986 年 10 月至 1987 年 12 月为 El Niño 时期，而 1988 年 4 月至 1989 年 5 月为 La Niña 时期。因此，第二与第三两个航次为 El Niño 时期，而第四、五、六航次则为 La Niña 时期。我们的核心问题是研究上述三大海流的变化与 ENSO 的关系，采用改进逆方法，得到了以下 3 个重要结果。

（1）在 130°E 上北道流的分叉点与 ENSO 的关系。

第二航次至第五航次，分叉点位置分别在 15.6°N，14.3°N，12.6°N，14.3°N 与 11.2°N。在 1986 年 10 月至 1987 年 12 月 El Niño 时期，分叉点平均位置为 15°N，而在 1988 年 4 月至 1989 年 5 月 La Niña 时期平均位置为 12.7°N。这表明在 El Niño 时期分叉点位置向北移，而 La Niña 时期分叉点位置则向南移。

（2）关于这三大海流的流量分配。

以第二、四两航次为例，第二航次（El Niño 时期），北赤道流、黑潮和棉兰老流的流量分别为 $69.9\times10^6\ m^3/s$（向西方向），$34.6\times10^6\ m^3/s$（向北）和 $35.3\times10^6\ m^3/s$（向南），而第四航次（La Niña 时期）流量分别为 $72.1\times10^6\ m^3/s$（向西），$37.0\times10^6 m^3/s$（向北）和 $35.1\times10^6\ m^3/s$（向南）。

（3）综合上述可知，在 El Niño（La Niña）时期，分叉点位置向北（南）移，黑潮流量减小（增大），棉兰老流流量增大（减小）。

（七）发展环流数值研究模式

海洋科学研究基础是海洋调查。根据调查观测资料，还必须进行分析和数值研究。自 1977 年以来，我们成功地提出与实际观测结果相一致的以下 10 种数值研究模式，应用于不同海域，具体如下：

（1）在 1980 年及 1982 年分别发展了有限元方法及有限元方法与精确解相结合的三维环流模式，成功地计算台湾以东黑潮变异，结果分别发表在 1980 年《海洋学报》及 1982 年日本期刊《La Mer》。

（2）在 1982 年国内首次采用二层环流数值模式探讨东海环流变化的机制。

（3）提出改进逆方法。由于一般逆方法简单地假定了海流是地转的，但由此带来了不可忽视的误差。改进逆方法基本内容是：①去掉了通常逆方法的地转假定，考虑风的强迫力，海洋内部垂向涡动摩擦以及底部 Ekaman 边界层；②考虑了海气热交换量；③假定 β 效应。由于上述考虑，在数学上克服了非线性规划中出现的一些复杂的问题，成功完成了改进逆方法与相应的计算程序，并成功地应用于各海域环流计算。

（4）发展改进 β 螺旋方法，成功地应用于日本以南黑潮的计算，发表在《Progress in Oceanography》。

（5）发展三维海流的诊断模式，并与上述改进逆方法相结合，得到一个完整、创新的海洋环流模式。自 1990 年至今，成功地应用于许多重要海域环流变异研究，如黑潮海域，黄、东海环流，台湾海峡海流，台湾岛以东海流，南海环流，以及琉球群岛以东海域等。

（6）发展三维海流的半诊断及预报模式，成功地应用于许多重要海域环流变异研究，如黑潮海域，黄、东海环流，台湾海峡海流，台湾岛以东海流，以及南海环流等。

（7）The P vector method 应用于东海环流以及南海环流。

（8）广义随底坐标海洋模式（a generalized topography-following ocean model）应用于东海环流以及南海环流。

（9）(1/12)° global HYCOM model 等计算南海环流与吕宋海峡海流的季节与年际变化。

（10）发展赤道海域环流诊断模式。赤道海流动力学的特点是强非线性问题，在数学上是一个难题。日本海洋学家日高孝次，提出了赤道流计算方法，在运动方程式中对非线性项的数学处理，采用摄动法，但推导中存在不少问题，导致结果不收敛，因此方法是错误的。袁耀初写了一篇批评论文，并提出赤道非线性海流诊断模式，1984 年发表在日本刊物《La Mer》上，参见本论文集第四卷 Chapter 3。

袁耀初

2016 年 6 月

目　次

第一部分　黄、东海环流，东海与日本以南黑潮的变异以及琉球群岛以东海流

第二部分　黄、东海海气相互作用的研究"入海气旋爆发性发展过程的相互作用"

第三部分　评述性论文

第一部分　黄、东海环流，东海与日本以南黑潮的变异以及琉球群岛以东海流

刊于:海洋学报,1982,4(1):1-11.

东中国海陆架环流的单层模式*

袁耀初[1],苏纪兰[1],赵金三[1]

(1. 国家海洋局 第二海洋研究所,浙江 杭州 310012)

1 引言

东中国海的环流(参看图1),总的来说是由黑潮及其分支(台湾暖流、黄海暖流)和中国沿岸流两个系统所组成。关于东中国海海流的研究,国内外已有不少学者做了工作。1957年,管秉贤对中国沿岸的表面海流与风的关系作了分析[1],并对中国沿岸的表面海流的性质提出了初步的意见与解释。1962年,他又利用历史资料,对我国近海海流的性质提出一些看法[2]。1963年,毛汉礼等根据历史资料,对长江冲淡水本身及其周围海水的混合问题,作了初步的统计研究[3]。1975年,日本近藤正人等通过海流瓶的漂流状况与电磁海流计调查结果,对东海海流进行了分析[4]。同年,井上尚文对东中国海陆架上底部流进行了分析[5]。1980年下半年,奚盘根等发表了"东中国海环流的一种模型"[6],该文有几点值得商榷:(1)文中控制方程式(7)的推导可能有误,因为当ρ=常数时,式(7)变成$\nabla\cdot\left(\frac{c}{h}\nabla\varphi\right)=\vec{k}\cdot\nabla\times\vec{\tau}_a$,似乎是不合理的;(2)该文计算结果长江冲淡水流入北黄海及渤海,是与实际不符合的。

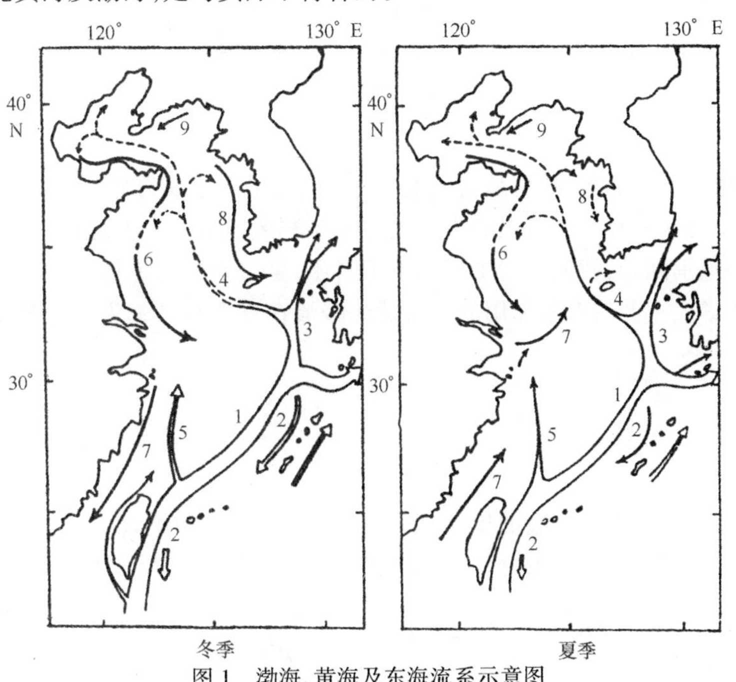

图1 渤海、黄海及东海流系示意图

1. 黑潮主干;2. 黑潮逆流;3. 对马暖流;4. 黄海暖流;5. 台暖暖流;6. 黄海沿岸流;7. 东海沿岸流;8. 西朝鲜沿岸流;9. 辽东沿岸流

* 本文计算程序由孙达传编写,管秉贤等对本文进行了有益的讨论,特致感谢。

本工作是作者“在二种理想地形下东中国海陆架环流的单层模式”一文的继续，重点是研究长江冲淡水在冬、夏季的流向与扩散范围等问题。为此，必须从有关的几种流系的变化及相互作用中去研究，这是我们的基本观点。海区的实际地形(见图2)，总的来说，是向东南方向下倾的，近岸海区平均深度为15~20 m，长江古三角洲大致在50 m以下，海水深度大致由西向东逐渐加深。在34°N以北的海区，其中央部分深度在50~80 m之间，海底地势平坦，称为黄海槽。这个海区在冬季盛行偏北风，夏季盛行偏南风。在我们模式中，略去了动力学方程式中非线性对流项与水平湍流摩擦项。这是因为，这两项相对于其他项都是小量。还假定流场是定常的，考虑了斜压效应，由此出发，可以得出单层模式的动力学方程组。根据这个海区的实际情况，考虑了长江径流、钱塘江径流、黄海沿岸流、朝鲜沿岸流、黑潮以及台湾暖流、黄海暖流，相应地对边界条件进行合理的估算。在夏季环流中，也模拟了黄海冷水团的作用。

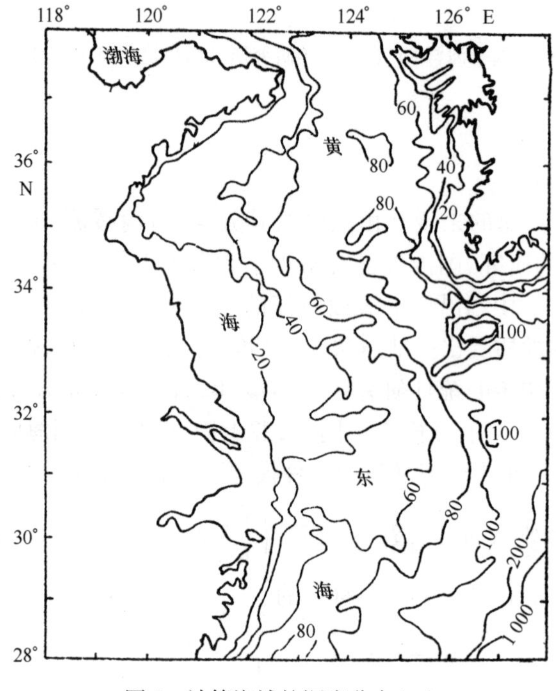

图2　计算海域的深度分布(m)

计算结果表明，不论在冬季还是夏季，从总趋势来看，流场是合乎实际情况的，并从中在机理上明确了一些问题。例如，造成本海区冬季基本流况的主要动力是冬季风风场——偏北风作用。关于夏季长江冲淡水的转向机制及其流经范围问题，我们认为主要是由于斜压、夏季季风与地形变化的相互作用，而台湾暖流似乎主要是通过对斜压场大小的改变起作用的。对黄海暖流在夏季与冬季为什么都能北上，在机制上也得到一些解释。

2　控制方程

由上述考虑，可以建立包括斜压效应的单层模式动力学方程组，即垂直积分的动量方程式与连续方程式。设 X 轴正方向指向东，Y 轴正方向指向北，Z 轴正方向与重力方向相反，动力学方程组是：

$$\left.\begin{aligned} & f\vec{k}\times\vec{U} = -g\nabla(\zeta+\zeta_a) - \vec{R} + \frac{1}{\rho H}(\vec{\tau}_w - \vec{\tau}_b), \\ & \nabla\cdot(H\vec{U}) = 0. \end{aligned}\right\} \tag{1}$$

上式中，$\vec{U}$ 是平均速度矢量：

$$\vec{U} = \left(\frac{1}{H}\int_{-H}^{0} u\mathrm{d}z, \frac{1}{H}\int_{-H}^{0} v\mathrm{d}z\right). \tag{2}$$

矢量 $\vec{R}$ 定义为：

$$\vec{R} = \left(\frac{g}{\rho H}\int_{-H}^{0}\mathrm{d}z\int_{z}^{0}\frac{\partial\rho}{\partial x}\mathrm{d}z, \frac{g}{\rho H}\int_{-H}^{0}\mathrm{d}z\int_{z}^{0}\frac{\partial\rho}{\partial y}\mathrm{d}z\right). \tag{3}$$

f 为科氏参数，$\vec{k}$ 为 z 方向单位矢量，H 为水深，ζ 为海面起伏，ζ_a 为大气压力被 ρg 相除，$\vec{\tau}_w$ 为风应力，$\vec{\tau}_b$ 为底部摩擦力。假设 $\vec{\tau}_b$ 满足准线性模式：

$$\vec{\tau}_b = \rho B\vec{U}. \tag{4}$$

其中 $B=b/H^2$，b 为摩擦系数。

由式(1)，引入流函数 ψ：

$$\vec{U} = -\frac{1}{H}\vec{k}\times\nabla\psi. \tag{5}$$

这样，由上述方程式，经推导后，可以得出 ψ 方程式：

$$\frac{\partial}{\partial x}\left(\frac{b}{H^3}\frac{\partial\psi}{\partial x}\right) + \frac{\partial}{\partial Y}\left(\frac{b}{H^3}\frac{\partial\psi}{\partial y}\right) + j\left(\frac{1}{H^2}\frac{\partial H}{\partial x}\frac{\partial\psi}{\partial y} - \frac{1}{H^2}\frac{\partial H}{\partial y}\frac{\partial\psi}{\partial x}\right) = \frac{\partial}{\partial y}\left(\frac{1}{H}\frac{\tau_{wx}}{\rho}\right) - \frac{\partial}{\partial x}\left(\frac{1}{H}\frac{\tau_{wy}}{\rho}\right) + F. \tag{6}$$

上式中

$$F = \frac{g}{\rho}\frac{1}{H^2}\left(\frac{\partial H}{\partial y}\int_{-H}^{0}z\frac{\partial\rho}{\partial x}\mathrm{d}z - \frac{\partial H}{\partial x}\int_{-H}^{0}z\frac{\partial\rho}{\partial y}\mathrm{d}z\right). \tag{7}$$

式(6)右边第一项是风与地形相互作用项，第二项从式(7)可知，是斜压与地形相互作用项。可以看出，若密度梯度方向是在水深梯度方向的右边，则由此产生的力矩导致流体气旋式运动。反之，若在左边，则产生的力矩导致流体反气旋式运动。这些现象在层化流体力学中也是出现的。从势能转化动能的原理来看，这样运动也是显然的。在此需指出，ρ 的变化是不能从本模式求得的。对该项的考虑，或是从实际温盐资料中估算它的大小，或者用非均匀风场模拟它(例如本计算对黄海冷水团的模拟)。

边界条件在西部由固体边界$\left(\frac{\partial\psi}{\partial s}=0\right)$与长江径流、钱塘江径流所组成，东北部的部分边界也是固体边界。其余是开边界，其边界条件的确定，我们参考了一些冬夏季资料，但它们的和必须满足流量平衡条件。

对方程式(6)、(7)进行数值解。为了与我们将来要考虑的其他模式在计算格式上的统一性，我们采用了 Leendertse 格式，计算网格大小在经纬方向都为半度。对于离散方程组采用松弛迭代方法，计算精度为 10^{-7}。计算 ψ 值以后，由方程式还可以求出 ζ 等量。

3　计算结果的分析

在我们计算中，变化因子有以下几种：(1)地形变化；(2)摩擦系数的变化；(3)风场的变化；(4)斜压场的变化；(5)开边界上的流量变化。另外对于本文中的图需作两点说明：(1)由于计算机打出的网格大小 Δx 与 Δy 是等矩的($\Delta x=\Delta y$)，而实际上 $\Delta x=\Delta y\cos\phi$($\phi=32°30'$)，因此图中所示的所有曲线实际上作了在 x 方向的伸长变换，伸长因子是 1.185 7；(2)图中每条曲线表示流函数 ψ 等于某常数的曲线，其值已注明在每条曲线上。

以下将对冬、夏季的计算结果分别进行讨论。

3.1　冬季环流

本海区冬季盛行偏北风，1 月份平均风速一般为 9~10 m/s，海区温、盐度几乎是垂直均匀的。黄海暖流比夏季时要强，台湾暖流比夏季要弱，因而北上趋向比夏季要弱，在 28°N，台湾暖流的西边界大约在 123°E 左右，与夏季比较位置偏东。长江冲淡水直接南下，在台湾暖流以西流出本海区。

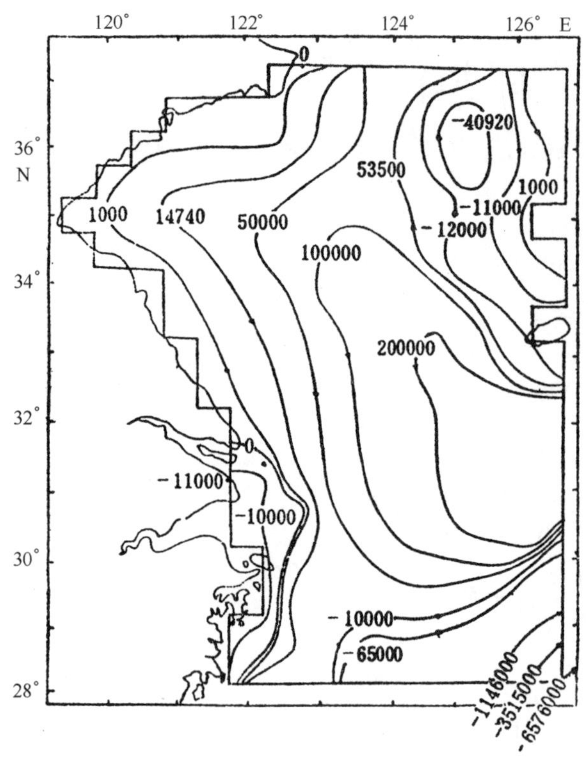

图 3　冬季环流

实际地形，不考虑斜压效应，西北风 9 m/s，$k=7.5$

说明：如不作特别说明，指的是“较大流量方案”，以下皆同

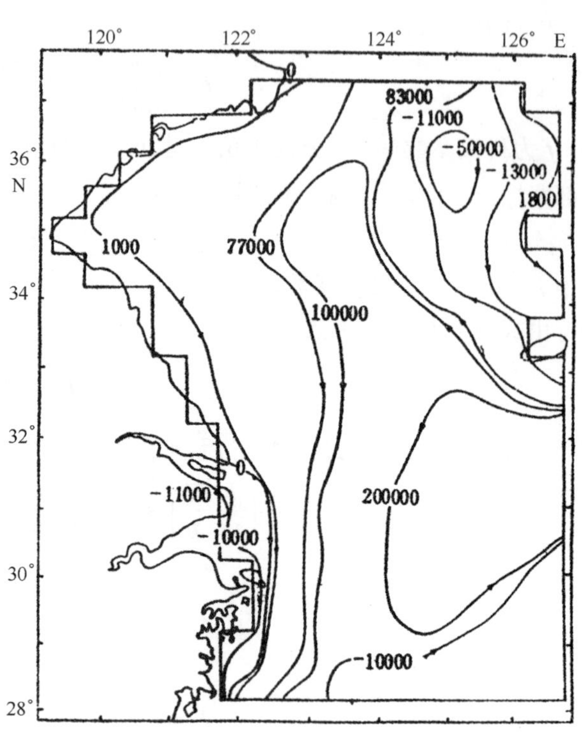

图 4　冬季环流

实际地形，不考虑斜压效应，北风 9 m/s，$k=7.5$

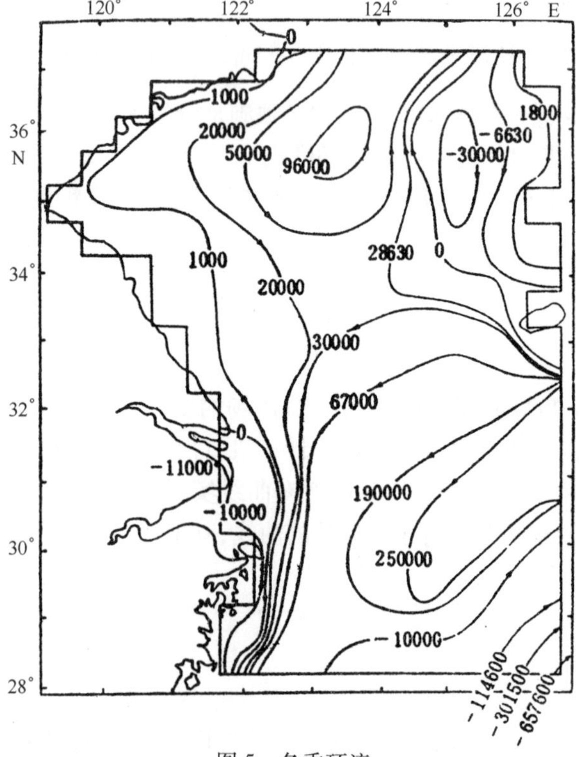

图 5　冬季环流

实际地形，不考虑斜压效应，东北风 9 m/s，$k=7.5$

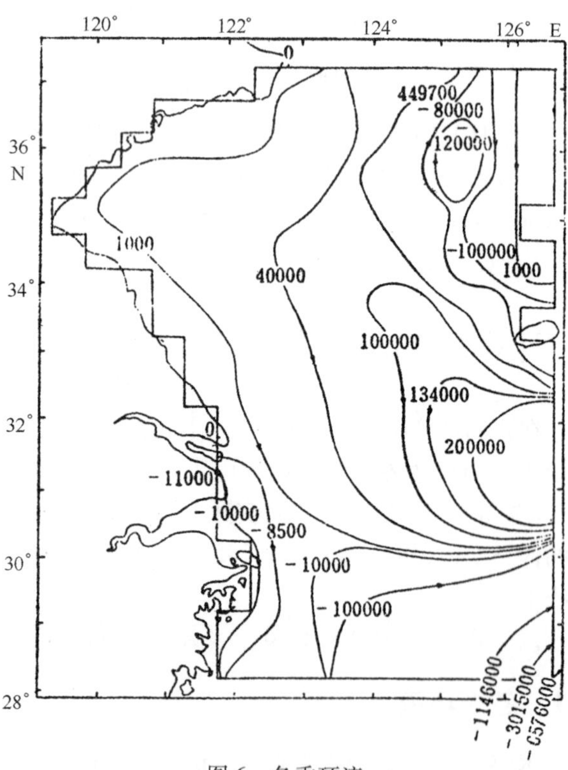

图 6　冬季环流

实际地形，不考虑斜压效应，东北风 9 m/s，$k=15$

对冬季环流模式的计算，在有些方案中，台湾暖流在 28°N 上平均速度为 12.5 cm/s，而黄海暖流在 127°E 上平均速度为 5 cm/s，以下简称这些方案为“较大流量的方案”。适当地减小它们的流量，简称为“较小流量的方案”。由于文章篇幅限制，本文选择了一些较典型的图反映我们的计算结果，对于夏季，也是如此。

从计算结果可知，冬季长江冲淡水南下的主要动力是冬季季风——偏北风作用的结果，图 3~5 说明在西北风、北风、东北风作用下都是如此。在其他条件相同而只是在不同风场情况下，例如西风（见图 8）或无风（图 10），长江冲淡水都不会南下，而是向东流动。再则，如果减弱靠近沿岸的南边界上的南下流量，在偏北风作用下，长江径流仍南下，流况基本相同。如再继续减小南下流量，甚至改变流向为北上，即使在西北风 6 m/s 作用下（见图 9），长江径流还是南下，在靠近南部边界，沿着台湾暖流北面向东流去，这说明长江冲淡水在冬季南下，与边界条件的关系是不大的，而是由偏北风场所造成的。

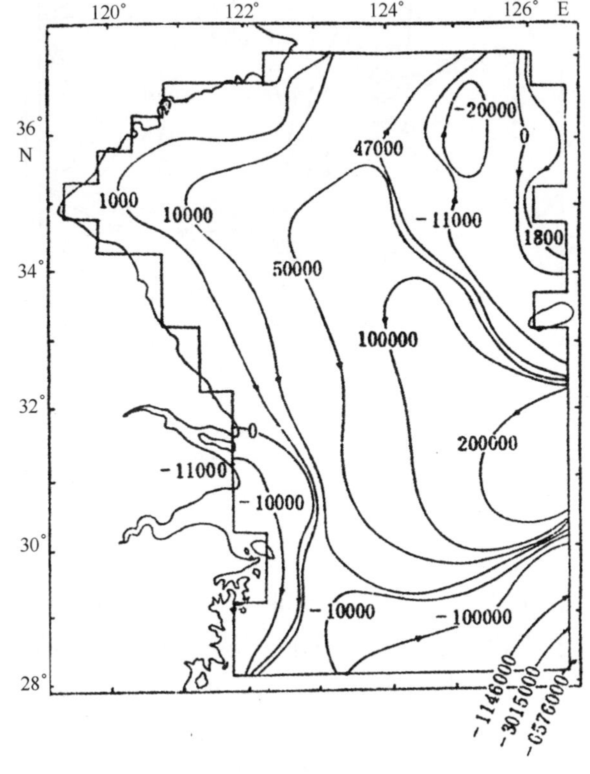

图 7　冬季环流

实际地形，不考虑斜压效应，西北风 7 m/s，$k=7.5$

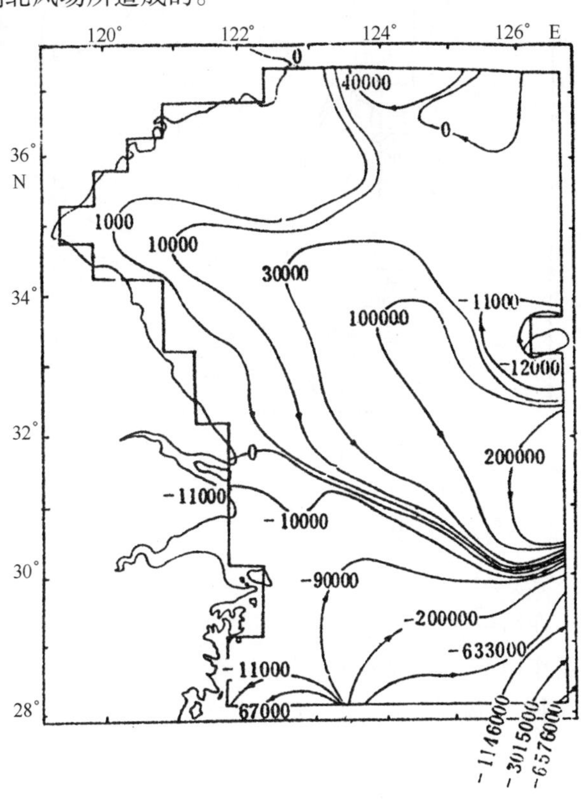

图 8　冬季的一个假定模式

在冬季边界条件下，考虑实际地形，不考虑斜压效应，西风 9 m/s，$k=7.5$

从图 3~7 可以看出，在冬季黄海暖流的北上与黄海气旋式环流的形成，也是由于偏北风作用而产生的。如果在其他风场作用下，如在西风风场作用下（图 8），气旋式的环流较弱，黄海暖流只有很少量北上，不会出现明显的冬季环流的流况。这种类似的现象在湖泊环流中也有出现。湖泊的地形一般是中间深，边缘浅，在浅处全流是顺风流动，在深处全流是逆风流动，因而形成一个气旋式环流与一个反气旋式环流。这里的情况也是这样，即本海区北部东西两侧边缘浅，中间有黄海深槽，因此在偏北风的作用下，黄海暖流沿黄海槽迎风北上，而在黄海暖流以西有一个气旋式环流，以东与朝鲜沿岸流形成较弱的反气旋式环流。我们还可以进一步说明，假若计算海区的北部边界取在北黄海及渤海沿岸上，这部分海区的地形更接近于湖泊，显然上述的流况也一定会出现。这里需要说明一点，因为黄海暖流是由济州岛西南流入本海区的，冬季带有高温高盐特征，如果考虑流入海区附近斜压场与地形变化的相互作用项，我们从实际资料获知，深度梯度方向是东东北方向，而密度梯度方向在它的左边，因而产生反气旋式流动的力矩，也有利于黄海暖流北上。但该项的量级似乎要比风与地形相互作用项要小。

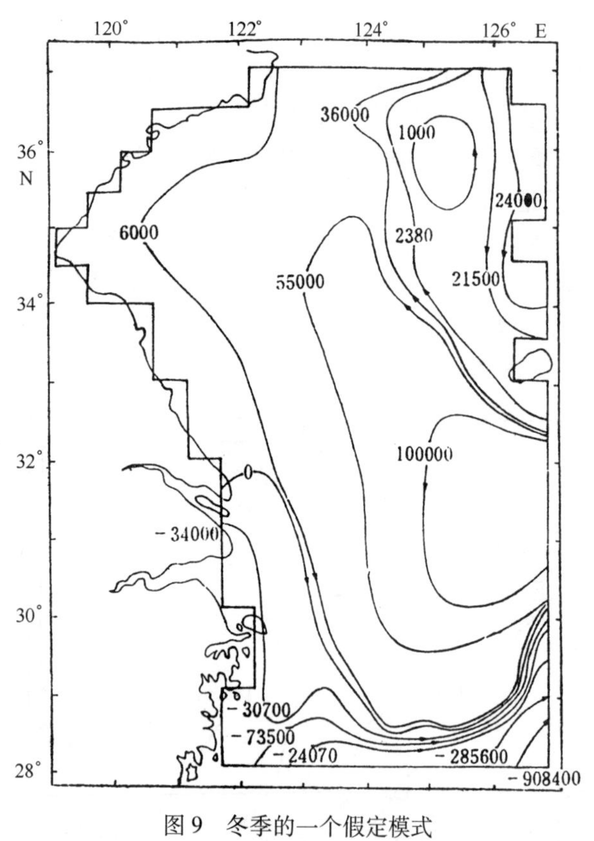

图 9　冬季的一个假定模式

实际地形,不考虑斜压效应,北风 6 m/s,$k=7.5$,

靠近沿岸的南边界为北上流量

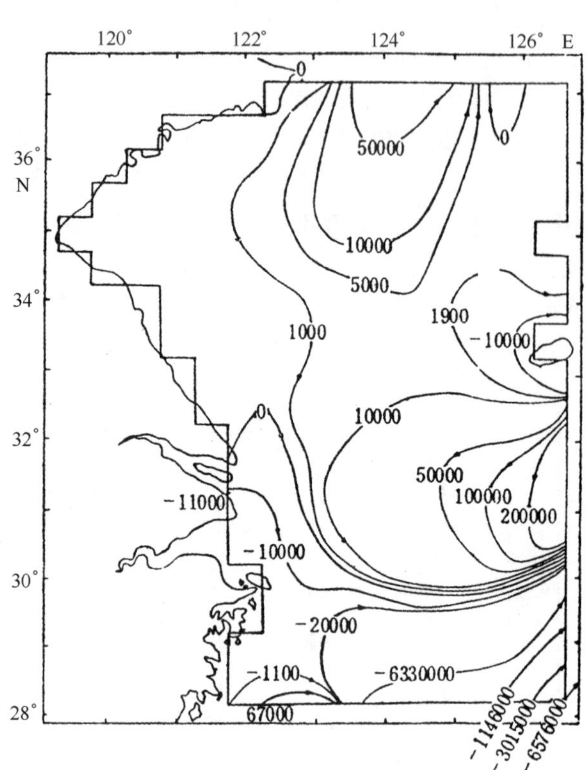

图 10　冬季的一个假定模式

在冬季边界条件下,考虑实际地形,不考虑斜压效应,

无风,$k=7.5$

在结束这小节之前,我们还需对冬季环流流况作以下几点说明:(1)从图 3~5 可以知道,在这 3 种偏北风场作用下,基本流况是相同的,在定量上是有些差别。如按黄海气旋式环流的强度及黄海暖流北上的强度,则在北风时较强,西北风时次之,东北风时较弱;(2)在方向相同的偏北风作用下,风速 9 m/s 与风速 7 m/s(如图 3 与图 7)所产生的流场基本相同,只是在定量上有些差别,显然在环流强度上,前者强于后者;(3)无量纲摩擦系数 $k=7.5$(图 3)与 $k=15$(图 6)两种情况比较,它们的流场是基本相同的,对于气旋式环流强度与黄海暖流北上强度来说,$k=7.5$ 时要比 $k=15$ 时强,这也是预期到的;(4)不同的边界条件,即较大流量的边界条件与较小流量的边界条件,它们的结果差别不大,流场的趋向基本上一致;(5)在我们计算中,没有考虑到台湾暖流流经区域附近斜压与地形变化相互作用项,如果考虑的话,它将还要北上些。

3.2　夏季环流

本海区夏季盛行偏南风,6 月份到 8 月份平均速度为 5~6 m/s,海水出现明显的层化现象。一般认为长江冲淡水首先向东南方向流动,然后转向东北方向[8]。台湾暖流比冬季强,在本计算的有些方案中,台湾暖流在 28°N 上平均流速为 15 cm/s,而黄海暖流在 127°E 上平均流速为 4 cm/s,以下简称该方案为“较大流量的方案”,如果适当地减少它们的流量,称为“较小流量的方案”。

关于在夏季长江冲淡水流向转向的机制问题,计算结果表明:(1)在平底情况下(图 16)台湾暖流北上是有一定的顶托作用,但实际地形的变化是向北方向深度减小,这样“顶托作用”是有限的(图 15),不足以造成转向的主要原因。(2)由于夏季的季风——偏南风与地形变化的相互作用,使长江冲淡水明显地向东北方向输运(图 13、14),比较其他风场,如无风(图 15)与东风情况下,可以知道,在不是偏南风作用下,长江冲淡水不会向东北方向输运。至于 3 种偏南风——南风、东南风、西南风作用之间的差别,从图 13、14 可以看出,直接向北方向输运以南风最强,东南风次之,西南风较弱,西南风作用基本上是向东北方向输运的。

(3)长江冲淡水带来了低盐的特征，因此斜压效应是重要的。从实际资料来看，在近岸段转向区域附近，密度梯度方向是在不深梯度方向的右侧，产生造成气旋式流动的力矩。我们估算了在长江口外较大海区斜压与地形变化的相互作用项，发现这一项的数量级在近岸段的转向区比其他区域要大，产生较大的气旋式流动的力矩，这也是长江冲淡水转向的主要原因之一。

长江冲淡水的范围，依赖于4个因素：(1)长江径流量的大小以及台湾暖流的强弱；(2)斜压与地形变化的相互作用效应；(3)风场情况(方向与大小)；(4)黄海气旋式环流的强弱。(1)与(2)是有关系的，从上面的分析，我们认为，长江径流量的大小与台湾暖流的强弱似乎主要是通过斜压场的改变起作用的。第3因素的作用已在上面讨论过。以下将着重说明第4因素。黄海冷水团位于黄海中央区域，它的存在形成了气旋式密度环流，从控制方程可知，我们可以用非均匀风场来模拟这样的密度场(图11、12)。由于模拟了黄海冷水团的存在，阻挡了长江径流直接北上的趋势。图13、14是没有考虑黄海冷水团的存在，长江冲淡水向北的伸展是很远的。因此，决定长江冲淡水的范围，这个因素是必须考虑的。计算还表明，长江冲淡水与台湾暖流等作为混合水体在30°~31°N之间，127°E附近流出后，可能是对马暖流的来源之一。

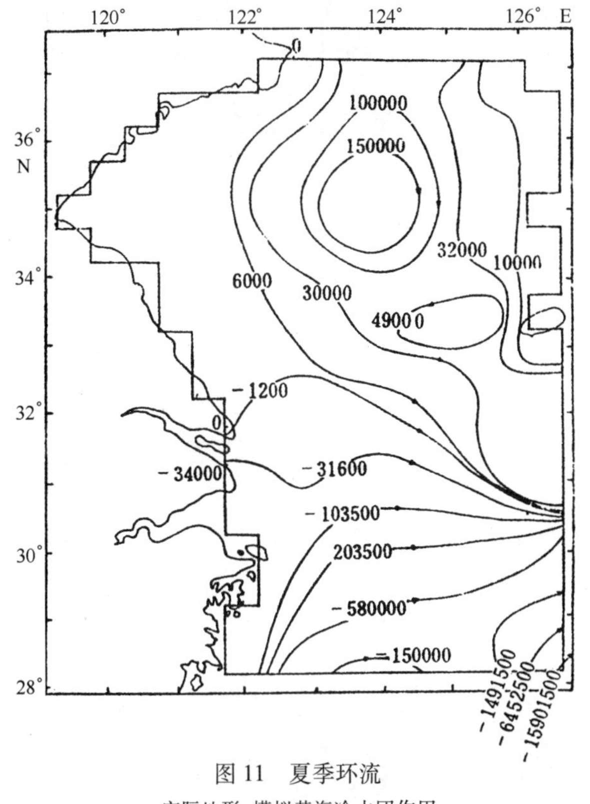

图11　夏季环流

实际地形，模拟黄海冷水团作用

(模拟区域：34°15′~36°15′N，122°45′~124°45′E)，

不考虑其他海区斜压效应，西南风6 m/s，$k=15$

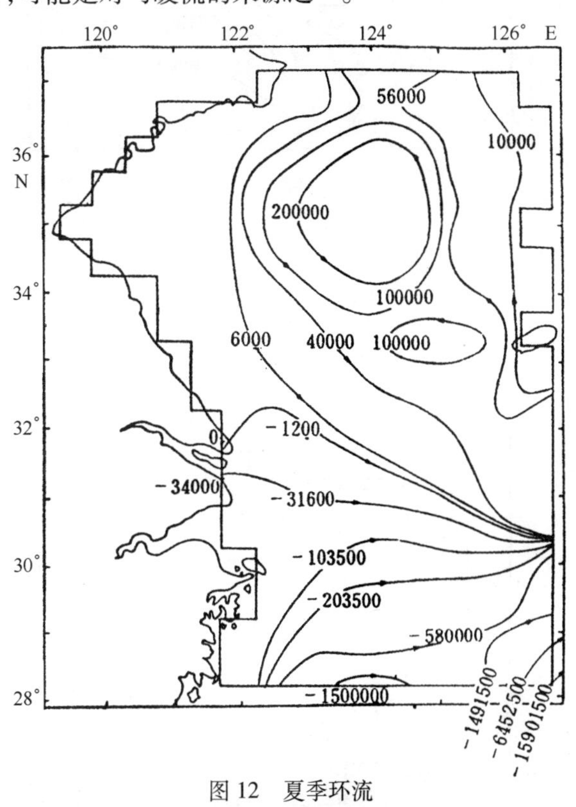

图12　夏季环流

实际地形，模拟黄海冷水团作用

(模拟区域：34°15′~36°15′N，122°45′~124°45′E，

风速6 m/s)，不考虑其他海区斜压效应，西南风6 m/s，$k=7.5$

在夏季只有偏南风作用下，黄海暖流是不可能北上的(图13、14)。从计算结果可知，由于黄海冷水团的存在，形成了气旋式密度环流，这个环流的存在，是黄海暖流北上的一个重要原因之一。图11、12模拟了黄海冷水团的作用，使黄海暖流在它的右侧北上，而冬季则是由于偏北风作用使黄海暖流北上，原因完全不同。另外，冬、夏两季北上的位置也有差别，夏季的位置要较靠东些，强度上夏季比冬季弱。需指出一点，如冬季一样，黄海暖流流入海区附近，斜压与地形变化的相互作用也有利于它的北上，但量级似乎较小。

最后，对于夏季环流再作以下几点说明：(1)我们计算了几种边界条件下，例如较大流量的情况与较小流量的情况，两种流场基本相似，差别是在细节变化上，局部上，这一点，与冬季情况类似。(2)我们也比较了无量纲摩擦系数$k=7.5$与$k=15$的两种情况，两种流场是差不多的，例如比较图11与图12，在细节变化上有差别，例如黄海暖流北上在$k=7.5$情况比$k=15$情况要强些等等。

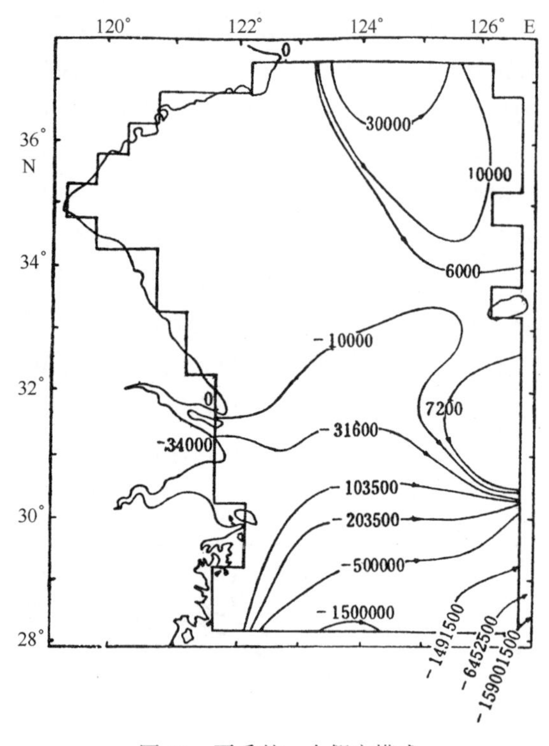

图 13　夏季的一个假定模式

在夏季边界条件下，实际地形，不考虑斜压效应，西南风 6 m/s，$k=15$

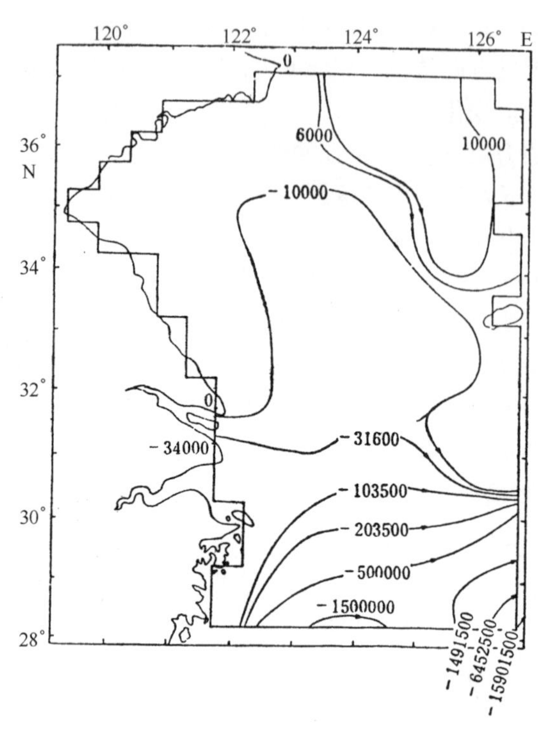

图 14　夏季的一个假定模式

在夏季边界条件下，实际地形，不考虑斜压效应，东南风 6 m/s，$k=15$

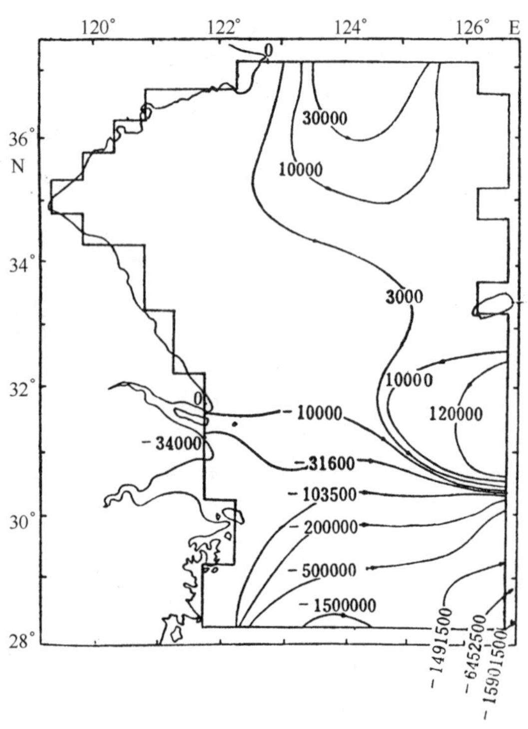

图 15　夏季的一个假定模式

在夏季边界条件下，实际地形，不考虑斜压效应，无风，$k=15$

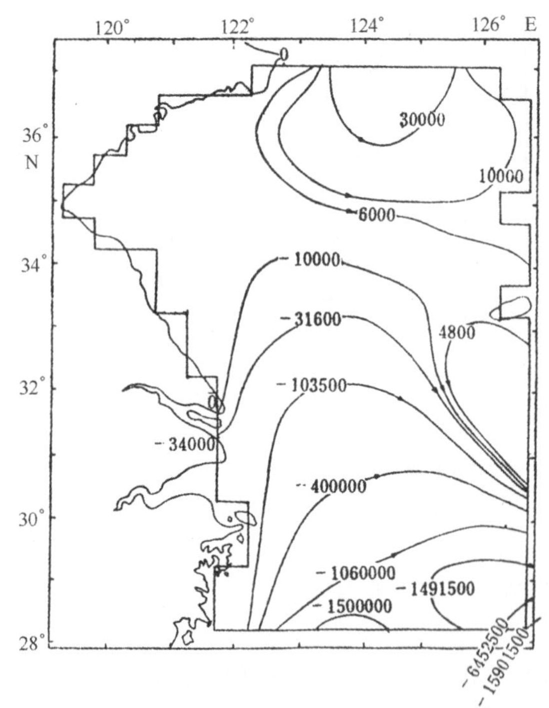

图 16　夏季的一个假定模式

在夏季边界条件下，平底地形（$H=60$ m），不考虑斜压效应，无风，$k=15$

4　结语

通过本模式计算，我们认为：

(1)本海区在冬季海水温、盐度是几乎呈垂直均匀状态的，因此不考虑斜压效应的单层模式，是可以得到与实际流况较符合的结果。在夏季海水有层化现象，即使对于水体运输的计算来说，单层模式也必须考虑斜压效应。

(2)在冬季，长江冲淡水南下的原因，是由于冬季偏北风场的作用。

(3)在夏季，长江冲淡水的转向机制与向东北方向输运水量的主要原因，是由于斜压场、夏季偏南风场与地形变化的相互作用的结果。而台湾暖流的影响，似乎主要是通过对斜压场大小的改变起作用的。

(4)在冬季，黄海暖流北上与黄海气旋式环流的形成，都是由于冬季的偏北风场作用的结果。在夏季，黄海冷水团所引起的气旋式密度环流，是黄海暖流北上的原因。在机理上，这与冬季使它北上的原因，是完全不一样的。但需指出，无论冬季或夏季，在黄海暖流流入本海区附近，斜压与地形变化的相互作用，也有利它的北上，但量级似乎较小。

(5)摩擦系数、边界条件、风速等，在变化的幅度不大时，对流场的影响，在总的趋向上是不大的，它们的变化都是细节的，局部的。

最后指出，本文主要从水体运输上，提出包括斜压效应的单层模式，并未考虑混合与多层模式等类问题，斜压场也需给出，这是本工作的局限。

主要符号说明

1. u，v 分别为海水的速度矢量在 x，y 方向上分量。
2. ρ：海水的密度。
3. ζ：海面起伏。
4. ψ：流函数。
5. H：海水深度($H>0$)。
6. b：摩擦系数。
7. k：无量纲摩擦系数($k=b/A_v$)。
8. A_v：垂直湍流黏滞系数。
9. f：Coriolis 参数。
10. $\vec{\tau}_w$：风应力。
11. $\vec{\tau}_b$：底部摩擦力。

参考文献：

[1]　管秉贤.中国沿岸的表面海流与风的关系的初步研究.海洋与湖沼，1957(1)：95-115.

[2]　管秉贤.有关我国近海海流研究的若干问题.海洋与湖沼，1962，4(3/4)：121-141.

[3]　毛汉礼，甘子钧，兰淑芳.长江冲淡水混合问题的探讨.海洋与湖沼，1963，5(3)：183-206.

[4]　近藤正人，玉井一寿.海洋科学，1975，7(通卷 63 号)(1)：27-33.

[5]　井上尚文.海洋科学，1975，7(通卷 63 号)，(1)：12-18.

[6]　奚盘根，张淑珍，冯士筰.东中国海环流的一种模型：Ⅰ．冬季环流的数值模拟.山东海洋学院学报，1980，10(3)：13-25.

A single layer model of the continental shelf circulation in the East China Sea

Yuan Yaochu[1], Su Jilan[1], Zhao Jinsan[1]

(1. *Second Institute of Oceanography, State Oceanic Administration, Hangzhou* 310012, *China*)

Abstract: The aim of this paper is to study the paths by which the outflow of the Changjiang River travels through the East China Sea. A vertically integrated model including the baroclinic effect is proposed and actual relief is used. The area considered covers from 28°N to 37°30′N, and is bounded by the China's coast on the west and by the Korea's coast or the 127°E on the east. Inputs along the boundary include: (1) net discharges from the Changjiang River and the Qiantang River; (2) Korea Nearshore Currents, Huanghai Nearshore Current, Zhejiang Nearsohre Curreut, (3) the Kuroshio, Taiwan Warm Current and Huanghai Warm Current. For summer circulations the effect of the Huanghai cold water is also modeled.

Numerical computations yield realistic patterns for summer and winter circulations. It is concluded that: (1) a vertically integrated model gives better results for winter circulations than those for summer circulations when baroclinic effect is considered, (2) the primary driving force of the winter circulations is the prevailng northerly wind field, and (3) the turning and spreading of the outflow of the Changjiang River is due to the combined dffects of the wind field, topography and baroclinicity, whereas the Taiwan current seems to exert its influence mainly through changing the baroclinic field. In addition, the mechanisms which cause the Huanghai Warm Current to flow northward are also analyzed.

刊于:海洋学报,1985,7(6):685-688.

关于黄、东海环流数值模拟方程的探讨*

袁耀初[1],苏纪兰[1],赵金三[1]

(1. 国家海洋局 第二海洋研究所,浙江 杭州 310012)

摘要:关于黄、东海的环流,近来已有不少数值模拟工作。由于各个工作所根据的控制方程式有所不同,模拟结果也有很大差异。本文从基本方程式出发,推导了几种形式的主控方程式,对分歧作了合理的解释,澄清了问题。

关于黄、东海环流问题,中外已有许多研究成果[1],近来更有一些数值模拟的工作,如奚盘根等[2-3](以下分别称为A文及B文)、冯士筰等[4]、袁耀初等[5-6](以下分别称为C文及D文)以及Choi[7]的工作。在C文中,曾对A文的主控方程及边界条件处理提出过质疑。最近B文则从与较完整方程的结果比较,认为A文在方程处理上是正确的。在理论分析中,方程的正确性是首要的,鉴于当初在C文中我们没有详细地指出A文中存在的问题,本着学术讨论的出发点,对这个问题的澄清是有必要的。

除D文及Choi文以外,其余数值模拟黄东海环流的工作都是采用定态线性模式,并忽略水平摩擦项,其原始方程为:

$$f\rho \boldsymbol{k} \times \boldsymbol{q} = -\nabla p + \frac{\partial}{\partial z}\boldsymbol{\tau}, \tag{1}$$

$$\frac{\partial \mathrm{p}}{\partial \mathrm{z}} = -\rho \mathrm{g}, \tag{2}$$

$$\nabla \cdot \boldsymbol{q} + \frac{\partial w}{\partial z} = 0, \tag{3}$$

式中,$\boldsymbol{q}$为水平流速;∇为水平del算子;$\boldsymbol{\tau}$为水平切应力;其他符号的意义是明显的,由方程(2)垂直积分可得

$$p = g\int_z^\zeta \rho \mathrm{d}z, \tag{4}$$

上式已假定在水面$z=\zeta$处,$p=0$。

A文首先对方程式(1)取旋度算子运算,再取其与$\boldsymbol{k}$的点积,得到

$$f\nabla\cdot(\rho\boldsymbol{q}) = \boldsymbol{k}\cdot\frac{\partial}{\partial z}(\nabla\times\boldsymbol{\tau}), \tag{5}$$

其次对上列的方程式垂直积分,并引入

$$\Gamma_0 = \int_{-h}^{\zeta} \nabla\cdot(\rho\boldsymbol{q})\,\mathrm{d}z, \tag{6}$$

便得

$$f\Gamma_0 = \boldsymbol{k}\cdot\nabla\times\boldsymbol{\tau}\Big|_{-h}^{\zeta}, \tag{7}$$

---

* 本文所讨论的海域,在本文涉及的主要文献中多称“东中国海”——编者注。

接着 A 文利用了下列的错误关系式

$$\boldsymbol{k}\cdot\nabla\times\boldsymbol{\tau}\Big|_{-h}^{\zeta}=\boldsymbol{k}\cdot\nabla\times\boldsymbol{\tau}_a-\boldsymbol{k}\cdot\nabla\times\boldsymbol{\tau}_b,\tag{8}$$

在式(8)$\boldsymbol{\tau}_a$ 为风应力,$\boldsymbol{\tau}_b$ 为底部摩擦力。而得到以下的不正确的主控方程式

$$\boldsymbol{k}\cdot\nabla\times\boldsymbol{\tau}_b=\boldsymbol{k}\cdot\nabla\times\boldsymbol{\tau}_a-f\Gamma_0.\tag{9}$$

方程式(8)的错误在于它不正确地交换了两种不同的算子。事实上,相应于式(8)的正确形式应为

$$\boldsymbol{k}\cdot\nabla\times\boldsymbol{\tau}\Big|_{-h}^{\zeta}=\boldsymbol{k}\cdot\nabla\times\boldsymbol{\tau}_a-\boldsymbol{k}\cdot\nabla\times\boldsymbol{\tau}+\boldsymbol{k}\cdot\frac{\partial\boldsymbol{\tau}}{\partial z}\Big|_{\zeta}\times\nabla\zeta+\boldsymbol{k}\cdot\frac{\partial\boldsymbol{\tau}}{\partial z}\Big|_{-h}\times\nabla h,\tag{10}$$

将式(10)代入式(7),利用式(1)消去切应力的导数项,并考虑边界条件

$$w\,|_{\zeta}=\boldsymbol{q}\Big|_{\zeta}\cdot\nabla\zeta,\tag{11}$$

$$w\,|_{-h}=-\boldsymbol{q}\Big|_{-h}\cdot\nabla h,\tag{12}$$

可得正确的主控方程式

$$\boldsymbol{k}\cdot\nabla\times\boldsymbol{\tau}_b=\boldsymbol{k}\cdot\nabla\times\boldsymbol{\tau}_a-f\Gamma_0-\rho\Big|_{\zeta}gJ(h,\zeta)-gJ\Big(h,\int_{-h}^{\zeta}\rho\mathrm{d}z\Big)-f(\rho w)\Big|_{\zeta}+f(\rho w)\Big|_{-h}.\tag{13}$$

与方程式(9)比较,可以看出 A 文的主控方程式少了划底线的 4 项,其中底线的第一项为地形与正压的相互作用项,大家熟知此项在各类海洋环流中都是很重要的。其中第二项是斜压地形的相互作用项,此项在层化流场中也是重要的。

再来比较 B 文中的主控方程式。首先,我们从方程式(13)导出与它们相类似形式的方程式。按 B 文中的处理,我们也采用 Boussinesq 假定,即 ρ 的变化只在静力平衡方程式(2)中考虑,则

$$\Gamma_0=\rho\int_{-h}^{\zeta}\nabla\cdot\boldsymbol{q}\mathrm{d}z=-\rho w\Big|_{\zeta}+\rho w\Big|_{-h},\tag{14}$$

将式(14)代入方程式(13)可得

$$\boldsymbol{k}\cdot\nabla\times\boldsymbol{\tau}_b=\boldsymbol{k}\cdot\nabla\times\boldsymbol{\tau}_a-\rho gJ(h,\zeta)-gJ\Big(h,\int_{-h}^{\zeta}\rho\mathrm{d}z\Big),\tag{15}$$

再按 B 文中的处理,取垂直积分中上限为 $z=0$,并引入全流函数

$$h\boldsymbol{v}=\int_{-h}^{0}\boldsymbol{q}\mathrm{d}z=\boldsymbol{k}\times\nabla\psi,\tag{16}$$

式中,$\boldsymbol{v}$ 为水平速度的垂直平均值。由 ζ 与 ψ 的关系式[例如文献[8]中方程式(1.77)]

$$\nabla\zeta=\frac{f}{gh}\nabla\psi-\frac{1}{\rho g}\int_{-h}^{0}(h+z)\nabla\rho\mathrm{d}z+\frac{\boldsymbol{\tau}_a}{\rho gh}-\frac{\boldsymbol{\tau}_b}{\rho gh},\tag{17}$$

方程式(15)可以简化为:

$$\boldsymbol{k}\cdot\nabla\times\boldsymbol{\tau}_b=\boldsymbol{k}\cdot\nabla\times\boldsymbol{\tau}_a-\frac{\rho f}{h}J(h,\psi)-\frac{1}{h}\boldsymbol{k}\cdot\nabla h\times(\boldsymbol{\tau}_a-\boldsymbol{\tau}_b)+\frac{g}{h}J\Big(h,\int_{-h}^{0}z\rho\mathrm{d}z\Big).\tag{18}$$

这就是大家所熟知的全流函数方程式,与 B 文中的主控方程式比较,可以看出 B 文多了一个所谓的热盐效应项 $f\Gamma_0$。注意到,在 B 文中 Γ_0 的意义已有所改变,它不再是 A 文中的 Γ_0 定义,即方程式(6),而变成 $\Gamma_0^*=\nabla\cdot\int_{-h}^{\zeta}\rho\boldsymbol{q}\mathrm{d}z=\int_{-h}^{\zeta}\nabla\cdot(\rho\boldsymbol{q})\mathrm{d}z+(\rho w)\Big|_{\zeta}-(\rho w)\Big|_{-h}$。同样采用 Boussinesq 假定,可以看出这个定义的 Γ_0^* 是恒等于零的,不应存在。而 B 文在推导主控方程过程中,虽然几处地方皆用了 Boussinesq 假定,唯独在计算 Γ_0^* 时,却没有用到这个假定,这样做违反了在逻辑上的一致性。此外,从以上分析可以看出,A 文中的主控方程式并非 B 文中主控方程式的简化式。该两个主控方程的正确形式应分别为方程式(13)与(18),而方程式(13)与(18)则是一致的。所以不存在一个为另一个简化形式的关系。

在 B 文中作了些量级估算来支持他们的看法。这些量级估算也存在着缺陷,而量级估算中参数取得不正确也直接影响了该文的数值计算结果。以下我们着重讨论这个问题。首先按 B 文取海底摩擦应力与平均流速成正比,即

$$\boldsymbol{\tau}_b = C\boldsymbol{v} = \frac{C}{h}\boldsymbol{k} \times \nabla\psi, \tag{19}$$

在取值时，B 文采用 $C=1\ \mathrm{g \cdot cm^{-2} \cdot s^{-1}}$，因而导致最后该文结论，方程式(18)右边最后的斜压与地形相互作用项，与所谓的热盐效应 fT_0 项，以及左边的所谓“主要项”底摩擦的影响，三者具有相同的量级。事实上，B 文中所取的 C 值大了近两个量级。按照大家所熟悉的底摩擦的另一种形式

$$\boldsymbol{\tau}_c = C_b\rho \mid v \mid \boldsymbol{v}, \tag{20}$$

式中，C_b 为无量纲数，一般为 10^{-3}数量级，参照 B 文所引用的文献[9]，我们取 $C_b \sim 2.5\times10^{-3}$(该书中方程式(1.56)漏印了密度 ρ)。按 B 文所取特征尺度(c.g.s 制)为 $h\sim3\times10^4$，$L\sim10^8$，$\psi_0\sim50\times10^{12}$，因此 $v\sim\psi_0/(hL)\sim16\ \mathrm{cm \cdot s^{-1}}$，比较方程式(19)与(20)，可以得到 $C\sim C_b\rho v\sim4\times10^{-2}\mathrm{g \cdot cm^{-2} \cdot s^{-1}}$，这个值量级与很多作者所得到的是相当的，例如 Winant 与 Beardsley 的文章[10]。这个值比 B 文所取得的 C 值小了近两个量级。事实上，大家熟知，在各类海洋环流中，地形与正压的相互作用项(方程式(18)右边第二项)一般来说是比海底摩擦项重要。正确的 C 值也会反映这种真实的情况。A 文中遗漏了地形与正压的作用项，而 B 文又因为取了过大的 C 值，导致这一项变得不重要。这两种做法对主控方程(18)的解的歪曲是一致的，因此这两篇文章的数值计算结果之所以相似也就可以理解了。

最后，对黄、东海的环流，我们认为在冬季偏北风场对流场的一些特征是有着重要的影响，这在 C 文及 Choi 文章中都得到证实。夏季黄、东海环流的一些特征在 C 文中曾估计是“由于斜压场、夏季偏南风场与地形变化的相互作用的结果。而台湾暖流的影响，似乎主要是通过对斜压场大小的改变起作用的。”从进一步的工作 D 文来看，台湾暖流以及地形与斜压的相互作用比风场更为重要。当然，D 文中的二层模式仍是比较理想化的，考虑参数变化的范围也不够广，对黄、东海环流的一些特征的认识，有待于我国海洋水文工作者共同努力。

参考文献：

[1] Guan Bingxian.A sketch of the current structures and eddy characteristics in the East China Sea//Proceedings of International Symposium on Sedimentation on the Continental Shelf,With Special Reference to the East China Sea. Beijing:China Ocean Press,1983:56-79.

[2] 奚盘根，张淑珍，冯士筰.东中国海环流的一种模式：Ⅰ. 冬季环流的数值模拟.山东海洋学院学报，1980，10(3)：13-25.

[3] 奚盘根，张淑珍，冯士筰.关于中国海环流模型的探讨.海洋学报，1984，6(6)：727-731.

[4] 冯士筰，张淑珍，奚盘根.东中国海环流的一种模型：Ⅱ. 夏季环流和相似准则.山东海洋学院学报，1981，11(2)：8-26.

[5] 袁耀初，苏纪兰，赵金三.东中国海陆架环流的单层模型.海洋学报，1982，4(1)：1-11.

[6] Yuan Yaochu,Su Jilan.A Two-layer circulation model of the East China Sea//Proceedings of International Symposium on Sedimentation on the Continental Shelf,Wich Special Reference to East China Sea. Beijing:China Ocean Press,1983:364-374.

[7] Choi B H.Note on currents driven by a steady uniform wind stress on the Yellow Sea and East China Sea.La Mer,1982,20:65-74.

[8] 萨尔基向.海流数据分析与预报.北京：科学出版社，1980.

[9] Ramming H G,Kowalik Z.Numerical modelling of marine hydrodynamic.Elsevier Sci.Fub.Com.,AmsterdamOxford-New York,1980.

[10] Winant C D,Beardsly R C.A comparison of shallow currents induced by wind stress.J Phys Oceanogr,1979,9(1):218-220.

刊于:黑潮调查研究论文集.北京:海洋出版社,1987:45-53.

东海 1984 年夏季三维海流诊断计算

袁耀初[1],苏纪兰[1],郑松筠[1]

(1. 国家海洋局 第二海洋研究所,浙江 杭州 310012)

1 引言

关于东海的环流,近来国内外已有不少的研究[1-4]。最近我们利用 1981 年 8 月中美沉积作用合作研究第二航次调查的水文与系泊海流资料,对该调查海区进行了水位高度与海流的诊断计算[5]。该计算表明,台湾暖流在该调查海区是起着主要作用的。黄海暖流的来源,至少在夏季时,一部分主要是在地形影响下,从台湾暖流分离出来的。此结论与我们的二层模式计算相符(见文献[2]373、374 页)。

1984 年 6 月 11 日至 7 月 18 日国家海洋局第一海洋研究所与第二海洋研究所,在东海进行了水文与系泊海流测量。本文在文献[5]的基础了,采用诊断数值计算方法求解涡度方程式,并最后得到测区三维海流的流场。通过分析,我们着重讨论以下的几个问题。

(1)台湾暖流的来源与流径;

(2)对马暖流的来源;

(3)浙江上升流。

2 控制方程式

在我们以前的研究(例如文献[5])中已指出,在东海环流动力学方程式中的非线性与侧向摩擦效应是可以忽略的,我们假定垂直涡动黏滞系数为常数,在右手坐标系(Z 轴向上),定态动量与连续方程式为

$$\left.\begin{aligned} A_z\frac{\partial^2 u}{\partial z^2}+fv&=\frac{1}{\rho_0}\frac{\partial p}{\partial x}\\ A_z\frac{\partial^2 v}{\partial z^2}-fu&=\frac{1}{\rho_0}\frac{\partial p}{\partial y}\\ -\rho g&=\frac{\partial p}{\partial z}\\ \frac{\partial u}{\partial x}+\frac{\partial v}{\partial y}+\frac{\partial w}{\partial z}&=0 \end{aligned}\right\}. \tag{1}$$

此地我们采用了 Boussinesq 假定,其中 ρ_0 是平均密度,即为常数。在海表面上,满足边界条件:

$$\left.\begin{aligned} \rho_0 A_z&=\frac{\partial u}{\partial z}=\tau_x\\ \rho_0 A_z&=\frac{\partial v}{\partial z}=\tau_y\\ w&=u\frac{\partial \zeta}{\partial x}+v\frac{\partial \zeta}{\partial y} \end{aligned}\right\}. \tag{2}$$

在海底上，满足边界条件

$$u = v = w = 0, \tag{3}$$

若假定水位场及密度场为已知，从方程式(1)可以得到 u、v、w 的解，其解析形式可参照有关文献(例如文献[5]。)由方程式(1)的垂直积分形式的涡度方程式，可得出关于 r_0 的控制方程式(例如见 Galt 等[6])，即为：

$$r\nabla^2\zeta - J(\zeta,H) = \frac{1}{\rho_0 g}\vec{k}\,\nabla\times\vec{\tau}_s + \frac{1}{\rho_0}J(\Phi_H,H) - \frac{r}{\rho_0}(\nabla^2\Phi)_H, \tag{4}$$

其中，

$$\Phi = \int_z^0 \rho\,\mathrm{d}z, \quad r = \frac{1}{2a}, \quad a = \sqrt{\frac{f}{2A_z}}.$$

在上述各方程式中，绝大多数所采用的符号是常用的量，我们不再一一说明。

方程式(4)边界条件的给出，在本文中可分3类：(1)利用系泊站的测流资料，求得该站与相邻两点的水位相对值。再沿通过这3点的等深线，求得在边界上相应点的水位相对值。在此利用了忽略风应力旋度及黏性项的方程(4)，细节见我们的以前工作[5]。(2)在无法用上述方式求水位的开边界点，可以用广义动力计算(Sarkisyan 方法)来求得水位的相对值。此法在水深较大处效果较好。(3)在固体边界上，假定法向流速的垂直积分为零，满足以下的关系式：

$$\frac{\partial\zeta}{\partial s} = \frac{1}{\rho_0 H}\int_{-H}^{0}\frac{\partial\rho}{\partial s}z\,\mathrm{d}z - \frac{1}{\rho_0}\int_{-H}^{0}\frac{\partial\rho}{\partial s}\mathrm{d}z + \frac{\tau_s}{\rho_0 gH} + \frac{1}{2aH\rho_0}\times\left(\int_{-H}^{0}\frac{\partial\rho}{\partial s}\mathrm{d}z - \int_{-H}^{0}\frac{\partial\rho}{\partial n}\mathrm{d}z\right) + \frac{1}{2aH}\left(\frac{\partial\zeta}{\partial s} - \frac{\partial\zeta}{\partial n}\right). \tag{5}$$

数值求解方程式(4)时，边界条件(5)可以通过迭代方法来满足，我们的数值计算表明，迭代过程中收敛速度是很快的。对于垂直速度可以从连续方程式的积分获得，即

$$W(z) = W(0) - \int_0^z\left(\frac{\partial u}{\partial x} + \frac{\partial u}{\partial y}\right)\mathrm{d}z. \tag{6}$$

3　数值计算

3.1　数据

1984年6月11日至7月18日国家海洋局第一海洋研究所与第二海洋研究所，在东海海区(25°~31.5°N、120°~128°E)，进行了大面积水文测量以及系泊站海流测量，图1给出了三维海流诊断计算的计算海区与计算网格点，地形分布也表示在图中。图1中虚线网格点为 T、S、ρ、ζ 以及 w 量所赋值点，相应编号按 X 方向为 $J'=0,1,2,3,4,5$，按 Y 轴方向为 $I'=0,1,2,\cdots,12$。实线网格点为 u、v 赋值点，相应编号按 X 方向为 $J=1,2,3,4,5$，按 Y 轴方向为 $I=1,2,3,\cdots,12$。网格大小 $\Delta X=0.673\ 45\times10^5$ m，$\Delta Y=0.006\ 11\times10^5$ m。

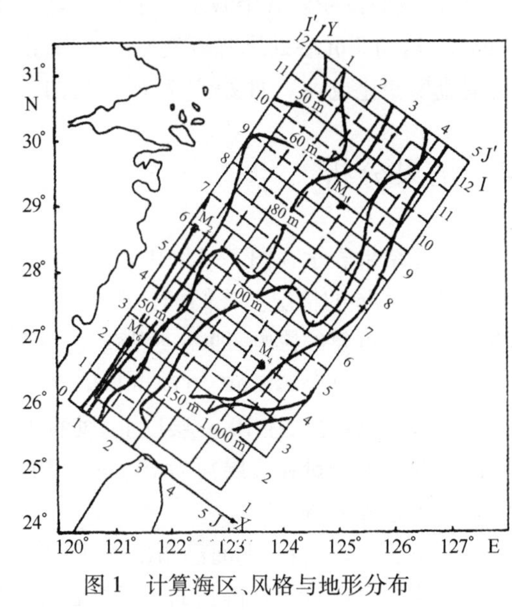

图1　计算海区、风格与地形分布

在调查期间，该海域内出现风向偏南，其平均风速为7.5 m/s。由于资料缺乏，不可能考虑非均匀风场，因此，假定风场是均匀的，风向取了西南风及南风两种情况，风速皆为7.5 m/s。为了做比较，我们也计算了风速为零的方案。但必须指出，斜压场中已包含了偏南风的影响。至于垂直涡动系数 A_z 分别取值为50及0 cm²/s，进行了计算。

在本计算中，除海区西部 $I'=0\sim7$ 的8个边界节点为固体边界外，其余都是开边界。在开边界上，若能联系到系泊

测流资料，一律采用它，否则应用广义动力计算方法，如前所述，此法在水深较大处效果较好，在岸附近浅水区，一般效果不好。在具体计算时，为了获得较可靠的水位边界条件，我们采用了系泊站 M_1 与 M_6 的系泊测流资料。由于 M_2 站与 M_6 站同在一条等深线上，在我们计算中不需要用 M_2 站资料。此外，如文献[7]指出，M_2 站余流变化显著，也不宜选作为计算资料用。4 个系泊站 M_1、M_2、M_4、M_6 的余流矢量计算参见文献[7]，从这些计算可知，M_6 站与 M_1 站的余流相当稳定，我们计算边界值时，利用 M_1 站（$Z=50$ m，深度 $H=85$ m）与 M_6 站（$Z=20$ m，深度 $H=50$ m）。M_4 站 $Z=5$ m 与 $Z=15$ m 处，余流变化相对大些。又考虑到 M_4 站 $Z=5$ m 的平均流速不大，其值只有 7 cm/s，这是与 5 m 处的风海流速度相当的，而 M_4 站 $Z=15$ m 处，又缺少了 6 月 21-26 日的观测记录，因此我们也没有采用 M_4 站的资料来计算水位边界值。

3.2　计算

计算结果表示在图 2~11 中。关于海流的性质，计算结果再次证实了我们以前论文[5]中的结论，即在近岸深度较浅的计算点，其离岸方向的速度分量有明显的非地转的性质，而在计算海区绝大部分计算点，除表层与底部 Ekman 层外，其离岸方向的或是沿岸方向的速度分量都是地转的。在表层受到风场的影响，风海流速度可以达到 10 cm/s，而在 20 m 以下流速改变甚小。即使在表层，在西南风、南风及无风 3 种情况下，整个流场的趋向也大致相同。这是因为在夏季，整个海区是由黑潮及台湾暖流所支配的，风的直接作用是次要的。

在我们计算中，也计算了 $A_z=50\ \mathrm{cm^2/s}$ 与 $A_z=100\ \mathrm{cm^2/s}$ 两种情况（相应 Ekman 层厚度 $\delta_E=11.4$ m 与 $\delta_E=16.1$ m）。计算表明，除在 0~10 m 层对流速有些改变外，其他层流速的改变也很小，但即使在 0~10 m 层，对于整个流场的趋向，二者也是一致的。理由在上面已谈过。

我们也把计算结果与测流系泊站流速进行了比较。由于 M_6 站只有一个深度测站（$Z=20$ m），在计算水位边界条件时已用过，不能再作比较。在 M_1 站测流深度为 $Z=15$ m，$Z=20$ m 与 $Z=73$ m，其中 $Z=20$ m，已用于水位边界条件，其他两层测量得到的平均速度，与 M_1 站周围的计算点上流速进行比较（M_1 站并不位于计算网格点），它的周围 4 个站为：$J=3$，$I=9$，10 以及，$J=4$，$I=9$，10。在 15 m 层，测得流速值与这 4 个站的平均流速值比较，只差 6%，平均方向相差 15°。在 73 m 水层，测得流速值与这 4 个站的平均流速值比较，相差 20%，这可能是因为此层实测速度较小，只有 5.46 cm/s，但平均方向只差 2°，关于 M_2 站由于在我们计算中，ζ 场的计算网格点与 u，v 计算网格点是不相同的，M_2 站位于速度网格点区域之外，不能进行比较，M_4 站几乎在 y 方向网格线上，我们采用它上下两站的平均值作比较，在 5 m 层处，余流测量值与计算平均流速相差 100%，即计算流速值偏大，角度相差 40°，这是由于以下几点原因：（1）如上已经指出，M_4 站余流很不稳定，而在我们诊断模式中假定了定常流动。因此，这样比较是不可靠的。（2）在 $Z=5$ m 处，平均实测流只有 7 cm/s，这与 5 m 层的风海流流速值相当，由于没有具体 M_4 站附近的风场资料，因此也很难比较。（3）M_4 站周围流场变化也大。如文献[7]所分析的。

4　结果分析

计算结果表示在图 2~11 中，除图 6（风速为零情况）以外，所有其他的图都是风速为 7.5 m/s 的西南风、$A_z=100\ \mathrm{cm^2/s}$ 的情况。我们的计算结果（如图 3）与水文分析[8]一样，很显然，两支外来的流系对东海陆架的环流起着重要的影响，即一支黑潮在台湾东北部分离出来，流向偏北的分支，可以称作台湾暖流的外海侧流。另一支来自台湾海峡，方向也是偏北，可以称作台湾暖流的沿岸侧流。

上一节已指出，在 10 m 层以上，风的作用对流速有一定影响，在本计算中，平均风速取为 7.5 m/s，由于风造成的速度分量在表层约为 10 cm/s，10 m 层约为 5.4 cm/s 以上。可知，对整个东中国海来说，在夏季主要影响还是外来流。

从流的性质来看，上面已指出过，除去表面与底部 Ekman 层以外，在本计算海区绝大部分基本上属于地转的。我们再比较计算得到的正压场 ζ 分布与水平流速分布，可以知道，大部分海区在 50 m 层以上，其流场

方向与 ζ 的等值线方向，是较为一致的，即使在 10 m 以上也是如此，这再次表明在夏季风场对本海区海流的影响是次要的。而在 50 m 层以下，流场方向与 ζ 等值线方向有明显的偏差，表明夏季时斜压效应在本海区的重要性。

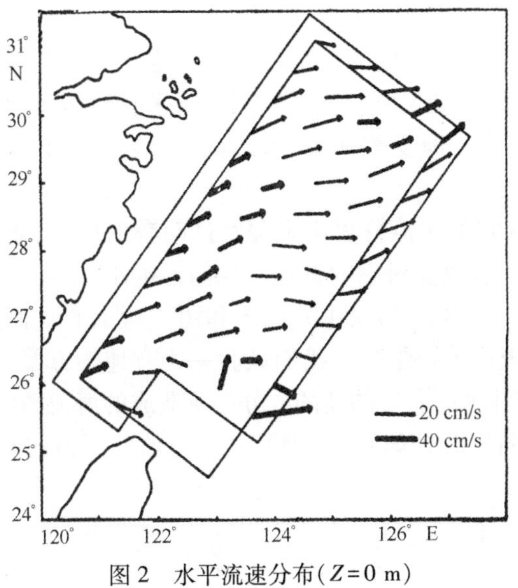

图 2　水平流速分布（Z=0 m）

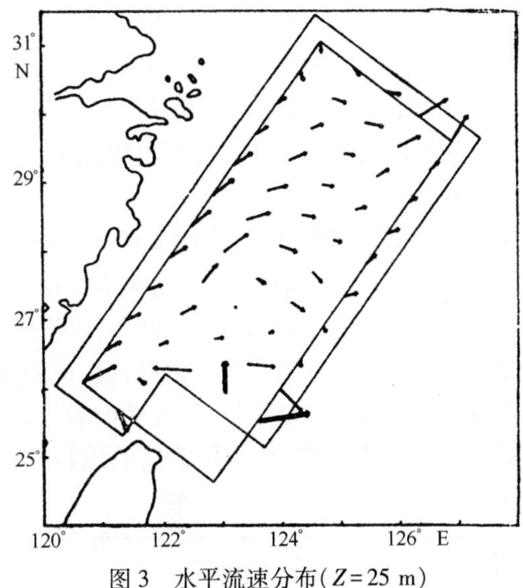

图 3　水平流速分布（Z=25 m）

外来海流不仅对水平流速分布起主要作用，而且在与地形的共同作用下，对流速的垂直分量也有重要的影响。计算表明，在舟山以南沿岸，都有上升流的发生。下面我们将分别对台湾暖流的来源与流径，对对马暖流的来源以及流速垂直分量分布与浙江上升流等问题，分别讨论。

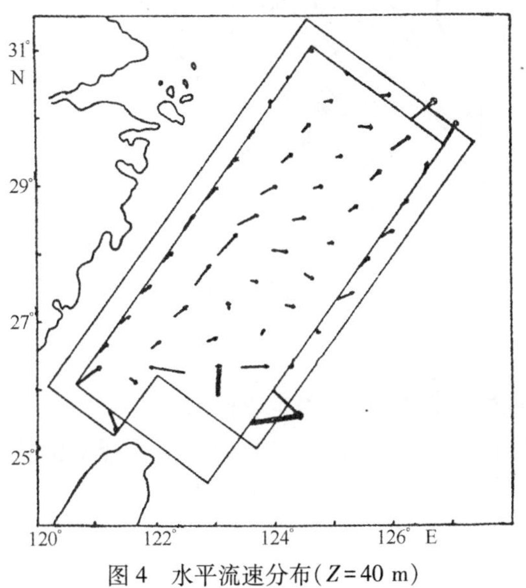

图 4　水平流速分布（Z=40 m）

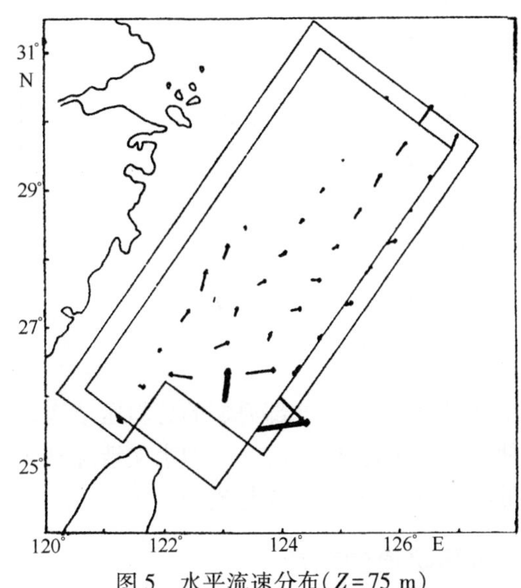

图 5　水平流速分布（Z=75 m）

4.1　台湾暖流的来源与流径

由图 2~4 可知，台湾暖流来源于两个方面，一支是来自台湾海峡的流，进入到本海区时，在 25 m 以上的平均流速约为 23 cm/s 左右，下层减弱，例如在 50 m 处，约为 11 cm/s 左右，这支流在上层由于受到西南风的影响，存在离岸方向的速度分量，这可以比较图 2 与图 6（风速为零）可以知道，但随深度增加，流向方向逐渐偏向沿岸方向，在 50 m 稍有向岸方向的分量。另一支来自于台湾东面的黑潮，它在台湾东北部分离出一支较强的流，在钓鱼岛以西进入东海陆架。如图 2~5 所示，在 26°N、122°50′E（J=4，I=3）附近，深度 0~100 m

之间平均流速约为 31 cm/s，方向为偏北方向，以较大宽幅，最后转向为东北方向。从潘玉球等的水文分析[8]可知，这股流最后沿黑潮西侧北上。在此还需指出，这个流态与最近王卫的正压模式的结果[9]有相似之处。但必须指出，从后面的讨论看来，斜压的效应也很重要。只是在这里正压与斜压的作用是一致而已。计算结果还表明，由台湾东北部分离出来的黑潮分支，从流的性质分析，除去表层与底部 Ekman 层以外，不论 u 分量或 v 分量，都是十分地转的，即保持了黑潮流动基本是地转流的这个特性。从这两支流的强度比较，来自台湾东北部的黑潮分支要强得多。东海环流基本上是受到黑潮分支的控制以及来自台湾海峡的流的影响。而风的直接影响主要是对上层流速的分布，而对整个东海夏季环流来说，在表层以下风的直接影响是很次要的。

我们会提出这样的问题，为什么有这样一支黑潮分支从它的主流分离出来呢？这问题的解决，还需进一步扩大海区进行深入调查，并结合更大海区的数值模拟研究，以探讨它的机理。我们根据水文调查资料，并结合诊断模式计算，可以看出在 26°N、122°~123°E，有个冷水区（如文献[8]图 3 和图 4 所示的），而这一带盐度基本均匀。计算结果的 ζ 值在这里正如所期待的有极小值（图 7）。我们试验一个有趣的方案，设边界上人为地去掉这点 ζ 极小值，以线性内插代之。那么数值计算所获得的新的 ζ 分布所造成的海流，在该点附近仍旧是偏北方向的，在表层速度的地转分量比原来的向顺时针偏 6.9°，但其速度量值为原值的 0.322 倍，但随深度增加，两者更为接近些。

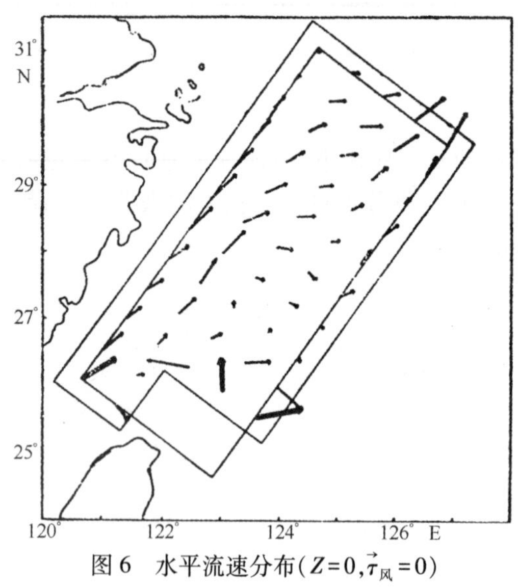

图 6　水平流速分布（$Z=0, \vec{\tau}_{风}=0$）

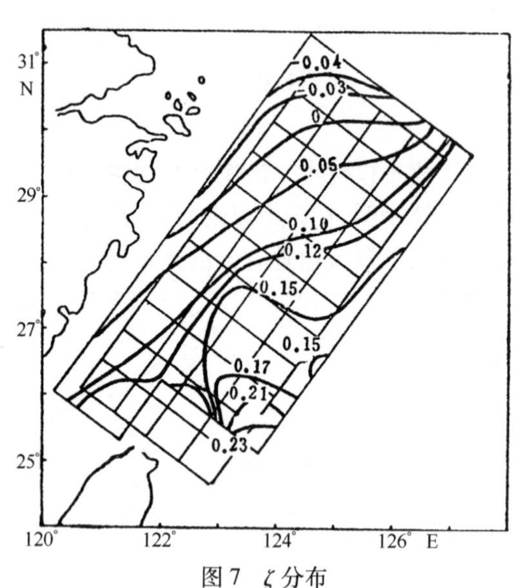

图 7　ζ 分布

由此可见，台湾东北部海域的总斜压结构，对这支北上的流的存在，也起着主要作用。

从以上分析可知，台湾北部的水文情况甚为复杂，那里的正压场与斜压场结构直接决定黑潮的这一支分支的存在以及强弱、位置与流径。

4.2　对马暖流的来源

从我们的诊断计算表明，在本海区的东北部，似乎并不存在黑潮的一支北上的分支（计算海域的北端基本在陆架坡折以内），即不存在传统称为对马暖流的分支。但在台湾东北部分离出来的黑潮分支，如前所述，它经反气旋的流动，以较大宽幅流向东北，最后沿黑潮西侧北上。这支流继续北上，又与台湾暖流部分流汇合而加强，成为对马暖流。这一点，也与王卫的正压模式[9]一致，但是如前所指出，斜压的效应可能也是重要的。关于黄海暖流，如以前我们所分析的（如文献[5]），至少在夏季，黄海暖流的来源之一，是从台湾暖流分离出来的，并在济州岛西南，沿着地形向西北方向流动。这些看法，有待进一步的调查及数值模拟证实。

4.3　流速垂直分量分布及浙江上升流

从钓鱼岛断面($I'=3$)的垂直速度分布(图8)可知，在水深为170 m处(近黑潮区)下层水是下降流。而在台湾东北部，由于有一支方向为偏北的，即向陆架爬升的水平流存在，流速的垂直分量向上并较大，其极大值约为29.3×10^{-4} cm/s。图8的结构意味着，黑潮在台湾东北入侵陆架的位置似乎应在$I'=3$断面之南，这与水平流速的分布情况是一致的。$I'=4$断面，类似于$I'=3$断面，流速垂直分量的极大值约为20.6×10^{-4} cm/s。但$I'=4$以北方向的各断面，如$I'=5$，6等断面，流速的垂直分量显著地减小，例如图9，$I'=5$断面的垂直方向的流速的极大值只有$15\times10^{-4}\sim16\times10^{-4}$ cm/s。在整个海区底部附近的垂直方向速度，除陆坡附近及舟山以北两个断面$I'=10$与11(如图10)以外，都是涌升的，而舟山以北的垂直方向的流速虽为下降，由于量值太小，应为计算误差范围之内。我们注意到，除$I'=3$的断面上最东面一点以外，其他的所有计算w的点都已离开坡折地带，位于陆架之上。总的来说，在本海区中涌升海区要大于下降海区。

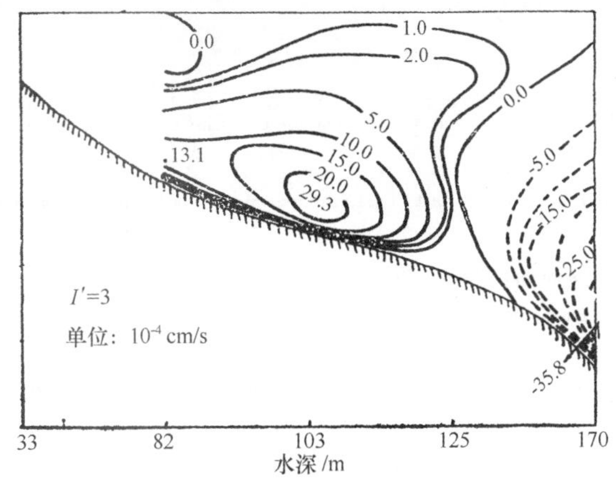

图8　速度的垂直方向分量分布($I'=3$断面)

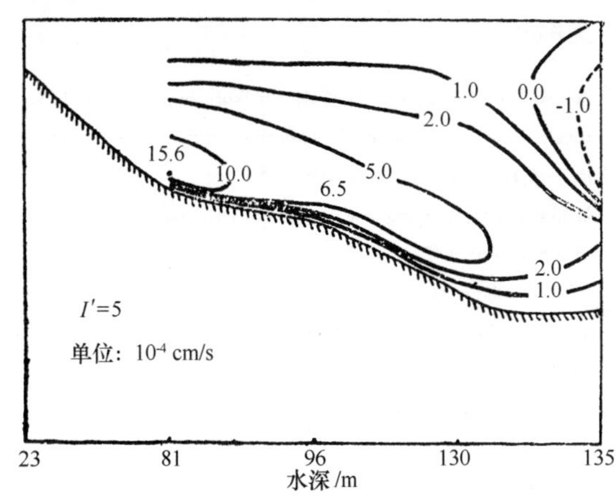

图9　速度的垂直方向分量分布($I'=5$断面)

最后，我们来看一下，在浙江沿岸附近的上升流的情况。从图11($J'=1$断面)可知，舟山(30°30′N、124°E)以北，上升流在此断面上不出现，但舟山以南沿岸(水深50～80 m之间)，则都有上升流发生。如图11可知，w的分布中有几个核心组成，最强核心在渔山列岛以南($I'=5$)，w极大值出现在底部附近，达到15.6×10^{-4} cm/s，而再往北又有一个强核心，w极大值出现在底部附近，达到6.4×10^{-4} cm/s。而上升流范围是越往北越向上扩展的。从这里可知，浙江沿岸附近出现了范围较大的上升流，它向北并向表面扩展。从深度方向来说，最大涌升速度大都出现在底层，其值在$4\times10^{-4}\sim16\times10^{-4}$ cm/s，这是与文献[10]中所指出范围的量级是一致的。其次，风速为零的方案与西南风场的方案比较，发现速度的垂直分量基本上不改变。而在表层附近W虽有些改变，但两者w值都极小，近似为零。由此可见，均匀风速的直接效应不是产生浙江上升流的原因。当然，我们必须指出，斜压场的结构已经包括了本海区受偏南风影响的特征。但是考虑到台湾暖流在本海区动力学上的重要性，我们认为地形与台湾暖流的作用，也是产生浙江夏季上升流的主要原因之一。这一点我们还可以从另外角度可知，由图11，浙江上升流最强发生在浙江南部沿岸，而在那里台湾暖流较强，因此上升流强度也是最大的。胡敦欣等[11]曾指出："对本海区来说，风不是上升流的主要动力；而黑潮北上余脉沿东海陆架海底抬升却是主要的。"从我们的计算结果看，上升流的动力机制似乎应该是这样的，台湾暖流在闽浙沿岸基本沿等深线北上，在地形影响下，其动力条件在底部边界层诱导了非地转流横穿等深线向岸流动，是导致上升流产生的主要原因，这也是为什么上升流最大处发生在底部边界层中的原因，此地上升流产生的主要原因，似乎不是由于黑潮余脉沿东海陆架海底的抬升的结果，Peng等[12]在作美国加州西岸海区的海流诊断计算时，也得出与我们相类似的结果。

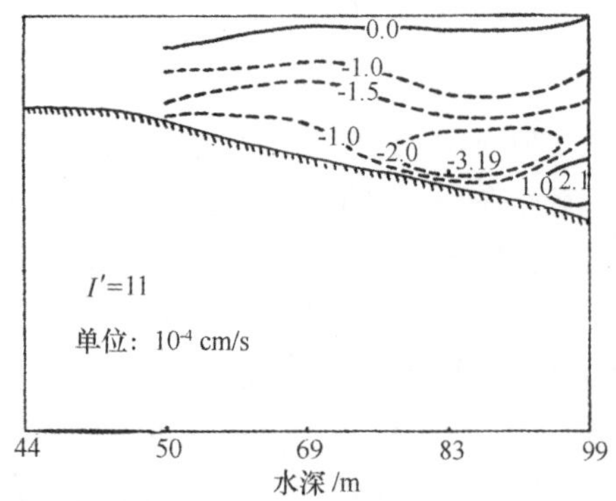

图 10　速度的垂直方向分量分布（I′＝11 断面）

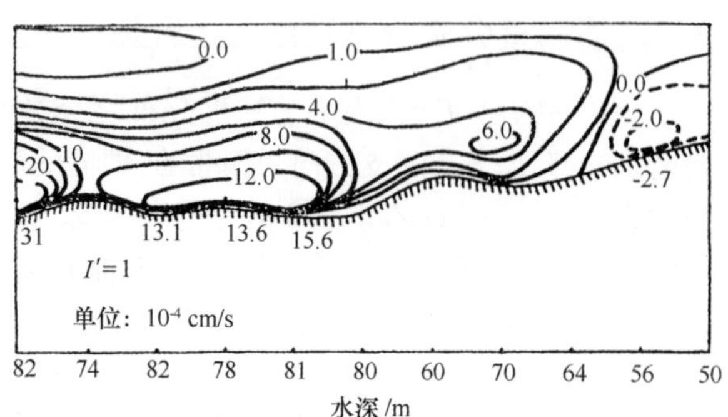

图 11　速度的垂直方向分量分布（J′＝1 断面）

参考文献：

［1］ Lchiye T.Proceedings of First JECSS Workshop,(Eds.),1982.

［2］ Rroceedings of International Symposium on Sedimentation on the Continental Shelf,With Special Reference on the East China Sea,Hangzhou China. Beijing:China Ocean Press,1983:952.

［3］ Milliman J D,Jin Qingming, Sediment Dynamics of the Changjiang Estuary and the Adjacent East China Sea,Special issue of Continental Shelf Research 4,NOS 1/2,1985:251.

［4］ Ichiye T.Ocean Hydrodynamics of the Japan and East China Seas,Elsevier Oceanography Series,39.

［5］ Yuan Yaochu,Su Jilan,Xia Sangyan.A diagnostic model of summer circulation on the north-west shelf of East China Sea.Proceedings of Third JECSS Workshop,1986,17(3/4):163-176.

［6］ Galt J A.A finite-element solution procedure for the interpolation of current data in Complex Regions.Journal of Physical Oceanography,1980,10(12):1984-1997.

［7］ 浦泳修,苏玉芬,许小云.东海南部流场的若干特征//黑潮调查论文集.北京:海洋出版社,1987.

［8］ 潘玉球,苏纪兰,徐端蓉.1984 年 6—7 月(夏季)台湾暖流附近海域的水文状况//黑潮调查论文集.北京:海洋出版社,1987.

［9］ 王卫.东中国海黑潮流系和涡旋现象的一个正压模式.硕士论文,国家海洋局第二海洋研究所,1985.

［10］ 潘玉球,徐端蓉,许建平.浙江沿岸上升流区的锋面结构、变化及其原因,海洋学报,1985,17(4):401-411.

［11］ 胡敦欣,吕良洪,成熊庆,等.关于江浙沿岸上升流的研究.科学通报,1980,25(3):131-133.

［12］ Peng C Y,Hsueh Y.A Diagnostic calculation of continental Shelf Circulation.Technical Report,Florida,1974.

Diagnostic calculation of three-dimensional circulation in the East China Sea (summer 1984)

Yuan Yaochu[1],Su Jilan[1],Xia Songyun[1]

(1. *Second Institute of Oceanography*, *State Oceanic Administration*,*Hangzhou* 310012,*China*)

Abstract:Based on the hydrographic data and moored current meter records during summer cruise (June 11-July 18,1984),a diagnostic calculation of the three dimensional ocean circulation in the survey area was performed.The calculated results showed:(1) Taiwan Warm Current was the dominant feature throughout the area and it was composed of two current systems,namely,the offshore branch of Taiwan Warm Current which was branched out from the Kuroshio northeast of Taiwan and the nearshore branch of Taiwan Warm Current which originated from the Taiwan Strait.(2) The main cause for Zhejiang coastal upweling is due to the interaction of Taiwan Warm Current and bottom topography and the magnitude of vertical component of velocity w near Zhejiang coastal area ranged $4\times10^{-4}-16\times10^{-4}$ cm/s.

刊于:黑潮调查研究论文集.北京:海洋出版社,1987:54-60 .

东海 1984 年 12 月—1985 年 1 月冬季三维海流诊断计算

袁耀初[1],苏纪兰[1],郑松錡[1]

(1. 国家海洋局 第二海洋研究所,浙江 杭州 310012)

1 引言

关于东海环流的研究已有过很多报道,我们在文献[1]中也曾做过概述。在文献[2]中,我们利用 1984 年 6 月 11 日至 7 月 18 日水文与系泊测流调查资料,做了东海夏季三维海流的诊断计算。该计算再次表明,台湾暖流在东海环流系统中起着主要作用,并着重讨论了台湾暖流的来源与流径,对马暖流的来源,以及浙江沿岸上升流。

本工作为文献[2]的继续,采用同样的计算方法,利用 1984 年 12 月至 1985 年 1 月国家海洋局第一海洋研究所与第二海洋研究所,在东海进行的水文与系泊海流测量资料,做了东海冬季三维海流的诊断计算。通过分析与对比,我们着重讨论以下 4 个问题:(1)沿岸流;(2)台湾暖流的来源与流径;(3)对马暖流的来源;(4)浙江沿岸上升流。

2 数值计算

本研究采用的诊断模式,与文献[2]中夏季三维海流诊断模式是相同的,控制方程式与边界条件等都可以参照文献[2]。在此不再重复。以下我们着重讨论有关冬季数据及计算方面的问题。

2.1 数据

图 1 给出了冬季三维海流诊断计算的计算海区与计算网格点、地形分布也表示在图中。图 1 中虚线网格点为 T、S、φ、ζ 以及 W 量所赋值点,相应编号按 x 方向为 $J'=0,1,2,\cdots,11$,按 y 轴方向为 $I'=0,1,2,\cdots,12$。实线网格点为 u、v 赋值点,相应编号按 x 方向为 $J=1,2,\cdots,10$,按 y 轴方向为 $I=1,2,3,\cdots,12$。网格大小为 $\Delta x=0.367\ 03\times10^5$ m,$\Delta y=0.639\ 78\times10^5$ m。

在调查期间,该海域内风向偏北,我们根据 1984 年 12 月 25 日—1985 年 1 月 31 日在南麂、台山与大陈 3 站的风场资料,取风速为 8.5 m/s 的均匀北风,作为我们的计算的风场,A_z 值取为 100 cm²/s。

如夏季情况一样,为了获得较可靠的水位边界条件,我们应尽可能采用系泊站的测流资料。冬季航次总共有

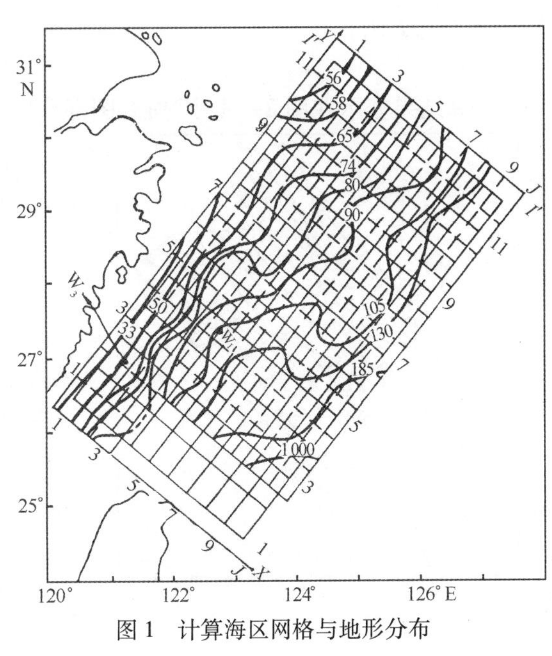

图 1 计算海区网格与地形分布

两个系泊站，W_1 与 W_3。W_1 站位于 27°20′N，122°45.5′E，实测水深为 $H=105$ m，测量层次为 $z=5$ m，20 m，50 m 以及 90 m，$z=5$ m 层在表面 Ekman 层内，并且测量时间短，没有采用。在 $z=90$ m 层，测量时间也较短，且靠近底部 Ekman 层，也没有采用。在 $z=20$ m 与 $z=50$ m 处，测量时间为 1 月 11 日至 1 月 27 日，时间较长。从它们的余流矢量计算[3]可知，其余流是较稳定的，在具体计算时，我们采用 $z=50$ m 处测流的平均值。W_3 站位于 26°58′20″N、121°06′50″E，实测水深为 50 m，测流层次为 5 m，20 m，45 m，测量时间皆为 1985 年 1 月 6 日至 1 月 17 日，它们的余流矢量计算参见文献[3]。对于 $z=5$ m 层及 45 m 层，同上述理由没有采用。由文献[3]可知，W_3 站所有层次的流速都很不稳定，例如 $z=20$ m 层，在 1 月 11 日以前流向基本是西南方向的，而在以后转向为东北方向，即完全相反方向的流速。这可能是由于在冬季调查期间锋面左右摆动的缘故，造成完全相反方向的流速。因此我们不能采用矢量合成方法来求 20 m 层的流速平均值。事实上，我们也曾做过试验性方案利用过这样的平均值来求得水位边界条件，但其结果不好。在这种情况下，我们最后还是采用广义动力计算方法（Sarkisyan 方法）来求得水位相对值。关于这一点，我们在以下还要谈到它。

2.2　计算

除 800 m 以下水层以外，计算层次按大面调查标准层次。计算结果表示在图 2~11 中，在下节我们将作详细讨论。在此讨论计算结果与测流系泊站的平均流速进行的比较。W_1 站的测流深度为 $z=50$ m，20 m，50 m，90 m，其中 $z=50$ m 已用于水位边界条件，在其 3 层，5 m 层不是计算层次，利用 0 m 层与 10 m 层计算结果与实测资料平均值相对比，流速值相差 58%，方向差 6°，即速度值误差较大，方向较吻合。这是由于5 m 层处处在表面 Ekman 层中，而当时的风场情况了解并不精确，还有 A_z 取值问题等。此外，测流时间短也是原因。同样在 $z=90$ m 层，情况也是相同，它的临近两个计算层为 $z=75$ m 与 $z=100$ m，$z=100$ m 处于底部 Ekman 中（水深 $z=105$ m），我们利用这两个计算层的流速，对 $z=90$ m 流速进行估算，并与实测流速平均值相比较，流速值相差 8%左右，方向相差 2°左右。同样，这里有 A_z 取值与测流时间短的问题，结果较为吻合，可能是巧合。最后，比较 W_1 站 $z=20$ m 层，20 m 层恰好是计算层次，W_1 站几乎处在 $J=4, I=4$ 与 $J=4, I=5$ 两个网格点之间，但更近网格点 $J=4, I=5$，这两站加权平均计算流速值与实测流速平均值相比较，流速值相差 20%，平均方向只差 0.4°，因此流速方向是非常吻合的。由上述 W_1 站 3 层的计算流速与实测流速比较，可知两者的流速方向都甚为吻合，即该站流速方向较为稳定。至于 W_3 站，如上所述，由于锋面在测量前期与后期的摆动，进行比较的效果不好，而计算结果（例如图 4，20 m 层），也的确反映了在锋面两侧流速方向完全相反，证实了我们的看法。

3　结果分析

计算结果表示在图 2~11 中，所有图都取风速为 8.5 m/s 的北风，A_z 取值 100 cm^2/s。

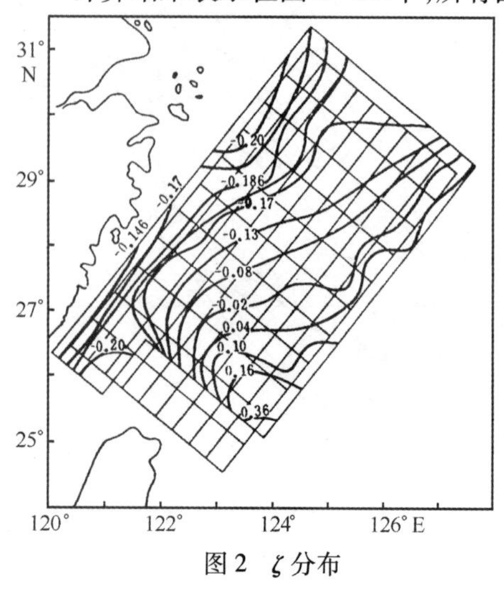

图2　ζ 分布

计算再次表明以前论文[1-2]的结论，即除在近岸深度较浅的计算点，其离岸方向的速度分量有明显的非地转的性质外，其他计算结果都表明，在表层与底部 Ekman 层外，基本上是地转的。在表面 Ekman 层受到风场影响，要比夏季强。风海流在表层可达到 13 cm/s，在 10 m 层为 7.34 cm/s，在 20 m 层为 4.6 cm/s，在下层次，风的影响就很小了。尽管如此，由图 3~6 可知，外来的流系，即黑潮在台湾东北部分离出来的、流向偏北分支，对东海陆架的环流起着重要的影响。这支分支是台湾暖流重要来源之一，在夏季时，我们称它为台湾暖流外海侧流。风的影响是其次的。如果没有台湾暖流，只考虑风生环流，则东海环流完全是另外一种方式，这可以比较 Choi 的结果[4]（图 5~8）、文献[5]与我们的计算结果可知。

图 2 给出正压场 ζ 分布，比较图 1 和图 2 可以知道 ζ 分布与地

形分布有相似之处，特别在近岸海区西部、若将 ζ 场分布与各层流速方向比较，除去海区西南与东南部分之外，表面流与 ζ 等值线方向不甚一致，这反映在表层大部分海区风海流占重要成分，但在 20 m 层至 75 m 层，海流方向大致上与 ζ 等值线方向一致，在 100 m 水层，二者的方向有些偏差，大于 100 m 的水层偏差更大些，这是由于 100 m 以下黑潮的斜压场在起着作用。我们注意到在夏季 50 m 层以下海流方向与 ζ 场方向就有明显偏差。

冬季与夏季一样，外来流与地形的共同作用；对流速的垂直方向的分量有重要影响。此外，由于冬季还存在较强的锋面，它对流速的垂直方向的分量也有重要影响，下面我们将分别讨论以下几个问题：(1)沿岸流，(2)冬季台湾暖流的来源与流径，(3)对马暖流的来源，(4)流速的垂直方向分量分布与浙江沿岸上升流问题。

3.1　沿岸流

冬季的重要水文特征之一是在沿岸附近出现锋面现象(参见文献[6]图 2)。我们的计算结果表明，此锋面位于计算海区的 29°N 以南，$J=1$ 与 $J=2$ 之间。锋面左侧为沿岸流，在表面(见图 3)沿岸流方向向南，最大速度为 25.6 cm/s，最小速度为 14.5 cm/s，在 10 m 层，沿岸流在 $J=1$ 断面的北部已有向岸方向的分量，而南部仍是平行于沿岸方向，速度最大为 16.9 cm/s，最小为 11.2 cm/s。自 10 m 层以下，$J=2$ 上的流或有向锋面辐合的明显流势，或者是逆风方向北上。到 30 m 水层时(见图 4)，$J=1$ 断面上 29°N 以北的流已指向北，29°N 以南的流动基本上仍为西南方向，最大速度只为 6 cm/s，最小为 3.8 cm/s。

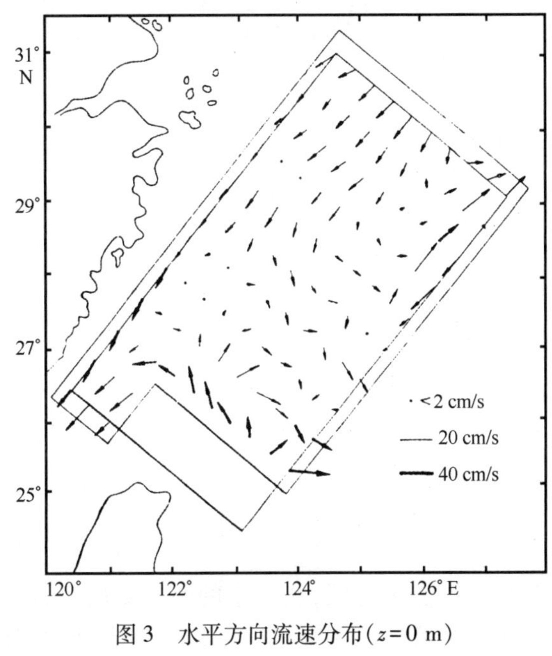

图 3　水平方向流速分布($z=0$ m)

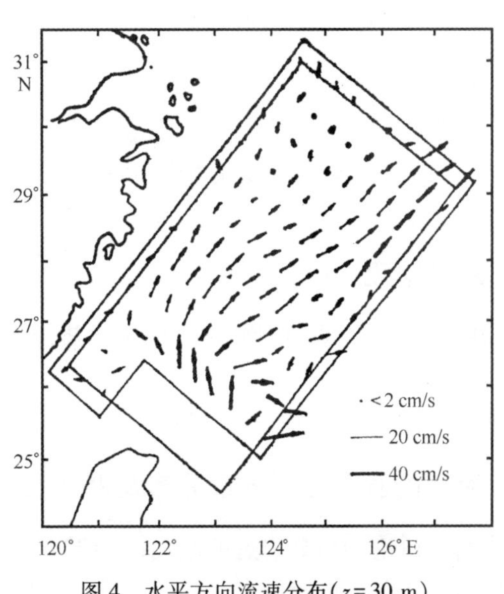

图 4　水平方向流速分布($z=30$ m)

3.2　台湾暖流的来源与流径

从夏季三维海流诊断计算[2]可知，台湾暖流来源于两个方面，一支来自台湾海峡方向偏北，为台湾暖流的沿岸侧流，另一支是黑潮在台湾东北部分离出来，流向偏北的、较强的分支。冬季的情况可以参看图 3~6，黑潮在台湾东北部仍明显分离出一支较强的、偏北方向的流，在钓鱼岛以西进入东海陆架。计算结果表明，其 0~100 m 的平均流速为 34 cm/s 左右，这与夏季的平均值 31 cm/s 相差不大，这支流的幅度较大，一部分向岸方向入侵，直达锋面的右侧，并沿锋面右侧北上，其他大部分以顺时针方向转向东北方向，基本上沿着等深线方向流动(图 3~6)。冬季的计算结果中，看不出有一支如夏季那样从台湾海峡来的北上海流。我们也曾利用在 W_2 站 1985 年 1 月 14—17 日 4 天流速测量平均值(其方向偏北)，来计算水位边界值，这样得出结果仍与上述结果相似，看不出有一支从台湾海峡而来的北上海流。但是，由于我们的计算海区并不包括台湾海峡的东部(图2),所以不能排除有一支从台湾海峡而来的北上海流,自 $J=4,5$ 一带北上,再受台湾东北黑潮分支挤压而向岸流去。关于这个问题,管秉贤[7]根据南海北部,台湾海峡西、中部和闽、浙近海已有实测流资料,曾指出:"在浙、闽、粤沿岸区域,冬季除了顺风流动的海流外,也存在着逆风流动的海流。……因此,联系分别位于台湾海峡以北及以南的台湾暖流和南海暖流来看,冬季在台湾海峡的西部及中部也可能存在着一支类似的逆风海流,并通过它把上述两支海流联系起来,形成一支贯穿东、南海的中国近海逆风北上海流。这是一个创见。由于缺乏台湾海峡的全面资料,有关这个问题的进一步结论有待于今后调查研究。最后,值得指出的是我们的计算结果与井上尚文的调查结果(见文献[6]图7冬季表层附近的流速分布),从形态上及量值上都有相近之处。该调查区在台湾东北与我们的B、C断面的东部位置相近。

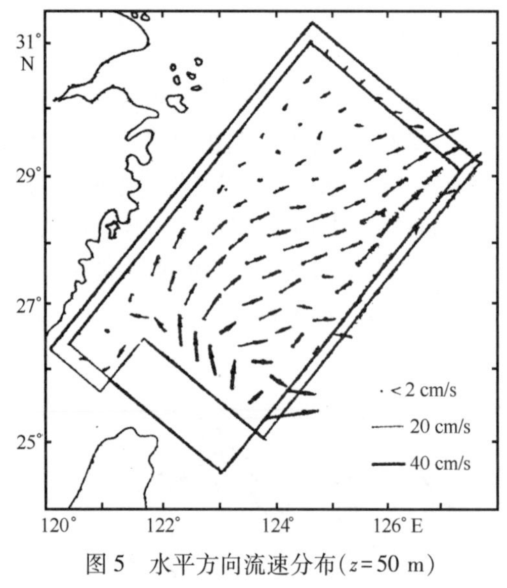

图5　水平方向流速分布($z=50$ m)

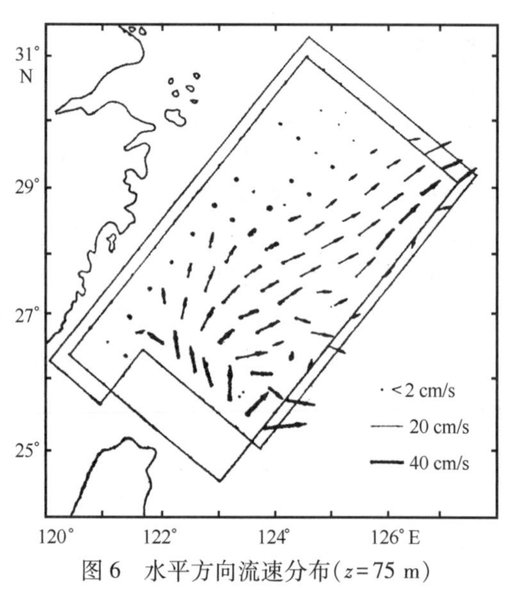

图6　水平方向流速分布($z=75$ m)

3.3　对马暖流

如夏季情况一样,在计算海区的东北部,似乎不存在另外一支黑潮的分支(计算海域的北端基本在陆架坡折以内),即不存在传统称为对马暖流分支。我们认为台湾暖流外侧分支继续北上,又与台湾暖流内侧分支部分流汇合而加强,成为对马暖流。这一点,与夏季情况类似。

3.4　流速的垂直方向分量分布及浙江沿岸上升流

我们先讨论钓鱼岛附近的断面($I'=3$)的 w 分布。断面右端为黑潮海区,比夏季的断面更向东,最深为1 005 m,从图7可以看出有数个上升流的核心,坡折附近的上升流核心明显地表示黑潮向着陆架方向爬升。其次图中也表示在 $I'=3$ 断面以南,约 $J'=5,6$ 附近,已有黑潮分支台湾暖流入侵陆架,从 w 垂直结构来看,黑潮与台湾暖流是两个系统的,这与夏季的情况完全一样。在 $J'=2$ 计算点(即断面左端)再次出现正的 w,其极大值为 32.4×10^{-4} cm/s,如前所述,这可能是黑潮分支继续向西北朝锋面爬升。但也不能排除可能从台湾海峡而来的海流爬升,值得进一步研究。我们注意到 $J'=1$ 为下降流核心,而 $J'=2$ 为上升流核心,这也反映沿岸锋面存在于 $J'=1$ 与 $J'=2$ 之间的事实。至于 $J'=3$ 处为下降流可能是反映了黑潮水与台湾暖流水的锋面存在于 $J'=3$ 与 $J'=4$ 之间的事实[6]。外来流向陆架的爬升,愈向北断面,w 值愈减小(如图8),但在 $I'=11$ 断面(图9),陆架坡附近的 w 又增大。比较所有的 I'断面,可以知道,除 $I'=5,10$ 两个断面之外,其余的陆架坡折附近,w 都是正的,即都是爬升的。而在 $I''=5$ 断面 w 分布类似于夏季情况图8($I'=3$ 断面)[2]。

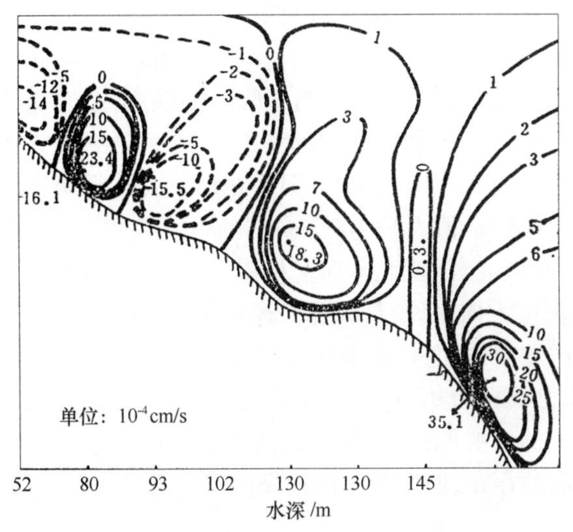

图 7　流速的垂直方向分量分布（$I'=3$ 断面）

单位：10^{-4}cm/s
60 68 76 82 92 96 96 97
水深 /m

图 8　流速的垂直方向分量分布（$I'=7$ 断面）

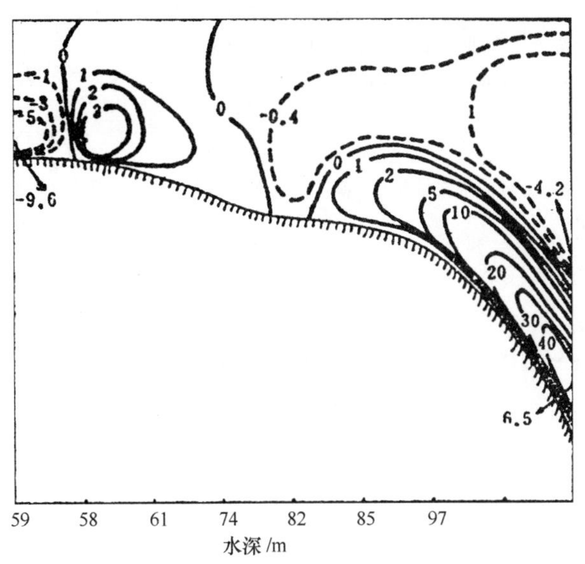

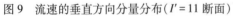

图 9　流速的垂直方向分量分布（$I'=11$ 断面）

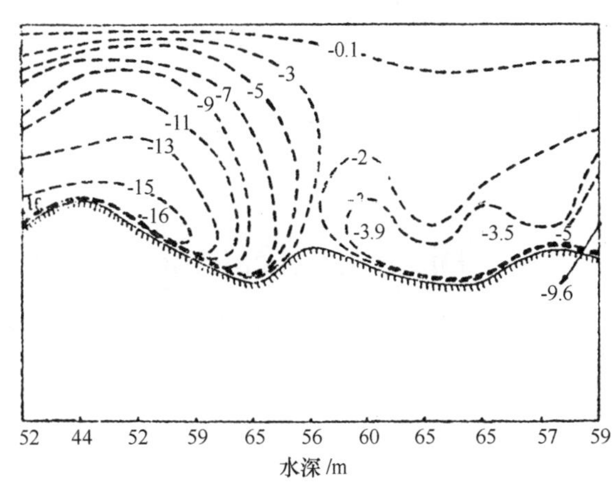

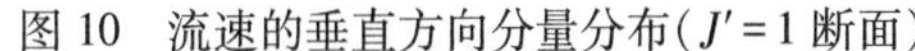

图 10　流速的垂直方向分量分布（$J'=1$ 断面）

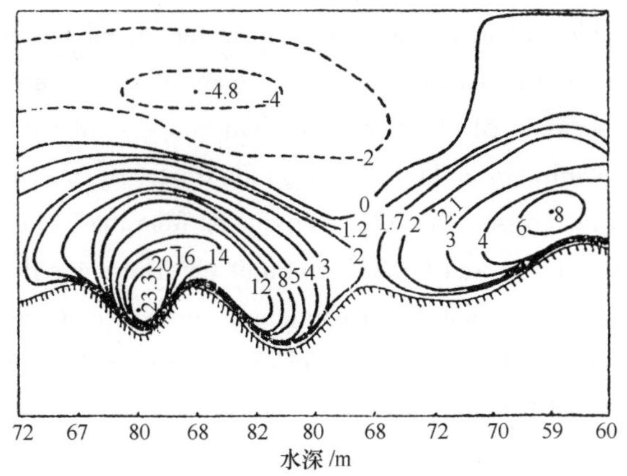

图 11　流速的垂直方向分量分布（$J'=2$ 断面）

最后我们来看浙江附近的上升流情况，比较 $J'=1$（见图 10）与 $J'=2$（见图 11）两个断面可知，在锋面左右侧，w 分布是完全不一样的，其方向相反，其左边是下降流，其右边为上升流为主，这与水平流速一样，在锋面两侧方向相反，受锋面的影响，上升流区向东方向移动。比较锋面两侧上升流与下降流的强度，上升流要强，最大正的 w 值是最大负的 w 值的 1.5 倍，这是由于台湾暖流与地形相互作用的结果。上升流结构，类似于夏季情况，最强在南端，即在温州东南（$I'=3$），最大正的 w 值为 23×10^{-4} cm/s，因为在那里台湾暖流比该断面其他点要强。在 $I'=10$ 处，又出现一个较弱的核心，最大正的 w 值为 8×10^{-4} cm/s。同夏季一样，浙江附近上升流深度方向范围，在 $I'=1$ 到 $I'=6$ 变化不大，但在 $I'=6$ 以北，越往北越向上扩展，并且冬季浙江上升流有较大的范围，北面一直可到本海区的北部（$I'=11$）。从深度方向来说，最大涌升速度都出现在底层。总的说来，浙江附近冬季上升流的量级范围为 $4\times10^{-4}\sim23\times10^{-4}$ cm/s。这与夏季 w 的量级也是一致的[2]。至于浙江上升流产生的原因，我们在夏季三维海流诊断计算中已作了分析，这次冬季诊断计算，再次证明这个论断，就是说，台湾暖流与地形的相互作用是产生浙江上升流的主要原因，均匀风速的直接效应不是产生浙江上升流的主要原因。冬季与夏季的区别在于冬季由于锋面的存在，使上升流位置要比夏季向东移动。

参考文献：

［1］ Yuan Yaochu, Su Jilan, Xia Sangyan. A diagnostic model of summer circulation on the northwest shelf of East China Sea//Proceedings of third JECSS Workshop, 1986, 17(3/4): 163-176.

［2］ 袁耀初，苏纪兰，郑松筠.东海 1984 年夏季三维海流诊断计算//黑潮研究论文集.北京：海洋出版社，1987.

［3］ 浦泳修，苏玉芬，许小云.东海南部流场的若干特征//黑潮研究论文集.北京：海洋出版社，1987.

［4］ Choi Byung Ho. La Mer, 1982(20): 65-74.

［5］ 袁耀初，苏纪兰，赵金三.东海环流单层模式.海洋学报，1982，4(1)：1-11.

［6］ 潘玉球，苏纪兰，徐端蓉.1984 年 12 月—1985 年 1 月（冬季）台湾暖流附近海域的水文状况//黑潮研究论文集.北京：海洋出版社，1987.

［7］ 管秉贤.黄、东海浅海水文学的主要特征.黄渤海海洋，1985，3(4)：1-10.

Diagnostic calculation of three-dimensional circulation in the East China Sea (winter 1985)

Yuan Yaochu[1], Su Jilan[1], Xia Songyun[1]

(1. *Second Institute of Oceanography, State Oceanic Administration, Hangzhou* 310012, *China*)

Abstract: Based on the hydrographic data and mooring current meter records during winter cruise (December 25, 1984-January 31, 1985), a diagnostic calculation of the three dimensional ocean circulation in the survey area was performed. The calculated results showed: (1) The coastal current flowed southward to the west of a strong front, and the Taiwan Warm Current flowed northward to the east of a strong front. (2) Taiwan Warm Current was the dominant feature in the survey area. Most of its flow seemed to have originated from the Kuroshio northeast of Taiwan, although we could not rule out contribution from the water in Taiwan Strait. (3) There was downwelling on the west side of the front and upwelling on the east side of the front. The magnitude of vertical component of velocity W ranged 4×10^{-4}-23×10^{-4} cm/s, similar to that in summer. The main cause for upwilling near Zhejiang coastal area was due to the interaction of Taiwan Warm Current and bottom topography.

刊于:黑潮调查研究论文选(一).北京:海洋出版社,1990:175-192.

1986 年夏初东海黑潮流场结构的计算

袁耀初[1],苏纪兰[1]

(1. 国家海洋局 第二海洋研究所,浙江 杭州 310012)

1 引言

国家海洋局于 1984—1985 年曾在东海黑潮区进行过夏(1984 年 6 月 11 日—7 月 18 日)、冬(1984 年 12 月 25 日—1985 年 1 月 31 日)季两个航次调查,我们对这两个航次资料分别进行过三维环流诊断计算[1-2]。计算表明,台湾暖流在调查海区起着主要作用,它是由近岸侧分支和外海侧分支所组成的。计算还表明,在这两个航次中,在浙江近岸上升流速度值的范围为 $1\times10^{-4}\sim23\times10^{-4}$ cm/s,产生的主要原因是台湾暖流与地形的相互作用。需指出的是,这两个诊断计算的海区大部分为陆架区。

1986 年 5 月 20 日—6 月 23 日,我们在东海黑潮区进行了中日合作黑潮调查研究的第一次调查。基于这个航次的水文与锚碇测流资料以及同时期内东海分局在东海北部的水文调查资料以及两个气象站风的资料,我们对调查海区进行了三维海流的诊断计算。需要指出,由于风场观测资料很少,在我们计算中,不得不假定风场是定常均匀的,即风速值取为 5.6 m/s,风向为 ESE。本文采用的计算方法与我们以前工作[1]所用的相同,但计算海区从陆架、陆架坡扩展到深海区。通过计算,我们着重讨论以下几个问题:(1)东海黑潮;(2)台湾暖流的来源与流径;(3)对马暖流与黄海暖流;(4)计算海区的涡与琉球群岛以东的海流。

2 控制方程式

我们在文献[3]中曾指出,在模拟东海环流时,非线性与侧向摩擦项是可以忽略的,假设垂直涡动黏滞系数为常数,在右手坐标系中(z 轴向上),定态动量与连续方程式为

$$\left.\begin{aligned}&\rho_0A_z\frac{\partial^2u}{\partial z^2}+f\rho_0v=\frac{\partial p}{\partial x}\\&\rho_0A_z\frac{\partial^2v}{\partial z^2}-f\rho_0u=\frac{\partial p}{\partial y}\\&-\rho g=\frac{\partial p}{\partial z}\\&\frac{\partial u}{\partial x}+\frac{\partial v}{\partial y}+\frac{\partial w}{\partial z}=0\end{aligned}\right\}. \tag{1}$$

此处我们采用 Boussinesg 假定,其中 ρ_0 为常数参考密度$\left(\rho_0=\frac{1}{V}\iiint\rho\mathrm{d}V\right)$,其余的符号是常用的量,不再说明。

在海表面满足以下的边界条件:

$$\left.\begin{aligned}\rho_0 A_z &= \frac{\partial u}{\partial z} = \tau_x \\ \rho_0 A_z &= \frac{\partial v}{\partial z} = \tau_y \\ w &= u\frac{\partial \zeta}{\partial x} + v\frac{\partial \zeta}{\partial y}\end{aligned}\right\}. \tag{2}$$

在海底满足以下的边界条件:

$$u = v = w = 0 \tag{3}$$

如我们在工作[1]中已指出的,倘若风应力、正压场ζ以及密度场已知,速度场的解析形式解可由上述方程组求出。而ζ的主控方程可由方程组(1)的垂直积分形式的涡度方程得到,即为:

$$r\nabla^2\zeta - J(\zeta,H) = \frac{1}{\rho_0 g}\vec{k}\cdot\nabla x\vec{\tau}_s + \frac{1}{\rho_0}J(\Phi_H,H) - \frac{r}{\rho_0}\nabla^2\Phi_H, \tag{4}$$

其中,

$$\Phi = \int_z^0 \rho \mathrm{d}z, r = \frac{1}{2a}, a = \sqrt{\frac{f}{2A_z}}.$$

关于ζ的边界条件,在固体边界上,沿着岸方向ζ必须满足以下的关系式:

$$\frac{\partial\zeta}{\partial s} = \frac{1}{\rho_0 H}\int_{-H}^0 \frac{\partial\rho}{\partial s}z\mathrm{d}z - \frac{1}{\rho_0}\int_{-H}^0 \frac{\partial\rho}{\partial s}\mathrm{d}z + \frac{\tau_s}{\rho_0 gH} + \frac{1}{2aH\rho_0}\left(\int_{-H}^0 \frac{\partial\rho}{\partial s}\mathrm{d}z - \int_{-H}^0 \frac{\partial\rho}{\partial n}\mathrm{d}z\right) + \frac{1}{2aH}\left(\frac{\partial\zeta}{\partial s} - \frac{\partial\zeta}{\partial n}\right). \tag{5}$$

有关这方法的介绍我们已在文献[1]中作了详细说明,此处从略。

速度的垂直分量w可以从连续方程式的积分来获得,即

$$w(z) = w(0) - \int_0^z\left(\frac{\partial u}{\partial x} + \frac{\partial v}{\partial y}\right)\mathrm{d}z. \tag{6}$$

3　数值计算

3.1　计算海区与数据

我们的计算海区为25°~33°N,120°30′~130°30′E,具体海区表示在图1a中,图中也标出等深线分布。图1b表示计算网格,其中实线网格点$i=1,2,3,\cdots$; $j=1,2,3,\cdots$,它为ρ,ζ,w赋值点,虚线网格点$i=\frac{3}{2},\frac{5}{2},\frac{7}{2},\cdots,j=\frac{3}{2},\frac{5}{2},\frac{7}{2},\cdots$,它为$u,v,\tau_x,\tau_y$赋值点。本计算中,取$\Delta x=48.594\times10^3$ m,$\Delta y=55.556\times10^3$ m,垂直方向网格zi为0,5,10,20,30,50,75,100,150,200,300,400,500,600,700,800,$\cdots m$,$f=7.07\times10^{-5}$ s^{-1},A_z采用10,50,100 cm^2/s三个值分别作计算。

由于缺乏风场分布的资料,假定风场是定常均匀的。由日本JMA Buoy No. 4站(28°20′N,126°05′E,时间:1986年5月20日—6月21日)风的资料,求得平均风速为5.6 m/s,最多风向为ESE。同期沿岸坎门站的平均风速为4.1 m/s,风向也是偏东,与JMA Buoy No. 4站相比,相差不大。此外,考虑到JMA Buoy No. 4站的位置很接近锚碇站M_3(见图1),因此,在本计算中风速值取为5.6 m/s,风向为ESE。

在海区西边界$i=1,j=3,4,5$以及$i=2,j=5,6$取为固体边界,其余为开边界。

如我们在文献[1]已指出,在有锚碇站测流资料时,应尽量利用它,取在合适的测流层上的测流资料来计算该站附近的水位差,并由此得到边界上水位值。本次调查共有3个锚碇站,即M_1、M_2、M_3,它们的位置分别表示在图1a中,M_1站(26.20°N,121.59°E,深度为100 m)只有在离表面52 m层上的3 d测流资料有效(时间为1986年5月22—25日)。M_2站(26.04°N,122.42°E,深度为110 m,时间为5月23日—6月16日)共有3个测点(离表面4 m,42 m,107 m),我们采用42 m水层测流资料来计算相应边界上水位值。在M_3站

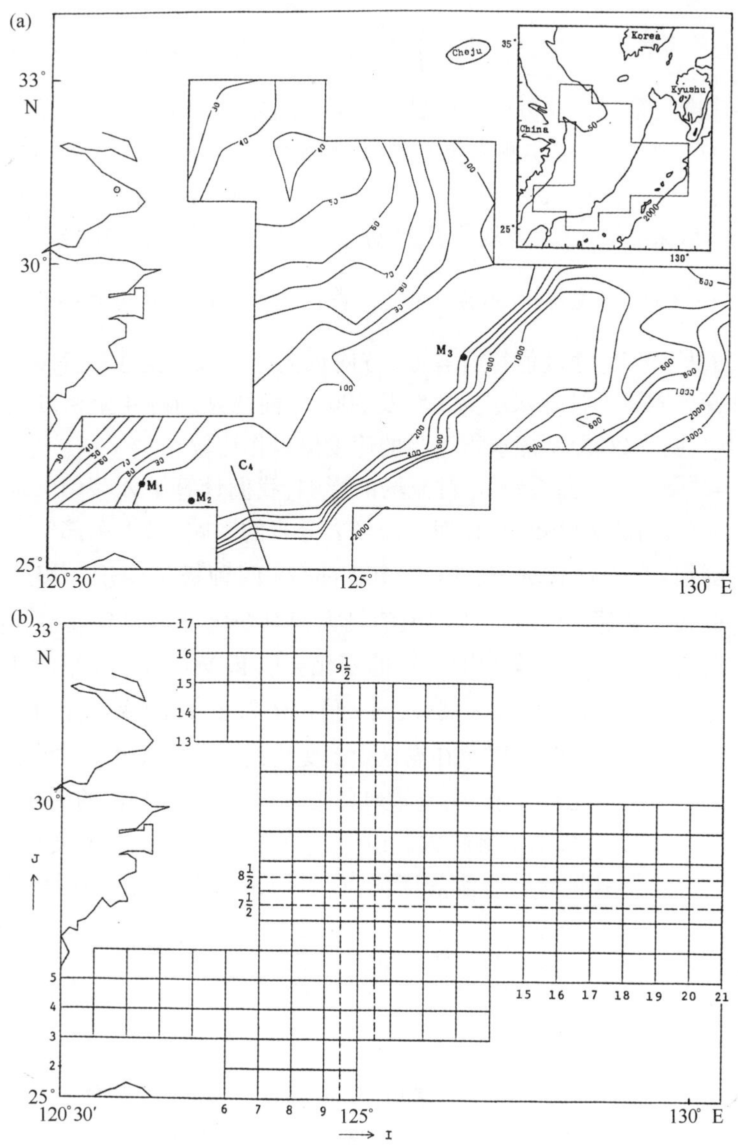

图 1　计算海区地形分布(a)及计算网格(b)

(28.34°N,126.48°E,深度为 223 m,时间为 5 月 21 日—6 月 3 日),也有 3 个测点(离表面 4 m,68 m,218 m),我们采用 68 m 水层测流资料。这 3 个站的余流计算值都是引自浦泳修等工作①。

关于水文资料,在 800 m 水层测站很少,在计算海区只有 11 个测点,无法进行插值。而且这 11 个测点上 σ_t 的变化不大,在 27.18~27.23 范围内变化,因此,我们假定在 800 m 水层上,σ_t 取为常数,取其平均值 $\overline{\sigma_t}=27.20$。在 800 m 水层以深,计算海区内很少有实测资料,我们只能假定在大于 800 m 的所有水层,σ_t 为常数,都取为 27.20。

最后需指出,由于我们取网格大小为半度,未考虑东侧琉球列岛的影响,它位于 600 m 等深线内(见图 1)。

3.2　计算的可靠性

我们首先将计算结果同未被用于边界值计算的锚碇测流层上的余流结果进行比较。

① 浦泳修,苏玉芬.1986 年 5—6 月东海黑潮区海流观测资料的初步分析//黑潮调查研究论文选(一).北京:海洋出版社,1990.

M_2 站与它最近的速度网格点$\left(i=5\frac{1}{2},j=3\frac{1}{2}\right)$处的速度计算值比较，在 5 m 层，流速计算值为 36 cm/s，θ 为 42.2°（θ 角为水平速度矢量对正北方向顺时针的夹角）。而实测海流平均值为 33.4 cm/s，θ 为 44.4°，两者相当吻合。在 107 m（离底 3 m）层实测海流平均值为 16.2 cm/s，θ 为 20.75°，而在邻近的垂直方向网格点 100 m 处，速度计算值为 18.6 cm/s，θ 为 10°。考虑到 z 为 107 m 处在底部 Ekman 层中，故不能用 100 m 处流速矢量，特别是用 θ 角来作比较。但从变化趋势来看，还是合理的。M_3 站与它最近的速度网格点$\left(i=13\frac{1}{2},j=7\frac{1}{2}\right)$流速计算值作比较，在 5 m 层，速度计算值为 51 cm/s，θ 为 60.8°，在 M_3 站 4 m 层实测海流平均值为 56.2 cm/s，θ 为 39.4°，速度值符合较好，方向也大体一致。至于在 218 m（离底 5 m，处于底部 Ekman 层中），考虑到该深度附近的计算水层为 200 及 300 m，而该站周围 4 个密度网格点中有 2 个的水深大于该处深度，无法取其密度导数，故不能求得适当的速度值以作比较。

其次，为讨论垂直涡动微积分黏滞系数 A_z 对流场的影响，我们计算了 A_z 为 10，50，100 cm^2/s 的 3 种情况。首先比较正压场 ζ 分布，由图 2 可知，A_z 值对正压场 ζ 分布的影响，除去东部反气旋涡区有较大的变化以外，一般影响不大。例如，我们比较 A_z 为 10 与 100 cm^2/s 两种极端情况。当 A_z 由 10 cm^2/s 增大到 100 cm^2/s 时，相应引起的两个相邻网格点上 $|\nabla\zeta|$ 值的最大相对变化可达 50% 以上。这个最大增加 $|\nabla\zeta|$ 值出现在琉球列岛附近的涡处。为什么在涡区由于 A_z 的变化会引起较大的 ζ 分布的变化呢？我们从方程式（4）可以看出，由于涡区 $|\nabla^2\zeta|$ 相对要比其他区域大，而 r 值也依赖于 A_z 的变化，因此当 A_z 由 10 cm^2/s 增大到 100 cm^2/s 时，$r\nabla^2\zeta$ 项将起着一定作用，以致在涡区内 ζ 变化相对地要大些。注意到在海区南部黑潮附近的涡处，ζ 值也随 A_z 有相应变化，但比较起来，在琉球列岛附近涡处 ζ 值对 A_z 的变化更为敏感些，这是由于海区南部的涡很接近边界，受边界条件的影响较大。由于 A_z 的变化所导致 ζ 的变化，又引起了相应的速度分量的变化。此外，由于 A_z 变化引起的风海流的变化，在表层是较大的，但随深度增大，这个变化明显地减小。

4 计算结果与讨论

计算结果表示在图 2~5 及图 7~9，从这些结果可知，在本计算海区中，黑潮与台湾暖流起着主要作用。比较图 2 与图 3 可知，ζ 分布是与表面流流向较为一致的，再次证实以前的结果[1-2]：这两支流的性质基本上是地转的。

4.1 东海黑潮

东海黑潮一般是指南自苏澳—与那国岛，北到吐噶喇海峡的这一段黑潮流系。这段黑潮在台湾东北方进入本计算海区后向东北方向流动。比较图 2（或图 3）与图 1 可知，东海黑潮上层主流基本上是沿着 150~1 000 m 等深线流动，而其下层则逐渐东移向琉球列岛以西的冲绳深槽内（见图 7）。黑潮在海区东北部作反气旋式弯曲，并于 29°~30°N，130.15°E 附近流出本海区（如图 2~5），以下我们将较详细讨论各段海流情况。

东海黑潮进入本海区附近，流况较为复杂。主流位于 200~1 000 m 陆架坡上，方向偏东北。上层 0~100 m 处，当 A_z 为 10，50，100 cm^2/s 时，平均流速都约为 60 cm/s，方向都偏东北。值得注意的是，在主流右侧深槽处，也有一支向东北方向的流，它们中间夹着一个气旋式涡（参见图 2~5）。这个现象或许是黑潮的多核结构[4]的一种形式。C_4 断面②的密度分布曲线的峰值（见图 6）明显反映涡的存在与多核结构。从文献[5]的锚碇测流结果可知，这支深槽处的东北方向流至少在冬春季、夏初是经常存在的。锚碇测流站位于 24°24.2′N，123°36′E，在 Iriomote 岛西北，深度约 1 000 m，位于深槽的南边，测量时间由 1979 年 12 月

② 潘玉球，苏纪兰，徐端蓉. 1986 年 5—6 月台湾以北水文状况的分析//黑潮调查研究论文选（一）. 北京：海洋出版社，1990.

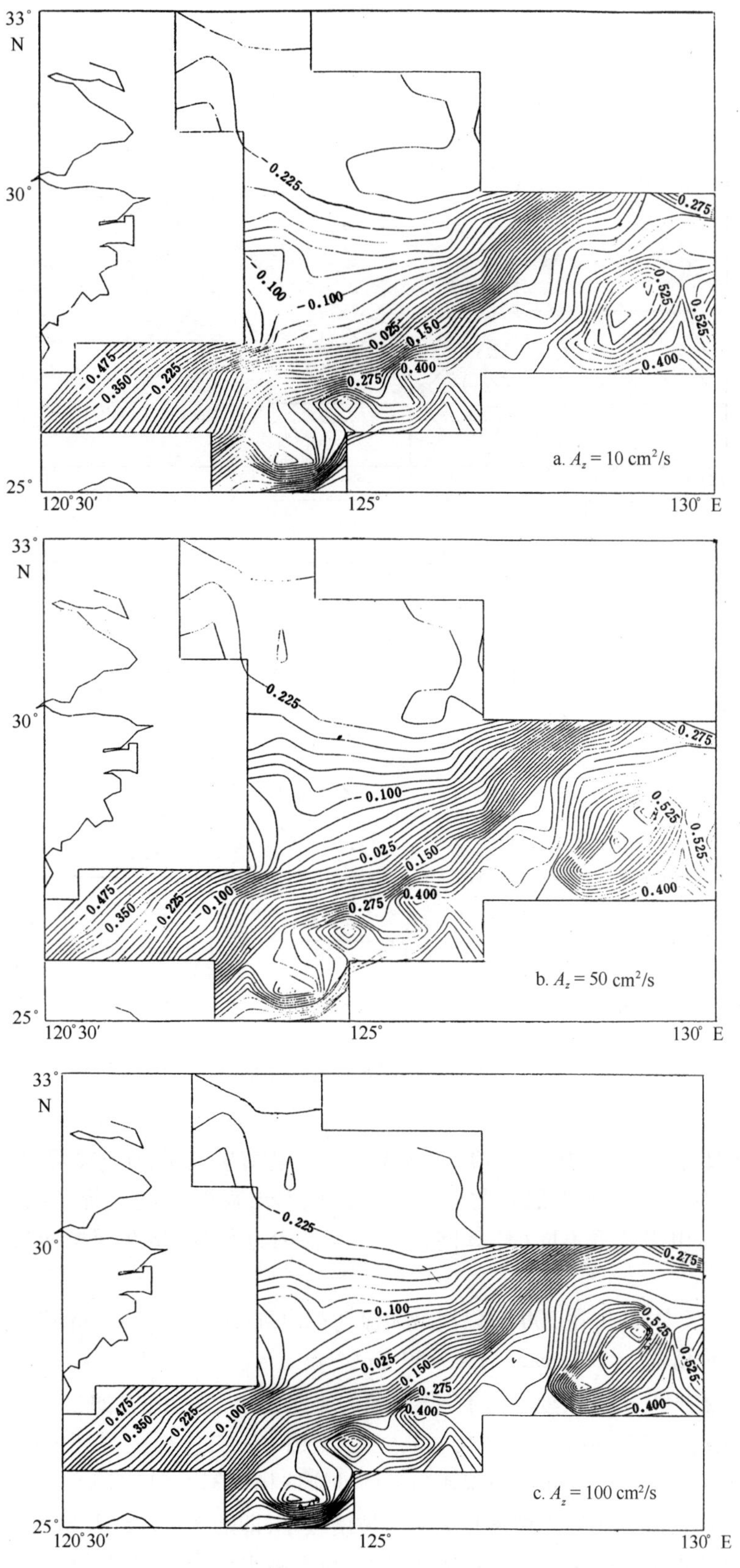

图 2　正压场 ζ 的分布

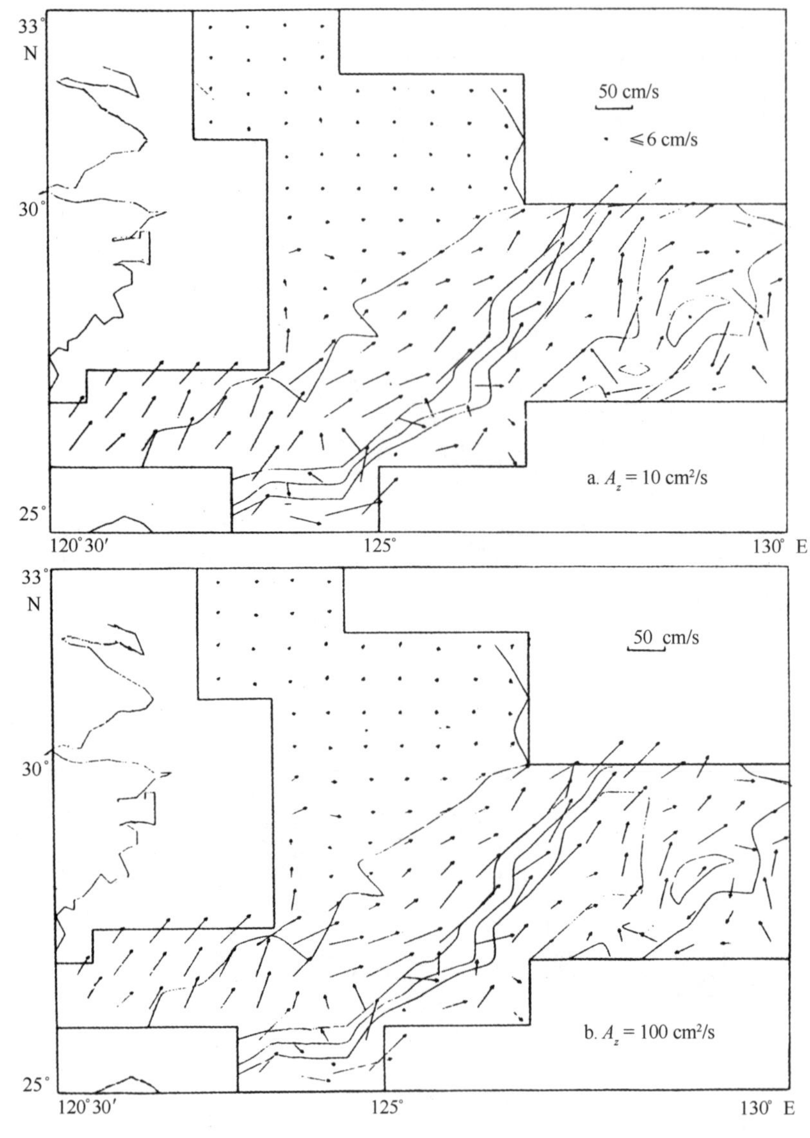

图 3　5 m 层水平流速分布

4 日—1980 年 5 月 5 日，测流层为 100 m，300 m，700 m。测量结果表明，在这 3 个测流层上，流向都是 NE 向占优势。由此可见，这支在深槽上的东北向流并不是偶然出现的。这里所得到的速度计算值比文献[5]的结果偏大，这是否由于位置不同（计算网格点在深槽内，而实测站在深槽南边界上）或者季节性变化，不得而知。

东海黑潮流经本海区中部时，在 300 m 以浅最大流速都出现在 200~1 000 m 陆架坡上，例如在表层，当 $A_z=100\ \mathrm{cm^2/s}$，流速最大值 $v_{max}=72$ cm/s；当 $A_z=50\ \mathrm{cm^2/s}$，$v_{max}=77$ cm/s；当 $A_z=10\ \mathrm{cm^2/s}$，$v_{max}=86$ cm/s，这些 v_{max} 出现在同一处。在 100 m 水层处，A_z 的变化引起的流速变化是较小的，如当 $A_z=100\ \mathrm{cm^2/s}$ 时，$v_{max}=57$ cm/s；当 $A_z=50\ \mathrm{cm^2/s}$，$v_{max}=59$ cm/s；当 $A_z=10\ \mathrm{cm^2/s}$，$v_{max}=61$ cm/s，这些 v_{max} 都出现在同一处。自 300 m 水层以深，主流似乎逐渐东移，或者说，陆坡处流速与深槽处流速相差不大（见图 8）。

在 29°30′~30°N 附近，陆架由原来坡度较大变为坡度较小，即陆架等深线开始发散（见图 1）。由图 3~5 可知，台湾暖流大部分的水也正好流入此处陆架坡附近，与黑潮水汇合，部分汇合水沿陆架坡继续往东北方向流动，成为对马暖流的源，但大部分黑潮水由此地开始作反气旋式弯曲，流向海区东部。当 A_z 取 100 cm²/s 时，表层最大流速为 82 cm/s。在 100 m 处，v_{max} 为 65 cm/s。如南部海区一样，v_{max} 都出现在坡度较大处上，但在 200 m 深层，陆坡深槽内流速值差不多（见图 7）。在 300 m 及其以深处，深槽内速度较大（见图 8）。黑

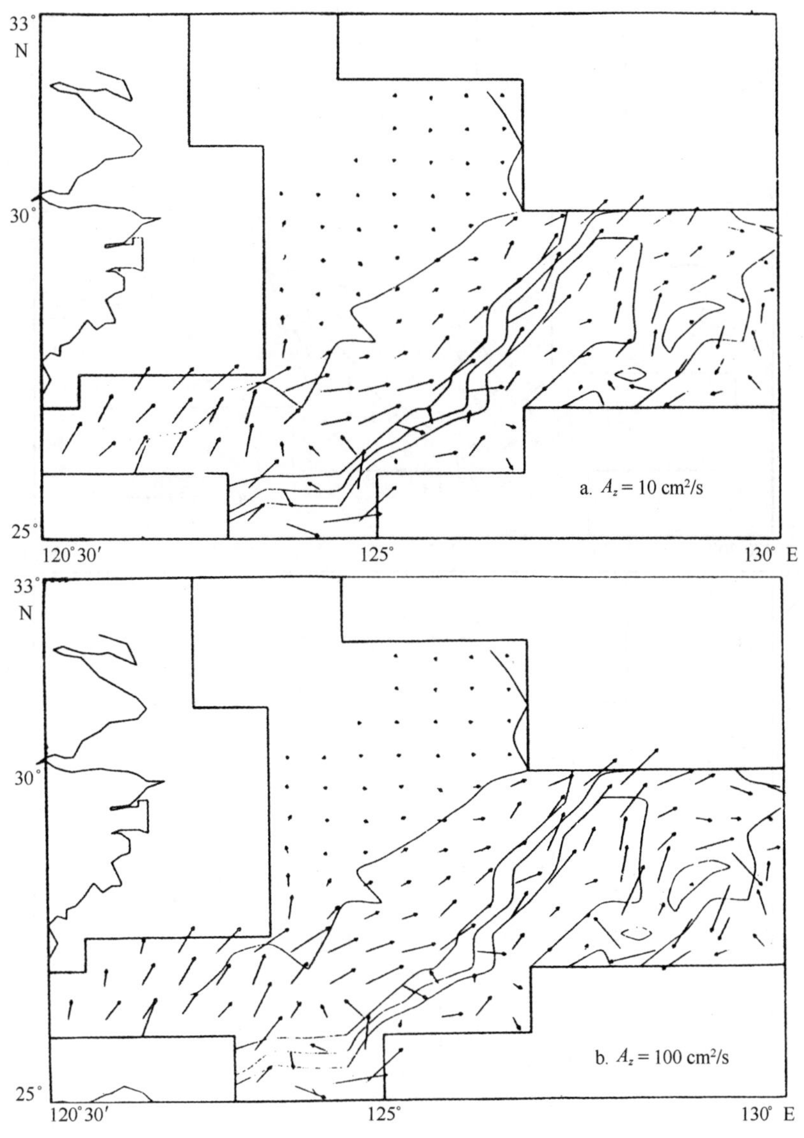

图 4　50 m 层水平流速分布

潮经过反气旋弯曲之后，在海区东边界（130°15′E）流出，从表层到深层黑潮流轴（指流速最大处）逐渐由 29°45′N 移到 29°15′N，这是由于 29°30′N 以北水深或小于 600 m 或在 600 m 附近。最大速度 v_{max}（当 A_z 取 100 cm²/s 时）在表层为 70 cm/s，在 100 m 层为 63 cm/s，在 200 m 处为 42 cm/s，均出现在 29°45′N 处，但在 400 m 及其以深处，v_{max} 逐渐移到 29°15′N。

最后，我们指出：黑潮主流左侧 200 m 陆架坡附近下层的垂直速度，除去在节点 (i,j) = (10,4)，(12,6)，(15,10) 上 w 值为负（其值 $-10^{-4} \sim 10^{-3}$ cm/s）以外，其余节点上 w 都是正的，即向陆架爬升的，其值的变化范围在 $10^{-4} \sim 6\times10^{-3}$ cm/s 内。这些 w 计算值与我们以前的计算 w 值比较相差不多[1-2]。

4.2　台湾暖流

我们在以前工作[1-2]中曾指出，台湾暖流可以看成是由两个分支组成，即近岸侧分支（简称 TWCIB）和外海侧分支（简称 TWCOB）。先看一下 TWCIB。从计算可知，0 ~ 30 m 流的方向都是东北向的，即基本上是沿岸方向，并来自于台湾海峡的。在表层最大速度可达 52 cm/s（当 A_z 为 100 cm²/s 时）（见图 3）。在 50 m 水层近岸处，海流方向转向偏北，流速为 31 ~ 36 cm/s。这支近岸流至少上层主要来自台湾海峡，并沿着福建至浙江海岸方向流动。由于本航次调查未在浙江沿岸附近海域进行（见图 1），因此无法作进一步讨论。但

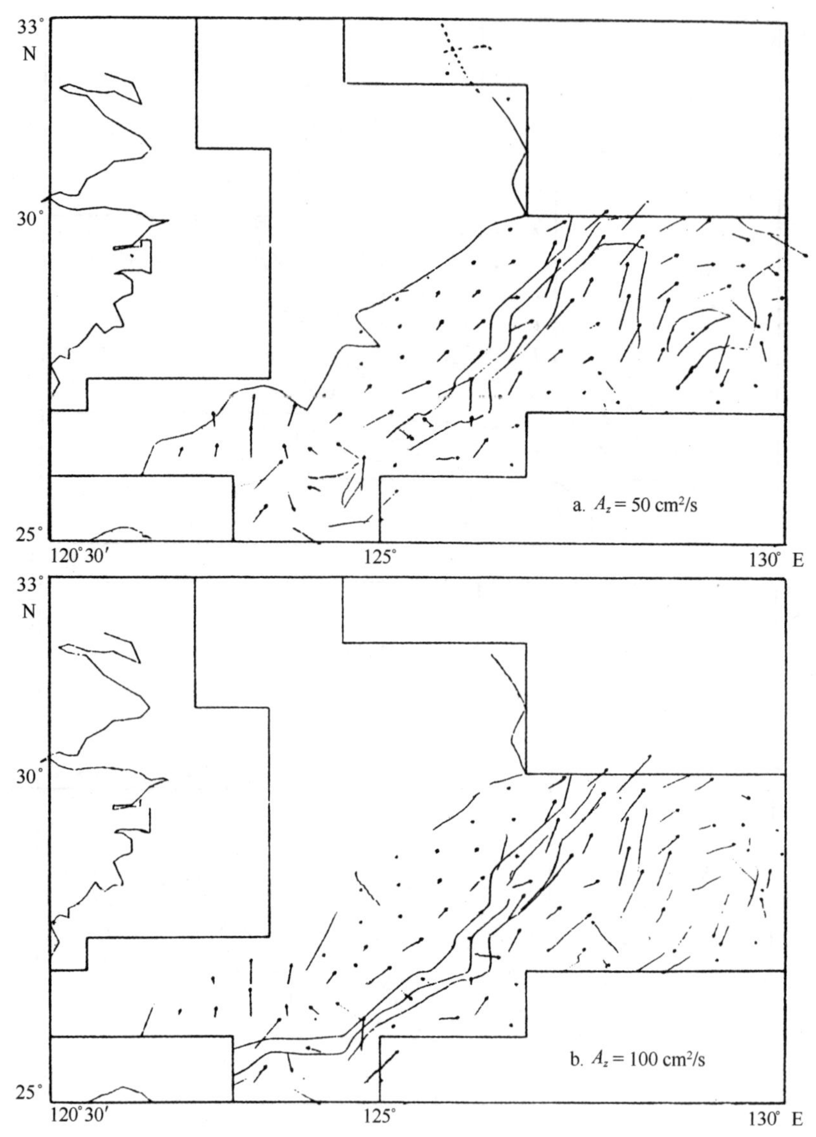

图 5　100 m 层水平流速分布

从图 3 和图 4 似乎可以看出 TWCIB 在 30°N 以北自浙江沿岸往东流，然后沿着地形方向转向偏东北或偏北方向流动的迹象。

在黑潮主流左侧的台湾东北海域，即相当于 TWCOB，在 0～50 m 层次海流方向都是偏东北方向的，表层流速在 40～52 cm/s($A_z = 100\ cm^2/s$)。由于计算海区离台湾岛有一定距离，尚不能肯定这支流是来自台湾海峡，还是在台湾附近从黑潮分离出来的。但从图 3 和图 4 可以看出，在上层这股流作一反气旋式弯曲后趋向陆坡地带，也就是我们以前称它为台湾暖流的外海侧分支[1-2]，随深度加深，海流方向逐渐转向偏北，在 100 m 深度（见图 5）流速范围为 16～33 cm/s。再从垂直速度分量 w 分布来看，在台湾东北的 $j=4$ 断面上（见图 9）表层 w 大小仅有 $10^{-5} \sim 10^{-6}$ cm/s 量级，底层附近 w 值最大，最大的 w_{max} 值约为 5×10^{-3} cm/s，出现在坡度较大处。即台湾东北的黑潮水是向陆架爬升的。从以上分析，我们认为这支在下层偏北方向的海流很可能来自黑潮分支，并分别部分向北沿浙江近海流动，即可能参与 TWCIB 下层流，部分向东北在陆坡一带流动，成为 TWCOB 的下层流（见图 4、图 5）。

4.3　对马暖流与黄海暖流

关于对马暖流，在我们以前的工作[3]已指出，它们是由台湾暖流沿着地形方向分离出来的。本次诊断计算表明，台湾暖流在浙江北部近海亦似沿着 50~65 m 等深线，并逐渐作气旋式流动，向西北方向进入北黄海（见图 3）。在 5 m 层它的流速范围为 4~10 cm/s，在 30 m 层流速很小，只有 2~6 cm/s。上述计算再次表明，在济州岛西南这一支流向西北的黄海暖流主要是从台湾暖流沿着地形方向分离出来，它并不是对马暖流的分支。

关于对马暖流来源问题，由于本次调查海区在 126°E 以东，北边界为 30°N，我们不能对它进行深入的讨论。但是，可以从计算得到的海流方向的趋向，进行粗浅的讨论。从图 3~5 可知，在 29°30′~30°N 陆架坡附近，正是台湾暖流外测分支与黑潮水汇合之处，海流方向都是东北向的。值得指出的是，此地海流方向与 Inoue[6] 在相同位置上指出的余流方向是一致的，这支流很可能流向对马海峡，即通常讲的对马暖流。另外，从郭炳火等文章③得知，从 1986 年 6 月 30°N 以北的 3 个锚碇测流站资料来看，也的确存在这支偏北方向的海流。而这支海流以东黑潮将作反气旋弯曲东向流出东海（见图 3~5，图 7、图 8），如文献［4］曾指出，在 128°~130°E 之间的 30°N 断面以北，没有一支往北方向的海流。

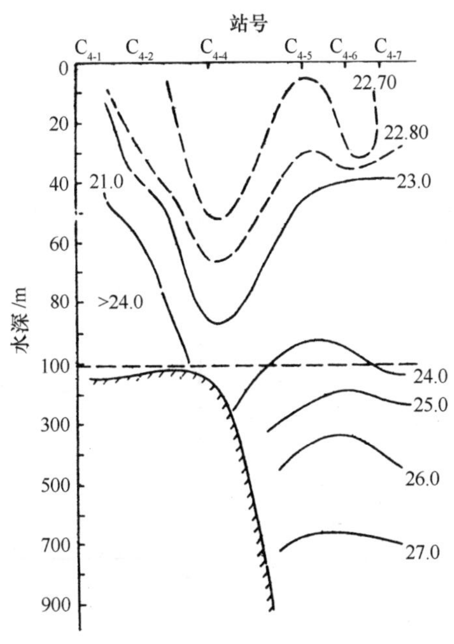

图 6　C_4 断面上 σ_t 垂直分布

4.4　计算海区的涡以及琉球列岛以东的海流

如上所述，东海黑潮进入本海区时，主流位于陆坡上，主流右侧深槽处也有一支向东北方向的流，其中间夹着一个气旋式涡（见图 2~5），涡中心在 25°30′N，124°E 附近，强度较大，表层最大流速可达 82 cm/s，由于资料精度不足，此值可能偏大。如上已指出，涡的强度也依赖于 A_z 的变化，但相比之下，在琉球列岛附近涡的强度对 A_z 的变化更为敏感些，这是由于这个气旋式涡更接近边界，受边界条件的影响较大。如图 7、图 8 所示，此涡一直到 200 m 水层还是存在，但在 300 m 水层上就不再明显了。这个涡的结构是与水文资料相吻合的（见图 6）。

从图 2~5 可知，在海区东部黑潮右侧存在一个范围较大的、自表层到深层的反气旋式涡，此涡形状近似于椭圆，其长轴方向自西南到东北。如前面已指出的，涡的强度依赖于 A_z 值，由于 A_z 的变化可引起速度值变化，最大可达 50%，其原因在上述已作过分析。从以往报道中未发现过此涡强度及速度值有如此大。其原因不详。但需指出的，琉球列岛位于图 1a 中 600 m 等深线内，我们都把它当作水体处理，再加上地形较为复杂，这些都可能会影响计算结果。有关这些问题有待今后进一步改进。关于该涡附近水文状况，大致上讲，该涡所在区域处于相对低温低盐区。构成此反气旋式涡的密度结构主要在下层。从表层到 75 m 水层，此处的密度都高于黑潮水在相同层次的密度，但从 100 m 起至深水层，此处密度值都要比其周围的密度值低，以致它的积分值 $\int_{-H}^{0}\rho\mathrm{d}z$ 在涡中心要小于它的周围值，因此在涡中心 ζ 值要高于它的周围值，以形成这个反气旋式涡。由此可见，这个反气旋式涡的水文结构主要显示在 100 m 至 700 m 层。

除上述两个较为明显的涡以外，还有在济州岛西南的气旋式涡，在我们计算中，表层不甚明显，在 20 m 层以深出现这个气旋式涡，如在 30 m 水层，涡中心位于 30°30′N，126°E，这与我们以前的结果[3]较为一致。此涡流速较小，在 30 m 层为 2~6 cm/s；但在 50 m 层流速很小，仅约在 1~4 cm/s，因此这个涡不甚明显。

最后需指出，从台湾以北水文资料来看，在 26°N 南边界附近，黑潮次表层水有一个较强的涌升④，出现在上中层中，但整个尺度较小，中心在 121°30′~122°E 之间（水深约为 100 m），位于本海区边界上。从积分值 $\int_{-H}^{0}\rho\mathrm{d}z$ 来看，在 26°N，121°30′E 处，此值要高于周围的 3 个节点，但由于其尺度较小，又位于边界上，因而

③　郭炳火，林葵，宋万先．1986 年 6 月对马暖流源区的海况//黑潮调查研究论文选（一）．北京：海洋出版社，1999.

④　潘玉球，苏纪兰，徐端蓉．1986 年 5—6 月台湾以北水文状况的分析//黑潮调查研究论文选（一）．北京：海洋出版社，1990.

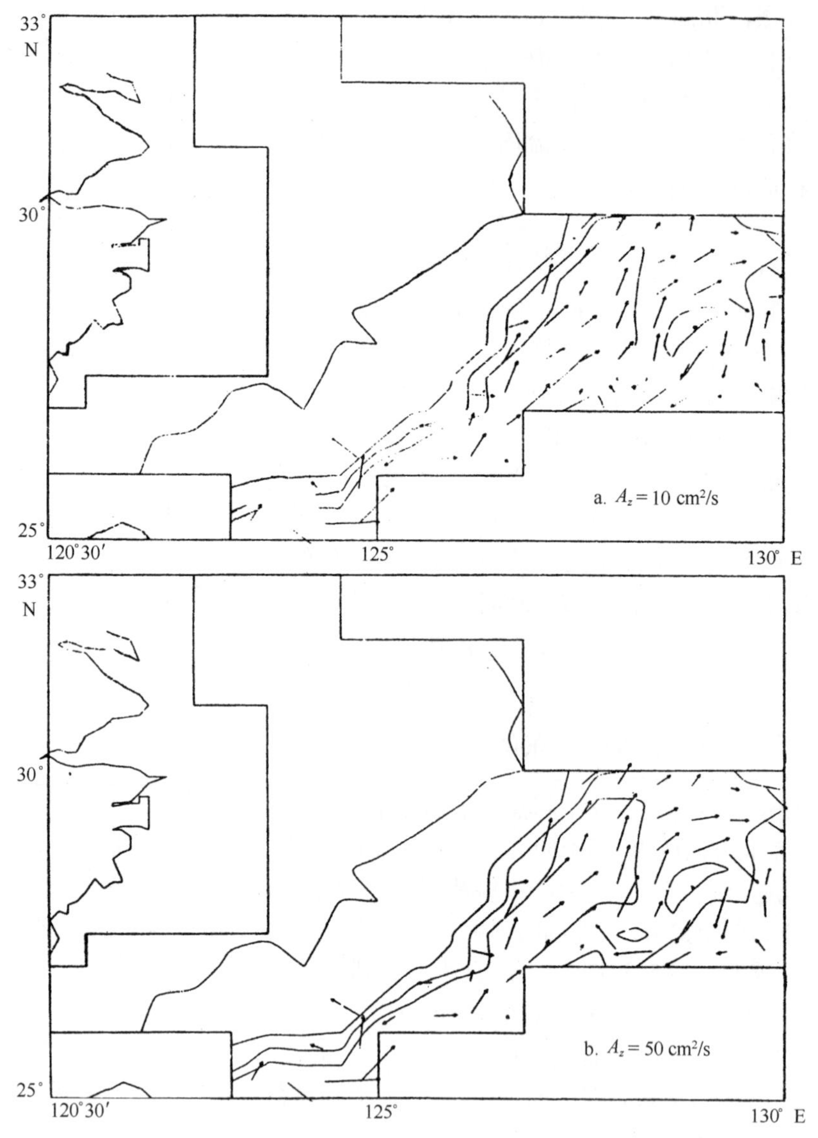

图 7　200 m 层水平流速分布

计算结果未能反映出此冷涡。

在琉球列岛以东,靠近岛屿区的是前述反气旋式涡的南向流,在此东面有一支偏西北方向的并逐渐转向偏东北方向的海流存在。这支流自表层到深层都是存在的(见图 3~5 与图 7、图 8)。这支琉球群岛以东的海流,很可能进入日本以南海域,加强日本以南的黑潮。

5　结语

基于本航次调查,并结合东海分局在同时期水文调查获得的资料,我们通过诊断计算得到以下几点结果:

(1)东海黑潮在台湾东北进入本海区时,流况较为复杂,主流进入 150~1 000 m 等深线陆坡一带,方向偏东北,在主流右侧深槽处,也有一支向东北方向海流,它们中间夹着一个气旋式涡,而在海区中部,黑潮流轴也基本上在陆坡上,并流向本海区北部 29°45′N 附近,台湾暖流主流也在此地陆坡地带与黑潮汇合,其中少部分海流在陆架坡附近继续向东北方向流动,成为对马暖流的源,而绝大部分海流向东北东(ENE)方向作反气旋式偏转,大约在 29°15′~29°45′N,130°15′E 流出本海区。

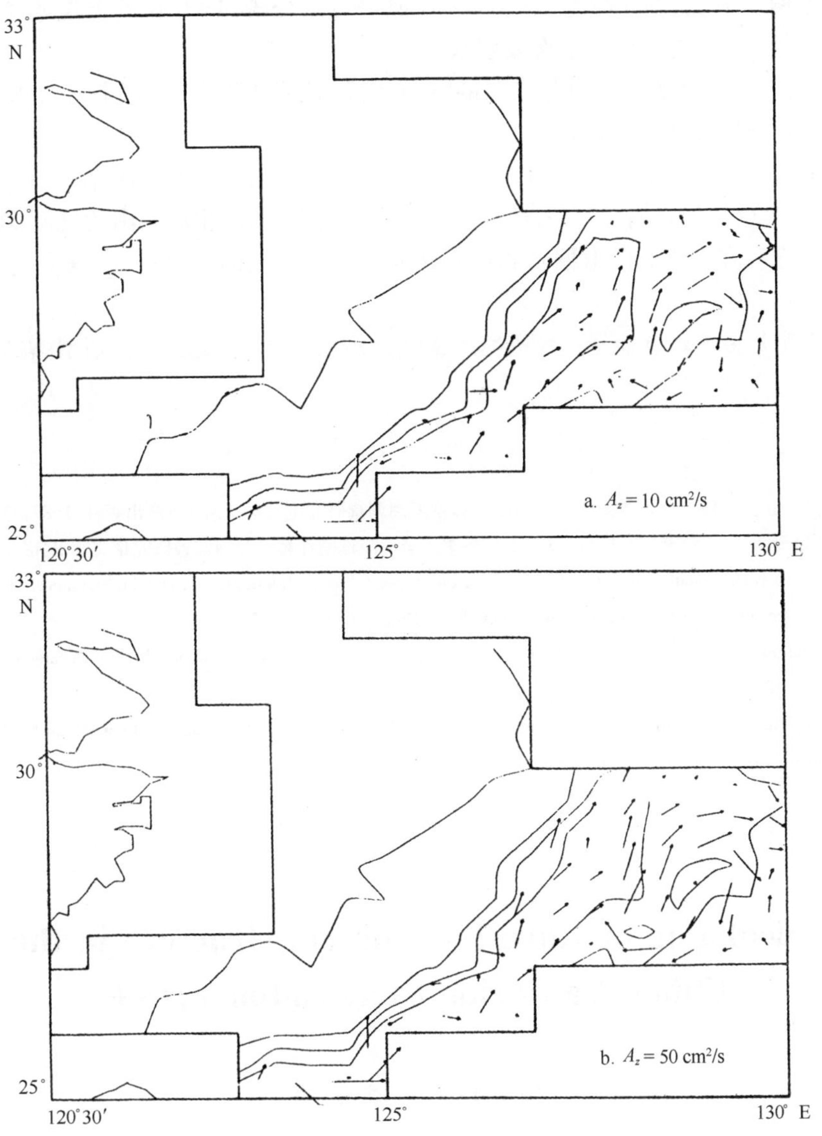

图 8　300 m 层水平流速分布

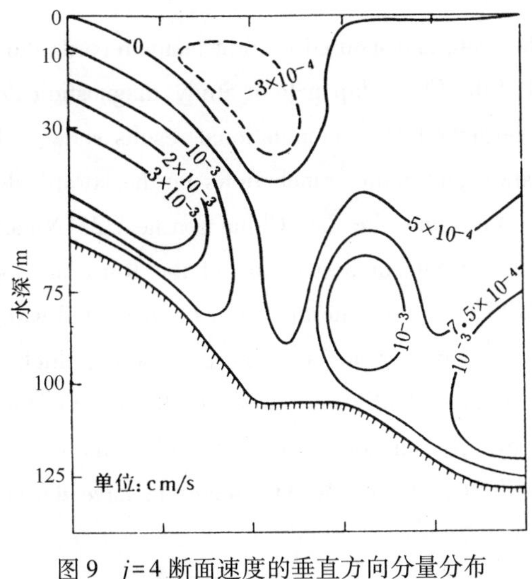

图 9　$j=4$ 断面速度的垂直方向分量分布
横坐标 $i=1,2,3,4,5,6$

(2)台湾暖流的两支分支,即 TWCIB 及 TWCOB 似仍可以分辨,TWCIB 的上层水主要来自台湾海峡,TWCOB 的下层水主要来自台湾东北黑潮次表层水。

(3)在济州岛西南,有一支流向取西北方向的黄海暖流,其流速不大,它似来自台湾暖流沿着地形方向分离出来,而不是从对马暖流分离出来的。

(4)在调查期间存在两个较为明显的涡,即一个如上述指出的在海区南部存在一个气旋式涡,另一个在琉球列岛附近存在一个反气旋式涡。此外,还存在一个较弱的涡,即济州岛西南的气旋式涡。

(5)琉球列岛以东存在一支流向由偏西北逐渐转向偏东北方向的海流存在,这支流可能加强日本以南的黑潮。

致谢:本计算程序是由浙江省计算技术研究所王斌同志编写的,并进行了上机计算工作,在此我们深表感谢。

参考文献:

[1] 袁耀初,苏纪兰,郑松筠.东海 1984 年夏季三维海流诊断计算//黑潮调查研究论文集.北京:海洋出版社,1987:45-53.

[2] 袁耀初,苏纪兰,郑松筠.东海 1984 年 12 月—1985 年 1 月冬季三维海流诊断计算//黑潮调查研究论文集.北京:海洋出版社,1987:54-60.

[3] Yuan Yaochu,Su Jilan.A twolayer circulation model of the East China Sea//Proc of International Symp on Sedimentation on the Continental Shelf, with Special Reference on the East China Sea. Beijing:China Ocean Press,1983:364-374.

[4] Nagata Y.Oceanic conditions in the East China Sea//Proc of the Japan-China Ocean Study Symp on Physical Oceangraphy and Marine Engineering in the East China Sea, 1981:25-41.

[5] Inaba H,Kawabata K,Futi H,et al.Current Measurements in the East China Sea//Proc of the Japan-China Ocean Study Symp on Physical Oceanography and Marine Engineering in the East China Sea,1981:95-117.

[6] Inoue N.Abstracts of lectures in Autumn Assembly of Oceanographic Society of Japan 1981,1981:105.

The calculation of Kuroshio Current structure in the East China Sea during early summer,1986

Yuan Yaochu[1],Su Jilan[1]

(1. *Second Institute of Oceanography,State Oceanic Administration,Hangzhou* 310012,*China*)

Abstract:Based on the hydrographic data and moored current meter records during the early summer cruise (May 20-June 23) of 1986 which is part of the China-Japan Joint Study,diagnostic calculation of three dimensional ocean circulation in the survey area was performed.The computational results show: (1) When the Kuroshio enters into the East China Sea northeast of Taiwan,its main branch flows northeastward along the continental slope.There is also a branch of the Kuroshio which flows into the East China Sea near 25°N east of Taiwan.It is part of a cyclonic eddy and may be the same multiple current cores structure of the Kuroshio discussed by Nagata①. The offshore branch of Taiwan Warm Current (TWCOB) flows northeastward and jointed with the Kuroshio near the continental slope near 30°N,and a part of this merged current flowed northeastward,which serves probably as a source of the Tsushima Current.Most of Kuroshio turns gradually clock wise and flows out of the computational domain around 29°30N′,130°15′E.(2) In the upper layer,the inshore branch of the Taiwan Warm Current (TWCIB) seems to have originated mainly from the Taiwan Strait and the TWCOB seems to have derived its water from both the Taiwan

① Nagata,Y.Oceanic conditions in the East China Sea//Proc of the Japan-China Ocean Study Symp on Physical Oceanography and Marine Engineering in the East China Sea,1981:25-41.

Strait and the Kuroshio northeast of Taiwan.In the lower layer,upwelling of the Kuroshio subsurface water seems to contribute to both the TWCIB and TWCOB.(3)The Huanghai Warm Current is a result of the branching of TWCIB, following the isobaths.(4)There are several eddies in the survey area,namely,a cyclonic eddy northeast of Taiwan, an anticyclonic eddy near the Ryukyu Islands,and a cyclonic gyre southwest of the Cyheju Island.(5)There is a northward current east of the anticyclonic eddy near the Ryukyu Island.It may be part of the current which strengthens the Kuroshio Current south of Japan.

刊于:黑潮调查研究论文选(一).北京:海洋出版社,1990:385-396 .

1986 年 5—6 月日本以南海域的黑潮流场计算

袁耀初[1],苏纪兰[1],周伟东[1]

(1. 国家海洋局 第二海洋研究所,浙江 杭州 310012)

1 引言

日本以南黑潮的调查研究,已有大量资料报告、论文与专著(参见文献[1])。由于黑潮具有地转流性质,以往在此海区的海流计算几乎都是采用经典的动力计算方法。众所周知,动力计算方法的基本问题是如何选取参考面,选取不同的参考面所得的结果有时会有较大的差别。如文献[2]指出,在计算日本以南黑潮流量时,参考面选用 300 MPa 时所得到的最大流量要比参考面选用 100 MPa 时大 1.5 倍左右,可知参考面的选取是一个重要的问题。自 1977 年 Stommel 与 Schott[3]提出 β 螺旋方法,对参考面上速度进行计算以后,已有不少学者在这方面进行了工作,有的在方法上进行了一些改进,如下一节将要说明的 Bigg 改正螺旋方法[4]。β 螺旋方法克服了动力计算中参考面选择的任意性的缺点,但在资料精度上,它的要求较高,特别是在深层。Bigg 的工作[4]对此作了详细比较,他也曾采用 Bryan 预报模式所得到的密度资料,利用 β 螺旋方法计算速度矢量,结果与 Bryan 预报模式所获得的速度矢量甚为一致。这表明了 Bigg 改进方法的可靠性。

本文采用 Bigg 的改进 β 螺旋方法,计算日本以南黑潮区的流场。水文资料来自国家海洋局第一海洋研究所在 1986 年 5—6 月由“向阳红 09”号在日本以南海区的调查。通过计算,我们着重讨论以下几点:(1)计算方法的讨论,特别是动力计算方法和 β 螺旋方法对比,以及动力计算方法的适用情况;(2)本州以南黑潮流场与其南侧涡的分析;(3)日本以东海域黑潮流场的分析。

2 控制方程式

与 Stommel 和 Schott 的 β 螺旋方法相比较,Bigg 的改正方法[4]采用密度扩散方程以代替前者关于没有流体通过等密度面的假定,而其他方程式则是相同的。若假定运动是定常的,设 x 轴方向向东,y 轴方向向北,z 轴方向指向上,则密度扩散方程式为

$$u\frac{\partial\rho}{\partial x}+v\frac{\partial\rho}{\partial y}+w\frac{\partial\rho}{\partial z}=A_{DV}\frac{\partial^2\rho}{\partial z^2}+A_{DH}\left(\frac{\partial^2\rho}{\partial x^2}+\frac{\partial^2\rho}{\partial y^2}\right), \quad (1)$$

其他控制方程为热成风方程式:

$$\frac{\partial u}{\partial z}=r\frac{\partial\rho}{\partial y}, \quad (2)$$

$$\frac{\partial v}{\partial z}=-r\frac{\partial\rho}{\partial x}. \quad (3)$$

以及线性涡度方程式

$$\beta v=f\frac{\partial w}{\partial z},\quad \beta=\frac{\mathrm{d}f}{\mathrm{d}y}. \quad (4)$$

以上(u,v,w)为三维速度矢量，ρ 为密度场，A_{DV}为垂直湍流扩散系数，A_{DH}为水平湍流扩散系数，$r=g/f\rho_0$，ρ_0为参考密度，其他符号是常见的，不再说明。设某一个参考面深度 z_0 上的速度矢量为(u_0,v_0,w_0)，则任何一个深度上速度矢量(u,v,w)可以写为：

$$\left.\begin{aligned} u &= u_0 + u' \\ v &= v_0 + v' \\ w &= w_0 + w' \end{aligned}\right\}, \tag{5}$$

根据定义，在 $z=z_0$ 时，$u'=v'=w'=0$。将式(5)代入式(1)~(4)，对于每一个深度 z 可以获得关于(u_0,v_0,w_0)的方程式：

$$u_0\frac{\partial\rho}{\partial x}+v_0\left[\frac{\partial\rho}{\partial y}+\frac{\beta}{f}\frac{\partial\rho}{\partial z}(z-z_0)\right]+w_0\frac{\partial\rho}{\partial z}=-u'\frac{\partial\rho}{\partial x}-v'\frac{\partial\rho}{\partial y}-w''\frac{\partial\rho}{\partial z}+A_{DV}\frac{\partial^2\rho}{\partial z^2}+A_{DH}\left(\frac{\partial^2\rho}{\partial x^2}+\frac{\partial^2\rho}{\partial y^2}\right). \tag{6}$$

上式中，

$$w''=\frac{\beta}{f}\int_{z_0}^{z}v'\mathrm{d}z. \tag{7}$$

u'，v'，w'满足以下方程式：

$$\frac{\partial u'}{\partial z}=r\frac{\partial\rho}{\partial y}, \tag{8}$$

$$\frac{\partial v'}{\partial z}=-r\frac{\partial\rho}{\partial z}, \tag{9}$$

$$w'=\frac{\beta}{f}v_0(z-z_0)+w''. \tag{10}$$

注意到方程(6)的未知数这个数小于方程的个数，对这样类型方程可以采用最小残余平方和方法。本计算利用调查资料中计算密度的各项导数，垂直方向分别取为 300 m 及其以深，400 m 及其以深，500 m 及其以深，600 m 及其以深的 4 种情况，具体计算采用 Moore-Penrose 广义逆方法[5]。求出速度 矢量(u_0,v_0,w_0)后，通过上述方程式可以得到每一个计算层上的速度分布。

3 计算

本航次在日本以南海区的观测站位、速度计算点以及地形分布参见图 1。每一个站位即为密度 ρ 的网格点。在本项计算中，离散化方程采用中心差分，因此速度网格点位于 4 个站位中间，而垂直方向上的网格为标准层次，即 0，5，10，20，30，50，75，100，150，200，250，300，400，500，600，700，800，900，1 000 m 层，……，一直到测量的最大深层。对不同水平网格点测量深度是不等的，最深的为 2 500 m 层，最浅的为 800 m 层。

由于我们的兴趣主要在 Ekman 层以下的流场分布，计算时 A_{DV}值取为 0.1，0.5，1 cm^2/s 3 个值，A_{DH}取为 0，10^5，10^6，10^7 cm^2/s，以便比较用。从方程(1)量纲分析可知，方程式左边的非线性项是主要的，而右边 $A_{DV}\frac{\partial^2\rho}{\partial z^2}$ 是次小项，$A_{DH}\left(\frac{\partial^2\rho}{\partial x^2}+\frac{\partial^2\rho}{\partial y^2}\right)$ 是最小项，这与一般大洋中所估算的量级是相同的(如文献[6])。我们计算也证实了这个估算的正确。如比较 $A_{DH}=0$，10^5，10^6，10^7 cm^2/s 4 种情况，计算结果表明，它们相应的速度值基本一致，相差甚微，即速度值对 A_{DH}取值是很不敏感的，这与工作[4]的结论是一致的。计算表明，A_{DH}值由 0.1 cm^2/s 变化到 1 cm^2/s 时，多数速度计算点变化在 1%左右，少数在 2%~3%，只有两个计算点(No. 15 和 24，参见图 1)变化在 4%~5%内，此两点都在调查海区南部。从上可知，A_{DV}值的变化对速度计算值影响是不大的，在以下的计算结果分析时，取 $A_{DV}=0.5$ cm^2/s，即中间值。

文献[4]指出，由方程组(6)求得参考速度时，选取计算层次是很重要的。我们的计算表明，计算层次必须取在主温跃层的上边界以下。在本航次调查的各站中，主温跃层多数自 300 m，400 m 或 500 m 开始出现，仅有少数站位是自 100~250 m 开始出现的，因此，计算层次取 400 m 及其以浅都是不合适的，应取 500 m 及

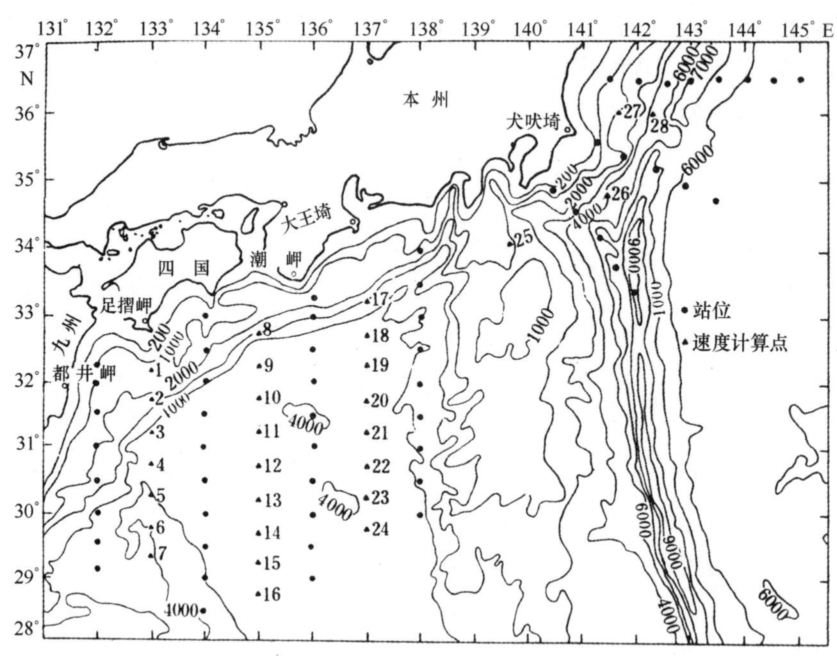

图 1　站位、速度计算点以及地形分布

其以深的水层作为计算层。我们计算了 4 种情况，即自 300 m 及其以深的水层作为计算层（实例 1），自 400 m 及其以深的水层作为计算层（实例 2），自 500 m 及其以深的水层作为计算层（实例 3），自 600 m 及其以深的水层作为计算层（实例 4），以作比较。我们选取速度矢量相差较大的计算点 4 为例：在实例 1 中，表层速度 $v_s=51.55$ cm/s，$\theta=307°$（与正北方向按顺时针方向计算的夹角）；实例 2，$v_s=43.75$ cm/s，$\theta=328.2°$；实例 3，$v_s=41.79$ cm/s，$\theta=19.88°$；实例 4，$v_s=42.64$ cm/s，$\theta=19.65°$。由此可见，实例 1、2 与实例 3、4 在流向上差别较大，而实例 3 与实例 4 在速度值及方向上都非常一致。这表明取 500 m 及其以深水层时，计算速度矢量是较为稳定的。这是由于在计算点四周围的 4 个站位中，两个站位主跃层自 500 m 起，一个站自 400 m 起，一个站自 300 m 起。据日本《海洋速报》的报道得知，1986 年 5-6 月在本文的计算点 4 附近所观测到的表层流速值为 0.3~1.9 kn，方向偏北。这与实例 3、4 在计算点 4 所得的表层流速较为一致。对于位于主跃层较浅的流速计算点，实例 1~4 所得的计算速度矢量相差都不大，例如近岸计算点 17 的周围 4 个站中，有两个站的主跃层自 100 m 起，一个站自 200 m 起，另一个站自 250 m 起。对于计算点 17，实例 1 的表层流速 $v_s=7.07$ cm/s，$\theta=164.2°$；实例 3 的表层流速 $v_s=6.57$ cm/s，$\theta=171.1°$，它们是较为一致的。在流速最大的计算点 18，实例 3 的表层流速 $v_s=139.1$ cm/s，$\theta=93.8°$；实例 4 的表层流速 $v_s=138.8$ cm/s，$\theta=93.8°$，两者相当一致。总的说，实例 3 与实例 4 对于大多数速度计算点是较为一致的，少数速度计算点还有些差别，最大的差别出现在计算点 12，两者在此点上表层流速相差 11.9 cm/s，方向相差 40.6°，而相差大的原因之一可能是由计算点 12 周围 4 个站的主跃层都很深，均位于 500 m 以深的水层。由以上比较可以推知，我们选取参考流速计算层次在 500 m 或 600 m 及其以深的水层是较为合理的。

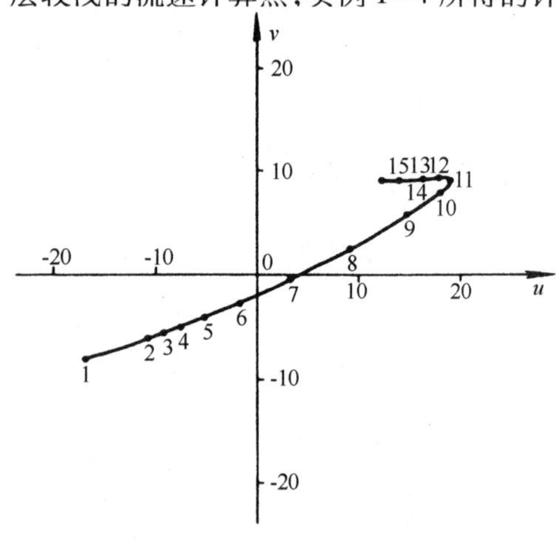

图 2　计算点 10 速度螺旋曲线

1 为 2 500 m，2 为 1 200 m，3 为 1 100 m，4 为 1 000 m，5 为 900 m，6 为 800 m，7 为 700 m，8 为 600 m，9 为 500 m，10 为 400 m，11 为 300 m，12 为 200 m，13 为 100 m，14 为 50 m，15 为 0 m

以下将进行 β 螺旋方法与动力计算的比较。在动力计算时，选取参考零面并不是取得愈深，其结果就愈符合实际。这是由于不少站在较深层可能出现逆流。如在计算点 10，按 β 螺旋方法的计算结果表明，在800 m层开始出现逆流，但其流速较小

(3. 27 cm/s)，方向西南(见图 2 或图 11)；800 m 层逆流加强，如在1 000 m为 9. 3 cm/s(见图 2 或图 12)，在 2 500 m 深层，逆流为 19. 1 cm/s(见图 2)。再比较 800 m 及其以深的所有计算点速度值(如图 11、图 12)，可以认为取 800~1 200 m 之间的某一水层作为计算零面相对要好些，因为对大多数计算点来说，它们在 800~1 200 m 之间的水层上的流速皆小于 10 cm/s。此外，考虑到本航次最小测量深度为 800 m，而强流区的测量深度也是 800 m，因此我们在动力计算中采用 800 m 层作为计算零面。

首先，比较强流区的计算结果。在计算点 18，按 β 螺旋方法，表面流速 $v_\beta = 139.1$ cm/s，$\theta_\beta = 93.8°$；而按动力计算方法，表面流速 $v_G = 148.6$ cm/s，$\theta_G = 93.9°$，即动力计算值较大，但方向甚为一致。在计算点 8 上，$v_\beta = 122.5$ cm/s，$\theta_\beta = 87.5°$；$v_G = 140.1$ cm/s，$\theta_G = 86.9°$，即动力计算值也较大，但方向甚为一致。再如上述最深计算点 10，$v_\beta = 15.30$ cm/s，$\theta_\beta = 53°$；$v_G = 18.36$ cm/s；$\theta_G = 50°$，两者较为符合。从 β 螺旋方法得到的结果可知，在 800 m 及其以深并不存在绝对速度为零的参考面(如图 2~4)，在深层有逆流并不表示在其中间会出现值为零的零面，因为速度矢量是可以旋转的(如图 2~4)。对于多数计算点来说，在 800~1 200 m 层之间存在速度相对小的计算水层(例如小于 10 cm/s)，但是对每一个计算点流速最小的水层并不都相同(参见图 2 与图 3)。以 800 m 层作为参考面为例，我们采用 β 螺旋方法算得在 800 m 处速度值大于等于 10 cm/s 的计算点共有 7 个，这些点上，采用动力计算方法得到的结果是不会太好的。但对于大部分计算点，采用 800 m 层作为动力计算零面，其结果与 β 螺旋方法得到的速度值还是大致符合的。

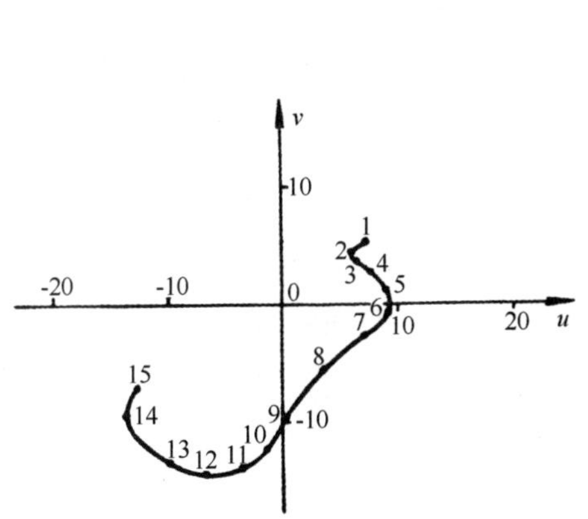

图 3　计算点 21 速度螺旋曲线

1 为 1 500 m，2 为 1 200 m，3 为 1 100 m，4 为 1 000 m，5 为 900 m，6 为 800 m，7 为 700 m，8 为 600 m，9 为 500 m，10 为 400 m，11 为 300 m，12 为 200 m，13 为 100 m，14 为 50 m，15 为 0 m

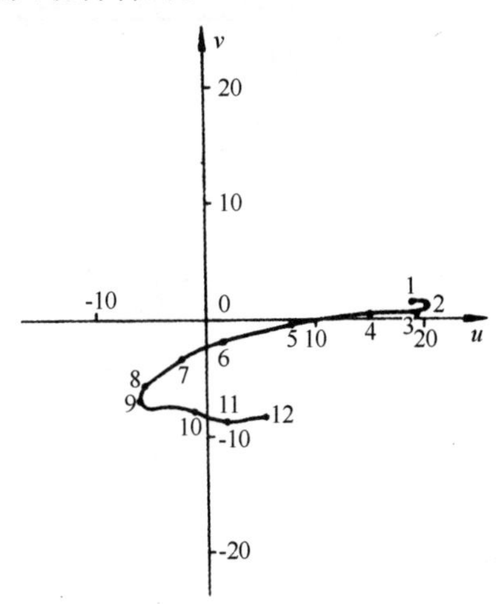

图 4　计算点 16 速度螺旋曲线

1 为 1 500 m，2 为 1 000 m，3 为 800 m，4 为 700 m，5 为 600 m，6 为 500 m，7 为 400 m，8 为 300 m，9 为 200 m，10 为 100 m，11 为 50 m，12 为 0 m

最后需要说明的是，我们也曾用 β 螺旋方法对 1986 年 10 月在日本以南的调查海域进行了海流计算，由于该航次测量水层的深度较浅，计算深度最深为 700 m，因此计算结果不很好，例如与观测海流相比较，计算流速值偏小。这说明 β 螺旋方法要求有正确的深层资料。

4　计算结果与分析

黑潮主流由吐噶喇海峡流出东海之后，向东北流去，并按顺时针方向改变方向，及至种子岛到都井岬东南外海，黑潮按逆时针方向改变其流向，进入到日本四国与本州以南，并通过犬吠埼后离岸向东流去。下面，我们根据本项计算重点讨论日本以南的黑潮，也将简述日本以东海区的黑潮。计算结果分别表示在图 2~12 中。

4.1 日本以南的海流

4.1.1 黑潮主流区的海流

由日本海上保安厅在 1986 年 5—6 月表层实测海流分布来看，黑潮主流在都井岬以南作气旋式偏转，在 30°N，133°E 附近，黑潮主流转向偏北方向，后又在足摺岬以南作顺时针方向偏转，流向偏东，一直到伊豆诸岛西侧。从图 5 和图 6 可知，我们的计算结果与实测海流是很相吻合的。在足摺岬以南，即 133°E 断面附近，表层流速值不很大，计算值约为 33~43 cm/s，而该处附近实测流速为 0.3~1.9 kn；黑潮经足摺岬附近海域，作顺时针方向转向偏东，流速加强；在计算点 8（32°45′N，135°E 附近，潮岬西南海域），表层流速计算值为 122.5 cm/s，方向偏东；又在计算点 18（32°45′N，137°E 附近，大王埼东南海域），表面流速加强为 139 cm/s，实测流此处最大值为 2~4.9 kn，方向偏东，这都是较为吻合的。若用动力计算结果，在计算点 8 和 18 的流速值分别为 140.1 cm/s 和 148.6 cm/s，都是偏大的。黑潮主流在足摺岬以南海域流速的加强，可能有以下两个原因。从图 5、图 6 可知，在 133°E 断面黑潮主流流向偏北，流动收敛地向着潮岬东南海域方向流去，以致海流加强。75~600 m σ_t 的分布也显示 σ_t 等值线在此处附近有收敛趋势（如图 13）。其次原因，可能在足摺岬西南有一支南下海流加入，如日本 1986 年 5—6 月《海洋速报》中给出的速度矢量所示。

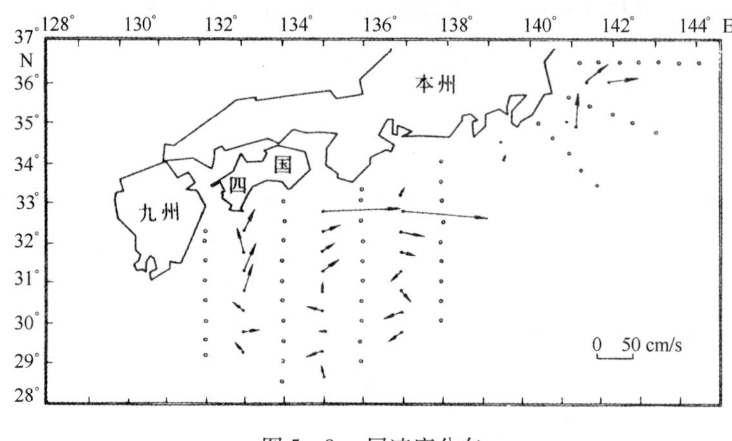

图 5　0 m 层速度分布

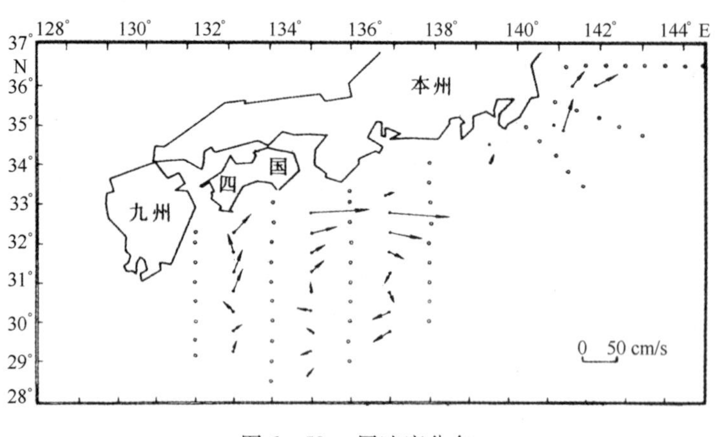

图 6　50 m 层速度分布

在潮岬西南海域及大王埼东南海域的黑潮（计算点 8 及 18），在次表层及 400 m 层以浅处还是较强的，在 100 m 层计算点 8 及 18 的流速分别为 106.4 cm/s 与 113.8 cm/s（见图 7）；在 200 m 层它们分别为 86.0 cm/s 与 87.4 cm/s（见图 8）；而在 400 m 层它们分别减为 35.2 cm/s 与 37.2 cm/s，与它们邻近的计算点 9 与 19 的流速相比，就差不多了（见图 9）；到 600 m 深层，它们的流速值减为 1.9 cm/s 和 5 cm/s，已相当小了，但邻近的计算点 9 与 19 的流速值仍然很大，分别为 15.9 cm/s 与 16.9 cm/s（见图 10）。由此可知，黑潮在日本本州以南自 400 m 起主流逐渐开始南移。在 700 m 以深,计算点 8 与 18 都出现了逆流(如图 11)。而在 1 000 m 深层,计算点 9、10 以及 19、20 都出现流速不大的逆流,它们分别为 7,9,13,7 cm/s(见图 12)。这支逆流的出现或许与伊豆诸岛附近地形变浅有关(见图 1)。在伊豆诸岛两侧,由于缺乏实测资料(见图 1),没有进行海流计算,但从图 5~10 可知,黑潮主流在 137°E 断面上流向偏东,在 141°E 断面附近流向偏北,因此从流向变化趋势来看,黑潮主流通过 137°~141°E 时,作了气旋式弯曲,这与观测的结果也是一致的(参见日本 1986 年 5—6 月《海洋速报》)。

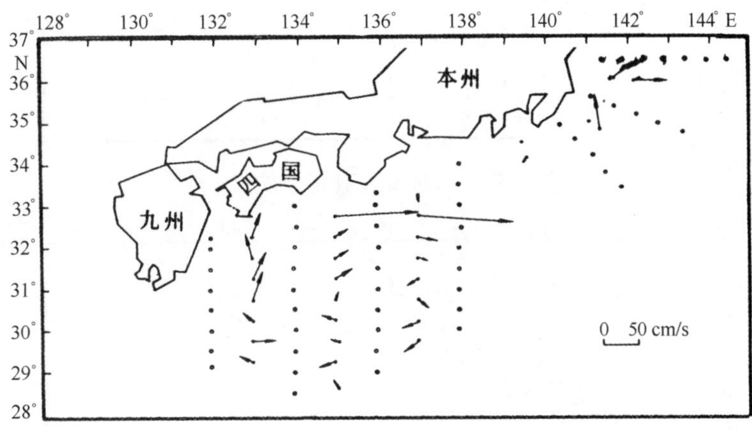

图 7　100 m 层速度分布

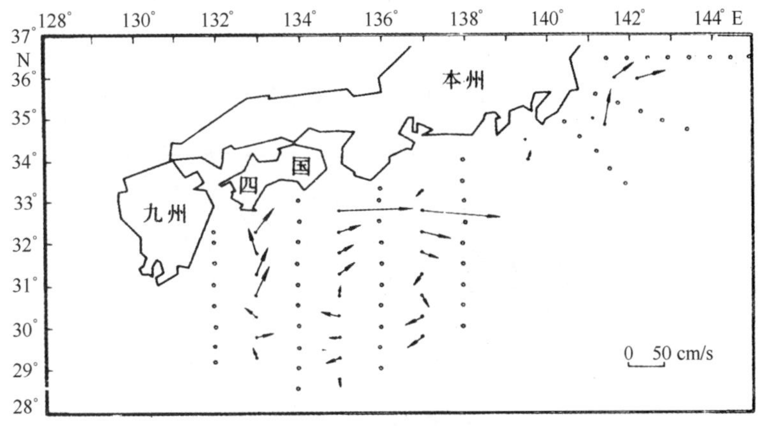

图 8　200 m 层速度分布

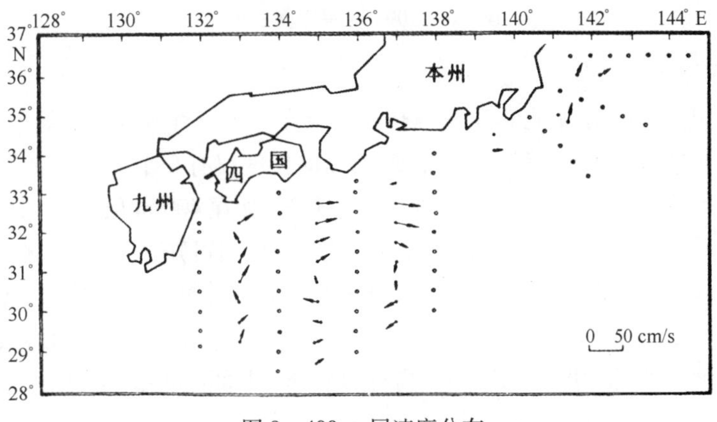

图 9　400 m 层速度分布

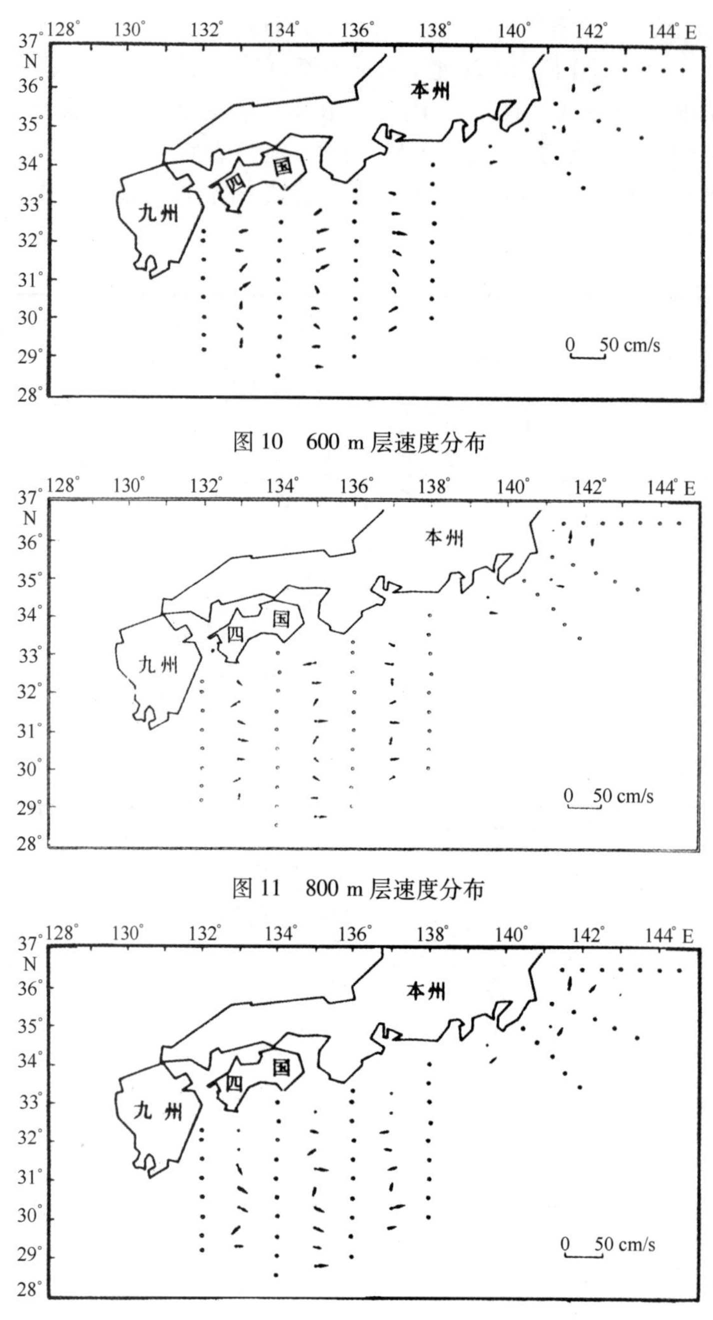

图 10　600 m 层速度分布

图 11　800 m 层速度分布

图 12　1 000 m 层速度分布

4.1.2　主流南侧的海流

从图 5~10 可知，在黑潮主流南侧，自表层到 600 m 层存在一个反气旋式涡。涡中心在 30°45′N，135°E 附近，此涡横向尺度由 133°E 至 137°E，即横跨 4 个经度，而纵向尺度仅有 2 个纬度。涡的强度较大，在涡中心周围的第一网格上表层最大流速可达 42 cm/s，一直到深层还较强，如在 400 m 层，v_{max} = 25 cm/s，在 600 m 层，v_{max} = 19 cm/s。从日本 1986 年 5—6 月《海洋速报》的表层实测海流资料可知，此反气旋式涡的确是存在的，其流速值范围为 0. 3~1. 9 kn；涡的大小、强度、中心位置以及范围与我们的计算结果很吻合。以下我们看一下这个反气旋式涡的密度场结构。自表层至 200 m 层存在一个尺度较小，强度不大的冷中心，其中心在 31°~31°30′N，135°~136°E 区域内，即此中心处密度要比周围要高；但是 300~1 500 m 层，恰好相反：存在一个尺度较大的低密中心，即在中心的相对温度要比周围的高，其中心位于 31°N，135°E 附近，而且在此中心的 $\int_{-H}^{0}\rho dz$ 值要比周围的低。由此可见，这个反气旋式涡的密度结构主要显示在 300~1 500 m 层的密度场内。

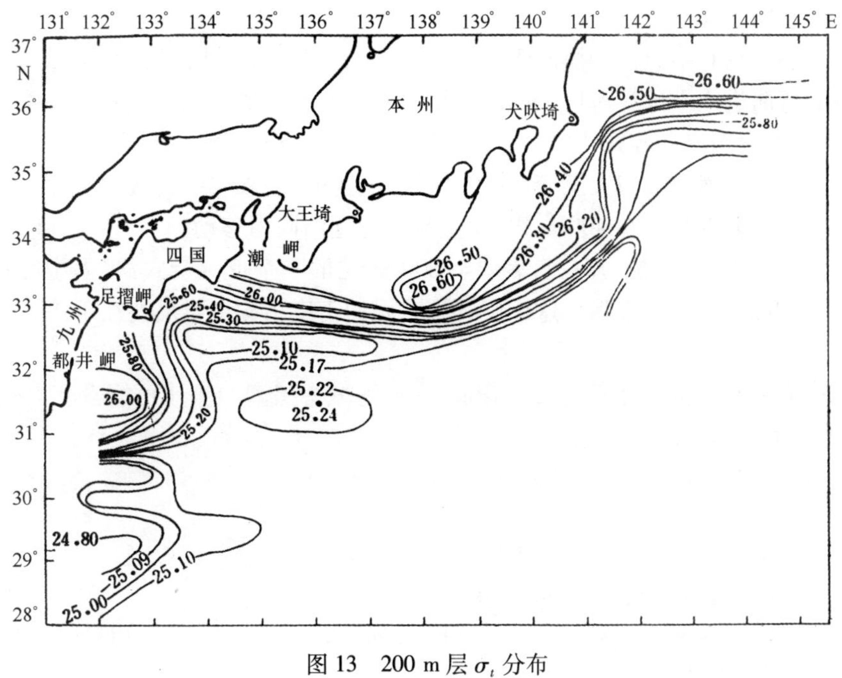

图 13　200 m 层 σ_t 分布

4.2　日本以东的海流

从图 5~10 可知，黑潮通过伊豆诸岛，流向由偏东逐渐以气旋式转向东北方向；又在计算点 26(34°45′N，141°30′E，野岛埼以东，犬吠埼以南）转向偏北方向，即黑潮经受了气旋式弯曲流向日本以东海域。黑潮在犬吠埼附近，又经受反气旋式弯曲（如图 5~10）。上述流态与 200 m 层等 σ_t 值分布非常吻合，也与日本 1986 年 5-6 月《海洋速报》的表层实测流是一致的。我们看一下后一个弯曲流态的流场分布。由于计算点只有 3 个，即计算点 26、27、28，我们不能断言此时在日本以东海域最大流速是多大，但我们可以从这 3 个计算点来分析一些问题。在表层，这 3 个点流速是差不多的，约为 47~52 cm/s，流向由偏北反气旋式转向偏东北，最后转向偏东；而在 100 m 层仍保持较大流速，其值分别为 53. 8，37，42 cm/s，方向与表层差不多；在 200 m 层上，流速比 100 m 层稍减弱一些；在 400 m 层，流速分别地减小为 31. 4，18. 7，17. 3 cm/s，流向由偏北方向顺时针地最后转向东北；在 600 m 层，流速分别减为 11. 7，3. 8，4. 6 cm/s；在 800~1 000 m 层，计算点 26、28 出现较弱的逆流，其值在 2~4 cm/s；而计算点 27 流向偏北，流速加强，约为 19 cm/s。从图 1 可知，这 3 个站的深度约 2 000 m 至 4 000 m，在更深层流况如何，有待于今后调查与计算。

5　结语

根据本航次在日本以南海区取得的调查资料进行海流计算，我们可以总结出以下几点结果。

(1) β 螺旋方法在深海海流计算中是一个较为有效的方法，它克服了动力计算的基本缺点，即速度为零的参考面选择的任意性。但此方法也存在一些局限性，主要表现在：①由于在密度扩散方程式中，忽略了 ρ 的时间变化项，因此在求参考速度时，选取计算层次必须在主跃层的上边界以下；②它较强地依赖于资料的正确性，特别是在深层的资料；③它不适用于深度不很深的海域，例如不适用于东海黑潮计算；④由于在动量方程式中，它忽略了非线性项，而在强流区非线性项的影响约为 10%~20%[6]，因此，在强流区应考虑对非线性项进行订正。

(2) 对于动力计算方法，即使在 800~1 500 m 范围内，一般说并不存在绝对速度为零的参考面。但对多数点，存在一个近似的零参考面（例如流速小于 10 cm/s）。即使这样，对于每一个计算点仍存在选哪一个水层作为参考面更为合适的问题。与 β 螺旋方法得到的结果相比较，在大部分计算点上，它们是大致上符合的,在有些计算点上,它们不甚吻合。

(3)在 1986 年 5—6 月,日本以南的黑潮主流还是近岸的,它经历了 4 次尺度不大的弯曲:首先在都井岬以南它经受了气旋式弯曲进入本计算海区;又在足摺岬以南海域经受了反气旋式弯曲后流向偏东;当它通过伊豆诸岛,流向由偏东逐渐以气旋式转向东北;当黑潮进入日本以东海域时,又在犬吠埼附近经受了反气旋式弯曲。黑潮位于潮岬西南海域与大王埼东南海域处,流速最大,表层流速最大可达 122. 5~139 cm/s,一直到 400 m 以浅处,流速仍较强;但在 400 m 以深,主流位置逐渐向南移动。

(4)在日本以南黑潮主流的南侧,存在自表层至 600 m 层的一个反气旋式涡,涡中心在 31°N,135°E 附近,涡的大小属于中尺度的,其强度较强。这个反气旋式涡的密度结构主要反映在 300~1 500 m 水层的一个低密度中心结构。

(5)在日本以东海域,黑潮经受了反气旋式弯曲,在此海域中黑潮的流速可能没有本州以南海域黑潮的流速那样强,但流速最大也有 1 kn 以上的。

致谢:在此项工作中,我们感谢徐端蓉同志绘画 σ_t 等值线图。

参考文献:

[1] 高野健三,川合英夫.物理海洋学(第 2 卷).北京:科学出版社,1985.

[2] Kuroshio Exploitation and Utilization Reseach, Summary Recport (1977-1982).Japan Marine Science and Technology Center, 1985.

[3] Stommel H, Schott F. The Beta spiral and the determination of the absolute velocity field from hydrographic station data. Deep-Sea Resarch, 1977, 24:325-329.

[4] Bigg G R.The beta spiral method. Deep-Sea Reseach, 1985, 32(4):465-484.

[5] Lanczos C.Lifferential Operators, Van Nostrand.Scarborough, 1961.

[6] 萨尔基向．海流数值分析与预报．北京:科学出版社,1980.

Calculation of the Kuroshio Current south of Japan in May-June 1986

Yuan Yaochu[1], Su Jilan[1], Zhou Weidong[1]

(1. *Second Institute of Oceanography, State Oceanic Administration, Hangzhou* 310012, *China*)

Abstract: Based on the May-June 1986 hydrographic data observed by the First Institute of Oceanography, SOA, the velocity field in the survey area was computed using both the beta spiral and the dynamic methods.The results show: (1) In the beta spiral method selection of computation levels is important for solving (u_0, v_0, w_0) at the reference level z_0.In our computation, the computtation levels are 500 m and below 500 m.(2) Differences between the computed results of the two methods are not large for most of the computation points, but at a few computation points the results of the two methods differ greatly.The computed velocity field using beta spiral method give better agreement with the observed velocity field at the surface level.(3) During May-June of 1986, the Kuroshio south of Japan flowed near the coast, but it underwent four small-scale meanders.The Kuroshio Current between 130°E and 137°E was strengthened.The maximum surface velocities ranged 122. 5-139 cm/s and vertically the velocities down to 400 m depth were still strong.The axis of the Kuroshio shifted southward below 400 m.(4) There was a mesoscale anticyclonic eddy centered at (30°45′N, 135°E), which extended from the surface to 600 m depth.The density distribution of the eddy showed that the low density center occupied mainly from 300 m to 1 500 m.(5) As the Kuroshio flowed northeastward towards the east of Japan, it underwent an anticyclonic meander and its surface velocity was greater than one knot, but much less than that in the region south of Honshu.

刊于:黑潮调查研究论文选(二) .北京:海洋出版社, 1990: 169-186.

东中国海冬季环流的一个预报模式研究

袁耀初[1],苏纪兰[1],倪菊芬[2]

(1. 国家海洋局 第二海洋研究所,浙江 杭州 310012;2. 浙江省计算技术研究所,浙江 杭州 310006)

1 引言

关于东中国海环流数值模式,国内外已开展了不少的工作,我们对东中国海环流也进行了一系列诊断计算[1-3]。在诊断计算中,一般利用已知水文与风场资料,以及少数锚碇测流资料,来计算速度场分布,而并不考虑速度场对密度场的影响,因此诊断计算人为地认为风场、密度场、底形分布以及速度场皆为定态且相互匹配,这是不符合实际情况的,虽然如此,诊断计算的结果与实测的海流比较,有相当程度的符合,例如文献[1-3]所指出的,便若要了解上述诊断计算不足之处,则需从预报模式着手研究。

大洋预报模式研究开展较早,已有了很多研究成果[4-5],浅海预报模式开展较晚些,Hendershott 与 Rizzoli[6]曾采用简单预报模式研究亚得里亚海冬季环流。他们假定温度与盐度为垂直均匀,采用定态、线性运动方程式,最后化为流函数 ψ 形式的方程,而在密度方程式中则考虑了时间变化项及水平平流项。这个模式的速度场与密度场是相互耦合的。Shaw 与 Csanady 也提出一个预报模式[7],研究在陆架上和坡折区的底部流动以及平均流。该模式的基本思想类似于 Hendershott 与 Rizzoli[6]的工作,但采用底部地转流速分量作为变量来代替上述的 ψ 变量,并应用于亚得里亚海、南极陆架与中部大西洋湾冬季环流的计算。

我们曾通过诊断计算探讨东中国海冬季环流的一些重要特征[2],例如沿岸附近为南向流,其外侧为较强北向流,即台湾暖流,而其中间为很强的沿岸锋,在陆架上其他海区,大部分海水辐聚于陆坡附近,并作反气旋式流动。本文采用 Shaw 与 Csanady 的预报模式思想,并进一步考虑 β 效应,以研究东中国海冬季环流,所用资料与文献[2]基本相同。计算结果表明,该预报模式既得到了与诊断计算结果一致的东中国海冬季环流的一些基本特征,也显示了环流流场与密度场之间的非线性相互作用是重要的。这一预报模式的计算结果还指出,利用动力计算方法计算位于陆坡上的东海黑潮流速是不合适的。本文最后对 β 效应在东中国海环流的作用也进行了讨论。

2 模式方程式

首先我们估算运动方程式中时间变化项与非线性项的数量级。陈上及等[8]利用日本东海大学在台湾—日本西表岛间锚碇测流资料,进行了流速、温度、盐度的谱分析表明,黑潮显著地存在着以数天乃至数十天为周期的各种低频振动。刘举平[9]分析了琉球群岛水位的低频变化指出,水位以 6~15 d 的周期变化,其振幅为 4~5 cm。这两项研究所得的主要低频变化周期基本一致。若我们取时间变化特征量 $T\approx 6\ \mathrm{d}\approx 5.2\times 10^5\ \mathrm{s}$, $U\sim 1\ \mathrm{m/s}$, $f\approx 7\times 10^{-5}\mathrm{s}^{-1}$, $L\approx 400\ \mathrm{km}$,则 Rossby 数 $Ro=\dfrac{U}{fL}\approx 3.6\times 10^{-2}$,时间变化项量级为 $1/fT\approx 3\times 10^{-2}$,即动量方程式中时间变化项及非线性项皆是可以忽略的。此外,水平涡动黏滞项也是可以忽略的,这样得到的动量方程与连续方程式为:

$$\left.\begin{aligned} A_z \frac{\partial^2 u}{\partial z^2} + fv &= \frac{1}{\rho_0}\frac{\partial P}{\partial x} \\ A_z \frac{\partial^2 v}{\partial z^2} - fv &= \frac{1}{\rho_0}\frac{\partial P}{\partial y} \\ -\rho g &= \frac{\partial P}{\partial z} \\ \frac{\partial u}{\partial x} + \frac{\partial v}{\partial y} + \frac{\partial w}{\partial z} &= 0 \end{aligned}\right\}. \tag{1}$$

在密度方程式中，时间变化项与平流项都是主要项，是不能忽略的，即密度 ρ 满足平流-扩散方程式：

$$\frac{\partial \rho}{\partial t} + u\frac{\partial \rho}{\partial x} + v\frac{\partial \rho}{\partial y} + w\frac{\partial \rho}{\partial z} = \bar{K}_z \frac{\partial^2 \rho}{\partial z^2} + \bar{K}_H\left(\frac{\partial^2 \rho}{\partial x^2} + \frac{\partial^2 \rho}{\partial y^2}\right). \tag{2}$$

研究海区如图 1a 所示，图中实线与虚线分别为密度 ρ 与速度 (u,v) 的网格线围成的区域。为了简化起见，假定地形只与离岸方向 x 的距离有关，即 $H=H(x)$（见图 1b）。为推导运动控制方程，我们首先定义底部地转流速 u_b、u_b，

$$u_b = -\frac{1}{f\rho_0}\frac{\partial P}{\partial y}\bigg|_{Z=-H}, \tag{3}$$

$$v_b = \frac{1}{f\rho_0}\frac{\partial P}{\partial x}\bigg|_{Z=-H}. \tag{4}$$

压力 P 满足静压条件

$$P = P_S + g\int_z^0 \rho \mathrm{d}z. \tag{5}$$

在 β 平面假定下，由图 1a 可得，

$$f = f_0 + \beta[y\cos\theta + (l - x)\sin\theta], \tag{6}$$

此处 l 为模式区域在离岸方向 x 的宽度，θ 为离岸方向 x 与正东方向的夹角。

从方程(3)~(5)可得

$$\frac{\partial}{\partial x}(fu_b) + \frac{\partial}{\partial y}(fv_b) = -\frac{gs}{\rho_0}\frac{\partial \rho_b}{\partial y}, \tag{7}$$

此处 $s = \mathrm{d}H/\mathrm{d}x, \rho_b = \rho(x,y,z)\Big|_{Z=-H}$。

对运动方程式(1)进行垂直积分，可得

$$\left.\begin{aligned} fVH &= \int_{-H}^0 \frac{1}{\rho}\frac{\partial P}{\partial x}\mathrm{d}z - \left(\frac{\tau_x}{\rho_0} - \frac{\tau_{bx}}{\rho_0}\right), \\ -fUH &= \int_{-H}^0 \frac{1}{\rho}\frac{\partial P}{\partial y}\mathrm{d}z - \left(\frac{\tau_y}{\rho_0} - \frac{\tau_{by}}{\rho_0}\right), \end{aligned}\right\} \tag{8}$$

$$UH = \int_{-H}^0 u\mathrm{d}z, \quad VH = \int_{-H}^0 v\mathrm{d}z. \tag{9}$$

τ_x, τ_y 为风应力，τ_{bx}, τ_{by} 为底部应力，而 U, V 满足全流方程式：

$$\frac{\partial(UH)}{\partial x} + \frac{\partial(VH)}{\partial y} = 0. \tag{10}$$

此外，我们假定底部应力 τ_{bx}、τ_{by} 与底部地转速度 u_b、v_b 成正比，即

$$\tau_{bx} = \rho_0\bar{\gamma}u_b, \quad \tau_{by} = \rho_0\bar{\gamma}v_b, \tag{11}$$

$\bar{\gamma}$ 取值为 0.05 cm/s（参见文献[10-11]）。

为了进一步简化方程，我们对上述方程式进行无量纲化，即设

$$S_0 = H_0/L_0, U_0 = g(\Delta\rho/\rho_0)S_0/f_0, T = L_0/U_0, r = \bar{\gamma}/f_0, \epsilon = r/S_0L_0,$$

$$\widetilde{K}_H = \overline{K}_H/U_0L_0, \widetilde{K}_Z = \overline{K}_ZL_0/U_0H_0^2, \widetilde{u} = U/u_0, \widetilde{V} = v/U_0,$$

$$\widetilde{\rho} = \frac{\rho - \rho_0}{\Delta\rho}, \widetilde{\tau}_x = \tau_x/\tau_0, \widetilde{\tau}_y = \tau_y/\tau_0, \epsilon_1 = \frac{\tau_0}{(\rho_0 f_0 U_0 H_0)}, \tilde{f} = f/f_0,$$

$$\widetilde{\beta} = \beta L/f_0, \widetilde{x} = x/L, \widetilde{y} = y/L, \widetilde{H} = H/H_0 \text{ 以及 } \overline{S} = S/S_0.$$

从上述方程式可以获得无量纲化方程，为了书写简便，我们在以下所有无量纲化方程中略去无量纲符号“～”，这样得无量纲方程：

$$\epsilon\left[\frac{\partial}{\partial x}\left(\frac{v_b}{f}\right) - \frac{\partial}{\partial y}\left(\frac{u_b}{f}\right)\right] + \frac{\beta H\cos\theta}{f}v_b - \frac{\beta H}{f}\sin\theta \cdot u_b - u_b s =$$

$$-\frac{\beta}{f^2}\left[\cos\theta\int_{-H}^{0} z\frac{\partial\rho}{\partial x}\mathrm{d}z + \sin\theta\int_{-H}^{0} z\frac{\partial\rho}{\partial y}\mathrm{d}z\right] + \epsilon_1\left[\frac{\partial}{\partial x}\left(\frac{1}{f}\tau_y\right) - \frac{\partial}{\partial y}\left(\frac{1}{f}\tau_x\right)\right]. \tag{12}$$

若忽略二阶小量 $O(\varepsilon^2), O(\epsilon_1^2), O(\beta^2), O(\epsilon_1\epsilon), O(\epsilon\beta), O(\epsilon_1\beta)$ 等，方程式(12)可简化为

$$fu_b = \frac{\epsilon}{s}\frac{\partial v_b}{\partial x} + \frac{\beta H\cos\theta}{s}v_b - \epsilon_1\frac{1}{s}\left[\frac{\partial\tau_y}{\partial x} - \frac{\partial\tau_x}{\partial y}\right] + \frac{\beta}{fs}\left[\cos\theta\int_{-H}^{0} z\frac{\partial\rho}{\partial x}\mathrm{d}z + \sin\theta\int_{-H}^{0} z\frac{\partial\rho}{\partial y}\mathrm{d}z\right]. \tag{13}$$

式(7)与(11)的无量纲化形式分别为：

$$\frac{\partial}{\partial x}(fu_b) + \frac{\partial}{\partial y}(fv_b) = -s\frac{\partial\rho_b}{\partial y}, \tag{7$'$}$$

$$\tau_{bx} = \epsilon u_b, \quad \tau_{by} = \epsilon v_b, \tag{11$'$}$$

将(13)式代入式(7)′，并忽略二阶小量 $O(\epsilon^2), O(\epsilon_1^2), O(\beta^2), O(\epsilon\beta), O(\epsilon_1\beta), O(\epsilon\epsilon_1)$，可以得出 v_b 的无量纲方程式：

$$\frac{\epsilon}{f}\frac{\partial}{\partial x}\left(\frac{1}{s}\frac{\partial v_b}{\partial x}\right) + \frac{\partial v_b}{\partial y} + M_1\frac{\partial v_b}{\partial x} + M_2 v_b =$$

$$\frac{\epsilon_1}{f}\frac{\partial}{\partial x}\left[\frac{1}{s}\mathrm{rot}_z\vec{\tau}\right] - \frac{s}{f}\frac{\partial\rho_b}{\partial y} + \frac{\beta}{f^2}\frac{\partial}{\partial x}\left[\frac{1}{s}\left(\cos\int_{-H}^{0} z\frac{\partial\rho}{\partial x}\mathrm{d}z + \sin\theta\int_{-H}^{0} z\frac{\partial\rho}{\partial y}\mathrm{d}z\right)\right], \tag{14}$$

其中，

$$M_1 = \frac{\beta\cos\theta H}{fs}, \quad M_2 = \frac{\beta\cos\theta}{f}\left[2 + H\frac{\mathrm{d}}{\mathrm{d}x}\left(\frac{1}{s}\right)\right], \tag{15}$$

由方程(8)，U、V 可用 u_b、v_b 表示为

$$U = u_b + \frac{1}{fH}\int_{-H}^{0}\mathrm{d}z\int_{-H}^{0}\frac{\partial\rho}{\partial y}\mathrm{d}z + \epsilon_1\frac{\tau_y}{fH} - \frac{\epsilon}{fH}v_b, \tag{16}$$

$$V = v_b - \frac{1}{fH}\int_{-H}^{0}\mathrm{d}z\int_{-H}^{0}\frac{\partial\rho}{\partial x}\mathrm{d}z - \epsilon_1\frac{\tau_x}{fH} + \frac{\epsilon}{fH}u_b. \tag{17}$$

关于密度方程式，我们假定在冬季情况下密度场有较强的垂直混合，即 $\rho(x,y,z,t) = \rho_b(x,y,t) = \rho(x,y,t)$，但这个假定对于在黑潮区是不成立的。为使讨论简化，我们仍然作了如此假定，它可以理解为平均密度场。对方程式(2)进行垂直积分，可以得到相应的无量纲化方程式：

$$\frac{\partial\rho}{\partial t} + U\frac{\partial\rho}{\partial x} + V\frac{\partial\rho}{\partial y} = K_H\left(\frac{\partial^2\rho}{\partial x^2} + \frac{\partial^2\rho}{\partial y^2}\right) + \frac{\alpha Q}{H}. \tag{18}$$

此处假定方程式(2)满足以下的无量纲形式的边界条件：

$$\left.\begin{aligned} K_z\frac{\partial\rho}{\partial z}\bigg|_{z=0} &= \alpha Q \\ K_z\frac{\partial\rho}{\partial z}\bigg|_{z=-H} &= 0 \end{aligned}\right\}. \tag{19}$$

此处 $K_H = \overline{K}_H/(U_0L_0)$，$K_z = \overline{K}_zL/(U_0H_0^2)$，$Q_0$ 为表面密度通量的特征量值，$\alpha = Q_0f_0\rho_0/(\Delta\rho g s_0^2)$，$\overline{Q}$ 为表面密度

通量值,因此无量纲表面密度通量 $Q=\overline{Q}/Q_0$。此外,从底部地转流的定义,易得:

$$u_b\frac{\partial\rho}{\partial x}+v_b\frac{\partial\rho}{\partial y}=0.$$

从上式,可以将方程(18)改写为:

$$\frac{\partial\rho}{\partial t}+U'\frac{\partial\rho}{\partial x}+V'\frac{\partial\rho}{\partial y}=K_H\left(\frac{\partial^2\rho}{\partial x^2}+\frac{\partial^2\rho}{\partial y^2}\right)+\frac{Q}{H},\tag{20}$$

此处

$$U'=U-u_b,\tag{21}$$

$$V'=V-v_b.\tag{22}$$

于是方程组(13)、(14)以及(20)便组成一个预报模式方程。关于边界条件,我们着重说明方程(14)所对应的边界条件。方程(14)是一个抛物型方程式,因此,只给出 $y=N\Delta y$ 边界上的值即可,而 $y=0$ 上的值,可由方程本身求得,在 $y=N\Delta y$ 上的边界条件有两种可能形式,即式(1)给出 v_b 值,属第一类边界条件;或式(2)给出 V 值,而由方程(17)和(13)可知,此情况属于第三类边值问题,在 $x=0$ 边界上,或是固体边界条件 $U=0$,或是给出江河径流量。此外还需给出 $x=M\Delta x$ 深水处边界条件,本文取 $u_b=0$。对于方程组(13)、(14)以及式(20)在已知初值条件与上述边界条件下,通过数值求解,可求得每一个时刻的速度场与密度场,并最终获得稳定解。

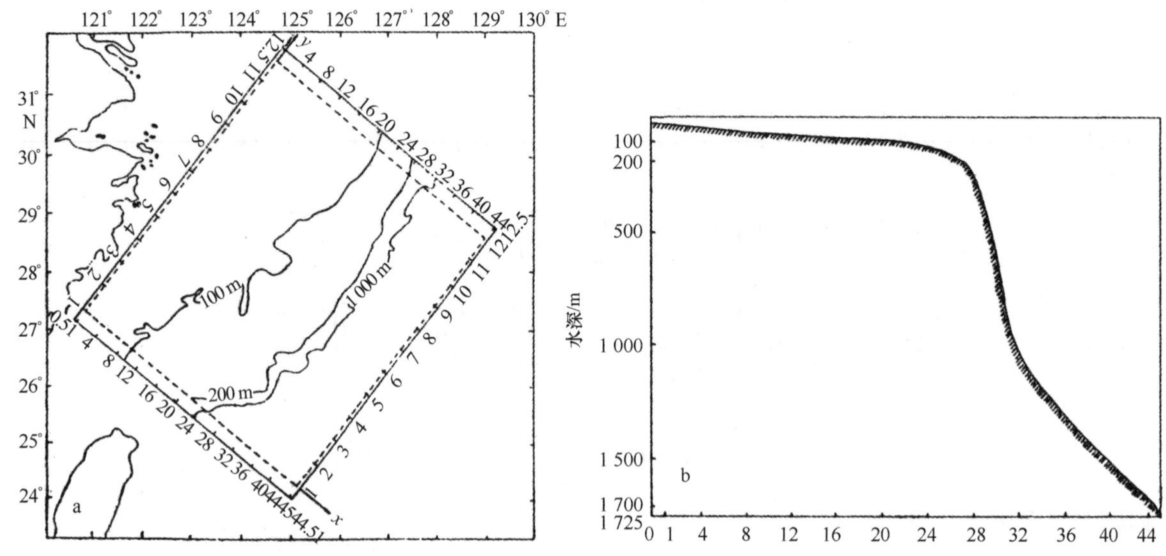

图 1 a. 计算海区与网格(实线为密度网格区,虚线为速度网格区);
b. 海底地形分布,横坐标 i 为网格点数,纵坐标为对应的深度 $H=H(x)$

3 数值求解与讨论

关于方程(13)、(14)以及(20)的数值求解方法与格式,我们在此不作介绍。计算区域参见图 1,其中密度网格区域为速度网格区域的四边各扩展半个网格。以下将对计算参数与稳定性予以说明,并以示同的计算方案分别进行讨论。

3.1 计算参数与稳定性说明

计算区域在 x 方向宽度为 549.765×10^3 m,y 方向宽度为 722.28×10^3 m,$\theta=38.8°$;在 x 方向上采用两种网格:粗网格步长为 48.868×10^3 m,细网格步长为 12.217×10^3 m,图 1a,b 表示细网格情况;在 y 方向上只用一种网格,步长为 55.56×10^3 m;时间步长统一取为 1 d,即 8.64×10^4 s;$H_0=1\ 000$ m,$\beta=0.290\ 1\times10^{-10}\mathrm{m^{-1}s^{-1}}$,$f_0=0.593\ 2\times10^{-4}\mathrm{s^{-1}}$,并取 $\overline{K}_H=10^6\sim10^7\ \mathrm{cm^2/s}$,$\overline{\gamma}=5\times10^{-4}$ m/s,$Q=0$。风场与初始密度场资料取自 1984 年 12

月-1985年1月国家海洋局第一海洋研究所与第二海洋研究所联合调查航次的资料，其中风场取8.5 m/s的均匀北风；此外，长江口径流量取32 000 m^3/s($j=8\Delta y,9\Delta y$)，长江以南的其他河流的流量取为5 000 m^3/s($j=6\Delta y,7\Delta y$)。这两个流理值相近于各自的平均流量，一般冬季流量比这些值要小一些，但这不会影响计算结果，进行数值计算时，我们取稳定性判据为：

$$\max_{\{i,j\}}\left[\frac{\sigma_{i,j}^{(n+1)}-\sigma_{i,j}^{(n)}}{\sigma_{i,j}^{(n)}},\frac{v_{i,j}^{(n+1)}-v_{i,j}^{(n)}}{v_{i,j}^{(n)}},\frac{u_{i,j}^{(n+1)}-u_{i,j}^{(n)}}{u_{i,j}^{(n)}}\right]\leqslant 10^{-3}.$$

在图2中，我们比较实例4(见表)各个时间步长的解，可见$t=10\Delta t,100\Delta t,200\Delta t$，有明显的变化，但在$t=200\Delta t$以后，条件密度$\sigma_t$的变化很小，特别比较$t=500\Delta t$与$t=1\,000\Delta t$的结果，两者基本一致，即它们都已满足计算稳定的精度。为了更好了解计算稳定情况，对个别重要的方案，我们计算到$t=10^4\Delta t$，并与$t=10^3\Delta t$作比较，表明$t=10^3\Delta t$已达到稳定解。我们也探讨过在x方向上粗细网格以及不同$\overline{K}_H$值(分别为10^7，5×10^6，10^6 cm^2/s)对计算稳定的影响，结果皆表明，计算格式是很稳定的，但粗网格结果无法分辨锋面等特征，在以下方案中皆取$\overline{K}_H=10^6$ cm^2/s，并采用细网格。

3.2 计算方案

为了作动力学上分析，在数值计算时，我们考虑以下几种情况。

(1)关于密度场的边界条件。如上述，有关密度资料，基本采用1984-1985年航次资料，但为了在动力学上分析与比较，我们首先考虑以下情况下的边界条件，即$\sigma_t(x,0)=\sigma_t(x,N\Delta y)$，并且$\sigma_t$初始分布只是$x$函数，此种情况记为DC-1，其次，把上述情况下，获得的定态解在$y=(N-1)\Delta y$上σ_t值，作为新的计算方案在$y=N\Delta y$上的边界条件，此时新的边界值$\sigma_t^*(x,N\Delta y)\neq\sigma_t(x,0)$，这种情况记为DC-2。如此做法，是考虑到在边界$y=N\Delta y$上$\sigma_t$取值更为合理些，否则在$y=N\Delta y$附近$\sigma_t$变化将很大。

(2)关于v_b的边界条件。如上述，在$y=N\Delta y$上给出v_b值，即第一类边界值，记为v_b(Ⅰ)，也可给出V值，即第三类边界值，记v_b(Ⅲ)，后种情况下的V值基本取自诊断计算的结果[2]。

(3)为了讨论β效应，我们分别计算了$\beta=0.209\,1\times10^{-10}m^{-1}s^{-1}$与$\beta=0$两种情况。

除上述3点以外，我们还进行了各种计算格式稳定比较，粗、细网格比较等等，但这些不是本文的主要部分，这里只作附带说明。为便于结果的分析与讨论，我们只选择了10个计算方案(见表中的实例)。实例1~10中所用参数除表中列出以外，其余的皆相同。

计算实例表

实例	DC	$V_b/m\cdot s^{-1}$	$\beta/m^{-1}\cdot s^{-1}$
1	DC-1	v_b(Ⅲ)	0
2	DC-1	v_b(Ⅲ)	$0.201\,1\times10^{-10}$
3	DC-2	v_b(Ⅲ)	0
4	DC-2	v_b(Ⅲ)	$0.209\,1\times10^{-1}$
5	DC-1	v_b(Ⅰ)，$v_b(x,N\Delta y)\equiv0$	$0.209\,1\times10^{-10}$
6	DC-1	v_b(Ⅰ)，$v_b(x,N\Delta y)\equiv0.006$	$0.209\,1\times10^{-10}$
7	DC-1	v_b(Ⅰ)，给$v_b(x,N\Delta y)$分布	$0.209\,1\times10^{-10}$
8	DC-1	v_b(Ⅰ)，$v_b(x,N\Delta y)\equiv-0.006$	$0.209\,1\times10^{-10}$
9	DC-1	v_b(Ⅰ)，$v_b(x,N\Delta y)\equiv0.06$	$0.209\,1\times10^{-10}$
10	DC-1	v_b(Ⅰ)，$v_b(x,N\Delta y)\equiv-0.06$	$0.209\,1\times10^{-10}$

4 计算结果与讨论

我们曾对1984年12月—1985年1月冬季航次进行了海流诊断计算[2]，揭示了东中国海冬季环流的一些重要特征，例如在沿岸附近出现强的锋面，锋面西侧为南向流，东侧为北向流，即台湾暖流。当我们采用粗网格 $\Delta x_1=48.868\times10^3$ m 进行预报计算时，得到的稳定解并不出现上述的特征，即锋面消失，但如果采用细网格 $\Delta x_2=12.217\times10^3$ m 时，获得的稳定解重现了沿岸锋面等特征。这表明网格的分辨力是重要的。因此实例 1~10 均采用细网格。

首先我们看一下预报模式所得到的冬季环流与密度分布的总的特征，如图 2、图 3 所示（注意到，由于网格太密，图中所表示的速度矢量只在 i 为偶数的网格点上才标出）。比较图 2 与图 3 可知，虽然这两个计算实例在 $y=N\Delta y$ 上的密度边界条件不相同，但它们总的环流与密度分布的总趋向还是一致的。在海区西部出现较强的沿岸锋，锋面的西侧为南向流，东侧为北向流，即台湾暖流，从等条件密度 σ_t 分布与海流分布来看，虽然基本上是沿等深线流动的，但都向陆坡收敛，这些特征都是与诊断计算的结果是相一致的[2-3]，在此，再次指出，海区南端的流速是由计算获得的。关于黑潮流速分布，我们先讨论平均流速（U,V）分布，它基本上是沿等深线的，最大速度在南端入口处，达 86 cm/s，往北流速减为 50 cm/s 左右，但在海区北端稍加强为60 cm/s左右，这可能与海流向陆坡收敛有关。黑潮主流的位置正好在坡度最大处（$i=28\sim36$，图 1b，图 2g 以及图 3c），宽度约 100 km 左右，其右侧出现逆流，并伴随着反气旋涡。其次，底部地转流速（u_b,v_b）的分布，在黑潮区的西侧陆架区为北向流，在陆架西侧流速较大，达 10 cm/s 左右，而在陆架中间海区略为减小，在 2~10 cm/s 范围内变化。在黑潮区底部地转流速基本上为南向流，速度一般在 8~22 cm/s 范围内变化。而在黑潮的东侧海区底部地转流（u_b,v_b）流向又转向偏北，但流速很小，一般小于 0.1 cm/s。最后再比较图 2 与图 3，它们的差别在于边界 $y=N\Delta y$ 上条件密度 σ_t 给值不同，由于实例 2（见图 3）在边界 $N\Delta y$ 上条件密度 σ_t 给值不甚合理，使得条件密度 σ_t 在 $N\Delta y$ 附近区域变化较大，但实例 4（见图 2）上述现象基本消除。

通过预报模式计算，我们将分析以下的一些问题。

4.1　密度场与速度场非线性相互作用

如引言指出，海流计算的关键问题之一是如何确定底部地转流速，而动力计算方法是无法确定它的，只能作人为的假定，例如假定它的值为零。此假定在浅海处与陆坡处是不成立的，这一点从方程式（14）可知，式（14）右边的主要项为 $-\dfrac{s}{f}\dfrac{\partial\rho_b}{\partial y}$，这表示密度沿着等深线变化与地形梯度的联合效应是产生底部地转流速的一个重要动力因子。事实上底部地转流速变化直接影响速度（U,V）的分布，而速度（U,V）的改变又反过来影响密度分布，形成它们之间的非线性相互作用。由此可以看出，这些问题可通过预报模式来解决。作为具体例子，我们讨论在黑潮海区底部地转流速分布。如图 2e（实例 4）所示，在陆坡（图 1 中 $i=29$ 处）西侧，等条件密度 σ_t 线都向坡折带收敛，因此在 $i=29$ 西侧，$s\dfrac{\partial\rho}{\partial y}>0$，东侧 $s\dfrac{\partial\rho}{\partial y}<0$。为了讨论方便起见，在式（14）保留主要项，略去所有一阶小量以上的项，则化为

$$\frac{\partial v_b}{\partial y}=-\frac{s}{f}\frac{\partial\rho}{\partial y}.$$

上式意味着在 $i=29$ 西侧，$\dfrac{\partial v_b}{\partial y}<0$，这表明，沿着“$-y$”方向北向流加强，而在 $i=29$ 的东侧，$\dfrac{\partial v_b}{\partial y}>0$，即沿着“$-y$”方向南向流加强，因此，密度场沿着等深线方向的变化与地形梯度联合效应，是产生在黑潮区底部地转流速的一个重要动力因子。

4.2　对北部边界条件的依赖

实例 5~10 给出了不同的北部边界条件，以下我们对各实例所得到的不同结果进行对比与分析。

（1）实例 5 在北部边界上为 $v_b\equiv0$。图 4 表明，由于“源项”$s\dfrac{\partial\rho}{\partial y}$的作用，在区域内部，底部地转流速并不为零，例如在黑潮区，底部地转流速一般在 5~20 cm/s 之间，最大的为 26 cm/s，流向都是南向的。但在陆架区，与

实例2、4作比较，我们发现它们之间有重大的差异。首先在密度分布上，实例2所出现的重要特征，如海区西部锋面、等条件密度 σ_t 线向陆坡收敛等等现象都消失（见图4a）。其次，与上述密度场分布相对应的底部地转流速（u_b，v_b）和平均流速（U，V）分布，在陆架区几乎全分别被反气旋式及气旋式流动所支配（图4b，4c），即得到的与实际完全不同的流场分布。这表明在陆架北部边界上的边界条件不能简单地认为 $v_b \equiv 0$。

（2）实例8与10分别在北部边界上取 v_b 为−0.006 m/s及−0.06 m/s，我们在图中只给出了实例10的结果（见图5）。在陆架海区与实例5一样，实例8、10（见图5a）均无沿岸锋面，等条件密度 σ_t 线也不向陆坡收敛，而是发散，按实例5（图4），实例8与10（图5）的顺序，可知随着北部边界上南向流的增大，等条件密度 σ_t 线发散愈厉害。底部地转流速（u_b，v_b）的分布与实例5相似，在陆架海区受反气旋式流动所支配。但反气旋中心按实例5、8、10的顺序，逐渐移向西侧。平均流速（U，V）的分布，实例8也与实例5相似，在陆架海区被气旋式流动所支配，台湾暖流消失，代之为南向流，而实例10中整个陆架皆为南向流。由此可知，这与实际的冬季流况是很一致的。这也表明，在陆架海区北部 v_b 的边界条件取负值（南向流）也是不合实际的。在黑潮区域，与实例2比较，实例8及10在此区域流态较为接近，例如底部地转流（u_b，v_b）（图5b）基本沿等深线流动，流向向南，其值一般10~26 cm/s，主流流向向北，平均流速（U，V）值也接近实例2，在黑潮主流右侧出现逆流，这些都是与实际流况相一致的。上述结果表明，由于实例8及10在黑潮区北部边界条件 v_b 取值的符号，都是与实例2相同，即都是取负值（南向流），以致得到它们在黑潮区相似的流动。

（3）实例6与9分别为在北部边界上取 v_b 为0.006 m/s及0.06 m/s，我们在图6只给出实例9的结果（t=1 000 d）。

在陆架区域，实例6得到的条件密度 σ_t 分布及流速分布与实例5的基本相似。这是由于实例6在北边界上 v_b 的取值虽为正，但是太小。当 v_b 在北边界上取值变大到0.06 m/s（此值的大小与实例2中陆架海区值相当），就出现了沿岸锋面（见图6a），锋面西侧为南向流，东侧为北向流（见图6b），底部地转流（u_b，v_b）在陆架上也是北向的。在坡折带附近，条件密度 σ_t 等值线向坡折方向收敛。由此可见，实例9又重新出现了在陆架海区冬季海流与条件密度 σ_t 分布的一些重要特征。

虽然实例9的陆架流态与实例2（或4）的相近，但在黑潮海区与深海区，它们的条件密度 σ_t 分布与流场分布却相差甚大，例如在深海区，实例9的等条件密度 σ_t 线向东北方向发散，相应地出现一支很强的北向流（见图6c），而在此处附近实例2所出现的则为向南的黑潮逆流。这支很强的北向流偏离200~1 000 m等深线的坡折区，而以气旋式地流向深水区（见图6c），这显然与实际的流况差别甚大。这表明在黑潮区北部边界上 v_b 应取负值才合适。

（4）实例7在北部边界上 v_b 给出一个分布，此分布类似于实例2所得出 $v_b(x, N\Delta y)$ 分布，即在陆架上 v_b >0，并向黑潮区逐渐线性地减小，在黑潮区 v_b<0，但其量值与实例2、4不甚相同，即使这样，实例7得到的条件密度 σ_t 分布与流场分布（见图7），与实例2所得到的在定性上是一致的。因此，这里得到的结论，是与上述的（1）~（3）的结论是相一致的。

4.3　β 效应的讨论

从方程（14）可知，除主要项 $-\dfrac{s}{f}\dfrac{\partial \rho_b}{\partial y}$ 以外，还有风应力旋度在 x 方向的变化项以及 β 效应项，由于本计算时，假定风场均匀，因此次要项只 β 效应的作用。

实例1与实例3（图3）都为 β=0情况，比较实例1与2以及实例3（图8）与实例4（图2）可知，β 效应的影响是较小的，这是由于本模式计算的海区不大。对沿岸锋面位置与强度，β 效应几乎没有什么影响，但在坡折带附近，虽然 $\beta \neq 0$ 与 β=0两种情况下等条件密度 σ_t 线都向坡折处收敛，但相比之下 $\beta \neq 0$ 情况更收敛些。因此在 i=29两侧 $\beta \neq 0$ 时底部地转流速略大于 β=0时的值，一般偏大在15%以内。由于上述的变化，也引起平均流场稍有变化，例如在整个陆架海区 $\beta \neq 0$ 时，平均流速 $\sqrt{U^2+V^2}$ 比 β=0时稍加强，但在黑潮海区，$\beta \neq 0$ 它的值要比 β=0时减小。

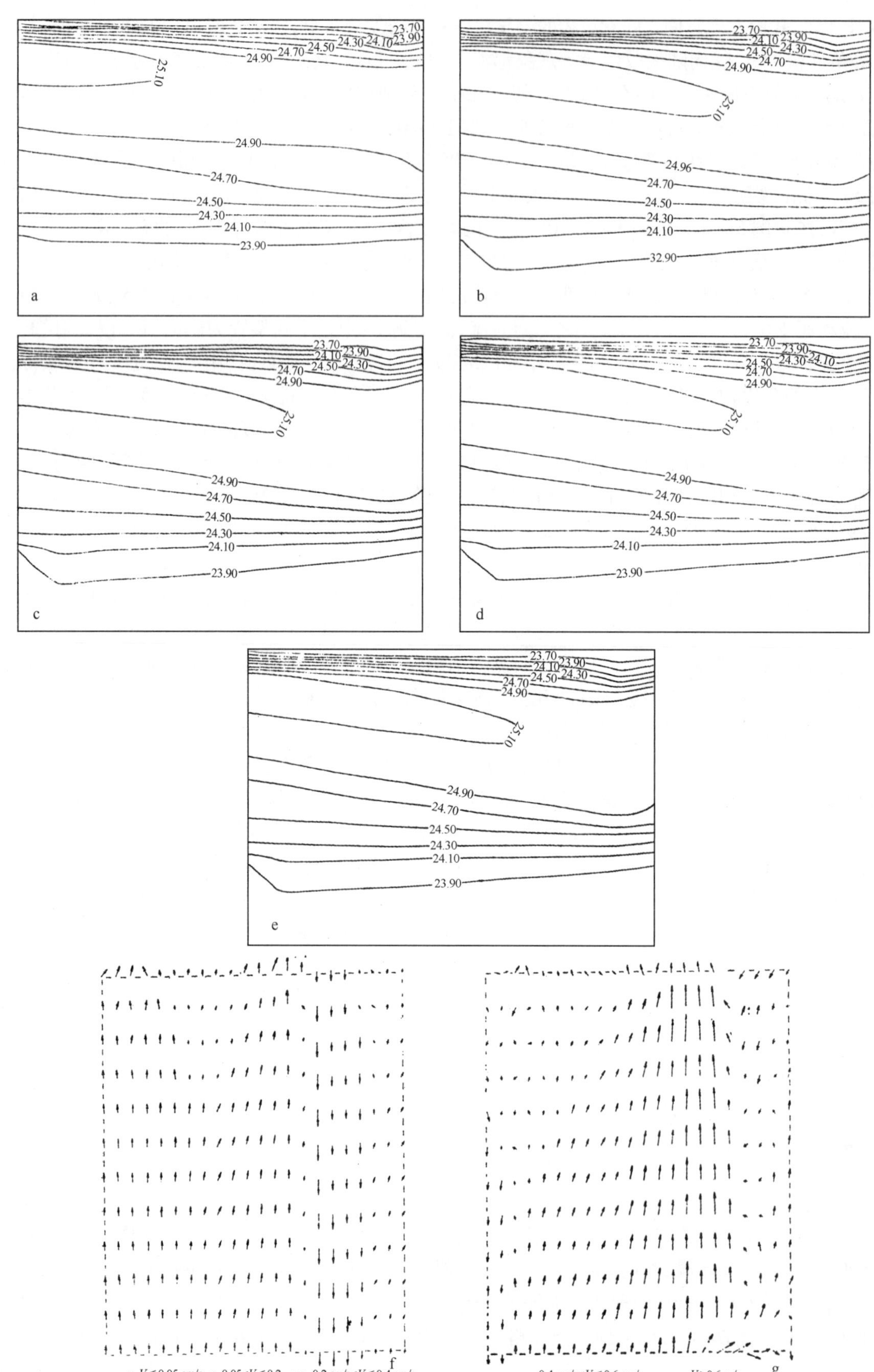

图2　计算实例4

a.条件密度 σ_t 分布(10 d);b.条件密度 σ_t 分布(100 d);c.条件密度 σ_t 分布(200 d);d.条件密度 σ_t 分布(500 d);e.条件密度 σ_t 分布(1 000 d);f.底部地转流速(u_b,v_b);(1 000 d)分布;g.平均流速(U,V)分布(1 000 d)

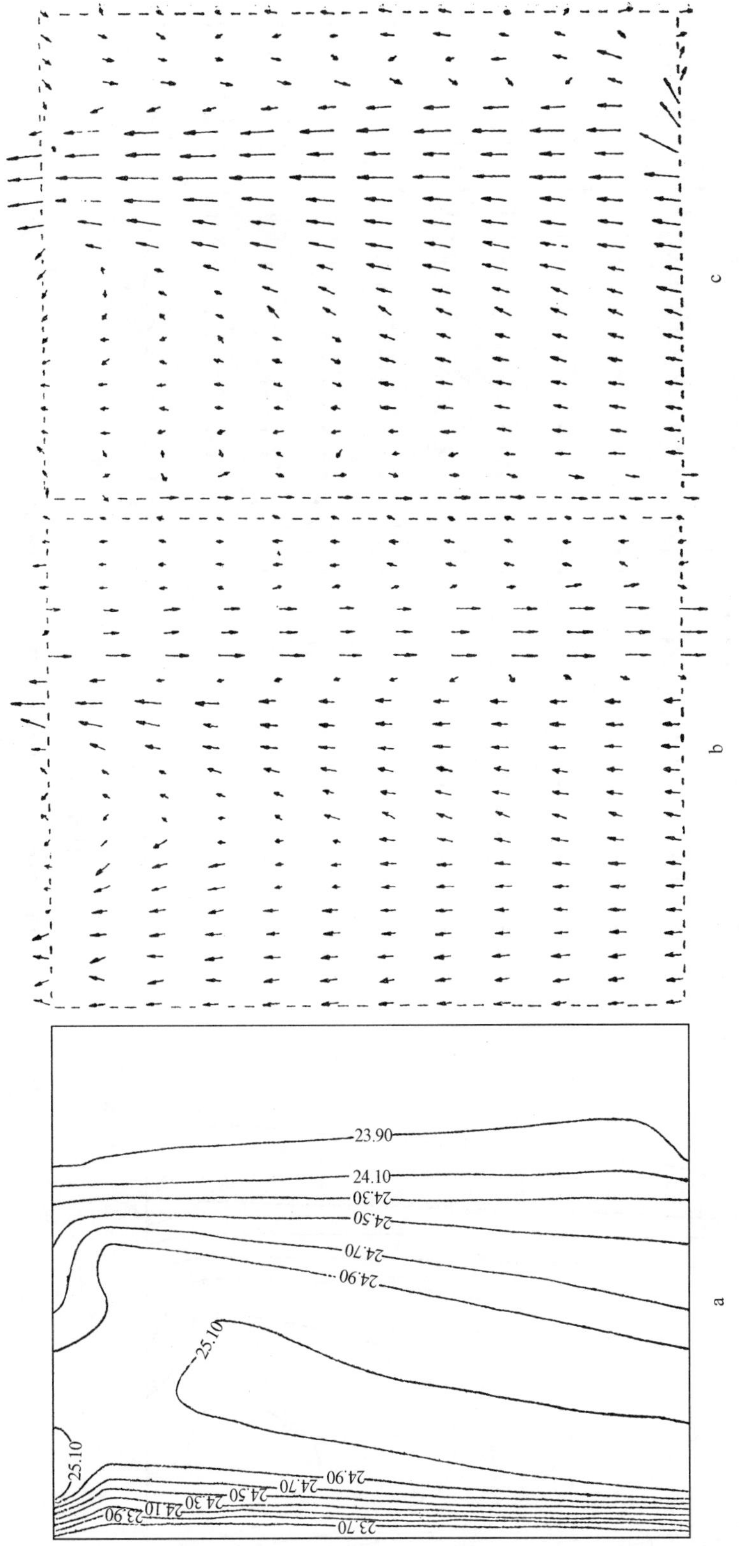

图 3　计算实例 2（t=1 000 d）

a.条件密度σ_t分布；b.底部地转流速(u_b, v_b)分布；c.平均流速(U, V)分布

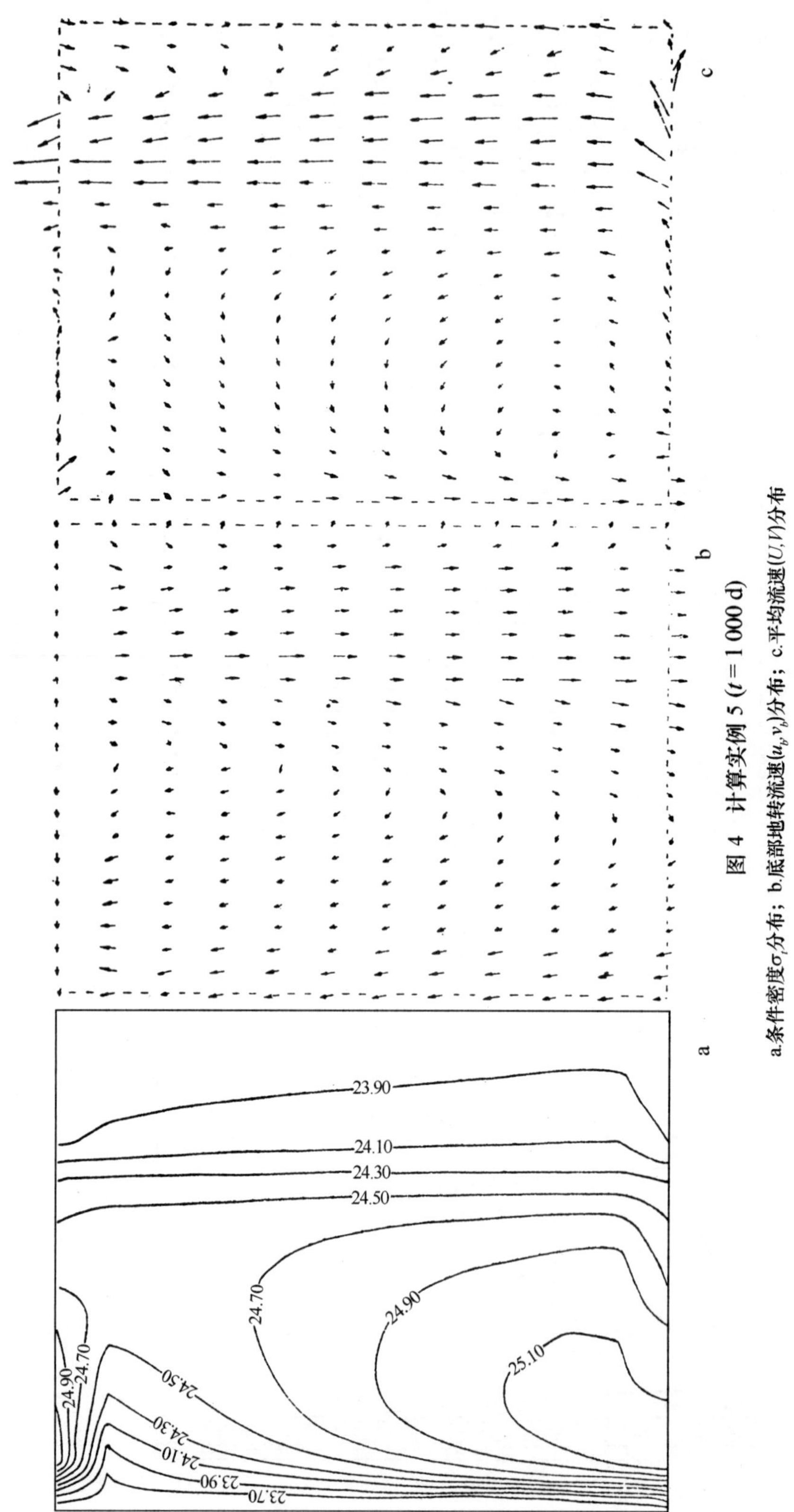

图 4　计算实例 5 (t = 1 000 d)

a.条件密度σ_t分布；b.底部地转流速(u_b, v_b)分布；c.平均流速(U,V)分布

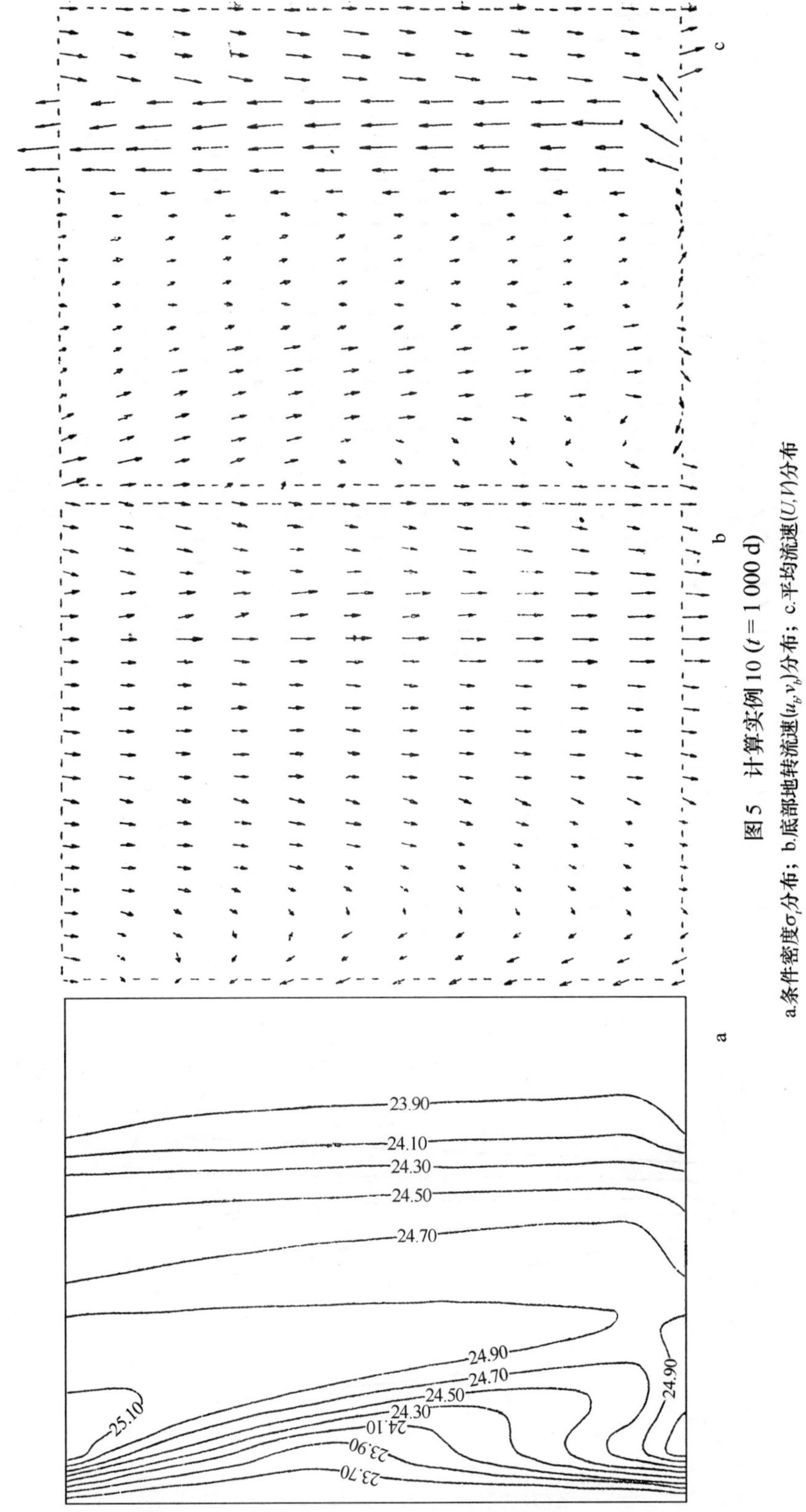

图5 计算实例10 ($t = 1\ 000$ d)

a.条件密度σ_t分布；b.底部地转流速(u_g, v_g)分布；c.平均流速(U,V)分布

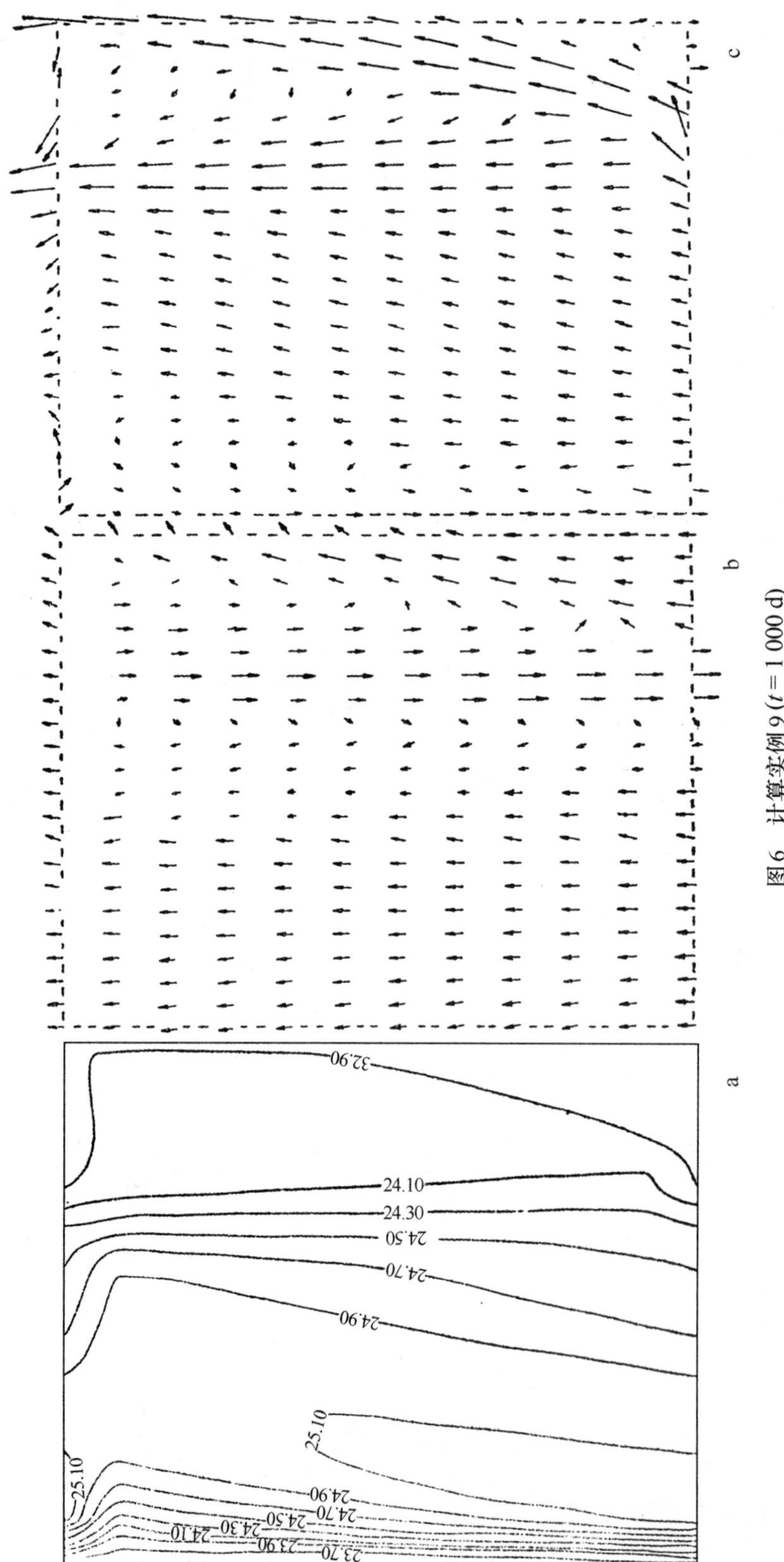

图6　计算实例9 ($t = 1\ 000$ d)

a.条件密度σ_t分布；b.底部地转流速(u_g, v_g)分布；c.平均流速(U,V)分布

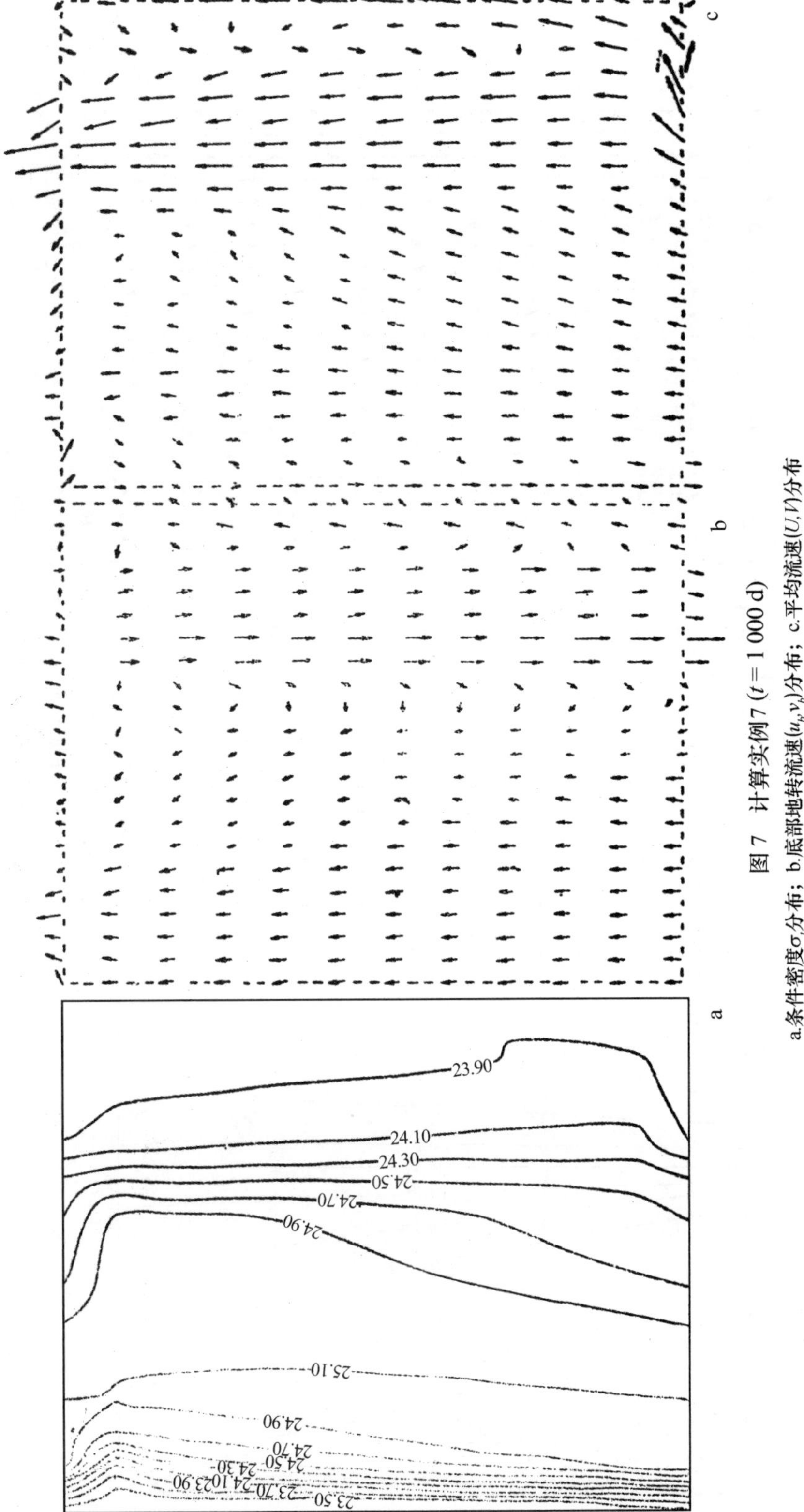

图 7　计算实例7 (t = 1 000 d)

a.条件密度σ_t分布；b.底部地转流速(u_b, v_b)分布；c.平均流速(U, V)分布

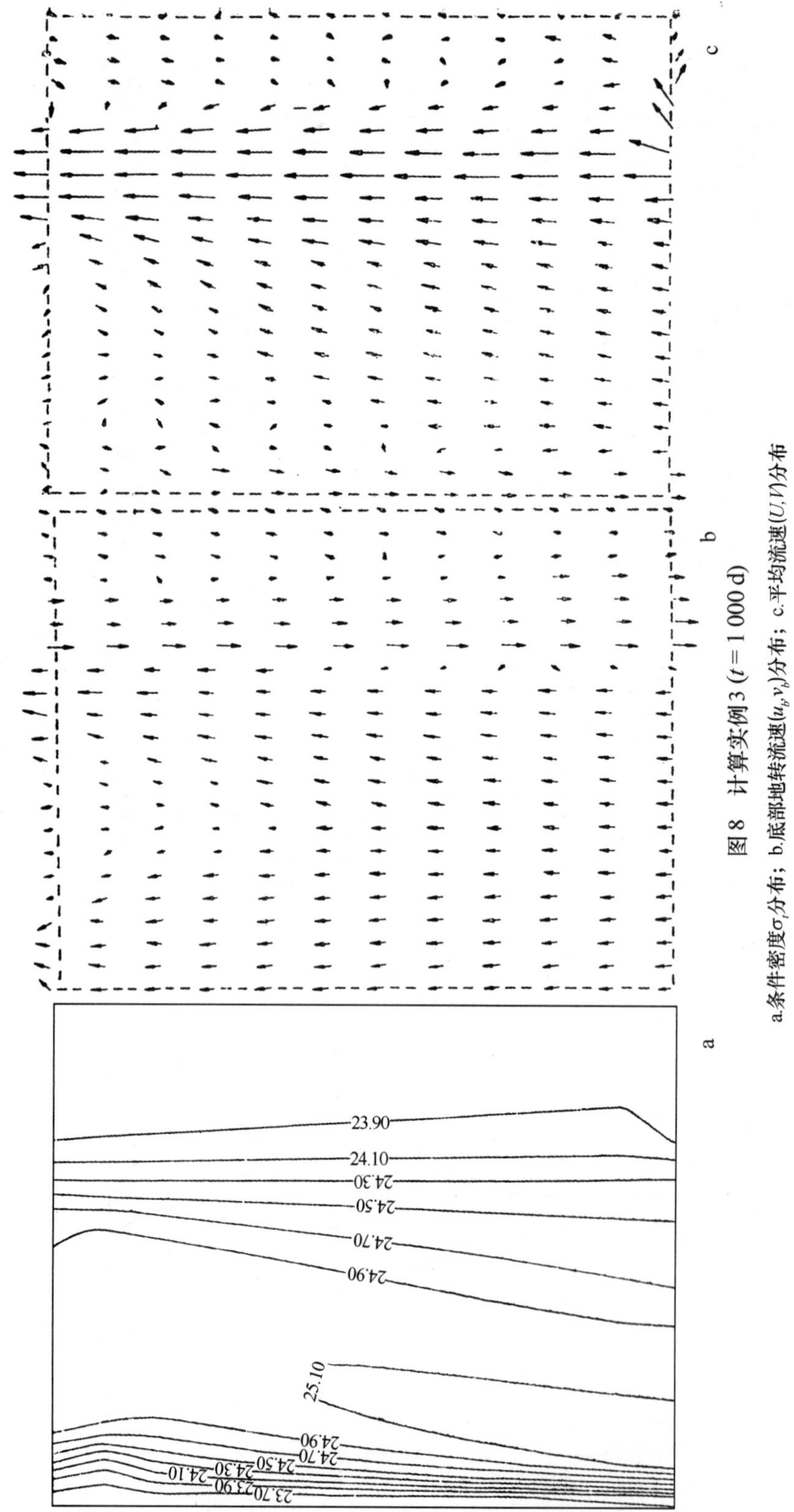

图 8　计算实例 3 (t = 1 000 d)

a.条件密度σ_t分布；b.底部地转流速(u_b, v_b)分布；c.平均流速(U, V)分布

5　结语

通过冬季预报模式计算，我们可以得到以下几点结论：

(1)冬季预报模式计算得到的结果与冬季诊断计算的结果在定性上较为一致，例如沿岸附近出现较强的锋面，锋面西侧为南向流，东侧为北向流，即台湾暖流，台湾暖流以反气旋式流动向陆坡收敛，黑潮在坡折带附近，基本上沿等深线流动，黑潮主流右侧为逆流等等。

(2)诊断计算中有确定底部地转流速的问题，而在预报模式中，底部地转流速的确定则是通过速度场与密度之间的非线性相互作用，即沿着等深线方向密度变化与地形梯度的联合效应是产生底部地转流速的主要动力因子，而由此改变的速度场通过平流效应又影响密度分布等等。预报模式计算表明，由于黑潮流经坡度很大的坡折带，因此，简单地采用底部地转流速为零的地转流计算方法，是不合适的。

(3)求解方程(14)时，确切地给出北部边界上的 v_b 分布至为重要。正确的 v_b 分布为：在陆架区 v_b 是北向的；在黑潮区则是南向的。计算结果表明，只有给定这样北部边界的 v_b 分布，才能得到符合实际的结果，否则将会得到完全不同的密度分布与流速分布。在上述正确的 v_b 边界条件下得到的底部地转流(u_b,v_b)在陆架区向北流，在坡折带西侧以反气旋式流动向坡折处收敛，而在黑潮区它为南向流，在黑潮东侧的深海区则它又转向为北向流，但流速甚小。

(4)β 效应在本预报模式计算中是次要的，但它也有一定的影响，例如虽然 $\beta \neq 0$ 与 $\beta = 0$ 两种情况下，等条件密度 σ_t 线都向坡折处收敛，但相比之下，当 $\beta \neq 0$ 时，等条件密度 σ_t 线显得更收敛些等等。

最后需指出，在本冬季预报模式中，为了使问题进行简化，我们作了一些假定，例如假设在本海区冬季密度场有较强的垂直混合，即密度是垂直均匀的，这在黑潮区是不成立的。但我们可以认为本研究所得到的结果在定性上是正确的，在定量上更细致的研究将有待于今后采用更复杂的预报模式进行计算。

参考文献：

[1] Yuan Yaochu, Su Jialn, Xia Songyun. A diagnostic model of summer circulation on the northwest shelf of the East China Sea. Proress in Oceanography, 1986, 17(3/4): 163–176.

[2] Yuan Yaochu, Su Jilan, Xia Songyun. Three dimensional diagnostic calculation of circulation over the East China Sea shelf. Acta Oceanologica Sinica, 1987, 6(Supp.I): 36–50.

[3] 袁耀初，苏纪兰.1986 年初夏东中国海黑潮流场结构的计算//黑潮调查研究论文选(一).北京：海洋出版社，1989.

[4] Sarkisyan A S. Numerical Analysis and Prediction of Sea. Current, Gidrometeozdat, Leningrad, 1977: 179.

[5] Bryan K, Cox M D. A numerical investigation of the oceanic general circulation. Tellus, 1967, 19(1): 54–80.

[6] Henershott M C, Rizzoli P. The winter circulation of the Adriatic Sea. Deep-Sea Res, 1976, 23: 353–370.

[7] Shaw Ping Tung, Csanady G T. Self-advection of density perturbationon a sloping continental shelf. Phys Oceanogr, 1983, 13(5): 769–782.

[8] 陈上及，马继瑞，杜兵.台湾—西表岛间黑潮多频振动特征的剖析.海洋与湖沼，1987，18(4)：396–406.

[9] 刘举平.东海黑潮区域水位的低频变化.海洋与湖沼，1984，15(3)：230–239.

[10] Scott J T, Csanady G T. Nearshore current off Long Island. J Geophys Res, 1976, 81: 5401–5409.

[11] Winant C D, Beardsley R C. A comparison of some shallow wind-driven current. J Phys Ocenanogr, 1979, 9: 218–220.

A study on the prognostic model of the winter circulation in the East China Sea

Yuan Yaochu[1], Su Jilan[1], Ni Jufen[1]

(1. *Second Institute of Oceanography, State Oceanic Administration, Hangzhou* 310012, *China*; 2. *Zhejiang Province Institute of Computing Technology, Hangzhou* 310006, *China*)

Abstract: A prognostic model of the winter circulation in the East China Sea is presented, considing the topography and β effects. Comparison the computed results between a prognostic model and previous diagnostic model indicate that their main features of the winter circulation in the East China Sea concide qualitatively. Our prognostic calculation show that (1) the nonlinear interaction between the velocity field and the density field over the sloping bottom is very important, i.e. the bottom geostrophic velocity is generated by the effect of along-isobath density variations over a sloping bottom and the subsequent advection of the density perturbations by this flow and the change of the density field, (2) the solution of Eq.(14) in this paper depends strong upon its northern boundary condition, (3) the effect of all β terms in Eq.(14) on the solution is not large.

刊于:黑潮调查研究论文选(二). 北京:海洋出版社,1990:256-266.

1987 年冬季日本以南黑潮流域的海流计算

袁耀初[1],苏纪兰[1],潘子勤[1]

(1. 国家海洋局 第二海洋研究所,浙江 杭州 310012)

1 引言

对日本以南黑潮的调查与研究,以日本学者的工作为最多,其次是美国与苏联。在日本以南黑潮的水文分析、流速分布、流量以及路径变化等方面,已有不少的研究(例如文献[1-6])。对日本以南黑潮流速的计算,以往大多采用“动力计算”,最近,文献[7-8]曾采用了β螺旋方法,并与动力计算的结果进行了比较,证实β螺旋方法对于深层流的计算是一个较有效的方法。

在β螺旋方法提出的同时,Wunsch[9-10]还提出把逆方法应用于海洋环流的计算,至今逆方法的应用已有不少进展[11]。在文献[10]中曾讨论β螺旋方法与逆方法的关系,并引入 Davis[12] 的结果,指出它们在动力学是等价的。

本文利用国家海洋局第一海洋研究所在 1987 年 12 月—1988 年 1 月在日本以南与以东海域进行的 5 条水文断面调查资料,采用逆方法与动力计算两种方法计算了该海域的流场,并对这两种方法的结果进行比较;由结果可以看出逆方法有一些重要的优点,例如逆方法能去掉一些噪音,又能近似满足守恒定律等等。通过逆方法计算,对本航次日本以南黑潮的 C 型大弯曲期间速度与流量分布进行计算,得到一些有意义的结果。

2 盒子模式方程式与求解

本文采用 Wunsch 叙述的逆方法,若把研究海域分为若干层,中间的分层面皆取等密度面,如图 1 所示。图中 i 表示盒子在水平方向上的序号数,j 表示盒子在垂直方向上的序号数,则两个序号数(i,j)可以表示每一个盒子。图 1 中圆圈表示测站,两上测站中间的位置用三角形表示,记序号为 k。假定在研究海域内,低频环流运动满足地转平衡条件,并且质量与盐度守恒关系成立,即在位置(i,k)上任何深度 z 的速度 $\bar{v}_{i,k}(z)$可以表示为:

$$\bar{v}_{i,k}(z) = v_{i,k}(z) + b_{i,k} = -\frac{g}{f\rho_0}\int_{z_0}^{z}\frac{\partial\rho}{\partial x}\mathrm{d}z + b_{i,k}, \quad (1)$$

式中,z_0 为参考面,取为位置(i,k)相应盒子的最深处的深度;x 为两站连线,按逆时针方向;水平轴 y 取垂直于 x 轴的方向;(x,y)组成局部右手坐标系,若 v 取正值即为正 y 方向。对每一个盒子(i,j)的质量与盐度守恒方程式可统一、近似地表述如下:

$$\oiint_{S_{i,j}} \rho(x,y,z)c(x,y,z)\vec{v}(x,y,z)\cdot\vec{n}\mathrm{d}s = 0, \quad (2)$$

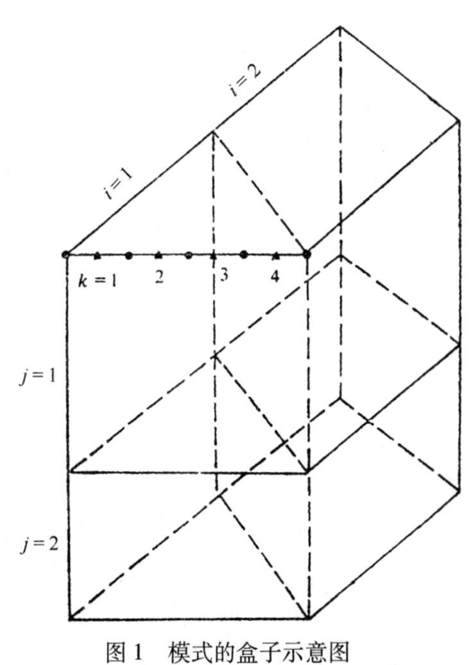

图 1　模式的盒子示意图

式中，ds 是面积元，$\vec{v}(x,y,z)$ 是速度矢量，$\vec{n}$ 是内法线方向上的单位矢量，因此流入体积时符号为正($\vec{v},\vec{n}$>0)，$\rho(x,y,z)$ 是密度，$S_{i,j}$ 是封闭表面。当 $c(x,y,z)=1$ 时，方程式(2)表示流量守恒；当 $c(x,y,z)=S(x,y,z)$ 时($S(x,y,z)$ 是盐度分布)，方程式(2)表示盐度分布。在本计算中，$c(x,y,z)$ 取为 1 与 $S(x,y,z)$。此外，我们假设在海面上，刚盖近似成立，即

$$w_1 = 0. \tag{3}$$

上述方程式(1)~(3)中，未知数为 $b_{i,k}$，$w_{i,j}$ 以及 $w_{i,j+1}$，设总共为 N 个未知数，而方程式(1)~(3)总共为 M 个，一般地 $M<N$，即方程式(1)~(3)属于不定方程式。方程(1)~(3)可以统一地写为以下矩阵形式：

$$Ab = -\Gamma, \tag{4}$$

其中，A 是 $M\times N$ 矩阵，Γ 为 $M\times 1$ 矩阵，A 及 Γ 都是可由水文资料计算得到的，b 为所有的未知数组成的 $N\times 1$ 矩阵。

有关方程(4)的求解，不少文献都有介绍，例如 Wunsch[10]。本文采用的方法为奇异值分解法(SVD)[13]。此方法引进一对本征矢量与本征值问题如下：

$$AV_l = \lambda_l U_l, A^{\mathrm{T}}U_l = \lambda_l V_l, l = 1,2,\cdots,M, \tag{5}$$

$$AA^{\mathrm{T}}U_l = \lambda_l^2 U_l, A^{\mathrm{T}}AV_l = \lambda_l^2 V_l, l = 1,2,\cdots,M. \tag{6}$$

此外，也存在$(N-M)$个 V_l，使得

$$AV_l = 0, \quad l = M+1,\cdots,N. \tag{7}$$

这$(N-M)$个矢量 V_l 组成了零空间。

为了方便起见，λ_i 值按大小作以下排列，$\lambda_1 \geqslant \lambda_2 \geqslant \lambda_3 \geqslant \cdots \geqslant \lambda_M$，相应本征矢量满足以下正交关系：

$$\left.\begin{aligned} U_l^{\mathrm{T}}U_{l'} = \delta_{ll'}, \\ V_l^{\mathrm{T}}V_{l'} = \delta_{ll'}, \end{aligned}\right\} \tag{8}$$

则 b 的一般解表示为：

$$b = -\sum_{l=1}^{M} \frac{U_l^{\mathrm{T}}\Gamma}{\lambda_l} V_l + \sum_{l=M+1}^{N} \beta_l V_l, \tag{9}$$

其中后一部分解为零空间的解，β_l 为任意实数，Wunsch 称它为“涡场”[10]。可以证明[10]，当 $\|b\|$ 取最小时，b 的解等于方程(9)右边的第一部分，即去掉了涡场，得到解为

$$\hat{b} = -\sum_{l=1}^{M} \frac{U_l \cdot \Gamma}{\lambda_1} V_l. \tag{10}$$

在实际计算时，可能会产生较小的特征值 λ_l。从方程(10)可知，这将导致较大的并与实际相差甚大的 b 值。这些较小的 λ_l 值与 U_l 的估计误差是由于资料中的高频噪音所引起的。如何去掉这些噪音，即相应去掉较小的 λ_l 是必须解决的一个问题。为此，我们改写方程(4)为

$$Ab + n = -\Gamma, \tag{11}$$

此处 n 相当于高频噪音所导致的量，是待求量。为了简化，假定 n 的各个分量的统计分布是互相独立的，但有相同的方差(参见文献[10])。Franklin[14]利用最小方差条件，得到方程(11)的解为以下形式：

$$\hat{b} = -A^{\mathrm{T}}(AA^{\mathrm{T}} + \bar{\sigma}^2)^{-1}\Gamma, \tag{12}$$

或者

$$\hat{b} = -\sum_{l=t}^{M} \left[\frac{\lambda_l}{\lambda_l^2 + \bar{\sigma}^2} U_l \cdot \Gamma\right] V_l, \tag{12$'$}$$

此处 $\bar{\sigma}^2$ 表示噪音方差与解的方差之比，若 $\bar{\sigma}^2 \to \infty$，则 $b \to 0$，表示噪音相对大时，所取盒子底部即为零面。

其次，误差 $\|b-\hat{b}\|$ 包含着分辨率误差与噪音误差两个部分，而分辨误差是与 $\|b\|$ 成正比的，因此我们希望 $\|b\|$ 在一定范围内尽可能小。综合上述考虑，一个合适的 $\bar{\sigma}^2$ 大小选择的方法是要求范数 $\|C\|^2 = \|Ab+\Gamma\|^2 + \|b\|^2$ 取最小值。此外，按上述方法选择 $\bar{\sigma}^2$ 值之后，我们还要进一步分析在式(12)′中去掉了与较小 λ_l 值有关项是否合理等等问题。

3　数值求解与比较

1987 年 12 月—1988 年 1 月在日本以南海域进行水文调查的站位分布及计算所取各盒的平面位置参见图 2，垂直分层有两个方案，一个方案为 4 层，中间 3 个分界面分别是现场密度 $\sigma_{t,p}$ 为 25.87，28.50，31.40；另一方案为 5 层，中间 4 个分界面分别是现场密度 $\sigma_{t,p}$ 为 25.87，28.50，31.40，34.42，水文测量最深深度为 2 000 m，对 2 000 m 以深处我们不进行外推，这样，我们取盒子的最深的深度为 2 000 m，而对大多数测点，参考面取在 2 000 m 上。此外，为了作比较，我们对每一个上述方案又进行变化方程个数的计算，这样归纳为以下 4 个实例（表 1）。

表 1　计算实例

实例	层数	满足的守恒方程
1	4	质量
2	4	质量与盐度
3	5	质量
4	5	质量与盐度

除采用逆方法计算 4 个实例外，我们也采用了动力计算方法，以便作进一步比较。

在分析与比较以前，我们首先说明图 2。在计算时，我们并没有把盒子 $i=1$ 与 $i=3$ 之间海区作为另一个盒子来考虑（图 2），这是由于该海区的一个最长的边较长，其中间又没有任何测站，如一起进行计算，可能会产生较大的误差。其次，按上节指出的原则选择最 $\bar{\sigma}^2$ 时，$\bar{\sigma}^2$ 变化范围为 $10^{-3}\sim10^{-6}$，$\bar{\sigma}^2$ 取值如下：（1）在 $10^{-3}\sim10^{-4}$ 内，取值间隔为 10^{-4}，即 10^{-3}，9×10^{-4}，8×10^{-4}，…，10^{-4}；（2）在 $10^{-4}\sim10^{-5}$ 内，取值间隔为 10^{-5}；（3）在 $10^{-5}\sim10^{-6}$ 内，取值间隔为 10^{-6}，对上述所取的 $\bar{\sigma}^2$ 值进行计算表明，对实例 1～4，当 $\bar{\sigma}^2=8\times10^{-5}$ 时，范数 $\|C\|^2$ 都取最小值。其次从本征值 λ_l 计算可知，$\lambda_{21}=1.970\,67\times10^{-2}$，而 $\lambda_{22}=3.48\times10^{-5}$，即从 λ_{21} 到 λ_{22} 急剧变小，因此我们选择 $\bar{\sigma}^2=8\times10^{-5}$，就消除 $\boldsymbol{\lambda}_{22}$ 以及比 $\boldsymbol{\lambda}_{22}$ 要小的所有 λ_l 对解 b 的不合实际的影响，即去掉这些噪音的影响。

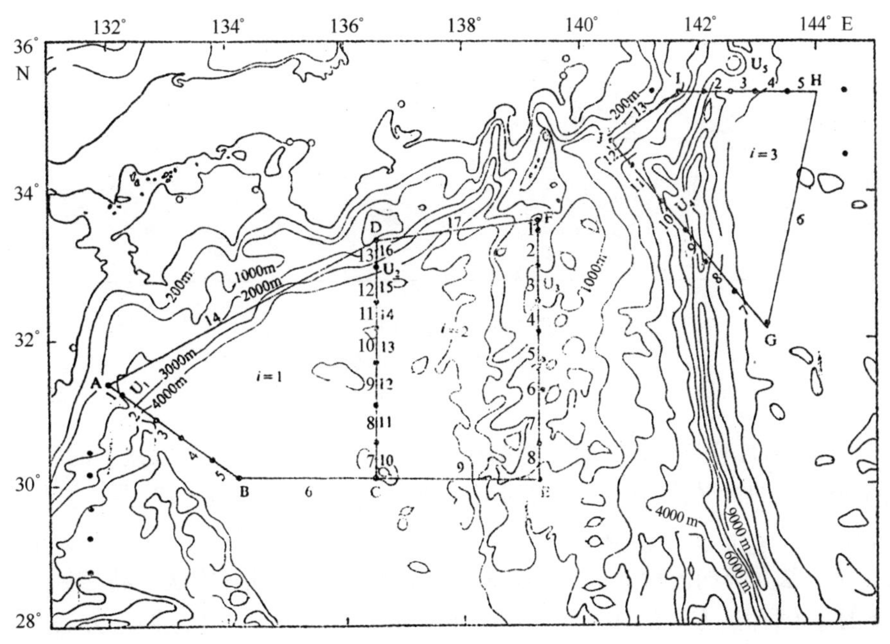

图 2　站位分布与盒子平面位置

首先比较实例1(或2)与实例3(或4)。计算结果表明,在所有的参考面上,速度 $b_{i,k}$ 之差都小于 2 cm/s,而对大多数计算点,它们的 $b_{i,k}$ 之差小于 1 cm/s 或在 1 cm/s 左右。可知,逆方法的计算结果受层次选取的影响是较小的。其次,我们也比较实例1(或3)与2(或4),计算表明它们的差别都是不大的。因限于篇幅,我们不再详细讨论。以下的计算结果(图3b,图5~8以及图10~14)都是在实例4情况下获得的。

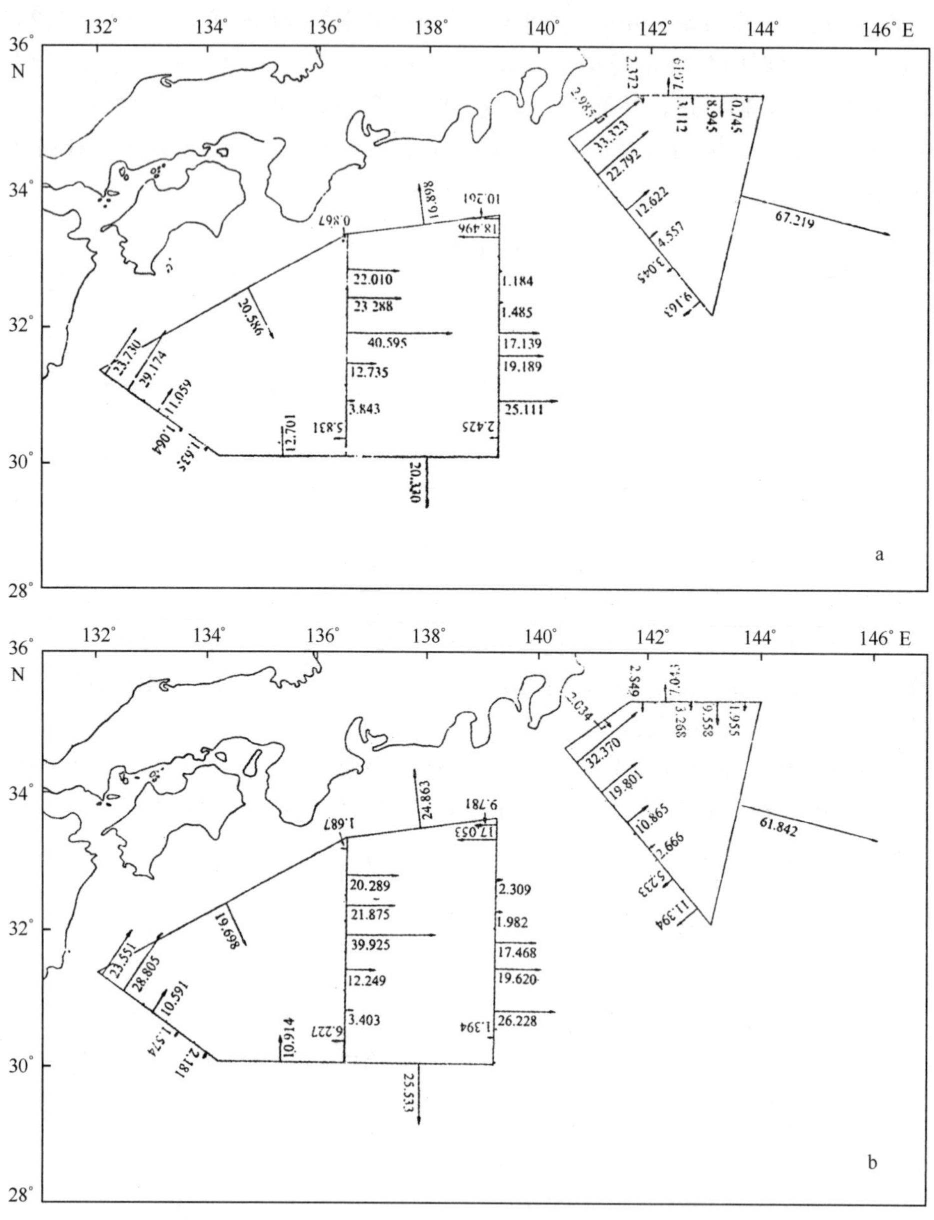

图3　每盒子的总流量(10^6 m^3/s)分布

a. 动力计算方法;b. 逆方法

最后,我们将比较动力计算与逆方法的计算结果,从上面的讨论可知,若取盒子的底层为零面,则动力计算的结果相当于强噪音的情况,即 $\bar{\sigma}^2$ 相对大的情况,因此它不满足守恒定律,我们具体看一下两种计算满足流量守恒的情况。表2中 Δ_i 表示流入与流出第 i 盒子的总流量的代数和,取流入为正,流出为负。图3表示了动力计算与逆方法计算的流量分布。从图3及表2可知,动力计算方法在满足流量守恒关系上是较差的,尤其是 $i=2$ 的盒子,而逆方法的计算结果则基本满足流量守恒。关于这两个方法的计算结果的其他比较,我们将在下节叙述。

表 2　两个方法计算的 $\triangle_i$ 比较

计算方法	$\triangle_1/10^6\ m^3 \cdot s^{-1}$	$\triangle_2/10^6\ m^3 \cdot s^{-1}$	$\triangle_3/10^6\ m^3 \cdot s^{-1}$
动力计算方法	-1.226	25.619	5.007
逆方法	-0.023	0.042	0.146

4　主要计算结果分析

应用逆方法与动力计算两种方法，我们对日本以南海域进行了海流计算，并讨论与分析以下的几个问题。

4.1　关于本航次日本以南表层黑潮路线的分析

Kawai[1]指出，在日本以南黑潮表层最大速度与在 200 m 层温度分布存在高的相关。他提出，在东经 133°30′~134°30′之间，指示温度为 16.5℃，而在东经 137°~138°之间的指示温度降为 15.1℃。为了给出一个统一的黑潮路径的指示温度，Talt[15]建议在 200 m 层上统一采用 15℃。以下，我们也将讨论此问题。

图 4、5 分别给出在 200 m 层温度分布与表层流速分布，必须指出，这里指的流速实际上是垂直于盒子边长方向的流速分量，并不是实际的流速矢量方向，以下各图皆如此。从黑潮主流的顺流方向来看，开始时黑潮最大表层流速出现在 31°21′N，132°10′E 附近，其值为 120 cm/s，该点位于 U_{0101} 和 U_{0102} 两测站之间，在 200 m 层两测站的分别为 15.31℃与 18.12℃，故取平均值 16.97℃为该点的温度。在 136°30′E 断面附近，最大表层充速相对减小，出现在 32°22′N 附近，其值为 91.7 cm/s，与此点对应的 200 m 层温度为 16.11℃。在 139°23′E 附近断面上，黑潮在 31°54′N 附近呈出现最大表层流速，其值为 100.9 cm/s，与该点对应的 200 m 层温度为 14.98℃。至 140°E 以东，黑潮流径较近岸，而本航次测量最近岸测站的 200 m 层温度为 15.06℃。综合上述，并联系 Kawai 的结果[1]，我们可以看出，黑潮最大速度与 200 m 层上温度分布所对应的指示温度，随经度增加有递减趋向，在 132°E 附近断面上指示温度为 17℃左右，在 133°30′~134°30′E 之间为 16.5℃，在 137°30′~139°30′E 为 15℃。从图 4、5 可知，本航次黑潮表面路径是 C 型大弯曲，而冷中心位于 33°N，139°20′E 附近，横跨伊豆-小笠原海岭两侧。

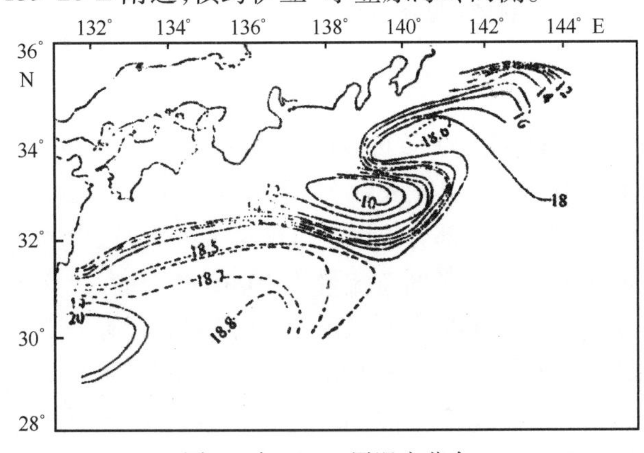

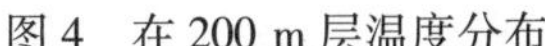

图 4　在 200 m 层温度分布

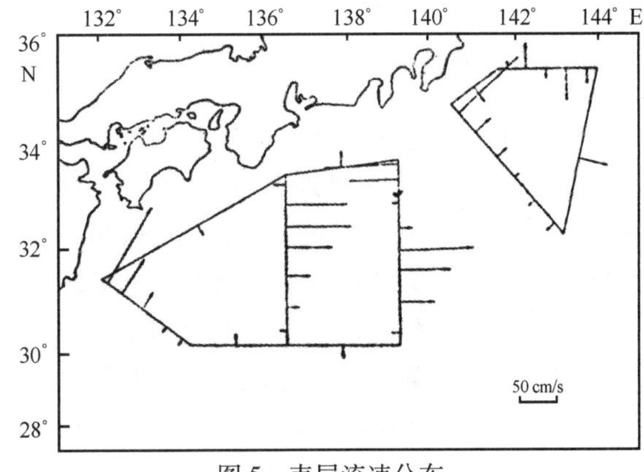

图 5　表层流速分布

4.2　流速的水平与垂直分布以及黑潮两侧的涡

黑潮通过 U_1 断面时，流轴在日本近岸附近，表层最大流速为 120 cm/s，方向指东北，在 500 m 水深以浅最大流速皆在同一站，它随深度增加略有增加，至水深 150 m 处为最高，达 124 cm/s，往下则渐减，至 200 m 处减为 121 cm/s(图 6)，到 500 m 处减为 60 cm/s(见图 7)，在 1 000 m 层处最大流速的位置向南移，流速为 18.5 cm/s，在 1 500 m 处最大流速位置与 1 000 m 处相同，但已减小为 7.5 cm/s。在 U_2 断面上，表层最大流速为 91.7 cm/s，其值虽较 U_1 断面上相对减小，但黑潮宽度则有所增加，这将在下面再分析它。在 200 m 以深,在 U_2 断面黑潮流轴已经南移,如在 200 m 层最大流速南移约 25′左右,其值为 76 cm/s(见图 6)。黑潮从 U_2 断面进入 U_3 断面时,表层最大流速为 101 cm/s(见图 5),然后,如图 4 所示的,经过 C 型大弯曲进入 U_3 断面的表层最大流速为 105 cm/s(见图 5),最后经反气旋式弯曲流向 U_4 断面。在 U_4 断面上,表层最大流速值为 115 cm/s,出现在日本近岸(见图 5),在 200 m 层仍保持较大流速值 100 cm/s(见图 6),在 500 m 层最大流速值为 48 cm/s(见图 7)。黑潮通过 U_4 断面之后,主流向东流向太平洋,而 U_5 断面可能位于黑潮与半潮潜流交汇处,出现较强的锋面(见图 4)。

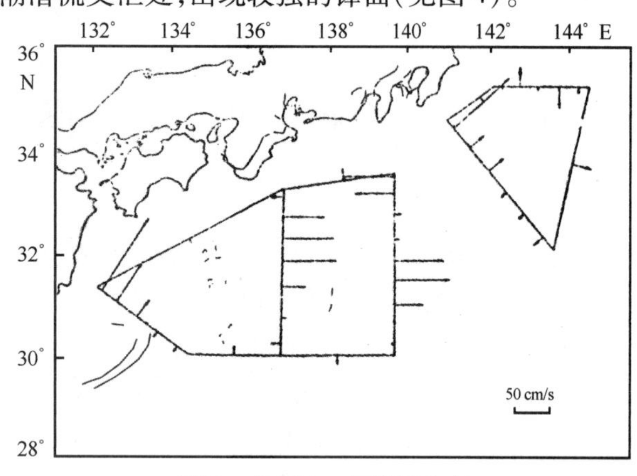

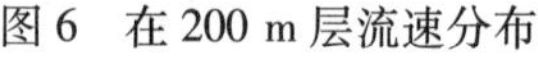
图 6　在 200 m 层流速分布

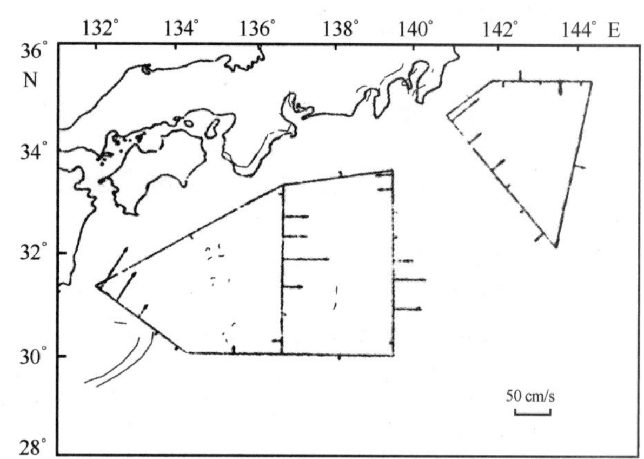

图 7　在 500 m 层流速分布

从上述可知,黑潮经受 C 型大弯曲伴随着中尺度冷涡。其次,从图 3~6 可以看出,在黑潮南侧存在一个中尺度的暖涡,其中心在 30°30′N,136°20′E 附近。1987 年 12 月—1988 年 1 月海流实测资料也证实了这个暖涡存在(海洋速报,1987 年 12 月—1988 年 1 月[16])。图 7 表明,在 500 m 水层这个反气旋涡仍存在。

综合上述,关于黑潮在表层的流态大致可以作如下描述:黑潮在 U_2 断面两侧经受了反气旋式弯曲,通过 U_2 断面之后,从黑潮主流分离出一个支流,其一部分成为黑潮逆流,另一部分成为暖涡的组成部分。黑潮主流通过 U_3 断面之后,作了气旋式 C 型大弯曲,并伴随冷涡,此事实在以下流量平衡分析中还要进一步讨论。从图 4、5 黑潮的表层流态可以简单表示黑潮在表层路径示意图(见图 8)。

4.3　流量平衡分析

我们首先分析总的流量分布。从图 3 每个盒子的总流量分布,我们大致可以画出黑潮总的流量分布,如图 9 所示。图 9 表明,黑潮通过 U_1 断面总的流量为 $59.19\times10^6\ m^3/s$,其中主流为 $62.95\times10^6\ m^3/s$,逆流为 $3.76\times10^6 m^3/s$,该值可能被低估了,因为 U_1 断面并不很接近日本近岸,部分黑潮也可能从 U_1 断面近岸侧进入。这一点也可以从盒子 $i=1$AD 断面上获知,从 AD 断面进入 $i=1$ 盒子的总流量为 $10.70\times10^6\ m^3/s$,这部分流量的来源可能有两个,一是部分黑潮的流量,另一部分可能来自 Taft[17] 所指出的,在黑潮北部有一支南向流流入。上述的逆方法的结果,与动力计算方法的结果比较,差别不大。例如动力计算值为:黑潮进入 U_1 断面总的流量为 $61.26\times10^6\ m^3/s$(其主流为 $63.96\times10^6\ m^3/s$,逆流为 $2.70\times10^6\ m^3/s$),而通过 AD 断面进入盒子 $i=1$ 的流量为 $20.59\times10^6\ m^3/s$。黑潮进入 U_2 断面时,其两侧都出现涡,其中南侧暖涡的流量较大,其值为 $13.39\times10^6\ m^3/s$,属中尺度涡。黑潮通过 U_2 断面后,主流流量以 $60.64\times10^6\ m^3/s$ 进入 U_3 断面,并分离两个支流,一个作反气旋式流动,最后向西南向流去,另一个支流只出现在深层,流量为 $3.65\times10^6\ m^3/s$(见图 9),黑潮进入 U_3 断面时,其两侧也都出现涡,其北侧为上述的冷涡(见图 9)。黑潮通过 U_3 断面后,分为两个分支,其中一支向东北方向进入 U_4 断面,其流量为 $39.43\times10^6\ m^3/s$,即为原流量的 65.0%;另一个分支首先作气旋式流动,然后经受反气旋式流动,并以东北方向进入盒子 $i=3$(图 9),其流量为 $21.21\times10^6\ m^3/s$,即为原流量的 35.0%。黑潮通过 U_4 断面,其右翼出现逆流,并伴随反气旋式涡。而在 U_5 断面,流况较为复杂,存在着黑潮与亲潮流量交换等问题,在此我们不能深入讨论它们,但从计算结果可知,通过 U_5 断面进入盒子 $i=3$ 的流量为 $10.59\times10^6\ m^3/s$,这样最后黑潮通过 GH 断面向东进入太平洋的流量为 $61.84\times10^6\ m^3/s$。而动力计算得到的 GH

断面流量值为 67. 22×10⁶ m³/s，该值高估了。从上面分析，我们可以获得以下几点认识：(1) 比较图 8 与图 9 可知，黑潮表面流态与流量分布十分不同。这是不足为奇的。事实上，这种现象在大洋环流中也是常见的，即表面流与流函数分布是十分不同的；(2) 黑潮流动过程中，其流量不是固定不变的，一方面来自外来流，另一方面也经常分离出支流，并伴随涡的出现，一般黑潮左侧为气旋式涡，而右侧为反气旋式涡。

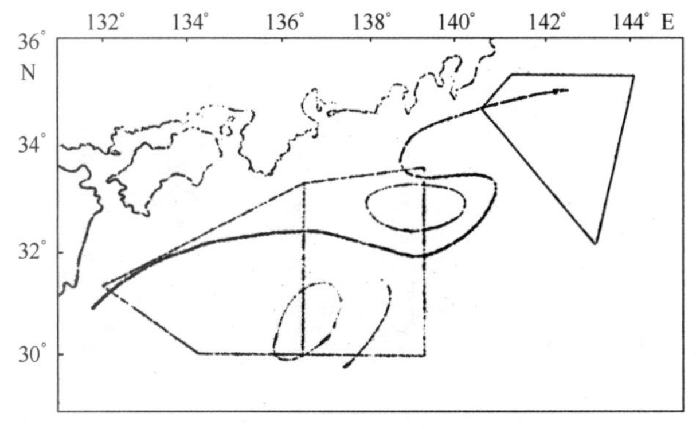

图 8　黑潮的表层路径示意图

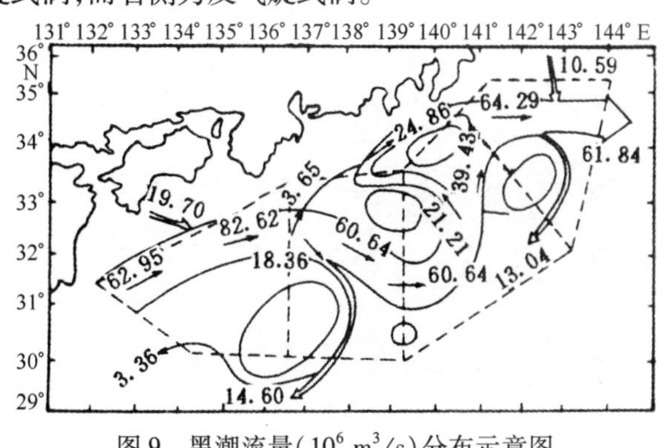

图 9　黑潮流量(10^6 m³/s)分布示意图

以下我们再分析一下分层流量的情况。为此，我们先讨论一下分层厚度及相应深度，对于不同站位，分层厚度及相应深度显然是不相同的，以 5 层方案的 U_2 断面为例(图 10)，第一层下边界(现场密度 $\sigma_{t,p}$ 为 25. 87)对应的深度约为 100～200 m；第二层下边界(现场密度 $\sigma_{t,p}$ 为 28. 50)对应深度约为 360～560 m；第三层下边界(现场密度 $\sigma_{t,p}$ 为 31. 40)对应深度约为 870～950 m；第四层下边界(现场密度 $\sigma_{t,p}$ 为 34. 42)对应的浓度约为 1 500 m 左右；而第五层下边界则选定为 2 000 m。每盒子分层流量分布分别表示在图 11～15 中，而每盒子总的流量分布表示在图 3 中。

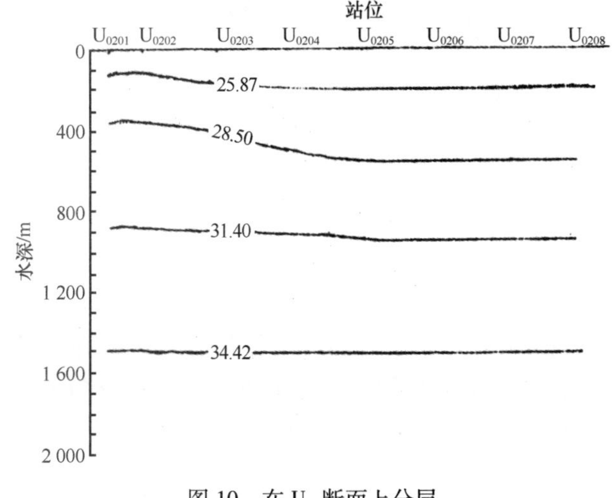

图 10　在 U_2 断面上分层

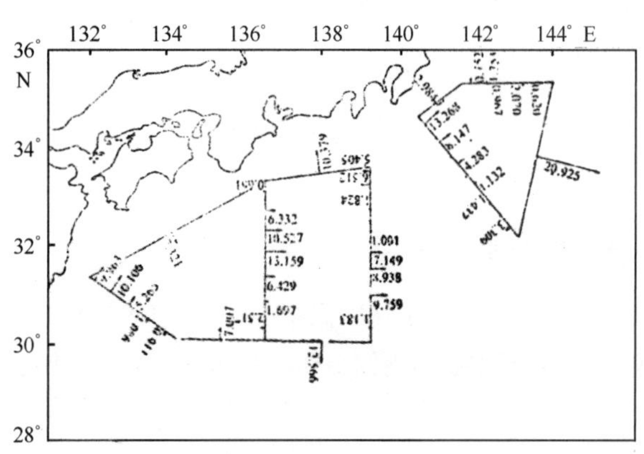

图 11　在第一分层每盒子的流量分布

我们以 U_1 与 U_2 断面为例，讨论分层流量分布情况。在 U_1 断面，黑潮在第一分层流量占总流量 39. 42%，比例最大，而第一分层的厚度大约在 200 m 以浅的深度。第一、二、三分层的流量之和占总流量的 85%，这 3 层厚度之和都在 950 m 以浅。而第、二、三、四分层的流量之和占总流量的 96%，这 4 层厚度之和在 1 500 m 以浅，由此可知，计算黑潮流量时，如计算到 1 500 m 为止的深度，基本是可以的。再讨论 U_2 断面，从图 11 可知，黑潮在第一分层流量占总流量的 38. 6%，比例最大，该层在 200 m 以浅，而第一到第三分层流量之和占总流量的 83. 2%，这 3 层厚度之和也都在 950 m 以浅。第一到第四分层的流量之和占总流量的 94. 2%，这四层的厚度之和也都在 1 500 m 以浅。以上述这两个断面为例，我们可以认为，在计算日本以南黑潮流量时，若取 0～1 500 m 为计算流量的厚度，得到的黑潮流量为总的 95%左右。此外，从图 11～15，我们还可以分析某些分层现象的情况，例如 C 型大弯曲所伴随冷涡中心在第一个分层的位置。在第一分层它位于 32°30′N、139°20′E 附近（图 11），这也与表面流速分布（图 5）是相一致的。在第二、三、四分层中冷涡中心都位于 33°N、139°20′E 附近，这也与图 6、7 是相一致的。上述表明，从表层到深层，冷涡中心位置向北移动，值得注意，在总流量分布图（图 3 或图 9）中，此冷涡的中心位置也位于 33°N，139°20′E 附近。

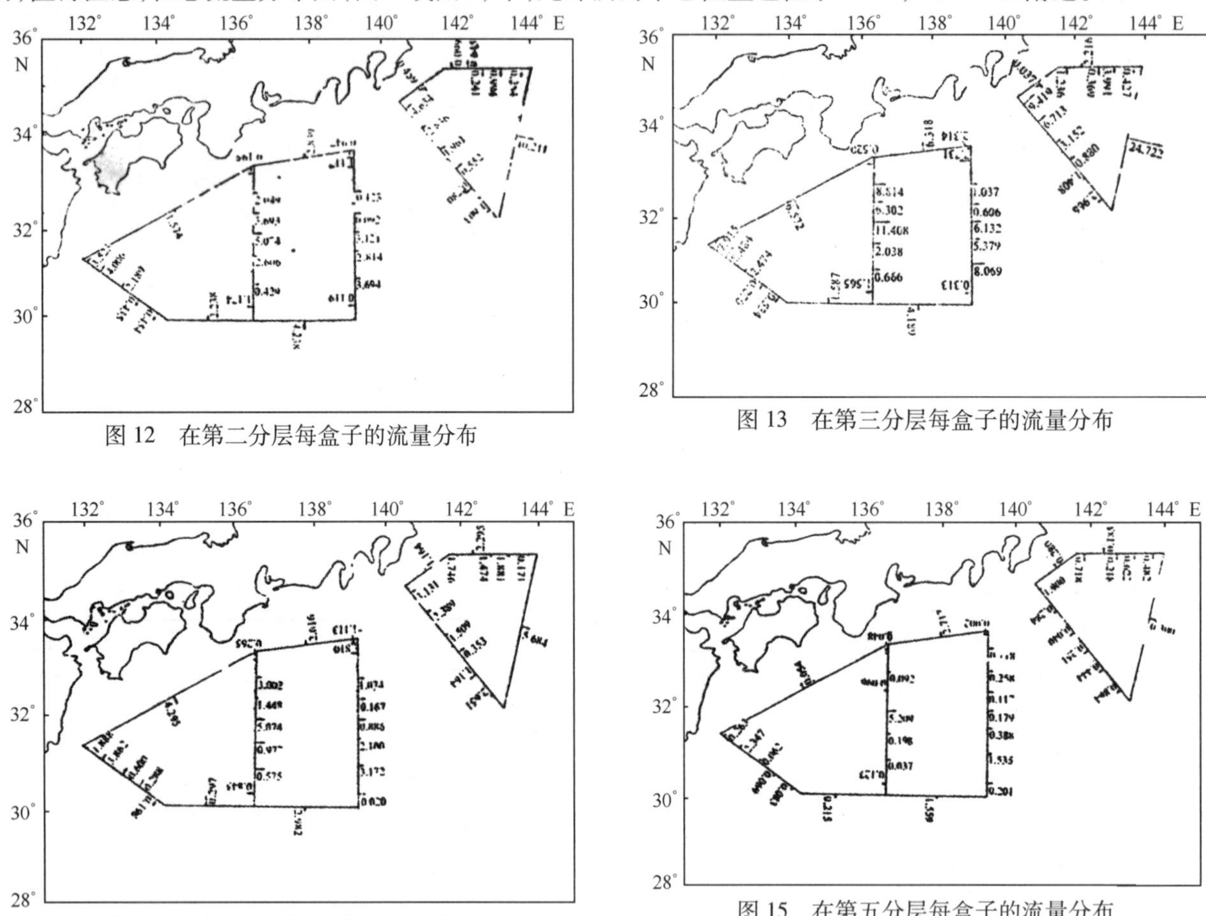

图 12　在第二分层每盒子的流量分布

图 13　在第三分层每盒子的流量分布

图 14　在第四分层每盒子的流量分布

图 15　在第五分层每盒子的流量分布

4.4　垂直速度分量

我们着重讨论上述冷涡中心（33°N、139°20′E 附近）所出现的海域，即 $i=2$ 盒子的垂直速度分量 w 值，计算表明，上升流主要出现约 100～600 m 范围，而冷中心出现大约在 1 000 m 以浅处，最大 w 值约为 3.7×10^{-3} cm/s。

5　结语

本文采用逆方法与动力计算方法分别计算了 198 年 12 月—1988 年 1 月在日本以南的海流。此项计算结果可以归纳为以下几点：

（1）用逆方法计算日本以南黑潮流速，是一个较有效的方法。按此方法，可以去掉一些噪音，又使分辨率误差尽可能小，并且近似地满足质量与盐量守恒。而动力计算方法包含噪音较大，满足流量守恒关系又较差。采用逆方法的计算结果还表明，分层的层次数选择，对计算结果的影响不是很大。

（2）日本以南黑潮，在 140°E 以西黑潮最大速度与 200 m 层温度分布对应的指示温度，随经度增加有递减趋向。在本航次观测期间，黑潮表层流态大致如下：黑潮通过 U_2 断面后，一个支流从主流分离，作反气旋式弯曲，其一部分成为黑潮逆流，另一部分成为暖涡的组成部分，黑潮主流通过 U_3 断面之后，作气旋式 C 型大弯曲，并伴随冷涡，冷涡中心位于 32°30′N、139°20′E 附近。

（3）黑潮表层流态与它的总流量分布是不十分相同的，这样的事实在一般大洋环流中也是常见的。

（4）黑潮在流动过程中，总量不是固定不变的，这一方面由于有外来流的流入，另一方面也由于黑潮经常分离出支流，并伴随有涡的出现。例如在本航次黑潮通过 U_1 断面的流量为 59.19×10^6 m^3/s，而进入 U_3 断面流量为 60.64×10^6 m^3/s，最后离开 $i=3$ 盒子进入太平洋的流量为 61.84×10^6 m^3/s。

（5）通过本航次对各分层流量计算表明，若取 0～1 500 m 为计算厚度，得到的流量计算值是总流量的 95%左右，这也就是说，可以近似地用 0 到 1 500 m 水层中的流量来估算黑潮的流量。

（6）在冷涡所在海区，出现较强的上升流，例如本航次在 $i=2$ 盒子，上升流主要出现约 100～600 m 范围，而冷中心大约出现在 1 000 m 以浅处。

参考文献：

[1] Kawai H.Statistical estimation of isotherms indicative of the Kuroshio axis.Deep-Sea Res, 1969,16(Supp.):109-115.

[2] 高野健三，川合英夫.物理海洋学，第 2 卷.北京：科学出版社，1985.

[3] Stommel H, Yoshida K.Kuroshio—Its Physical Aspects, Univ.Tokyo Press, 1972:518.

[4] Nitani H.Variation of the Kuroshio south of Japan.J Oceanogr Soc Japan, 1975, 31:154-173.

[5] Robinson A R, Taft B A.A numerical experiment for the path of the Kuroshio.Journal of Marine Research, 1972, 30(1):65-101.

[6] Nishida H.Description of the Kuroshio meander in 1975-1980—large meander of the Kuroshio in 1975—1980(I).Rep Hydrogr Res, Nes, 1982, 17:181-207.

[7] 周伟东，袁耀初.β 螺旋方法在黑潮流速计算的应用.海洋学报，1990，12(4):416-425.

[8] 袁耀初，苏纪兰，周伟东.1986 年 5-6 月日本以南黑潮流速的计算//黑潮调查研究论文选(一).北京：海洋出版社，1990:385-396.

[9] Wunsch C.Determining the general circulatin of the qceans: A preliminary discussion.Science, 1977, 196:871-875.

[10] Wunsch C.The North Atlantic general circulation west of 50°W determined by inverse methods.Reviews of Geophysics and Space Physics, 1978, 16:583-620.

[11] Wunsch C.A estimate of the upwelling rate in the equatorial Atlantic based on the distribution of bomb radiocarbon and quasi-geostrophic dynamics.Journal of Geophysical Research, 1984, 89(C5):7971-7978.

[12] Davis R E.On the estimating velocity from hydropgraphic data.Journal of Geophysical Research, 1978, 83:5507-5509.

[13] Lanczos C.Linear Differential operators.Van Nostrand, Reinhold, New York, 1961:564.

[14] Franklin J N.Well-posed Stochastic extensions of Ⅲ—pose linear Problems. J.Math Anal Appl, 1970, 31:682-716.

[15] Taft B A.Structure of the Kuroshio South of Japan.Journal of Marine Research, 1978, 36(10):77-117.

[16] 日本海上保安厅.海洋速报，1987 年 12 月—1988 年 1 月.

[17] Taft B A.Path and Transport of the Kuroshio South of Japan.the Kuroshio—A Symposium on the Japan Current.East-West Center Press, 1970:185-196.

Calculation of the Kuroshio Current south of Japan during Dec., 1987-Jan., 1988

Yuan Yaochu[1], Su Jilan[1], Pan Ziqin[1]

(1. *Second Institute of Oceanography, State Oceanic Administration, Huangzhou* 310012, *China*)

Abstract: Based on hydrographic data obtained between December 1987 and January 1988, the velocity field and the volume transports south of Japan are computed by both the inverse method and the dynamic method. Comparison between results of the two methods shows that the inverse technique is a more effective method. Results by the in verse method show that (1) The surface current field differs from the distribution of the volume transport, (2) The volume transport of the Kuroshio through each section south of Japan varies mainly because of the countercurrent, (3) The volume transport in the layer from the surface to 1 500 m is about 95% of the total volume transport.

刊于:海洋学报,1990,12(4):416-425.

β 螺旋方法在黑潮流速计算中的应用

Ⅰ. 台湾以东海域*

周伟东[1],袁耀初[2]

(1. 国家海洋局 东海分局上海海洋环境预报区台,上海 200081;2. 国家海洋局 第二海洋研究所,浙江 杭州 310012)

摘要: 基于 1965 年 9 月和 1966 年 3 月在台湾以东黑潮海区两个航次的 CSK 水文调查资料,采取 β 螺线方法对调查海区进行流速计算。首先,对方法进行研讨,其次,对台湾以东黑潮流域进行流速计算。其结果表明:(1)在台湾以东,黑潮存在着季节变化;(2)深层流有一些重要特征,例如,对两个航次的计算都揭示了台湾东岸附近位于苏澳-与那国岛海脊以南的逆流;1965 年 9 月在深层 1 200~1 500 m 存在一个气旋式涡,并且,该涡与深层的冷水团有很好的对应。

对台湾以东黑潮的调查与研究,已进行了不少工的工作[1]。关于该海区黑潮的流速计算方法,一般采用动力计算方法,也有少数采用有限元方法以及精确解与有限元方法相结合的方法[2-3]。最近,袁耀初与郑松筠[4]采用三维海流诊断模式,对台湾以东黑潮进行流速计算。动力计算方法存在速度零面选取问题。一般说来,速度零面的不同选取对流速计算的影响较大。围绕着这个问题,近年来有一系列的进展。最值得注意的是 β 螺旋方法和逆方法。

自 Stommel 和 Schott[5-6]提出 β 螺旋方法以来,已有不少学者对此作了一系列的改进:Schott[7]以及 Behringer[8]曾采用其他水文参数的等高面来替代原方法中等密度面。Schott[9]则在密度守恒方程中考虑了垂直涡动扩散,使得结果有所改进。但由此引出密度一阶导数的计算,给资料的处理带来困难。最近,Bigg[10]提出了改进的 β 螺旋方法。在该方法中,他直接考虑密度对流-扩散方程。因此,只需计算垂直扩散项 $A_{DV}\rho_{zz}$ 与水平扩散项 $A_{DH}\nabla^2\rho$,没有涉及三阶导数。为了证明他的方法可行,他采用 Cox 和 Bryan[11]模式的结果来验证,结果很吻合。

本文采用 Bigg 改进的 β 螺线方法结合动力计算,分别对"阳明"号船在台湾以东 1965 年秋季和 1966 年春季两期调查资料进行了计算,讨论了黑潮的季节变化,揭示了台湾以东海域黑潮深层的一些重要特征。

1 β 螺旋方法

本文采用的 Bigg 改进的 β 螺旋方法[10]利用的是热风关系和密度对流-扩散方程,并假定位涡线性守恒得到如下的 β 螺旋方程

$$u_0\rho_x + v_0\left[\rho_y + \frac{\beta}{f}\rho_z(z - z_0)\right] + w_0\rho_z = - u'\rho_x - v'\rho_y - w''\rho_z + A_{DV}\rho_{zz} + A_{DH}\nabla^2\rho, \tag{1}$$

式中,u_0、v_0、w_0 为参照面 $z=z_0$ 的参照速度,u'、v' 为 z 深度相对于参照面 z_0 的相对速度,可由热风关系

$$u' = v\int_{z_0}^{z}\rho_y \mathrm{d}z, \tag{2}$$

* 本文是周伟东硕士论文的一部分。

$$v' = v\int_{z_0}^{z} \rho_y \mathrm{d}z \tag{3}$$

求得。此处，$v=g/(f\rho_0)$。而

$$w'' = \frac{\beta}{f}\int_{z_0}^{z} v' \mathrm{d}z \tag{4}$$

可由 v'求得。这里 $w''=w'-\frac{f}{\beta}(z-z_0)v_0$，$w'$为 z 深度相对于参照面 z_0 的相对速度。β 螺旋方程是一个 3 个未知数(u_0,v_0,w_0)的方程。对 N 个不同的深度，即 $z=z_n(n=1,2,\cdots,N)$ 可得到 N 个不同的 β 螺旋方程。记成矩阵形式为

$$\boldsymbol{A}U = C, \tag{5}$$

式中，$\boldsymbol{A}$ 为 $N\times3$ 阶系数矩阵，$U=(u_0,v_0,w_0)^{\mathrm{T}}$，$C$ 为常数项，为 N 阶列向量。

为了减少涡动干扰，我们应适当地多取些层次，一般 $N>3$，此时方程是超定的。我们用最小二乘法来拟合。其解为

$$\hat{U} = (\boldsymbol{A}^{\mathrm{T}}\boldsymbol{A})^{-1}C. \tag{6}$$

若上述 N 个方程各自独立，可求得 $\hat{U}$ 的偏差

$$\delta_k = \left[\frac{R}{N-3}(\boldsymbol{A}^{\mathrm{T}}\boldsymbol{A})_{kk}^{-1}\right]^{1/2}, k = 1,2,3. \tag{7}$$

式中，残差 $R=\| C-\boldsymbol{A}\hat{U} \|$，$(\boldsymbol{A}^{\mathrm{T}}\boldsymbol{A})_{kk}^{-1}$为矩阵的对角元素。

2　数值计算与讨论

2.1　资料及数值处理

本文对台湾以东黑潮海域的流场进行计算。采用“阳明”号船 1965 年秋季和 1966 年春季台湾以东海区两个航次的 CSK 断面调查资料。在方法探讨时，我们还采用日本南部 1975 年至 1980 年黑潮大弯曲期间的水文观测资料和 1986 年中日黑潮联合调查资料。考虑到这些水文资料的站位比较稀疏和分布不规则，在计算密度的各阶导数时，我们作如下数值处理：

(1)水平方向密度的一阶导数 ρ_x、ρ_y 用线性回归处理。好处在于当站位分布不很规则时，回归计算既方便又通用。另外，还可对资料进行平滑。

(2)密度的垂向导数通过二次样条来拟合。垂向积分用梯形公式。

(3)水平方向密度的二阶导数计算，需要 6 个站位的资料。考虑到资料比较稀疏，尺度过大不宜反映黑潮的流场结构，因此，本文有时通过人工拟合来处理。

2.2　关于密度涡动扩散系数的讨论

2.2.1　对 A_{DV}、A_{DH}的拟合计算

首先对 A_{DV}，A_{DH}的量级进行估算。按 Bigg[10] 的方法，设垂直涡动扩散系数 A_{DV}和水平涡动扩散系数 A_{DH}为未知数，与参照速度 u_0,v_0,w_0 一起，通过最小二乘法来拟合。计算结果表明，在黑潮海区，对大多数计算点，A_{DV}的量级为 5 cm^2/s，A_{DH}的量级为 5×10^6 cm^2/s。与大洋中的估算值 $A_{DV}=0.3$ cm^2/s，$A_{DH}=10^6$ cm^2/s(文献[9-10])相比，稍偏大些。

2.2.2　结果对涡动扩散系数的依赖的讨论

根据上述拟合计算，我们假定 A_{DV}在 0.01~5.0 cm^2/s，A_{DH}在 0~5.0×10^6 cm^2/s 之间变动，讨论流速计算值 A_{DV}，A_{DH}的变动情况。

表 1 为台湾以东黑潮海区 800 m 参照速度的计算随 A_{DV}的变动情况。所取的层次的深度在 400 m 以深。表中各计算点的站位为:A(23°15′N,121°30′E),B(23°15′N,122°00′E),C(22°15′N,121°30′E),D(22°15′N,122°00′E),E(23°15′N,122°30′E)。从表中可以看到,对 A 点,当 A_{DV}从 0.01～5.0 cm^2/s 变动时,其 800 m 的参照速度仅从(-0.08,7.84)变到(0.06,8.26)。而计算所得的速度偏差(δ_1,δ_2)为(0.71,2.80)。其速度变化落入偏差所允许的范围里,也即,涡动系数 A_{DV}的选取对方法无实质性 的影响。B、C、D、E 各点的结果也类似。本文还对其他海区进行了计算,结果也大同小异。因此,方法对垂直涡动系数的选取不敏感。

表 1　流速(u_0,v_0)计算随 A_{DV}的变动(A_{DV}单位:cm^2/s,速度单位:cm/s)

站名	层次/m	A_{DV}=					
		0.01	0.1	0.3	0.5	1.0	5.0
A	400～800	(-0.08,7.540)	(-0.07,7.55)	(-0.04,7.56)	(-0.01,7.61)	(0.06,7.68)	(0.06,8.26)
B	400～1 000	(1.030,0.462)	(1.032,0.465)	(1.035,0.474)	(1.038,0.483)	(1.047,0.504)	(1.112,0.677)
C	400～800	(-4.43,13.52)	(-4.41,13.50)	(-4.37,14.46)	(-4.33,14.41)	(-4.24,13.30)	(-3.45,12.37)
D	40～1 500	(-0.403, -10.01)	(-0.402, -10.00)	(-0.400, -10.00)	(-0.398, -9.99)	(-0.392, -9.97)	(-0.348, -9.81)
E	400～1 200	(-2.65, -4.143)	(-2.64, -4.144)	(-2.63, -4.145)	(-2.62, -4.146)	(-2.59, -4.148)	(-2.36, -4.166)

我们对水平涡动扩散系数的变动对速度计算的影响进行了多次计算。计算表明,当水平涡动扩散系数从 0～5.0×10^6 cm^2/s 变动时,参考面的速度随水平涡动扩散系数的变动比随垂直涡动扩散系数的变动还要小。这个结论与 Bigg[10]在大洋中部海区的计算相一致。

上述计算表明,涡动系数,尤其是水平涡动扩散系数,对流速的影响不大。因此,在以下的计算中,我们取 A_{DV}=0.5 cm^2/s,A_{DH}=0。

2.2.3　结果随层次选取的变动

对一组所选取的 N 个不同深度层次 $z=z_n(n=1,2,\cdots,N)$,可得到 N 个 β 螺旋方程。我们希望所得的拟合解不因所取层次的不同而变化较大。在以往的大洋的计算中,经常出现计算结果受所取层次深度范围($z_1,z_2,\cdots,z_n$)变化的影响[5-6]。本文特对此进行计算研究。

图 1 为台湾以东黑潮区 E 点(23°15′N,122°30′E)的流速计算随所取层次的变化。资料取自该海区 1965 年 9 月的 CSK 水文观测资料,参照面取 800 m。图中曲线是不同深度流速矢量的端点在水平面上的投影,反映了速度矢量随深度的旋转,称为 β 螺旋结构图。各曲线Ⅰ、Ⅱ、Ⅲ、Ⅳ分别为所取层次的深度为 200～600 m,200～800 m,400～1 200 m,500～1 200 m 的计算结果。由图中可以看到,情况Ⅲ和Ⅳ与情况Ⅰ和Ⅱ的计算结果相差较大。当层次的深度取浅时,即Ⅰ和Ⅱ的情况,表层和上层的流速较小,而深层出现逆流,且逆流偏大。当层次取深时,即Ⅲ和Ⅳ情况,其表层和上层的流速有显著的增大,深层逆流则明显减小,结果也比较符合实际情况。其次,当所取层次在一定深度,如 400 m 以深,流速计算随层次的选取的变化趋向缓慢,比较情况Ⅲ和Ⅳ,计算结果对层次选取的变化很小。

B 点的结果在黑潮海区具有代表性,其他资料的计算结果相类似。

关于计算结果随所取层次的上述变化规律在众多大洋的计算中也曾出现[6],但黑潮海区较为明显些。

我们总结以下两点:

(1)在黑潮海区,计算时当层次取 400 m 以深时,流速计算对层次的选取依赖很小。

(2)β 螺旋方法要求较深的测量资料,当测量深度较浅时,β 螺旋方法比较难实现。

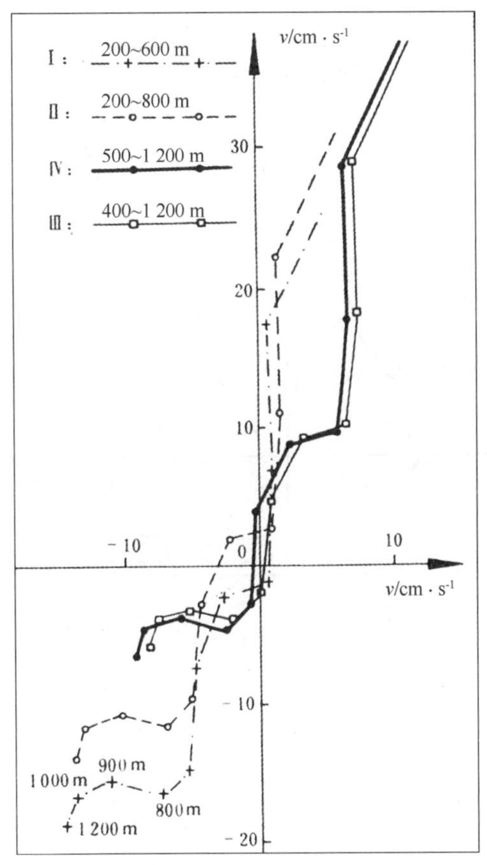

图 1 流速计算随所取层次的深度的变化

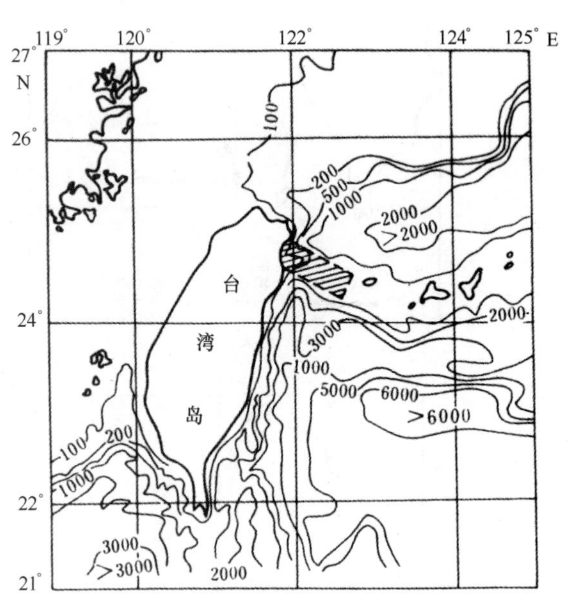

图 2 台湾以东海底地形分布

深度单位：m；斜线为海脊。引自文献[12]

3 对台湾以东黑潮的流速计算

台湾以东，等深线密集于岸线附近，且大都与岸线平行。在离岸 10 n mile 处，水深急增至 3 000 m 以下。台湾东北的苏澳和三貂角以东，是水深很浅的苏澳高地。它和位于琉球群岛最西南的与那国岛相对应，在海底形成了一个高高隆起的海脊，这便是苏澳与那国岛海脊。图 3 为台湾以东海底地形分布图。由图中可以看出，该海脊几乎与台湾正交。等深线从海脊南北两侧的 1 000~2 000 m 陡减到 500 m 左右，而在苏澳高地水深浅于 400 m，最浅处仅 200 m。在苏澳与那国岛海脊之间水深最浅处是一个比较靠近与那国岛的深度约为 800 m 的通道。台湾以东黑潮大部分是由该通道进入东海的。另一个较为复杂的地形特征是该海区的东南，兰屿等岛屿的影响使得 2 000 m 以下的等深线位于兰屿岛的外侧，呈西北走向。

以下我们就 1965 年 9 月与 1966 年 3 月两个航次的调查资料分别对黑潮的流场进行计算。

3.1 1965 年 9 月 CSK 资料的计算结果

该航次资料的站位由流场分布图 3 中的黑点表示。单个站位的测量最深层在该海区在 800 m 以下。在本计算中，将层次的深度范围取为 500 m 至测量的最深处，参照面取为 800 m，涡动扩散系数 $A_{DV}=0.5\ cm^2/s$，$A_{DH}=0$。这些在其他计算中均一样，我们不再重复。

计算结果见图 3。我们分别讨论各层黑潮的流况。

（1）在表层和上层（图 3a），在断面Ⅰ（22°15′N）处，黑潮的流幅宽约 150 km，距岸约 90 km。达到断面Ⅱ（23°15′N）时，流幅略减至 120 km，约距岸 70 km。最大流速在两个断面均差不多，约 60 cm/s，但方向从偏西北方向转至偏东北方向，黑潮呈反气旋弯曲。这期间黑潮的这些特征与朱祖佑[13]根据 8 个航次的水文资料用动力计算得到的平均流况和根据 GEK 资料得到的黑潮流动特征相吻合。图 3a 还表示在黑潮主轴的右

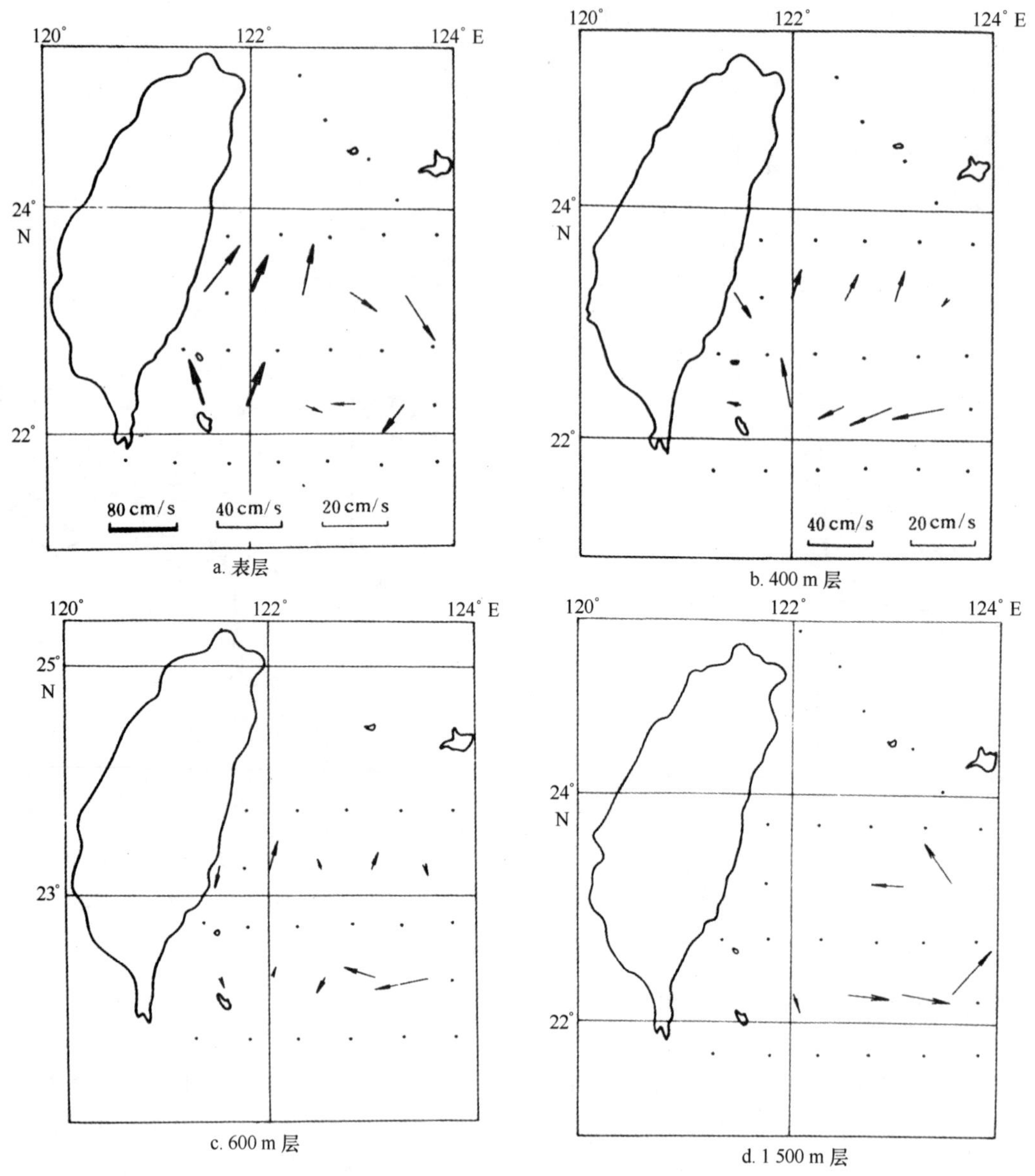

图 3　1965 年秋季黑潮各层的流速分布

（矢量大小尺度 c，d 与 b 相同）

侧，上层存在一个反气旋的涡，但在 400 m 以下消失。黑潮上层流况与 200 m 等温线的分布（图 4）有很好的对应。管秉贤[14]指出 200 m 等温线的密集处正是表层黑潮的大致位置。图 4 中，等温线的密集处（18～19℃）的温度曲线与计算得到的表层黑潮的流轴的位置、弯曲特征相一致。

（2）400 m 以下出现较为复杂的流场结构。首先，在苏澳与那国岛海脊以南，靠近台湾东岸，400 m 及其以深出现与黑潮表层流向相反的逆流。该逆流在 600 m 处达最大，$v = -8$ cm/s，逆流深达 800 m 以下。关一这支逆流下面将进一步加以讨论。自 1 200 m 起，位于表层黑潮主流的右侧，有一个气旋式的涡。该涡的中心约在 22°15′N，123°30′E，尺度在 100 km 以上。该涡的流速可达 10 cm/s 以上。一直到 1 500 m，这个气旋式涡仍不见减弱（见图 3d），流速也在 10 cm/s 以上。从温度分布来看，气旋式涡的位置正是冷水团所在之处。图 5 为 1 500 m 层的温度分布图。图 5 表明冷水团的冷中心的位置及尺度与计算所得的气旋式涡相一致。该冷涡的中心水温比外围水温低 1.4℃，这样的温差在深层是比较大的。该水团在 1 200 m 也有，温差也在 1℃以上。因此，计算得到的是一个气旋性冷涡，涡流较强是因为温度梯度较大。关于这个深层气旋式冷涡，尚未见过有报道，有待于今后进一步证实。

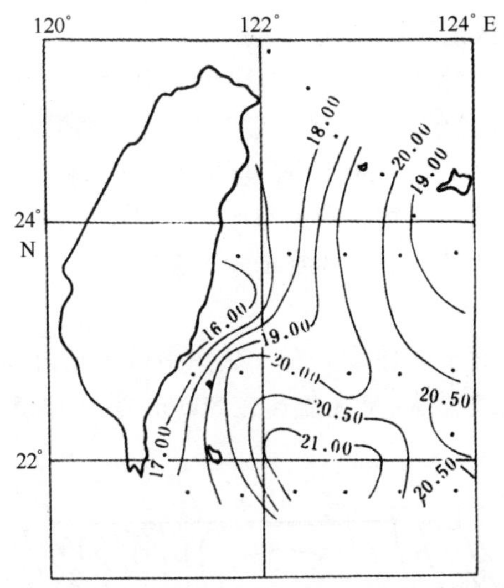

图 4　1965 年秋季黑潮 200 m 层的温度(℃)分布

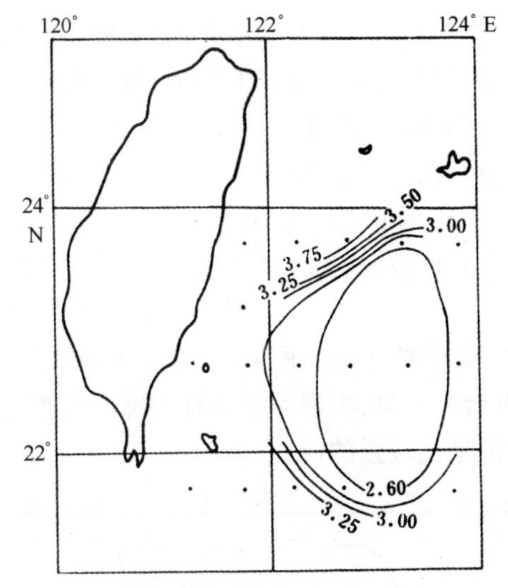

图 5　1965 年秋季黑潮 1 500 m 层的温度(℃)分布

3.2　1966 年 3 月 CSK 资料的计算结果

该航次资料的站位分布与 1965 年秋季的站位分布基本相同,但资料的测深较浅,最大的计算深度为 900 m。计算结果见流速分布图(图 6a~d)。我们分别讨论上层和深层的黑潮流速分布。

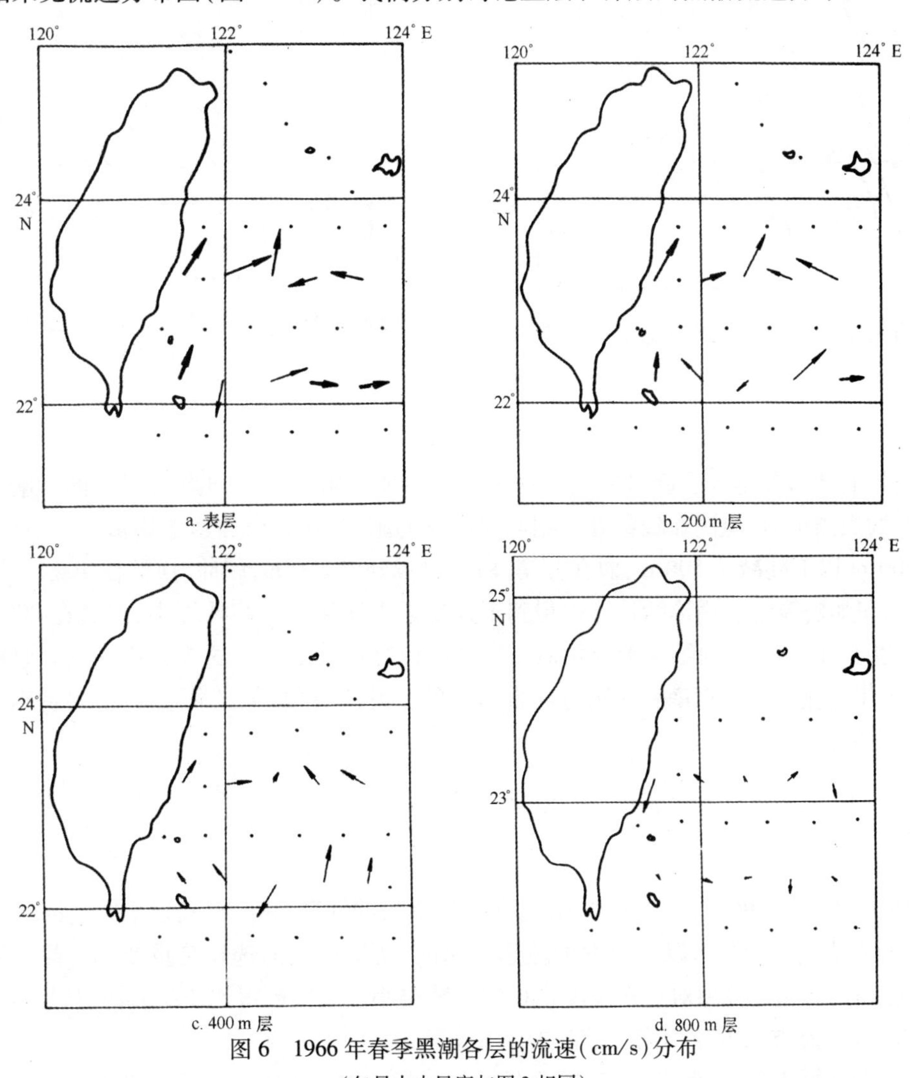

图 6　1966 年春季黑潮各层的流速(cm/s)分布

(矢量大小尺度与图 3 相同)

（1）与 1965 年 9 月的流况相比，该时期黑潮流况有较大的区别，显示出黑潮明显的季节变化。在表层，黑潮流轴较窄，在断面Ⅱ（23°15′N）处，流幅不到 100 km，比 1965 年 9 月窄。离岸距离比 1965 年 9 月近，最近处仅约 30 km。流速比 1965 年强，最大流速可达 86 cm/s。主流的方向大致为偏东北方向，其黑潮流轴弯曲不明显。在主流右侧有一个气旋式的涡，该涡的中心在 22°45′N，123°30′E，尺度约 100 km，流速较强，可达 50 cm/s。涡的深度在 200 m 以下。管秉贤[14]曾报道过这个涡。表层黑潮的流场结构与在 200 m 的温度分布中仍有比较好的对应（见图 7）。图中可以看到与表层黑潮主流相对应的密集的等温线及右侧的一个冷水团。

（2）该时期黑潮的垂直结构也较复杂。图 8 为 23°15′N 断面上的速度分布。从图中可看到，在苏澳以南，靠近台湾东岸，黑潮深层仍有逆流。该逆流自 600 m 起随深度增大，最大流速在 800 m 处为 13.5 cm/s，这个逆流是比较强的。

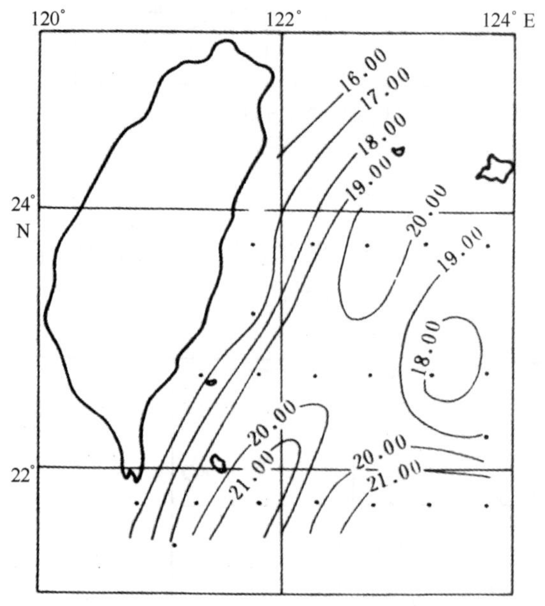

图 7　1966 年春季黑潮 200 m 层的温度（℃）分布

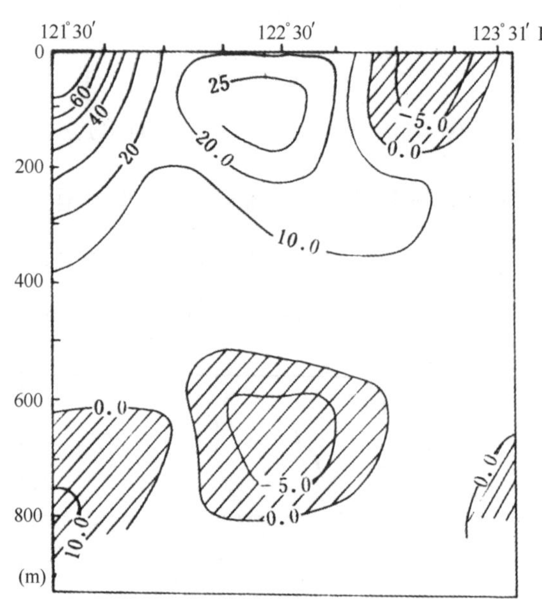

图 8　1966 年春季 23°15′N 断面的速度（cm/s）分布
（北向流动为正值）

本文两期资料的计算都得到了近岸逆流。这个逆流主要是由于海底地形对黑潮的影响引起的。苏澳海脊与沿岸北上的黑潮正交，黑潮在较深处受到苏澳海脊的阻挡，在其南面造成逆流。注意到，等深线从海脊的两侧由 2 000 m 以下陡减至 500 m，而在苏澳高地，最浅处仅 200 m，因此，逆流在 400 m 出现，流速可达 10 cm/s。袁耀初和郑松筠[4]利用诊断计算也得到了这支近岸逆流。在此计算中，逆流在 200 m 出现，流速也可达 10 cm/s 以上，这与本文的结果十分相似。本文的计算再次证实了这支近岸逆流。袁耀初和郑松筠曾指出[4]，这支近岸逆流与台湾东南台东附近经常出现的上升流有关，范光龙[15]曾指出台东附近的上升流不是由于风场产生的。

4　结论

通过对 1965 年 9 月与 1966 年 3 月两个航次的 CSK 资料的计算，我们得到以下结论：

（1）当 β 螺旋方法应用于台湾以东黑潮的流速计算时，所取层次的选择是重要的。当计算时层次的深度取在 400 m 以深时，流速计算值对层次深度选择的依赖很小。层次取得比 400 m 浅时，层次的不同选取对流速计算有影响。β 螺旋方法的应用需要较深的水文资料。

（2）两个航次的计算表明，在台湾以东，黑潮存在着季节变化。例如，在上层，1965 年 9 月黑潮流轴呈反气旋的弯曲；在 1966 年 3 月，黑潮的弯曲不明显，在其右侧出现了气旋性冷涡。黑潮流幅减小，流速增大。

（3）两个航次资料的计算都表明，在 200 m 处温度分布与表面流速分布有比较好的对应。

（4）两个航次资料的计算都揭示了台湾东岸附近，苏澳以南在黑潮下层逆流的存在。

（5）β 螺旋方法较好地揭示了深层流的一些重要特征。例如，在 1965 年 9 月，揭示了一个在 1 200~1 500 m 深处的气旋式涡，该涡与该深处的一个冷水团相对应。

参考文献：

[1] 管秉贤.台湾以东及东海黑潮调查研究的主要动向及结果.海洋学报，1983，5(2)：133-146.

[2] 袁耀初，许卫忆，何魁荣，等，有限元方法在台湾以东海域黑潮流速计算中的应用.海洋学报，1980，2(2)：7-19.

[3] 袁耀初，何魁荣.三维海流计算的一个方法.海洋学报，1982，4(6)：653-666.

[4] 袁耀初，郑松筠.台湾以东黑潮三维海流诊断计算.海洋学报，1988，10(1)：1-9.

[5] Stommel H，Schott F.The beta spiral and the determination of the absolute velocity field from hydrographic station data.Deep-Sea Research，1977，24：325-329.

[6] Schott F，Stommel H.Beta-spirals and absolute velocities in different oceans.Deep-Sea Research，1978，25：961-1000.

[7] Schott F，Zantopp R.Calculation of asbolute velocities from different parameters in the western North Atlantic.Journal of Geophysical Research，1979，84：6990-6994.

[8] Behringer D W.On computing absolute geostrophic velocity spiral.Journal of Marine Research，1979，37：469-470.

[9] Schott F，Zantopp R.On the effect of vertical mixing on the determination of obsolute currents by beta spiral method.Deep-Sea Research，1980，27A：173-180.

[10] Bigg G R. The beta spiral method.Deep-Sea Research，1980，27A：173-180.

[11] Cox and Bryan.A numerical method of the ventilated thermocline.Journal of Physical Oceanography，1984，14：674-687.

[12] 管秉紧.我国台湾及其附近海底地形对黑潮途径的影响.海洋科学集刊，1978，14：1-13.

[13] Chu Tsu You. The fluctuations of the Kuroshio Current in the eastern sea area of Taiwan.Acta Oceanogr Taiwanica，1974，4：1-12.

[14] 管秉贤.黑潮源地区域若干冷暖涡的主要特征//中国第二次海洋湖沼科学会议论文集.北京：科学出版社，1983：19-30.

[15] Fan Kuang Lung.On upwelling along the southeastern coast of Taiwan.Acta Oceanogr.Taiwanica，1981，10：155-163.

刊于:黑潮调查研究论文选(三).北京:海洋出版社,1991:220-234 .

东海黑潮与琉球群岛以东海流的研究

袁耀初[1],遠藤昌宏[2],石崎廣[2]

(1. 国家海洋局 第二海洋研究所,浙江 杭州 310012;2. 日本国气象厅气象研究所,筑波)

1 引言

关于东海黑潮的流场结构与流量以及它们的变异,已有许多研究[1-5]。东海黑潮流速计算多数采用动力计算方法。例如管秉贤[1-2]利用1955年7月至1978年9月在G(PN)断面的水文资料计算得到总的平均流量约为21.3×10^6 m^3/s,标准偏差为5.36×10^6 m^3/s(相对于7 MPa),但是,Nishizawa等利用1954-1980年80个航次在PN断面上的资料,计算表明黑潮通过PN断面的年平均流量约为19.7×10^6 m^3/s(相对于7 MPa),而在九州东南海域Ⅰ断面上,利用59个航次(从1954到1980年,除去1967、1974年以外)的水文资料,计算得到黑潮通过Ⅰ断面的平均流量为46.5×10^6 m^3/s(相对于10 MPa)。Nishizawa等得到的这两个平均值可能低估。其原因可能是与无流面的选取有关。1977—1982年KER总结报告[6](1985)中也指出了这一点。

黑潮通过吐噶喇海峡的流量要比通过九州东南断面的流量小得多,Nishizawa等[3]猜测这差额可能来自琉球群岛以东的海域。袁耀初与苏纪兰[5]指出,在琉球群岛以东存在北向的海流,这支流加强了在日本以南的黑潮。但是,直到现在,关于琉球群岛以东海流的研究,尚未见到详细与公开的报导。

本研究利用“长风丸”调查船在1987年9—10月期间得到的水文资料,采用逆方法对东海与九州东南海域黑潮以及琉球群岛以东海流进行了计算。文中着重讨论下列几个问题;(1)东海黑潮流结构与流量;(2)琉球群岛以东海流的结构与流量;(3)黑潮通过吐噶喇海峡与九州东南C_6断面的流结构与流量,以及黑潮的流量同琉球群岛以东海流的流量的关系;(4)在130°E与琉球群岛以东之间海域中尺度涡,以及它的特征与水文结构。

2 模式方程式

在本计算中,采用Wunsch(1978)的逆方法计算流速场与流量,我们把计算区域的每一个单元分成若干层,其层边界为海表面、等密度面以及海底(图1a)。在图1中,i表示单元的号码($i=1,2,3,4$,参见图1b),j是层的号码($j=1,2$或者$j=1,2,3,4,5$),计算点位于两个水文站的中间,并记为$k=1,\cdots,K_{i,z}$,倘若我们假定:(1)海洋是地转平衡的;(2)在体积内某特征量(例如总的质量、盐度等等)是守恒的,那么可得以下方程式:

$$\left.\begin{aligned}\bar{v}_{i,k}(z)&=v_{i,k}(z)+b_{i,k}=-\frac{g}{\rho_0 f}\int_{z_0}^{z}\frac{\partial\rho}{\partial x}\mathrm{d}z+b_{i,k}\\ v_{i,k}(z)&=-\frac{g}{f\rho_0}\int_{z_0}^{z}\frac{\partial\rho}{\partial x}\mathrm{d}z\end{aligned}\right\},\qquad(1)$$

式中,z是位置(i,k)的任意深度;z_0为参考面;$\bar{v}_{i,k}(z)$是在深度z上垂直于断面的流速;$b_{i,k}$是在参考面z_0上$\bar{v}_{i,k}(z)$的值。

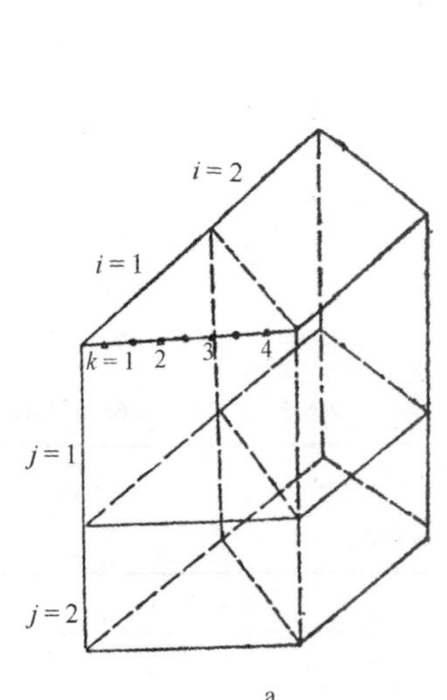

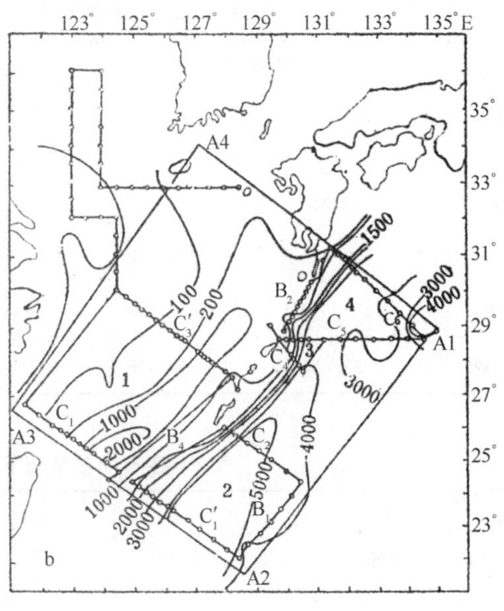

图 1　单元略图(a)，计算区域的单元、水文断面(b)

在单元 i 第 j 层内特性守恒的数学表示为

$$\oiint_{S_{i,j}} \rho(x,y,z)C(x,y,z)\vec{v}(x,y,z)\cdot\vec{n}\mathrm{d}S=0, \tag{2}$$

式中，$\mathrm{d}S$ 是面积元；$\vec{v}(x,y,z)$ 是速度矢量；$\vec{n}$ 是内法线方向上的单位矢量，因此流入体积时为正($\vec{v}\cdot\vec{n}>0$；$\rho(x,y,z)$ 是密度；$S_{i,j}$是封闭表面。

当 $C(x,y,z)=1$ 时，方程式(2)表示流量守恒，而当 $C(x,y,z)=S(x,y,z)$($S(x,y,z)$是盐度分布)，方程式(2)表示盐度分布。在本计算中，$C(x,y,z)$取为 1 与 $S(x,y,z)$。在海表上满足刚盖条件，即

$$W_{i,j}=0. \tag{3}$$

为了方便起见，我们能够把方程式(1)~(3)写成矩阵形式：

$$\boldsymbol{Ab}=\boldsymbol{\Gamma}, \tag{4}$$

式中，$\boldsymbol{b}$ 是 $N\times1$ 矩阵，是未知的，$\boldsymbol{A}$ 是 $M\times N$ 系数矩阵，$\boldsymbol{A}$ 与 $\boldsymbol{\Gamma}$ 可以由水文数据计算得到。通常，约束方程组的个数 M 小于 $b_l(l=1,\cdots,N)$的个数，即 $M<N$，故 $\boldsymbol{b}$ 的方程组是欠定的。

采用奇异值分解(SVD)或者 Franklin 方法(最小方差解)(参见文献[7]，或者文献[8])可以求解方程式(4)。本计算采用了 Franklin 方法。关于解的选择，如袁耀初等[8]指出，方程式(4)的解应满足范数(平方意义)$\|\boldsymbol{Ab}-\boldsymbol{\Gamma}\|+\|\boldsymbol{b}\|$取最小值的原则。至于解对不同参考面依赖的问题，Wunsch 与 Grant[9]指出，倘使我们对具有不同初始参考面的两个速度场投影，则得到的回答相同，即投影($v_{i,k}+b_{i,k}$)等于投影($v'_{i,k}+b'_{i,k}$)。我们计算了两个实例，它们的参考面 z_0 分别被取为 2 000 m 以及海底，其结果是相同的。但是，倘使我们并不对 $v_{i,k}$投影，即没有对 $v_{i,k}$作平滑处理，则方程式(4)的解依赖于参考面的选择，为此，我们采用不同参考面 z_0，作了 5 个数值计算实例。将单元 4 的计算结果表示在表 1 与表 2 中。实例 i 中参考面的选择标准如下：设 z_0 为参考面，H 为水深，倘若 $H\geqslant z$，则参考面选为 z_0；倘若 $H<z_0$，则参考面选为 H。在表 1 中的 $Q_{1,i}$与 $Q_{3,i}$分别为黑潮通过断面 B_2 与 C_6 的流量，而 $Q_{2,i}$是北向流通过 C_5 断面的流量，$\Delta_{j,j}=(Q_{j,i}-Q_{j,1})/Q_{j,1}(j=1,2,3;i=2,3,4)$。对一个好的参考面而言，它的残余$\|\boldsymbol{Ab}-\boldsymbol{\Gamma}\|$是极小值之一，其中$\|\boldsymbol{Ab}-\boldsymbol{\Gamma}\|$是范数(平方意义)，表 2 表明，实例 1 与 3 满足这一条件。比较它们的结果，可以发现，两者流量的相对误差小于 5%。在以下讨论中，我们仅叙述实例 1 的计算结果。

从图 1b 可见单元 1 中大多数测站的水深较浅，故每一个断面分为两层，而在单元 2,3,4 中大多数测站水深较深，每一个断面均分为 5 层，取 23,27,30 与 35 等密度 $\sigma_{t,p}$面作为分界面。图 2 给出了断面 C_2，B_2 与 C_6 各层的厚度及它们所对应的深度。

表 1　不同参考面下单元 4 的 $Q_{j,i}$ 与 $\Delta_{j,i}$ 的值

实例 i	$(z_0)_i$/m	B$_2$ 断面		C$_5$ 断面		C$_6$ 断面	
		$Q_{1,i}$ /10^6 m^3 · s^{-1}	$\Delta_{1,i}$	$Q_{2,i}$ /10^6 m^3 · s^{-1}	$\Delta_{2,i}$	$Q_{3,i}$ /10^6 m^3 · s^{-1}	$\Delta_{3,i}$
1	海底	23.331 8		43.976 8		-67.307 4	
2	3 000	23.385 5	0.2%	42.994 1	2.2%	-66.378 2	1.4%
3	2 500	23.399 2	0.3%	41.837 3	4.9%	-65.234 2	3.1%
4	2 000	23.881 5	0.4%	39.655 1	9.8%	-63.534 6	5.6%

表 2　在不同参考面下残余 $\|Ab-\Gamma\|$

实例 i	1	2	3	4	5
z_0/m	海底	3 000	2 500	2 000	1 500
$\|Ab-\Gamma\|$	0.61×10^{-3}	0.64×10^{-3}	0.60×10^{-3}	0.66×10^{-3}	0.90×10^{-3}

最后，我们对逆方法与动力方法的计算结果作一对比。作为一个例子，在单元 4 中，逆方法结果为 $\Delta_T = \sum_{j=1}^{5}(Q_{j,i}+Q_{j,0}) = 0.001\ 2\times10^6\ \text{m}^3/\text{s}$，而动力方法得到的 $\Delta_d = \sum_{j=1}^{5}(Q^j_{d,i}+Q^j_{d,0}) = 10.45\times10^6\ \text{m}^3/\text{s}$，这里 $Q_{j,i}$（或者 $Q^j_{d,i}$）与 $Q_{j,0}$（或者 $Q^j_{d,0}$）分别为流进与流出的流量，而 $\Delta_j = Q_{j,i}+Q_{j,0}$。这些结果表明，动力方法不能满足流量守恒，而逆方法可近似地满足。

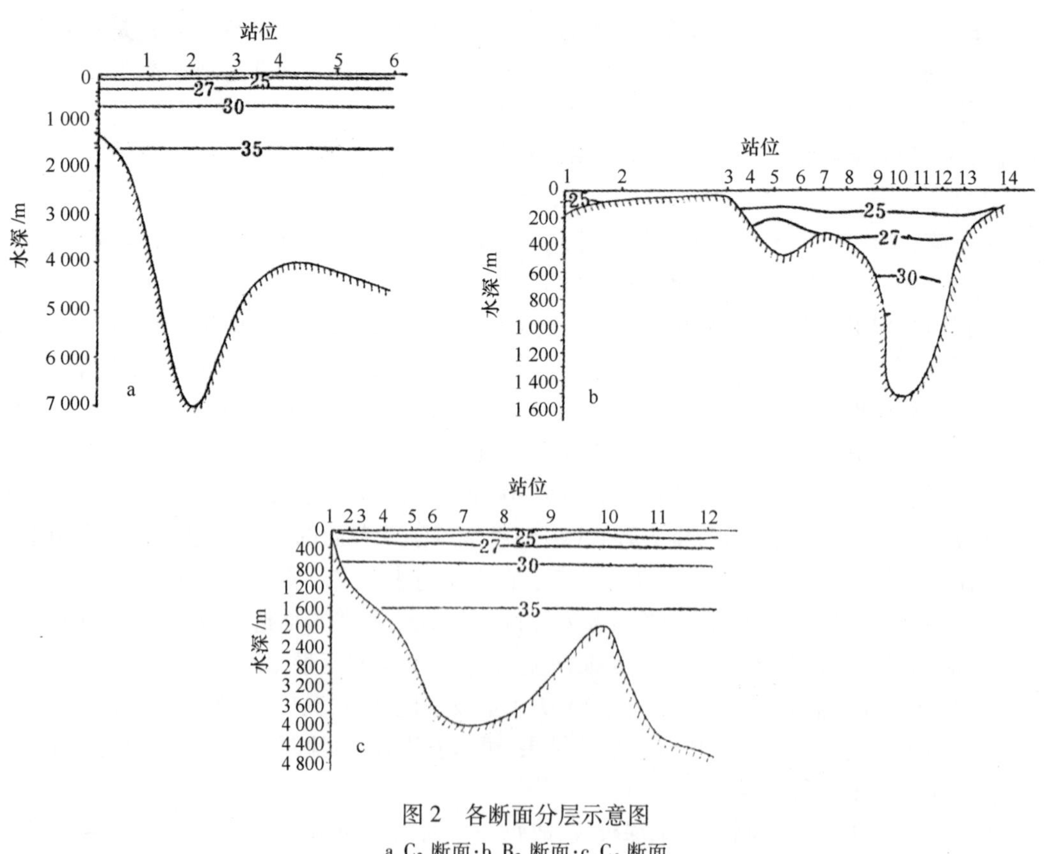

图 2　各断面分层示意图

a. C$_2$ 断面；b. B$_2$ 断面；c. C$_6$ 断面

3　东海黑潮

3.1　C_1 断面流速结构与流量

在图 3 中，流动向北时取正，流动向南时取负，在以下所有断面 $C_i(i=2,3,\cdots,6)$ 符号选择都是如此。C_1 断面上黑潮有以下几个特征。

（1）由图 3 可见，黑潮有一个流核，在表层黑潮的主轴位于计算点 C_1-5（水深为 210 m）附近，最大速度为 90.5 cm/s。但是，在 50 m 以下水层黑潮主轴似乎逐渐向东移，例如，在 150 m 层与 500 m 层最大流速分别出现在计算点 C_1-6（水深为 550 m）与 C_1-8（水深为 2 000 m）。这就是说，在 200 m 以上水层黑潮主轴位于陆坡上，这与以前的诊断计算得到的结果在定性上是一致的。

（2）最大的速度梯度出现在陆架坡折带。

（3）黑潮通过 C_1 断面的流量为 $25.82\times10^6\ m^3/s$（图 4）。

（4）在计算点 C_1-8 处，850 m 以深存在黑潮逆流，但它的速度很小，而在计算点 C_1-9 的 500 m 以深，逆流不出现（图 3）。

（5）在台湾以北陆架与黑潮以西的海域（图 3 与图 4）存在一个气旋式冷涡，该涡的中心位于 25°56′N，122°36′E，其水平尺度约为 95 km。

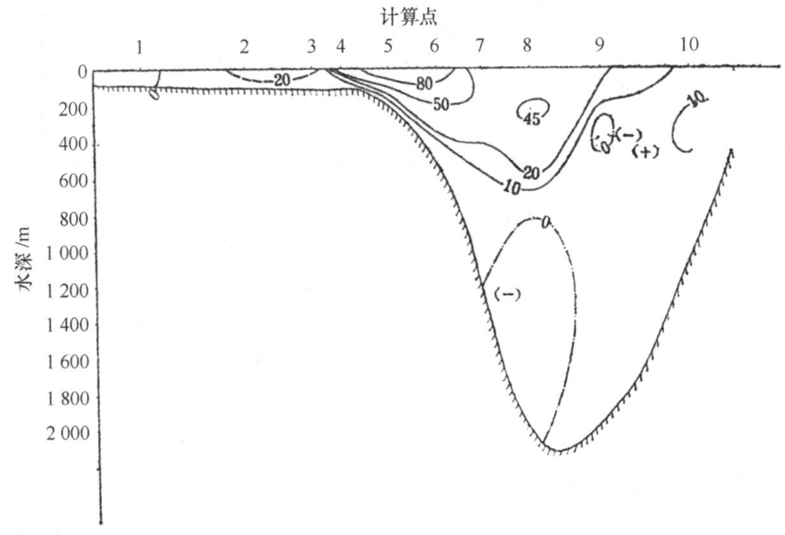

图 3　C_1 断面流速（cm/s）分布

3.2　C_3 断面（PN）上流速结构与流量

从图 4 与 5 看，C_3 断面速度场有以下几个主要特征。

（1）以前的研究[10-11,2]曾指出，黑潮在某些断面上有多个流核结构。在 C_3 断面上黑潮有两上流核，一个位于计算点 C_3-12（水深为 580 m）附近海域，即位于陆架附近，在 250 m 以上水层流速均大于 100 m/s，最大流速位于 50 m 层，其值为 158 cm/s。另一个核心位于计算点 C_3-14（水深为 1 000 m）与计算点 C_3-15（水深为 1 000 m）之间海域，在计算点 C_3-15 的 150 m 以上水层流速都大于 60 m/s。最大流速位于计算点 C_3-14 的 150 m 处，其值为 75.4 cm/s。

（2）在黑潮主流以东海域，存在一支逆流半伴随涡。它位于计算点 C_3-18 附近海域，且从表至底均存在。逆流流速较大，例如，在计算点 C_3-18 的 650 m 以上的水层，流速都大于 20 cm/s，它的最大流速为 33 cm/s，位于 400 m，该逆流可能来源于吐噶喇海峡或者琉球群岛以东海域。

（3）部分台湾暖流向东北方向流动，有向陆坡收敛的趋势，并加入到黑潮中。这一事实也曾被袁耀

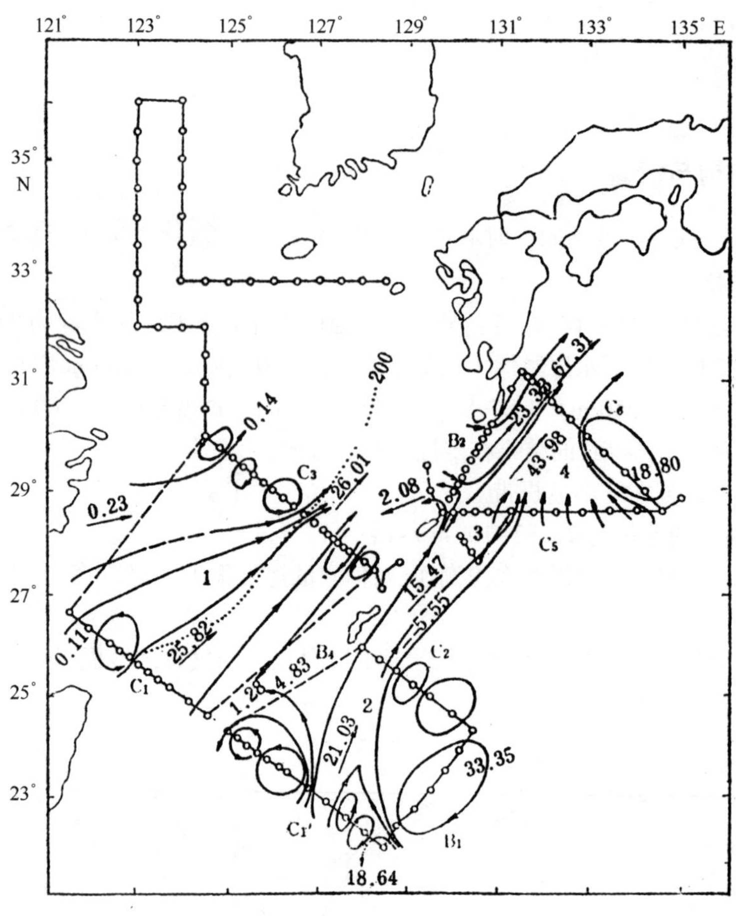

图 4 计算区域流量(10^6 m^3/s)分布概图

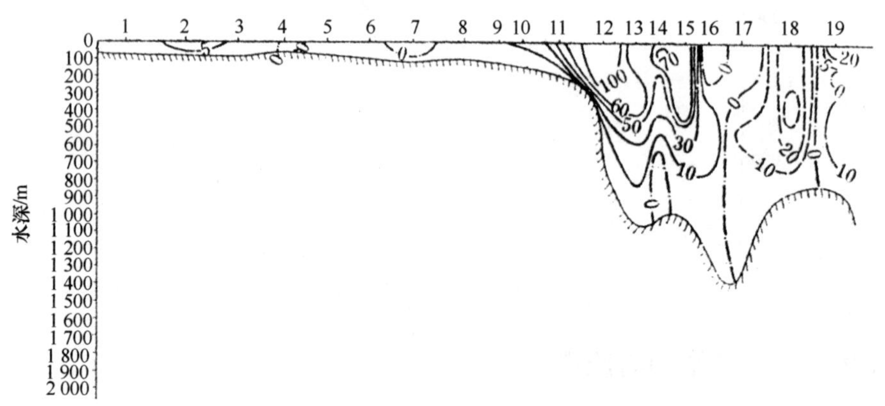

图 5 C_3 断面流速(cm/s)分布

初[11-12]等所指出。关于台湾暖流详细讨论,可以参考以前的研究,如文献[14-15,12]等。

我们比较 C_3 与 C_1 断面上流的特性可以发现:①黑潮流速在 C_3 断面增加,这是由于 C_3 断面水深变浅,例如它的最深的深度约为 1 350 m,因此,黑潮在 C_3 断面位于约 1 200 m 厚的水层中。此外,黑潮有收敛趋向,通过 C_3 断面时其宽度减小;②黑潮在 C_3 断面有两个流核,而在 C_1 断面只有一个;③黑潮逆流的流速在 C_3 断面比 C_1 断面强;④黑潮通过 C_3 断面的流量约为 26.01×10^6 m^3/s,比流过 C_1 断面的流量要稍大些,这是由于部分台湾暖流在 C_3 断面上加入到黑潮的缘故。

4　琉球群岛以东海流

4.1　C_1'断面

C_1'断面水深较深，最深约为 5 700 m。图 4 表明，在 C_1'断面的东西两部分分别存在着几个涡，而在中部存在北向流，流向琉球群岛以东海域。

图 4 与 6 表明，这支北向流的主轴位于计算点 C_1'-8(23°N，127°E)附近，在该点的 125 m 水层以上流速均大于 50 cm/s，最大流速出现在表层，其值为 61 cm/s。该点 400 m 以上的水层，流速都大于 32 cm/s；在 1 100 与 2 000 m 处，其流速分别为 11 与 6.4 cm/s(图 6)。该北向流从表层到 4 000 m 都存在，在 4 000 m 以下出现南向流，但它的速度很小。北向流通过 C_1'断面的流量约为 16.31×10^6 m^3/s，其中通过第一、二、三四与五层的流量分别为 2.62×10^6，1.70×10^6，3.43×10^6，7.05×10^6 m^3/s(图 7)。

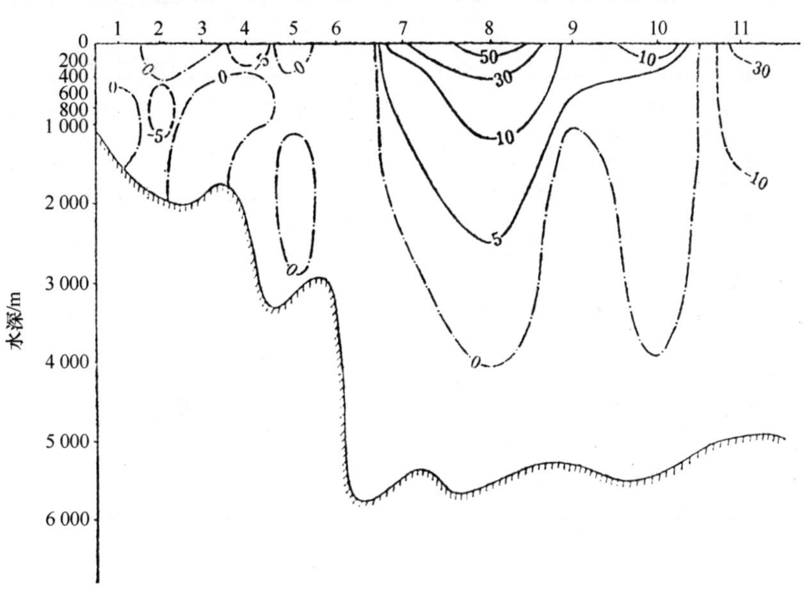

图 6　C_1'断面流速(cm/s)分布

4.2　B_1 断面

B_1 断面的水深都大于 3 700 m，最深约为 5 650 m，在图 8 中，速度的符号选择是：流入单元为正，流出单元为负，对于 $B_i(i=2,3,4)$断面，符号选择相同。

由图 4 与 8 可知，B_1 断面速度场有如下主要特性。

(1)B_1 断面的大部分海域的整个水柱内被中尺度反气旋式涡所支配，以下我们将会详细讨论它。

(2)在计算点 B_1-1 附近，中尺度反气旋式涡以南海域，从 150 m 到 720 m 水层，即在第二、三层内存在一支北向海流，这支北向流通过断面 B_1 的流量为 4.71×10^6 m^3/s，其中在第二层与第三层的流量分别是 1.67×10^6 与 3.05×10^6 m^3/s。图 8 表明，这支流的速度在 15 到 51 cm/s 范围内，图 4 表明这支流向西北方向流动，然后加入到来自 C_1'断面的北向流中，最后，一并朝北流动，通过 C_2 断面。它是琉球群岛以东海流的主要的来源(图 4，7b、c)。

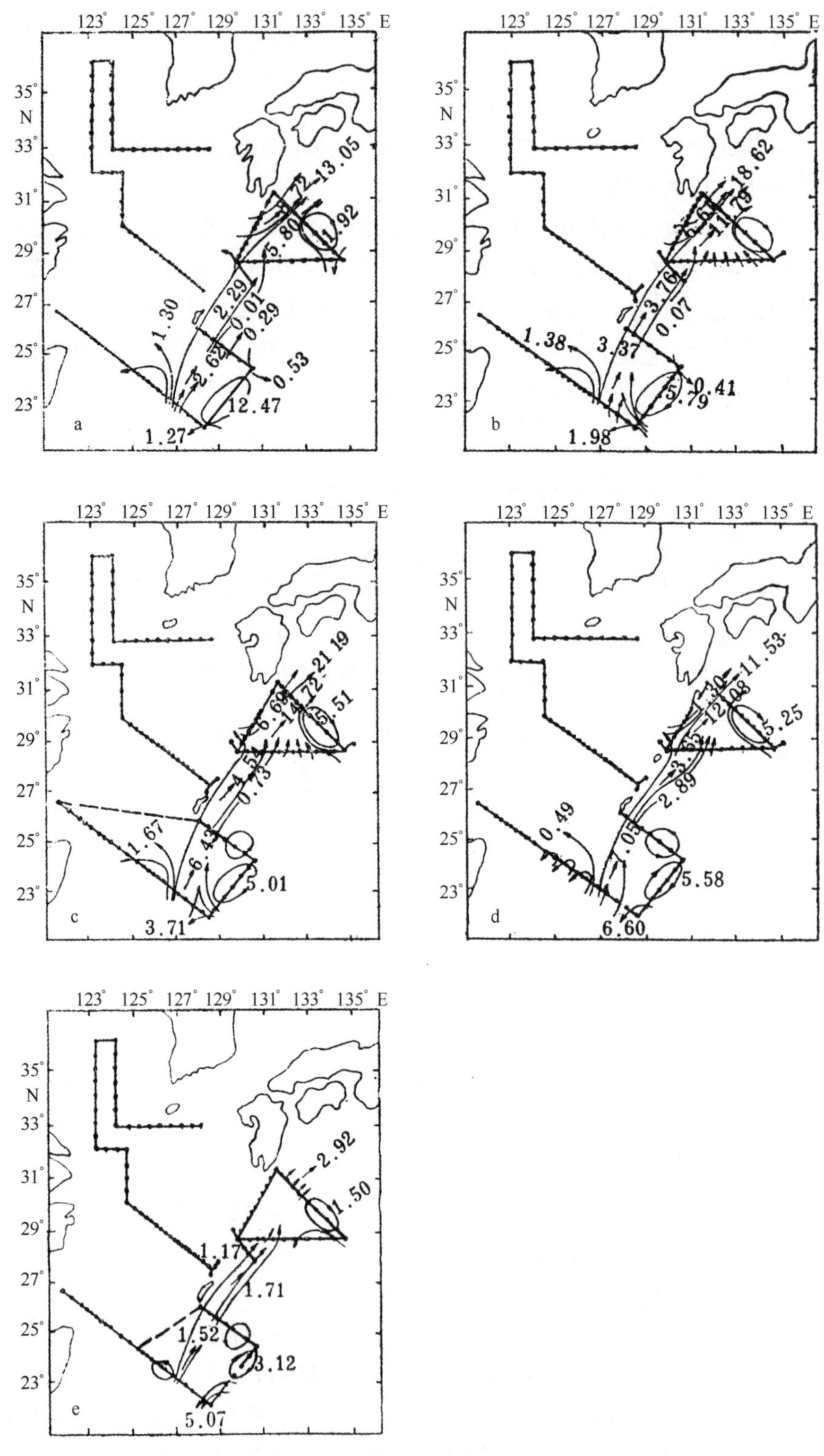

图 7　计算区域内各层的流量($10^6\ m^3/s$)分布概图

a. 第一层;b. 第二层;c. 第三层;d. 第四层;e. 第五层

（3）图 7d、e 表明，在 720 m 以下（第四、五层）存在一支南向海流，它位于中尺度反气旋式涡的南部。

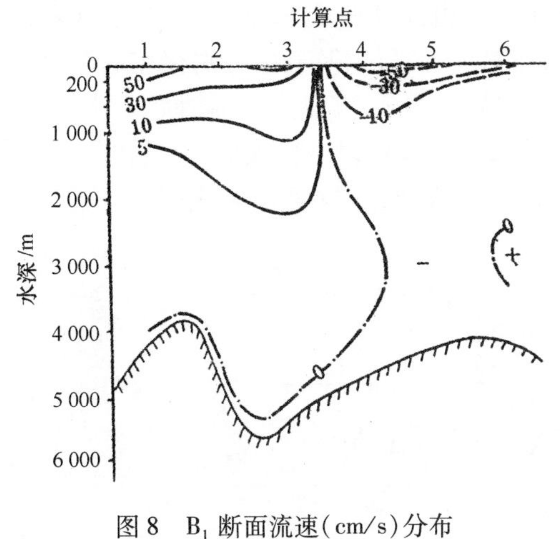

图 8 B_1 断面流速（cm/s）分布

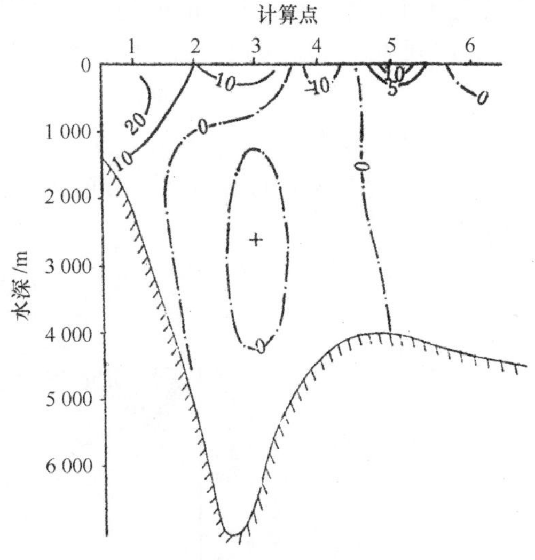

图 9 C_2 断面流速（cm/s）分布

4.3 C_2 断面

C_2 断面的水深，除西部以外，一般也较深，西部最浅水深是 1 310 m，在断面中部，水深最深，最深约为 7 000 m（图 9）。C_2 断面速度场的主要特性以及在单元 2 中的流量平衡状况如下：

（1）来自 C_1' 与 B_1 断面的北向海流通过 C_2 断面，它位于琉球海槽（图 9）。通过 C_2 断面的流量约为 21.02×10^6 m^3/s（图 4 与 7），北向海流的速度在整个水层内都不强。在表层它的流速不大，随深度增加流速缓慢地增加。例如在计算点 C_2-1 表面流速为 14 cm/s，而在 125 m 到 900 m 水层内流速都大于 20 cm/s，最大流速在 699 m 处，其值为 25 cm/s。在深层，例如在计算点 C_2-1 的 1 200，1 500 与 2 000 m 处，它的流速分别为 12，7 与 2 cm/s。

（2）在单元 2 中流量的平衡如表 3 所示。表 3 表明，每层的 Δ_j 与 Δ_T 都很小（此地 Δ_j 与 Δ_T 的定义参见第二节），故在单元 2 中流量平衡近似满足。由上所述，在单元 2 中，北向海流通过 C_2 断面的流量约为 21.02×10^6 m^3/s，其中 77.6%，即 16.31×10^6 m^3/s 来自 C_1'断面，而其余的 22.4%，即 4.71×10^6 m^3/s 来自 B_1 断面。

表 3 单元 2 中流量（10^3 m^3/s）平衡

层次 (j)	第一层 (j=1)	第二层 (j=2)	第三层 (j=3)	第四层 (j=4)	第五层 (j=5)	和 Δ_T
Δ_j	0.001 70	0.000 06	−0.000 84	0.002 21	0.000 12	0.003 25

5 吐噶喇海峡附近以及九州东南海流

5.1 C_5 断面

C_5 断面的地形变化较大（图 10），陆坡位于 C_5 断面的西部，坡度较大，从水深 120 m 到 1 000 m 之间的距离约为 30 km，由计算点 C_5-4，C_5-5，C_5-6 以及 C_5-7 所组成的海域，存在一个海槽，C_5 断面的最深水深约为 4 660 m。北向流通过 C_5 断面的流量约为 43.98×10^6 m^3/s，其中，几乎 50%来自 C_2 断面。

除去计算点 C_5-1 以外，C_5 断面上的流速都不大。计算点 C_5-1 处流速较大的原因可能是与地形有关。该点位于陆坡上，其表层与 100 m 处的速度分别为 78 与 50 cm/s。由计算点 C_5-2、C_5-3 与 C_5-4 所组成的海域，从表层到 360 m 层，即第一、二层存在一个气旋式涡，而在第三、四层以及五层分别存在一支北向的与南向的流(图 10)。北向流的最大速度出现在 700 m 处，其值为 23.4 cm/s。断面中部流速也不大，例如在计算点 C_5-7 北向流的最大流速出现在表层，其值为 30 cm/s；而在 2 200 m 层以下出现南向流，在断面的东部，北向流的最大速度出现在计算点 C_5-10 的表层，其值为 31 cm/s。由图 7d、e 与图 10 还表明，在第四、五层中存在几个涡。

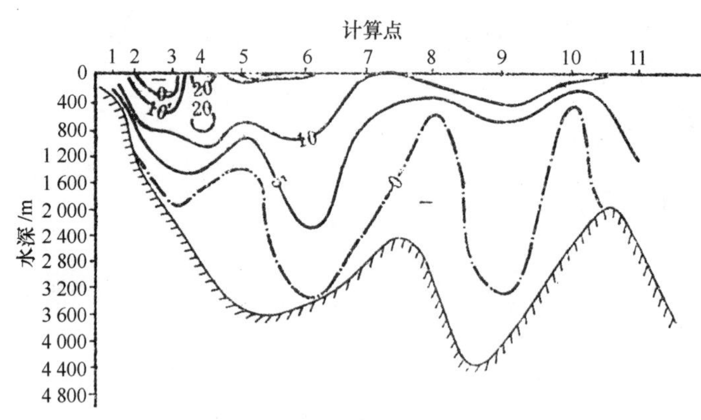

图 10　C_5 断面速度(cm/s)分布

5.2　B_2 断面(吐噶喇海峡)

B_2 断面地形变化也较大，但是水深都不深，最深为 1 530 m，B_2 断面北部的水深较浅，最浅小于 100 m(图 11)，黑潮通过 B_2 断面，其流的宽度约为 160 km，而其流量约为 $23.33\times10^6\ m^3/s$。

在 B_2 断面，黑潮有两个流核，一个位于计算点 B_2-5(水深约为 480 m)附近，流速较大，例如，在 200 m 以上水层黑潮流速都大于 100 cm/s，最大流速在 100 m 处，其值为 133 cm/s，在表层，200、300 与 400 m 处的流速分别为 124，104，45.4 与 7 cm/s；另一个核心位于计算点 B_2-9(水深为 1 150m)与计算点 B_2-10(水深为 1 400 m)之间的海域(图 11)。最大流速位于 200 m 处，其值约为 101 cm/s。表面流速约为 94 cm/s。在深层中，例如在 700 与 800 m 处，它们的流速分别为 26 与 24 cm/s，从上述的计算结果容易看到，采用动力方法取参考面为 7 MPa 或者 8 MPa，得到的流量是低估的。

图 4，7 与 11 还表明：①B_2 断面的南部，即计算点 B_2-11，12 与 13，存在黑潮逆流，并伴随涡，它的流量约为 $2.08\times10^6\ m^3/s$，在表层与 100 m 处它的流速分别为 30 与 9 cm/s，这支逆流可能来源于琉球群岛以东的海流，②在黑潮主流的两边存在几个气旋式与反气旋式涡。

5.3　C_6 断面(九州东南海域)

在 C_6 断面存在一个海槽，最深为 4 720 m(图 12)，在海槽的西北侧，水深较浅，其最浅处小于 200 m。黑潮通过 C_6 断面时，流的宽度为 170 km 以上，它的流量约为 $67.3\times10^6\ m^3/s$。图 4 表明在 C_6 断面东南部，存在一个中尺度反气旋涡，我们将在后面详细讨论它。

在 C_6 断面上黑潮有一个流核(图 12)，最大流速位于计算点 C_6-3(水深约为 1 650 m)的表层，其值是 127 cm/s。该点的 150 m 以上水层，流速都大于 100 cm/s，而在 700 与 800 m 处其流速分别为 11 与 7 cm/s，在计算点 C_6-4，5，6 与 7，表层流速分别为 64，47，58 与 37 cm/s，在计算点 C_6-4 的 250 m 处，流速稍大，其值为 83 cm/s，在深层，例如在计算点 C_6-5 的 1 500，1 900 与 2 000 m 处，其流速分别为 10，5 与 4.3 cm/s，即在深层流速也不小。

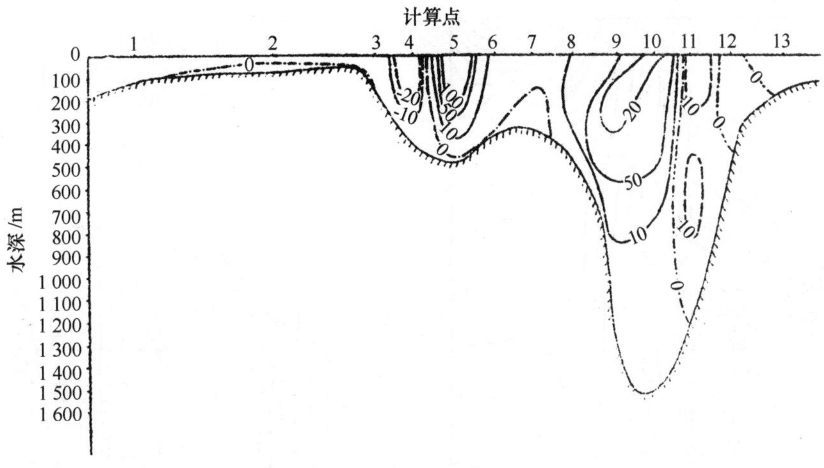

图 11　在 B_2 断面的流速分布

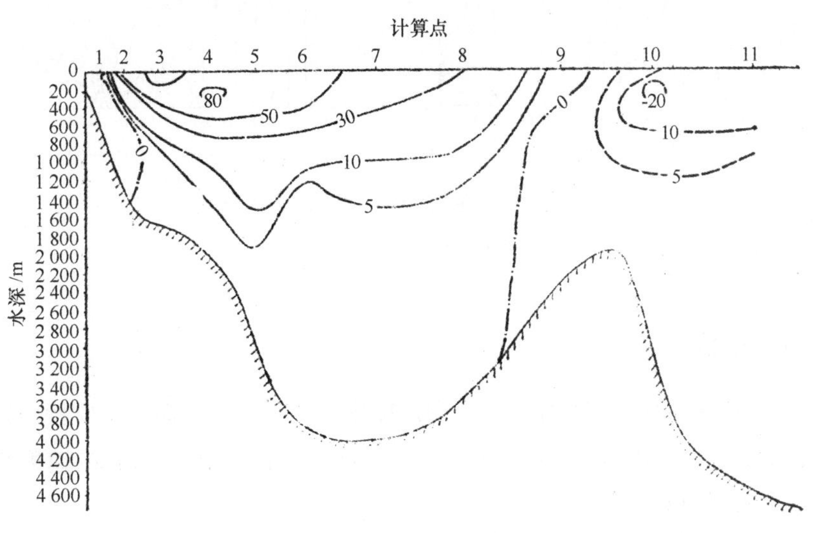

图 12　C_6 断面速度分布

6　两个中尺度反气旋式涡

6.1　B_1 断面的中尺度涡

第四节中已指出的，在 B_1 断面大部分的整个水柱内被中尺度反气旋式涡所支配，它的主要特性如下：

（1）该涡的水平尺度在第一、二、三层内，约为 250 km，在第四、五层内，分别减小为 220 与 165 km（图 7），该涡的流量约为 $37.75\times10^6\ m^3/s$，该涡的速度较大，例如，表层速度为 45~53 km，在 1 000 m 处最大速度为 11 cm/s。

（2）该涡的强度强，即在该涡的核心中速度梯度大，例如它的最大速度梯度约为 $1.81\times10^{-5}\ s^{-1}$。

（3）图 13 为 800 m 层水文结构。在图 13 中区域的东边界是 A_1A_2 即是图 1b 中区域的东边界 A_1A_2，西边界随深度增加向东南方向移动。该涡的核心从表层到 800 m 层有相对高的温度与低的密度。表层、200 与 800 m 层涡的温度分别大于 29℃，19.4℃与 5.5℃，它的温度高于黑潮在相同深度上的温度。在深层，例如在 1 500 与 2 000 m 处，该涡的核心有相对高的温度与低的密度，而在 2 500 m 处它还有相对低的盐度。

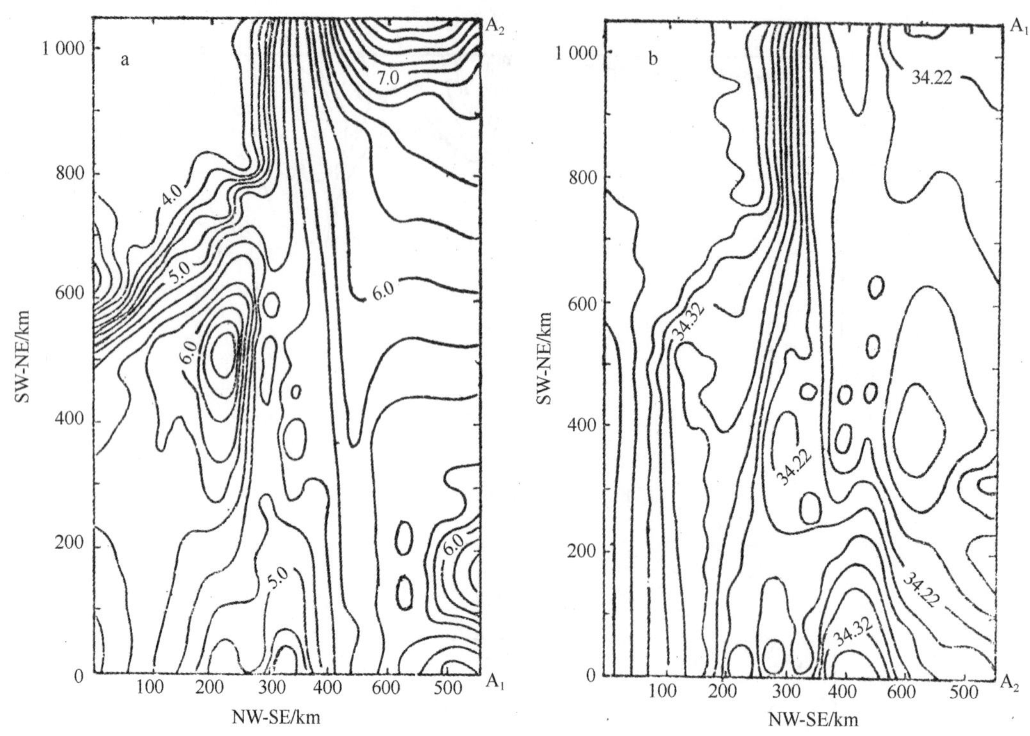

图 13　在 800 m 层温、盐分布

a. 温度分布;b. 盐度分布

6.2　C_6 断面的中尺度涡

在第四节中还指出,C_6 断面东南部,存在一个中尺度反气旋式涡。该涡的主要特性如下:

(1)该涡的水平尺度约为 230 km(图 4 与 7)。与 B_1 断面上的涡作比较,它的速度与流量都较小,它的最大流速为 30 cm/s,流量为 18×10^6 m^3/s。

(2)它的强度也较 B_1 断面上的涡弱。最大速度梯度约为 $0.42\times10^{-5}s^{-1}$。

(3)如图 13 所示,该涡的核心有相对高的温度与低的密度,特别在中、深层。例如,在 800 m 处核心的温度大于 7℃,是 800 m 层中的最高温度区。在深层,例如在 1 500 与 2 500 m 处,该涡的核心也有相对高的温度、低的盐度以及低的密度。

7　总结

在本计算中采用逆方法研究了东中国海与九州东南的黑潮以及琉球群岛以东的海流,可以发现:

(1)黑潮通过 C_1 与 C_3(PN)断面,在 C_3 断面上其流量为 26.01×10^6 m^3/s,稍大于它在 C_1 断面的流量。黑潮在 C_3 断面有两个流核,而在 C_1 断面只有一个。黑潮在 C_3 断面的流速增加,其最大流速约为 158 cm/s,这是由于 C_3 断面的水深变浅以及黑潮流的宽度减小所致。C_3 断面上黑潮逆流的速度比 C_1 断面的强。

(2)在 1987 年 9-10 月期间琉球群岛以东海流位于琉球海槽,是一支北向流。这支流来自 C_1'与 B_1 断面,它通过 C_2 断面的西部分,其流量为 21.02×10^6 m^3/s,北向流的流速在整个水层内都不强,最大流速位于 699 m 处,其值为 25 cm/s。

(3)黑潮通过 B_2 断面(在吐噶喇海峡)以及 C_6 断面(九州东南)的宽度分别为 150 km 以及 170 km 以上,黑潮通过 C_6 断面的流量为 67.31×10^6 m^3/s,其中 34.7%,即 23.33×10^6 m^3/s 来自 B_2 断面,而其余的 65.3%,即 43.98×10^6 m^3/s 来自 C_5 断面。但是,在第一层,黑潮通过 C_6 断面的流量是 13.05×10^6 m^3/s,其中

大部分来自吐噶喇海峡的黑潮水。

（4）在 B_1 和 C_6 断面分别存在一个中尺度反气旋式的暖涡，它们的水平尺度分别为 250 与 230 km，比较 B_1 断面与 C_6 断面上的两个中尺度涡表明，①前者的速度与流量都大于后者；②前者的强度强于后者；③这两涡的核心从表层到深层都具有相对高的温度与低的密度。

致谢：我们感谢潘子勤同志为本文进行了上机计算。

参考文献：

[1] Guan Bingxian.Analysis of the variations of volume transport of Kuroshio in the East China Sea. Hishida K, et al.Proceedings of the Japan-China Ocean Study Symposium.Oct., 1981, Shimizu.Tokai University Press, 1982:118-137.

[2] Guan Bingxian.Major feature and variability of the Kuroshio in the East China Sea.Chin J Oceanol Limnol, 1988, 6(1):35-48.

[3] Nishizawa J, Kamihira E, Komura K, et al.Estimation of the Kuroshio mass transport flowing out of the East China Sea to the North Pacific.La Mer, 1982, 20:37-40.

[4] Saiki M.Relation between the geostrophic flux of the Kuroshio in the Eastern China Sea and its large-meanders in south of Japan.The Oceanographical Maguzine, 1982, 32(1/2):11-18.

[5] Yuan Yaochu, Su Jilan.The calculation of Kuroshio Current structure in the East China Sea—Earyly summer 1986.Progress in Oceanography, 1988, 21:343-361.

[6] Kuroshio explotiation and utilization research (KER) Smmary Report 1977~1982.Issued by JAMSTC, 1985:125.

[7] Wunsch C.The general circulation of the North Atlantic west of 50°W determined from inverse methods.Reviews of Gecophysics and Space Physics, 1978, 16:583-620.

[8] Yuan Yaochu, Su Jilan, Pan Ziqin.Calculation of the Kuroshio Current South of Japan during Dec., 1987—Jan., 1988//Proceedings of the Investigation of Kuroshio (Ⅱ).Beijing:China Ocean Press, 1990:256-266.

[9] Wunsch C, Grant B, Towards the General Circulation of the North Atlantic Ocean.Progress in Oceanography, 1982, 11:1-59.

[10] Akamatsu H.From the observations in the East China Sea—The Kuroshio in the region near the continental slope.Marine Science Monthly, 1979, 11(3):175-181.

[11] Nagata Y.Oceanic Conditions in the East China Sea//Hishida K, et al.Proceedings of the Japan-China Ocean Study Symposium.Oct, 1981, Shimizu.tokai University Press.1982:25-41.

[12] Yuan Yaochu, Su Jilan, Xiao Songyun.Three dimensional diagnostic calculation of circulation over the East China Sea Shelf.Acta Oceanologica Sinica, 1987, 6(supp.1):36-50.

[13] Yuan Yaochu, Su Jilan, Ni Jufen.A prognostic model of the winter circulation in the East China Sea//Proceedings of the Investigation of Kuroshio (Ⅱ).Beijing:China Ocean Press, 1990:169-186.

[14] Guan Bingxian.Major features of the shallow water hydrography in the East China Sea//Ichiye T.Ocean Hydrodynamics of the Japan and East China Sea, 19.New York:Elsevier Press, 1984:1-13.

[15] Su Jilan, Pan Yuqiu.On the shelf circulation north of Taiwan.Acta Oceanologica Sinica, 1987, 6(supp.1):1-20.

The study of the Kuroshio in the East China Sea and the currents East of the Ryukyu Islands

Yuan Yaochu[1], Endoh Masahiro[2], Ishizaki Hiroshi[2]

(1. *The Second Institute of Oceanography, State Oceanic Administration, Hangzhou* 310012, *China*; 2. *Meteorological Research Institute, JMA, Nagamine* 1-1, *Tsukuba*, 305, *Japan*)

Abstract: In this study, the inverse method is used to compute the Kuroshio in the East China Sea and southeast of Kyushu and the currents east of the Ryukyu Islands, based on hydrographic data obtained during Sep.-Oct., 1987 by R/V *Chofu Maru*. The results show that: (1) A part of the Taiwan Warm Current has a tendency to converge to the shelf break. (2) The Kuroshio flows across the Section C_3(PN) with a reduced current width, and the velocity of the Kuroshio at the section C_3 increase and its maximum current speed is about 158 cm/s, and its volume transport here is about 26×10^6 m^3/s. (3) The Kuroshio has two current cores at the sections C_3(PN) and B_2(at the Tokara Strait). (4) The currents east of the Ryukyu Isands are found to flow northward over the Ryukyu Trench during Sep.–Oct., 1987.The velocities of this currents are not strong throughout the depths. At the Section C_2 east of the Ryukyu Islands, the maximum current speed is at the 699 m level and its magnitued is 25 cm/s, and its volume transport is about 21×10^6 m^3/s. (5) The vlume transports of the Kuroshio through the Sections B_2(at the Tokara Strait) and C_6(southeast of Kyushu) are 23.33×10^6 and 67.31×10^6 m^3/s, respectively; (6) There are two meso-scale anticyclonic warm eddies between the 135°E and the area east of the Ryukyu Islands, and their characters and hydrographic structure are discussed.

刊于:黑潮调查研究论文选(三).北京:海洋出版社,1991:235-244 .

1988 年东海黑潮与琉球群岛以东海流的研究

袁耀初[1],苏纪兰[1],潘子勤[1]

(1. 国家海洋局 第二海洋研究所,浙江 杭州 310012)

1 引言

关于东海黑潮的流场结构、流量及其变异等问题,已做了很多研究工作。例如管秉贤[1-2]利用 PN 断面上 1955 年至 1978 年 71 个航次的水文资料,采用动力计算方法,得到其平均流量为 21. 3×10^6 m^3/s(0/7 MPa),标准偏差为 5. 36×10^6 m^3/s。Nishizawa 等[3]与 Saiki[4]也做了类似的工作,但 Nishizawa 等得到的平均流量值偏小,他利用 PN 断面上 1954-1980 年的 80 个航次的水文资料,采用动力计算方法得到的平均流量为 19. 7×10^6 m^3/s(0/7 MPa)。最近袁耀初与苏纪兰[6]采用诊断计算方法,对东海黑潮流场结构进行了计算。袁耀初等[7]利用 1987 年 9—10 月日本"长风丸"的水文资料,采用逆方法对东海黑潮流结构进行计算,得到在这期间东海黑潮流量约为 26. 10^6 m^3/s。

关于琉球群岛以东海流,袁耀初与苏纪兰[6]的诊断计算表明,在琉球群岛以东海域存在一支东北向海流,它加强了九州东南海域断面的黑潮流量。袁耀初等[7]对琉球群岛以东海域,东海黑潮以及九州东南海域黑潮作了系统研究,并进一步阐明它们之间的关系。

本文在上述工作基础上,采用逆方法,利用 1988 年中日黑潮联合调查的两个航次(5—6 月以及 10—11 月)的水文调查资料进行了东海黑潮和琉球群岛以东海域流场结构的计算,得到一些有意义的结果,表明琉球群岛以东海流的研究,对东海黑潮与日本以南黑潮的研究都是直接有关的。最后,对深层流特点也作了分析。

2 数值计算

本文采用逆方法计算调查海区的海流,该方法已在文献[7-8]作了详述,在此不再重复。计算海区、计算单元及地形分布参见图 1。

在东海海区,有两个计算单元,即单元(1)及(2),由于大部分海区地形较浅,故垂向分为两层,以密度 $\sigma_{t,p}$等于 25 为分界面。在琉球群岛以东海区(单元(3)),多数测站的水深较深,垂向分为 5 层,其中间的 4 个分界面分别取 $\sigma_{t,p}$为 25,27,30,35。为了清楚分层所对应的深度,以断面 F_8 与 F_9 为例(图 2),$\sigma_{i,p}$为 25,27,30 及 35 分界面的水深分别是 125~200 m,300~360 m,700~730 m 及 1 640 m 左右。

关于逆方法与动力计算方法比较,在以前工作[7-8]中已指出,若用动力计算方法计算本海区与日本以南海区的流量与盐量,则不能满足它们的守恒关系,本计算也是如此 。我们以 5—6 月航次计算单元(3)为例(表 1),在表 1 中,流量符号为正时,表示流入单元内;流量符号为负时,表示从单元流出。Δ_i 与 $\Delta_{i,D}$分别表示采用逆方法与动力计算方法得到的在第 i 层中流进与流出流量的代数和,动力计算的零面取海底。表 1 表明,在单元(3)内,动力计算得到的总流量差额为-8. 29×10^6 m^3/s,而采用逆方法得到在单元(3)内总流量

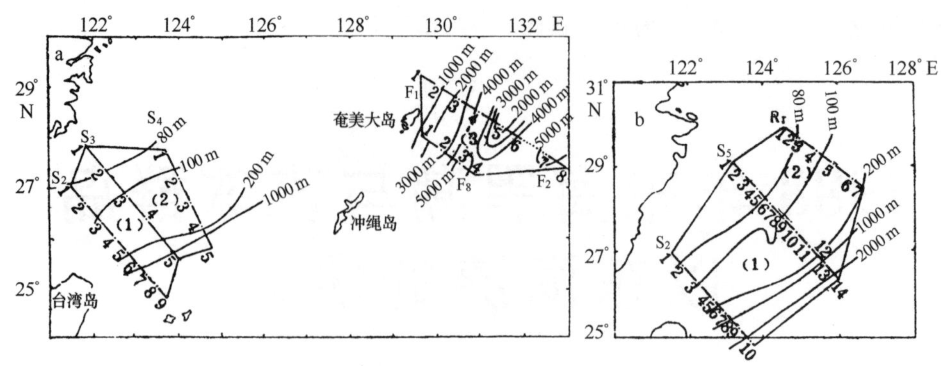

图 1　计算海区,计算单元及地形分布

a. 1988 年 5—6 月航次;b. 1988 年 10—11 月航次

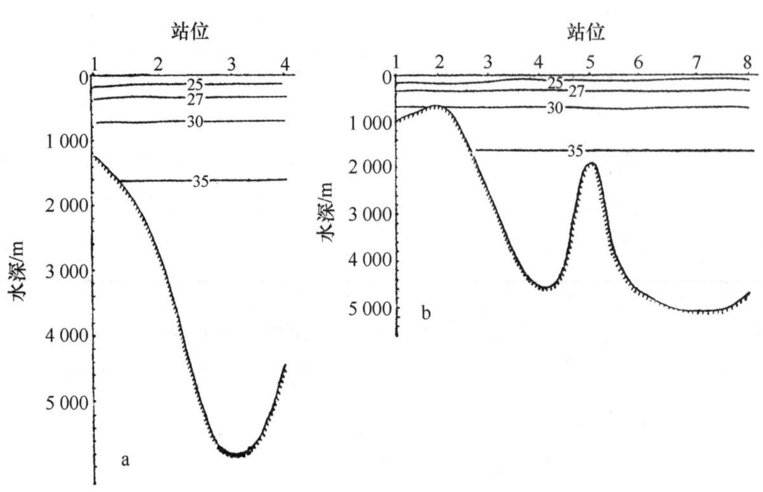

图 2　F_8 与 F_9 断面垂向分层

a. F_8 断面;b. F_9 断面

的差额仅为$-0.001\times10^6\ m^3/s$,较好地满足流量守恒关系。

表 1　5-6 月航次计算单元(3)各层流量平衡

流量	第一层	第二层	第三层	第四层	第五层	总和
$\Delta_i/10^6 m^3\cdot s^{-1}$	-2.03×10^{-3}	-3.01×10^{-3}	-7.61×10^{-3}	9.73×10^{-3}	1.46×10^{-3}	-1.46×10^{-3}
$\Delta_{i,D}/10^6 m^3\cdot s^{-1}$	-1.09	-0.68	1.50	-2.88	-2.14	-8.29

3　东海黑潮

3.1　1988 年 5—6 月航次

图 3 表示在 S_2 与 S_4 断面上流速分布,在图 3 以及以下图中,计算点位于邻近的两个水文站的中点。

3.1.1　S_2 断面流速与流量分布

(1)黑潮流速结构呈单核,其中心出现在计算点 S_2-6(水深为 1 260 m,图 3a)附近,最大流速为 97.3 cm/s,出现在 50 m 处,在 150 m 以浅,流速都大于 80 cm/s,在水深为 600,700,800 m 处,其流速分别为

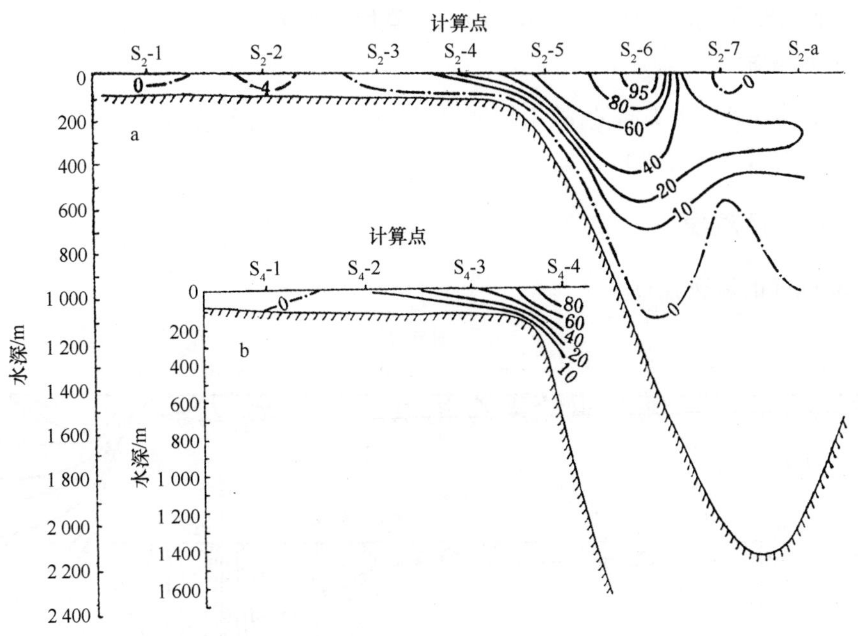

图 3　1988 年 5—6 月航次 S_2 与 S_4 断面的流速(cm/s)分布

图中正值为北向流。a. S_2 断面；b. S_4 断面

17.3,7.9,1.6 cm/s。

(2)最大流速梯度出现在坡折处，这是与袁耀初等[7]的结果相一致。

(3)在深层出现逆流，而逆流出现的深度，各个计算点是不相同的，例如在 S_2-6 与 S_2-7 点，逆流分别出现在 1 100 与 600 m 以深的水流，逆流的最大流速出现在计算点 S_2-7 的 800 m 水层，其值为 6.6 cm/s。

(4)在 S_2 断面黑潮西侧的台湾东北海域，出现一个气旋式环流(图 4)其中心位置大约在 26°15′N，122°15′E 附近，此环流事实上就是台湾东北海域常存在的冷涡的一部分[5-6]，在此涡的东侧，黑潮有一支向西北方向入侵的海流，即台湾暖流的外侧分支[5-6]，其流量约为 0.11×10^6 m^3/s，此值可能低估，其中一个原因是两测站的间距较大。从图 4 可知，在黑潮西侧沿程似皆出现了气旋式涡，这是合乎事实的，但有些涡的流量很小。应该指出，关于逆方法的应用，在深水海域得到的结果要比浅水海域的要好，上面所产的很小流量的涡的出现，也可能与噪音没有完全消除有关。

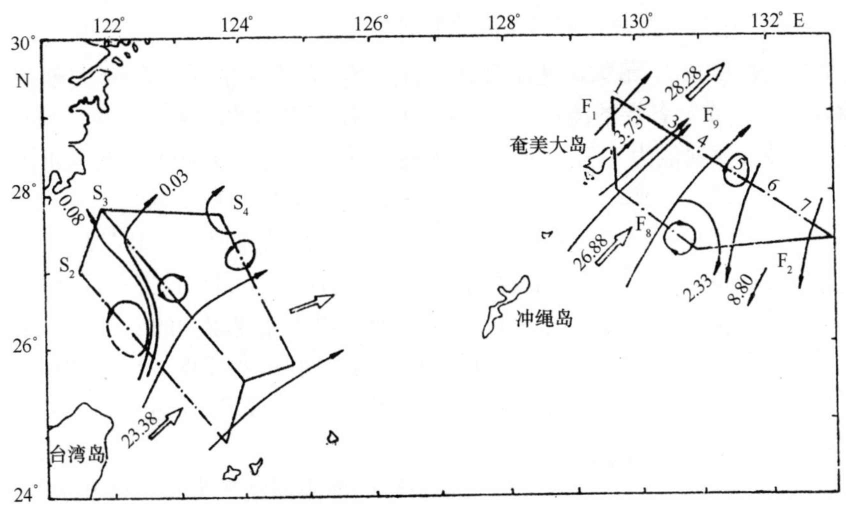

图 4　1988 年 5—6 月航次计算海域的总流量(10^6 m^3/s)分布示意图

(5)通过 S_2 断面黑潮的流量约为 23.4×10^6 m^3/s,其宽度约为 170 km(图 3a,图 4)。

3.1.2　S_4 断面的流量分布

由于 S_4 断面东侧没有进行水文测量,故不能全面了解该断面的流场结构,从图 3b 可知,在计算点 S_4-4 处,100 m 以浅水层,其流速都大于 80 cm/s。

3.2　1988 年 10—11 月航次

图 5 为 S_2 和 S_5 断面的流速分布。

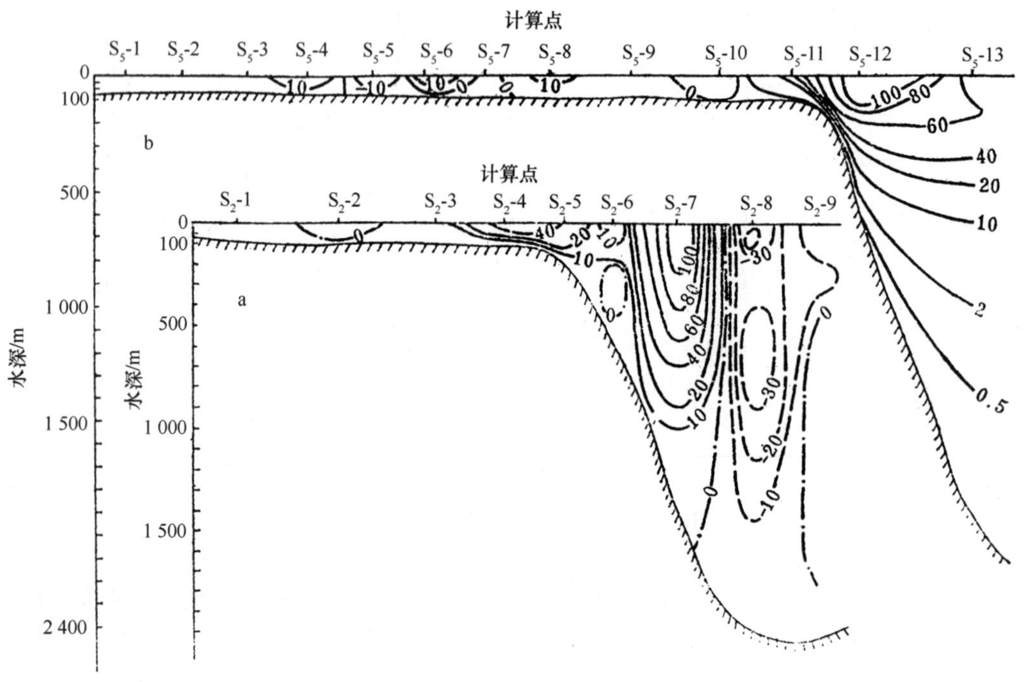

图 5　1988 年 10—11 月航次 S_2 与 S_5 断面的流速(cm/s)分布

a. S_2 断面;b. S_5 断面

3.2.1　S_2 断面流速与流量分布

该航次在 S_2 断面的流速与流量分布有以下几个特性。

(1)黑潮流速结构也是单核的,最大流速出现在计算点 S_2-7,本站水深与 5—6 月航次在 S_2 断面的最大流速所在位置的水深相当。本站各层的流速比 5—6 月航次计算得到的流速要大些,例如在 250 m 以浅的流速都大于 100 cm/s,其最大流速值为 117.3 cm/s,出现在 100 m 水层。在 400 m 水深处,流速大于 80 cm/s。在深层,如在 800 与 1 000 m 处,其流速仍分别为 27.6 与 10 cm/s。在陆架上,也有一个较高的流速区,如在坡折带附近 S_4-4 计算点,其流速为 43.9 cm/s,而 5—6 月航次在相应处流速仅为 23.9 cm/s,造成 10—11 月航次黑潮流速较大的一个原因是,在此期间黑潮的北向流的宽度较其他期间(如 1987 年 9—10 月[7]与 1988 年 5—6 月航次)要窄,其宽度仅为 110 km 左右。这些皆与以下讨论的逆流有关。

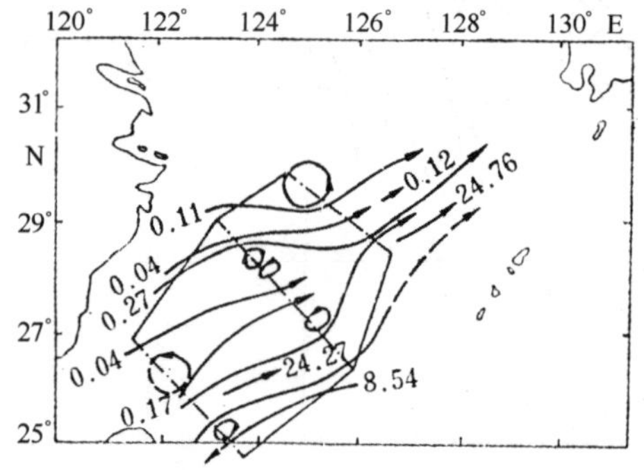

图 6　1988 年 10—11 月航次计算海域的总流量(10^{6}m^3/s)分布示意图

(2)通过 S_2 断面黑潮流量为 24.3×10^6 m^3/s(图 6)。

(3)在 S_2 断面东侧 S_2-8、S_2-9 计算点都出现了较强的逆流,在 S_2-8 处最大流速值为 42.1 cm/s,位于 75 m 处,在该计算点深层 1 000,1 200 与 1 500 m 水层上逆流流速分别为 32.4,17.8 与

6.9 cm/s，与 1987 年 9—10 月调查期间（见文献[7]）相比，本航次逆流范围较大，其宽度约 55 km 左右，流量也较大，约为 $8.5\times10^6\ m^3/s$，而逆流位置也更偏向陆架方向，同时黑潮主流变窄，其在陆架扩展的范围则比 1987 年 9—10 月期间要大[7]（参见图 7）。需指出，10—11 月期间所出现的黑潮入侵陆架的形式，已接近冬季，即主流偏向陆架[5]，因而逆流位置也更偏向陆架方向。

（4）在黑潮西侧，台湾东北海域，出现一个气旋式环流（冷涡），其中心位置与 5—6 月期间的相当，在冷涡的东侧，仍有一支黑潮分支入侵陆架，其流量约为 $0.17\times10^6\ m^3/s$，但与 5—6 月航次不同，在计算海域内，它没有直接向西北方向入侵。在冷涡西侧有来自台湾海峡的一支海流。

3.2.2　S_5 断面流速分布

图 5b 表明，黑潮流核心位于坡折带的 S_5-12 计算点，在 150 m 以浅水层，流速都大于 80 cm/s，最大流速位于 50 m 水层，其值为 131.5 cm/s。图 5b 还表明，在 250 m 以深，最大流速的位置东移，出现在 S_5-13 点，此特征与以前工作[6-7]所得的结论是一致的。

3.2.3　台湾暖流

上面已指出，在台湾以北冷涡的东侧，黑潮有一支向北方向入侵的海流，此外冷涡西侧也有部分的台湾暖流入侵本计算海区（图 6）。正如以前不少工作[6-7,9]所指出的，部分台湾暖流入侵本海区后，作反气旋式弯曲，向陆架坡折带收敛，并与黑潮汇合，本航次也得到相同的结果（图 6）。计算还表明，台湾暖流流入本海区的流量约为 $0.63\times10^6\ m^3/s$。也必须指出，这不是台湾暖流的全部流量，因为本海区并不包括近岸海区（图 6）。

3.3　几个航次的对比

上面已对各航次的计算结果，作了某些对比，但为了清楚起见，本节将对 1987 年 9—10 月[7]，1988 年 5—6 月与 10—11 月 3 个航次的东海黑潮流场进行较系统对比。图 7a、b 分别为这 3 个航次黑潮流宽度与黑潮表面流轴位置的示意图。从图中可以得到以下几点。

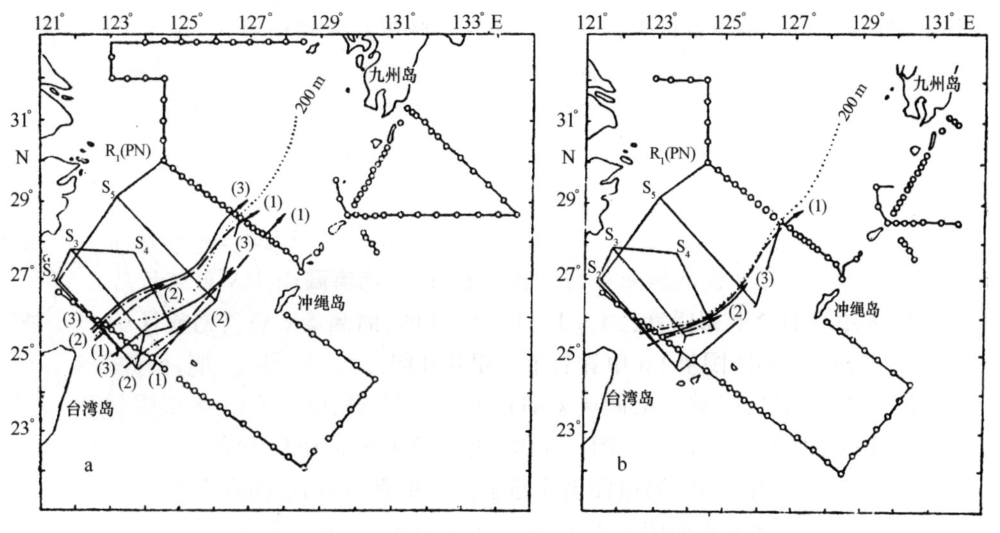

图 7　3 个航次黑潮流宽度（a）与黑潮表面流轴位置（b）示意图

---表示 1987 年 9—10 月航次；—·—表示 1988 年 5—6 月航次；——表示 1988 年 10—11 月航次

（1）与其他两个航次相比，1988 年 10—11 月航次黑潮入侵东海陆架的方式已有冬季特征，因此黑潮的位置更向陆架方向移动，而黑潮的宽度也相对较小，这可能与逆流的加强及向西偏有关。东海黑潮的流幅及流轴位置在 26°30′N 附近都有弯曲，这可能与坡折带的地理分布，即地形分布（以 200 m 等深线代表）有关。按时间顺序，这 3 个航次期间，东海黑潮通过台湾以北断面的流量分别为 25.8×10^6，23.4×10^6 与 $24.3\times10^6\ m^3/s$。

(2)与其他两个航次相比,黑潮逆流在 1988 年 10—11 月更偏向陆架方向,其流速及范围皆较大,因而其流量最大,约为 $8.5\times10^6\ m^3/s$。

(3)3 个航次中,黑潮在表层的流轴(最大流速位置)都位于 200 m 等深线东侧(图 7b),在 S_2 断面流轴所处位置的水深在 3 个航次中按时间顺序分别为 210,1 260 与 1 260 m,即 1987 年夏末航次更拉近 200 m 等深线,这可能是因为夏季在坡折带附近黑潮的次表层水涌升[5]较强,因此密度水平梯度较大,导致流速较大。由此可见,黑潮流幅位置的季节变化(图 7a)与表面流轴的季节变化(图 7b)不一致。

(4)3 个航次中,在黑潮西侧,台湾东北海域都存在一个气旋式环流(冷涡),但环流(冷涡)中心的位置,1987 年 9—10 月航次位于 25°56′N,122°36′E 附近,即比后两个航次要稍偏向东南方向,这一结果与前面已指出的,在夏季黑潮水不易入侵陆架是相吻合的,这个事实,在以前水文分析工作[5]中也已得出。

4　琉球群岛以东海流

两个航次中,仅 1988 年 5—6 月期间,对琉球群岛以东海域进行了水文调查,本节将讨论 5—6 月航次该海域的流速与流量的计算结果。

4.1　F_8 断面的流速分布

F_8 断面的地形分布是西侧较浅,最浅约 1 200 m 左右,但中间较深,为琉球海沟,其最深处为 5 820 m 左右(图 8)。图 8 表明,F_8 断面基本上为北向流,其表层最大流速值为 17.8 cm/s,但随深度的增加,流速也增强,最大流速为 38.2 cm/s,位于计算点 F_8-1 处的 400 m 水层。在计算点 F_8-2 处,最大流速值出现在 800 m 水层,80,1 000,1 200,1 500 与 2 000 m 处,流速分别仍有 22.9,19.2,12.3,7.5 与 2.7 cm/s,可知在深层流速是不小的。海流结构的这种特征与 1987 年 9—10 月期间的结果相一致[7],其原因已在文献[7]中作了讨论。

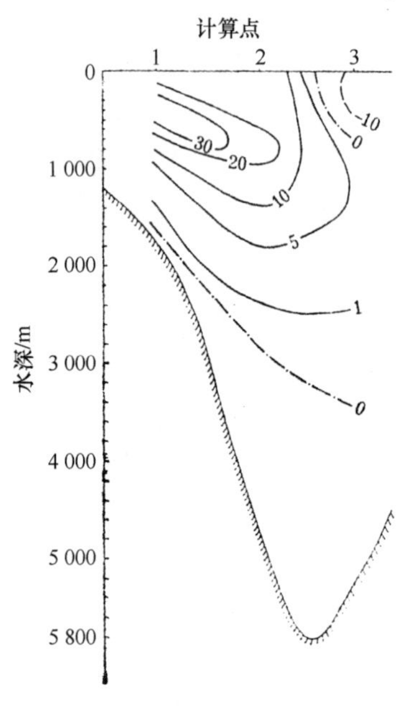

图 8　1988 年 5—6 月航次 F_8 断面流速(cm/s)分布

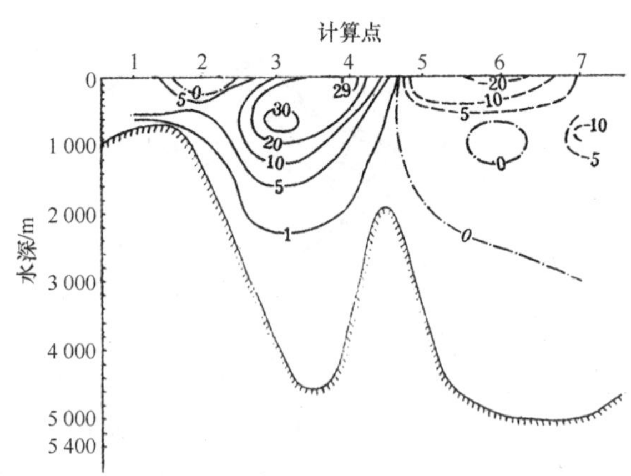

图 9　1988 年 5—6 月航次 F_9 断面的流速(cm/s)分布

4.2　F_9 断面的流速分布

F_9 断面较长,琉球海沟、海沟东侧的海脊及海盆皆能见到(图 9),F_9 断面的流速分布可以明显分为两个部分,大致上以海脊为界,即计算点 F_9-1 至 F_9-4 为北向流;计算点 F_9-5 至 F_9-7 上层(700 m 以浅)是一支南向流，而在深层，则转为北向（见图 9），这支北向流绝大部分是来源于 F_9 断面上的北向流，少部分流量来自吐噶喇海峡部分黑潮（见图 4）以下我们将详细讨论它们。

（1）与 F_8 断面一样，这支北向流流速不大，表层流速在 9~30 cm/s 之间，最大流速值为 32.1 cm/s，出现在计算点 F_9-3 的 600 m 水层处，北向流的深层流速也不小，如在计算点 F_9-3 的 1 000，1 200，1 500 与 2 000 m处流速分别为 18.2，10.9，5.8 与 1.7 cm/s。

（2）在北向流与南向流之间出现一个反气旋式涡，该涡的位置出现在海脊附近（图 4、9）。这支南向流最大流速为 25.9 cm/s，出现在计算点 F_9-6 表层。在海盆处中、深层海流的流向多变，但其流速较小，例如在计算点 F_9-6 的 650~1 300 m 范围，流向变为北向，但流速不大，最大的为 4.1 cm/s，而 1 300~2 500 m 范围，流向又变为南向，但流速最大仅为 1.3 cm/s。在 2 500 m 以深又变为北向，其流速仅为 0.1 cm/s 左右。在垂直方向上流向多变的特点，在大洋中是经常可以发现的。

4.3　流量分布

从上面分析可知，在琉球群岛以东存在一支北向海流，在地理位置上，这支流位于琉球海沟内，这与袁耀初等[7]的结果一致。

图 4 表明，琉球群岛以东北向海流通过 F_8 断面的流量为 26.88×10^6 m^3/s，其东侧为反气旋式涡，这支流的少部分流量（2.33×10^6 m^3/s）以反气旋形式流向 F_2 断面，而其余大部分流量（24.55×10^6 m^3/s）流向 F_9 断面。此外，从 F_1 断面进入 F_9 断面的东北向海流其流量为 3.73×10^6 m^3/s，这样通过 F_9 断面向北流去的总流量为 28.28×10^6 m^3/s。其次，在海盆处，海流由 F_9 断面流向 F_2 断面，其流量为 8.80×10^6 m^3/s（见图 4）。

北向海流在第一到第五层通过断面 F_8 的流量分别为 2.16×10^6，4.18×10^6，8.68×10^6，10.29×10^6，1.57×10^6 m^3/s，而通过断面 F_9 的北向流流量分别为 2.82×10^6，5.11×10^6，9.41×10^6，9.14×10^6，1.79×10^6 m^3/s，可知在第三与第四层流量最大，其次为第二、第一层，第五层流量最小。对于 F_1 断面，由于地形较浅，只有 4 层，通过一、二、三层流量相差不大，而通过第四层的流量很小。对于 F_2 断面，南向流在第一层到第五层分别为 2.69×10^6，1.78×10^6，1.67×10^6，2.34×10^6，2.66×10^6 m^3/s。

最后，我们简单地讨论琉球群岛以东海流的水文结构。从 400 m 以浅每一水层的温度、盐度与密度分布来看，并不能形成这支北向海流，如图 10a 所示，在 200 m 层水温从西到东递减，密度由西向东递增。但在 400 m 以深，如图 10b 所表示的 500 m 水层的温度在海脊以东，由西向东递减，海脊以西，由东向西递减。这样的水文结构与上述的 F_8 与 F_9 断面的流速分布的一些重要特性是相对应的，如较大流速值出现在 400 与 800 m 之间的水层内（图 8 与 9）。

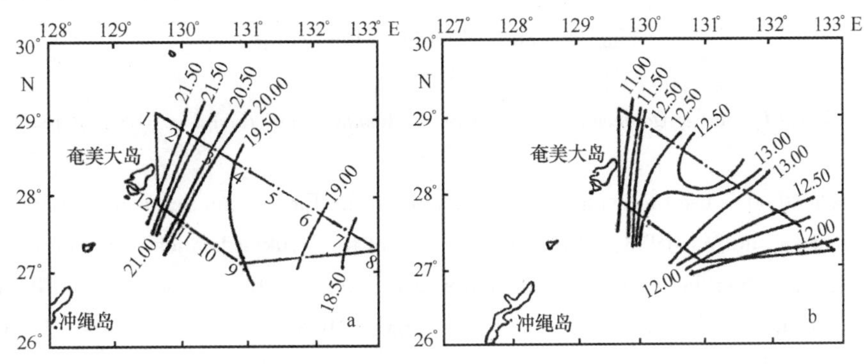

图 10　在 200 m(a)与 500 m(b)水层上的温度(℃)分布

5　结语

（1）在 1988 年 10—11 月期间，东海的流型接近于冬季流型，其特点为：①与其他航次相比较，黑潮主流与其逆流的位置,都向西移;②与其他航次相比较,1988 年 10—11 月期间黑潮主流的宽度要窄;③黑潮逆流是较强的。

(2)黑流主轴(最大表面流速的位置)的季节变化并不与黑潮宽度的中心线位置的季节变化相关。

(3)在 3 个航次中,即 1987 年夏末,1988 年初夏与秋季,东海黑潮通过台湾以北断面的流量分别为 25.8×10^6,23.4×10^6 与 24.3×10^6 m^3/s,在这 3 个航冲中,在黑潮西侧,台湾以北海域都存在一个气旋式冷涡。

(4)在 1988 年秋季台湾暖流流入本计算海区的流量约为 0.63×10^6 m^3/s,该值并不是台湾暖流的全部流量。

(5)在 1988 年初夏,在琉球群岛以东有一支位于琉球海沟的北向流,这支北向流通过 F_8 与 F_9 断面的流量分别约为 26.88×10^6 与 28.28×10^6 m^3/s,它在 F_8 与 F_9 断面上的流速一般是不大的,其核心位于 400~800 m 水层内。

参考文献:

[1] Guan Bingxian.Analysis of the variations of volume transport of the Kuroshio in the East China Sea//Proceedings of the Japan-China Ocean Study Symposium.Oct.,1981,Shimizu,1982:118-137.

[2] Guan Bingxina.Major features and variability of the Kuroshio in the East China Sea.Chin J Oceanol Limnol,1988,6(1):35-48.

[3] Nishizawa J,Kamihira E,Komura K,et al.Estimation of the Kuroshio mass transport flowing out of the East China Sea to the North Pacific. La Mer, 1982,20:37-40.

[4] Saiki M.Relation between the geostrophic flux of the Kuroshio in the Eastern China Sea and its large-meanders in South of Japan.The Oceanographical Magazine,1982,32(1/2):11-18.

[5] Su Jilan, Pan Yuqiu. On the shelf circulation north of Taiwan.Acta Oceanologic Sinica,1987,6(supp.1):1-20.

[6] Yuan Yaochu,Su Jilan.The calculation of Kurolshio Current structure in the East China Sea—Early summer 1986.Progress in Oceanography,1988, 21:343-361.

[7] 袁耀初,遠藤昌宏,石崎廣.东海黑潮与琉球群岛以东海流研究//黑潮调查论文选(三).北京:海洋出版社,1991:220-234.

[8] 袁耀初,苏纪兰,潘子勤.1987 年冬季日本以南黑潮流域的海流计算//黑潮调查研究论文选(二).北京:海洋出版社,1990:256-266.

[9] 袁耀初,苏纪兰,倪菊芬.东中国海冬季环流的一个预报模式研究//黑潮调查研究论文选(二).北京:海洋出版社,1990:169-186.

A study of the Kuroshio in the East China Sea and the currents east of the Ryukyu Islands in 1988

Yuan Yaochu[1],Su Jilan[1],Pan Ziqin[1]

(1. *Second Institute of Oceanography,State Oceanic Administration,Hangzhou* 310012,*China*)

Abstract:The inverse method is used to compute the Kuroshio in the East China Sea with hydrographic data collected during early summer and autrmn 1988 and the currents east of the Ryukyu Islands with data during early summer 1988 only.In the East China Sea the Kuroshio countercurrent is located further to the west and its transport is larger during autrmn 1988 than in late summer 1987 and early summer 1988.The Kuroshio water also intruded onto the shelf with a reduced width during autrmn 1988.The transport of the Kuroshio in the East China Sea is 23.4×10^6 and 24.3×10^6 m^3/s,respectively,during early summer and autrmn 1988.The seasonal change of the Kuroshio axis at the surface does not correlate with he seasonal change of the position of the centerling of the Kuroshio width.There is a cyclonic gyre on the shelf north of Taiwan during all the cruises.A part of the Taiwan Warm Current in the survey area has a tendency to converge to the shelf break.Currents east of the Ryukyu Islands flow northward over the Ryukyu Trench in early summer 1988,of which the transport is 26.9×10^6 m^3/s.The core of this flow is located between 400 and 800 m depths.

刊于:黑潮调查研究论文选(三). 北京:海洋出版社, 1991:314-324.

日本以南黑潮流场及流量特征的研究

袁耀初[1],苏纪兰[1],潘子勤[1]

(1. 国家海洋局 第二海洋研究所,浙江 杭州 310012)

1 引言

日本以南黑潮流场特征及流量研究,已往曾有不少工作[1-6]。这些工作,多数采用“动力计算”方法。最近我们曾采用β螺旋方法研究台湾以东与日本以南的黑潮[7-8],并与动力计算的结果比较,表明β螺旋方法是一个有效的方法,特别是对深海环流的研究。此外,我们还采用了逆方法研究日本以南的黑潮[9]。计算结果表明,逆方法能近似地满足质量与盐量的守恒,而动力计算却不能满足。

本研究采用逆方法,对1987—1988年3个航次的调查资料,进行了计算与比较,其中采用1987年12月至1988年1月调查资料得到的计算结果已发表在文献[9]中;其他两个航次,一个为1988年5—6月由国家海洋局第一海洋研究所承担,“向阳红09”号取得的调查资料,另一个为1988年10—11月由国家海洋局第二海洋研究所承担,“实践”号取得的调查资料。采用这些资料进行计算的结果表明:对于日本以南黑潮流态的描述,仅仅讨论流轴变化是不够的,必须进行流量以及断面速度分布等方面的分析。从3个航次的相比可知,日本以南黑潮流态变化甚大,很多问题需要进一步研究与澄清。

2 数值计算

本文采用逆方法计算日本以南调查海区的海流,有关这方面可参考文献[9-10],在此不再重复。计算海区中1988年5—6月航次共设5条断面,即U_1、U_2、U_3、U_4、U_5,我们取4个计算单元(见图1a),而在10—11月航次只有4条断面,即U_1、U_2、U_3、U_4,因此共取3个计算单元(见图1b)。垂向分为5层,其中间的4个分界面上的$\sigma_{t,p}$值分别取为25,27,30,35,以10-11月航次为例,$\sigma_{t,p}$为25,27,30,35分界面对应的深度分别为100~160 m,180~400 m,620~750 m及1 630~1 640 m。图2给出了U_2及U_3两个断面$\sigma_{t,p}$的分布情况。

表1给出了由逆方法得到的,在每计算单元内流量平衡的情况,在表中,Δ_i为第i层流入与流出单元流量的代数和,其中流量符号为正表示流入,为负表示流出,表1表明逆方法能较好地近似地满足流量守恒。

表1 1988年10—11月航次逆方法得到的Δ_i值(10^6 m^3/s)

分层	计算单元1	计算单元2	计算单元3
第一层	0.019 0	−0.004 4	0.003 0
第二层	−0.018 0	0.009 2	−0.005 6
第三层	−0.038 8	−0.008 1	−0.022 1
第四层	0.037 9	0.001 4	0.000 5
第五层	0.015 5	0.001 0	0.000 7
总　和	0.015 6	−0.002 9	−0.023 5

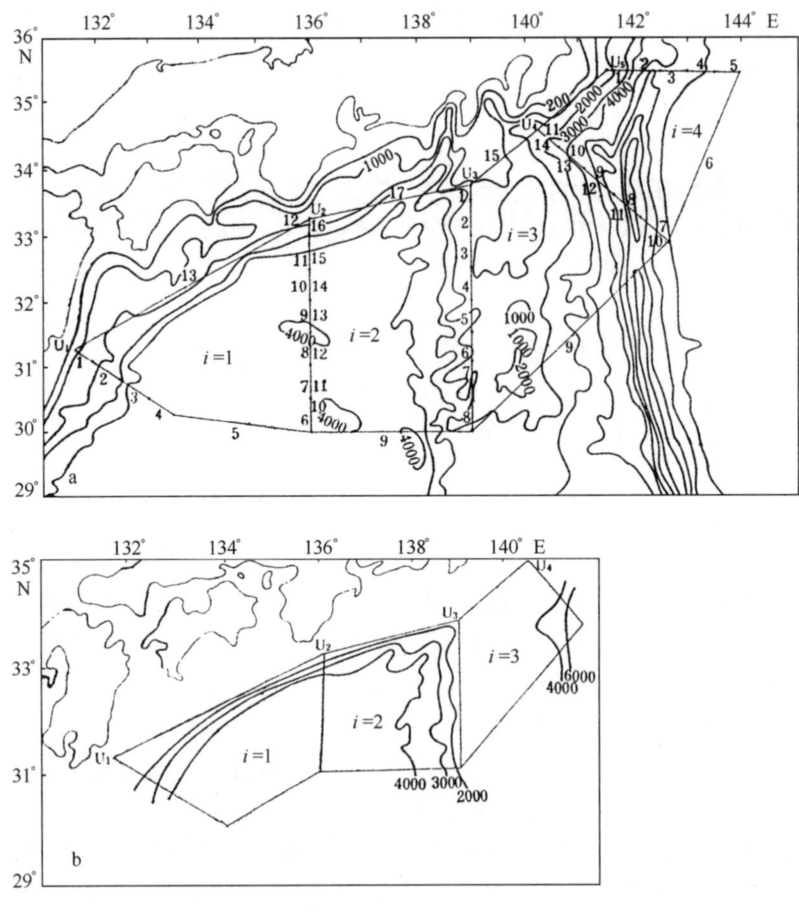

图 1　计算海区,计算单元及地形分布

a. 1988 年 5—6 月航次;b. 1988 年 10—11 月航次

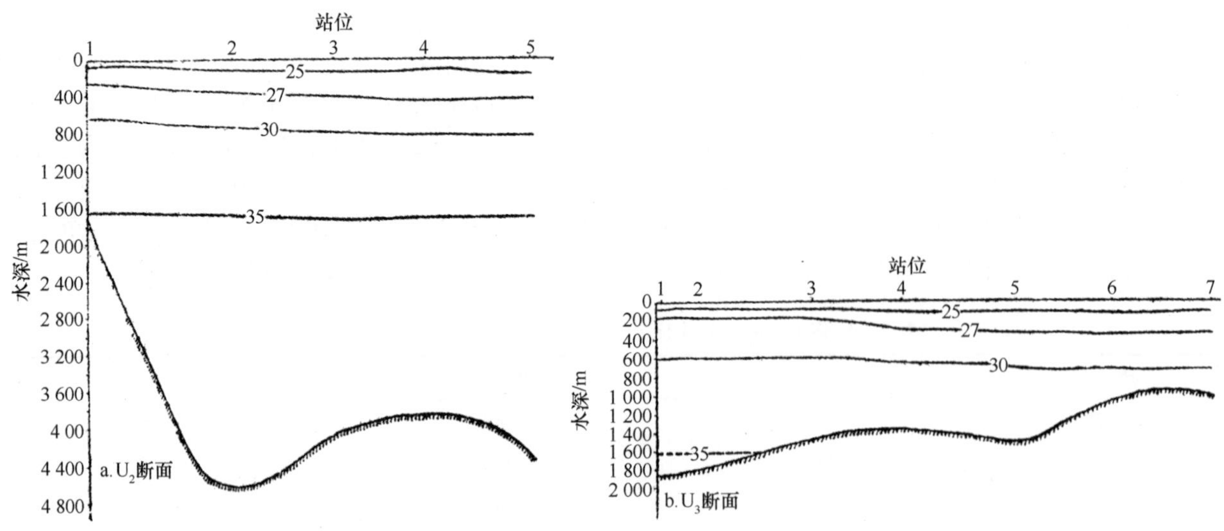

图 2　1988 年 10—11 月航次 $\sigma_{t,p}$断面分布

3　计算结果与讨论

3.1　1988 年 5—6 月航次

3.1.1　表面流轴分布

图 3 表明，黑潮在 U_1 断面的最大流速位于 30°55′N，132°15′E 附近，其值约为 112 cm/s，在 200 m 水层处的水温为 18℃左右（图 3b）；在 U_2 断面最大流速减小，为 85 cm/s，出现在 32°15′N，136°E 附近，相应在 200 m 水层的温度为 17.4℃；黑潮通过 U_3 断面流速加强，最大流速为 102 cm/s，出现在 31°45′N，139°E 附近，相应在 200 m 水层的温度为 15℃左在；黑潮通过 U_4 与 U_5 断面的最大流速分别为 99 与 129 cm/s，出现位置参见图 3a，对应在 200 m 水层的温度皆为 15℃左右。这与 Taft[11] 指出的，在 137°E 以东 200 m 层的指示温度降为 15.1℃是相符合的。其次还可以知道，在 200 m 水层指示温度随经度增加，有递减趋向。这个结论在以前工作已经得到[9,11]。

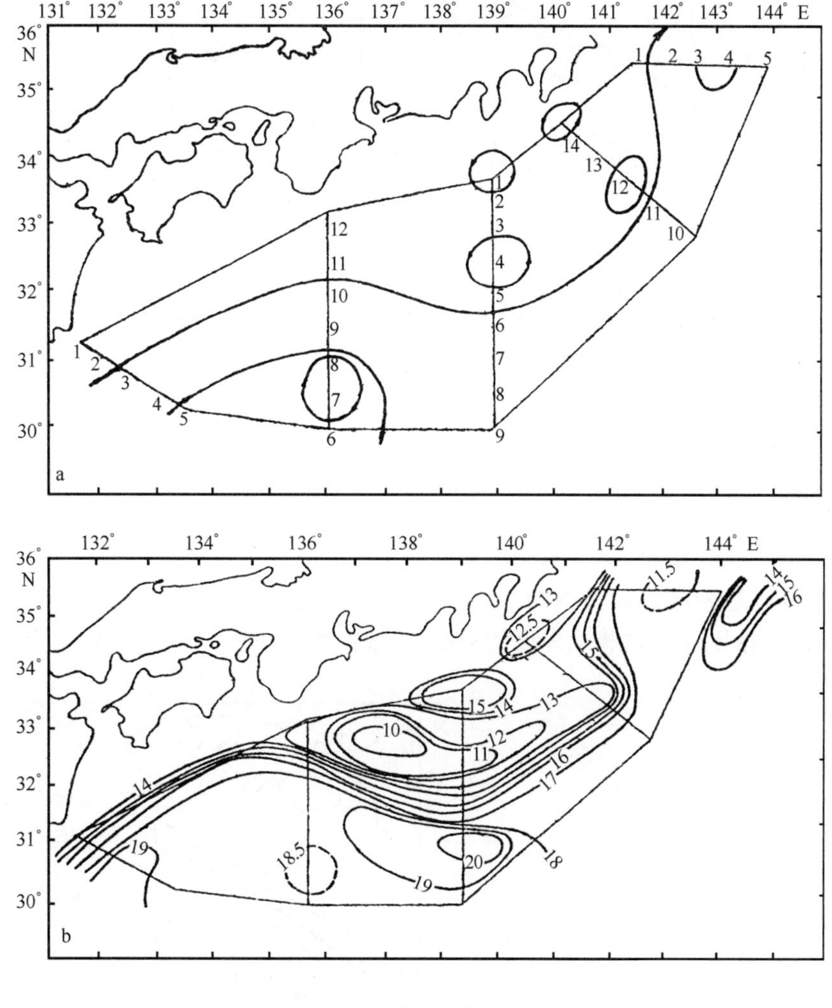

图 3　1988 年 5—6 月航次表面流轴和 200 层温度（℃）分布

a. 表面流轴；b. 200 m 层的温度

3.1.2　流量分布

图 4 表明，黑潮进入 U_1 断面的流量为 $67.50\times10^6\ m^3/s$，它进入 U_2 断面之后，将有 $16.16\times10^6\ m^3/s$ 流量

从主流分离出来，作反气旋式弯曲，向南流去，并伴随着反气旋式涡。此外，在主流北侧深层约 650 m 以深（第四、五层），还分离出来一支东北向的分支，其流量不大，只有 $2.02\times10^6\ m^3/s$，并最后流入单元 3 与 4，与主流汇合。黑潮主流进入 U_3 断面的流量为 $49.32\times10^6\ m^3/s$，黑潮通过 U_3 断面之后，流况甚为复杂。主流作气旋式弯曲后，通过 U_4 断面进入单元 3。主流的北侧，分离出一个分支，其流量为 $6.65\times10^6\ m^3/s$，它首先作气旋式弯曲，并伴随着气旋式冷涡，然后又作反气旋式弯曲，并伴随着反气旋式涡。它通过 U_4 断面之后，又与主流相汇合。值得注意的是，这个分支只存在第一、二、三层，而深层（四，五层）因冷涡区域扩大而不存在。在 U_4 断面，在几支黑潮分支之间，存在两个涡，一个在近岸，另一个在 U_4 断面的中间，它们都是气旋式涡。黑潮通过 U_5 断面的流量为 $51.08\times10^6\ m^3/s$，其东侧还存在一个反气式涡。值得指出的是，上述指出的几个涡，与温度分布（图 3b）都有较好的对应。

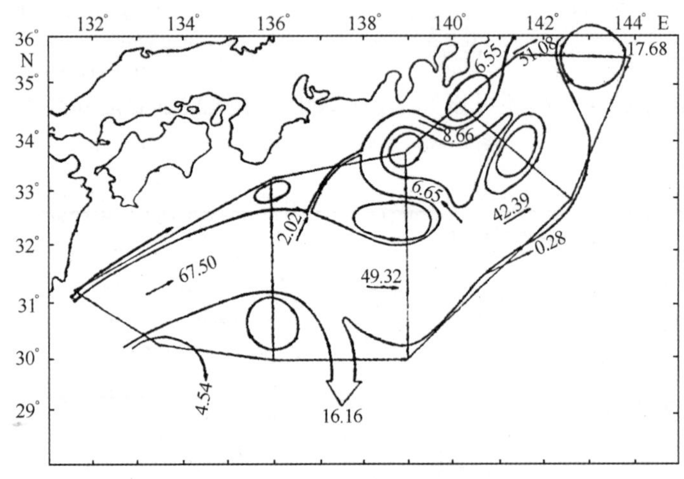

图 4　1988 年 5—6 月流量（$10^6\ m^3/s$）分布示意图

3.2　1988 年 10—11 月航次

3.2.1　表面流轴分布

比较图 5a 与 b，也可看出表面流轴位置与 200 m 水层温度分布也有较好的对应，并也有以下的特点，即随经度增加，指示温度有递减的趋向。例如在 U_1 与 U_2 断面上，表面最大流速所对应的指示温度分别为 18.5℃与 16.4℃。必须指出，上述的指示温度的数值，是根据两个站平均所得，因而不十分准确。

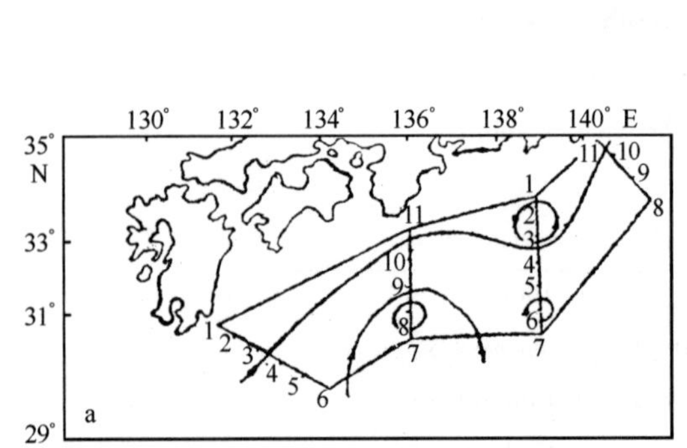

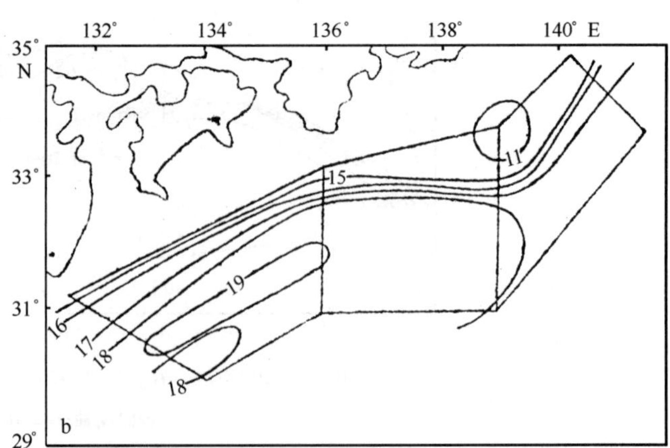

图 5　1988 年 10—11 月航次表面流轴和 200 m 层温度（℃）分布

a. 表面流轴；b. 200 m 层

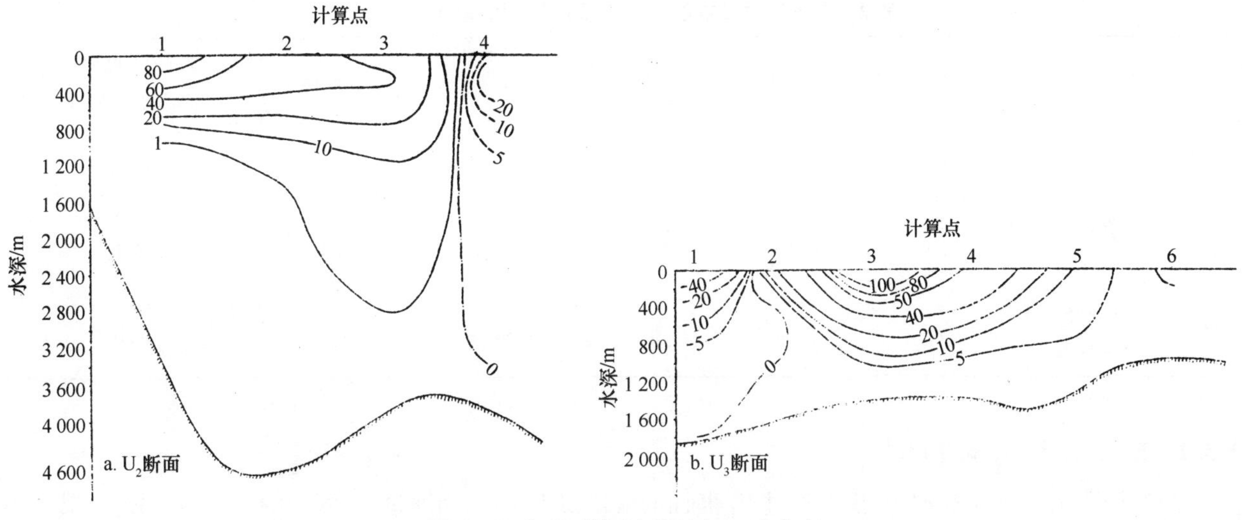

图 6　U_2 与 U_3 断面上流速(cm/s)分布

3.2.2　U_2 与 U_3 断面流速分布

限于篇幅，本节以 U_2 与 U_3 两个断面为例，讨论该航次断面流速分布。

(1) U_2 断面的流速分布　该断面北侧较浅，最浅处约为 1 680 m，而大部分的海域则较深，最深处约为 4 600 m(图 6a)。图 6a 表明，最大流速出现在 U_2 断面的北侧，即计算点 U_2-1 处的 100 m 水层上，其值为 83.7 cm/s。在该计算点 400 m 以浅的水层，其流速都大于 50 cm/s。在 500 m 以深，每层的最大流速都向南移。如在 1 000 m 水层上的最大流速值，出现在计算点 U_2-3，其值为 13.2 cm/s，在计算点 U_2-3 的 2 000 m 水层，流速值为 4 cm/s。在 U_2 断面的南侧，自表层至深层，都出现一个反气旋式涡，最大流速值为 25.2 cm/s，在 200 m 水层上。

(2) U_3 断面上的流速分布　图 6b 表明，在 U_3 断面上地形明显变浅，即它处在伊豆-小笠原海脊附近，最浅的小于 1 000 m，而最深的也只有 1 850 m 左右。由于地形变浅，流速明显变大。最大流速出现在计算点 U_2-3 处的表层，其值为 136.4 cm/s，在该计算点，各水层的流速都较大，如在 200，400，600，800 与1 000 m 水层上，其流速分别为 96.6，53.5，28.9，13.8 与 5.1 cm/s。在断面 U_3 北侧，还存在一个气旋式涡，涡的最大流速为 58.4 cm/s，在 50 m 水层上。图 6a，b 都表明，在此期间，日本以南黑潮流速结构都是单核的。

3.2.3　流量分布

图 7 表明，黑潮通过 U_1 与 U_2 断面的流量分别为 69.74×10^6 与 69.38×10^6 m^3/s，它通过 U_2 断面以后，分离出一个分支，作反气旋式弯曲，向南流去，并伴随着一个反气旋式涡，这支南向流的流量约为 19.06×10^6 m^3/s。主流流量为 50.31×10^6 m^3/s，作气旋式弯曲通过 U_3 断面进入单元 3。在 U_3 断面的北侧伴随着一个气旋式冷涡。黑潮主流最后通过 U_4 断面时的流量为 50.33×10^6 m^3/s。值得注意的是，在单元 3 流入与流出的流量差额为 0.02×10^6 m^3/s，这是由逆方法计算本身引起的。需说明的是本航次中断面 U_5 因故未进行调查。

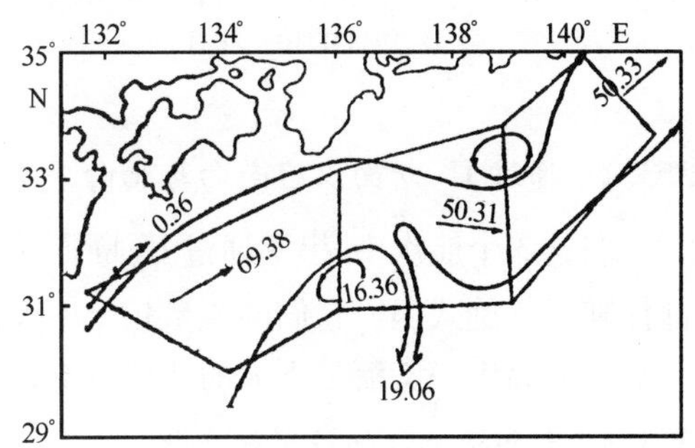

图 7　1988 年 10—11 月航次流量(10^6 m^3/s)分布

3.3　几个航次日本以南黑潮的比较

表 2 给出了在各个航次中，日本以南各断面的黑潮流量，图 8 给出了 3 个航次的表面流轴。由表 2、图 8、图 4、图 7 和图 9，可作如下的比较。

表 2 在各航次日本以南各断面的黑潮流量(10^6 m^3/s)

序号	时间	U_1 断面	U_2 断面	U_3 断面	U_4 断面	U_5 断面	通过 U_2 断面后南下分支流量
Ⅰ	1987 年 12 月—1998 年 1 月	62.95	82.65	60.64	64.29	-10.59	14.60
Ⅱ	1988 年 5—6 月	67.50	67.50	49.32	51.06	51.08	16.16
Ⅲ	1998 年 10—11 月	69.74	69.38	50.31	50.33	—	19.06

3.3.1 断面 U_1 与 U_2 流量比较

表 2 表明,在这 3 个航次中,黑潮通过 U_1 断面的流量似乎接近,而通过 U_2 断面的流量相差较大,其中第Ⅰ航次(1987 年 12 月—1988 年 1 月)流量最大,其值为 82.65×10^6 m^3/s。这是由于单元 1 北面,一支流量为 19.70×10^6 m^3/s 的流流入单元 1 内(图 9)。该流量的大部分可能来自在 U_1 断面以北的黑潮,即在该航次时,黑潮较靠近日本近岸,这一点还可从表面流轴分布(图 8)得到证实。在这 3 个航次中,第Ⅰ航次最接近日本近岸,位于计算点 U_1-1 处,而第Ⅱ、Ⅲ航次分别位于计算点 U_1-2 与 U_1-3,即第Ⅲ航次位于最南面。

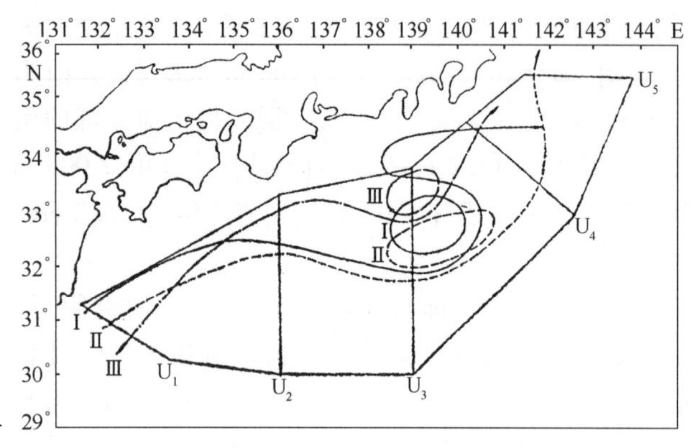

图 8 几个航次黑潮表面流轴比较

Ⅰ. 1987 年 12 月—1988 年 1 月,——;Ⅱ. 1988 年 5—6 月,— — —;Ⅲ. 1988 年 10—11 月,—·—

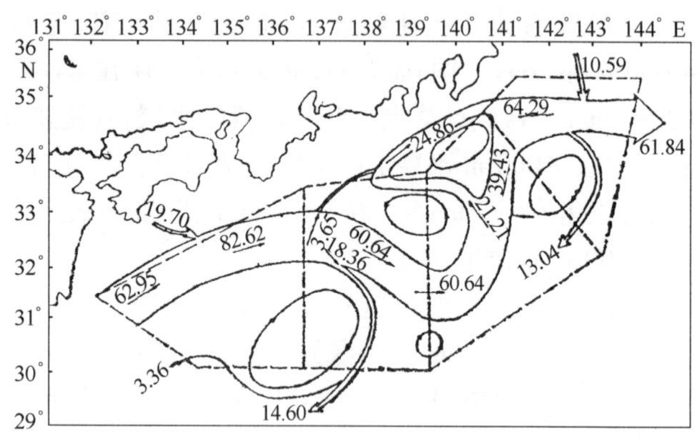

图 9 1987 年 12 月—1988 年 1 月航次流量(10^6 m^3/s)分布

3.3.2 通过 U_2 断面以后南向与北向分支

在这 3 个航次中,黑潮通过 U_2 断面后,都存在一支偏南方向的分支,它作反气旋式弯曲后,往南流去,并都伴随反气旋式涡。它们的流量相差不大(表 2)。此外,在第Ⅰ、Ⅱ航次中,黑潮通过 U_2 断面以后,在它的北侧还分离出一支流量不大的北向分支,只存在深层(四、五层)中,而第Ⅲ航次,并不存在这个分支。

3.3.3 3 个航次流轴位置的变化

如上已指出,在第Ⅲ航次,黑潮流轴位于 U_1 断面最南面,而在 U_2 断面,它却位于最北面(图 8)。在第Ⅰ航次,黑潮的流轴连续两次通过 U_3 断面,呈"S"形状,它们的流速,按通过时间的先后,分别为 101 与 105 cm/s,即两值甚为接近,但流向相反。在第Ⅱ航次,黑潮流轴是"C"型弯曲的形状。在第Ⅲ航次流轴北移,相应冷涡也北移。在这 3 个航次中,流轴通过 U_4 断面以后,存在两种形态,如在第Ⅰ航次,黑潮流轴并不通过 U_5 断面,而第Ⅱ航次流轴通过了 U_5 断面。关于以上几点的进一步讨论,必须结合它们的流量分布,为此以下还要继续讨论它们。

3.3.4　U_3 断面两侧的海流

在这 3 个航次中，黑潮通过 U_3 断面以后，都作了气旋式弯曲，所不同的是，在第Ⅲ航次中，并不存在分支，而其他两个航次都存在一支西北向的分支，它仅存在于一、二、三层内，并继续作气旋式弯曲，再次通过 U_3 断面，然后转为反气旋式弯曲，伴随反气旋式涡。最后它通过 U_4 断面，进入单元 4，与主流汇合。再比较第Ⅰ与Ⅱ两个航次。在第Ⅰ航次，主流流量与西北方向分支的流量分别为 39.43×10^6 与 $21.21\times10^6\ m^3/s$，即它们的流量比为 1∶0.54。而在第Ⅱ航次，它们的流量分别 42.39×10^6 与 $6.64\times10^6\ m^3/s$，比值为 1∶0.16。这就是说，对于西北方向分支的流量，在第Ⅰ航次时流量要比在第Ⅱ航次时大 2 倍多。因此对于第Ⅱ航次，因为小流量对应的流速是不会大的，故流轴不会出现“S”形。

3.3.5　日本以东海域的海流

比较图 4 与图 9 可知，黑潮在日本以东海域，存在两种不同的流态，一种流态是，黑潮向东北方向流去，通过 U_5 断面，流向太平洋。例如在第Ⅱ航次（图 4），黑潮通过 U_5 断面的流量为 $51.08\times10^6\ m^3/s$，并在东侧伴随着一个反气旋式涡。另一种流态是，黑潮并未通过 U_5 断面，例如在第Ⅰ航次，黑潮通过 U_4 断面后，作反气旋式弯曲，主流向东流去。此外，还分离了一个分支，向西南方向流去，其流量为 $13.04\times10^6\ m^3/s$，并伴随着一个反气旋式涡（图 9）。值得注意的是，在第Ⅰ航次，从 U_5 断面流入一支南向流，与黑潮主流相汇合（表 2 与图 9），并一起向东流去。

最后，从上述讨论，我们提出以下几个问题：

（1）黑潮流轴在 U_2 断面的位置，如近岸的或远岸的，是否与黑潮通过 U_2 断面的流量有关？

（2）黑潮通过 U_3 断面后，什么情况下存在一个西北方向的分支？以及与它们的流量比的关系如何？其动力原因又是什么？

（3）如上所述，黑潮通过 U_4 断面之后，存在两种流态，一种向东北方向流去，通过 U_5 断面，另一种向东方向流去，并未通过 U_5 断面。试问在什么不同情况下对应地出现上述两种不同的流态呢？例如，是否与通过 U_3 断面之后，主流的流量与西北方向支流的流量之比有关？还有，它们是否与亲潮南向流流态有关呢？等等。

对于上述问题的回答，需要作进一步调查研究，作相应数值计算，并结合数值模拟的工作。

4　结语

通过对上述 3 个航次的计算结果的对比与分析，我们可以归纳以下几点。

（1）关于日本以南黑潮流态的描述，仅仅作流轴变化的描述是不够的。重要的还需要对流量分布以及有关断面上速度分布的研究，或者各层的流速分布的研究等等。如上已指出，流轴变化与流量分布是不完全一致的。

（2）在这 3 个航次中，黑潮通过 U_2 断面之后，都出现一个从主流分离出来的南向分支，并伴随一个反气旋式涡。这可能是与地形有关的，即在 U_3 断面两侧，等深线近似地变为经向方向，且地形变浅。

（3）在第Ⅰ、Ⅱ、Ⅲ航次中，黑潮通过 U_3 断面的流量，分别为 $60.64\times10^6\ m^3/s$，$49.32\times10^6\ m^3/s$ 与 $50.31\times10^6\ m^3/s$，即第Ⅰ航次最大。黑潮通过 U_3 断面后，对这 3 个航次而言，存在两种流态。一种是经受气旋式弯曲，向东北方向流向 U_4 断面，并不存在分支；另一种流态是主流经气旋式弯曲，流向 U_4 断面，同时又分离一支西北方向分支，并伴随一个气旋式冷涡。对于第Ⅰ与Ⅱ航次，主流流量与分支的流量之比，分别为 1∶0.54 与 1∶0.16，即它们相差较大。

（4）黑潮通过 U_4 断面以后，存在两种不同流型，一是黑潮通过 U_5 断面，流向太平洋，二是黑潮不通过 U_5 断面，向东流向太平洋。造成这两种不同流型的原因，还需进一步研究。但是本研究也提出一些问题，例如它是否与通过 U_3 断面的两支流，即主流与西北方向分支的流量比值有关？也是否与亲潮南下流的流态有关，等等。

(5)在第Ⅰ、Ⅱ、Ⅲ航次中，日本以南的黑潮最后流向太平洋的流量分别为 64×10^6 m^3/s，51×10^6 m^3/s 与 50×10^6 m^3/s，即第Ⅰ航次流量最大，第Ⅱ、Ⅲ航次几乎是相同的。

参考文献：

[1] Kawai H.Statistical estimation of isotherms indicative of the Kuroshio oxis.Deep-Sea Res,1969,16(Sup.):109-115.

[2] 高野健三，川合英夫.物理海洋学，第二卷(中译本).北京：科学出版社，1985.

[3] Stommel H,Yoshida K.Kuroshio—Its Physical Aspects.Univ.Tokyo Press,1972:518.

[4] Nitari H.Variation of the Kuroshio South of Japan.J Oceanogr Soc Japan,1975,31:154-173.

[5] Robinson A R,Taft B A.A numerical experiment for the path of the Kuroshio.Journal of Marine Research,1972,30(1):65-101.

[6] Nishida H.Description of the Kuroshio meander in 1975-1980—large meander of the Kuroshio in 1975-1980(Ⅰ).Rep Hydrogr,Nes,1982,17:181-207.

[7] Yuan Yaochu,Su Jilan,Zhou Weidong.Calculation of the Kuroshio Current South of Japan in May-June 1986.Progress in Oceanography,1988,21:503-514.

[8] 周伟东，袁耀初.β 螺旋方法在黑潮流速计算中应用Ⅰ. 台湾以东海域.海洋学报，1990,12(4):416-425.

[9] 袁耀初，苏纪兰，潘子勤.1987 年冬季日本以南黑潮流域的海流计算//黑潮调查研究论文选(二).北京：海洋出版社，1990:256-266.

[10] 袁耀初，遠藤昌宏，石崎廣.东海黑潮与琉球群岛以东海流的研究//黑潮调查论文选(三).北京：海洋出版社，1991:220-234.

[11] Taft B A.Structure of the Kuroshio South of Japan.Journal of Marine Research,1978,36(1):77-117.

A study of the Kuroshio Current south of Japan and its distribution of the volume transport

Yuan Yaochu[1],Su Jilan[1],Pan Ziqin[1]

(1. *Second Institute of Oceanography,State Oceanic Administration,Hangzhou* 310012,*China*)

Abstract: Based on hydrographic data obtained during three different cruises,namely,December of 1987-January of 1988,early summer (May-June) and its volume transport south of Japan are computed by the inverse method.The results show that: (1)The main axis of the Kuroshio (the position of the maximum surface current) does not correlate with the position of the centerline of the Kuroshio Current width. (2) In all three cruises,after the Kuroshio Current flows through section U_2,threr is a southward flow which branched out from the main Kuroshio Current with an anticyclonic eddy,which may be related to the topography. (3) After the Kuroshio Current flows through Section U_3,there are two different current patterns:①The Kuroshio Current undergoes a cyclonic meander and turns northeastward towards Section U_4 without a branch of the Kuroshio,② The main Kuroshio Current undergoes a cyclonic meader and flows towards section U_4,but there is a northwestward current which branched out from the Kuroshio Current with a cylonic cold gyre.Finally,this northwestward current flows also towards Section U_4.(4) After the Kuroshio Current flows through section U_4,there are also two different current patterns:① The Kuroshio Current flows northeastward through the section U_5,② The Kuroshio Current fows eastward and soes not flow towards the section U_5.5) In three cruises,the volume transport of the Kuroshio south of Japan flowing towards the Pacific Ocean is around 64×10^6,51×10^6 and 50×10^6 m^3/s,respectively,during the winter 1987,early summer and autumn 1988,i.e.among three cruises the volume transport of the Kuroshio south of Japan is the largest during the winter 1987 cruise.

刊于:黑潮调查研究论文选(四).北京:海洋出版社, 1992:253-264.

1989年东海黑潮流量与热通量计算

袁耀初[1],苏纪兰[1],潘子勤[1]

(1. 国家海洋局 第二海洋研究所,浙江 杭州 310012)

1 引言

关于东海黑潮流量的计算,国内外学者已做了不少工作[1-6],结果皆表明,东海黑潮流量有较大的季节与年际变化。关于东海黑潮热通量的计算,至今尚不多见,但无论是流量或热量的计算,在东海黑潮还有许多尚未解决的问题。例如流量的计算方法的改正,如何正确地计算热通量等等问题。

我们曾采用逆方法计算了东海[5-6]以及日本以南[7-8]黑潮的流场与流量。在这些计算中,都作了地转流的假定。但在东海陆架环流计算中,地转流的假定一般不是十分适合的。为此,在本研究中我们对以往逆方法所用的模式作了3点改进。基于1989年初夏航次(5—6月)以及10月两个航次的调查资料,采用改进的逆模式,分别进行流场、流量以及热通量的计算,并对台湾暖流的流量及东海黑潮的深层流也进行了讨论。

2 改正逆模式

文献[5,7,9]中对逆方法有详细说明,在此不作重复。这里仅对改进的3点作说明。

(1)在动量方程中考虑了垂直涡动黏性项 $A_z\dfrac{\partial^2\vec{v}}{\partial z^2}$,即假定海流是非地转的。

(2)在密度与盐度守恒方程式中考虑了垂直涡动扩散项。

(3)在海面上,海洋向大气放出(或吸收)热量为 q_e($q_e>0$ 为放热,单位为 J/(cm^2·d)),q_e 是未知的,由方程求解得到。为保证其值的合理性,我们要求 q_e 满足不等式:

$$q_{e,1} \leqslant q_e \leqslant q_{e,2}, \tag{1}$$

其中 $q_{e,2}$ 与 $q_{e,1}$ 为计算海区多年统计平均分布的最大与最小的值。

此外,本计算还采用了个别系泊测流的实测资料,初夏航次系泊测流站位于断面 S_5 上(见图1a),水深为241 m,测流时间为5月5日至7日,在80 m水层的平均流速为8.2 cm/s,平均流向①为24°。秋季航次系泊测流站位于 S_2 断面(见图1b),水深为100 m,测流时间为10月11日至22日,共测两层,其中40 m的平均流速为14.6 cm/s,平均流向为31°,在80 m层平均流速为13.5 cm/s,平均流向为8°。这表明在该测站,即使在离底20 m处,还有并不小的北向流。

3 数值计算

数值计算时,采用以下的参数。由于风场资料缺乏,我们采用船上测风资料的平均风速与风向。初夏

① 本文流向角度皆指与正北方向顺时针方向的夹角。

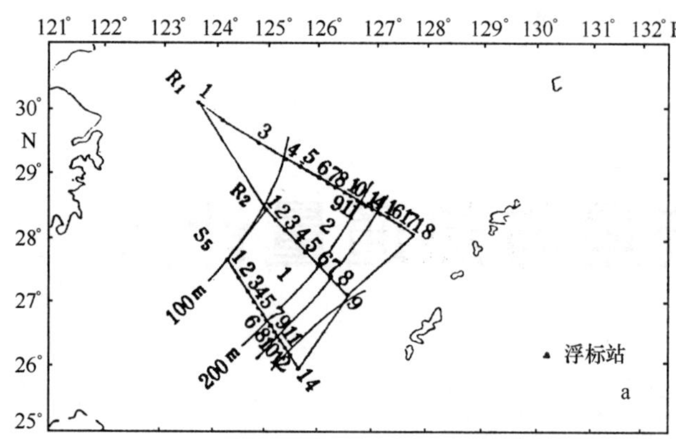

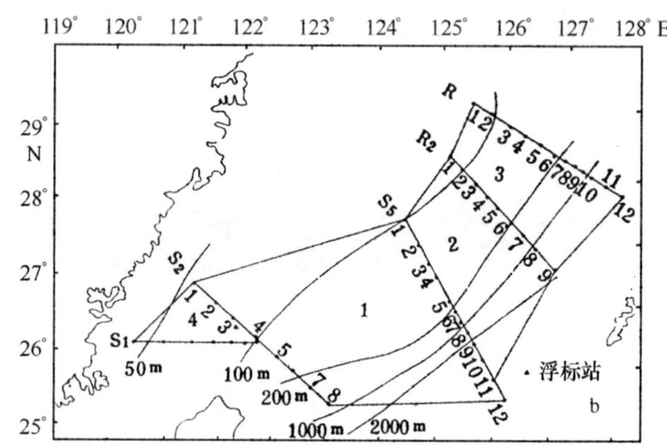

图 1 1989 年计算海域、测站及地形分布

a. 初夏航次(5—6 月);b. 秋季航次(10 月)

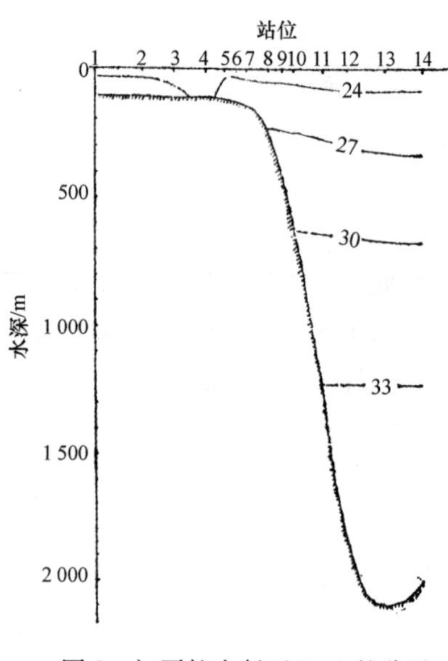

图 2 初夏航次断面 S_5 上的分层

航次中,平均风速为 6.5 m/s,西南风,风向 223°。秋季航次中,平均风速为 9.3 m/s,东北风,风向 43.7°。为了作比较,垂直涡动黏滞系数分别取为 50 与 100 cm^2/s,而垂直涡动扩散系数分别取为 1 与 10 cm^2/s。$q_{e,1}$ 与 $q_{e,2}$ 从文献[10]取值。在初夏航次中 $q_{e,1}$ 与 $q_{e,2}$ 分别取为-1 675 与 837 J/(cm^2·d)。在秋季航次中,它们分别取为 1 251 与 2 084 J/(cm^2·d)。在以下结果比较中,我们分别把不考虑及考虑不等方程式(1)的算例记为 CA-i-1 与 CA-i-2,i 表示航次,i=1 表示初夏航次,i=2 表示秋季航次。

图 1a、b 分别表示两个航次的计算海域。每计算单元取 5 层,其 4 个交界面分别取 $\sigma_{t,p}$ 为 24,27,30,33。作为一个例子,图 2 表示初夏航次 S_5 断面各层所在的位置。

3.1 不同涡动扩散系数 K_v 的结果

若取 K_v 值分别为 1 与 10 cm^2/s,而其他参数相同,两个航次的计算结果皆表明,两个不同 K_v 值下得到的各个断面的流值相对差别都小于 4%。因此,以下所有计算皆取 K_v 为 10 cm^2/s。

3.2 不同涡动黏滞系数 A_z 的结果

若取 A_z 值分别为 50 与 100 cm^2/s,而其他参数都不变,两个航次的计算结果都表明,不同 A_z 值下得到的各个断面的流量值相对差别都小于 0.4%。因此,以下的计算中,我们都取 A_z 为 100 cm^2/s。

3.3 表层盐度守恒方程式的讨论

在本计算中,除表层以外盐度都满足守恒方程式。至于表层,对于两个航次皆计算了两个实例,即考虑与不考虑表层盐度守恒方程。其结果几乎是一致的,流量的相对误差皆小于 0.1%。这表明考虑与不考虑表层盐度守恒式对于计算结果几乎无影响。在以下的讨论中,将不再考虑表层盐度守恒式。

3.4 表面热量交换

表 1、2 分别给出两个航次中不考虑及考虑不等式(1)的计算结果。

表 1　初夏航次方案 CA-1-1 与 CA-1-2 各断面流量与热通量比较

方案	S_5 断面		R_2 断面		R_1 断面	
	流量/ $10^6\ m^3 \cdot s^{-1}$	热通量/ $10^{15}W$	流量/ $10^6\ m^3 \cdot s^{-1}$	热通量/ $10^{15}W$	流量/ $10^6\ m^3 \cdot s^{-1}$	热通量/ $10^{15}W$
CA-1-1	30.33	2.280 4	29.12	2.088 8	34.95	2.518 1
CA-1-2	30.38	2.307 8	28.65	2.055 6	36.64	2.501 2

表 2　秋季航次方案 CA-2-1 与 CA-2-2 各断面流量与热量比较

方案	S_2 断面		S_5 断面		R_2 断面		R_1 断面	
	流量/ $10^6\ m^3 \cdot s^{-1}$	热通量/ $10^{15}W$	流量/ $10^6\ m^3 \cdot s^{-1}$	热通量/ $10^{15}W$	流量/ $10^6\ m^3 \cdot s^{-1}$	热通量/ $10^{15}W$	流量/ $10^6\ m^3 \cdot s^{-1}$	热通量/ $10^{15}W$
CA-2-1	15.32	1.431 5	22.07	2.296 1	18.33	1.716 2	30.53	2.242 1
CA-2-2	15.98	1.513 3	29.17	2.531 1	17.59	1.564 8	30.96	2.294 6

从表 1、2 可知，对于初夏航次，考虑与不考虑不等式(1)相差不大。各断面的流量相对差别小于 2%，而热通量的相对差别更是小于 2%。在秋季航次中，R_1 断面的流量与热通量的相对差都达 2%，但在其他断面，两者相对差较大，例如 R_2 断面的流量相对差达 4%，热通量相对差达 9%，而 S_5 断面的流量相对差竟达 24%，热通量相对差达 9%。从原理上说，如果有较好的资料，即资料中噪音较少，CA-i-1 与 CA-i-2 的计算结果的差值应是较小的。这表明初夏航次资料的噪音比秋季航次时要少。在以下计算结果讨论时，我们还要对两种情况下的速度分布进行比较。

3.5　与实测流比较

在初夏航次，因只有一个测层，并用于本计算中，故无资料与计算值作比较，在秋季航次，有两个测层，在 80 m 测层已用于计算，现比较在 40 m 测层，实测流在垂直于 S_2 断面上分量值为 14.5 cm/s，计算值为 16.1 cm/s，两者相差 1.6 cm/s。

4　1989 年初夏航次(5—6 月)流速与流量分布

4.1　流速分布

比较图 3a，b 可知，在 S_5 断面上用两个方案算得的流速分布基本一致。流的核心位于计算点 S_5-10(水深为 1 000 m)与 S_5-11(水深为 1 700 m)之间的陆坡上，在计算点 S_5-11 处 200 m 以浅，流速都大于 100 cm/s。最大流速值为 111 cm/s，位于 75 m 处。以前的计算结果指出[11]，随水深增加黑潮在每一层最大流速出现的位置向东移动。黑潮逆流出现在两处，一在坡折处(计算点 S_5-8 与 9)底部附近，逆流流速较强，最大流速在 30 cm/s 以上。从温度分布看，此处在 200 m 以深的水温要低于周围的温度。另一处出现在海槽下层，最浅逆流水层达 800 m，流速较小，小于 2 cm/s。

在 R_2 与 R_1 两断面上两个方案所得到的流速分布也基本一致，图 4 表示 R_2 断面在方案 CA-1-2 情况下的流速分布。流的核心位于计算点 R_2-6(水深约为 700 m)坡折处。在 125 m 以上水层流速都大于 100 cm/s。最大流速值为 129 cm/s，位于 50 m 处。在 500 m 层最大流速为 24 cm/s，位于计算点 R_2-7。黑潮通过 R_1 断面时，由于地形变浅，核心变大，流速也变大(见图 5a)。最大流速值为 149 cm/s，位于计算点 R_1-15(水深约为 1 030 m)表层。如上述，随水深变深黑潮最大流速出现的位置向东移，如在 200 m 层，最大流速为 90 cm/s，位于计算点 R_1-16。在坡折东侧流速的水平梯度较大，比较温度分布(见图 5b)可知，此高梯度区位于温度锋面的左侧，而该锋面的形成与深层水涌升有关（见图 5a，b）。在 R_1 断面深层出现了逆流，但区域不大，流速小于 1 cm/s。在坡折左侧，有较强南向流，最大的表层流速可达 20 cm/s（见图 5a）。

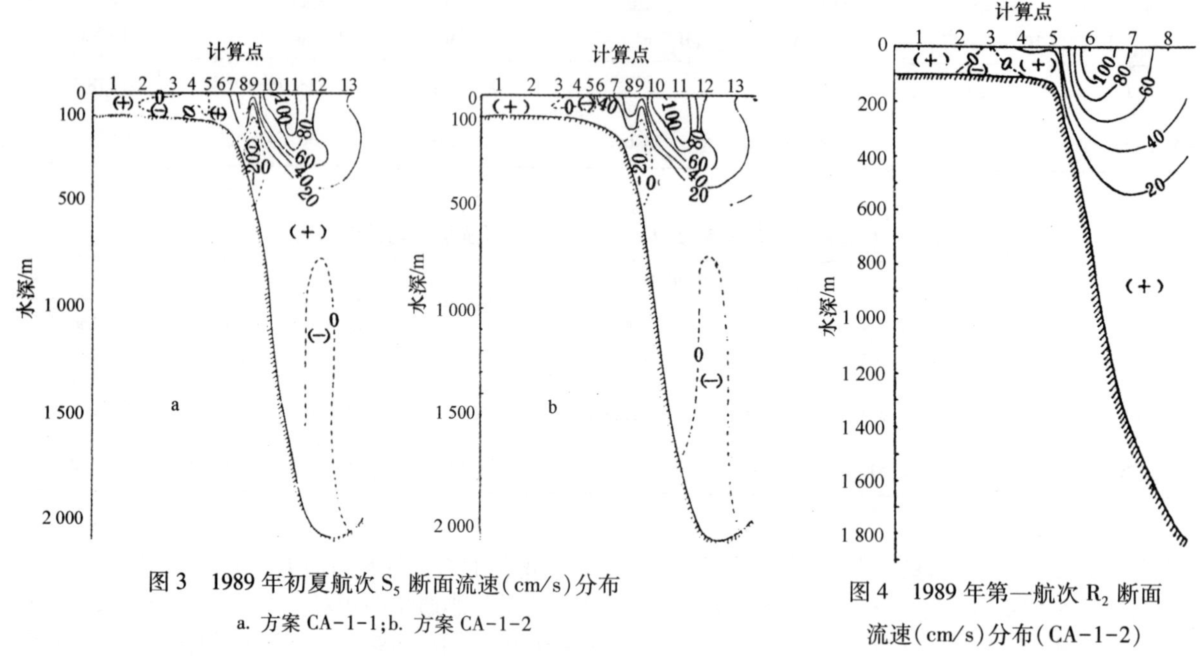

图 3　1989 年初夏航次 S_5 断面流速（cm/s）分布

a. 方案 CA-1-1；b. 方案 CA-1-2

图 4　1989 年第一航次 R_2 断面流速（cm/s）分布（CA-1-2）

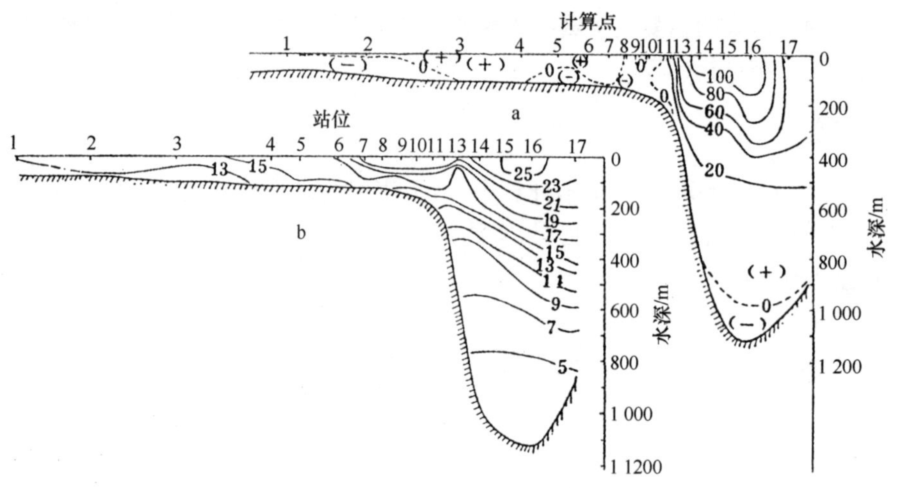

图 5　1989 年第一航次 a. R_1 断面流速分布（CA-1-2）；b. R_1 断面温度（℃）分布

4.2　流量分布

图 6a，b 分别表示不考虑与考虑不等式（1）的流量分布。从图 6 可知，两者所得流量值的差别不大，黑潮通过断面 S_5 的流量为 30×10^6 m^3/s，而通过断面 R_1 的流量为 34×10^6 ~ 35×10^6 m^3/s。因此，1989 年初夏航次时黑潮通过东海的流量很大，超过 1987 年与 1988 年的流量[5-6]，如上所述，流速值也较大。这都表明，黑潮不但存在较大季节变化，也有较大的年际变化。其次，从黑潮入侵陆架位置来看，每一个断面皆不相同，图 4 与图 6 都表明黑潮在 R_2 断面入侵陆架要比其他两个断面远，这是与黑潮表明流轴分布相一致的（见图 7）。在第一航次台湾暖流流入本计算海区的流量约为 1.5×10^6 m^3/s，它流向 R_1 断面时，向坡折处收敛，这与以前的结果[5-6]相一致。

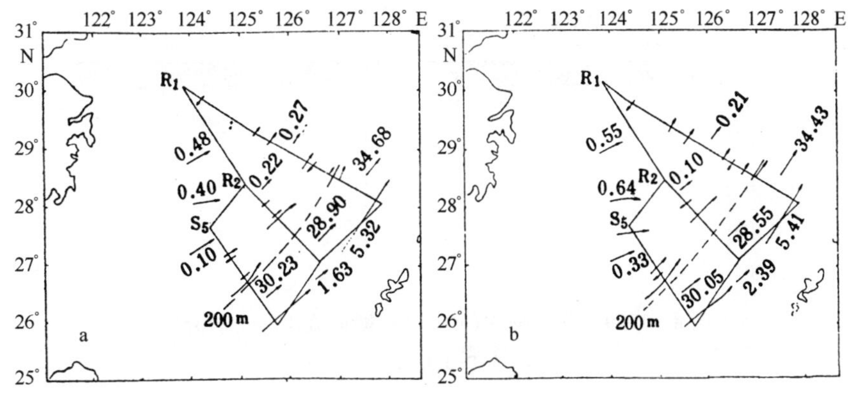

图 6　1989 年第一航次各断面上的流量($10^6 m^3/s$)分布

a. CA-1-1；b. CA-1-2

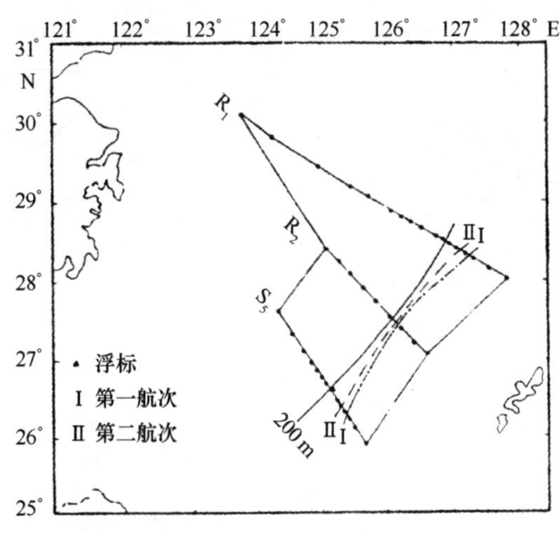

图 7　1989 年第一、二航次黑潮表面流轴示意图

5　1989 年秋季(10 月)航次流速与流量分布

5.1　流速分布

图 8a，b 分别表示不考虑与考虑不等式(1)时的流速分布，可知两者是较接近的。黑潮在 S_2 断面上的流速不大，其核心分别出现坡折附近(S_2-5)及陆坡上(S_2-7)，其中即计算点 S_5-7 处，从 25 m 到 125 m 水层流速都大于 80 cm/s。但在 400 m 以深，出现逆流，最大流速超过 10 cm/s。陆架上北向流速甚强，如在计算点 S_2-3，其 75 m 处北向流速达 13.9 cm/s，而系泊测流在 80 m 处，平均流速为 13.5 cm/s。在陆架内侧(计算点 S_2-1 与 2)在强烈东北风作用下在表面出现南向流，但在下层仍出现北向流，由于 S_2 断面流速分布是与 S_1 断面流速分布有关的，为此，我们讨论 S_1 断面的流场分布。

图 9 和图 10 表明，在台湾以北出现一个气旋式冷涡，温度分布也证实此冷涡存在(见图 9a)。在冷涡西侧，计算点 S_1-1 的表层流向南，但深层流向北，计算点 S_1-2 从表层到深层海流都是向北的。这支北向流似来自台湾海峡，并流向 S_2 断面。在计算点 S_1-6 自表层到底部都是北向流，表层流速大于 20 cm/s。该北向流来自于黑潮入侵，成为台湾暖流外侧分支[11]。从图 10 可知，计算点 S_2-3 处较强的北向流，应主要是 S_1-6 处北向流的延续。我们注意到，在系泊测流点 S_2-3 的 80 m 处流速达 13.5 cm/s，而在计算点 S_1-6 处的 80 m 处流速仅约 5 cm/s(见图 9)。从断面 S_1 与 S_2 所组成单元的流量平衡可知(见图 10)，测流点 S_2-3 下层水是部分台湾暖流内，外侧分支汇合之处，因而使其流速变大。

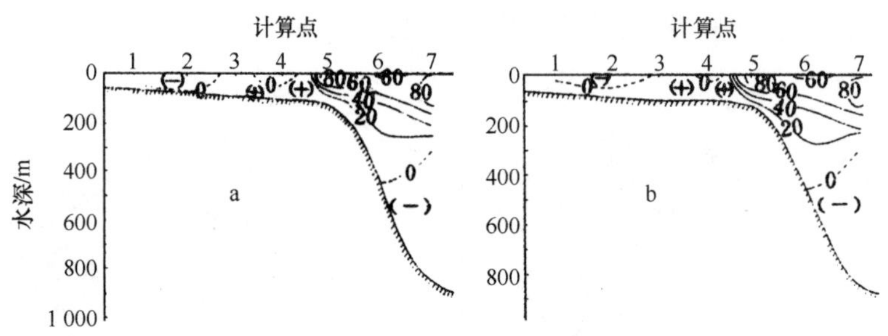

图 8　1989 年第二航次(10 月)S_2 断面流速(cm/s)分布

a. CA-2-1；b. CA-2-2

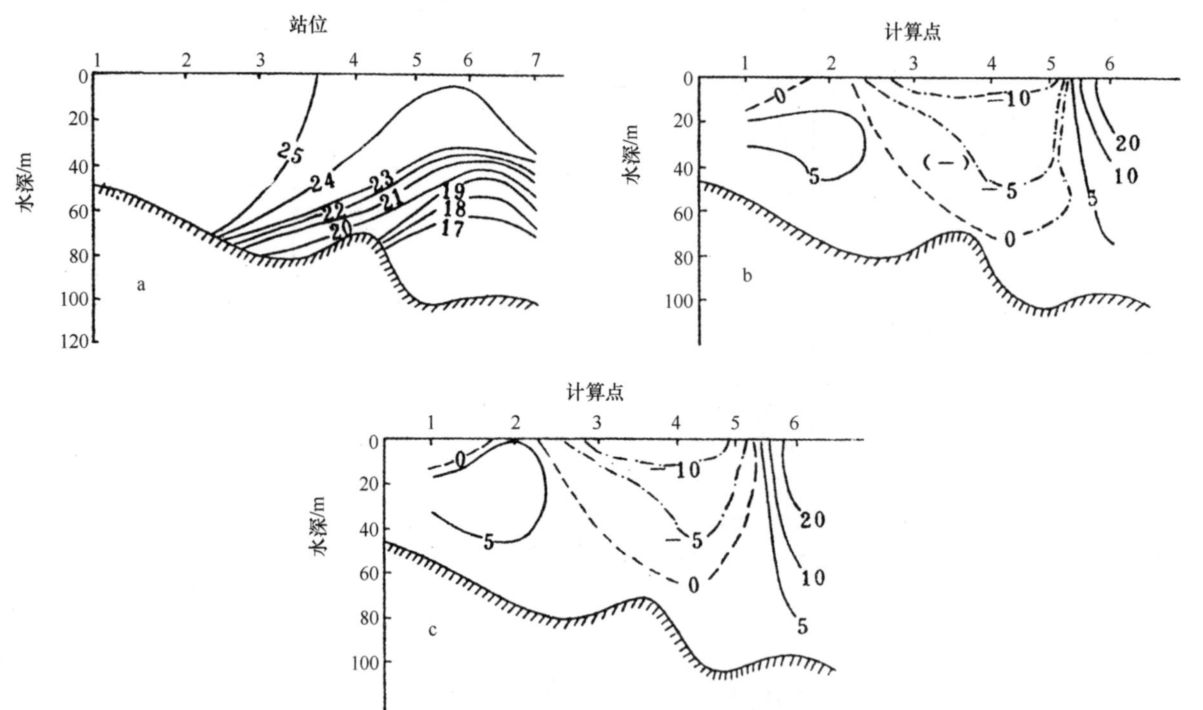

图 9　1989 年第二航次 S_1 断面上温度(℃)和流速(cm/s)分布

a. 温度；b. 流速(CA-2-1)；c. 流速(CA-2-2)

图 11 表示秋季航次 S_5 断面的流速分布，表明在 500 m 以深两个方案的结果有较大差别，主要反映在逆流区的大小。黑潮在该断面的核心位于陆坡的中部计算点 S_5-7 与 8 之间，最大流速在计算点 S_5-7 的25 m 处，大于 150 cm/s。随深度加深，核心东移。在陆坡上(S_5-6 与 7 之间)流速切变大。在 500 m 以深水深出现逆流，在计算点 S_5-10 处逆流流速较大，如在 1 000 m 最大流速大于 9 cm/s，在 1 500 m 最大流速小于 4 cm/s。

在 R_2 断面两个方案流速计算结果差别不大(见图 12)。与 S_5 断面相比较，R_2 断面的黑潮流速变小。流的核心位于陆坡上(计算点 R_2-6 与 7 之间)，最大流速值位于计算点 R_2-6 的 25 m 处，其值约为 90 cm/s 左右，随深度变深，核心向东移，例如 500 m 处，最大流速出现在计算点 R_2-7，其值约为 28 cm/s 左右。黑潮主流西侧，流速切变大。从该断面温度分布可知，该处出现冷水涌升，即出现一个气旋式冷涡(见图 10 与 12)。其次，与断面 S_2 与 S_5 相类似，在该断面 500 m 以深的水层也出现逆流，逆流的速度较大，最大流速值大于22 cm/s，位于 800 m 处，而在 1 000 m 处，逆流的流速也大于 15 cm/s。

在 R_1 断面两个方案的流速计算结果差别也不大(见图 13)。与初夏航次类似，黑潮通过 R_1 断面时，由于地形变浅，流速变大(见图 13)，最大流速值出现在计算点 R_1-8(水深约 700 多米)的 25 m 处，其值约为

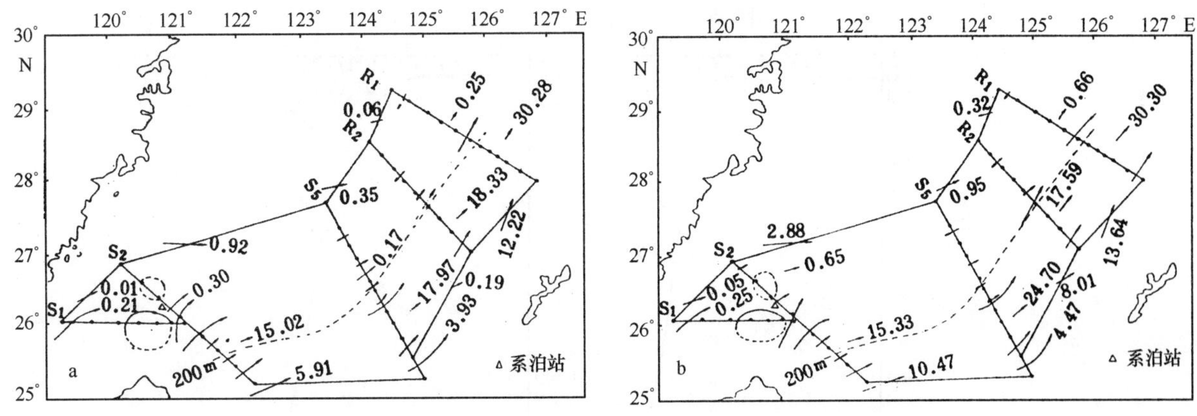

图 10　1989 年第二航次各断面上流量(10^6 m^3/s)分布

a. CA-2-1；b. CA-2-2

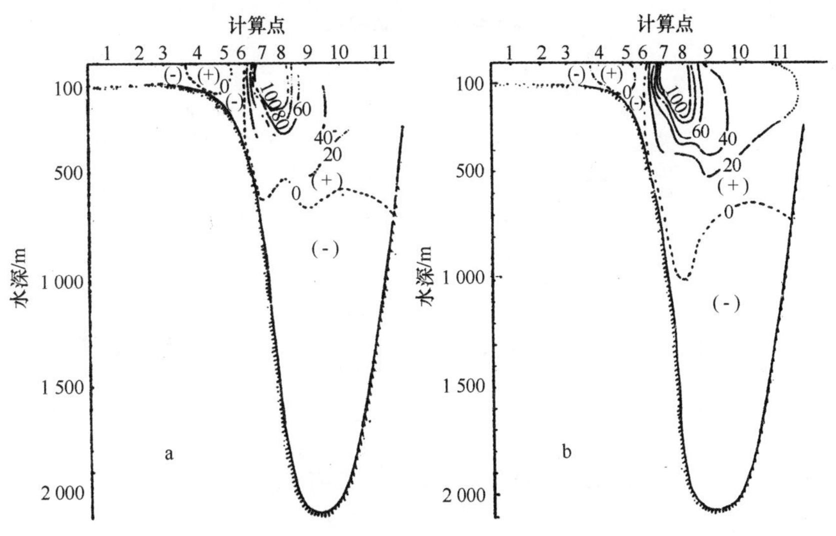

图 11　1989 年第二航次 S_5 断面流速(cm/s)分布

a. CA-2-1；b. CA-2-2

133 cm/s。与其他断面一样，最大流速随水深增加向东移，例如在 200 m 处最大流速值出现在计算点 R_1-9，其值超过 100 cm/s。从图 13 可知，在 R_1 断面 950 m 以深，也出现逆流，这与初夏航次出现的逆流类似(见图 5a)，但其流速比其他 3 个断面上小得多。由于 R_1 断面水深较上游断面浅得多，断面 S_2、S_5 与 R_2 在深层出现较强的逆流来源于何处？这是一个值得进一步探讨的问题。

5.2　流量分布

图 10 表示秋季航次黑潮通过各断面的流量分布。通过 R_1 断面的流量约为 30×10^6 m^3/s，与 1987 年与 1988 年的相同季节相比，流速与流量都要大。但比同年初夏航次的流量要小(见图 6)。这再次表明，黑潮的流量存在着较大的年际与季节变化。秋季航次时其他断面的流量已在表 2 中列出。在此说明两点：(1)除 S_5 断面以外，在其他断面上利用两个方案(CA-2-1 与 CA-2-2)得到的流量相差不大，而 S_5 断面流量相差达 7×10^6 m^3/s，那相对差达 24%，对此问题，将在下节说明；(2)R_2 断面的流量，两个方案的结果皆为 18×10^6 m^3/s，要比 R_1 断面的流量小得多。这是由于 R_2 断面的东部没有测站，因而计算得到的流量仅仅是部分的黑潮流量(见图 10 与 12)。

秋季航次存在较强的逆流，例如在 R_2 断面，实例 CA-2-1 与 CA-2-2 黑潮逆流的流量分别为 4×10^6

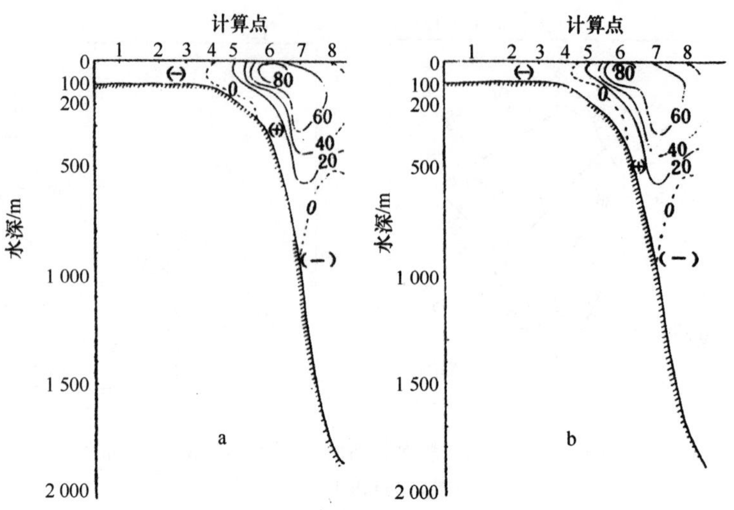

图 12　1989 年第二航次 IP_2 断面流速分布

a. CA-2-1；b. CA-2-2

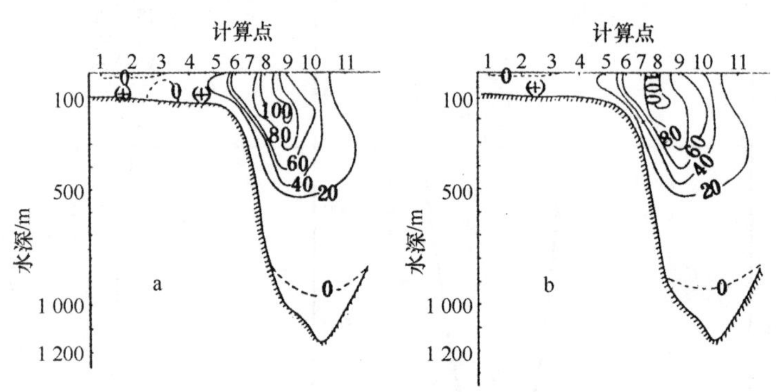

图 13　1989 年第二航次 R_1 断面流速分布

a. CA-2-1；b. CA-2-2

m^3/s 与 3×10^6 m^3/s，而在 S_5 断面逆流的流量，它们分别为 7.5×10^6 m^3/s 与 4×10^6 m^3/s，两者相差较大达 3.5×10^6 m^3/s，其原因也在下节作说明。其次，图 10 也相显示了台湾暖流入本计算海区的流量大于 1.5×10^6 m^3/s。图 7 表示秋季黑潮表面流轴比初夏向西，更接近 200 m 等深线。

6　热通量计算

海流通过断面 S 的热通量 Q_t 为：

$$Q_t = \iint_S \rho C_p T \vec{v} \cdot \vec{n} \mathrm{d}z\mathrm{d}x. \tag{2}$$

设

$$\left.\begin{aligned} \vec{v} &= \bar{\vec{v}} + \vec{v}' \\ T &= \bar{T} + T' \end{aligned}\right\} \tag{3}$$

其中 $\bar{\vec{v}}$ 与 $\bar{T}$ 分别为深度平均速度矢量与温度值，而 $\vec{v}'$ 为速度的斜压分量，T' 为与平均值偏离的温度值。从式(3)，方程(2)可以写为：

$$Q_t = \iint_S \rho C_p \bar{T} \bar{\vec{v}} \cdot \vec{n} \mathrm{d}z\mathrm{d}x + \iint_S \rho C_p T' \vec{v}' \cdot \vec{n} \mathrm{d}z\mathrm{d}x. \tag{4}$$

这样，方程式(4)表示热通量可以分为正压部分(与深度无关的)项与斜压部分项之和。

在表3列入了湾流与黑潮流量 Q_m 与热通量 Q_t 之间比较，其中湾流的资料来自文献[12]，表中平均温度 $\tilde{T}$ 定义为：

$$\tilde{T} = Q_t(\rho C_p Q_m)^{-1}. \tag{5}$$

表3　黑潮与湾流通过断面的流量 Q_m 与热通量 Q_t 的比较

流系	航　　次	断　　面	流量 Q_m/ $10^6 m^3 \cdot s^{-1}$	热通量 Q_t/ 10^{15}W	$\tilde{T}$/ ℃	正压分量/ 10^{15}W	斜压分量/ 10^{15}W
湾流	1973年年平均	Florida 海峡	29.5	2.38	19.70	1.88	0.50
黑潮	1989年初夏航次	R_1	34.64	2.501 2	17.64	1.599 1	0.902 1
黑潮	1989年秋季航次	R_1	30.96	2.294 6	18.11	0.909 1	0.655 7
黑潮	1989年秋季航次	S_5	29.17	2.531 1	21.20	1.167 1	1.364 0

表3表明，湾流热通量的正压分量要大于斜压分量，而黑潮除1989年秋季航次的 S_5 断面正压与斜压分量相当的外，一般也是正压分量大于斜压分量。

下面我们讨论海面上热通量交换的问题。首先我们讨论逆模式满足约束条件(1)，即方案CA-i-2的结果。在初夏航次，在单元1与2(见图1a)海洋吸收大气的热量分别为 7.2×10^{12} 与 5.7×10^{12}W。这样，在该航次计算海区海洋吸收大气的热量共 1.29×10^{13}W。而在秋季航次，海洋则向大气释放热量，例如单元3(与初夏航次的单元2是同一位置，图1b)，释放的热量为 9.4×10^{12}W。在秋季航次计算海区(共4个单元，图1b)海洋向大气释放热量共为 2.80×10^{13}W。这两个航次的计算结果都表明，在每一个单元中海面热量交换皆小于黑潮热通量的0.5%。由此可见，为了正确计算海面上的热通量，要求有很高精度的调查资料。但在资料不是很正确的情况下，在数值模式中要求满足约束条件(1)，是十分必要的。为了说明这一点，我们对比两个方案的结果。方案CA-1-1的结果表明，在初夏航次单元1海洋吸收大气的热量为 5.9×10^{13}W，即为方案CA-1-2的8倍；而在单元2得到的是海洋向大气放热，其值为 2.5×10^{12}W，即输热方向与方案CA-1-2的结果相反。这与多年统计结果不甚符合[10]，但其量值方案CA-1-1与CA-1-2分别只有黑潮热通量的0.1%与0.2%，可知此时满足约束条件是必要的。秋季航次中 S_5 断面差别最大。断面 S_5 是单元1(图1b)的一个断面，方案CA-2-1表明，在单元1海洋从大气吸热，其值为 3.80×10^{14}W，因此两个方案的传热方向相反，且量值相差37倍，这不合乎事实[10]。由于这一大的差别，造成两者在 S_5 断面上流量(也包括其逆流流量)与单元1的南边断面(只有两个测站，图1b)流量，有较大差别，后者的差为 4.56×10^6 m^3/s(见图10a，b)。注意到，单元1的另一个断面 S_2，两者流量之差不大，只有 0.66×10^6 m^3/s。在单元4，方案CA-2-1与CA-2-2的结果都是海洋向大气放热，它们的量值分别为 6.1×10^{12} 与 2.2×10^{12}W，即两者差别要比单元1小得多。从上述讨论，再次表明，在调查资料不是十分正确的情况下，本模式提出的，满足约束条件(1)，是十分必要的。

7　结语

本研究采用了改进的逆模式对1989年初夏与秋季两航次的水文调查资料与测流资料进行了计算，可以归纳为以下主要几点：

(1)在浅海海域，本文提出的改进逆模式是一个较好的方法。在调查资料不是十分精确的情况下，为了计算海面上的热输运量，在海面上满足约束条件(1)是十分必要的。在比较两个方案中，我们可以得到解的范围。

(2)东海黑潮的流量明显存在年际与季节变化。以 R_1(PN)断面为例，在1989年这两个航次流量都要比1987年与1988年相应季节的流量值大。1989年5-6月与10月航次黑潮通过 R_1 断面的流量分别约为 34×10^6 m^3/s 与 30×10^6 m^3/s，即初夏时要大于秋季时流量值。

(3)黑潮通过 R_1(PN)断面时，由于地形变浅，流速值比其他的断面增大。

(4)1989 年两个航次在黑潮深层都存在逆流,但在 10 月航次,无论在逆流范围或者逆流值都要大,逆流的最大流速大于 20 cm/s,流量在 S_5 断面大于 4×10^6 m^3/s。

(5)再次证实,台湾暖流存在内、外侧分支,台湾暖流流入本计算海区的流量大于 1.5×10^6 m^3/s。

(6)在 1989 年 5—6 月与 10 月两个航次,通过 R_1(PN)断面的热通量分别为 2.50×10^{15} 与 2.29×10^{15} W。热通量的正压分量要大于它的斜压分量。在初夏航次计算海区(共两个单元)从大气吸收热量,共为 1.29×10^{13} W。而在秋季航次计算海区(共 4 个单元)向大气释放热量为 2.80×10^{13} W。

参考文献:

[1] Guan Bingxian.Alalysis of the variations of volume transport of Kuroshio in the East China Sea.Proceedings of the Japan-China Ocean Study Symposium.Oct.,1981,1982:118-137.

[2] Guan Bingxian.Major feature and variability of the Kuroshio in the East China Sea.Chin J Oceanol Limnol,1988,6:35-48.

[3] Nishizawa J,Kamihira E,Komura K,et al.Estimation of the Kuroshio mass transport flowing out of the East China Sea to the North Pacific.La Mer,1982,20:37-40.

[4] Saiki,M.,Relation between the geostrophic flux of the Kuroshio in the Eastern China Sea and its largemeanders in South of Japan.The Oceanographical Magazine,1982,32(1/2):11-18.

[5] Yuan Yaochu,Endoh M,Ishizaki H.The study of the Kuroshio in the East China Sea and currents East of Ryukyu Island//Prceedings of Japan China Joint Symposium of the Cooperative Study on the Kuroshio,Nov.14-16,1989,Tokyo,Japan,1990:39-57.

[6] Yuan Yaochu,Sujilan,Pan Ziqin.A study of the Kuroshio in the East China Sea and the Currents East of the Ryukyu Islands in 1988//Proceedings of JECSS-V. Elsevier Science Publishere,1991:305-319.

[7] 袁耀初,苏纪兰,潘子勤.1987 年冬季日本以南黑潮流域的海流计算//黑潮调查研究论文选(二).北京:海洋出版社,1990:256-266.

[8] 袁耀初,苏纪兰,潘子勤.日本以南黑潮流场及流量特征的研究//黑潮调查研究论文选(三).北京:海洋出版社,1991:314-324.

[9] Wunsch C.Determing the general ciculation of the oceans,A preliminary discussion.Science,1977,196:871-875.

[10] 中国科学院海洋研究所气象组与中国科学院地理研究所气候组.渤、黄、东海海面热平衡图集.北京:科学出版社,1977:160.

[11] Yuan Yaochu,Su Jilan.The calculation of Kuroshio Current structure in the East China Sea—Early summer 1986.Progress in Oceanography,1988,21:343-361.

[12] Hall M M,Bryden H L.Direct estimates and mechanisms of ocean heat transport.Deep-Sea Research,1982,29:339-359.

Volume and heat transports of the Kuroshio in the East China Sea in 1989

Yuan Yaochu[1],Su Jilan[1],Pan Ziqin[1]

(1. *Second Institute of Oceanography,State Oceanic Administration,Hangzhou* 310012,*China*)

Abstract: A modified inverse method is used to compute the Kuroshio in the East China Sea with hydrographic data and moored current meter records obtained during early summer and atumn 1989.In this method the geostrophic assumption is not imposed.The vertical viscous term in the momentum equation,as well as the vertical diffusion term in the conservative equation and the heat exchange at the surface are all considered.It is found that the volume transport of the Kuroshio at the section R_1(PN) is 34×10^6 and 30×10^6 m^3/s during early summer and autumn 1989,respectively.The respective heat transports at the section R_1(PN) are 2.50×10^{15} and 2.29×10^{15} W.During the autumn cruise the Kuroshio axis is found to be over water depth around 1 500 m near the sharp turn of the shelf break area at 26°30′N.A countercurrent is present in the deep layer during both cruises.

Our computed results show again that the Taiwan Warm Current (TWC) is composed of two current systems, that is the inshore and the offshore branches of the TWC.The total volume transport of TWC is about 1.5×10^6 m^3/s.

刊于:黑潮调查研究论文选(四).北京:海洋出版社, 1992:265-272.

1989 年夏初东海黑潮流量与热通量的变化

袁耀初[1],潘子勤[1]

(1. 国家海洋局 第二海洋研究所,浙江 杭州 310012)

1 引言

关于东海黑潮流量的季节与年际变化的研究,已做了不少的工作(例如文献[1-6]),但对于黑潮在其变化周期内,水文特征量变异的研究,基本利用锚碇测流及卫星资料等(例如[7-10])。MiyajiI 与 Inoue[7]从海流观测获得流的变化周期为 4,5 与 10 d。Nagata 与 Takeshita[8]根据在吐噶喇海峡水文观测发现,黑潮通过吐噶喇海峡时暖锋出现弯曲,其主要周期约为 20 d。浦泳修与苏玉芬[9]指出,流速有 4~6 d 左右的主要周期。林葵[10]利用 1986—1988 年在东海东北部海域锚碇测流指出,海流具有 10~20 d 的变化周期。至于在黑潮的变化周期内,通过几次的观测,计算黑潮的流速、流量及热通量的变化,至今尚未见到报道。

我们曾采用逆方法计算了东海黑潮的流场与流量[5,11]。在工作[6]中,采用了改进的逆方法,计算了东海黑潮流场、流量及热通量。本工作基于 1989 年 5 月航次两次观测(5 月 3—6 日以及 5 月 7—12 日),采用改进的逆方法,在调查海区(S_5、R_2 与 R_1 3 个断面)分别进行流场、流量及热通量的计算,并对这两次观测的计算结果进行对比,讨论黑潮在其主要周期内的变化。需指出的,在 1989 年 10 月航次,由于复测断面只有两个,即断面 S_2 与 R_1,这两个断面相距甚远,在数值计算时不能组成一个计算单元,因此,在本工作中只计算 1989 年 5 月航次的情况。

2 数值计算

在工作[6]中,对逆方法作了以下 3 点改进:(1)不作地转流假定,而在动量方程中考虑垂直涡动黏滞项;(2)在守恒方程中考虑了垂直涡动扩散项;(3)考虑海表面上热量交换。我们着重说明第三点,设在海面上,海洋向大气放出(或吸收)热量为 q_e($q_e>0$ 为放热,单位为 J/(cm^2·d)),q_e 是未知的,由方程求解得到。q_e 满足不等式:

$$q_{e,1} \leqslant q_e \leqslant q_{e,2}, \tag{1}$$

其中 $q_{e,2}$ 与 $q_{e,1}$ 为计算海区多年统计平均分布的最大与最小的代数值。

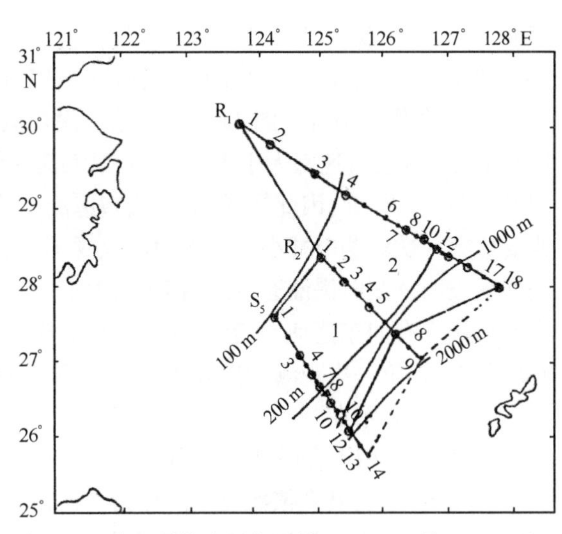

图 1 1989 年 5 月航次两次(5 月 3—6 日、5 月 7—12 日)水文观测站及计算与地形分布

Δ:锚碇站;●:第一次 CTD 站;○:第二次 CTD 站;◉:第一、二次都作的 CTD 站

本计算利用上述改进的逆方法,采用的风场资料与所有的计算参数都与文献[6]中相同。例如 $q_{e,1}$ 与 $q_{e,2}$ 仍分别取为 -1 675 与 837 J/(cm^2·d)。系泊测流站位于断面 S_5 上(见图 1),只有一个测层,即在 80 m 上,平均流速为 8.2 cm/s,平

均流向①为 24°,用于本计算中,因无其他测层,故无资料与计算值作比较。

图 1a 与 b 分别表示 1989 年 5 月第一次(5 月 3—6 日)与第二次(5 月 7—12 日)的观测站,计算单元以及地形分布。在图 1 中,第一次观测计算单元的东边界用虚线表示,而在第二次观测时计算单元的东边界用实线表示(见图 1)。为了区分起见,用字母 R 表示复测。需指出的是:(1)对于每一个断面,设在同一个观测站上,两次观测的时间间隔为 Δt,则 3 个断面的 Δt 是不相同 的,大致上讲,在 R_1 断面 Δt 约为 8 d 左右,在 R_2 断面 Δt 约为 4 d 左右,而在 S_5 断面 Δt 约为 2 d 左右;(2)两次观测的测站间距不同,复测时大多数测站间距变大;(3)断面 RR_1 的水平尺度与断面 R_1 的相同,但断面 RR_2 与 RS_5 的水平尺度都比断面 R_2 与 S_5 的要短(图 1)。因此,断面 RR_1 与 R_1 上特征量比较具有代表性。我们着重比较断面 RR_1 与 R_1 上的观测与计算结果。

在文献[6]中已详细地讨论了以下几种情况:(1)不同涡动扩散系数 K_v 的结果;(2)不同涡动黏滞系数 A_z 的结果;(3)表层盐度守恒方程式的讨论;(4)表面热量交换等等,并指出考虑与不考虑不等式(1)流量和热通量的计算结果相差不大。在第二次观测的计算结果也是如此的,例如对考虑与不考虑不等式(1)的两种情况,通过断面 RR_1 的流量分别为 35.68×10^6 与 $36.09\times10^6\ m^3/s$,只相差 1.1%,而通过断面 RR_1 的热通量分别为 2.682×10^{15} 与 2.727×10^{15} W,即相差 1.7%,可知两种情况的计算结果相差不大。在以下的计算结果讨论中,我们只讨论在考虑不等式(1)的情况下的计算结果。

3　1989 年 5 月两次观测的流速与流量分布

3.1　流速分布

图 2a,b 分别表示断面 S_5 与 RS_5 上流速分布。在图 2b 中,计算点 1′位于 RS_5-1 与 3 站之间,计算点 3′位于 RS_5-3 与 5 站之间,依次类推,但计算点 9′位于 RS_5-9 与 10 站之间,计算点 10′位于测站 RS_5-10 与 12 站之间(图 1、图 2b)。图 2a 表示,在第一次观测时,流的核心位于计算点 S_5-11(水深为 1 700 m)。在计算点 S_5-11 处 200 m 以浅流速都大于 100 cm/s。最大流速值为 111 cm/s,位于 75 m 处。但复测时,流的核心向西移到计算点 9′,即向西移约 30 km,它的最大流速值为 104 cm/s,位于表层。在温度分布图上也有所反映。图 3a,b 分别表示在 50 与 200 m 水层水平温梯度较大的等温线分布。在 50 m 水层,S_5 断面的温度梯度较大处的位置,复测时要比第一次观测时向西,但在 200 m 层则相反。坡折处底部附近,两次观测均有逆流存在,但第一次观测时流速较强,范围较大。

图 4a,b 分别表示两次观测在断面 R_2 与 RR_2 的流速分布。在图 4b 中,计算点 1′位于复测站 RR_2-1 与 3 之间,其余依次类推。图 4a 表示在第一次观测时流的核心位于计算点 R_2-6(水深约为 700 m)坡折处。在 125 m 以上水层流速都大于 100 cm/s,最大流速位于表面,其值为 137 cm/s。在复测时,由于该断面东侧原测站 8 与 9 未作业,因此从图 4b 无法知道流的核心位置。但比较图 4a 与 b 可知,在复测时,计算点 5′的流速要比第一次观测时减小。从下面两次观测的计算流量值对比也可知,复测时通过断面 RR_2 的流量减小,这似乎表明复测时黑潮通过断面 RR_2 时向东摆动。从温度分布来看,在复测时,例如在 50 及 200 m 水层温度等值线都有向东摆动的趋向,且温度水平梯度减小(见图 3),因而速度值减小,流量也减小。其次,在坡折底层附近,在第一次观测时出现逆流,在复测时也出现逆流,但其出现的位置向东移。

图 5a,b 表示在断面 R_1 和 RR_1 上流速分布。在图 5b 中,除计算点 RR_1-1′,2′,3′与计算点 R_1-1,2 与 3(图 5a)分别地相重合以外,其余计算点之间的间距都要比第一次观测时的大,例如计算点 4′位于复测站 RR_1-4 与 6 之间,其余依次类推。在第一次观测时,黑潮的核心位于计算点 R_1-14,15,16。最大流速值为 149 cm/s,位于计算点 R_1-15(水深约为 1 030 m)表层,在复测时,黑潮最大流速值为 121 cm/s,位于计算点 RR_1-14′表层(图 5b)。注意到,计算点 RR_1-14′位于计算点 14 与 15 之间,与第一次观测相比,表层流速似

①　角度值为与正北方向顺时针方向的夹角。

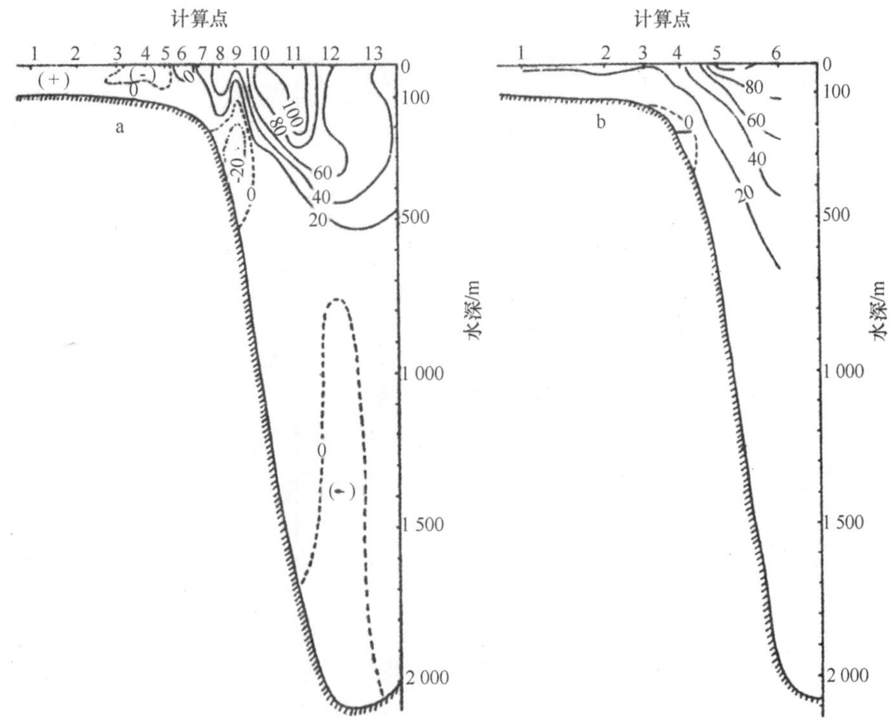

图 2　1989 年 5 月两次观测的流速（cm/s）分布

a. 第一次观测断面 S_5；b. 复测断面 RS_5

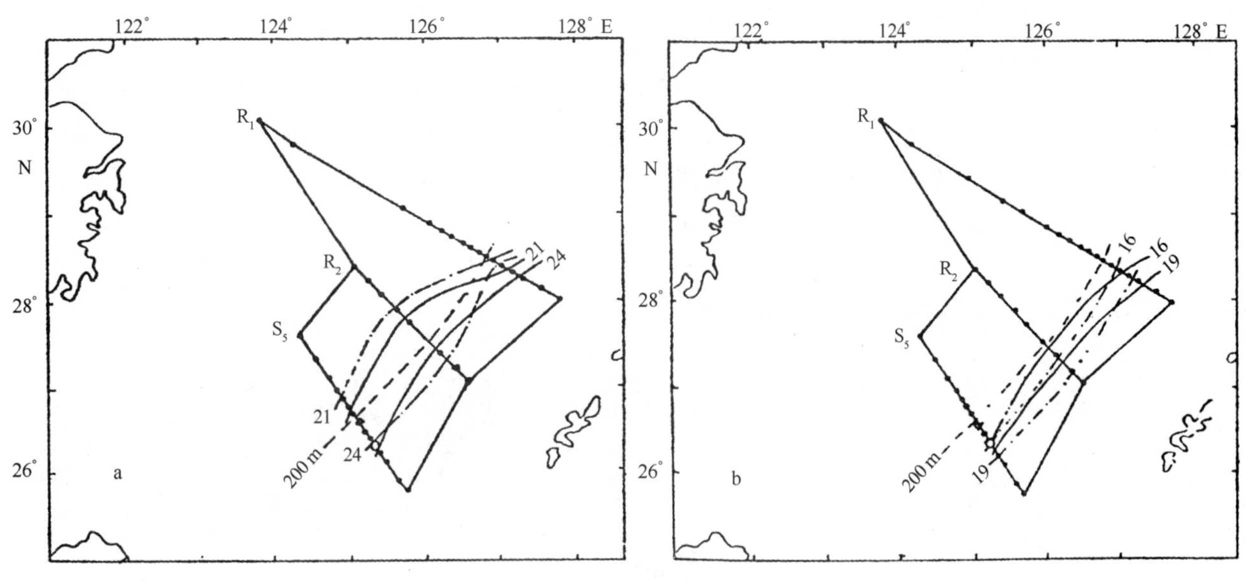

图 3　1989 年 5 月两次观测温度（℃）水平分布

a. 50 m；b. 200 m。——为第一次观测；—·—为复测。Δ 为浮标站；○为复测站，第一次未作业

乎减小，这可能与粗网格有关，但在 100 m 水层，复测时最大流速为 116 cm/s，也位于计算点 RR_1-14′，第一次观测在 100 m 层最大流速值为 110 cm/s，位于计算点 R_1-16（图 5），即在该层最大流速值复测的要大于第一次观测的，其位置复测时向西移，从图 5a，b 可见，至少在 400 m 以浅水层，各层最大流速值出现的位置，复测时比第一次观测时都向西移。其次，我们比较两次观测水平速度切变较大处的位置，在第一次观测时在 200 m 以浅水层，水平流速切变较大处出现在计算点 R_1-10，11 与 12，从断面 R_1 温度分布（图 6a）可知，此高

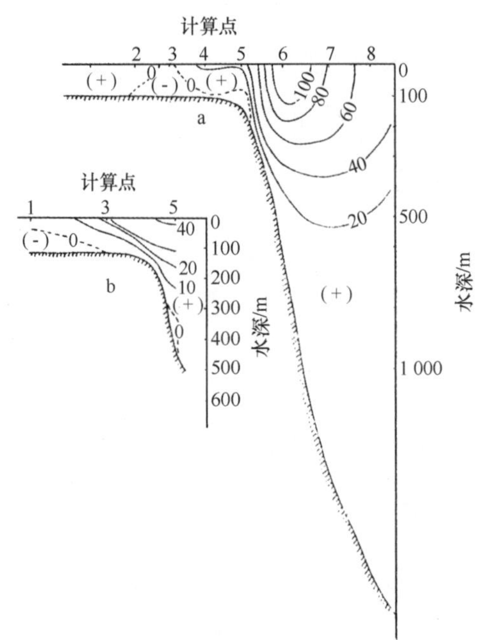

图 4　19889 年 5 月两次观测的流速(cm/s)分布

a. 第一次观测断面 R_2;b. 复测断面 RR_2

梯度区位于温度锋面的左侧。在复测时在 150 m 以浅水层,水平流速切变较大处位于计算点 RR_1-6′与 8′,与第一次观测出现的位置相比,要向西移动约 30~40 km。从 150 m 到 200 m 层,复测时水平流速切变较大处移到计算点 RR_1-8′与 10′之间,与第一次观测比较,向西移动的距离比上层的要小。在 200 m 水层,两次观测的水平流速切变较大处的位置几乎不变。由此可知,复测时该位置向西移动在上层较明显,下层则不明显(图 5a 与 b),这造成在该断面上水平流速切变较大处的形状,在复测时出现变形,即有较大倾斜(图 5a,b)。此外,在坡折底层附近,两次观测中都出现了逆流,但它们的流速都不大。从温度分布(图 3 及图 6)来看,50 与 200 m 水层上,锋面出现的位置在复测时要比第一次观测时向西移,但每层向西移的距离不等,约 20~40 km(图 3)。比较图 6a,b 也可知,各层出现的锋面的位置复测时都比第一次观测时向西移。另外,若以 17℃,18℃与 19℃等温线为代表,与第一次观测相比较,复测时这 3 条等温线同时向西与向下层移动。水温变化的这些特征,是与速度分布的变化特性相吻合的。

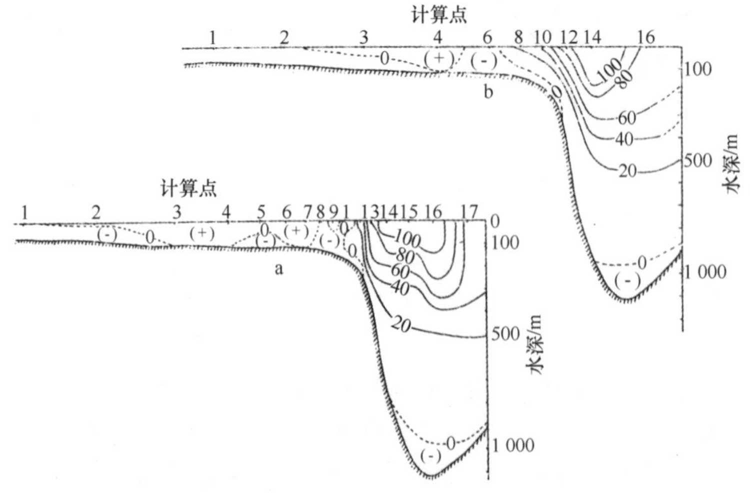

图 5　1989 年 5 月两次观测的流速(cm/s)分布

a. 第一次观测断面 R_1;b. 复测断面 RR_1

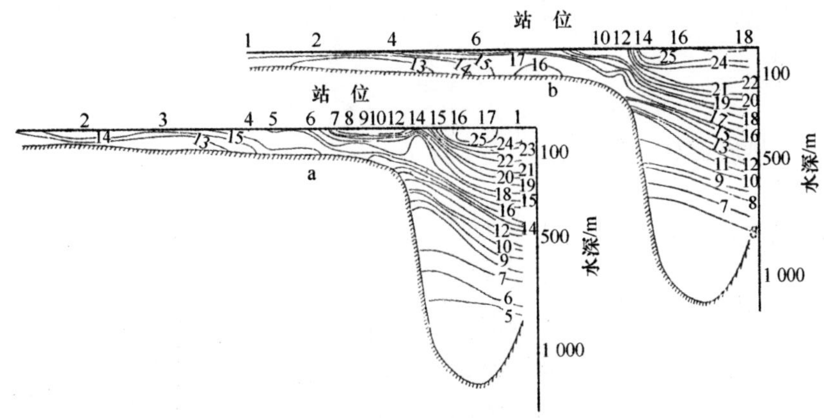

图6 1989年5月两次观测的温度(℃)分布

a. 第一次观测断面 R_1;b. 复测断面 RR_1

3.2 流量分布

图7a,b,表示了1989年5月航次两次观测的流量分布。如图1所示,除去断面 R_1 与 RR_1 的水平尺度大小相同以外,断面 RR_2 与 RS_5 的水平尺度都分别小于断面 R_2 与 S_5。图7b表明,通过 RS_5 与 RR_2 的流量分别为 18×10^6 与 3.67×10^6 m^3/s。在第一次观测时,通过与断面 RS_5 相重合的、S_5 的部分断面(从 S_5-1 到 S_5-12)的流量约为 13×10^6 m^3/s,与复测相比较,流量减小约 5×10^6 m^3/s,这是由于黑潮通过 RS_5 断面时向西摆动,以致在 RS_5 断面上流量增加,这与上述的两次观测速度分布的变化是相一致的。在第一次观测时,通过与断面 RR_2 相重合的,R_2 的部分断面(从 R_2-1 到 R_2-7)的流量约为 12.19×10^6 m^3/s,与复测时相比较,流量增加 8.52×10^6 m^3/s,这是由于复测时黑潮通过 RR_2 断面向东摆动,以致在 RR_2 断面上流量减小的结果。这也是与上述的两次观测速度分布的变化相一致的。

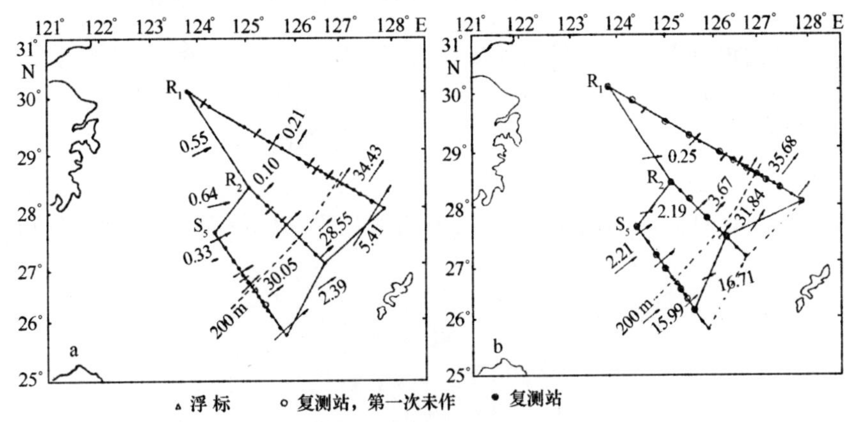

图7 1989年5月航次两次观测在各断面上流量 $\times10^6$ m^3/s 分布

a. 第一次观测;b. 复测

图7还表明,通过断面 R_1 与 RR_1 的流量分别为 34.64×10^6 与 35.68×10^6 m^3/s,即只相差 1×10^6 m^3/s,或相差为2.8%。如果考虑到两次观测的计算单元不同,及各种计算误差等,则可以认为,两次观测通过 R_1 断面的流量几乎是不变的。即使这样,上述讨论表明,黑潮在两次观测中,存在着横向摆动。在复测时,在断面 RR_1 上锋面与水平速度切变较大处的位置都向西摆动约20~40 km。这也意味着,复测时黑潮向陆架入侵比第一次要远。

4　热通量计算

海流通过断面 S 的热通量 Q_t 为：

$$Q_t = \iint_s \rho C_p T\vec{v} \cdot \vec{n} \mathrm{d}z\mathrm{d}x, \tag{2}$$

设

$$\left.\begin{aligned} \vec{v} &= \bar{\vec{v}} + \vec{v}' \\ T &= \bar{T} + T' \end{aligned}\right\}, \tag{3}$$

其中 $\bar{\vec{v}}$ 与 $\bar{T}$ 分别为深度平均速度矢量与温度值，而 $\vec{v}'$ 为速度的斜压分量，T' 为与平均值偏离的温度值。从式(3)，方程式(2)改写为：

$$Q_t = \iint_s \rho C_p \bar{T}\bar{\vec{v}} \cdot \vec{n} \mathrm{d}z\mathrm{d}x + \iint_s \rho C_p T'\vec{v}' \cdot \vec{n} \mathrm{d}z\mathrm{d}x. \tag{4}$$

从方程式(4)可知，热通量可以分为正压与斜压两部分。

断面 R_1 与 RR_1 流量 Q_m(10^6 m^3/s)与热通量 Q_t(10^{15}W)的比较表

观测时间	流量 Q_m	热通量 Q_t	$\tilde{T}$/℃	正压分量	余压分量
5 月 3—4 日	36.64	2.501 2	17.64	1.599 1	0.902 1
5 月 10—12 日	35.68	2.681 9	18.36	1.974 9	0.707 0

1989 年 5 月航次两次观测通过 R_1 与 RR_1 断面的流量与热通量表示在表中。其中温度 $\tilde{T}$ 定义为：

$$\tilde{T} = Q_t(\rho C_p Q_m)^{-1}. \tag{5}$$

从表可知，复测时通过断面 RR_1 的流量增加 2.8%，但其热通量增加 7%，平均温度 $\tilde{T}$ 增加 0.72℃，从温度分布图(见图 6)可知，这是与复测时等温线同时向西与向下的摆动有关的。其次，两次观测的正压分量都大于斜压分量，与第一次观测相比较，复测时正压分量增大，但斜压分量减小。最后，两次观测均是海洋从大气吸收热量，在计算海区(见图 1)复测进海洋向大气吸收热量共 1.02×10^{13} W，第一次观测时为 1.29×10^{13} W，两次观测的差额是由于计算海区的面积不相同，但两次观测在单位面积上海洋吸收热量皆为 1 675 J/($cm^2 \cdot d$)。

5　结语

本研究采用了改进的逆模式，对 1989 年 5 月两次观测进行了计算，通过对比与分析，可以得到以下主要几点：

(1)与 1989 年 5 月第一次观测相比较，在复测时黑潮通过 RS_5 断面时，向西摆动，而通过 RR_2 断面时却向东摆动，通过 RR_1 断面时，又向西摆动，可知东海黑潮的路径也是弯曲的，在黑潮变化的周期内出现摆动，摆动距离约为 20~40 km。从流速分布来看，这样的摆动，在上层较为明显。

(2)在 1989 年 5 月航次，时间间隔为 8 d 左右的两次观测，通过断面 R_1 与 RR_1 的流量分别为 34.64×10^6 与 35.68×10^6 m^3/s，相差约为 1×10^6 m^3/s，即相对误差 2.8%。如果考虑到各种因素误差等，可以认为这两次观测在断面 R_1 的流量值，是几乎不变的。

(3)由于黑潮同时存在横向与上、下的摆动，与第一次观测相比较，复测时通过 RR_1 断面的热通量为 $2.681\ 9\times10^{15}$W，增加 7%，平均温度 $\tilde{T}$ 增加 0.72℃，热通量的正压部分增大，但斜压分量减小。

(4)在 1989 年 5 月航次两次观测,S_5(RS_5)、R_2(RR_2)与 R_1(RR_1)3 个断面的坡折底层附近都存在逆流。比较两次观测,逆流出现的位置、范围以及强度都有些变化。

参考文献:

[1] Guan Bingxina.Analysis of the variations of volume transport of Kuroshio in the East China Sea.Proceeding of the Japan-China Ocean Study Symposium.Oct.,1981,Shimizu,1982:118-137.

[2] Guan Bingxian.Major feature and variability of the Kuroshio in the East China Sea.Chin.J Oceanol Limnol,1988,6(1):35-48.

[3] Nishizawa J,Kamihira E,Komura K,et al.Estimation of the Kuroshio mass transport flowing out of the East China Sea to the North Pacific.La Mer,1982,20:37-40.

[4] Saiki M.Relation between the geostrophic flux of the Kuroshio in the East China Sea and its large-meanders in south of Japan.The Oceanographical Magazine,1982,32:1-2.

[5] Yuan Yaochu,Su Jilan,Pan Ziqin.A study of the Kuroshio in the East China Sea and the currents east of the Ryukyo Islands in 1988//Proceedings of JECSS-V.Elsever Science Publishers,1991:305-319.

[6] 袁耀初,苏纪兰,潘子勤.1989 年东海黑潮流量与热通量计算//黑潮调查论文选(四).北京:海洋出版社,1992:253-264.

[7] Maiyaji K,Inoue N.Characteristics of the flow of the Kuroshio in the vicinity of Senkaku Islands. Bull.Seikai Reg Fish Lab,1983,60:57-70.

[8] Nagata Y,Takeshita K.Variation of the sea surface temperature distribution across the Kuroshio front in the Tokara Strait.J Oceanogr Soc Japan,1985,41:244-258.

[9] 浦泳修,苏玉芬.1986 年 5—6 月东海黑潮区海流观测资料的初步分析//黑潮调查研究论文选(一).北京:海洋出版社,1990:163-174.

[10] 林葵.1986—1988 年东海东北部海流分析//黑潮调查研究论文选(三).北京:海洋出版社,1991:36-47.

[11] Yuan Yaochu,Endoh M,Ishizaki H.The study of the Kuroshio in the East China Sea and current East of Ryukyu Islands//Proceedings of Japan China Joint Symposium of the Cooperative Study on the Kuroshio,Nov.14-16,1989,Tokyo,Japan,1990:39-57.

Variability of the volume and heat transports of the Kuroshio in the East China Sea in early summer 1989

Yuan Yaochu[1],Pan Ziqin[1]

(1. *Second Institute of Oceanography,State Oceanic Administration,Hangzhou* 310012,*China*)

Abstract: Based on two sets of hydrographic data obtained during 3-6,May and 7-12,May 1989,respectively,the volume and heat transports of the Kuroshio in the East China Sea are computed by a modified inverse method.The comparison of computed results from two observations shows that:(1) the Kuroshio positions at the Section RS_5 and RR_1 during the second observation (7-12,May) are further to the west than that during the first observation (3-6,May),but its position on the Section RR_2 during the second observation is further to the east than that during the first observation.This means that there is a cross shift of the Kuroshio during both observations,and it is evident in the upper layer.(2)The volume transport at the Section R_1 during the first and second observations is 34.64×10^6 and $35.68\times10^6\ m^3/s$,respectively,i.e its relative departure is only 2.8%.Thus,the volume transport at the Section R_1 is not almost variable during both observations (for the space of eight days).(3) The heat transport at the Section R_1 during the first and second observations is 2.5012×10^{15}W and 2.6819×10^{15}W,respectively,and the average temperature $\tilde{T}$ at Section R_1 during the first and second observations is 17.64℃ and 18.36℃,respectively.Their difference is related to the westward and downward shifts of the Kuroshio at the Section RR_1 during the second observation.(4) During both observations,there is a countercurrent in the deep layer of shelf break at all the three Sections S_5(or RS_5),R_2(or RR_2) and R_1(or RR_1).

刊于:黑潮调查研究论文选(五).北京:海洋出版社, 1993: 279-297.

东海黑潮的变异与琉球群岛以东海流

袁耀初[1],潘子勤[1],金子郁雄[2],遠藤昌宏[2]

(1. 国家海洋局 第二海洋研究所,浙江 杭州 310012;2. 日本气象厅,东京)

1 引言

以往对东海黑潮流量的研究,大多采用动力计算方法(例如管秉贤[1-2],Nishizawa 等[3],Saiki[4]),最近袁耀初等[5-6]采用了逆方法。在这些研究中,都作了地转流的假定,但是,这一假定有局限性(参见文献[7]),为此,袁耀初等在最近工作[8-10]中提了了改正逆方法,在该方法中,没有作地转流的假定。

关于东海黑潮的流量及其季节变化已有不少学者进行过研究,管秉贤[1-2]利用 1955 年 7 月至 1978 年 9 月在 G(PN)断面的水文资料得到平均流量约为 21.3×16^6 m^3/s,标准偏差为 5.36×10^6 m^3/s(0/7 MPa)。管秉贤还指出,春夏季通过 PN 断面的平均流量大于多年平均值,而冬秋季则小于多年平均值,秋季最小。Nishizawa 等[3]得到在 PN 断面的平均流量值为 19.7×10^6 m^3/s(0/7 MPa),即偏小,其原因可能与无流面的选取有关。

关于东海流型,袁耀初等[10]首先发现在 1988 年春季黑潮存在另一种不同的流态,即存在两支流,它们都向北通过 PN 断面。一支流从台湾东北、石垣岛以西进入东海,然后向北通过 PN 断面,另一支流从石垣岛以东向北流动,然后转向西北方向流动,通过冲绳岛与官古岛之间海域,最后向北通过 PN 断面。

至于琉球群岛以东海流,袁耀初等[5-6]发现在 1987 年 9—10 月以及 1988 年初夏期间琉球海沟处有一支北向海流。这意味着,东海黑潮可能不是西北太平洋整个西边界流,还有一部分西边界流可能出现在琉球群岛以东海域。

本文采用改正逆方法,利用"长风丸"调查船在 1987 年 4 月,1988 年与 1989 年分别各 4 个航次的水文资料,对东海黑潮进行了计算,也利用 1987 年与 1988 年两个春季航次,以及 1989 年冬季与夏季的资料对琉球群岛以东海流进行了计算。结合以前的研究[5-6]与 1990 年冬季时的计算结果[11],对东海流型在某些断面上流量与热量及其平均季节变化,以及琉球群岛以东海流都进行了讨论。

2 数值计算

本文采用了文献[8]中提出的改正逆方法,该方法作了以下 3 个假定:

(1)由于东海陆架较浅,故动量方程中考虑了垂直摩擦项;

(2)在密度与盐度方程中保留对流项与垂直扩散项,而忽略水平扩散项;

(3)考虑到在海面上热通量 q_e 是未知的,施加以下的约制:

$$q_{e,1} \leqslant q_e \leqslant q_{e,2}, \tag{1}$$

其中 $q_{e,1}$与 $q_{e,2}$分别为计算海区热通量多年每月平均值的最小与最大值,从资料得到。q_e是未知的,从计算得到。正的 q_e(q_e>0)为热量从海洋传递到大气,而负的 q_e(q_e<0)为热量从大气传递到海洋。

本计算中,采用了以下的计算参数。由于缺乏详细风场资料,假定风场是均匀的,关于风场资料,除去

1988 年春季与 1989 年春季两个航次采用“实践”号观测资料外，其余航次都来自日本 JMA Buoy No. 22001 (28°10′N，126°20′E)。通过计算，获得各个航次的平均风速与风向(表 1)。$q_{e,1}$ 与 $q_{e,2}$ 值从文献[12]取值，在 1 月，4 月，7 月与 10 月的($q_{e,1}$、$q_{e,2}$)分别取为(0.42，6.28)，(−0.84，1.26)，(−2.09，−0.21)与(0，2.51)，单位为 10^3 J/(cm^3 · d)。在本计算中，把不考虑与考虑不等式(1)的两类算例，分别记为 CA−i−1 与 CA−i−2，其中 i=1，2，3 与 4，分别表示冬、春、夏与秋季航次。此外，按文献[8]中所讨论的，取涡动黏滞系数 A_z 为 100 cm^2/s，取涡动扩散系数 K_v 为 10 cm^2/s。

表 1　各航次平均风速 v_w 与风向 θ_w

	1989 年	1988 年				1989 年			
	4 月	1 月	4—5 月	7 月	10 月	1 月	4—5 月	7 月	10 月
v_w/m · s^{-1}	3.4	7.6	6.2	6.0	8.2	6	6.5	4.3	6.8
θ_w/(°)	212	25.5	35.6	227.9	29.9	8.1	223	133	11.4

图 1 表示计算海域地形分布与主要水文断面的位置。其余水文断面和各航次计算单元表示在图 4～6 中，每个计算单元分为 5 层，其交界面分别取 $\sigma_{t,p}$ 为 25，27，30，33。我们以 1988 年春季航次为例，表示断面 IS、NS、PN 与 TK 各分层所在的位置(见图 2)。按文献[8]认为，质量守恒方程在各层都满足，而盐量守恒方程除表层外每层也都满足。

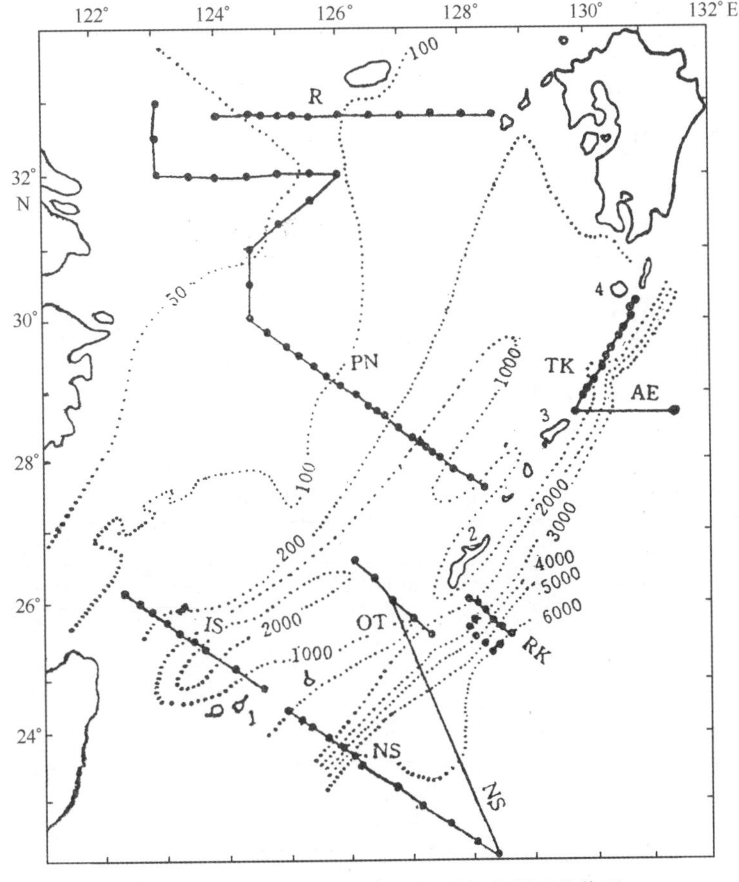

图 1　计算海域地形分布及主要水文断面的位置

1. 石垣岛，2. 冲绳岛，3. 奄美大岛，4. 屋久岛

我们采用 Fiadeiro 与 Veronis 方法[13]选择最佳参考面 Zr。通过计算(参见文献[13])，获得各航次相对应的最佳参考面 Zr 列于表 2，这里需指出，在表 2 中 Zr 较深的航次，是由于该航次的计算海域包括了琉球群岛以东较深的海域(图 1)。

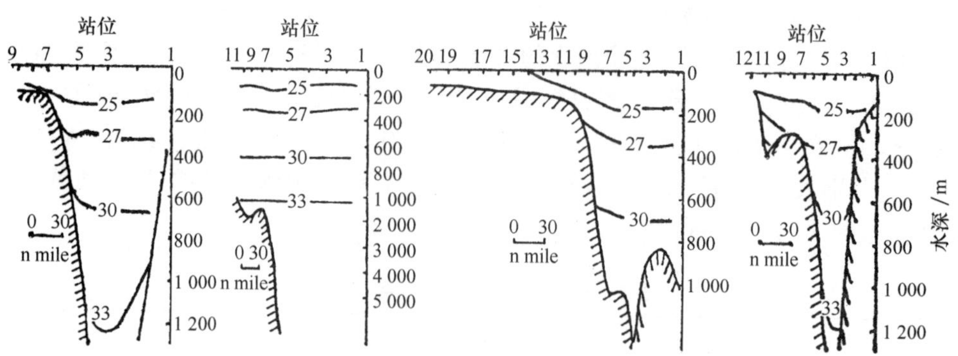

图 2　1988 年春季航次各断面的分层位置

a. IS 断面，b. NS 断面，c. PN 断面，d. TK 断面

表 2　各航次相应最佳参考面 Zr 位置

	1987 年	1988 年				1989 年			
	4 月	1 月	4 月	7 月	10 月	1 月	4 月	7 月	10 月
Zr/m	3 500	1 200	3 000	800	1 000	4 000	2 000	4 000	2 300

3　东海黑潮流量的变化

本节将分别讨论在断面 IS、PN 与 TK（见图 1）上流量的变化。

表 3 表明，在 6 个航次中断面 IS 上流量变化很大的，在 1987 年与 1988 年的春季 IS 断面上流量最小，而在 1989 年秋季则最大。表 4 表示 PN 断面上流量，比较同一航次中 IS 与 PN 断面流量可发现：①在 1987 年秋季、1989 年冬、夏季，两个断面上流量之差不大；②在 1989 年秋季，在 PN 断面上流量小于 IS 断面上流量的 70%；③在 1987 年与 1988 年春季 IS 断面上的流量几乎是 PN 断面上的一半。这表明 IS 与 PN 断面上流量之差的变化是大的，这也指示在东海存在 3 种不同的黑潮流型。

表 3　通过 IS 断面的流量（$10^6\ m^3/s$）

航次	1 月			4 月		
	CA-1-1	CA-1-2	*RCVT*/%	CA-1-1	CA-1-2	*RCVT*/%
1987 年				16.1	15.7	2.5
1988 年				11.9	14.1	5.6
1989 年	27.5	27.5	0.0			

航次	7 月			10 月		
	CA-3-1	CA-3-2	*RCVT*/%	CA-4-1	CA-4-2	*RCVT*/%
1987 年				25.8①		
1988 年						
1989 年	24.2	26.6	9.0	38.7	38.6	0.0

① 取自文献[5]。

RCVT 表示 CA-*i*-1 与 CA-*i*-2 的流量的相对改变。

表 4　通过 PN 断面的流量(10^6 m^3/s)

航次		1987	1988	1989	1990	*AV.* 2
1 月	CA-1-1		32.0	28.5	25.2②	28.6
	CA-1-2		34.1	28.5	24.9	29.2
	RCVT/%		6	0	1	2
4 月	CA-2-1	32.5	28.4	24.2		28.4
	CA-2-2	34.3	27.6	24.9		28.9
	RCVT/%	5	3	3		2
7 月	CA-3-1		28.5	31.2		29.9
	CA-3-2		28.3	30.9		29.6
	RCVT/%		1	1		1
10 月	CA-4-1	26.0①	29.3	25.5		26.9
	CA-4-2		29.7	22.8		26.3
	RCVT/%		1	12		2
AV. 1	CA-*i*-1	29.3	29.6	27.4		28.3③
	CA-*i*-2		29.9	26.8		28.6④

①取自文献[5]，②取自文献[11]，③11 个航次平均值，④10 个航次平均值。

AV. 1 表示同一年几个季节平均流量，*AV.* 2 表示同一季节几个年的平均流量，称多年季平均流量。

图 3 表示几个航次在 PN 断面上流量，由于在 1987 年秋季没有 CA-4-2 的计算结果[5]，故在图 3b 中用 CA-4-1 的流量值代替，并用虚线表示之。由表 4 与图 3 可见：①在 11 个航次中（方案 CA-*i*-1），PN 断面上流量的季节变化不很明显，但从统计意义看，多年的季平均流量夏季最大，冬、春季与夏季接近，秋季则最小。这与管秉贤得到的结果大体一致。②从 1988 年 4 月至 1989 年 1 月，流量变化的幅度甚小。③除夏季以外，1988 年各季节的流量都要大于 1989 年相应季节的流量值，因而 1988 年年平均流量值也要大于 1989 年年平均流量值。④11 个与 10 个航次在 PN 断面流量的平均值分别为 28.3×10^6 m^3/s（CA-*i*-1）与 28.6×10^6 m^3/s（CA-*i*-2）。

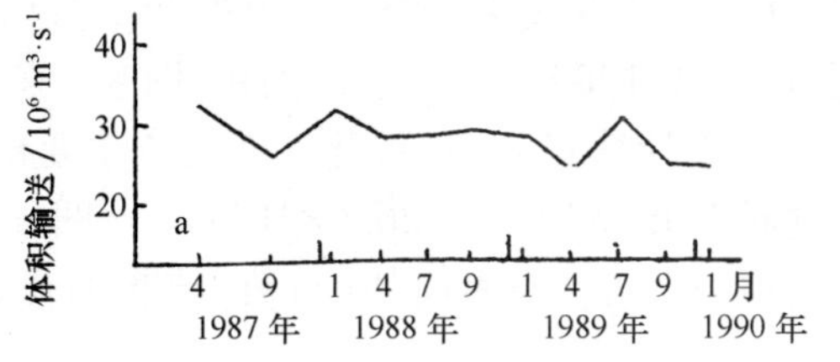

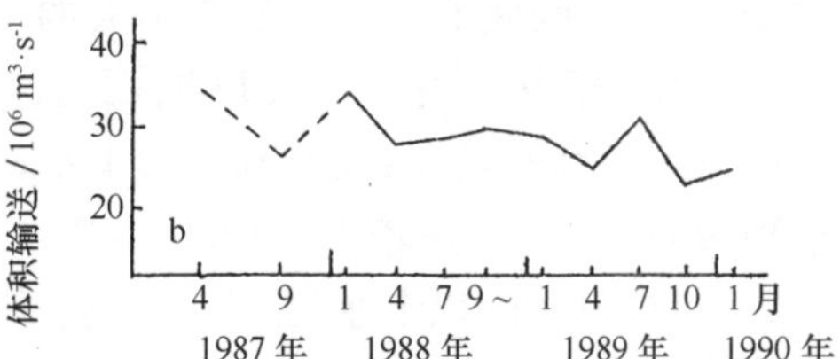

图 3　各航次通过 PN 断面的流量

a. 方案 CA-*i*-1；b. 方案 CA-*i*-2

表 5 表示 9 个航次通过 TK 断面的流量，从表 5 可得到以下几点：①与 PN 断面上的流量变化一样，TK 断面上流量的季节变化也不明显，但从统计意义上，春季最大，而其他季节多年平均值很接近；②CA-*i*-1 和 CA-*i*-2 两种情况下，通过 TK 断面的平均流量分别为 26.2×10^6 m^3/s 以及 26.4×10^6 m^3/s。

表 5　通过 TK 断面的流量(10^6 m^3/s)

航次	1 月			4 月		
	CA-1-1	CA-1-2	*RCVT*/%	CA-1-1	CA-1-2	*RCVT*/%
1987 年				35.1	35.3	1
1988 年	22.0	21.8	1	24.8	24.1	3
1989 年	30.8	30.8	0			
1990 年	24.4②	21.4②	14			
AV.2	25.7	24.7		30.0	29.7	

航次	7 月			10 月		
	CA-3-1	CA-3-2	*RCVT*/%	CA-4-1	CA-4-2	*RCVT*/%
1987 年				23.3①		
1988 年	26.4	26.6	0	26.4	26.3	0
1989 年	22.5	22.1	2			
1990 年						
AV.2	24.5	24.3		24.9		

① 取自文献[5];②取自文献[11]。*AV*.2 表示同一季节几年的平均值。

在 PN、TK 和 IS 断面上,用 CA-i-1 和 CA-i-2 两种方案算得的流量相对改变值(表 3、4、5),除 IS 断面 1988 年春季,1988 年夏季,PN 断面 1989 年秋季和 TK 断面 1990 年冬季的 *RCVT* 值较大外,各断面的其他年份的各季的 *RCVT* 大多小于 5%。*RCVT* 值大的原因,可能与资料的噪音有关[8]。当水文资料的质量不是十分好时,用不等式(1)约制是必要的。

4　计算海区流量分布以及东海黑潮的 3 种流态

图 4、图 5 以及图 6 分别给出了 1987 年春季航次,1988 年与 1989 年各 4 个航次在各自计算海域上流量分布。9 个航次 IS 与 PN 断面上的流量之间差别的变化表明,从台湾东北海脊到 PN 断面之间海域黑潮存在着 3 种不同的流态(见图 7)。

4.1　流型 I

流型 I 具有以下特点:黑潮通过 IS 断面以后,基本地向北流向断面 PN,通过两个断面的流量相差不大,换言之,在琉球群岛两侧的水交换量是不大的(图 7)。1987 年 9 月航次[5],1989 年 1 月(图 6a)与 7 月(图 6c)航次等均属于这一类型。从 IS 断面的速度分布(以 1989 年 7 月航次为例,图 8a)来看,该流型只有一个流的核心,且流速较大,最大流速为 116 cm/s,位于计算点 d 表层,此外南向流主要出现在计算点 a 附近,即 IS 断面东侧,流速较强。1989 年 7 月通过断面 IS 的流量为 26.6×10^6 m^3/s(图 6c),其中在第一、二与三层,即在 700 m 以上水层,净北向流量[北向的(正值)与南向的(负值)流量的代数和]占总流量的 95%以上。

4.2　流型 II

流型 II 的特点如下:黑潮通过 IS 断面流量很大,并分成两个分支。主分支的流量为 IS 断面流量的一半以上,并向北流向 PN 断面;另一分支向东北方向流向冲绳岛与宫古岛之间海域(图 7)。1989 年 10 月航次属于此类型(图 6d),从 IS 断面的流速分布(图 8b)来看,IS 断面出现 3 个核心,一个在计算点 d 附近,最大流速为 78 cm/s,位于 25 m 处;第二个核心在计算点 f 处,最大流速达 77 cm/s,位于 25 m 处;第三

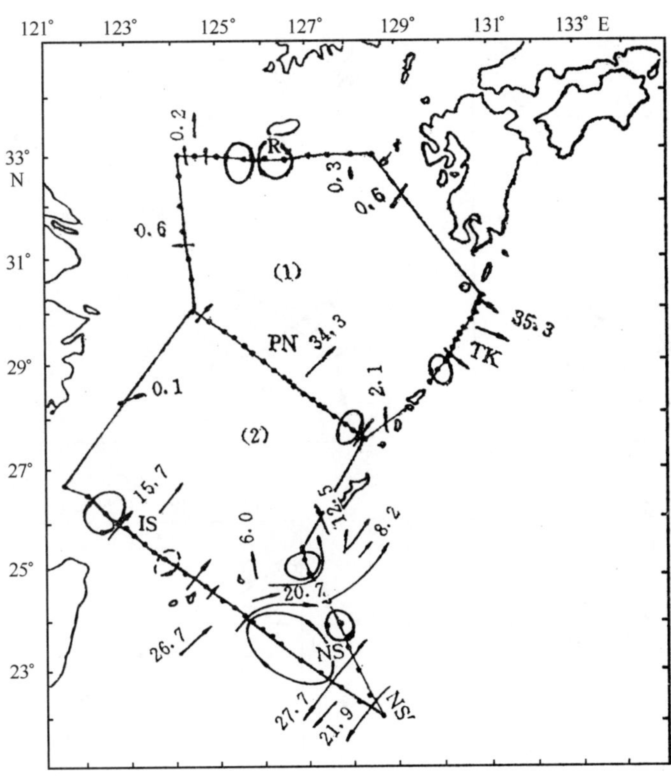

图 4　1987 年 4 月航次计算单元与流量（$10^6\ m^3/s$）分布

方案 CA-2-2

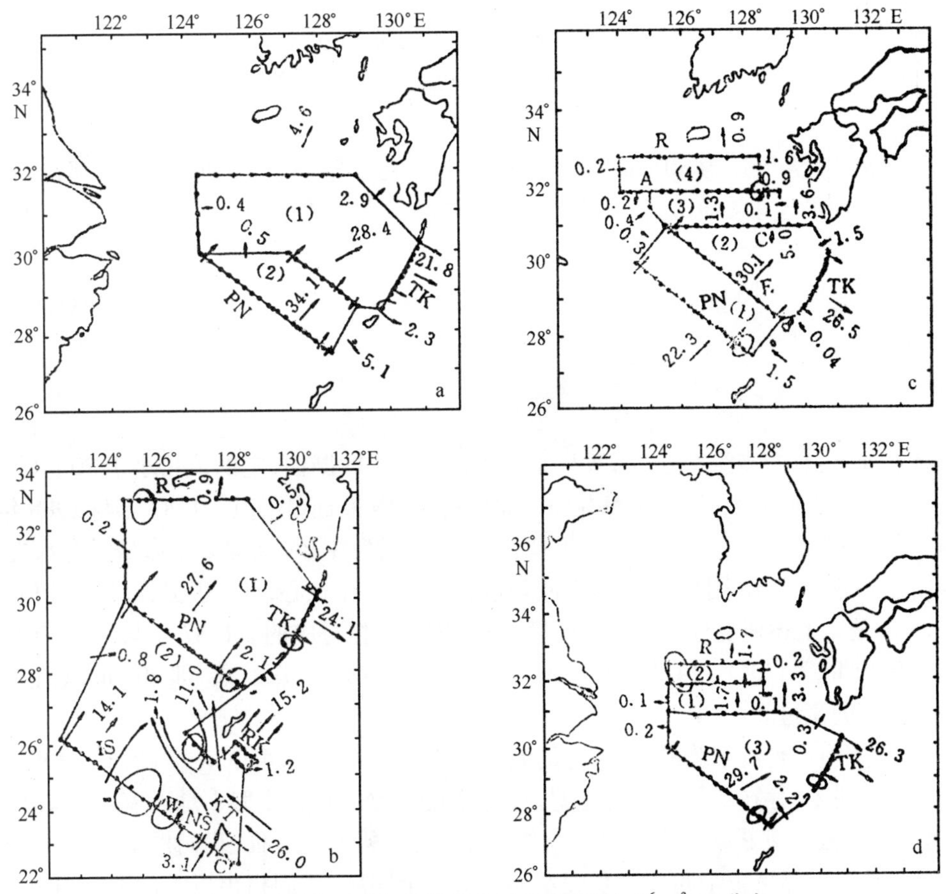

图 5　1988 年 4 个航次计算单元以及流量（$10^6\ m^3/s$）分布

a. 1 月；b. 4 月；c. 7 月；d. 10 月。方案 CA-*i*-2

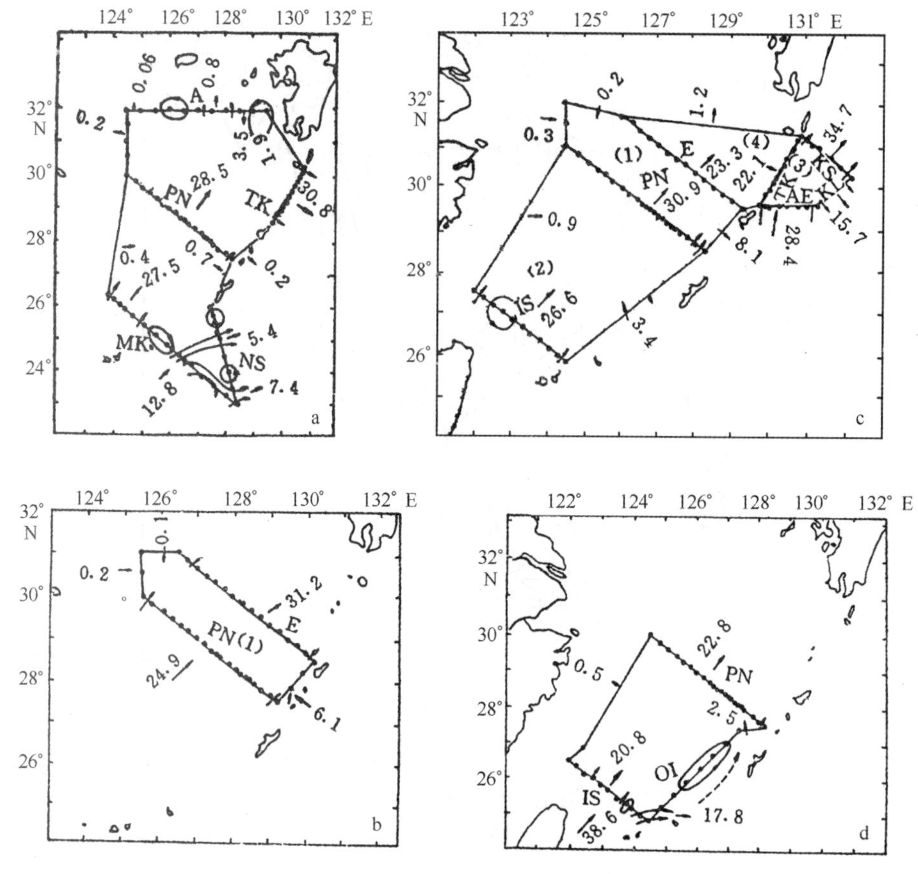

图6　1989年4个航次计算单元以及流量(10^6 m^3/s)分布

a. 1月;b. 4月;c. 7月;d. 10月。方案 CA-i-2

个核心在计算点 a 处,最大流速为 80 cm/s,位于 25 m 处。由于第一、二的两个核心,都在同一个 20 cm/s 等值线内,因此 IS 断面的速度分布似乎也可看成两个核心。上述速度分布与温度分布相对应(图 8d),等温线向东向下倾斜较大。逆流主要出现在计算点 c 的 400 m 以深的水层中。在 1989 年 10 月通过 IS 断面的流量为 38.6×10^6 m^3/s(图 6d),其中在第一、第二与第三层,即在 700 m 以上水层,净北向流量点总流量的 93%以上。

4.3　流型Ⅲ

流型Ⅲ的特点如下:有两支流都通过 PN 断面,一支流来自 IS 断面,它的流量小于 20×10^6 m^3/s,另一支流来自冲绳岛与宫古岛之间海域,侵入东海并向西北向流向 PN 断面(图 7)。1987 年与 1988 年两个春季的流型都属于流型Ⅲ(图 4 与 5、6)。关于 1989 年春季时流型,因为在 PN 断面以南海域没有水文资料,不十分清楚。以 1987 年春季航次为例(图 8c),该类型的流速分布只有一个核心,且不很强,最大流速值为 76 cm/s,位于计算点 f 的 75 m 处。上述速度分布也是与温度分布(图 8e)相对应的。1987 年与 1988 年两个春季通过 IS 断面的流量分别为 15.7×10^6 与 14.1×10^6 m^3/s,其中在第一、第二与第三层,即 700 m 以上水层,它们的净北向流量几乎是全部的流量。

综合上述,当黑潮通过台湾东北海脊时,它的流量变化是很大的,这可以从 IS 断面上速度分布与流量的变化反映出来。一般说来,存在 3 种类型的流型,它们都流向 PN 断面,流型Ⅰ是大家所熟知的,流型Ⅱ在本文首次提出,而流型Ⅲ是由袁耀初等在文献[3]中首次提出。关于流型Ⅲ,我们提出以下问题,这两支流都流向 PN 断面的海流是否都来源于同一流系呢?为弄清这个问题,我们指出以下的两个事实:①在 1987 年与 1988 年两个春季黑潮源地区,只有 1988 年春季有水文资料,利用这些资料,采用逆方法得到吕宋以东的

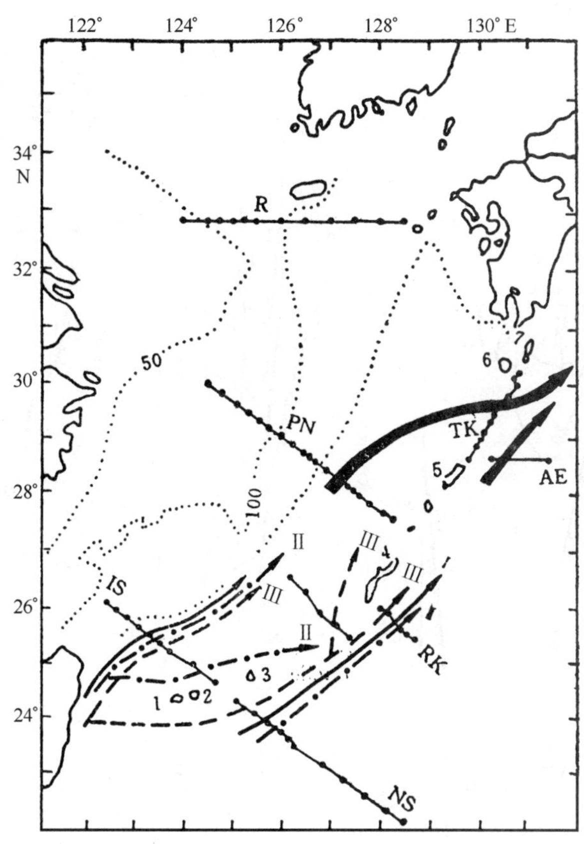

图 7 东海与琉球群岛以东海域三类不同流型略图

Ⅰ. 流态Ⅰ型；Ⅱ. 流态Ⅱ型；Ⅲ. 流态Ⅲ型；

1. 西表岛；2. 石垣岛；3. 宫古岛；4. 冲绳岛；5. 奄美大岛；6. 屋久岛；7. 种子岛

18°20′N 断面上北向流量为 47.6×10^6 m^3/s（从吕宋到 125°E 之间）①。另方面，在 1988 年春季通过 PN 与 RK 断面的流量分别为 28×10^6 与 15×10^6 m^3/s，它们的和为 43×10^6 m^3/s，此流量值与 1988 年春季在黑潮源地区的北向流量值相差不大，倘若作定常流的假定，那么，意味着东海黑潮与琉球群岛以东海流在 1988 年春季可能都来源于黑潮源地区，即北赤道流。因此，流型Ⅲ中的两支流向 PN 断面的海流似来源于同一个流系，即北赤道流；②管秉贤[14]以及袁耀初与郑松筠[5]都指出，在台湾以东黑潮在深层分离出一支流，它向东北方向流动。关于这支深层流的趋向，管秉贤[14]推测它可能是与 Kawabe 设想的琉球群岛东南深层西边界流有关系。基于这两个事实，我们认为，对于流型Ⅲ在台湾以东存在两个分支，它们都来源于黑潮的源地区。这两个分支分别地通过西表岛与石垣岛以西与以东海域，西侧分支依次地通过断面 IS 与 PN，东侧分支的部分流通过冲绳岛与宫古岛之间海域，然后转向西北方向，流向 PN 断面（图 7）。对于流型Ⅲ，其他的问题为，是否每年春季时在本海区都出现流型Ⅲ呢？以及非春季的季节是否在本海区也会出现流型Ⅲ呢？这些问题尚未解决，需进一步研究。值得指出的是，我们已对每一个流型的一般特性作了说明，但每一个航次实际的流型是复杂的，即实际流型存在许多特殊的特征。

5 琉球群岛以东海流的流量

表 6 表示 6 个航次通过琉球群岛以东断面的流量，断面位置见图 1。从表 6 与图 4～6 可得到以下几点。

① 许东峰，袁耀初．菲律宾以东海域环流计算．后刊于中国海洋学文集第 5 集．北京：海洋出版社，1995：84-97.

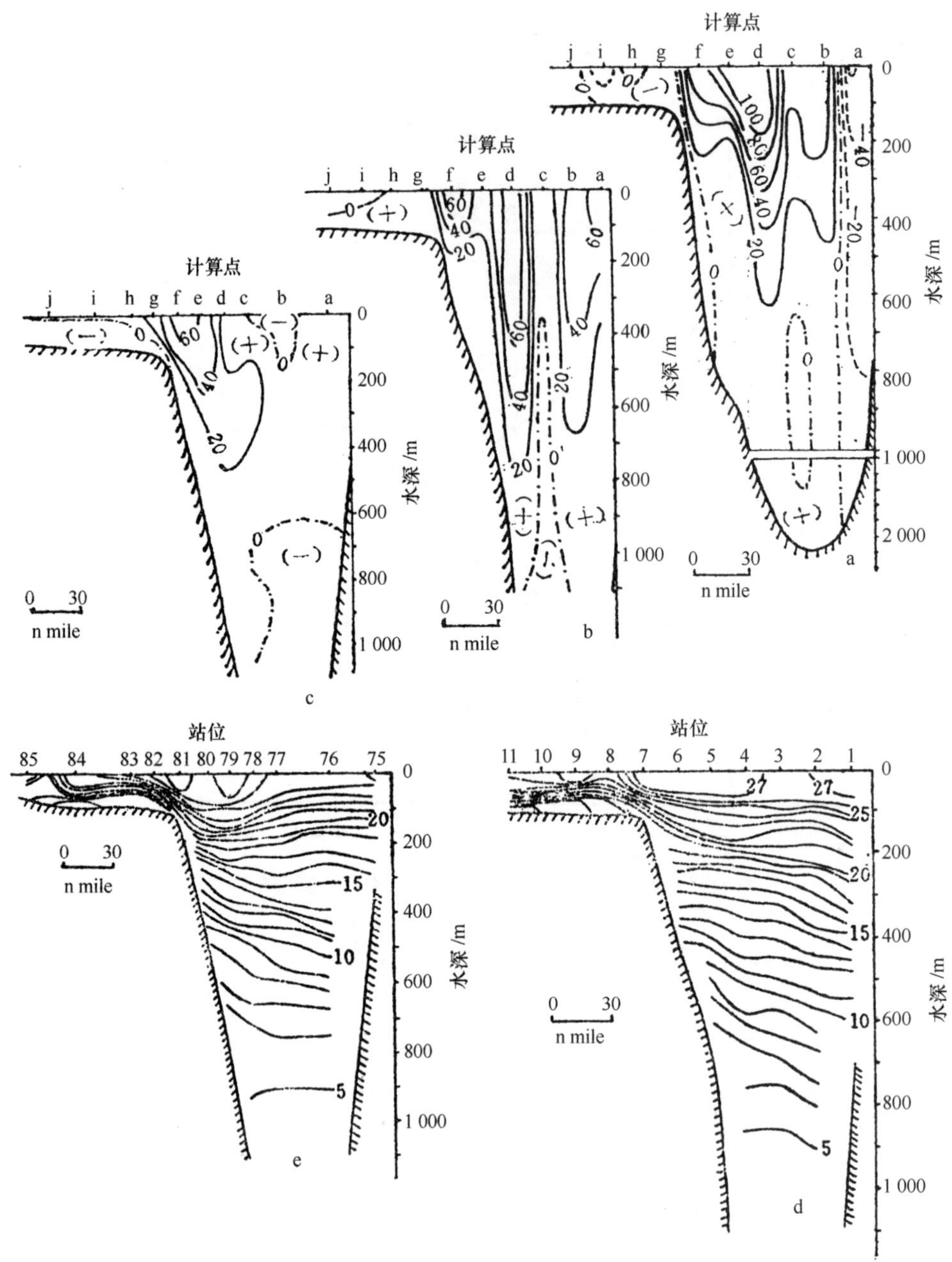

图 8　方案 CA-i-2 时 IS 断面上流速(cm/s)和温度(℃)分布

a. 1989 年 7 月航次;b. 1989 年 10 月航次;c. 1987 年 4 月航次;d. 1989 年秋季航次温度分布;e. 1987 年春季航次温度分布

表 6　通过琉球群岛以东断面的流量(10^6 m^3/s)

航次		断面	CA-i-1	CA-i-2	参考图件
1987 年	4 月	NS′①	22.5	20.7	图 4
	10 月	NS′	21.0		
1988 年	4 月	NS″	31.1	26.0	图 5b
		RK	15.0	15.2	图 5b
	5—6 月②	AE	26.9		
1989 年	1 月	NS′	12.8	12.8	图 6a
	7 月	AE	28.5	28.4	图 6c

①取自文献[5];②取自文献[6]。

① 6 个航次的调查资料表明，在琉球海沟存在一支北向海流；② 通过断面 NS′的流量，1987 年春季时最大，为 $22.5\times10^6\ m^3/s$，此值接近 1987 年秋季时的流量（$21.0\times10^6\ m^3/s$）。1989 年冬季时的流量最小，为 $12.8\times10^6\ m^3/s$；③ 1988 年 5—6 月时 AE 断面的流量为 $26.9\times10^6\ m^3/s$，此值似乎与 1989 年 7 月时在 AE 断面的流量接近；④ 1989 年 7 月时在 AE 断面的东端存在一个流核，它的最大流速为 60 cm/s。这意味着倘若断面 AE 向东延伸，在 1989 年 7 月奄美大岛以东海域的流量可能大于 $28.4\times10^6\ m^3/s$（图 6c），同样地，在九州东南断面 KS（图 6c），存在两个流速核心，其中一个核心也位于断面 KS 的东端。这也意味着，倘使 KS 断面向东延伸，在 1989 年 7 月九州东南海域的流量可能大于 $35\times10^6\ m^3/s$。图 6c 还表明西边界流的一部分从断面 KL 流出。

6　断面 PN 与 TK 流速分布

限于篇幅，本节以 1988 年 4 个航次为例，简述 PN 与 TK 断面的流速分布变化，考虑到两个方案 CA-i-1 与 CA-i-2 在这两断面上的速度分布相差较小，我们以方案 CA-i-2 为例，并分别表示在图 9 与图 10 中。

6.1　PN 断面的流速分布

由图 9 可得到 PN 断面的流速分布有以下几点特性：

① 在 1 月航次（图 9b），PN 断面只有一个流的核心，位于计算点 h′（水深为 360 m）与 h（水深 650 m）之间，200 m 以浅处，流速都大于 100 cm/s，最大流速为 151 cm/s，在计算点 h′的 20 m 处。

② 在 4 月航次（图 9a），PN 断面有两个流的核心。主核心位于计算点 g 与 f 之间，在计算点 g（水深 1 020 m）的 200 m 以浅水层中，流速都大于 100 cm/s，最大流速为 159 cm/s，在 100 m 处；第二个核心位于计算点 d 的 200 m 与 400 m 之间的水层，最大流速为 75 cm/s，位于 250 m 处（图 9b）。

③ 在 7 月航次（图 9c），PN 断面也有两个流的核心。主核心位于计算点 h 和 f 之间，在计算点 h（水深 650 m）的 250 m 以浅，流速都大于 100 cm/s，最大流速为 129 cm/s，位于 150 m 处，第二个核心，位于计算点 c，最大流速为 46 cm/s，在表层。

④ 在 10 月航次（图 9d），PN 断面也有两个流的核心，主核心位于计算点 h（水深 650 m），在 200 m 层以浅处，流速都大于 100 cm/s，最大流速为 120 cm/s，在 150 m 处；另一个核心位于计算点 e 处，最大流速为 82 cm/s，位于 150 m 处。

⑤ 从上述①~④点可知，1988 年冬季黑潮的主核心位置位于计算点 h′（水深 360 m）与 h（水深 650 m）之间，比其他航次时更近陆架，在 7 月与 10 月时主核心都在计算点 h（水深为 650 m），而在 4 月时主核心位于计算点 g（水深为 1 020 m），最远离陆架，这些结果与以前的研究相一致[6]。其次，除冬季 PN 断面只有一个核心以外，其他季节都有两个流的核心。

⑥ 在 PN 断面东侧各季节都出现范围不同的南向流，其流速并不小，最大南向流速在 1、4、7 与 10 月，分别为 39，21，35 与 19 cm/s。此外，在深层也出现了范围不同的南向流，但流速都不大。

6.2　TK 断面的流速分布

TK 断面位于吐噶喇海峡（位置见图 1），图 10 表示 1988 年 4 个航次在 TK 断面的流速分布，断面的右侧为南端，左侧为北端，该断面的流速分布有以下几个特点：

① 在 1 月航次（图 10a），TK 断面有两个流的核心，但流速都不是很大。主核心位于计算点 d（水深 340 m），最大流速为 85 cm/s，在 25 m 处；另一个核心在计算点 f（水深为 507 m），最大流速为 68 cm/s，位于 25 m 处。

② 在 4 月航次（图 10b），TK 断面也有两个流的核心，流速也不大，一个核心位于计算点 b（水深 310 m），最大流速为 83 cm/s，在 100 m 处；另一个核心在计算点 f（水深 507 m）与 g（水深 945 m）之间，最大流速为 69 cm/s，位于 f 点 50 m 处。

③ 在 7 月航次（图 10c），TK 断面也有两个流的核心。主核心位于计算点 g′（水深为 1 071 m），流速大，

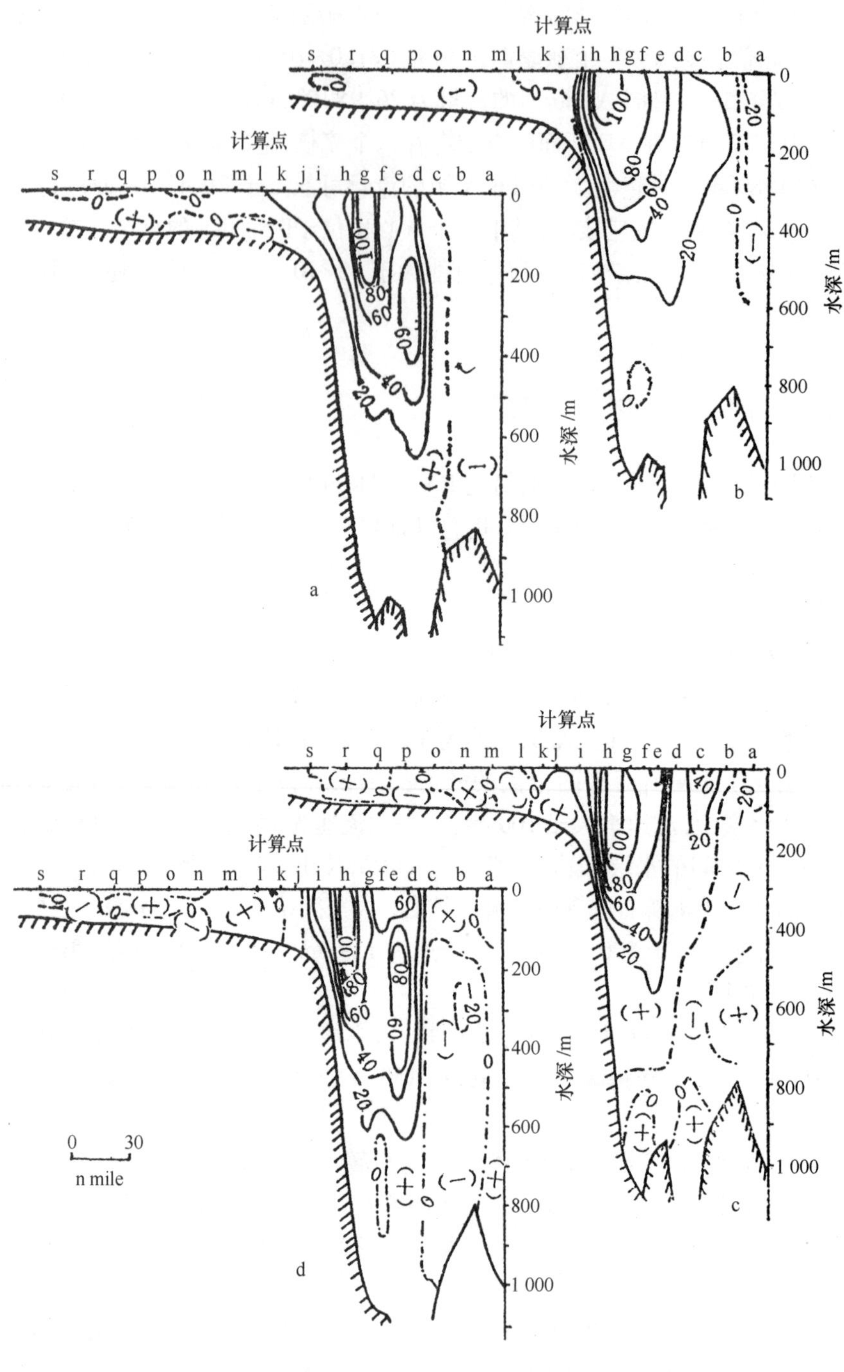

图 9　1988 年 PN 断面的流速(cm/s)分布

a. 4 月;b. 1 月;c. 7 月;d. 10 月

在 300 m 层以浅,流速都大于 100 cm/s,最大流速为 156 cm/s,在 150 m 处;另一个在计算点 j(水深 630 m),最大流速为 54 cm/s,在表层。

④ 在 10 月航次(图 10d),TK 断面有 3 个流的核心。主核心在计算点 f(水深 507 m),最大流速为 105 cm/s,在 150 m 处;第二个核心在计算点 d,最大流速为 100 cm/s,在 100 m 处;第三个核心位于计算点 h(水深 1 368 m),最大流速为 87 cm/s,在 25 m 处。

⑤ 由上述①~④点可知,除 10 月航次有 3 个流核外,TK 断面都有两个流的核心。在 4 个航次中,流核位置均在计算点 f 或 g(g′)处。

⑥ TK 断面的南侧除 7 月航次外,其他航次在计算点 k 或 j 处,都出现了逆流,流速并不小;在 900 m 以

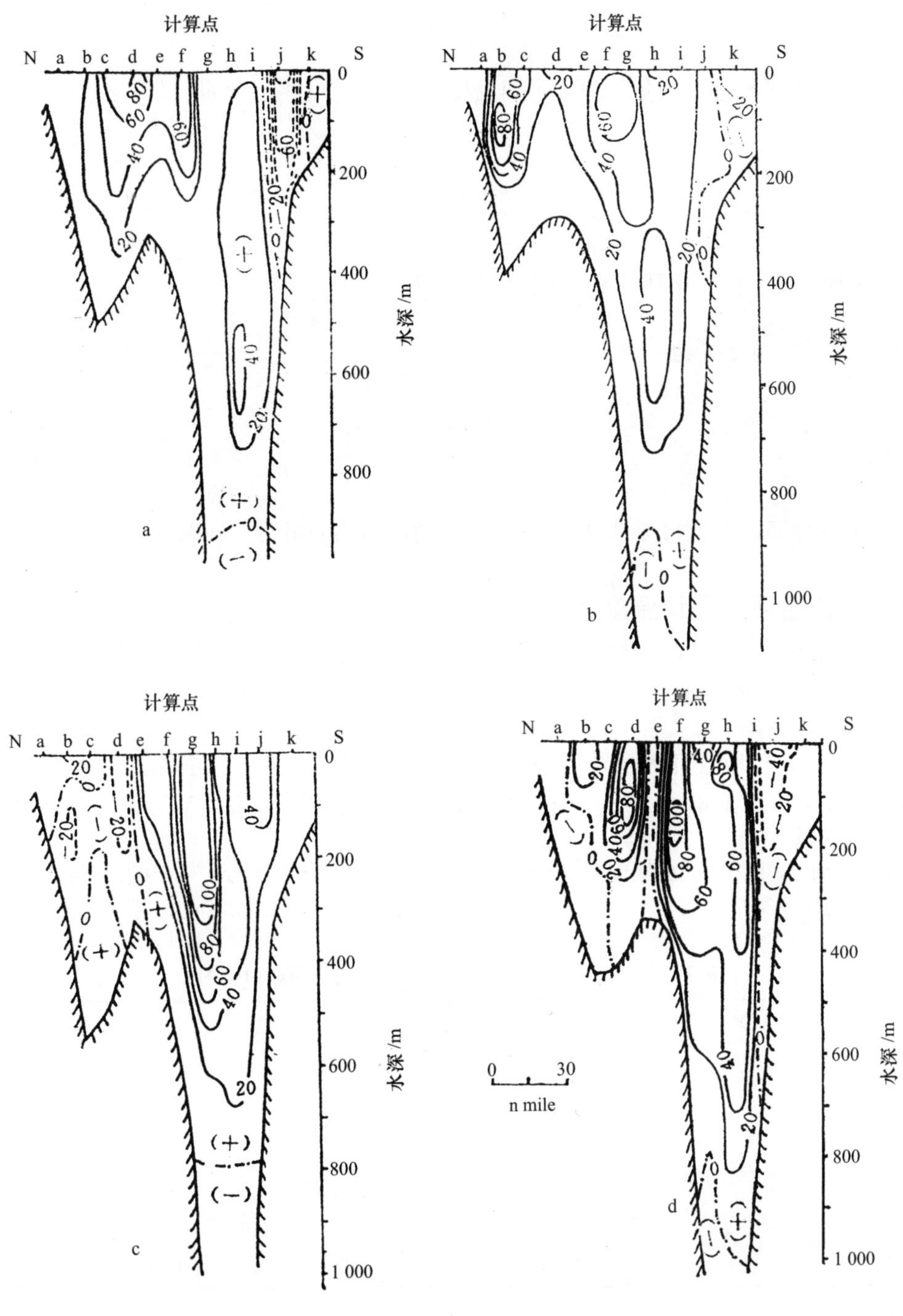

图 10　1988 年 TK 断面的流速(cm/s)分布

a. 1 月；b. 4 月；c. 7 月；d. 10 月

深水层，4 个航次都出现了逆流，但流速都不大。TK 断面北侧，只在 7 与 10 月航次存在逆流。

7　计算海域热通量分布

海流通过断面 S 的热通量 Q_t 为

$$Q_t = \iint_S \rho C_p T \vec{v} \cdot \vec{n} \mathrm{d}z\mathrm{d}x. \tag{2}$$

设

$$\vec{v} = \bar{\vec{v}} + \vec{v}', \quad T = \bar{T} + T'. \tag{3}$$

其中 $\bar{\vec{v}}$ 与 $\bar{T}$ 分别为深度平均速度矢量与深度平均温度值，$\vec{v}'$ 为速度斜压分量，T' 为与平均值偏离的温度值，从式(3)，Q_t 可写为

$$\begin{aligned} Q_t &= \iint_S \rho C_p \bar{T}\bar{\vec{v}} \cdot \vec{n}\mathrm{d}z\mathrm{d}x + \iint_S \rho C_p T'\vec{v}' \cdot \vec{n}\mathrm{d}z\mathrm{d}x \\ &= Q_{t,1} + Q_{t,2}. \end{aligned} \tag{4}$$

式(4)表示热通量可分为正压部分 $Q_{t,1}$ 与斜压部分 $Q_{t,2}$ 之和。

其次，我们定义平均温度 $\tilde{T}$ 为

$$\tilde{T} = Q_t(\rho C_p Q_m)^{-1}. \tag{5}$$

式中 Q_m 为流量。

根据式(2)、(4)与(5)，我们可以计算 PN 与 TK 等断面的热通量与平均温度 $\tilde{T}$。

7.1　PN 断面的热通量与平均温度 $\tilde{T}$

由表 7、8 与 9 可知：①*AH*. 2 在夏季最大，冬、春季次之，秋季最小。*AT*. 2 在夏季最高，秋季次之，而冬、春季最低；②除夏季外，1988 年各季节的热通量都要大于 1989 年相应季节的热通量，但就平均温度而言，1988 年所在季节都要高于 1989 年相应季节的平均温度 $\tilde{T}$。③在 10 个航次中，通过 PN 断面平均热通量为 2.008×10^{15} W，而 1988 年与 1989 年共 8 个航次的平均热通量为 2.109×10^{15} W。10 个航次在 PN 断面的平均温度为 17.83℃，而 1988 年与 1989 年共 8 个航次平均温度 $\tilde{T}$ 为 18.15℃。④1988 年 4 个航次热通量的正压分量均大于斜压分量。

表 7　在方案 CA-*i*-2 时通过 PN 断面的热通量(10^{15}W)

航次	1 月	4 月	7 月	10 月	*AH*. 1
1987 年		2.330			
1988 年	2.512	2.054	2.239	2.244	2.262
1989 年	2.057	1.734	2.364	1.669	1.956
1990 年	1.679①				
AH. 2	2.083	2.039	2.302	1.957	2.088②

①来自文献[11]。

②10 个航次平均热通量。

AH. 1 表示相同年几个季节的平均热通量。

AH. 2 表示相同季节几年的平均热通量。

7.2　TK 断面的热通量与平均温度 $\tilde{T}$

关于通过 TK 断面的热通量与平均温度 $\tilde{T}$，我们以 1988 年 4 个航次为例，从表 10 及 9 可以得出以下几点：①TK 断面的热通量，夏季最大，冬季最小，4 个航次平均热通量为 1.824×10^{15} W。②平均温度 $\tilde{T}$ 夏季最高，其次为秋、春季，冬季则最低，4 个航次平均温度为 18.02℃。③与 PN 断面的 $\tilde{T}$ 相比(表 8、10)，除夏季航

次外，其他 3 个季节 PN 断面的 $\tilde{T}$ 都要高于 TK 断面相同季节 $\tilde{T}$。④TK 断面上热通量的正压分量也大于斜压分量。

表 8　在方案 CA-i-2 时 PN 断面的平均温度(℃)

航次	1 月	4 月	7 月	10 月	*AT*. 1
1987 年		16. 61			
1988 年	18. 02	18. 18	19. 34	18. 45	18. 50
1989 年	17. 63	17. 01	18. 69	17. 88	17. 80
1990 年	16. 47①				
AT. 2	17. 37	17. 27	19. 02	18. 17	17. 83②

①来自文献[11]。

②10 个航次平均温度。

AT. 1 表示相同年几个季节的平均温度。

AT. 2 表示相同季节几年的平均温度。

表 9　1988 年 4 个航次通过断面 PN 与 TK 的热通量(10^{15} W)、正压分量 $Q_{t,1}$ 与斜压分量 $Q_{t,2}$(方案 CA-i-2)

航次	项目	1 月	4 月	7 月	10 月	平均值
PN	$Q_{t,1}$	1. 790	1. 429	1. 646	1. 640	1. 626
	$Q_{t,2}$	0. 722	0. 625	0. 593	0. 601	0. 636
TK	$Q_{t,1}$	1. 342	1. 332	1. 324	1. 352	1. 333
	$Q_{t,2}$	0. 175	0. 416	0. 792	0. 562	0. 486

表 10　1988 年通过 TK 断面的热通量(10^{15}W)与平均温度(℃)(方案 CA-i-2)

项目	1 月航次	4 月航次	7 月航次	10 月航次	平均值
Q_t	1. 517	1. 748	2. 116	1. 914	1. 824
$\tilde{T}$	17. 08	17. 71	19. 50	17. 78	18. 02

7. 3　海面上热量交换

本文仅以 1988 年 4 个航次为例，由计算结果可以得出以下几点：

① 方案 CA-i-2 的计算结果表明，除夏季航次外，其他 3 个航次均是海洋向大气释放热量，冬、春与秋季在各自计算海区(见图 5a、b 与 d)向大气的放热量分别为 14×10^{13}，0.7×10^{13} 与 3.6×10^{13} W，平均放热率分别为 6.28×10^3，0.27×10^3 与 1.74×10^3 J/(cm^2 · d)，而在夏季，计算海区(图 5c)向大气吸热，其量值为 0.5×10^{13} W，平均吸热率为 0.21×10^3 J/(cm^2 · d)。由此可见，冬季海面上热交换率最大，夏季则最小。与通过 PN 断面的热能量(表 7)比较，在冬、春、夏与秋航次计算海区在海面上的热交换量分别是通过 PN 断面的热通量的 5. 6%，0. 3%，0. 2%与 1. 6%。这表明，对于所有季节在海表面上热通量要比在通过断面 PN 的热通量小很多，因此为了得到可靠的、在海表面上的通量，高质量的水文资料是必要的。

② 为了了解在表面热通量上施加不等式的作用，我们讨论在 1 月与 4 月时计算单元 2 中热通量(表 11)，其中断面 PN 为计算单元 2 的边界面之一(图 5a 与 b)，按文献[12]所给出的数据，在 1 月与 4 月时计算单元 2 的海表面上热通量的数量级限值都为 10^{13}W。从表 11 可知，采用方案 CA-i-1(不施加不等式(1))时计算单元 2 中热通量的不平衡量为 10^{14}的数量级，比上述给出的热通量限值大得多，这表明在表面热通量不能从 CA-i-1 得到。为近似地得到在海面上热通量，用不等式(1)制约是必要的。

表 11　1988 年 4 月航次在计算单元 2 中流量、盐量与热通量的平衡量

航次	方法	Δm	$\Delta S/34.5$	Δt
1 月	动力计算*	-0.86	-0.83	5.68
	CA-i-1	-0.01	0.02	10.01
	CA-i-2	-0.00	0.02	3.86
4 月	动力计算	-1.72	-1.80	-47.08
	CA-i-1	0.07	-0.01	-39.31
	CA-i-2	0.08	-0.02	-2.63

*：无流面设在水深 H。

Δm：流量平衡量（正的为流入计算单元，单位：$10^6\ m^3/s$）。

ΔS：盐量平衡量（正的为流入计算单元，$\Delta S/34.5$，单位：$10^6\ m^3/s$）。

Δt：热通量平衡量（正的为流入计算单元，单位：10^{13} W）。

8　结语

基于自 1987 年到 1989 年 9 个航次的水文资料，采用改正逆方法对东海黑潮与琉球群岛以东海流进行了计算，得到了以下几点。

（1）在 PN 断面上的平均流量夏季最大，冬、春季与夏季接近，秋季最小，10 个航次平均流量为 $28.6\times10^6\ m^3/s$（CA-i-2）。IS 断面上的流量的变化比 PN 断面上要大。

（2）TK 断面上流量的季节变化很不明显。春季时稍大，而其余季节多年季平均值都相接近，8 个航次在 TK 断面的平均流量为 $26.4\times10^6\ m^3/s$。

（3）关于琉球群岛以东海流的流量，对 3 个航次，即 1987 年 4 月与 10 月以及 1989 年 1 月，在 NS′断面上平均流量为 $19\times10^6\ m^3/s$，在 1988 年初夏时 AE 断面的流量为 $27\times10^6\ m^3/s$，此值小于在 1989 年春季时在 AE 断面的流量。

（4）发现了在东海与琉球群岛以东海域有 3 种流型，流型Ⅰ有以下特点：黑潮通过 IS 断面后，基本上向北流向 PN 断面，即通过 IS 与 PN 断面的流量之差不大。换言之，在琉球群岛两侧的水交换量是不大的。1987 年秋季，1989 年冬季与夏季的流型都属于此类型。流型Ⅱ有以下特点：黑潮通过 IS 断面流量很大，并分成两个分支，主分支的流量为总的流量一半以上，并向北流向 PN 断面。另一分支向东北方向流向冲绳岛与宫古岛之间海域，在 1989 年 10 月时的流型属于此流型。流型Ⅲ有以下特点：有两支流都通过 PN 断面，一支流来自 IS 断面，它的流量小于 $20\times10^6\ m^3/s$，另一支流来自冲绳岛与宫古岛之间海域，侵入东海并向西北方向流向 PN 断面，例如 1987 年与 1988 年两个春季时的流型都属于流型Ⅲ。这表明，对于流型Ⅱ与Ⅲ，在琉球群岛两侧的水交换量是不小的。

（5）在 1988 年 4 个航次中黑潮在 PN 断面冬季时只有一个核心，而其余季节都有两个核心；冬季核心的位置最近陆架，而春季流核心则最远陆架。在任何季节 PN 断面都出现逆流。

（6）在 1988 年 4 个航次中黑潮在 TK 断面 10 月航次时有 3 个流核，其余航次都只有两个核心。在任何季节 TK 断面也都出现逆流。

（7）在 10 个航次中 PN 断面上的热通量夏季最大，冬、春季其次，而秋季最小，平均热通量为 2.088×10^{15} W。在 TK 断面上热通量，夏季最大，冬季最小，1988 年 4 个航次平均热通量为 1.824×10^{15} W。两个断面上热通量的正压分量都要大于斜压分量。

（8）以 1988 年 4 个航次为例，冬、春与秋季都是由海洋向大气传递热量，在各自计算海区向大气的放热量分别为 14×10^{13}、0.7×10^{13} 与 3.6×10^{13} W，平均放热率分别为 6.28×10^3、0.27×10^3 与 $1.74\times10^3\ J/(cm^2\cdot d)$，而夏季时则是计算海区向大气吸热，其值为 0.5×10^{13} W，平均吸热率为 $0.21\times10^3\ J/(cm^2\cdot d)$。这表明在海表面上热交换率冬季最大，夏季则最小。从对方案 CA-i-1 与 CA-i-2 在计算单元 2 中进行热通量的不平衡量分析表明，为得到在海表面上近似的热通量，用不等式（1）约制是必要的。

参考文献：

[1] Guan Bingxian. Analysis of the variations of volume transport of the Kuroshio in the East China Sea//Hishida K, et al. Proceedings of the Japan-China Ocean Study Symposium, Tokai University Press, 1982: 118-137.

[2] Guan Bingxian. Major feature and variability of the Kuroshio in the East China Sea. Chin J Oceanol Limnol, 1988, 6(1): 35-48.

[3] Nishizawa J, Kamihira E, Komura K, et al. Estimation of the Kuroshio mass transport flowing out of the East China Sea to the North Pacific. La Mer, 1982, 20: 37-40.

[4] Saiki M. Relation between the geostrophic flux of the Kuroshio in the Eastern China Sea and its large-meanders in South of Japan. The Oceanographical Magazine, 1982, 32(1/2): 11-18.

[5] Yuan Yaichu, Endoh M, Ishizaki H. The study of the Kuroshio in the East China Sea and currents east of the Ryukyu Islands. Acta Oceanologica Sinica, 1991, 10: 373-391.

[6] Yuan Yaochu, Su Jilan, Pan Ziqin. A study of the Kuroshio in the East China Sea and the currents east of the Ryukyu Islands in 1988//Takano K. Oceanography of Asian Marginal Seas. Elsevier Science Publishers, 1991: 305-319.

[7] Yuan Yaochu, Su Jilan, Xia Songyun. A diagnostic model of summer circulation on the northwest shelf of the East China Sea. Progress in Oceanography, 1986, 17: 163-176.

[8] 袁耀初，苏纪兰，潘子勤. 1989 年东海黑潮流量与热通量计算//黑潮调查研究论文选(四).北京：海洋出版社，1992：253-264.

[9] 袁耀初，潘子勤. 1989 年夏初东海黑潮流量与热通量的变化//黑潮调查研究论文选(四). 北京：海洋出版社，1992：265-272.

[10] Yuan Yaochu, Pan Ziqin, Kaneko Ikuo. Variability of the Kuroshio in the East China Sea in 1988 // Proceeding of Marginal Seas Symposium, 1993.

[11] 袁耀初，苏纪兰，潘子勤. 1990 年东海黑潮流量与热通量计算//黑潮调查研究论文选(五). 北京：海洋出版社，1993：299-312.

[12] 中国科学院海洋研究所气象组，中国科学院地理研究所气候组. 渤、黄、东海海面热平衡图集.1977：160.

[13] Fiadeiro M E, Veronis G. On the determination of absolute velocities in the ocean. Journal of Marine Research, 1982, 40(supp): 159-182.

[14] 管秉贤. 台湾以东黑潮深层流的途径. 海洋与湖沼，1985，16(4)：253-260.

[15] 袁耀初，郑松筠. 台湾以东黑潮三维海流诊断计算. 海洋学报，1988，10(1)：1-9.

Variability of the Kuroshio in the East China Sea and the currents East of the Ryukyu Islands

Yuan Yaochu[1], Pan Ziqin[1], Kaneko Ikuo[2], Endoh Masahiro[2]

(1. *Second Institute of Oceanography*, *State Oceanic Administration*, *Hangzhou* 310012, *China*; 2. *Meteorological Agency*, *Japan*)

Abstract: The modified inverse method is used to compute the Kuroshio in the East China Sea with hydrographic data collected during spring in 1987, and respective four cruises in 1988 and 1989 by R/V *Chofu Maru* and the currents east of the Ryukyu Islands with hydrographic data collected during spring in both 1987 and 1988, winter and summer in 1989. It is discovered that there are three Kuroshio Current patterns in the East China Sea. The interaction between the Kuroshio in the East China Sea and the currents east of the Ryukyu Islands is important for the current patterns Ⅱ and Ⅲ. On the average seasonal variations of volume transport (VT) and heat transport (HT) of the Kuroshio through Section PN for 10 cruises, the average VT and HT during summer both are largest and during autumn both are least among four seasons. The average VT and HT through Section PN are 28.6×10^6 m^3/s and 2.088×10^{15} W, respectively, for 10 cruises. The VT through the section east of the Amami Oshima Island during early summer 1988 and summer 1989 both are greater than 26×10^6 m^3/s。

刊于:黑潮调查研究论文选(五).北京:海洋出版社, 1993:298-310.

1990 年东海黑潮流量与热通量计算

袁耀初[1],苏纪兰[1],潘子勤[1]

(1. 国家海洋局 第二海洋研究所,浙江 杭州 310012)

1 引言

近年来,袁耀初等[1-3]曾采用不同的逆方法对东海黑潮与琉球群岛以东海流及其流量作过计算,结果表明,对于浅海陆架,考虑垂直通量以及海面上热通量的改正逆方法是一个更有效的方法[3]。

本文利用 1990 年 1—2 月“长风丸”以及 10—11 月“实践”号两个航次的水文资料,采用改正逆方法[3],分别对东海调查海区的流速,流量以及热通量进行了计算。此外,在 1—2 月航次还对奄美大岛以东与九州东南海域,进行了计算,这些计算的其中一个目的是,再次对琉球群岛以东的西边界流取得认识。

2 数值计算

文献[3]对通常的逆方法作以下 3 点改正:(1)动量方程中考虑垂直涡动黏滞项;(2)在密度与盐度守恒方程中考虑垂直涡动扩散项;(3)在海面上,考虑海气热交换 q_e(q_e>0 为海洋向大气放热)满足以下的不等式:

$$q_{e,1} \leqslant q_e \leqslant q_{e,2}. \tag{1}$$

其中 q_e 是未知的,由方程式求解得到;而 $q_{e,1}$ 与 $q_{e,2}$ 为计算海区多年统计平均分布的最小与最大的代数值,本文从文献[4]得到。此外,按文献[3],要求质量守恒方程在每层都满足;而盐度守恒方程,除表层外每层都满足。

关于计算参数的选取,由于缺乏详细实测风场资料,假定风场是均匀的。1990 年 1—2 月的风场资料来自日本 JMA Buoy No. 22001(28°10′N,126°20′E),平均风速为 6 m/s,风向东北(18°)。1990 年 10—11 月风速资料来自“实践”号,平均风速为 8 m/s,风向西北(335°)。$q_{e,1}$ 与 $q_{e,2}$ 值在 1—2 月分别为 0. 42,6. 28;10—11 月分别为 0,2. 93,单位均为 10^3 J/($\mathrm{cm}^2 \cdot \mathrm{d}$)。在本文中,把不考虑与考虑不等式(1)的两类算例,分别记为 CA-i-1 与 CA-i-2,其中 i=1,2 分别表示冬季与秋季航次。此外,按文献[3]中所讨论的,取涡动黏滞系数 A_z 为 100 cm^2/s,涡动扩散系数 K_v 为 10 cm^2/s。

图 1a,b 分别表示 1990 年 1—2 月以及 10—11 月两航次的计算海域地形分布、测站以及计算单元等。每个计算单元分为 5 层,其交界面分别取为 $\sigma_{t,p}$ 为 25, 27,30 与 33。以 1990 年 1 月航次 PN 断面为例,第一层分界面最深的深度小于 200 m,第二分界面在 350 m 附近,第三分界面约为 700 m 左右,在此断面上因水深浅没有第四分界面,而在 TK 断面上第四分界面的最深深度约为 1 200 m 左右。

关于最佳参考面 Z_r 选择,我们采用 Fiadeiro 与 Veronis 方法[5]。设计算海域共有 M 个计算单元,每一个单元分为 N 层,对每一个单元 e 定义

$$v_r = -\frac{g}{\rho_0 f}\int_{z_r}^{z} \frac{\partial \rho}{\partial x}\mathrm{d}z. \tag{2}$$

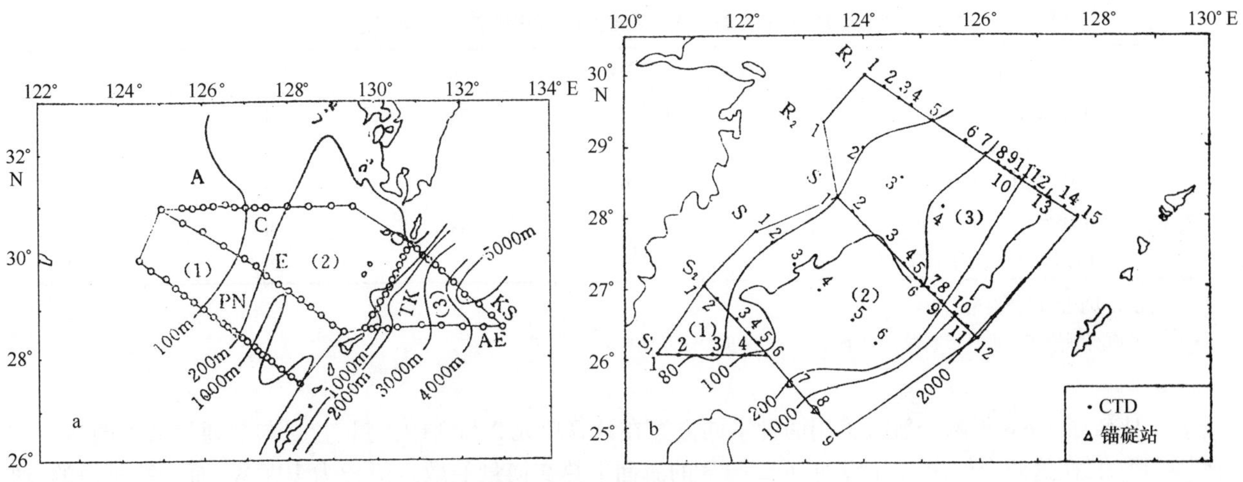

图 1　1990 年两航次计算海域地形分布、测站及计算单元

a. 1—2 月航次；b. 10—11 月航次

$$T_{j,e} = \oint\int_{z_{j+1}}^{z_j} v_r \mathrm{d}z\mathrm{d}x. \tag{3}$$

以及

$$T_r^2 = \sum_{e=1}^{M}\sum_{j=1}^{N} T_{j,e}^2. \tag{4}$$

其中 z_j 与 z_{j+1} 分别为第 j 层的上、下分界面坐标位置。当 T_r^2 为最小值时参考面的选择为最佳。从图 2 可知，1990 年 1—2 月与 10—11 月两个航次最佳深度应分别为 2 500 m 与海底。

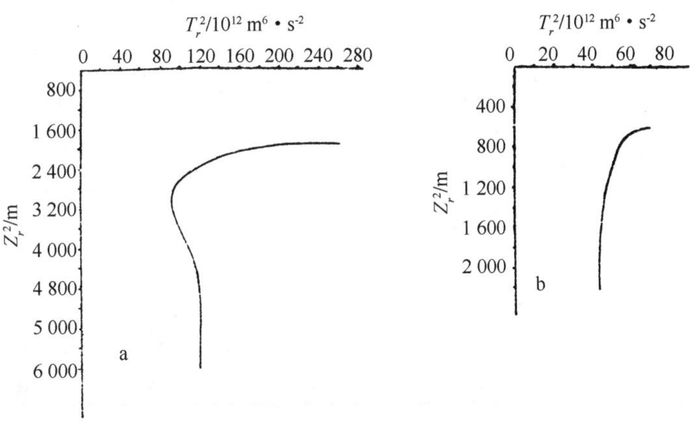

图 2　1990 年两航次 T_r^2 值与参考面 Z_r 的关系

a. 1—2 月航次；b. 10—11 月航次

表 1 表示 1990 年 10—11 月航次在 S_2 断面上系泊站实测的平均流速、流向以及平均实测流速在垂直于 S_2 断面方向上的分量。在本计算中我们只用了 B_4 站（25°19′18″N，123°09′31″E）726 m 层的资料，其他层次资料可与计算结果作比较。B_4 站与 S_2 断面上计算点 8 较接近（见图 1b），计算点 8 在 120 m 与 150 m 的计算值都为 50 cm/s，与实测值（56 cm/s）相差不大。在计算点 8 的 455 m 处，计算值为 28 cm/s，实测值为 20 cm/s，由于该层次测量时间较短，只有 4 天左右（表 1），因此上述比较，只能作参考。B_2 测站（25°37′29″N，122°38′42″E）位于计算点 6 与 7 之间，距计算点 6 约为 26 km（计算点 6 与 7 相距 70 km 左右）。在计算点 6（水深为 158 m）的 77 m 处计算值为−6 cm/s，而 B_2 站（水深为 300 m）的 77 m 处实测值为−17.8 cm/s，即都是南向的，在计算点 6 较近底层的 125 m 处，计算值为−11 cm/s，而测站 B_2 较近底层 235 m 处测值为−25.7 cm/s，即两处的流向皆向南，并且其值皆大于 77 m 处的流速值，因此，从定性说，B_2 站的实测值与计算点 6 的计算值是相一致的。

表 1 1990 年 10—11 月航次 S_2 断面上系泊站测流的平均流速与流向

站号	时间	水深/m	测层/m	流速/$cm \cdot s^{-1}$	流向 θ*/(°)	v_1**/$cm \cdot s^{-1}$
B_4	10 月 22 日—11 月 7 日	1 175	120~150	56.2	43	56.1
	10 月 22 日—10 月 25 日		455	26.2	88	20.0
	10 月 22 日—11 月 7 日		726	3.6	95	2.4
B_2	10 月 22 日—11 月 9 日	300	77	33.2	284	-17.8
	10 月 22 日—11 月 11 日		235	37.4	273	-25.7

* 与正北方向顺时针夹角。

** 平均实测流速在垂直于断面 S_2 方向上的分量(负号表示南向)。

表 2 比较了 1990 年两个航次采用两种不同方案在计算单元 2 与 3 中流量、盐量与热通量的平衡量。由文献[4]可知,在这两个航次,在计算单元 2 与 3 的海面上热交换量的数量级皆为 10^{13} W,而计算所得的、通过 PN 断面的热通量数量级则为 10^{15}W,即它们相差两个数量级,可知计算海面上热通量有相当难度。从表 2 可知,在不考虑不等式(1)(方案 CA-i-1)时,除 1990 年 1—2 月航次的计算单元 2 以外,其他的单元在海面上热通量数量级皆为 10^{14}W,即比在海面上实际的热通量大一个数量级。在 1990 年 1—2 月航次的单元 2 中,虽然数量级相当,但得到 $\Delta t<0$,这表示为满足热平衡,海洋必须向大气吸热,这是与冬季海洋向大气放热的事实相反的。而在考虑不等式(1)(方案 CA-i-2)时,上述两个矛盾皆不存在。因此,为获得海面上近似的热通量,满足不等式(1)是十分必要的。

表 2 1990 年两个航次流量、盐量与热通量的平衡量

航次	计算单元	方法	Δm	ΔS/34.5	Δt
1—2 月	2	动力计算*	-7.84	-7.91	-48.84
		CA-1-1	0.03	-0.02	-2.73
		CA-1-2	0.02	-0.02	0.32
	3	动力计算*	10.05	10.10	59.16
		CA-1-1	-0.01	0.01	25.86
		CA-1-2	-0.01	0.01	2.42
10—11 月	2	动力计算*	3.44	3.46	33.30
		CA-2-1	-0.01	0.01	22.73
		CA-2-2	0.00	-0.00	3.08
	3	动力计算*	-8.43	-8.43	-76.58
		CA-2-1	0.01	-0.00	-40.64
		CA-2-2	0.04	-0.04	1.31

* 零流面取在海底。

Δm:流量平衡量(正的为流入计算单元,单位:10^6 m^3/s)。

ΔS/34.5:盐量平衡量(正的为流入计算单元,单位:10^6 m^3/s)。

Δt:热通量平衡量(正的为流入计算单元,单位:10^{13}W)。

3 1990 年 1—2 月航次流速与流量分布

3.1 流速分布

由于方案 CA-1-1 与 CA-1-2 的流速分布差别不大,故只讨论 CA-1-2 的计算结果。

3.1.1 PN 断面流速分布

图 3 表示 PN 断面流速分布,主核心位于计算点 13 与 14 处,最大流速值为 101 cm/s,在计算点 14 的 200 m 处。另一个核心位于计算点 19,位于两支南向流之间,但最大流速仅为 27 cm/s,位于 50 m 与 100 m

之间。此核心两侧的南向流的流速皆不小，且达较深层，在计算点 20 最大流速为 23 cm/s，在表层处。在断面西侧，可能由于北风的影响，在表层出现南向流，流速很小，但在表层以下，则皆为北向流。

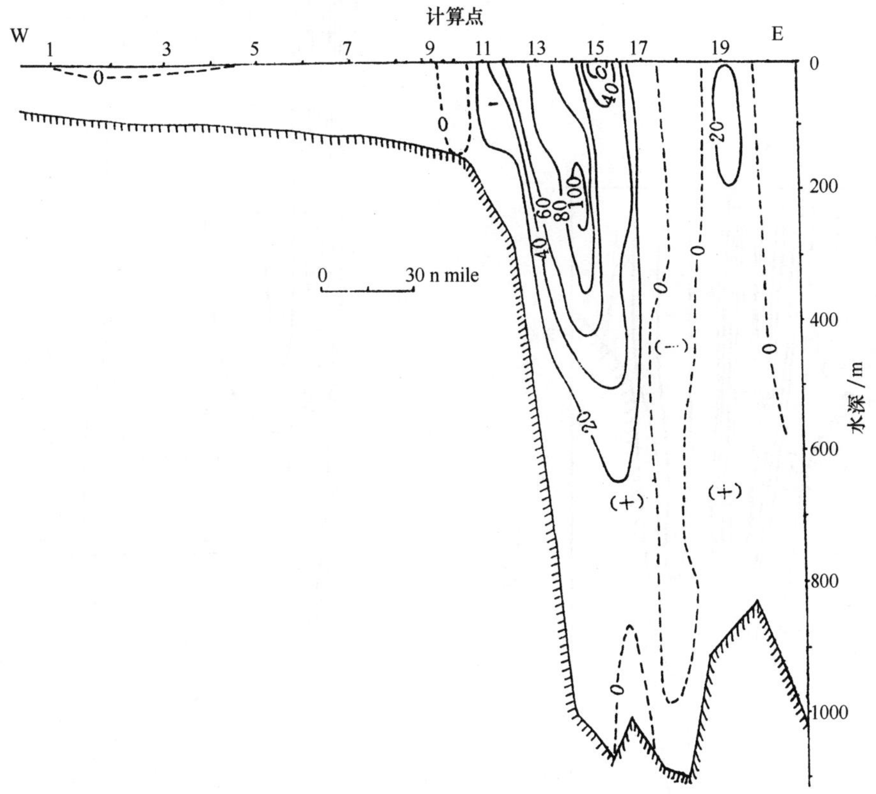

图 3　1990 年 1—2 月航次 PN 断面流速(cm/s)分布

3.1.2　TK 断面(吐噶喇海峡)流速分布

图 4 表明，在 TK 断面主流核心的最大流速值为 139 cm/s，位于计算点 7 的 75 m 水层，其下的 600 m 与 800 m 处，流速分别仍有 57 与 10 cm/s。在 900 m 以深，全断面几乎都出现逆流，但流速均甚小。另一个核心在计算点 4，最大流速只有 28 cm/s，位于 50 m 处。在此核心两侧都是西向流，流速较大，特别是计算点 3，从表层到 150 m 层，流速都大于 60 cm/s。可见 TK 断面北侧流况复杂，东、西向流交替，从本资料上无法确定它们是否为涡。断面南侧也有西向流，但其流速要比北侧小得多。

3.1.3　AE 断面(奄美大岛以东)流速分布

AE 断面上最深深度约为 4 400 m(图 5)。断面上北向流核心出现在计算点 3 处，在 300 m 以浅，流速都大于 80 cm/s，最大流速为 95 cm/s，位于 25 m 处。该北向流深达 2 000 m 左右，至 1 000 m 处在计算点 4 的流速仍有 14 cm/s。在断面东侧的计算点 7，8 与 9 处都出现逆流，最大流速达 22. 7 cm/s，位于计算点 9 的 400 m 处。逆流范围可达到 2 000 m 以深。

3.1.4　KS 断面(九州之东南)流速分布

KS 断面最深处大于 5 000 m(图 6)，断面上流速很大，主流的核心位于计算点 4 与 5 之间，最大流速为 164. 8 cm/s，位于 25 m 处。在计算点 4 的 400 m 以浅以及计算点 5 的 600 m 以浅处，流速都大于 100 cm/s。在计算点 5 的 1 000 m 处流速仍达 17. 4 cm/s，该核心最深超过 2 000 m。另一个核心位于断面西北侧的计算点 2 处，最大流速为 68. 1 cm/s，在 25 m 处，在 400 m 及其以浅流速都大于 27 cm/s。在计算点 4，5 与 6 深层都出现逆流，但流速不大。在断面东南侧自表层至 2 500 m 皆为逆流，最大流速在计算点 8 与 10，分别为 43(在表层)与 40. 4 cm/s(在 300 m 处)。在 3 000 m 以深又出现北向流，其流速很小，最大流速只有 2. 8 cm/s。

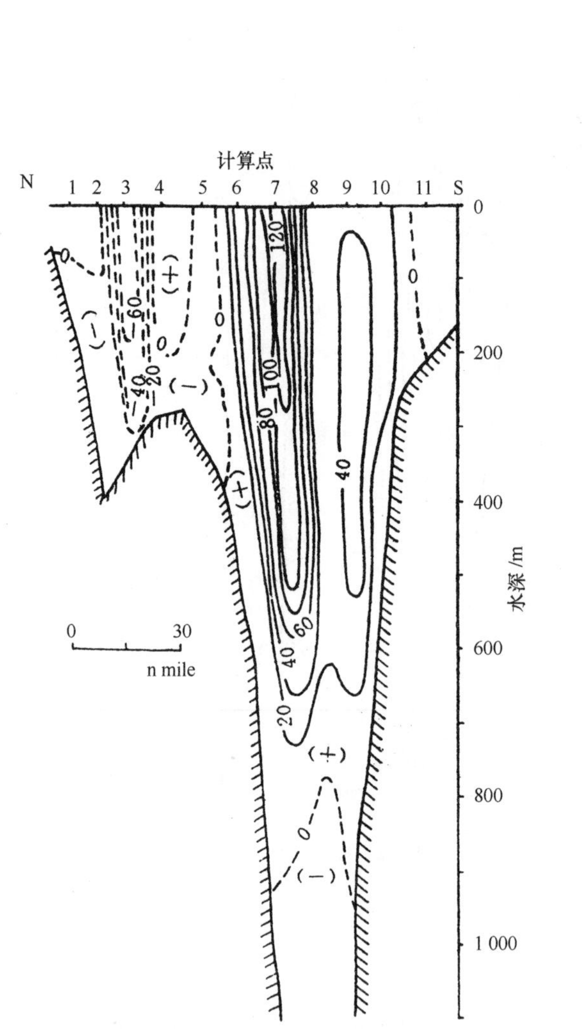

图 4　1990 年 1—2 月航次 TK 断面流速(cm/s)分布

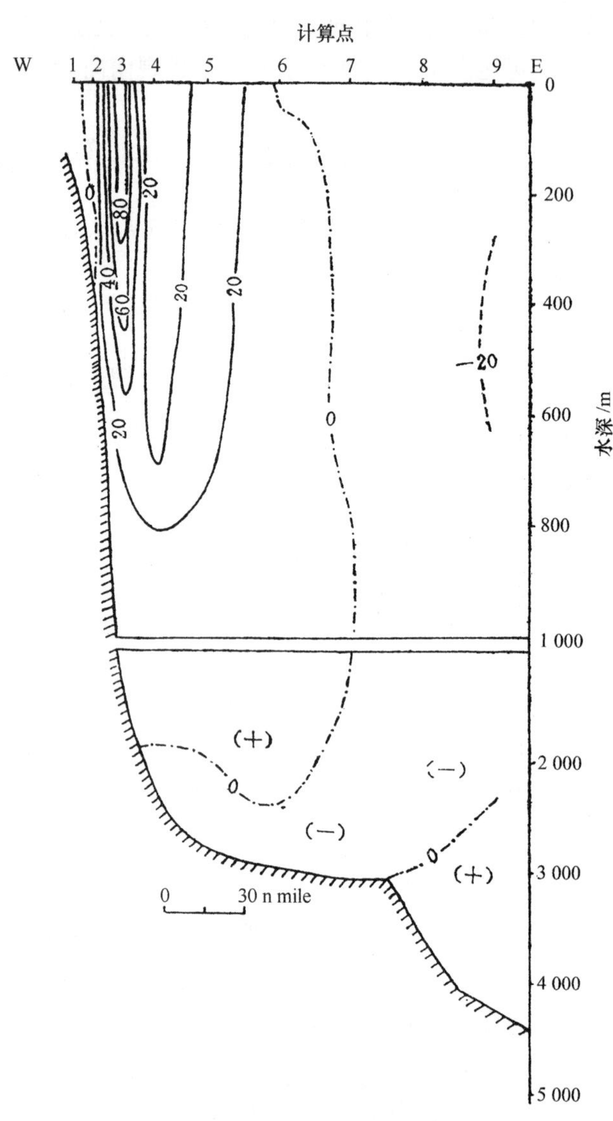

图 5　1990 年 1—2 月航次 AE 断面流速(cm/s)分布

3.2　流量分布

图 7 表示 1990 年 1—2 月航次在各断面上流量分布,通过 PN 断面的流量为 24.9×10^6 m^3/s;通过 E 断面流量为 23.6×10^6 m^3/s;通过 C 断面的流量为 2.3×10^6 m^3/s。由于该断面的东侧未到岸,还不能说此值为对马暖流与黄海暖流的流量之和;通过 TK 断面的流量为 21.4×10^6 m^3/s,并直接流向 KS 断面;奄美大岛以东 AE 断面西侧为北向流,其流量为 36.0×10^6 m^3/s,东侧则为南向流,流量约为 17.9×10^6 m^3/s,南向流来源于 KS 断面;通过 KS 断面的西北侧的东北向流的流量为 57.4×10^6 m^3/s,而其东南侧为逆流,流量为 17.9×10^6 m^3/s。从上述分析可知,九州之东南西边界流来源有两个,一是来自东海黑潮,通过吐噶喇海峡进入 KS 断面,二是来自琉球群岛以东海流。前者的流量贡献小于 40%,但在其上层,东海黑潮流量所占比例要略增大。在第一、二层的水层中,即 350 m 以上的水层,通过 KS 断面的西北侧的北向流为 27.8×10^6 m^3/s,其中来自 TK 断面的东向流的贡献约为 46%,这与文献[1]的结果类似。这些分析表明,琉球群岛以东的西边界流对日本以南黑潮的贡献是重要的。

最后,我们指出两点:(1)比较这两支西边界流的流速,东海黑潮的流速要大得多;(2)在文献[6]中,采用一般逆方法计算得到在 1987 年 12 月—1988 年 1 月航次黑潮通过 U_1 断面(九州之东南)流量为 63×10^6 m^3/s,此值与本航次不考虑不等式(1)所得通过 KS 断面的东北向流量(62.6×10^6 m^3/s)非常接近。

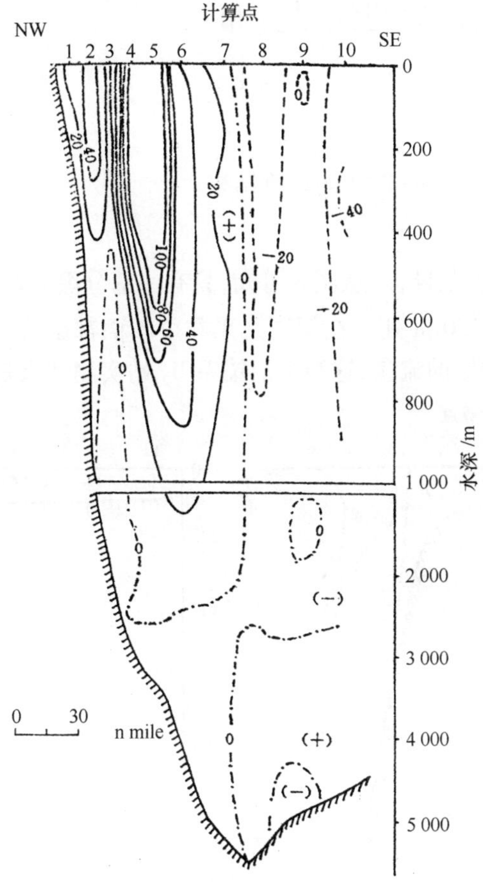

图 6　1990 年 1—2 月航次 KS 断面流速(cm/s)分布

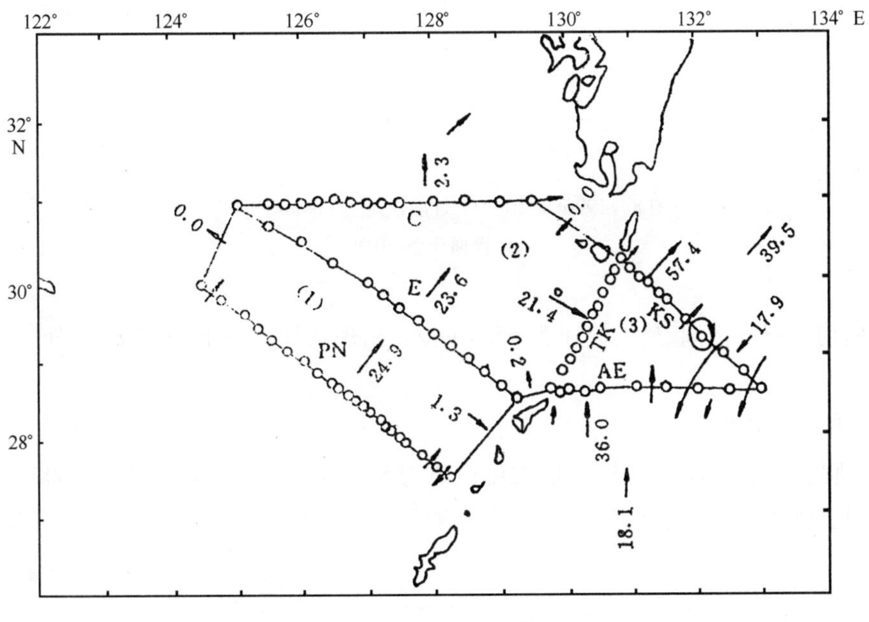

图 7　1990 年 1—2 月航次在各断面上流量(10^6 m^3/s)分布

4　1990 年 10—11 月航次流速与流量分布

4.1　流速分布

与上节类似，本节也只讨论方案 CA-2-2 的计算结果。

4.1.1　S_2 与 S_5 断面的流速分布

S_2 断面是两个系泊测流站所在的断面，从图 8 可知，只有一部分黑潮在 S_2 断面的区域内，其最大流速为 50 cm/s，位于断面最东侧的 125~150 m 处。在深层几乎在全断面都出现逆流。在坡折处也有相当大范围内出现逆流，且近底层流速大于中层的流速，这与系泊锚系 B_2 站实测结果是相一致的。

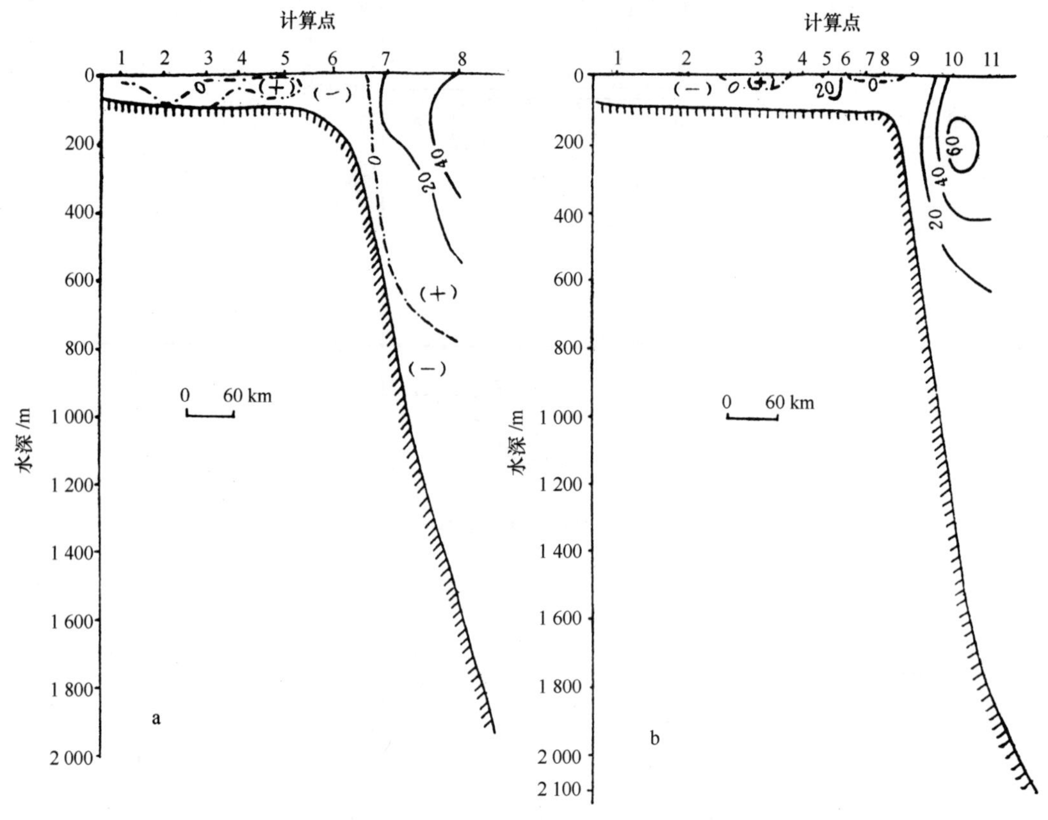

图 8　1990 年 10—11 月航次流速(cm/s)分布

a. S_2 断面；b. S_5 断面

S_5 断面也只横切一部分黑潮，最大流速为 65.4 cm/s，出现在计算点 10 的 200 m 处。在此断面上未发现深层有逆流。

4.1.2　R_1(PN)断面流速分布

图 9 表明，黑潮在 R_1 断面有一个核心，最大流速值为 85.7 cm/s，在计算点 14 的 600 m 处流速仍有 23 cm/s。在海槽西侧出现逆流，但流速不大。在断面西侧陆架上出现了南向流，这可能与该航次较强的西北风有关。

4.2　流量分布

图 10 表示该航次在计算海域各断面上流量分布(方案 CA-2-2)。从图 10 可知，通过断面 S_2 与 S_5 的流量分别为 16.5×10^6 与 22.3×10^6 m^3/s。如上所述，由于断面过短，这些流量并不代表该航次东海黑潮的全部

流量。通过 R_1 断面的流量为 $27.5\times10^6\ m^3/s$。其次，台湾暖流通过计算单元 2 与 3 西侧的流量总共约为 $3\times10^6\ m^3/s$。在此需要指出，两种方案的计算结果在本航次中差别较大，S_2、S_5 与 R_1 断面上流量的相对差分别为 11%，12%与 14%，因此对台湾暖流流量的估算只能作参考。

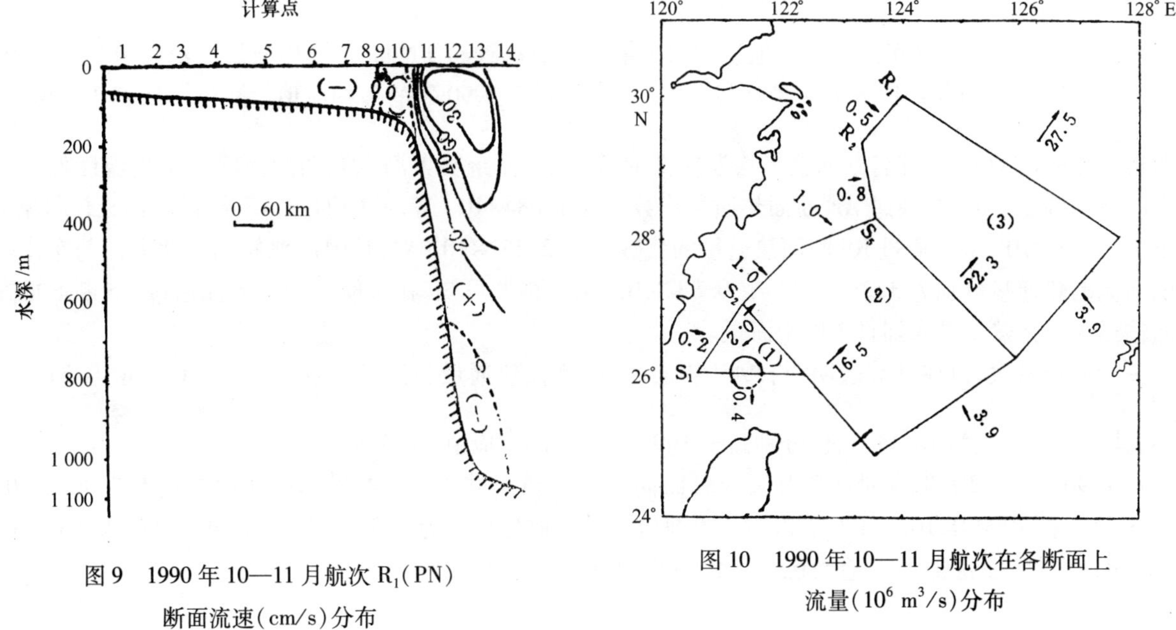

图 9　1990 年 10—11 月航次 R_1(PN) 断面流速(cm/s)分布

图 10　1990 年 10—11 月航次在各断面上流量($10^6\ m^3/s$)分布

5　热通量计算

通过断面 S 的热通量 Q_t 定义为

$$Q_t = \iint_S \rho C_P T\vec{v}\cdot\vec{n}\,\mathrm{d}z\mathrm{d}x. \tag{5}$$

在第二节已指出了满足不等式(1)的必要性，因此本节只讨论满足不等式(1)，即方案 CA-i-2 的计算结果。表 3 和表 4 分别给出了两个航次的计算结果。

表 3　1990 年 1—2 月航次主要断面的热通量 Q_t、流量 Q_m 及 $\widetilde{T}$

断面	PN	E	TK	AE	KS
$Q_t/10^{15}$ W	1.679	1.588	1.392	1.084	2.452
$Q_m/10^6\ m^3\cdot s^{-1}$	24.9	23.6	21.4	18.1	39.5
$\widetilde{T}$/℃	16.47	16.44	15.89	14.63	15.16

表 4　1990 年 10—11 月航次主要断面的热通量 Q_t、流量 Q_m 及 $\widetilde{T}$

断面	S_2	S_5	R_1(PN)
$Q_t/10^{15}$ W	1.298	1.501	2.011
$Q_m/10^6\ m^3\cdot s^{-1}$	16.5	22.3	27.5
$\widetilde{T}$/℃	19.22	16.44	17.86

在表 3 与 4 中，平均温度 $\widetilde{T}$ 定义为

$$\widetilde{T} = Q_t(\rho C_p Q_m)^{-1}. \tag{6}$$

其中 Q_m 为流量。

比较 1989 年与 1990 年两个冬季航次，1989 年 1 月航次通过 PN 断面的热通量与流量分别为 2.057×10^{15} W 与 28.5×10^6 m^3/s，其平均温度为 17.6℃[7]，皆要高于 1990 年的各相应值（表 3）。从表 3 也可知，顺着西边界流的流动方向，在各断面上平均温度 $\widetilde{T}$ 是递减的，而奄美大岛以东西边界流的平均温度低于东海黑潮的平均温度。其次，通过 AE 断面热通量代数和为 1.084×10^{15} W，共中通过 AE 断面西侧的北向流的热通量为 1.916×10^{15} W。通过 KS 断面热通量的代数和为 2.452×10^{15} W，其中西北侧的东北向流与东南侧的西南向流的热通量分别为 3.284×10^{15} 与 -0.832×10^{15} W。由此可知，在该航次西边界流通过 KS 断面向东北方向输运了大量热量进入到日本以南海域。

关于秋季航次，以往计算表明[3]，1989 年通过 R_1 断面热通量与流量分别为 2.29×10^{15} W 与 31.0×10^6 m^3/s，其平均温度 $\widetilde{T}$ 为 18.11℃，也分别高于 1990 年秋季的相应值（见表 4）。

在 1990 年 1—2 月航次时计算海区的海面向大气放热总共为 3.0×10^{13} W，平均放热率为 1.7×10^3 $J/(cm^2\cdot d)$。在 1990 年 10—11 月航次时计算海区向大气放热总共为 4.5×10^{13} W，平均放热率为 2.0×10^3 $J/(cm^2\cdot d)$，但是这两航次的调查海区是不相同的，因此不能互相比较。

6　结语

采用改正逆方法，对 1990 年 1—2 月与 10—11 月两航次调查海区分别进行计算，得到了以下几点：

（1）在调查海区，西边界流包括两个部分，即东海黑潮与琉球群岛以东海流，它们在九州之东南海域汇合，向东北方向进入日本以南海域。以 1990 年 1—2 月航次为例，在奄美大岛以东这支北向西边界流的流量与热通量分别为 36×10^6 m^3/s 与 1.916×10^{15} W，而通过 TK 断面的流量与热通量分别为 21×10^6 m^3/s 与 1.392×10^{15} W，这两支西边界流汇合在 KS 断面，其流量与热通量分别为 57×10^6 m^3/s 与 3.284×10^{15} W，这两支西边界流在 350 m 以上水层流量相差不大。此外，在断面 AE 与 KS 东侧都存在逆流，其流量为 18×10^6 m^3/s。

（2）在 1990 年 10—11 月航次中，实测流与计算结果都表明，在 S_2 断面上陆架坡折处存在逆流，特别在近底层逆流的流速不小。

（3）1990 年冬季航次通过 PN 断面的流量与热通量分别为 25×10^6 m^3/s 与 1.679×10^{15} W，而 1990 年 10—11 月航次通过 R_1（PN）断面的流量与热通量分别为 28×10^6 m^3/s 与 2.011×10^{15} W。

（4）比较各断面的流速，以 1990 年 1—2 月航次为例，在断面 PN，E，TK 与 KS 上最大流速都大于 100 cm/s，但相比之下，KS 断面上流速最强，最大流速可达 165 cm/s。与上述断面相比，AE 断面上流速较小。

（5）通过热平衡分析表明，满足不等式（1）是十分必要的。1990 年冬季航次在计算海区海洋向大气放热为 3.0×10^{13} W，平均放热率为 1.7×10^3 $J/(cm^2\cdot d)$，1990 年 10—11 月航次在计算海区海洋向大气放热为 4.5×10^{13} W，平均放热率为 2.0×10^3 $J/(cm^2\cdot d)$。

参考文献：

[1] Yuan Yaochu, Endoh M, Ishizaki H. The study of the Kuroshio in the East China Sea and currents East of the Ryukyu Islands. Acta Oceanologica Sinica, 1991, 10: 373-391.

[2] Yuan Yaochu, Su Jilan, Pan Ziqin. A study of the Kuroshio in the East China Sea and the currents East of the Ryukyu Islands in 1988//Takano K. Oceanography of Asian Marginal Seas. Elsevier Science Publishers, 1991: 305-319.

[3] 袁耀初，苏纪兰，潘子勤. 1989 年东海黑潮流量与热通量计算//黑潮调查研究论文选（四）. 北京：海洋出版社，1992：253-264.

[4] 中国科学院海洋研究所气象组，中国科学院地理研究所气候组.渤、黄、东海海面热平衡图集，1977：160.

[5] Fiadeiro M E, Veronis G. On the determination of absolute velocities in the ocean. Journal of Marine Research, 1982;40(supp.): 159-182.
[6] 袁耀初,苏纪兰,潘子勤. 1987 年冬季日本以南黑潮流域的海流计算//黑潮调查研究论文选(二). 北京:海洋出版社,1990: 256-266.
[7] 袁耀初,潘子勤,金子郁雄,等.东海黑潮的变异与琉球群岛以东海流//黑潮调查研究论文选(五). 北京:海洋出版社,1993:280-298.

Volume and heat transports of the Kuroshio in the East China Sea in 1990

Yuan Yaochu[1], Su Jilan[1], Pan Ziqin[1]

(1. *Second Institute of Oceanography*, *State Oceanic Administration*, *Hangzhou* 310012, *China*)

Abstract: A modified inverse method is used to compute the Kuroshio in the East China Sea with hydrographic data collected during January-February and October-November, 1990 and the currents east of the Ryukyu Islands with hydrographic data collected during January-February, 1990. The results show that: (1) The volume transport (VT) of the Kuroshio through Section PN is 25×10^6 and 28×10^6 m^3/s, respectively, during Jan.-Feb. and Oct.-Nov., 1990, and the heat transport (HT) of the Kuroshio through Section PN is 1.679×10^{15} and 2.011×10^{15} W, respectively, during Jan.-Feb. and Oct.-Nov., 1990. (2) There are two currents to flow both through section KS southeast of Kyushu. One comes from Section TK (at the Tokara Strait), and its VT and HT at Section TK is 21×10^5 m^3/s and 1.392×10^{15} W, respectively, during Jan.-Feb., 1990. The other comes from section east of Amamioshima Island, and its VT and HT at section east of Amamioshima Island is 36×10^6 m^3/s and 1.916×10^{15} W, respectively, during Jan.-Feb., 1990. (3) There is the Kuroshio countercurrent near the shelf break area, which agrees well with the observed data during Oct.-Nov., 1990. (4) The average rate of heat transfer at the respective computed area from the ocean to the atmosphere is 1.7×10^3 and 2.0×10^3 $J/(cm^2\cdot d)$ during Jan.-Feb. and Oct.-Nov., 1990, respectively.

刊于：黑潮调查研究论文选（五）.北京：海洋出版社，1993：311-324.

东海三维海流的一个预报模式

袁耀初[1]

（1. 国家海洋局 第二海洋研究所，浙江 杭州 310012）

1 引言

关于东海环流的数值研究，已有不少的工作，就研究模式而言，有诊断模式[1-3]、逆模式[4-5]、改正逆模式[6]以及预报模式[7]等。诊断模式与逆模式都是在给定风场与密度场的情况下，计算定态速度场，即这些模式并不考虑密度场与速度场之间相互作用，这是一个缺点。最近袁耀初[7]采用了一个预报模式，计算了冬季东海环流。该计算表明，在倾斜地形下速度场与密度场之间的非线性相互作用是十分重要的。

本文提出了一个三维海流预报模式，利用1987年夏季航次（7月15日—9月16日）的观测资料，对东海三维海流进行了计算，并与诊断计算的结果进行了比较。

2 预报模式方程组

首先我们估算运动方程中时间变化项与非线性项的数量级，Sugimoto等[8]利用东海陆坡海区锚碇测流资料，得到东海黑潮有以11~14 d为主要周期的低频振动。若我们取时间变化特征量 $T\approx 11\ \mathrm{d}=9.504\times10^5\ \mathrm{s}$，$V=1\ \mathrm{m/s}$，$f\approx 7\times10^{-5}\ \mathrm{s}^{-1}$，$L\approx 400\ \mathrm{km}$，则Rossby数 $Ro=\dfrac{V}{fL}\approx 3.6\times10^{-2}$，时间变化项量级为 $1/(fT)\approx 1.5\times10^{-2}$，即动量方程式中时间变化项与非线性项皆是可以忽略的。此外，水平涡动黏滞项也是可以忽略的（参见文献[9]）。取右手坐标系，z 方向向上为正（参见文献[1]），这样动量方程与连续方程简化为

$$\left.\begin{aligned}&A_z\frac{\partial^2 u}{\partial z^2}+fv=\frac{1}{\rho_0}\frac{\partial P}{\partial x}\\&A_z\frac{\partial^2 v}{\partial z^2}-fu=\frac{1}{\rho_0}\frac{\partial P}{\partial y}\\&-\rho g=\frac{\partial P}{\partial z}\\&\frac{\partial u}{\partial x}+\frac{\partial v}{\partial y}+\frac{\partial w}{\partial z}=0\end{aligned}\right\}. \tag{1}$$

其中，ρ_0 为参考密度，A_z 为涡动黏滞系数，其他物理量都是常见的。

在密度方程式中，时间变化项与平流项都是主要项，是不能忽略的，即密度 ρ 满足平流-扩散方程式：

$$\frac{\partial\rho}{\partial t}+u\frac{\partial\rho}{\partial x}+v\frac{\partial\rho}{\partial y}+w\frac{\partial\rho}{\partial z}=K_z\frac{\partial^2\rho}{\partial z^2}+K_{\mathrm{H}}\left(\frac{\partial^2\rho}{\partial x^2}+\frac{\partial^2\rho}{\partial y}\right). \tag{2}$$

式中 K_{H} 与 K_z 分别为水平的与垂直的涡动扩散系数。

在海表面上边界条件为

$$\left.\begin{aligned}\rho_0 A_z \frac{\partial u}{\partial z} = \tau_x \\ \rho_0 A_z \frac{\partial v}{\partial z} = \tau_y\end{aligned}\right\}, \tag{3}$$

$$w = u\frac{\partial \zeta}{\partial x} + v\frac{\partial \zeta}{\partial y}, \tag{4}$$

以及

$$\rho\mid_{z=0} = \rho_s, \tag{5}$$

或者

$$K_z \frac{\partial \rho}{\partial z}\bigg|_{z=0} = Q_s. \tag{5}'$$

其中，$\boldsymbol{\tau}(\tau_x,\tau_y)$为风应力矢量，$\rho_s$ 为海表面密度，$\zeta(x,y,t)$为海水表面高度，Q_s 为海面密度通量，由于缺乏 Q_s 资料，本计算采用式(5)。

从方程(1)的第三式，对压力 P 积分得到

$$P = \rho_0 g\zeta + \int_z^0 \rho g \mathrm{d}z.$$

在海底 $Z=-H(x,y)$上边界条件为

$$u = v = w = 0, \tag{6}$$

以及

$$\rho(x,y,z)\mid_{Z=-H} = \rho_b, \tag{7}$$

或者

$$\frac{\partial \rho}{\partial n} = 0. \tag{7}'$$

这里 ρ_b 为海底的密度分布。

在侧面上密度的边界条件由实测资料给定。

关于 $\zeta(x,y,t)$的控制方程，由文献[1-3]可知，满足以下方程式：

$$\gamma\nabla^2\zeta - J(\zeta,H) = \frac{1}{\rho_0 g}\vec{k}\cdot\Delta x\tau + \frac{1}{\rho_0}J(\phi_H,H) - \frac{\gamma}{\rho_0}\nabla^2\phi_H. \tag{8}$$

式中 $\phi = \int_z^0 \rho \mathrm{d}z$，$\gamma = \frac{1}{2a}$，$a = \sqrt{\frac{f}{2A_z}}$，$J$ 表示 Jacobian。注意到，由于 ρ 是时间 t 的函数，因此 ζ 也是时间 t 的函数。关于方程(8)的边界条件讨论，参见文献[1-3]。

关于上述方程组的初始条件，密度场利用水文观测资料，而速度场与 ζ 场则利用诊断计算的结果[1-3]。

方程组(1)、(2)与(8)，在上述边界条件与初始条件下可以数值求解。方程(1)与(8)的数值求解方法参见文献[1-3]，方程(2)的数值求解方法可参见 Sarkisyan 方法[10]。最后，我们通过数值求解，可以获得一个稳定解。

3　计算参数与数值计算

图 1 表示计算海区与计算网格，y 轴方向与正北方向的夹角为 35°。网格有两类，分别用实线与虚线表示。变量 ρ(或者 σ_t)，ζ 与 w 都在实线的网格点(i,j)上，u，v 以及 τ_x，τ_y 在虚线网格点$(i+0.5,j+0.5)$上，水平网格 $\Delta x=44.04$ km，$\Delta y=48.36$ km，垂直方向上网格点为 0，5，10，20，30，50，75，100，125，150，200，250，300 m，以下为每增加 100 m 为一个网格点，一直到海底。$\Delta t=0.1$ d$=8\ 640$ s，计算参数 $A_z=10^{-2}$ m²/s，$K_H=5\times10^2$ m²/s，$K_z=10^{-3}$ m²/s 以及 $f=6.621\times10^{-5}$ s^{-1}。由于缺乏详细风场资料，本计算假定风场是均匀的，利用实测资料，得到平均风速为 9.1 m/s，风向南(180°)。

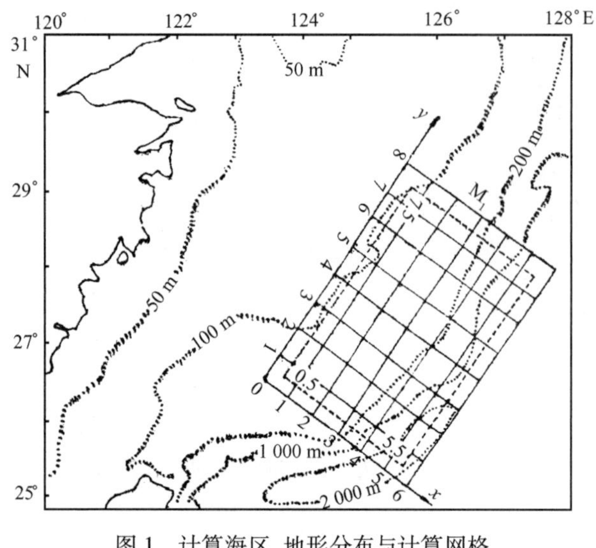

图 1　计算海区、地形分布与计算网格

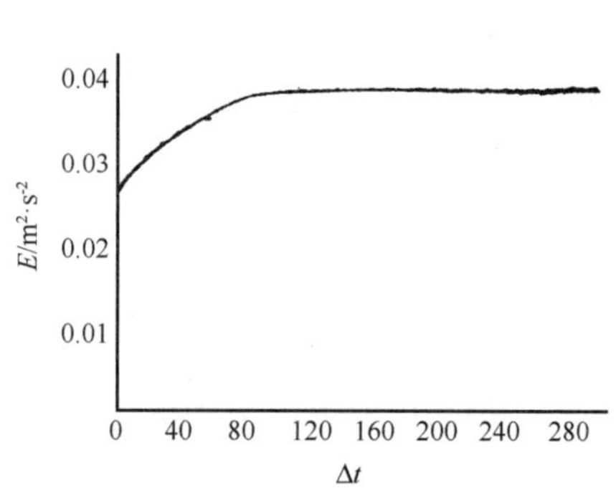

图 2　单位质量平均动能 E 随时间 $n\Delta t$ 的变化

在本数值计算中，取稳定性判据为

$$\max_{\{i,j,k\}}\left|\frac{\rho_{i,j,k}^{(n+1)}-\rho_{i,j,k}^{(n)}}{\rho_{i,j,k}^{(n)}}\right|\leqslant 5\times 10^{-6} \tag{9}$$

与

$$\left|\frac{E^{(n+1)}-E^{(n)}}{E^{(n)}}\right|\leqslant 10^{-4}. \tag{10}$$

式中

$$E=\iiint_V \frac{1}{2}(u^2+v^2)\,\mathrm{d}x\mathrm{d}y\mathrm{d}z/V. \tag{11}$$

图 2 表示单位质量平均动能 E 随时间的变化，从图 2 可知，当 $t\geqslant 150\Delta t$，$E(t)$ 几乎没有变化，事实上 $E(150\Delta t)=0.038\ 90\ \mathrm{m^2/s^2}$，$E(200\Delta t)=0.039\ 02\ \mathrm{m^2/s^2}$，$E(250\Delta t)=E(300\Delta t)=0.039\ 06\ \mathrm{m^2/s^2}$，即此时条件(9)与(10)都满足，表示当 $t\geqslant 150\Delta t$ 时已达到稳定态。

最后，我们讨论本航次实测流，以作对比。在 1987 年 7—8 月航次只有一个锚碇站的资料，即 M_1 站(图 1)，它虽然位于本计算海区之外，但与 u、v 的计算点(3.5，7.5)相距约 44 km。表 1、表 2 分别给出了 M_1 站实测流速值与计算点(3.5，7.5)的流速值。从文献[11]的分析可知，在 5 m 水层因受海面风的影响较大，流向变化范围较大，主要方向为 21°～49°。表 1 中列出的平均流速与流向均不含潮流成分。

表 1　M_1 站平均实测流速(cm/s)与流向(°)

水深/m	测层/m	有效观测时段	流速 V	流向 θ*
195	5	7 月 17 日-7 月 24 日	48.8	24
	54	7 月 17 日-8 月 6 日	33.0	35

* 与正北方向顺时针夹角。

从表 2 可知，诊断计算与预报计算的结果相差不大，在 0 m 层速度相对差为 6.6%，方向相差 2°，而在 50 m 处，速度相对差为 4.6%，方向相差 6°。再与锚碇站 M_1 的平均实测流相比(表 1 与表 2)，在各水层，它们的流向上差不大，例如在 0 m 层，锚碇站 M_1 的流向主要分布在 21°～49°，而诊断计算与预报计算点的流向也都在此范围内；在 50 m 处，它们的流向相差更小。但诊断计算与预报计算的速度值都要大于实测值。由于计算点(3.5，7.5)与锚碇站 M_1 相距约为 44 km，因而上述的比较，仅作参考。

表 2　在计算点(3.5,7.5)处诊断计算与预报计算的流速(cm/s)与流向(°)

水层/m	诊断计算($t=\Delta t$)		预报计算($t=300\Delta t$)	
	V_D	θ_D	V_P	θ_P
0	57.7	42	61.8	40
50	47.2	35	49.5	41

4　数值计算结果与讨论

4.1　$\zeta(x,y,t)$的结果

图 3 表示各时刻$\zeta(x,y,t)$分布，在ζ等值线的密集处即为黑潮主流区，在$t=\Delta t$时(图 3a)相应为诊断计算的结果，当$t=10\Delta t=1$ d 时，在计算海区东南侧首先出现尺度不大的反气旋式涡(图 3b)，随t增加此涡进一步发展(图 3c)，在$t=100\Delta t$以后，该涡趋向于稳定(图 3d~f)。其次，在海区东北侧当$t=20\Delta t$时也形成一个尺度较小的反气旋式涡，当t增加此涡也进一步发展(图 3c,d)，一直当$t\geqslant150\Delta t$时，该涡也趋向稳定(图 3e,f)。从上述ζ场变化可知，ζ场也是在$t\geqslant150\Delta t$时，达到稳定解，这是与第二节动能变化的趋向是一致的。

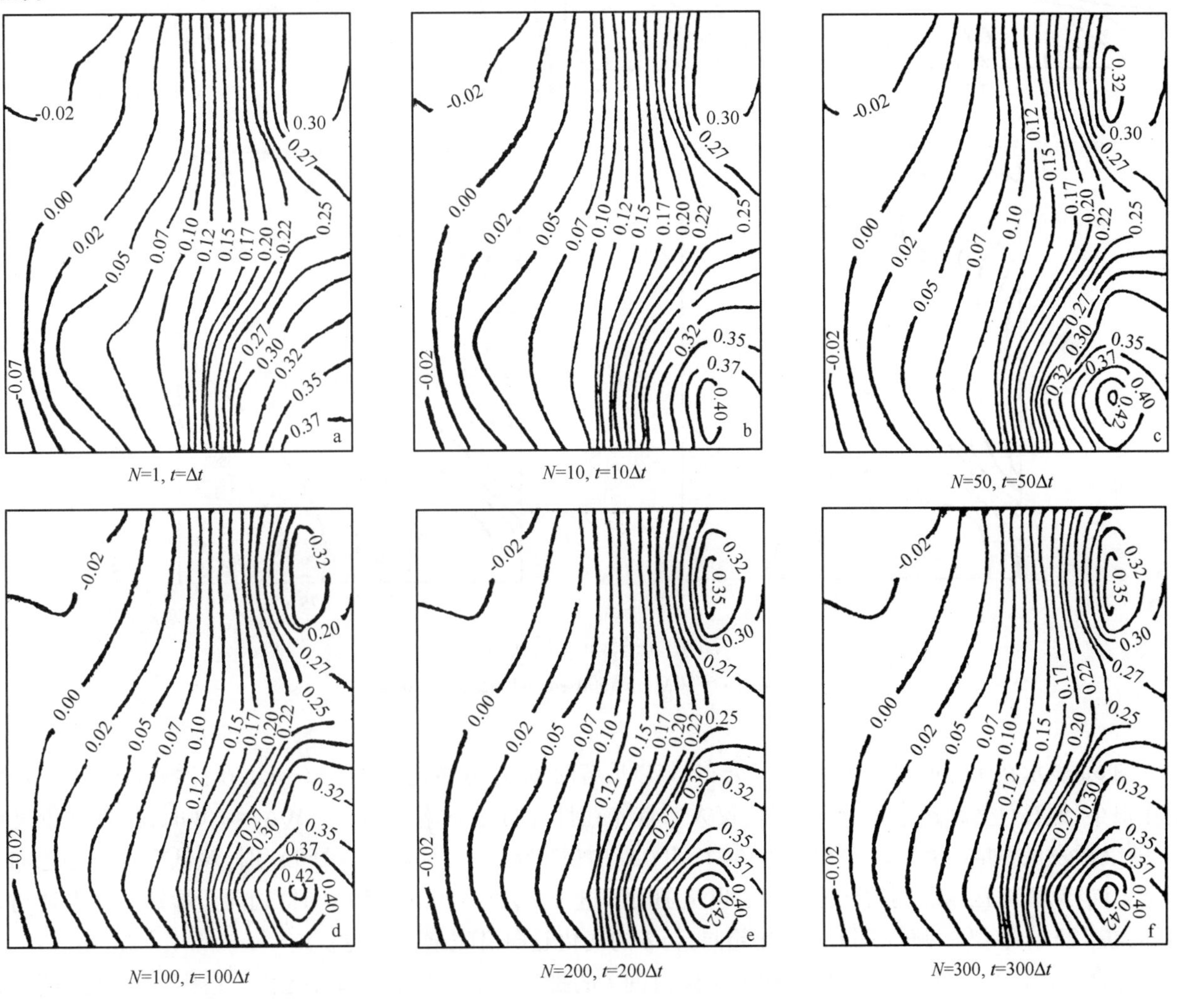

图 3　水面高度$\zeta(x,y,t)$分布

再比较诊断计算的结果(图3a)与预报计算的结果(图3e或f)。在计算海区西侧,两者差别很小,但在海区东侧,两者差别较大,在预报计算的结果中,海区的东南侧与东北侧分别都存在一个中尺度反气旋式涡,但诊断计算并不存在这两个涡。可知,在海区东侧预报模式的计算是十分必要的。

4.2　密度场分布

图4a~e表示在75 m水层各时刻σ_t分布。图4a表示初始时σ_t分布,当$t=10\Delta t=1$ d时(图4b),σ_t的变化较大,特别在海区西侧,当$t=50\Delta t$,几乎在整个海区σ_t都有变化(图4c)。当$t=100\Delta t$时,与$t=50\Delta t$时σ_t分布比较,在海区北侧变化较大(图4c与d),一直到$t\geqslant150\Delta t$时,σ_t趋向稳定(图4e)。

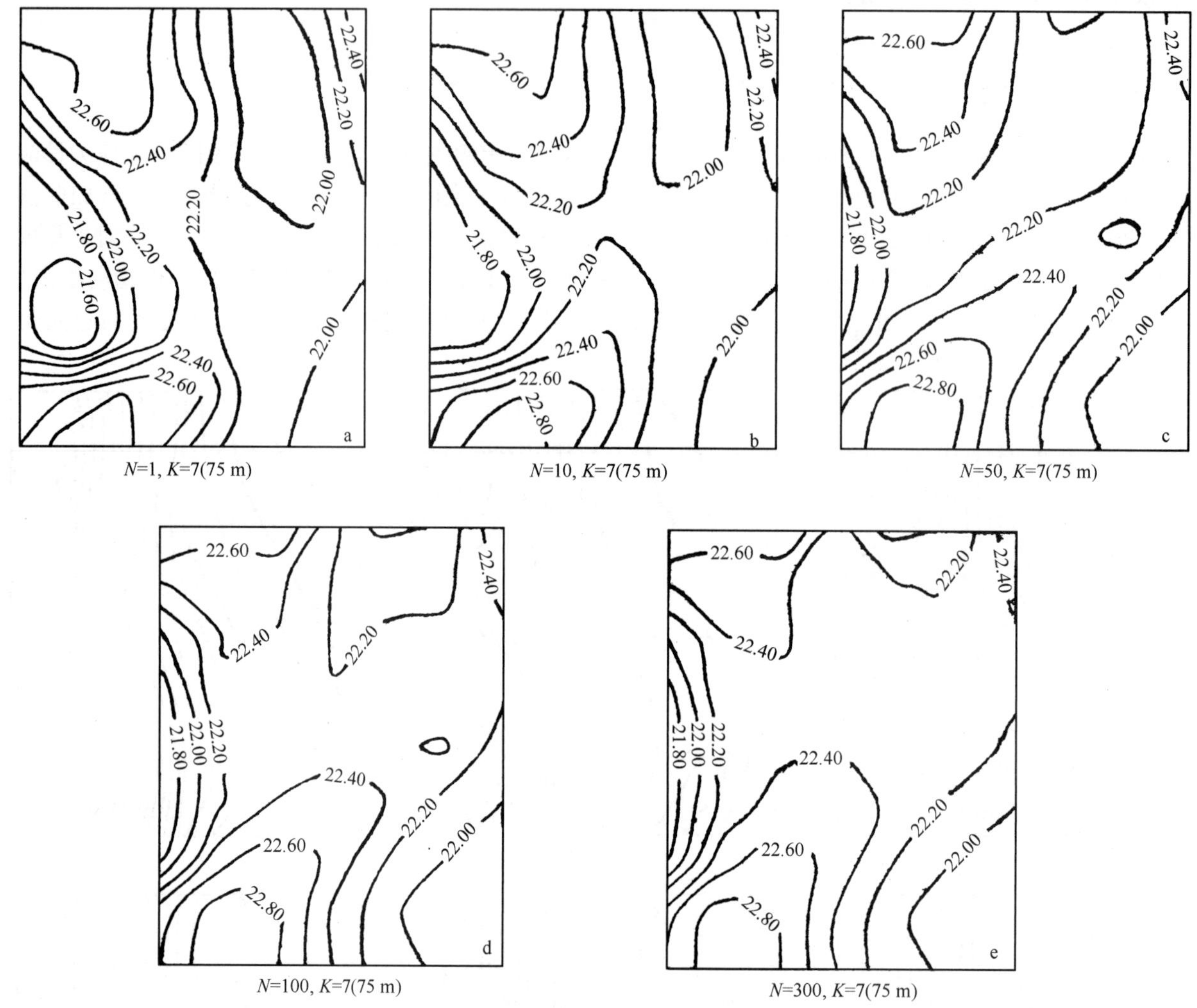

图4　在75 m水层σ_t分布

a.$t=\Delta t$;b.$t=10\Delta t$;c.$t=50\Delta t$;d.$t=100\Delta t$;e.$t=300\Delta t$

图5a表示在125 m水层初始时σ_t分布,与以后各时刻σ_t分布比较(图5a~d),在计算海区西侧,σ_t的变化很小,但在计算海区东侧σ_t的变化较大。首先在计算海区东南侧,当$t=10\Delta t=1$ d时,出现低密度中心,并继续发展,如在$t=50\Delta t$时(图5b)与$t=100\Delta t$时(图5c),一直到当$t\geqslant150\Delta t$时,该低密度中心趋向于稳定。同样,在海区东北侧的低密度中心也是随时间进一步发展,当$t\geqslant150\Delta t$时,趋向于稳定。从上述讨论可知,在125 m水层σ_t随时间t的变化趋向,与ζ的变化趋向是完全一致的。

综合上述讨论,密度σ_t在75 m的水层随时间t的推移,几乎全海区都有变化。在中、下水层,例如在125 m水层,随时间t增加,σ_t在海区西侧变化很小,但在海区东侧变化较大,而影响ζ场与速度场的变化主要决定于中、下层的密度场。

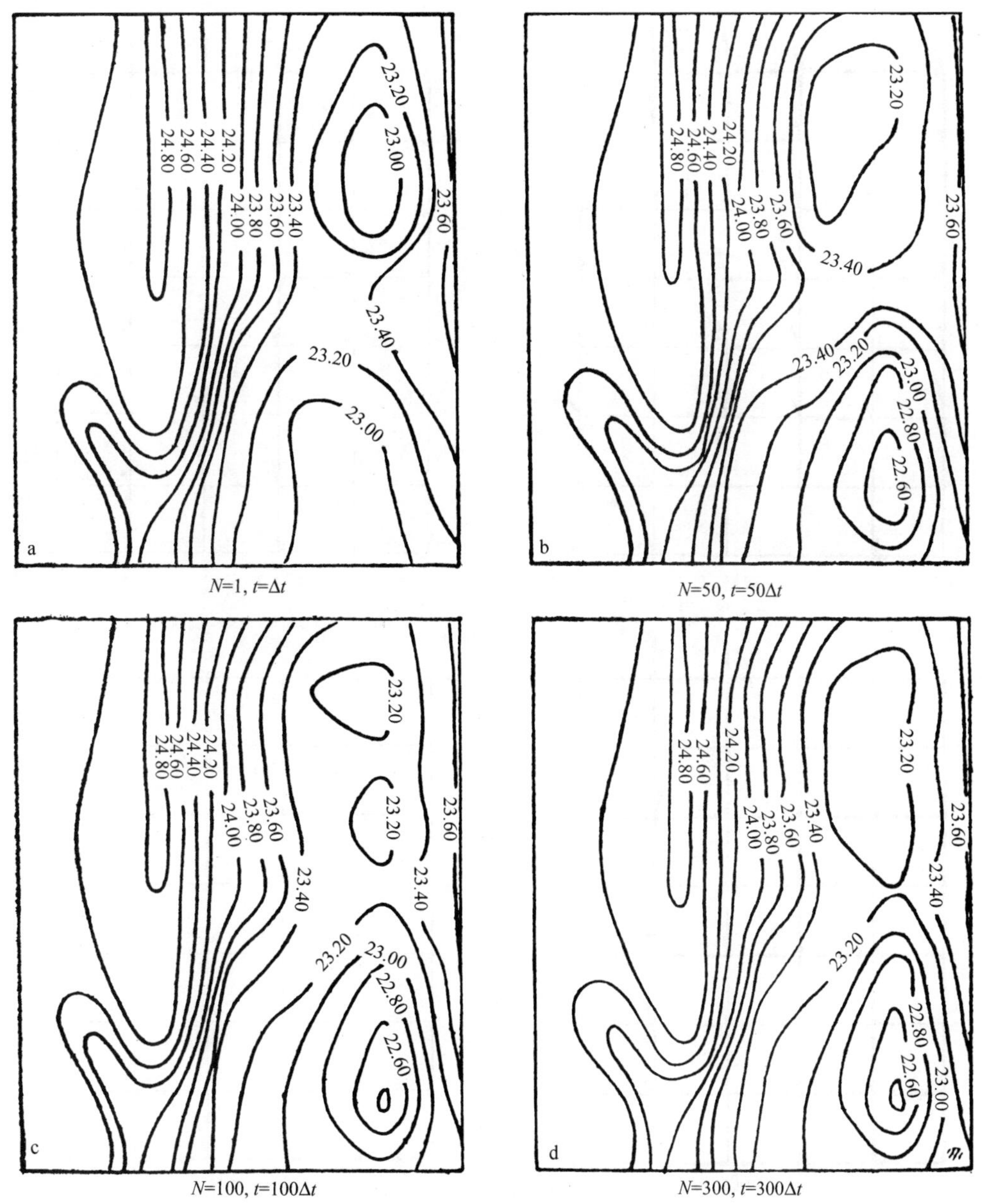

图 5　在 125 m 水层 σ_t 分布

4.3　水平速度场

诊断计算的结果示于图 6a~d。在表层（图 6a），所有计算点的流向都是偏北的，黑潮主轴位于等深线 200 m 与 1 000 m 之间，即位于 $i=3.5$ 或 $i=4.5$ 处（图 1 与图 6a）。最大流速值为 81.2 cm/s，流向为 35°（注意到 y 轴方向与正北方向夹角为 35°），位于计算点（3.5，0.5）处，即位于本海区地形梯度最大的断面 $j=0.5$ 坡折处。在 75 m 与 125 m 水层的最大流速值分别为 64.6 与 56.0 cm/s，流向为 35°与 32°，也都位于计算点（3.5，0.5）（图 6b，c）。但在 200 m 水层，最大流速值位于计算点（4.5，7.5）处，其值为 44.1 cm/s，方向 35°。在 200 m 以深水层，水平流速明显减小。在 500 m 水层，最大流速值为 25.1 cm/s，方向为 62°，位于计算点（4.5，1.5）。

图 7 表示预报模式在各水层的水平速度分布（$t=300\Delta t$ 时结果）。在表层（图 7a），与诊断计算的结果一样，黑潮主轴位于等深线 200 m 与 1 000 m 之间，即位于 $i=3.5$ 或 $i=4.5$ 处（图 1 与图 7a）。最大流速值为 84.5 cm/s，流向为 30°，位于计算点（3.5，0.5）处，即在地形梯度最大的断面 $i=0.5$ 坡折处，此最大值比诊断计

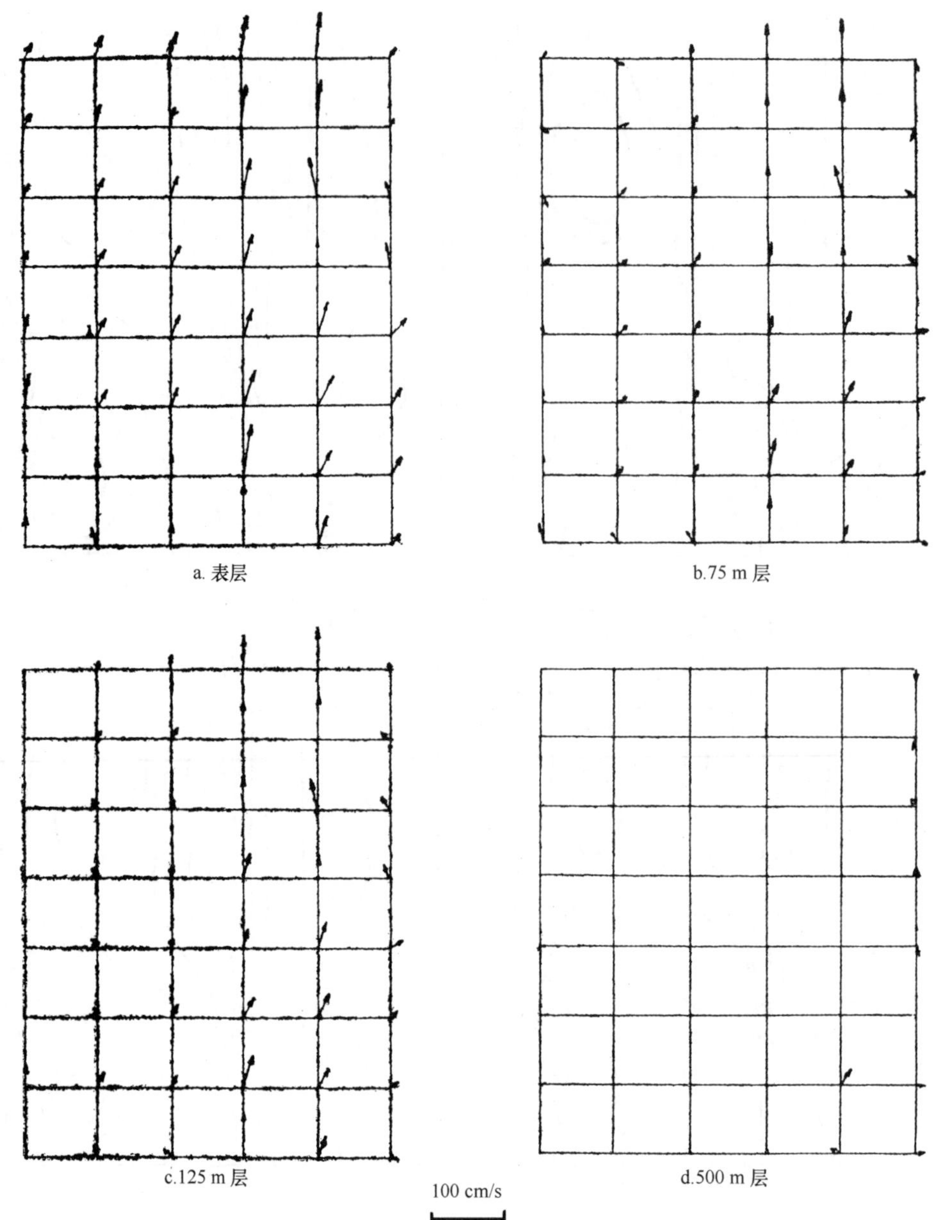

图 6　诊断计算($t=\Delta t$ 时)的水平速度分布

算的大 4%,流向相差 5°。在 75 m 与 125 m 水层的最大流速值分别为 69.8 与 64.6 cm/s,流向都为 26°,都位于计算点(3.5,0.5)(图 7b 与 c)。但在 200 m 水层,最大流速值位于(4.5,6.5)处。在 200 m 以深水层,水平流速也明显减小。在 500 m 水层,最大流速值为 26.0 cm/s,流向为 0°,位于计算点(5.5,5.5)(图 7d)。其次,预报计算的结果还表明,在海区东南侧从表层至 500 m 水层都存在一个中尺度反气旋式涡,而在东北侧则从表层到 150 m 水层也存在一个中尺度反气旋式涡。这两个中尺度涡在诊断计算的结果中(图 6)却不存在。这些结论与上述 ζ 场的诊断与预报计算的结果,是相一致的。

4.4　速度的垂直方向分量 w 分布

速度的垂直方向分量 w 可以通过连续方程数值求解获得。由于在(i,j)点的 w 值是从该点周围的虚线网格点上(u,v)求得,因此 w 的计算值只在计算区域内部的计算点才有定义。本小节讨论诊断模式与预报模式的 w 计算结果,并以 $j=3$ 与 5 两个断面为例(图 8 与 9)。

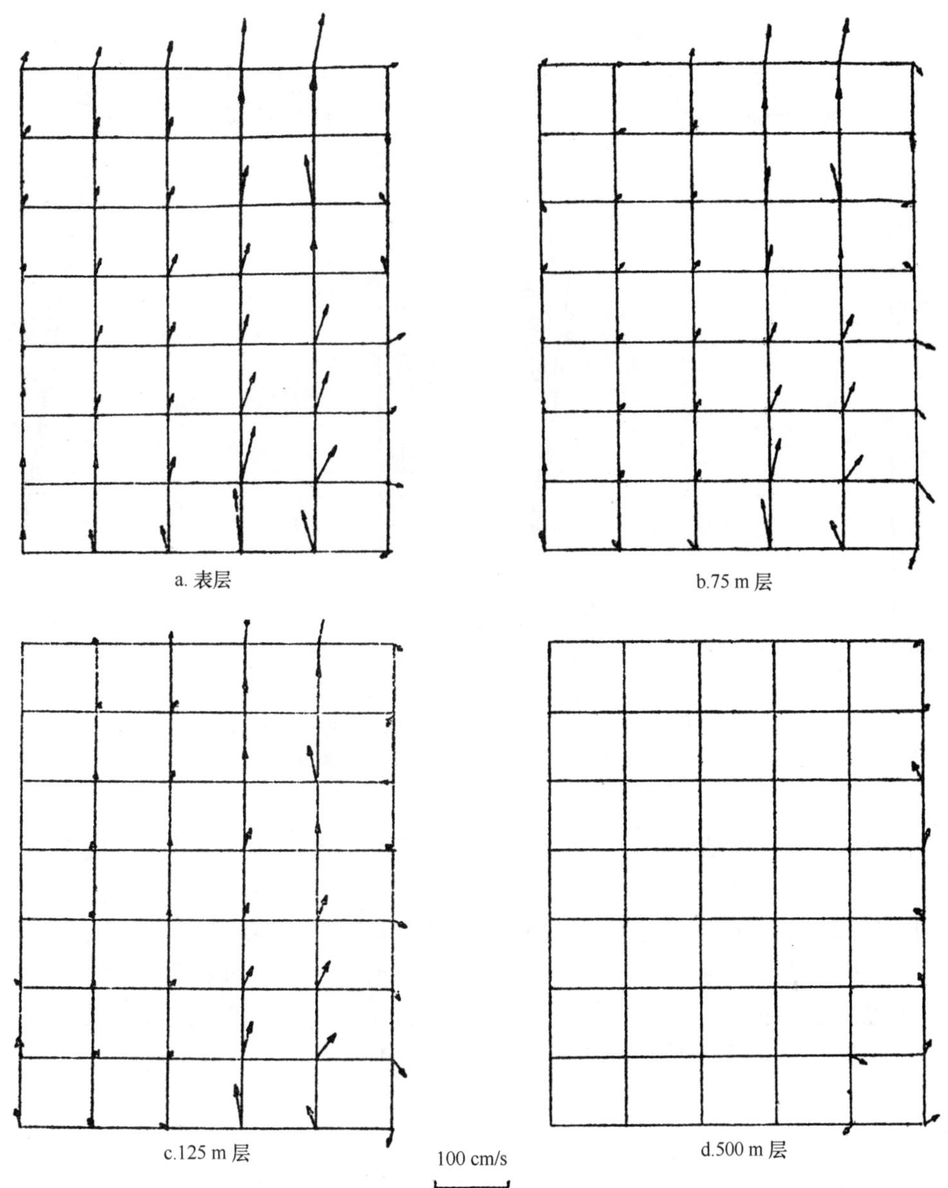

图 7　预报计算（$t=300\Delta t$ 时）的水平速度分布

$j=3$ 断面上诊断计算的结果（$t=\Delta t$，图 8a）表明，在该断面基本上被上升流（$w>0$）所支配，下降流（$w<0$）只出现在断面西侧，且比上升流 w 小 1~2 个数量级。上升流 w 值在坡折处很大，最大 w 值为 0.031 cm/s，出现在 $i=5$ 的 300 m 水层，在 $i=4$ 处，最大 w 值出现 125 m 水层，其值为 4×10^{-3} cm/s。与预报计算结果（$t=300\Delta t$，图 8b）相比较，断面西侧相差不大，但在东侧 $i=5$ 处，相差很大，即诊断计算结果出现强上升流，而预报计算结果则出现强的下降流。这个重大差别的原因是由于两个模式的水平速度在海区的东南侧有大的差别，诊断计算不存在涡（图 6），而预报计算存在一个中尺度的反气旋涡，涡的中心区位于 $j=1$，2 两个断面的 $i=5$ 处（图 7），而 $j=3$，$i=5$ 的计算点位于该涡的北部，故出现下降流。在 $j=3$ 断面，预报计算的最大 w 的绝对值为 1.9×10^{-2} cm/s，出现在 $i=5$ 的 400 m 水层。在计算点 $i=4$ 处，诊断与预报两个计算 w 值都是正的，即皆为上升流，预报计算在 $i=4$ 处最大 w 值为 9×10^{-3} cm/s，位于 150 m 水层，该值要大于诊断计算在 $i=4$ 处的最大 w 值。

在 $j=5$ 断面上诊断计算的结果（图 9a）表明，在该断面上基本被下降流所支配，而上升流只出现在断面西侧不大的范围内，与预报模式的计算结果（图 9b）相比较，两个计算的 w 结果在定性上基本一致，即

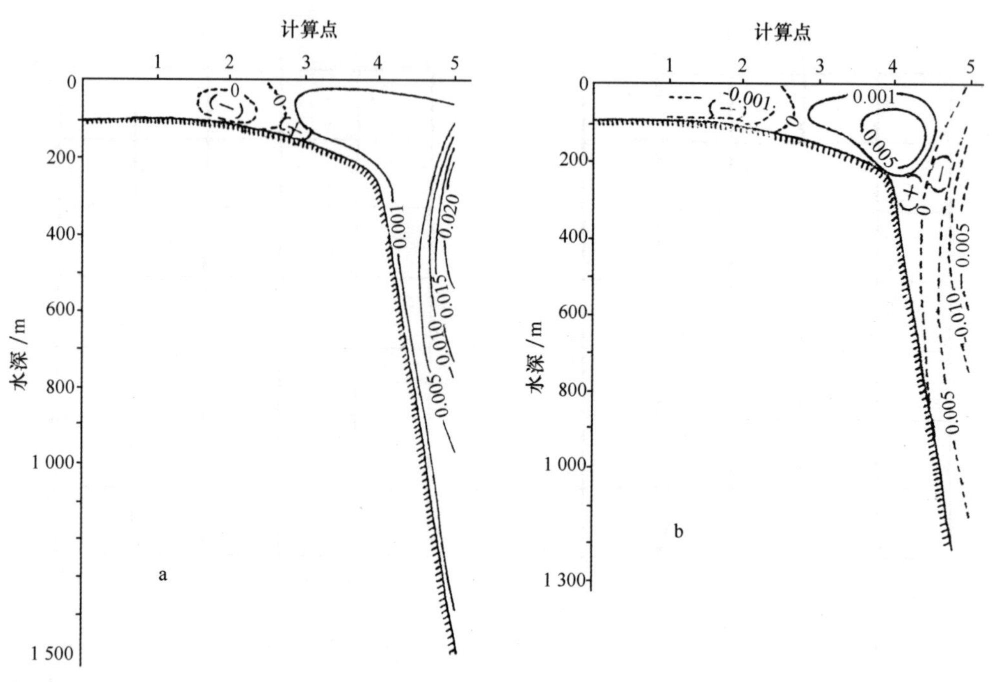

图 8　在断面 $j=3$ 上速度的垂直方向分量 w(cm/s)分布

a. 诊断计算($t=\Delta t$);b. 预报计算($t=300\Delta t$)

使在海区的东侧($i=5$),两者都是下降流,诊断与预报计算在 $j=5$ 断面上最大 w 的绝对值分别为 2.0×10^{-2} 与 5.5×10^{-2} cm/s,分别位于 $i=5$ 的 400 m 与 300 m 水层,在 $i=4$ 处,诊断与预报计算的最大 w 的绝对值分别为 7×10^{-3} 与 5×10^{-3} cm/s,分别位于 125 m 与 150 m 水层。这些比较表明,两个计算在定量上存在差别,但在定性上基本是一致的。在 $j=1$ 与 2 两个断面的东侧,在(5,1)和(5,2)处诊断计算结果在该两处也都出现下降流,这表明下降流并不一定都在反气旋涡区域出现。其次,在 $j=1$,2 两断面的 $i=4$ 处,与 $j=3$ 断面类似,诊断与预报两个计算在整个水层内也被上升流所支配。限于篇幅,对其他断面的 w 值,不再详述。

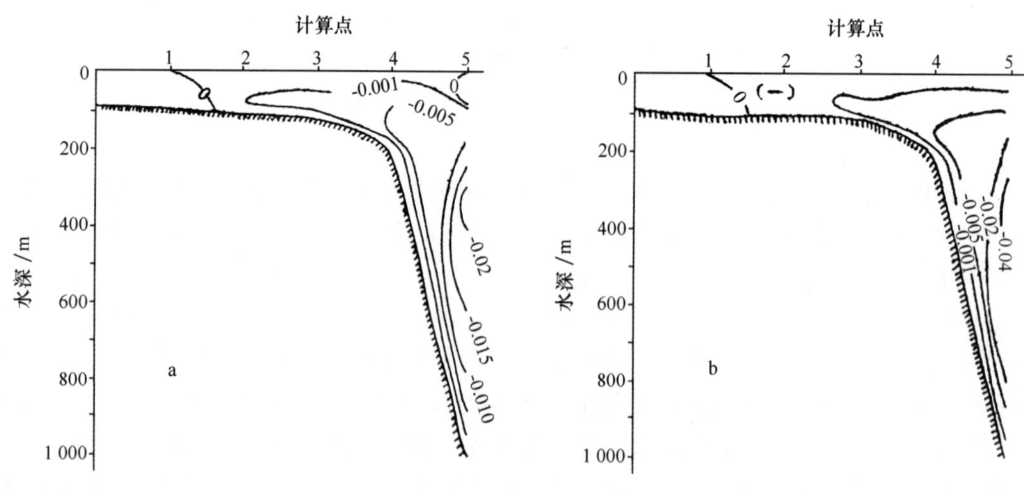

图 9　在断面 $j=5$ 上速度的垂直方向分量 w(cm/s)分布

a. 诊断计算($t=\Delta t$);b. 预报计算($t=300\Delta t$)

5　结论

利用 1987 年夏季航次的调查资料，对东海环流分别进行了诊断与预报两个计算，可以得到以下的几个主要结论：

(1)本计算在 $t \geqslant 150\Delta t$(15 d)时，已满足稳定性判别式，即已达到稳定解，例如 $t=200\Delta t$ 与 $t=300\Delta t$ 时两个解几乎完全一致。

(2)诊断与预报两个计算都表明，东海黑潮的主轴位于 200 m 与 1 000 m 等深线之间，诊断与预报计算在本海区得到东海黑潮的最大流速分别为 81.2 和 84.5 cm/s，与之相应的流向分别为 35°与 30°，都位于本海区地形梯度最大的南侧的坡折处。

(3)比较诊断与预报两个计算结果，无论是 ζ 场或者 (u,v) 场，在海区西侧两者的差别较小，但在海区东侧差别较大，预报模式的结果为，在海区的东南侧与东北侧分别存在一个中尺度反气旋涡，而诊断计算的结果都不存在这两个涡。

(4)比较诊断计算时采用的密度场与预报计算得到的密度场，发现在上层，例如 75 m 水层，两者几乎在全海区都有差别。在中、下层，例如在 125 m 水层，两者在海区西侧差别很小，但在东侧则有较大差别，而 ζ 与速度场主要决定于中、下层的密度场。

(5)比较诊断计算与预报计算的 w 值，在有些断面，例如 $j=5$ 断面，两者在定性上基本一致，但定量上有差别，在有的断面，例如 $j=3$ 断面，两者只在海区的东侧 $i=5$ 有较大的差别，而在其余处，两者则定性上基本一致。诊断与预报两个计算在每个 j 断面上最大 w 的绝对值都出现在断面的坡折处，两者的数量级皆为 10^{-2} cm/s。

致谢：本计算程序是由倪菊芬高级工程师编制的，并进行上机计算，本人谨表衷心的感谢。

参考文献：

[1]　Yuan Yaochu, Su Jilan, Xia Songyun. A diagnostic model of summer circulation on the northwest shelf of the East China Sea. Progress in Oceanography, 1986, 17: 163-176.

[2]　Yuan Yaochu, Su Jilan, Xia Songyun. Three dimensional diagnostic calculation of circulation over the East China Sca Shelf. Acta Oceanologica Sinica. 1987, 6(supp.1): 36-50.

[3]　Yuan Yaochu, Su Jilan. The Calculation of Kuroshio Current structure in the East China Sea—Early summer 1986. Progress in Oceanography, 1988, 21: 343-361.

[4]　Yuan Yaochu, Endoh M, Ishizaki H. The study of the Kuroshio in the East China Sea and the currents East of the Ryukyu Islands. Acta Oceanologica Sinica, 1991, 10: 373-391.

[5]　Yuan Yaochu, Su Jilan, Pan Ziqin. A study of the Kuroshio in the China Sea and the Currents East of the Ryukyu Islands in 1988//Takano K. Oceanography of Asian Marginal Seas. Elsevier Science Publishers, 1991: 305-319.

[6]　袁耀初，苏纪兰，潘子勤. 1989 年东海黑潮流量与热通量计算//黑潮调查研究论文选(四).北京：海洋出版社，1992: 253-264.

[7]　袁耀初，苏纪兰，倪菊芬.东中国海冬季环流的一个预报模式研究//黑潮调查研究论文选(二).北京：海洋出版社，1990: 169-186.

[8]　Takashige Sugimoto, Shingo Kimura, Kuniaki Miyaji. Meander of the Kuroshio front and current variability in the East China Sea. Journal of the Oceanographlcal Society of Japan, 1988, 44: 125-135.

[9]　Yuan Yaochu, Su Jilan. A two-layer circulation model of the East China Sea//Proceedings of the International Symposium on the Continental Shelf, with Special Reference to the East China Sea. Beijing: China Ocean Press, 1983: 364-374.

[10]　Sarkisyan A S. Numerical Analysis and Prediction of Current. Gidrometeoizdat, Leningrad, 1977: 179.

[11]　苏玉芬，浦泳修. 1987 年 7—8 月东海测流点的潮流和余流特征//黑潮调查研究论文选(二).北京：海洋出版社，1990: 198-207.

A prognostic model of the three dimonsional circulation in the East China Sea

Yuan Yaochu[1]

(1. *Second Institute of Oceanography*, *State Oceanic Administration*, *Hangzhou* 310012, *China*)

Abstract: On the basis of hydrographic data and moored current meter records obtained during a summer cruise (July 15–September 16, 1987), a three dimensional prognostic calculation of the circulation in the East China Sea is performed in the survey area. Comparing the results of diagnostic calculation with the results of prognostic calculation, it is found that: (1) There are small differences between the two results over the continental shelf region. (2) Both the diagnostic and prognostic calculations show that the current speeds of the Kuroshio in the central part of the computational region are less than those near the southern and northern boundaries. (3) The prognostic calculation shows an anticyclonic eddy east of main current of the Kuroshio extending from the surface to 500 m depth, while the diagnostic calculation does not show it. (4) The vertical velocity component from prognostic calculation at the shelf break is quite small (about 10^{-5} cm/s) at the surface and increases rapidly to a maximum value of 5.72×10^{-2} cm/s near the bottom. This shows that the Kuroshio water is lifted from deep layers upward to the shelf.

刊于:中国海洋学文集,第 5 集.北京:海洋出版社, 1995:1-11.

1991 年秋季东海黑潮与琉球群岛以东的海流

袁耀初[1],高野健三[2],潘子勤[1],苏纪兰[1],川建和雄[3],
今胁资朗[3],于洪华[1],陈洪[1],市川洋[4],马谷绅一郎[3]

(1. 国家海洋局 第二海洋研究所,浙江 杭州 310012;2.日本筑波大学,筑波;3.日本九州大学,春日;4.日本鹿儿岛大学,鹿儿岛)

摘要:基于 1991 年 10—11 月中日黑潮联合调查的水文资料及锚碇测流资料,采用改进逆方法计算了东海黑潮及琉球群岛以东海流。在调查期间黑潮通过断面 P_{25}、$P_{CM1-2-w}$ 与 P_3(见图 1)的流量分别为 27.4×10^6,26.3×10^6 与 26.0×10^6 m^3/s。在东海黑潮以东,存在反气旋再生环流,并伴随逆流。实测与计算均表明在琉球群岛以东存在西边界流,称为琉球海流。它在冲绳岛以东断面 $P_{CM1-2-E}$ 有两个核心。一个位于地形梯度最大处,其最大速度约为 20 cm/s,在 500~600 m 之间。另一个核心位于第 1 个核心以东 200 m 以上水层。这支西边界流在 1991 年秋季主要位于 1 400 m 以上水层;其流量,在西表岛与石垣岛以东断面约为 21. 4×10^6 m^3/s,而在冲绳岛以东断面约为 12. 4×10^6 m^3/s。在琉球海流以下存在一支南向潜流。

关键词:东海黑潮;琉球海流;深层南向逆流;反气旋式涡

前言

关于东海黑潮的流速结构与流量计算近来有不少研究,其计算方法有动力计算方法(例如文献[1])、诊断模式(如文献[2])、逆模式[3-4]、改进逆方法[5]及预报模式(如文献[6-7])。关于东海黑潮的流量,袁耀初等[8]采用改进逆方法得到的计算结果表明,自 1987 年至 1990 年 10 个航次通过东海 PN 断面的平均流量约为 29×10^6 m^3/s。

与上述研究相比,对琉球群岛以东的海流研究却很少。为了简便,我们称琉球群岛以东的西边界流为琉球海流[9]。袁耀初等[3-4]首次指出这支流有以下的特性:(1)它常有两个核心,一个核心位于海底地形梯度最大处,在 300~800 m 水层,另一个位于第 1 个核心以东;(2)在琉球海流以下,存在一支南向流。而在琉球海流以东也存在一支南向逆流,并伴随中尺度反气旋涡旋。关于它的流量,可能是由于各航次观测断面的尺度不相等,它的计算流量变化较大[8]。其最大的计算流量约与东海黑潮的平均流量相当[8]。

为了进一步研究琉球群岛两侧的西边界流,国家海洋局第二海洋研究所与日本筑波大学、九州大学及鹿儿岛大学进行了 1991 年 10—11 月及 1992 年 9 月两个航次联合调查,我们获得了这两个航次的水文资料及 3 个锚碇测流系统的海流资料。3 个锚碇测流系统在 1991 年 11 月被施放在冲绳以东海域 OA、OB 与 OC 站(见图 1),于 1992 年 9 月成功地收回。本文利用 1991 年秋季航次水文资料及测流资料,采用由袁耀初等[5]提出的改进逆方法,计算琉球群岛两侧的海流结构与流量。

1 数值计算

本文采用袁耀初等[5]提出的改进逆方法,细节可参考文献[3]。在 1991 年 10—11 月航次调查海区可分 4 个闭合域(boxes),其中两个在东海,两个在琉球群岛以东海域(图 1)。水文站的序号与锚碇测流站 OA,OB 及 OC 的位置,见图 1;计算点位于两个相邻水文站中间。断面 S_5 的大部分位于冲绳海槽上沿着较狭窄的谷(gap)(图 1)。由于没有设置冲绳海槽上垂直于此谷的断面,这对讨论琉球群岛链两侧的水交换,可能并不十分理想。

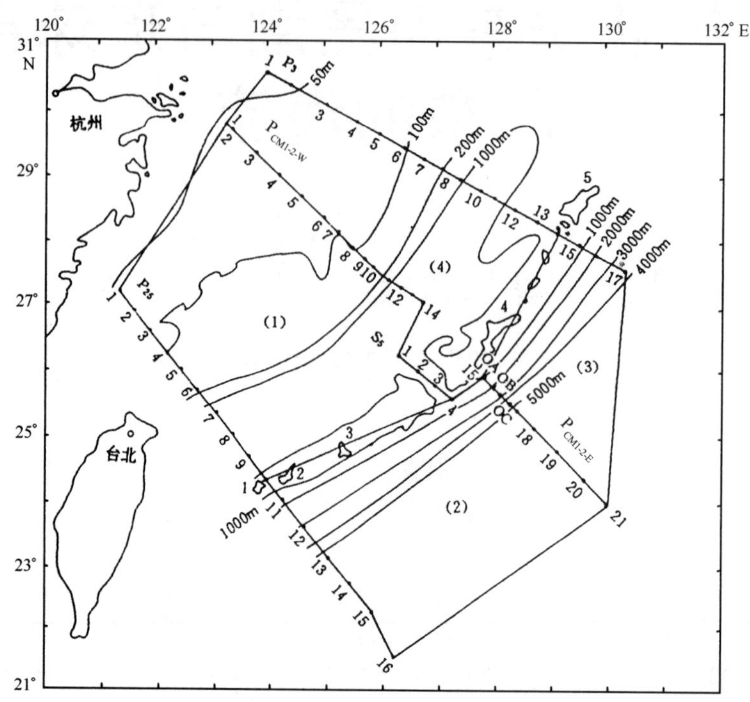

图 1　1991 年 10—11 月航次计算海区地形分布(m)水文站;锚碇测流站 OA,OB 与 OC,与计算闭合域(boxes)
(1.西表岛,2.石垣岛,3.宫古岛,4.冲绳岛,5.奄美大岛)

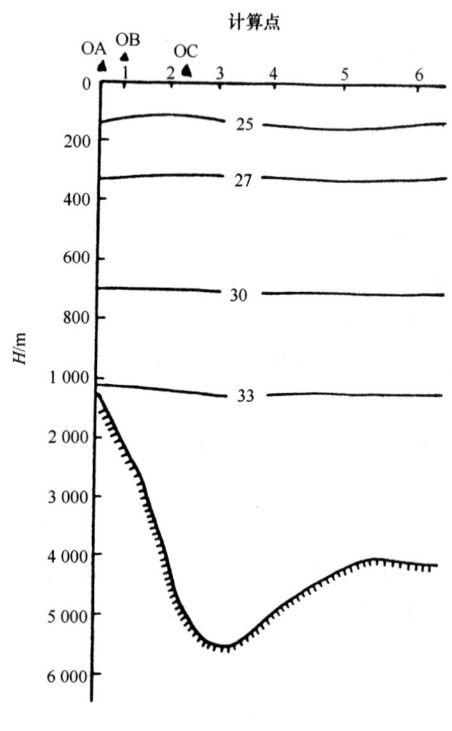

图 2　1991 年秋季航次断面 $P_{CM1-2-E}$ 上的分层位置

在计算中每一个闭合域(box)在垂直方向上初分为 5 层,其中 4 个交界面上 $\sigma_{t,p}$ 值分别为 25,27,30 与 33。作为一个例子,图 2 表示该航次在 $P_{CM1-2-E}$ 断面上各层所在的位置,$\sigma_{t,p}$ = 25,27,30 与 33 对应深度(H)分别为 130～150 m,330～345 m,700 m,1 200 m 左右(图 2)。

由于缺乏详细的风场资料,本计算假定风速是均匀的,风场资料来自"实验"号船上测量,取平均风速值为 8.6 m/s,风向为 42°(东北风)。垂直涡动系数 A_z 与垂直扩散系数 κ_v 分别取为 10^{-2} m²/s 与 10^{-3} m²/s(参见文献[5])。

有 3 个锚碇测流站,即 OA 站(水深约为 1 000 m)、OB 站(水深约为 2 022 m)及 OC 站(水深约为 4 630 m),均位于断面 $P_{CM1-2-E}$ 上(图 1)。在 1991 年 11 月期间,它们的低通的时间平均流速被表示于表 1。考虑到有些海流计有效工作时间较短,时间平均周期是这样取的:它开始于海流计最初的有效记录,终于最终的有效记录(在 1991 年 11 月以内)或者 1991 年 11 月 30 日(倘若该观测层海流计有效记录在 11 月 30 日以后)。图 3 表明,在求平均的周期内低通海流颇为定常。图 1 表明 OA 及 OC 都不在计算点上,只有 OB 站位于断面 $P_{CM1-2-E}$ 的计算点 1 上。因此,在 OB 站测深 1 890 m 上平均流速(表 1)在计算中可以作为已知值。其次在计算点 2 的 2 000 m 处的流速值,可从 OB 站

1 890 m 观测平均流速值与 OC 站 2 000 m 处观测平均流速值(表 1)内插获得，故其也作为计算中已知值。

表 1　在 1991 年 11 月观测海流的低通的时间平均流速

锚碇站	水深/m	求平均的资料时段	测深/m	V/cm·s^{-1}	θ/(°)	V'/cm·s^{-1}
OA	1 000	1991-11-04—11	570	21.70	66.8	19.80
		1991-11-04—15	870	5.00	50.9	4.95
OB	2 020	1991-11-04—30	1 890	4.36	253.0	-3.78
OC	4 630	1991-11-14—30	700	10.07	330.4	3.01
		1991-11-13—30	2 000	4.24	225.0	-4.24
		1991-11-13—30	4 500	2.58	220.0	-2.58

V 为平均流速的绝对值；θ 为流速方向，与正北向顺时针方向的夹角；V' 为平均的观测流速在垂直于断面 $P_{CM1-2-E}$ 方向上的分量，正值：北向，负值：南向。

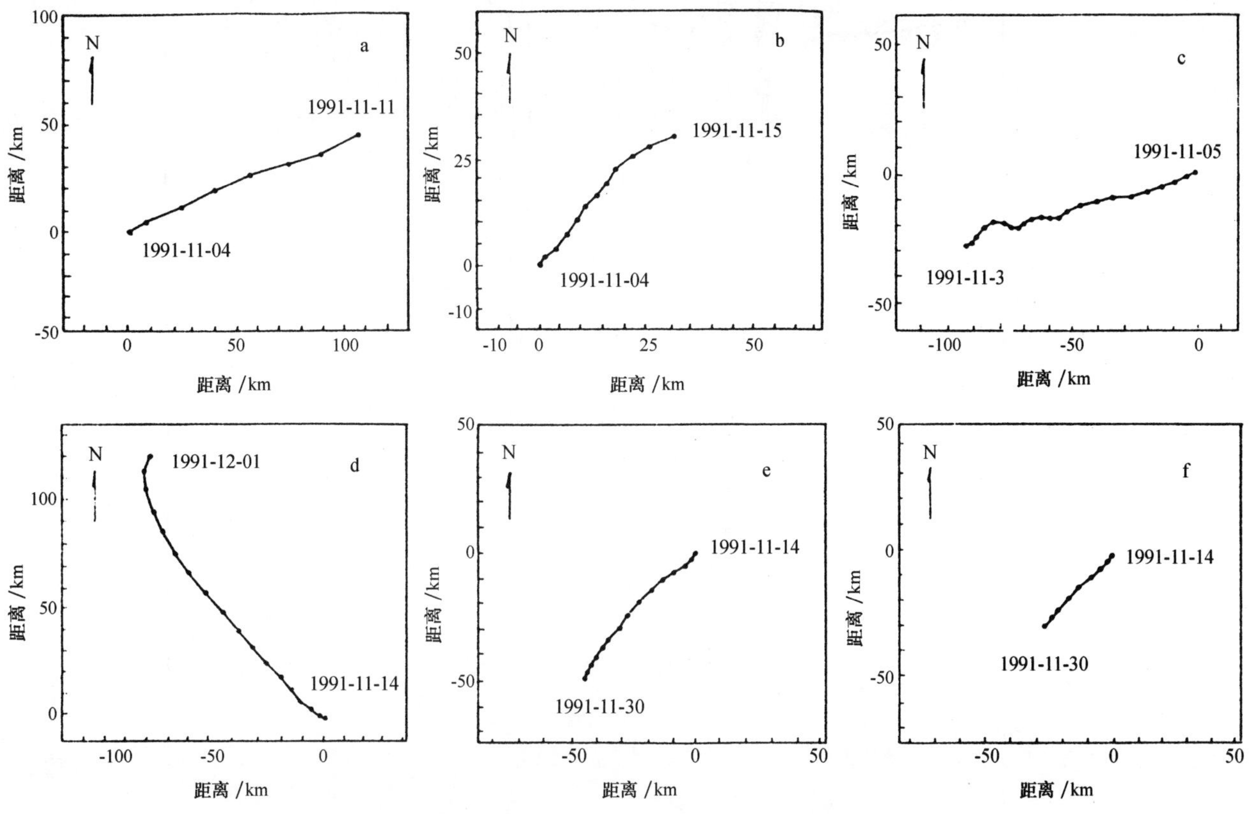

图 3　1991 年秋季航次观测的海流前进矢量

a.OA 站 570 m 处　b.OA 站 870 m 处　c.OB 站 1 890 m 处　d.OC 站 700 m 处

e.OC 站 2 000 m 处　f.OC 站 4 500 m 处。曲线两个相邻点的时间间隔为 1 d

本文采用了 Fiadeiro 与 Veronis 方法[10]确定最佳参考面位置。利用该方法，可得到本航次计算海域最佳参考面为 2 500 m。当水深小于 2 500 m 的计算点，则最佳参考面为该处的水深。

2　1991 秋季流速分布

本节将分别讨论计算海区各断面上的流速分布。

2.1　断面 P_{25}

断面 P_{25} 可分为两个部分,即西表岛以西海域(计算点 1~9)以及西表岛以东海域(计算点 10~15)(图 4)。

在西表岛以西海域,黑潮核心位于陆坡上,即在计算点 6 附近(图 4)。在计算点 6 的 150 m 以浅水层,流速均大于 100 cm/s,其最大流速值为 154 cm/s,在海表面上。在 500 m 以深,每一层上最大流速值的位置向东移向计算点 7。这与以前的研究[2]相一致。在黑潮以东出现逆流,其流速并不小,逆流的核心位于计算点 9 附近 700~1 000 m 之间水层,其最大流速值为 21 cm/s,在 800 m 处(图 4)。在黑潮以西、台湾以北的陆架上,存在一个气旋式的冷涡,其中心位于 26°8.72′N,122°14. 11′E。在 P_{25} 断面上温度分布也揭示此涡存在。对此冷涡的讨论,文献[3-4]也曾指出过。

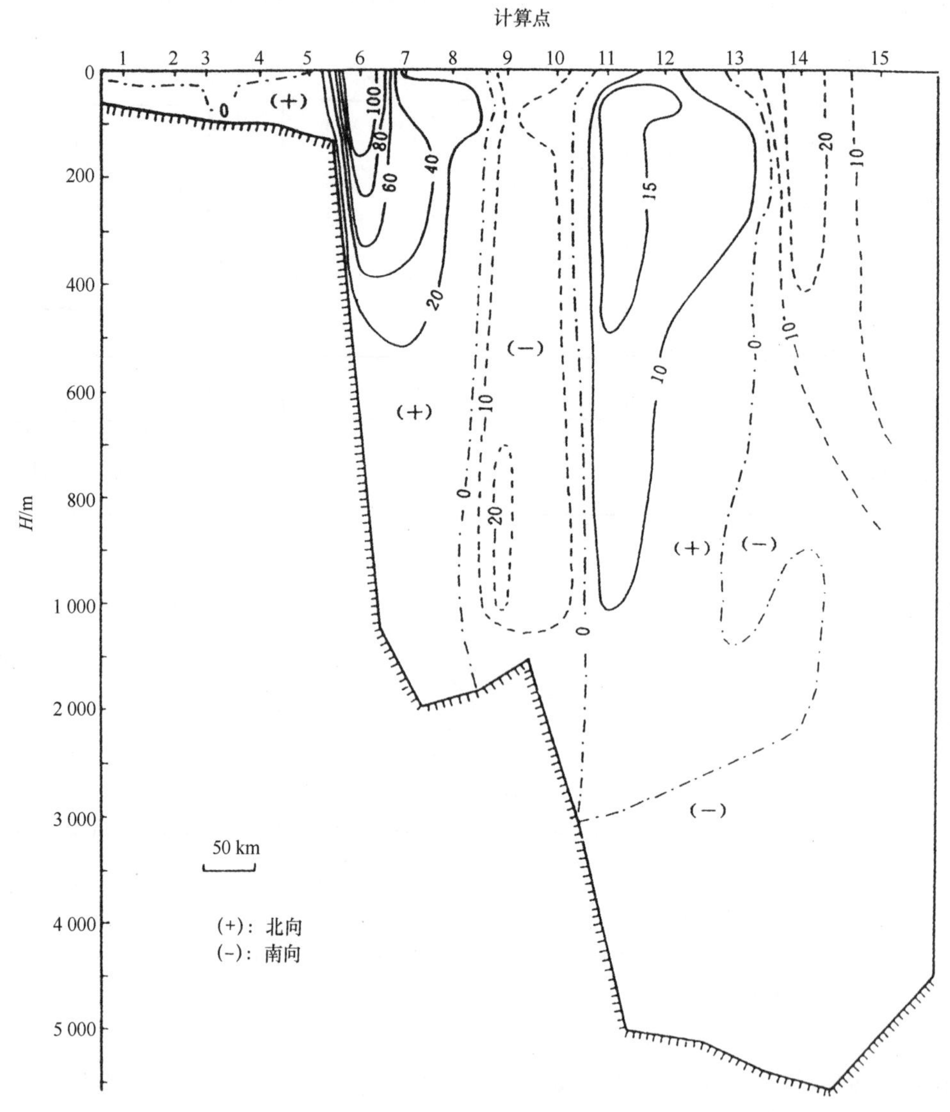

图 4　1991 年秋季断面 P_{25} 上流速分布(单位:cm/s)

在西表岛以东海域,明显地存在一支北向流,即琉球海流(图 4)。其核心出现在地形梯度最大处 50 m 至 800 m 水层。在此核心内流速随深度变化不大,即流速度变化的范围为 12~19 cm/s(图 4)。在这支北向流以下出现南向流。在琉球海流以东也出现一支南向流(图 4),它的最大流速值约为 29 cm/s,在计算点 14 的海表面。在计算点 10,即西表岛附近,也出现南向流。这表明,在西表岛两侧流速有相同的流向(图 4)。

2.2　断面 $P_{CM1-2-W}$，$P_{CM1-2-E}$及 P_3

图 5a 表示该航次在 $P_{CM1-2-W}$断面上流速分布。与断面 P_{25}流速分布相类似，黑潮核心也在陆坡上。其最大流速值为 136 cm/s，在 30 m 处。在深层出现一支弱南向流。由于这个观测断面较短，没有扩展到冲绳海槽东侧，因此在黑潮以东经常出现的逆流在此地无法显示出来。

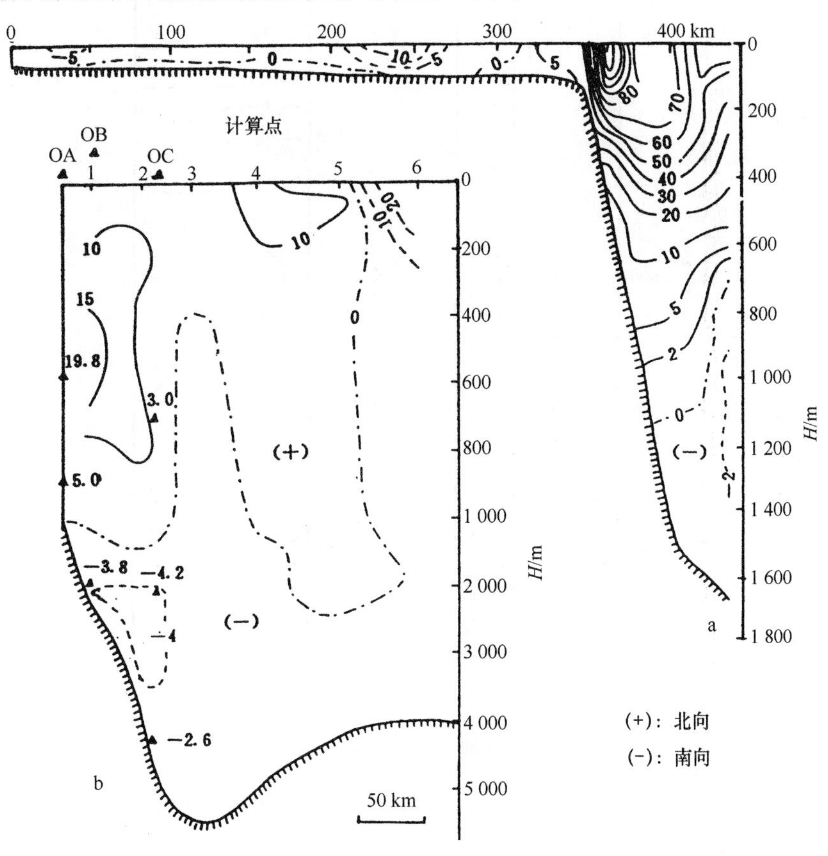

图 5　1991 年秋季流速分布

a.断面 $P_{CM1-2-W}$，b.断面 $P_{CM1-2-E}$（单位：cm/s）；▲为海流计的位置

断面 $P_{CM1-2-E}$位于冲渑岛东南（图 1）。图 5b 表明在该航次断面 $P_{CM1-2-E}$的大部分是北向流，它有两个核心，一个位于地形梯度最大处 150~800 m 水层，在 500 m 与 600 m 处其流速分别为 16.3 与 16.1 cm/s。另一个位于计算点 4 附近 200 m 以浅水层，它的最大流速约为 15.2 cm/s，在 50 m 处。在 OA 站测流层 570 m 与 870 m 处平均的观测流速在垂直于断面 $P_{CM1-2-E}$方向上的分量分别为 19.8 与 5 cm/s（表 1 与图 5b）。图 5b 表明，在 570 m 处海流计位于流速大于 15 cm/s 的核心内，而 870 m 处海流计则位于等速线 10 与 0 cm/s 之间，这证实计算结果与 OA 站实测流的值在定性上相一致。其次图 5b 又表明，计算结果与 OC 站实测流的值也是一致的。在琉球海流以下存在一支不弱的南向流。它的位置在计算点 1 与 2 分别位于 1 000 m 与 1 400 m 以下水层。它的流速在计算点 1 与 2 的 2 000 m 处分别约为 4.2 与 4.1 cm/s。它的最大流速为 5.2 cm/s，在 2 500 m 处。在断面 $P_{CM1-2-E}$东侧也存在一支南向流，它的流速在 150 m 以浅水层均大于 20 cm/s。

最后，我们比较在 1987 年秋季在冲绳岛东南断面的流速分布[3]，发现两者的速度分布的特性十分相似。

如前面已指出的，S_5 断面的大部分位于冲绳海槽上沿着狭的谷（图 1）。S_5 断面的速度分布表明在断面西侧与东侧都存在南向流，而在中间部分则存在北向流（图 6a）。图 6b 表明低盐水似乎从东向西入侵，这与以前的结果[11]相一致。

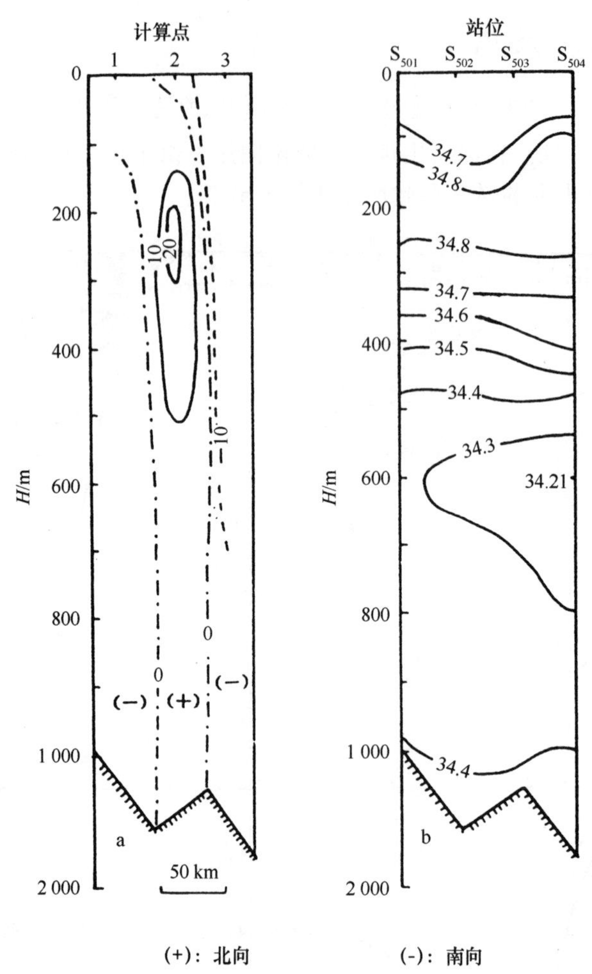

图 6　1991 年秋季在断面 S_5 上 a.速度分布(单位:cm/s);b.盐度分布

2.3　断面 P_3

P_3 断面也可分为两个部分,即西部分(计算点 1~13),在东海位于 PN 断面以北,及东部分(计算点 14~16),位于奄美大岛东南(见图 1)。以下我们分别讨论它们的流速分布。

在西部(计算点 1~13),图 7 表明在断面 P_3 黑潮核心也位于坡折处,即计算点 8 与 9 附近,它的最大流速值为 92 cm/s,在计算点 9 的 100 m 处,与断面 P_{25} 与 $P_{CM1-2-W}$ 上的最大流速相比,明显地减小。在黑潮以下出现南向流。在黑潮以东也出现南向流,其最大流速可达 26 cm/s,在计算点 12 的 125 m 处。在计算点 13,即 P_3 断面的东海最东的计算点,又出现北向流,但其流速不大。

在 P_3 断面的东部(计算点 14~16),即奄美大岛东南,测线较短(见图 1)。图 7 表明只在计算点 15 出现南向流,其余两个计算点 14 与 16 都出现北向流。这些北向流与南向流的核心都位于次表层。南向流较强,它的最大流速可达 72 cm/s,在 250 m 处。

3　1991 年秋季流量分布

图 8 表示 1991 年秋季在计算海区总的流量分布。图 8 表明在西表岛以西出现一个强的反气旋涡,其总流量约为 11×10^6 m^3/s。在此强涡以西,通过断面 P_{25} 的东海部分的总流量约为 27.4×10^6 m^3/s,流向为北。通过 $P_{CM1-2-W}$ 断面的北向流量为 26.1×10^6 m^3/s,而通过 P_3 断面在水文站 12 以西部分(图 1 与图 8)的北向流

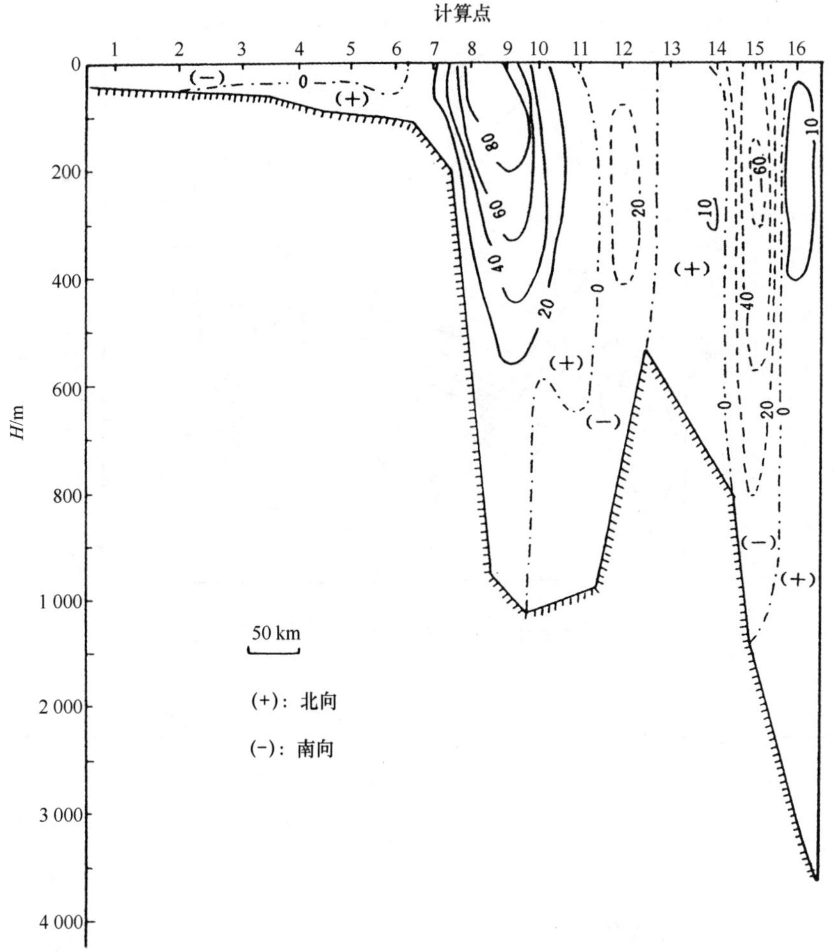

图 7　1991 年秋季 P_3 断面的流速分布（单位：cm/s）

量为 $25.8\times10^6\ m^3/s$。东海黑潮通过断面 P_{25}、$P_{CM1-2-W}$ 与 P_3 的流量分别为 27.4，26.3 与 $26.0\times10^6\ m^3/s$。这些流量值很接近 1987 年秋季黑潮通过 PN 断面的流量 $26.0\times10^6\ m^3/s$[3]。图 8 表明在琉球群岛以西，于黑潮与南向流之间出现一个再生环流的（recirculating）反气旋式涡。水平方向的温度分布（图 9）与盐度分布也明显地反映这个反气旋式涡的存在。袁耀初等预报模式的计算结果[12]也表明这个反气旋式的再生环流的存在。

以下我们讨论在琉球群岛以东海区的流量分布。图 8 表明通过断面 P_{25} 在西表岛以东部分北向与南向流的总流量分别为 19.4×10^6 与 $18.6\times10^6\ m^3/s$。南向流的总流量分为两个部分，一部分在西侧，其流量为 $8.9\times10^6\ m^3/s$，另一部分在东侧，其流量为 $9.7\times10^6\ m^3/s$。通过 $P_{CM1-2-E}$ 断面的西与东部分的流量分别为 6.4×10^6（北向）与 $5.8\times10^6\ m^3/s$（南向）（图 8）。琉球海流通过断面 $P_{CM1-2-E}$ 的流量为 $12.4\times10^6\ m^3/s$，在琉球海流以下存在南向流，其流量为 $6.0\times10^6\ m^3/s$。图 8 表明在琉球群岛以东通过断面 P_3 北向与南向流的流量分别为 9.1×10^6 与 $8.2\times10^6\ m^3/s$。

最后，通过宫古岛与冲绳岛之间海域的流量约为 $5.8\times10^6\ m^3/s$，其净流向（东南向与西北向的值的代数和）为东南向。

4　结语

本文采用改进逆方法，利用 1991 年秋季航次获得的水文资料与实测流的资料，对东海黑潮与琉球群岛以东的海流进行了计算，得到以下的主要结果：

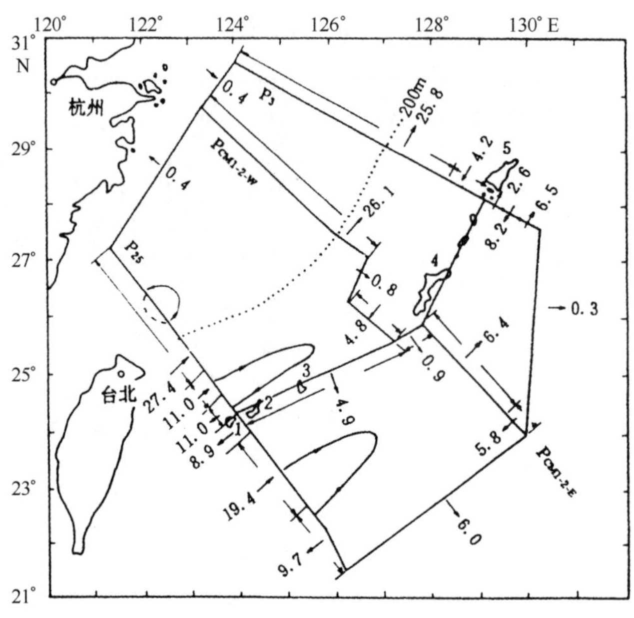

图 8　1991 年秋季在计算海域总的流量分布(单位:10^6 m^3/s)

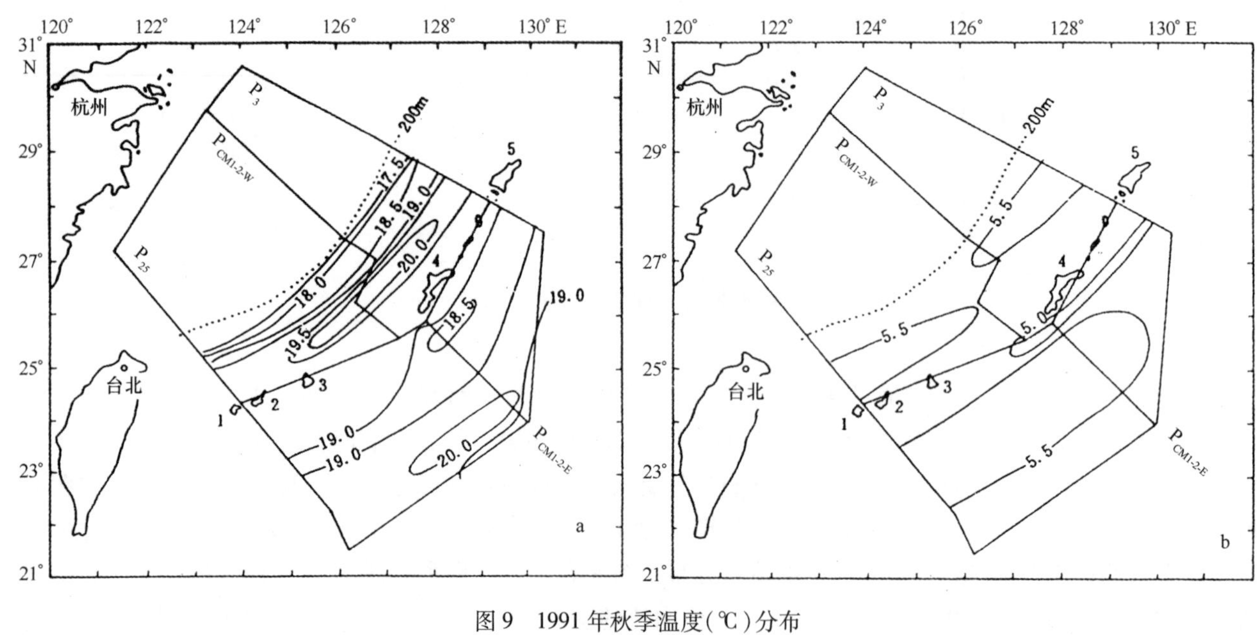

图 9　1991 年秋季温度(℃)分布

a.200 m 水层,b.800 m 水层

(1)东海黑潮的核心位于陆坡上。黑潮通过断面 P_{25}、$P_{CM1-2-W}$与 P_3 的流量分别为 27.4×10^6,26.3×10^6 与 26.0×10^6 m^3/s。

(2)在黑潮以下存在一支南向逆流。在黑潮以东,也存在一支南向逆流。

(3)在琉球群岛以西,黑潮与南向流之间存在一个再生环流的反气旋式涡。这个强的反气旋式涡在断面 P_{25}的流量约为 11×10^6 m^3/s。

(4)实测与计算都证实在琉球群岛以东存在一支西边界流,称为琉球海流。它有两个核心。一个位于地形梯度最大处,其最大流速约为 20 cm/s,位于 500 与 600 m 之间水层,另一个位于第 1 个核心以东,在 200 m 以浅水层。

(5)琉球海流通过断面 P_{25}与 $P_{CM1-2-E}$的流量分别为 21.4×10^6 与 12.4×10^6 m^3/s。

（6）在琉球海流以下存在一支西南向流。在断面 $P_{CM1-2-E}$ 上它的最大流速约为 5.2 cm/s，在 2 500 m 处。在琉球海洋以东也存在一支西南向流。

参考文献：

[1] Guan Bingxian. Major feature and variability of the Kuroshio in the East China Sea. Chin J Oceanol Limnol, 1988(6): 35-48.

[2] Yuan Yaochu, Su Jilan. The calculation of Kuroshio Current structure in the East China Sea—Early summer. Progress in Oceanogr, 1988(21): 343-361.

[3] Yuan Yaochu, Endoh M, Ishizaki H. The study of the Kuroshio in the East China Sea and currents east of the Ryukyu Islands//Proc. Japan China Joint Symp. Cooperative Study on the Kuroshio. Science and Technology Agency, Japan & SOA, China, 1990: 39-57.

[4] Yuan Yaochu, Su Jilan, Pan Ziqin. A study of the Kuroshio in the East China Sea and the currents east of the Ryukyu Islands in 1988//Takano K. Oceanography of Asian Marginal Seas. Elsevier Science Publishers, 1991: 305-319.

[5] 袁耀初，苏纪元，潘子勤.1989 年东海黑潮流量与热通量计算//黑潮调查研究论文选（四）.北京：海洋出版社，1992：253-264.

[6] 袁耀初，苏纪兰，倪菊芬.东中国海冬季环流的一个预报模式研究//黑潮调查研究论文选（二）.北京：海洋出版社，1990：169-186.

[7] 袁耀初.东海三维海流的一个预报模式//黑潮调查研究论文选（五）.北京：海洋出版社，1993：311-324.

[8] 袁耀初，潘子勤，金子郁雄，等.东海黑潮的变异与琉球群岛以东海流//黑潮调查研究论文选（五）.北京：海洋出版社，1993：279-297.

[9] 王元培，孙湘平.琉球海流特征的探讨//黑潮调查研究论文选（二）.北京：海洋出版社，1990：237-245.

[10] Fiadeiro M E and G Veronis. On the determination of absolute velocities in the ocean. J Mar Res, 1982, 40(supp.): 159-182.

[11] 于洪华，苏纪兰，苗育田，等.东海黑潮低盐水核与琉球以东西边界流的入侵//黑潮调查研究论文选（五）.北京：海洋出版社，1993：225-241.

[12] 袁耀初，潘子勤.东海环流与涡的一个预报模式//中国海洋学文集，第 5 集.北京：海洋出版社，1995：57-73.

The Kuroshio in the East China Sea and the currents East of the Ryukyu Islands during autumn 1991

Yuan Yaochu[1], Kenzo Takano[2], Pan Ziqin[1], Su Jilan[1], Kazuo Kawatate[3], Shiro Imawaki[3], Yu Honghua[1], Chen Hong[1], Hiroshio Ichikawa[4], Shin-ichiro Umatani[3]

(1.*Second Institute of Oceanography*, *State Oceanic Administration*, *Hangzhou* 310012, *China*; 2.*Institute of Biological Science*, *University of Tsukuba*, *Japan*; 3.*Research Institute for Applied Mechanics*, *Kyushu University*, *Japan*; 4.*Faculty of Fisheries*, *Kagoshima University*, *Japan*)

Abstract: A modified inverse method is used to compute the currents in both the East China Sea and the east of the Ryukyu Islands with moored current meter records and hydrographic data collected during October to November, 1991. The volume transport of the Kuroshio is 27.4×10^6, 26.3×10^6 and 26.0×10^6 m^3/s, respectively, across sections P_{25}, $P_{CM1-2-W}$ and P_3 (see Fig.1). East of the Kuroshio there are countercurrents. There is a western boundary current, called "Ryukyu Current", east of the Ryukyu Islands. It has two cores of maximum speed at section $P_{CM1-2-E}$ east of Okinawa Island. One is located over the area of maximum slope of the ocean bottom. Its maximum velocity, about 20 cm/s, is between 500 and 600 m levels. The other is located above the 200 m level further to the east. This current occupies mostly the upper 1 400 m. Its volume transport is about 21.4×10^6 m^3/s east of Iriomote-jima and Ishigakijima Islands and 12.4×10^6 m^3/s east of Okinawa Island.

Key words: the Kuroshio; Ryukyu Current; deep southward countercurrent

刊于:中国海洋学文集,第5集.北京:海洋出版社, 1995:12-25.

琉球群岛以东的西边界流

袁耀初[1],苏纪兰[1],高野健三[2],潘子勤[1],川建和雄[3],
今胁资朗[3],陈洪[1],市川洋[4],马谷绅一郎[3]

(1. 国家海洋局 第二海洋研究所,浙江 杭州 310012;2.日本筑波大学,筑波;3.日本九州大学,春日;4.日本鹿儿岛大学,鹿儿岛)

摘要:基于1991年11月至1992年9月期间锚碇测流资料以及1992年航次水文资料,采用改进逆方法计算琉球群岛以东的西边界流(WBC)及东海黑潮。认为琉球群岛以东的西边界流一般有两个核心。观测流及计算结果都证实琉球群岛以东WBC在垂直方向上存在季节变化。在琉球群岛以东的西边界流以下,在所有季节都存在南向潜流,证实在冲绳岛东南3 000 m以下存在一支稳定的、西南向的深层边界流。在1992年9月冲绳岛以东WBC与这支南向潜流通过冲绳岛以东断面 $P_{CM1-2-E}$ 的流量分别为 30.8×10^6 与 $6.0\times10^6\ m^3/s$。因此,在1992年9月通过断面 $P_{CM1-2-E}$ 的净北向流的流量为 $24.7\times10^6\ m^3/s$。在1992年9月通过东海断面 $P_{CM1-2-W}$(图1)的净流量约为 $28.4\times10^6\ m^3/s$,其中黑潮与台湾暖流的流量和为 $32.1\times10^6\ m^3/s$,南向逆流的流量为 $3.7\times10^6\ m^3/s$。

对琉球群岛两侧的水交换进行了讨论。例如在琉球群岛以东部分的中层低盐水通过冲绳岛以南谷向西北流向东海,它通过断面WE-2(图1)的西北向流量约为 $2.4\times10^6\ m^3/s$。

关键词:琉球群岛;西边界流;南向深层边界流;季节变化;水交换

前言

Nitano首先对琉球群岛以东海流进行了讨论[1],他指出:“在琉球群岛东南,有一支近岛的、狭的逆流,在这支逆流的外侧有一支东北的海流。”这支东北向的流,也称为“琉球海流”[2]。对琉球海流系统的研究至今还很少。

袁耀初等[3-4]首次揭示这支琉球海流的流速结构,指出它有两个核心,其中一个核心位于次表层;还指出在琉球海流以下存在一支南向潜流,以及琉球海流认东也存在一支南向逆流,并经常伴随着一个中尺度的反气旋式涡。他们采用了逆方法[3-4]以及改进逆方法[5-7]首次计算了琉球海流的流量。

琉球群岛以东的西边界流及深层流的研究,对了解西北太平洋环流系统是很重要的,特别这支西边界流是九州东南黑潮流量的一个重要的来源[3,8]。在以往研究中,有的采用水文资料[3-8],也有采用表层GEK测量及船上ADCP测量的资料。但直接采用锚碇测流较少,在文献中见到的有Chaen等的工作[9],他们于1987年11月在冲绳岛东南深层施放了3套锚碇,于1989年4月回收,直接对该海域深层流进行了观测。为了获得在琉球群岛以东海域中层与深层处长时期测流资料,中日两国科学家实现了联合调查研究,在1991年10—11月及1992年9月“实践”号船分别执行了两个航次,获得了两个航次的水文资料。3个锚碇测流系统于1991年11月施放在冲绳岛东南 $P_{CM1-2-E}$ 断面上,在1992年9月成功地回收。本文是中日两国科学家合作研究的一部分。我们采用改进逆方法计算调查海域的流速分布与流量,着重讨论对1992年9月航次的计算结果认及琉球群岛以东海流的季节变化。

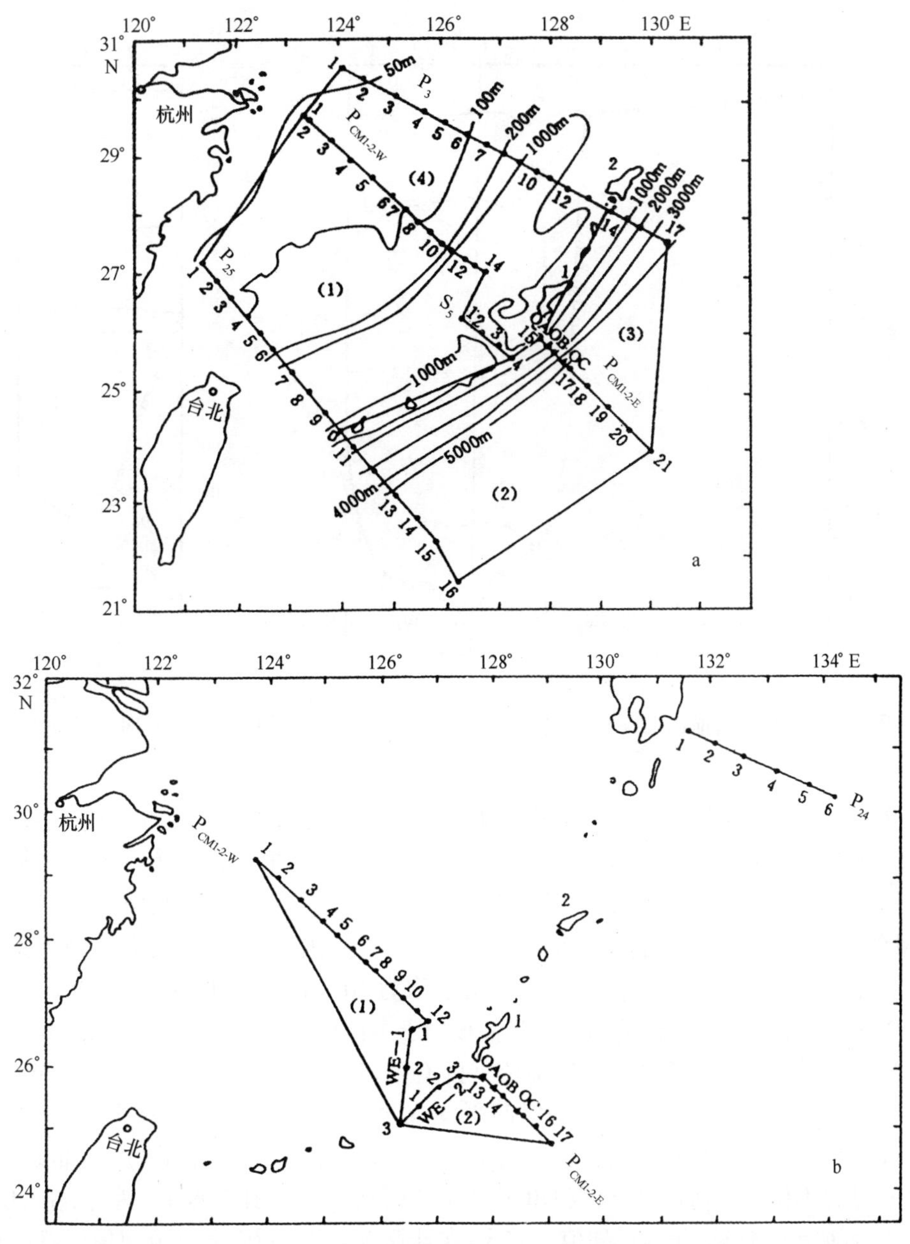

图 1　计算海区地形分布(单位:m)，水文站及锚碇测流站 OA、OB 与 OC 的位置
a.1991 年 10—11 月航次，b.1992 年 9 月航次

1　数值计算

本文采用改进逆方法，该方法已在以前的研究[5]中作了详细的讨论，在此不再重复。图 1a 表示 1991 年 10—11 月航次计算海区地形分布和水文站及锚碇测流站 OA、OB 与 OC 的位置。图 1b 表示 1992 年 9 月航次水文站及锚碇测流站 OA、OB 与 OC 的位置。计算点位于两个相邻的水文站中间。所有的计算闭合域(boxes)在垂直方向上分界面按等 $\sigma_{t,p}$ 值(25，27，30 与 33)分为 5 层。例如在 1992 年 9 月航次断面 $P_{CM1-2-W}$，WE-1 与 $P_{CM1-2-E}$ 的分层被表示在图 2 中。图 2a 表明在 $P_{CM1-2-W}$ 断面上 $\sigma_{t,p}=25,27,30$ 与 33 的分界面深度(H)分别位于 60~136 m，177~315 m，646~696 m 及 1 231~1 409 m，而在 $P_{CM1-2-E}$ 断面上 $\sigma_{t,p}=25,27,30$ 与 33 对应深度分别在 102~120 m，313~328 m，690~700 m 及 1 193~1 206 m(见图 2b)。

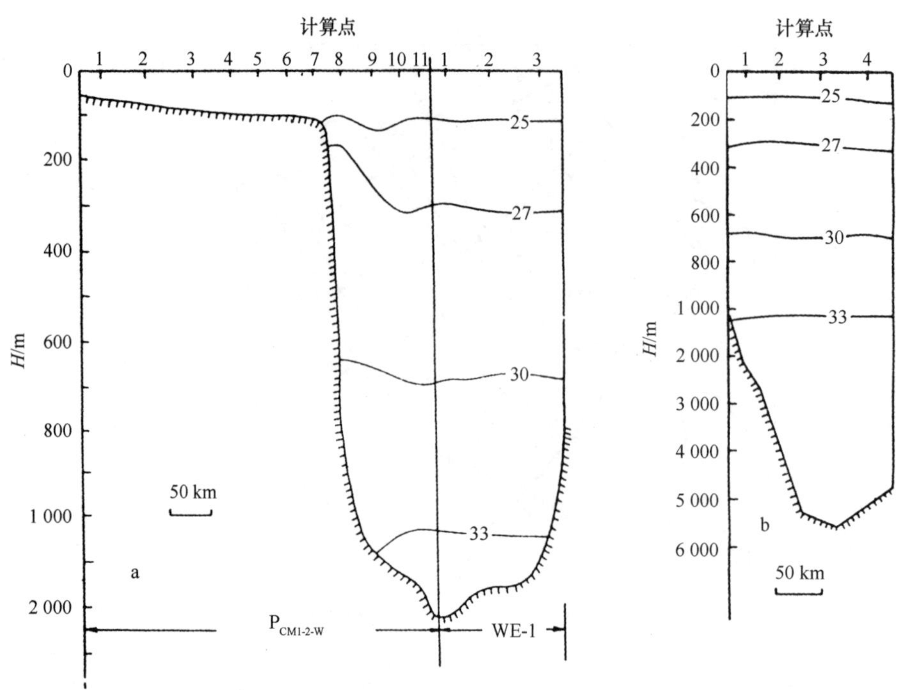

图 2　1992 年 9 月航次在(a)断面 $P_{CM1-2-W}$与 WE-1 及(b)断面 $P_{CM1-2-E}$上垂向分层位置

在 1992 年 9 月航次风速资料来自“实践”号船上观测，其平均风速与方向分别为 2.3 m/s 与 335°(NW)。由于缺乏精确的风场资料，我们假定风场是定常、均匀的，它的风速与方向即为上述的平均风速与方向。在 1992 年 9 月 $q_{e,1}$与 $q_{e,2}$分别取为-1.05×10^3 与 1.26×10^3 J/(cm^2 · d)，其中 $q_{e,1}$与 $q_{e,2}$分别为计算海域海表面热通量的最小与最大的月统计平均值[5]，其取值来自于中国科学院海洋研究所及地理研究所的资料(1977 年)。垂直涡动系数 A_z 与垂直扩散系数 κ_v 分别取为 10^{-2} m^2/s 与 10^{-3} m^2/s(参见文献[5])。

在 1992 年 9 月航次水文资料与锚碇测流资料都被用于本计算。有 3 个锚碇测流站 OA、OB 与 OC，都位于断面 $P_{CM1-2-E}$上(见图 1)。在 1992 年 9 月时海流计的有效记录只有在 3 个测深上，即 OB 站 1 890 m 处，OC 站 2 000 m 与 4 500 m 处。该航次低通的时间平均观测流速均列于表 1。图 3a,b,c 分别表示 OB 站 1 890 m 处，OC 站 2 000 与 4 500 m 处观测海流的前进矢量图。图 3 表明所求平均期间低通流速颇为定常。

图 1 表明 OC 站并不位于任何计算点，仅 OB 站位于断面 $P_{CM1-2-E}$上计算点 1。因此，在 OB 站 1 890 m 处平均流速值(表 1)可被用于计算，作为已知值。其次，在计算点 2 的 2 000 m 处流速值可以从 OB 站 1 890 m 观测平均流速值与 OC 站 2 000 m 处观测平均流速值(表 1)内插得到，因而在计算中它也是已知值。

表 1　1992 年 9 月观测海流的低通的时间平均流速

锚碇站	水深/m	求平均的资料时段	测深/m	V/cm · s^{-1}	θ/(°)	V'/cm · s^{-1}
OB	2 020	1992-09-01—06	1 890	3.62	263.4	-2.75
OC	4 630	1992-09-01—06	2 000	3.06	193.0	-2.65
OC	4 630	1992-09-01—06	4 500	2.03	200.7	-1.90

V 为平均流速的绝对值；θ 为流速方向，与正北向顺时针方向的夹角；V'为平均的观测流速在垂直于断面 $P_{CM1-2-E}$方向上的分量，正值：北向，负值：南向。

本文采用了 Fiadeiro 与 Veronis[10]确定最佳参考面位置。利用该方法，可以得到本航次计算海域最佳参考面为 2 500 m。对水深小于 2 500 m 的计算点，我们取该处的水深为最佳参考面。

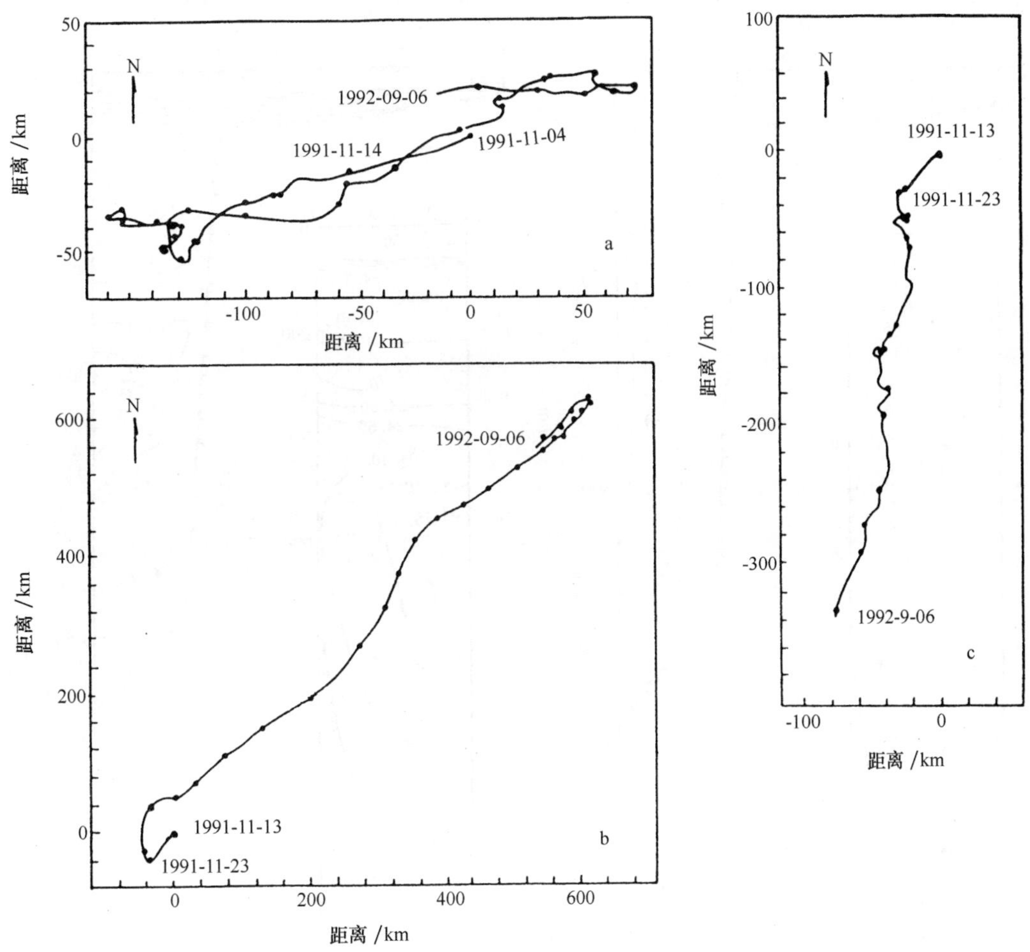

图 3　1991 年 11 月至 1992 年 9 月期间观测海流的前进矢量

a.OB 站 1 890 m 处,b.OC 站 2 000 m 处,c.OC 站 4 500 m 处。曲线上两个相邻点的时间间隔为 10 d

2　1992 年航次计算结果

本节我们将分别讨论在 1992 年 9 月航次在各断面上流速分布及流量分布。

2.1　流速分布

2.1.1　断面 $P_{CM1-2-W}$ 与 WE-1

东海黑潮通过断面 $P_{CM1-2-W}$ 时流向东北,其核心位于陆坡上(见图 4)。在计算点 8 的 200 m 以浅水层,其流速均大于 100 cm/s,最大流速约为 172 cm/s,在 50 m 处。在黑潮以下深层存在一支弱的南向逆流。在黑潮以东亦存在一支南向逆流,其流速并不小,最大流速约为 31 cm/s,在计算点 11 的 150 m 处。

断面 WE-1 上流速分布(见图 4b)表明除了该断面北侧 200 m 以浅水层及南侧 800 m 以浅水层外,断面 WE-1 的大部分几乎都是西向流,即通过断面 WE-1 流向 box-1。

图 4c,d 分别表示该航次在断面 $P_{CM1-2-W}$ 与 WE-1 上盐度分布。在 350 m 以浅水层存在高盐水舌($S \geq 34.60$),一直扩展到陆坡上(见图 4c)。低盐水($S \leq 34.30$)出现在中层 500~800 m 水层中,这点于洪华等[11] 也曾指出过。如上述已指出的,在断面 WE-1 上 500 m 以深水层大部分的流向为西向。图 4b 的速度分布及图 4 的盐度分布,意味着中层低盐水从断面 WE-1 以东海域流向西通过该断面。

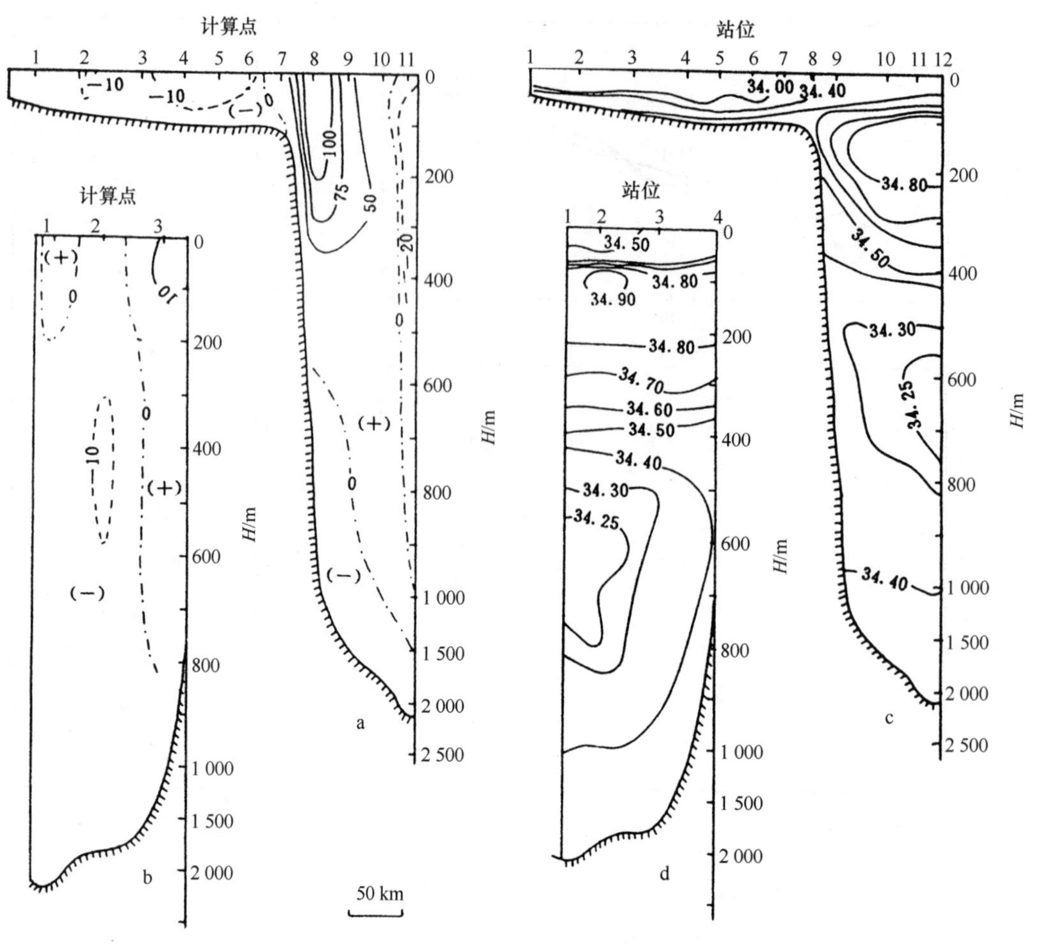

图4　1992年9月航次流速(单位:cm/s)、盐度分布

a.断面 $P_{CM1-2-W}$ 流速(正值:北向流),b.断面 WE-1 流速(正值:东向流),c.断面 $P_{CM1-2-W}$ 盐度,d.断面 WE-1 盐度

2.1.2　断面 $P_{CM1-2-E}$ 与 WE-2

断面 $P_{CM1-2-E}$ 位于冲绳岛东南(见图1)。图5b表明在1992年9月航次该断面的大部分是北向流,并有两个核心,这与1991年10—11月航次的计算结果[12]相类似。一个核心位于海底地形梯度最大处200~700 m水层,其流速都大于20 cm/s。例如在400与500 m处流速分别为23.0与22.6 cm/s。另一个核心位于第1个核心以东200 m以浅水层,其流速也是大于20 cm/s,它的最大流速约为32.5 cm/s,在海表面上。在OC站观测深度2 000 m与4 500 m处,观测的平均流速在垂直于断面 $P_{CM1-2-E}$ 方向上的分量分别为-2.7与-1.9 cm/s(见表1)。图5b在OC站2 000 m与4 500 m处两个海流计都位于流速小于零的区域内,即南向流的区域。这表明在OC站两个观测深度上计算结果与观测值在定性上是相一致的。在琉球海流以下,存在一支一直扩展到海底的南向流,其最大流速约为5.1 cm/s,在2 500 m处。下一节将指出,它是一支稳定的、南向深层边界流。在断面 $P_{CM1-2-E}$ 的东侧50~750 m之间水层也存在一支南向流。最后,我们将指出在上述讨论的、断面 $P_{CM1-2-E}$ 上流的特性类似于1991年10—11月航次断面 $P_{CM1-2-E}$ 上流的特性[12]。

断面WE-2位于横向通过琉球海脊上谷(见图1)。从图1b可见,断面 $P_{CM1-2-E}$ 站位13也是断面WE-2的站位。同样,断面WE-1站位3也是断面WE-2的站位,因此断面WE-2共有5个站位及4个计算点。图5a明显表示此谷位于计算点2与3之间。图5a还表明,在400 m以浅水层西北向流与东南向流交替地出现,但在400~800 m之间中层大部分为西北向流,特别在谷上(计算点2与3)。

图5c和5d分别表示在断面WE-2与 $P_{CM1-2-E}$ 上的盐度分布。高盐水位于400 m以浅水层,其值在34.50与34.93之间。在断面WE-2与 $P_{CM1-2-E}$ 上400~1 000 m之间中层存在低盐水,其值在34.14~34.50

之间。低盐水在断面 WE-2 的谷上值略高于在 $P_{CM1-2-E}$断面上低盐水的值。在断面 $P_{CM1-2-E}$上 1 000 m 以下的深层,盐度大于 34.50。上述的盐度特性也曾被于洪华等[11]指出。

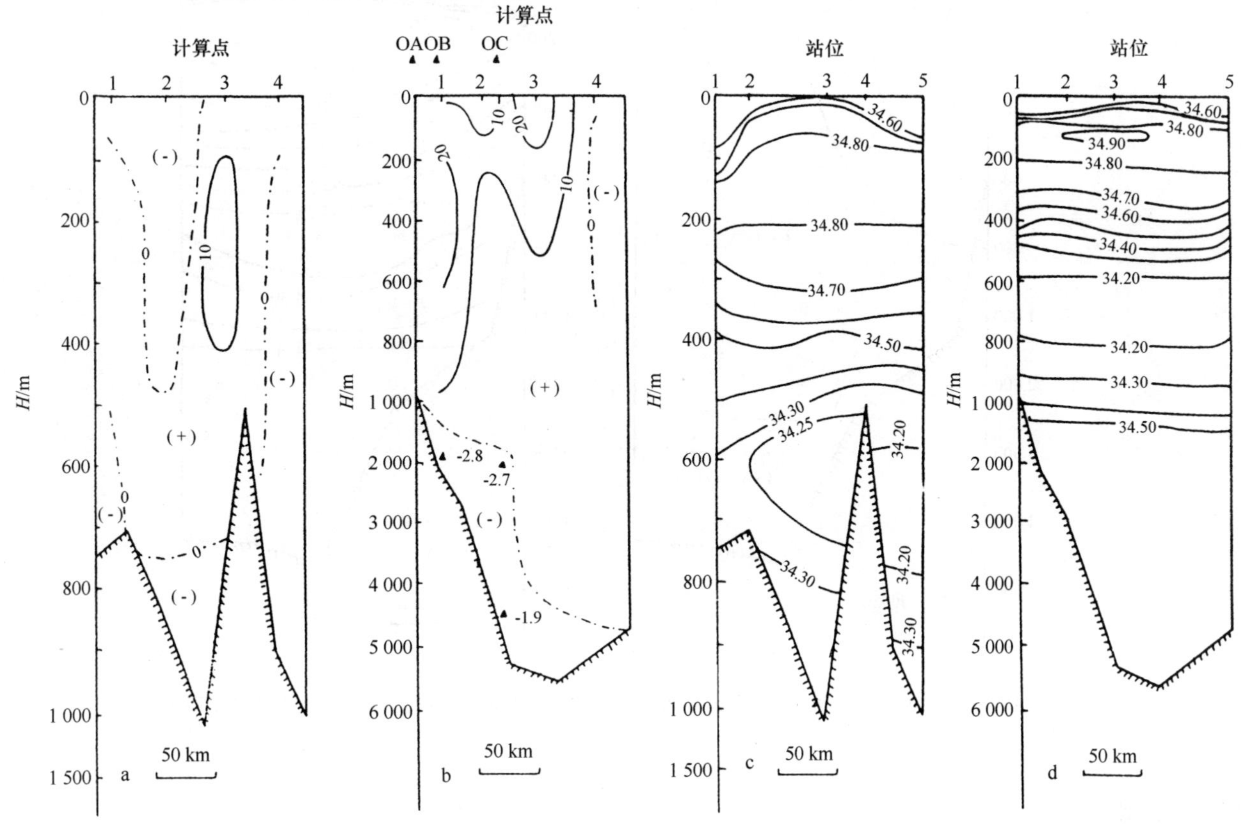

图 5 1992 年 9 月航次流速(单位:cm/s)、盐度分布

a.断面 WE-2 流速(正值:西北向流),b.断面 $P_{CM1-2-E}$流速(正值:北向流),c.断面 WE-2 盐度,d.断面 $P_{CM1-2-E}$盐度

从上述讨论,我们可以得出以下重要的论点:在琉球群岛以东海域部分的中层低盐水向西北方向流动,通过琉球海脊上谷,即断面 WE-2。然后再向西流动通过断面 AE-1,最后可通用与黑潮水相混合。于洪华等[11]通过水文分析也指出东海黑潮部分的低盐水可能与琉球群岛以东低盐水通过冲绳岛与宫古岛之间水道的入侵有关。而在此地,我们采用改进逆方法,对 1992 年 9 月航次计算海域进行了海流计算得出了类似的结论。

2.1.3 断面 P_{24}

断面 P_{24}位于九州东南(见图 1 与图 7)。由于在本航次没有断面 P_{24}相邻的观测断面,因而不能建立一个 box,改进逆方法不可能用于断面 P_{24}上流速分布计算。我们采用以下的方法。断面 P_{24}上流速值是两项之和,即由风应力作用的 Ekman 流速与地转流速之和。计算地转流速时,我们取 2 500 m 为零面。对于水深小于 2 500 m 的计算点,我们取该点的海底为零面。这样得到的流速分布示于图 6a。图 6a 表明断面 P_{24}的大部分是东北向流。其核心也位于海底地形梯度最大处。在断面东侧存在一支南向流。

图 6b 表示断面 P_{24}上盐度分布。图 6b 表明在 400 m 以浅水层高盐水占绝大部分区域,它的值在 34.50 ~34.93 范围内。在 400~1 200 m 中层内,存在低盐水,其值在 34.14~34.50 范围内。在 1 200 m 以下的深层,盐度都大于 34.50。比较图 6b 与图 4c、图 5d 可知,在断面 P_{24}上盐度分布是类似于在断面 $P_{CM1-2-W}$与 $P_{CM1-2-E}$上盐度分布。但在断面 P_{24}上中层低盐水所占区域的范围要比断面 $P_{CM1-2-W}$或者 $P_{CM1-2-E}$上中层低盐水的范围要大得多。这意味着在断面 P_{24}上中层低盐水可能来自于 $P_{CM1-2-W}$与 $P_{CM1-2-E}$两个断面上中层低盐水。关于这一点,也可从以下流量计算讨论知道。

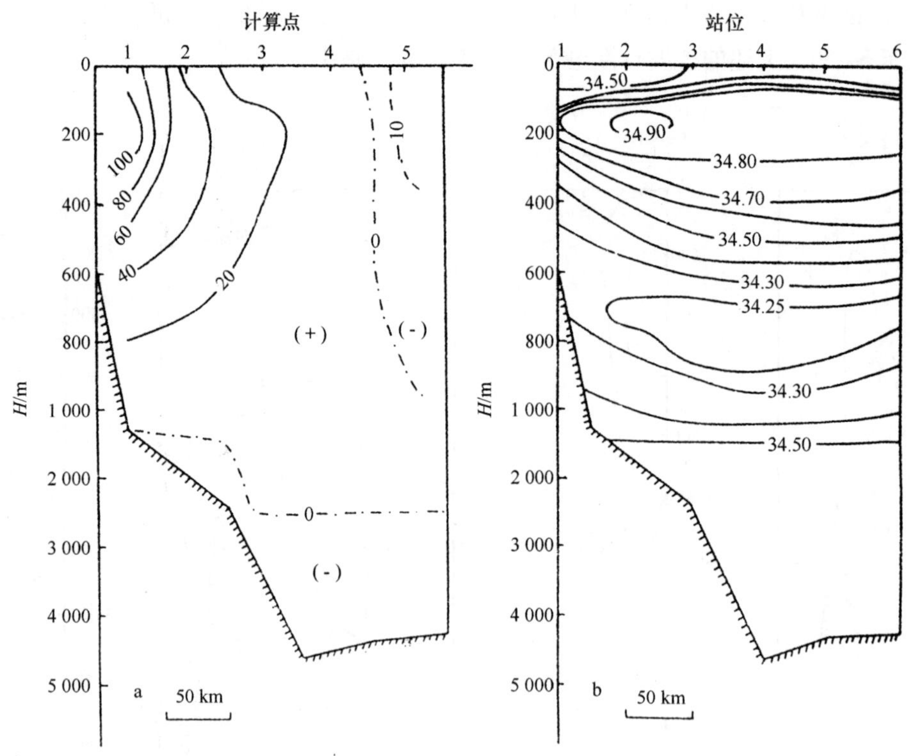

图6　1992年9月航次在断面P_{24}流速分布(a)(正值:东北向流,单位:cm/s)和盐度分布(b)

2.2　流量

图7表示在1992年9月航次计算海区总的流量(从海表面到海底垂直方向积分)分布。

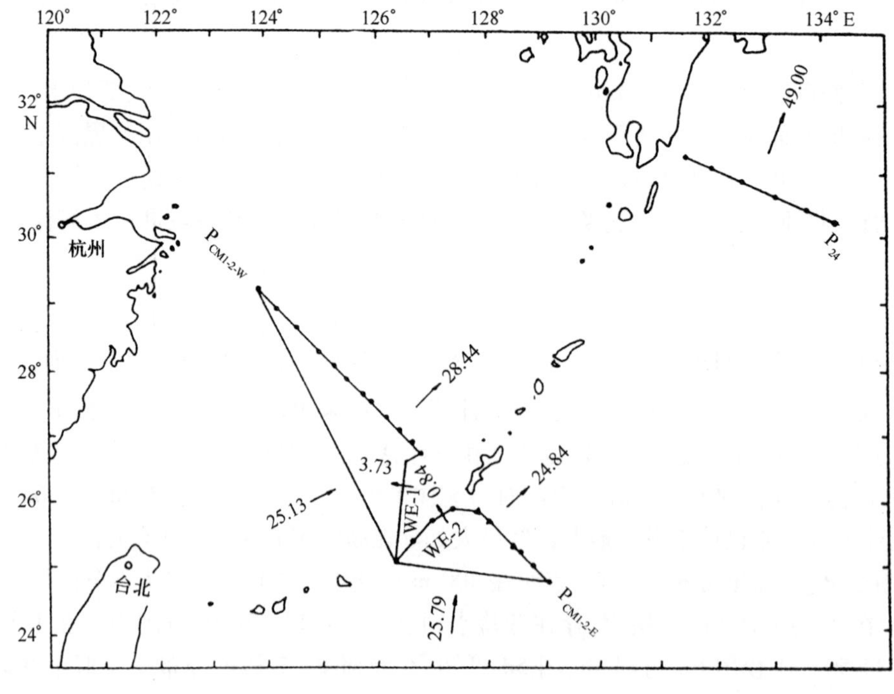

图7　1992年9月航次计算海区总的流量分布(单位:$10^6\ m^3/s$)

图 7 表明通过断面 $P_{CM1-2-W}$ 的净北向流量（北向与南向流量的代数和）约为 28.4×10^6 m^3/s，其中黑潮与台湾暖流的流量和为 32.1×10^6 m^3/s，黑潮以下及黑潮以东南向逆流的总流量为 3.7×10^6 m^3/s。琉球海流，即北向流通过断面 $P_{CM1-2,E}$ 的流量约为 30.8×10^6 m^3/s，而南向流通过 $P_{CM1-2-E}$ 断面的总流量约为 6.0×10^6 m^3/s。因此，通过断面 $P_{CM1-2-E}$ 的净北向流量（北向与南向流量的代数和）约为 24.8×10^6 m^3/s（见图 7）。这意味着，在 1992 年 9 月航次黑潮通过断面 $P_{CM1-2-W}$ 的流量与冲绳岛东南西边界流的流量几乎相当。

下面讨论琉球群岛两侧水量交换的问题。通过断面 WE-2（即位于横向通过琉球海脊上谷的断面）的西北向流量约为 2.9×10^6 m^3/s，其中在第 1 层与中层的流量分别为 0.5×10^6 与 2.4×10^6 m^3/s。这意味着在 1992 年 9 月航次有相当流量的中层低盐水从琉球群岛以东海域通过这谷流向东海。通过断面 WE-2 的东南向流的总流量约为 2.1×10^6 m^3/s。因此，通过断面 WE-2 的净西北向流量（西北向与东南向流量的代数和）约为 0.8×10^6 m^3/s（见图 7）。其次，通过断面 WE-1 的西向与东向流量分别为 8.0×10^6 与 4.3×10^6 m^3/s，因此它的净西向流量（西向与东向流量的代数和）约为 3.7×10^6 m^3/s（见图 7）。

最后，通过九州东南断面 P_{24} 的东北向与西南向流量分别为 52.8×10^6 与 3.8×10^6 m^3/s，因此它的净东北向流量约为 49.0×10^6 m^3/s（见图 7）。

3　季节变化

图 8 与图 9 分别表示在 3 个测深上实测流在每 10 天与每月平均的低通流速矢量。关于观测流的日平均流速矢量图，已在另一论文中表示[13]。图 8b 与 9b 表明在 OC 站 2 000 m 测深处，自 1991 年 12 月至 1992 年 6 月存在稳定的东北向流。在冬季时最强（见图 9b），最大 10 d 平均流速与月平均流速分别为 15 与 9 cm/s，均在 1992 年 2 月。在 1991 年 12 月，1992 年 1 月与 3 月，月平均流速分别为 4.5，7.6 与 5.5 cm/s（见图 9b）。其次在春季，例如在 1992 年 4 月月平均流速为 5.5 cm/s（见图 9b），此值并不小。但是在初夏值较小（见图 9b）。在 1991 年 11 月，1992 年 8 月与 9 月期间在 OC 站 2 000 m 测深处流速均为南向流。在 1991 年 11 月与 1992 年 8 月月平均流速分别为 4.2 与 3.4 cm/s。

从上述对于 OC 站 2 000 m 测深处 10 d 与月平均流速的季节变化讨论可知，琉球群岛以东西边界流（WBC）在垂直方向上厚度存在季节变化。在 1991 年 12 月至 1992 年 6 月琉球群岛以东西边界流出现最深的深度大于 2 000 m，而在 1991 年 11 月，1992 年 8 月与 9 月至少在 OC 站它出现的最深的深度小于 2 000 m。关于这一点，我们还可以从以下将讨论的流速分布可知。

图 8a 与图 9a 表明在 OB 站 1 890 m 测深处，在 1992 年 5 月与 6 月流速明显为东北向，而在 1991 年 11 月与 12 月明显地为西南向。但在其他月份平均流速方向十分不同，表明它是不稳定的。

图 8c 与图 9c 表明在 OC 站 4 500 m 测深处在所有的月份平均流的流向较稳定，均为南向流，其涡动的动能与平均流的动能之比为 2[13]，也表明它是较稳定的。它的最大的 10 d 平均流速值与月平均流速值分别为 4.5 与 2.6 cm/s，在 1991 年 11 月。可知其流速值并不很小。这些坚信了以下重要的事实：在琉球群岛以东西边界流以下存在一支深层南向潜流。关于在冲绳岛东南这一支深层潜流，在 1993 年 Chaen 等[9]已作了报道，他们在冲绳岛东南深层采用锚碇系统测流，观测时间长达 540 d 左右。他们的观测结果表明，在冲绳岛东南 3 000 m 以深存在一支稳定的、西南向的深层边界流。例如位于冲绳岛东南琉球海槽中部的锚碇测流站 RT_3（25°24′N，128°18′E，水深 4 570 m），在 4 170 m 测深处观测时间 540 d 内平均流速值为 4.3 cm/s，方向为 224°，即西南向，可知平均流速值并不小。这些结果与本研究结果十分一致。必须指出，对这支深层边界流的研究是十分有意义的。

下面讨论在某些不同月份位于冲绳岛东南断面 $P_{CM1-2-E}$ 上的流速分布。由于资料限制，采用逆方法对断面 $P_{CM1-2-E}$ 进行流速分布计算只有 1987 年 9—10 月、1988 年 4 月、1991 年 10—11 月及 1992 年 9 月共 4 个航次，也即 3 个秋季航次与 1 个春季航次。

在 3 个秋季航次断面 $P_{CM1-2-E}$ 上流速分布有以下共同的特点（见图 5b，图 10a，b）：（1）断面的大部分为北向流，并有两个核心。一个核心在海底地形梯度最大处次表层中，其最大流速值约为 20 cm/s 或者大于

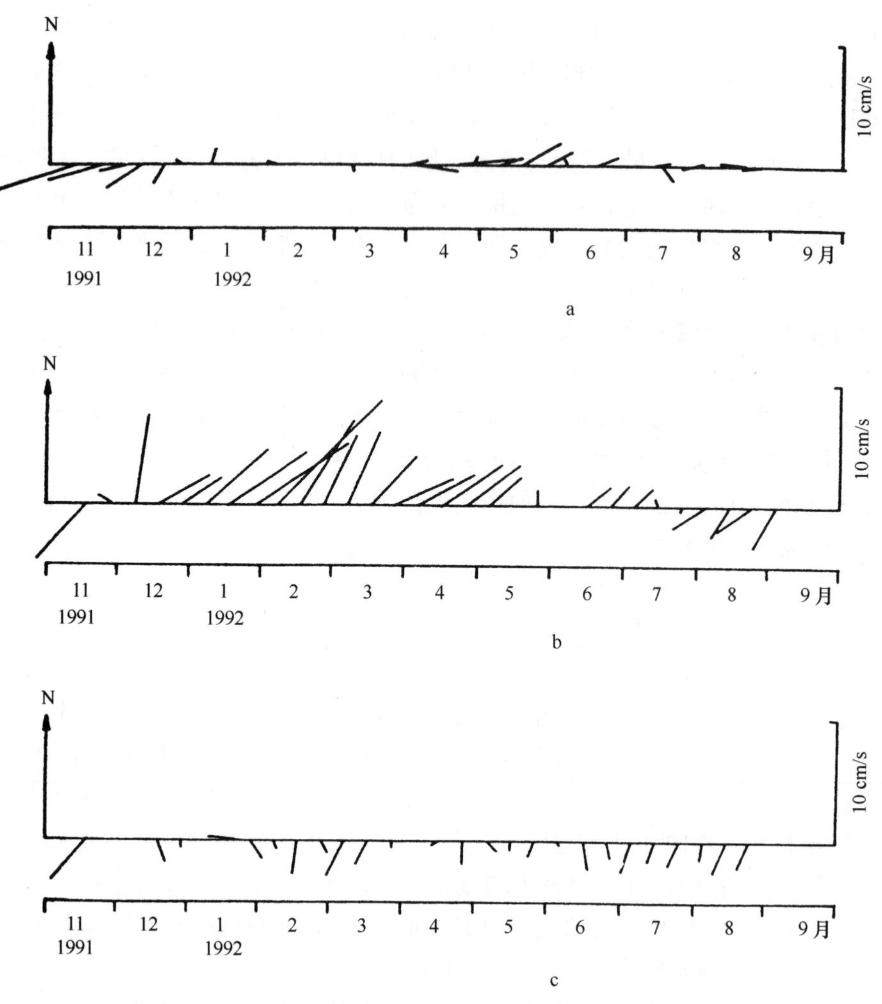

图 8　1991 年 11 月至 1992 年 9 月每 10 天观测期间低通的平均流速矢量

a.OB 站 1 890 m 测深,b.OC 站 2 000 m 测深,c.OC 站 4 500 m 测深

20 cm/s。另一个核心位于前一个核心以东 200 m 以浅水层;(2)在 OC 站 2 000 m 处皆为南向流。这与观测相一致。在 1988 年 4 月航次断面 $P_{CM1-2-E}$上流速分布有以下一些特性(图 10c):(1)琉球海流也有两个核心。一个其流速大于 20 cm/s 的核心仍在海底地形梯度最大处,但在垂向方向位于表层至 620 m 水层中,其最大流速值在表层。这表明,与秋季航次时相比,最大流速值所在位置从次表层处向上移到表层。另一个流速大于 20 cm/s 的核心仍在前一个核心以东,但在垂向位置上位于 550~1 300 m 水层,与秋季航次相比,这个核心的垂向位置从表层下移到次表层;(2)在 OC 站 2 000 m 处出现北向流(图 10c)。注意到 OC 站并不位于计算点上(图 10c)。它与计算点 3 与 4 相邻。由图 10 可知,计算点 3 与 4 的 2 000 m 处流速值分别为 9.2 与 3.0 cm/s。OC 站 2 000 上流速值可由计算点 3 与 4 的 2 000 m 处两个流速值内插获得,即为 6.0 cm/s,此值与 1992 年 4 月在 OC 站 2 000 m 处月平均流速值 5.5 cm/s 甚为接近。图 10c 还表明,在 OC 站 3 100 m 以深出现南向流,这与 Chaen 等[9]观测结果及本研究在 1992 年 4 月的观测结果均甚为一致。

综上所述,在琉球群岛以东海域存在西边界流(WBC),有两个核心,一个位于海底地形梯度最大处,另一个位于其东面,两个核心的垂向位置均存在季节变化。例如第 1 个核心在 1992 年 9 月位于次表层,最大流速值为 23.0 cm/s 在 400 m 处。而在 1988 年 4 月最大流速值为 37.3 cm/s 在表层。第 2 个核心,在秋季位于表层,而在冬、春季位于次表层。因此,这支西边界流的垂向方向上出现的最深的深度在冬季与春季要比秋季时深。在所有的月份这支西边界流以下均存在一支稳定的、南向的深层边界流。

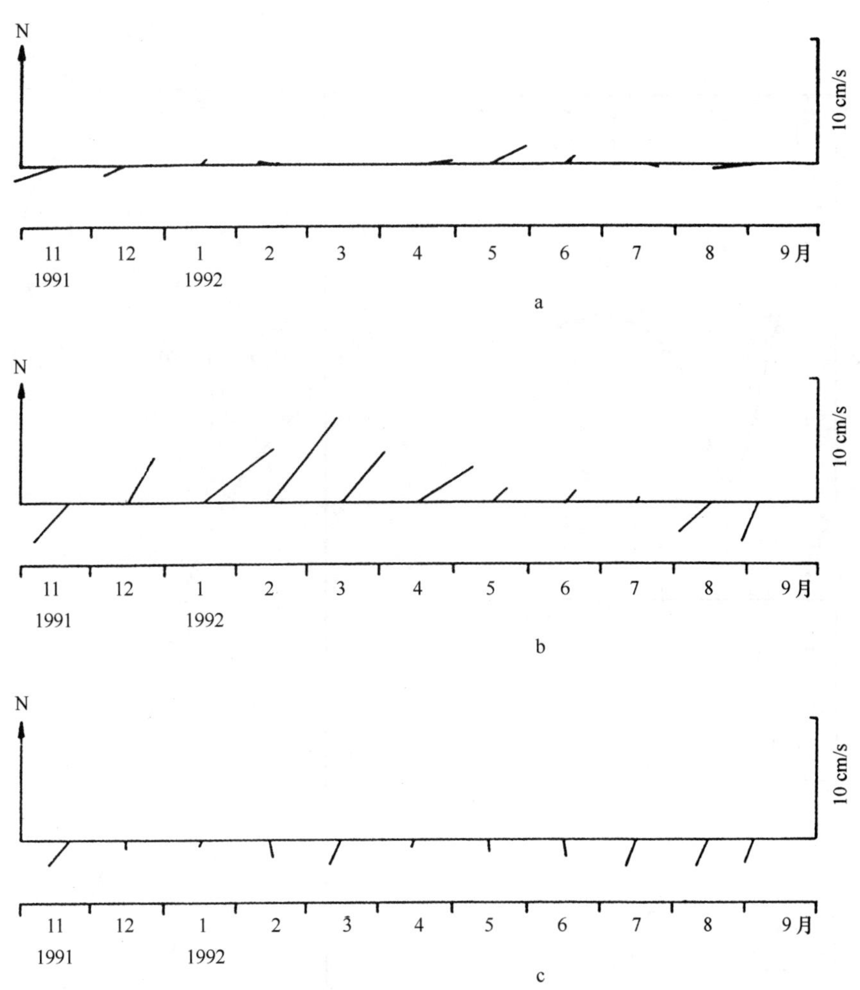

图 9　1991 年 11 月至 1992 年 9 月低通的每月平均观测流速矢量

a. OB 站 1 890 m 测深，b. OC 站 2 000 m 测深，c. OC 站 4 500 m 测深

4　结语

基于 1991 年 11 月至 1992 年 9 月期间锚碇测流资料及 1992 年 9 月水文资料，采用改进逆方法计算琉球群岛以东西边界流及东海黑潮，得到以下的主要结果：

（1）琉球群岛以东西边界流一般有两个核心，一个位于海底地形梯度最大处，另一个在其东面。

（2）琉球群岛以东西边界流在垂向方向上出现的位置有季节变化。例如在 OC 站 WBC 在垂向方向上出现的最深的深度在冬季与春季比秋季时深。

（3）任何季节琉球海流以下存在一支稳定的、南向的深层边界流。

（4）在 1992 年 9 月航次冲绳岛东南琉球海流与南向海流通过断面 $P_{CM1-2-E}$ 的流量分别为 30.8×10^6 与 $6.0\times10^6\ m^3/s$。因此，在 1992 年 9 月航次通过断面 $P_{CM1-2-E}$ 的净北向流量（北向与南向流量的代数和）约为 $24.8\times10^6\ m^3/s$。

（5）在 1992 年 9 月航次黑潮与台湾暖流通过断面 $P_{CM1-2-W}$ 的流量和为 $32.1\times10^6\ m^3/s$，而南向逆流通过 $P_{CM1-2-W}$ 的流量为 $3.7\times10^6\ m^3/s$。因此，在该航次通过断面 $P_{CM1-2-W}$ 的净北向流量（北向与南向流量的代数和）约为 $28.4\times10^6\ m^3/s$。

（6）在 1992 年 9 月航次东北向流与西南向流通过九州东南断面 P_{24} 的流量分别为 52.8×10^6 与 $3.8\times10^6\ m^3/s$。因此，在该航次通过断面 P_{24} 的净东北向流量（东北向与西南向流量的代数和）约为 $49.0\times10^6\ m^3/s$。

（7）在 1992 年 9 月航次琉球群岛以东海域部分的中层低盐水向西北方向流动通过琉球海脊上谷流向

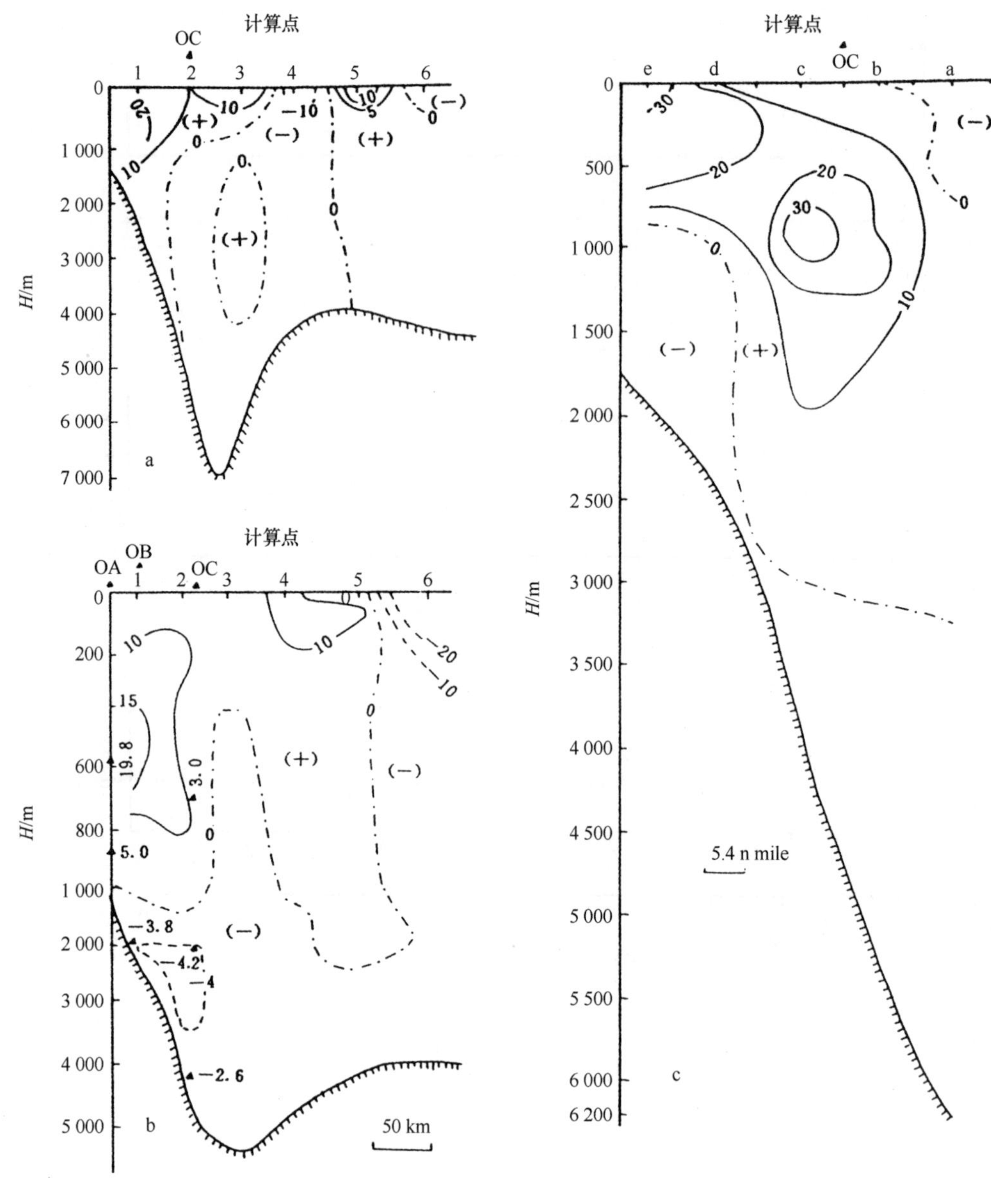

图 10　断面 $P_{CM1-2-E}$上流速分布(单位:cm/s)

a. 1987 年 9—10 月(引自袁耀初等[3]), b. 1991 年 10—11 月(引自袁耀初等[12]),
c. 1988 年 4 月(引自袁耀初等[6])。▲表示 1991 年 11 月至 1992 年 9 月锚碇测流站 OC 的位置

东海。通过断面 WE-2 的西北向与东南向流的流量分别为 2.9×10^6 与 2.1×10^6 m^3/s。因此,通过断面 WE-2 的净西北向流量约为 0.8×10^6 m^3/s。

(8)在 1992 年 9 月,航次通过断面 WE-1 的西向与东向的流量分别为 8.0×10^6 与 4.3×10^6 m^3/s。因此,在该航次通过断面 WE-1 的净西向流量(西向与东向流量的代数和)约为 3.7×10^6 m^3/s。

参考文献:

[1] Nitano Hideo. Beginning of the Kuroshio//Stommel H, Yoshida K. Kuroshio. University of Washington Press, 1972: 129-163.

[2] 王元培,孙湘平. 琉球海流特征的探讨//黑潮调查研究论文选(二).北京:海洋出版社,1990:237-245.

[3] Yuan Yaochu, Endoh M, Ishizaki H. The study of the Kuroshio in the East China Sea and currents east of the Ryukyu Islands//Proc. Japan China Joint Symp. Cooperative Study on the Kuroshio, Science and Technology Agency, Japan & SOA, China, 1990: 39-57.

[4] Yuan Yaochu, Su Jilan, Pan Ziqin. A study of the Kuroshio in the East China Sea and the currents east of the Ryukyu Islands in 1988//Takano K. Oceanography of Asian Marginal Seas. Elsevier Science Publishers, 1991: 305-319.

[5] 袁耀初，苏纪兰，潘子勤. 1989 年东海黑潮流量与热通量计算//黑潮调查研究论文选(四).北京:海洋出版社，1992:253-264.
[6] Yuan Yaochu, Pan Ziqin, Kaneko Ikuo. Variability of the Kuroshio in the East China Sea in 1988//Su Jilan, Wensnn Chuang, Ya Hsueh R. Proc. Symp. Physical and Chemical Oceanogr. the China Seas. Beijing: China Ocean Press, 1993: 181-192.
[7] 袁耀初，潘子勤，金子郁雄，等. 东海黑潮的变异与琉球群岛以东海流//黑潮调查研究论文选(五).北京:海洋出版社，1993: 279-297.
[8] 袁耀初，苏纪兰，潘子勤. 1990 年东海黑潮流量与热通量计算//黑潮调查研究论文选(五).北京:海洋出版社，1993: 298-310.
[9] Masaaki Chaen, Masao Fukasawa, Akio Maeda, et al. Abyssal Boundary Current along the Northwestern Perimeter of the Philippine Basin//Teramoto T. Deep Ocean Circulation. Elserier Science Publishers, 1993: 51-67.
[10] Fiadeiro M E, Veronis G. On the determination of absolute velocities in the ocean. J Mar Res, 1982, 40(supp.): 159-182.
[11] 于洪华，苏纪兰，苗育田，等.东海黑潮低盐水核与琉球以东西边界流的入侵//黑潮调查研究论文选(五).北京:海洋出版社，1993:225-241.
[12] 袁耀初，高野健三，潘子勤，等.1991 年秋季东海黑潮与琉球群岛以东海流//中国海洋学文集，第 5 集.北京:海洋出版社，1995:1-11.
[13] 潘子勤，袁耀初，高野健三，等. 琉球群岛以东海域深层流的动能谱//中国海洋学文集，第 5 集.北京:海洋出版社，1995: 26-37.

The western boundary current east of the Ryukyu Islands

Yuan Yaochu[1], Su Jilan[1], Kenzo Takano[2], Pan Ziqin[1], Kazuo Kawatate[3], Shiro Imawaki[3], Chen Hong[1], Hiroshio Ichikawa[4], Shin-ichiro Umatani[3]

(1. *Second Institute of Oceanography, State Oceanic Administration, Hangzhou* 310012, *China*; 2. *Institute of Biological Science, University of Tsukuba, Japan*; 3.*Research Institute for Applied Mechanics, Kyushu University, Japan*; 4.*Faculty of Fisheries, Kagoshima University, Japan*)

Abstract: Based on moored current meter records during November 1991 to September 1992 and hydrographic data during September 1992, a modified inverse method is used to compute the western boundary current (WBC) east of the Ryukyu Islands and the Kuroshio in the East China Sea. The WBC east of the Ryukyu Islands has two cores in general. The observed currents and the computed results both confirm that there is the seasonal change for the vertical position of WBC east of the Ryukyu Islands. There is a southward abyssal boundary current underneath the WBC east of the Ryukyu Islands for all seasons. The volume transport (VT) of the WBC and VT of a southward current through Section $P_{CM1-2-E}$, east of Okinawa Island, are about 30.8×10^6 and 6.0×10^6 m^3/s, respectively, during September 1992. Thus, the net northward VT through Section $P_{CM1-2-E}$ is about 24.8×10^6 m^3/s during September 1992. The net VT through the Section $P_{CM1-2-W}$ is about 28.4×10^6 m^3/s, in which total VT of the Kuroshio and the Taiwan Warm Current is about 32.1×10^6 m^3/s and the VT of southward countercurrent is about 3.7×10^6 m^3/s, during September 1992.

The quantity of water exchange on the both sides of the Ryukyu Islands is discussed. For example, the salinity minimum water in the mid layer flows northwestward from the east of the Ryukyu Islands to the East China Sea through the gap over the Ryukyu Ridge, and its northwestward VT at Section WE-2 is about 2.4×10^6 m^3/s during September 1992.

Key words: Ryukyu Islands; wstern boundary current; sothward abyssal boundary current; seasonal change; water exchange

刊于：中国海洋学文集，第 5 集.北京：海洋出版社，1995：26-37.

琉球群岛以东海域深层流的动能谱

潘子勤[1]，袁耀初[1]，高野健三[2]，苏纪兰[1]，川建和雄[3]，
今胁资朗[3]，陈洪[1]，市川洋[4]，马谷绅一郎[3]

（1. 国家海洋局 第二海洋研究所，浙江 杭州 310012；2. 日本筑波大学，筑波；3. 日本九州大学，春日；4. 日本鹿儿岛大学，鹿儿岛）

摘要： 利用 1991 年 11 月至 1992 年 9 月在琉球群岛以东获得的 3 个长达 10 个多月的深层测流资料，对这一海区的潮振动和地转惯性振动以及低频振动的动能谱做了初步的研究。研究表明，此海区的潮汐为日潮与半日潮并存的混合潮，其中日潮的顺时针谱估计大于逆时针谱估计，而半日潮却相反，其逆时针谱估计大于顺时针谱估计。地转惯性振动在 2 000 m 处还很明显，但在底层 4 500 m 处却不明显。海流的低频振动的动能谱随着深度和位置的变化而具有不同的形态，在水深近 2 000 m 层次，无论在 OB（25°48′N，128°03′E）还是在 OC（25°34′N，128°20′E）站位，振动都以周期大于 32 d 的低频振动为主，其能量分别占总能量的 63%和 85%。而在 OC 站 4 480 m 处，涡动能量主要分布在 2～32 d 的高频带上，它占总能量的 70%。这表明随着深度增加，低频振动能量分布有向高频带转移趋势。在 OB 站近 2 000 m 处，OC 站近 2 000 m 与 4 500 m 处，低频振动的总能量分别为 4.1，8.4 与 1.9 cm^2/s^2。纬向与经向的低频振动的能量分布也随位置与深度而变化，在坡折处，在所有的低频带，都是以纬向振动为主，而在 OC 站 2 000 m 与 4 500 m 处，除 2～16 d 较高频带及在 2 000 m 层大于 64 d 的低频带纬向振动较大外，在其他频带皆为经向振动较大。其次，用最大熵谱分析表明在 OC 站近 4 500 m 处有明显的周期为 5～7 d 的振动，其逆时针谱大于顺时针谱。最后，通过 3 个海流矢量序列之间的内凝聚谱估算表明，它们之间相关性很低。

关键词： 琉球群岛；深层流；动能谱

前言

利用长时间序列锚碇海流观测资料，进行低频波动（大于 2 d 周期）的谱分析，已有很多工作，例如在北大西洋有 Richman 等[1]，Schmitz[2]，及 Zenk 与 Muller 等[3]的工作，在西北太平洋有 Imawaki 与 Takano 等[4]的工作。在他们的研究中都发现，涡旋场具有时空不均匀性，即涡旋或者低频振动的动能谱随着深度和位置的变化呈现不同的形态。例如 Schmitz[2]指出：（1）在 MODE-Ⅰ区域（中心为 28°N、69.7°W）马尾藻海中在 4 000 m 深层上“中尺度”占主要，而在温跃层（500 m）“长期尺度”占主要，即当深度较深时，动能谱有向较高频段转移趋势；（2）从湾流附近的 POLYMODE-Ⅱ海域，动能谱的形状随着深度变化较小；（3）从湾流区域移向陆坡处，动能谱也有向高频段转移的趋势。关于西北太平洋海域，Imawaki 与 Takano[4]利用在 30°00′N、147°08′E 处，即位于黑潮续流以南 500 km 与伊豆海脊以东 400 m 位置上，利用 2 年 9 个月（1978 年 10 月 3 日至 1981 年 6 月 18 日）的海流观测资料，得到了以下的结果：（1）涡旋场可由 3 个时间尺度来表示它的特征，在年尺度上（大于 120 d 周期），以纬向振动动能为主；而中尺度涡（30～120 d）则以经向振动为主；月尺度振动则是各向同性的；（2）中尺度涡的动能约为总的涡旋动能的三分之二。对于涡分辨的数值模式的模

拟计算结果(例如文献[5])也有同样结论。导致上述现象的原因很多，例如涡旋场与平均流之间相互作用及海洋边界、地形、风场等各种动力因子的影响。

1991 年 11 月至 1992 年 9 月国家海洋局第二海洋研究所与日本筑波大学、九州大学以及鹿儿岛大学海洋学家们在琉球群岛以东海域布设了 3 套锚碇测流系统，时间长达 10 个多月。本文将利用这些中、深层海流资料，进行谱分析，着重研究该海区大于 2 d 的海流低频振动。

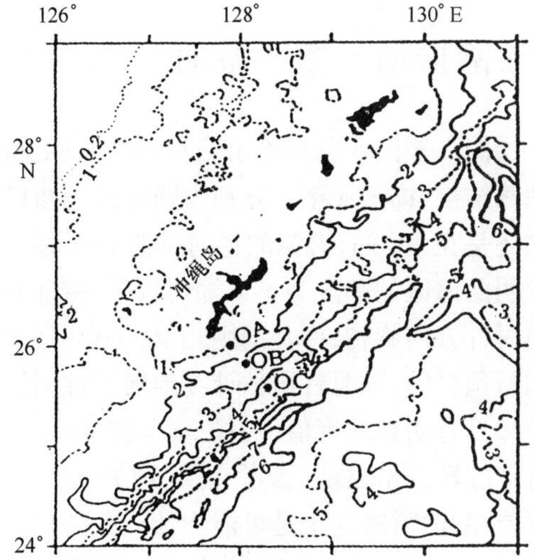

图 1　锚系站位和周围海底地形(km)

1　海流观测数据

10 个多月的中、深层锚碇海流观测，共获得了 3 套锚碇系统共计 6 个海流计，即 OA 站位于 570 与 870 m，OB 站位于 1 890 m 以及 OC 站位于 700，1 980 与 4 480 m，锚碇系统站位置和周围地形如图 1 所示。测流的采样间隔为 1 h，这样的间隔对研究潮振动和地转惯性振动以及低频振动都是合适的。由于一部分海流计只获得较短时间的记录，因此能用来做低频振动分析的记录实际上只有 3 组，即 OB 一组(1 890 m)和 OC 两组(1 980 m，4 480 m)。表 1 列出了 3 个海流计的站位、水深、测流层次、观测时间以及平均速度等，其中 *U* 为东分量，*V* 为北分量，*S. D* 为方差。

表 1　测流记录的站位、水深、观测层次与时间，以及平均流速(cm/s)等

站位	经纬度	水深 /m	仪器	层次 /m	观察长度 /d	平均流速和方差			
						U	*S. D*	*V*	*S. D*
OB	25°48′N，128°03′E	2 020	RCM-5	1 890	307	-0.09	7.06	0.04	1.55
OC	25°34′N，128°20′E	4 630	RCM-5	1 980	296	2.03	10.50	2.14	10.70
OC	25°34′N，128°20′E	4 630	RCM-5	4 480	296	-0.30	1.73	-1.34	1.86

图 2 是 5 组测流记录和流速日平均矢量图。OA 站 570 m 层的测流记录较短，只在 11 月份有记录，图 2 表明在 570 m 处流向为东北，日平均最大流速大于 20 cm/s，而总的平均流速值大于 15 cm/s。OB 站 1 890 m 层海流计接近于海底(水深 2 020 m)，图 2 表明在此层流向变化较大，例如 11 月与 12 月基本以南向为主要，而在 5 月与 6 月份则偏北向为主要，其日平均流速都小于 10 cm/s。OC 站 2 000 m 层从 1991 年 12 月至

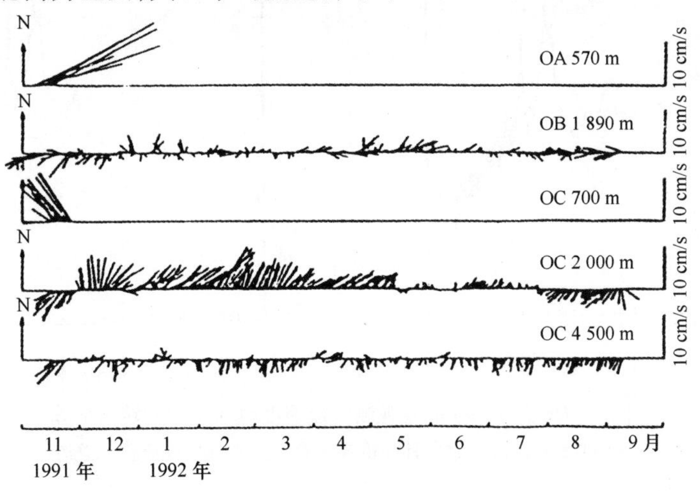

图 2　在 OA 站 570 m，OB 站 1 890 m 及 OC 站 700 m，2 000 m 与 4 500 m 处流速日平均矢量随时间变化

1992 年 7 月流向基本偏北，特别自 1991 年 12 月至 1992 年 4 月间其流速较大，约为 5～15 cm/s。在观测期间内，OC 站 2 000 m 处总的平均流速为 3 cm/s，流向为东北（表 1）。图 2 也表明，在 OC 站 4 480 m 的底层处，流速基本偏南，但流速较小，在观测时间总的平均值为 1.4 cm/s。关于琉球群岛以东西边界流的结构及其变化参见文献[6]。

2　潮振动与惯性振动

图 3 至图 5 分别给出了在 OB 站 1 890 m，OC 站 1 980 m 与 4 480 m 观测海流速度矢量时间序列旋转谱估算结果，即图 a 至 e 分别为顺时针、逆时针、东分量与北分量谱及总谱。从图 3 至图 5 可以看到无论在 OB 站还是在 OC 站，海流的逆时针谱和顺时针谱估计在周期为 24 和 12 h 处都具有明显的且量级相当的峰值，说明此海区的潮汐为半日潮与日潮并存的混合潮。其中半日潮的逆时针谱略大于顺时针谱，说明半日潮按逆时针方向旋转；而日潮则相反，按顺时针方向旋转。另外在 OB 站的 1 890 m 处和 OC 站的 1 980 m 层次，如所预料的，顺时针谱估计在地转惯性周期（此处约为 28 h）处有明显的峰值（见图 3b 与图 4b），而逆时针谱却没有明显的峰值（见图 3a 与图 4a）。这是因为，根据地球流体力学的理论，地转惯性周期成分不会在逆时针旋转谱中出现（参考文献[7]）。由于此海区的地转惯性周期同日周期较接近，惯性振动与日潮振动有可能相互叠加，这也是可能为什么此处日潮的顺时针谱大于逆时针谱的一个原因。在 OC 站 4 500 m 层次，情况同 2 000 m 处有所不同，海流的旋转谱在地转惯性频率处没有明显的峰值（见图 5），说明在深海底层的地转惯性振动较小。

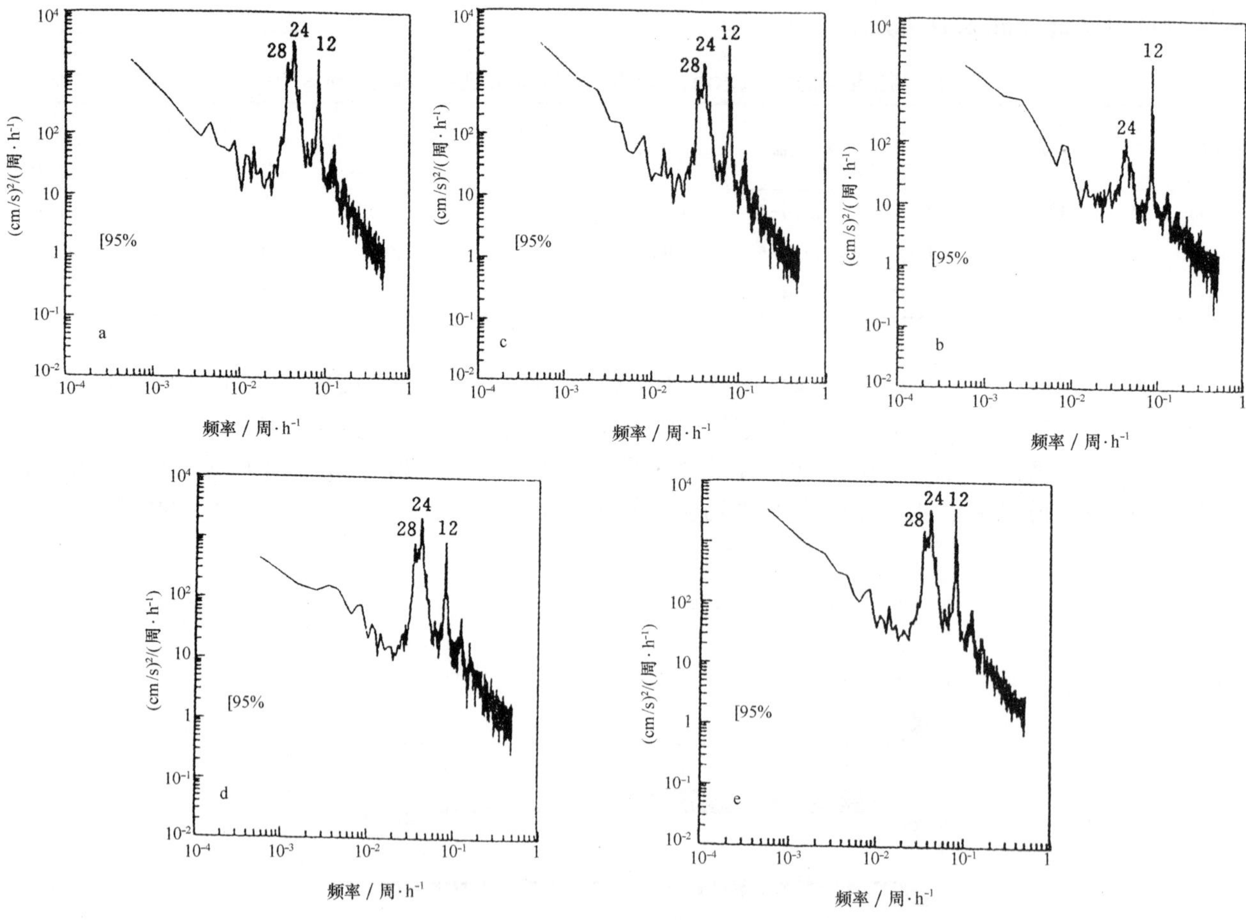

图 3　OB 站 1 890 m 处观测海流速度时间序列旋转谱估算

a.顺时针旋转谱，b.逆时针旋转谱，c.东分量谱，d.北分量谱，e.总谱

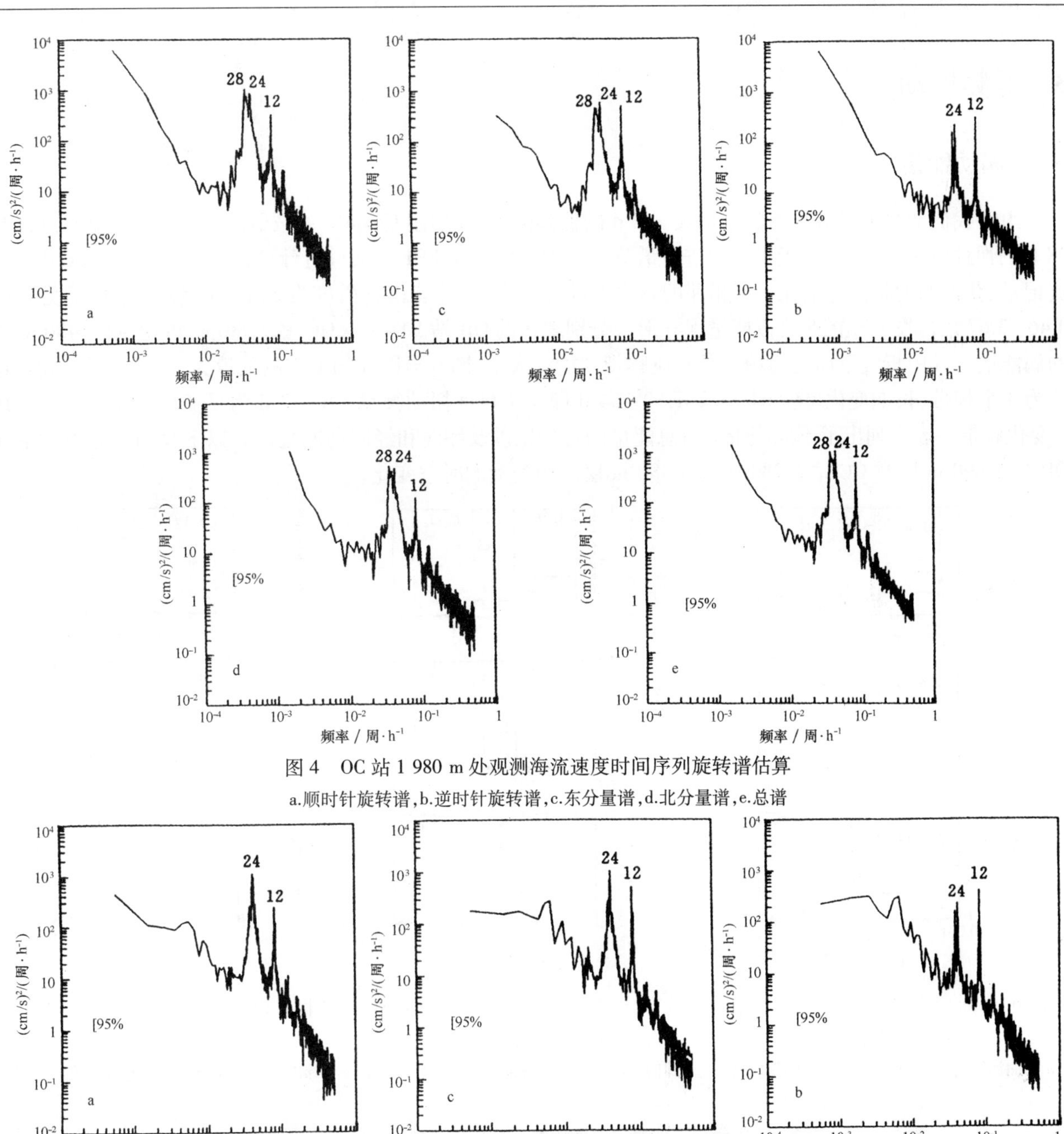

图 4　OC 站 1 980 m 处观测海流速度时间序列旋转谱估算

a.顺时针旋转谱，b.逆时针旋转谱，c.东分量谱，d.北分量谱，e.总谱

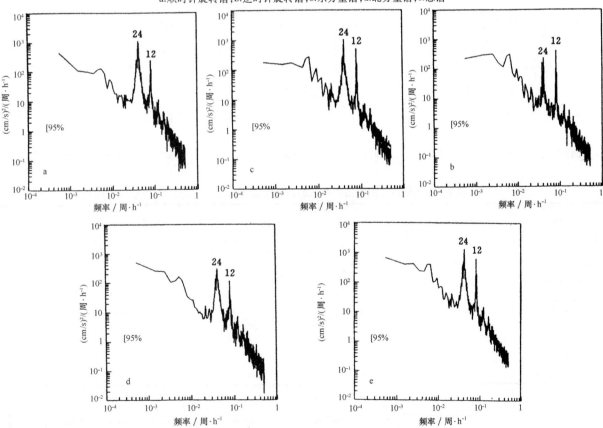

图 5　OC 站 4 480 m 处观测海流速度时间序列旋转谱估算

a.顺时针旋转谱，b.逆时针旋转谱，c.东分量谱，d.北分量谱，e.总谱

3　低频振动

3.1　涡动能谱

由于我们的目的是分析海流周期大于 2 d 的低频振动，我们用 Godin[7] 滤波器滤掉了半日和全日潮以及 28 h 的惯性频率，然后取一天平均值进行谱分析。为了用快速 FFT 变换进行计算，我们只用了前 256 d 的海流记录，获得的的粗能量谱在 4 个相邻的频率上进行平均，因此能谱自由度为 8，它的 95% 置信区间为它的 0.46~3.67 倍。图 6 至图 8 是以能量保守形式分别表示的 OB 站 1 890 m，OC 站 1 980 m 和 OC 站 4 480 m 处的涡能谱。其中折线下面的面积就是相应频带动能的大小，图 6 至图 8 的上方的数值为相应频带的动能值，分为 4 个频带，长期变化尺度 64~512 d，32~64 d 即属于尺度振动频率，16~32 d 为月变化尺度，以及 2~16 d 变化频带。表 2 列出了不同频带上占总能量的百分比以及纬向和经向动能之比。以下我们将分别讨论在 OB 站 1 890 m 层及 OC 站 1 980 m 与 4 480 m 层低频振动的时空变化。

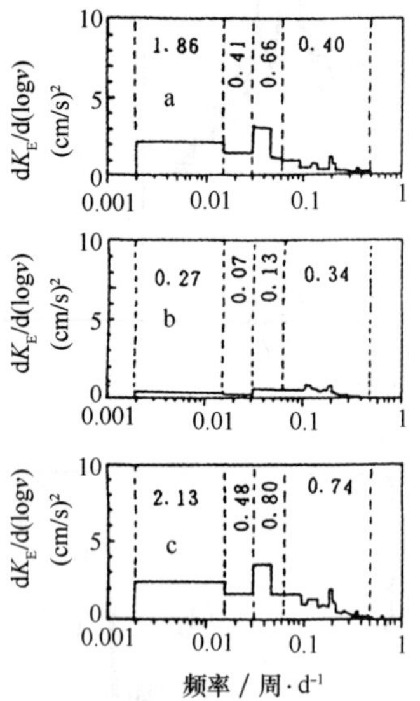

图 6　以能量保守形式表示的 OB 站 1 890 m 的涡能谱

a.纬向涡能谱，b.经向涡能谱，c.总的涡能谱

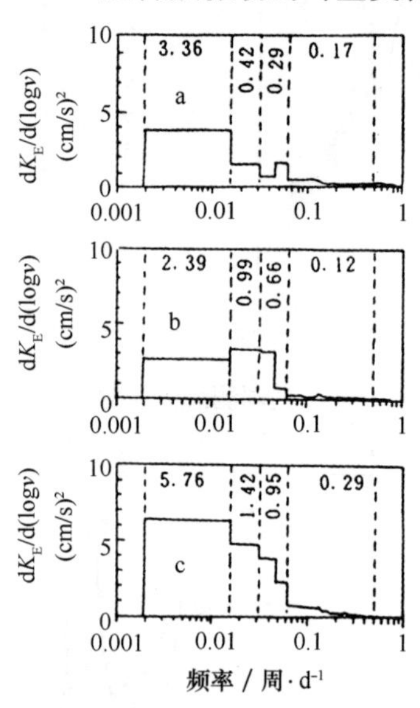

图 7　以能量保守形式表示的 OC 站 1 980 m 的涡能谱

a.纬向涡能谱，b.经向涡能谱，c.总的涡能谱

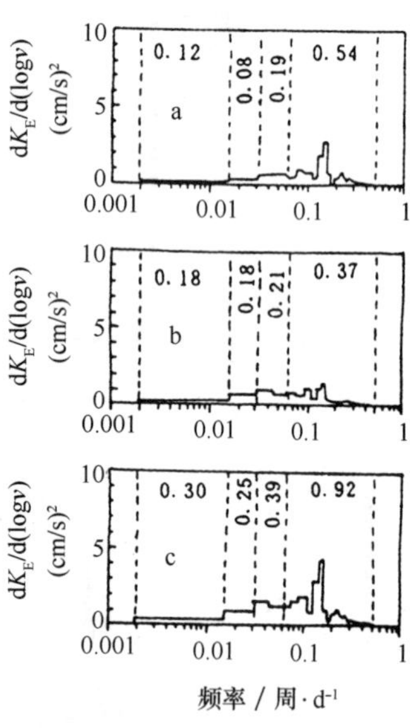

图 8　以能量保守形式表示的 OC 站 4 480 m 的涡能谱

a.纬向涡能谱，b.经向涡能谱，c.总的涡能谱

表 2　不同频带上能量占总能量的百分比以及纬向和经向能量之比　（能量单位：cm^2/s^2）

站位	64~512 d	32~64 d	16~32 d	2~16 d	总能量(U^2+V^2)/22~512 d
			各频带占总能量的百分比		
OB(1 890 m)	51	12	19	18	4.14
OC(1 980 m)	68	17	11	4	8.40
OC(4 480 m)	16	14	21	49	1.87
			各频带纬向能量与经向能量之比		
OB(1 890 m)	6.9	5.9	5.1	1.2	
OC(1 980 m)	1.4	0.4	0.4	1.4	
OC(4 480 m)	0.7	0.4	0.9	1.5	

首先我们比较 OB 站 1 890 m 层，OC 站 1 980 m 层与 4 480 m 层在各频带上涡动能谱分布，图 6 与表 2 表明在大于 32 d 频带，OB 站 1 890 m 层，OC 站 1 980 m 层与 4 480 m 层涡动能各占它们总能量的 63%，85% 与 30%，这表明，前两者涡动能谱都集中在大于 32 d 的频带，而后者即集中在小于 32 d 的频带。从 OC 站两

个不同层，低频涡动能随深度变深向较高频率转移的变化趋向，与 Schmitz[2] 在湾流西侧 MODE 区域所发现有相似之处，不同的是在 OC 站这种转移的程度更为强烈，是其他区域没有发现过的。

其次比较各频带上纬向与经向振动。从图 6 与表 2 可知，对于周期小于 16 d 的涡动能在 OB 与 OC 站，皆具有各向的量级相当的特性，且纬向涡动能一般略大于经向涡动能，而对于周期大于 16 d 的 3 个频段，在 OB 站 1 890 m 层，其纬向涡动能明显皆比经向涡动能大得多；但在 OC 站，除中层在周期大于 64 d 的频段仍为纬向涡动能大于经向涡动能以外，在中层 16~32 d 和 32~64 d 两个频段以及近底层大于 16 d 的 3 个频段，其纬向涡动能皆小于经向动能。需指出的是，OC 站这两个层无论哪个频段各向涡动能的量级皆相当。

最后，比较 3 个深度上测流的总能量。表 1 与表 2 表明，总能量在 OC 站 1 980 m 层最大，其值为 8.40 cm^2/s^2，且两个方向即纬向与经向的动能几乎相同；在 OB 站 1 890 m 层其次，其值为 4.14 cm^2/s^2，其中纬向动能是经向动能的 4 倍；在 OC 站 4 480 m 层最小，其值为 1 980 m 层总能量的 0.23 倍，且两个方向纬向与经向的动能也几乎相同。这表明，在近底层及陆地的边界附近处涡动总能量有减小的趋势，而远陆地边界处，OC 站两个层，各向涡动能几乎相等。其次，OC 站两个测深上的平均流的能量分别约为它们的涡动能量的二分之一，但值得注意的是 OB 站 1 890 m 层的平均流的动能远小于涡动能，即几乎为零。

3.2　旋转谱

本节我们将讨论用最大熵谱分析得到的旋转谱结果，参见图 9a 至 f。图 9a 至 f 表明涡动能在低频带中出现一些峰值，从 3~5 d 至 148 d 之间皆有，但在 90%置信区间内，无论逆时针谱或顺时针谱都不是明显的峰值，只在 OC 站 4 480 m 底层处，逆时针谱中出现了周期为 7 d 的明显峰值（图 9e），及逆时针谱中 5.2 d 周期峰值（图 9f）。这表明，在 OC 层底层存在周期为 5~7 d 的振动，其逆时针谱大于顺序针谱。这也与上述指出的，在底层动能大部分集中在较高频带的趋向是相一致的。

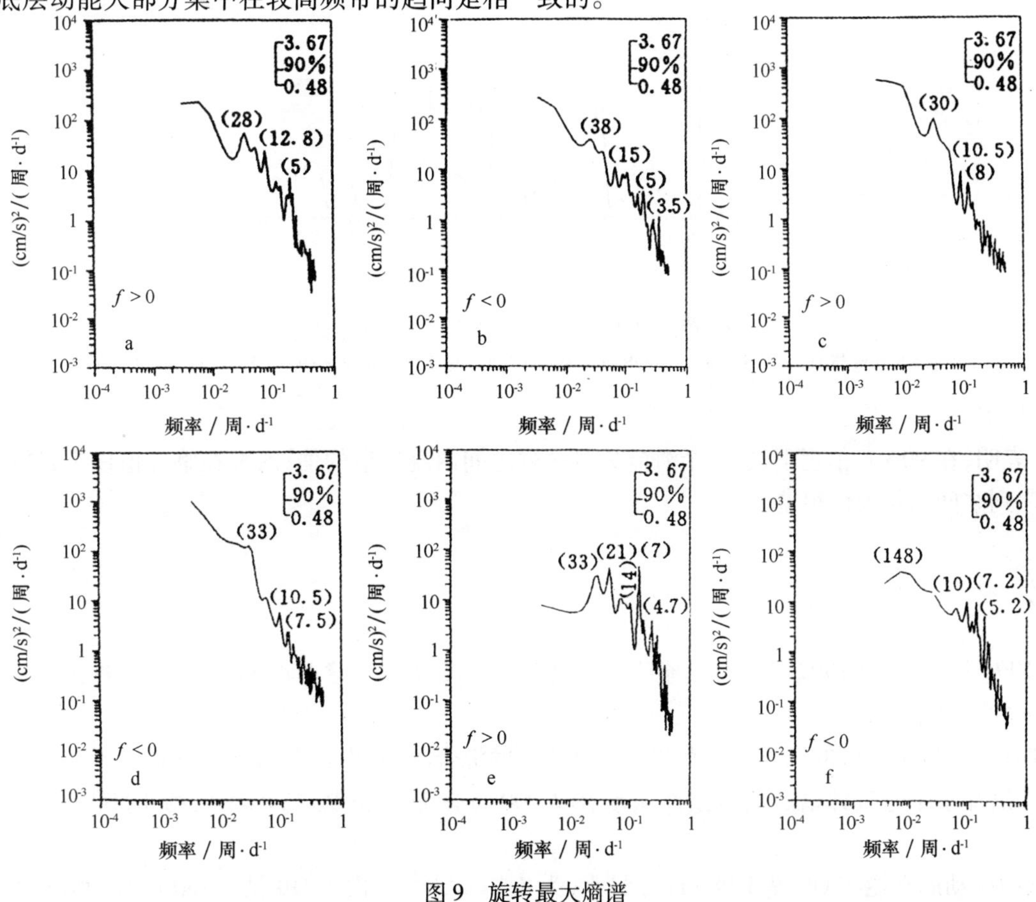

图 9　旋转最大熵谱

a.OB 站 1 890 m 处（$f>0$），b.OB 站 1 890 m 处（$f<0$），c.OC 站 1 980 m 处（$f>0$），d.OC 站 1 980 m 处（$f<0$），e.OC 站 4 480 m 处（$f>0$），f.OC 站 4 480 m 处（$f<0$）

最后,我们讨论这 3 个测量的海流矢量序列的相关性。图 10a,b 与 c 分别表示 OB 站 1 890 m 处与 OC 站 4 480 m 处,OB 站 1 890 m 处与 OC 站 1 980 m 处,以及 OC 站 1 980 m 处与 4 480 m 处海流矢量序列之间相互关系的内凝聚谱。

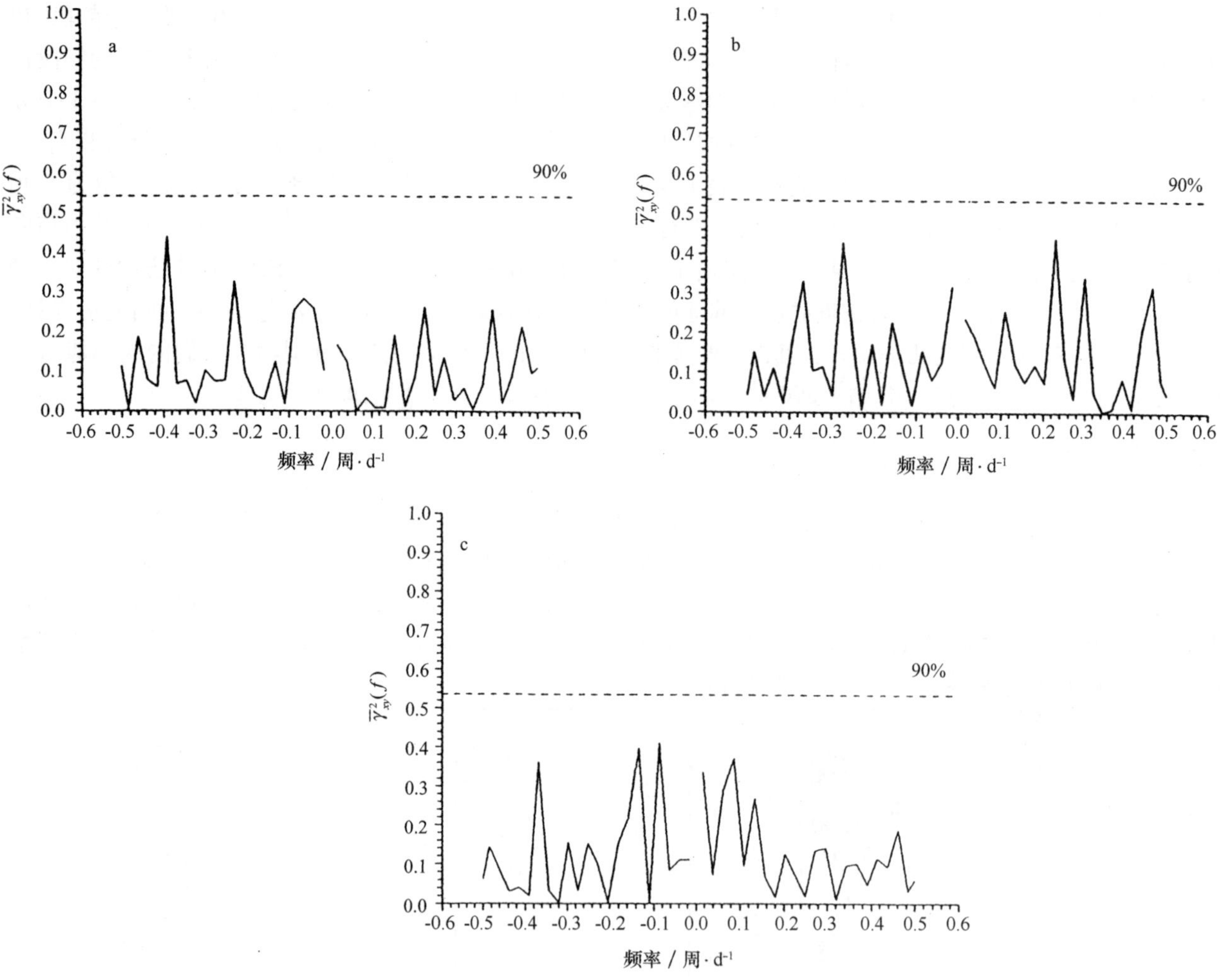

图 10　两个海流矢量序列之间的内凝聚谱 $\overline{\gamma}_{xy}^2(f)$

a.OB 站 1 890 m 与 OC 站 4 480 m 处,b.OB 站 1 890 m 与 OC 站 1 980 m 处,c.OC 站 1 980 m 与 4 480 m 处

图 10 表明,在 90%置信度下,这 3 个海流矢量序列之间内凝聚谱的估计,都在临界值以下,说明这 3 个海流矢量序列之间的相关性很差。

4　结论

基于 1991 年 11 月至 1992 年 9 月在琉球群岛以东 3 个长达 10 个多月的测流资料,通过谱分析计算,我们获得以下的主要结果。

(1)琉球群岛以东海区的潮汐为日潮和半日潮并存的混合潮,其中日潮的顺时针谱大于逆时针谱,而半日潮顺时针谱却小于逆时针谱。地转惯性振动在 2 000 m 附近仍很明显,但在大约 4 500 m 的底层却不明显。

(2)低频振动的动能在 OC 站 1 980 m 处最大,为 8.4 cm^2/s^2,其次为 OB 站 1 890 m 处,其值为 4.1 cm^2/s^2,最小在 OC 站 4 480 m 处,其值为 1.9 cm^2/s^2。这表明,在近海底层近陆地边界低频振动的动能有减小的趋势。而平均流能量,在 OB 站 1 890 m 处几乎为零,在 OC 站两个层,则分别约为它们的低频振动的动能的一半。

（3）低频振动的能量谱随位置与深度的变化，出现不同的形态，在 OB 站 1 890 m 处与 OC 站 1 980 m 处，振动都以大于 32 d 的低频振动为主，其能量分别是总能量的 63%与 85%，而在 OC 站 4 480 m 处，振动能量以 2～32 d 较高频带为主，它占总量的 70%。这表明，随着深度变深，低频振动的动能有向高频转移的趋向。

（4）对比纬向与经向的低频振动，在坡折 2 000 m 处纬向的总能量是经向的总能量的 4 倍，而在 CO 站两个测深上，两方向的动能几乎相同。其次，它们在各频带能量分布上，在坡折 2 000 m 处对于大于 16 d 的低频带，纬向涡动能明显比经向涡动能大得多。但在 OC 站 1 980 m 处与 4 480 m 处除在 2～16 d 较高频带及 1 980 m 层大于 64 d 的低频带纬向振动较大外，在其他频带皆为经向振动较大。

（5）在 OC 站 4 480 m 的底层，有明显周期为 5～7 d 的振动，其逆时针谱大于顺时针谱。

（6）在 OB 站 1 890 m 层及 OC 站两个层的 3 个海流矢量序列之间相关性很差，在 90%的置信度下它们之间是互不相关的。

参考文献：

[1] Richman J G, Wunsch C, Hogg N G. Space and time scales of mesoscale motion in the western North Atlantic. Reviews of Geophysics and Space Physics, 1977, 15: 385-420.

[2] Schmitz W J Jr. Observations of the vertical structure of low frequency fluctuations in the western North Atlantic. J Mar Res, 1978, 36: 295-310.

[3] Zenk W, Muller T J. Seven-year current meter record in the eastern North Atlantic. Deep-Sea Research, 1988, 35(8): 1259-1268.

[4] Imawaki S, Takano K. Low-frequency eddy kinetic energy spectrum in the deep western North Pacific. Science, 1982, 216: 1407-1408.

[5] Holland W R. Numerical models of ocean circulation with mesoscale eddies//Theory and Modeling of Ocean Eddies. Peter B. Rhines editor, Mass Inst., Cambrlge, Mass, 1977.

[6] 袁耀初，苏纪兰，高野健三，等. 琉球群岛以东的西边界流//中国海洋学文集，第 5 集．北京：海洋出版社，1995: 12-25.

[7] 陈上及，马继瑞. 海洋数据处理分析及其应用.北京：海洋出版社，1991: 537-580.

[8] Godin G. The Analysis of Tides. University of Toronto Press, 1972: 1-200.

Spectra of the deep currents east of the Ryukyu Islands

Pan Ziqin[1], Yuan Yaochu[1], Kenzo Takano[2], Su Jilan[1], Kazuo Kawatate[3], Shiro Imawaki[3], Chen Hong[1], Hiroshio Ichikawa[4], Shin-ichiro Umatani[3]

(1.*Second Institute of Oceanography*, *State Oceanic Administration*, *Hangzhou* 310012, *China*; 2.*Institute of Biological Science*, *University of Tsukuba*, *Japan*; 3.*Research Institute for Applied Mechanics. Kyushu University*, *Japan*; 4.*Faculty of Fisheries*, *Kagoshima University*, *Japan*)

Abstract: Based on the three long-term current meter records observed in the area east of Ryukyu Islands from November 1991 through September 1992, a study on the eddy kinetic energy spectrum is made. The strong spatial inbomegeneity in the properties of the eddy kinetic energy spectrum is found in this area. At about 2 000 m depth of Station OB(25°48′N, 128°03′E) and OC(25°34′N, 128°20′E) the spectral estimates are both dominated by the scales longer than 32 days, and about 63% and 85% of the eddy kinetic energy are contained in those scales, respectively. However at 4 480 m depth of Station OC, almost 70% of the eddy kinetic energy is contained in shorter time scales ranging from 2 to 32 days. This suggests a trend that the shape of the eddy kinetic energy spectrum shifts toward more energy at shorter time scales when depth increases. The shapes of the zonal and meridional spectra both vary with depth and geographical position also. At shelf break, i.e. at 1 890 m depth of Station OB, the zonal fluctuations are dominated on entire scales. However at about 2 000 and 4 500 m depths of Station OC, the meridional fluctuations are dominated in all time scales except for shorter time scales, ranging from 2 to 32 days, at these both depths and scales longer than 64 d at the 2 000 m depth. The total eddy kinetic energies are estimated to be about 4.1, 8.4 and 1.9 cm^2/s^2 at 1 890 m depth of Station OB and at 1 980 m and 4 480 m depths of Station OC, respectively.

The maximum entropy spectral estimates show that there are 5–7 d periodic oscillations at 4 480 m depth of Station OC with a significant peak at 7 d period in anticlockwise spectrum and a significant peak at 5 d period in clockwise spectrum. There are no significant coherences among three time series of current vectors, which are indicated from their inner squard coherence estimates.

Key words: Ryukyu Islands; deep current; eddy kinetic energy spectra

刊于:中国海洋学文集, 第5集.北京:海洋出版社, 1995:38-46.

1991年秋季琉球群岛附近海域的水文特征

于洪华[1],袁耀初[1]

(1. 国家海洋局 第二海洋研究所,浙江 杭州 310012)

摘要:基于1991年10月12日至11月4日“实践”号船的调查资料,对琉球群岛两侧的水文特征进行了分析研究,结果表明:(1)在台湾东北海域存在一个冷涡,此冷涡的中心自底向上逐渐右偏,涌升冷水一直影响到海面,冷中心的盐度较两侧稍高。(2)在东海陆架坡折附近存在着冷水涌升现象,涌升的强度是台湾东北海域强于陆架中部。高盐水入侵陆架的势力同样具有台湾东北至冲绳岛附近海域大于东海陆架中部的分布特征。(3)研究海区中层低盐水核心位于500~700 m层,所处的深度及其厚度是琉球群岛以东大于琉球群岛以西。琉球群岛以东海域存在着低于34.20的中层低盐水,但它并未进入冲绳海槽内。而盐度大于34.20小于34.30的低盐水,在与那国东南海域可入侵到冲绳海槽中,低盐水核的舌锋到达黑潮主流区,其位置与黑潮区氧同位素示踪物$\delta^{18}O$的低值核心相对应。(4)琉球群岛两侧存在着低于34.30的中层低盐水核,但其分布范围和盐度值大小有别,在琉球群岛以东海域,它的分布范围大,盐度值低,且有西南低东北高的分布特征。而琉球群岛以西盐度值高,分布范围小,且有盐度值西南高东北低的分布特征,最低盐度值出现在冲绳岛附近海域。

关键词:琉球群岛;秋季;水文特征

1 资料

1991年10月12日至11月4日“实践”号调查船在东海由陆架开始穿过黑潮区直到琉球群岛以东,对断面P_{25}、P_{CM1}、P_3及S_5进行观测(见图1)。在秋季这样横过琉球两侧长断面的观测资料还是少见的,分析该航次的资料对了解琉球附近海域的水文特征是有意义的。分析过程中考虑到断面布设少,范围大,难以精确了解平面上的水文状况,因此,着重于断面上水文特征的分析。

2 断面上的水文结构

图2所示的P_{25}断面上的温盐分布趋势表明,该断面上的水文结构具有如下特征:

(1)台湾东北海域在陆架坡折附近明显地存在着一个冷涡[1](见图2a),此冷涡的中心自底向上逐渐右偏,涌升冷水一直影响到海面,表层冷中心(位于站6)的温度比其右侧低3℃以上,比左侧低2℃以上。冷中心对应的盐度值较两侧稍高。

(2)冷水涌升区的温度分布趋势形似“锋涡”,两侧均存在着较强的温度锋面,左侧锋面自底向上抬升到50 m层,该锋面是涌升的黑潮次表层水与上层的台湾暖水之间的锋面。右侧锋面由表向下深达150余米,即为黑潮锋[2],此锋的强度较左侧锋面强。盐度锋的位置与温度锋相当,但强度远不如温度锋的大。在黑潮锋的右侧及琉球群岛以东海域都有一个暖涡存在,其中前者暖水辐聚下沉的势力较后者强,影响深度达

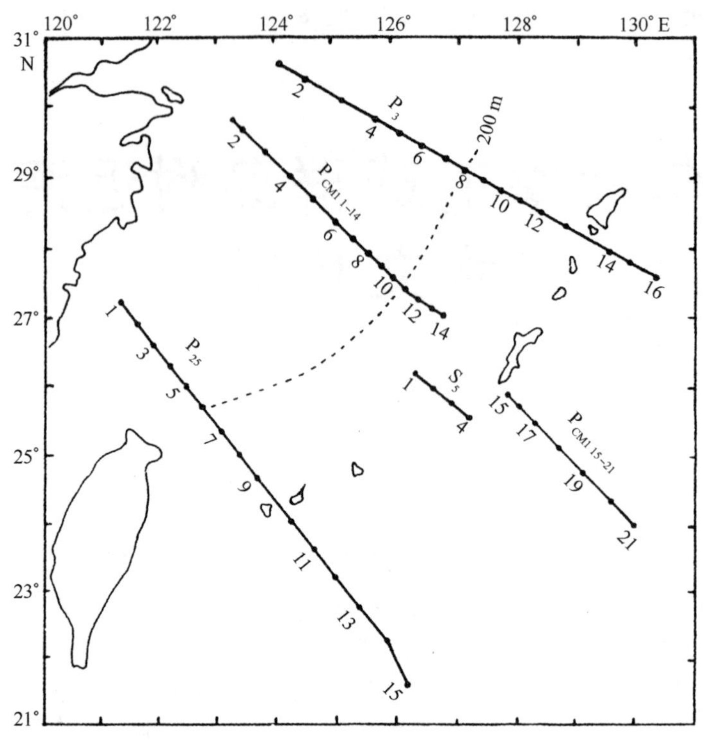

图1　1991年秋季(10月12日至11月4日)调查站位图

150余米。上述冷、暖涡的位置在袁耀初等[3]的流场计算中(见文献[3]图8)都显而易见。

(3)图2b中显示出一个范围相当大的高盐水舌,它自断面东南侧向西北伸展,厚度渐减,34.60~34.70等盐线一直到达陆架坡折之上,即台湾东北海域冷水涌升区的底部。在高盐水舌内有孤立的高盐水块存在,中心处在150 m上下,最高盐度值为34.94。

(4)中层低盐水的中心位于500~700 m层,所处的深度是琉球群岛认东深于琉球群岛以西,它由700 m逐渐抬升到500~600 m。低于34.30的低盐水核[5]呈舌形自断面东南伸向西北,厚度逐渐减小,东南侧厚达300余米,西北侧厚为100 m左右。34.30等盐线的舌锋一直到达陆坡附近,海槽中$P_{25\,09}$站出现了34.28的最低盐度值。由断面上流速计算结果(见图3)可见,该低盐水核的前锋到达黑潮主流区,但流速很弱,同时低盐水核的位置与黑潮区氧同位素示踪物$\delta^{18}O$的低值核心大致相对应[4]。图2b中还显示出34.20等盐线只到站$P_{25\,10}$附近,低于34.20的低盐水并未进入冲绳海槽中,最低盐度值处在琉球群岛以东的$P_{25\,10}$至$P_{25\,11}$站,其值为34.14。上述观测结果表明,琉球群岛以东,盐度低于34.30,但大于34.20的低盐水核,在与那国东南海域,由东向西可以入侵到冲绳海槽内,而低于34.20的低盐水却只能处在琉球以东海域并未进入海槽之中,这是该航次观测到的重要水文状况之一。

图4至图7分别展示出断面P_{CM1}、P_3及S_5上的温盐垂直结构。由图4a和6a可见,在陆架坡折附近像断面P_{25}一样,存在着冷水涌升现象,3个断面上冷中心的最低温度比较接近,分别为18.34,18.42,18.25℃,其中断面P_3上的温度稍低,不过该断面上涌升冷水并未影响到海面,在黑潮锋的西侧,50 m层以浅的温度是自西向东增加的。各断面上黑潮锋所处的深度也各不相同,在断面P_{25}上,温度锋面自表向下深达150余米,而P_{CM1}和P_3断面上温度锋却存在于50 m层以深,锋的强度也较P_{25}断面弱。盐度分布趋势表明,高盐水呈舌形自东南向西北伸展,断面$P_{CM1\,1-14}$上高盐水($S \geqslant 34.60$)到达陆架坡折之上,形似P_{25}断面。而P_3断面,$S \geqslant 34.60$的高盐水并未入侵到陆架上,只到达陆架坡折附近,表明在陆架中部高盐水入侵陆架的势力较台湾以东海域弱,这两个断面上的最高盐度值为34.90,低于断面P_{25}上的最高盐度值。图4b和图6b上的盐度分布的另一个特征是:存在着低于34.30的中层低盐水核,在琉球群岛以西断面P_3上最低盐度值为34.25,断面$P_{CM1\,1-14}$上的最低盐度值为34.29。琉球群岛以东同样存在着低于34.20的中层低盐水,但仍未进入冲

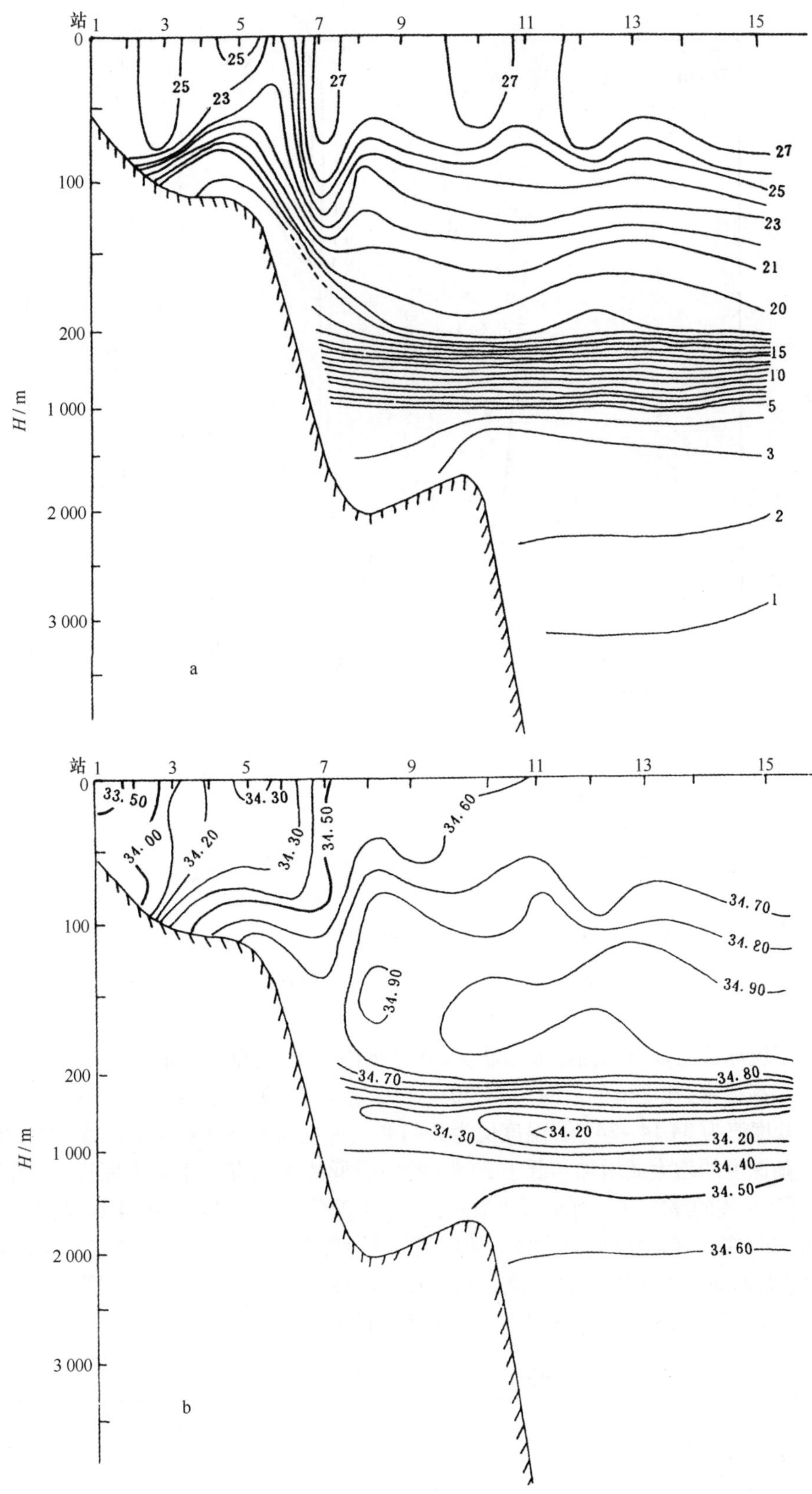

图 2　P_{25}断面温盐分布

a.温度(℃)分布，b.盐度分布

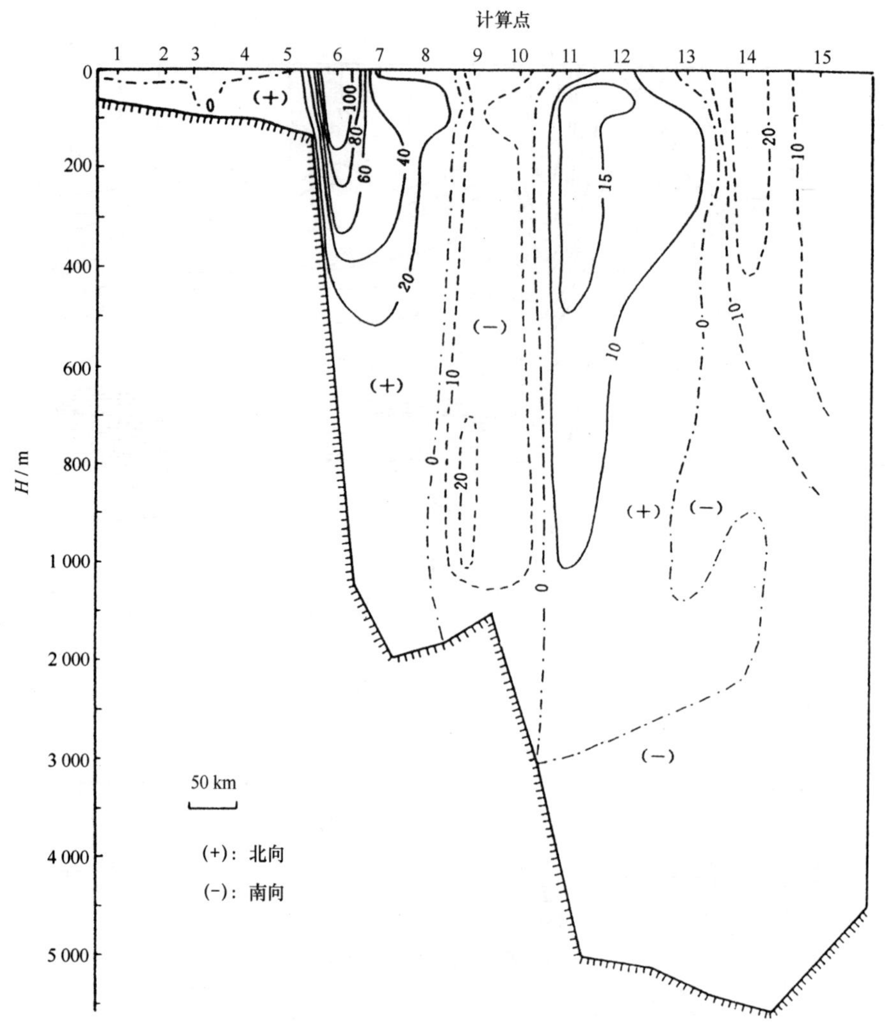

图 3　P_{25}断面流速分布图(引自文献[3])(单位:cm/s)

图中计算点取图 2 站中间位置,并在站 9,10 间内插一点

绳海槽。图 5 示出了琉球群岛以东的温盐分布状况,其分布特征与冬、夏季的情况相似,呈 3 层结构[5],即位于 400 m 以浅的上层高盐水,盐度值的范围在 34.50~34.97 之间,温度值为 14~27.5℃;中层低盐水处在 400~1 000 m 深度上,盐度值为 34.14~34.50,温度值为 3~14℃;深层水处在 1 000 m 以深,温度值低于 3℃,盐度值高于 34.50,且随深度的增大而增加。低于 34.30 的中层低盐水核存在于整个断面,大约处在 600~800 m 水层上,断面上低盐水核的厚度由东南向西北渐减,盐度值渐增,最低盐度值为 34.14,与断面 P_{25}及断面 P_3 比较可见,在琉球群岛以东海域,中层低盐水核的盐度值具有西南低东北高的分布特征。而琉球群岛以西,低盐水核的最低盐度值是西南高东北低,最低盐度值出现在冲绳岛附近的断面 S_5 上(见图 7),这里 $S_{5\ 2\text{-}4}$测站上的最低盐度分别为 34.21,34.24,34.25。为了清楚起见将各断面上的最低盐度值例于表 1。

表 1　断面上低盐核心的位置及其盐度值

断面	琉球群岛以西			琉球群岛以东		
	最低盐度值	所处深度/m	所在站位	最低盐度值	所处深度/m	所在站位
P_{25}	34.28	600	$P_{25\ 10}$	34.14	700	$P_{25\ 10\text{-}11}$
P_{CM1}	34.29	600	$P_{CM1\ 13}$	34.14	700	$P_{CM1\ 20\text{-}21}$
P_3	34.25	600	$P_{3\ 10}$	34.18	700	$P_{3\ 16}$
P_5	34.25	600	$P_{5\ 3}$	34.21	700	$S_{5\ 1}$

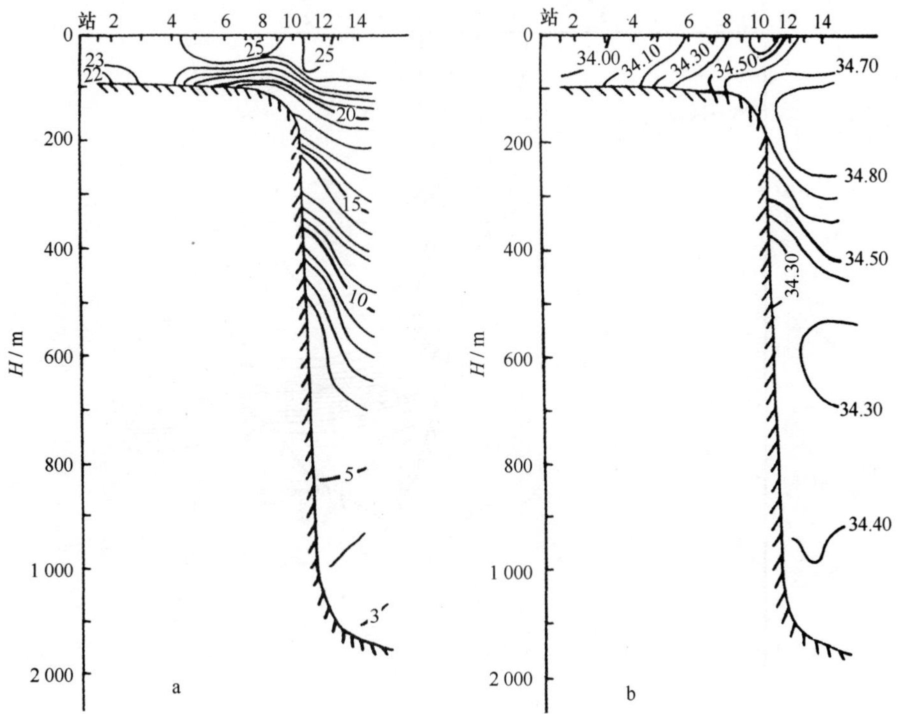

图 4　$P_{CM1\ 1-14}$断面温盐分布

a.温度(℃)分布，b.盐度分布

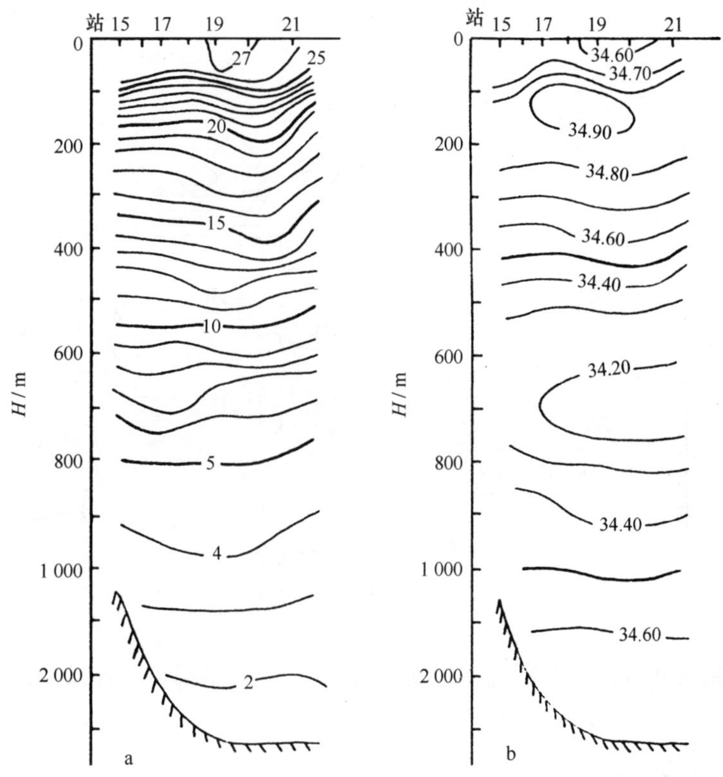

图 5　$P_{CM1\ 15-21}$断面温盐分布

a.温度(℃)分布，b.盐度分布

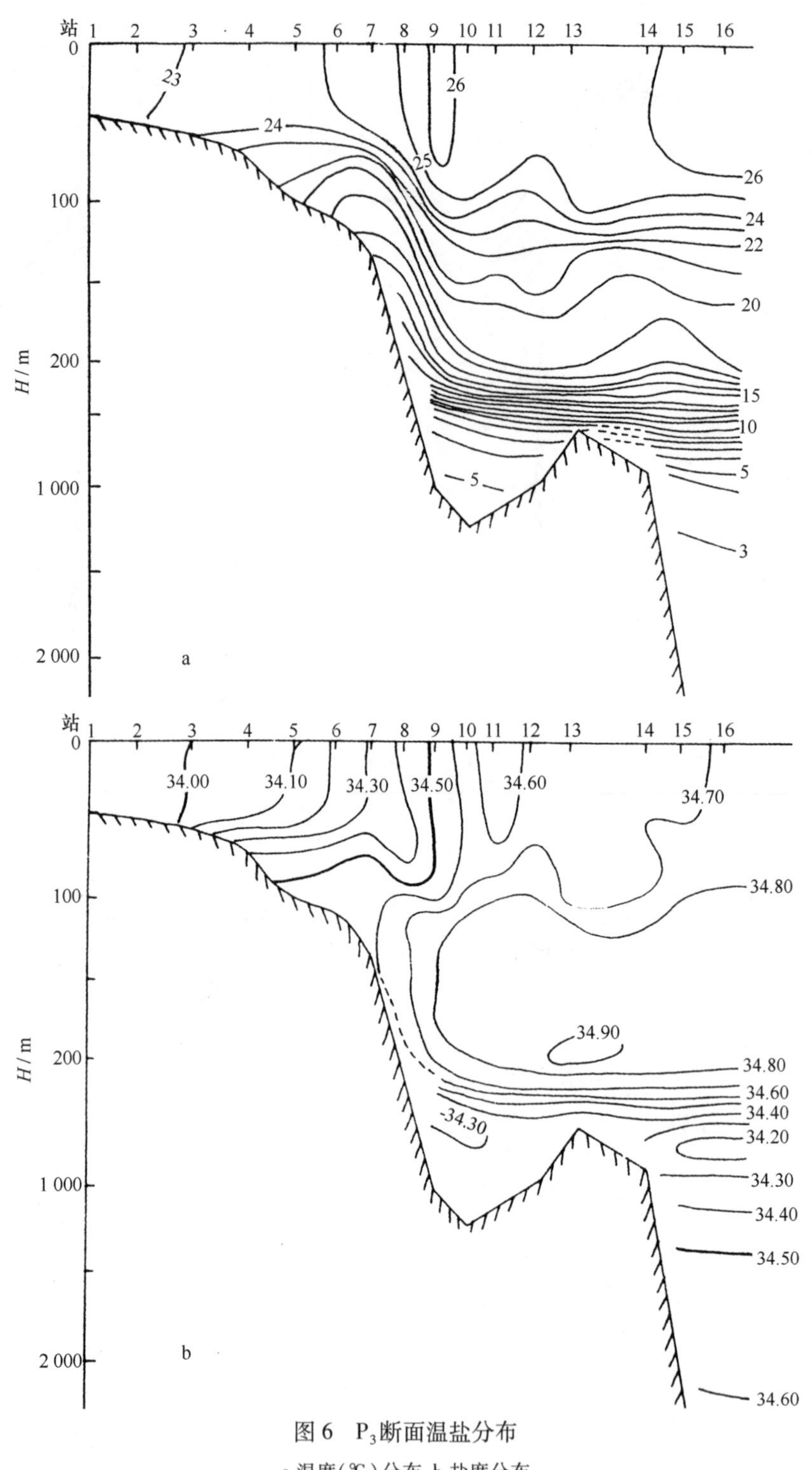

图 6　P_3断面温盐分布

a.温度(℃)分布，b.盐度分布

除上述分布特征外，表中还显示出低盐水核所处深度，在琉球群岛以东海域要深于琉球群岛以西。

3　t–S 曲线的分布形式

由图 8 可见，t–S 曲线在最低盐度层附近明显地分为两组，一组是位于琉球群岛以西的测站，如 $P_{25\ 7-9}$，$P_{CM1\ 11-14}$，$P_{3\ 9-13}$站，另一组是琉球群岛以东的测站，如 $P_{25\ 10-12}$，$P_{CM1\ 20}$，$P_{3\ 15-16}$站，它们的最低盐度值是前一组较后一组的高，即琉球群岛以东海域的最低盐度值较琉球群岛以西的低，这与断面上的分析结果是一致的。

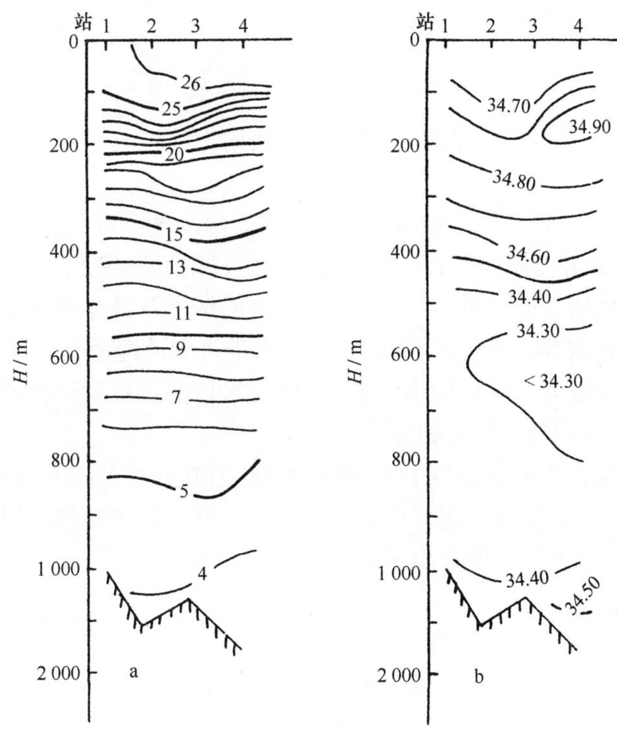

图7　P_5断面温盐分布

a.温度(℃)分布，b.盐度分布

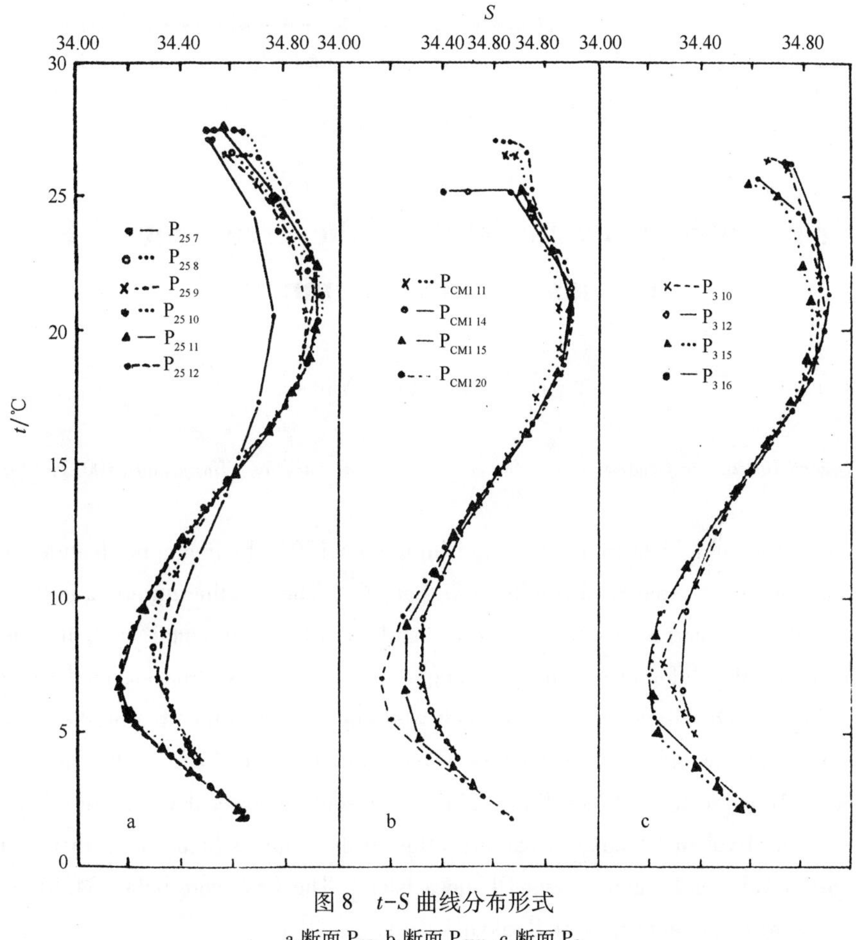

图8　t-S 曲线分布形式

a.断面 P_{25}，b.断面 P_{CM1}，c.断面 P_3

4　结语

（1）在台湾东北海域存在一个冷涡，此冷涡的中心自底向上逐渐右偏，涌升冷水一直影响到海面，冷中心的盐度较两侧稍高。

（2）台湾东北至陆架中部海域，在陆架坡折附近均存在着冷水涌升现象，涌升的强度是台湾东北部强于陆架中部。高盐水入侵陆架的势力同样具有台湾东北至冲绳岛附近海域大于东海陆架中部的分布特征。

（3）研究海区中层低盐水核心位于500~700 m层，所处的深度及其厚度是琉球群岛以东大于琉球群岛以西。低于34.20的中层低盐水存在于琉球群岛以东，并未进入到冲绳海槽中。而盐度大于34.20低于34.30的低盐水，在与那国东南海域可入侵到冲绳海槽内，低盐水核的舌锋到达黑潮主流区。其低盐核的位置与黑潮区氧同位素示踪物$\delta^{18}O$的低值核心相对应。

（4）琉球群岛两侧均存在着低于34.30的中层低盐水核，但其分布范围和盐度值的大小有别，琉球群岛以东，它的分布范围大，盐度值低，且有西南低东北高的分布特征。而琉球群岛以西分布范围小，盐度值高，并有西南高东北低的分布特征，最低盐度值出现在冲绳岛附近海域。

参考文献：

[1]　管秉贤.黑潮源地区域若干冷暖涡的主要特征//第二次中国海洋湖沼科学会议论文集.北京：科学出版社，1983：19-30.

[2]　于洪华，苗育田.东海黑潮锋的特征分布//黑潮调查研究论文选（三）.北京：海洋出版社，1991：204-221.

[3]　袁耀初，高野健三，潘子勤，等.1991年秋季东海黑潮与琉球群岛以东海流//中国海洋学文集，第5集.北京：海洋出版社，1995：1-11.

[4]　洪阿实，袁耀初，洪鹰，等.东海与琉球群岛以东海域海水氧同位素示踪物特征分析//中国海洋学文集，第5集.北京：海洋出版社，1995：47-56.

[5]　Yu Honghua, Su Jilan, Miao Yutian, et al. The low salinity water core of Kuroshio in the East China Sea and intrusion of western boundary current east of Ryūkyu-guntō//Proceedings of China-Japen Joint Symposium of the Cooperative Research of the Kuroshio. Beijing: China Ocean Press, 1994: 145-163.

Hydrographic characteristics in the area around Ryukyu Islands during autumn 1991

Yu Honghua[1], Yuan Yaochu[1]

(1. *Second Institute of Oceanography*, *State Oceanic Administration*, *Hangzhou* 310012, *China*)

Abstract: Based on hydrographic data by R/V *Shijian* in autumn 1991, hydrographic features on the both sides of the Ryukyu Islands are analysed. Analytical results show that: (1) There is the upwelling of the cold water near the continental slope from the area northeast of Taiwan to the middle of the continental shelf. Its intensity and depth of influence are difference for the different region. For exanple, its intensity is strongest in the area northeast of Taiwan. (2) The intrusion of high salinity water to the shelf is strongest also in the area northease of Taiwan. (3) The distribution characteristic of low salinity water (LSW) core will be discussed. In the area east of the Ryukyu Islands, the range of LSW is greater and its salinity value in the south is lower than that in the north. On the contrary, in the area west of the Ryukyu Islands, its salinity value in the south is higher than that in the north. (4) The core of minimum salinity value is located at near Okinawa Island. The LSW core below 34.30 near Iriomotejima Island may intrude westward to the area west of Ryukyu Islands.

Key words: the Ryukyu Islands; autumn; hydrographic characteristic

刊于:中国海洋学文集,第5集.北京:海洋出版社, 1995:47-56.

东海与琉球群岛以东海域海水氧同位素示踪物特征分析

洪阿实[1],袁耀初[2],洪鹰[1],高仁祥[4]

(1. 国家海洋局 第三海洋研究所,福建 厦门 361005; 2.国家海洋局 第二海洋研究所,浙江 杭州 310012; 3. 地矿部石油地质中心实验室,江苏 无锡 214151)

摘要:东海陆架、陆坡和琉球群岛两侧海域海水氧同位素的实测结果分析表明:(1)在黑潮区,$\delta^{18}O$ 等值线大致与200 m等深线平行。在黑潮主轴,$\delta^{18}O$ 达到最高负值;(2)在台湾暖流区,存在一个低负值的 $\delta^{18}O$ 向东北方向延伸的水舌;(3)长江冲淡水,$\delta^{18}O$ 等值线分布反映了由近岸到远岸的陆地-海洋同位素效应;(4)陆架混合水,$\delta^{18}O$ 值大约在-1.0×10^{-3}至-0.5×10^{-3}之间。还发现,在坡折处黑潮在600 m深附近存在小于$-1.6\times10^{-3}\delta^{18}O$ 值的核心。文末还分别讨论了 $\delta^{18}O$ 值与盐度、温度的相关关系。

关键词:氧同位素;示踪物;黑潮;陆架环流;琉球群岛

前言

黑潮研究对我国沿岸、东海以及日本以南的海洋环境与沿海气候均有重大影响。在长期大量调查研究的基础上,中日学者已取得了一系列重要成果。然而,由于东海环流系统的复杂性和多变性,以及诸多条件的限制等原因,迄今仍有一些重要问题有待进一步研究①。

同位素示踪物可望成为环流研究中的一种新的可靠手段,正逐渐引起海洋学家们的注意和兴趣,并获得一些初步成功的应用。"西北太平洋环流及其对我国近海环流的影响"项目是中日黑潮合作调查研究的深入和发展,也是对世界WOCE计划的贡献。本文基于1991年10—11月航次,采用氧同位素示踪物调查资料,进行分析研究,以提供有关东海与琉球群岛以东海流的某些信息。

1 采样站位与实验方法

采样站位主要分布于东海陆架、陆坡以及琉球群岛两侧海域的 P_{25}、P_3 和 $P_{CM-1/2}$断面的24个站(见图1a)。海上采样借中日黑潮联合调查"实践"号船于1991年10—11月航次进行。图1b是东海海底地形等深线示意图。

海水样品的采集、处理和同位素测试方法如前所述[1]。氧同位素分析误差为$\pm0.1\times10^{-3}$,$\delta^{18}O$ 值以国际标准SMOW表示。

① 袁耀初,等.西北太平洋环流及其对我国近海环流的影响,1990.

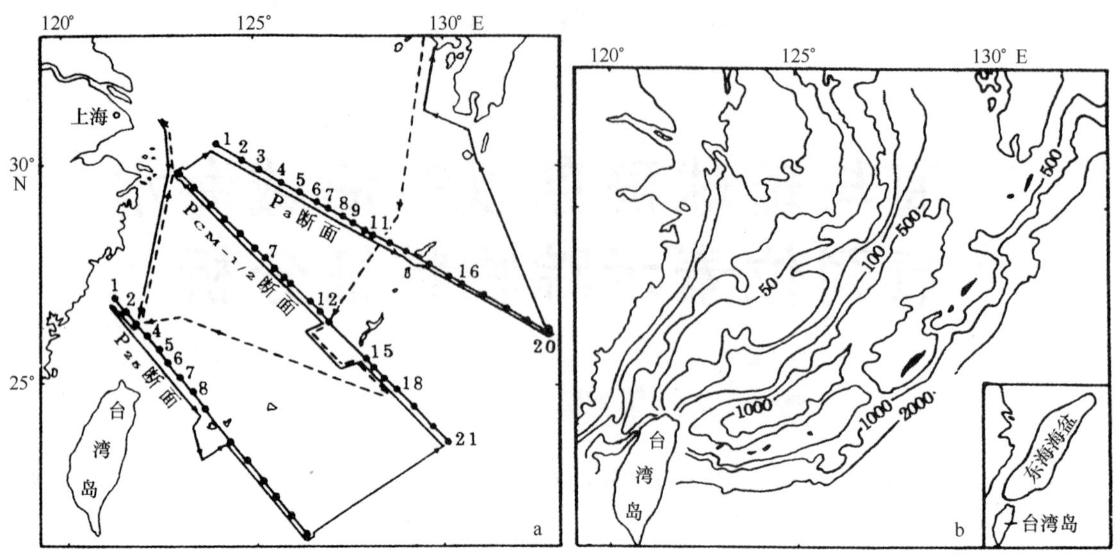

图 1　采样站位(a)和海底地形等深线示意图(b)[2]

2　结果和讨论

2.1　表层海水 $\delta^{18}O$ 值的一般分布特征

调查海区表层海水氧同位素分析结果的一般分布状况可由 $\delta^{18}O$ 值出现频率直方图得到反映(图 2)。由图上可以看出,$\delta^{18}O$ 值的出现频率以 0 至-0.2×10^{-3}和-1.0×10^{-3}至-1.2×10^{-3}最高,除个别站位外,调查区表层海水的 $\delta^{18}O$ 值比较均匀,多数表现为平缓的低负值,与大洋水氧同位素 $\delta^{18}O$ 值的变化范围基本一致。地处长江口的站位出现高负值,最有大陆径流的明显特征,突出呈现出受到长江冲淡水的影响,大体反映出近岸陆架区的 $\delta^{18}O$ 值低,而远岸的 $\delta^{18}O$ 值较高的离岸效应。P_3 断面与 $P_{CM-1/2}$、P_{25}断面比较起来,$\delta^{18}O$ 值呈现出北低南高的"同位素纬度效应"(表 1)。

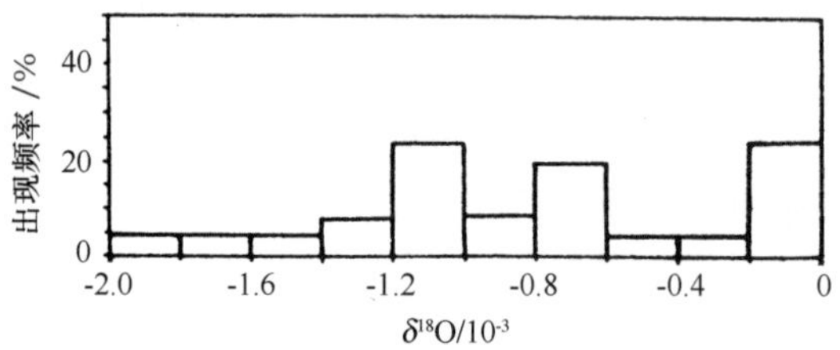

图 2　调查海区表层海水的 $\delta^{18}O$ 值出现频率直方图

表 1　表层海水 $\delta^{18}O$ 值

海域	纬度范围	n	$\delta^{18}O$ 值/10^{-3}		资料来源
			变化区间	平均值	
调查海区	30°01′~21°31′N	22	−7.29~−0.05	−1.26	本文及文献[3]
P_3 断面	30°17′~27°32′N	9	−1.92~−0.57	−1.05	本文
$P_{CM-1/2}$断面	29°45′~23°59′N	6	−1.50~−0.73	−0.87	本文
P_{25}断面	27°12′~21°31′N	9	−1.12~−0.05	−0.31	本文

2.2 平面分析

根据实测的各个站位不同深度的海水氧同位素 $\delta^{18}O$ 数据,我们作出了 0(表层),20,30,50,60,90,100,135,200,370 和 550 m 等不同深度的 $\delta^{18}O$ 值的平面分布(见图 3)。图中部分数据是通过内插法求出的,虚线是 200 m 等深线,点线是部分外推数据,分析这些 $\delta^{18}O$ 值的平面分布图后可以看出:(1)在黑潮区,从表层、次表层到中层(水深 550 m)的 $\delta^{18}O$ 等值线大致与陆架-陆坡 200 m 等深线平行,也与冲绳海槽、东海海盆的走向大体一致,并与黑潮流轴一致,呈现出稳定流场的特征。从表层至 550 m 层,$\delta^{18}O$ 等值线分布都反映出一个共同的特点,即流轴中心为高负值(这个 $\delta^{18}O$ 高负值与深度有关,随深度的增加逐渐降低,200 m 以深至 550 m 达到-1.5×10^{-3}),两侧的 $\delta^{18}O$ 值增加(负值减少),这点在外海一侧表现得十分明显,而朝向陆架的一侧明显受到陆架水和台湾暖流水的影响。上述特性,即从表层至 550 m 层,$\delta^{18}O$ 的高负值所在的位置,即为黑潮流轴位置,表明 $\delta^{18}O$ 同位素示踪物可以提供环流的重要信息。此外,我们发现:在 200 m 等深线以内 $\delta^{18}O$ 等值线近乎平行,而 200~550 m$\delta^{18}O$ 等值线则大体呈南聚北散的特征,在 550 m 深度以内,随着深度的增加,这种趋势有明显增强的特征;(2)在台湾暖流区,由表层至次表层的 $\delta^{18}O$ 值平面分布,明显反映出在台湾西北海域存在着一个低负 $\delta^{18}O$ 值(接近零值)向东北方向延伸的水舌,其同位素特征与上述黑潮区海水氧同位素特征有着明显的差别,而这与东海南部上层高盐水舌的存在[4]似相对应,为台湾暖流源于黑潮而又不同于黑潮提供了同位素示踪物证据。关于台湾暖流的来源,图 3 表明,台湾暖流的内侧分支来自台湾海峡(管秉贤[5]与 Yuan 和 Su[6]),由于我们的测站限制,不能作进一步讨论,有待今后深入研究;(3)长江冲淡水,自表层至次表层的 $\delta^{18}O$ 等值线分布清楚地反映了大陆径流不断向外扩散的过程,在 1991 年秋季期间,方向是向东略偏南方向分布,并不断与海水混合,使长江冲淡水体的影响逐渐减小,在浙江以东海面,124°E 以东海域,盐度已达 31.33,$\delta^{18}O$ 值也增大到-1.22×10^{-3},即沿岸陆架水的影响已渐弱,再往外海的站位已过渡到正常海水环境,表现在盐度已达 34 以上,$\delta^{18}O$ 值也逐渐增大到大于等于-1.0×10^{-3}。据报道,长江冲淡水入海后能够向外海扩散 80~100 km 远[7]。此外,$\delta^{18}O$ 等值线分布还明显反映出 $\delta^{18}O$ 值近岸低(高负值)、远岸高(低负值)的陆地-海洋同位素效应;(4)陆架混合水,存在于陆架区,大体以上述黑海水、长江冲淡水和台湾暖流水为界,其 $\delta^{18}O$ 值大致在-1.0×10^{-3}至-0.5×10^{-3},是一种陆架变性水;(5)琉球群岛以东海域,袁耀初和苏纪兰等[6,8-9]对琉球群岛以东的海流作过系统研究,指出,存在一支位于琉球海沟,核心在 400~800 m 水层内的北向海流。由于本航次这个海域的氧同位素示踪物数据较少,只在表层看到有大致与黑潮流轴平行的 $\delta^{18}O$ 等值线,方向偏北,看来也存在有与琉球群岛几乎平行的稳定流场。

图 3 显示了上述不同性质的水系的大体分布与走向。

2.3 $\delta^{18}O$ 值的断面分布

测定结果表明,$\delta^{18}O$ 值在垂向分布上有如下普遍的特点:只在表层和次表层有较显著的变化,次表层以下水层,$\delta^{18}O$ 值随深度变化很平稳,基本上属均匀分布。

$\delta^{18}O$ 值的断面分布反映出同一断面上不同深度的 $\delta^{18}O$ 的分布特点(见图 4)。我们发现,在地处陆坡区的 P_{25}断面 7 号站(25°20′N,123°03′E)附近,于水深大约 600 m 处存在一个低 $\delta^{18}O$ 值($<-1.6\times10^{-3}$)核心。根据同一航次海流计算表明(袁耀初等②),黑潮的核心位于坡折处,这表明低 $\delta^{18}O$ 值的核心位于黑潮区内。此外,在 P_3 断面,在 11 号站与 12 号站之间,于黑潮流轴水深约 600 m 处也存低 $\delta^{18}O$ 值核心。据同一航次的水文观测资料,也表明在水深 600~800 m 水层存在着 $S\leqslant34.30$ 的低盐水核(于洪华与袁耀初[10])。从 $\delta^{18}O$ 值的断面分布我们还可以看到来自陆架水的影响及其作用范围。由图 4b 可以看出,来自 P_3 断面 1 号站(30°31′N,125°58′E)的长江冲淡水的影响,其 $\delta^{18}O$ 值小于 1.7×10^{-3},在 P_{25}断面,来自 1 号站(27°12′N,121°20′E)也存在闽浙沿岸流的影响,但相对弱得多。从图 4a 我们还可以看到,在 P_{25}断面的陆架区,$\delta^{18}O\geqslant-0.10\times10^{-3}$等值线区域,可能是来自台湾海峡的台湾暖流区,也反映了台湾暖流的 $\delta^{18}O$ 值是接近于零的低负值。

---

② 袁耀初,等.1991 年秋季东海黑潮与琉球群岛以东海流.1993,在 JECSS/PAMS,7th Workshop 国际会议宣读.

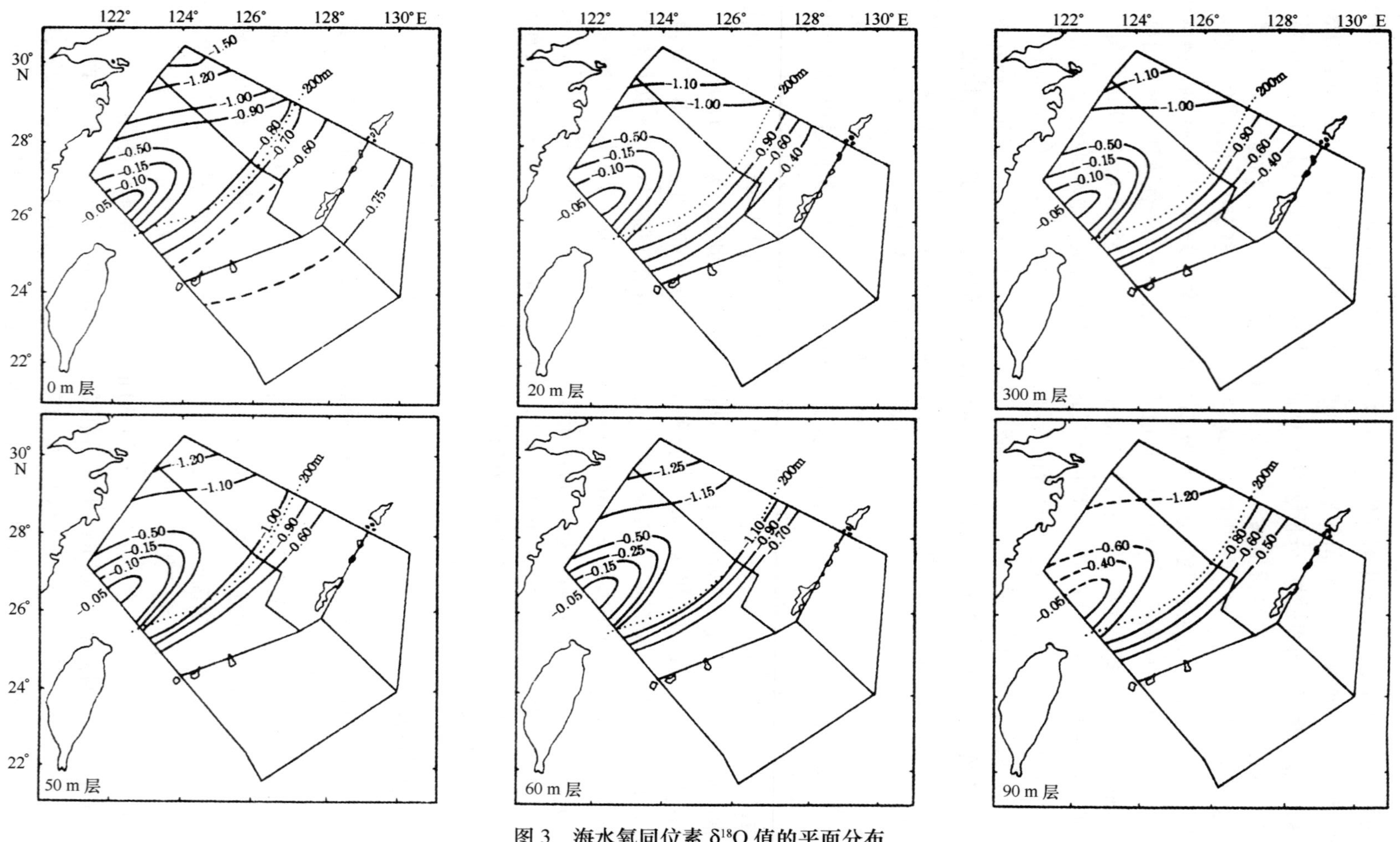

图 3　海水氧同位素 $\delta^{18}O$ 值的平面分布

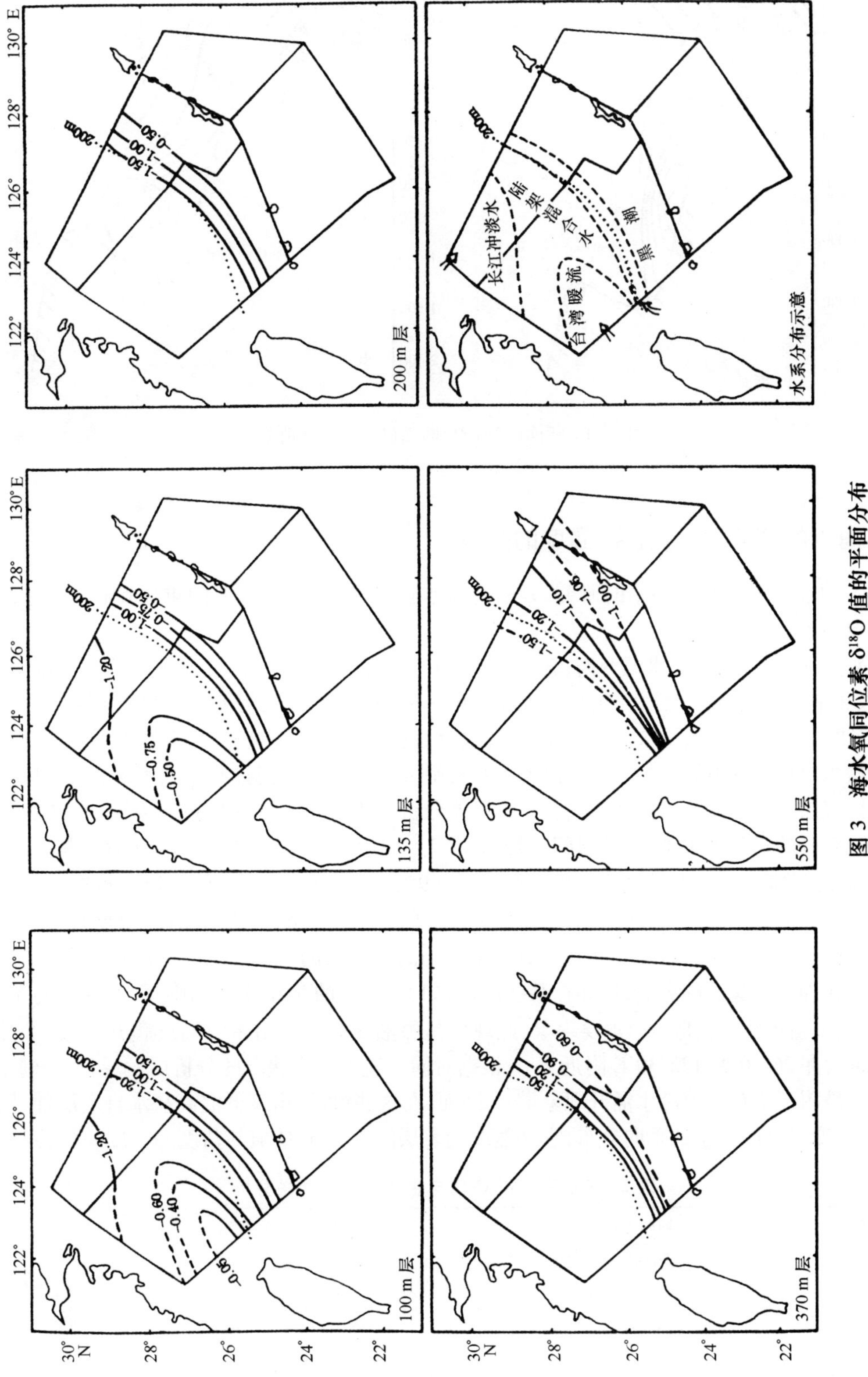

图3 海水氧同位素 $\delta^{18}O$ 值的平面分布

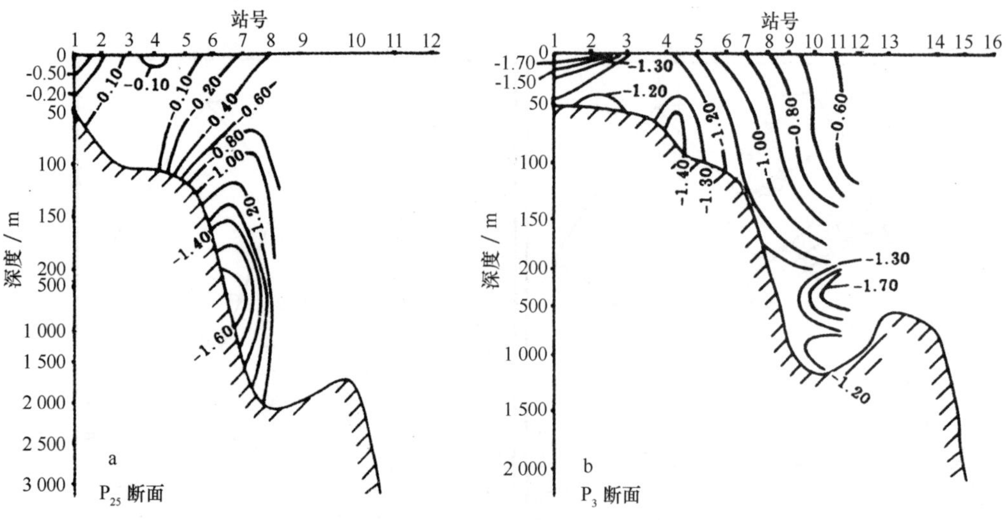

图 4　P_{25}断面(a)和 P_3 断面(b)的 $\delta^{18}O$ 值分布

2.4　表层海水的 $\delta^{18}O$ 值与盐度、温度的关系

大洋水 $\delta^{18}O$ 值与盐度相互关系的研究，是研究海水性质、探讨海水来源的重要途径[11]，是同位素海洋学研究的重要内容之一。

表层海水受热蒸发后，表层水温升高，轻同位素^{16}O 优先进入气相，而表层海水中的重同位素^{18}O 则趋于富集，因而液相中 $\delta^{18}O$ 值随之增大(负值降低)。在一般情况下，表层海水的 $\delta^{18}O$ 值与盐度呈正相关关系[11]，也与温度呈正相关关系。除了大气降水、陆地径流和冰融水的影响外，如果发生了不同性质的水团混合或低温高盐水自底层涌升，将使这种正相关关系受到不同程度的削弱，使相关系数降低，甚至出现负相关。调查海区表层海水的 $\delta^{18}O$ 值与盐度、温度的相关分析如表 2 所示。我们可以看到，本区表层海水 $\delta^{18}O$ 值与盐度呈现较好的正相关关系，线性回归方程为 $\delta^{18}O=0.18S-6.83$，相关系数 $r=0.87$。断面 P_3 的表层海水 $\delta^{18}O$ 值与盐度呈很好的正相关关系，相关系数 $r=0.95$，这个断面的 $\delta^{18}O$ 值与温度也有较好的正相关关系，相关系数为 0.86(图 5)。但在断面 P_{25}和断面 $P_{CM-1/2}$的表层海水 $\delta^{18}O$ 值与盐度、温度都不存在正相关关系，反映了在这些断面，表层海水除了受到具有稳定流场的黑潮水的影响外，还存在着其他不同性质的水体的交换混合。比如台湾暖流的影响，再如在某些站位，如 P_{25}断面的 5 号、7 号站附近，即台湾岛东北海域、陆架边缘，存在上升流区[12]，这是一个重要现象，此现象是黑潮次表层水沿东海陆坡爬升所致，上升流区的面积约 2 900 km^2，在 26°20′N，122°30′E 附近[13]。根据对同一航次水文状况的分析后发现，自台湾东北到陆架中部海域及陆坡附近均存在着冷水涌升现象[10]。因而，在这些海域，由于低温高盐水自底层涌升，发生了垂向交换过程，改变了氧同位素的垂向分布，它必然改变表层海水的 $\delta^{18}O$ 值与盐度和温度的相关关系。

表 2　表层海水 $\delta^{18}O$ 值与盐度、温度的相关分析

海区或断面	回归方程($x=S$)	回归方案($x=T$)	资料来源
调查海区	$\delta^{18}O=0.18S-6.83$ $n=25, r=0.87$		本文及文献[2]
P_3	$\delta^{18}O=0.67S-23.74$ $n=9, r=0.95$	$\delta^{18}O=0.30T-8.31$ $n=8, r=0.86$	本文
$P_{CM-1/2}$	$\delta^{18}O=-0.096S+2.35$ $n=6, r=-0.11$		本文
P_{25}	$\delta^{18}O=-0.026S+0.67$ $n=8, r=-0.042$	$\delta^{18}O=-0.056S+1.21$ $n=8, r=-0.29$	本文

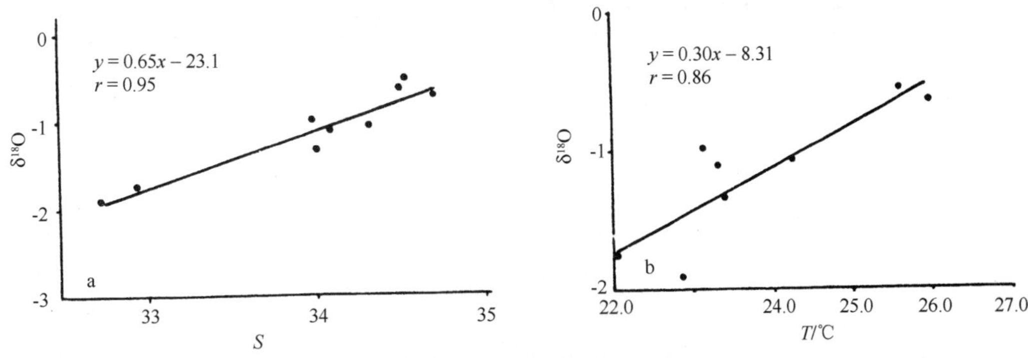

图 5　P_3 断面表层海水的 $\delta^{18}O$ 值与盐度(a)和温度(b)的相关分析

黑潮区及其邻近海域处于浅海、深海交汇区域，复杂性和多变性是东海环流的重要特征。调查海区表层海水的 $\delta^{18}O$-S-T 三维相关图(图 6)在某种程度上正是这种复杂性的反映。

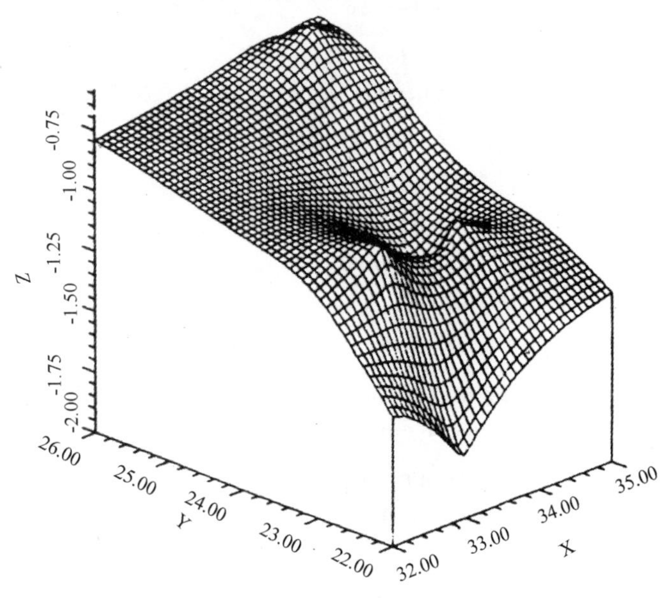

图 6　调查海区表层海水的 $\delta^{18}O$-S-T 三维相关图

x—S，y—T(℃)，z—$\delta^{18}O$

2.5　垂向分布的 $\delta^{18}O$ 值与盐度和温度的关系

海水受热蒸发使表层海水的盐度增加，如前所述，同时也使海水中的 $\delta^{18}O$ 趋于富集。在一般情况下，表层海水的 $\delta^{18}O$ 值高于深层海水的 $\delta^{18}O$ 值。因而在垂向上 $\delta^{18}O$ 值与盐度呈一定的正相关关系，与温度也呈一定的正相关关系。但在上升流区，发生了水体的垂向交换，由于深层的低 $\delta^{18}O$ 值涌升流的影响，使表层海水的 $\delta^{18}O$ 值与深层海水的差别相应减小，如果垂向交换进行得充分，甚至会出现 $\delta^{18}O$ 值接近均匀的垂向分布，使得 $\delta^{18}O$ 值与盐度、温度的相关关系发生变化，或不存在相关关系，或呈现负相关关系。从表 3 我们可看出有如下若干特点：(1)在近岸陆架区，如 P_{3-1}、P_{25-2}、P_{25-3} 和 P_{25-4} 诸站，$\delta^{18}O$ 值与盐度不存在正相关关系，甚至出现负相关，而 $\delta^{18}O$ 值与温度也不存在正相关关系；(2)在存在上升流的陆坡区，如 P_{25} 断面的 5、6 和 7 号站，P_3 断面的 3、4 和 7 号诸站，$\delta^{18}O$ 值与盐度和温度的相关性与上述基本相同，或不同时呈现正相关关系；(3)琉球群岛以东海域和不存在上升流的陆坡区，如 P_{3-9}、P_{25-8} 等站，$\delta^{18}O$ 值与盐度和温度都呈正相关关系。图 7 反映了 P_{3-9} 站的 $\delta^{18}O$ 值随不同深度与盐度和温度的相关关系。

表 3　断面 P_3 和 P_{25} 不同深度的 $\delta^{18}O$ 值与盐度、温度的相关分析

站名	回归方程($x=S$)	回归方程($x=T$)
P_{3-1}	$\delta^{18}O=-1.87S+61.2$ $n=3, r=-0.90$	$\delta^{18}O=-0.94T+19.95$ $r=-0.40$
P_{3-2}	$\delta^{18}O=0.61S-21.7$ $n=3, r=0.90$	$\delta^{18}O=0.64T-15.60$ $r=0.74$
P_{3-3}	$\delta^{18}O=-3.83S+129.3$ $n=3, r=-0.95$	$\delta^{18}O=-4.71T+108.1$ $r=-0.98$
P_{3-4}	$\delta^{18}O=-0.62S+19.9$ $n=3, r=-0.73$	$\delta^{18}O=0.18T-5.44$ $r=0.80$
P_{3-5}	$\delta^{18}O=-0.20S+5.84$ $n=4, r=-0.95$	$\delta^{18}O=-0.027T-1.74$ $r=0.96$
P_{3-7}	$\delta^{18}O=-0.96S+31.96$ $n=4, r=-0.96$	$\delta^{18}O=0.032T-1.83$ $r=0.99$
P_{3-9}	$\delta^{18}O=1.76S-61.43$ $n=8, r=0.75$	$\delta^{18}O=0.023T-1.35$ $r=0.81$
P_{3-11}	$\delta^{18}O=1.56S-54.80$ $n=9, r=0.61$	$\delta^{18}O=0.037T-1.52$ $r=0.63$
P_{25-2}	$\delta^{18}O=-0.15S+4.94$ $n=3, r=-0.56$	$\delta^{18}O=-0.18T+4.32$ $r=-0.62$
P_{25-3}	$\delta^{18}O=0.15S-5.25$ $n=3, r=0.97$	$\delta^{18}O=-0.007\ 1T+0.13$ $r=-0.97$
P_{25-4}	$\delta^{18}O=0.023S-0.88$ $n=4, r=0.28$	$\delta^{18}O=-0.003T-0.012$ $r=-0.25$
P_{25-5}	$\delta^{18}O=0.13S-4.61$ $n=5, r=0.56$	$\delta^{18}O=-0.011T+0.23$ $r=-0.76$
P_{25-6}	$\delta^{18}O=-0.85S+28.95$ $n=5, r=-0.96$	$\delta^{18}O=0.070T-1.79$ $r=0.97$
P_{25-7}	$\delta^{18}O=0.60S-21.58$ $n=8, r=0.37$	$\delta^{18}O=0.021T-1.41$ $r=0.33$
P_{25-8}	$\delta^{18}O=0.52S-18.80$ $n=8, r=0.76$	$\delta^{18}O=0.013T-0.94$ $r=0.74$

3　结语

通过以上分析和讨论,我们主要获得如下几点认识:

(1)在黑潮区,从表层约至 550 m 水层,$\delta^{18}O$ 等值线大致与 200 m 等深线相平行,并与黑潮流轴相一致,呈现出稳定流场的特征,而且黑潮主轴处的 $\delta^{18}O$ 值处到最高负值,即极值(在水深 550 m 至 200 m 约为-1.5×10^{3}),两侧的 $\delta^{18}O$ 值增加(负值减小),外海一侧表现得十分明显,而朝向陆架一侧则受到陆架水和台湾暖流的影响。在 200 m 等深线以内,$\delta^{18}O$ 等值线近乎平行,而自 200~550 m 则大体呈南聚北散的特征。

(2)台湾暖流区,在台湾西北海域存在着一个接近零值的低负 $\delta^{18}O$ 值向东北方向延伸的水舌,其同位素特征与黑潮区有着明显的差别,不宜把台湾暖流简单地称之为黑潮分支。

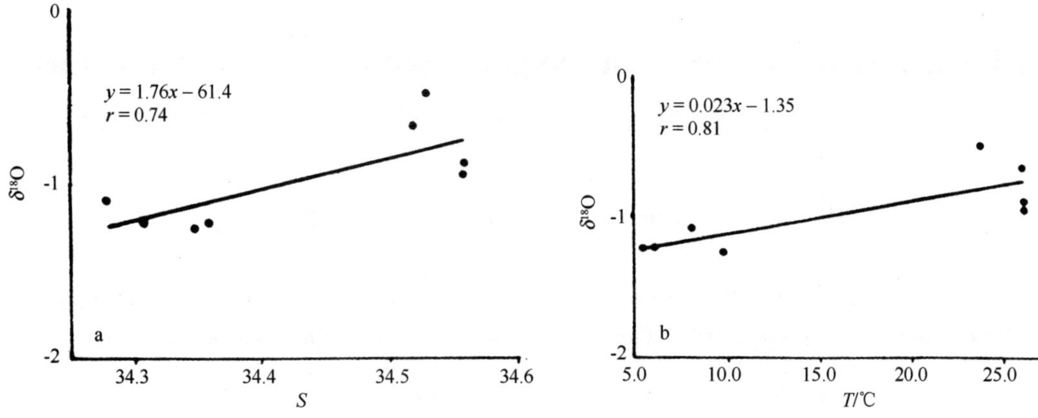

图 7　P_{3-9}站(28°54′N,127°24′E)$\delta^{18}O$ 值与盐度(a)和温度(b)的相关关系

(3)长江冲淡水，由表层至次表层的 $\delta^{18}O$ 等值线反映了长江水入海向外扩散以及由近岸到远岸的陆地-海洋同位素效应。

(4)陆架混合水的 $\delta^{18}O$ 值大约在-1.0×10^{-3}到-0.5×10^{-3}之间。

(5)由 P_{25}和 P_3 断面的 $\delta^{18}O$ 值分布都发现，在坡折处黑潮在水深约 600 m 及其附近处存在一个低 $\delta^{18}O$ 值核心，这与同一航次水文观测中发现的低盐核心相对应。

(6)在陆架区以及存在上升流的陆坡区，$\delta^{18}O$ 值与盐度不存在正相关关系，而在琉球群岛以东海域和不存在上升流的陆坡区，$\delta^{18}O$ 值与盐度呈正相关关系。

致谢：海上采样工作得到黄宣宝、黄敏芬和于群的协助；王明亮参加了同位素分析工作；盐度、温度和溶解氧由国家海洋局东海分局提供；林惠来协助清绘图件，特此致谢。

参考文献：

[1]　洪阿实，王明亮，高仁祥，等.热带西太平洋海水氧同位素组成特征的初步研究.海洋与湖沼，1994，25(4)：46-421.

[2]　高树基，刘康克.东海大陆棚之地球化学及沉积环境简介.海洋科技会刊(台)，1992(11)：34-53.

[3]　吴世迎.大洋和近岸水的氧同位素组成.黄渤海海洋，1988，6(3)：43-53.

[4]　潘玉球等.1984 年 6—7 月台湾暖流附近海域的水文状况//黑潮调查研究论文集.北京：海洋出版社，1987：118-131.

[5]　管秉贤.我国台湾及其附近海底地形对黑潮路径的影响.海洋学集刊，第 14 集，1978：1-22.

[6]　Yuan Yaochu, Su Jilan. The calculation of Kuroshio Current structure in the East China Sea—Early summer 1986. Progress in Oceanography, 1988 (21): 343-361.

[7]　程天文，赵楚年.我国主要河流入海径流量、输沙量及对沿岸的影响.海洋学报，1988，7(4)：460-471.

[8]　袁耀初，远藤昌宏，石崎廣.东海黑潮与琉球群岛以东海流的研究//黑潮调查研究论文选(三).北京：海洋出版社，1991：220-234.

[9]　袁耀初，苏纪兰，潘子勤.1988 年东海黑潮与琉球群岛以东海流的研究//黑潮调查研究论文选(三).北京：海洋出版社，1991：235-244.

[10]　于洪华，袁耀初.1991 年秋季琉球附近海域的水文特征//中国海洋学文集，第 5 集.北京：海洋出版社，1995：38-46.

[11]　Brocker W S. Isotopes as water mass tracers. Chemical Oceanography, 1974, 6(2): 143-151.

[12]　李玉玲.中国东海海域浮游植物组成与量之分布.海洋科技会刊(台)，1992(11)：54-61.

[13]　刘康克，等.台湾北部外海大陆棚缘涌升流之全年化学水文观测.TAO(台)，1992，3(3)：243-276.

Characteristic analysis on oxygen isotopic tracer in the East China Sea and the area east of the Ryukyu Islands

Hong Ashi[1], Yuan Yaochu[2], Hong Ying[1], Gao Renxiang[3]

(1. *Third Institute of Oceanography, State Oceanic Administration, Xiamen* 361005, *China*; 2. *Second Institute of Oceanography, State Oceanic Administration, Hangzhou* 310012, *China*; 3. *Central Laboratory of Patroleum Geology, MGMR, Wuxi* 214151, *China*)

Abstract: Samples of oisotopic tracer were collected at Sections P_3, P_{25}, $P_{CM1-2-E}$ and $P_{CM1-2-W}$ in both the East China Sea and the area east of the Ryukyu Islands during October to November, 1991. Analytical results of the $\delta^{18}O$ indicate that: (1) In the Kuroshio area, the $\delta^{18}O$ isolines are almost parallel to the 200 m isobath. The value of $\delta^{18}O$ is negative and reachs minimum on the main axis of the Kuroshio, and increases on its both sides. (2) In the Taiwan Current there is a high $\delta^{18}O$ tongue extending to the northeast. (3) In the area near the coast, the distribution of $\delta^{18}O$ isoline shows that the Changjang River runoff diffuses seaward and the land-ocean isotopic effect from the nearshore to the outshore. (4) The values of $\delta^{18}O$ are from -1.0×10^{-3} to -0.5×10^{-3} in the shelf. (5) There is a low core of $\delta^{18}O$ value ($<-1.6\times10^{-3}$) at the 600 m level in the Kuroshio region, which is quite in accord with the existence of a low salinity core ($S\leqslant34.30$) in the mid-layer from the 600 m to 800 m levels in the same region. Finally, the correlations of the $\delta^{18}O$ with the salinity and temperature, the upwelling and so on will be discussed.

Key words: oxygen isotopic tracer; Kuroshio; Ryukyu Islands

刊于:中国海洋学文集,第 5 集.北京:海洋出版社, 1995:57-73.

东海环流与涡的一个预报模式

袁耀初[1],潘子勤[1]

(1. 国家海洋局 第二海洋研究所,浙江 杭州 310012)

摘要:基于 1987 年 11 月至 1988 年 1 月航次水文资料。采用一个三维预报模式与改进逆方法相结合,计算了东海环流与涡,主要计算结果有:(1)在 $t \geqslant 22$ d 时,得到了半诊断计算的解。在海区西部,当时间 $t \geqslant 40$ d 时,解已是准定态解,但海区东部,当 $t \geqslant 67.5$ d 时,出现了准周期解,其变化周期约为 50 d;(2)在海区东部,黑潮流-涡组成一个系统。该系统还存在以涡为核心的再生环流。有些涡不稳定,寿命约为 46 d,接近解的变化周期 50 d;(3) 由于涡的运动与变化,也直接影响黑潮的流速的变化,例如在海区北部一个反气旋式涡,当该涡向西运动时,黑潮流速变大;相反,则黑潮流速变小;(4)黑潮流轴基本上位于 200 m 与 1 000 m 之间陆坡处;(5)本航次通过 PN 断面的流量约为 $25.7\times10^6\ m^3/s$,此值接近于 1987 年 10 月时通过 PN 断面的流量 $26.0\times10^6\ m^3/s$;(6)在本航次台湾暖流流量约为 $3.6\times10^6\ m^3/s$。对马暖流来源于台湾暖流与黑潮的混合水,本航次其流量约为 3.2 $\times10^6\ m^3/s$;(7)通过奄美大岛东北短断面的流量约为 $10\times10^6\ m^3/s$。

关键词:黑潮流-涡系统;再生环流;准周期解;黑潮流轴与流量

前言

关于东海环流的数值研究,已有不少的工作,就计算方法与模式而言,例如有诊断模式[1-3]、逆方法[4-5]、改进逆方法[6]以及预报模式[7-8]等。诊断模式与逆方法都不考虑密度场与速度场之间相互作用,因为这两个模式与方法都是在给定风场与密度场的情况下,计算速度场,这是一个问题。最近袁耀初等[7-8]分别采用两类预报模式,计算了冬季与夏季东海环流。这些研究与计算表明,在倾斜地形下速度场与密度场之间的非线性相互作用是重要的。

本研究采用袁耀初提出的一个三维海流预报模式[8],并结合改进逆方法,后者是为了较合理给定开边界条件,利用 1987 年 11 月至 1988 年 1 月期间"实践"号与"向阳红 09"号两调查船在东海与九州以南海域的调查资料,对东海环流及涡进行预报计算,并对诊断模式与预报模式的计算结果进行比较与讨论,还讨论了黑潮与黑潮以东涡之间相互作用及其变化。

1 预报模式控制方程

首先我们估算动量方程中时间变化项与非线性项的数量级,Ichikawa 与 Yamashiro 在东海 PN 断面上获得的、约 3 个月锚碇测流资料表明[9],东海黑潮有 10~20 d 为主要周期的低频振动,若我们取时间变化特征量 $T\approx10\ \mathrm{d}=8.64\times10^5\ \mathrm{s}$, $V=1\ \mathrm{m/s}$, $L\approx500\ \mathrm{km}$,则 Rossby 数 $Ro=V/(fL)=2.9\times10^{-2}$,时间变化项量级为 $1/(fT)=1.7\times10^{-2}$,此处 $f\approx7\times10^{-5}\ \mathrm{s}^{-1}$,这表明,动量方程式中时间变化项与非线性项是同一个量级,皆是可以忽略的。此外,水平涡动黏滞项也可忽略[10]。若取右手坐标系,z 方向向上为正,这样动量方程与连续方程简化为：

$$\left.\begin{aligned} A_z\frac{\partial^2 u}{\partial z^2}+fv&=\frac{1}{\rho_0}\frac{\partial P}{\partial x}\\ A_z\frac{\partial^2 v}{\partial z^2}-fu&=\frac{1}{\rho_0}\frac{\partial P}{\partial y}\\ -\rho g&=\frac{\partial P}{\partial z}\\ \frac{\partial u}{\partial x}+\frac{\partial v}{\partial y}+\frac{\partial w}{\partial z}&=0 \end{aligned}\right\}. \tag{1}$$

其中，ρ_0 为参考密度，A_z 为垂直的涡动黏滞系数，其他物理量都是常见的。

在密度方程式中，时间变化项与平流项都是主要项，是不能忽略的，即密度 ρ 满足平流-扩散方程式：

$$\frac{\partial\rho}{\partial t}+u\frac{\partial\rho}{\partial x}+v\frac{\partial\rho}{\partial y}+w\frac{\partial\rho}{\partial z}=K_z\frac{\partial^2\rho}{\partial z^2}+K_H\left(\frac{\partial^2\rho}{\partial x^2}+\frac{\partial^2\rho}{\partial y^2}\right), \tag{2}$$

式中，K_H 与 K_z 分别为水平的垂直的涡动扩散系数。

在海表面上边界条件为：

$$\left.\begin{aligned} \rho_0A_z\frac{\partial u}{\partial z}&=\tau_x\\ \rho_0A_z\frac{\partial v}{\partial z}&=\tau_y \end{aligned}\right\}, \tag{3}$$

$$w=u\frac{\partial\zeta}{\partial x}+v\frac{\partial\zeta}{\partial y},\quad \text{或者 } w=0, \tag{4}$$

以及

$$\rho\mid_{z=0}=\rho_s, \tag{5}$$

或者

$$K_z\frac{\partial\rho}{\partial z}\bigg|_{z=0}=Q_s. \tag{5}$$

其中，$\boldsymbol{\tau}(\tau_x,\tau_y)$ 为风应力矢量，ρ_s 为海表面密度，$\zeta(x,y,t)$ 为海水表面高度，Q_s 为海面密度通量，由于缺乏 Q_s 资料，本计算采用式(5)。其次，以下数值计算表明，在方程(4)的两个条件中，可以任选一个条件，因为它们的数值计算的结果几乎是一致的，例如可以取 $w=0$。

从方程(1)的第3式，对压力 P 积分得到：

$$P=\rho_0g\zeta+\int_z^0\rho g\mathrm{d}z.$$

在海底 $z=-H(x,y)$ 上边界条件为：

$$u=v=w=0, \tag{6}$$

以及

$$\rho(x,y,z)\mid_{z=-H}=\rho_b, \tag{7}$$

或者

$$\partial\rho/\partial n=0, \tag{7'}$$

这里 ρ_b 为海底的密度分布。

在侧面上密度的边界条件由实测资料给定.

关于 $\zeta(x,y,t)$ 的控制方程，由文献[1-3]可知，满足以下方程式：

$$\gamma\nabla^2\zeta-\mathrm{J}(\zeta,H)=\frac{1}{\rho_0g}\vec{\kappa}\cdot\nabla\times\vec{\tau}+\frac{1}{\rho_0}\mathrm{J}(\varphi_H,H)=\frac{\gamma}{\rho_0}\nabla^2\varphi_H. \tag{8}$$

式中，$\varphi=\int_z^0\rho\mathrm{d}z$，$\gamma=\dfrac{1}{2a}$，$a=\sqrt{\dfrac{f}{2A_z}}$，J 表示雅可比行列式.注意到，由于 ρ 是时间 t 的函数，因此 ζ 也是时间 t 的

函数。

ζ 满足以下的边界条件：

$$\left.\begin{aligned}\frac{\partial\zeta}{\partial x}&=\frac{1}{gH}S_y+\frac{1}{\rho_0 H}\int_0^H\frac{\partial\rho}{\partial x}z\mathrm{d}z-\frac{1}{\rho_0}\int_0^H\frac{\partial\rho}{\partial x}\mathrm{d}z+\frac{\tau_x}{\rho_0 gH}+\\&\quad\frac{1}{2\alpha H}\left(\frac{\partial\zeta}{\partial x}-\frac{\partial\zeta}{\partial y}\right)+\frac{1}{2\alpha H\rho_0}\left(\int_0^H\frac{\partial\rho}{\partial x}\mathrm{d}z+\int_0^H\frac{\partial\rho}{\partial y}\mathrm{d}z\right)\\\frac{\partial\zeta}{\partial y}&=-\frac{1}{gH}S_x+\frac{1}{\rho_0 H}\int_0^H\frac{\partial\rho}{\partial y}z\mathrm{d}z-\frac{1}{\rho_0}\int_0^H\frac{\partial\rho}{\partial y}\mathrm{d}z+\frac{\tau_y}{\rho_0 gH}-\\&\quad\frac{1}{2\alpha H}\left(\frac{\partial\zeta}{\partial x}-\frac{\partial\zeta}{\partial y}\right)-\frac{1}{2\alpha H\rho_0}\left(\int_0^H\frac{\partial\rho}{\partial x}\mathrm{d}z-\int_0^H\frac{\partial\rho}{\partial y}\mathrm{d}z\right)\end{aligned}\right\}, \tag{9}$$

此处 S_x 与 S_y 分别是通过 x 与 y 方向的流量分量，它们的值可以从改进逆方法获得[6]。

上述方程组的初值条件，密度场利用水文观测资料，速度场与 ζ 场利用诊断计算的结果[1-3]。

方程组(1)、(2)与(8)，在上述边界条件与初值条件下对每一时间 $t=n\Delta t$ 可以进行数值求解，得到相应 ζ 场、速度场(u,v,w)以及密度场 $\rho(x,y,z,t)$。

2　计算参数与数值计算

基于 1987 年 11 月—1988 年 1 月期间“实践”号与“向阳红 09”号两调查船在东海与九州以南海域的水文调查资料，对东海环流与涡进行三维预报计算。图 1 表示计算海区与计算网络，y 轴方向与正北方向的夹角约为 40°。网格有两类，分别用实线与虚线表示。密度 ρ(或者 σ_t)，ζ 与 w 都在实线的网格点(i,j)上，u、v 以及(τ_x,τ_y)在虚线网格点$(i+0.5,j+0.5)$上，水平网格 $\Delta x=40.50$ km，$\Delta y=60.75$ km，垂直方向上网格点为 0，5，10，20，30，50，75，100，125，150，200，250，300 m，以下为每增加 100 m 为一个网格点，一直到海底。$\Delta t=0.1$ d=8 640 s。计算参数 $A_z=10^{-2}$ m²/s，$K_H=5\times10^2$ m²/s，$K_z=10^{-3}$ m²/s，$f=7\times10^{-5}$ s⁻¹。由于缺乏详细风场资料，本计算假定风场是定常的，且均匀的，利用实测资料，得到平均风速为 8.5 m/s，北风。初始密度场取值为本航次观测的密度资料。

我们定义以下几个参量：

$$\delta\rho^{(n)}=\max_{\{i,j,k\}}\left|\frac{\rho_{i,j,k}^{(n+1)}-\rho_{i,j,k}^{(n)}}{\rho_{i,j,k}^{(n)}}\right|, \tag{10}$$

$$\varphi^{(n)}(t)=\frac{\overline{\rho^{(n+1)}-\rho^{(n)}}}{\sqrt{\left(\frac{\partial\rho^{(n+1)}}{\partial x}\right)^2+\left(\frac{\partial\rho^{(n+1)}}{\partial y}\right)^2}}, \tag{11}$$

$$\delta E^{(n)}=\left|\frac{E^{n+1}-E^{(n)}}{E^{(n)}}\right|, \tag{12}$$

式中 E 为平均动能，

$$E=\iiint_V\frac{1}{2}(u^2+v^2)\mathrm{d}x\mathrm{d}y\mathrm{d}z/V.$$

图 2 表示 $E^{(n)}/E_0$ 随时间 t 的变化曲线。现在分析本计算的主要过程。

2.1　调节阶段

初始时刻后，$E^{(n)}/E_0$ 迅速增大(图 2)，约在 3.5 d($n=35$)前后 $E^{(n)}/E_0$ 达到极大值，然后开始减小(图 2)，当 $n\geqslant100$，即 $t\geqslant10$ d 时，以下不等式满足：

$$\delta\rho\leqslant10^{-4}\quad 及\quad \delta E^{(n)}\leqslant2\times10^{-4}.$$

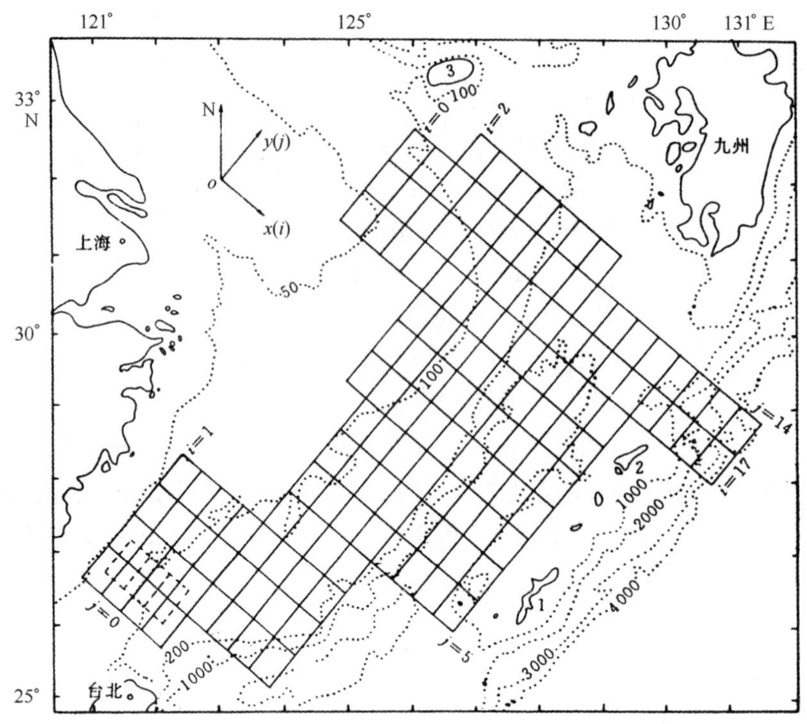

图 1　计算海区、地形分布(单位:m)与计算网格

1:冲绳岛,2:奄美大岛,3:济州岛

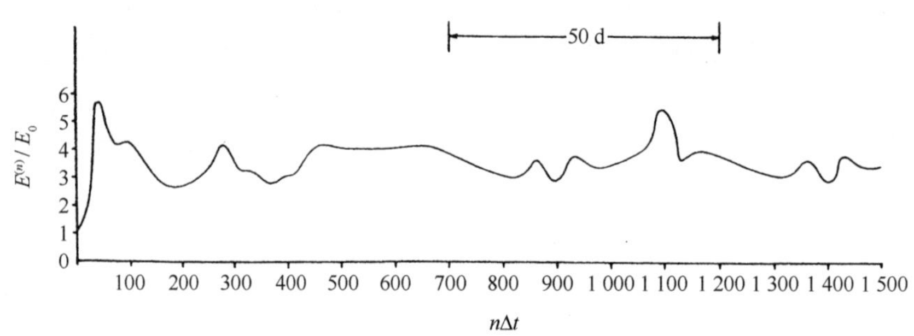

图 2　$E^{(n)}/E_0$ 随时间 $t=n\Delta t(\Delta t=0.1\ \mathrm{d})$ 的变化曲线

图 2 表明 $t\geqslant10$ d 时 E/E_0 变化相对缓慢。约在 $t=20$ d($n=200$)前后 E/E_0 为极小值,约在 $t=22$ d 前后 $\varphi^{(n)}(t)$ 也达到极小值,此时已表明过程已达到调节状态(参见文献[11])。

2.2　变化缓慢阶段

图 2 表明,t 为 495 d($n=495$)到 650 d($n=650$),E/E_0 的变化很缓慢。

当时间 $t\geqslant40$ d($n\geqslant400$),海区西部已达到准定态,而在海区东部还未达到准定态。图 2 表明,当时间 t 在 49.5 d($n=495$)到 67.5 d($n=675$)时,E/E_0 的变化很缓慢,即进入缓慢变化阶段。

2.3　准周期解出现

图 2 表明,当时间 $t>67.5$ d($n>675$)时,出现约认 50 d 为周期的周期解。这一点,也可从密度分布及下几节 ζ 分布与速度分布当 $t>67.5$ d($n>675$)时出现周期解知道。例如在 75 m 水层,当时间 $t>67.5$ d($n>675$),σ_t 出现了周期解。图 3a 至 d 分别表示计算海区在 75 m 水层时间 $t=70,120,100$ 与 150 d 时 σ_t 分布。

我们比较时间间隔为 50 d 的两个时刻的 σ_t 分布,例如比较图 3a 与图 3b,或者图 3c 与图 3d,可以发现它们的图形十分相似,由此也表明约以 50 d 为周期的准周期解的存在,下节对 ζ 分布的讨论,也有同样的结论。

最后,我们指出,在论文[8]中三维海流预报计算的结果并没有出现准周期解,而出现准定态解,这是因为该研究[8]的计算海区较小,受边界条件影响较大,涡运动受到限制所致。

3　水位高度 ζ 分布随时间变化

对水位高度 ζ 分布随时间的变化的讨论,可以分为以下两个阶段。

3.1　当时间 $t<67.5$ d 时

图 4a 为诊断计算的 ζ 解。图 4a 表明海区的东部并没有出现明显的涡,但在海区东北部黑潮出现了气旋式弯曲,然后再作反气旋弯曲。这状态是不稳定的,事实上在 $t=1.5$ d($n=15$)时在海区东部出现了 4 个尺度不大的涡。

图 4b 为调节状态($t=22$ d)时 ζ 解,比较图 4a 与图 4b 可知,除海区东部以外,它们之间差别不大。而在海区东部两者差别较大,例如在调节状态时的解,黑潮以东出现以反气旋式涡组成的再生环流(图 4b)。

当 $t=32$ d($n=320$)时,在海区东部出现一个气旋式涡,简称为涡 CE,黑潮分为两个部分,位于涡 CE 两侧,这个现象,即黑潮两个分支位于一个气旋式涡的两侧,在 1986 年 5—6 月时也曾出现[3]。该涡向东北方向运动与发展,涡 CE 范围扩大,把黑潮分为东、西两个分支。其次,在海区北部黑潮西侧,也存在一个气旋式涡,从以下一些图可知,该涡是十分稳定的,因此我们不讨论它,当 $t=40$ d 时,涡 CE 继续扩展,与 $t=37$ 时一样,成为一个再生环流(图 4c)。在海区东南部出现一个尺度较小的反气旋涡,简称为涡 ACE-1(图 4c)。而在海区东北部有一个反气旋涡,简称为涡 ACE-3(图 4c)。

图 4d 为 $t=50$ d($n=500$)时 ζ 分布,比较图 4c 与图 4d 可知,涡 CE 向偏北方向移动,涡 ACE-1 向北扩展,而在海区东北部涡 ACE-3 的变化相对较小,其次,在涡 CE 西北,也存在一个反气旋式涡,我们简称其为涡 ACE-2,它向东北方向移动,以下再作讨论。

3.2　当时间 $t\geqslant67.5$ d 时

如上节所述,当 $t\geqslant67.5$ d 时出现了周期解,图 5a 为 $t=70$ d($n=700$)时 ζ 分布。图 5a 表明,涡 ACE-1 稍扩大范围,而涡 CE 的尺度则减小。涡 ACE-2 已向东北移动,位于涡 CE 北面。当 $t>70$ d 时涡 ACE-2 衰减,在 $t=72$ d 时消失。涡 CE 也衰减,在 $t=80$ d($n=800$)时(图 5b),它几乎消失。由上可知,涡 CE 在 $t=32$ d 时产生,在 80 d 时消失,因此其寿命约为 48 d。当 $t=81$ d 时,新的涡 ACE-2 产生,位于黑潮以东。当 $t=86$ d 时,新的涡 CE 也出现,此时涡 ACE-1 则消失,由上可知,涡 ACE-1 在 40 d 时产生,在 86 d 时消失,因此涡 ACE-1 的寿命约为 46 d。图 5c($t=90$ d)表示在海区东南部存在新涡 CE,并向北扩展与运动。在涡 CE 的北部新涡 ACE-2 继续扩展它的尺度,当 $t\geqslant100$ d 时,即 $n\geqslant1\,000$ 时,新涡 CE 继续发展,成为以新涡 CE 为核心的再生环流,如图 5d($t=100$ d)与图 5e($t=110$ d)所示。但涡 AEC-2 衰减,范围缩小,如图 5d 与 5e 所示。

当 $t>110$ d,涡 CE 开始缩小范围,涡 ACE-2 继续衰减,而新涡 ACE 出现在海区东南部,并开始发展,如图 6a($t=120$ d)所示,比较图 6a 与图 5a 可知,它们的 ζ 分布基本相似,这表明 $t\geqslant120$ d 出现 ζ 场与 $t\geqslant70$ d 出现的 ζ 场基本相似,例如比较图 5b 与图 6b,图 5c 与图 6c,以及图 5d 与图 6d,可知它们的每一对 ζ 场基本相似,即其周期约为 50 d。再如各种涡的变化,例如涡 ACE-2 在 $t=81$ d 产生,在 127 d 时消失,其寿命为 46 d,而涡 CE 在 $t=86$ d 时产生,在 132 d 时消失,涡 CE 的寿命也为 46 d。这表明,涡的寿命接近于 ζ 解的变化周期(约为 50 d)。

上述讨论表明,黑潮两侧存在不同尺度的涡,特别在海区东部,存在黑潮与涡之间相互作用。涡的产生、发展,有时可以成为以涡为核心的再生环流,然后衰减与消失,这些都是与黑潮作用有关。相反,黑潮的

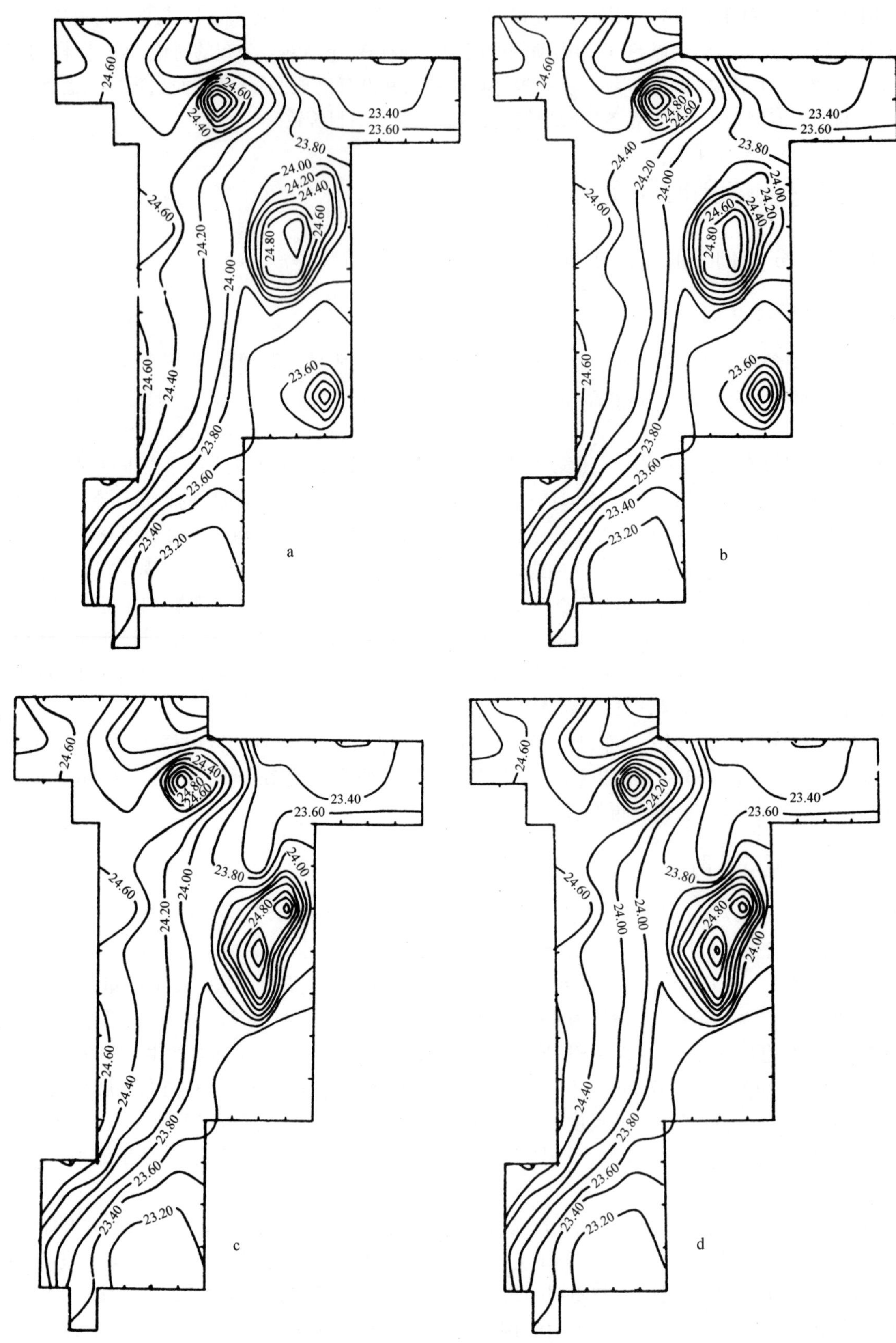

图 3　计算海区在 75 m 水层处 σ_t 分布

a.时间 $t=70$ d($n=700$),b.$t=120$ d($n=1\ 200$),c.$t=100$ d($n=1\ 000$),d.$t=150$ d($n=1\ 500$)

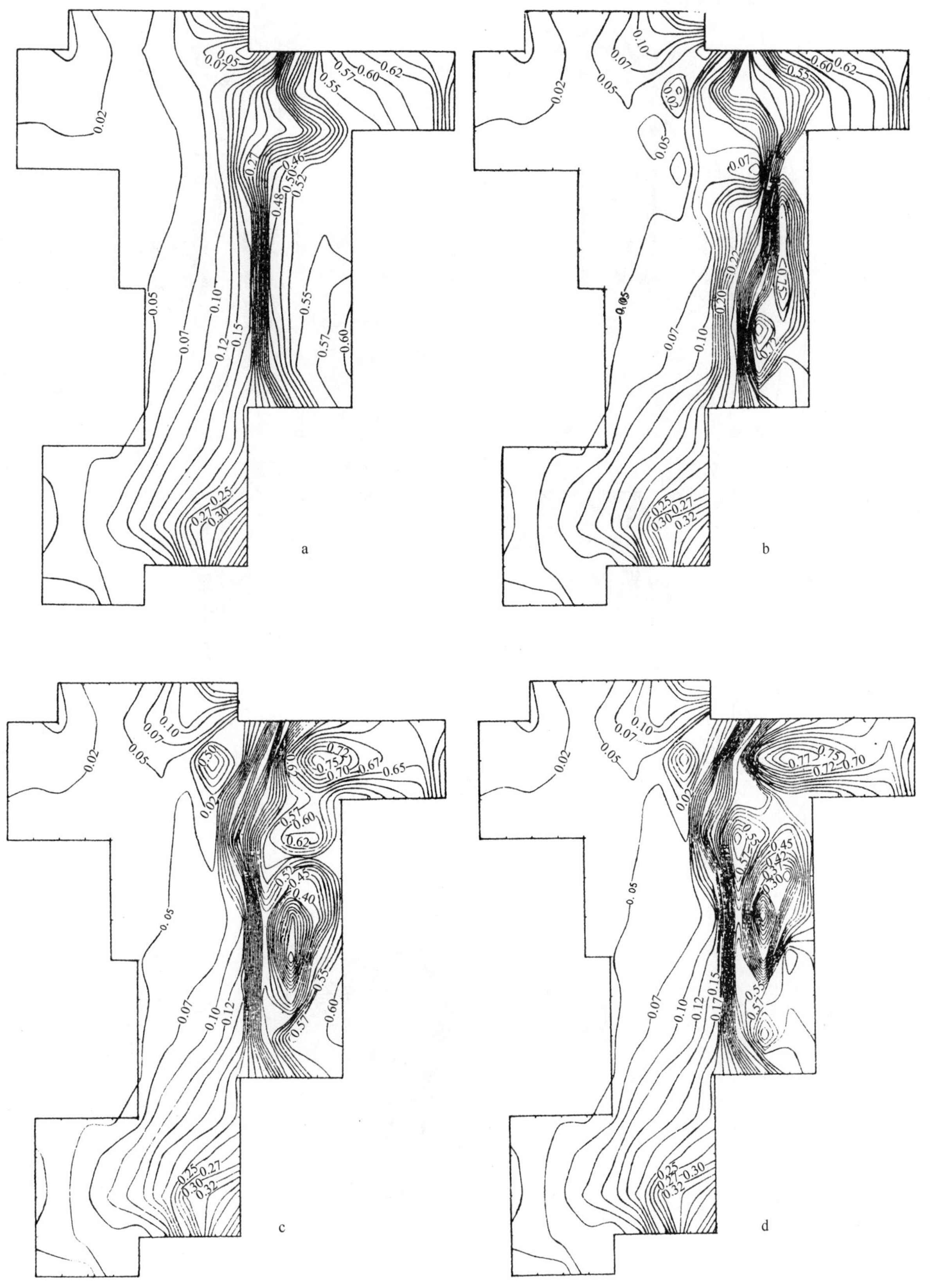

图 4　水位高度 ζ 分布（单位：m）

a. 诊断计算，b. $t=22$ d（$n=220$），c. $t=40$ d（$n=400$），d. $t=50$ d（$n=500$）

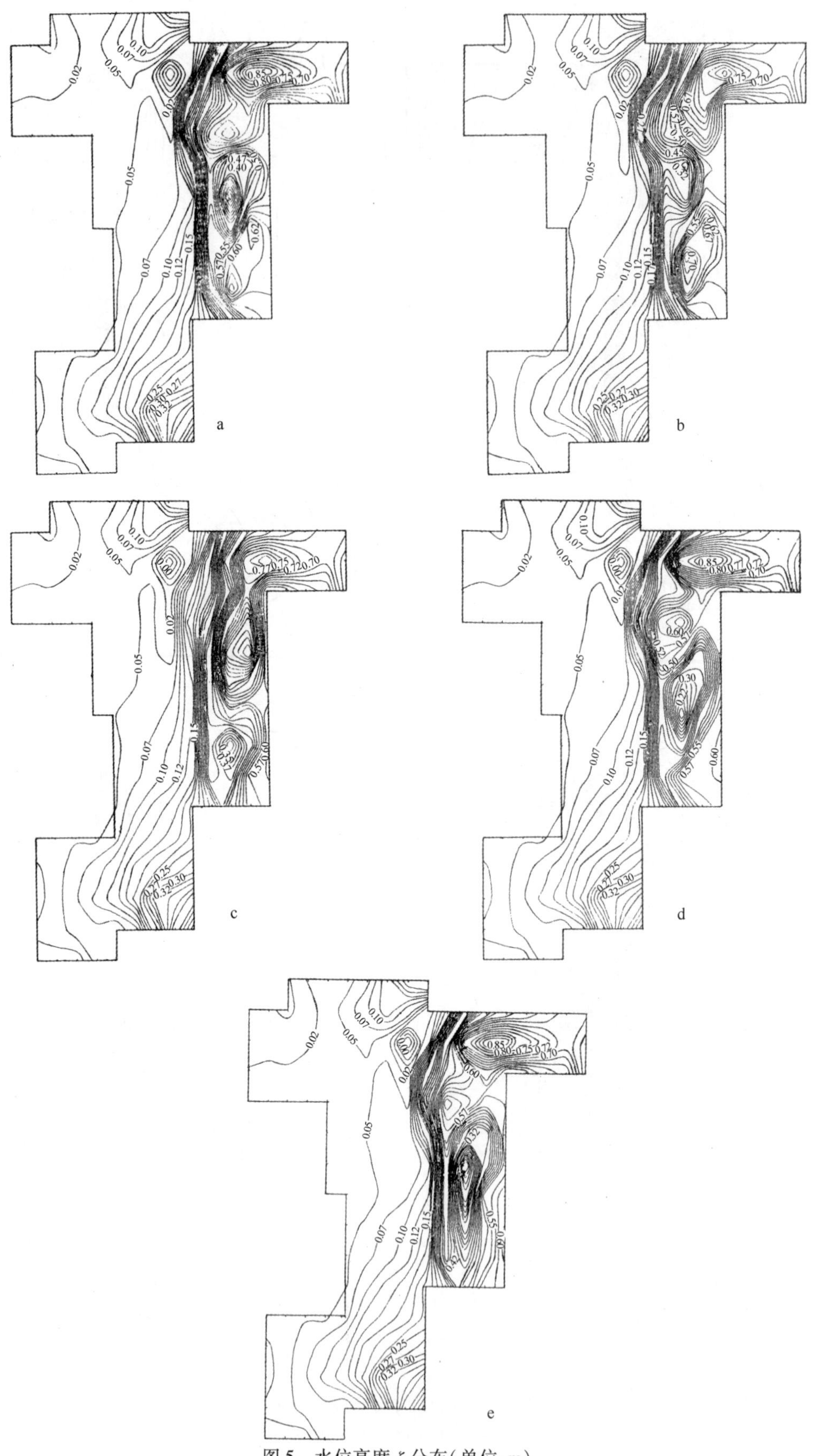

图 5　水位高度 ζ 分布(单位:m)

a. $t=70$ d($n=700$), b. $t=80$ d($n=800$), c. $t=90$ d($n=900$), d. $t=100$ d($n=1\ 000$), e. $t=110$ d($n=1\ 100$)

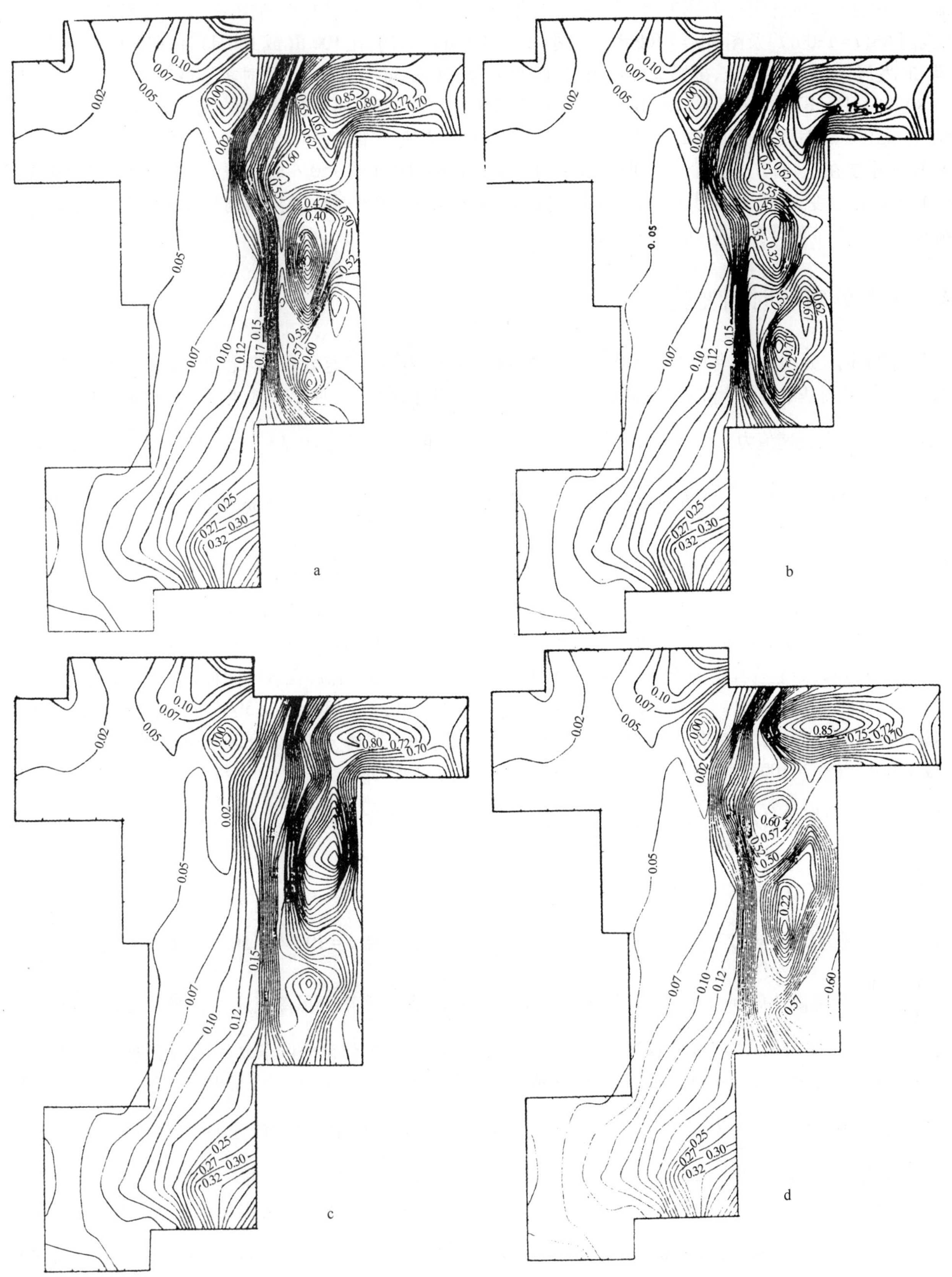

图 6　水位高度 ζ 分布（单位：m）

a.t = 120 d（n = 1 200），b.t = 130 d（n = 1 300），c.t = 140 d（n = 1 400），d.t = 150 d（n = 1 500）

流速变化也与涡的作用有关,实际上它们组成黑潮流-涡体系。关于涡对黑潮作用,我们以图 5b(t=80 d)[或图 6b(t=130 d)]及图 5d(t=100 d)[或图 6d(t=150 d)]为例,在 100 d(或 150 d)时,在海区东南部由于涡 CE 发展,成为再生环流,把黑潮分成为东、西两个分支(图 5d 及图 6d),此时黑潮变宽,其流速也减小。在 80 d 时(图 5b)或 130 d 时(图 6b),涡 CE 几乎消失,不会出现上述情况,因此在海区东南部黑潮流速在 80 d(或 130 d)时要比在 100 d(或 150 d)时要大,下节的流速分布也表明这一点。其次,在海区东北部涡 ACE-3 主要在东、西方向运动,当其向西运动时(例如在 t=100 d 或 150 d 时位置),黑潮变窄(图 5d 或图 6d),其流速也变大;反之,当其向东运动时(例如在 t=80 d 或 130 d 时位置),黑潮变宽(图 5b 或图 6b),其流速变小。下节的计算结果也表明这一点。

4　速度分布随时间变化

图 7a,b,c 分别为在 t=1 时在 z=0,75 与 200 m 上水平方向的流速分布,即此时接近于诊断计算时解,图 7 表明,黑潮基本上位于陆坡上,如上节已指出,由于资料平滑化,此时计算流速值是低估的,例如在 z=0 m(图 7a),最大流速值为 92.0 cm/s,方向偏东北,位于海区北部 $i=10\frac{1}{2}$,$j=13\frac{1}{2}$处(图 7a),在 z=750 m(图 7b),最大流值为 100.0 cm/s,方向偏东北,也位于 $j=10\frac{1}{2}$,$j=13\frac{1}{2}$处。在 200 m 处(图 7c),最大流速值为 78 cm/s,方向偏北,位于 $i=9\frac{1}{2}$,$j=9\frac{1}{2}$处,而在 $i=10\frac{1}{2}$,$j=13\frac{1}{2}$处,黑潮流速为 68 cm/s,方向偏东北,由上可知,诊断计算的解或 t=1 d 时解,黑潮的流速偏低,在 z=75 m 处海区北部流速最大。

限于篇幅,对于周期解讨论,我们以 t=80 d(图 8a,b)或 130 d(图 8c,d)以及 t=100 d(图 9a,b)或 150 d(图 9c,d)为例,如上节所述,速度分布在 t=80 d 时与 130 d 时十分相似(图 8),同样,速度分布在 t=100 d 时与 150 d 时也十分相似。上节已从 ζ 分布对 t=80 d 与 100 d(或者 130 d 与 150 d)时解进行比较,现在我们从水平流速分布来比较它们,首先我们讨论海区东南部,如上节所分析,在海区东南部黑潮流速在 80 d(或 130 d)要大于 100 d(或者 150 d),例如在 z=0 m,黑潮的最大流速在 t=80 d 与 130 d 时分别为 106 与 114 cm/s,方向都偏北,都位于计算点$\left(i=9\frac{1}{2},j=8\frac{1}{2}\right)$(图 8),即位于海区东南部。在 t=100 d 与 150 d 时在计算点$\left(9\frac{1}{2},8\frac{1}{2}\right)$处黑潮流速分别为 88 与 88 cm/s(图 9a,c)。在 z=75 m,黑潮的最大流速在 80 d 与 130 d 时分别为 119 与 127 cm/s,也都位于计算点$\left(9\frac{1}{2},8\frac{1}{2}\right)$,在 t=100 与 150 d 时在 z=75 m 计算点$\left(9\frac{1}{2},8\frac{1}{2}\right)$处黑潮速分别为 103 与 103 cm/s,这些都表明,在海区东南部黑潮流速在 t=80 d(或 130 d)时要大于 t=100 d(或 150 d)时,这与第 3 节的结论是一致的,其次,我们讨论海区东北部,如上述所述,在海区东北部黑潮流速在 100 d(或 150 d)要大于 80 d(或者 130 d)。例如在 z=0 m,黑潮最大流速在 t=100 d 与 150 d 时位于海区东北部,即计算点$\left(10\frac{1}{2},13\frac{1}{2}\right)$,也就是与 t=1 d 时相同的最大流速的位置,其值在 t=100 d 与 150 d 分别为 134 与 133 cm/s,方向都偏东北。在 z=75 m,它们的最大流速的位置,仍在相同位置,其值在 t=100 d 与 150 d 分别为 143 与 142 cm/s(图 9)。而在 80 d 与 130 d 时,黑潮流速在 z=0 m 计算点$\left(10\frac{1}{2},13\frac{1}{2}\right)$分别为 93 与 95 cm/s,而在 z=75 m 计算点$\left(10\frac{1}{2},13\frac{1}{2}\right)$分别为 104 与 106 cm/s。可知,在海区东北部黑潮流速在 100 d(或 150 d)时要大于 t=80 d(或 130 d)时,这是由于涡 ACE-3 在 t=100 d(或 150 d)时位置要比 t=80 d(130 d)时向西,黑潮变狭(图 5b,d,图 6b,d),流速加强,如同上节所分析。其他时刻时水平流速分布可作类似分析与比较,限于篇幅,不再讨论。

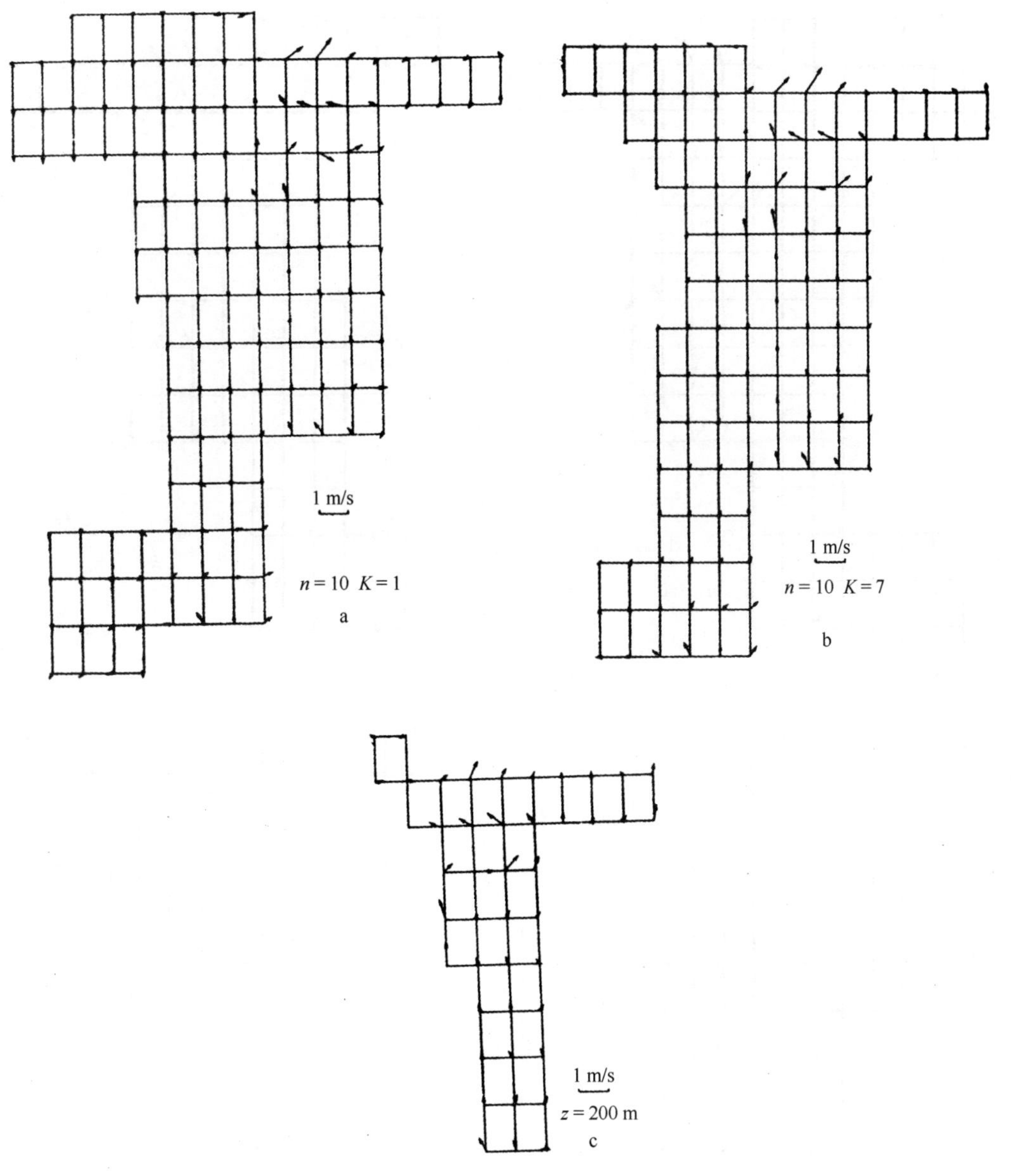

图 7　在 $t = 1$ 时水平方向的流速分布

a. $z = 0$ m, b. $z = 75$ m, c. $z = 200$ m

5　黑潮流轴及海区流量分布

本节讨论 1987 年 11 月至 1988 年 1 月航次黑潮流轴位置与流量分布，限于篇幅，只讨论在本计算的最后时刻 $t = 150$ d（$n = 1\ 500$）时计算海区流量分布及黑潮流轴位置，如图 10 所示。从图 10 可以得到以下几点：

（1）黑潮流轴，即在表层黑潮最大流速的位置，基本上位于 200 m 与 1 000 m 之间坡折处（图 10）。在其东侧，从南到北分别存在气旋式涡与反气旋式涡（图 9c 与图 10），这些涡的位置与 $t = 150$ d 时 ζ 分布（图 6d）所示的这些涡的位置有很好的对应。图 10 中虚线表示这个气旋式涡以东一个黑潮分支。水平方向速度分布明显表示这个黑潮分支（图 9c），这也与 $t = 150$ d 时 ζ 分布有很好的对应。

（2）在 1987 年 11 月—1988 年 1 月通过 PN 断面的流量为 $25.7\times10^6\ m^3/s$。该值非常接近 1987 年 10 月航次时通过 PN 断面的流量值 $26.0\times10^6\ m^3/s$[4]。

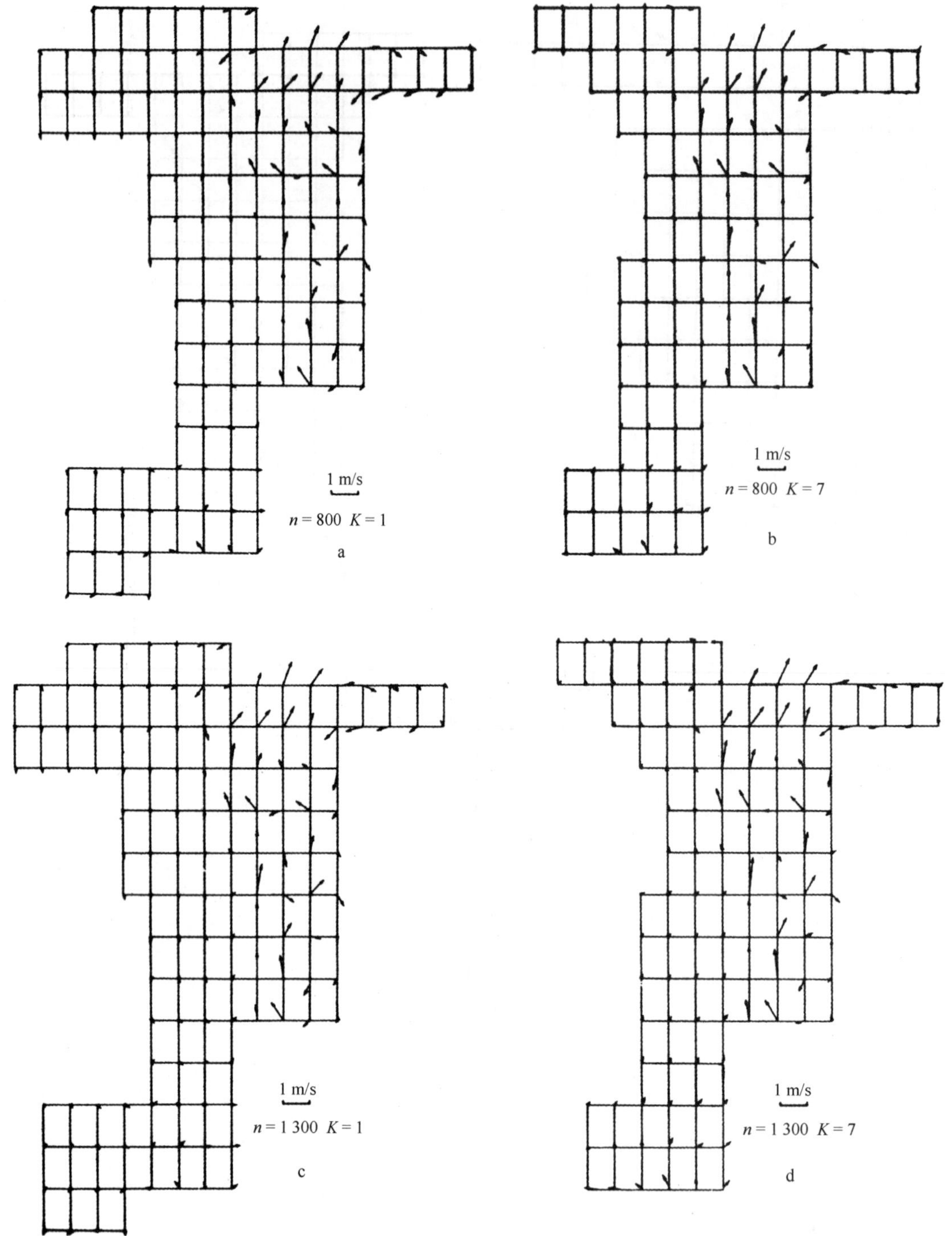

图 8　水平方向的流速分布

a.$t=80$ d 时 $z=0$ m，b.$t=80$ d 时 $z=75$ m，c.$t=130$ d 时 $z=0$ m，d.$t=130$ d 时 $z=75$ m

（3）图 10 表明本航次黑潮通过 BC 断面的流量约为 22.8×10^6 m^3/s。台湾暖流外侧分支通过 AB 断面的流量约为 2.3×10^6 m^3/s，而台湾暖流内侧分支通过断面 DE 的流量约为 1.3×10^6 m^3/s，因此本航次台湾暖流总流量约为 3.6×10^6 m^3/s。

（4）图 10 表明，台湾暖流大部分水流入陆坡附近，与黑潮水汇合，部分汇合水沿陆坡及其附近，作气旋式弯曲，并在它的西南侧伴随一个气旋式涡，向西北方向流动，成为对马暖流的源。这个结果与诊断计算的结果[3]相一致。本航次对马暖流的流量约为 3.2×10^6 m^3/s（见图 10）。

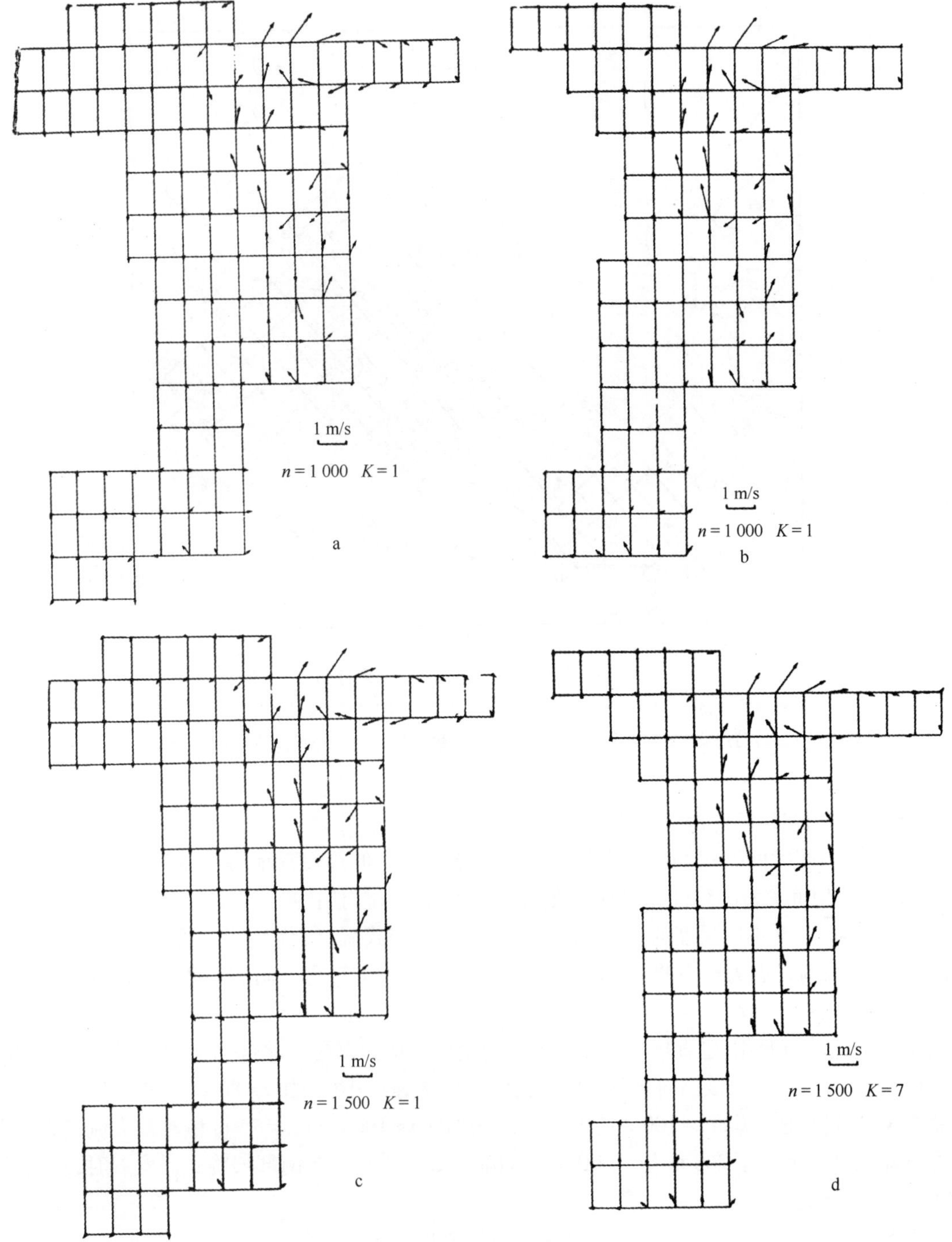

图9　水平方向的流速分布

a. $t=100$ d 时 $z=0$ m，b. $t=100$ d 时 $z=75$ m，c. $t=150$ d 时 $z=0$ m，d. $t=150$ d 时 $z=75$ m

（5）图 10 表明，通过奄美大岛东北的短断面的流量约为 10×10^6 m^3/s；通过断面 FG 的流量约为 30.3×10^6 m^3/s。

6　结语

基于 1987 年 11 月—1988 年 1 月航次水文资料，采用一个三维预报模式与改进逆方法相结合，计算了东海与奄美大岛东北海域环流与涡，可以得到以下几点：

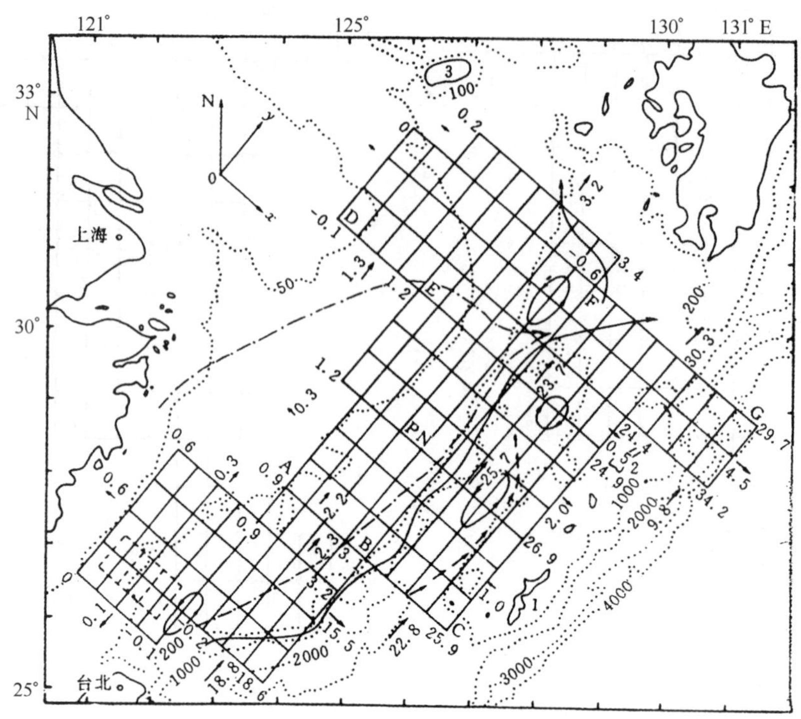

图 10　黑潮流轴位置及海区流量分布

1:冲绳岛,2:奄美大岛,3:济州岛[图中(1)实曲线为黑潮流轴;虚曲线为黑潮分支;点虚线为台湾暖流内、外侧分支;(2)每点附近数字表示流函数值;箭头附近数字表示相应断面的流量(单位:10^6 m^3/s)]

(1)在 t=22 d 左右时,解已达到调节,即此时已得到了半诊断计算的解。

(2)在海区西部,当时间 t≥40 d 时,解几乎已是准定态解。但是在其他海区,特别在海区东部,由于黑潮与涡相互作用,当时间 t≥67.5 d 时,出现了准周期解,它的变化周期约为 50 d。

(3)在海区东部,存在不同尺度的、变化的气旋式与反气旋式涡。它们中有些涡是不稳定的,即存在产生、发展,有时可以成为以涡为核心的再生环流,然后衰减与消失的过程。涡的寿命约为 46 d,接近解的变化周期 50 d。上述涡的变化过程是与黑潮作用有关。它们实际上组成黑潮流-涡系统。

(4)由于涡的运动与变化,也直接影响黑潮的流速变化。例如以海区北部为例,在海区北部存在一个反气旋式涡(称为涡 ACE-3),当该涡向东移动时,黑潮变宽,流速减小(例如 t=80 d 与 130 d);当该涡向西移动时,黑潮变狭,流速加强(例如 t=100 d 与 150 d)。例如在 t=100 d 时,z=75 m 黑潮最大流速为 143 cm/s。

(5)黑潮流轴基本上位于 200 m 与 1 000 m 之间陆坡处。当海区东南部气旋式涡发展时,在该涡东侧还出现黑潮的另一个分支。

(6)在 1987 年 11 月至 1988 年 1 月通过 PN 断面的流量为 25.7×10^6 m^3/s,此值接近于 1987 年 10 月时通过 PN 断面的流量 26.0×10^6 m^3/s。

(7)在该航次台湾暖流流入本海区的总流量约为 3.6×10^6 m^3/s。对马暖流来源于台湾暖流与黑潮的混合水,在本航次对马暖流的流量约为 3.2×10^6 m^3/s。

(8)通过奄美大岛东北的短断面的流量约为 10×10^6 m^3/s;通过断面 FG 的流量约为 30.0×10^6 m^3/s。

致谢:本三维预报模式计算程序由倪菊芬高级工程师编制,并上机计算,我们谨表衷心的感谢。

参考文献:

[1]　Yuan Yaochu, Su Jilan, Xia Songyun. A diagnostic model of summer circulation on the northwest shelf of the East China Sea. Progress in Oceanography, 1986, 17: 163-176.

[2]　Yuan Yaochu, Su Jilan, Xia Songyun. three dimensional diagnostic calculation of circulation over the East China Sea shelf. Acta Oceanologica Sini-

ca, 1987, 6(supp.1): 36-50.

[3] Yuan Yaochu, Su Jilan. The calculation of Kuroshio Current structure in the East China Sea—early summer 1986. Progress in Oceanography, 1988, 21: 343-361.

[4] Yuan Yaochu, Endoh M, Ishizaki H. The study of the Kuroshio in the East China Sea and the currents east of the Ryukyu Islands. Acta Oceanologica Sinica, 1991, 10(3): 373-391.

[5] Yuan Yaochu, Su Jilan, Pan Ziqin. A study of the Kuroshio in the China Sea and the currents east of the Ryukyu Islands in 1988//Takano K. Oceanography of Asian Marginal Seas, Elsevier Science Publishers, 1991: 305-319.

[6] 袁耀初，苏纪兰，潘子勤.1989年东海黑潮流量与热通量计算//黑潮调查研究论文选(四).北京:海洋出版社，1992: 253-264.

[7] 袁耀初，苏纪兰，倪菊芬.东中国海冬季环流的一个预报模式研究//黑潮调查研究论文选(二).北京:海洋出版社，1990:169-186.

[8] 袁耀初.东海三维海流的一个预报模式//黑潮调查研究论文选(五).北京:海洋出版社，1993:311-324.

[9] Ichikawa H, Yamashiro T. CTD observation off Cape Toi-misaki and direct current measurement in the Okinawa Basin. Preliminary Report of KH-84-2, Ocean Res. Inst., Univ. of Tokgo, 1987: 17-19.

[10] Yuan Yaochu, Su Jilan. A two-layer circulation model of the East China Sea//Proceediags of the International Symposium on the Continental Shelf, with Special Reference to the East China Sea. Beijing: Ocean Press, 1983: 364-374.

[11] Sarkisyan A Sand, Yu L Demin. A semidiagnostic method of sea currents caluculation. Large-scale Oceanographic Experiments in the WCRP, 1983, 2(1): 201-214.

A prognostic model of the Kuroshio and the eddies in the East China Sea

Yuan Yaochu[1], Pan Ziqin[1]

(1. *Second Institute of Oceanography, State Oceanic Administration, Hangzhou* 310012, *China*)

Abstract: A prognostic model is presented for studying the interaction beween the Kuroshio and the eddies in the East China Sea. To provide initial value for the prognostic model we have first solved the diagnostic model equations, based on the hydrographic data during November, 1987 to January, 1988. The open boundary conditions are obtained by the modified inverse method. Our prognostic calculation shows: (1) In the western part of area, the solution after 40 days is almost quasi-steady state solution. However, in other area the quasi-periodic solution will be occurred after 70 days due to the interaction between the Kuroshio and the eddies in the eastern part of area and their variable period is about 50 days. (2) There are the countercurrent and meso-scale eddies east of the Kuroshio in the East China Eas for the quasi-periodic solution. (3) When meso-scale eddies in the eastern part of area move west-ward, the position of the Kuroshio is further into the shelf and its width is narrower and its maximum velocity is larger than its respective positions, widths and maximum velocities for other cases. The comparison between the several solutions at the different time is discussed.

Key words: Kuroshio-Eddies System; recirculation; quasi-periodic solution; current axis; volume transpor

刊于:中国海洋学文集,第5集.北京:海洋出版社, 1995:74-83.

东海黑潮及琉球群岛以东海流的三维诊断计算

孙德桐[1],袁耀初[1]

(1. 国家海洋局 第二海洋研究所,浙江 杭州 310012)

摘要:本文采用一个 σ 坐标下的非线性三维环流诊断模式计算东海黑潮及琉球群岛以东海流。模式考虑了较多动力因子的作用,具有处理复杂地形下强斜压效应的能力。计算上采用了模分裂方法和半隐式差分格式,使得计算稳定,效率提高。开边界的处理采用了与逆方法计算相结合的方法。模式应用于1987年秋季航次东海黑潮及琉球群岛以东海流的计算,结果表明:(1)黑潮进入东海后,流幅有明显的收敛趋势,最窄处为PN断面。相应的,黑潮在PN断面上的表层流速和最大流速比其他断面大。通过PN断面的流量约为 $27.1\times10^6\ m^3/s$。(2)在琉球群岛以东,存在一支东北向的海流,流速不大,流轴基本上位于琉球海槽之内,核心约在500 m水层左右,流量约 $19\times10^6\ m^3/s$。(3)琉球群岛以东海区存在3个比较显著的中尺度涡。(4)非线性效应对黑潮等的流速、流量约有10%左右的修正。(5)非线性效应与 β 效应对黑潮在台湾东北入侵陆架都有较重要的动力作用。另外本文也对台湾暖流、对马暖流等进行了讨论。

关键词:东海黑潮;琉球海流;三维非线性诊断计算

前言

关于东海黑潮及其变异,已有许多研究[1-2]。数值研究方面亦进行过许多研究,如Yuan和Su[3]、Yuan等[4-8]进行过工作。Yuan和Su[1-2]提出一个三维海流诊断模式,模式为线性,较好地解决了开边界条件问题。应用于东海黑潮流场结构的计算,计算结果与实际观测有较好符合。在此基础上,袁耀初等还进一步提出了东海环流预报模式[4,8]。关于琉球群岛以东海流的研究,最近的中日黑潮合作调查有了新的进展。Yuan等[3]利用日本"长凤丸"1987年秋季调查资料,用逆方法计算表明,琉球群岛以东海流位于琉球海槽之内,在整个水层内不强,核心位于中层,流量约为 $21.8\times10^6\ m^3/s$。Yuan等[6]用同样方法计算了1988年夏初航次琉球群岛以东海流,得出类似的结论。这些工作首次揭示了琉球群岛以东海流的结构特征。

本文从原始方程出发,考虑了包括非线性效应、β 效应在内的各种动力因子,提出了一个新的三维海流诊断模式。为便于处理大的底形变化和强的斜压效应,我们引入了 σ 坐标变换。在计算方法上,采用模分裂方法和半隐差分格式提高计算稳定性,并节省计算机时。利用本模式计算1987年秋季航次东海黑潮及琉球群岛以东海流。本文着重讨论该航次东海黑潮及琉球群岛以东海流的流场结构与流量,并对非线性效应与 β 效应作了分析。

1 控制方程与边界条件

以往的数值模拟工作表明,直角坐标系在处理有大底形变化时会遇到某些困难[9]。为此引进 σ 坐标变换是有益的。直角坐标系(x_1,y_1,z_1,t_1)到σ坐标系的转换关系为$(x,y,\sigma,t)=[x_1,y_1,(z_1-\eta)/D,t_1]$，其中，$\eta$为海面升高，$D=H+\eta$为总水深。在静力假定和Boussinesq近似下，新坐标系内的控制方程为：

$$\frac{\partial\eta}{\partial t}+\frac{\partial}{\partial x}(Du)+\frac{\partial}{\partial y}(Dv)+\frac{\partial\omega}{\partial\sigma}=0, \tag{1}$$

$$\frac{\partial}{\partial t}(D\vec{V})+\frac{\partial}{\partial x}(Du\vec{V})+\frac{\partial}{\partial y}(Dv\vec{V})+\frac{\partial}{\partial\sigma}(\omega\vec{V})-fD\vec{k}\times\vec{V}+gD\nabla\eta$$
$$=\frac{\partial}{\partial\sigma}\left(\frac{K_m}{D}\frac{\partial\vec{V}}{\partial\sigma}\right)-\frac{gD^2}{\rho_0}\nabla\int_\sigma^0\rho\mathrm{d}\sigma+\frac{gD\nabla D}{\rho_0}\int_\sigma^0\sigma\frac{\partial\rho}{\partial\sigma}\mathrm{d}\sigma+D\vec{F}; \tag{2}$$

式中，$\vec{V}\equiv u\vec{i}+v\vec{j}$为水平速度矢量，$\nabla\equiv\vec{i}\frac{\partial}{\partial x}+\vec{j}\frac{\partial}{\partial y}$为水平速度算子，$\omega\equiv\left\{\omega-\vec{V}\cdot\nabla(\sigma D+\eta)-\frac{\partial}{\partial t}(\eta+\sigma D)\right\}\equiv D\frac{\mathrm{d}\sigma}{\mathrm{d}t}$为新坐标系下的垂直速度，$f$为科氏力，$f$随纬度的变化将作$\beta$平面假定，$\rho$为密度，$\rho_0$为参考密度，$K_m$为垂向动量交换系数，本文中取为常量，$g$为重力加速度，$D\vec{F}$为水平摩擦项：

$$DF_x=\frac{\partial}{\partial x}\left(2A_mD\frac{\partial u}{\partial x}\right)+\frac{\partial}{\partial y}\left[A_mD\left(\frac{\partial u}{\partial y}+\frac{\partial v}{\partial x}\right)\right], \tag{3a}$$

$$DF_y=\frac{\partial}{\partial x}\left[A_mD\left(\frac{\partial v}{\partial x}+\frac{\partial u}{\partial y}\right)\right]+\frac{\partial}{\partial y}\left(2A_mD\frac{\partial v}{\partial y}\right), \tag{3b}$$

A_m为水平方向上的能量交换系数，本文中亦取为常量。

方程(1)、(2)有如下边界条件：

在海表面$\sigma=0$上：

$\omega=0$,

$$\frac{\rho_0K_m}{D}\left(\frac{\partial\vec{V}}{\partial\sigma}\right)=\vec{\tau}_\mathrm{w}, \tag{4}$$

在海底$\sigma=-1$上：

$\omega=0$,

$$\frac{\rho_0K_m}{D}\left(\frac{\partial\vec{V}}{\partial\sigma}\right)=\vec{\tau}_\mathrm{b}, \tag{5}$$

$\vec{\tau}_\mathrm{w}$为海表面风应力，$\vec{\tau}_\mathrm{b}$为海底摩擦力。

$$\vec{\tau}_\mathrm{b}=\rho_0C_\mathrm{d}|\vec{V}_\mathrm{b}|\vec{V}_\mathrm{b}, \tag{6}$$

$$C_\mathrm{d}=\max\left\{C_\mathrm{d}^0,K^2\left[\ln\left(\frac{H+Z_\mathrm{b}}{Z_0}\right)\right]^{-2}\right\}. \tag{7}$$

C_d为无量纲系数，$C_\mathrm{d}^0=0.002\,5$，K为冯·卡曼常数，Z_b和$\vec{V}_\mathrm{b}$分别为离底部最近格点位置及相应流速，Z_0为粗糙度，一般可取为1 cm(文献[11])。式(7)来自于固壁上的对数定律。

关于侧向边界，除了固体边界上可以给出$\vec{V}=0$外，开边界可给出如下形式，对于y方向上的开边界，有以下简化形式：

$$u=\frac{Q_x}{H}+\frac{g}{f\rho_0H}\left[\int_{-H}^0(H+z_1)\frac{\partial\rho}{\partial y}\mathrm{d}z_1-H\int_z^0\frac{\partial\rho}{\partial y}\mathrm{d}z_1\right],$$

式中，$Q_x\equiv\int_{-H}^0u\mathrm{d}z$，$Q_x$可以由实测或其他的方法给定。我们在下面的计算中利用了Yuan等[15]的逆方法计算结果。对于x方向开边界可类似给出。

2　数值计算

对于上述控制方程与边界条件，用有限差分法求解，我们基本上采用文献[12]陆架环流数值模式的计

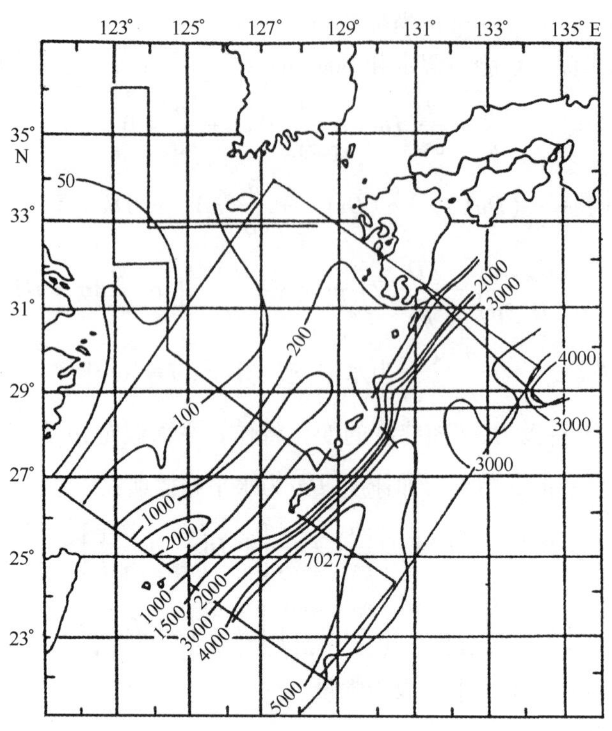

图 1　模式海区底形图(引自文献[5],单位:m)

算方法,所不同的是,对于水位的求解我们引入了半隐式算法(文献[9])。我们的计算区域呈一长方形。图 1 为海区底形分布。西边界位于陆架海区 50 m 至 100 m 等深线之间,南边界经过宫古岛的南端,北边界通过日本九州岛,东边界已位于太平洋深海区。中间有琉球群岛,所以为一多连通区域。对琉球群岛的处理,除吐噶喇海峡外,我们只保留了宫古与冲绳之间的水道。4 个边界除北边界九州岛一段为固体边界外,其余全为开边界。计算使用的资料为 1987 年中日黑潮合作调查研究秋季(9—10 月)航次资料。因缺乏实际风场资料,计算中没有考虑风应力效应的影响。计算中采用的各参数见表 1,水平网格是等步长的,但垂向步长可变,其分布见表 2。

表 1　模式参数取值

参数	取值	参数	取值
A_m	1.0×10^{7} cm^2/s	K_m	50 cm^2/s
f_0	6.828×10^{-5} s^{-1}	β	2.0×10^{-13} cm^{-1} · s^{-1}
g	980 cm/s^2	ρ_0	1.034 g/cm^3
$\vec{\tau}_w$	0	Δt	3 600 s
Δx	2.5×10^{6} cm	Δy	2.5×10^{6} cm
K	0.4	Z_0	1 cm
C_d^0	2.5×10^{-3}		

表 2　垂向空间步长($\Delta\sigma$)分布

层次	$\Delta\sigma$	层次	$\Delta\sigma$	层次	$\Delta\sigma$	层次	$\Delta\sigma$
1	0.001 2	6	0.019 23	11	0.076 93	16	0.076 92
2	0.001 2	7	0.038 26	12	0.076 92	17	0.076 92
3	0.002 41	8	0.076 92	13	0.076 92	18	0.076 93
4	0.004 81	9	0.076 92	14	0.076 92	19	0.038 46
5	0.009 62	10	0.076 92	15	0.076 93	20	0.038 46

为了检验建立起来的模式，也为便于对流场作动力学分析，我们运行了 3 个方案：方案一（E1），考虑除风应力外的所有因子，或称为标准试验；方案二（E2），同方案一，但略去非线性项。故可称为非线性效应试验；方案三（E3），同方案一，但 $\beta=0$，亦可称为 β 效应试验，E2 和 E3 是为了比较和分析非线性效应和 β 效应对东海环流及琉球群岛以东海流的影响。

3　计算结果与讨论

3.1　标准试验结果

图 2 是方案一的水位分布。图 3a 至 d 分别为 0 m，100 m，200 m 和 500 m 层上的水平速度场，下面我们分别讨论计算区域的各流系。

（1）东海黑潮　水位分布（图 2）和速度分布（图 3）表明，黑潮从台湾东北进入计算海区，基本上沿着陆坡向东北流去，约在格点（$i=19, j=33$）（约 30°N，129°E）的位置以一小弯曲的形式折向东南，流出吐噶喇海峡，再经一逆时针路径，沿着九州近岸海区向日本以南流去，其表层流轴基本上位于 200～1 000 m 等深线之间。在海区南部，黑潮更靠近陆架些，在 PN 断面上，黑潮主轴距冲永良部岛约 200 km。Nitani[13] 的统计结果为 90～100 n mile，相差不多。关于流幅的变化，由图 2、图 3，尤其是水位分布（图 2）可知，黑潮进入东海后有明显的收敛趋势，并于 PN 断面上达到最窄。相应的，在 PN 断面上黑潮表层最大流速要比其他断面大。Yuan 等[5] 的逆方法计算有同样的结论。

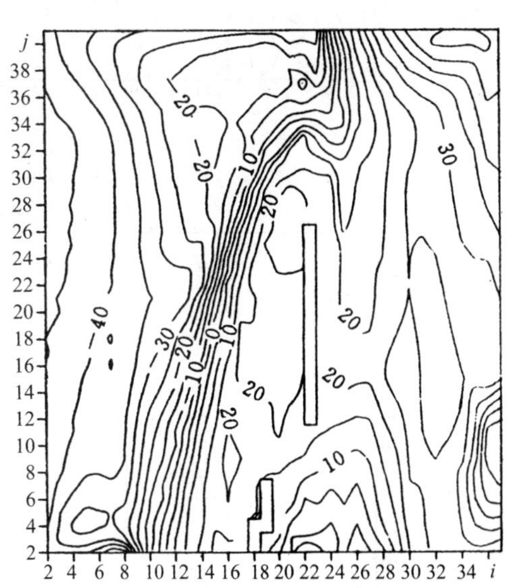

图 2　E1 水位分布（单位：cm）

在垂向结构上，如图 3a～d，黑潮自表层到 200 m 层上都有较大的流速。一般表层流速较大，但最大流速也可出现在别的层次上。比如 PN 断面上的最大流速出现在 150 m 层，其值为 91 cm/s。在每个层次上黑潮流轴（该层最大流速出现位置）随着深度增加而东移。在 500 m 层上（图 3d），黑潮依然是较强的，例如最大流速值为 43 cm/s。在 1 000 m 层上，有些计算点的流速仍不小。以上结论与逆方法计算结果基本相同。

关于黑潮流量，以 PN 断面为例，我们估算的黑潮通过 PN 断面的流量约为 27.1×10^6 m^3/s，逆方法为 26.01×10^6 m^3/s，两者接近。总的来说，计算结果较好地反映了黑潮的流径、形态和结构等特征。

（2）黑潮逆流（KCC1）　由图 2 和图 3 可见，琉球群岛以西一侧均有逆流存在，且从表层伸展至底层。即使在深层，逆流也是十分明显的。逆流区流速都不大，大都在 10 cm/s 以下。在 PN 断面上，最大流速出现在 300～400 m 水深之间，约 13 cm/s。估算流量为 3.7×10^6 m^3/s。与逆方法相比，我们计算的逆流流速较小，但在结构上是一致的。另外从图 2 和图 3 我们还可看到，黑潮主干与逆流之间存在封闭（半封闭）的反气旋环流。它们可以从表层伸展到 400 m 左右。

（3）台湾暖流（TWC）　由水位分布（图 2）及速度分布（图 3）可见，在台湾东北，计算区域南边界约 200 m 等深线（彭佳屿）附近，有一个不大的冷涡，这就是台湾东北著名的冷涡系统[3,14]。不过范围较小，约 50 km，似只在表层至 50 m 层之间存在，50 m 层以下不明显。图 2 和图 3 表明，黑潮在台湾东北入侵陆架，入侵的黑潮水一部分呈反气旋归入黑潮，另一部分深入陆架并构成台湾暖流的外侧分支（TWCOB）[15-16]。从入侵流速值来看，例如在入侵点（$i=7, j=3$）（26°10′N，122°36′E 左右，彭佳屿至钓鱼岛之间），0 m，50 m 和 100 m 层上向着陆架的流速分量分别为 20，24 和 25 cm/s，相应的绝对流速分别为 34，37 和 27 cm/s。可见，在 50 m 层，不论是绝对流速还是向着陆架入侵流速分量都大于表层，而在 100 m 层，绝对流速虽比表层小，但

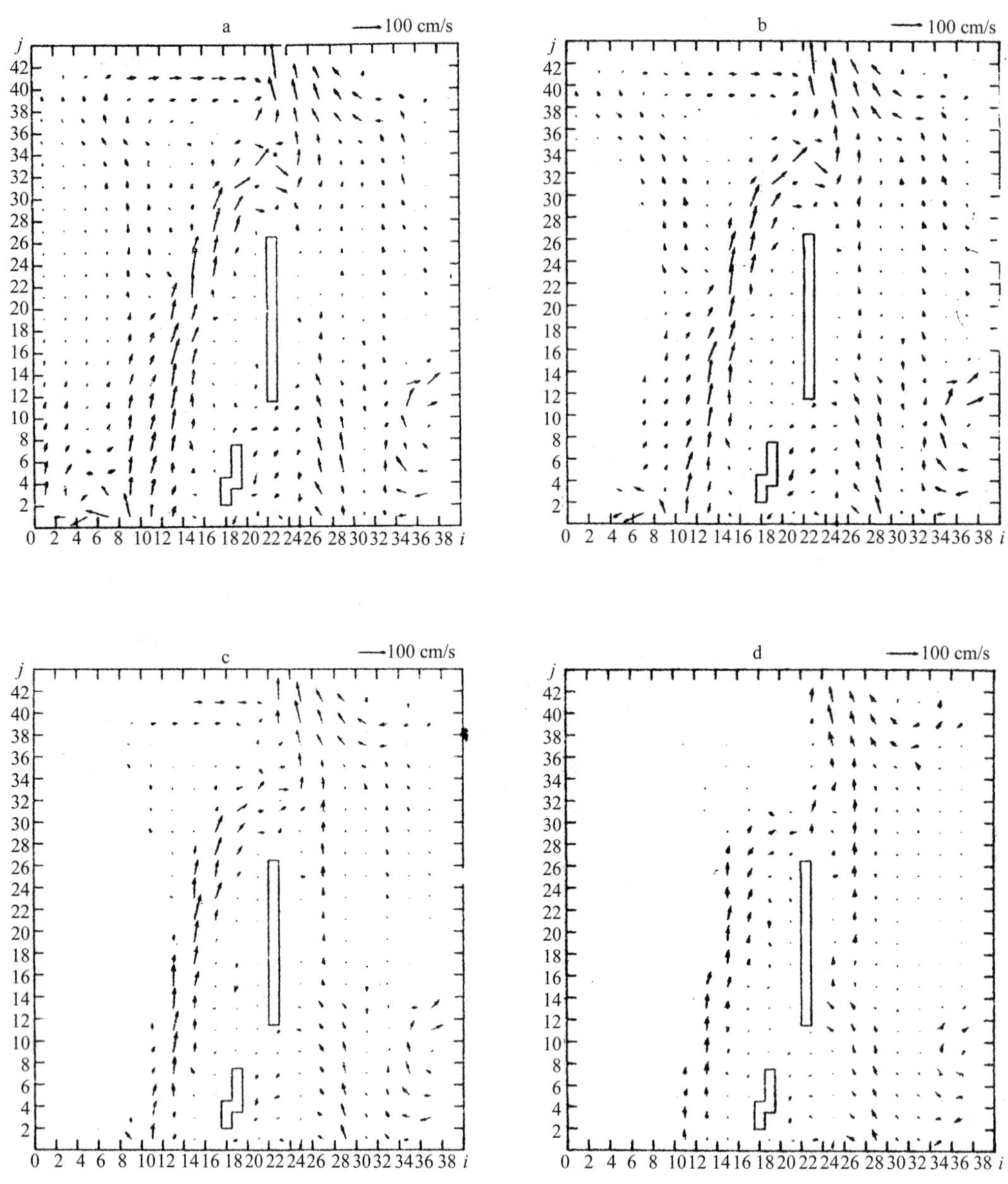

图 3 水平流速分布

a.E1 的表层，b.E1 的 100 m 层，c.E1 的 500 m 层，d.E1 的 1 200 m 层

入侵的流速分量值却比表层大。这表明在本航次，黑潮表层水已明显入侵陆架，且次表层水对彭佳屿至钓鱼岛之间陆架的入侵可能也是比较强的。不过，因为入侵点离边界较近，计算结果可能受到边界的影响较大。在本计算中，台湾暖流的内侧分支（TWCIB）仅略有反映。部分台湾海峡水（流量约 0.23×10^6 m^3/s）从西边界进入计算区域。而 TWCIB 的主要部分位于计算区域西边界之外。近年来，对台湾东北海域的研究较多，如 Su 和 Pan[15]，苏纪兰等[17]。关于入侵机制，黑潮水失去台湾的支撑[16]可能是主要的，但 β 效应和非线性效应也是重要的，关于这一点，我们在方案二和方案三中将作进一步讨论。

（4）对马暖流　从水位分布（图 2）可知，一部分陆坡西侧的海水（包括 TWCOB），在经过反气旋弯曲之后，先沿着几乎与黑潮平行的路径，然后继续沿等深线向对马海峡流去。在 PN 断面以北，台湾暖流主流在陆坡上与黑潮汇合，部分混合水从主干中分离出来，加入了这支流动，形成对马暖流。这支流动的流量约为 2.3×10^6 cm^3/s。

（5）琉球群岛以东海流与涡旋　琉球群岛以东海域流场较为复杂。除存在一支重要的北向海流之外，还有一支紧靠琉球群岛东侧的逆流（KCC2）和若干个冷暖涡。我们先讨论逆流和涡旋，最后讨论那支东北向的海流。

由图 2、图 3 可知，琉球群岛东侧存在一支沿陆坡南下的逆流（KCC2），流幅很窄，厚度不到 500 m，它的流量很小，估算约 0.7×10^6 m^3/s。这支流动从性质上说可能与琉球群岛西侧的黑潮逆流（KCC1）相同，所以称它为逆流。关于它的存在，Nitani 曾有过报道[13]。

从图 2、图 3 可以看到琉球群岛以东海区几个冷、暖涡。在东边界和北边界上，各有一个显著的暖涡，尺度都在 250 km 左右。它们都曾被 Yuan 等[5]逆方法计算指出，其结构、流量也都有分析。在南边界上，有一个范围较大的冷涡，在计算区域只能看到它的一半。中心约在 23°42′N，125°30′E 左右，长轴为西南—东北向，短轴的长度约有 250 km。此涡比较深厚，在 500 m 水层清晰可见（图 3d），直至 1 000 m 层才逐渐消失。估算其流量约 15×10^6 m^3/s。关于这个冷涡，前人已有报道。Tahashi 和 Chaen[18]曾指出，构成冷涡的东向流可能是亚热带逆流，西向流可能为黑潮逆流。管秉贤[19]认为它的形成可能与地形有关。另外，此涡北侧西向流似有一部分通过宫古与冲绳之间水道进入东海。这部分穿过宫古-冲绳水道的流动很弱。对此，逆方法计算[5-6]也有相同的结论。除了上述几个尺度较大的涡外，还有两个狭窄的尺度较小的涡，它们位置相邻，左侧为暖水性质，中心位置约在 25°25′N，129°10′E 附近。右侧为冷水性质，中心位于 25°06′N、129°36′E 附近。厚度都不大，似只在 200 m 水层以上出现。关于琉球群岛以东海流，由图 2、图 3 可见，它位于宫古以南那个较强的冷涡的东侧，在冷涡以北，它沿着几乎与琉球群岛平行的方向向东北流去，在计算区域北边界汇入九州东南黑潮。它的流轴基本上位于琉球海槽之内。在表层（图 3a）和 50 m 层，流动较弱。到 100 m 层以深（图 3b～d）逐渐加强，在 500 m 层（图 3d）上最为显著，最大流速为 25 cm/s，到 1 000 m 层流动仍然不弱。从南至北流动有逐渐加强的趋势，总的来说，这支海流流速不大，其流量约为 19.2×10^6 m^3/s。

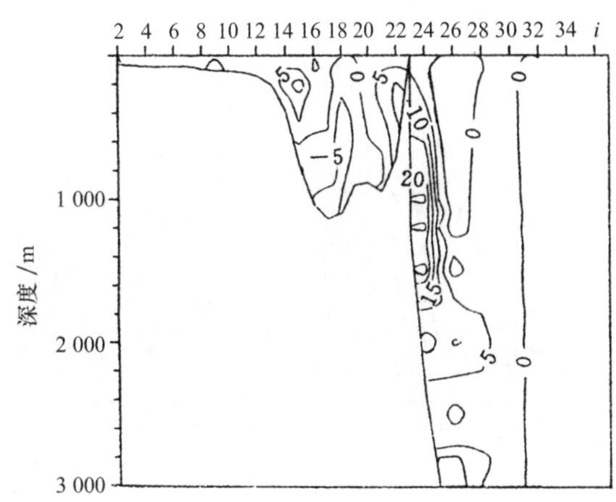

图 4　E_1 PN 断面及向东延伸面垂直方向流速分量（w）（10^{-2} cm/s）分布

（6）垂直方向流速分量 w 分布　关于垂直速度分量 w 的分布，我们以 PN 断面及其向东延伸面为例（图 4）。在东海陆坡上，黑潮有较大的爬升速度，最大值为 3.0×10^{-2} cm/s。在陆坡右侧海槽内，w 为负，最大值为 2.5×10^{-2} cm/s。这一结果与袁耀初[8]预报模式结果有相同的量级。在琉球群岛以东 PN 断面延长线上有类似的结构，即陆坡上 w 为正，最大可达 7.5×10^{-2} cm/s，在其右侧琉球海槽之内，w 为负，最大值为 2.5×10^{-2} cm/s。

3.2　非线性效应试验

方案二（E2）是去掉非线性项的情况。这里我们只给出其水位分布（图 5）和表层流速分布（图 6）。比较方案一与方案二，两者差别不大，但也存在一些差别。我们着重讨论黑潮主干与 TWCOB。在黑潮主干区，从表层到 200 m 层最大流速大都比方案一有所减小，减小幅度一般在 10%左右，最大可达 16%。在 TWCOB 区域，我们看到黑潮在台湾东北对陆架的入侵比 E1 明显减弱。黑潮入侵的西向速度分量减小。在计算点（$i=7, j=3$）上，从表层至 100 m 层，黑潮入侵的西向分量减小 24%～41%。相应的，计算点（2，3）和（3，3）处的 TWC 流速减小 38%和 41%。这表明，非线性效应也是黑潮入侵陆架的重要机制之一，从而也是影响台湾暖流的重要因素之一。非线性效应项对流量也有影响。台湾暖流流量方案二比方案一减小约 20%，琉球群岛以东海流减小约 11%，黑潮主干减小约 6%，非线性效应对垂直速度分量 w 也有影响。在东海陆坡上，w 的最大值（指正的）从非线性情况时的 3.0×10^{-2} cm/s 减小至线性情况时的 1.0×10^{-2} cm/s；在琉球群岛东侧陆坡上，w 最大值（指正的）由 7.5×10^{-2} cm/s 减小到 5.0×10^{-2} cm/s，即非线性效应加强上升流强度。

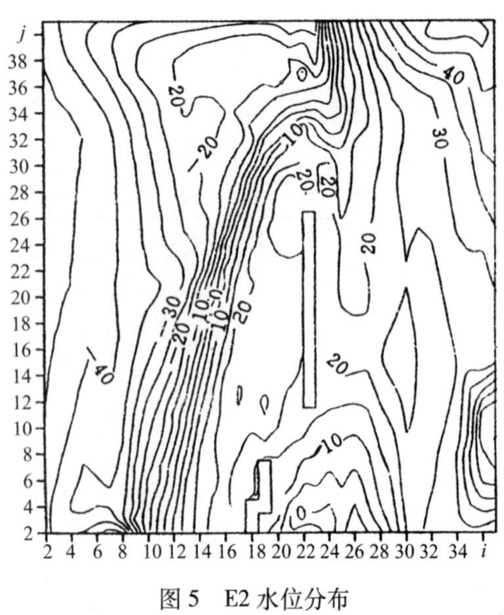

图 5　E2 水位分布

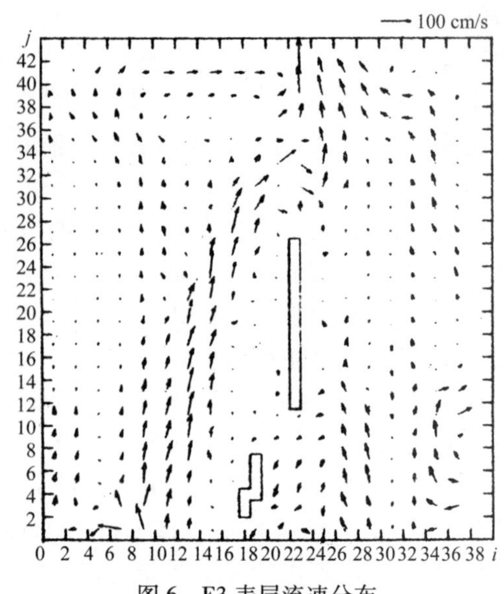

图 6　E3 表层流速分布

3.3　β 效应实验

图 6 与图 7 是方案三($\beta=0$ 情况,E3)的水位和表层流速分布。与方案一比较,除台湾暖流区外,β 取为零对整个流场的计算结果的影响是比较小的。袁耀初等[4]也有类似结论。这有两个原因,其一是计算海区不是很大,其二可能是给定的密度场中已隐含了 β 效应的影响,但是 β 效应对台湾暖流(包括黑潮入侵陆架)有显著的影响。比较方案一的水位分布(图 2)与方案三的图 6,β 效应可使入侵强度和流动西向强化明显加强。在入侵点(7,3),方案三($\beta=0$)中黑潮西侵陆架流速分量从表层到 100 m 层减小 20%~25%。计算点(2,3)和(3,3)的台湾暖流在 0~50 m 层之间流速减小 22%和 17%。这表明 β 效应也是黑潮入侵台湾东北陆架的一个重要机制。

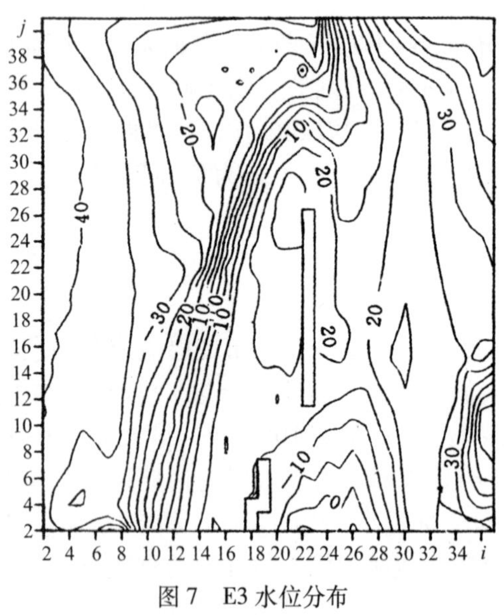

图 7　E3 水位分布

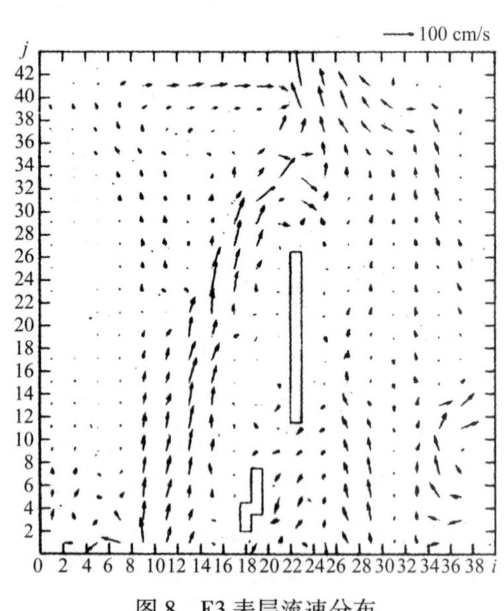

图 8　E3 表层流速分布

4　结论

本文采用一个非线性三维环流诊断模式,计算了 1987 年秋季航次东海黑潮及琉球群岛以东海流,主要

结论如下:

(1)在 1987 年秋季航次,黑潮进入东海后在 PN 断面处流幅最窄,因而黑潮在 PN 断面上的表层流速及最大流速也比其他断面大。通过 PN 断面的流量约 $27.1\times10^6\ m^3/s$。

(2)在黑潮主流东侧均有逆流存在,逆流可扩展至深层。流速不大。在 PN 断面上流速最大值约为 13 cm/s,流量约 $3.7\times10^6\ m^3/s$。逆流区附近有反气旋涡存在。

(3)1987 年秋季航次,在台湾东北,黑潮表层水明显入侵陆架。次表层水对彭佳屿与钓鱼岛之间陆架的入侵可能仍然较强。非线性效应和 β 效应对黑潮入侵均有较重要的影响。

(4)在海区北部陆坡处台湾暖流主流与黑潮水混合,其一部分继续沿等深线北上,可能成为对马暖流的来源。

(5)琉球群岛以东海区存在一支东北向的海流,这支流流速不大,流轴基本上位于琉球海槽之内。核心约在 500 m 层左右。其流量约 $19.2\times10^6\ m^3/s$。

(6)琉球群岛以东海区存在 3 个比较显著的中尺度涡。其水平尺度都在 250 km 左右。

(7)1987 年秋季航次通过琉球群岛岛链之间主要水道宫古-冲绳水道的流动很弱,似对东海环流影响不大。

(8)在本诊断计算中,非线性效应项对黑潮等强流的流速、流量约有 10%左右的修正。除台湾暖流区域外 β 效应项的影响较小。

参考文献:

[1] Guan Binxian. Analysis of the variations of volume transport of Kuroshio in the East China Sea//Hishida K et al. Proceedings of the Japan-China Ocean Study Symposium, Oct., 1981. Shimizu, Tokai University Press, 1982.

[2] Guan Binxian. Major feature and variability of the Kuroshio in the East China Sea. China J Oceanol Limnol, 1986, 6: 35-48.

[3] Yuan Yaochu, Su Jilan. The calculation of Kuroshio Current structures in the East China Sea-early summer 1988. Prog. in Oceanol., 1988, 21: 343-361.

[4] 袁耀初,苏纪兰,倪菊芬. 东中国海冬季环流的一个预报模式研究//黑潮调查研究论文集(二).北京:海洋出版社,1990: 169-186.

[5] Yuan Yaochu, Endoh M, Ishizaki H. The study of the Kuroshio in the East China Sea and currents east of Ryukyu Islands. Acta Oceanologica Sinica, 1992, 10(3): 373-391.

[6] Yuan Yaochu, Su Jilan, Pan Ziqin. A study of the Kuroshio in the East China Sea and currents east of Ryukyu Islands in 1988//Oceanography of Assian Marginal Sea. Elsevier Science Publishiers, 1991: 305-319.

[7] Yuan Yaochu, Pan Ziqin, Kaneko Ikuo, et al. Varability of the Kuroshio in the East China Sea and the currents east of Ryukyu Islands//Proceedings of China-Japan Joint Symposium of the Cooperative Study on the Kuroshio, 27-29, Oct. 1992, Qingdao, China.

[8] 袁耀初. 东海三维海流的一个预报模式//黑潮调查研究论文集(五). 北京:海洋出版社,1993: 311-324.

[9] Backhaus J O. A three dimensional model for the simulation of shelf sea dynamics. Dt Hydrogr Z, 1985, 38: 165-187.

[10] Phillips W A. A coordinate system having some special advantages for numerical forcasting. J Meteorol, 1957(14): 184-185.

[11] Weatherly G, Martin P J. On the structure and dynamics of ocean bottom layer. J Phys Oceanogr, 1978, 8: 557-570.

[12] Blumberg A F, Mellor G L. Diagnostic and prognostic numerical circulation studies of the South Atalantic Bight. J G R(c), 1983, 88: 4579-4592.

[13] Nitani H. Beginning of the Kuroshio//Stommel H, Yoshida Y. Kuroshio—Its Physical Aspects. Tokyo University Press, 1972: 129-169.

[14] 管秉贤. 我国台湾及其附近海底地形对黑潮途径的影响. 海洋科学集刊,第 14 集,北京:科学出版社,1978:1-22.

[15] Su Jilan, Pan Yuqiu. On the shelf circulaion north of Taiwan. Acta Oceanol Sinica, 1987, 6 (supp.1): 1-20.

[16] Yuan Yaochu, Su Jilan, Xia Songyun. Three dimensional diagnostic calculation of circulation over the East China shelf. Acta Oceanol Sinica, 1987, 6(supp.1): 36-50.

[17] 苏纪兰,潘玉球. 台湾以北黑潮入侵陆架途径探讨. 黑潮调查研究论文集(二).北京:海洋出版社,1990:187-197.

[18] Tahashi T, Chaen M. Oceanic conditions near the Ryukyu Islands-(3). Oceanic conditions along 125°E in spring and summer of successive four yers, 1965-1968. Mem Fac Fish, Kagoshima Univ., 1971, 20(1): 31-54.

[19] 管秉贤. 东海海流结构及涡旋特征概述. 海洋科学集刊,第 27 集,北京:科学出版社,1986:1-21.

Three dimensional diagnostic calculation of the Kuroshio in the East China Sea and the currents east of the Ryukyu Islands

Sun Detong[1], Yuan Yaochu[1]

(1. *Second Institute of Oceanography, State Oceanic Administration, Hangzhou* 310012, *China*)

Abstract: On the basis of hydrographic data collected during autumn 1987, a three dimensional nonlinear diagnostic model with a sigma coordinate transformation is used to compute the Kuroshio in the East China Sea and the currents east of the Ryukyu Islands. The results show that: (1) The Kuroshio at Section PN is more intensive than the Kuroshio at other sections in the East China Sea. The volume transport (VT) through Section PN is 27.1×10^6 m^3/s during autumn 1987. (2) There is a northeastward flow east of the Ryukyu Islands, and its velocities are not strong throughout the depths and its maximum velocity is at about the 500 m level. The VT through the section southeast of Okinawa Island is about 19×10^6 m^3/s during autumn 1987. (3) There are three meso-scale eddies east of the Ryukyu Islands. (4) In general, the nonlinear effect on the velocity of the Kuroshio is about 10%, and the β-effect on the velocity of the Kuroshio is less that 10%.

Key words: Kuroshio; Ryukyu Current; three dimensional diagnostic calculation

刊于:中国海洋学文集,第 5 集.北京:海洋出版社, 1995:107-118.

东海东北部及日本以南海域环流的三维计算

管卫兵[1],袁耀初[1]

(1. 国家海洋局 第二海洋研究所,浙江 杭州 310012)

摘要:本文从原始方程出发,考虑 σ 坐标变换,建立了一个三维、非线性海流诊断模式。模式海洋的海面为自由面,模式能够处理实际底形下的斜压海洋。CTD 等资料来自 1992 年“昭洋”号船的秋季航次,采用改进逆方法和本文模式相结合的方法对调查海区进行了流场计算。计算结果表明:日本九州东南黑潮的来源为东海黑潮及琉球群岛以东海流,其中,通过吐噶喇海峡的东海黑潮流量为 27.5×10^6 m^3/s,琉球群岛以东海流的流量为 30.0×10^6 m^3/s;本航次间,日本以南黑潮的路径属平直的 N 型。通过 JI 断面(138°E 经向断面)的净流量为 64.2×10^6 m^3/s;日本以南黑潮的右侧存在逆流和中尺度反气旋暖涡;本海区海流性质基本是地转的;非线性效应对流场有小于 15% 的修正;β 效应对流场的总贡献在 8% 以下;水位与流场主要由斜压和底形决定;风的直接作用是次要的。

关键词:逆方法;三维非线性诊断模式;东海东北部;日本以南黑潮

前言

关于东海黑潮的流速计算,近来有很多工作,从方法上来说,有动力计算方法[1]、三维诊断模式[2-3]、逆方法[4-5]、改进逆方法[6]及预报模式[7]等。关于日本以南黑潮研究也有大量工作,例如文献[8-9],从计算方法来讲,有动力计算方法[8-9]、改进 β 螺旋方法[10]与逆方法[11]等。

关于三维海流诊断计算,有两种类型,即线性类型[2]及非线性类型[3]。在文献[2]中计算了东海黑潮流速场,而在文献[3]中计算了东海黑潮及琉球群岛以东海流。文献[4]等的研究表明,东海黑潮及琉球群岛以东西边界流对九州东南黑潮都有很重要贡献,因此对九州东南海域的研究是很重要的。从目前文献来看,把东海东北部、九州东南及四国与本州以南海域联成一个较大的海域,进行三维海流计算,尚属少见。如上所述,对这样海域进行环流计算,可以着重研究东海黑潮及琉球群岛以东西边界流对日本以南海域环流的影响。

本计算在方法上特点为改进逆方法与三维海流诊断计算相结合。在三维海流计算中,从原始方程出发,即考虑非线性、β 效应、斜压与地形效应等各种动力因子,在计算格式上采用 Blumberg 和 Mellor[12], Backhause[13]及 Wais[14]等的方法,使计算格式具有稳定性好与计算效率高等特点。在本计算中,CTD 与风场资料来自于日本“昭洋”号船秋季(1992 年 10 月 13 日至 11 月 12 日)航次在东海东北部及日本以南海域的调查。本文将采用上述两个方法对调查海域环流与流量进行计算。

1 控制方程与边界条件

在处理底形剧烈变化的海区时,采用常用的(x^*, y^*, z, t^*)直角坐标将会遇到某些困难,通过 σ 坐标变换，即 $x=x^*$，$y=y^*$，$\sigma=(z-\zeta)/D$，$t=t^*$，其中，ζ 为海面升高，$D=H+\zeta$ 为总水深，可将自由表面与海底都变成坐标面，从而给计算带来诸多的方便。在静力假定和 Boussinesq 近似下，σ 坐标变换下的控制方程为：

$$\frac{\partial\zeta}{\partial t}+\frac{\partial}{\partial x}(Du)+\frac{\partial}{\partial y}(Dv)+\frac{\partial\omega}{\partial\sigma}=0,\tag{1}$$

$$\frac{\partial}{\partial t}\begin{pmatrix}Du\\Dv\end{pmatrix}+\begin{pmatrix}0&-f\\f&0\end{pmatrix}\begin{pmatrix}Du\\Dv\end{pmatrix}+\frac{D}{\rho_0}\left[g\rho_0\begin{pmatrix}\partial\zeta/\partial x\\\partial\zeta/\partial y\end{pmatrix}+\begin{pmatrix}\partial I/\partial x\\\partial I/\partial y\end{pmatrix}\right]=\begin{pmatrix}DX\\DY\end{pmatrix}+\frac{1}{\rho_0}\frac{\partial}{\partial\sigma}\begin{pmatrix}\tau_x\\\tau_y\end{pmatrix}.\tag{2}$$

作用在层之间交面上的切应力的水平分量定义为：$\tau_{x,y}=\rho_0[\partial(u,v)/\partial\sigma]/D$，其中，$f$ 为科氏参数，我们采用 β 平面近似，取 $f=f_0+\beta(y-y_0)$；ρ 为密度距平，ρ_0 为参考密度；g 为重力加速度；A_h，A_v 分别为动量在水平和垂直方向上的涡动扩散系数，在本文中均取为常数；u，v 分别为东、北向水平速度分量，ω 为 σ 坐标系中的垂直速度，定义为：

$$\omega=w-u\left(\sigma\frac{\partial D}{\partial x}+\frac{\partial\zeta}{\partial x}\right)-v\left(\sigma\frac{\partial D}{\partial y}+\frac{\partial\zeta}{\partial y}\right)-\left(\sigma\frac{\partial D}{\partial t}+\frac{\partial\zeta}{\partial t}\right),\tag{3}$$

压力项已被分成正压分量 $g\rho_0\zeta$ 和斜压分量 I 两个部分，斜压分量 I 的水平梯度为：

$$\begin{pmatrix}\partial I/\partial x\\\partial I/\partial y\end{pmatrix}=gD\begin{pmatrix}\partial/\partial x\\\partial/\partial y\end{pmatrix}\int_\sigma^0\rho\mathrm{d}\sigma-g\begin{pmatrix}\partial D/\partial x\\\partial D/\partial y\end{pmatrix}\int_\sigma^0\sigma\frac{\partial\rho}{\partial\sigma}\mathrm{d}\sigma;$$

X，Y 为非线性项与水平扩散项之和，即

$$\begin{pmatrix}X\\Y\end{pmatrix}=\begin{pmatrix}N(u)\\N(v)\end{pmatrix}+\begin{pmatrix}F(u)\\F(v)\end{pmatrix},$$

其中，非线性项为：

$$N(u)=-\frac{1}{D}\left[\frac{\partial}{\partial x}(Du^2)+\frac{\partial(Duv)}{\partial y}+\frac{\partial}{\partial\sigma}(\omega u)\right],$$

$$N(v)=-\frac{1}{D}\left[\frac{\partial}{\partial x}(Duv)+\frac{\partial(Dv^2)}{\partial y}+\frac{\partial}{\partial\sigma}(\omega v)\right],$$

而水平动量扩散项为：

$$F(u)=\frac{1}{D}\frac{\partial}{\partial x}\left(2A_hD\frac{\partial u}{\partial x}\right)+\frac{1}{D}\frac{\partial}{\partial y}\left[A_hD\left(\frac{\partial u}{\partial y}+\frac{\partial v}{\partial x}\right)\right],$$

$$F(v)=\frac{1}{D}\frac{\partial}{\partial x}\left[A_hD\left(\frac{\partial v}{\partial x}+\frac{\partial u}{\partial y}\right)\right]+\frac{1}{D}\frac{\partial}{\partial y}\left(2A_hD\frac{\partial v}{\partial y}\right).$$

对连续方程(1)垂向积分，得到水位方程：

$$\frac{\partial\zeta}{\partial t}+\frac{\partial(D\bar{u})}{\partial x}+\frac{\partial(D\bar{v})}{\partial y}=0,\tag{4}$$

其中，

$$\bar{u}\equiv\int_{-1}^0u\mathrm{d}\sigma,\quad\bar{v}\equiv\int_{-1}^0v\mathrm{d}\sigma.$$

相应的边界条件如下：

在海表面 $\sigma=0$ 上，

$$\omega=0,\quad\rho_0\frac{A_v}{D}\frac{\partial u}{\partial\sigma}=\tau_{wx},\quad\rho_0\frac{A_v}{D}\frac{\partial v}{\partial\sigma}=\tau_{wy},\tag{5}$$

在海底 $\sigma=-1$ 上，

$$\omega=0,\quad\rho_0\frac{A_v}{D}\frac{\partial u}{\partial\sigma}=\tau_{bx},\quad\rho_0\frac{A_v}{D}\frac{\partial v}{\partial\sigma}=\tau_{by},\tag{6}$$

(τ_{wx},τ_{wy}) 为海表面风应力，(τ_{bx},τ_{by}) 为海底摩擦应力。

$$\tau_{wx}=\rho_aC_Du_w\sqrt{u_w^2+v_w^2},\quad\tau_{wy}=\rho_aC_Dv_w\sqrt{u_w^2+v_w^2},\tag{7}$$

$$\tau_{bx}=\rho_a\gamma u_b\sqrt{u_b^2+v_b^2},\quad\tau_{by}=\rho_0\gamma v_b\sqrt{u_b^2+v_b^2},\tag{8}$$

其中，ρ_a 为空气密度，u_w、v_w 为海表面一定观测高度的风速分量，C_D 为拖曳系数，我们假定其为常数，u_b、v_b 为离底部最近格点上的流速分量，γ 为无量纲底摩擦系数，其亦取为常数。

关于侧向边界，除了固体边界上可以给出 $u=v=0$ 外，开边界用逆方法计算结果给定流量分布，至于开边界上的流速有近似公式求出。例如在 y 方向的开边界上，这个近似公式有如下形式：

$$u = \frac{Q_x}{H} + \frac{g}{f\rho_0 H}\left[\int_{-H}^{0}(H + z_1)\frac{\partial\rho}{\partial y}\mathrm{d}z_1 - H\int_{z}^{0}\frac{\partial\rho}{\partial y}\mathrm{d}z_1\right], \tag{9}$$

其中 $Q_x \equiv \int_{-H}^{0} u\mathrm{d}z$，本文将由逆方法计算结定。在 x 方向的开边界可给出类似公式。

2　数值格式

图 1 是计算海区的地形分布。图中的折线框即为本计算海区的边界，其中北部沿岸边界为固体边界，其余全为开边界，在计算区域中，我们保留屋久岛和种子岛，故计算区域为一多连通区域。我们先对调查资料进行了逆方法计算，以此来给出开边界上的流量分布。由于受风场资料的限制，整个海区假定作用一个均匀且定常的风场。从资料取平均风速为 7 m/s，平均风向为 SE 向。

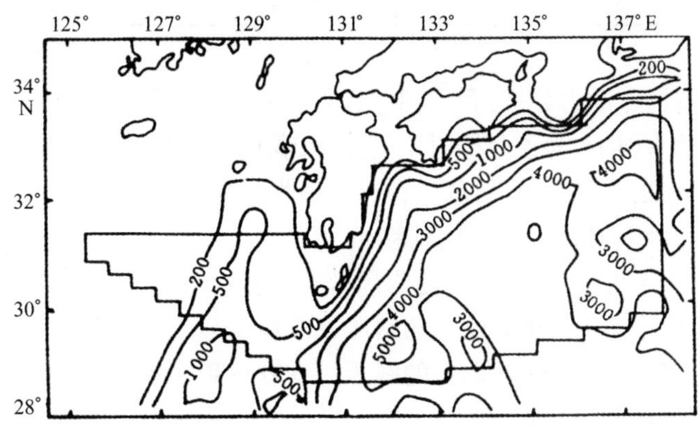

图 1　模式海区地形（深度单位：m）

对于上述数学模式，我们采用有限差分法对其求解计算。在数值格式上，与文献[3]有较大的差别，空间差分我们采用了一种质量、动量和总能量均守恒的格式，时间差分格式采用半隐式，将产生重力外波的项用隐式表示，其他一些缓变项则采用显式。为了避免由于科氏力项采用隐式处理而产生的线性数值不稳定，同时为了维持海流的地转特性，我们采用 Wais[14] 的方法。

由此我们可得到一个包括两个时间层的数值格式的一般形式：

$$\begin{pmatrix} Du \\ Dv \end{pmatrix}_l^{n+1} = T_1\begin{pmatrix} Du \\ Dv \end{pmatrix}_l^{n} - \left(\frac{D}{\rho_0}\right)T_2\left[g\rho_0\begin{pmatrix} \overline{\zeta}^x \\ \overline{\zeta}^y \end{pmatrix}^{n+1} + \begin{pmatrix} \overline{I}^x \\ \overline{I}^y \end{pmatrix}_l^{n}\right] + \Delta t\left[\begin{pmatrix} DX \\ DY \end{pmatrix}_l^{n} + \frac{1}{\rho_0}\frac{\partial}{\partial\sigma}\begin{pmatrix} \tau_x \\ \tau_y \end{pmatrix}_l^{n+1}\right], \tag{10}$$

$$\zeta^{n+1} = \zeta^n - \Delta t(\overline{D\overline{u}}^x + \overline{D\overline{v}}^y)^{n+1/2}, \tag{11}$$

n，$n+1$ 为时间层标志，$n+1/2$ 表示这两个时间层的平均，T_1、T_2 为旋转矩阵，它们有如下形式：

$$T_1 = \begin{pmatrix} a & b \\ -b & a \end{pmatrix},\quad T_2 = \frac{1}{f}\begin{pmatrix} b & c \\ -c & b \end{pmatrix},$$

其中，$a=\cos(f\Delta t)$，$b=\sin(f\Delta t)$，$c=(1-a)$。很显然，经过变换后的方程在时间积分中必须满足条件：$f\Delta t<\pi$，这个判据仅在高纬地区当 f 很大时才对时间步长产生有限的影响。

海面升高 ζ 的半隐格式的想法最早是由 Kurihara[15] 提出的，我们将采用类似的方法。计算所用的参数见表 1，水平网格是等步长的，而垂向步长是可变的，垂直速度 ω 所在层的 σ 值见表 2。

表 1　模式所用参数一览表

参数	取值	参数	取值	参数	取值
A_h	1.0×10^7 cm²/s	g	980 cm/s²	Δt	3 600 s
A_v	50 cm²/s	ρ_0	1.034 g/cm³	ρ_a	1.225×10^{-3} g/cm³
f_0	7.518×10^{-5} s^{-1}	Δx	2.37×10^6 cm	C_D	1.2×10^{-3}
β	2.0×10^{-13} cm^{-1} · s^{-1}	Δy	2.77×10^6 cm	γ	0.002 5

表 2　垂直速度 ω 所在层的 σ 值

层次	σ 值	层次	σ 值	层次	σ 值	层次	σ 值
1	0.000 00	7	−0.038 46	12	−0.384 62	17	−0.769 23
2	−0.001 20	8	−0.076 92	13	−0.461 54	18	−0.846 15
3	−0.002 40	9	−0.153 85	14	−0.538 46	19	−0.923 08
4	−0.004 81	10	−0.230 77	15	−0.615 38	20	−0.961 54
5	−0.009 62	11	−0.307 69	16	−0.692 31	21	−1.000 00
6	−0.019 23						

为了检验该模式并对流场作动力分析,我们用它进行了一系列数值试验:

试验一　考虑所有的动力因子,为了分析讨论的方便,我们称之为标准试验。

试验二　同试验一,仅略去非线性项,目的是检验非线性效应,故可称为非线性效应试验。

试验三　同试验一,但 $\beta=0$,可称为 β 效应试验。

试验四　同试验一,仅不考虑风场作用,称之为风效应试验。

试验五　同试验一,但仅考虑 1 000 m 以上的斜压,1 000 m 以下的密度被假定是均匀的。

试验六　同试验一,但仅考虑 1 500 m 以上的斜压,1 500 m 以下的密度被假定是均匀的。

试验七　同试验一,仅令 $\rho\equiv0$,其余不变。

试验八　同试验一,仅令 $\rho\equiv0$,其余大于 1 500 m 的水深取为 1 500 m,对应处的底摩擦系数取为 2.5×10^{-4},比固体底小一个量级。

试验五、试验六合称部分斜压试验,而将试验七、试验八同称为正压场试验。每个试验均由静止起动,最初给予 10 d 左右的加速时间。我们采用的准平衡态判据为:

$$\max_{i,j}\left|\frac{\zeta^{n+1}-\zeta^n}{\zeta^n}\right|\leqslant1.0\times10^{-3},\quad \max_{i,j,k}\left(\left|\frac{u^{n+1}-u^n}{u^n}\right|,\left|\frac{v^{n+1}-v^n}{v^n}\right|\right)\leqslant1.0\times10^{-2}.$$

最后必须指出,因为本计算为诊断计算,边界条件与实测资料必须相互匹配,因此,边界条件对所有试验都是相同的。

3　逆方法计算结果分析

本节将讨论逆方法的结果。图 2 是“昭洋”号船在 1992 年秋季中日合作调查中的站位分布。我们的计算区域由 5 个 box 联结而成。以等现场密度($\sigma_{t,p}$)为边界面将海区垂直方向分 5 层,中间 4 个分界面的现场密度分别为 25,27,30,33。我们采用的是改进逆方法,即考虑了风场效应。图 3、图 4 分别是逆方法计算得到的几个断面的流速剖面和总流量分布。流速的计算点是在两个测站之间,用小写字母表示。限于篇幅,我们只讨论断面 ABEF,ED 与 JI 上的流速分布与流量。

3.1　ABEF 断面的流速结构与流量

ABEF 断面包括了两个部分,一个是奄美大岛以西部分(ABE 部分),即东海黑潮区;另一个是奄美大岛

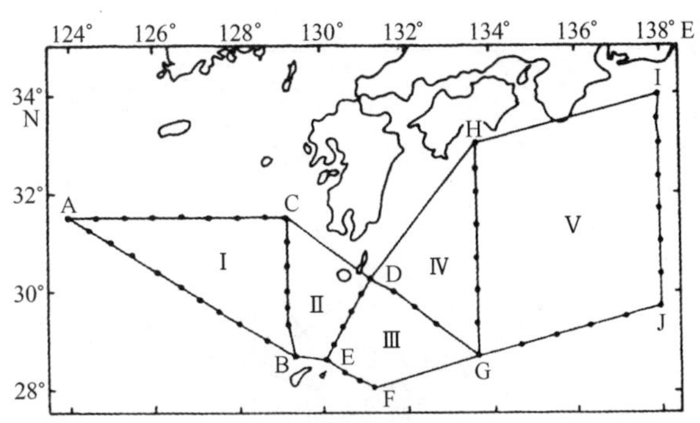

图 2　站位分布与逆方法计算所取各 box 的平面位置

以东部分(EF 部分)，即琉球群岛以东海域。以下我们将分别讨论它们。

由图 3a 可见，黑潮通过 ABF 部分，其核心位于计算点 h 与 i。最大流速为 71.4 cm/s。但是，在 50 m 以下水层黑潮主轴似乎逐渐向东移。在计算点 i 处，600 m 以上水层流速均大于 10 cm/s。通过断面 ABE 的黑潮流量约为 $24.6\times10^6\ m^3/s$(图 4)。

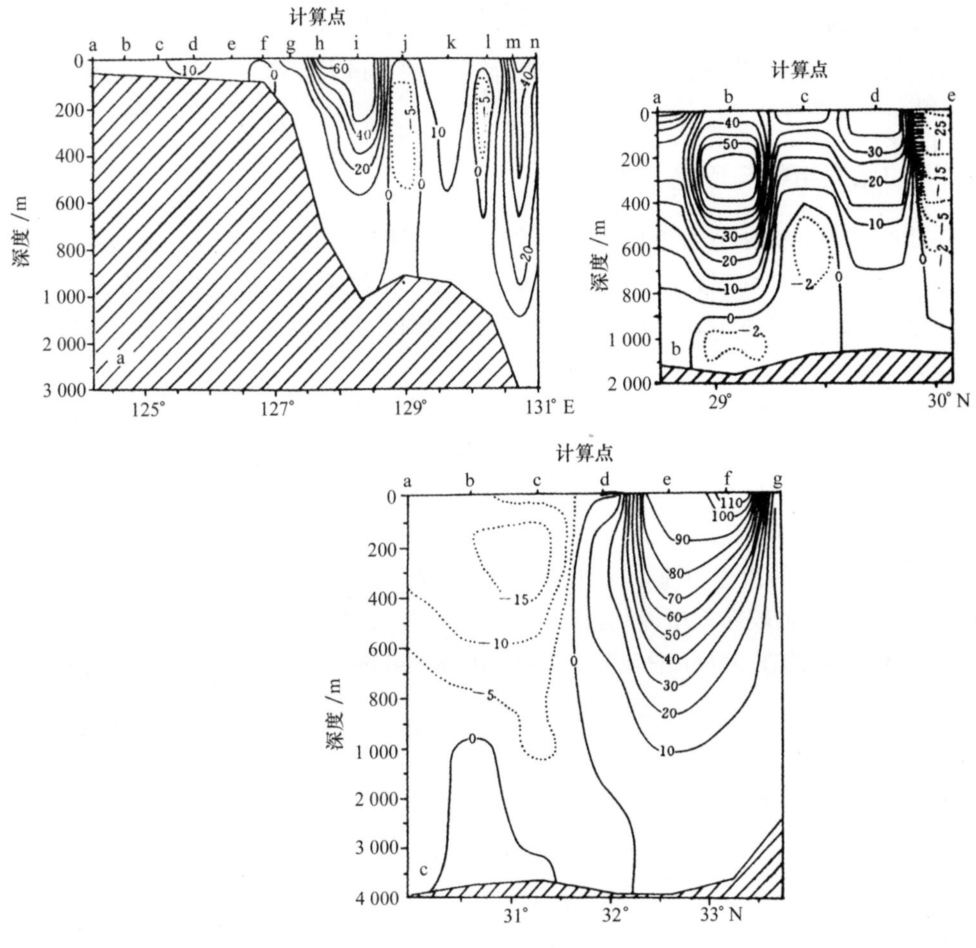

图 3　1992 年秋季航次的流速分布(单位:cm/s)

a.ABEF 断面，b.ED 断面，c.JI 断面

在黑潮主流以东海域，存在一支逆流并伴随涡。逆流位于计算点 j 附近，除表面外，以下基本上一直延续到海底，逆流的流速不大，最大流速为 8.2 cm/s，位于 200 m 处。这支逆流的流量为 $3.4\times10^6\ m^3/s$。逆流的

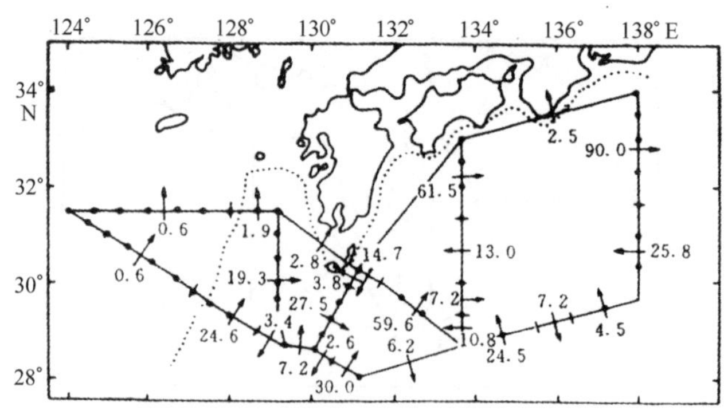

图 4　逆方法计算的总流量分布(单位:10^6 m^3/s)

东侧有一支东北向海流,其最大流速为 19.8 cm/s,位于表层,这支流的流量为 7.2×10^6 m^3/s(图 4)。

在 EF 部分上,奄美大岛以东海域存在一支东北向海流,其位于琉球海槽之内,核心在表层与 500 m 之间,在计算点 m,10 cm/s 等流速线一直延伸到近 2 000 m。这支流的最大流速位于表层,其值为 62.2 cm/s,比 ABE 部分上的黑潮流速小。但其总流量为 30×10^6 m^3/s(图 4),比 ABE 部分上的黑潮大。此结果与 1987 年秋季航次[4]的结论相同。

EF 部分的西侧为一支西南向逆流,其流幅很窄,厚度甚浅。最大流速为 13.3 cm/s,位于 200 m 深度,其总流量为 2.6×10^6 m^3/s(图 4)。

3.2　断面 ED 的流速结构与流量

断面 ED 位于吐噶喇海峡附近,在断面 ED(图 3b)上,黑潮有南北两个流核。南核在计算点 b 附近,最大流速为 59.3 cm/s,位于 250 m 左右;北核在计算点 d 附近,最大流速位于表层,其值为 40.2 cm/s,这也是整个断面的最大表层流速。在 b、c 计算点的下层存在弱的西北向流动。黑潮通过断面 ED 的总流量约为 27.5×10^6 m^3/s(图 4)。

在海峡的北侧,有一支逆流,其最大流速为 32.7 cm/s,位于近表层。这支逆流的流量为 3.8×10^6 m^3/s(图 4)。

3.3　JI 断面的流速结构与流量

JI 断面(图 3c)上,黑潮的流速与流量比任何其他断面都大,其最大流速可达 120 cm/s,总流量为 90×10^6 m^3/s(图 4)。其表面流轴较靠近岸,随着深度增加流轴有南移现象。在 JI 断面的南侧,有一支西向逆流,最大流速为 20.3 cm/s,约在 200 m,总流量为 25.8×10^6 m^3/s(图 4)。这样,通过 JI 断面的净流量为 64.2×10^6 m^3/s(图 4)。

4　模式的试验结果与讨论

4.1　标准试验

图 5 是试验一得到的 1992 年秋季航次时计算海域的水位分布,图 6a 至 d 分别为该航次各层上的水平速度分布,图 7 是全积分环流图。现分以下几个方面进行讨论。

(1)黑潮　图 5 与图 6 都表示东海黑潮作反气旋式通过吐噶喇海峡,然后以气旋式流向九州东南。在奄美大岛以东有一支西边界流也流入九州东南海域,两支西边界流在此汇合,加强了九州东南海域黑潮的流量。可见琉球群岛以东西边界流对日本以南海域环流影响很大,这在前言中也曾指出过。比较图 5 和图 6a 可知,水位分布与表层流流向较为一致,这表明计算海区海流的性质基本上是地转的。

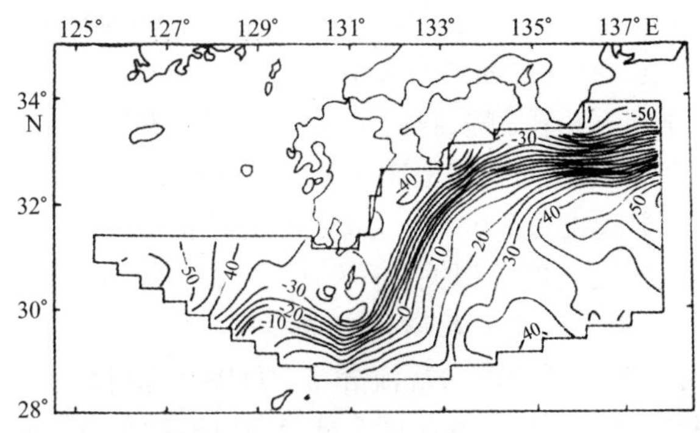

图 5　1992 年秋季航次计算海区的水位分布(试验一,单位:cm)

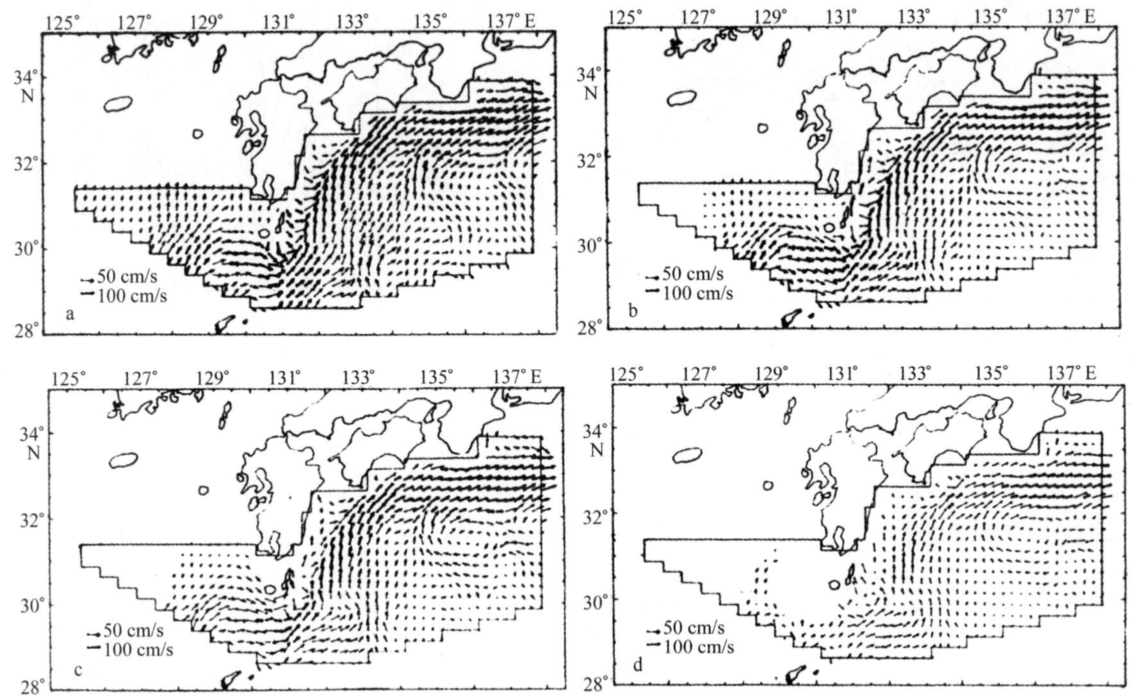

图 6　1992 年秋季航次计算海区的水平方向流速分布(试验一)

a.表层,b.100 m 层,c.200 m 层,d.500 m 层

在 1992 秋季,日本以南海域黑潮基本上沿日本近岸流动,属平直 N 流型。图 5 表明,在整个计算区域中,黑潮主干经历了 3 次弯曲。关于流速,日本以南的黑潮流速明显大于东海黑潮。最大的表层流速位于潮岬附近,值为 142 cm/s。与表层相比,50 m 层的黑潮流轴位置与流速均未有大的变化;在 100 m 层以深,东海黑潮流轴有东移现象;在 200 m 层,黑潮仍维持较强的流速,特别是日本以南海域,例如在潮岬附近的最大流速达 113 cm/s;至 500 m 层,日本以南的黑潮流速仍比较强,黑潮流轴开始有南移现象;在 1 000 m 层,吐噶喇海峡处出现西北向流。

(2)黑潮逆流及涡旋现象　在东海东北部与日本以南黑潮的右侧普遍存在逆流。例如本州以南海域,最大逆流出现在 200 m 层处,其值约为 40 cm/s,但远小于黑潮主干的最大流速。

从水位场(图 5)和水平速度场(图 6)中可以看出,在本海区有 3 个较为显著涡。在日本本州以南,黑潮右侧存在一支显著的反气旋暖涡,其中心位置在 31°30′N,136°E 附近,中心温度高于周围,水平尺度约在 200 km,即为中尺度涡。表层水平速度场由于受风的影响,该涡表现不很明显,在表层以下至 1 000 m 各层,均清晰可见这个涡的存在。其次,从图 5 与图 6 可知,在南边界 135°E 附近可能也存在一个反气旋涡,涡的尺度也在 200 km 左右，此涡自表面至 500 m 之间均存在。最后，在吐噶喇海峡北侧存在一个尺度相对较小的气旋式涡，此涡存在于自表面至 200 m 之间的水层中。

(3)速度垂直向分量 w 的分布 限于篇幅，我们只讨论一个典型断面上的 w 分布。

图 8 表示吐噶喇海峡处 130°45′E 经向断面上速度垂向分量 w 的分布。图 8 表明，在吐噶喇海峡北侧的陆坡上，存在一支上升流，最大上升速度为 2.6×10^{-2} cm/s，其中存在与上层 200 m 以浅水层在该处存在的气旋性涡相对应。与黑潮流轴的反气旋式拐弯相关，下降流出现在这支上升流以南，其最大流速为 5.3×10^{-2} cm/s。断面最南侧又出现上升流，最大流速为 6.7×10^{-2} cm/s。

(4)全积分环流 图 7 表示该航次垂直积分环流分布。从图 7 也可以看到东海黑潮与奄美大岛以东西边界流都是日本以南黑潮的重要来源。其次，在海区东部黑潮以南存在一个显著的反气旋式涡(图 7)，这与 500 m 水层流速分布(图 6d)十分相似，而在表层这个反气旋涡(图 6a)并未反映出来。

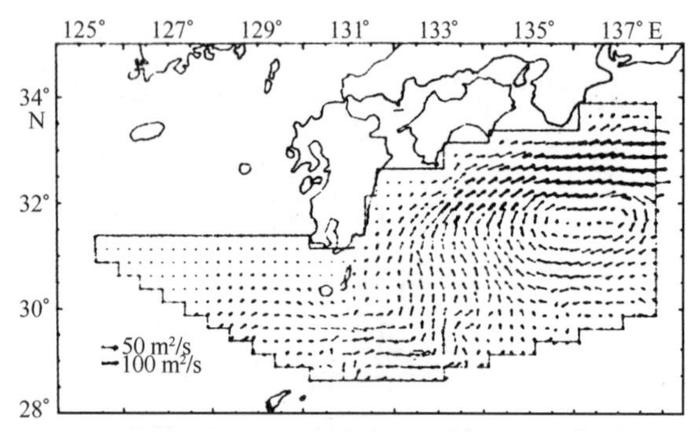

图 7 1992 年秋季航次计算海区的全积分环流分布(试验一)

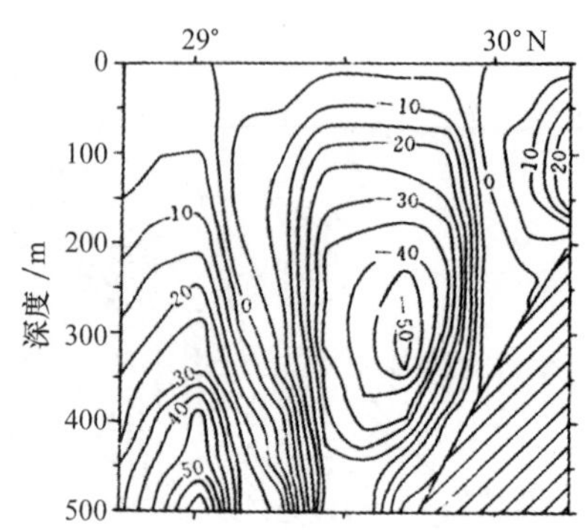

图 8 130°45′E 经向断面上的垂直速度分布(试验一，单位：0.001 cm/s)

4.2 非线性效应试验

图 9 为线性时的水位分布。比较试验二与试验一，我们发现，去掉非线性项后，水位场、速度场及全积分环流均有一定的变化，但这变化并不大，在黑潮表面流轴上，对于大于 50 cm/s 的速度分量来说，最大的相对变化为 12%，在靠近计算边界和中间两岛屿的区域，最大的相对变化为 18%。其他区域的变化幅度一般小于 15%，这与文献[3]由在东海及琉球群岛以东海流流速计算的结果得到的结论相类似。

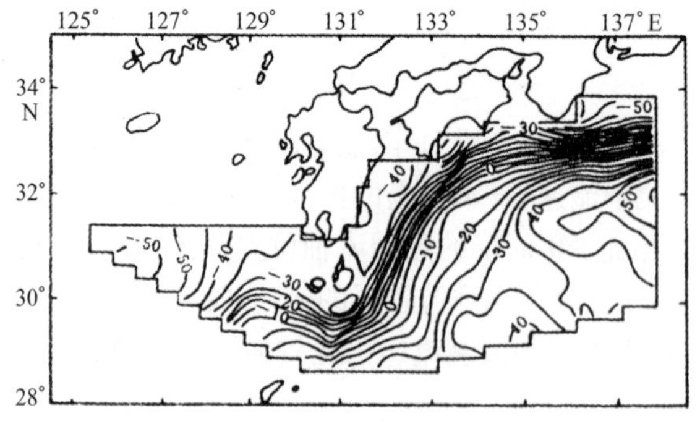

图 9 试验二的水位分布(单位：cm)

4.3 β 效应试验

图 10 是 $\beta=0$ 时的水位分布。与试验一比较，β 取为零对水位场、速度场及全积分环流的影响均很小。在黑潮表层流轴上，对于大于 50 cm/s 的速度分量来说，最大的相对变化是 4%，黑潮表层流轴外的最大变化

也只是 8%，一般变化小于 8%，一般变化小于 8%，这也与文献[3]结论相同。以上说明，β 效应对整个流场的贡献不大。但需指出的是，出现这种现象也与下面两个因素可能有关：(1)计算区域不大；(2)开边界速度的取值与试验一相同，未作任何修正。

4.4　风效应试验

图 11 是无风时的水位分布。与试验一对比可知，7 m/s 的风速在海洋表层产生的流速约为 13 cm/s。漂流的方向在深海区与风向的夹角约为 45°，在陆架小于 45°。漂流随深度变深很快减弱；均匀风对水位场与全积分环流的作用也很小。这就是说，纯漂流比由斜压效应所生的梯度流小一个量级，风输送也相对较小，这与 Sarkisyan[16] 的结论是一致的。

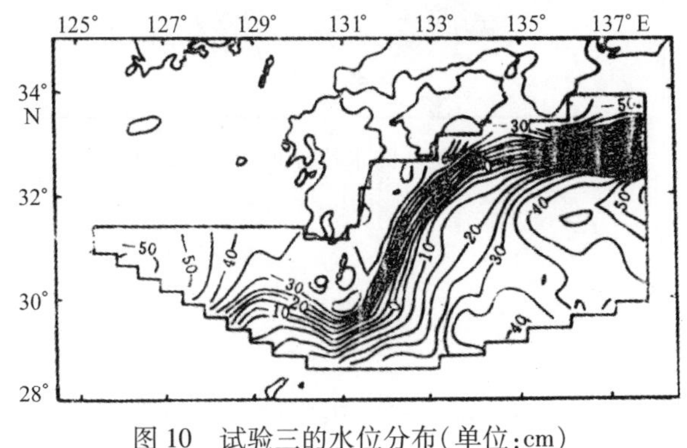

图 10　试验三的水位分布(单位：cm)

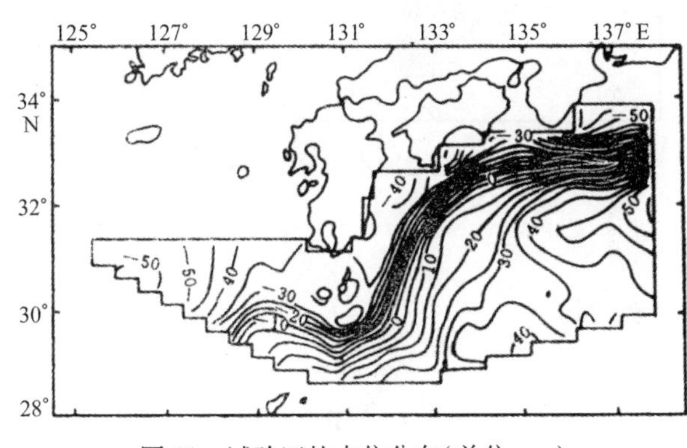

图 11　试验四的水位分布(单位：cm)

4.5　部分斜压试验

为了试验斜压效应，我们做了试验五和试验六两个试验。图 12 是试验五的水位分布，与试验一相比，整个流场均有较大的差别，例如在表层，大于 50 m/s 的速度分量的最大相对变化为 27%。图 13 是试验六的水位分布，同试验一比较后发现，整个流场仍有一定的差别，但其相差的幅度比起试验五与试验一的相差幅度有较大的减小。例如在表层，大于 50 cm/s 的速度分量的最大相对变化已降为 15%。而全积分环流却仍有较大的差异。由此可知，若只考虑上层 1 500 m 斜压场，则基本上确定了水位场和表层流速，但对于全积分环流仍会有较大的误差。这与 Sarkisyan[16] 在大西洋试验中得到的结论一致。

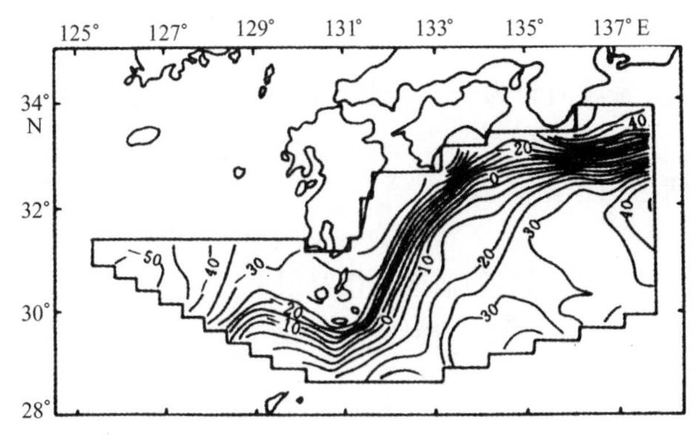

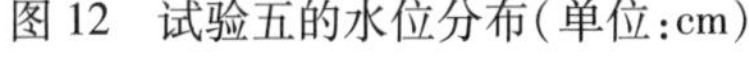
图 12　试验五的水位分布(单位：cm)

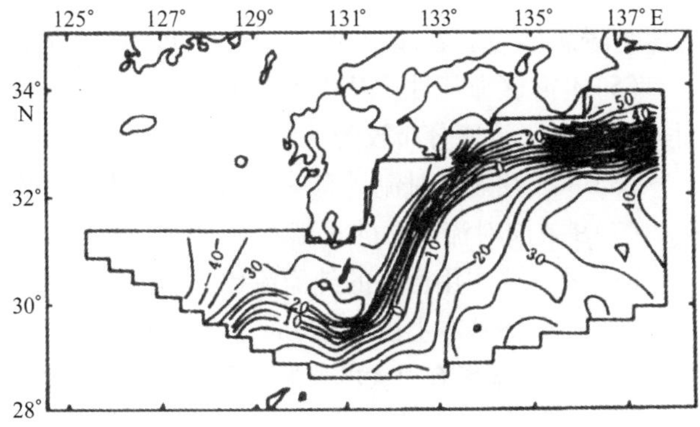

图 13　试验六的水位分布(单位：cm)

4.6　正压场试验

作为正压情况，我们做了试验七和试验八两个试验，图 14 与图 15 分别为试验七和试验八的水位分布。在试验七中，海流的较大流速仅出现在流速给定的边界和浅水区，在深水区域中的全部层次上，出现的海流较为缓慢和匀速。由试验七得到的水位场比标准试验小一个量级，全积分环流也与标准试验的相差较大。

这与 Sarkisyan 和 Knysh[16]计算加勒比海水位及流速时得到的结论一致。比较试验八与试验七可以发现，在试验八中深度被变化的海区，水位场发生了显著变形，全积分环流也与试验七有较大的不同。这表明，底形效应对水位场及流场有很大的影响。

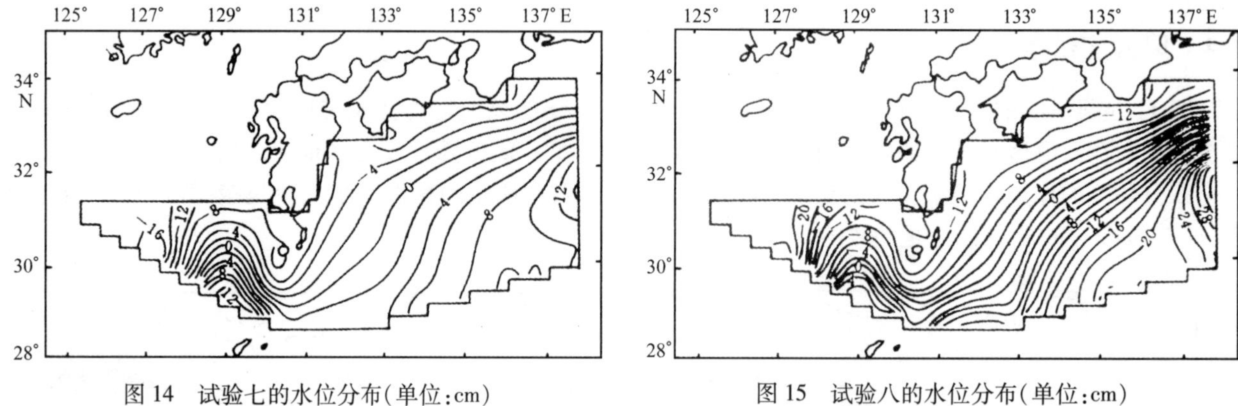

图 14　试验七的水位分布(单位:cm)

图 15　试验八的水位分布(单位:cm)

5　结论

本文采用了一个 σ 坐标下有自由海表面的三维、非线性海流诊断模式，并应用该模式对东海东北部及日本以南海域 1992 年秋季航次间的环流进行了计算，可得如下主要结论：

(1)日本九州东南的黑潮的来源为东海黑潮及琉球群岛以东海流，其中，通过吐噶喇海峡的东海黑潮流量为 $27.5\times10^6\ m^3/s$，琉球群岛以东海流的流量为 $30\times10^6\ m^3/s$。在本航次间，日本以南黑潮的路径属平直的 N 型，但在整个计算海域中，黑潮经历了 3 次弯曲。

(2)琉球群岛以东海流是一支厚度较深的北向海流，在奄美大岛以东流向东北，其核心在表层与 500 m 之间，流轴基本位于琉球海槽之内。

(3)日本以南的黑潮明显强于东海黑潮，在潮岬附近黑潮离岸最近，流速最大，最大流速值达 142 cm/s。在 500 m 以深，主流位置逐渐向南移动。在日本以南，通过海区东部 JI 断面(138°E 经向断面)的净流量为 $64.2\times10^6\ m^3/s$。

(4)日本以南黑潮的右侧存在着逆流和中尺度的反气旋暖涡。特别是中心位置在 31°30′N，136°E 附近的那个暖涡最为显著；最大逆流速度达 40 cm/s 左右。

(5)本海区海流性质基本上是地转的，水位分布与表层流流向较为一致；积分环流并不反映表层环流，而与 500 m 层流速分布较为一致。

(6)非线性效应对流场有一定的修正，但这种修正一般小于 15%。

(7)β 效应对流场总的贡献不大，约在 8%以下。

(8)风直接作用产生的纯漂流比斜压所生的流小一个量级，风引起的输送也相对很小。

(9)水位场基本上由 1 500 m 以上的斜压决定；正压模式不能正确反映海洋的水位及环流状况；底形效应对水位场及流场有很大的影响。因此，必须同时考虑斜压与底形效应。

参考文献：

[1] Guan Bingxian. Major feature and variablity of the Kuroshio in the East China Sea. J Oceanol Limnol, 1988(6): 35-48.

[2] Yuan Yaochu, Su Jilan. The calcuation of Kuroshio Current structure in the East China Sea—early summer 1986. Progress in Oceanography, 1988 (21): 343-361.

[3] 孙德桐，袁耀初. 东海黑潮及琉球群岛以东海流的三维诊断计算//中国海洋学文集，第 5 集. 北京：海洋出版社，1995: 74-83.

[4] Yuan Yaochu, Endoh M, Ishizaki H. The study of the Kuroshio in the East China Sea and currents east of the Ryukyu Islands in 1988//Proc. Japan China Joint Symp. Cooperative Study on the Kuroshio, Science and Technology Agency, Japan & SOA, China: 1990: 39-57.

[5] Yuan Yaochu, Su Jilan, Pan Ziqin. A study of the Kuroshio in the East China Sea and the currents east of the Ryukyu Islands in 1988//Takano K.

Oceanography of Asian Marginal Seas. Elsevier Science Publishers, 1991: 305-319.

[6] 袁耀初,苏纪兰,潘子勤. 1989 年东海黑潮流量与热通量计算//黑潮调查研究论文选(四). 北京:海洋出版社,1992: 253-264.

[7] 袁耀初. 东海三维海流的一个预报模式//黑潮调查研究论文选(五).北京:海洋出版社,1993: 311-324.

[8] Stommel H, Yoshida K. Kuroshio. University of Tokyo Press, 1972: 1-517.

[9] 苏纪兰. 黑潮调查研究论文选(五). 北京:海洋出版社,1993: 1-500.

[10] Yuan Yaochu, Su Jilan, Zhou Weidong. Calculation of the Kuroshio Current south of Japan in May-June, 1986. Progress in Oceanography, 1988,2: 503-514.

[11] 袁耀初,苏纪兰,潘子勤,日本以南黑潮流场及流量的特征研究//黑潮调查研究论文选(三). 北京:海洋出版社,1991: 314-323.

[12] Blumberg A F, Mellor G L. Diagnostic and prognostic numerical circulation studies of the South Atlantic Bight. J Geophys Res, 1983, 88: 4579-4592.

[13] Backhause J O. A three-dimensional model for the simulation of shelf sea dynamics. Dt Hydrogr Z, 1985, 38: 165-187.

[14] Wais R. On the relation of linear stablity and representation of Coriolis terms in the numerical solution of the shallow water equations. Doctor Thesis. Universitat Hamburg, 1985.

[15] Kurihara Y. On the use of implicit and iterative methods for the time integration of the wave equation. Month Weather Rev, 1965, 93: 33-46.

[16] Sarkisyan A C. 海流数值分析与预报. 乐肯堂,译. 北京:科学出版社,1980.

Three dimensional numerical studies of the circulation in the Northeast of the East China Sea and the area south of Japan

Guan Weibing[1], Yuan Yaochu[1]

(1. *Second Institute of Oceanography*, *State Oceanic Administration*, *Hangzhou* 310012, *China*)

Abstract: Based on the hydrographic data obtained during October to November, 1992 by R/V *Shoyu Maru*, a three dimensional nonlinear model and a modified inverse model both are used to compute the circulation in the northeast of the East China Sea and the area south of Japan. The results show that: (1) The Kuroshio southeast of Kyushu originates from two currents. One comes from the Kuroshio at the Tokara Strait, its volume transport (VT) is 27.5×10^6 m^3/s during Octoer to November, 1992. The other comes from the currents east of the Ryukyu Islands, its VT is 30.0×10^6 m^3/s during October to November, 1992. (2) During October to November, 1992 the path of the Kuroshio south of Japan is N type, and the VT through 138°E section is 64.2×10^6 m^3/s. (3) There are countercurrents and meso-scale anticyclonic warm eddies on the right of the Kuroshio south of Japan. (4) The nonlinear and the β effects are less than 15% and 8% for affecting the velocity fields, respectively.

Key words: three dimensional model; northeast of the East China Sea; south of Japan; Kuroshio

刊于:中国海洋学文集,第5集.北京:海洋出版社, 1995: 119-126.

β螺旋方法在黑潮流速计算中的应用

Ⅱ. 日本以南黑潮大弯曲

周伟东[1],袁耀初[2]

(1. 筑波大学,筑波;2. 国家海洋局 第二海洋研究所,浙江 杭州 310012)

摘要:基于1976—1977年CSK 4个航次水文资料,采用β螺旋方法对日本以南黑潮大弯曲进行流速计算。计算结果揭示了这4个航次黑潮大弯曲的变化,并与观测结果相吻合,特别在1977年5月发生冷涡与黑潮分离现象,冷涡中心位于30°N,137°E,它的直径为200 km,深度可达700 m左右。这4个航次中,1977年9月时黑潮流速最大,但流幅较小。黑潮以下都存在逆流。4个航次中在200 m水层15℃等温线都能近似表征黑潮流轴位置。

关键词:β螺旋方法;黑潮大弯曲;冷涡;15℃等温线;逆流

前言

关于日本以南黑潮路径,基本有两种流型,即平直型及大弯曲型。若细分,可分为A、B、C、D及N型(参见文献[1-2])。大弯曲一般出现在纪伊半岛以东和伊豆海脊以西,南可达30°~32°N,有时弯曲的南槽在30°N以南也出现。关于黑潮大弯曲现象,已有很多学者作了研究与评述,例如文献[1-7]等等。自有记载至1991年8月,黑潮大弯曲已发生了7次。本文将讨论1975年8月至1980年8月在日本以南发生第3次黑潮大弯曲及其变化。限于篇幅,我们只对1976年5月至1977年9月4个航次,采用β螺旋方法计算日本以南黑潮流速分布,并讨论它们的变化。

自Stommel和Schott[8]提出β螺旋方法以来,已有不少学者对此方法作了一系列改进。特别Bigg[9]提出了改正β螺旋方法。袁耀初等[10]及周伟东与袁耀初[11]曾用Bigg改进的β螺旋方法分别计算了日本以南黑潮及台湾以东黑潮的流速分布。本文也采用该方法计算上述4个航次时日本以南黑潮流速分布,并揭示在此期间黑潮大弯曲的变化。此外,关于该方法及数值计算,由于在文献[10-11]已详述,在此不再重复。

1 1975年8月至1980年8月日本以南黑潮大弯曲概述、资料及计算参数

日本以南黑潮第3次大弯曲(1975年8月至1980年8月)已在文献[2]中作了报道。本节对文献[2]作以下概述。

1975年8月黑潮在远州滩以南外海形成大弯曲并伴随冷涡,弯曲南槽达31°N左右。1976年大弯曲的中心开始向西南移动,弯曲的尺度稍变大,但是在这一年内其位置形状基本稳定。在1977年,大弯曲继续向西南移动,其位置和形状发生变化。多次发现弯曲的南槽在30°N以南。在1977年5月,纪伊半岛近海,弯曲变细,其流轴呈NNW—SSE方向。其南部在短时间内与黑潮弯曲分开,形成一个冷涡。在黑潮观测史上,实际观测到这样分离现象尚属首次。冷涡分离以后,弯曲向东移动,规模减小。另一方面,在1977年6月黑潮流轴离开九州东海岸,以黑潮弯曲形式传播,与分离的冷涡汇合一起,因而在这年8

月再次出现黑潮大弯曲。此后，大弯曲逐渐向东北向移动。在 1978 年，大弯曲继续向东北向移动，直到 1978 年 8 月转向西南向移动。在 1979 年，大弯曲继续向西移动。最后，于 1979 年秋进入衰弱阶段。在 1980 年，伊豆海岭以西黑潮大弯曲的尺度大大地减小，变成为 C 型，即弯曲于 1980 年 5 月首次越过伊豆海岭。后来，弯曲在房总半岛东南变为中等尺度的弯曲（D 型），于 1980 年 8 月向东离去。因此，黑潮的大弯曲完全消失。

本文采用的资料来自 CSK（The Cooperative Study of Kuroshio and Adjacent Waters）的 4 个航次，即 1976 年 5 月、1977 年 3 月、1977 年 5 月及 1977 年 8 月，其中 1977 年 5 月期间，黑潮弯曲分离出一个冷涡，如上所述。

关于计算参数，如文献[11]所述，通过对 A_{DV} 及 A_{DH} 的拟合计算，取 $A_{DV}=0.5\ cm^2/s$，$A_{DH}=0\ cm^2/s$。其他参数与文献[11]相同。

2　1976 年 5 月航次计算结果

图 1a 至 d 分别表示 1976 年 5 月日本以南黑潮在表层、200 m 层、400 m 层及 600 m 层流速分布。由图 1a 至 d，可以得到以下几点：

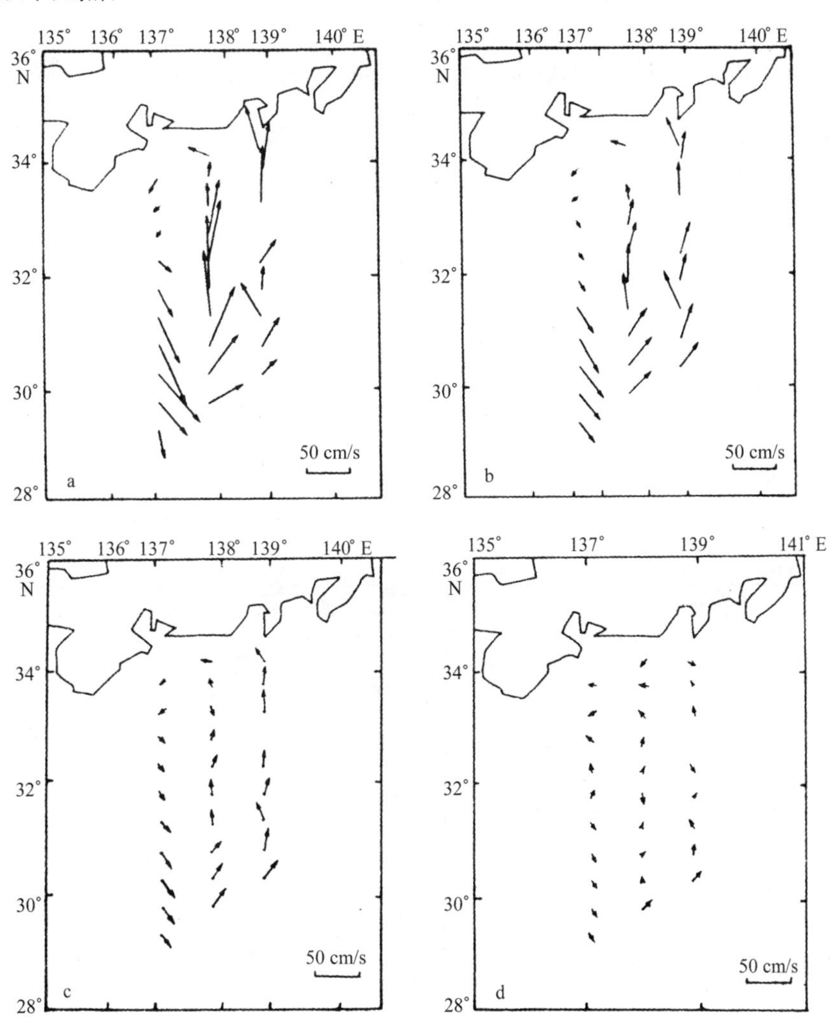

图 1　1976 年 5 月日本以南海域流速分布

a.表层，b.200 m 层，c.400 m 层，d.600 m 层

（以下各图速度矢量尺度与图 1 相同，不再标出）

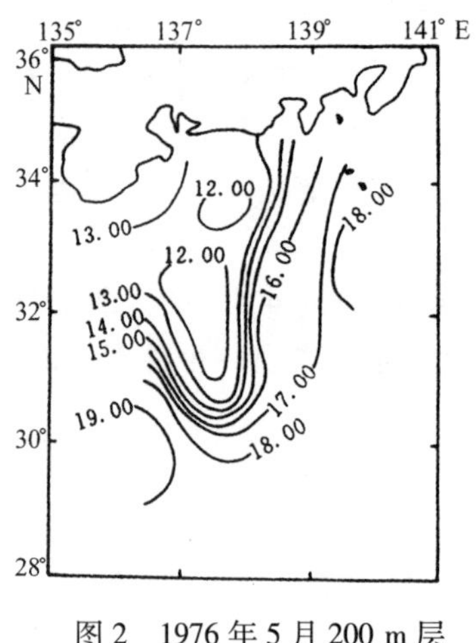

图 2　1976 年 5 月 200 m 层温度(℃)分布

(1)黑潮自表层到 600 m 层,流向从东南转向东北,揭示了黑潮大弯曲。该弯曲位于远州滩外海,伊豆诸岛以西。黑潮流轴约在 31°15′N 左右。因此,黑潮呈 A 型的大弯曲。

(2)在此期间,黑潮的流幅宽度约为 150 km,其最大流速为 78.2 cm/s。

(3)黑潮弯曲的特征较细长,方向呈 NNW—SSE,其内侧为冷涡。

(4)黑潮的深度约在 900 m 左右。在黑潮以下,出现逆流。

Kawai(1969 年)[12]指出,在日本以南黑潮流轴(表层最大速度的位置)与在 200 m 层温度分布存在高的相关。例如在 200 m 处 137°~138°E 之间的指示温度约 15℃。这样,我们可以由 200 m 处 15℃等温线近似地指示黑潮流轴的位置。图 2 为 200 m 层温度分布。比较图 1a 与图 2 可知,在 200 m 层 15℃等温线与黑潮流轴一致,证实了 Kawai 的论断。其次,图 2 表明黑潮大弯曲内侧伴随冷涡,最低温度低于 12℃。

3　1977 年 3 月航次计算结果

图 3a 至 d 分别表示 1977 年 3 月日本以南黑潮流速分布。由图 3a 至 d 可以得出以下几点:

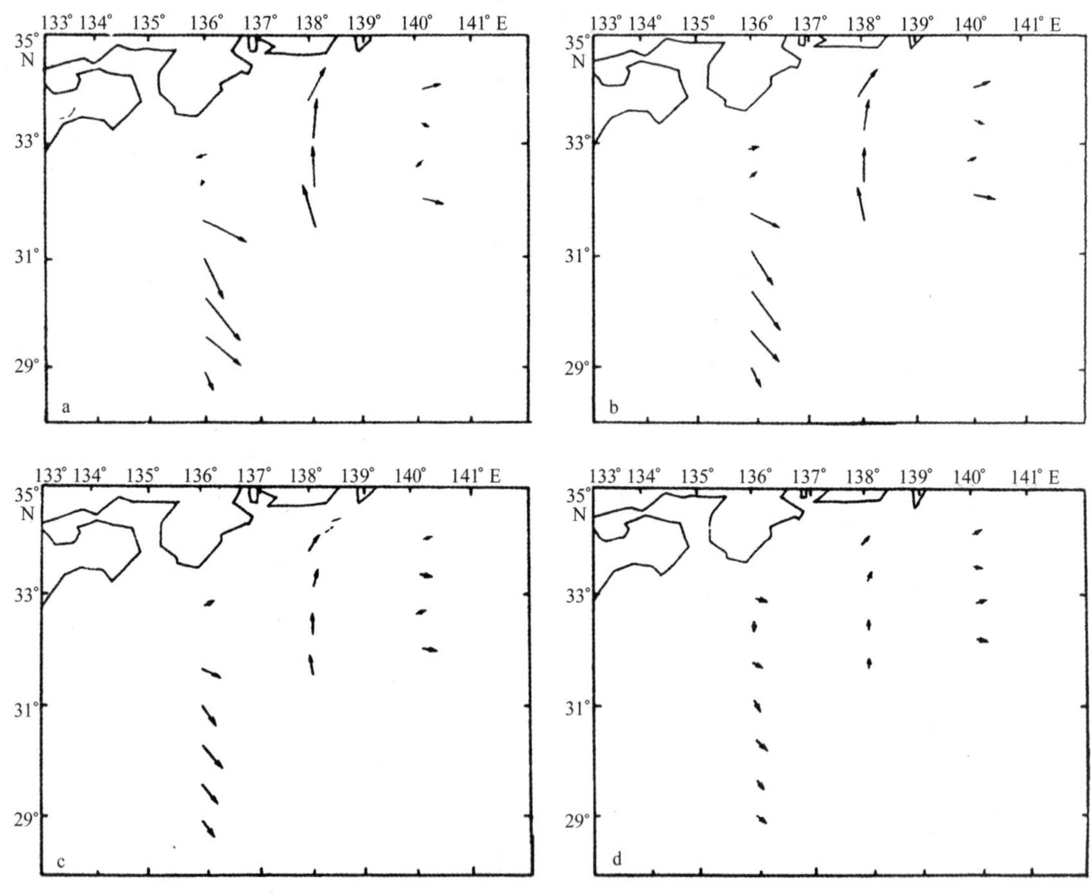

图 3　1977 年 3 月日本以南海域速度分布

a.表层,b.200 m 层,c.400 m 层,d.600 m 层

(1)黑潮自表层至 600 m,在远州滩外海,伊豆诸岛以西,流向从东南向作大弯曲转向偏北向,其弯曲的南槽可达 30°N 以南,如前节所述。这与文献[2]所述一致。因此,黑潮也呈 A 型大弯曲。

（2）在此期间，黑潮的流幅比1976年5月稍大些，约达170 km，最大流速为61.5 cm/s。

（3）此时黑潮的弯曲仍呈袋状，其形状更细长，方向仍呈NNW—SSE。与1976年5月比较，此时弯曲的位置稍向西南向移，如上节所述，这与文献[2]所报道的结果相吻合。

（4）该航次黑潮的深度较浅，在700 m以下有逆流存在。

图4表示1977年3月200 m层温度分布。与1976年5月航次相类似，比较图3a与图4可知，15℃等温线较好表征表层黑潮流轴的位置及大弯曲的流况。图4还表示在远州滩以南，伊豆海岭以西，存在水温低于12℃的冷水团。

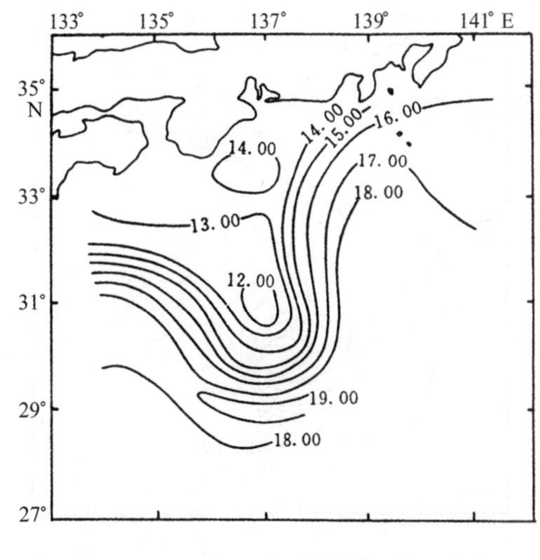

图4　1977年3月200 m层温度（℃）分布

4　1977年5月航次计算结果

图5a至d及图6分别表示在1977年5月日本以南黑潮流速分布及200 m层温度分布。如上节所述，在此期间，黑潮大弯曲的南端已经分离出一个冷涡，本节将详细讨论此现象。由图5a至d以及图6，可以得出以下几点：

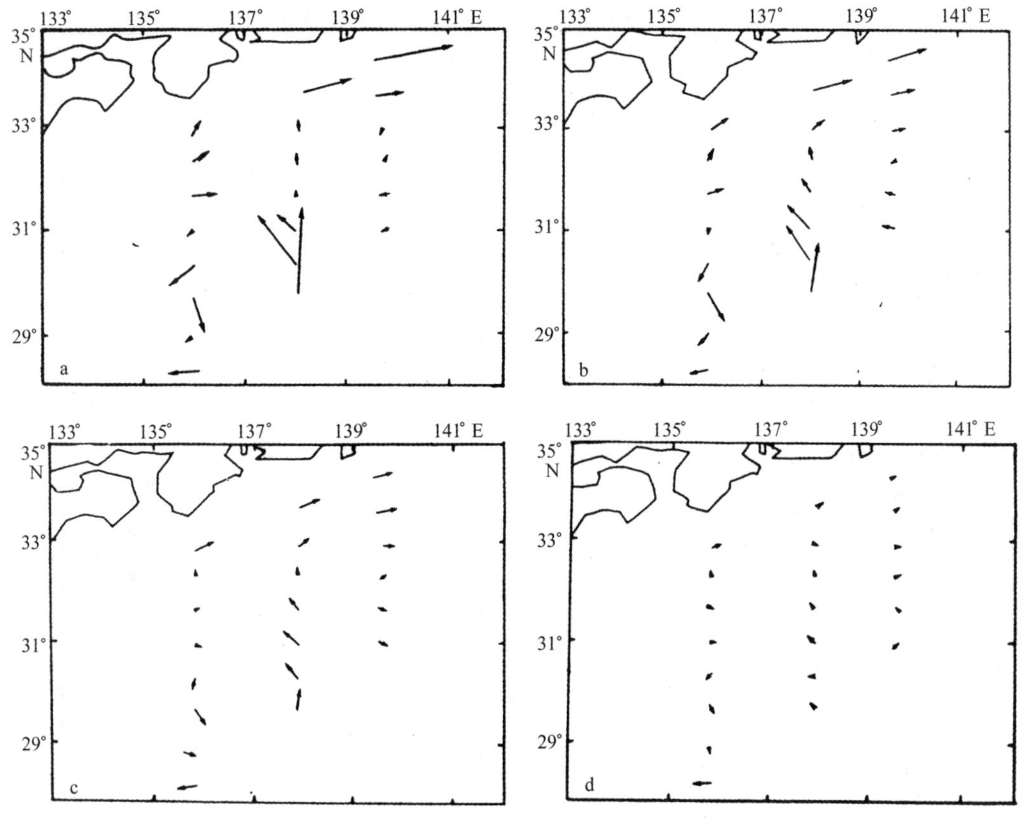

图5　1977年5月日本以南海域速度分布

a.表层，b.200 m层，c.400 m层，d.600 m层

（1）在远州滩外海，黑潮大弯曲的南端已经分离出一个冷涡，冷涡中心约在30°N，137°E。该冷涡中心的水温比周围的水温要低8℃左右，其直径约为200 km。涡的流速很大，可达108 cm/s，但随深度变深，流速很快衰减，涡的深度可达700 m左右。

（2）涡从黑潮分离后，黑潮仍呈弯曲状，但其弯曲尺度与1977年3月时弯曲相比（图3与图4），减小很

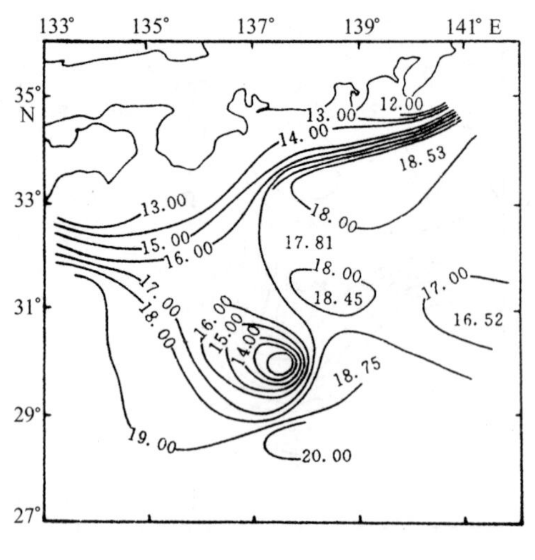

图 6　1977 年 5 月 200 m 层温度(℃)分布

多,黑潮主流在 32°N 以北,接近 B 型弯曲。关于黑潮的流速,以表层为例,在远州滩以南(在 136°E 附近,图 5a),流速只有 31.4 cm/s,其流幅约为 150 km,在 138°E 附近,黑潮流速增至 65 cm/s,而在伊豆海岭附近,它的流速又增加到 98 cm/s,但流幅明显地减小,约为 100 km,随深度增加,黑潮流速也减小。例如在伊豆海岭附近,在 100,200,400,600 m 水层,黑潮流速分别为 76,55,22,7 cm/s。这表明,自 700 m 以深,黑潮流速较小。

(3)在 800 m 以深,即黑潮以下,出现逆流。

(4)与上述两个航次相似,在 200 m 水层 15℃等温线能近似地表征黑潮的流轴的位置。

5　1977 年 9 月航次计算结果

如上节指出,1977 年 6 月黑潮与分离的冷涡结合在一起,在 8 月再次出现黑潮大弯曲。本节将讨论 1977 年 9 月时黑潮大弯曲流况。图 7a 至 d 与图 8 分别表示 1977 年 9 月日本以南黑潮流速分布及 200 m 层温度分布。

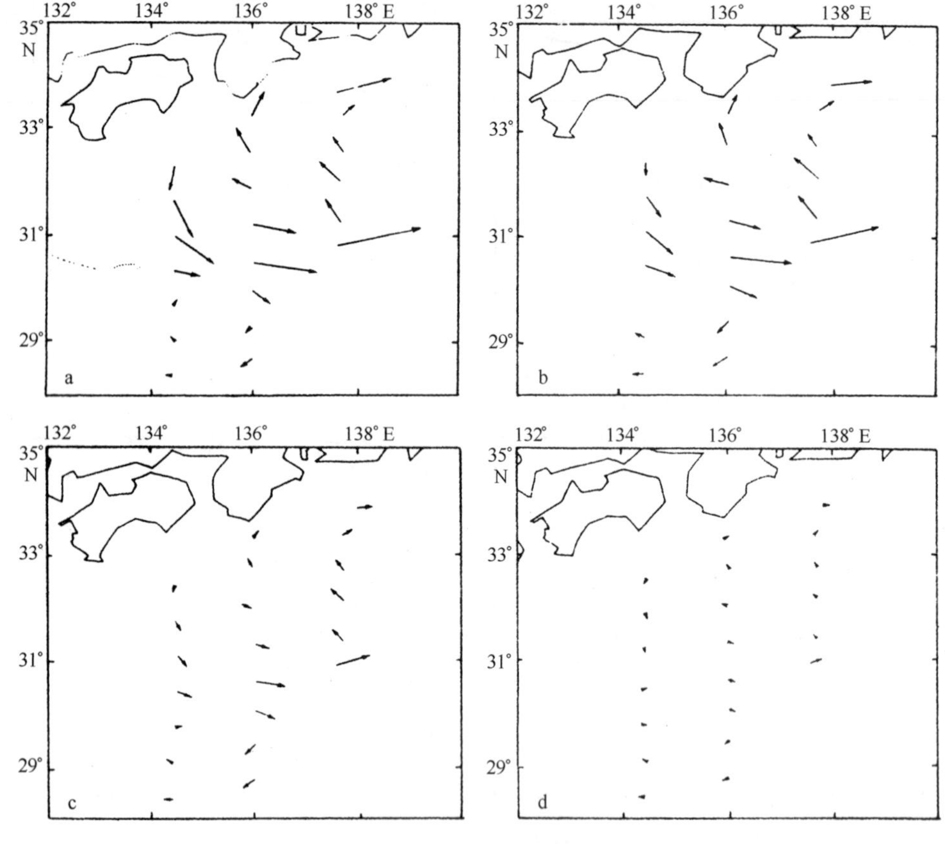

图 7　1977 年 9 月日本以南海域速度分布

a.表层,b.200 m 层,c.400 m 层,d.600 m 层

从图 7a 至 d 与图 8,可以得到以下几点:

(1)水平流速分布图(图 7)与 200 m 层温度分布图都揭示黑潮大弯曲再次出现,但此时大弯曲的形状与 1977 年 5 月以前,即与涡分离以前的黑潮大弯曲有较大的差别。此时在远州滩外海黑潮大弯曲的南槽,呈气旋式弯曲,之后在纪伊半岛东南,黑潮又呈反气旋式弯曲。就是说,整个黑潮流动呈 S 状,弯曲位置明显地

向东北向移动。

(2)此时期黑潮的流幅较窄,约为 120 km,流速也较大,特别在伊豆海岭附近,最大流速在表层,200 m,400 m,600 m 水层分别为 109,85,42,17 cm/s。

(3)在 800 m 以下的水层,出现了逆流。

(4)与上述 3 个航次相似,在 200 m 水层 15℃等温线能近似表征黑潮流轴的位置。其次,由图 8 可以看出两个水团的伸延,一个是在远州滩外海以南,冷水团的东南向的伸延,构成所谓黑潮远州滩外海大弯曲;另一个则在伊豆诸岛西侧,在离岸不远处黑潮外侧暖水团的西向入侵,构成明显的黑潮 S 状大弯曲,这与我们的流速分布的计算相吻合。

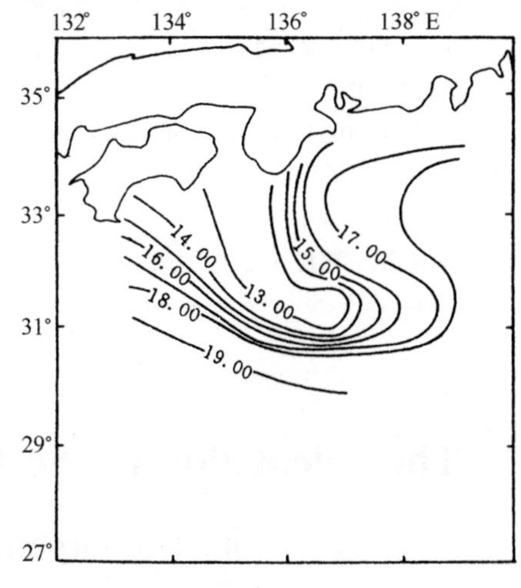

图 8 1977 年 9 月 200 m 层温度(℃)分布

6 结语

本文采用 Bigg 改进的 β 螺旋方法,对 1976—1977 年 4 个航次在日本以南黑潮流速进行了计算,我们得到以下主要结论:

(1)图 9 表示了这 4 个航次黑潮流径的变化。1976 年 5 月黑潮呈 A 型大弯曲。之后,黑潮大弯曲向西南方向移动,如在 1977 年 3 月时。1977 年 5 月,在纪伊半岛近海,弯曲变细,以致最后发生冷涡与黑潮分离现象。1977 年 8 月黑潮大弯曲再次发生。1977 年 9 月时,黑潮大弯曲呈 S 状。

(2)1977 年 5 月,分离出的冷涡中心,位于 30°N,137°E,冷涡中心水温比周围的水温低 8℃左右,其直径约为 200 km,流速较大,垂直深度可达 700 m 左右。

(3)在这 4 个航次中,前两个航次黑潮的流幅要比后两个航次时宽,但其流速要比后两个航次都要小,特别在 1977 年 9 月航次,黑潮流速最大,其最大流速为 109 cm/s。

(4)黑潮以下都存在逆流。

(5)这 4 个航次在 200 m 水层 15℃等温线都能近似表征黑潮流轴的位置。

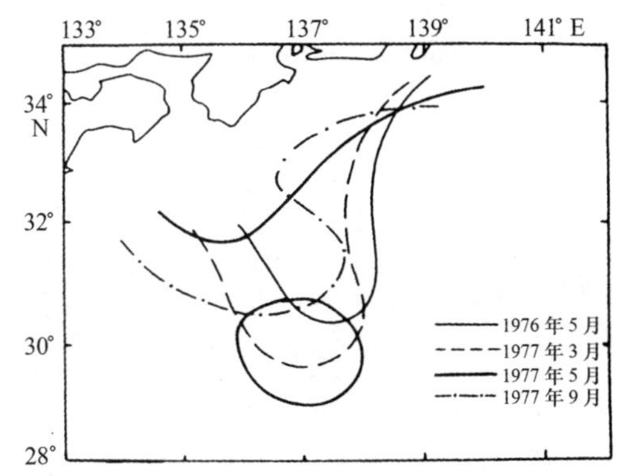

图 9 1976—1977 年 4 个航次日本以南黑潮流径的变化

参考文献:

[1] 吉田昭三.远州滩冲冷水 と黑潮の变动について(ろの).水路要报,1961(67):54-57.

[2] Ker Summary Report (1977-1982). Edited by progect leaders committee for Kuroshio Research, Issued by JMSTC, 1985: 1-125.

[3] Taft B A. Structure of Kuroshio south of Japan. Journal of Marine Research, 1978, 36: 77-117.

[4] 高野健三,川合英夫.物理海洋学,第二卷.涂仁亮,等译.北京:科学出版社,1985: 289-326.

[5] 管秉贤.日本以南黑潮大弯曲及其与东海黑潮变异的关系.海洋实践,1981(4):1-9.

[6] 袁耀初,苏纪兰,潘子勤.日本以南黑潮流场及流量特征的研究//黑潮调查研究论文选(二).北京:海洋出版社,1991:314-324.

[7] 孙湘平,金子郁雄,1989—1991 年黑潮的变异//黑潮调查研究论文选(五).北京:海洋出版社,1993:52-68.
[8] Stommel H, Schott F. The beta spiral and the determination of the absolute velocity field from hydrographic station data. Deep-Sea Research, 1977, 24: 325-329.
[9] Bigg G R. The beta spiral method. Deep-Sea Research, 1985, 32: 465-484.
[10] Yuan Yaochu, Su Jilan, Zhou Weidong. Calculation of the Kuroshio Current south of Japan in May-June 1986. Progress in Oceanography, 1988, 21: 503-514.
[11] 周伟东,袁耀初.β 螺旋方法在黑潮流速计算中的应用 Ⅰ.台湾以东海域.海洋学报,1990,12(4):414-425.
[12] Kawai H. Statistical estimation of isotherms indicative of the Kuroshio axis. Deep-Sea Res, 1969, 16(Suppl.): 109-115.

The calculation of the Kuroshio Current by the beta spiral method

Ⅱ. The large meander of the Kuroshio south of Japan

Zhou Weidong[1], Yuan Yaochu[2]

(1. *University of Tsukuba*, *Tsukuba*; 2. *Second Institute of Oceanography*, *State Oceanic Administration*, *Hangzhou* 310012, *China*)

Abstract: On the basis of hydrographic data obtained during four cruises (May 1976 to September 1977) of CSK, the velocity field south of Japan is computed by the beta spiral method. The computed results show the large meander of the Kuroshio appeared in these four cruises and their patterns of the variation of large meander. For example, in May 1977, the southern part of the meander was separated from the Kuroshio as a cold ring, which agreed well with actual observations. The center of a cold ring was located at 30°N, 137°E at a water depth of about 700 m, and its horizontal scale is about 200 km. The velocity of the Kuroshio during September 1977 was largest, however, the Kuroshio Current width during September. 1977 was smallest among these four cruises. Under the Kuroshio there is a countercurrent. There is a high correlation between the main axis of the Kuroshio and the isothermal line of 15℃ at 200 m.

Key words: beta spiral method; large meander of the Kuroshio; cold ring; isothermal line of 15℃; countercurrent

刊于:海洋学报,1997,19(1):1-21.

东海黑潮与琉球群岛以东海流半诊断计算

袁耀初[1],苏纪兰[1],孙德桐[1],许卫忆[1]

(1. 国家海洋局 第二海洋研究所,浙江 杭州 310012)

摘要:利用“长风丸”调查船在1987年9—10月期间得到的水文资料,对东海黑潮与琉球群岛以东海流进行了半诊断计算。本计算分为两个阶段,第一阶段是诊断的,第二阶段取诊断计算结果作为初始值,进行半诊断计算,即调整阶段。计算表明,当$T=30\sim40$ d时,密度场与速度场等已被调整,即得到了半诊断计算的解。比较诊断与半诊断的两个计算结果,在定性上它们是基本一致的,但在定量上存在一些重要差别,例如以下几点:(1)由于诊断计算采用了平滑后的资料,两支西边界流,即黑潮及琉球群岛以东西边界流(简称“琉球海流”)的流速计算值都偏低,而通过调整后的半诊断计算,这两支西边界流的流速都加强。(2)半诊断计算密度场等已被调整到与海底地形等相适应。例如东海黑潮流速的最大值为101 cm/s,出现在东海海区南部最大的地形坡度处,而诊断计算,由于资料平滑,没有得到这样的结果。(3)在琉球群岛以东海域,在最近岛屿处600 m以浅水层,诊断计算结果出现了南向流,这也是由于资料平滑所致。然而,半诊断计算结果在此处出现了北向流,这与观测结果是一致的。这些计算结果都表明,当采用平滑后的资料时,应用半诊断模式计算海流,更为适宜。

关键词:东海黑潮;琉球海流;半诊断计算

前言

关于东海环流的诊断模式,已有不少的研究,例如文献[1-5]。这些诊断模式应用于环流计算时,都取得了较好的成果,并已成为海流模式计算的一个重要组成部分。但诊断模式都存在以下的问题,即要求密度场、地形及风场三者在统计上相匹配。当水文、风场等资料的质量不甚好时,上述三者之间匹配成为问题,这将对流场计算造成较大误差。针对这些问题,Sarkisyan 等[6]提出一个半诊断计算。袁耀初与潘子勤[7]也采用了半诊断模式与预报模式计算了东海环流。

本文也提出一种类型的半诊断模式,计算东海黑潮与琉球群岛以东海流,并与诊断模式的计算结果作比较,表明应用半诊断模式计算海流更为适宜。水文资料采用“长风丸”船在1987年9—10月调查航次结果,对无资料的网格点,用插值方法获得。

1 控制方程与 σ 坐标

1.1 控制方程

从完整的海洋热力流体力学方程组出发:

$$
\left.\begin{aligned}
&\frac{\partial u}{\partial t}+u\frac{\partial u}{\partial x}+v\frac{\partial u}{\partial y}+w\frac{\partial u}{\partial z}-fv=-\frac{1}{\rho_0}\frac{\partial p}{\partial x}+\frac{\partial}{\partial z}\left(A_{\mathrm{v}}\frac{\partial u}{\partial z}\right)+F_x\\
&\frac{\partial v}{\partial t}+u\frac{\partial v}{\partial x}+v\frac{\partial v}{\partial y}+w\frac{\partial v}{\partial z}+fu=-\frac{1}{\rho_0}\frac{\partial p}{\partial y}+\frac{\partial}{\partial z}\left(A_{\mathrm{v}}\frac{\partial v}{\partial z}\right)+F_y\\
&\frac{\partial p}{\partial z}=-\rho g\\
&\frac{\partial u}{\partial x}+\frac{\partial v}{\partial y}+\frac{\partial w}{\partial z}=0
\end{aligned}\right\},\tag{1}
$$

以及密度方程：

$$
\frac{\partial \rho}{\partial t}+u\frac{\partial \rho}{\partial x}+v\frac{\partial \rho}{\partial y}+w\frac{\partial \rho}{\partial z}=K_{\mathrm{H}}\nabla^2\rho+\frac{\partial}{\partial z}\left(K_{\mathrm{v}}\frac{\partial \rho}{\partial z}\right),\tag{2}
$$

式中，f 为科氏力，且 $f=f_0+\beta y\cos\theta_0-\beta x\sin\theta_0$（$\theta_0$ 为模式区域相对于经线的转角）；F_x、F_y 为水平涡动黏性项：

$$
\left.\begin{aligned}
F_x&=\frac{\partial}{\partial x}\left(2A_{\mathrm{H}}\frac{\partial u}{\partial x}\right)+\frac{\partial}{\partial y}\left[A_{\mathrm{H}}\left(\frac{\partial u}{\partial y}+\frac{\partial v}{\partial x}\right)\right]\\
F_y&=\frac{\partial}{\partial y}\left(2A_{\mathrm{H}}\frac{\partial v}{\partial y}\right)+\frac{\partial}{\partial x}\left[A_{\mathrm{H}}\left(\frac{\partial u}{\partial y}+\frac{\partial v}{\partial x}\right)\right]
\end{aligned}\right\},\tag{3}
$$

u、v 为水平速度分量；w 为垂直速度分量；p 为压力；ρ 为密度距平；ρ_0 为参考密度；A_{H}、A_{v} 分别为水平、垂直涡动黏滞系数，K_{H}，K_{v} 分别为水平、垂直涡动扩散系数。

设 $D=H+\zeta$，H 为水深；ζ 为海面升高，则方程(1)~(3)对应的边界条件：

(1)在海表面 $z=\zeta(x,y,t)$ 上，

$$p=p_{\mathrm{a}}(x,y,t),\tag{4}$$

$$\rho_0 A_{\mathrm{v}}\frac{\partial u}{\partial z}=\tau_{\mathrm{wx}},\quad \rho_0 A_{\mathrm{v}}\frac{\partial v}{\partial z}=\tau_{\mathrm{wy}},\tag{5}$$

$$w=\frac{\partial \zeta}{\partial t}+u\frac{\partial \zeta}{\partial x}+v\frac{\partial \zeta}{\partial y},\quad \text{或者 } w=0,\tag{6}$$

$$\rho\big|_{z=\zeta}=\text{给定值};\tag{7}$$

(2)在海底 $z=-H(x,y)$ 上，

$$\rho_0 A_{\mathrm{v}}\frac{\partial u}{\partial z}=\tau_{\mathrm{bx}},\quad \rho_0 A_{\mathrm{v}}\frac{\partial v}{\partial z}=\tau_{\mathrm{by}},\tag{8}$$

$$w=-u_{\mathrm{b}}\frac{\partial H}{\partial x}-v_{\mathrm{b}}\frac{\partial H}{\partial y},\quad \text{或者 } w=0,\tag{9}$$

$$\rho\big|_{z=-H}=\text{给定值};\tag{10}$$

式中，$p_{\mathrm{a}}(x,y,t)$ 为气压；τ_{wx}、τ_{wy} 为海面风应力；τ_{bx}、τ_{by} 为海底摩擦力，且 $\vec{\tau}_{\mathrm{b}}=\rho_0 C_{\mathrm{D}}\vec{V}_{\mathrm{b}}|\vec{V}_{\mathrm{b}}|$；$\vec{V}_{\mathrm{b}}$ 为海底水平流速；C_{D} 为海底摩擦系数。

(3)侧向边界条件

关于流速，除了固体边界给出 $u=v=0$ 外，开边界上给出入流、出流条件（参见文献[4]），本计算采用了袁耀初等[8]的逆方法的计算结果，作为开边界的流速条件。其次，密度的侧向边界条件由实测值给定。

1.2　σ 坐标变换

由于 σ 坐标具有可以较好地处理地形变化较大区域的优点，在本文采用了 σ 坐标，这样可以给计算带来方便。

从直角坐标系 (x,y,z,t) 至 σ 坐标系 (x_1,y_1,σ,t_1) 的转换关系为：

$$\left.\begin{aligned} x_1 &= x \\ y_1 &= y \\ \sigma &= (z-\zeta)/D \\ t_1 &= t \end{aligned}\right\}, \tag{11}$$

则一阶导数的转换关系为：

$$\left.\begin{aligned} \frac{\partial}{\partial x} &= \frac{\partial}{\partial x_1} - \frac{1}{D}\left(\frac{\partial \zeta}{\partial x_1} + \sigma\frac{\partial D}{\partial x_1}\right)\frac{\partial}{\partial \sigma} \\ \frac{\partial}{\partial y} &= \frac{\partial}{\partial y_1} - \frac{1}{D}\left(\frac{\partial \zeta}{\partial y_1} + \sigma\frac{\partial D}{\partial y_1}\right)\frac{\partial}{\partial \sigma} \\ \frac{\partial}{\partial z} &= \frac{1}{D}\frac{\partial}{\partial \sigma} \\ \frac{\partial}{\partial t} &= \frac{\partial}{\partial t_1} - \frac{1}{D}(1+\sigma)\frac{\partial \zeta}{\partial t_1}\frac{\partial}{\partial \sigma} \end{aligned}\right\}, \tag{12}$$

经过变换并消除压力项得到 σ 坐标下的控制方程(为了简略，在下列方程组略去新坐标的下标“1”)为：

$$\left.\begin{aligned} &\frac{\partial \zeta}{\partial t} + \frac{\partial(Du)}{\partial x} + \frac{\partial(Dv)}{\partial y} + \frac{\partial \omega}{\partial \sigma} = 0 \\ &\frac{\partial(Du)}{\partial t} - fDv + \frac{D}{\rho_0}\left(g\rho_0\frac{\partial \zeta}{\partial x} + \frac{\partial I}{\partial x}\right) = D\hat{x} + \frac{\partial}{\partial \sigma}\left(\frac{A_v}{D}\frac{\partial u}{\partial \sigma}\right) \\ &\frac{\partial(Dv)}{\partial t} - fDu + \frac{D}{\rho_0}\left(g\rho_0\frac{\partial \zeta}{\partial y} + \frac{\partial I}{\partial y}\right) = D\hat{y} + \frac{\partial}{\partial \sigma}\left(\frac{A_v}{D}\frac{\partial v}{\partial \sigma}\right) \end{aligned}\right\}, \tag{13}$$

$$\frac{\partial(D\rho)}{\partial t} + \frac{\partial(Du\rho)}{\partial x} + \frac{\partial(Dv\rho)}{\partial y} + \frac{\partial(\omega\rho)}{\partial \sigma} = \frac{\partial}{\partial \sigma}\left(\frac{K_v}{D}\frac{\partial \rho}{\partial \sigma}\right) + DQ, \tag{14}$$

其中，

$$\omega = w - u\left(\sigma\frac{\partial D}{\partial x} + \frac{\partial \zeta}{\partial x}\right) - v\left(\sigma\frac{\partial D}{\partial y} + \frac{\partial \zeta}{\partial y}\right) - (1+\sigma)\frac{\partial \zeta}{\partial t} = D\frac{\mathrm{d}\sigma}{\mathrm{d}t}, \tag{15}$$

而压力项可分为正压项 $\rho_0 g\zeta$ 和斜压分量 I，且

$$\left.\begin{aligned} \frac{\partial I}{\partial x} &= gD\frac{\partial}{\partial x}\left(\int_\sigma^0 \rho \mathrm{d}\sigma\right) - g\frac{\partial D}{\partial x}\int_\sigma^0 \sigma\frac{\partial \rho}{\partial \sigma}\mathrm{d}\sigma \\ \frac{\partial I}{\partial y} &= gD\frac{\partial}{\partial y}\left(\int_\sigma^0 \rho \mathrm{d}\sigma\right) - g\frac{\partial D}{\partial y}\int_\sigma^0 \sigma\frac{\partial \rho}{\partial \sigma}\mathrm{d}\sigma \end{aligned}\right\}, \tag{16}$$

式中，

$$(\hat{x}, \hat{y}) = (N_x, N_y) + (F_x, F_y),$$

且

$$\left.\begin{aligned} N_x &= -\frac{1}{D}\left[\frac{\partial}{\partial x}(Du^2) + \frac{\partial}{\partial y}(Duv) + \frac{\partial}{\partial \sigma}(\omega u)\right] \\ N_y &= -\frac{1}{D}\left[\frac{\partial}{\partial x}(Duv) + \frac{\partial}{\partial y}(Dv^2) + \frac{\partial}{\partial \sigma}(\omega v)\right] \end{aligned}\right\}, \tag{17}$$

$$DQ = \frac{\partial}{\partial x}(Dq_x) + \frac{\partial}{\partial y}(Dq_y), \tag{18}$$

其中，

$$(q_x, q_y) = K_H\left(\frac{\partial \rho}{\partial x}, \frac{\partial \rho}{\partial y}\right).$$

对连续方程(13)第一式垂直积分，可得到水位方程：

$$\frac{\partial\zeta}{\partial t}+\frac{\partial}{\partial x}(D\bar{u})+\frac{\partial}{\partial y}(D\bar{v})=0, \tag{19}$$

其中，

$$\bar{u}=\int_{-1}^{0}u\mathrm{d}\sigma,\quad \bar{v}=\int_{-1}^{0}v\mathrm{d}\sigma.$$

关于 σ 坐标下动量方程中的水平涡动黏性项与密度方程中的涡度扩散项，Mellor 与 Blumberg[9] 作了较好的处理，它们分别写为：

$$\left.\begin{aligned}F_x&=\frac{1}{D}\frac{\partial}{\partial x}\left(2A_{\mathrm{H}}D\frac{\partial u}{\partial x}\right)+\frac{1}{D}\frac{\partial}{\partial y}\left[A_{\mathrm{H}}D\left(\frac{\partial u}{\partial y}+\frac{\partial v}{\partial x}\right)\right]\\F_y&=\frac{1}{D}\frac{\partial}{\partial x}\left[A_{\mathrm{H}}D\left(\frac{\partial u}{\partial y}+\frac{\partial v}{\partial x}\right)\right]+\frac{1}{D}\frac{\partial}{\partial y}\left(2A_{\mathrm{H}}D\frac{\partial v}{\partial y}\right)\end{aligned}\right\}, \tag{3′}$$

以及

$$\frac{\mathrm{d}\rho}{\mathrm{d}t}=\frac{\partial\rho}{\partial t}+u\frac{\partial\rho}{\partial x}+v\frac{\partial\rho}{\partial y}+\frac{\omega}{D}\frac{\partial\rho}{\partial\sigma}=\frac{1}{D}\left[\frac{\partial(Dq_x)}{\partial x}+\frac{\partial(Dq_y)}{\partial y}+\frac{\partial}{\partial\sigma}\left(\frac{K_{\mathrm{v}}}{D}\frac{\partial\rho}{\partial\sigma}\right)\right], \tag{20}$$

σ 坐标下对应的边界条件重新写为：

（1）在海表面 $\sigma=0$

$$\left.\begin{aligned}&\omega=0\\&\frac{\rho_0A_{\mathrm{v}}}{D}\frac{\partial u}{\partial\sigma}=\tau_{\mathrm{w}x}\\&\frac{\rho_0A_{\mathrm{v}}}{D}\frac{\partial v}{\partial\sigma}=\tau_{\mathrm{w}y}\\&\rho\mid_{\sigma=0}=\text{给定}\end{aligned}\right\}, \tag{21}$$

（2）在海底 $\sigma=-1$

$$\left.\begin{aligned}&\omega=0\\&\frac{\rho_0A_{\mathrm{v}}}{D}\frac{\partial u}{\partial\sigma}=\tau_{\mathrm{b}x}\\&\frac{\rho_0A_{\mathrm{v}}}{D}\frac{\partial v}{\partial\sigma}=\tau_{\mathrm{b}y}\\&\rho\mid_{\sigma=-1}=\text{给定}\end{aligned}\right\}, \tag{22}$$

侧边界条件类似，不重复。

1.3　数值计算与参数

关于方程组（13）、（19）的差分格式处理，与孙德桐、袁耀初的工作[4]相同，在此不赘述。

下面着重讨论密度方程式（20）的数值求解：

采用 Eulerian-Lagrangian 离散化方法（参见文献［10］），方程式（20）可写为以下差分形式：

$$\begin{aligned}\frac{\rho_{i,j,k}^{n+1}-\rho_{i-a,j-b,k-c}^{n}}{\Delta t}=&\frac{K_{\mathrm{v}}}{D_{i,j}^{2}}\left(\frac{\rho_{i,j,k+1}^{n+1}-\rho_{i,j,k}^{n+1}}{\Delta\sigma_{k+\frac{1}{2}}}-\frac{\rho_{i,j,k}^{n+1}-\rho_{i,j,k-1}^{n+1}}{\Delta\sigma_{k-\frac{1}{2}}}=\right)/\Delta\sigma_k+\\&\frac{K_{\mathrm{H}}}{\Delta x}\left(D_{i+\frac{1}{2},j}\frac{\rho_{i-a+1,j-b,k-c}^{n}-\rho_{i-a,j-b,k-c}^{n}}{\Delta x}-D_{i-\frac{1}{2},j}\frac{\rho_{i-a,j-b,k-c}^{n}-\rho_{i-a-1,j-b,k-c}^{n}}{\Delta x}\right)+\\&\frac{K_{\mathrm{H}}}{\Delta y}\left(D_{i,j+\frac{1}{2}}\frac{\rho_{i-a,j-b+1,k-c}^{n}-\rho_{i-a,j-b,k-c}^{n}}{\Delta y}-D_{i,j-\frac{1}{2}}\frac{\rho_{i-a,j-b,k-c}^{n}-\rho_{i-a,j-b-1,k-c}^{n}}{\Delta y}\right),\end{aligned} \tag{23}$$

其中，$a=u\Delta u/\Delta x$，$b=v\Delta t/\Delta y$，$c=\omega\Delta t/\Delta\sigma$ 是网格 Courant 数。在网格点变量定义如下：（1）在水平方向上，变量 ρ、ζ、D、ω 皆定义在整数格点 (i,j) 上，u 在 $\left(i+\frac{1}{2},\ j\right)$ 格点上，v 在 $\left(i,\ j+\frac{1}{2}\right)$ 格点上；（2）在垂向方向上，ρ、u、

v 皆在整数格点 k 上；而 ω 定义在半格点 $k+\frac{1}{2}$ 上。关于 $\rho_{i-a,j-b,k-c}^{n}$ 的计算，可采用插值方法得到（参见文献[10]）。本计算采用三线性（trilinear）插值法。

计算参数取以下值：$A_H=4\times10^3\ m^2/s$，$A_v=5\times10^{-3}\ m^2/s$，$f=6.828\times10^{-5}\ s^{-1}$，$\beta=2.0\times10^{-11}\ m^{-1}\cdot s^{-1}$，$\Delta t=1\,800\ s$，$\Delta x=\Delta y=2.5\times10^4\ m$，$K_H=2.5\times10^3\ m^2/s$，$K_v=1\times10^{-3}\ m^2/s$，$C_D=2.5\times10^{-3}$；垂向网格除表层附近外，$\Delta\sigma=0.04$（等距）。其余参数与文献[4]相同。

2　数值计算与参数

计算方案有两个：(1)考虑冲绳岛与宫古岛之间海域，称方案一（简称 E1）；(2)不考虑上述两岛之间海域，即认为这两岛之间也是陆地，称方案二（简称 E2）。图 1 为计算海域与地形分布。计算步骤如下：首先进行诊断计算，然后以诊断计算的解作为初始值，从上述控制方程出发，对每个时间步长进行数值求解。

定义差判别式 α 为：

$$\alpha=\overline{(\rho_{i,j,k}^{n+1}-\rho_{i,j,k}^{n})\sqrt{\left(\frac{\partial\rho_{i,j,k}}{\partial x}\right)^2+\left(\frac{\partial\rho_{i,j,k}}{\partial y}\right)^2}},$$

式中“——”表示对计算海域体积平均。根据 Sarkisyan 等[6]的方法，当 α 随时间变化达到极小值时，我们得到了半诊断计算的解，即解已达到调节阶段。图 2 表示 α 随时间 t 的变化曲线，由图 2 可知，当 $t=30$ d 左右，密度场已被调整，即得到了半诊断计算的解。在下节，我们将讨论 $t=30$ d 时的计算结果。

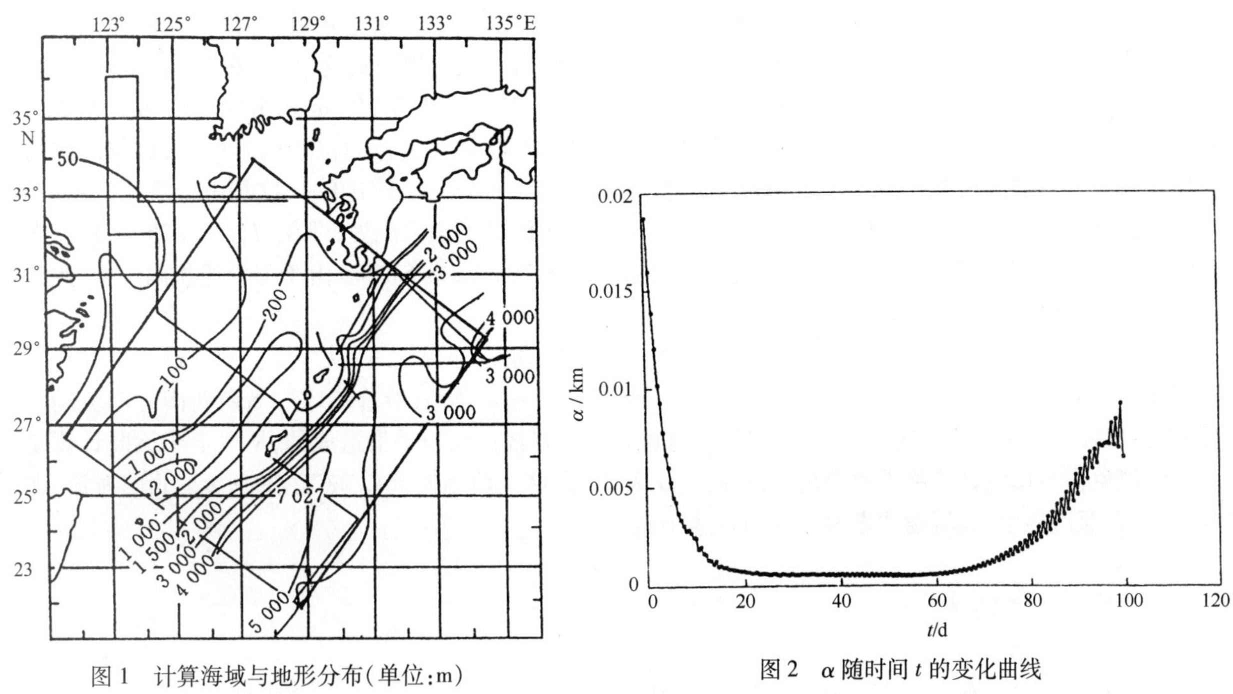

图 1　计算海域与地形分布（单位：m）

图 2　α 随时间 t 的变化曲线

图 3a 与 b 分别为 $t=30$ d 时方案 E1 与 E2 的水位高度 ζ 分布。比较图 3a 与 b 可知，在冲绳岛、宫古岛两岛附近处，两方案 E1 与 E2 的 ζ 值相差较大，但离这两岛较远处，则两者相差很小或几乎相同。因此，在下节我们只讨论方案 E1 的计算结果。

3　诊断计算结果

本节着重讨论黑潮与琉球群岛以东西边界流，图 4a，b 与 c 分别为表层、50 m 与 100 m 层流速分布。图

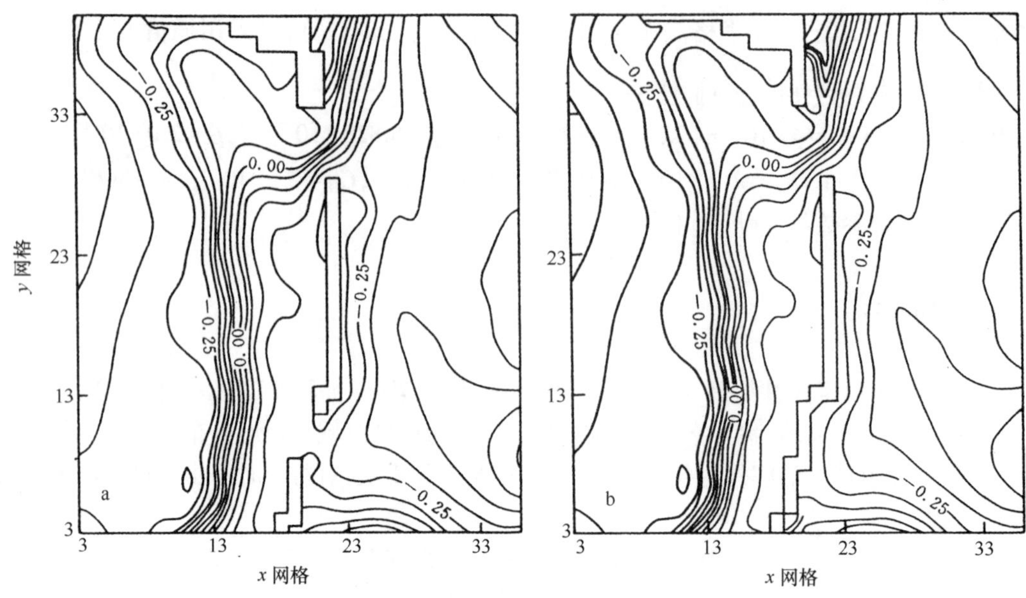

图 3　水位高度 ζ 分布(单位:m)

a.方案 E1,b.方案 E2

5a 与 b 分别为 200 m 与 500 m 层流速分布。从图 4a,b 与 c,以及图 5a 与 b,可得到以下几点:

(1)黑潮　图 4 与图 5 表明黑潮主流位于东海陆坡,向东北向流去,通过吐噶喇海峡,流向九州东南海域,并在此处与琉球群岛以东西边界流汇合,加强该处西边界流。关于黑潮流速,例如在 PN 断面,黑潮在表层、50 m、100 m、200 m 及 500 m 水层上最大流速值分别为 75,71,64,56 及 39 cm/s,分别位于网格点(I,J)=(13,21),(13,21),(13,21),(13,21)及(14,21),即随深度增加,最大流速的位置向东移动,这与袁耀初等的以往结果相一致(如文献[11])。但是计算流速值偏低(如与文献[11]作比较),这是由于观测资料较稀,对无资料点作了插值与平滑。计算海域最大流速位于九州东海域黑潮主流处,即在(I,J)=(25,41)处,在表层、50 m、100 m、200 m、500 m 水层上最大流速分别为 80,75,70,59,48 cm/s。由于与上述相同理由,此处计算流速也是低估(如与文献[11]作比较)。

(2)琉球群岛以东西边界流　图 4、图 5 表明,在紧靠琉球群岛东侧附近,从表层至 600 m 水层存在一支西南向海流,似乎来自吐噶喇海峡南侧一支分流,作反气旋式弯曲,然后沿着琉球群岛向西南方向流动。与实测流作比较[12],这支西南向流似乎并不存在,这也是由资料经内插与平滑造成的,从以下半诊断计算结果可知,此现象在半诊断计算将不再出现。图 4、图 5 表明,在这支西南向流以东,存在一支东北向海流,即琉球群岛以东西边界流,其流速比东海黑潮的流速小。

4　半诊断计算结果

图 6a、b 与 c 分别表示在 PN 断面初始时,t=30 d 及 60 d 时 σ_t 垂直分布。比较图 6a 与图 6b,c,表明在冲绳海槽 500 m 以深处初始时 σ_t 分布与半诊断计算时(t=30 d 及 60 d)σ_t 变化趋势相反,后者随 x 变化,σ_t 曲线稍向上升,即与地形变化趋向相一致等等。

图 7a、b 与 c 分别为 t=30 d 时表层、50 m 与 100 m 层的水平流速分布,图 8a 与 b 分别为 t=30 d 时在 200 m 与 500 m 层速度分布,图 9a,b 与 c 分别为 t=60 d 时在表层、50 m 与 100 m 层速度分布。我们分别比较图 7a 与图 9a,图 7b 与 9b 以及图 7c 与 9c,可知它们之间几乎相同,即皆是半诊断计算的结果。限于篇幅,以下我们只讨论与诊断计算结果的差异处。

(1)黑潮　比较诊断计算与半诊断计算(t=30 d 或 60 d)的结果,在定性上是一致的,但定量上有一些差别,例如以 PN 断面为例,黑潮在表层、50 m、100 m、200 m 及 500 m 水层上,在 t=30 d 时最大流速值分别

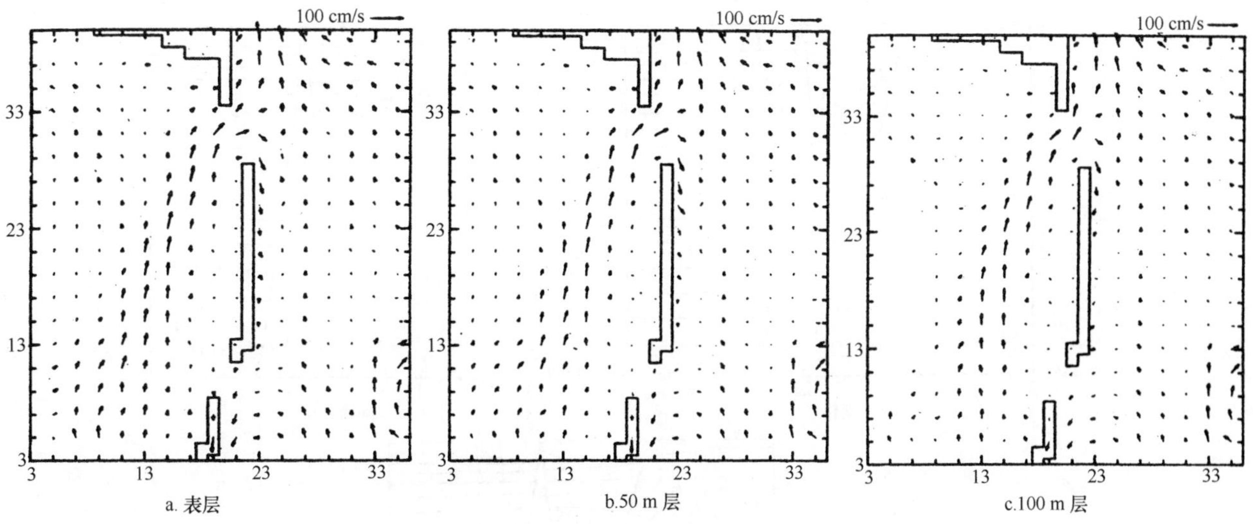

图 4　计算海域诊断计算水平流速分布

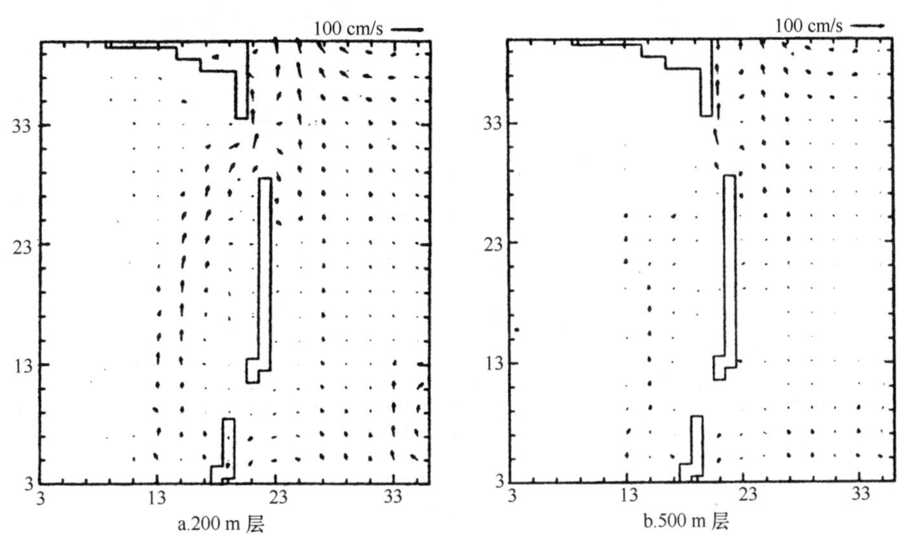

图 5　计算海域诊断计算水平流速分布

为 85，79，71，61 及 48 cm/s，即都大于诊断计算在上述各层次上最大流速。其次，在 $t=30$ d 时东海黑潮流速的最大值为 101 cm/s，出现在东海海区南部最大地形坡度处，即 $(I,J)=(13,5)$ 处，而诊断计算，由于资料内插与平滑，没得到这样的结果。这些都表明，半诊断计算密度场等已被调整到与海底地形等相适应。最后，比较图 4、图 5 与图 7、图 8，可知黑潮流轴在大部分位置它们都位于 $x=13$ 网格点处，但有些点，如在 $y=5$ 以及 $19\leqslant y\leqslant 25$ 处，半诊断计算结果的黑潮流轴偏西，即黑潮流轴偏向坡折、地形梯度最大处，这与实际相符合。但由于没有实测流资料，无法对计算结果进行比较。

(2)琉球群岛以东西边界流　如上所述，在琉球群岛以东海域，在最近岛屿处 600 m 以浅水层，诊断计算结果出现了南向流，而半诊断计算结果（图 7、图 8、图 9）在此处出现了北向流，这与观测结果十分一致[12]。这是由于诊断计算时采用了内插与平滑后的资料。其次，我们讨论这支西边界流的流速分布。图 10 为 PN 断面向东南向延长后断面上流速分布，注意到流速值为每点上速度矢量在延长后 PN 断面上法向分量。

图 10 表明在琉球群岛以东存在一支东北向的西边界流（也称琉球海流），有两个核心，第一个核心位于琉球群岛附近在次表层，而第二个核心位于第一个核心以东表层处，这两个核心的流速都大于 50 cm/s。这

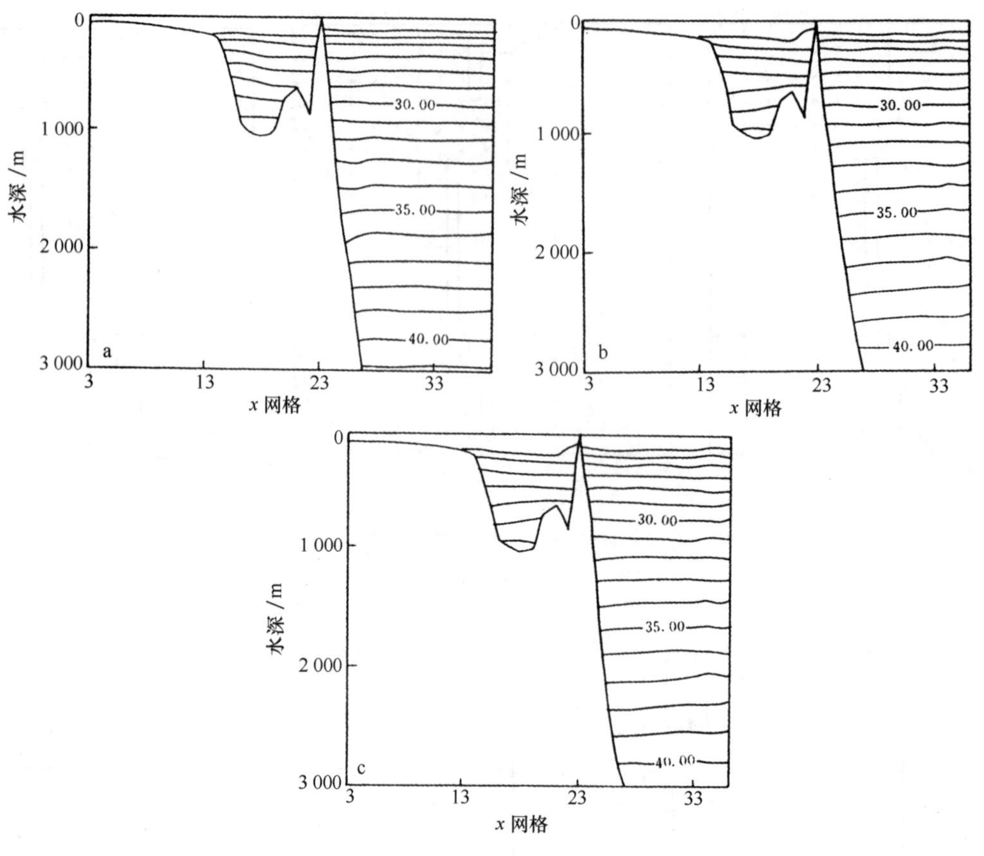

图 6　PN 断面上 σ_t 分布

a.初始时，b.t = 30 d，c.t = 60 d

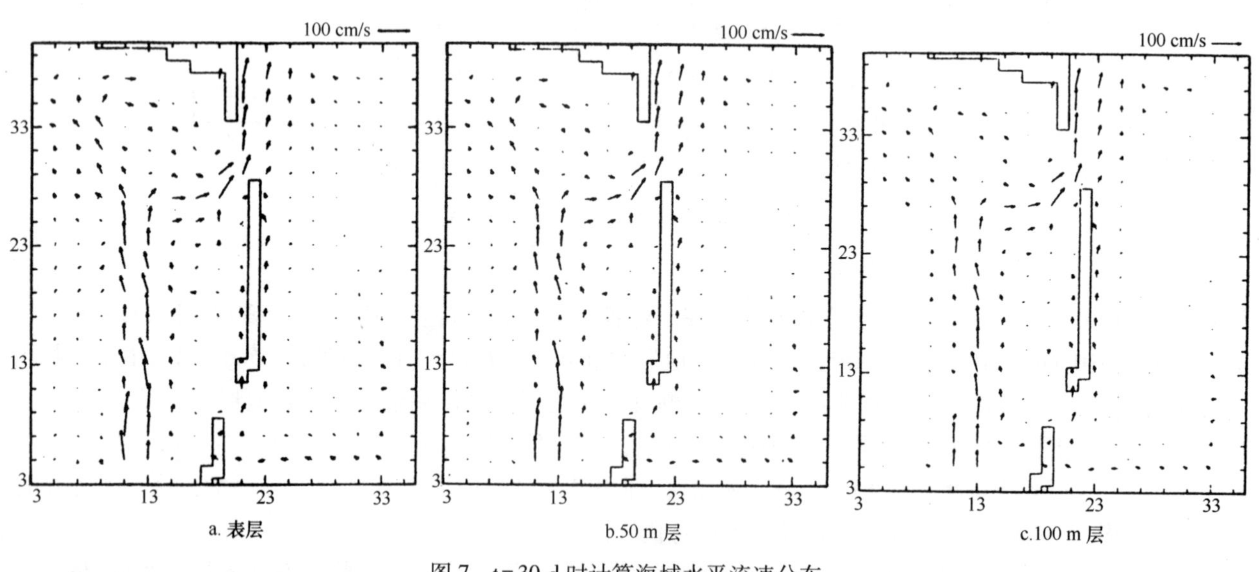

图 7　t = 30 d 时计算海域水平流速分布

个流结构与我们以前的计算结果以及实测结果都是十分一致的[12]。而诊断计算结果没有出现第一个核心，如上所述，这是由于诊断计算时采用了内插与平滑后的资料。图 7 至图 10 还表明，琉球海流以东还存在一支西南向海流，而在这支东北向西边界流以下，也存在一支西南向海流，这些都与我们以前的计算结果与实测流结果是相一致的（例如文献[12]）。

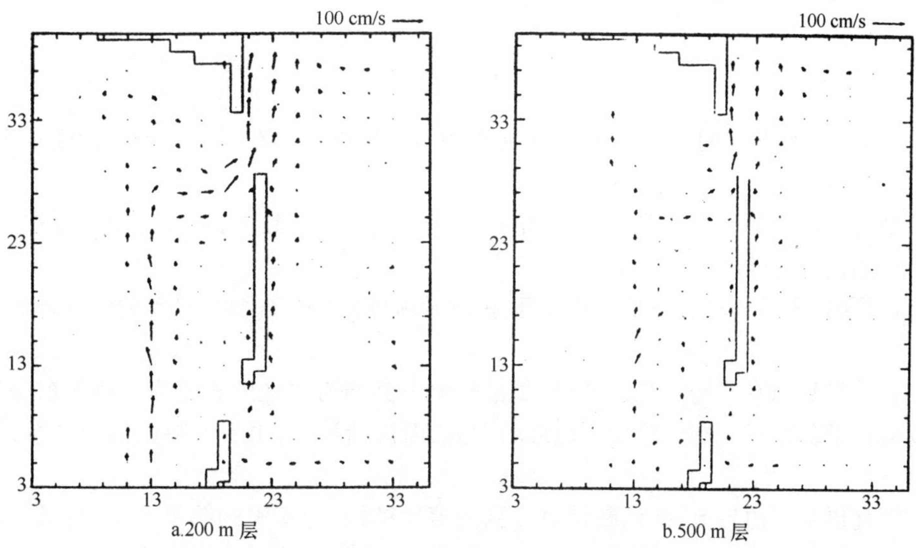

图 8　$t=30$ d 时计算海域水平流速分布

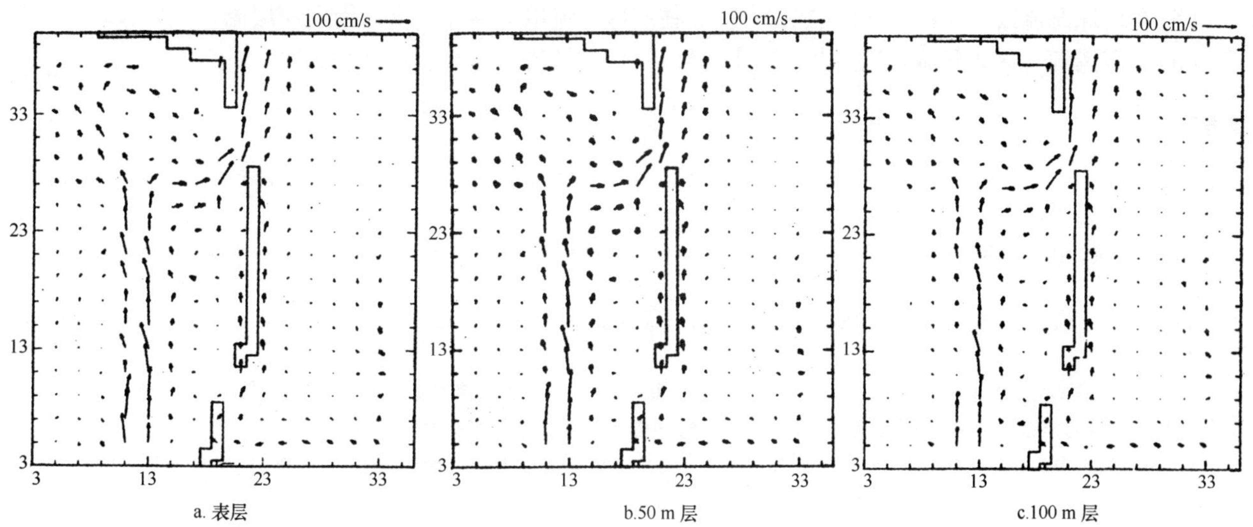

图 9　$t=60$ d 时计算海域水平流速分布

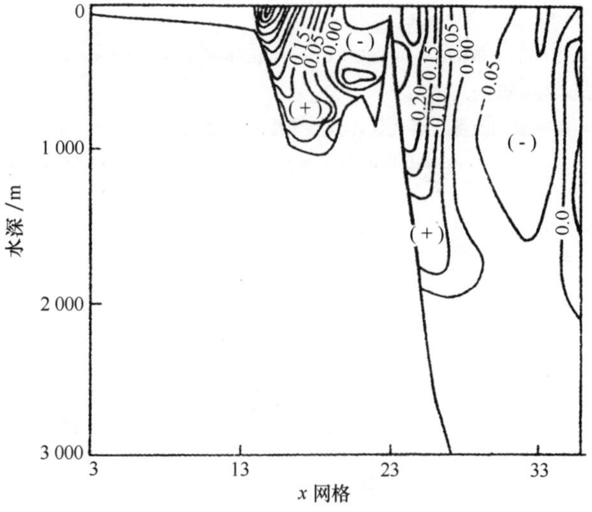

图 10　延长后 PN 断面上流速分布(单位:m/s)

5　结语

基于 1987 年 9—10 月期间的水文资料，对东海黑潮与琉球群岛以东海流进行了诊断及半诊断计算，可以得到以下的主要结果：

（1）比较诊断与半诊断的两个计算结果，在定性上它们是基本一致的，但在定量上存在一些差别，主要是由于诊断计算采用了内插与平滑以后的资料。

（2）由于上述原因，通过调整后的半诊断计算，黑潮及琉球群岛以东西边界流的流速都比诊断计算时相应的流速加强。

（3）半诊断计算得到的密度场与流速场等，都已被调整到与海底地形相适应。例如东海黑潮流速的最大值为 101 cm/s，位于东海海区南部最大的地形坡度处，而诊断计算，由于资料内插与平滑，没有得到这样的结果。

（4）在琉球群岛以东西边界流，半诊断计算得到的流速结构，与实测的结果是十分一致的，即有两个核心，第一个核心位于琉球群岛以东次表层处，而第二个核心位于第一个核心以东表层处，这两个核心流速都大于 25 cm/s。

（5）在琉球海流以东存在一支西南向海流，而在琉球海流以下存在一支西南向深层流。

（6）东海黑潮与琉球海流都流向九州东南海域，使该海域流速值与流量都增大。

参考文献：

[1] Yuan Yaochu, Su Jilan, Xia Songyun. A diagnostic model of summer circulation on the northwest shelf of the East China Sea. Prog Oceanog, 1986, 17: 163-174.

[2] Yuan Yaochu, Su Jilan, Xia Songyun. Three dimensional diagnostic calculation of circulation over the East China Sea shelf. Acta Oceanologica Sinica, 1987, 6(supp.1): 36-50.

[3] Yuan Yaochu, Su Jilan. The calculation of Kuroshio Current structure in the East China Sea-Early summer 1986. Prog. Oceanog., 1988, 21: 343-361.

[4] 孙德桐，袁耀初. 东海黑潮及琉球群岛以东海流的三维诊断计算//中国海洋学文集，第 5 集.北京：海洋出版社，1995：74-83.

[5] 管卫兵，袁耀初. 东海东北部及日本以南海域环流三维计算//中国海洋学文集，第 5 集.北京：海洋出版社，1995：107-118.

[6] Sarkisyan A S, Demin Y L. A semidiagnostic method of sea currents calculation. Large-scale oceanographyic experiments in the WCRP, 1983, 2: 201-214.

[7] 袁耀初，潘子勤. 东海环流与涡的一个预报模式//中国海洋学文集，第 5 集.北京：海洋出版社，1995：57-73.

[8] 袁耀初，远藤昌宏，石崎廣. 东海黑潮与琉球群岛以东海流的研究//黑潮调查研究论文选（三）. 北京：海洋出版社，1991：220-234.

[9] Mellor G L, Blumberg A F. Modelling vertical and horizontal diffusivities with the sigma coordinate system. Monthly Weather Review, 1985, 113: 1379-1383.

[10] Casulli V, Cheng R T. Semi-implicit finite difference methods for three-dimensional shallow water flow//The Proceedings of the 2nd International Conference on Estuarine and Coastal Modelling, 1993: 1-29.

[11] 袁耀初，苏纪兰，潘子勤. 1990 年东海黑潮流量与热通量计算//黑潮调查研究论文选（五）.北京：海洋出版社，1993：298-310.

[12] Yuan Yaochu, Su Jilan, Pan Ziqin, et al. The western boundary current east of the Ryukyu Islands. La Mer, 1995, 33: 1-11.

刊于:海洋学报,1997,19(4):15-25.

1994 年春季东海环流的三维诊断、半诊断及预报计算*

王惠群[1],袁耀初[1]

(1. 国家海洋局 第二海洋研究所,浙江 杭州 310012)

摘要:在 σ 坐标下建立了一包括诊断计算、半诊断计算及预报计算的数值模式,并应用于东海环流的计算。计算结果表明,当 t=23 d 时,密度场和速度场得到调整,即得到半诊断解,当 t=60 d 以后,解已达到准稳定态。比较诊断、半诊断及预报计算的结果,它们在定性上是一致的,但是,在定量上有些变化。例如:(1)比较诊断计算与半诊断计算的结果,经过调整后的半诊断计算结果,黑潮主流仍位于200~1 000 m 坡折处,但流幅变窄,平均流速增大,主流更为清晰,更能反映坡折地形的影响。其次,在南边界附近的黑潮入侵陆架的黑潮分支,即黑潮主流以西的台湾暖流外侧分支的流速有所减小。关于垂向速度 w,半诊断计算得到的 w 分布在大部分区域上升流或下降流有所增加。(2)比较半诊断计算与预报计算,在计算区域的南部及北部,无论是水平速度、垂向速度还是水位场分布都稍有变化。

关键词:东海环流;诊断计算;半诊断计算;预报计算

前言

有关东海及其邻近海域海流的数值模似研究已有不少,这些模式在学者们的不懈努力下不断完善、发展。主要的模式有:(1)有限元方法以及有限元与精确解相结合的方法;(2)单层及双层模式;(3)逆模式和改进逆模式;(4)β 螺旋方法;(5)三维诊断、半诊断及预报模式等。关于海流诊断计算也有不少工作。例如,袁耀初等[1-2]曾对东海环流进行了一系列的诊断计算,他们的计算结果与实测海流是较为一致的。但是,诊断计算存在着一个问题,即它假定了风场、密度场及底形分布三者在统计上相互匹配。显然,这不是在任何情况下都符合实际情况,特别在资料质量并不好的情况下。为此,Sarkisyan 和 Demin[3] 提出了一个半诊断模式(也称调整模式),以弥补诊断计算的不足之处。近来,袁耀初等[4-5]提出两个预报模式及一个半诊断模式[6]计算了东海环流。

本文在前人的基础上,发展了一个与改进逆方法相结合的三维非线性诊断、半诊断及预报模式,并应用于东海环流的计算。

1 计算模式

本文所采用的控制方程及数值计算格式与我们的另一文[7]相同,故不重述,该模式主要有以下特点:

(1)对于诊断模式,控制方程为原始的运动方程、静力方程和连续方程,考虑了包括斜压效应、底形效

* 国家自然科学基金资助项目(编号:49136136)。

应、β 效应和非线性效应等在内的各种动力因子。

(2)对于半诊断与预报模式，除上述控制方程外，还必须加上密度非定态对流-扩散方程一起求解。这样计算分 3 个阶段进行：①诊断计算；②调整阶段，即求解半诊断计算解；③预报计算。

(3)垂直方向上引入 σ 坐标变换，将自由海表面与海底变换为两个等 σ 面，有利于处理大的底形变化和强斜压效应。

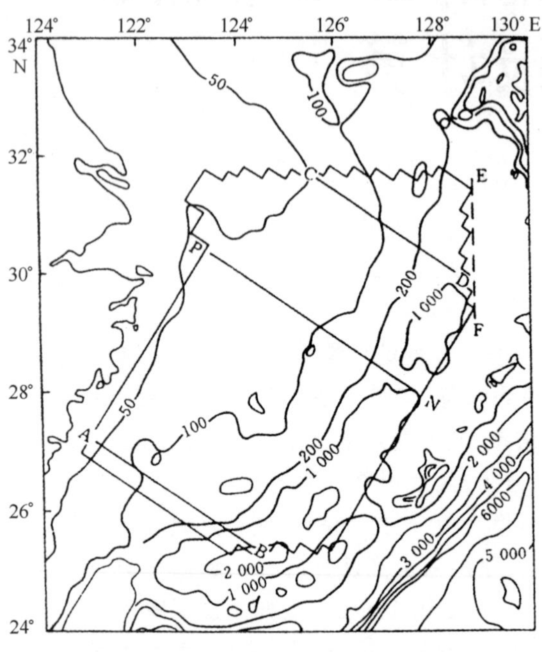

图 1　计算海区及海底地形分布(单位：m)

(4)半隐式数值格式主要用于正压项、垂直涡动黏滞项以及密度方程中垂直扩散项等项。其次为了避免科氏力项采用隐式处理而产生的线性不稳定，同时为了维持海流的地转特性，采用旋转矩阵近似处理科氏力项与水平压力梯度项。

(5)本计算采用改进的逆模式与上述模式相结合，用改进逆模式计算了在开边界上的流量，以解决开边界条件的困难。

2　计算区域、资料与参数

图 1 表示计算海区的海底地形分布，计算区域相对于正北方向的转角 $\theta_0 = 33°$。本文所采用的 CTD 资料来自 1994 年 4 月东海海洋通量调查研究，此研究属国家自然科学基金资助项目。假定风场均匀且定常，取平匀风速为 5.7 m/s，风向为 151°，即东南风。计算网格如下：x、y 均采用等步长，取 $\Delta x = 20.2$ km，$\Delta y = 23.3$ km，(x, y) 对应的网格点为 (i, j)[7]。采用参数见表 1。垂直方向步长可变，垂向速度 w 所在层的 σ 值见表 2。

表 1　模式所用参数一览表

参数	取值	参数	取值	参数	取值
A_h	2.0×10^{7} cm²/s	β	2.0×10^{-13} cm^{-1} · s^{-1}	g	980 cm/s^2
A_v	100 cm^2/s	Δx	2.023×10^{6} cm	θ	0.5
K_h	2.0×10^{6} cm^2/s	Δy	2.325×10^{6} cm	C_D	0.002 5
K_v	10 cm^2/s	Δt	3 600 s	θ_0	33°
f_0	7.042×10^{-5} s^{-1}	ρ_0	1.031 4 g/cm^3		

表 2　垂直速度 ω 所在层的 σ 值

层次	σ 值	层次	σ 值	层次	σ 值
1	0.000 00	8	−0.076 92	15	−0.615 38
2	−0.001 20	9	−0.153 85	16	−0.692 31
3	−0.002 40	10	−0.230 77	17	−0.769 23
4	−0.004 81	11	−0.307 69	18	0.846 15
5	−0.009 62	12	−0.384 62	19	−0.923 08
6	−0.019 23	13	−0.461 54	20	−0.961 54
7	−0.038 46	14	−0.538 46	21	−1.000 00

3　计算方案

为进行动力学上分析，在数值计算时，参考了文献[4]，考虑以下两个方案：

方案一：边界条件都取实测密度场，然后进行诊断、半诊断及预报计算。

方案二：把方案一得到的定态解(t=300 d 时)在北边界附近 $j=J(i)-1$ 上的密度场作为该方案北边界[$j=J(i)$]的密度场边界条件，其余边界条件均不变。这是因为方案一的预报计算结果中，在北边界附近出现密度梯度较大的人为边界层。这是由于方案一在北面边界上给出的值不合适。此现象，即北边界出现人为边界层，在袁耀初等的工作[4]中也曾出现，为此，袁耀初等[4]对北边界条件作了修正，本计算参考他们的修正作法。

4　数值计算

图 2a、图 2b 分别为 α_1 及 α_2 随时间变化曲线。由图 2b 可知，当 t=23 d 时，α_2 达到了极小值，表明解已得到了调整，即我们得到了半诊断解。

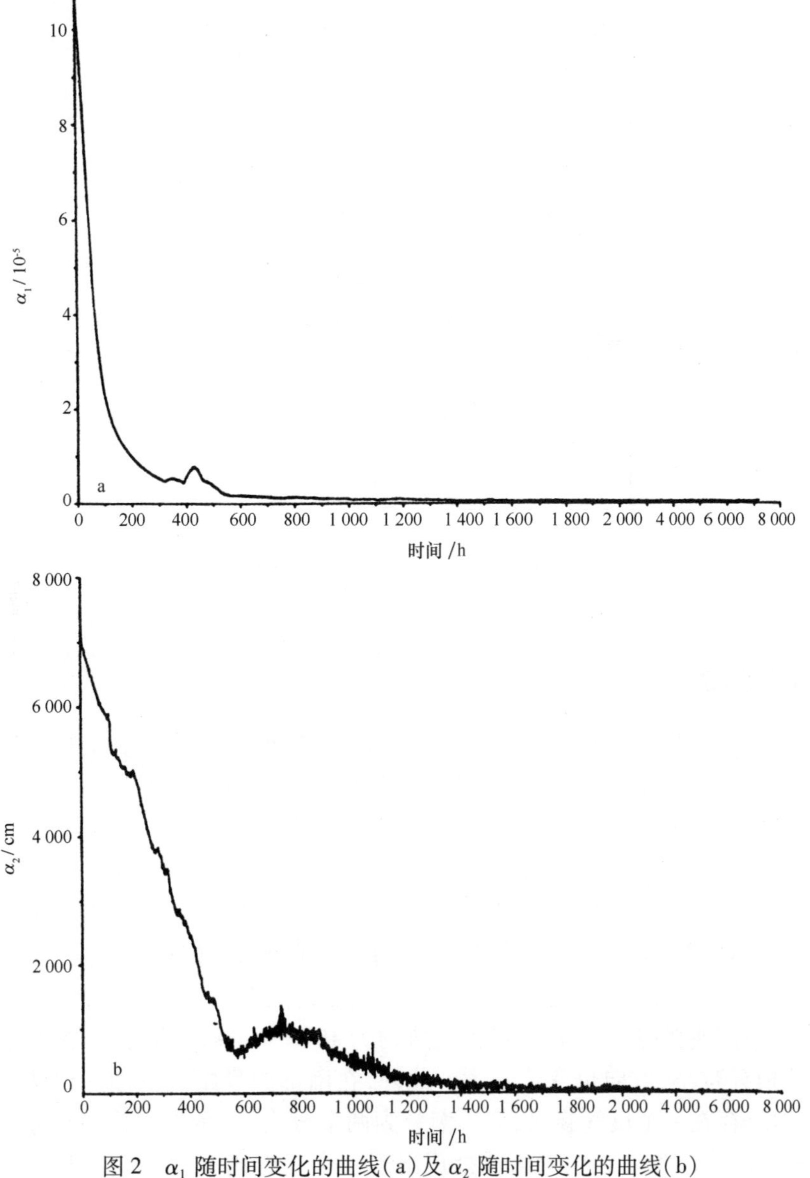

图 2　α_1 随时间变化的曲线(a)及 α_2 随时间变化的曲线(b)

当 $t=60$ d 后，解已稳定，即达到了平稳态。从我们的计算结果来看，$t=60$ d，$t=200$ d 与 $t=300$ d 时的计算结果基本一致，以下取 $t=300$ d 时的结果作为预报计算的结果。

以下结果的讨论，除了诊断计算结果及密度场外，主要讨论方案二的计算结果（且省略方案二的说明）。此外，在表示每一个方案的最终结果时，仍用原坐标（x,y,z）表示。

5　诊断计算结果

5.1　水位场 ζ 的计算结果

图 3 为诊断计算 ζ 场的分布。由图 3 可知，在计算区域的东侧，在坡折处的 ζ 等值线最密处，即为黑潮主流。此外，还可看到，黑潮分支在台湾岛北部入侵东海陆架，然后部分作反气旋弯曲后，沿约 100～200 m 等深线北上，根据袁耀初等的结果[8-9]，这支入侵陆架的黑潮分支为台湾暖流的外海侧分支。关于东海环流我们将结合下文速度分布图叙述。

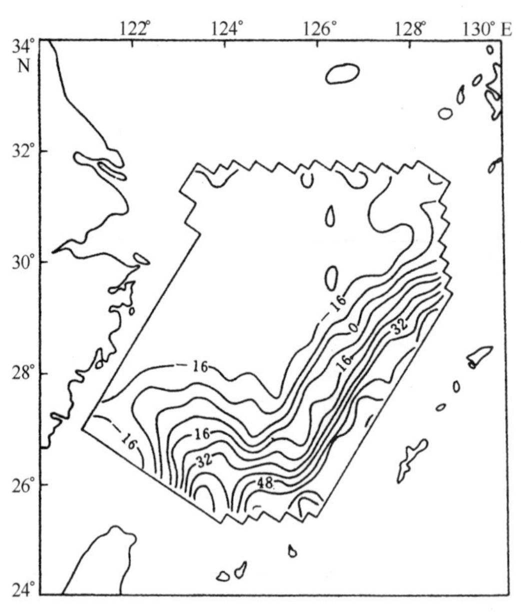

图 3　诊断计算的水位场 ζ 分布（单位：cm）

5.2　水平速度场的分布

图 4a、图 4b、图 4c 分别是表层、100 m 层、500 m 层的流速分布。由图 4 可知：（1）表层流速的分布。在计算区域的东侧，黑潮从台湾东北部进入东海，其主流位于坡折处，流向偏东北，在计算区域的东北部黑潮作顺时针弯曲后，约在 29°50′N、129°E 附近流出该区域。最大流速为 131.5 cm/s，位于格点（27，13）处（边界除外，以下皆同）。在南边界黑潮入侵陆架，部分作反气旋弯曲后，沿约 100～200 m 等深线北上，约在 29°N 附近与黑潮相汇，相汇后的黑潮主流在 30°N 附近经反气旋转向流出本海区，还有一分支继续北上，很可能成为对马暖流的源（见文献[2]）。而在西边界近岸，也有一支流速较小的东北向流，它是台湾暖流的内侧分支，流速在 20 cm/s 以下。（2）在 100 m 层的流速分布。该层的黑潮流速结构类似于表层，黑潮的主轴位置除稍偏东外基本不变，但流速普遍有所减小，最大流速约为 107.6 cm/s，也位于表层最大值处。黑潮左侧的台湾暖流外分支流速稍有减小，方向也变化不大。此外，在南部边界附近黑潮入侵陆架的速度比表层大。其次，在黑潮入流处以北存在一个反气旋涡，把黑潮分为两个分支，此现象袁耀初与苏纪兰[2]也曾指出过，且黑潮入侵陆架的速度比表层大。在黑潮出流处还出现一个气旋式涡。（3）在 500 m 层的黑潮流速比较

小，主流基本沿500～1 000 m等深线北上。最大流速为48.2 cm/s，位于格点(25,30)。此外，从500 m层的流速分布图上可看出，在计算区域的东南海域，黑潮以东存在一个明显的反气旋式涡，而在此涡附近有逆流出现。还需指出，本航次由于无实测资料，因此不能与本计算结果作比较，但与过去东海环流计算的结果比较，在定性上是一致的[2]。

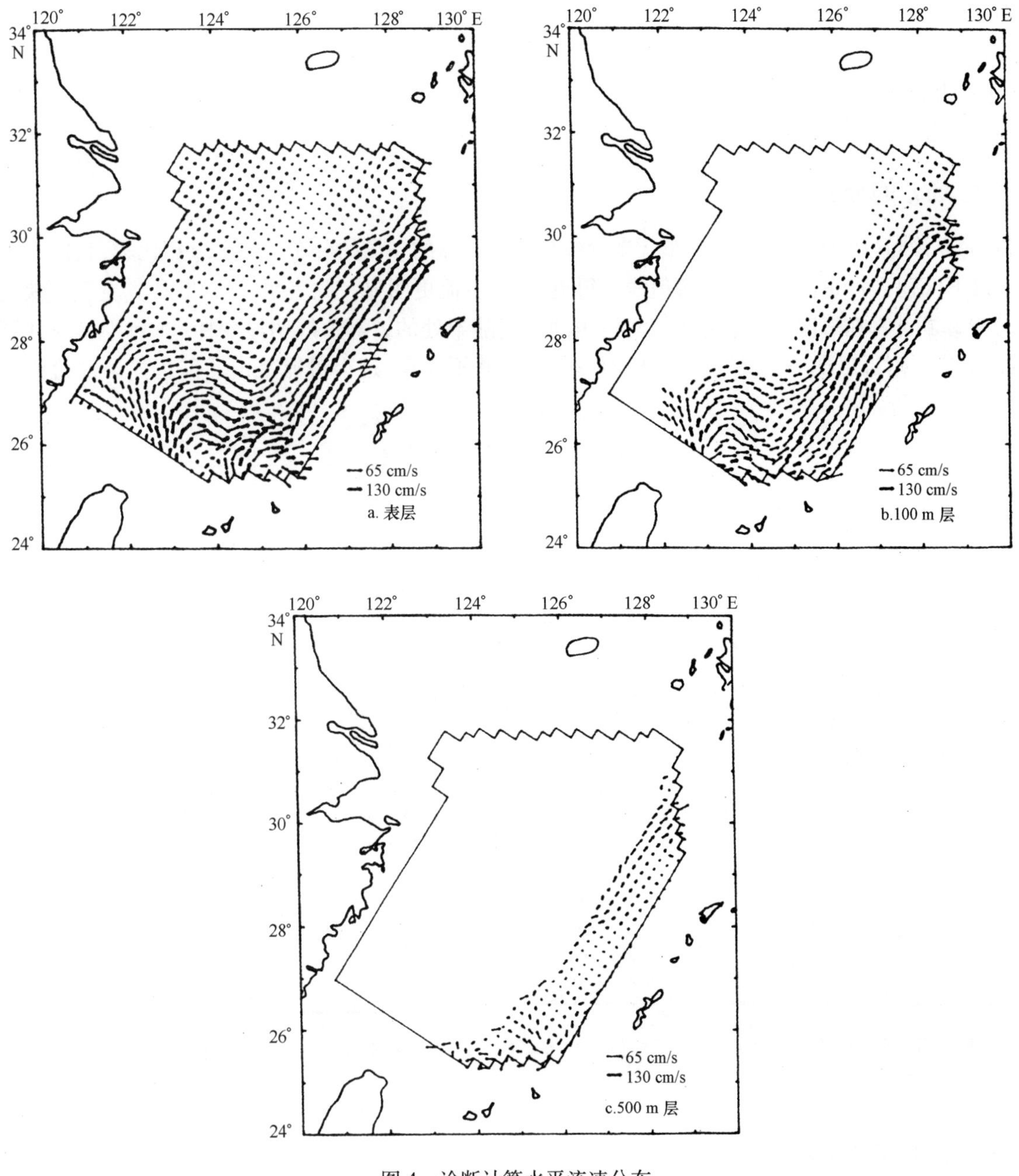

图4　诊断计算水平流速分布

5.3　垂向速度 w 的分布

图5是AB断面的垂向速度 w 的分布。由图5可知，AB断面在台湾岛东北坡折带有较强的上升流，且范围较大，上升流几乎涌升至上层，但上层上升流速度较小，而在水深100～400 m层之间最强，可达 42×10^{-3} cm/s。这与袁耀初等[5]在该区域计算得到的垂向速度量级为 10^{-2} cm/s是一致的。由此可知，黑潮除水平方向以外，也通过上升流入侵陆架。在此上升流以东存在一支较强的下降流，由300 m至表层几乎都存在。此外，在陆架上还有一个较大范围的上升流，其最大值为 14×10^{-3} cm/s。

5.4　流量

本计算通过各断面的流量如下：通过南边界东北向的流量为 $21.1\times10^6\ m^3/s$；通过 PN 断面的流量为 $30.3\times10^6\ m^3/s$；而黑潮在计算海区北部通过 EF 断面的流量为 $27.7\times10^6\ m^3/s$。这是由于南边界断面比断面 PN 及 EF 都要短，流量要减小。

6　半诊断计算结果

6.1　水位场 ζ 的分布

图 6 为半诊断($t=23$ d)的 ζ 场分布。半诊断与诊断计算的 ζ 场的分布(见图 3)相比较，它们基本上一致，但有以下区别：(1)东部黑潮的 ζ 等值线变得更密，即主流更明显。此表明，半诊断计算更能反映地形变化。(2)半诊断计算在海区南部边界中间附近黑潮入侵陆架处的 ζ 等值线明显变稀。(3)半诊断计算在计算区域的北边界附近出现一个反气旋式涡，而诊断计算并不存在，这很可能是由北部边界条件给值的影响而引起来的。

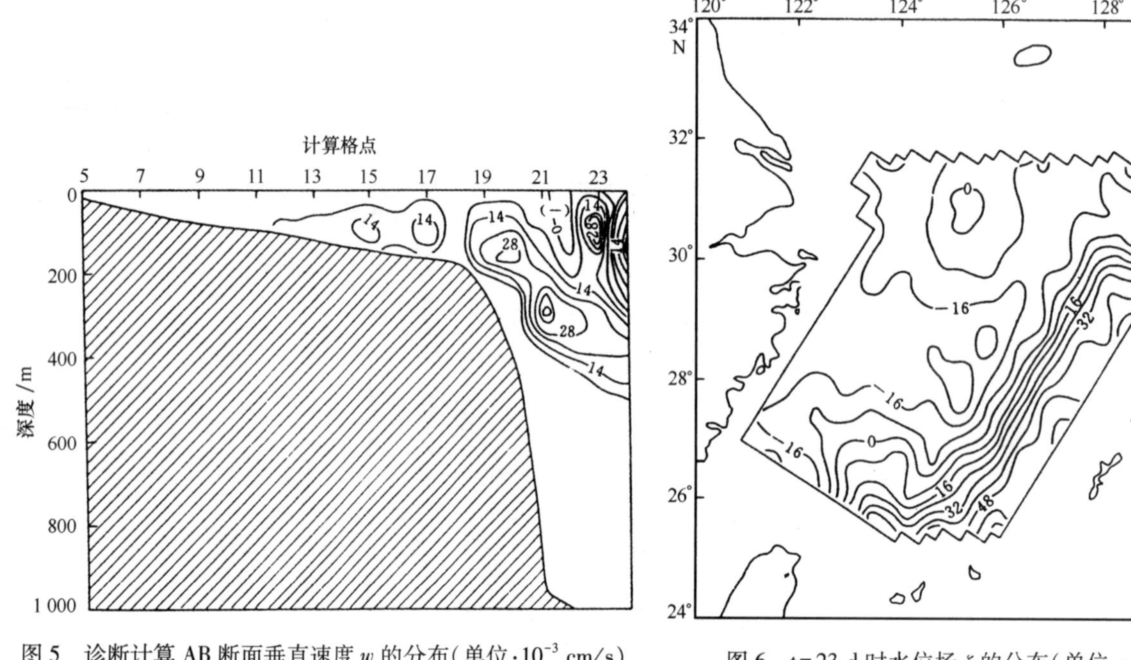

图 5　诊断计算 AB 断面垂直速度 w 的分布(单位：10^{-3} cm/s)

图 6　$t=23$ d 时水位场 ζ 的分布(单位：cm)

6.2　水平速度场的分布

图 7a、图 7b、图 7c 分别表示表层、100 m 层和 500 m 层的流速分布。它们与诊断计算结果(见图 4)基本一致，但在定量上有以下变化。(1)表层的速度场，黑潮主流的平均速度有所增大，最大速度位于格点(24，18)处，其值为 123.5 cm/s，流向基本不变。而南边界附近的黑潮与诊断结果相比变化较大，即黑潮主流向东移，直接从东北方向右拐后沿坡折北流，且此处黑潮流速也有所增大。此外，黑潮入侵陆架的流速有明显的减小，即台湾暖流外分支的速度有所减小。其次，在近岸台湾暖流内侧分支，在计算区域的中部以北的流速有所增大。除此之外，在计算区域北部台湾暖流内侧分支的右侧有一个较大的反气旋式涡。(2)100 m 层的流速分布有着与上层类似的变化，特别是区域南部，除了黑潮主干的流速普遍比表层减小外，还存在黑潮流轴稍偏东移等等。此外，在计算区域东北处的西南向流消失，此处的气旋式涡也消失。而 100 m 层流速最大

值比诊断计算值有较大减小，V_{max}=81.7 cm/s，在格点(25,18)，由此表明最大流速的位置东移，这与袁耀初与苏纪兰[2]的结果相一致。(3)在500 m层的流速分布中，黑潮东边界的中、南部有一支流速较大的逆流，逆流速度比诊断结果明显增大，且一直达南边界。此外，500 m层的黑潮在半诊断计算结果中流幅变窄，V_{max}比诊断计算略增大，其值为48.7 cm/s，位于诊断计算的最大值位置稍东处，即格点(26,30)。

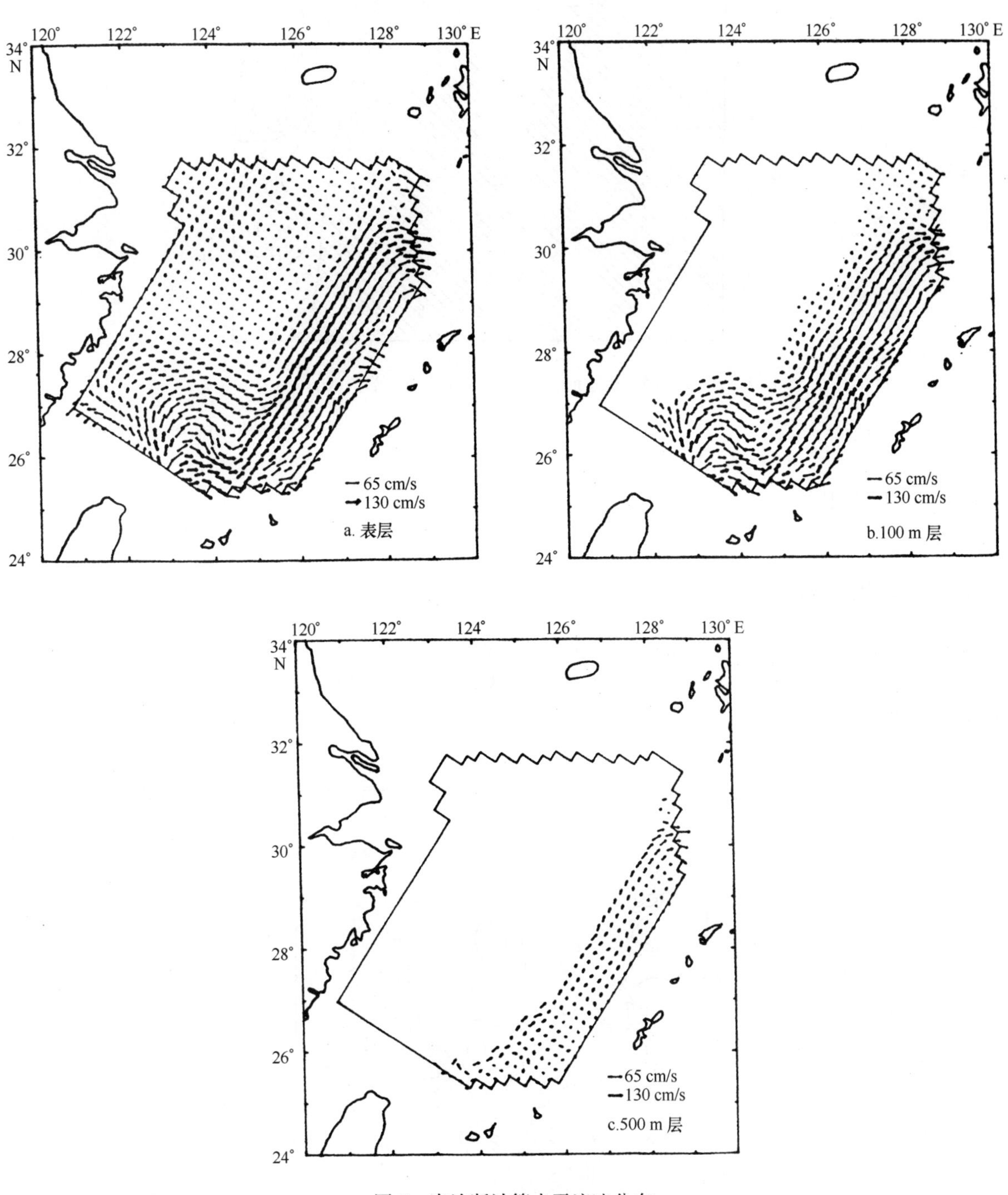

图7　半诊断计算水平流速分布

6.3　垂向速度 w 的分布

图8为t=23 d时AB断面的垂向速度w分布。它与诊断计算结果相比，在定性上也较为一致，在定量上存在如下差别。在AB断面上(图8)，陆架处的上升流在半诊断计算中有向陆坡扩展的趋势，且加强，最

大 w 值由 14×10^{-3} cm/s（诊断计算）增至 42×10^{-3} cm/s（半诊断），而格点（6,21）附近的下降流也有明显的扩展。此外，深槽处的上升流则向下扩展至 800 m 上下，且在 400 m 及 800 m 处上升流最强。

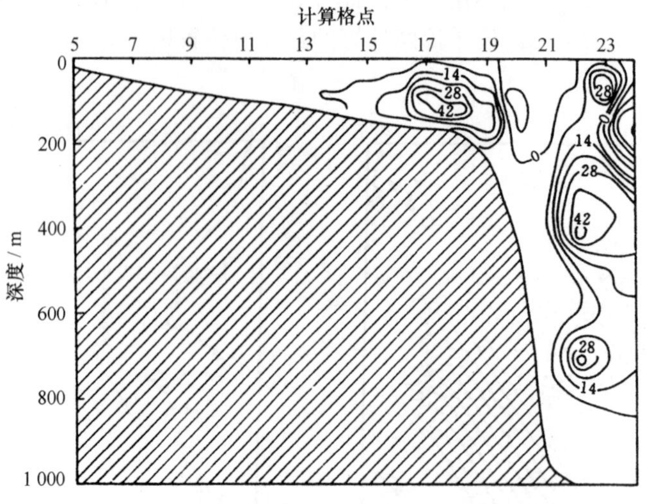

图 8　$t=23$ d 时 AB 断面垂直速度 w 的分布（单位：10^{-3} cm/s）

7　预报计算结果

7.1　水位场 ζ 的分布

图 9 为 $t=300$ d 时预报计算得到的 ζ 的分布，与半诊断结果（见图 6）相比基本上是一致的，只在某些区域 ζ 等值线分布略有差异。例如：(1) 北部有些 ζ 等值线略有变化，(2) 在计算区域西南部的 ζ 等值线比半诊断结果变得更为光滑。

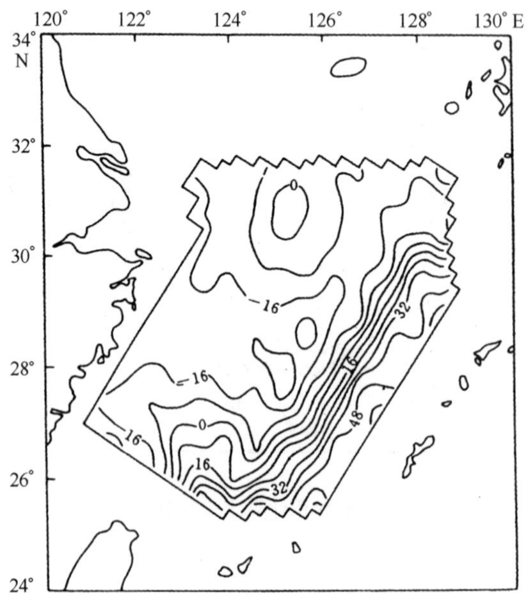

图 9　$t=300$ d 时水位场 ζ 的分布（单位：cm）

7.2　水平速度场的分布

图 10a、图 10b、图 10c 分别表示 $t=300$ d 时表层、100 m 层及 500 m 层的水平速度的分布。与半诊断计算结果相比，它们在定性上也很一致，在定量上稍有差别。例如：(1) 在表层，计算区域东北部黑潮转向处的流速与半诊断计算结果基本相同，表层最大速度 V_{max} 由 123.5 cm/s（半诊断计算）减小至 123.2 cm/s（预报计算），且仍位于原位置。(2) 在 100 m 层，流速也略微减小，流向几乎不变，如 100 m 层最大流速由 81.7 cm/s（半诊断计算）减小为 81.0 cm/s（预报计算），但在 100 m 层计算区域东南部的黑潮主流流速有所增大。(3) 在 500 m 层，区域北部的黑潮流速比半诊断计算略有减小。最大速度由 48.7 cm/s（半诊断计算）减至 48.5 cm/s，且仍位于格点(26,30)处。

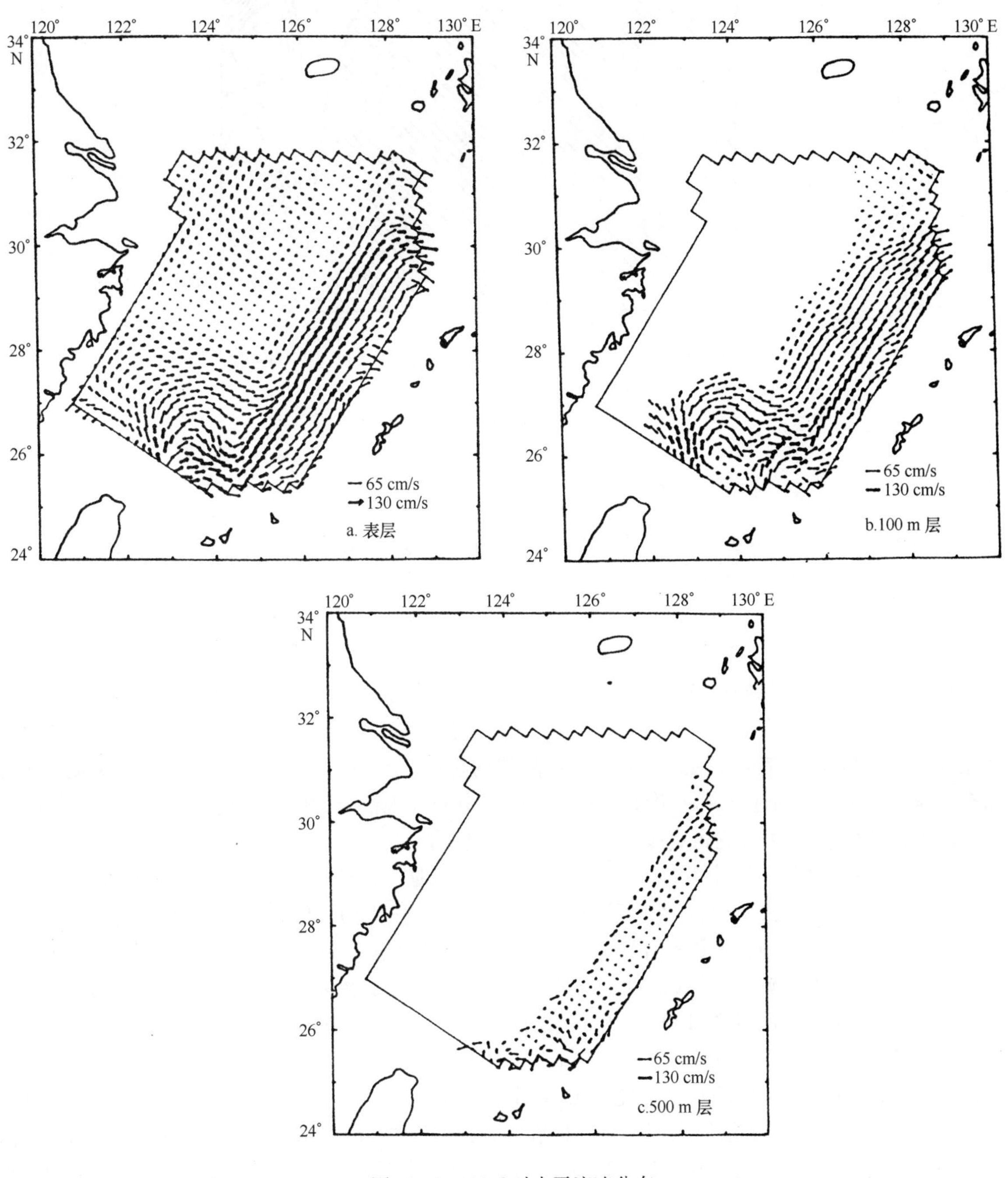

图 10　$t=300$ d 时水平流速分布

7.3 垂向速度 w 的分布

图 11 为 $t=300$ d 时 AB 断面的垂向速度 w 的分布。它与半诊断结果相比，有很好的一致性，仅在定量上略有差异。例如，在 AB 断面，上升流最大值由 47.9×10^{-3} cm/s（半诊断计算）增至 48.5×10^{-3} cm/s（预报计算）。而 PN 断面的下降流速度最大值由 -9.5×10^{-3} cm/s 减至 -9.1×10^{-3} cm/s。

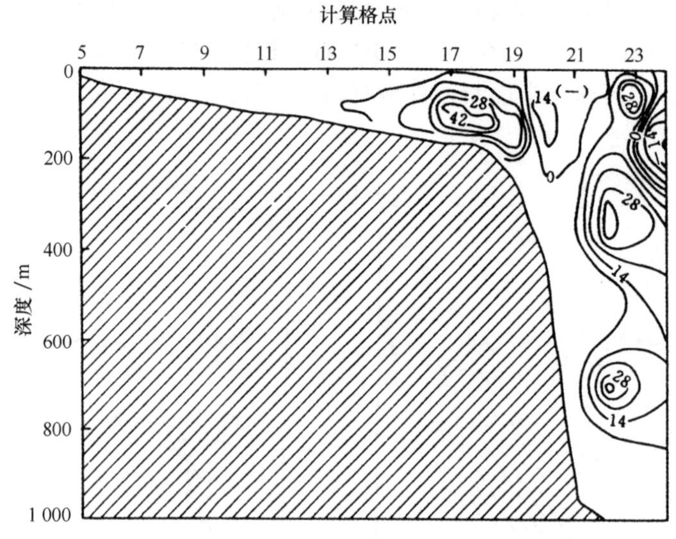

图 11　$t=300$ d 时 AB 断面垂直速度 w 的分布（单位：10^{-3} cm/s）

8　结论

我们利用 1994 年 4 月（春季）时东海海洋通量调查研究的资料，考虑了控制方程式中所有项，对该区域的环流分别进行诊断、半诊断及预报计算，可得到以下几个主要结论：

（1）在该计算中，当 $t=23$ d 时，解已得到调整，即得到半诊断计算解；在 60 d 以后解达到了准定态，本文以 $t=300$ d 时的解表示预报计算结果。

（2）比较诊断计算与半诊断计算的结果，它们在定性上是一致的，在定量上有些差别。经过调整后的半诊断计算结果，黑潮主流仍位于 200～1 000 m 坡折处，但流幅变窄，平均流速增大，主流更为清晰，更能反映地形变化的影响。其次，在南边界附近的黑潮入侵陆架的黑潮分支，即黑潮主流以西的台湾暖流外侧分支的流速有所减小。关于垂向速度 w，半诊断计算得到的 w 分布在大部分区域上升流或下降流有所增加，且最大上升流出现在坡折附近，因此它也更能反映地形变化的影响。

（3）比较半诊断计算与预报计算的结果，它们在定性上也是一致的，特别是在计算区域的中部，在定量上也较为一致。而在计算区域的南部及北部，无论是水平速度、垂向速度还是垂直积分环流都稍有变化。

（4）黑潮从台湾东北方向进入该计算区域后，其主流沿大陆坡（200～1 000 m）向东北方向流去。约在 30°N、129°E 附近大部分黑潮反气旋转向流出该计算区域。黑潮分支在区域南部入侵陆架，成为台湾暖流的外侧分支，在作反气旋弯曲后，沿约 100～200 m 等深线北上，在 29°N 附近与黑潮主流汇合。汇合后它们的一部分继续北上，成为对马暖流的来源之一。这证实了袁耀初与苏纪兰的结论[2]。

（5）在本计算中黑潮主流区的水平速度最大，黑潮西侧的台湾暖流外侧分支次之。例如在诊断计算中最大速度为 131.5 cm/s，位于表层格点（27，13）处，在半诊断计算中，最大水平速度为 123.5 cm/s，位于表层格点（24，18）处。预报计算的最大值为 123.2 cm/s，仍位于半诊断计算的最大值位置。其次，随深度增加，最大流速位置向东移。

（6）在计算海区东南附近海域，有一支较强的逆流，并伴随一个反气旋式涡。

（7）在本计算中通过南边界的流量为 $21.1\times10^6\ m^3/s$，且主要是从台湾岛东北方向流入。此外，通过 PN 断面的流量为 $30.3\times10^6\ m^3/s$，黑潮在区域北部通过 EF 断面的流量为 $27.7\times10^6\ m^3/s$。

（8）上升流在上述 3 个断面分布不完全相同，例如南边界断面，上升流主要出现在坡折带附近，一般在 100 m 以深，愈深则上升流愈强，一般量级为 10^{-2} cm/s。可知，上升流受地形影响较大。

（9）本计算的水平速度场及密度场对北边界条件有较强的依赖性，但它的影响只在北边界附近的海域。因此合理给出北边界是重要的。这与袁耀初等[4]的结论是一致的。

参考文献：

[1] Yuan Yaochu, Su Jilan, Xia Songyun. A diagnostic model of summer circulation on the northwest shelf of the East China Sea. Progress in Oceanography, 1986, 17(3/4): 163-176.

[2] 袁耀初，苏纪兰.1986 年夏初东国海黑潮流场结构的计算//黑潮调查研究论文选（一）.北京：海洋出版社，1989：175-192.

[3] Sarkisyan A S, Demin Yu L. 海洋计算的半诊断方法//WCRP 中大尺度海洋学试验译文集．海气相互作用译文编委会，译．北京：气象出版社，1983：106-112.

[4] 袁耀初，苏纪兰，倪菊芬.东中国海冬季环流的一个预报模式研究//黑潮调查研究论文选（二）.北京：海洋出版社，1990：169-186.

[5] 袁耀初.东海三维海流的一个预报模式//黑潮调查研究论文选（五）.北京：海洋出版社，1993：311-323.

[6] 袁耀初，苏纪兰，孙德桐，等.东海黑潮与琉球群岛以东海流半诊断计算.海洋学报，1997，19（1）：8-20.

[7] 王惠群，袁耀初.夏季台湾海峡海流计算Ⅱ．三维半诊断及预报模式计算.海洋学报，1997，19（3）：10-20.

[8] 袁耀初，苏纪兰，郑松筠．东海 1984 年夏季三维海流诊断计算//黑潮调查研究论文集．北京：海洋出版社，1987：45-53.

[9] 袁耀初，苏纪兰，郑松筠．东海 1984 年 12 月—1985 年 1 月冬季三维海流诊断计算//黑潮调查研究论文集．北京：海洋出版社，1987：54-60.

刊于:海洋学报,1998,20(6):1-11.

1992 年东海黑潮的变异

刘勇刚[1],袁耀初[1]

(1. 国家海洋局 第二海洋研究所,浙江 杭州 310012)

摘要:基于 1992 年 4 个航次的水文调查资料,运用改进逆方法计算了东海黑潮的流速、流量和热通量。计算结果表明:(1)PN 断面黑潮在春季和秋季都有两个流核,冬季和夏季则只有一个流核。主核心皆位于坡折处。V_{max}值春季最大,冬季和夏季次之,而秋季最小。黑潮以东及以下都存在逆流。(2)TK 断面黑潮在冬季为两核,春、夏季为 3 核。海峡南端及海峡深处存在西向逆流。(3)通过 A 断面的对马暖流 V_{max}值在秋季最大,冬季最小。黄海暖流位于其西侧,相对较弱。(4)通过 PN 断面净北向流量夏季最大,秋季最小,而冬、春季介于上述二者之间,1992 年四季平均值为 28.0 $\times10^6$ m^3/s;TK 断面的净东向流量也是在夏季最大;A 断面净北向流量则在秋季最大。(5)PN 断面 4 个航次的平均热通量为 2.03×10^{15} W。TK 断面 3 个航次的平均热通量为 2.00×10^{15} W。(6)在计算海区,冬、春和秋季都是由海洋向大气放热;夏季则从大气吸热。冬季海面上热交换率最大,而夏季热交换最小。

关键词:东海;黑潮;季节变化

1 引言

对东海黑潮流速与流量的计算,以往大多采用动力计算方法[1-3]。近年来袁耀初等[4-10]采用不同的逆方法作过计算,结果表明,对于浅海陆架,改进逆方法是一个更有效的方法。

关于东海黑潮的流量及其季节变化已有不少学者进行过研究。管秉贤[1]利用 PN 断面上 1955—1978 年 71 个航次的水文资料,采用动力计算方法,得到平均流量为$(21.3\pm5.36)\times10^6$ m^3/s。关于流量的季节变化,他认为春、夏季的流量大于总平均值,冬、初夏及秋季的流量小于总平均值,其中秋季最小。Nishizawa 等[2]利用 1954—1984 年 80 个航次 PN 断面上的资料,计算得到黑潮的平均流量为 19.7×10^6 m^3/s。这些值可能都偏小,其原因可能与零面(7 MPa)的选取有关。汤毓祥和田代知二[11]对日本气象台所做的动力计算结果作了分析,指出 1955—1990 年期间东海黑潮(实际上是 PN 断面的一部分)多年平均流量为 22.8×10^6 m^3/s。孙湘平和金子郁雄[3]采用地转法计算出 1989—1991 年 PN 断面流量的变动范围在 19.6×10^6~31.2×10^6 m^3/s 之间,平均为 24.9×10^6 m^3/s。袁耀初等自 1988 年以来对黑潮流量作了一系列计算[4-10],特别是袁耀初等[8]采用逆方法及改进逆方法对 1987—1990 年间 11 个航次在 PN 断面上的流量进行计算,得到通过 PN 断面的平均流量约为 29×10^6 m^3/s,从统计平均趋势看,流量夏季大,秋季小,冬、春季介于上述二者之间。

TK 断面(位于吐噶喇海峡处)观测资料也较多,常为人们所研究。孙湘平和金子郁雄[3]用地转法计算得到 1989—1991 年间 TK 断面平均流量为 17.5×10^6 m^3/s,在 12.6×10^6~24.8×10^6 m^3/s 之间变动。袁耀初等[8]采用改进逆方法计算的1987—1990年9个航次TK断面的平均流量为$24.6\times10^6\ m^3/s$。黑潮流经吐噶喇海峡时，黑潮流核有时为1个，但多数为2个或3个，其位置并非固定在一个水道，而在海峡的北部、中部和南部水道皆有可能，十分复杂[8]。在吐噶喇海峡南端，常有逆流出现；在该海峡的北部水道的中、下层可能也有逆流出现[3,8]。

本文采用改进逆方法，利用日本"长风丸"调查船在1992年4个航次以及"凌风丸"调查船在9201航次的水文资料，对东海黑潮的流速、流量及热通量进行了计算。

2　改进逆方法及数值计算

本文采用了袁耀初等[8]的改进逆方法，该方法对以往的逆模式作了3点重要改进：在动量方程中考虑了垂直涡动黏滞项，即流动是非地转的，在密度方程中考虑了垂直涡动扩散项，外加一个海面上海洋向大气放热（或吸热）的不等式约束：

$$q_{e,1} \leqslant q_e \leqslant q_{e,2}, \tag{1}$$

其中，$q_{e,1}$与$q_{e,2}$分别为计算海区多年每月平均值的最小与最大值，从资料得到。q_e是未知的，由计算得到。正的q_e(q_e>0)为热量从海洋传递到大气，而负的q_e(q_e<0)为热量从大气传递到海洋。

海水质量与盐量守恒方程组为

$$Ab = -\Gamma, \tag{2}$$

其中，A为已知的系数矩阵；b为未知数组成的列矩阵，Γ是各层的质量、盐量的初始不平衡量矩阵[8]。对方程组(2)采用Matear[12]的矩阵加权方法：

$$QAWW^{-1}b = -Q\Gamma. \tag{3}$$

令$A' = QAW$，$b' = W^{-1}b$，$\Gamma' = Q\Gamma$，则有

$$A'b' = -\Gamma', \tag{4}$$

其中Q称为资料加权矩阵（data-weighting matrix），定义为

$$Q_{ii} = \left[\sum_{j=1}^{n} a_{ij}^2\right]^{-\frac{1}{2}}, \quad Q_{i,k} = 0(i \neq k) \tag{5}$$

即以Q_{ii}为对角线元素的矩阵。这里a_{ij}是矩阵A的元素，n为未知数的个数。显然，Q矩阵的加权使方程组中所有的方程"平等对待"。W称为参数加权矩阵（parameter-weighting matrix），定义为

$$W_{jj} = |b_j|^{\frac{1}{2}}\left[\sum_{i=1}^{m} a_{ij}^2\right]^{-\frac{1}{4}}, \quad W_{j,k} = 0(j \neq k) \tag{6}$$

即以W_{jj}为对角线元素的矩阵。这里a_{ij}仍是A的元素，b_j是第j个未知数的期望量级，m为方程的个数。未知数的期望量级可取为水平速度$|v_0| = 1\times10^{-2}$ m/s，垂直速度$|w_0| = 1\times10^{-6}$ m/s。W矩阵的加权强迫所有的模式参数具有同一量级，而不让未知数出现大量级的偏差。

本计算中采用了以下的计算参数。只有9210航次有风的观测资料，平均风速为10.0 m/s，风向63°。$q_{e,1}$和$q_{e,2}$值从文献[8]取值，冬、春、夏、秋季分别为(0.42,6.28)，(-0.84,1.26)，(-2.09,-0.21)和(0,2.51)，单位为10^3 J/(cm^2·d)。取垂直涡动黏滞系数A_z为100 cm^2/s，垂直涡动扩散系数K_v为10 cm^2/s。

各航次水文断面和计算单元表示在图1中。每个计算单元分为5层，其交界面分别取$\sigma_{t,p}$为25，27，30和33。我们采用Fiadeiro和Verois[13]方法选择最佳参考面Z_r。通过计算获得冬、春、夏、秋季航次相对应的最佳参考面Z_r分别为1 200，1 100，800和1 000 m。在计算中取参考深度如下：如果测站水深H大于最佳参面深度Z_r，则取参考面深度值为Z_r值，否则该计算点参考面取为H。

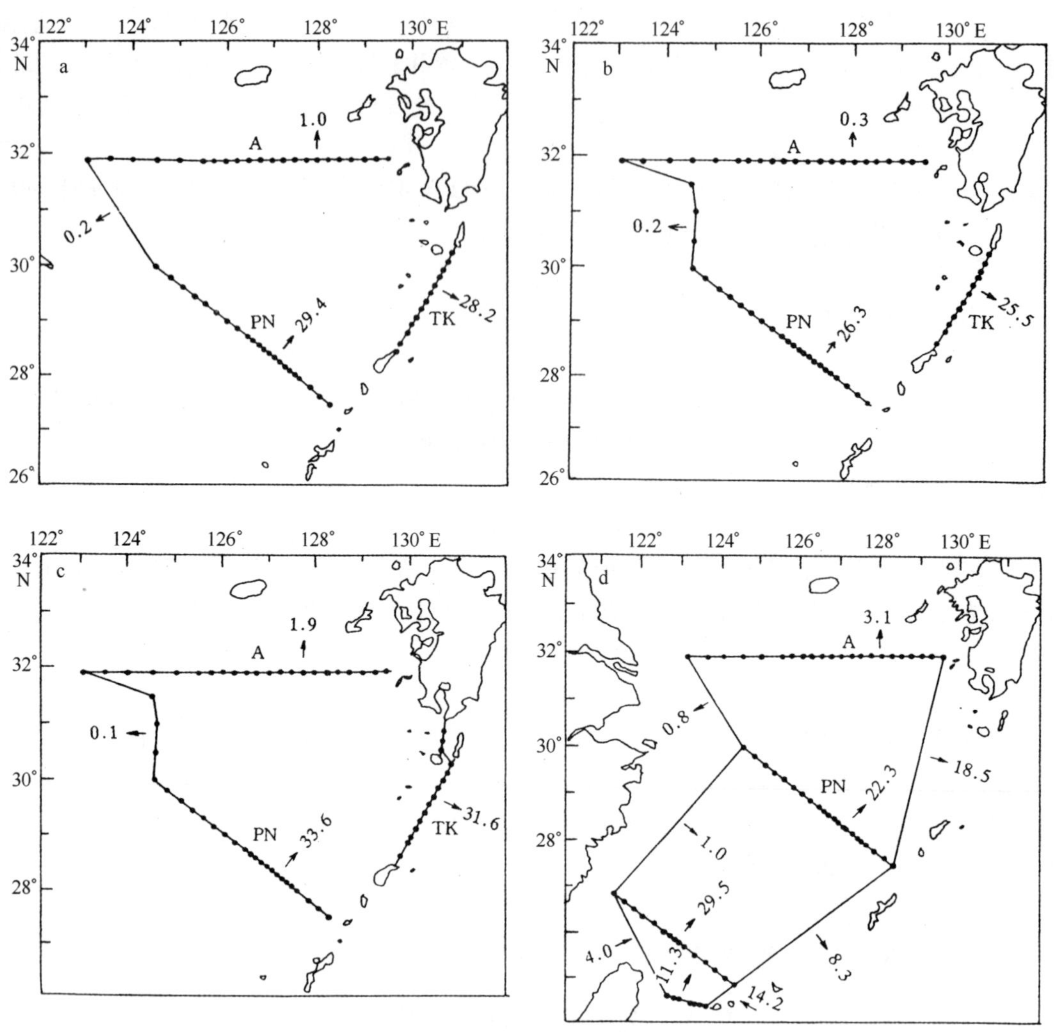

图 1　东海海区各航次观测断面分布、计算单元及各断面的净流量($10^6\ m^3/s$)

a. 9201 航次(冬季),b. 9204 航次(春季),c. 9207 航次(夏季),d. 9210 航次(秋季)

3　计算结果及讨论

以下对 1992 年冬、春、夏、秋季 4 个航次中的东海黑潮的流速、流量及热通量的改进逆方法计算结果作说明。

3.1　流速分布

3.1.1　PN 断面流速分布

PN 断面是东海著名的断面,冬季(9201 航次)(见图 2a),在 PN 断面黑潮只有一个流核,位于计算点 13 与 15 之间,即坡折处。在 200 m 以浅水层,流速都大于 100 cm/s,最大流速值为 158 cm/s,在计算点 13 的表层。断面的绝大部分为东北向流控制,但在黑潮以东,即计算点 18 附近的表层出现了南向流,这支逆流表层最大流速为 32 cm/s,在计算点 20 的深处以及黑潮主流在 800 m 以深处都有弱的逆流存在。在断面西侧陆架,流速都不大,上层多为北向流,下层为南向流。

春季(9204 航次,见图 2b),在 PN 断面黑潮有两个流核。主流核位于计算点 13 与 15 之间,在 150 m 以浅水层,流速都大于 100 cm/s,最大流速值为 188 cm/s,位于计算点 14 的表层。另一个流核在计算点 17 的 50~100 m 层,最大流速值为 109 cm/s。黑潮 20 cm/s 流速线可达 600 m 处。黑潮以东,出现了较大范围的南向流，最大流速为 46 cm/s，位于计算点 20 的表层。断面西侧陆架上的流速都很小，在计算点 2~5 和计算点 7~9 之间的上层为北向流，其最大值只有 15 cm/s，位于计算点 8 的表层；陆架上其余海区为南向流，最大流速值为 25 cm/s，在计算点 10 的表层。

夏季（9207 航次，图 2a），在 PN 断面黑潮仅有一个流核，位于计算点 13 与 15 之间，200 m 以浅水层流速都大于 100 cm/s，最大流速值为 155 cm/s，位于计算点 13 的 150 m 层。随深度增加，每层流速最大值的位置向东偏移。20 cm/s 流速可达 700 m 处。在黑潮以东存在范围较大的南向流，最大流速在计算点 21 的表层，其值为 27 cm/s。断面西侧陆架上计算点 7 以西主要为南向流，流速很小；计算点 7 以东为北向流。

秋季（9210 航次，见图 2d），在 PN 断面黑潮有两个流核，主流核位于计算点 13 与 15 之间，在 120 m 以浅水层，流速大于 80 cm/s，最大流速值为 116 cm/s，位于计算点 14 的 50 m 层。另一个流核在计算点 18 处，最大流速值为 48 cm/s，位于 250 m 层。在黑潮以东存在很大范围的逆流，在计算点 20 处，它的最大流速为 33 cm/s，位于表层。一直到底层，这支逆流都存在，在深层逆流很弱。断面西侧陆架上主要为南向流所控制，而且表层流速相对较大，这可能与较大的东北风有关，其最大流速值为 28 cm/s，位于计算点 7 的表层。

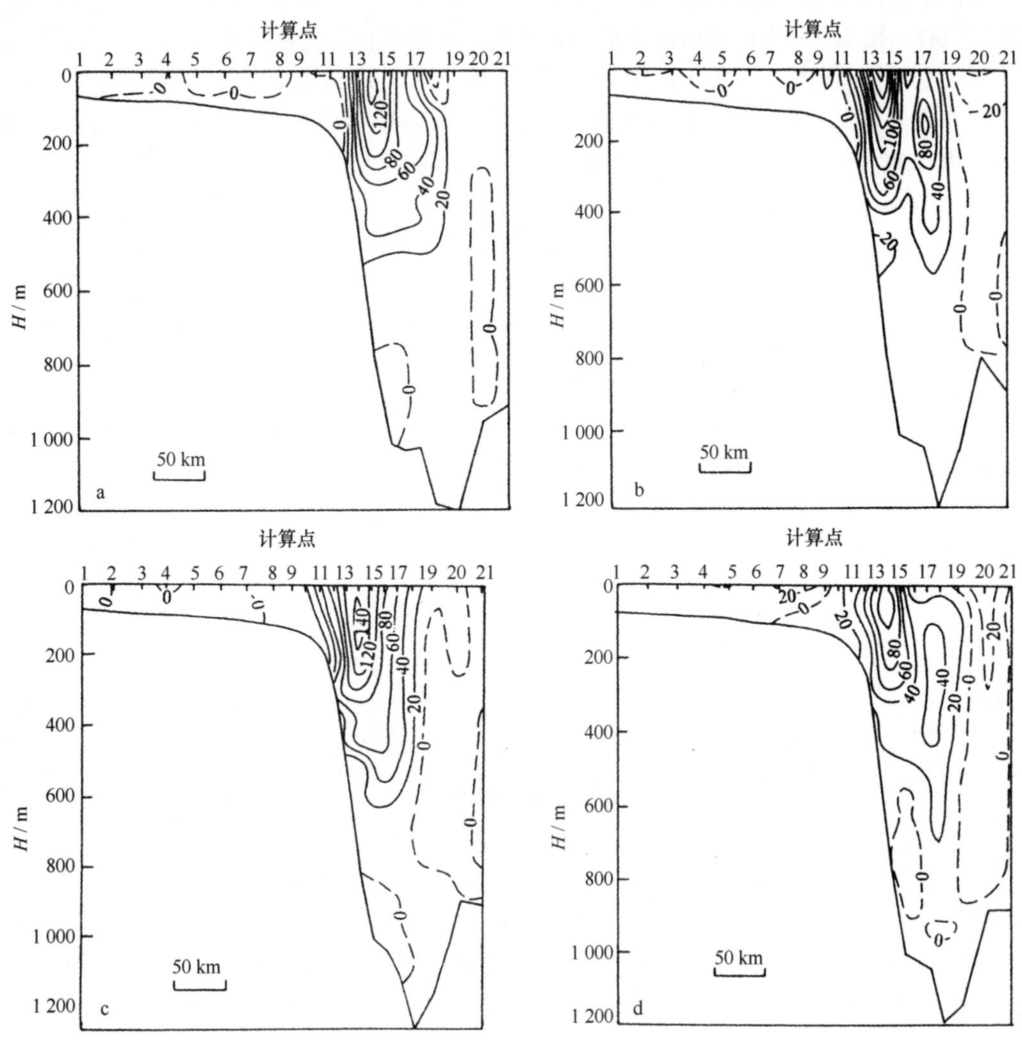

图 2　1992 年 PN 断面流速分布（cm/s）

a. 冬季，b. 春季，c. 夏季，d. 秋季（+：东北向，-：西南向）

总述 1992 年 4 个季节航次在 PN 断面流速分布，可知：（1）在春、秋季黑潮有两个核心，而在冬、夏季黑潮只有一个核心；黑潮主核各季节都在同一个位置，即位于计算点 13 与 15 之间；（2）在四季内黑潮流速都很大，但相对说，春季时最强，秋季时要减弱；（3）黑潮以东及黑潮以下都存在逆流，其最大流速值都大于 25

cm/s;从逆流范围来说,夏季及秋季较大些。

3.1.2　TK 断面流速分布

TK 断面位于吐噶喇海峡,如图 1 所示。黑潮自 PN 断面东北向流向 TK 断面。冬季(9201 航次)TK 断面流速如图 3a 所示。黑潮在 TK 断面有两个流核,分别位于计算点 4 和 7 处,最大流速值分别为 131 及 123 cm/s,都在表层,20 cm/s 流速线最深可达 700 m。在海峡深处存在西向逆流。此外,在海峡南端计算点 10 的表层以及海峡北端计算点 2 和 3 处都存在较弱的西向逆流。

春季(9204 航次,图 3b)时,TK 断面黑潮流速有 3 个核心。一个流核位于海峡北部计算点 4 处,最大流速为 158 cm/s,位于表层。在海峡中部计算点 6 和 9 处存在两个流核,最大流速值分别为 92 和 59 cm/s,分别位于计算点 6 的表层和计算点 9 的 300 m 层。20 cm/s 流速可深达 800 m 处。在海峡深处存在西向逆流,在海峡南端计算点 10 和 11 处也存在一定范围较弱的西向逆流。在计算点 3 上层还有一支较强的西向逆流存在,其最大流速值为 77 cm/s,位于表层,而在计算点 2 出现东向流,其 V_{max} 值为 61 cm/s,它很可能与计算点 3 处西向流组成一个反气旋式涡。

夏季(9207 航次,图 3c)时,TK 断面流速呈 3 核结构。主流核位于海峡中部计算点 7 处,最大流速值为 139 cm/s,位于 150 m 层;在海峡北部计算点 3 和海峡南部计算点 10 处各有 1 个核心,其最大流速值分别为 87 和 59 cm/s,分别位于 125 和 50 m 层处;在海峡的深层以及海峡南端都存在较弱的西向逆流。此外,在计算点 5 处,即在两个东向流之间存在较强的西向逆流,最大流速值为 63 cm/s,位于表层。

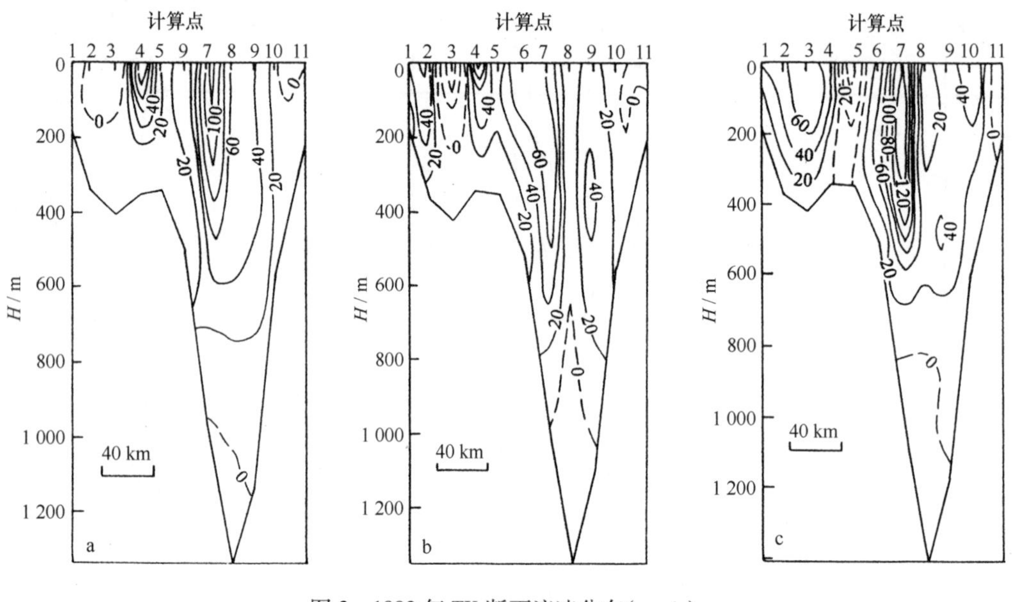

图 3　1992 年 TK 断面流速分布(cm/s)

a. 冬季,b. 春季,c. 夏季,(+:东向,-:西向)

总结 1992 年 3 个航次 TK 断面的流速分布,可知:(1)在冬、春、夏季,TK 断面都有两个以上的流核,在海峡北部计算点 4(或 3)以及海峡中部计算点 7 处总有黑潮流核出现。(2)3 个航次中,春季流速最大,而在冬夏季流速减弱。(3)在海峡深处及海峡南端都有较弱的西向流存在。海峡北部存在西向流或者可能有反气旋涡出现。

3.1.3　A 断面流速分布

A 断面位于东海北部 31°55′N,是一条东西向断面(见图 1)。对马暖流与黄海暖流都通过此断面。关于对马暖流的来源,Yuan 和 Su[4] 认为它是一支由黑潮分支与台湾暖流等混合水形成的一支北向海流,关于它的来源还有其他说法(例如文献[14])。黄海暖流位于对马暖流的西侧。本小节将分别讨论各航次在 A 断面的流速分布。

冬季(9201 航次,如图 4a 所示)时,A 断面流速相对较小,自计算点 8~20 存在北向流。在此地很难分清对马暖流及黄海暖流的界线。对马暖流核心在计算点 18 处，其最大流速值为 21 cm/s，一直到 700 m 以深还存在北向流。在断面东侧从表层至底层都存在沿岸南向逆流。

春季（9204 航次，图 4b）时，在 A 断面计算点 9 与 19 之间都存在北向流，对马暖流和黄海暖流位于此处，最大流速值为 27 cm/s，位于计算点 15 的表层，北向流最深可达 600 m 处。断面东侧是一支较强的逆流，最大流速在表层，其值为 38 cm/s。

夏季（9207 航次，图 4c）时，在 A 断面北向流位于计算点 5 与 19 之间，有两个流核。主流核，即对马暖流核心位于计算点 18 与 19 之间，最大流速为 21 cm/s，在 250 m 层。另一个核心在计算点 11 与 16 之间，黄海暖流主要位于此处，最大流速值为 17 cm/s，断面东侧存在一支范围较大的南向逆流，最大流速值为 25 cm/s，位于计算点 20 的表层。

秋季（9210 航次）如图 4d 所示，A 断面自计算点 12 以东都存在北向流，明显存在两个核心。一个核心在对马暖流处，它位于断面东侧计算点 19~20 处，最大流速值为 28 cm/s，在 150 m 层；另一个核心在黄海暖流处，计算点 15 附近，其最大流速值为 16 cm/s，在 30 m 处。断面东侧的沿岸南向逆流范围减小，而断面西侧也存在南向流，特别在计算点 5~11 处，在表层存在南向流，这与秋季较强的东北风有关。

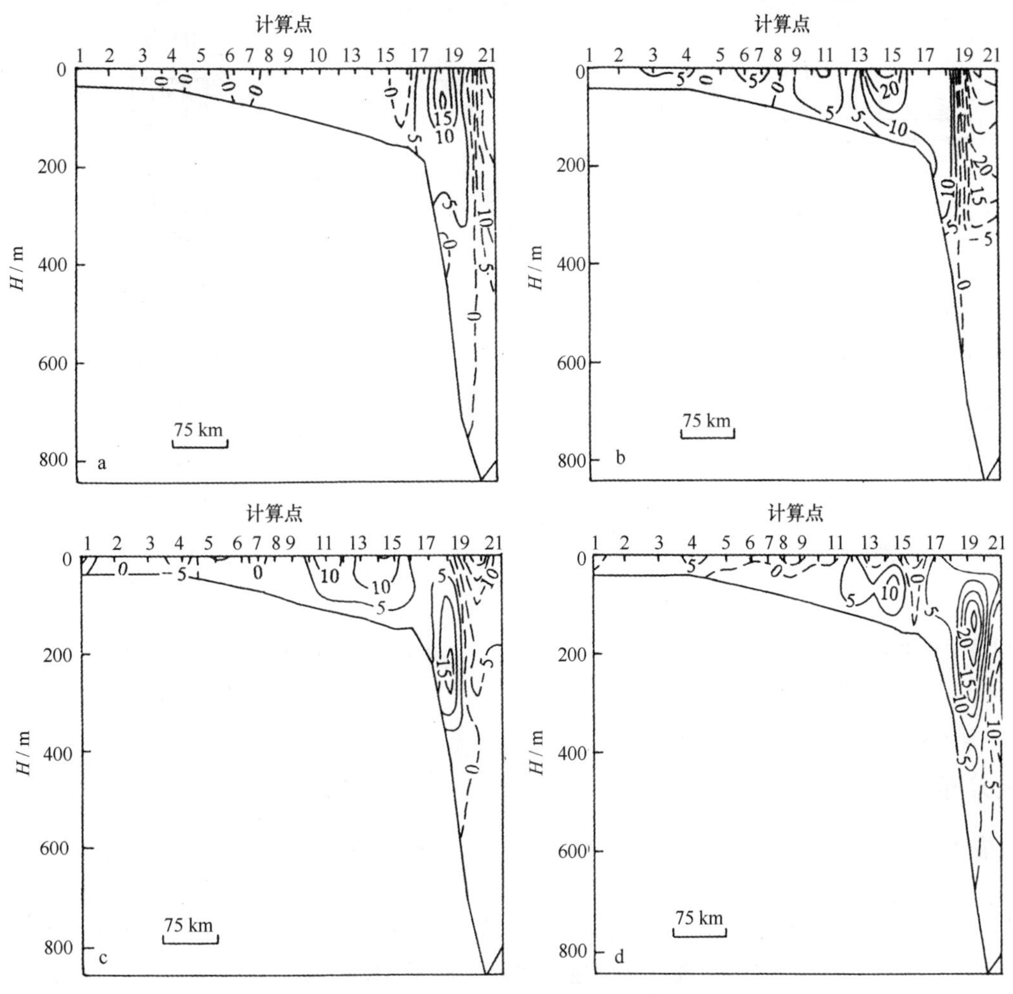

图 4　1992 年 A 断面流速分布（cm/s）

a. 冬季，b. 春季，c. 夏季，d. 秋季（+：北向，-：南向）

总结 1992 年 4 个航次 A 断面流速分布，可以知道：（1）对马暖流通过 A 断面，其核心位置在冬、夏及秋季都位于计算点 18~20，而在春季则偏西，位于计算点 15。4 个季节的流速变化不大，在 21~28 cm/s 之间。（2）黄海暖流位于对马暖流西侧，约在计算点 10 与 16 之间范围内变化，例如在春季，它偏西约在计算点 11

~12,其他季节则偏东,它的流速要减小。(3)断面东侧总存在南向沿岸流,流速变化在 12~38 cm/s 之间。

3.1.4 其他断面流速分布

IS 断面是位于台湾东北呈西北—东南向的断面(如图 1d 所示)。黑潮自我国台湾以东通过该断面。只有秋季航次才有观测资料。图 5 为该航次 IS 断面流速分布图,在 IS 断面,黑潮有两个流核。主流核位于陆坡上计算点 9 至 11 处,200 m 以浅水层流速大于 80 cm/s,最大流速值为 173 cm/s,位于计算点 10 的 50 m 层。与同时期 PN 断面最大流速相比较,要大于 PN 断面上最大流速。在计算点 14 处还有一个流核,最大流速值为 46 cm/s,位于 50 m 层。1 000 m 以下有南向逆流存在,但较弱。在断面西侧大部分陆架上为南向流,上层南向流速较大,这与较强的东北风有关。

YT 断面位于台湾以东(见图 1d)。由于断面 YT 的最西端测点距离台湾岛大于 30 n mile,而黑潮主轴较近台湾,因而黑潮主轴并未通过 YT 断面,即在 YT 断面以西。图 6 为该断面流速分布。从图 6 可知,存在两个北向流的流核。西侧的一个流核最大流速为 60 cm/s,位于计算点 2 的 50 m 层。东侧的一个流核范围较大,其最大流速为 62 cm/s,在计算点 5 的 200 m 层处。在两个流核中间存在一支逆流,其最大流速为 30 cm/s,位于计算点 3 的表层。

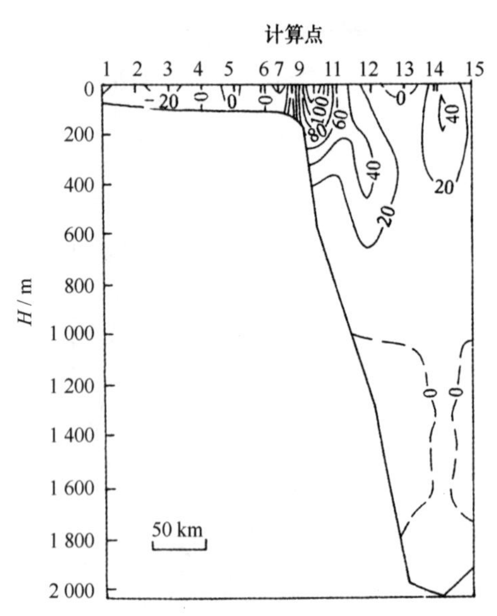

图 5 1992 年秋季航次 IS 断面上流速分布(cm/s)
(+:东北向,-:西南向)

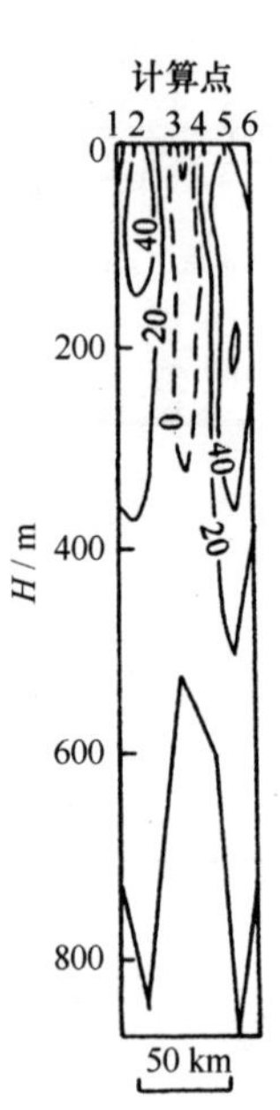

图 6 1992 年秋季航次 YT 断面流速分布(cm/s)
(+:东北向,-:西南向)

3.2 流量分布

流量是描述大洋环流的一个重要物理量。本节我们首先分析各航次流量分布,再讨论黑潮流量的季节变化。

在冬季(如图 1a 所示),通过 PN 和 TK 断面的净北向流量分别为 29.4×10^6 和 28.2×10^6 m^3/s,A 断面北向净流量 1.0×10^6 m^3/s。黑潮通过 PN 断面后,绝大部分流向了 TK 断面。通过 A 断面北向流(对马暖流与黄海暖流)的流量与南向流的流量分别为 2.9×10^6 和 1.9×10^6 m^3/s。

在春季(如图 1b 所示)通过 PN 和 TK 断面的净北向流量分别为 26.3×10^6 和 25.5×10^6 m^3/s,与冬季相比,净北向流量减小,这可能与春季时南向逆流流量增加有关。A 断面北向流的流量与南向流的流量分别为 5.0×10^6 和 4.7×10^6 m^3/s,较冬季均有所增加。

在夏季(如图 1c 所示),通过 PN 和 TK 断面的净北向流量分别为 33.6×10^6 和 3.16×10^6 m^3/s。A 断面北向流的流量与南向流的流量分别为 3.8×10^6 和 1.9×10^6 m^3/s。

在秋季(如图 1d),黑潮在 IS 断面流量较大,其值为 29.5×10^6 m^3/s,流向 PN 断面的流量减小,其值为

$22.3\times10^6\ m^3/s$，是因为有一部分海水通过宫古岛与冲绳岛之间的海域向东流回了太平洋，袁耀初等[8]将东海黑潮及琉球群岛以东海域流型划分为3种类型，本航次属于流型Ⅱ。黑潮通过吐噶喇海峡的流量为 $18.5\times10^6\ m^3/s$，而A断面北向流的流量与南向流的流量分别为 $4.5\times10^6\ m^3/s$ 和 $1.4\times10^6\ m^3/s$，净流量为 $3.1\times10^6\ m^3/s$。

总结1992年4个航次的净流量分布，可以知道在东海黑潮通过PN断面流量夏季最大，秋季最小，而冬、春季介于上述二者之间，这与前人的研究结果[1,3,8]基本一致；PN断面的净流量大于TK断面的净流量；A断面净北向流量在秋季大于其他季节。1992年PN断面黑潮平均流量为 $28.0\times10^6\ m^3/s$。此结果接近袁耀初等[8]改进逆方法的计算结果。

3.3 热通量分布

我们采用了热量不等式约制的改进逆方法，计算了PN、TK断面的热通量和东海海面与大气的热交换率。以下我们分别作讨论。

3.3.1 PN断面的热通量

由表1可知，PN断面热通量在 $1.6\times10^{15}\sim2.5\times10^{15}$ W之间变动，其季节变化特征与通过PN断面的流量的变化特征基本相一致。4个航次的平均热通量为 2.03×10^{15} W，这与袁耀初等[8]对1988、1989年两年共8个航次计算得到的PN断面平均热通量值 2.109×10^{15} W十分接近。

表1 通过PN、TK断面的热通量（Q_{PN}、Q_{TK}）与东海海气平均热交换率（q_e）

项目/航次	9201	9204	9207	9210	平均
$Q_{PN}/10^{15}$ W	2.1	1.9	2.5	1.6	2.03
$Q_{TK}/10^{15}$ W	1.9	1.8	2.3	—	2.00
$q_e/10^3\ J\cdot cm^{-2}\cdot d^{-1}$	4.58	1.24	−0.22	2.51	2.03

3.3.2 TK断面的热通量

由表1可以看出，3个航次中TK断面的热通量的变动范围为 $1.8\times10^{15}\sim2.3\times10^{15}$ W，其季节变化特征也与通过该断面的流量变化特征基本相同。3个航次的平均热通量为 2.00×10^{15} W，稍大于袁耀初等[8]对1988、1989年两年共8个航次计算得到的平均热通量值 1.824×10^{15} W。

3.3.3 海面上的热量交换

本小节我们计算以PN、TK和A断面的所围成的海域平均海气热交换率。计算结果见表1，正值为海洋向大气放热，负值则相反。此平均值是作为东海海面与大气之间的平均热交换率（q_e）。由表1可知，冬季、春季和秋季都是由海洋向大气放热；夏季则从大气吸热。冬季海面上热交换率最大，而夏季热交换率最小。1992年4个航次（四季）平均为海面向大气放热，平均放热率为 $2.03\times10^3\ J/(cm^2\cdot d)$。

4 结论

基于1992年4个航次的水文资料，我们采用改进逆方法对东海黑潮的流速、流量和热通量等进行了计算，得到以下几点结果：

（1）PN断面黑潮在春季和秋季都有两个流核，冬季和夏季则只有一个核。主核心皆位于坡折处。在四季内黑潮流速都很大；V_{max} 值春季最大，冬季和夏季次之，而秋季最小。黑潮以东及以下都存在逆流，黑潮以东逆流最大流速值都大于25 cm/s，在夏季和秋季其范围较大。

（2）TK断面黑潮在冬季为两核，春、夏季为3核。四季最大流速值也是在春季时最大。海峡南端及海峡深处都存在西向逆流。

(3)通过 A 断面的对马暖流 V_{max} 值在秋季最大,冬季最小,在 21~28 cm/s 之间变化。黄海暖流位于其西侧,相对较弱。对马暖流的东侧总存在南向沿岸逆流。

(4)通过 PN 断面净北向流量夏季最大,秋季最小,而冬、春季介于上述二者之间,1992 年四季平均值为 $28.0 \times 10^6\ m^3/s$;TK 断面的净东向流量也是在夏季最大;A 断面净北向流量则在秋季最大。

(5)PN 断面热通量在 $1.6 \times 10^{15} \sim 2.5 \times 10^{15}$ W 之间变动,其季节变化特征与通过 PN 断面的流量的变化特征基本相一致,4 个航次的平均热通量为 2.03×10^{15} W。3 个航次中 TK 断面的热通量的变动范围为 $1.8 \times 10^{15} \sim 2.3 \times 10^{15}$ W,其季节变化特征也与通过该断面的流量变化特征基本相同,3 个航次的平均热通量为 2.00×10^{15} W。

(6)在计算海区,冬、春和秋季时都是海洋向大气放热;夏季则从大气吸热。冬季海面上热交换率最大,而夏季热交换率最小。

致谢: 日本气象厅长崎海洋气象台为我们提供了宝贵的观测资料,在此表示感谢。

参考文献:

[1] 管秉贤. 东海黑潮流量的变动及其原因的分析//中国海洋湖沼学会水文气象学会学术会议(1980)论文集.北京:科学出版社,1982:103-116.

[2] Nishizawa J, Eamihira E, Komura K, et al. Estimation of the Kuroshio mass transport flowing out of the East China Sea to the North Pacific. La mer, 1982, 20: 37-40.

[3] 孙湘平,金子郁雄,1989—1991 年黑潮的变异//黑潮调查研究论文选(五).北京:海洋出版社,1993:52-68.

[4] Yuan Yaochu, Su Jilan. The calculation of Kuroshio Current structure in the East China Sea—early summer 1986. Progress in Oceanography, 1988, 21: 243-361.

[5] Yuan Yaochu, Su Jilan, Pan Ziqin. A study of the Kuroshio in the East China Sea and the currents east of Ryukyu Islands in 1988//Takano K. Oceanography of Asian Marginal Seas. Elsevier Science Publishers, 1991: 305-319.

[6] Yuan Yaochu, Su Jilan, Pan Ziqin. Volume and heat transports of the Kuroshio in the East China Sea in 1989. La mer, 1992, 30: 251-262.

[7] 袁耀初,潘子勤. 1989 年夏初东海黑潮流量与热通量的变化//黑潮调查研究论文选(四). 北京:海洋出版社,1992:265-272.

[8] 袁耀初,潘子勤,金子郁雄,等.东海黑潮的变异与琉球群岛以东海流//黑潮调查研究论文选(五). 北京:海洋出版社,1993:279-297.

[9] Yuan Yaochu, Takano K, Pan Ziqin, et al. The Kuroshio in the East China Sea and the currents east of the Ryukyu Islands during autumn 1991. La mer, 1994, 32: 235-244.

[10] 袁耀初,高野健三,潘子勤,等.1991 年秋季东海黑潮与琉球群岛以东海流//中国海洋学文集,第 5 集.北京:海洋出版社,1995:1-11.

[11] 汤毓祥,田代知二. 东海 PN 断面黑潮流况的分析//黑潮调查研究论文选(五). 北京:海洋出版社,1993:69-76.

[12] Matear R J. Circulation within the ocean storms area located in the northeast Pacific Ocean determined by inverse methods. J Phys Oceanogr, 1993, 23: 648-658.

[13] Fiadeiro M E, Veronis G. On the determination of absolute velocities in the ocean. J Mar Res, 1982, 40(suppl):159-182.

[14] 郭炳火,道田丰,中村保昭. 对马暖流源区水文状况极其变异的研究//黑潮调查研究论文选(五).北京:海洋出版社,1993:16-24.

Variability of the Kuroshio in the East China Sea in 1992

Liu Yonggang[1], Yuan Yaochu[1]

(1. *Second Institute of Oceanography*, *State Oceanic Administration*, *Hangzhou* 310012, *China*)

Abstract: Based on the hydrographic data of the four cruises in 1992, a modified inverse method is used to compute the velocity, volume and heat transports of the Kuroshio in the East China Sea. The computed results show that: (1) There are two current cores of the Kuroshio at Section PN in spring and autumn, but one core in winter and summer. The main core always lies over the shelf break. The Kuroshio is strongest in spring, secondary in winter and summer and weakest in autumn. There are also countercurrents under and east of the Kuroshio at Section

PN. (2) There are two current cores of the Kuroshio at Section TK in winter, three cores in spring and summer. Countercurrents exist in the southern part and the deep layer of the Tokara Strait. (3) The Tsushima Warm Current (TSWC) at Section A is strongest in autumn and weakest in winter, and is stronger than the Huanghai Warm Current which lies to the west of the TSWC. (4) The net northeastward volume transport (hereafter *VT*) through Section PN is largest in summer and smallest in autumn with an average of 28.0×10^6 m^3/s in the four cruises of 1992. The net eastward *VT* at Section TK is also largest in summer. The net northward *VT* at Section A is largest in autumn. (5) The average heat transport through Section PN during the four cruises is 2.03×10^{15} W, and that through Section TK is 2.00×10^{15} W during the three cruises. (6) In the computation area, heat transfer is from the ocean to the atmosphere during winter, spring and autumn, but from the atmosphere to the ocean in summer. The average rate of heat transfer is largest in winter, but smallest in summer.

Key words: the East China Sea; Kuroshio; seasonal variability

刊于:海洋学报,1999,21(3):15-29.

1993 和 1994 年东海黑潮的变异*

刘勇刚[1],袁耀初[1]

(1. 国家海洋局 第二海洋研究所,浙江 杭州 310012)

摘要:基于“长风丸”1993—1994 年共 8 个航次的水文调查资料,采用改进逆方法计算了东海黑潮的流速、流量和热通量。计算结果表明:(1)PN 断面黑潮流速在秋季时均呈双核结构;而在其他季节,有时为单核,有时为双核;黑潮主核心皆位于坡折处。黑潮以东及黑潮以下都存在南向逆流。(2)TK 断面海流较复杂,可出现单、双或三核结构。在吐噶喇海峡中部、北部出现流核的几率较高。海峡南端及海峡深处都存在西向逆流,而且海峡南端的逆流在秋季较强。(3)在 A 断面,对马暖流核心位于陆坡上,但有时偏西或偏东。V_{max}值的变动范围为 26~46 cm/s。黄海暖流位于其西侧,流速则相对减小。(4)东海黑潮流量在这两年中,在春季均出现最小值,在夏季出现最大或较大值。黑潮流量,以 PN 断面为例,每年四季平均流量值 1994 年与 1993 年几乎相同,但略小于 1992 年的平均流量值。8 个航次中通过 PN、TK 断面的平均净流量分别为 27.1×10^6 和 25.0×10^6 m^3/s。(5)8 个航次中,通过 PN、TK 断面的热通量的平均值分别为 1.99×10^{15} 和 1.78×10^{15} W。(6)在计算海域秋季和冬季均是由海洋向大气放热;夏季则均从大气吸热;春季则不确定。海面上热交换率在冬季最大,而春、夏季较小。

关键词:东海;黑潮;季节变化

1 引言

关于东海黑潮的流量及其季节变化已有不少学者进行过研究[1-7],以往大多采用动力计算方法[1-3],近年来袁耀初等[4-7]采用逆方法和改进逆方法进行了计算。由于采用不同的计算方法,他们得到的东海黑潮平均流量差异较大,从 19.7×10^6 m^3/s 至 29×10^6 m^3/s 不等,但对于流量的季节变化基本相同,即从统计平均趋势看,流量夏季大,秋季小,冬、春季介于上述二者之间。最近,刘勇刚和袁耀初[8]也采用改进逆方法对 1992 年 4 个航次的资料进行了计算,得到通过 PN 断面的平均流量为 28×10^6 m^3/s;流量也是在夏季最大,秋季最小,冬、春季介于上述二者之间。

本文采用改进逆方法,利用日本“长风丸”调查船在 1993—1994 年共 8 个航次的水文资料,对东海黑潮的流速、流量及热通量进行了计算,并讨论在此期间黑潮在东海的变异。

2 资料与数值计算

在东海海区,本文采用了日本“长风丸”调查船在 1993—1994 年共 8 个航次的 CTD 和风场观测资料,即 9301、9304、9307、9310、9401、9404、9407、9410 航次的观测资料(见表 1)。

* 国家自然科学基金资助项目(编号:49776287)。

表 1　东海海区观测资料情况一览表

航次	资料时间	风速/m·s^{-1}	风向/(°)	Z_r/m
9301	1993-01-19—02-20	9.3	72.3	900
9304	1993-04-26—05-20	6.0	180.3	900
9307	1993-07-21—08-07	4.5	184.6	900
9310	1993-10-18—11-20	8.9	69.1	1 100
9401	1994-01-18—02-28	11.8	345.1	900
9404	1994-04-26—05-10	5.9	85.7	700
9407	1994-07-20—08-06	4.1	269.8	900
9410	1994-10-04—11-22	9.8	65.7	1 000

文献[8]对改进逆方法作了说明，这里不再赘述。本计算中采用了以下的计算参数。由于缺乏详细的风场资料，假定风场是均匀的。各航次风速、风向见表 1。$q_{e,1}$与 $q_{e,2}$在各季节时取值与文献[8]在相同季节时取值相同，即冬、春、夏、秋季分别为(0.42,6.28)，(-0.84,1.26)，(-2.09,-0.21)和(0,2.51)，单位为×10^3 J/(cm^3·d)。取涡动黏滞系数 A_z 为 100 cm^2/s，涡动扩散系数 K_v 为 10 cm^2/s。

各航次水文断面和计算单元表示于图 1，每个计算单元分为 5 层，其交界面分别取 $\sigma_{t,p}$为 25，27，30 和 33。我们采用经验搜寻法选择最佳参考面[9]。通过计算获得各航次相对应的最佳参考面 Z_r 列于表 1。取参考深度如下：如果测站水深 H 大于最佳参面深度 Z_r，则按表 1 取值为 Z_r 值，否则该计算点参考面取为 H。

3　计算结果及讨论

以下分别讨论 1993 和 1994 年东海黑潮的流速、流量及热通量的改进逆方法计算结果。

3.1　流速分布

3.1.1　PN 断面流速分布

本节首先讨论 1993—1994 年 8 个航次在 PN 断面上的流速分布。

1993 年冬季(9301 航次，参见图 2a)，在 PN 断面黑潮有两个核心。一个位于计算点 15—16 之间，在 300 m 以浅水层，流速大于 80 cm/s，最大流速值为 101 cm/s，位于计算点 16 的 125 m 层。另一个流核在此流核以西，即位于计算点 14 的 30 m 层，最大流速为 98 cm/s。在黑潮以东，即计算点 20 处有一支范围较小的南向流，最大流速在表层，其值为 18 cm/s。深层亦有逆流存在。计算点 8 以西，即陆架海区大部分为南向流所控制，且表层流速较大，这可能与较强的冬季风场有关，其最大流速值为 16 cm/s，在计算点 6 的表层。

1993 年春季(9304 航次，见图 2b)，在 PN 断面黑潮仅有一个流核。它位于计算点 14—17 之间，200 m 以浅水层的流速均大于 60 cm/s，最大流速值仅有 88 cm/s，位于计算点 16 的 100 m 层，表明此时黑潮流速减弱。注意到，在此季节黑潮入侵陆架较西，例如在计算点 10 的表层流速可达 56 cm/s。黑潮以东存在较大范围的南向流。南向流核心在计算点 20 的表层，其值为 40 cm/s。底层 900 m 以下也有逆流存在。断面西侧陆架上流速均很小，以北向流为主，其值小于 6 cm/s。

1993 年夏季(9307 航次，见图 2c)，在 PN 断面黑潮有两个流核。主流核位于计算点 12—15 之间，在 250 m 以浅水层，流速均大于 80 cm/s，最大流速值为 137 cm/s，位于计算点 13 的 50 m 层；随深度增加，最大流速位置向东偏移。在计算点 18—19 处，还有一个较弱的流核，最大流速为 34 cm/s，位于计算点 19 的表层。断面东侧有南向流存在，在黑潮主流以下也有逆流存在，但流速均很小。断面西侧陆架上，计算点 6 以东上层为北向流，下层为南向流；计算点 5 以西流向分布较复杂，但流速均很小。

1993 年秋季(9310 航次，见图 2d)，在 PN 断面黑潮也有两个流核。主流核位于计算点 13—15 之间，200 m 以浅水层的流速大于 100 cm/s，最大流速值为 174 cm/s，位于计算点 14 的 200 m 层。另一个流核位于计

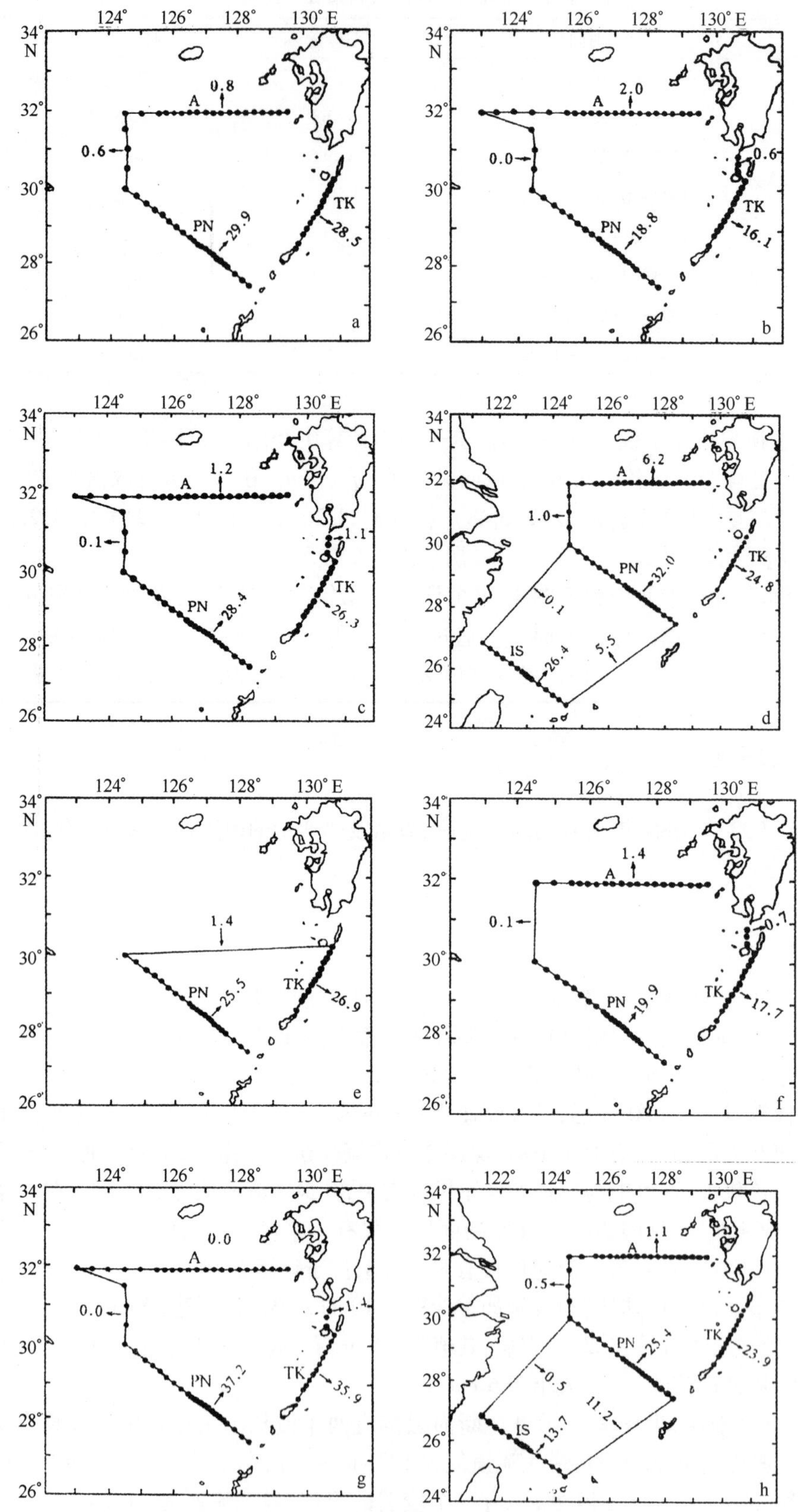

图 1　各航次的断面分布、计算单元及流量分布($10^6\ m^3/s$)

a.9301 航次，b.9304 航次，c.9307 航次，d.9310 航次，e.9401 航次，f.9404 航次，g.9407 航次，h.9410 航次

算点 17 处，最大流速在 200 m 层，其值为 70 cm/s。在黑潮流核以下深层及断面东侧，均存在南向流，其最大流速在计算点 21 的表层，其值为 17 cm/s。其次，与春、夏季航次比较，黑潮入侵陆架不远，计算点 9—11 处，有一个南向流核心，表层最大流速为 37 cm/s。断面西侧陆架上，也被南向流所控制，这也与秋季较强的东北风有关。

总结 1993 年 4 个季节在 PN 断面的流速分布，有如下几点：(1)在冬、秋季黑潮有两个流的核心，春、夏季时，仅有一个核心。关于黑潮主核的位置，与 1992 年相应季节作比较，在冬、春季向东移动，而在夏、秋两季则与 1992 年相应季节时黑潮的核心位置相同。(2)黑潮流速在夏、秋季时较强，而在冬、春季时则较弱，尤其是春季时最弱。(3)在 1993 年 4 个航次中，秋季时黑潮入侵陆架不远。(4)黑潮以东及黑潮以下均存在逆流。春季逆流较强，其最大流速为 40 cm/s，逆流的范围也最大，而在冬、秋季，最大流速分别为 18 和 19 cm/s，夏季则最弱。

1994 年冬季(9401 航次，见图 2e)，在 PN 断面黑潮仅有一个流核，位于计算点 13—15 之间，200 m 以浅水层中流速均大于 100 cm/s，最大流速为 130 cm/s，位于计算点 15 的 100 m 层。黑潮以东，即在计算点 21 处有一支范围较小的南向流，流速最大值在表层，为 42 cm/s，这支南向流可深达 600 m。断面西侧陆架上，除在计算点 5 与 7 之间表层有很弱的北向流之外，主要被南向流所控制；其最大流速为 13 cm/s，在计算点 9 的表层。

1994 年春季(9404 航次，见图 2f)，在 PN 断面黑潮也仅有一个流核，位于计算点 13—15 之间，在 100 m 以浅水层流速均大于 90 cm/s，最大流速为 152 cm/s，位于计算点 14 的表层。在计算点 18 处附近，存在一支范围较小但较强的南向流，其表层流速可达 72 cm/s。断面东侧以及 700 m 以深的水层亦均存在南向流。断面西侧陆架上，除在计算点 4—5 和计算点 11 处有小股较弱的南向流存在之外，主要被北向流所控制，但流速均不大。

1994 年夏季(9407 航次，见图 2g)，黑潮流速较大，呈单核结构。流核位于计算点 13—15 之间，在 300 m 以浅水层中流速均大于 100 cm/s，最大流速值为 197 cm/s，位于计算点 13 的表层。在 600 m 处，流速可达 20 cm/s。在计算点 11 处，表层流速可达 60 cm/s，表明黑潮入侵陆架较远。在计算点 18—20 之间，存在一支较弱的南向流，位于 200 m 以浅水层，最大流速值为 26 cm/s，在计算点 19 的表层。在断面西侧，计算点 8 处的南向流较强，其最大流速值达 22 cm/s，而在计算点 4 处的南向流相对较弱；在计算点 3 以西及计算点 5 与 7 之间为很弱的北向流。

1994 年秋季(9410 航次，见图 2h)，PN 断面流速呈多核结构。主流核位于计算点 13—15 之间，在 300 m 以浅水层，流速大于 80 cm/s，最大流速值为 149 cm/s，位于计算点 14 的 50 m 处。另一流核在计算点 18 的 50~300 m 的水层中，流速不大，其最大值在 200 m 层，为 39 cm/s。在北向流以东，在计算点 19 附近存在一支南向流，在该南向流以东，即计算点 20 附近，又出现北向流，它们可能都是气旋式涡的一部分。断面西侧陆架上，计算点 8 以西主要被南向流控制，且上层流速较大，其最大值为 24 cm/s，在计算点 3 的表层，这可能也与风场有关。

总结 1994 年 4 个季节 PN 断面的速度分布，可得出：(1)在冬、春、夏 3 季黑潮仅有一个核心，而秋季有两个核心；主核心位置都位于计算点 13 与 15 之间。(2)黑潮流速在 1994 年 4 个航次均较强，相比之下，在夏季最强，最大流速可达 197 cm/s。(3)黑潮以东及以下都存在逆流。在 4 个季节中，春季时逆流流速最强，这与 1993 年相似。

3.1.2　TK 断面流速分布

TK 断面位于吐噶喇海峡，如图 1 所示。黑潮自 PN 断面东北向流向 TK 断面。现在我们分别讨论 1993—1994 年 8 个航次在 TK 断面的流速分布。

1993 年冬季(9301 航次，见图 3a)，TK 断面黑潮有 3 个流核。主流核位于海峡中部计算点 7 处，最大流速值为 122 cm/s，位于表层。在海峡北部计算点 3—4 之间以及海峡南部计算点 10 处各有一个流核，最大流速值分别为 113 和 45 cm/s，分别位于计算点 3 的表层和计算点 10 的 50 m 层。在海峡深处及海峡南端均存在弱的西向逆流。在海峡北端计算点 1 与 2 之间也存在一支西向流，最大流速值为 39 cm/s，位于计算点 2

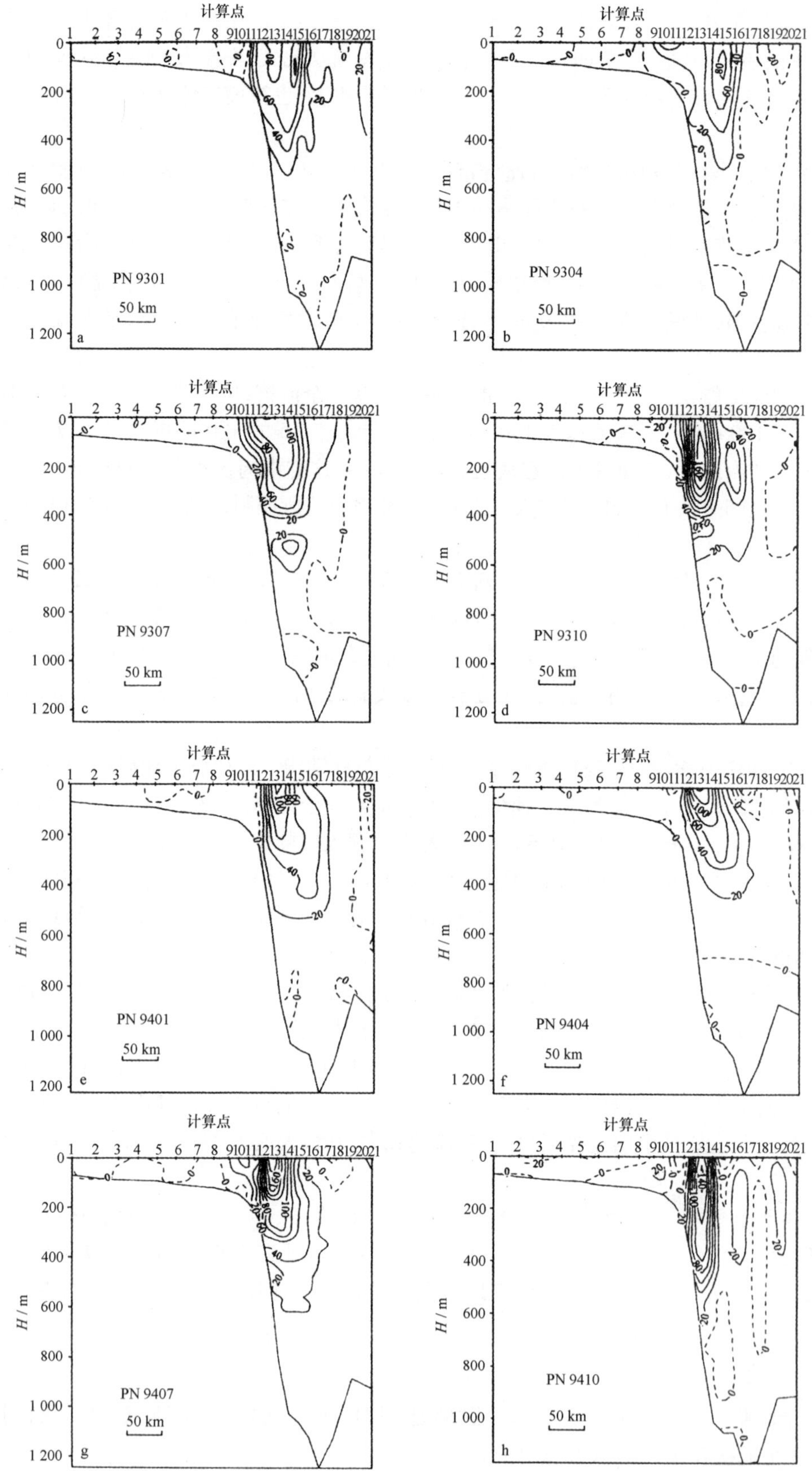

图 2　PN 断面流速分布(cm/s)

a.9301 航次,b.9304 航次,c.9307 航次,d.9310 航次,e.9401 航次,f.9404 航次,g.9407 航次,h.9410 航次

+:北向,-:南向

的表层。

1993 年春季(9304 航次，见图 3b)，TK 断面黑潮有两个流核。一个位于海峡北部的计算点 3 处，最大流速值为 71 cm/s，位于表层；另一个位于计算点 8 处，最大流速值为 64 cm/s，在表层。可知在此时黑潮流速减弱，这与在 PN 断面相同时期黑潮流速减弱相一致。海峡南部存在一支很强的西向逆流，最大流速值达 61 cm/s。在计算点 7 的表层以及海峡深处均存在较弱的西向逆流。

1993 年夏季(9307 航次，见图 3c)，TK 断面黑潮也呈 3 核结构。3 个流核分别位于计算点 2、5、8 处，最大流速分别为 61、119 和 59 cm/s，分别位于表层、表层和 200 m 层。在海峡深处以及海峡南端均有逆流存在，其最大流速值为 21 cm/s，位于计算点 11 的表层。

1993 年秋季(9310 航次，见图 3d)，TK 断面黑潮仅有一个流核，位于计算点 9 处，最大流速值为 98 cm/s，在 50 m 层处。在海峡的南部计算点 10 以南存在一支较强的西向逆流，其最大流速值为 95 cm/s，位于计算点 10 的表层。在海峡深处存在较弱的西向逆流。在海峡北部计算点 2 的上层也存在较弱的西向逆流，但它也可能是涡的一个部分。

总结 1993 年 4 个航次 TK 断面的流速分布可知：(1)除了秋季航次黑潮仅有一个流核之外，冬、春、夏季呈 2 或 3 核结构。(2)黑潮流速冬季最强，夏季次之，春季最弱。(3)海峡南端总有西向逆流存在，相比之下，秋季逆流范围最大，流速最强，其次为春季，夏、冬季均较弱。海峡深处总有较弱的西向逆流存在。

1994 年冬季(9401 航次，见图 3e)，TK 断面黑潮呈 3 核结构。3 个核心分别位于计算点 2、4 和 8 处，最大流速值分别为 126、52 和 86 cm/s，分别位于表层、20 m 和 200 m 处。海峡南部，即计算点 10 以南为较弱的西向逆流，其最大流速值为 28 cm/s，位于计算点 10 的表层。在海峡深处以及海峡北部的计算点 3 处均存在较弱的西向逆流。

1994 年春季(9404 航次，见图 3f)，TK 断面黑潮也呈 3 核结构。最强流核位于计算点 5 处，最大流速值为 146 cm/s，在表层。在海峡北部计算点 2 处有一个小的核心，最大流速位于表层，其值为 48 cm/s。在计算点 7—10 之间还有一个流核，最大流速值为 52 cm/s，位于计点 8 的 300 m 处。在海峡的深处以及海峡的南端均存在西向逆流，其最大流速值为 28 cm/s，位于计算点 11 的表层。

1994 年夏季(9407 航次，见图 3g)，TK 断面的黑潮呈两核结构。主流核位于海峡中部计算点 7 处，最大流速值为 132 cm/s，位于 200 m 处。海峡北部计算点 3—4 之间还存在一个核心，最大流速值为 78 cm/s，位于计算点 3 的表层。海峡南部计算点 10 以南的 150 m 以浅水层出现了西向逆流，其最大流速值为 62 cm/s，位于计算点 10 的表层。其次在两个东向流核之间，即计算点 6 处存在一支西向逆流，其最大流速值为 44 cm/s，位于表层。海峡深处也存在较弱的西向逆流。

1994 年秋季(9410 航次，见图 3h)，TK 断面黑潮呈 3 核结构。在海峡北部计算点 2 和 4 处各有一个核心，最大流速值分别为 82 和 60 cm/s，分别位于 200 和 100 m 处。在计算点 7—8 之间还有一个流核，其最大流速值为 74 cm/s，位于计算点 7 的 50 m 层处。其次，在海峡中部两个东向流核之间，即计算点 6 处存在一支较强的西向逆流，其最大流速值为 79 cm/s，位于表层。海峡南部存在范围较大的西向逆流，其最大流速值为 47 cm/s，位于计算点 11 的表层。在海峡深处也有弱的逆流存在。

总结 1994 年 4 个航次在 TK 断面的流速分布可知：(1)TK 断面黑潮除了夏季出现两个流核之外，冬、春、秋季均呈 3 核结构。在海峡中部计算点 7—8 之间总有黑潮流核出现，海峡北部计算点 2 和(或)4 处也常出现东向流核。(2)黑潮流速在春、夏及冬季均较强，相比之下春季最强，夏季和冬季次之，秋季最弱。(3)海峡南端总出现西向逆流，相比之下，夏季流速最强，秋季次之，但秋季逆流的范围最大。海峡深处各季节均存在弱的西向逆流。

3.1.3　A 断面流速分布

A 断面位于东海北部 31°55′N，是一条东西向断面(见图 1)。对马暖流和黄海暖流北向流过 A 断面。以下讨论 A 断面的流速分布。

1993 年冬季(9301 航次，见图 4a)，A 断面对马暖流的流核位于计算点 16—17 处，其最大流速值为 26 cm/s，位于计算点 16 的 30 m 处。黄海暖流相对较弱，其最大流速值仅有 9 cm/s，位于计算点 10 的 30 m 层

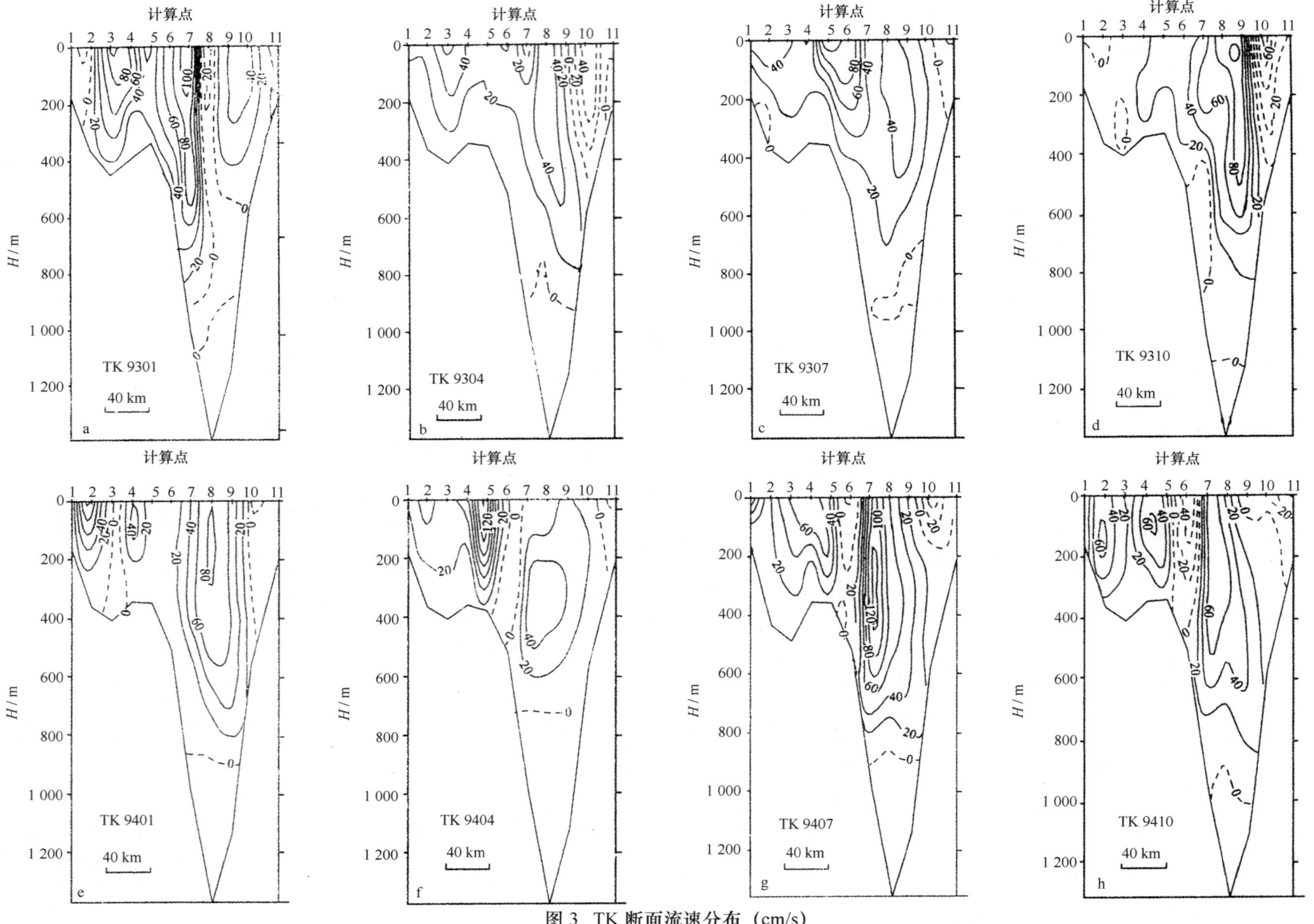

图 3　TK 断面流速分布（cm/s）

a.9301 航次，b.9304 航次，c.9307 航次，d.9310 航次，e.9401 航次，f.9404 航次，g.9407 航次，h.9410 航次（+东向；-：西向）

处。在 A 断面西侧表层、两个北向流核之间、海槽 500 m 以深以及北向流主流核以东均存在南向逆流，其最大流速值为 25 cm/s，位于计算点 13 的表层。

1993 年春季（9304 航次，见图 4b），在 A 断面自计算点 19 以东以及计算点 12—15 之间均存在北向流。前者为对马暖流，最大流速值为 46 cm/s，位于计算点 20 的表层，一直到 700 m 深处还存在北向流。后者可能是黄海暖流所在处，流速较弱，最大流速值为 15 cm/s，位于计算点 15 的表层。在这两支北向流之间是南向逆流，其最大流速值为 27 cm/s，位于计算点 17 的 30 m 层，由图 4b 可知，在断面 A 其他航次出现的南向流此时消失，均被北向流所占。

1993 年夏季（9307 航次，见图 4c），在 A 断面计算点 8—17 之间以及计算点 20 处皆存在北向流，明显可见有 3 个核心。对马暖流的主核在计算点 15—16 处，最大流速为 41 cm/s，在表层；另两个流核分别位于计算点 11—12 及 20 处，它们的最大流速值分别为 22 和 18 cm/s，都在表层。黄海暖流位于计算点 8—13 处。在计算点 18 与 19 之间存在南向逆流，其最大流速值为 46 cm/s，位于计算点 18 的表层，这支南向流控制了海槽的大部分区域。断面西侧计算点 7 以西以及断面东侧计算点 21 处均存在较弱的南向流。

1993 年秋季（9310 航次，见图 4d），在 A 断面计算点 5—17 之间存在北向流，具有多个核心。对马暖流的主流核在计算点 14 处，最大流速值为 36 cm/s，位于 30 m 层，一直到海底均存在北向流。在计算点 8、10 和 17 处各存在一个流核，其最大流速值分别为 20、42 和 33 cm/s，均位于 30 m 层。计算点 8 和 10 也是黄海暖流的核心。在断面东端计算点 18 处以及计算点 11—12 之间的表层均存在弱的南向逆流，其最大流速值仅有 19 cm/s，位于计算点 18 的表层。

总结 1993 年 4 个航次 A 断面流速分布可知：（1）对马暖流通过 A 断面，其核心位置在冬、春季偏东，而在夏、秋季则偏西，位于陆架坡折附近。流速较强，其变化范围为 26~46 cm/s。（2）黄海暖流位于对马暖流的西侧，其核心位置在夏、秋季偏西，冬、春季则偏东，与对马暖流相比，其流速相对较弱。（3）在断面东侧除春季以外，其他季节均存在南向逆流，其最大流速值约在 19~46 cm/s 范围内变化。

1994 年春季（9404 航次，见图 4e），在 A 断面计算点 16 以东以及计算点 12—14 之间均存在北向流，两支北向流核中，前者为对马暖流，其核心位于计算点 17 处，最大流速值为 29 cm/s，在 75 m 层处；其北向流一直到 600 m 深处都存在。后者则为黄海暖流，其最大流速值为 20 cm/s，位于计算点 12 的表层。在这两支北向流之间存在范围较大的南向逆流，其最大流速值为 23 cm/s，位于计算点 15 的 75 m 层处。在海槽深处以及断面西侧大部分海区被弱的南向流所控制。

1994 年夏季（9407 航次，见图 4f），在 A 断面计算点 9—19 之间均存在北向流。对马暖流核心位于计算点 18 处，其最大流速值为 28 cm/s，在表层；从表层一直到 500 m 处均存在北向流。黄海暖流核心位于计算点 11—14 之间，其最大流速值为 22 cm/s，位于计算点 12 的表层。断面东侧存在沿岸南向逆流，其最大流速值为 20 cm/s，位于计算点 21 的 50 m 层。海槽深处以及断面西侧均存在较弱的南向逆流。

1994 年秋季（9410 航次，见图 4g），A 断面上对马暖流加强，其位置东移，核心位于计算点 17 处，最大流速值为 44 cm/s，位于 125 m 层处，北向流在 600 m 深处尚存在。在计算点 9—14 之间也存在北向流，即黄海暖流，其最大流速值为 13 cm/s，位于计算点 12 和 13 的 30 m 层处。在这两支北向流之间存在一支较强的南向逆流，其最大流速值为 40 cm/s，位于计算点 16 的表层。在海槽深处以及断面西侧计算点 9 以西也均存在南向逆流。

总结 1994 年 3 个航次 A 断面流速分布，可以发现：（1）春、夏、秋季 A 断面均出现两支北向流，其中一支为对马暖流，其核心位置夏季偏西，位于陆架坡折处，而春、秋季偏东，位于海槽上方。对马暖流秋季最强，春、夏季相对较弱，最大流速变化范围为 28~44 cm/s。（2）另一支北向流，黄海暖流，位于对马暖流的西侧，相对较弱，其最大流速值在 13~22 cm/s 范围内。（3）夏季出现沿岸南向流，而春、秋季南向逆流出现在两支北向流之间。

3.1.4　IS 断面流速分布

IS 断面是位于台湾东北呈西北—东南向的断面（如图 1d 所示）。黑潮自我国台湾以东通过该断面。只有秋季才有观测资料，下面我们分别讨论这两个航次 IS 断面上的流速分布。

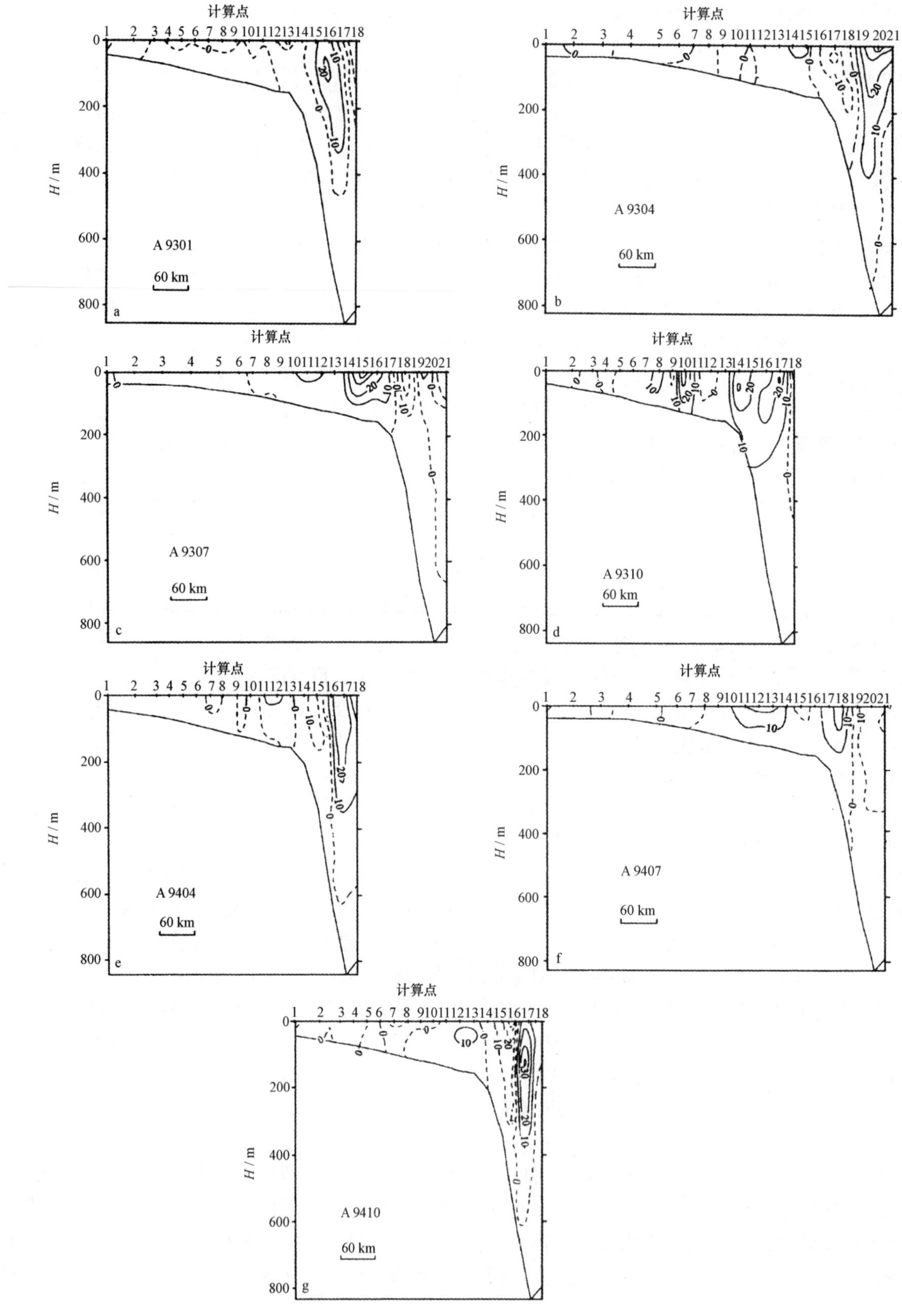

图 4　A 断面流速分布(cm/s)

a.9301 航次,b.9304 航次,c.9307 航次,d.9310 航次,e.9404 航次,f.9407 航次,g.9410 航次

+:北向,-:南向

1993 年秋季航次(图 5a)IS 断面上黑潮权有一个流核，位于计算点 7—11 之间，最大流速值为 98 cm/s，位于计算点 8 的 30 m 层处。最大流速值与 1992 年 10 月相比明显减小，这可能是由于计算点 8—11 之间测站较稀，因而低估了流速。断面东侧计算点 13 处自表层至底层均存在南向逆流，其表层最大流速值为 12 cm/s。断面西侧计算点 2—4 处表层为较强逆流控制，最大流速值为 45 cm/s，在计算点 3 处。

1994 年秋季航次(图 5b)IS 断面流核位于计算点 11—13 之间，最大流速值为 94 cm/s，位于计算点 11 的表层。与 PN 断面同时期黑潮最大流速相比较，也明显减小，其原因也与上述相类似，由于在计算点 10—13 之间，测站较稀，因而低估了流速值。在断面 IS 西侧、东侧以及深层均有范围不同的南向逆流存在。

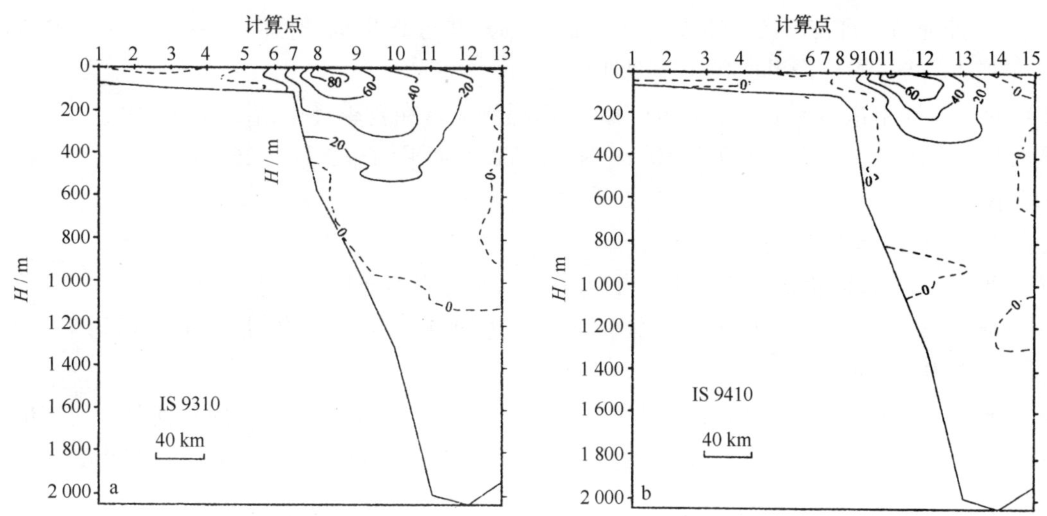

图 5　IS 断面上 1993(a)、1994 年(b)秋季航次流速分布(cm/s)

+东北向，-：西南向

3.2　流量分布

本节将分别叙述上述各航次在 PN 等断面的流量分布。

1993 年冬季，黑潮在 PN 和 TK 断面(见图 1a)的净流量分别为 29.9×10^6 和 28.5×10^6 m^3/s，相差不大。通过 A 断面的南、北向流量分别为 2.4×10^6 和 3.2×10^6 m^3/s。

1993 年春季(见图 1b)，黑潮流量减小，在 PN 和 TK 断面净流量分别为 18.8×10^6 和 16.1×10^6 m^3/s。PN 断面在某些年春季流量减小，这一点袁耀初等[5]已指出过。通过 A 断面的南、北向流量分别为 2.3×10^6 和 4.3×10^6 m^3/s。

1993 年夏季(见图 1c)，在 PN 和 TK 断面黑潮流量增加，分别为 28.44×10^6 和 26.3×10^6 m^3/s。通过 A 断面的南、北向流量分别为 2.5×10^6 和 3.7×10^6 m^3/s。

1993 年秋季(见图 1d)，在 PN 和 TK 断面黑潮流量增加，分别为 32.0×10^6 和 24.8×10^6 m^3/s。TK 断面净流量与 PN 断面净流量相差约为 7.2×10^6 m^3/s。其原因有两个：(1)在 A 断面净北向流量增加(通过 A 断面的南、北向流量分别为 1.1×10^6 和 7.3×10^6 m^3/s)即对马暖流等流量增加；(2)TK 断面南侧逆流加强，使 TK 断面东向净流量减小。IS 断面流量为 26.4×10^6 m^3/s，小于 PN 面的流量，其原因有两个：(1)IS 断面上因测站较稀，因而低估了黑潮流速及流量；(2)从冲绳岛与宫古岛之间的海域有海水往西流入东海，加入黑潮流向了 PN 断面。袁耀初等[5]将东海流型分为 3 种，本季节属于流型Ⅲ。

总结 1993 年 4 个航次各断面的净流量分布可知，在东海 PN 断面黑潮流量秋季时最大，春季最小，冬、夏季稍小于秋季，4 个航次的平均值为 27.2×10^6 m^3/s，稍小于 1992 年的平均值(28.0×10^6 m^3/s)[8]；PN 断面流量大于 TK 断面的流量值；A 断面净北向流量在秋季最大。

1994 年冬季(见图 1e)，黑潮流过 PN 和 TK 断面的净流量分别为 25.5×10^6 和 26.9×10^6 m^3/s，PN 断面净流量略小，这是由于在 PN 断面南向流的流量要比 TK 断面的西向流要大。

1994 年春季(见图 1f)，在东海黑潮通过 PN 和 TK 断面净流量如前面所指出，在某些年春季黑潮在东海流量要减小,分别为 19.9×10^6 和 17.7×10^6 m^3/s。通过 A 断面的南、北向流量分别为 2.4×10^6 和 3.8×10^6 m^3/s。

1994 年夏季(见图 1g),东海黑潮流量剧增,在 PN 和 TK 断面分别达到 37.2×10^6 和 35.9×10^6 m^3/s。通过 A 断面的南、北向流量均为 3.5×10^6 m^3/s,即南北向流量几乎平衡。

1994 年秋季(见图 1h)黑潮通过 PN 断面和 TK 断面流量分别为 25.4×10^6 和 23.9×10^6 m^3/s,即比夏季时减小。通过 A 断面的南、北向流量分别为 3.3×10^6 和 4.4×10^6 m^3/s。IS 断面的净流量为 13.7×10^6 m^3/s,要小于 PN 断面的净流量。其原因有二:(1)在 IS 断面黑潮流轴附近测站太稀,低估了流速,从而低估了流量;(2)也有海水从冲绳岛与宫古岛之间的海域向西流进东海,并与 IS 断面的黑潮水一起流向了 PN 断面,造成 PN 断面流量增大。与 1993 年相同,属于流型Ⅲ[7]。

总结 1994 年 4 个航次各断面流量分布可知,东海黑潮流量在夏季最大,春季最小,冬、秋季介于二者之间,4 个航次 PN 断面平均净流量为 27.0×10^6 m^3/s。在 TK 断面平均净流量为 26.1×10^6 m^3/s。A 断面的净流量值一直较小。

由以上分析可得出如下几点:

(1)在 1993 年,PN、TK 断面流量在春季均为最小值,在夏季出现最大或较大值。

(2)黑潮流量,以 PN 断面为例,每年四季平均流量值 1994 年与 1993 年几乎相同,但均略小于 1992 年的平均流量值(28.0×10^6 m^3/s)[8]。

(3)8 个航次中通过 PN 断面流量的变动范围在 18.6×10^6~37.2×10^6 m^3/s 之间,其总平均流量为 27.1×10^6 m^3/s;8 个航次中通过 TK 断面流量的变动范围为 16.0×10^6~35.9×10^6 m^3/s,其平均值为 25.0×10^6 m^3/s。这两个平均值比前人采用动力计算方法的结果均要大[1-3],这可能是因为动力计算方法存在基本缺点,即零参考面的选取问题;而我们的结果更接近袁耀初等[5]改进逆方法的计算结果。

3.3　热通量分布

我们采用了热量不等式约制的改进逆方法,计算了 PN、TK 断面的热通量和东海海面与大气的热交换率。以下我们分别讨论。

3.3.1　PN 断面的热通量

由表 2 可知,PN 断面热通量在 1.3×10^{15}~2.3×10^{15} W 之间变动,其季节变化及年际变化的特征均与通过 PN 断面的流量的变化特征基本相一致。8 个航次的平均热通量为 1.99×10^{15} W,这与袁耀初等[5]计算的 1988、1989 年两年 8 个航次得到的 PN 断面平均热通量值 2.109×10^{15} W 以及刘勇刚和袁耀初[8]计算的 1992 年 4 个航次得到的 PN 断面平均热通量值 2.03×10^{15} W 均十分接近。

表 2　通过 PN、TK 断面的热通量 Q_{PN}、Q_{TK} 与东海海面平均放(吸)热率 q_e

航次	9301	9304	9307	9310	9401	9404	9407	9410	平均
$Q_{PN}/10^{15}$ W	2.2	1.3	2.3	2.3	1.8	1.6	2.7	1.7	1.99
$Q_{TK}/10^{15}$ W	2.0	1.1	2.1	1.7	1.8	1.4	2.6	1.5	1.78
$q_e/10^3\ J\cdot cm^{-1}\cdot d^{-1}$	6.26	1.26	−0.22	2.49	6.25	−0.84	−1.25	2.04	2.00

3.3.2　TK 断面的热通量

由表 2 可看出,TK 断面的热通量的变动范围为 1.1×10^{15}~2.6×10^{15} W,其季节变化及年变化特征也与通过该断面的流量变化特征基本相同。8 个航次的平均热通量为 1.78×10^{15} W,这也与袁耀初等[5]计算的 1988、1989 年两年 8 个航次得到的热通量值 1.824×10^{15} W 是十分接近的,但稍小于 1992 年 3 个航次的结果 2.00×10^{15} W[8]。

3.3.3　海面上的热量交换

热交换率是以 PN、TK 和 A 断面所围成的海域海气热交换率的平均值。计算结果见表 2，正值为放热率，负值为吸热率。此平均值是作为东海海面与大气之间的平均热交换率(q_e)。由表 2 可知，秋季和冬季均是由海洋向大气放热；夏季则均是从大气吸热；春季不确定，在 1993 年是由海洋向大气放热，但在 1994 年则是从大气吸热。冬季海面上热交换率最大，而春、夏季热交换率较小。

4　结论

基于 1993—1994 年 8 个航次水文资料，采用改进逆方法对东海黑潮的流速、流量及热通量进行了计算，得到以下结果。

(1)PN 断面的流速结构，在秋季都呈双核结构；而在其他季节，有时为单核，有时为双核；黑潮主核心皆位于坡折处。在 8 个航次中，黑潮以东及黑潮以下均存在南向逆流。

(2)TK 断面的流速结构比较复杂，可以出现单、双或 3 核结构。在海峡中部计算点 6，7(或 8)处总能出现流核，在海峡北部的计算点 2，3，4 出现流核的几率也较高。在 8 个航次中，海峡南端及海峡深处均存在西向逆流，而且海峡南端的逆流在秋季较强。

(3)对马暖流和黄海暖流通过 A 断面，对马暖流核心位于陆坡上，但有时偏西或偏东。V_{max} 值的变动范围为 26~46 cm/s。黄海暖流位于对马暖流的西侧，流速相对减小。断面 A 东侧经常存在南向逆流，在海槽深处总是存在南向逆流。

(4)东海黑潮的流量在这两年中，在春季均为最小值，在夏季为最大或较大值。黑潮流量，以 PN 断面为例，每年四季平均流量值 1994 年与 1993 年几乎相同，略小于 1992 年的平均流量值。8 个航次中通过 PN 断面流量的变动范围在 18.6×10^6~37.2×10^6 m^3/s 之间，其总平均流量为 27.1×10^6 m^3/s；8 个航次中通过 TK 断面流量的变动范围为 16.0×10^6~35.9×10^6 m^3/s，其平均值为 25.0×10^6 m^3/s。

(5)PN 断面热通量在 1.3×10^{15}~2.7×10^{15} W 之间变动，8 个航次的平均值为 1.99×10^{15} W。TK 断面的热通量的变动范围为 1.1×10^{15}~2.6×10^{15} W，8 个航次的平均值为 1.78×10^{15} W。

(6)东海海面与大气的热交换：秋季和冬季均是由海面向大气放热；夏季则均是从大气吸热；春季不确定，在 1993 年海面向大气放热，但在 1994 年则从大气吸热。海面上热交换率冬季最大，而春、夏季较小。

致谢：日本气象厅长崎海洋气象台为我们提供了宝贵的观测资料，在此表示感谢。

参考文献：

[1]　管秉贤.东海黑潮流量的变动及其原因的分析//中国海洋湖沼学会水文气象学会学术会议(1980)论文集.北京：科学出版社，1982：103-116.

[2]　Nishizawa J, Eamihira E, Komura K, et al. Estimation of the Kuroshio mass transport flowing out of the East China Sea to the North Pacific. La Mer, 1982, 20: 37-40.

[3]　孙湘平，金子郁雄.1989—1991 年黑潮的变异//黑潮调查研究论文选(五). 北京：海洋出版社，1993：52-68.

[4]　Yuan Y C, Endoh M, Ishizaki H. The study of Kuroshio in the East China Sea and currents east of Ryukyu Islands//Proc. Japan-China Symp. Cooperative Study on the Kuroshio. Science and Technology Agency, Japan, SOA, China, 1990: 39-57.

[5]　袁耀初，潘子勤，金子郁雄，等.东海黑潮的变异与琉球群岛以东海流//黑潮调查研究论文选(五).北京：海洋出版社，1993：279-297.

[6]　Yuan Y, Takano K, Pan Z, et al. The Kuroshio in the East China Sea and the currents east of the Ryukyu Islands during autumn 1994. La Mer, 1994: 32: 235-244.

[7]　袁耀初，高野健三，潘子勤，等.1991 年秋季东海黑潮与琉球群岛以东的海流//中国海洋学文集，第 5 集.北京：海洋出版社，1995：1-11.

[8]　刘勇刚，袁耀初.1992 年东海黑潮的变异.海洋学报，1998，20(6)：1-11.

[9]　Fiadero M E, Veronis G. On the determination of absolute velocities in the ocean. J Mar Res, 1982, 40(suppl): 159-182.

Variability of the Kuroshio in the East China Sea in 1993 and 1994

Liu Yonggang[1], Yuan Yaochu[1]

(1. *Second Institute of Oceanography*, *State Oceanic Administration*, *Hangzhou* 310012, *China*)

Abstract: Based on hydrographic data obtained by R/V *Chofu Maru* during eight cruises of 1993 - 1994, a modified inverse method is used to compute the velocity, volume and heat transports of the Kuroshio in the East China Sea. The calculated results show that: (1) At Section PN, there are two current cores of the Kuroshio in autumn, one or two cores in other seasons. The main core always lies over the shelf break. Countercurrent always exists east of and in the deep layer under the Kuroshio. (2) At Section TK, the velocity distribution is more complicated, and it may have one, two or three current cores of the Kuroshio. Current cores often appear in the middle and northern parts of the Tokara Strait. There are westward countercurrents in the southern end and deep layer of the strait, and the countercurrent in the southern end of the strait is stronger in autumn. (3) At Section A, the Tsushima Warm Current (hereafter TSWC) core lies in the shelf break area, and its V_{max} varies between 26-46 cm/s. The Huanghai Warm Current lies to the west of the TSWC, and it is weaker. (4) In 1993 and 1994 the volume transport (hereafter *VT*) of the Kuroshio is the smallest in spring, but it is the largest or has a larger value in summer. The average net northward *VT* of the Kuroshio during four seasons each year, for example through Section PN, almost has the same value for 1993 and 1994, but both is smaller than that in 1992. The average net northward *VT* through Sections PN and TK during the eight cruises is 27.1×10^6 and 25.0×10^6 m^3/s, respectively. (5) The average heat transports through Sections PN and TK are 1.99×10^{15} and 1.78×10^{15} W, respectively and (6) at the computation area, heat transfer is from the ocean to the atmosphere in autumn and winter, but the direction reverses in summer, and the direction of heat transfer is uncertain in spring. The average rate of heat transfer is the largest in winter, but smaller in spring and summer.

Key words: East China Sea; Kuroshio; seasonal variability

刊于:海洋学报,2000,22(增刊):39-51.

1995 年东海黑潮的变异*

刘勇刚[1,2],袁耀初[1,2]

(1. 国家海洋局 第二海洋研究所,浙江 杭州 310012;2. 国家海洋局海洋动力过程与卫星海洋学重点实验室,浙江 杭州 310012)

摘要:基于“长风丸”调查船 1995 年 4 个航次的水文调查资料,采用改进逆方法计算的东海黑潮的流速、流量和热通量。计算结果表明:(1)1995 年 PN 断面黑潮在冬、春和夏季有两个流核,而在秋季出现了 3 个流核。PN 断面黑潮流速在 1995 年春、秋季强,冬、夏季弱。在 PN 断面黑潮以东及以下均存在逆流。(2)TK 断面黑潮在冬、夏季均有两个流核,而在春、秋季呈 3 核结构。TK 断面黑潮流速春季最强,冬季次之,秋、夏季较弱。海峡南端和海峡深处总有逆流存在。(3)在 1995 年通过 PN 断面的净流量在春季最大,夏季最小;通过 TK 断面的净流量也是在春季最大,但在秋季最小。通过 A 断面的净北向流量则在秋季最大。(4)在 1995 年冬、春、夏和秋季通过 PN 断面的热通量分别为 1.6×10^{15},2.5×10^{15},1.7×10^{15}和 2.1×10^{15} W。(5)计算海域海气热交换率在 1995 年冬季时最大,春季时最小。(6)1995 年黑潮流速、流量及温盐变化皆为异常。

关键词:东海;黑潮;季节变化

中图分类号:P722.6;P731.27

1 引言

关于东海黑潮的流量及其季节变化已有不少学者进行过研究[1-10],以往大多采用动力计算方法[1-4],近年来袁耀初等[5-8]采用逆方法和改进逆方法进行了计算。由于采用不同的计算方法,所得到的东海黑潮平均流量值差异较大,19.7×10^6~29×10^6 m^3/s 不等,但对于流量的季节变化基本认同,即从统计平均趋势看,流量夏季大,秋季小,冬、春季介于上述二者之间。最近,刘勇刚和袁耀初[9-10]用改进逆方法计算了 1992—1994 年的东海黑潮,得到 1992、1993 和 1994 年通过 PN 断面的平均流量分别为 28.0×10^6,27.2×10^6 和 27.0×10^6 m^3/s;1992 年流量在夏季最大,秋季最小;冬、春季介于上述二者之间;1993 和 1994 年流量在夏季出现最大值或较大值,在春季都出现最小值。

本文采用改进逆方法,利用日本“长风丸”调查船在 1995 年内 4 个航次的水文资料,对东海黑潮的流速、流量及热通量进行了计算,并分析了东海黑潮的季节变化。

2 资料及数值计算

在东海海区,本文采用日本“长风丸”调查船在 1995 年共 4 个航次的 CTD 和风场观测资料,即冬、春、夏、秋季航次的观测资料。

* 国家自然科学基金资助项目(编号:49776287,49736200);国家重点基金研究发展规划资助项目(编号:G1999043802);国家海洋局青年海洋科学基金资助项目(编号:98202)。

文献[9]对改进逆方法作了说明，这里不再赘述。本计算中采用了以下的计算参数。由于缺乏详细的风场资料，假定风场是均匀的。各航次风速、风向见表1。海气热交换率限制值 $q_{e,1}$ 与 $q_{e,2}$ 值从文献[8]取值（表1），单位为 10^3 J/(cm^2 · d)。取涡动黏滞系数 A_z 为 100 cm^2/s，涡动扩散系数 K_v 为 10 cm^2/s。

表1　计算参数

航次	风速/m · s^{-1}	风向/(°)	$q_{e,1}/10^3$ J · cm^{-2} · d^{-1}	$q_{e,2}/10^3$ J · cm^{-2} · d^{-1}	Z_r/m
冬季	7.2	76.2	0.42	6.28	900
春季	4.6	91.4	−0.84	1.26	1 400
夏季	5.6	127.9	−2.09	−0.21	900
秋季	8.0	53.5	0	2.51	900

各航次水文断面和计算单元表示在图1中，每个计算单元分为5层，其交界面分别取 $\sigma_{t,p}$ 为25，27，30和33。我们采用经验搜寻法选择最佳参考面[11]。通过计算获得各航次相对应的最佳参考面深度 Z_r 列于表1。

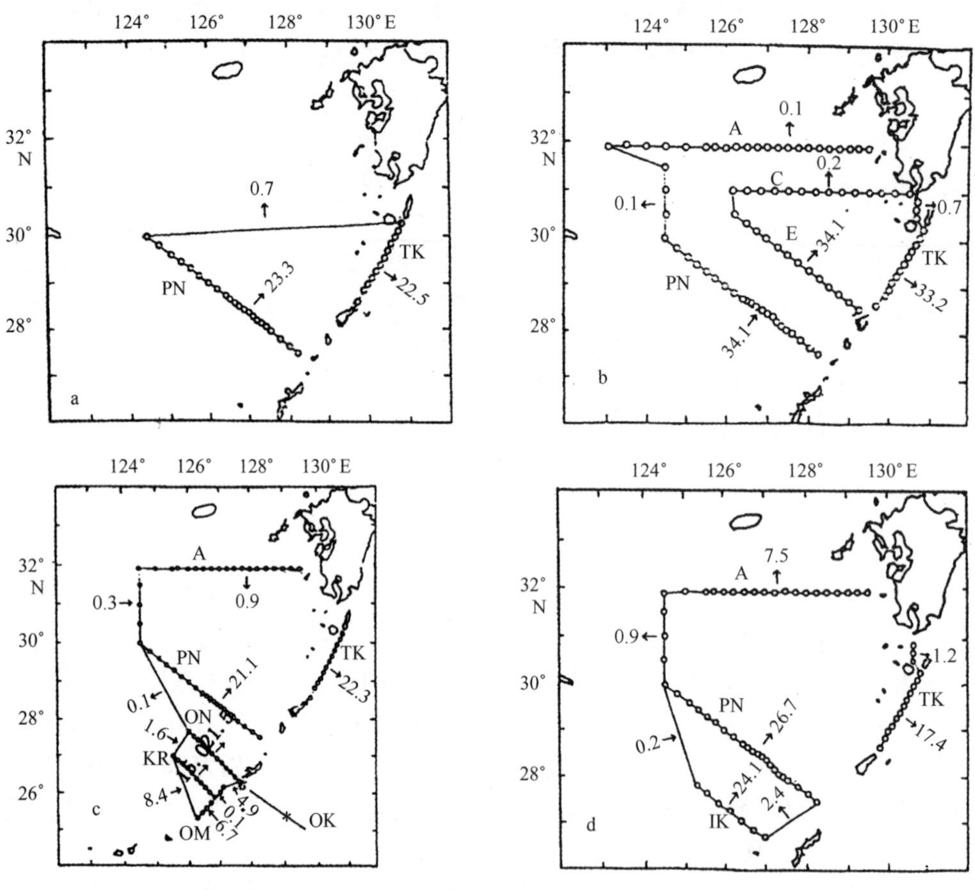

图1　1995年东海海区各航次观测断面分布、计算单元及各断面的净流量(10^6 m^3/s)
a. 冬季，b. 春季，c. 夏季，d. 秋季

3　计算结果及讨论

以下对1995年冬、春、夏、秋季4个航次中的东海黑潮的流速、流量及热通量的改进逆方法计算结果作说明。

3.1 流速分布

各航次中断面位置如图 1 所示。以下分别讨论 1995 年 4 个航次中各断面流速分布。

3.1.1 PN 断面流速分布

冬季(9501 航次，如图 2a 所示)，在 PN 断面黑潮有两个流核，黑潮流速相对较弱。主流核在计算点 12 与 14 之间，100 m 以浅水层流速大于 80 cm/s，最大流速值为 100 cm/s，位于计算点 13 的 30 m 处。另一个流核在计算点 17 与 18 之间，最大流速值为 55 cm/s，在计算点 18 的 125 m 层。黑潮以东，断面东侧计算点 21 处 500 m 以浅存在南向流，最大流速值为 36 cm/s。海槽深处也存在南向逆流。断面西侧陆架上也被南向流所控制，但流速都不大，最大流速值为 23 cm/s，位于计算点 10 的表层。

春季(9504 航次，如图 2b 所示)时，在 PN 断面也有两个流核。主流核位于计算点 12 与 15 之间，在 100 m 以浅水层中，流速大于 100 cm/s，最大流速值为 158 cm/s，位于计算点 13 的表层。各层最大流速值随深度增加向东偏移。在主流核的西侧，计算点 9 与 10 之间存在另一个流核，其最大流速值为 63 cm/s，位于计算点 9 的表层。这表明此时黑潮入侵陆架范围较大。在主流下面 900 m 以深，存在南向逆流。断面东侧计算点 20 处，也存在较弱的南向逆流，最大流速值只有 11 cm/s。断面西侧陆架上流速值都很小，小于 10 cm/s，主要为东北向。

夏季(9506 航次，如图 2c 所示)时，在 PN 断面黑潮呈双核结构。较强流核位于计算点 12 处，最大流速值为 101 cm/s，位于表层。另一流核位于计算点 14 至 17 处，最大流速值为 94 cm/s，位于计算点 14 的 100 m 层。计算点 10，18 与 21 处存在 3 支范围较小的南向流，最大流速值都在表层，分别为 29，31 和 30 cm/s。700 m 以深水层基本被南向逆流所控制。在计算点 20 处，还存在一支较弱的北向流，最大流速值为 25 cm/s，在表层，即它位于两支南向流之间。断面西侧陆架上的流速都很小，小于 10 cm/s。

秋季(9510 航次，见图 2d)时，在 PN 断面有 3 个流核。主流核位于计算点 12 与 13 之间，在 100 m 以浅水层流速值大于 100 cm/s，最大流速值为 154 cm/s，位于计算点 12 的 30 m 层。另一个流核位于计算点 15 处，最大流速值为 115 cm/s，在 50 m 层。还有一个流核位于计算点 19 处，流速不大，其最大流速值为 45 cm/s，在 50 m 层。主流核下面 1 000 m 处存在逆流。计算点 18 存在一支范围较小的南向流，最大流速值为 22 cm/s，在表层。断面东侧即计算点 20 以东均存在南向流，其深度可达海底；最大流速值为 37 cm/s，在计算点 21 的表层。断面西侧陆架上主要被南向流所控制，表层流速都较大，这可能与较强的东北风有关；最大流速值为 28 cm/s，位于计算点 4 的表层。

总结 1995 年 4 个季节 PN 断面的流速分布可知：(1)秋季黑潮呈 3 核结构，冬、春和夏季呈两核结构。主流核位置均在计算点 12 与 15 之间。相比之下，V_{max}在夏、秋季更向陆架，即位于计算点 12 处，冬、春季则位于计算点 13。(2)黑潮流速春、秋季较强，而冬、夏季则减弱。(3)黑潮以东及以下均存在南向逆流，相比之下，逆流在春季时较弱，最大流速只有 11 cm/s，其余 3 个季节最大流速均大于 30 cm/s。

3.1.2 TK 断面流速分布

TK 断面位于吐噶喇海峡，如图 1 所示。黑潮自 PN 断面东北向流向 TK 断面。以下讨论 1995 年 4 个航次 TK 面流速分布。

冬季(9501 航次，见图 3a)，TK 断面黑潮具有两个流核，分别位于计算点 3 和 8 处，其最大流速值分别为 108 和 112 cm/s，分别位于表层和 30 m 层处。在海峡中部计算点 6 处存在一支西向逆流，最大流速值为 42 cm/s，在表层。在海峡的南端和北端以及海峡深处均存在较弱的西向逆流。

春季(9504 航次，见图 3b)，TK 断面黑潮有 3 个流核。第 1 个核心在计算点 3 处，最大流速值为 133 cm/s，位于表层；第 2 个流核在计算点 7 处，最大流速值为 90 cm/s，在 250 m 处；第 3 个流核在计算点 10 处，流速较弱，最大流速值为 55 cm/s，在 50 m 层。海峡南端及海峡深处均存在较弱的西向逆流。

夏季(9506 航次，见图 3c)，TK 断面黑潮有两个流核。主流核位于计算点 7 至 8 处，最大流速值为 82 cm/s，位于计算点 7 的 250 m 处。在其南面，即计算点 10 处还存在一个流核，其最大流速值为 52 cm/s，位于 125 m 处。在海峡的北端计算点 2 处、海峡南端计算点 11 处以及海峡深处均存在弱的西向逆流。

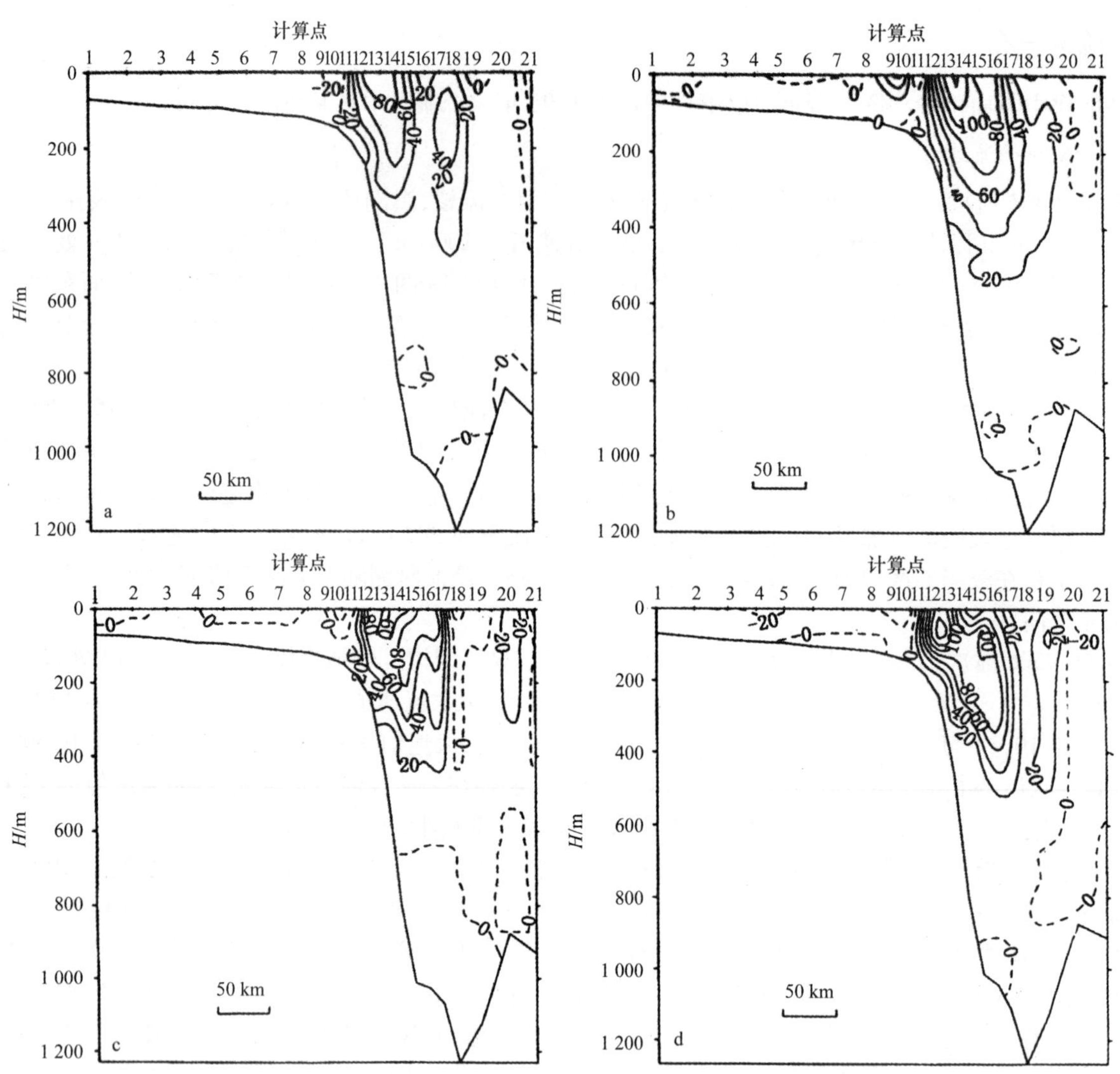

图 2　1995 年 PN 断面流速(cm/s)分布

a. 冬季,b. 春季,c. 夏季,d. 秋季(+:东北向;-:西南向)

秋季(9510 航次,见图 3d),TK 断面流速呈 3 核结构。在计算点 2、4 和 6 处各有一个流核,最大流速值分别为 99,82 和 62 cm/s,均在表层。在海峡北部的计算点 3 和计算点 5 以及海峡深处都存在较弱的西向逆流。在海峡南端也存在弱的西向逆流,其最大流速值为 23 cm/s,但其范围较大。

总结 1995 年 4 个航次 TK 断面的流速分布,可以发现:(1)TK 断面黑潮在冬、夏季均有两个流核,而在春、秋季呈 3 核结构。(2)黑潮流速春季最强,冬季次之,秋、夏季较弱。(3)海峡南端总有西向逆流存在,相比之下,秋季范围较大,其他季节逆流都很弱小。海峡深处总有弱的西向逆流存在。

3.1.3　A 断面流速分布

A 断面位于东海北部 31°55′N,是一条东西向断面(见图 1)。对马暖流及黄海暖流是北向流,都通过此断面。关于对马暖流的来源,Yuan 和 Su[12]认为它是一支由黑潮分支与台湾暖流等混合水形成的一支北向海流,关于它的来源还有其他说法[13]。黄海暖流位于对马暖流的西侧。以下我们讨论 1995 年春、夏、秋季 A 断面流速分布。

春季(9504 航次,见图 4a),在 A 断面计算点 9 至 17 之间存在较弱的北向流,对马暖流和黄海暖流即位于此处。对马暖流核心位于计算点 16 至 17 处,其最大流速值为 12 cm/s,位于计算点 17 的 50 m 层。黄海暖流位于其西侧计算点 13 处,相对较弱。在断面东侧计算点 21 处以及海槽 400 m 以深也存在北向流,其最

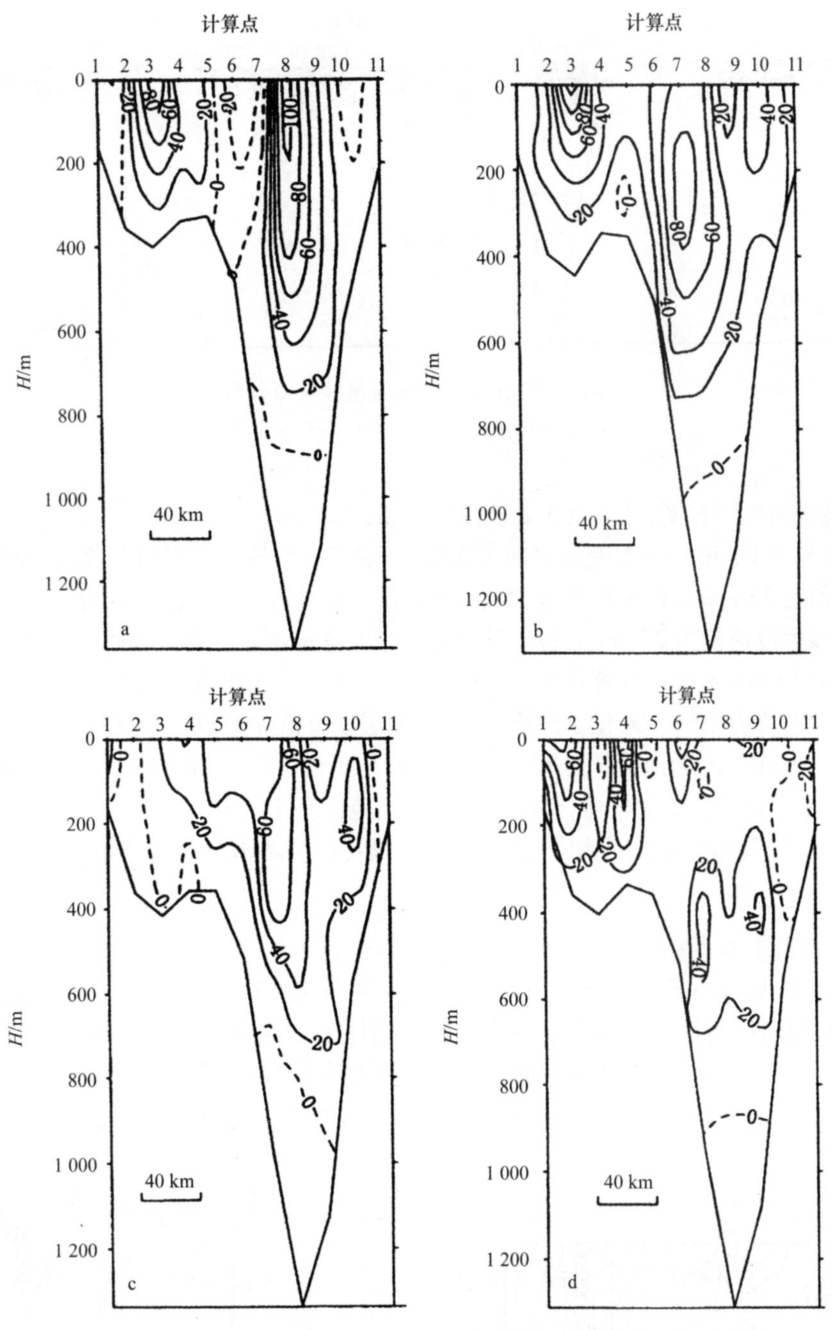

图 3　1995 年 TK 断面流速（cm/s）分布

a. 冬季，b. 春季，c. 夏季，d. 秋季（+：东向；-：西向）

大流速值为 16 cm/s，位于计算点 21 处以及海槽 400 m 以深也存在北向流，其最大流速值为 16 cm/s，位于计算点 21 的表层。在计算点 18 至 20 之间存在一支较强的南向流，其最大流速值为 40 cm/s，位于计算点 19 的表层。在断面计算点 9 以西也存在弱的南向流。

夏季（9506 航次，见图 4b），在 A 断面计算点 7 至 14 之间均存在北向流，有两个核心。较强流核位于计算点 13 至 14 处，最大流速值为 25 cm/s，位于计算点 14 的 20 m 层。在其西侧计算点 8 处还有一较弱的流核，最大流速值为 19 cm/s，位于 20 m 层。在断面东侧计算点 17 至 18 处还存在一支弱的北向流，最大流速值只有 6 cm/s。由于夏季北向流较弱，较难分辨对马暖流及黄海暖流这两支流。在计算点 15 至 17 之间存在一支南向流，最大流速值为 32 cm/s，位地计算点 15 的表层，这支南向流一直到海槽深处均存在。在断面

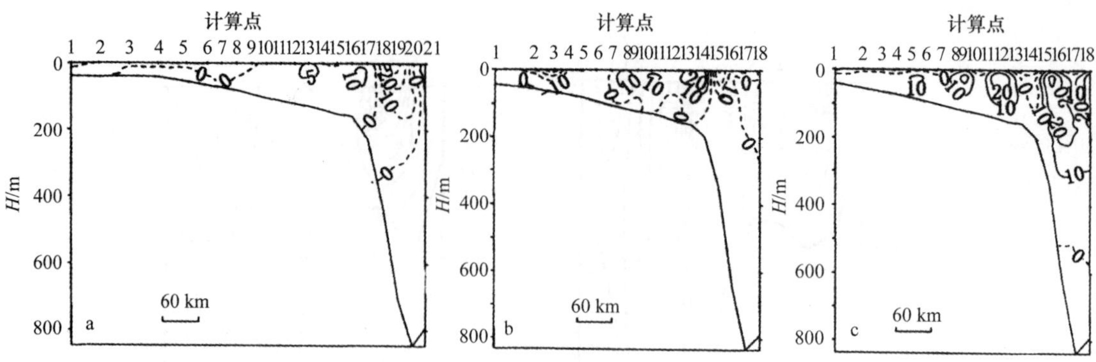

图 4　1995 年 A 断面流速(cm/s)分布

a. 春季,b. 夏季,c. 秋季,(+:北向;-:南向)

计算点 7 以西皆被南向流所控制,计算点 3 处流速很大,为 42 cm/s。

秋季(9510 航次,见图 4c),在 A 断面北向流加强,呈现出 3 个核心。对马暖流位于计算点 15 及其以东海区,其最大流速值为 34 cm/s,位于计算点 15 的 20 m 层。在计算点 11 至 12 处也存在一个北向流核,即为黄海暖流流核,其最大流速值为 27 cm/s,位于计算点 11 的 20 m 层。在计算点 8 至 9 处还存在一个北向流核,其最大流速值为 23 cm/s,位于计算点 9 的 20 m 层。在每一支北向流的西侧都存在一支表层南向逆流,但均较弱,其最大流速值为 19 cm/s,位于计算点 13 的表层。海槽深处 600 m 以深也出现南向逆流。

总结 1995 年 3 个航次 A 断面流速分布可知:(1)对马暖流流核位置在春、夏季偏西,而在秋季则稍偏东。对马暖流在秋季最强,春、夏季较弱,其最大流速变化范围为 16~34 cm/s。(2)黄海暖流位于对马暖流的西侧,相对较弱。(3)海槽深处总有南向逆流出现。在春、夏季,海槽上方也存在南向流。

3.1.4　其他断面流速分布

(1)1995 年 4 月航次 C 断面

C 断面位于 31°N 处,在 A 断面以南(见图 1b)。对马暖流也通过该断面。图 5 为该航次 C 断面流速分布。由图可看出,C 断面流速都不大,3 个北向流核心分别位于计算点 5,8 和 11 处,最大流速分别为 30,16 和 16 cm/s。而在计算点 7、10 以及 12 处表面以下则分别存在南向逆流,其最大流速值分别为 34,40 及 14 cm/s,分别位于计算点 7 的表层、计算点 10 的 75 m 层以及计算点 12 的 200 m 层处。

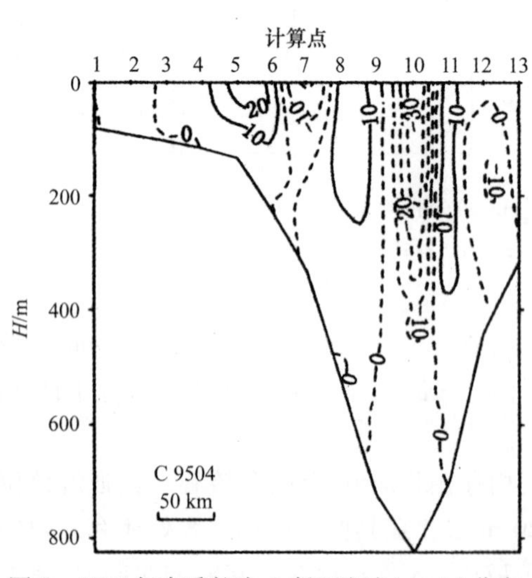

图 5　1995 年春季航次 C 断面流速(cm/s)分布

(+:北向;-:南向)

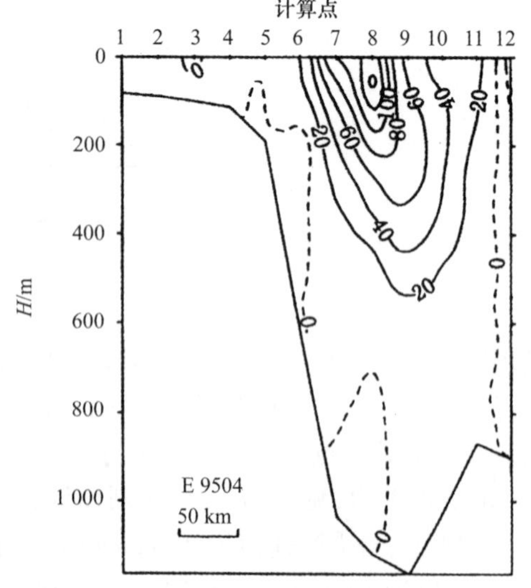

图 6　1995 年春季航次 E 断面流速(cm/s)分布

(+:北北向;-:西南向)

（2）1995 年 4 月航次 E 断面

E 断面位于奄美大岛西北吐噶喇海峡附近，是平行于 PN 断面的一个断面（如图 1b 所示）。由图 6 可看出，在 E 断面黑潮只有一个强流核，位于计算点 7 至 9 之间，在 200 m 以浅水层流速都大于 90 cm/s，最大流速值为 147 cm/s，位于计算点 8 的 50 m 层。在同期间，黑潮在 PN 断面 V_{max} 为 158 cm/s，因此两者较接近，断面东侧计算点 12 附近出现南向逆流区，最大流速为 29 cm/s，位于表层。在计算点 5，6 的深层以及主流以下约 800 m 层以深处都存在南向逆流，其流速均不大。

（3）1995 年 6 月航次 ON 断面

ON 断面是位于冲绳岛西北的断面（见图 1c）。由图 7 可看出，黑潮在 ON 断面有两个流核。一个在计算点 4 处，其最大流速值为 107 cm/s，位于 75 m 层；另一个在计算点 2 处，其最大流速值为 108 cm/s。与邻近 PN 断面在相同时期黑潮流速比较，它们都有两个流核，且最大流速值两者也十分接近。还有一支北向流流速较弱，在计算点 8 至 9 处，最大流速值仅 15 cm/s。在这支北向流的两侧都是南向逆流，最大流速值分别为 56 和 77 cm/s，分别位于计算点 6 和 11 的表层，这支北向流及其邻近南向流，可能都是涡的一部分。黑潮以下深层都存在逆流，流速不大。

（4）1995 年 6 月航次 KR 断面

KR 断面是位于冲绳岛以南的断面（见图 1c），位于琉球群岛两侧。限于资料，这里只计算了琉球海脊以西的部分断面。图 8 为 1995 年 6 月航次 KR 断面流速分布，从中可看出，KR 断面黑潮有一个流核，位于计算点 3 至 5 之间，200 m 以浅水层流速大于 80 cm/s，最大流速值为 107 cm/s，位于计算点 4 的 30 m 层。黑潮以东为范围较大的南向逆流，其最大流速值为 59 cm/s，位于计算点 7 的表层。黑潮以下存在深层逆流。

（5）1995 年 10 月航次 IK 断面

IK 断面是位于冲绳岛以西与 PN 断面平行的一个断面（见图 1d）。由图 9 可看出，IK 断面黑潮只有一个流核，位于计算点 3 至 5 之间，最大流速值为 93 cm/s，位于计算点 4 的 50 m 层。与同时期 PN 断面黑潮最大流速相比较，此值偏小，其原因也是因为计算点 2 至 5 之间测站太稀，因而低估。在断面东侧以及黑潮以下深层均存在南向逆流。

3.2　流量分布

冬季（见图 1a），东海黑潮通过 PN 和 TK 断面净北向流量分别为 23.3×10^6 和 $22.5\times10^6\ m^3/s$。A 断面无观测资料，但通过计算海区流量平衡可以算出 A 断面净流量为北向，$0.7\times10^6\ m^3/s$。

春季（见图 1b），东海黑潮流量增大，通过 PN 和 TK 断面的净流量变化不大，分别为 34.1×10^6 和 $33.2\times10^6\ m^3/s$。通过 C 断面的北向和南向流量分别为 6.6×10^6 和 $6.4\times10^6\ m^3/s$，通过 A 断面的北向和南向流量分别为 2.3×10^6 和 $2.2\times10^6\ m^3/s$，即在 C 断面和 A 断面的净北向流量均很小，北向流和南向流几乎平衡。

夏季（见图 1c），东海黑潮流量减小。KR 断面由于资料原因只有琉球群岛以西一些站位的资料用于计算，通过一部分断面的净北向流量为 $15.0\times10^6\ m^3/s$，而通过 ON 断面的净北向流量为 $21.5\times10^6\ m^3/s$，大于 KR 断面的流量，这是因为冲绳以南海域存在西向海流流入东海，流入到 ON 断面（见图 1c），关于这一点，袁耀初等[8]曾指出过。通过 ON、PN 和 TK 断面的净流量相差不大，分别为 21.5×10^6，21.1×10^6 和 $22.3\times10^6\ m^3/s$。通过 A 断面的北、南向流量分别为 1.7×10^6 和 $2.6\times10^6\ m^3/s$，净流量为南向 $0.9\times10^6\ m^3/s$，即南北向流几乎平衡。

秋季（见图 1d），东海黑潮流量比夏季时增加。通过 IK 和 PN 断面的流量相差不大，分别为 24.1×10^3 和 $26.7\times10^6\ m^3/s$。通过 IK 断面的净东向流量为 $17.4\times10^6\ m^3/s$，比 PN 断面的净流量小 $9.3\times10^6\ m^3/s$，这是因为一方面黑潮从 PN 断面流向 A 断面的分支加强，另一方面，TK 断面南端有较大范围的西向逆流存在，也使净东向流量减小。通过 A 断面的北、南向流量分别为 8.0×10^6 和 $0.5\times10^6\ m^3/s$，A 断面净北向流量为 $7.5\times10^6\ m^3/s$，此值偏大，但用相同参考层作为零面的动力计算方法计算的结果是 $7.0\times10^6\ m^3/s$，一般逆方法的结果竟达 $7.8\times10^6\ m^3/s$。该季节通过 A 断面的北向流量异常偏大，其原因有待进一步研究。

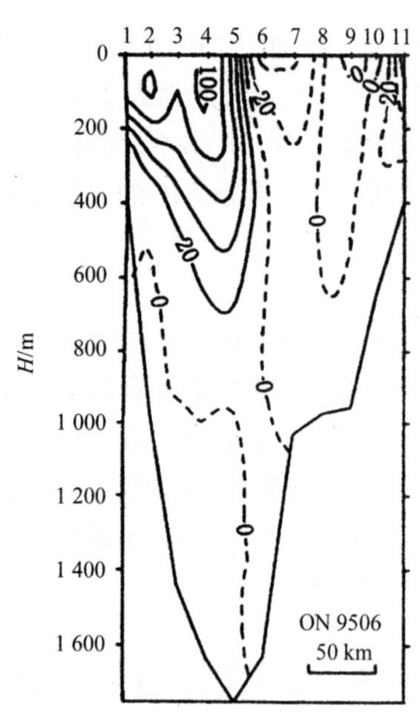

图 7 1995 年夏季航次 ON 断面流速(cm/s)分布
(+:东北向;-:西南向)

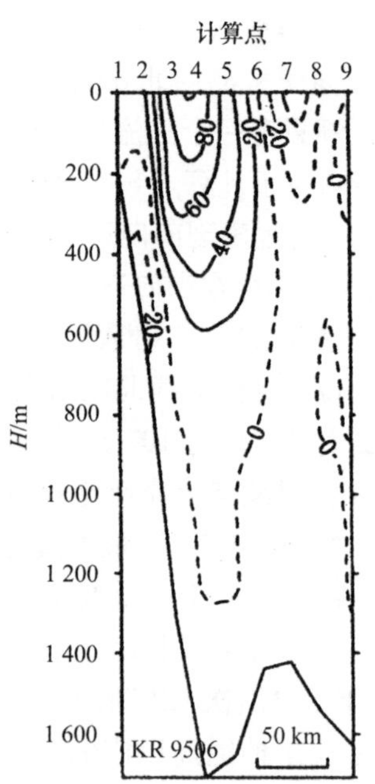

图 8 1995 年夏季航次 KR 断面流速(cm/s)分布
(+:东北向;-:西南向)

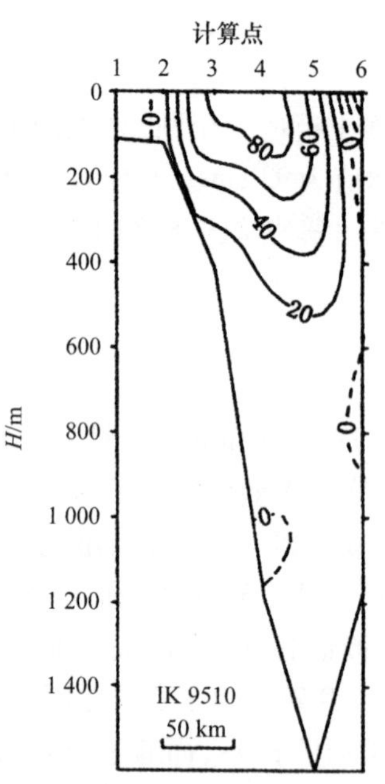

图 9 1995 年秋季 IK 断面流速(cm/s)分布
(+:东北向;-:西南向)

总结 1995 年 4 个航次东海各断面的净流量分布可知:东海黑潮通过 PN 断面的流量在春季最大,秋、冬季次之,夏季最小,四季通过 PN 断面平均流量为 $26.3\times10^6\ m^3/s$,流量变化幅度较大,即在 $21.1\times10^6 \sim 34.1\times10^6\ m^3/s$ 之间。黑潮通过 TK 断面的流量也在春季最大,冬、夏季次之,而秋季最小,四季通过 TK 断面平均流量为 $23.9\times10^6\ m^3/s$,在 $17.4\times10^6 \sim 33.2\times10^6\ m^3$ 之间变化。这两个平均值比前人用动力计算方法得到的结果都要大[1-3],这可能是因为动力计算方法存在基本缺点,即零参考面的选取问题,此外,还可能与黑潮的年际变化有关;但我们的结果更接近袁耀初等[8]改进逆方法的计算结果。在 A 断面净北向流量秋季时最大。

3.3 热通量分布

我们采用了热量不等式约制的改进逆方法，计算了 PN、TK 断面的热通量和计算海域海洋与大气的热交换率。以下分别讨论。

3.3.1 PN 断面的热通量

由表 2 可知：PN 断面热通量在 1.6×10^{15} ~ 2.5×10^{15} W 之间变动，其季节变化特征与通过 PN 断面的流量的变化特征基本相一致，即在春季最大，在冬、夏季较小。4 个航次的平均热通量为 1.98×10^{15} W，稍小于袁耀初等[8]计算 1988、1989 两年 8 个航次得到的 PN 断面平均热通量值 2.109×10^{15} W，但与刘勇刚和袁耀初[9-10]计算的 1992、1993 和 1994 年 PN 断面平均热通量值 2.03×10^{15} 和 1.99×10^{15} W 十分接近。

表 2　通过 PN，TK 断面的热通量（Q_{PN}，Q_{TK}）与东海海面平均放（吸）热率（q_e）

项目	冬季	春季	夏季	秋季	平均
$Q_{PN}/10^{15}$ W	1.6	2.5	1.7	2.1	1.98
$Q_{TK}/10^{15}$ W	1.5	2.5	1.8	1.3	1.78
$q_e/10^3$ J·cm^{-2}·d^{-1}	6.28	−0.83	−2.09	2.49	1.46

3.3.2 TK 断面的热通量

由表 2 中可以看出：TK 断面的热通量的变动范围为 1.3×10^{15} ~ 2.5×10^{15} W，也是在春季最大。4 个航次的平均热通量为 1.78×10^{15} W，与 1993 和 1994 年的平均值相同[10]，这也与袁耀初等[8]计算的 1988、1989 两年 8 个航次得到的热通量值 1.824×10^{15} W 十分接近。

3.3.3 海面上的热量交换

热交换率是以 PN，TK 和 A 断面所围成的海域海气热交换率的平均值。计算结果见表 2，正值为放热率，负值为吸热率。此平均值是作为东海海面与大气之间的平均热交换率（q_e）。由表 2 可知，秋季和冬季都是由海洋向大气放热；春季和夏季则都是从大气吸热。冬季热交换率最大，而春季热交换率较小。

3.4 1995 年是异常年

综合文献[9-10]可知，从 1992—1995 年共 16 个航次的统计平均值来看，通过 PN 断面净流量在冬、春、夏、秋季的平均值分别为 27.0×10^6，24.8×10^6，30.1×10^6 和 26.6×10^6 m/s，即夏季最大，冬季和秋季次之，春季最小（图 10），通过 TK 断面净流量在冬、春、夏和秋季的平均值分别为 26.5×10^6，23.1×10^6，29.0×10^6 和 22.4×10^6 m/s，即夏季最大，冬季次之，春秋季接近，都较小。综合 PN 和 TK 两个断面的情况，我们可以得出，东海黑潮流量在夏季时最大，而在春、秋季则最小。上述结论，即黑潮流量，从统计意义来说，夏季时最大，是与前人的结论一致的[1,3,8]。而本文计算的 1995 年通过 PN 断面的净流量在春季最大，夏季最小（图 10）。这就说明 1995 年是东海黑潮流量的异常年。1995 年在 PN 断面黑潮流速也是春季最强，夏季很弱；在 TK 断面黑潮流速也是春季最强，夏季最弱；通过 PN 断面的热通量还是春季最大，夏季较小。这些也均表明 1995 年是东海黑潮变异的特殊年份。PN-14 站位于 PN 断面的陆坡上，是黑潮核心位置。其温、盐图解如图 11 所示。由图 11 容易看出，1995 年夏季 9506 航次黑潮水温、盐特性不同于其他航次，表层盐度很低。这进一步说明 1995 年是东海黑潮异常年。

PN 断面位于琉球群岛以西，而在琉球群岛以东的 OK 断面（见图 1c，其中 * 号代表第 7 个站位），我们也可以从 T-S 分布图中看出 1995 年有些异常：图 12 是 OK 断面上第 7 个站位上的 T-S 图，如图 12 所示，9504 航次的点偏离其他航次的平均位置，这表明在 9504 航次该站海水特性明显地不同于其他航次。因此，我们认为 1995 年可能是副热带环流变化异常的一年，也许西北太平洋的环流都会异常。值得一提的是，1995 年是拉尼娜较强年。这与上述的异常现象有何联系，尚待进一步研究。

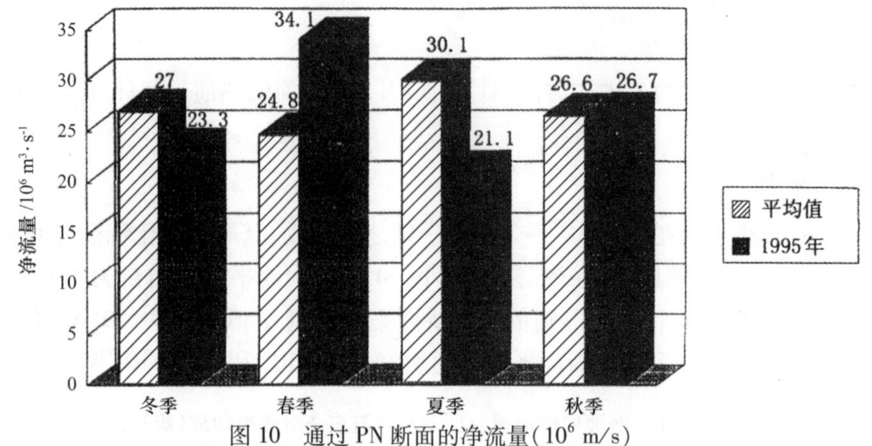

图 10　通过 PN 断面的净流量(10^6 m/s)

“平均值”是自 1992 年至 1995 年共 16 个航次的平均值

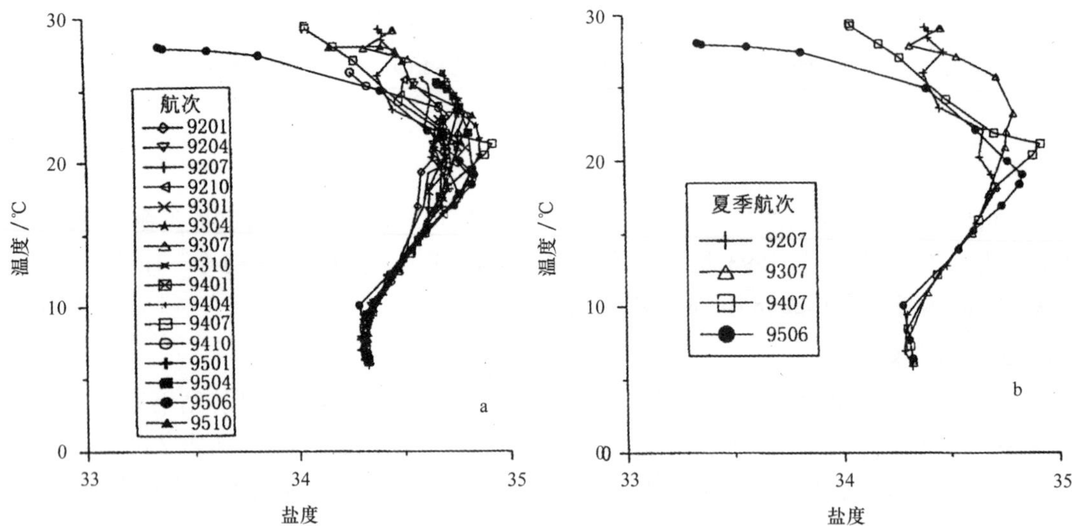

图 11　PN-14 站的 T-S 图

a. 1992—1995 年共 16 个航次，b. 1992—1995 年 4 个夏季航次

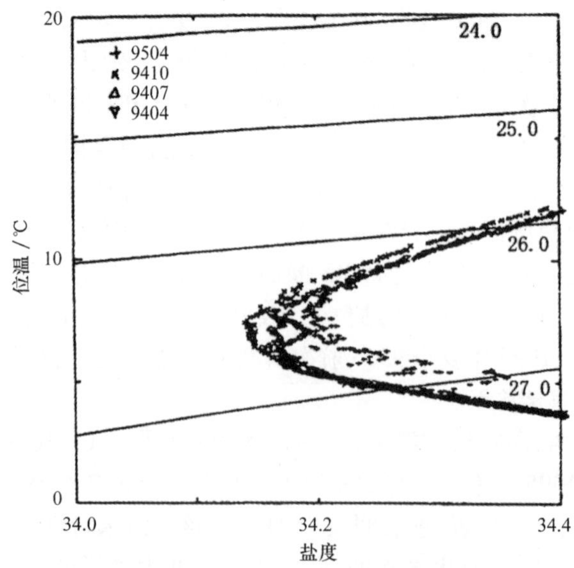

图 12　OK-7 站位的 T-S 图(实线表示等密度面)

(引自日本长崎海洋气象台《海洋速报》第 157 号)

4 结论

采用改进逆方法对1995年4个航次东海黑潮的流速、流量和热通量进行了计算。得到如下主要结果。

(1)通过PN断面的净流量在1995年冬、春、夏和秋季分别为23.3×10^6，34.1×10^6，21.1×10^6和26.7×10^6 m/s，即1995年流量在春季最大，夏季最小，四季平均为26.3×10^6 m/s。1995年通过TK断面的净流量也是在春季最大，但在秋季最小，四季平均为23.9×10^6 m/s。通过A断面的净北向流量则在秋季最大。

(2)PN断面在冬、春和夏季有两个流核，而在秋季出现了3个流核。黑潮流速在1995年春、秋季强，冬、夏季弱。黑潮以东及以下均存在逆流。

(3)TK断面黑潮在冬、夏季均有两个流核，而在春、秋季呈3核结构。TK断面黑潮流速春季最强，冬季次之，秋、夏季较弱。海峡南端总有逆流存在，相比之下，秋季范围较大。海峡深处总有弱的逆流存在。

(4)1995年冬、春、夏和秋季黑潮通过PN断面的热通量分别为1.6×10^{15}，2.5×10^{15}，1.7×10^{15}和2.1×10^{15}W，其季节变化特征与通过PN断面的流量的变化特征基本相一致，4个航次的平均热通量为1.98×10^{15}W。TK断面热通量的变动范围为$1.3\times10^{15}\sim2.5\times10^{15}$W，4个航次的平均值为$1.78\times10^{15}$W。

(5)计算海域海气热交换率在1995年冬季时最大，春季相对较小。

(6)1995年是东海黑潮异常年，也可能是副热带环流乃至西北太平洋的环流变化异常的一年。其原因何在，有待进一步研究。

致谢：日本气象厅长崎海洋气象台为我们提供了宝贵的水文和气象观测资料，在此深表谢意。

参考文献：

[1] 管秉贤．东海黑潮流量的变动及其原因的分析//中国海洋湖沼学会水文气象学会学术会议(1980)论文集．北京：科学出版社，1982：103-116.

[2] Nishizawa J, Eamihira E, Komura K, et al. Estimation of the Kuroshio mass transport flowing out of the East China Sea to the North Pacific. La Mer, 1982, 20: 37-40.

[3] 汤毓祥，田代知二．东海PN断面黑潮流况的分析//黑潮调查研究论文选(五)．北京：海洋出版社，1993：69-76.

[4] 孙湘平，金子郁雄．1989—1991年黑潮的变异//黑潮调查研究论文选(五)．北京：海洋出版社，1993：52-68.

[5] Yuan Y, Endoh M, Ishizaki H. The study of Kuroshio in the East China Sea and currents east of Ryukyu Island//Proc Japan China Symp Cooperative Study on the Kuroshio. Science and Technology Agency Japan, SOA, China, 1990: 39-57.

[6] 袁耀初，潘子勤，金子郁雄，等．东海黑潮的变异与琉球群岛以东海流//黑潮调查研究论文选(五)．北京：海洋出版社，1993：279-297.

[7] Yuan Y, Takano K, Pan Z, et al. The Kuroshio in the East China Sea and the currents east of the Ryukyu Islands during autumn 1994. La Mer, 1994, 32: 235-244.

[8] 袁耀初，高野健三，潘子勤，等．1991年秋季东海黑潮与琉球群岛以东的海流//中国海洋学文集，第5集．北京：海洋出版社，1995：1-11.

[9] 刘勇刚，袁耀初．1992年东海黑潮的变异．海洋学报，1998，20(6)：1-11.

[10] 刘勇刚，袁耀初．1993和1994年东海黑潮的变异．海洋学报，1999，21(3)：15-29.

[11] Fiadeiro M E, Veronis G. On the determination of absolute velocities in the ocean. J Mar Res, 1982, 40(Suppl): 159-182.

[12] Yuan Y, Su J. The calculation of Kuroshio current sturcuture in the East China Sea—early summer 1986. Progress in Oceanography, 1988, 21: 243-361.

[13] 郭炳火，道田丰，中村保昭．对马暖流源区水文状况及其变异的研究//黑潮调查研究论文选(五)．北京：海洋出版社，1993：16-24.

Variability of the Kuroshio in the East China Sea in 1995

Liu Yonggang[1,2], Yuan Yaochu[1,2]

(1. *Second Institute of Oceanography, State Oceanic Administration, Hangzhou* 310012, *China*; 2. *Key Lab of Ocean Dynamic Processes and Satellite Oceanography, State Oceanic Administration, Hangzhou* 310012, *China*)

Abstract: A modified inverse method is used to compute the Kuroshio in the East China Sea with the CTD and wind data collected by R/V *Chofu Maru* druing four cruises of 1995. The computed results show that: (1) There are two current cores of the Kuroshio at Section PN during winter, spring and summer, and three cores in autumn of 1995. The Kuroshio velocities at Section PN are larger in spring and autumn than those in winter and summer of 1995. There are countercurrents under and east of the Kuroshio at Section PN. (2) There are two current cores of the Kuroshio at Section TK in winter and summer, but three cores in spring and autumn of 1995. The Kuroshio velocity at Section TK is largest in spring, but smallest in winter of 1995. There are countercurrent on the southern side and in the deep layer of the Tokara Strait. (3) The volume transport of the Kuroshio through Section PN is largest in spring but smallest in summer of 1995, and that through Section TK is also largest in spring but smallest in autumn of 1995. The net northward volume transport through Section A is largest in autumn. The heat transport through Section PN is 1.6×10^{15}, 2.5×10^{15}, 1.7×10^{15} and 2.1×10^{15} W, respectively, during winter, spring, summer and autumn. The average heat transfer rate between ocean and atmosphere is largest in winter but smallest in spring of 1995. Seasonal variations of the velocity and volume transport indicate that 1995 is an anomalous year for the Kuroshio variability, which can also be shown from T-S diagrams.

Key words: East China Sea; Kuroshio; seasonal variation

刊于:海洋学报,2000,22(增刊):65-75.

底边界混合对黄海冷水团的环流结构的影响*

许东峰[1,2],袁耀初[1,2]

(1. 国家海洋局 第二海洋研究所,浙江 杭州 310012;国家海洋局海洋动力过程和卫星海洋学重点实验室,浙江 杭州 310012)

摘要:通过理论分析及数值模拟(一维和三维 MOM2 模式)研究了底边界混合和地形热累积效应对黄海夏季斜压结构的影响,分析了黄海冷水团形成期间的几个动力过程的时间尺度。黄海的垂向混合系数为 10~100 cm^2/s。结果表明:(1)不同强度的潮混合,导致黄海冷水团的温度分布完全不同,较强的潮混合造成了海底附近直立型温度分布,并且会导致锋面向深处移动。黄海的热传导特征时间尺度为几天。(2)黄海冷水团的水平环流在垂直方向上分为两层,上层为气旋式环流,其流速较强而厚度较厚,下层为反气旋式环流,流速较弱而厚度较薄(约 10~20 m),二者的相对强弱与底边界混合的强弱关系不大。垂向积分环流则为气旋式的。(3)黄海冷水团环流受温度分布影响,而后者受环流的平流效应的影响则较小。

关键词:黄海冷水团;底边界混合;两层环流结构

中图分类号:P7322.5;P731.26;P731.16

1 引言

黄海是半封闭浅海,中间深槽深度为 80 m,西岸宽而浅,东岸较陡。黄海具有较强的潮流特性,M_2 分潮振幅为 60~150 cm,潮流速度为 20~100 cm/s,潮混合强烈,垂向涡动扩散和混合系数可达 10~100 cm^2/s[1]。在夏季黄海深底层始终出现一个低温水体,其温度约为 5~11℃,盐度约为 31.8~32.5,该低温水体我们通常称之为“黄海冷水团”。事实上,大型湖泊中夏季也常出现类似现象。

对黄海冷水团的形成机制和变化规律,国内外已有许多研究。赫崇本等[2]探讨了黄海冷水团的形成机制。管秉贤[3]根据观测资料系统地研究了黄海冷水团的温度结构和环流。袁业立[4]、袁业立和李惠卿[5]提出了浅海热生环流的模型,得到黄海冷水团在水平方向上是一气旋式环流。Yuan 和 Su[6]采用了二层模式模拟了黄海冷水团,指出风场主要影响上层环流,与无风场作用比较,夏季风场使上层气旋式环流的位置向北移动。缪金榜等[7]采用边界层理论分析和摄动法,求得阐述北黄海冷水团及其密度环流形成机制的温度和三维流速分布的近似解析解。Hu[8]的结果为上层由内外两个反向环流,下层为一个气旋式环流的环流结构,以及跃层以下黄海冷水团中心为上升流,跃层以上则为下降流。苏纪兰、黄大吉[9]通过定性分析和数值模拟,得到了黄海冷水团的垂向结构为双环结构,跃层以下黄海冷水团中心为下降流,跃层以上为上升流,下部的垂直环流明显比上部强,水平方向上则是一个气旋式环流。Endoh[10]通过浮标和诊断模式发现日本 Biwa 湖中夏季存在着气旋式环流。在夏初,该环流主要由于地形加热不均匀造成,在夏末,该环流主要由风

* 国家自然科学基金资助项目(编号:49736200);国家重点基础研究发展规划资助项目(编号:G1999043802,G1999043702);国家海洋局青年基金资助项目(编号:98201);国家海洋局第二海洋研究所青年基金资助项目(编号:9703)。

应力涡度维持。Choi 和 Lie[11] 利用浮子轨迹发现黄海冷水团在 7—10 月间的气旋式环流。Takahashi 和 Yanagi[12] 利用三维模拟结果提出了黄海冷水团的气旋式环流主要是由于地形热累积效应(THAE: topographic heat accumulation effect)引起的,环流结构与涡动混合系数关系密切。Schwab 等[13] 及 Davidson 等[14] 认为海底的绝热边界条件也可以产生拱型温跃层和气旋式环流。汤毓祥等[15] 利用浮子资料发现 1997 年夏季黄海表、底层环流大致为一个逆时针向流系构成。

本文通过对热传导方程的解析解及数值模拟(一维和三维 MOM2 模式)的讨论,分析了不同的湍流混合对黄海冷水团温度和环流结构的影响以及气旋式环流的生成机制。

2　扩散系数为常数时一维热传导方程解析解

考虑一个一维加热情形,假设水深为 H,初始水温为零,海底绝热,海表面热通量(heat flux)为 q,坐标原点取在海面,向上为正,则热传导方程为:

$$\begin{cases} \dfrac{\partial T}{\partial t} = K_v \dfrac{\partial^2 T}{\partial z^2}, & (1) \\ T_z(-H, t) = 0, & (2) \\ K_v T_z(0, t) = q/C\rho, & (3) \\ T(z, 0) = 0, & (4) \end{cases}$$

其中,$C=3.896$ J/(℃ · g),$\rho=1.02$ g/cm^3,$K_v=1$ cm^2/s,z 为垂直坐标,t 为时间,T 为温度,海面 $z=0$,海底 $z=-H$;这里我们参考 Takahashi 和 Yanagi 的结果[12],取 $q=1\,463$ J/(cm^2 · d)。记 $Q=q/(C\cdot\rho)=4.26\times10^{-3}$℃ · cm/s,方程(1)~(4)的解为(参照附录 A,注意附录 A 的坐标系与这里不同,从式(21A)到式(5)已作了坐标变换):

$$T(z) = \frac{Q(z+H)^2}{2HK_v} + \frac{Qt}{H} - \frac{QH}{6K_v} + \sum_{n=1}^{\infty} C_n \mathrm{e}^{-Kv\lambda_n^2 t}\cos\lambda_n^2(z+H), \tag{5}$$

其中,

$$\lambda_n = \frac{n\pi}{H}, \quad C_n = (-1)^{n-1}\frac{2Q}{\lambda_n^2 HK_v}.$$

附录 A 中还给出了当 $q=0$ 时的热传导方程的解析解。由式(5)可知,这个传热过程的特征时间尺度 τ 与水深的平方成正比,而与垂向扩散系数成反比,即 $\tau=H^2/(K_v\pi^2)$,表 1 给出了传热特征时间尺度 τ 与水深的关系,可以看到,20 m 水深的浅海,热传导特征时间尺度比 80 m 的深海快了 16 倍。

表 1　传热特征时间尺度 τ(d)与水深和垂向扩散系数的关系

	$K_v=1$ cm^2/s	$K_v=10$ cm^2/s	$K_v=30$ cm^2/s	$K_v=100$ cm^2/s
$H=20$ m	4.6	0.46	0.15	0.046
$H=80$ m	74	7.4	2.47	0.74

当加热时间大于传热特征时间尺度,$t/\tau=K_v\lambda_n^2 t\geqslant1$ 时,式(5)中的高阶项可忽略,此时海面与海底温差为:

$$\Delta T = T(0) - T(-H) \approx HQ/(2K_v). \tag{6}$$

这说明表底温差与水深成正比,即深水区易于层化。以黄海为例,浅海区 $H=20$ m 时表底温差 $\Delta T\approx4.28$℃,海底温度:$T(-H)\approx12$℃;深海区 $H=80$ m,$\Delta T\approx17.08$℃,海底温度:$T(-H)\approx1$℃。图 1 为水深分别为 20 和 80 m 时加热 50 d 的解析解结果,表底温差分别为 4.27℃ 和 17.12℃,与式(6)估算的结果非常相近。

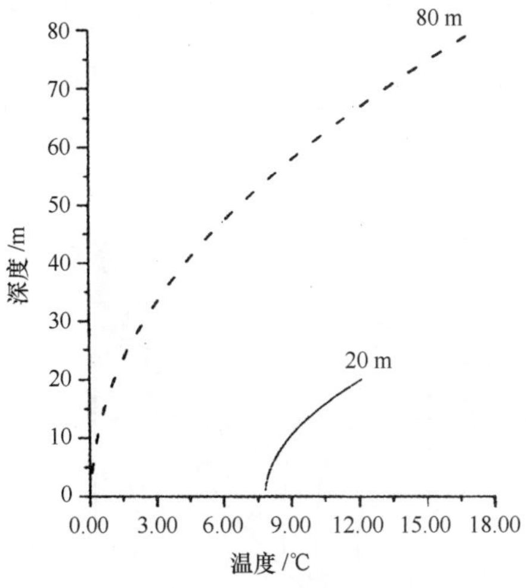

图 1　水深为 20 m(实线)和 80 m(虚线)时加热 50 d 的比较

垂向扩散系数 $K_v = 100\ cm^2/s$

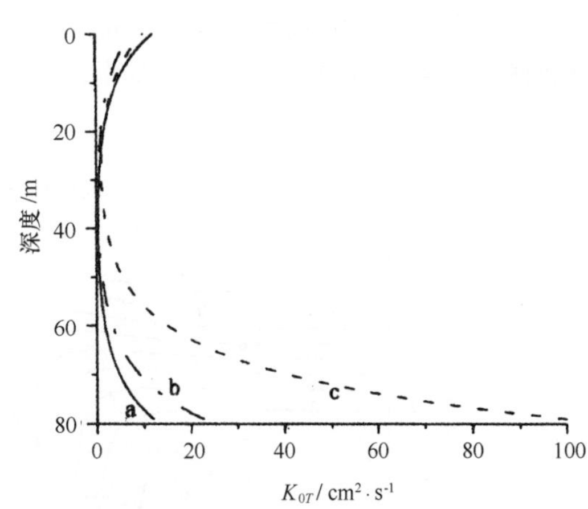

图 2　垂直混合系数随深度分布

$K_{0W} = 10\ cm^2/s$。a. $K_{0T} = 10\ cm^2/s$，b. $K_{0T} = 30\ cm^2/s$，c. $K_{0T} = 100\ cm^2/s$

3　变扩散系数时的一维热传导方程数值解

基于 Cummins 和 Foreman[16] 对海底海山上边界层混合效应的研究和袁业立、李惠卿[5] 对黄海冷水团的研究，我们假设垂直混合系数为：

$$K_v = K_{0T}\exp[-(H+z)/h] + K_{0W}\exp(z/h), \tag{7}$$

即假设潮混合作用主要发生在海底，风浪混合主要发生在表层，式(7)中第一项为潮混合项，第二项为风浪混合项，这里我们取 $K_{0T} = 10 \sim 100\ cm^2/s$，$K_{0W} = 10\ cm^2/s$，$h$ 为 e 转折(e-folding)深度，这里我们取 $h = 10$ m。图 2 为本文所取由式(7)所得的各种垂直混合系数随深度(80 m)分布。

考虑一个抛物碗形海盆，水深 12～80 m(见图 3)，初始温度为：各处均匀为 5℃。海面加热热通量为 1 463 J/(cm²·d)(参照文献[12])，海底绝热，垂直混合系数如式(7)所示，采用单纯垂向一维传热(不考虑横向热传导)，我们利用数值方法解决这个问题，积分 46 d 后，温度分布如图 4a、图 4b 所示，水深小于 30 m 的水域、水体完全均匀，与我们通常所见的黄海冷水团底部直立型温度分布极为相似。图 5 为国家自然科学基金重点项目“黄东海入海气旋爆发性发展的海气相互作用”在 1999 年 6 月“向阳红 14”号调查船所测 C3 断面[站位(1. 32°10′N，127°04′E)至站位(12. 34°55′N、122°40′E)之间的联线]水温分布[17]，由文献[7]可知，7～11 站正是黄海冷水团的西南边缘，底层约有一个 20 m 高的均匀混合层，与这里的模拟结果较为相似。但是，从图 5b、图 5c 来看，9 号站对应的低温低盐水与历史上黄海冷水团的特性低温高盐并不相符，其原因可能是长江冲淡水的影响。图 4a、图 4b 分别是式(7)中 $K_{0T} = 10\ cm^2/s$ 与 $100\ cm^2/s$ 时积分 46 d 后的温度分布，这可用来估算大潮与小潮时底边界层的厚度变化和锋面移动。为此，重复上述数值实验，但去掉表层加热，初始温度为：海面 18℃线性变化到 80 m 处 4℃，即 $T(x, y, z, t=0) = T_1$

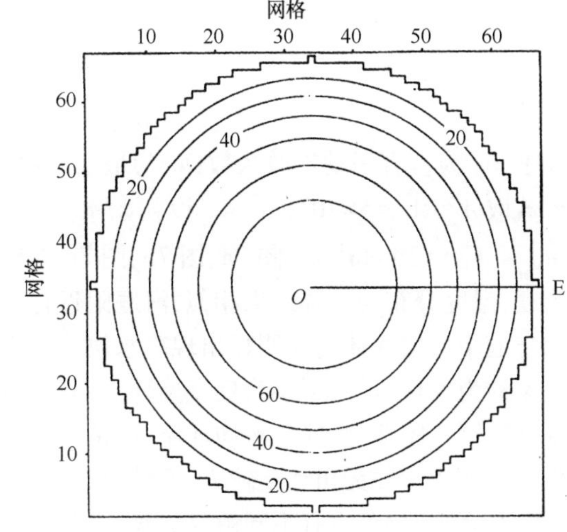

图 3　抛物碗形海盆地形

(等值线间距：10 m；纵横坐标均为网格坐标，单位：2. 2 km)

$+\Delta T(z/H)$，其中 $T_1=18℃$，$\Delta T=14℃$（坐标方向和原点与(1)式相同）。参考表1估算结果，热传导特征时间为几天，积分4 d后，我们得到图6a、图6b，当 $K_{0T}=10\ \mathrm{cm^2/s}$ 时，锋面大约在水深30 m处，当 $K_{0T}=100\ \mathrm{cm^2/s}$ 时，锋面移到水深45 m处。可见较强的潮混合导致锋面向较深的水域移动。

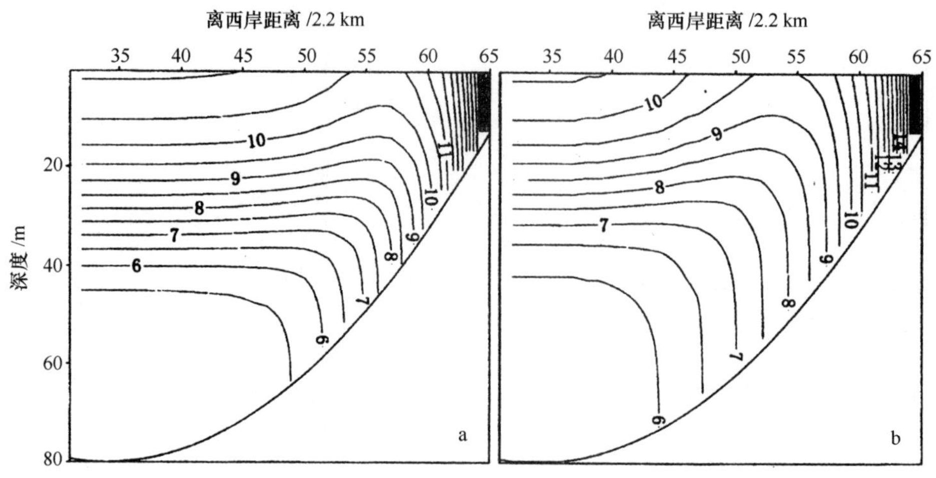

图4　积分46 d后温度分布(图3中OE断面)

变垂向扩散系数中常数 K_{0T} 分别为：a. $K_{0T}=10\ \mathrm{cm^2/s}$，b. $K_{0T}=100\ \mathrm{cm^2/s}$

4　三维数值模拟

上面的讨论中我们忽略了水平热交换，这里我们采用MOM2(Modular Ocean Model 2)模式模拟黄海冷水团的环流结构，水平网格间距为2.2 km，垂向网格间距为4 m；考虑一抛物碗形海盆(海盆半径75.9 km，水深最浅处12 m，最深处80 m，海盆中心在35°N，见图3)，海面无风，海面热通量为 $q=1\ 463\ \mathrm{J/(cm^2\cdot d)}$。海底绝热，海底摩擦采用平方律，即：

$$K_v \left.\frac{\partial T}{\partial z}\right|_{z=0} = q/C\rho, \tag{8}$$

$$A_0 \left.\frac{\partial U}{\partial z}\right|_{z=-H} = C_d\, |u_b|\, \vec{u}_b, \quad K_v \left.\frac{\partial T}{\partial z}\right|_{z=-H} = 0, \tag{9}$$

式中，A_0 为垂直涡动扩散系数；$\vec{u}_b$ 为最底层深度上的水平速度；拖曳系数 $C_d=0.001$。水平涡动混合和扩散系数取 $A_h=A_m=5\times10^5\ \mathrm{cm^2/s}$。设初始水温为：各处均匀为5℃，垂直混合系数如式(7)所示，其中，$K_{0T}=30\ \mathrm{cm^2/s}$，$K_{0W}=10\ \mathrm{cm^2/s}$。图7a、图7b、图7c为模式积分46 d后的温度分布、沿岸向速度分布和垂向平均水平速度，温度分布与一维结果相似，海底附近存在一个大约20 m厚的直立的均匀温度层。图7a中在近表层层化与近岸均匀水体之间明显出现冷水块。由图7b可知，沿岸向环流明显分为2层，上层为气旋式环流，最大流速约为5.0 cm/s，下层为反气旋环流，其厚度为10~20 m，最大流速约为2.5 cm/s。与上层环流相比，下层厚度较薄。图7c为垂向平均环流，这是一气旋式环流，最大流速大约为3 cm/s，这与前人结果相似。注意，我们的模式中并无角动量输入，而结果却产生了气旋式环流，即我们这里的垂向平均的气旋式环流，对于其成因有许多研究，也有不同解释。我们将在后文阐述，我们的垂直速度结果与苏纪兰和黄大吉[9]的垂向双环环流类似，即下部为冷水沿斜坡上升、暖水在中间下沉的分布，与通常的黄海冷水团的中部为上升流的直觉相反，最大涌升速度为 $8\times10^{-4}\ \mathrm{cm/s}$，发生在斜坡上；上部的中心为上升，相邻处为下降，近壁处又为涌升，但其环流强度非常弱，比下部垂向环流速度小1~2个数量级。黄海冷水团中部的下降流会减弱冷水团下层的势力范围。

在环流结构的发展过程中，主要能量来自海表面加热得到的有效位能，由于岸边升温较快，造成温度分布不均匀，导致了内部压力差。因此，在下层，中部冷水流向两侧；在上层，两侧暖水向中间补偿，在科氏力

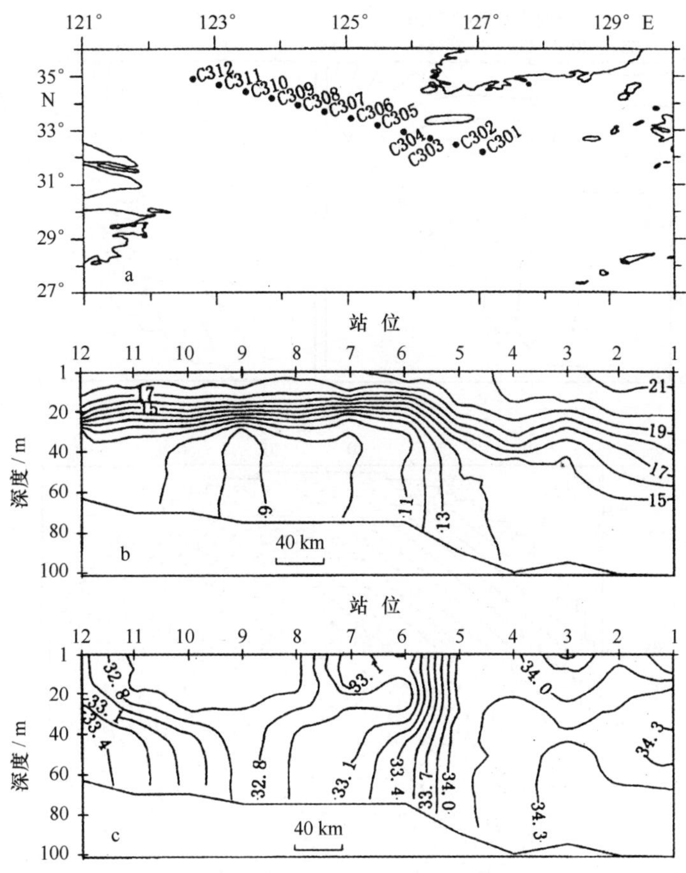

图 5　“向阳红 14”号 1999 年 6 月航次 C3 断面站位、温度和盐度分布

a. 站位，b. 温度（℃），c. 盐度

的作用下，引起了上层的气旋式环流和下层的反气旋式环流。

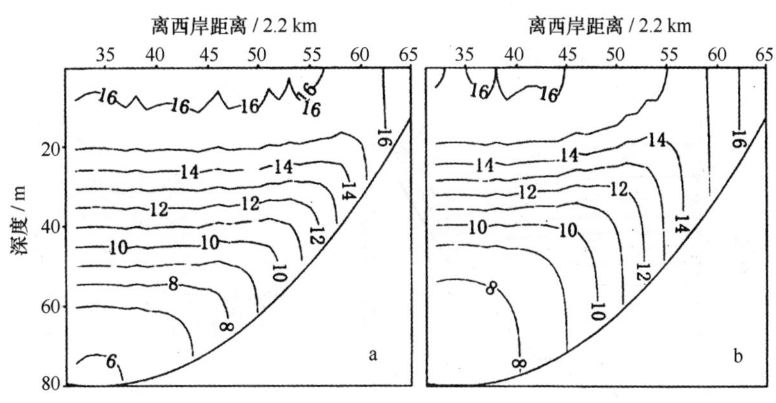

图 6　海面无热量输入时积分 4 d 后温度（℃）分布

取变垂向扩散系数中常数 K_{0T} 分别为：a. 10 cm^2/s，b. 100 cm^2/s

为了比较不同潮混合对黄海冷水团环流结构的影响，我们还做了一个数值实验，即取式（7）中 $K_{0T}=1$ cm^2/s，$K_{0W}=10$ cm^2/s，结果如图 8a、图 8b 所示，图 7a 与图 8a 比较，后者并无直立型温度分布，且层化较强。比较二者的速度分布（见图 7b 与图 8b），它们的结构类似，即水平环流皆为二层环流结构、垂向积分环流均为气旋式的。但后者的速度略小，最大流速约为 3.5 cm/s，减小约 20%，流幅较宽，因而垂向积分环流较强。

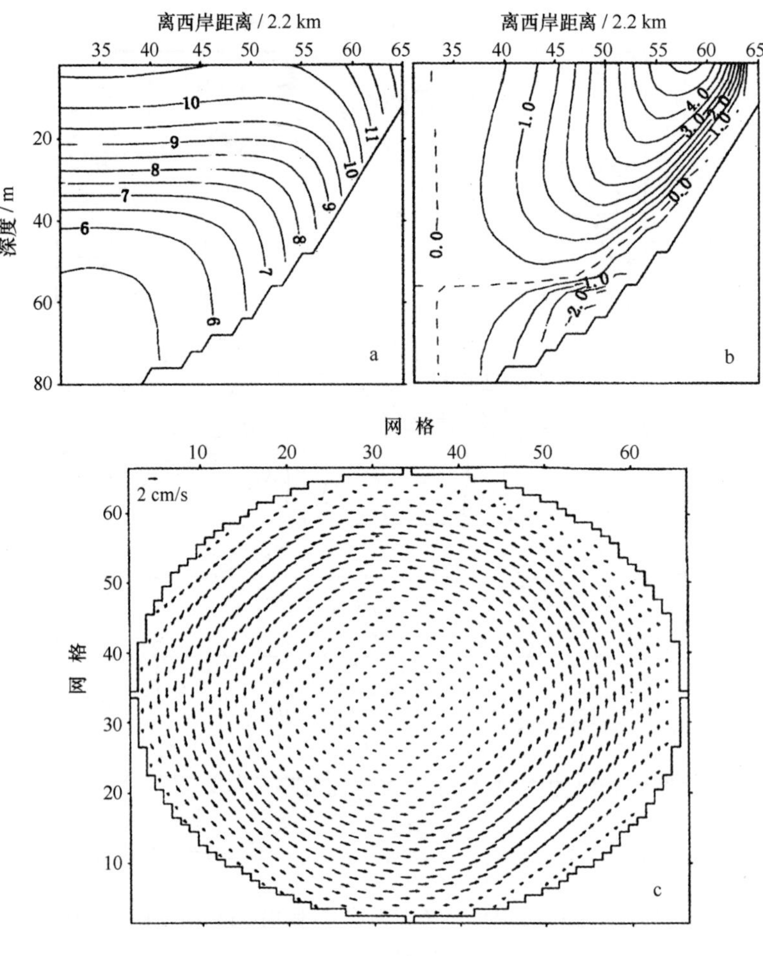

图 7　$K_{0T} = 30\ cm^2/s$ 时积分 46 d 后结果

a. 温度(℃)分布,b. OE 断面(见图 3)沿岸向速度分布(北向流为正,单位:cm/s),c. 垂向平均水平分布

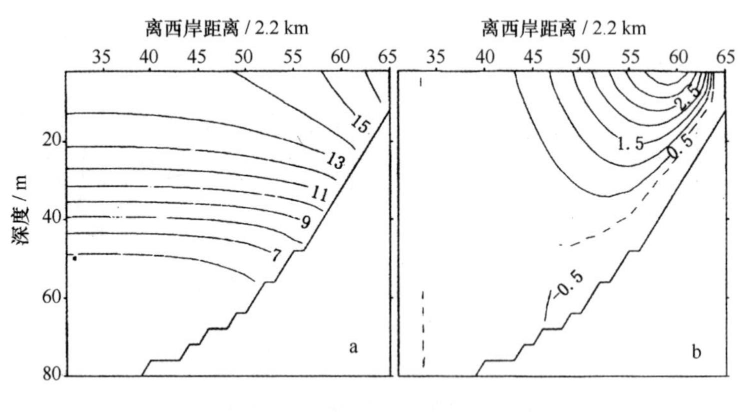

图 8　$K_{0T} = 1\ cm^2/s$ 时积分 46 d 后结果

a. 温度(℃)分布,b. OE 断面(见图 3)沿岸向速度分布(北向流为正,单位:cm/s)

Stommel 和 Veronis[18]在对突然冷却所导致的正压环流研究中,也得到这种上下两层环流结构,环流的垂直积分不为零。早期的研究认为风应力是气旋式环流的成因(Emery 和 Csanady[19]),但 Yuan 和 Su[6]的两层模式数值结果否定了这个结论。Davidson 等[14]在对封闭湖泊的夏季环流的研究中也得到了两层环流,但他们的下层环流很弱,他们认为底摩擦减弱了下层环流,若底摩擦为零,则垂向平均环流应为零。Cummins 和 Foreman[16]利用 POM 模式研究了海底海山上垂向混合导致的环流,他们也得到两层环流结构,

但底层环流很薄，他们认为气旋式环流是由底摩擦应力涡度引起的。在垂向平均气旋式环流的生成过程中，水体的转动惯量的变化及其与角动量之间的转换值得进一步研究。

为了比较平流效应对温度分布的影响，我们还做了一个一维热传导数值模拟，垂向扩散系数如式(7)，图9为采用一维热传导方程积分46 d的结果。比较图9与图7a可知，除了浅海区，主要结构与图7a差别较小，说明环流产生的平流效应对温度分布影响不大。

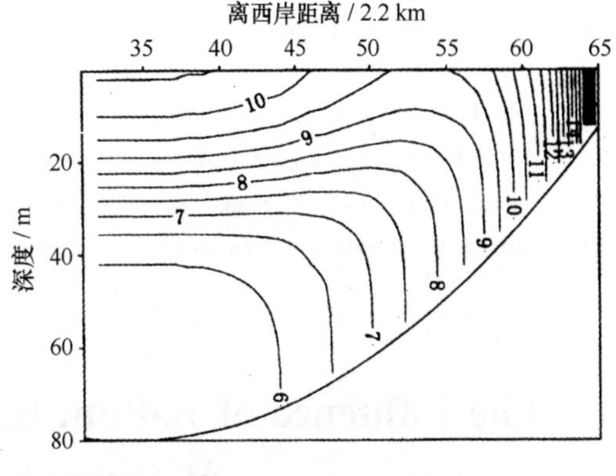

图9　采用一维热传导方程积分(其参数与三维积分相同)46 d后温度(℃)分布

值得注意的是在浅海环流计算中，不能简单地假定海底速度为零(或把参考零面设在海底)。由图7b可知，如果我们把参考零面设在海底，则气旋式环流最大速度可达6.0 cm/s，增大了约20%，即增大了气旋式环流的速度。以上我们的分析表明黄海冷水团的形成过程，底边界层内强烈的垂向混合对直立型温度分布起主要作用。实际的观测表明黄海深槽处冬季水温略高于夏季水温，冬季水温为11~12℃，夏季冷水团温度为8~10℃，这是由于冬季黄海暖流的入侵，而夏季黄海暖流很弱，且在东南风的作用下，黄海冷水团下层逐渐南移。因此，为了进一步研究黄海冷水团的演变过程，还必须考虑黄海冷水团的水平方向上的移动，必须利用实测资料进行整个黄海在年时间尺度的模拟。

5　结论

(1)海底边界混合对黄海冷水团的温度分布影响较大，而对环流结构影响不大，海底边界混合随大小潮会引起锋面的移动。海底强烈的垂向混合造成了海底附近存在着大约20 m厚的直立型温度均匀层。

(2)黄海冷水团在垂直方向上分为两层，上层为气旋式环流，其流速较强而厚度较厚；而下层为反气旋式环流，其流速较弱而厚度较薄(约10~20 m)，二者的相对强弱与底边界混合的强弱关系不大。垂向积分环流则是气旋式的。

(3)黄海底边界垂向混和湍流系数为10~100 cm^2/s，混合特征时间为几天，黄海冷水团环流受温度分布影响，而后者受环流产生的平流效应的影响则较小。

参考文献：

[1] Lee J C, Jung K T. Application of eddy viscosity closure models for the M_2 tide and tidal currents in the Yellow Sea and East China Sea. Continental Shelf Res, 1999, 19: 445-475.

[2] 赫崇本，汪圆祥，雷宗友．黄海冷水团的形成及其性质的初步探讨．海洋与湖沼，1959，2(1)：11-15.

[3] 管秉贤．黄海冷水团的水温变化以及环流特征的初步分析．海洋与湖沼，1963，5(4)：255-284.

[4] 袁业立.黄海冷水团环流．海洋与湖沼，1979，23(1)：7-13.

[5] 袁业立，李惠卿．黄海冷水团环流结构及生成机制研究Ⅰ．0阶解及冷水团的环流结构．中国科学，1993，23B(1)：93-103.

[6] Yuan Y C, Su J L. A two-layer circulation model of the East China Sea//Proceedings of International Symposium tation on Sedimen on the Continental Shelf, with Special Reference to the East China Sea. Beijing: China Ocean Press, 1983: 641-374.

[7] 缪经榜，刘兴泉，薛亚．北黄海冷水团形成机制的初步探讨Ⅰ．模式解．中国科学，1990，20B(12)：1312-1321.

[8] Hu Dunxin. Chinese study in physical oceanography in the southern Yellow Sea. Yellow Sea Res, 1990(3): 13-20.

[9] 苏纪兰，黄大吉．黄海冷水团的环流结构．海洋与湖沼，1995，26(5)：1-7.

[10] Endoh S. Diagnostic study on the vertical circulation and the maintenance mechanisms of the cyclonic gyre in Lake Biwa. J Geophys Res, 1986, 91: 869-876.

[11] Choi B H, Lie H J. Physical oceanography program of the East China Sea and the East Sea(Japan Sea) dynamics in Korea. Proceeding of PORSEC 92. 1992: 1-28.

[12] Takahashi S, Yanagi J. A numerical study on the formation of circulations in the Yellow Sea during summer. La Mer, 1995, 33: 135-147.

[13] Schwab D,Oconnor W P,Mellor G L. On the net cyclonic circulation in large lakes. J Phys Oceanogr,1995,25:1516-1520.
[14] Davidson F J,Greatbatch M R J,Goulding A D. On the net cyclonic circulation in large lakes. J Phys Oceanogr,1998,28:527-534.
[15] 汤毓祥,邹娥梅,李兴宰,等. 南黄海环流的若干特征. 海洋学报,2000,22(1):1-16.
[16] Cummins P F,Foreman M G G. A numerical study of circulation driven by mixing over a submarine bank. Deep-Sea Res,1998,45:745-769.
[17] Yuan Y C,Liu Y G,Zhou M Y,et al. The circulation in the Yellow and East China Seas during the period of cyclone development in June of 1999. International Workshop on the Circulation and Air-Sea Interaction in the Yellow and East China Seas,with Special Attention to the Cyclone Outbreaks,KORDI,Korea.2000:27-28.
[18] Stammel H,Veronis G. Barotropic response to cooling. Journal of Geophysical Research,1980,85(C11):6661-6666.
[19] Emery K O,Csanady G T. Surface circulation of lakes and nearly land-locked seas. Proc Natl Acad Sci USA,1973,70:87-97.

The influence of bottom boundary mixing on the current structure of Huanghai Sea Cold Water Mass

Xu Dongfeng[1,2], Yuan Yaochu[1,2]

(1. *Key Lab of Ocean Dynamic and Satellite Oceanography*, *State Oceanic Administration*, *Hangzhou* 310012, *China*; 2. *Second Institute of Oceanography*, *State Oceanic Administration*, *Hangzhou* 310012, *China*)

Abstract: A theoretic solution of one dimensional heat transfer equation and a numerical simulation of 3D baroclinic circulation by MOM2(modular ocean model 2) are found to analyze the influence of bottom boundary mixing and the topographic heat accumulation effect (THAE) on baroclinic structure of the Huanghai Sea Cold Water Mass (HSCWM) in summer. The different time scales of HSCWM production are also analyzed. The vertical eddy viscosity of the Huanghai Sea is about 10-100 cm^2/s. The results show: (1) For different tidal mixing, the HSCWM shows different temperature distribution. Strong bottom boundary mixing makes the doming thermocline. The time scale of heat transfer is about a few days, while the circulation responds to a longer time scale. (2) The circulation of HSCWM has a two layer structure. The circulation in the upper layer is cyclonic, while it is anticyclonic in the lower layer, and is thinner (about 10-20 m) and weaker than the upper layer. The vertical integrated circulation is cyclonic. The strength of the bottom boundary mixing influence the temperature structures much but has less effects on the velocity structure. (3) The circulation of HSCWM is influenced by the thermal structure, but the former has fewer effects on the latter through the advection effect.

Key words: Huanghai Sea Cold Water Mass; bottom boundary mixing; circulation of two layer structure

附录 A：一维热传导方程求解

1　$q>0$ 情形

假设初始水温为零，水深为 H，海底绝热，为了方便坐标原点取在海底，向上为正，海表面热量输入为 q，热传导方程为：

$$\begin{cases}\frac{\partial T}{\partial t}=K_v\frac{\partial^2 T}{\partial z^2}, & (1A)\\ T_z(0,t)=0, & (2A)\\ K_vT_z(H,t)=q/C\rho, & (3A)\\ T(z,0)=0, & (4A)\end{cases}$$

记 $Q=q/(C\cdot\rho)$，其中 $q=1\ 463\ \mathrm{J/(cm^2\cdot d)}$；$C=3.896\ \mathrm{J/(℃\cdot g)}$；$\rho=1.02\ \mathrm{g/cm^3}$；$Q=4.26\times10^{-3}\ ℃\cdot\mathrm{cm/s}$；$K_v=1\ \mathrm{cm^2/s}$。先消去式(3)中常数项，令

$$T=W+\frac{z^2Q}{2HK_v},\tag{5A}$$

则

$$T_z=W_z+\frac{zQ}{HK_v}\tag{6A}$$

代入式(2A)中得到 $W_z\mid_0=0$，代入式(3A)中得到 $W_z\mid_H=0$。

原方程变为：

$$\begin{cases}W_t=K_vW_{zz}+\frac{Q}{H}, & (7A)\\ W_z\mid_0=0, & (8A)\\ W_z\mid_H=0, & (9A)\\ W(z,0)=-\frac{z^2Q}{2HK_v}. & (10A)\end{cases}$$

方程(7A)的齐次方程的解为：

令

$$W=W(z)T(t),\tag{11A}$$

代入式(7A)后有：

$$T'W=K_vW''T,\tag{12A}$$

$$\frac{T'}{TK_v}=\frac{W''}{W}=-\lambda^2,\tag{13A}$$

特征值 $\lambda_n=\frac{n\pi}{H}$ 对应的特征函数为 $W_n(z)=\cos\frac{n\pi z}{H}$，而

$$T_n(t)=C_n\mathrm{e}^{-\left(\frac{n\pi}{H}\right)^2K_vt}.\tag{14A}$$

∴ 对方程(7A)、(8A)、(9A)、(10A)可假设：

$$W=\sum_{n=0}^{\infty}C_n\mathrm{e}^{-\lambda_n^2K_vt}\cos\lambda_n^2z,\tag{15A}$$

代入式(7A)有：

$$\begin{cases}\sum_{n=0}^{\infty}(C_n e^{-\lambda_n^2 K_v t}\cos\lambda_n^2 K_v)(-\lambda_n^2 K_v)+\sum_{n=0}^{\infty}\lambda_n^2 C_n K_v e^{-\lambda_n^2 K_v t}\cos\lambda_n^2 z=\frac{Q}{H}, & (16A)\\ \sum_{n=0}^{\infty}C_n\cos\lambda_n^2 z=-\frac{z^2 Q}{2HK_v}. & (17A)\end{cases}$$

将 $-\frac{z^2Q}{2HK_v}$ 作傅氏展开：

$$-\frac{z^2Q}{2HK_v}=-\frac{QH}{6K_v}+\sum_{n=1}^{\infty}(-1)^n\left(\frac{-2Q}{\lambda_n^2 HK_v}\right)\cos\lambda_n^2 z, \tag{18A}$$

式(9)、(10)的解为：

$$C_0=\frac{Qt}{H}-\frac{QH}{6K_v}, \tag{19A}$$

$$C_n=(-1)^{n-1}\frac{2Q}{\lambda_n^2 HK_v}. \tag{20A}$$

∴ 原方程解为：

$$T=\frac{z^2Q}{2HK_v}+\frac{Qt}{H}-\frac{QH}{6K_v}+\sum_{n=1}^{\infty}C_n e^{-K_v\lambda_n^2 t}\cos\lambda_n^2 z. \tag{21A}$$

2　$q=0$ 情形

假设海底与海面均为绝热，初始水温分布为线性分布，即 $T=\alpha_T z$，坐标原点取在海底，向上为正，则热传导方程为：

$$\begin{cases}\frac{\partial T}{\partial t}=K_v\frac{\partial^2 T}{\partial z^2}, & (22A)\\ T_z\Big|_{z=0}=0;\quad \frac{\partial T}{\partial t}\Big|_{z=H}=0, & (23A)\\ T\Big|_{t=0}=\alpha_T z, & (24A)\end{cases}$$

令 $T=T(t)\cdot Z(z)$，

$$\frac{T'}{T}=K_v\frac{Z''}{Z}=-\mu^2, \tag{25A}$$

$$\begin{cases}T'+\mu^2 T=0, & (26A)\\ Z''+\frac{\mu^2}{K_v}z=0, & (27A)\end{cases}$$

$$T_n(t)=C_n e^{-\mu_n^2 t},\qquad Z_n(z)=C_n\cos\frac{\mu n}{\sqrt{K_v}}z,$$

令 $\frac{\mu n}{\sqrt{K_v}}=\frac{n\pi}{H}$，则 $\mu_n=\frac{n\pi}{H}\sqrt{K_v}$，

$$T=\sum_{n=0}^{\infty}C_n e^{-\frac{n^2\pi^2}{H^2}K_v t}\cos\frac{n\pi}{H}z, \tag{28A}$$

代入初始条件：$\sum_{n=0}^{\infty}C_n\cos\frac{n\pi}{H}z=Z$。

对 Z 在 $0\sim H$ 用 $\cos\frac{n\pi}{H}z$ 展开

$$C_0=\frac{1}{H}\int_0^H\alpha_T z\mathrm{d}z=\frac{\alpha_T H}{2}, \tag{29A}$$

$$C_n = \frac{2}{H}\int_0^H \alpha_T z \cdot \cos\frac{n\pi}{H}z\mathrm{d}z = \left(\frac{H}{n\pi}\right)^2 \frac{2\alpha_T}{H}\int_0^{n\pi} x\cos x\mathrm{d}x = \frac{2H\alpha_T}{(n\pi)^2}[(-1)^n - 1], \tag{30A}$$

∴
$$T = \frac{\alpha_T H}{2} + \sum_{n=1}^{2n-1} C_n \mathrm{e}^{-\left(\frac{n\pi}{H}\right)^2 K_v t}\cos\frac{n\pi}{H}z, \tag{31A}$$

其中，$C_n = -\frac{4H\alpha_T}{n\pi}$。

刊于:地球物理学报,2001,44(2):199-210.

1997—1998 年 El Niño 至 La Niña 期间东海黑潮的变异*

袁耀初[1,2],刘勇刚[1,2],苏纪兰[1,2]

(1. 国家海洋局 第二海洋研究所,浙江 杭州 310012;2. 国家海洋局 海洋动力过程和卫星海洋学重点实验室,浙江 杭州 310012)

摘要:基于日本“长风号”调查船在 1997 与 1998 年 10 个航次的 CTD 资料,采用改进逆方法及改进动力计算方法对东海黑潮的流速、流量进行计算.1997 年 5 月出现了 El Niño 现象,东海黑潮流量在 1997 年夏季减小,1997 年东海黑潮的平均流量也减小。在 1997 年 1 月与 6—7 月,即 El Niño 现象出现前后,东海环流的流态有些不同。在 1998 年 4 至 11 月黑潮在 PN 断面出现多流核心的结构,特别在 10—11 月出现 3 个流核心,黑潮主流核的位置秋季时东移。1995 年与 1998 年都是东海黑潮异常年,这些异常现象可能与冲绳岛以南出现的反气旋涡的强度变化以及从 El Niño 现象过渡到 La Niña 现象有关。

关键词:东海黑潮;厄尔尼诺;拉尼娜;1997—1998 异常年

中图分类号:P733

1 引言

关于东海黑潮的结构与流量及其变化,国内外学者已有了不少的研究[1-2],管秉贤[2]采用动力计算方法估算了自 1955 年 7 月至 1978 年 9 月黑潮通过 PN 断面的流量,指出春夏季通过 PN 断面的平均流量大于多年平均值,而冬秋季则小于平均值,秋季最小。利用 1986—1992 年中日黑潮合作调查研究资料,袁耀初等[3]研究了东海黑潮的结构与流量变异,并指出以断面 PN 流量为例,从多年的季节平均流量来看,夏季最大,冬、春季与夏季接近,秋季则最小,自 1987—1991 年 11 个航次通过 PN 断面的流量约为 28×10^6 m/s。孙湘平等[4]从日本观测的历史资料及中日黑潮调查资料分析了东海黑潮的流速结构及黑潮路径的变异。刘勇刚等讨论了东海黑潮在 1992 年的变异[5],1993 及 1994 年的东海黑潮变异[6]以及 1995 年东海黑潮的变异[7],指出 1992—1994 年黑潮通过 PN 断面流量在夏季时最大,秋季则最小,但在 1995 年是东海黑潮异常年[7],即夏季时黑潮通过 PN 断面流量最小,春季时则最大,这是首次指出的,其原因可能与大尺度气候变化有关,这有待于今后进一步研究。此外,Kagimoto 与 Yamagata 采用 POM 模式模拟了黑潮流量的季节变化,也指出在夏季时黑潮通过东海 PN 断面的流量比其他季节要大,其动力原因是由于在夏季时琉球南西诸岛附近出现的反气旋涡增强,这对黑潮流量的增加起着主要作用。

在 1997 年 5 月到 1998 年 5 月出现强的 El Niño 现象,并在 1998 年 6 月转为 La Niña 现象,这些大尺度的海-气相互作用变化,对 1997—1998 年期间东海黑潮变异,会起怎样的影响呢? 这是本文需要探讨的问题。

* 国家自然科学基金项目(49736200,49776287);国家重点基础研究发展规划项目(G1999043802,G1999043805)。

2 资料与数值计算

本文采用文献[9]的改进逆方法及改进动力计算方法[5]计算东海黑潮的流速及流量的变化，水文资料来自于日本“长风丸”调查船在1997年1、4—7、10与11月共5个调查航次及1998年1、4、6、10与11月共5个航次。图1为上述10个航次在东海主要断面IK、PN及TK的位置。关于各航次资料情况如下，1997年共5个航次，其中1月与6—7月航次时在IK，PN及TK断面都进行了观测，因此，此时断面IK与PN可以组成一个计算单元(box)，采用改进逆方法，但断面TK不能组成一个计算单元，我们只能采用改进动力计算方法[5]。在1998年1、4、10与11月的4个航次中，只有断面PN及TK断面进行了水文观测，而6月航次只有PN断面有水文资料。断面PN及TK也不能组成一个计算单元，只能采用改进动力计算方法[5]。在图1中由断面IK与PN组成一个计算单元(box)分为5层，其交界面分别取$\sigma_{t,p}$值为25、27、30和33。计算参数取为：设q_e为海面上海气交换的热量，$q_{e,1}$与$q_{e,2}$分别为计算海区多年每月海气交换的热量平均值的最小与最大值，从资料[3,5-7]可知，$q_{e,1}$与$q_{e,2}$在冬、春、夏、秋季分别为(0.42,6.28)，(-0.84,1.26)，(-2.09,-0.21)和(0,2.51)(单位：10^3 J/(cm · d))，其中正的q_e值为热量从海洋传递到大气，负值则相反。关于在东海海域涡动黏滞系数A_z与涡动扩散系数K_v取值，在文献[9]中对不同值进行了数值计算并作了比较，认为A_z与K_v分别取为100 cm^2/s及10 cm^2/s较为合理，本文亦同。

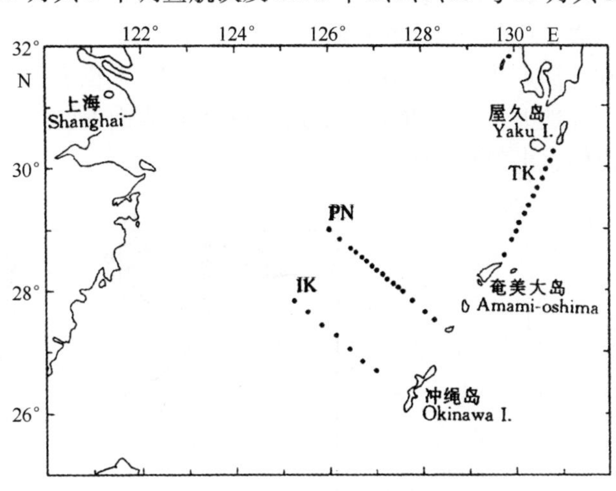

图1 东海3个主要断面IK、PN及TK的位置

Fig.1 Location of main hydrographic sections IK, PN and TK in the East China Sea

我们采用Fiadeiro与Veronis方法[10]选择最佳参考面，取最佳参考深度z_r为：如果测站水深$H>z_r$，则取z_r值，否则取H值，必须指出，在动力计算方法中，在参考面处流速假定为零，而在逆方法中在最佳参考面处流速假定不为零，是未知的，通过逆方法的方程组求得。

3 1997年5个航次东海黑潮的流速结构及其变化

由于断面PN是大家公认的东海著名断面，有一定代表性，资料也最丰富，我们着重讨论PN断面的流速结构及其变化。按文献[10]的方法，可以获得在1997年1月时，最佳参考面取为1 000 m。图2a、3a与4a分别为1997年1月航次在断面PN、IK与TK上流速分布(图中C_p表示计算点，下同)。图2a表明，在1月航次，黑潮在PN断面有一个核心，最大流速约为132 cm/s，位于计算点7的表层处，断面的东侧为南向流，但在最东侧计算点15附近又出现北向流，从以下流量平衡分析可知，这支北向流来自于冲绳岛以东琉球海流的一个分支向西进入东海，并通过断面PN的东端。黑潮在断面IK，也只有一个核心，最大流速v_{max}只有92 cm/s在计算点4表层上，可知在PN断面流速比断面IK流速大，在断面IK东侧也存在南向流。在断面TK则有两个核心，在断面TK南侧存在西向流。在4月航次，黑潮在断面PN有一个核心(图2b)，其v_{max}减小为106 cm/s，在计算点7的表层处，黑潮东侧也存在南向流。黑潮在断面TK(4b)有两个核心，断面TK南侧又出现西向流。在6—7月航次，按文献[10]方法最佳参考面取为700 m。图2c，3b，4c分别为1997年6—7月航次在断面PN、IK与TK上流速分布。从图2c可见，在断面PN黑潮有两个核心，一个主核心位于陆坡上，即计算点6与7，其$v_{max}=141$ cm/s，在计算点6的表层处，第二个核心在计算点9与10，其$v_{max}=91$ cm/s，在计算点9的125 m处。黑潮以下存在逆流，黑潮以东，即在计算点11和12的表层有南向流，注意到在此处附近、在表层存在一个尺度不大的暖水区,因此它可能是暖涡的一个部分。但在计算点 13 与 14 也有北向流。上述结果与 ADCP 测流(参见海洋速报,第 166 号,日本长崎气象台,1997)作定性比较是一致的。黑潮在断面 IK 只有一个核心,v_{max}约为 121 cm/s,在计算点 4 的表层上,黑潮以下也有南向逆流(图 3b)。黑潮在 TK 断面有 3 个核心(图 4c),v_{max}约为 120 cm/s,位于计算点 3,在 TK 断面南侧,即计算点 11 又出现西向流,其最大流速为 11 cm/s。图 2d,e 分别为 1997 年 10 月与 11 月航次在断面 PN 上流速分布。限于篇幅,略去了这两个航次在断面 TK 上流速分布图。在 10 月航次,黑潮在 PN 断面只有一个核心,v_{max} = 122 cm/s 在计算点 9 的表层处(图 2d)。黑潮在 TK 断面有两个核心。在 11 月航次,黑潮在 PN 断面只有一个核心,在陆坡上,v_{max} = 176 cm/s,在计算点 9 的表面处(图 2e)。黑潮在 TK 断面有 3 个核心,在 10 与 11 月 TK 断面南侧也出现西向流。

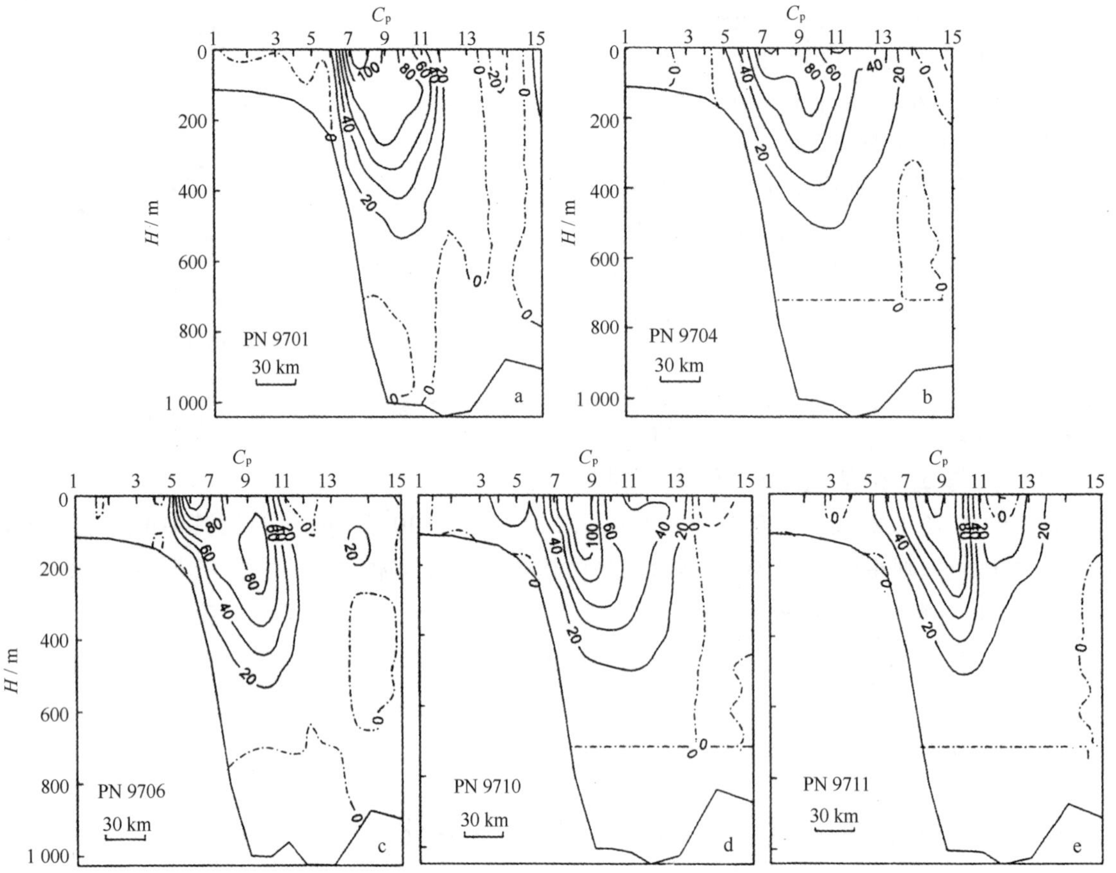

图 2 1997 年在断面 PN 上在 1 月航次(a)、4 月航次(b)、6—7 月航次(c)、10 月航次(d),11 月航次(e)流速分布(正值:北向,单位:cm/s)(图中 C_p 表示计算点)

Fig. 2 The velocity distribution at Section PN in January of 1997(a), April of 1997(b), June and July of 1997(c), October of 1997(d), November of 1997(e) (positive number indicates northward, units: cm/s) (C_p denotes computation points)

比较 1997 年上述 5 个航次东海黑潮的流速结构及其变化,以断面 PN 为例,从最大流速 v_{max}来看,11 月较大,4 月最小。黑潮流核的个数除 6—7 月时有 2 个外,在其余月皆只有 1 个。黑潮主流核心的位置,在 1 与 4 月时都在计算点 7,6—7 月时则在计算点 6,而秋季时(10 与 11 月)在计算点 9,即向东移动。关于黑潮主轴位置的横向摆动,浦泳修与苏玉芬[11]指出,存在 4~5 d 的周期。而 Sugirnoto 等[12]采用了 4 组锚碇测流系统研究东海黑潮的变异,指出在陆坡上黑潮海流的变动的主要周期为 11~14 d,其波长为 300~350 km。再比较文献[3,5-7]的结果可知,黑潮主轴位置的变化,并不存在季节时间尺度变化的周期。其次,1997 年 5 个航次黑潮在断面 PN 与 TK 的平均最大流速分别为 135 cm/s 与 108 cm/s,与其他年时平均最大流速[3,5-7]相比较,可知在 1997 年强厄尔尼诺现象,黑潮流速减小,相比之下,在断面 PN 较为明显。关于断面

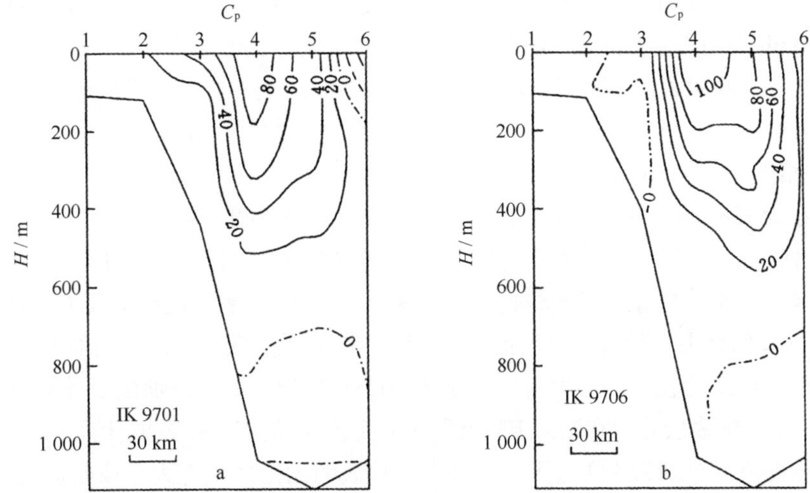

图 3　1997 年在断面 IK 上 1 月航次(a)、6—7 月航次(b)流速分布
(正值:北向,单位:cm/s)

Fig. 3　The velocity distribution at Section IK in January of 1997(a), June and July of 1997(b)(positive number indicates northward, units: cm/s)

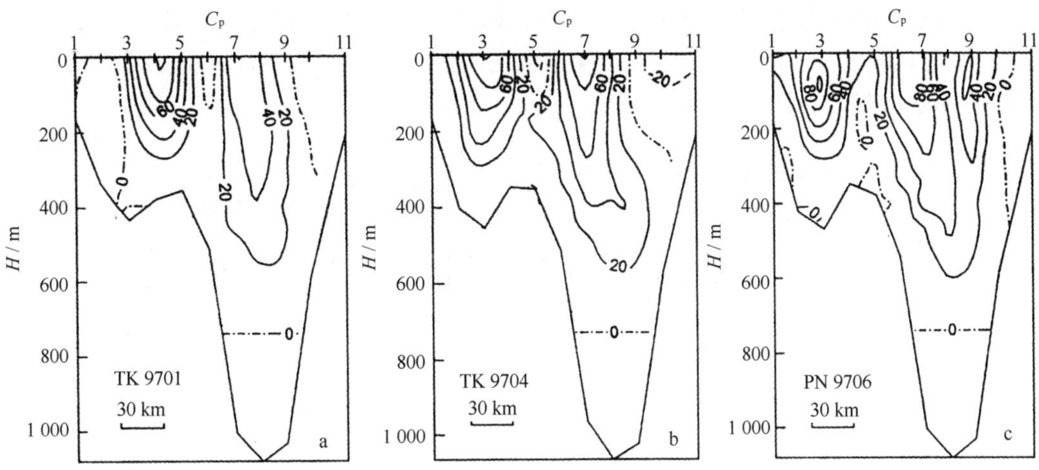

图 4　1997 年在断面 TK 上 1 月航次(a)、4 月航次(b)、6—7 月航次(c)流速分布
(正值:东向,单位:crn/s)

Fig. 4　The velocity distribution at Section TK in January of 1997(a), April of 1997(b), June and July of 1997(c)(positive number indicates eastward, units: crn/s)

IK,只有 1 月与 6—7 月时有水文资料,从上述与其他年相应期间流速值[3,5-7]相比较,也是减小的。其次,黑潮在断面 IK 与 TK 上的流速都比 PN 断面上的流速小。最后,在断面 TK 上黑潮,还出现多流核现象,断面 TK 的南侧总出现西向流。

4　1998 年 5 个航次东海黑潮的流速结构及其变化

图 5a 和图 6a 分别为 1998 年 1 月航次在断面 PN 与 TK 上流速分布,图 5a 表明,在 1 月航次黑潮在断面 PN 只有一个核心,最大流速 v_{max} 约为 148 cm/s,在计算点 7 表层处,南向流出现在黑潮以东海域,即在计算点 12 -14 的次表层,位于 25 m 深处。黑潮在断面 TK 出现两个核心,一个位于北侧计算点 4,v_{max} 只有 5 cm/s,另一个核心位于计算点 7 表层处,v_{max} 为 66 cm/s,在 250 m 处。在 4 月航次,黑潮在断面 PN 有两个核心(图 5b),主核心的 v_{max} 为 184 cm/s,位于计算点 7 表层处,另一个核心的最大流速为 41 cm/s,在计算点 14 表层处。而在计算

点 13 处出现了南向流，注意到，在此处附近出现了暖水区，这表明这个南向流可能是黑潮主流以东出现的反气旋暖涡的一部分。图 6b 表明黑潮在断面 TK 也有两个核心，主核心位于计算点 3，v_{max} 为 162 cm/s 在表层处，而第二个核心位于计算点 7 的次表层，最大流速为 80 cm/s 在 40 m 处。在断面 TK 南侧仍然被西向流所支配。从上可知，在 1998 年 4 月航次，无论是断面 PN 或 TK，黑潮流速都很强。在 6 月航次，如上述，只 PN 断面有水文资料，与 4 月航次相比，在 1998 年 6 月航次时黑潮的流速明显减小，图 5c 表示在 6 月航次时黑潮有两个核心，主核心的 v_{max} 减小为 138 cm/s 在计算点 7 的表层处。第二个核心在计算点 12 附近，v_{max} 为 81 cm/s 在表层处。黑潮以东，即计算点 13—15，被南向流所支配。比较 1998 年 4 月与 6 月时 ADCP 实测流（参见海洋速报，第 169 及 170 号，日本长崎海洋气象台，1998）也表明 1998 年 4 月时黑潮流速要大于 6 月时黑潮流速。限于篇幅，在 10 与 11 月航次我们略去了断面 TK 的流速分布图。在 10 月航次时黑潮在断面 PN 有 3 个流核（图 5d），分别位于计算点 5、8 与 11，3 个流核的最大流速分别为 70，87 与 83 cm/s，分别位于计算点 5 的表层，计算点 8 在深 50 m 处与计算点 11 的表层处。在断面 PN 出现 3 个流核，这是首次在数值计算中发现的。在计算点 8 与 11 附近的这两个流核的流量分别为 3.9 与 4.3×10 m^3/s，这表明无论从流速大小或是流量，这两个黑潮的流核几乎是等强度的，而且它们的流速都是小于 100 cm/s 的，这样的结构也是首次发现的。ADCP 实测流（参见海洋速报，第 171 号，日本长崎海洋气象台，1998）也表明在 10 月航次在断面 PN 黑潮也有多个核心，并且流速都比其他月时减小。在 11 月航次时，黑潮也有 3 个核心（图 5e），主核心的 v_{max} 为 121 cm/s，在计算点 8 的 200 m 处；第二个核心在计算点 5，其 v_{max} 为 93.3 cm/s 在表层处；第三个流核在计算点 10，v_{max} 为 85.5 cm/s，在 100 m 处。注意到在计算点 9 附近流速值都小于 60 cm/s，因此它不是一个流核。在计算点 12 与 13 的上层存在南向流，在此处附近也出现暖水区，因此它可能是反气旋暖涡的一个部分。此外，在计算点 15 也存在南向流。在断面 TK 也有两个核心，主核心在计算点 6，断面南侧仍由西向流所支配。

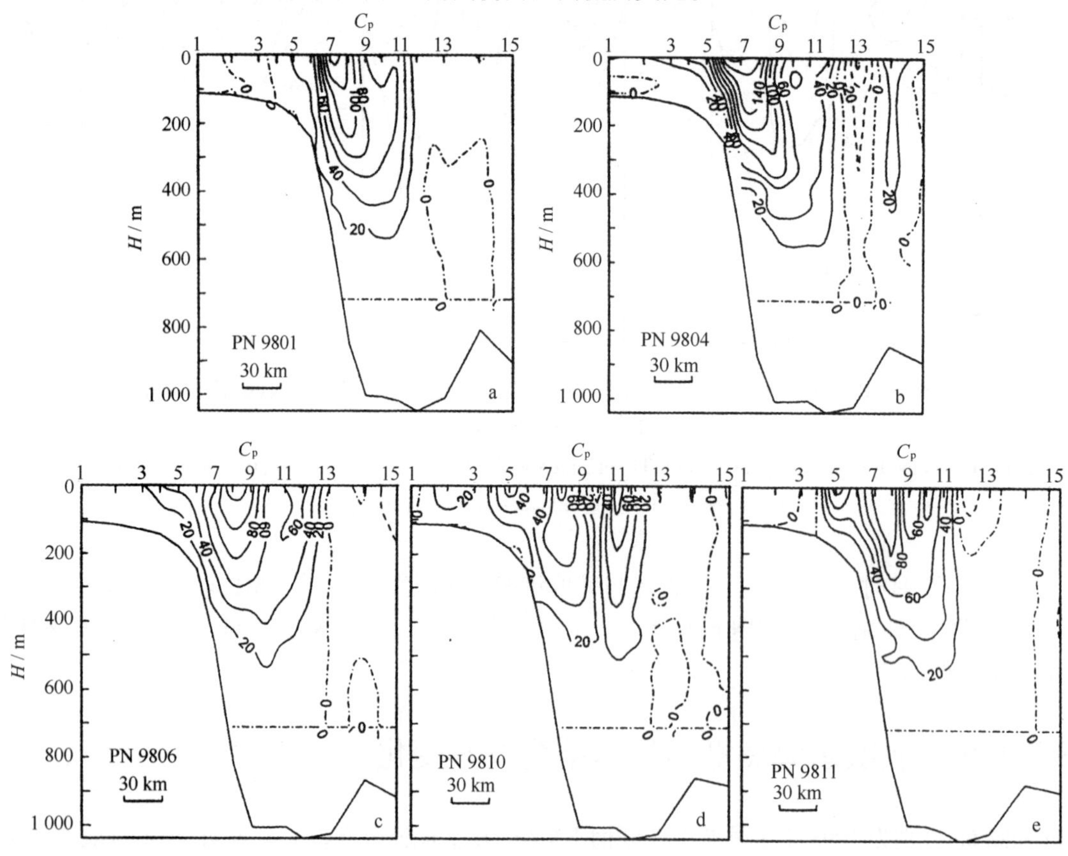

图 5 1998 年在断面 PN 上

1 月航次（a）、4 月航次（b）、6 月航次（c）、10 月航次（d）、11 月航次（e）流速分布（正值：北向，单位：cm/s）

Fig. 5 The velocity distribution at Section PN in January of 1998(a), April of 1998(b), June of 1998(c), October of 1998(d), November of 1998(e) (positive number indicates northward, units: cm/s)

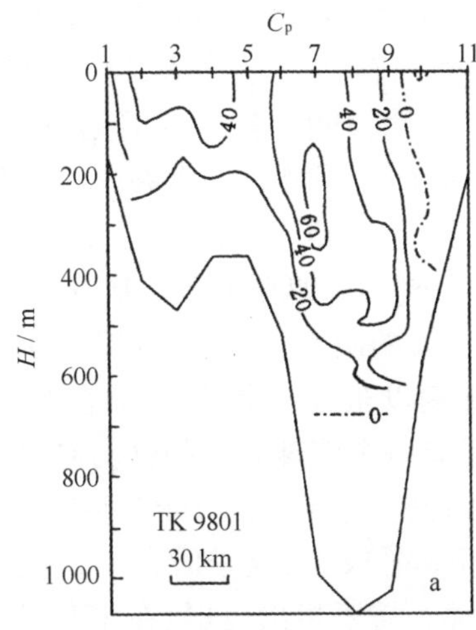

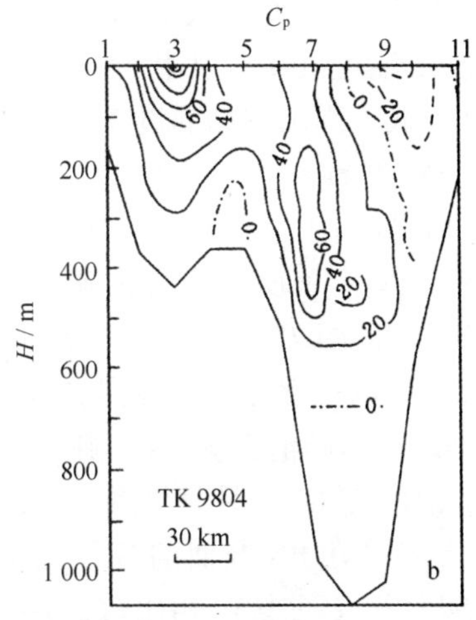

图 6　1998 年在断面 TK 上 1 月航次(a)、4 月航次(b)流速分布(正值:东向,单位 cm/s)

Fig. 6　The velocity distribution at Section TK in January of 1998(a), April of 1998 (b), (positive number indicates eastward, units: cm/s)

比较 1998 年 5 个航次东海黑潮的流速结构及其变化,例如在 PN 断面最大流速,在 4 月时最大,10 月时则最小。这与 1997 年变化趋势有所不同,即在 11 月时最大,4 月时最小。在 1998 年 4 个航次中断面 TK 上最大流速也在 4 月时最大。对此,在下节我们再作分析。关于黑潮的核心,除 1 月航次以外,黑潮在断面 PN 都有多个核心,特别在 10 月与 11 月有 3 个流核,这是过去从未出现过[3,5-7]。关于主核心位置,在 1、4、6 月时都位于计算点 7,但在 10 与 11 月时则东移在计算点 8,基本上与 1997 年时相似。其次,在 1998 年 5 个航次黑潮在断面 PN 的平均最大流速为 136 cm/s,这几乎与 1997 年时黑潮在断面 PN 的平均最大流速相同。但注意到 1998 年 6 月前后,黑潮在断面 PN 流速变化很大,在 1998 年 6 月正是 La Niña 开始。再则,在断面 TK 黑潮总是出现多核结构,断面 TK 南侧总出现西向流。

以下我们简单讨论黑潮在断面 PN 等出现单核或多核的可能原因。首先指出在黑潮上游处,例如黑潮在菲律宾以东[13]及台湾东南海域[14-18]都出现了多核结构以及黑潮的分支。问题是在台湾以东黑潮由于受地形变化等的影响不能全部通过台湾岛至西各岛之间的通道(约在 24.5°N)[19],部分黑潮将改变流动的方向,有时黑潮有一个东分支流向琉球群岛以东[14-16],有时却不存在这个东分支流向琉球群岛以东海域[17-18],因此,黑潮在东海的流核结构首先依赖于黑潮通过上述通道(约在 24.5°N)后的流结构。其次也依赖于东海与其相邻海域之间的水交换,例如在断面 PN 东南冲绳岛附近黑潮水与部分琉球海流之间的水交换[20],以及在断面 TK 附近黑潮与太平洋水之间的水交换等都会影响黑潮的流结构。再则,黑潮在断面 PN 与 TK 断面也有不同流的结构,这表明流结构与地形变化也是有关的。总之,上述 3 个原因对黑潮在东海断面 PN 等流结构的变化都是重要的。

5　1997—1998 年黑潮在东海的流量变化

关于东海黑潮的流量变化,限于篇幅,我们以断面 PN 为例进行分析与对比。表 1 列出在 1992—1995 年 16 个航次时黑潮通过断面 PN 的净北向流量[5-7],表 2 为在 1997-1998 年 10 个航次时黑潮通过断面 PN 的净北向流量。如上所述,由于 1997 年 1 月与 6—7 月两个航次水文资料较多,可以采用改进逆方法,因此可以从计算得到流函数分布,而其余航次由于资料不足,都采用改进动力计算方法,不能获得流函数分布。在此我们首先讨论 1997 年 1 月与 6—7 月时,即 El Niño 现象出现前后东海环流的流函数分布(图 7a,b)。图 7a 表明,1997 年 1 月通过断面 IK 与 PN 的净北向流量分别为 21.2×10^6 m^3/s 与 24.6×10^6 m^3/s,即通过断面 PN 的流量要大于在断面 IK 上的流量,其中 3.1×10^6 m^3/s 来自于冲绳岛以东琉球海流的一个分支向西进入断面 PN,0.3×10^6 m^3/s 来自于计算单元西侧陆架海流。从图 7a,在断面

PN 上黑潮主流的东侧存在一个反气旋暖涡，暖涡中心在计算点 13 与 14 之间，例如在 500 m 处，为 13.13℃，高于周围测站温度在 1℃以上，但在断面 IK 东侧则存在一个冷涡，冷涡中心的温度，例如在 500 m 处，为 11.19℃，低于周围测站温度 1℃以上。图 7b 表明，1997 年 6—7 月通过断面 IK 与 PN 的净北向流量分别为 26.3×10^6 m^3/s 与 23.0×10^6 m^3/s。在 IK 断面上黑潮以东存在一个反气旋式暖涡，其中心位于断面 IK 的东端，暖涡中心温度，例如在 600 m 处，为 10.05℃，而其邻近测站在 600 m 处温度为 8.42℃，比邻近站高 1.5℃。该反气旋涡的流量为 3.3×10^6 m^3/s。如在第 3 节所述，在流线值为 10×10^6 m^3/s 与 20×10^6 m^3/s 之间(图 7b)、在表层存在一个尺度不大的暖涡。比较 1997 年 1 月与 6—7 航次可知，1 月份在断面 IK 黑潮以东存在一个冷涡，在断面 PN 黑潮以东有一个暖涡，而在 6—7 月时，暖涡则出现在断面 IK 以东海域，冷涡则消失。其次，在 6—7 月时没有一个流球海流的分支向西入侵东海。从表 2 可知，与 4 月航次时相比，在 6—7 月时黑潮流量减少约为 15%，这可能与 1997 年 5 月出现 El Niño 现象有关。再比较 1997 年各月在 PN 断面的流量变化可知，春季时较大，夏季时最小，与通常时黑潮在断面 PN 上流量的季节变化[3,5-6](见表 1)相比较，似乎有些异常。需要指出，虽然在 1997 年 4 月黑潮在断面 PN 上最大流速值较小，但黑潮北向流的范围较大，且南向流的值与其范围都较小，因此在 1997 年 4 月时通过断面 PN 的净北向流量比其他月要大(见表 2)。1997 年 5 个航次在断面 PN 黑潮平均流量为 25×10^6 m^3/s。根据袁耀初等的计算结果[3]，自 1987 年至 1990 年共 11 调查航次，黑潮在断面 PN 的平均流量为 28.6×10^6 m^3/s，这表明在 1997 年 El Niño 期间，黑潮在东海的流量减小。注意到，在台湾以东黑潮也有类似的结果[14-18]，即在 1997 年台湾以东黑潮流量[17-18]比在 1995 及 1996 年时黑潮流量[14-16]明显地减小。

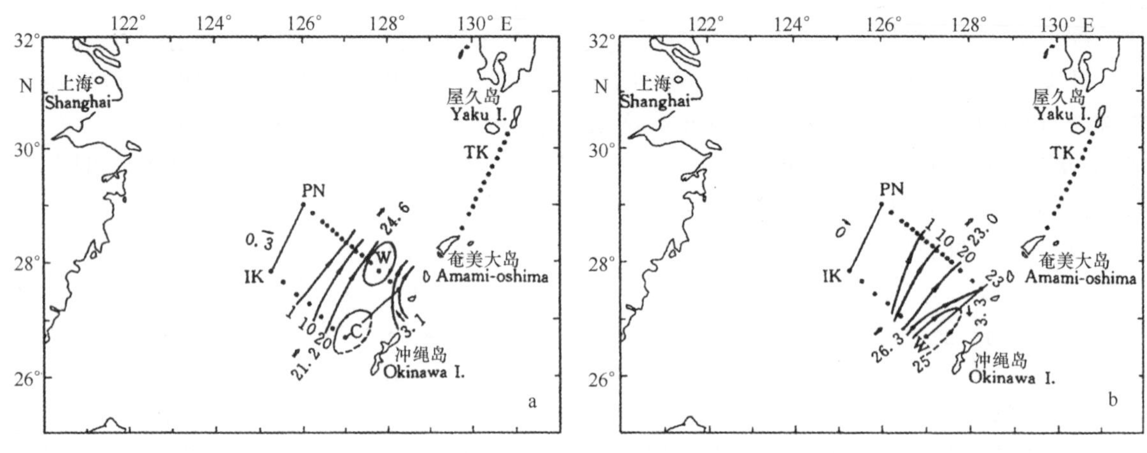

图 7　1997 年东海环流在 1 月航次(a)及在 6—7 月航次的流函数分布(b)(单位：10^6 m^3/s)

Fig. 7　Distribution of the stream function in January of 1997(a) and June and July of 1997(b)(units：10^6 m^3/s)

表 1　1992—1995 年 16 个航次黑潮通过 PN 断面的净北向流量(单位：10^6 m^3/s)

Table 1　Net northward volume transport of the Kuiroshio through Section PN during 16 cruises from 1992 to 1995(units：10^6 m^3/s)

年份	1 月航次	4 月航次	6—7 月航次	10 月航次	11 月航次	平均值
1992	29.4	26.3	33.6	22.3		28.0
1993	29.9	18.8	28.4	32.0		27.3
1994	25.5	19.9	37.2	25.4		27.0
1995	23.3	34.1	21.1	26.7		26.4

表 2　1997—1998 年 10 个航次黑潮通过 PN 断面的净北向流量(单位：10^6 m^3/s)
Table 2　Net northward volume transport of the Kuroshio through Section PN during 10 cxnises from 1997 to 1998(units：10^6 m^3/s)

年份	1 月航次	4 月航次	6—7 月航次	10 月航次	11 月航次	平均值
1997	24. 6	26. 9	23. 0	24. 5	25. 9	25. 0
1998	24. 7	28. 5	21. 3	20. 0	23. 4	23. 6

从表 2 可知，在 1998 年 1、4、6、10 与 11 月航次，黑潮通过 PN 断面的流量分别为 24.7×10^6，28.5×10^6，21.3×10^6，20.0×10^6 与 23.4×10^6 m^3/s，5 个航次的平均流量为 23.6×10^6 m^3/s，这表明，在 1998 年春季时，东海黑潮在 PN 断面的流量要大于在夏季时流量 25%以上，而且自 6—7 月至 10 月该流量值总是处于低值，这与通常时黑潮在 PN 断面上流量的季节变化[3,5-6]相比较，似乎有些异常。刘勇刚与袁耀初指出[5]，1995 年是东海黑潮异常年[7,21]。从表 1 与表 2，我们比较在 1995 年及 1998 年时黑潮在 PN 断面上流量的季节变化，可以发现在 1998 年与 1995 年时黑潮流量的季节变化有相似之处，即黑潮的最大流速与流量在春季时最大，夏季时则剧降。为什么在 1995 年与 1997—1998 年会出现东海黑潮异常现象呢？我们注意到以下事实，1994 年 10 月至 1995 年 3 月为 El Niño 期间，在 1995 年夏季则转为 La Niña“现象，至 1996 年夏季 La Niña 现象结束，但其强度不大。其次，在 1997 年 5 月出现 El Niño 现象，在 1998 年 5 月时 El Niño 的强度则减弱，并在 1998 年 6 月又出现 La Niña 现象。以上已指出，在 1997 年夏季东海黑潮流量减小的原因，是由于在此期间出现强的 El Niño 现象。但 1995 年夏季及 1998 年夏季都开始出现 La Niña 现象，又如何解释东海黑潮异常现象发生呢？可能有以下两个原因：(1) 比较 1998 年几个季节在冲绳岛以南反气旋涡的强度，如文献[22]的图 3~5 所示，在 1998 年 4 月这个反气旋涡的强度较强，而夏季时则较弱，按照在引言中 Kagimoto 与 Yamagata[8]指出的动力原因，东海黑潮流量在 1998 年 4 月时要大于夏季时黑潮流量。(2) 如上述，在 1995 年及 1998 年夏季时都出现了从 El Niño 现象过渡到 La Niña 现象，但后者的强度要强。问题是，在 1995 年及 1998 年出现东海黑潮异常是否还与上述 El Niño 现象过渡到 La Niña 现象有关呢？我们也与一些学者交换过意见，例如与 R. H. Weisberg 等讨论过，认为可能与出现 La Niña 现象有关，但其动力原因较为复杂，需今后进一步研究。

6　结语

(1) 1997 年黑潮通过 PN 断面的流量，春季时较大，5 月出现 El Niño 现象，东海黑潮流量在夏季时最小，这个异常现象发生与 El Niño 现象出现有关。1997 年 5 个航次通过断面 PN 平均流量为 25.0×10^6 m^3/s，表明在 1997 年 El Niño 期间，东海黑潮流速与流量都减小。

(2) 1997 年 1 月与 6—7 月时，即 El Niño 现象出现前后，东海环流的流态有些不相同。

(3) 在 1998 年 4,6,10,11 月 4 个航次时黑潮在断面 PN 都出现多核现象，特别在 10 与 11 月都出现 3 个流核的现象，该现象在数值研究上还属首次发现。黑潮主流核的位置在秋季时东移。

(4) 1995 与 1998 年东海黑潮都出现异常现象。这些异常现象出现可能与冲绳岛以南出现的反气旋涡的强度变化以及从 El Niño 现象过渡到 La Niña 现象有关。后者的动力原因尚待进一步研究。

(5) 1997—1998 年 10 个航次在断面 TK 都出现多核现象，在断面 TK 南侧总是被南向流所占。

参考文献：

[1]　苏纪兰，袁耀初，姜景忠．建国以来我国物理海洋学进展．地球物理学报，1994，37(增刊Ⅰ)：3-13.
Su Jilan，Yuan Yaochu，Jiang Jangzhong. Advances in physical oceanography in China since the establishment of the PRC. Chinese J Geophys.(in Chinese)，1994，37(Sup.)：3-13.

[2]　Guars Bingxian. Analysis of the variations of volume transport of the Kuroshio in the East China Sea//Hishida K，et al.，Proceedings of the Japan-China Ocean Study Symposium. Tokai University Press，1982：118-137.

[3] Yuan Yaochu, Pan Ziqin, Kaneko I, et al. Variability of the Kuroshio in the East China Sea and the currents east of the Ryukyu Island//Proceedings of J RK, Qingdao, China, 27-29, October, 1992. Beijing: China Ocean Press, 1994: 121-144.

[4] Sun Xiangping, Su Yufen. On the variation of Kuroshio in the East China Sea//Zhou Di, et al. Oceanology of China Seas. Vol. 1. Kluwer Academic Publishers, 1994: 49-58.

[5] 刘勇刚,袁耀初. 1992年东海黑潮的变异. 海洋学报,1998,20(6):1-11
Liu Yongcang, Yuan Yaochu. Variability of the Kuroshio in the East China Sea in 1992. Acta Oceanologica Sinca (in Chinese), 1998, 20(6): 1-11.

[6] Liu Yonggang, Yuan Yaochu. Variability of the Kuroshio in the East China Sea in 1993 and 1994. Acta Oceanologica Sinica, 1999. 18(1): 17-36.

[7] Liu Yonggang, Yuan Yaochu. Variability of the Kuroshio in the East China Sea in 1995. Acta Oceanologica Sinica, 1999, 18(4): 459-475.

[8] Kagimoto T, Yamagata T. Seasonal transport variations of the Kuroshio: An OGCM Simulation. J Physical Oceangraphy, 1997, 27: 403-418.

[9] Yuan Yaochu, Su Jilan, Pan Ziqin. Volume and heat transports of the Kuroshio in the East China Sea in 1989. La Mer, 1992, 30: 251-262.

[10] Fiadeiro. M E, Veronis G. On the determination of absolute velocities in the ocean. Journal of Marine Research, 1982, 40(Supp): 159-182.

[11] 浦泳修,苏玉芬. 1986年5—6月东海黑潮区海流观测资料的初步分析//国家海洋局科技司. 黑潮调查研究论文选(Ⅰ). 北京:海洋出版社,1990:163-174.
Pu Yongxiu, Su Yufen. A primary analysis of the current data observed during May to June of 1986 in the Kuroshio region of the East China Sea//Proceedings of the Instigation of the Kuroshio (Ⅰ) (in Chinese). Beijing: China Ocean Press, 1990: 163-174.

[12] Sugimote T, Kimura S, Miyaji K. Meander of the Kuroshio front and current variability in the East China Sea. J of the Oceanographical Society of Japan, 1988, 44: 125-135.

[13] 袁耀初,潘子勤. 1991年11月菲律宾以东海域的海流//中国海洋文集,第5集.北京:海洋出版社,1995:98-106.
Yuan Yaochu, Pan Ziqin. The circulation east of the Philippines during November to December 1991//Oceanography in China, 5 (in Chinese). Beijing: China Ocean Press, 1995: 98-106.

[14] Yuan Yaochu, Liu Yonggang, Liu Choteng et al. The Kuroshio east of Taiwan and the currents east of the Ryukyu Islands during October of 1995. Acta Oceanologica Sinica, 1998, 17(1): 1-13.

[15] Yuan Yaochu, Arata Kaneko, Su Jilan, et al. The Kuroshio east of Taiwan and in the East China Sea and in currents east of the Ryukyu Islands during early summer of 1996. Journal of Oceanography, 1998, 54: 217-226.

[16] Yuan Yaochu, Kaneko Arata, Wang Huiqun, at al. Numerical calculation of the Kuroshio east of Taiwan and the currents east of the Ryukyu Islands during early summer of 1996//Proceedings of Japan-China Joint Symposium of Cooperative Study on Subtropical Circulation System, 1998: 97-110.

[17] 袁耀初,刘勇刚,苏纪兰,等. 1997年夏季台湾岛以东与东海黑潮//中国海洋文集,第12集. 北京:海洋出版社,2000:1-10.
Yuan Yaochu, Liu Yongcang, Su Jilan, et al. The Kuroshio east of Taiwan and in the East China Sea during Summer of 1997//Oceanography in China, 12 (in Chinese) Beijing: China Ocean Press, 2000: 1-10.

[18] 袁耀初,刘勇刚,苏纪兰,等. 1997年冬季台湾岛以东与东海黑潮//中国海洋文集,第12集. 北京:海洋出版社,2000:11-20.
Yuan Yaochu, Liu Yonggang, Su Jilan, et al. The Kuroshio east of Taiwan and in the East China Sea during Winter of 1997//Oceanography in China, 12 (in Chinese) Beijing: China Ocean Press, 2000: 11-20.

[19] Yuan Yaochu, Liu Chotent, Pan Ziqin. Circulation east of Taiwan and in the East China Sea and east of the Ryukyu Islands during early summer 1985. Acta Oceanologica Sinica, 1996, 15(4): 423-435.

[20] Yuan Yaochu, Su Jilan, Pan Ziqin et al. The western boudary current east of the Ryukyu Islands. La Mer, 1995, 33(1): 1-11.

[21] 袁耀初,苏纪兰. 1995年以来我国对黑潮及琉球海流的研究. 科学通报,2000,45(22):2353-2356.
Yuan Yaochu, Su Jilan. Study on the Kuroshio and the Ryukyu Current in China since 1995. Chinese Sciece Bulletin (in Chinese), 2000, 45 (22): 2353-2356.

[22] Liu Yonggang, Yuan Yaochu. Variation of the currents east of the Ryukyu Islands in 1998. La Mer, 2000, 38(4): 179-184.

Variability of the Kuroshio in the East China Sea during El Niño to La Niña phenomenon of 1997 and 1998

Yuan Yaochu[1,2], Liu Yonggang[1,2], Su Jilan[1,2]

(1. *Second Institute of Oceanography*, *State Oceanic Administration*, *Hangzhou* 310012, *China*; 2. *Key Lab of Ocean Dynamic Processes and Satellite Oceanography*, *State Oceanic Administration*, *Hangzhou* 310012, *China*)

Abstract: A modified inverse and dynamic methods are used to compute the velocity and volume transport (VT) of the Kuroshio in the East China Sea, based on the CTD data of the ten cruises in 1997 and 1998. When El Niño phenomenon occurred in May of 1997, both VT of the Kuroshio in summer of 1997 and the average VT of the Kuroshio in 1997 decreased. There are different two current patterns of the circulation in the East China Sea for January and Iune-July of 1997, which was before and after El Niño phenomenon, respectively. The Kuroshio through Section PN has multi-current cores during the period from Aprirl to November of 1997, especially it has three current cores in October and November of 1997. The position of the main current core of the Kuroshio moves eastward in the autumn. Both 1995 and 1998 are anomalous years for the Kuroshio in the East China Sea. which may be due to the following two reasons: (1) the increase of the Kuroshio VT may be associated with the strengthen of the anticyclonic recirculationg gyre south of Okinawa Island; (2) the transform from El Niño phenomenon to La Niña is occurred in summer of 1995 and 1998.

Key words: Kuroshio in East China Sea; El Niño; La Niña; 1997—1998 anomalous years

刊于:海洋学报,2006, 28(2):1-13.

2000 年东海黑潮和琉球群岛以东海流的变异

Ⅰ. 东海黑潮及其附近中尺度涡的变异

袁耀初[1,2],杨成浩[1,2],王彰贵[3]

(1. 国家海洋局 第二海洋研究所,浙江 杭州 310012 ; 2. 国家海洋局海洋动力过程和卫星海洋学重点实验室,浙江 杭州 310012;3.国家海洋局 海洋环境预报中心,北京 100081)

摘要:基于日本“长风丸”调查船在2000年5个航次水文资料及同时期QuikSCAT风场资料,采用改进逆方法计算了东海黑潮的流速与流量等,获得了这5个航次期间的主要结果:(1)在东海海区风速1—2月比其他月份时大,风海流也最强。只在7月表层风海流为北向,加强了黑潮流速。(2)表层最低盐度值夏季时最小,1—2月时最大。这再次表明,夏季时长江冲淡水向东北方向扩散,冬季时基本上向南,其他季节在上述两者之间。(3)PN断面流速结构及其变化:黑潮流核在1—2、10和11月时有两个,在4和7月皆只有1个。黑潮主流核在1月位于计算点9, 在4、7、10与11月都位于计算点8,即向陆架方向移动。(4)黑潮在TK断面出现多流核结构特性。11月主流核出现在TK断面中部,存在于水深大于1 200 m区域,其余月份主流核皆出现在TK断面北部,存在于深度400 m以浅水层。(5)通过PN断面的净东北向流量在11月最大,为$28.1\times10^6\ m^3/s$, 7月时其次,10月时最小,为$24.6\times10^6\ m^3/s$。通过PN断面的净东北向流量年平均值为$26.4\times10^6\ m^3/s$。(6)1—2、4、7与10月在PN断面以东都出现暖的、反气旋式涡,10月份时,反气旋式涡最强。只在11月时出现弱的、气旋式涡。黑潮以东反气旋涡加强时,黑潮流量似乎减小(例如10月);相反,当黑潮以东反气旋涡减弱(例如7月)或者代之出现气旋涡时(例如11月),黑潮流量似乎增大。10和11月在PN断面附近流态的比较,揭示了环流变化较大,这进一步表明,黑潮和其附近中尺度涡的相互作用是重要的。(7)通过TK断面的净东向流量,11月最大, 7月其次, 10与1—2月最小。通过TK断面净东向流量年平均值为$21.9\times10^6\ m^3/s$。(8)通过A断面的北向流量在1—2月与4月较大,分别为3.5×10^6与$3.1\times10^6\ m^3/s$,7月最小。通过A断面的年平均北向流量约为$2.7\times10^6\ m^3/s$,这表明,在2000年1—2与4月通过对马暖流的流量最大,7月时最小。

关键词:2000年东海黑潮;流速及流量的变化;黑潮和中尺度涡变异;改进逆方法

中图分类号:P. 731. 2;P722. 6　　**文献标志码:**A

1 引言

我国对黑潮及琉球群岛以东海流的调查研究开始于上世纪80年代中期,例如在1986—1992年进行了中日黑潮联合调查研究。关于东海黑潮的结构与流量及其变化,国内外学者已有了不少的研究,例如管秉贤[1]采用动力计算方法估算了1955年7月至1978年9月黑潮通过PN断面的流量,指出春、夏季通过PN断面的平均流量大于多年平均值,而冬、秋季则小于平均值,秋季最小。利用1986—1992年中日黑

基金项目:国家自然科学基金项目(40176007)。

潮合作调查研究资料，袁耀初等[2]研究了东海黑潮的结构与流量变异，并指出以通过 PN 断面流量为例，从多年的季节平均流量来看，夏季最大，冬、春季与夏季接近，秋季最小，自 1987 年至 1991 年 11 个航次通过 PN 断面的流量约为 28×10^6 m^3/s。孙湘平与苏玉芬[3]通过从日本观测的历史资料及中日黑潮调查资料分析了东海黑潮的流速结构及黑潮路径的变异。刘勇刚与袁耀初也分别讨论了东海黑潮在 1992、1993、1994、1995 年的变异[4-6]，指出 1992—1994 年黑潮通过 PN 断面流量在夏季最大，秋季最小，但 1995 年是东海黑潮异常年[6]，即夏季黑潮通过 PN 断面流量最小，春季最大，这是首次指出，其原因可能与大尺度气候变化有关，这有待于今后进一步研究。此外，Kagimoto 与 Yamagata[7]采用 POM 模式模拟了黑潮流量的季节变化，也指出夏季黑潮通过东海 PN 断面的流量比其他季节大，其动力原因是由于夏季琉球西南诸岛附近出现的反气旋涡增强，对黑潮流量的增加起着主要作用。在 1997 年 5 月至 1998 年 5 月出现强的 El Niño 现象，并在 1998 年 6 月转为 La Niña 现象，这些大尺度的海-气相互作用变化，对 1997—1998 年期间东海黑潮变异，会起怎样的影响，袁耀初等[8]讨论了此问题。关于黑潮及琉球海流的研究有一些评述性论文，参见文献[9-10]。

本文基于日本“长风丸”调查船在 2000 年 1—2、4、7、10 与 11 月共 5 个调查航次水文资料，采用改进逆方法计算与分析东海黑潮和琉球群岛以东海流的流速及流量的变化，并与其他年航次的计算结果作比较。本文只讨论 2000 年上述 5 个调查航次东海黑潮和其附近中尺度涡的变异。

2　资料与改进逆方法

本计算的水文资料来自于日本“长风丸”调查船在 2000 年 1—2、4、7、10 与 11 月共 5 个调查航次。图 1 为上述 5 个航次在东海主要断面 PN、A 与 TK 及琉球群岛以东断面 T/P、OR 与 E1 的位置。关于各航次资料情况如下：2000 年共 5 个航次，在东海 PN 及 TK 断面都进行了观测，因此，断面 PN 与 TK 可以组成一个计算单元（box）（见图 1）。在琉球群岛以东断面 T/P、OR 与 E1 都进行了水文观测，因此，这几个断面可以组成一个计算单元（box）（见图 1）。采用 Yuan 等[11-13]的改进逆方法计算东海黑潮和琉球群岛以东海流的流速、流量及其变化。

对 Yuan 等[11-13]改进逆模式作了以下 3 点重要改进：

（1）在动量方程式中考虑垂直涡动黏性项，即海流是非地转的，因此也考虑了风应力的作用。

（2）在密度与温度等方程式中除考虑平动项以外，还考虑垂直涡动扩散项等。

（3）设 q_e 为海洋向大气放出（或吸收）热量（$q_e>0$为放热，$q_e<0$ 为吸热），则在海面上热量 q_e 应满足以下的不等式：

$$q_{e,1} \leqslant q_e \leqslant q_{e,2},$$

其中 $q_{e,2}$与 $q_{e,1}$为计算海区多年统计平均热量分布的最大与最小值。本计算中，2000 年 5 个航次风场资料来自同时期 QuikSCAT 风场资料，即来自 JPL W，Timothy Liu 和 Wenqing Tang 主持的 NASA/NOAA 海洋通量数据系统。计算参数取值由文献[11-13]可知，$(q_{e,1}, q_{e,2})$在冬、春、夏、秋季分别为（0.42，6.28），（-0.84，1.26），（-2.09，-0.21）和（0，2.51）[单位：$\times10^3$ J/(cm^2·d)]。关于在东海海域涡动黏滞系数 A_z 与涡动扩散系数 K_v，在文献[11]中取了不同值进行数值计算并作了比较，认为 A_z 与 K_v 分别取 100 及 10 cm^2/s 较为合理，本计算中 A_z 与 K_v 也取为上述值。每一个计算单元分为 5 层，其交界面分别取 $\sigma_{t,p}$值为 25，27，30 和 33。

我们采用 Fiadeiro 与 Veronis 方法[14]选择最佳参考面，首先计算每测站上参考深度 z_r，然后取最佳参考深度如下：如果测站水深 H 大于参考深度 z_r，则取为 z_r 值，否则取为该站的水深 H。按 Fiadeiro 与 Veronis 方法[14]，可以获得 2000 年 1—2、4、7、10、11 月在东海与琉球群岛附近海域最佳参考面的深度（参见表 1）。必须指出，在动力计算方法中，参考面处流速假定为 0，而在逆方法中最佳参考面处流速并不假定为 0，是未知的，通过改进逆方法的方程组求得。需说明，表 1 中最佳参考面是根据上述方法计算得到的，如果水深 H 小于参考面 z_r，则最佳参考面应取为该处水深 H，而不是 z_r。

表 1　2000 年 5 个航次东海和琉球群岛以东海区参考面深度 z_r(m)

海区	1—2 月航次	4 月航次	7 月航次	10 月航次	11 月航次
东海海区	1 400	900	1 000	900	900
琉球群岛以东海区	2 200	4 300	3 900	3 900	4 000

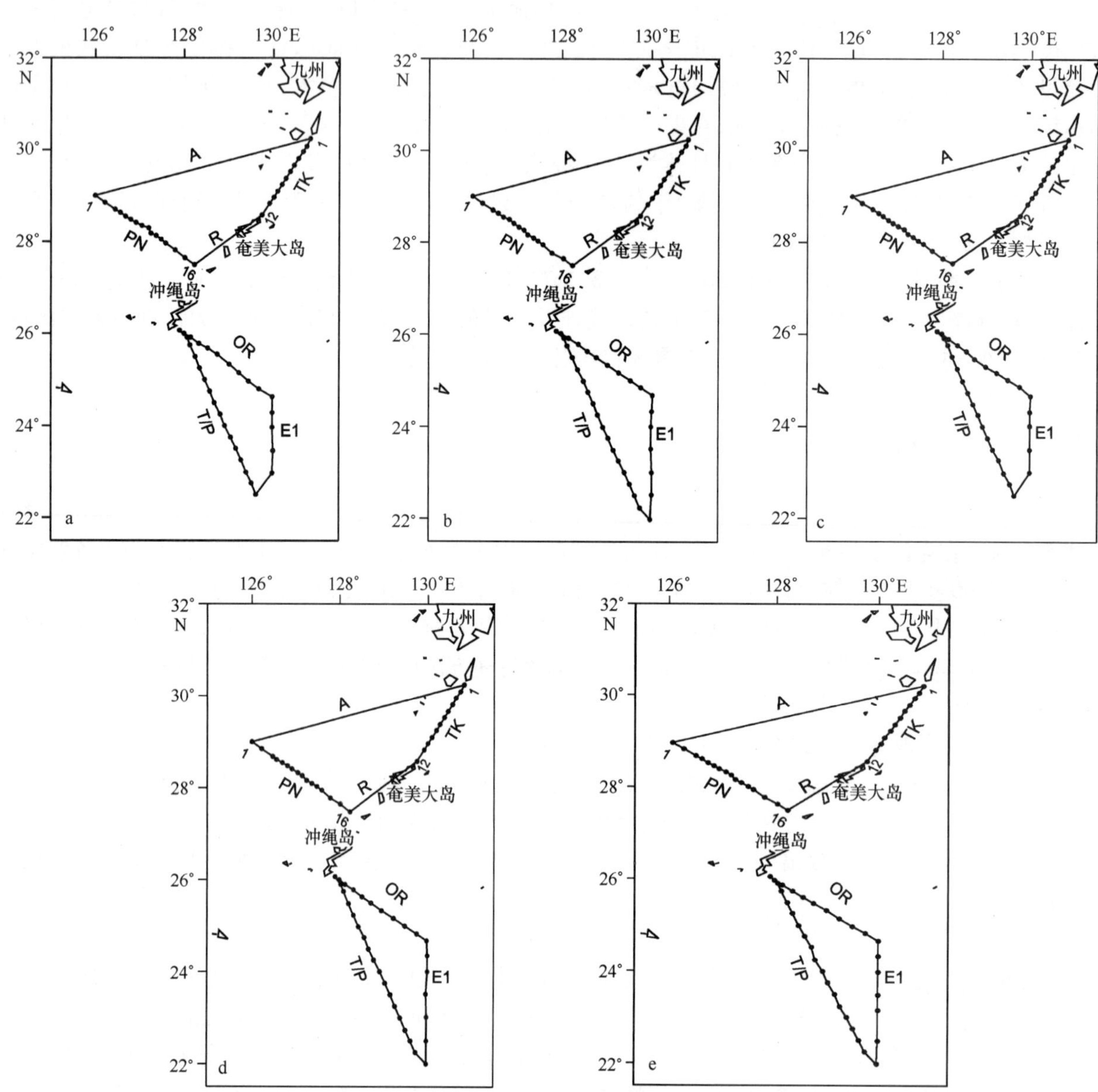

图 1　东海和琉球群岛以东观测断面 PN，A 与 TK 及琉球群岛以东观测断面 T/P，OR 和 E1 的位置与站位分布及计算单元(box)

a. 1—2 月航次，b. 4 月航次，c. 7 月航次，d. 10 月航次，e. 11 月航次

3　2000 年 5 个航次调查海区风海流与表层盐度

本节将讨论以下两个有兴趣的问题：(1) 在调查海区风海流分布；(2) 在调查海域 5 个航次表层最小盐度分布。

3.1　调查海区风海流分布

图 2a~d 表示 1—2、4、7、10 与 11 月在调查海区风场分布。风场资料来自同时期 QuikSCAT 风场资料。图 3a~e 表示 1—2、4、7、10 与 11 月相应的表层风海流。1—2 月，在 32°~34°N 范围风向为西北风，在纬度较小时，风场的风向大致呈顺时针方向旋转，26°N 以南，变为东北风。1—2 月，东海海区风速比其他月份时大，因此风海流也最强。自北至南表层风海流大致从西南向顺时针转为西向（见图 3a）。

4 月，风向自北至南大致由西北风转为东北风，风速比 1—2 月时弱，而表层风海流自北至南大致由西南向，经西向，最后为西北向。这表明，4 月份风海流方向变化较大（见图 3b）。

7 月，一般为东南风，相应的表层风海流方向偏北，风速比 1—2 月时弱。因此，7 月时表层风海流（见图 3c），加强了黑潮流速，这与 1—2、4 月份时相反。

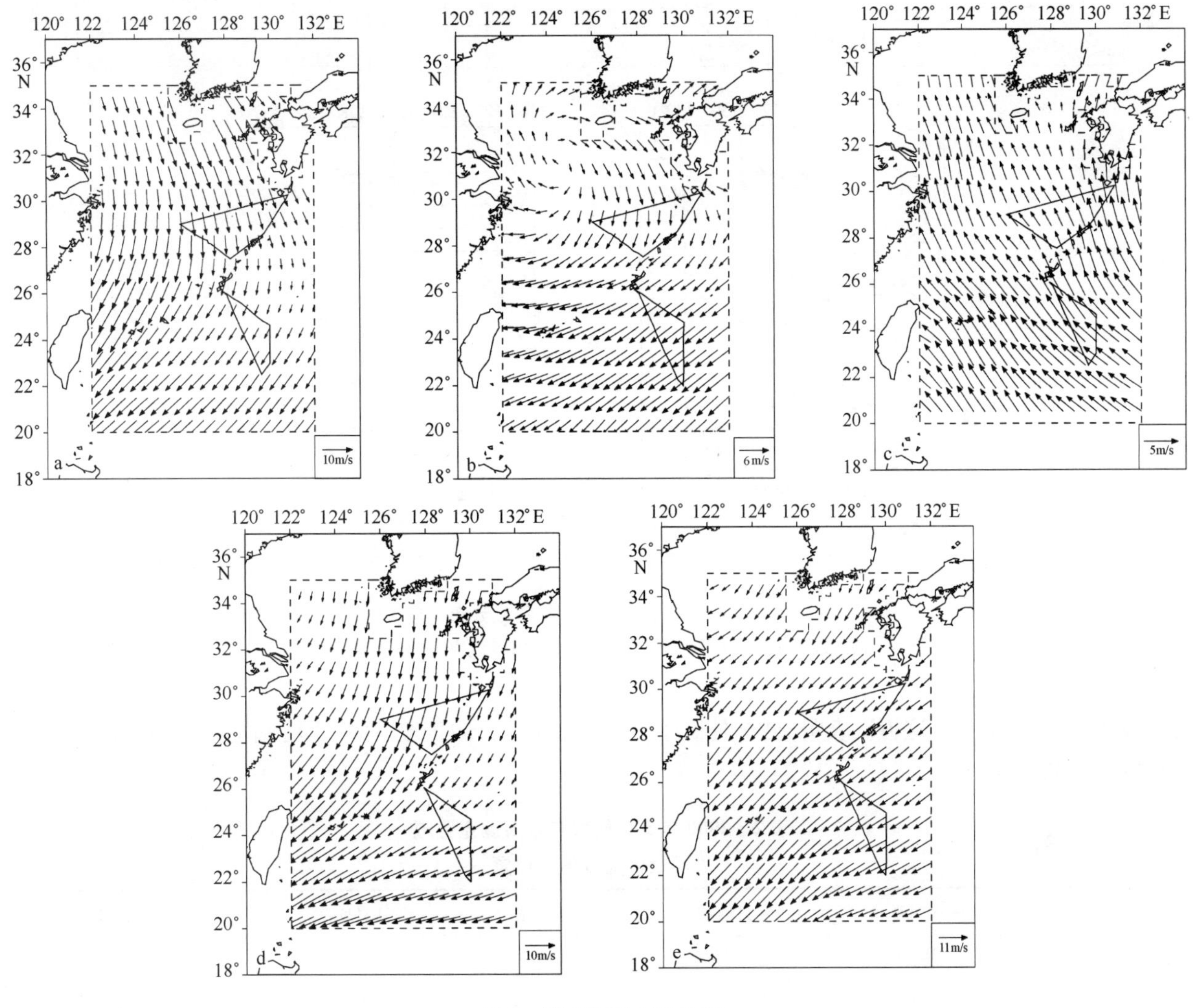

图 2　调查海区风场分布

a.1—2 月航次，b.4 月航次，c.7 月航次，d.10 月航次，e11 月航次

10 月，自北至南大致由北风转为东北风，风速比 4、7 月份强，相应的表层风海流为偏西方向（见图 3d）。而在 11 月，风速也比 4、7 月份强，一般为东北风，而且南部区域风速比北部区域强，相应的表层风海流也是偏西方向（见图 3e）。

3.2　调查海区表层最小盐度分布

表 2 给出 5 个航次调查海区表层最低盐度值及其所在位置。从表 2 可知，5 个航次中，表层最低盐度值

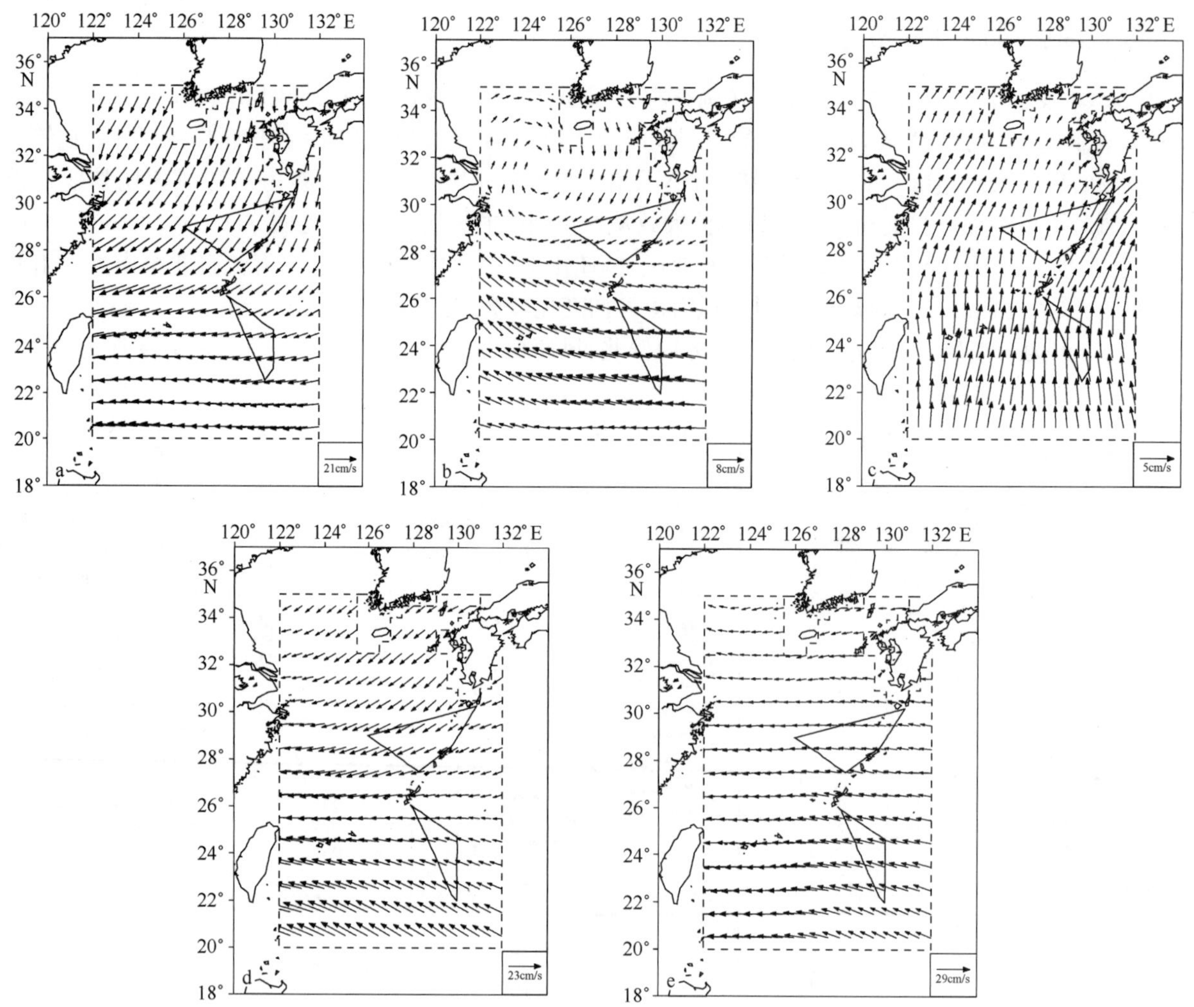

图 3　调查海区表层风海流分布

a.1—2 月航次，b.4 月航次，c.7 月航次，d.10 月航次，e. 11 月航次

夏季最小，1-2 月最大。这再次表明，夏季时长江冲淡水向东北方向扩散，而冬季时则基本向南，其他季节在上述两者之间。

表 2　2000 年 5 个航次在东海调查区域

表层最低盐度值及位置

	1—2 月航次	4 月航次	7 月航次	10 月航次	11 月航次
最低盐度	34.34	33.752	32.738	33.548	33.416
位置	29.000°N 126.000°E	28.850°N 126.217°E	29.000°N 126.000°E	28.550°N 126.683°E	28.850°N 126.217°E

4　2000 年 5 个航次东海黑潮的流速结构及其变化

本节着重讨论 PN 与 TK 断面的流速结构及其变化。图 4a～e 分别为 2000 年 1—2、4、7、10 与 11 月航次在 PN 断面上流速分布。在此需要特别指出，图 4 中速度值为速度矢量在垂直于 PN 断面方向上的分量，以下的图也类似。下面分别进行讨论。

4.1　5个航次PN断面流速结构及其变化

图4a表明，在1—2月航次，黑潮在PN断面有两个核心，主核心位于计算点8、9与10，其最大流速(v_{max})约为174 cm/s，位于计算点9的30 m处。第二个核心在计算点12，其v_{max}约为99 cm/s，在计算点12的100 m处。黑潮以下存在逆流，黑潮以东，在计算点13以东、PN断面东侧存在西南向流。从图7流量函数分布与图8温度分布可知，此西南向流是暖的、反气旋涡的一部分。从图4a可知，在陆架坡底部附近存在西南向逆流，该逆流是袁耀初等[11]在1989年夏季航次结果中首先指出的。在PN断面西部计算点海流基本是西南向，如上节所指出，这可能与1—2月东海出现强的南向风海流有关。

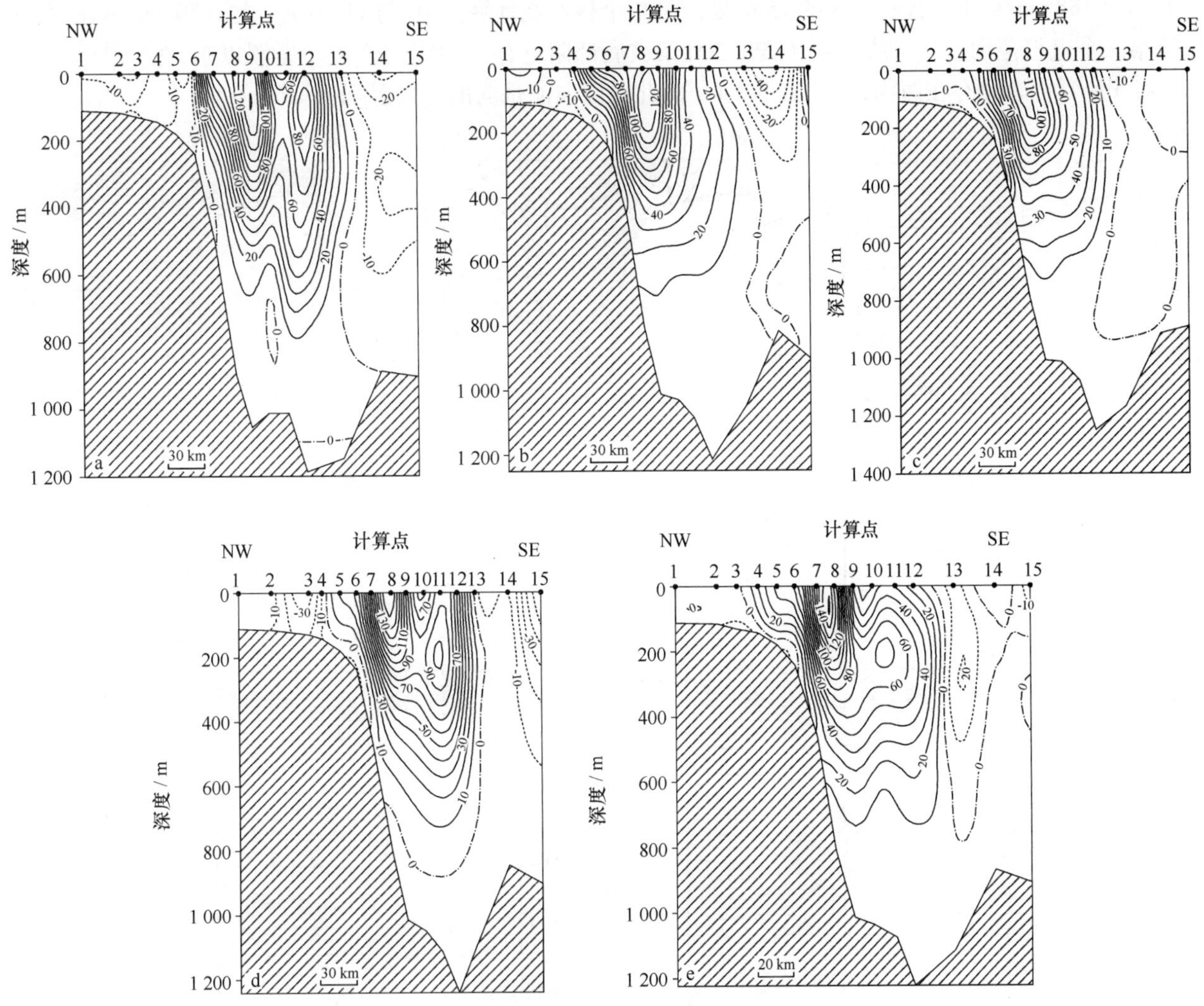

图4　2000年在PN断面流速（正值：东北向，单位：cm/s）分布

a.1—2月航次，b.4月航次，c.7月航次，d.10月航次，e.11月航次

在4月航次，黑潮在PN断面只有一个核心（见图4b），其v_{max}减小为166 cm/s（图4b未能显示），在计算点8的75 m处。与1—2月航次相比，4月黑潮核心向陆架方向移动。黑潮以东，在计算点12以东、PN断面东侧存在西南向流。与1—2月航次相似，此西南向流是暖的反气旋涡的一部分。在PN断面西部，如计算点1与2出现东北向流，其v_{max}大于20 cm/s。

与4月航次相似，7月航次黑潮在PN断面只有一个核心（见图4c），其v_{max}减小为157 cm/s（图4c未能显示），在计算点8的表层处。与1—2月相比，黑潮核心也向陆架方向移动。从图4c可知，在陆架坡底部附近存在西南向逆流。黑潮以东，在计算点12以东、PN断面东侧存在西南向流。与1—2、4月航次相似，此西南向流是暖的反气旋涡的一部分。也与 4 月时相似,在 7 月 PN 断面西部计算点 1~4 都出现东北向流,而下层出现西南向流,并向东延伸到陆架坡。

图 4d 表明,在 10 月航次,黑潮在 PN 断面有两个核心,主核心位于计算点 7、8 与 9,其 v_{max} 增大为 186 cm/s,位于计算点 8 的 20 m 处。第二个核心在计算点 11,其 v_{max} 约为 126 cm/s,在计算点 11 的 50 m 处。从图 4d 可知,在陆架坡底部附近存在西南向逆流,黑潮以下存在逆流。黑潮以东,在计算点 13 以东、PN 断面东侧存在西南向流。由下文可知,此西南向流是较强的、暖的反气旋涡的一部分。10 月份在 PN 断面西部也出现西南向流,这也与此处南向风海流相一致。

图 4e 表明,在 11 月航次,黑潮在 PN 断面有两个核心,主核心位于计算点 7 与 8,其 v_{max} 与 10 月时基本相同,约为 188 cm/s,位于计算点 8 的 75 m 处。第二个核心在计算点 10 与 11,其 v_{max} 大于 70 cm/s,在 125 m 处,但第二个流核范围较小。从图 4e 可知,在陆架坡底部附近存在西南向逆流。黑潮以东,在计算点 13 与 13 以东、PN 断面东侧存在西南向流,由下文可知,此西南向流是弱的、气旋涡的一部分。

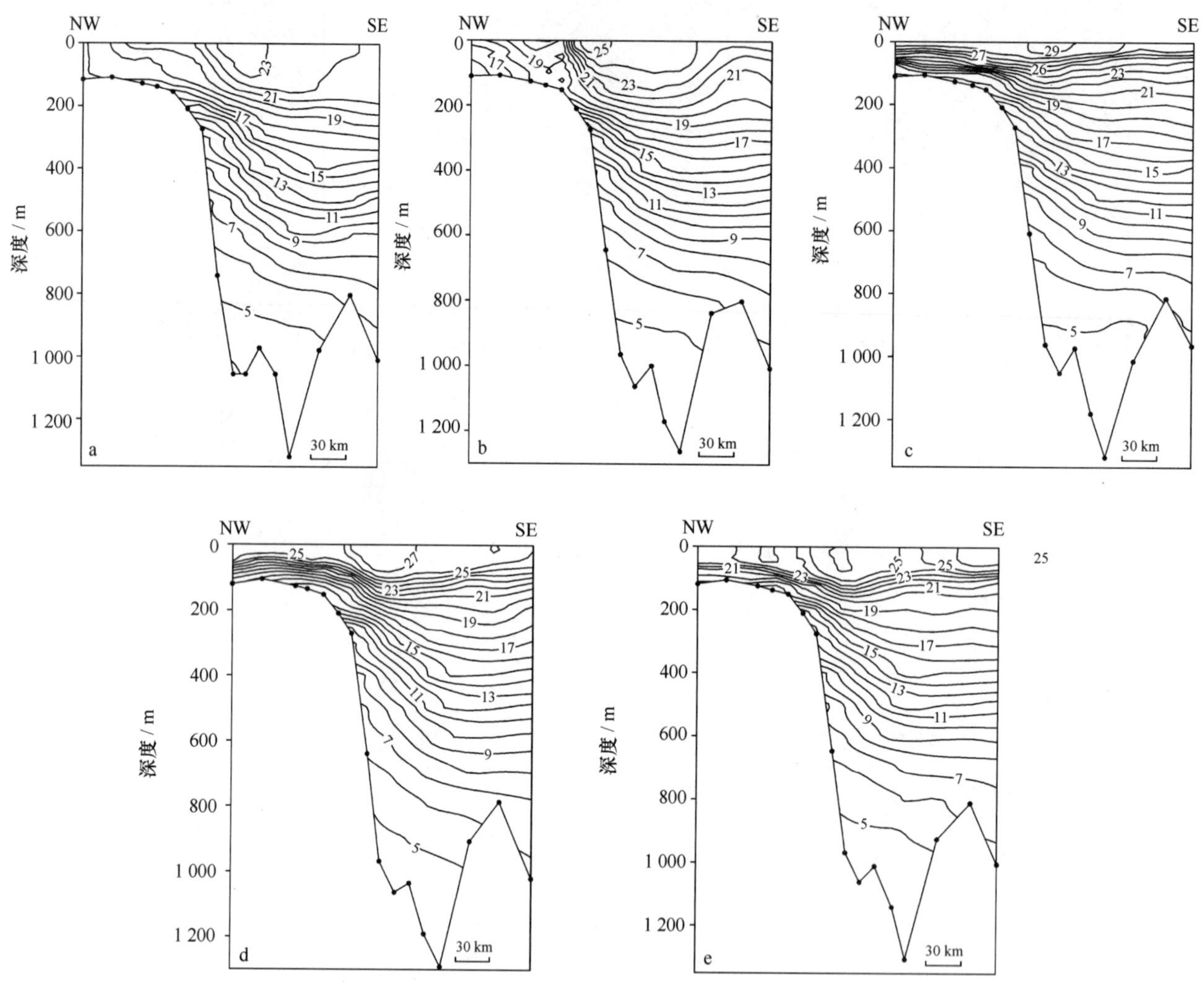

图 5　2000 年在 PN 断面上温度(℃)分布

a.1—2 月航次,b.4 月航次,c.7 月航次,d.10 月航次, e. 11 月航次

比较上述 5 个航次的流速结构及其变化,以 PN 断面为例,从 v_{max} 来看,10 与 11 月较大,4 与 7 月较小.黑潮流核的个数在 1—2、10 和 11 月皆有两个,在 4—7 月皆只有 1 个。黑潮主流核心的位置,在 1—2 月位于计算点 9, 而在 4、7 月及秋季(10 与 11 月)都在计算点 8,即向陆架方向移动。比较文献[2,4-6,8]的结果,如袁耀初等[8]指出,黑潮主轴位置的变化,并不存在季节时间尺度变化的周期。

4.2　5个航次TK断面流速结构及其变化

对5个航次TK断面的流速结构及其分布(见图6a～e)，限于篇幅，不分别对每个航次讨论，而是综合进行讨论。

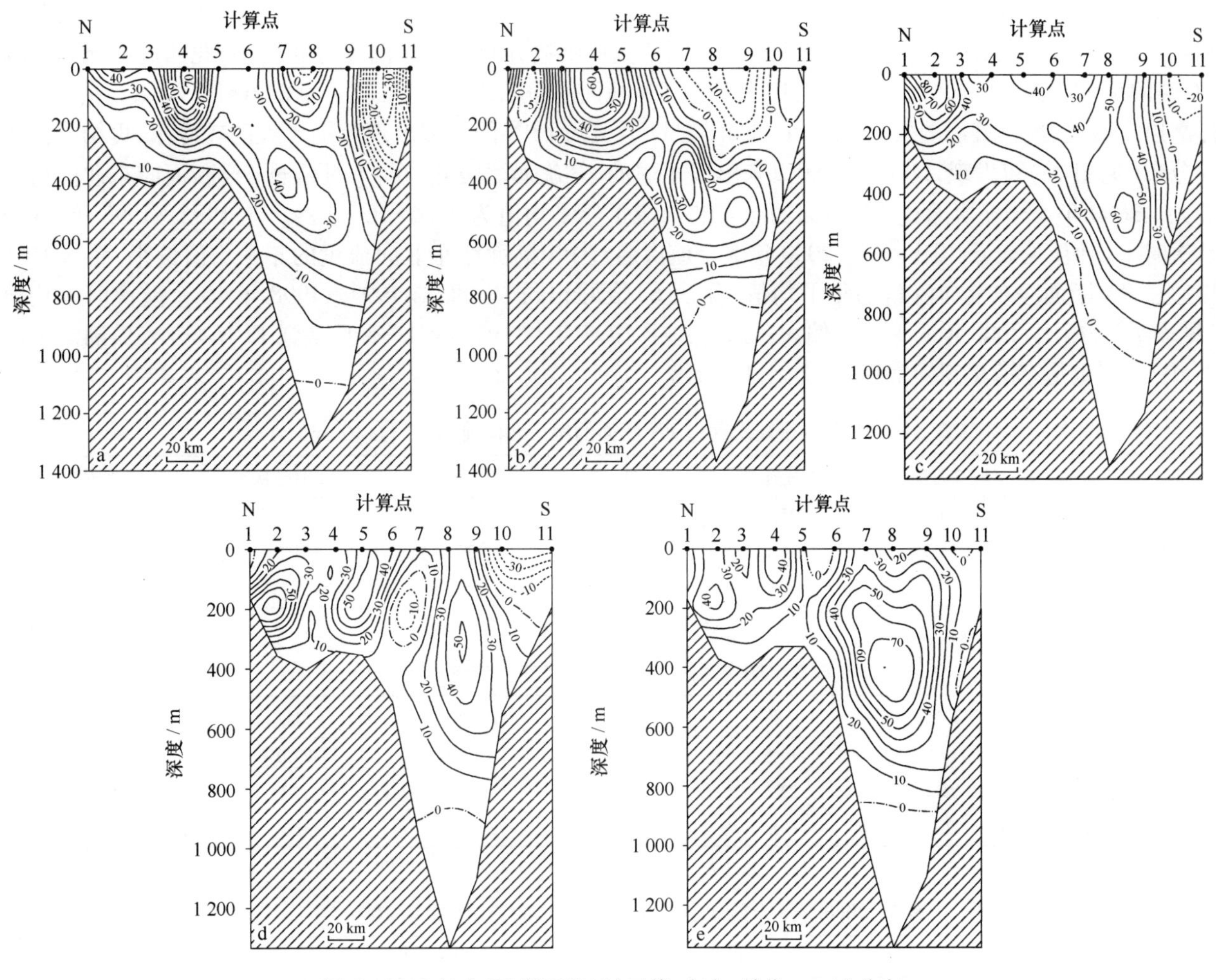

图6　2000年在TK断面流速(正值:东向,单位:cm/s)分布

a.1—2月航次,b.4月航次,c.7月航次,d.10月航次, e. 11月航次

4.2.1　黑潮在TK断面上出现多流核结构特性

从图6a～e可见，各航次TK断面都出现多核结构，黑潮主核心在1—2月位于计算点4，v_{max}为77 cm/s，在计算点4表层处；4月主核心也在计算点4，v_{max}约为107 cm/s，在计算点4表层处；7月主核心向北移向计算点2，v_{max}为104 cm/s，在计算点2表层处；10月主核心也在计算点2处，v_{max}约为91 cm/s，在计算点2的180 m处；11月主核心位置向南移向计算点8，其v_{max}约为81 cm/s，在计算点8的400 m处，从图6e可见，主核心范围较大。从上述可知，5个航次中自1—2月至10月4个航次黑潮的主核心，出现在TK断面北部，位于深度400 m以浅处，只在11月出现在TK断面中部，位于水深大于1 200 m较深区域。这些结果也与从前的结果相一致[2,4-6,8]。1992—1998年TK断面黑潮主核一般出现在TK断面北部，或者出现在TK断面中部较深的水深处，不会出现在TK断面的南部。比较PN断面与TK断面v_{max}可知，v_{max}在TK断面上要比PN断面上小得多。

4.2.2　TK断面南部总是出现西向流

从图6a～e可见，2000年自1—2月至11月，TK断面的南部都出现西向流。这些结果也与以前的结果相一致[2,4-6,8]。这表明，1992—2000年在TK断面南部总出现西向流。

5　2000 年黑潮在东海的流量变化

5 个航次在东海的流量分布及其变化见表 3~5 及表 6,7。从图 7 及表 3 可知,5 个航次通过 PN 断面的净东北向流在 11 月最大,为 28.1×10^6 m^3/s,7 月时其次,为 27.2×10^6 m^3/s,最小值在 10 与 4 月。从表 3 可知,黑潮以东西南向流量以 10 月时最大。再从图 7 流量函数分布与图 8 温度分布可知,此西南向流是较强的、暖的反气旋涡的一部分。因此,在 10 月通过 PN 断面的净东北向流量最小,为 24.6×10^6 m^3/s。在 11 月,黑潮以东暖的、反气旋涡消失。从图 8e 可知,在 11 月,断面 PN 的东部出现范围不大的较冷水,再结合流函数分布(见图 7e)可发现,11 月在黑潮以东出现了弱的、气旋涡。因此,在 11 月通过 PN 断面净东北向流量最大。2000 年 5 个航次通过 PN 断面的净东北向流量年平均值为 26.4×10^6 m^3/s。与 1992—1995 年 16 个航次时平均值(见表 6)相比[2,4-6],2000 年 5 个航次通过 PN 断面净东北向流量的年平均值偏小,而与 1995 年通过 PN 断面净东北向流量的年平均值(见表 6)恰好相同[6]。但与 1997—1998 年 10 个航次时平均值(见表 7[8])相比,2000 年的平均值偏大。这是由于 1997 年与 1998 年 1—5 月是强 El Niño 年,黑潮流量减小,1998 年也是东海黑潮异常年,如文献[8]指出。

表 3　2000 年 5 个航次通过 PN 断面的净东北向流量(单位:10^6 m^3/s)

	1—2 月航次	4 月航次	7 月航次	10 月航次	11 月航次	平均值
净东北向流量	26.7	25.6	27.2	24.6	28.1	26.44
东北向流量	34.5	30.2	30.5	33.6	31.3	32.02
西南向流量	7.8	4.6	3.3	9.0	3.2	5.58

表 4　2000 年 5 个航次通过 TK 断面的净东向流量(单位:10^6 m^3/s)

	1—2 月航次	4 月航次	7 月航次	10 月航次	11 月航次	平均值
净东向流量	19.0	19.5	25.3	18.9	27.0	21.94
东向流量	21.1	23.3	27.1	22.6	27.5	24.32
西向流量	2.1	3.8	1.8	3.7	0.5	2.38

表 5　2000 年 5 个航次通过断面 A 与 R 的流量(单位:10^6 m^3/s)

	1—2 月航次	4 月航次	7 月航次	10 月航次	11 月航次	平均值
A 断面北向流量	3.5	3.1	1.5	3.0	2.4	2.68
R 断面东南向流量	4.2	3.1	0.5	2.7	0	2.10
R 断面西北向流量	0	0	0.1	0	1.2	0.24

表 6　1992—1995 年 16 个航次通过 PN 断面的净东北向流量(单位:10^6 m^3/s)

	1 月航次	4 月航次	6—7 月航次	10 月航次	平均值
1992 年	29.4	26.3	33.6	22.3	28.0
1993 年	29.9	18.8	28.4	32.0	27.3
1994 年	25.5	19.9	37.2	25.4	27.0
1995 年	23.3	34.1	21.1	26.7	26.4

表 7　1997—1998 年 10 个航次通过 PN 断面的净东北向流量(单位:10^6 m^3/s)

	1 月航次	4 月航次	6—7 月航次	10 月航次	11 月航次	平均值
1997 年	24.6	26.9	23.0	24.5	25.9	25.0
1998 年	24.7	28.5	21.3	20.0	23.4	23.6

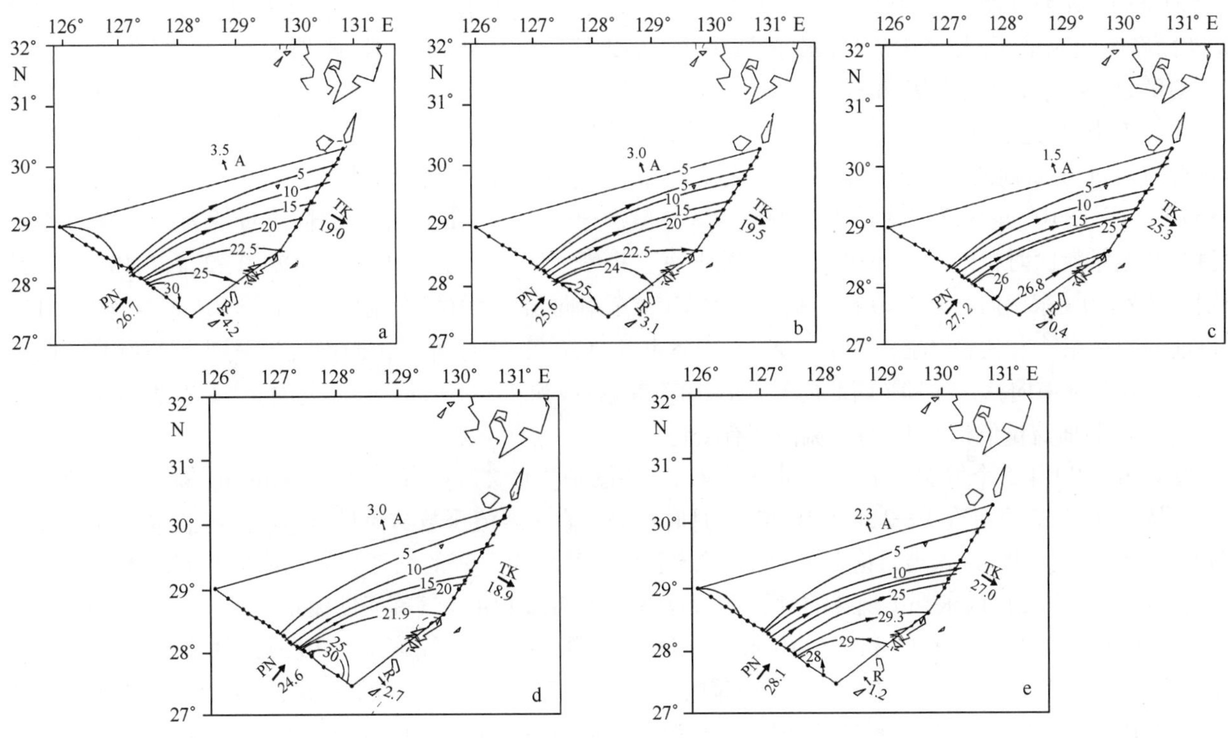

图 7　2000 年东海计算海域流函数与流量（单位：10^6 m^3/s）分布

a.1—2 月航次，b.4 月航次，c.7 月航次，d. 10 月航次，e. 11 月航次

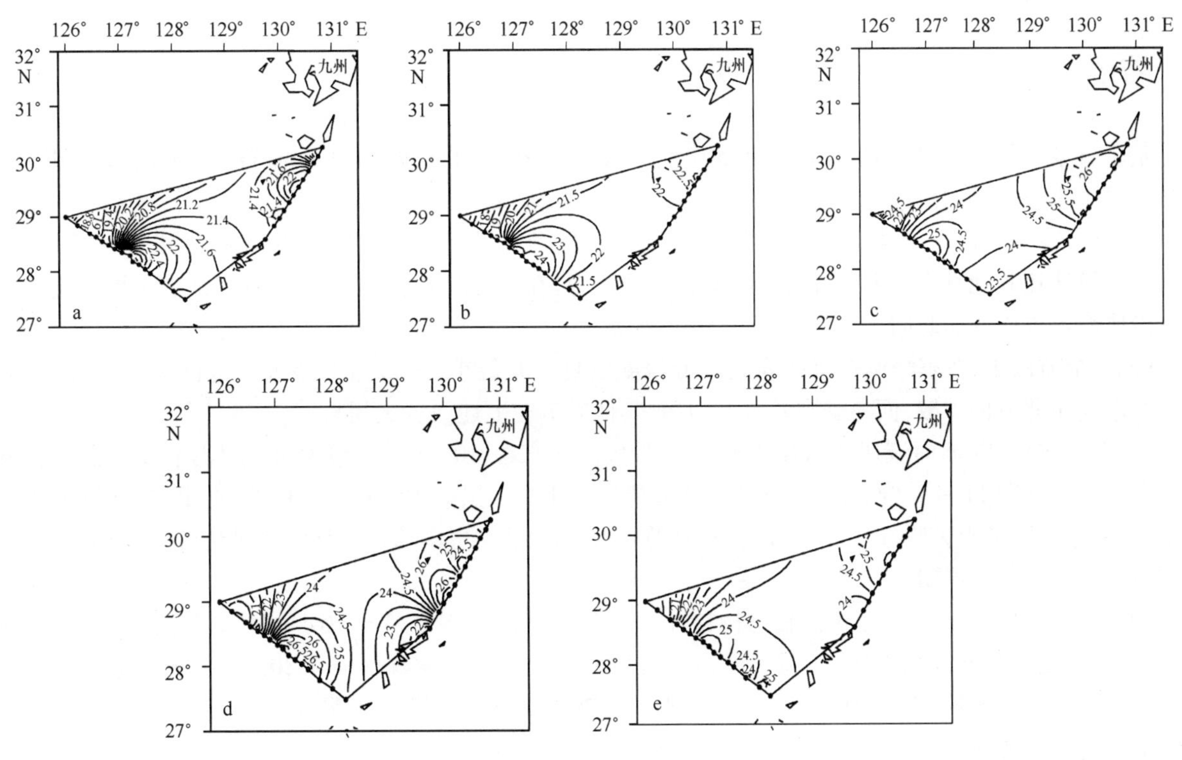

图 8　2000 年东海调查海区水平方向温度（℃）分布（在 75 m 处）

a.1—2 月航次，b.4 月航次，c.7 月航次，d. 10 月航次，e. 11 月航次

从表 4 可知，2000 年 5 个航次通过 TK 断面净东向流量，也是 11 月最大，为 27.0×10^6 m^3/s。这是由于在

11 月时通过 PN 断面净东北向流量最大(见表 3,4 以及图 7d),使得通过 TK 断面净东向流量也增大。通过 TK 断面净东向流量,次大值在 7 月,最小在 10 与 1—2 月。2000 年通过 TK 断面净东向流量年平均值为 21.9×10^6 m^3/s,与 1992—1995 年航次时相比,此值也偏小[2,4-6]。现在我们讨论通过 A 断面和 R 断面的流量。在此需指出,通过 R 断面和 A 断面的流量值都是从改进逆方法直接计算获得。其次,对马暖流的流量是直接与通过 A 断面的北向流量有关。从表 5 可知,通过 A 断面的北向流量在 1—2 与 4 月最大,分别为 3.5×10^6 与 3.1×10^6 m^3/s,7 月时最小。2000 年 5 个航次通过 A 断面的年平均北向流量约为 2.7×10^6 m^3/s,此值与其他年航次时相比,也略偏小[2,4-6]。关于通过 R 断面流量,从表 5 和图 7 可知,1-2、4、7、10 和 11 月分别为 4.2×10^6(东南向),3.1×10^6(东南向),0.4×10^6(东南向),2.7×10^6(东南向)和 1.2×10^6 m^3/s(西北向)。与以前研究结果[2]相比较,例如 1987 年春季,1988 年 1、4、7 和 10 月通过 R 断面流量分别为 2.1×10^6(西北向),5.1×10^6(东南向),1.5×10^6(西北向),2.1×10^6(东南向)和 2.2×10^6 m^3/s(西北向)[2]。这表明在这些航次中通过 R 断面流量值相差不大,但流向都有变化。

图 8 为 2000 年 5 个航次在 75 m 处温度分布,这些图是从水文观测资料,采用 Kringing 插值方法计算获得的。从 2000 年 5 个航次 1—2、4、7、10 与 11 月时东海调查海区流函数与流量分布(图 7)和水平温度分布(图 8),我们再定性地、深入地讨论在 PN 断面黑潮流量与黑潮以东暖的反气旋涡和冷的气旋涡的关系。在 1—2、7、10 月时在黑潮以东都出现暖的、反气旋涡。在 PN 断面上此反气旋涡的流量在 1—2、4、7 和 10 月时分别为 5×10^6,3.7×10^6,2.4×10^6 和 $7.1\times10^6 m^3/s$。这表明,黑潮以东反气旋涡在 10 月最强,7 月最弱。如上所述,从图 7e 与图 8e 可知,11 月时黑潮以东暖的、反气旋涡消失,代之是弱的、气旋式涡,其流量约为 1×10^6 m^3/s。上述事实表明,黑潮以东反气旋涡加强时,黑潮流量似乎减小(例如 10 月);相反,当黑潮以东反气旋涡减弱(例如在 7 月)或者代之出现气旋涡(例如在 11 月)时,则黑潮流量似乎加强。10 和 11 月在 PN 断面附近流态的比较,揭示这里的环流变化是较大的,这也进一步表明,黑潮和其附近中尺度涡的相互作用是重要的,这有待今后通过数值模拟研究,进一步认识其动力机制。

6　结语

基于日本"长风丸"调查船在 2000 年 5 个航次水文资料及来自同时期 QuikSCAT 风场资料,采用改进逆方法计算了东海黑潮的流速与流量等,获得了以下的主要结果。

(1)基于 2000 年 1—2、4、7、10 与 11 月 QuikSCAT 风场资料,计算了调查海区风海流分布。1—2 月,在东海海区风速比其他月份时要大,因此风海流也最强。只在 7 月时表层风海流为北向,加强了黑潮流速。其他月份风海流方向并非北向。

(2)5 个航次中,在东海调查海区表层最低盐度值夏季时最小,1—2 月时最大。这再次表明,在夏季长江冲淡水向东北方向扩散,而冬季则基本上向南,其他季节在上述两者之间。

(3)5 个航次 PN 断面流速结构及其变化:从最大流速来看,10 与 11 月较大,4 与 7 月较小。黑潮流核的个数在 1—2、10 和 11 月时皆有两个,在 4 与 7 月皆只有 1 个。黑潮主流核心的位置,在 1—2 月位于计算点 9, 而在 4 与 7 月和秋季时(10 与 11 月)都在计算点 8,即向陆架方向移动。黑潮主轴位置的变化,并不存在季节时间尺度变化的周期。

(4)黑潮在 TK 断面上出现多流核结构特性。在 5 个航次中 1—2 月至 10 月主核心都出现在 TK 断面北部,存在于深度 400 m 以浅之处,11 月出现在 TK 断面中部,存在于水深大于 1 200 m 区域。这些结果与以前的结果相一致。比较 PN 断面与 TK 断面上的最大流速值,在 TK 断面上最大流速值较大地减小。TK 断面南部总是出现西向流。

(5)5 个航次通过 PN 断面的净东北向流量 11 月最大,其次为 7 月,10 月最小。5 个航次通过 PN 断面的净东北向流量年平均值与 1992—1995 年航次平均值相比偏小。

(6) 5 个航次中在 1—2、4、7 与 10 月于 PN 断面以东都出现暖的、反气旋式涡,10 月,反气旋式涡最强。只在 11 月时出现弱的、气旋式涡。黑潮以东反气旋涡加强时,黑潮流量似乎减小(例如 10 月);相反,当黑潮以东反气旋涡减弱(例如7月)或者代之出现气旋涡(例如11月)时,则黑潮流量似乎加强。10和11月在PN断面附近流态的比较,揭示环流变化较大,这也进一步表明黑潮和其附近中尺度涡的相互作用是重要的。

(7)5个航次通过TK断面净东向流量,也是11月最大。其次是7月,10与1月最小。5个航次通过TK断面净东向流量年平均值与1992—1995年航次时相比偏小。

(8)通过A断面的北向流量在1与4月最大,7月最小。5个航次通过A断面的年平均北向流量与1992—1995年航次相比,也略偏小。这表明,在2000年1—2与4月对马暖流的流量最大,7月时最小。

致谢:资料来自日本长崎海洋气象台海洋气象系观测报告,对日本长崎海洋气象台我们深表感谢。

参考文献:

[1] Guan Bingxian. Analysis of the variations of volume transports of the Kuroshio in the East China Sea[J]. Chin J Ocean Limn, 1983,1(2): 156-165.

[2] Yuan Yaochu , Pan Ziqin ,Kaneko Ikuo, et al. Variability of the Kuroshio in the East China Sea and the currents east of Ryukyu Islands [C]//Proceedings of China-Japan JSCRK. Qingdao: China Ocean University Press ,1994:121-144.

[3] Sun Xiangping, Su Yufen. On the variation of Kuroshio in the East China Sea[G]//Zhou Di, et al. Oceanology of China Seas: Vol.1. Kluwer: Academic Publishers,1994:49-58.

[4] 刘勇刚,袁耀初.1992年东海黑潮的变异[J].海洋学报,1998,20(6):1-11.

[5] Liu Yonggang, Yuan Yaochu. Variability of the Kuroshio in the East China Sea in 1993 and 1994[J]. Acta Oceanologica Sinica, 1999,18(1):17-36.

[6] Liu Yonggang, Yuan Yaochu. Variability of the Kuroshio in the East China Sea in 1995[J]. Acta Oceanologica Sinica,1999,18(4):459-475.

[7] Kagimoto T, Yamagata T. Seasonal transport variations of the Kuroshio: an OGCM simulation[J]. J Physical Oceangraphy, 1997, 27: 403-418.

[8] 袁耀初,刘勇刚,苏纪兰.1997—1998年El Niño至La Niña期间东海黑潮的变异[J]. 地球物理学报,2001,44(2):199-210.

[9] 苏纪兰,袁耀初,姜景忠.建国以来我国物理海洋学进展[J].地球物理学学报,1994,37(增刊1):3-13.

[10] 袁耀初,苏纪兰.1995年以来我国对黑潮及琉球海流的研究[J].科学通报, 2000,45(22):2353-2356.

[11] Yuan Yaochu, Su Jilan, Pan Ziqin. Volume and heat transports of the Kuroshio in the East China Sea in 1989[J]. La Mer, 1992,30: 251-262.

[12] Yuan Yaochu, Kaneko A, Su Jilan, et al. The Kuroshio east of Taiwan and in the East China Sea and the currents east of Ryukyu Islands during early summer of 1996[J]. J Oceanogr, 1998, 54: 217-226.

[13] Yuan Yaochu , Liu Yonggang , Lie Heungjae, et al. Variability of the circulation in the southern Huanghai Sea and East China Sea during two investigative cruises of June 1999[J]. Acta Oceanologica Sinica, 2004, 23(1):1-10.

[14] Fiadeiro M E, Veronis G. On the determination of absolute velocities in the ocean[J]. Journal of Marine Research,1982, 40 (Suppl.): 159-182.

Variability of the Kuroshio in the East China Sea and the currents east of Ryukyu Islands

Ⅰ. Variability of the Kuroshio in the East China Sea and the meso-scale eddies near the Kuroshio in 2000

Yuan Yaochu[1,2], Yang Chenghao[1,2], Wang Zhanggui[3]

(1. *Second Institute of Oceanography*, *State Oceanic Administration*, *Hangzhou* 310012, *China*; 2. *Key Lab of Ocean Dynamic Processes and Satellite Oceanography of State Oceanic Administration*, *Hangzhou* 310012, *China*; 3. *National Center for Marine Environmental Forecasts*, *Beijing* 100081, *China*)

Abstract: On the basis of hydrographic data obtained in 5 cruises of 2000 onboad the R/V *Chofu Maru* and the QuikSCAT wind data during 5 cruises of 2000, the velocity and volume transport (VT) of the Kuroshio in the East

China Sea (ECS) are computed by using the modified inverse method. The following main results have been obtained. (1) The wind speeds and wind-driver currents both are strongest in January–February among 5 cruises of 2000, and the directions of wind-driver current are northward only in July of 2000, which strengthen the Kuroshio current in the ECS. (2) The lowest value of salinity at the surface is minimal in summer, and the lowest value of salinity at the surface is maximal in January–February. This means that the Changjiang River discharge diffuses northeastward at the surface layer in summer, but it diffuses southward at the surface layer in winter. (3) The current structure and its variations at Section PN in 5 cruises of 2000 are as follows. The Kuroshio at Section PN has two current cores in January–February, October and November, and only one current core in April and July, respectively. The main axis of Kuroshio is located at the computational point 9 of Section PN in January–February, and at the computational point 8 of Section PN, which moves toward the shelf, in other months, respectively. (4) The Kuroshio through Section TK has multi-current cores during 5 cruises of 2000. The main current core of Kuroshio occurs only at the computational point 8, whose water depth is greater than 1 200 m, in November, and occurs at the computational point 2 or 4, whose water depth is less than the 400 m levels, in other months, respectively. (5) The net northeastward volume transport through Section PN is maximal, 28.1×10^6 m^3/s, in November among 5 cruises of 2000, and is next in July, and is minimal, 24.6×10^6 m^3/s, in October among 5 cruises of 2000. The annual average of its net northeastward VT is 26.4×10^6 m^3/s in 2000. (6) The week cyclonic eddy occurs only in November and in area east of the Kuroshio at Section PN. But an anticyclonic and warm eddy occurs in area east of the Kuroshio at Section PN in other months, especially, is strongest in October. When an anticyclonic and warm eddy east of the Kuroshio strengthens, the VT of Kuroshio seems to decrease, such as in October. Inversely, when an anticyclonic and warm eddy east of the Kuroshioi is week, such as in July, or when the cyclonic eddy occurs east of the Kuroshioi, the VT of Kuroshio seems to increase, such as in November. In comparison of the current patterns of the circulation in October and November in the ECS, their variations of the circulation are greater in the ECS. This shows also that the interaction between the Kuroshioi and meso-scale eddies near the Kuroshio is important. (7) The net eastward VT through Section TK is maximal also in November among 5 cruises of 2000, and is next in July, and is minimal in October and January–February among 5 cruises of 2000. Its annual average net eastward VT through Section TK is 21.9×10^6 m^3/s in 2000. (8) The net northward VT through Section A is maximal, 3.5 and 3.1×10^6 m^3/s, in January–February and April, respectively, and is minimal in July among 5 cruises of 2000. Its annual average net northward VT through Section A is 2.7×10^6 m^3/s in 2000.This means that the VT of the Tsushima Current is maximal in January–February and April, and is minimal in July among 5 cruises of 2000.

Key words: Kuroshio in the East China Sea in 2000; variations of velocities and volume transport; variations of the Kuroshioi and meso-scale eddies; modified inverse method

刊于:海洋学报,2006,28(3):17-28.

2000年东海黑潮和琉球群岛以东海流的变异

Ⅱ. 冲绳岛东南海域海流及其附近中尺度涡的变异

袁耀初[1],杨成浩[1],王彰贵[2]

(1. 卫星海洋环境动力学国家重点实验室,国家海洋局 第二海洋研究所,浙江 杭州 310012;2. 国家海洋局 海洋环境预报中心,北京 100081)

摘要:基于日本"长风丸"调查船在2000年5个航次水文资料及同时期QuikSCAT风场资料,采用改进逆方法计算了冲绳岛东南海域海流的流速与流量等,获得了以下主要结果。(1)在琉球群岛以东海区1—2、4、7、10与11月分别为东北风,东北风,东南风,偏东风,东北风。风速在4与7月较小,1—2、10与11月较大。表层风海流只有7月时偏北向,其余月偏西方向。(2)琉球海流是琉球群岛以东一支东北向的西边界流。琉球海流结构:最大流速在5个航次中1—2、4、7、10与11月分别为40 cm/s以上,15,20,20与55 cm/s。琉球海流的核心一般位于次表层。琉球海流在5个航次中垂向方向可达1 200 m以深,在琉球海流以深存在弱的、西南向海流。(3)琉球海流的流量在1—2与11月时最大,分别为20×10^6与$14.5\times10\,m^3/s$,而在4月时流量最小,只有$3.1\times10^6 m^3/s$。这表明琉球海流的流量在2000年季节变化很大。(4)在5个调查航次中,琉球海流以东调查海域都存在尺度不同的、各种冷的气旋式和暖的反气旋式涡。1—2月时,计算区域中部与东部,分别存在反气旋暖涡W1与W2和气旋式冷涡C1与C2;在4月时存在一对较强的、水平尺度都较大的、暖的反气旋涡和冷的气旋式涡,在它们中间出现南向流,它们可能组成一个偶极子等。这些表明,在5个航次中,琉球群岛以东调查海域存在各种强度不等的中尺度涡,其变化都很大。(5)琉球海流的流量受其附近各种涡的影响很大,特别是涡的强度增大时,可能减少琉球海流的流量。(6)在5个调查航次中,琉球群岛以东调查海域都存在南向流,其中11月时最大,其流量大于$15\times10^6 m^3/s$,其次在1—2月,其流量大于$10\times10^6 m^3/s$,在4月最小,流量约为$3\times10^6 m^3/s$。上述南向流的季节变化趋向与琉球海流的季节变化趋向基本一致。

关键词:冲绳岛东南海域海流;流速及流量;琉球海流;中尺度涡;改进逆方法

中图分类号:P.731;P722.6　　**文献标志码:**A

1　引言

我国在琉球群岛以东海域从20世纪80年代中期开始,进行了一系列中日合作调查研究,取得了一些重要成果。

首先通过实测流及数值研究相结合[1-2],揭示在琉球群岛以东存在一支稳定的、北向的西边界流,即琉球海流[3],发现琉球海流常存在两个流核,一个位于地形梯度较大处,另一个位于其东侧,其中一个总位于

基金项目:国家自然科学基金会项目(40176007)。

次表层，占有相当部分的流量[1-2]；而日本以南黑潮的中、下层流量则主要来自这支流的次表层流核[4]。研究还发现[2]，琉球海流的垂向结构存在季节变化，垂向方向扩展的深度，冬、春季较深，秋季较浅[2]。

琉球海流的季节变化不很明显，平均而言，夏、秋季较强，春季最弱。有关计算结果表明[1-2,5-7]，1987—1997 年琉球海流沿着几个断面的流量变化，除 1996 年外，大都在秋、夏季相对较大，春季较小。例如，基于 1997 年日本“长风丸”调查船，及我国“向阳红”调查船共 5 个航次调查资料，刘勇刚等[6]计算了冲绳岛东南琉球海流的流量，表明在春、夏和秋季分别为 5×10^6，16×10^6 和 $17\times10^6 m^3/s$，即流量在春季较小，而在夏、秋季则较大。关于琉球海流在各断面的流量变化，刘勇刚等[6]计算了 1994 年 3 月航次资料的结果表明，在奄美大岛东南海域东北向流的强度比冲绳岛东南海域东北向海流要强，它们的流量分别为 20.8×10^6 及 $7.2\times10^6 m^3/s$。

关于琉球群岛西边界流的来源，文献［8-13］都揭示来源于冲绳岛东南海域反气旋式的再生环流、130°E 断面中纬度处的西向流以及上述台湾以东黑潮的东分支。其次，基于日本“海洋”号和“长风丸”号调查船在 1993 年 7 月至 1994 年 5 月共 5 个航次的水文和气象调查资料，刘勇刚等[6]也揭示宫古岛东南海域存在有两个东北向流的核心，其中北侧的一个核心为台湾以东黑潮的一个东分支，其流量约为 $6\times10^6 m^3/s$，成为琉球海流的来源之一。必须指出，冲绳岛东南海域这个反气旋式再生环流在任何季节总是存在的[8-14]。但是，黑潮东分支的来源有时不存在[10-11,14]，而且这些流态变化与台湾以东黑潮及其周围涡的位置与强度有密切关系[8-14]。关于上述问题，管秉贤也作了一些评述[15]。

有关研究[1-2,4-7]还指出，琉球海流东侧及以下都存在西南向逆流。值得注意的是，从长期锚碇测流资料分析及数值研究相结合，Yuan 等[2,16]进一步揭示在任何季节在琉球群岛以东约 3 000 m 以深海域都存在一支稳定的西南向的边界流。

2000 年以来日本全球前沿观测研究系统（FORSGC）和日本海洋科学技术中心（JAMSTEC）等在琉球群岛以东海域，实现了系统观测与研究。例如他们自 2000 年 11 月至 2001 年 8 月在琉球群岛以东海域，实现了 9 套带有压力计的倒置回声测深仪（PIESs）和 MADCP 组成锚碇观测系统观测。基于上述观测，Zhu 等[17]采用动力计算方法分析与计算了 2000 年 11 月至 2001 年 8 月在冲绳绳岛东南东北向流，计算了每个观测时间通过冲绳岛东南在 130.85°E 以西断面相对于 $2\ 000\times10^4$ Pa 东北向的地转流量，其时间平均东北向流量约为 $6.1\times10^6 m^3/s$。他们进一步指出，在 $2\ 000\times10^4$ Pa 上层，净的流量值强烈地受各种涡的影响，流量值的时间变化幅度很大，在观测期间内变化范围在 -9.5×10^6 到 $20.8\times10^6 m^3/s$ 内[17]。这是琉球海流的一个很重要特征。

本文基于日本“长风丸”调查船在 2000 年 5 个航次水文资料，及来自同时期 QuikSCAT 风场资料，采用改进逆方法计算了在冲绳岛东南海域海流的速度与流量等，分析了 2000 年 5 个航次海流的季节变化，讨论了琉球海流的流量及其附近区域各种涡的变化。

2　资料与改进逆方法及调查海区风海流分布

本文计算水文资料来自于日本“长风丸”调查船在 2000 年 1—2、4、7、10 与 11 月共 5 个调查航次。图 1 为上述 5 个航次在琉球群岛以东断面 T/P、OR 与 E1 的位置。5 个航次在断面 T/P、OR 与 E1 都进行了观测，因此，断面 T/P、OR 与 E1 可以组成一个计算单元（box）（见图 1），采用 Yuan 等[2,9,18]的改进逆方法计算琉球群岛以东海流的流速及流量的变化。该方法已在文献［18］中叙述，在此不再重复。

风场资料来自同时期 QuikSCAT 风场资料，在琉球群岛以东调查海区，在 1—2、4、10 与 11 月一般分别为东北风，东北风，偏东风，东北风。在 7 月时风方向一般为东南风。风速在 4 与 7 月较小，而 1—2、10 与 11 月较大。因此，表层风海流只在 7 月时为偏北向，而其余月都是偏西方向。因此，在 7 月时在表层风海流和 1—2、4、10 与 11 月时表层风海流方向变化较大。

3　5 个航次冲绳岛东南海域的流速结构及其变化

本节着重讨论断面 T/P 与 OR 的流速结构及其变化。图 2a～e 分别为 2000 年 1—2、4、7、10 与 11 月航次在断面 T/P 上流速分布。需特别指出，图 2 中的流速值为速度矢量在垂直于断面 T/P 的方向上的分量，下文图 3 也类似。下面对两个断面分别进行讨论。

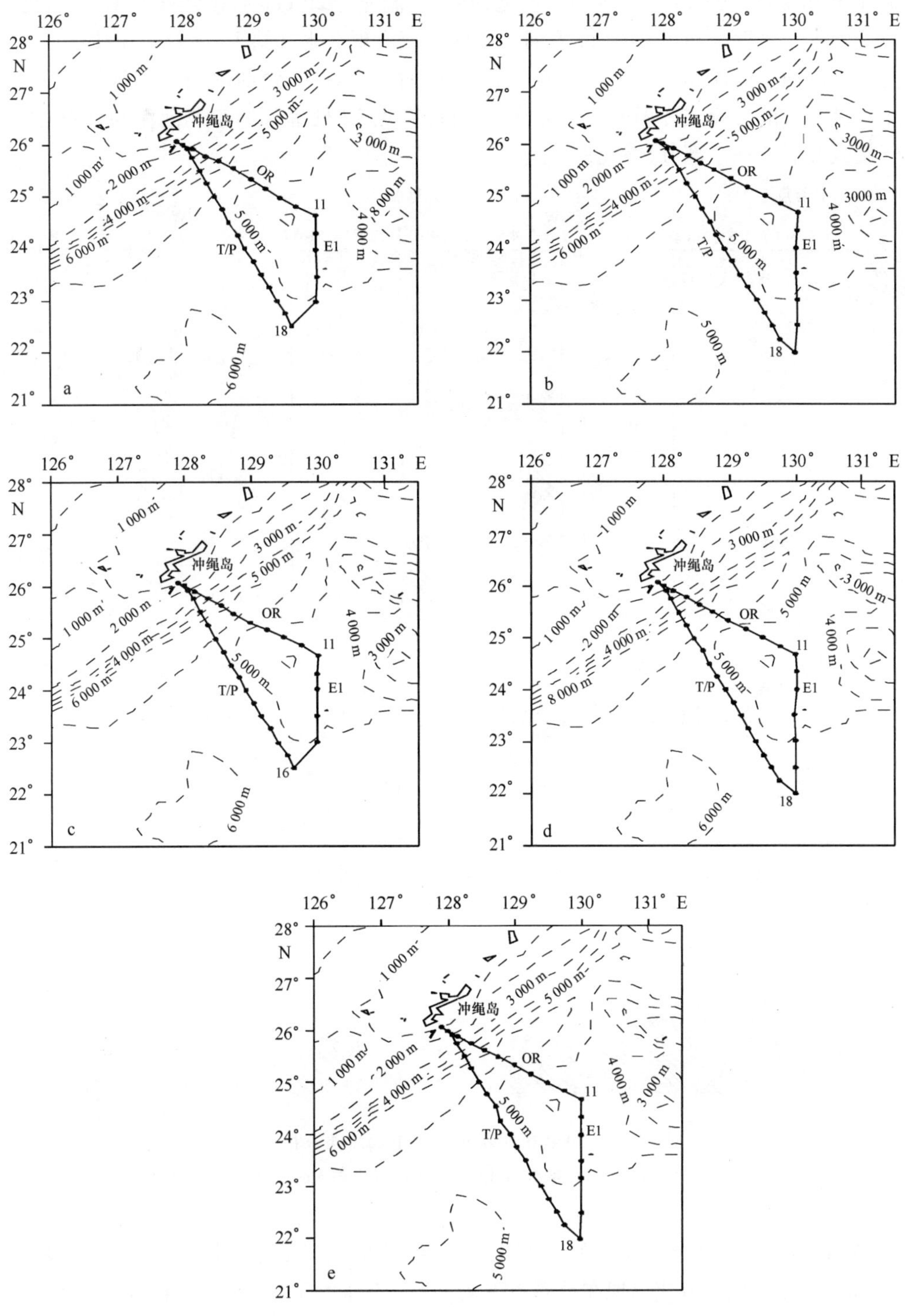

图 1　冲绳岛东南海域观测断面 T/P，OR 与 E1 的位置与站位分布及计算单元(box)

a. 1—2 月航次，b. 4 月航次，c. 7 月航次，d. 10 月航次，e. 11 月航次

3.1　5 个航次断面 T/P 流速结构及其变化

(1) 图 2a 为 1—2 月断面 T/P 上速度分布。从图 2a 可知，在计算点 1—5 处出现东北方向海流，垂向方

向深度扩展很深,例如计算点 1 处可达 1 000 m 上下,最大流速大于 40 cm/s,位于 250 m 处。在计算点 6—11 处出现西南向流,其最大流速约为 35 cm/s,在计算点 9 表层处。计算点 12,13 处也出现速度不大的东北向流。在断面 T/P 东侧计算点 14 也出现西南向流,其最大流速为 25 cm/s,在计算点 15 表层处。从下文流函数分布图以及温度与密度分布可知,东北方向的琉球海流出现在水文站 1—3 处。在计算点 4、5 处的东北向流与计算点 6 处的西南向流是反气旋暖涡的一个部分;而计算点 11 处西南向流和计算点 12 处部分的东北向流是一个尺度不大的气旋式冷涡的一个部分,以及计算点 12 处部分的东北向流与计算点 13 处西南向流是一个反气旋式暖涡的一个部分(参见图 4)。

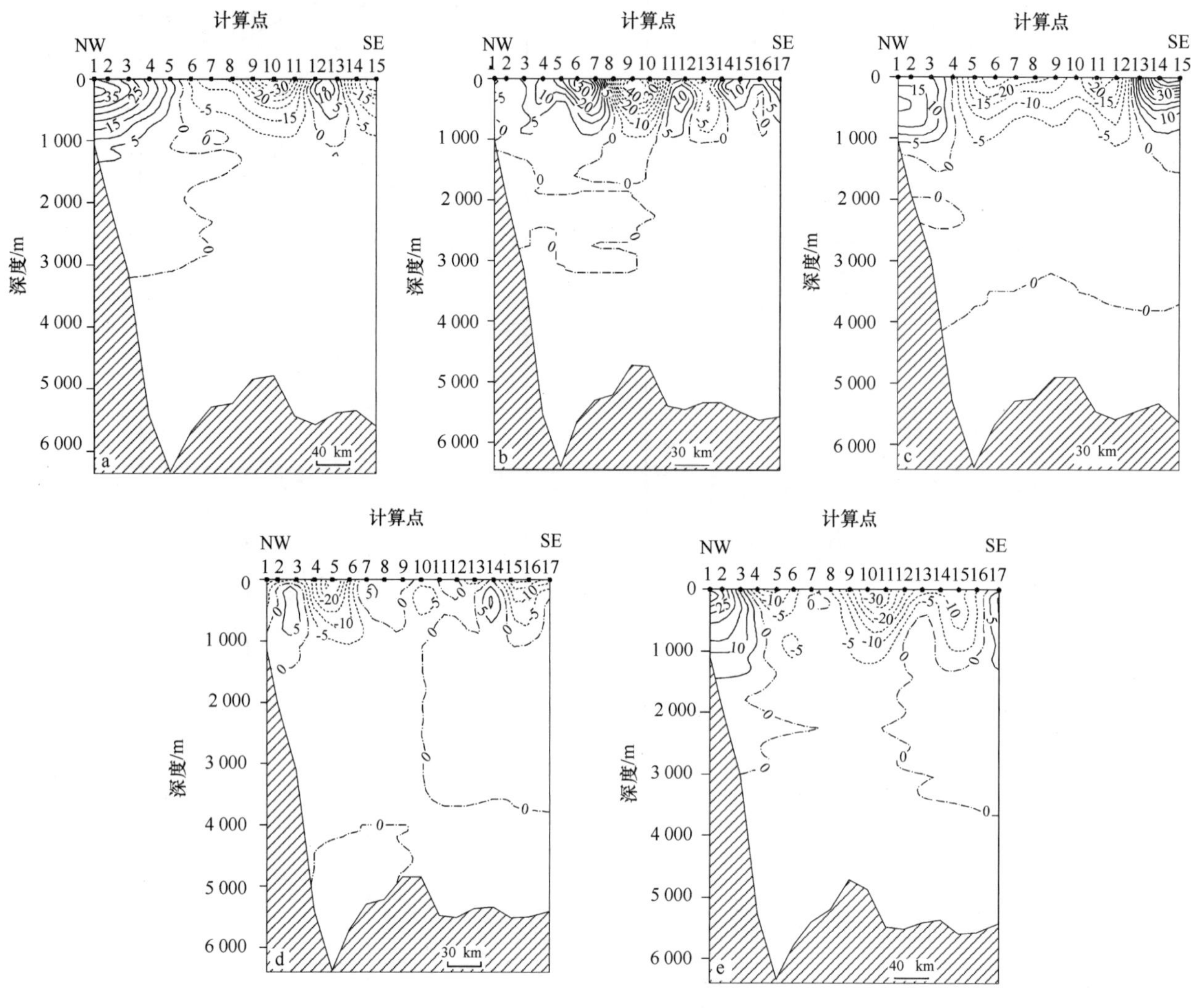

图 2　2000 年在断面 T/P 上的流速分布

a. 1—2 月航次,b. 4 月航次,c. 7 月航次,d. 10 月航次,e. 11 月航次的(正值:北向,单位:cm/s)

(2) 图 2b 为 4 月断面 T/P 上速度分布。从图 2b 可见,在断面 T/P 上,计算点 1 部分水深和计算点 2—7 都出现东北方向海流,其最大流速出现在计算点 6 处,最大流速大于 35 cm/s。在计算点 8—11 基本上是西南向海流,西南向海流的最大流速约为 45 cm/s,位于计算点 9 的 75 m 处。在计算点 12 处出现东北向海流;在计算点 13 也出现西南向海流。在计算点 14—17 上层也出现东北方向海流。从流函数分布图以及温度与密度分布可知,琉球海流出现在计算点 1—4 之间,其流速不大,最大流速为 15 cm/s,在计算点 4 处。计算点 5、6 处东北向流与计算点 8—10 处西南向流是一个较强反气旋暖涡的一个部分,而计算点 13 处西南向流与计算点 14 与 15 处东北向流是一个气旋式涡的一个部分。在断面 T/P 的东端出现一支东北向海流。

(3) 图 2c 为 7 月断面 T/P 上速度分布。从图 2c 可知,2000 年 7 月在断面 T/P 计算点 1—3 和计算点 4 部分处出现东北向海流,其中琉球海流位于计算点 1—3 处,其水深可达 1 500 m 以深,最大流速大于 20 cm/s

位于次表层 500 m 处。在计算点 4—12 处为西南向流，其最大流速为 25 cm/s，在计算点 6,7 表层处。在计算点 13—15 又出现东北向海流。从下文流函数分布图以及温度与密度分布可知，计算点 12 处西南向流和计算点 13,14 处东北向流是气旋式涡的一个部分。

(4) 图 2d 为 2000 年 10 月断面 T/P 上速度分布。从图 2d 可知，2000 年 10 月在断面 T/P 上，在计算点 1—3 除表层以外出现东北向流，即为琉球海流。其最大流速不大，小于 10 cm/s，位于次表层。在计算点 4—6 部分水深出现西南向流，其最大流速约为 25 cm/s，位于计算点 5 表层处。在计算点 7—9 出现流速不大的东北向流，在此以深又出现西南向流。在计算点 10—14 部分水深出现西南向流，但在计算点 12—14 西南向流以深又出现东北向流。在计算点 15,16 处 1 000 m 以浅和计算点 17 处 250 m 以浅出现西南向流，而在西南向流以深，则出现东北向流，其流速不大。从下文流函数分布图以及温度与密度分布可知，计算点 6 处部分西南向流和在计算点 9 处部分东北向流是一个尺度较大的气旋式涡的一个部分。其次在计算点 10 处西南向流与计算点 12 处东北向流是一个尺度不大的、弱的气旋式涡的一部分。

(5)图 2e 为 2000 年 11 月断面 T/P 上速度分布。从图 2e 可知，在计算点 1—3 出现东北向流，其最大流速大于 35 cm/s，琉球海流位于此处。从计算点 4 至计算点 16 被西南向流所控制。但也存在东北向流，例如在计算点 13 处 500 m 以深则存在东北向流。在计算点 17 也存在东北向流。从下文流函数分布图以及温度与密度分布可知，计算点 3 部分的东北向流与计算点 5、6 的西南向流是反气旋式暖涡的一个部分。计算点 11、12 处西南向流与计算点 13 处东北向流是弱的气旋式涡的一部分。

3.2　5 个航次断面 OR 流速结构及其变化

(1)图 3a 为 2000 年 1—2 月航次在断面 OR 上的流速分布。从图 3a 可知，东北向流出现在计算点 1—7 的不同水深处，例如计算点 1—3 出现在1 600 m以浅处，计算点 7 则出现在 500 m 以浅。琉球海流位于计算点 1—5，其最大流速大于 40 cm/s，在计算点的 200 m 处。在计算点 8—10 处西南向海流占主要的成分。其最大流速可达 50 cm/s，位于计算点 10 表层处。从下文流函数分布图以及温度与密度分布可知，计算点 7 处东北向流与计算点 8 处西南向流是反气旋式暖涡的一部分。

(2) 图 3b 为 2000 年 4 月航次在断面 OR 上的流速分布。从图 3b 可知，在断面 OR 的计算点 1、2 和 4 处东北向海在 1 400 m 以浅水层处占主要的成分，但其流速都不大。在计算点 3 处 900 m 以浅水层为西南向流；在计算点 5—7 处出现西南向流，其最大流速大于 40 cm/s，位于计算点 6 的表层处。在计算点 8、9 与 10 处又出现东北向流，其流速较大，最大流速为 55 cm/s，位于计算点 9 的 250 m 处。这表明，在此处流速比琉球海流还要大。从下文流函数分布图以及温度与密度分布可知，计算点 6 西南向流与计算点 9 东北向流是一个较强的气旋涡的一个部分。

(3) 图 3c 为 2000 年 7 月航次在断面 OR 上的流速分布。从图 3c 可知，除去计算点 4 表层以外，在断面 OR 的计算点 1—4 的 1 000 m 以浅出现东北向流，流速不大，最大流速为 20 cm/s，在计算点 2 处。在计算点 5—7 处基本上为西南向流，而在计算点 9、10 处又出现东北向流，其流速较大，约为 30 cm/s，在计算点 9 表层。从下文流函数分布图以及温度与密度分布可知，计算点 9、10 东北向海流是一个尺度较大的反气旋暖涡的一个部分。

(4)图 3d 为 2000 年 10 月航次在断面 OR 上的流速分布。从图 3d 可知，在断面 OR 的计算点 1—3 处出现东北向海流，琉球海流位于计算点 1 与 2 处，其最大流速大于 20 cm/s，在计算点 2 的 800 m 处。在计算点 4—7 处出现西南向流，最大流速为 30 cm/s，位于计算点 7 表层处。在计算点 8 与 10 又出现东北向流，最大流速为 20 cm/s，在计算点 10 的表层，而在 1 000 m 以深又出现西南向流。在计算点 9 处东北向流范围比西南向流范围小。从下文流函数分布图以及温度与密度分布可知，计算点 7 处的西南向流和计算点 8 处部分的东北向流是一个气旋式涡的一个部分。计算点 8 部分的东北向流与计算点 9 的西南向流似乎是一个尺度不大的、弱的反气旋式暖涡的一个部分。

(5)图 3e 为 2000 年 11 月航次在断面 OR 上的流速分布。从图 3e 可知，在断面 OR 的计算点 2—5,7 都出现东北向海流，流速较大，其最大流速为 55 cm/s，在次表层 200 m 处。在计算点 1 出现范围很小的西南向流，又在计算点6的500 m以浅出现流速很小西南向流。在计算点8—10也出现西南向流，其最大流速为20 cm/s，在计算点8表层处。从下文流函数分布图以及温度与密度分布可知，计算点7的东北向流与计算点8的西南向流是一个尺度较小的反气旋涡暖涡的一个部分。

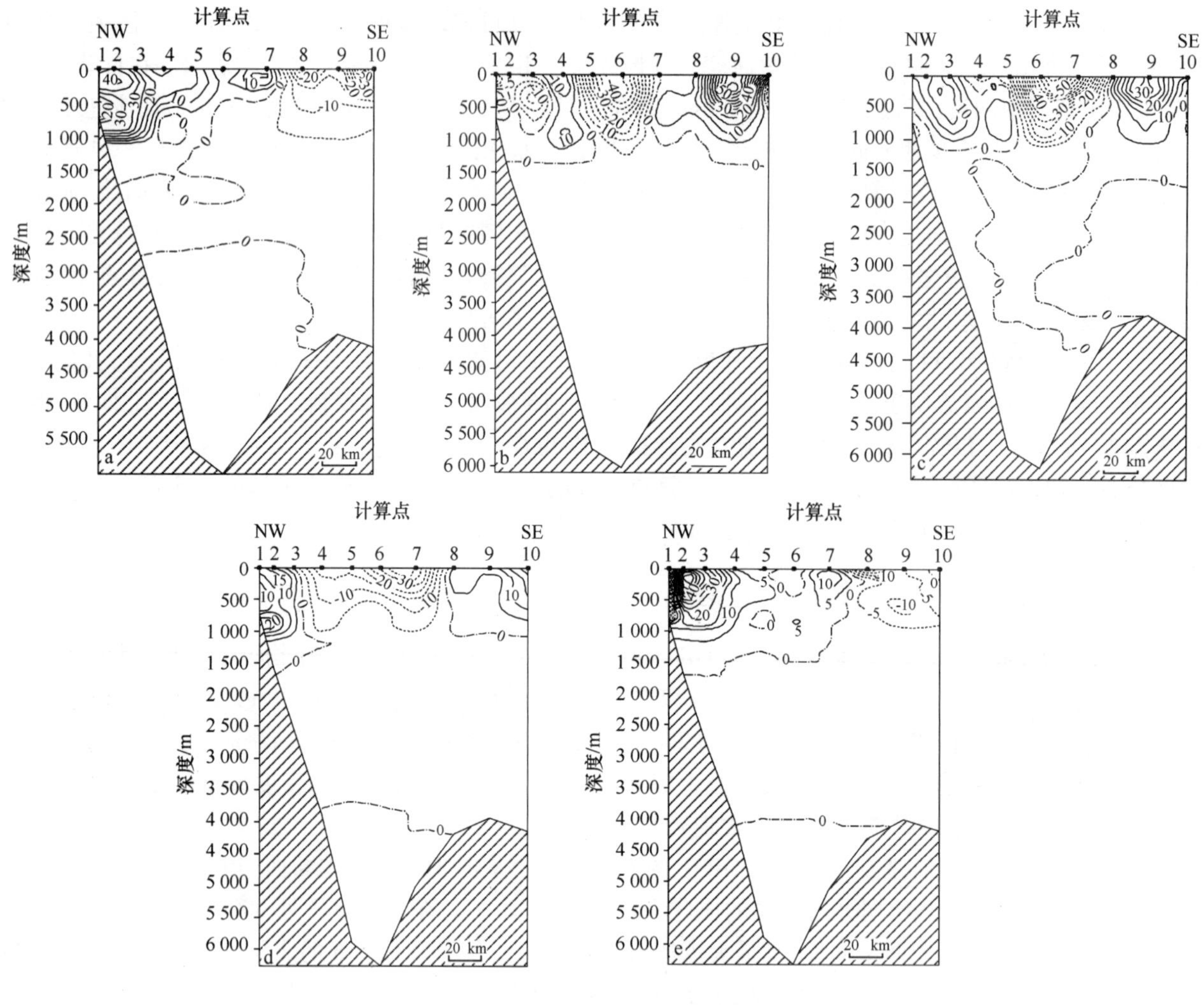

图3　2000年在断面OR上的流速分布

a. 1—2月航次，b. 4月航次，c. 7月航次，d. 10月航次，e. 11月航次（正值：北向，单位：cm/s）

4　5个航次冲绳岛东南海域海流的流函数分布和温度分布及其变化

4.1　1—2月冲绳岛东南海域海流的流函数分布

图4a为2000年1—2月在冲绳岛东南海域海流的流函数分布。图6a和图7a分别为2000年1—2月冲绳岛东南海域在400与600 m温度分布，图8~10的a图分别为2000年1—2月冲绳岛东南海域在400，600与800 m密度（σ_t）分布。这些图是从水文观测资料，采用Kringing插值方法计算获得的。从图4a可知，琉球海流是一支东北向流[1-7]，位于冲绳岛东南海域，在2000年1—2月时，它的净东北向流量约为$20\times10^6 m^3/s$。这表明，此时琉球海流流量值较大。在琉球海流以东存在一个尺度较大的反气旋涡W1。从温度水平分布图6a、图7a以及密度分布图8~10的a图可知，此涡为暖的、低密度的涡。从图4a及图6~10的a图可知，在计算区域中与东部，自西向东分别还存在气旋式冷涡C1、C2和反气旋暖涡W2等，其中冷涡C2和暖涡W2的水平尺度不大。其次，在计算区域中部存在一支南向流，其流量大于$10\times10^6 m^3/s$。

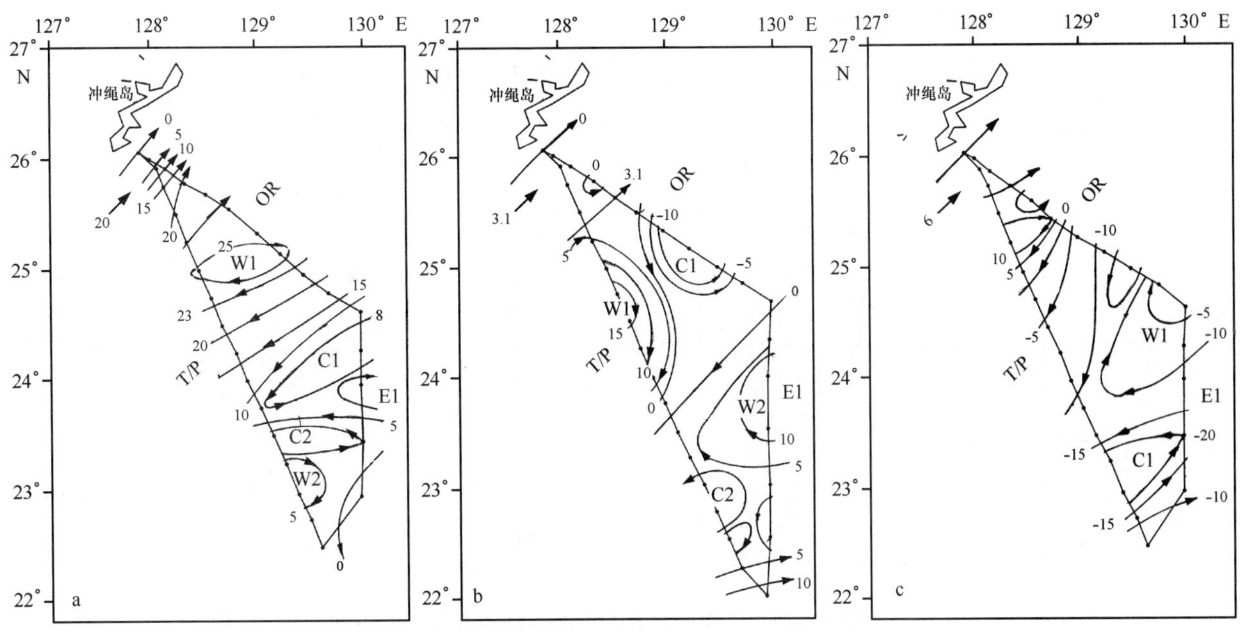

图 4　2000 年冲绳岛东南海域流函数与流量(单位:$10^6 m^3/s$)分布

a. 1—2 月航次，b. 4 月航次，c. 7 月航次

4.2　4 月冲绳岛东南海域海流的流函数分布

图 4b 为 2000 年 4 月在冲绳岛东南海域海流的流函数分布。从图 4b 可知，琉球海流在 2000 年 4 月时净东北向流量急剧减少，只有约 $3.1\times10^6 m^3/s$。在琉球海流以东存在一对气旋式涡 C1 和反气旋式涡 W1，从图 4b 及图 6~10 的 b 图可知，气旋式涡 C1 与反气旋式涡 W1 分别为冷涡与暖涡。这两个冷、暖涡 C1 与 W1 的水平尺度都较大，它们可能组成一个偶极子，在它们中间出现东南向流，其流量只有约 $3\times10^6 m^3/s$。在文献[19]首次报道了 1995 与 1996 年夏季在琉球海流以东出现了偶极子，在两个冷、暖涡中间也出现了南向流。其次，从图 4b 及图 6~10 的 b 图可知，在计算海域东部也出现反气旋式暖涡 W2 与气旋式冷涡 C2，而在计算海域东端出现东向流，其流量大于 $5\times10^6 m^3/s$。

4.3　7 月冲绳岛东南海域海流的流函数分布

图 4c 为 2000 年 7 月在冲绳岛东南海域海流的流函数分布。从图 4c 可知，2000 年 7 月航次琉球海流的净东北向流量不大，只有 $6\times10^6 m^3/s$。从图 4c 及图 6~10 的 c 图可知，在计算海区中部和东部分别存在一个尺度较大的反气旋暖涡 W1 和气旋式冷涡 C1，在区域的中部存在一支南向海流，其流量大于 $5\times10^6 m^3/s$，在区域东端存在东北向流，其流量不大，小于 $5\times10^6 m^3/s$。

4.4　10 月冲绳岛东南海域海流的流函数分布

图 5a 为 2000 年 7 月在冲绳岛东南海域海流的流函数分布。从图 5a 可知，2000 年 10 月航次琉球海流的净东北向流量较小，其值为 $4.5\times10^6 m^3/s$。从图 5a 以及图 6~10 的 d 图可知，在计算海区中部和东部分别地存在两个气旋式冷涡 C1 与 C2 和两个反气旋式暖涡 W1 与 W2，其中气旋式冷涡 C1 的水平尺度较大，反气旋暖涡 W1 的尺度较小，其强度也较弱。此外，气施式冷涡 C1 以西存在一支南向流，其流量为 $10\times10^6 m^3/s$。在暖涡 W2 与冷涡 C2 之间也存在一支东北方向流。

4.5　11 月冲绳岛东南海域海流的流函数分布

图 5b 为 2000 年 11 月在冲绳岛东南海域海流的流函数分布。从图 5b 可知，2000 年 11 月航次琉球海流

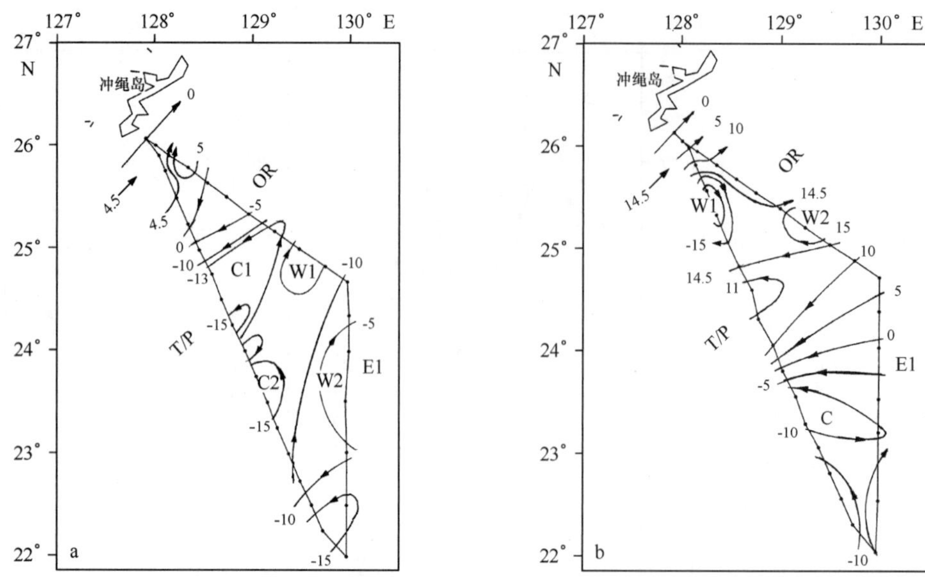

图5　2000年冲绳岛东南海域流函数与流量(10^6 m^3/s)分布

a. 10月航次,b. 11月航次

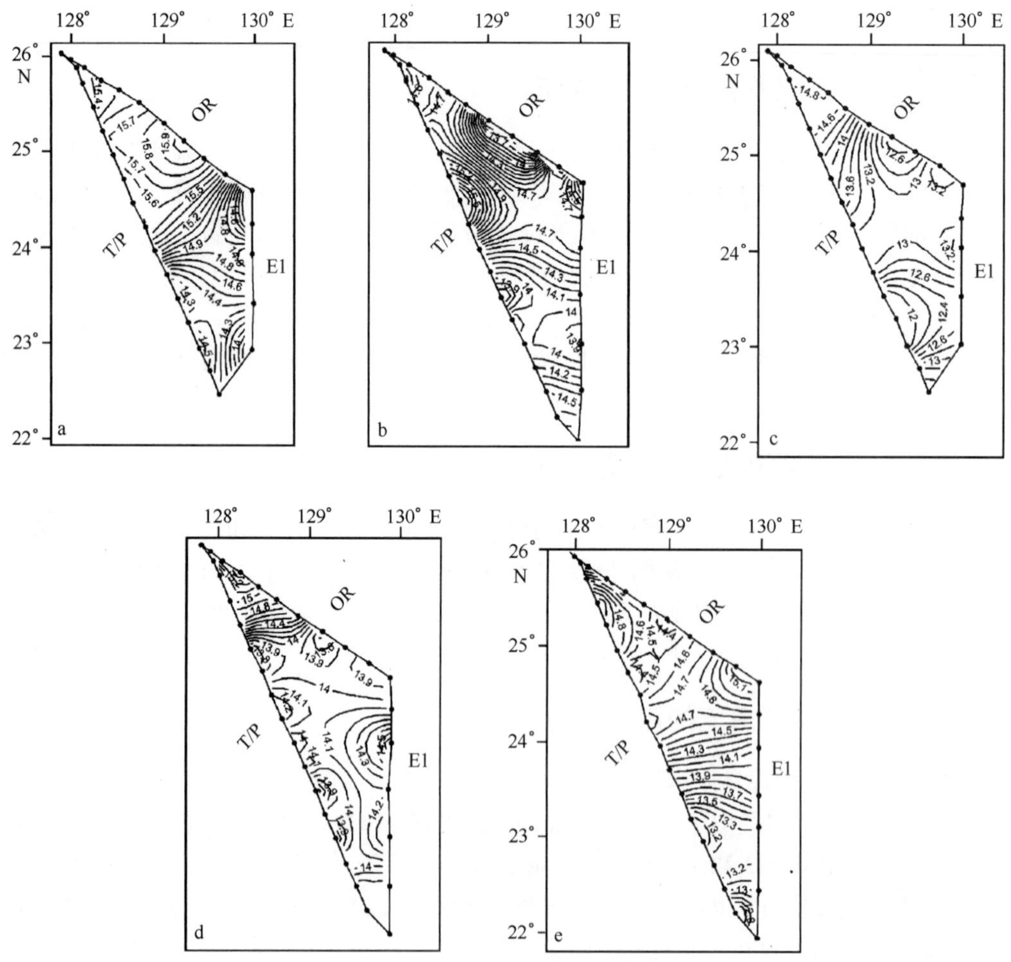

图6　2000年冲绳岛东南海域在400 m处温度(℃)分布

a. 1—2月航次,b. 4月航次,c. 7月航次,d. 10月航次,e. 11月航次的净东北向流量增大，其值为 14.5×10^{6}m^3/s。从图 5b 以及图 6~10 的 e 图可知，在琉球海流以东分别地存在一个反气旋暖涡 W1 和一个尺度较小、弱的反气旋式暖涡 W2，在计算海区东部存在一个弱的气旋式涡 C。值得注意，在海区中间存在一支南向流，其流量大于 15×10^{6}m^3/s。

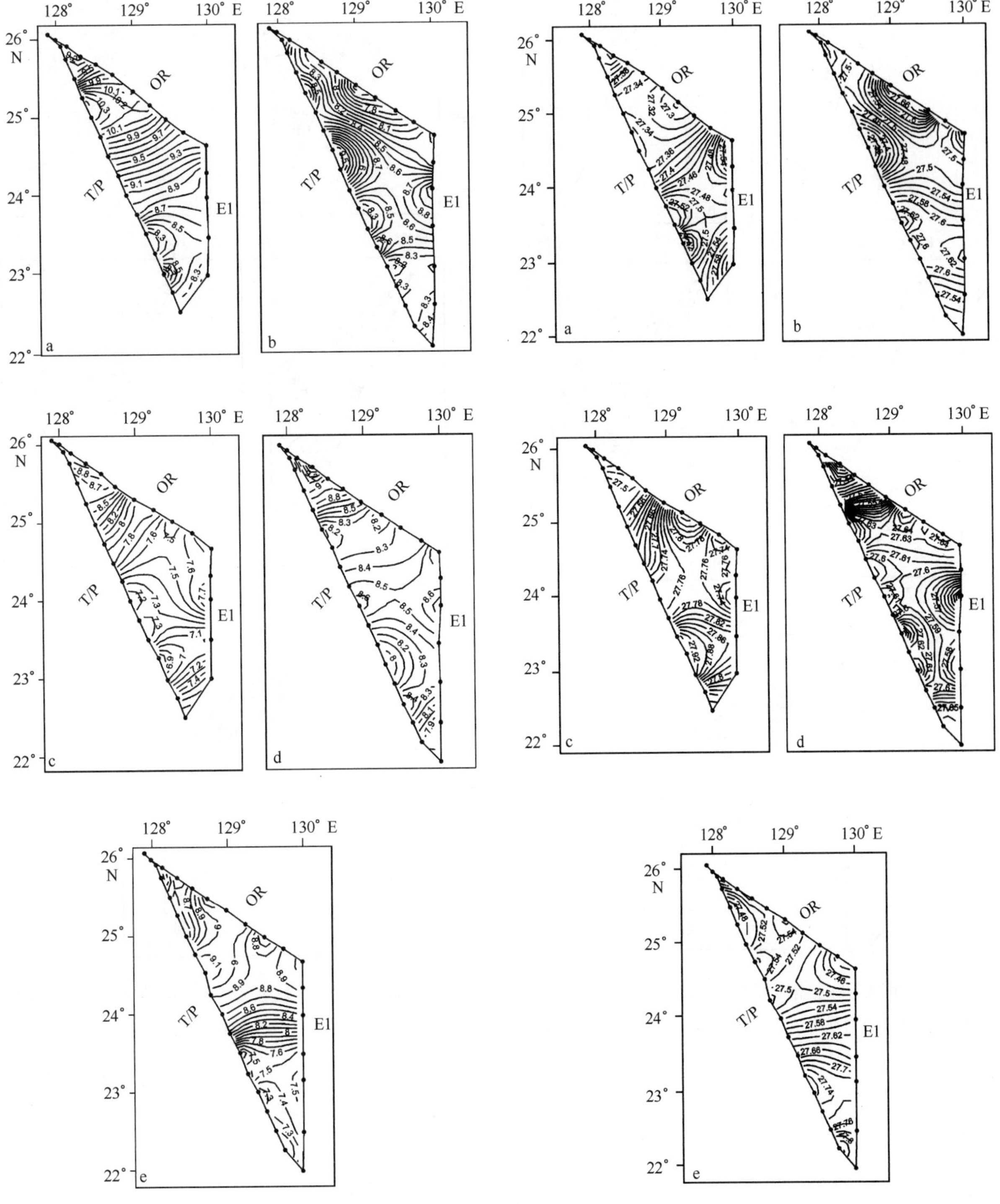

图 7　2000 年冲绳岛东南海域在 600 m 处温度(℃)分布

a. 1—2 月航次，b. 4 月航次，c. 7 月航次，d. 10 月航次，e. 11 月航次

图 8　2000 年冲绳岛东南海域在 400 m 处密度（σ_t）分布

a. 1—2 月航次，b. 4 月航次，c. 7 月航次，d. 10 月航次，e. 11 月航次

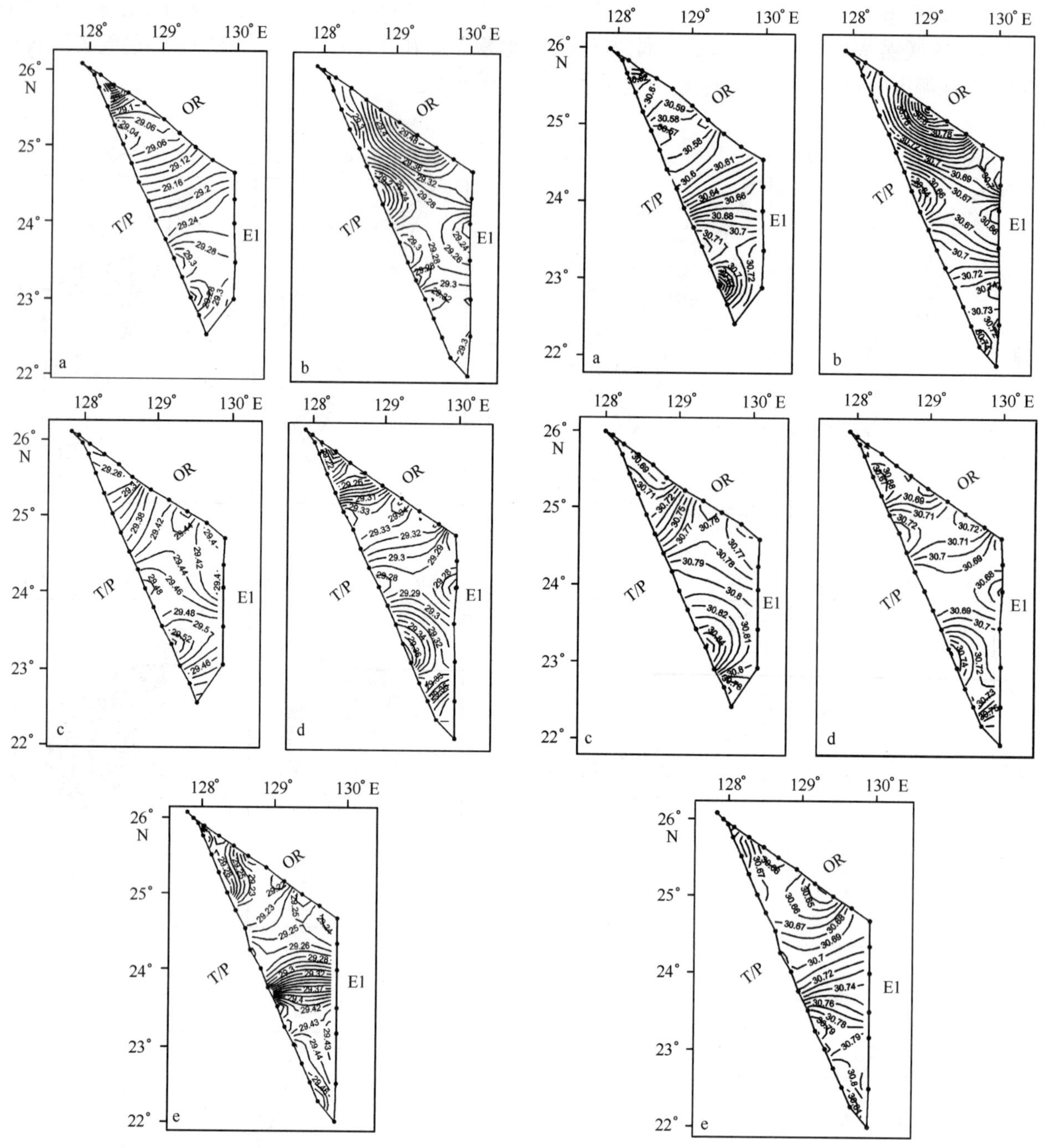

图 9　2000 年冲绳岛东南海域在 600 m 处密度（σ_t）分布

a. 1—2 月航次，b. 4 月航次，c. 7 月航次，d. 10 月航次，e. 11 月航次

图 10　2000 年冲绳岛东南海域 800 m 处密度（σ_t）分布

a. 1—2 月航次，b. 4 月航次，c. 7 月航次，d. 10 月航次，e. 11 月航次

5　结语

基于日本“长风丸”调查船在 2000 年 5 个航次水文资料及来自同时期 QuikSCAT 风场资料，采用改进逆方法计算了在琉球群岛以东调查海区的流速与流量等，获得了以下主要结果。

（1）在 2000 年 5 个航次琉球群岛以东海区 1—2、4、7、10 与 11 月风场方向分别为东北风，东北风，东南风，偏东风，东北风。风速在 4 与 7 月较小，1—2、10 与 11 月较大。因此，表层风海流流向只有 7 月时为偏北方向，而其余月都是偏西方向。

（2）琉球海流是琉球群岛以东一支东北向的西边界流。琉球海流的最大流速在5个航次中1—2、4、7、10与11月分别为40 cm/s以上，15，20，20与55 cm/s。可知，在11月与1—2月时，它的最大流速最大，4月时最小。琉球海流的核心一般位于次表层，这与以前结果相一致[1-2,5-7,13]。琉球海流在2000年5个航次中在垂向方向可到达1 200 m以深，在琉球海流以深存在弱的、西南向海流。

（3）琉球海流的净东北向流量在1—2与11月时最大，分别为20×10^6与$14.5\times10^6 m^3/s$，而在4月时最小，只有$3.1\times10^6 m^3/s$。在7与10月时分别为6×10^6与$4.5\times10^6 m^3/s$。这表明琉球海流的流量在2000年季节变化很大。

（4）在5个调查航次中，琉球海流以东调查海域都存在尺度不同的、各种冷的气旋式和暖的反气旋式涡。例如在1—2月时，计算区域中与东部，分别地存在反气旋暖涡W1、W2和气旋式冷涡C1、C2等；在4月时存在一对水平尺度都较大、较强的、暖的反气旋涡和冷的气旋式涡，它们可能组成一个偶极子，在它们中间出现南向流。在计算海域东部也出现反气旋式暖涡W2与气旋式冷涡C2；在7月时计算海区中部和东部分别存在一个尺度较大的反气旋暖涡W1和气旋式冷涡C1；在10月时，在计算海区中部和东部分别存在两个气旋式冷涡C1与C2和两个反气旋式暖涡W1与W2；在11月时，在琉球海流以东分别存在一个反气旋暖涡W1和一个尺度较小、弱的反气旋式暖涡W2，在计算海区东部存在一个弱的气旋式涡C。这些表明，在2000年5个航次中，琉球群岛以东调查海域存在各种强度不等的中尺度涡，其变化都是很大的。

（5）比较上述结论（3）与（4）可以知道，4月时琉球海流流量最小，在琉球海流以东存在一对尺度较大的、强度较强的冷、暖涡，可能组成一对较强偶极子；而1—2和11月琉球海流流量较大，但琉球海流以东海域涡的强度不强。这表明，如Zhu等[17]指出，琉球海流的流量受其附近各种涡的影响很大，特别是涡的强度增大时，可能减少琉球海流的流量。

（6）在5个调查航次中，琉球群岛以东调查海域都存在南向流，其中11月时最大，其流量大于$15\times10^6 m^3/s$，其次在1—2月，其流量大于$10\times10^6 m^3/s$，其最小流量在4月，流量约为$3\times10^6 m^3/s$。上述南向海流的季节变化的趋向与琉球海流的季节变化的趋向，是基本相一致的。

致谢：资料来自日本长崎海洋气象台海洋气象系观测报告，对日本长崎海洋气象台我们深表感谢。

参考文献：

[1] 袁耀初，高野健三，潘子勤，等.1991年秋季东海黑潮与琉球群岛以东的海流[G]//中国海洋学文集，第5集.北京：海洋出版社，1995：1-11.

[2] Yuan Yaochu, Su Jilan, Pan Ziqin, et al. The western boundary current east of the Ryukyu Islands[J]. La mer, 1995, 33 (1): 1-11.

[3] 王元培，孙湘平．琉球海流特征的探讨[G]//国家海洋局科技司.黑潮调查研究论文选（二）.北京：海洋出版社，1990：237-245.

[4] Yuan Yaochu, Endoh Masahiro, Ishizaki Hiroshio. The study of the Kuroshio in the East China Sea and the currents east of the Ryukyu Islands[J]. Acta Oceanologica Sinica, 1991, 10(3): 373-391.

[5] Liu Yonggang, Yuan Yaochu, Nakano Toshiya, et al. Variability of the currents east of the Ryukyu Islands during 1995-1996 [C]//Proceedings of Japan-China Joint Symposium of Cooperative Study on Subtropical Circulation System. Nagasaki: Seikai National Fisheries Research Institute Press, 1998: 221-232.

[6] 刘勇刚，袁耀初，山本浩文.1993年夏季至1994年初夏琉球群岛东南海域海流[G]//中国海洋文集，第12集.北京：海洋出版社，2000：31-39.

[7] 刘勇刚，袁耀初，志贺达，等.1997年琉球群岛以东海流季节变化[G]//中国海洋文集，第12集.北京：海洋出版社，2000：21-30.

[8] Yuan Yaochu, Liu Yonggang, Liu Choteng, et al. The Kuroshio east of Taiwan and the currents east of the Ryukyu Islands during October of 1995 [J]. Acta Oceanologica Sinica, 1998, 17(1): 1-13.

[9] Yuan Yaochu, Kaneko Arata, Su Jilan, et al. The Kuroshio east of Taiwan and in the East China Sea and the currents east of the Ryukyu Islands during early summer of 1996[J]. Journal of Oceanography, 1998, 54: 217- 226.

[10] 袁耀初，刘勇刚，苏纪兰，等 .1997年夏季台湾岛以东与东海黑潮[G]//中国海洋文集，第12集.北京：海洋出版社，2000：1-10

[11] 袁耀初，刘勇刚，苏纪兰，等.1997年冬季台湾岛以东与东海黑潮[G]//中国海洋文集，第12集.北京：海洋出版社，2000：11-20.

[12] 卜献卫，袁耀初，刘勇刚．P矢量方法在台湾以东和东海黑潮以及琉球群岛以东海流的数值计算应用[J]. 海洋学报，2000，22（增刊）：76-85.

[13] 袁耀初，苏纪兰．1995年以来我国对黑潮及琉球海流的研究[J]. 科学通报，2000，45(22)：2353-2356.

[14] Yuan Yaochu, Liu Choteng, Pan Ziqin, et al. Circulation east of Taiwan and in the East China Sea and east of the Ryukyu Islands during early sum-

mer 1985[J]. Acta Oceanologica Sinica,1996,15(4): 423-435.
[15] 管秉贤. 中国东南近海冬季逆风海流[M].青岛:中国海洋大学出版社,2002:1-267
[16] Yuan Yaochu,Pan Ziqin,Su Jilan,et al. Spectra of the deep currents southeast of Okinawa Island[J]. La Mer,1994,32(4):245-250.
[17] Zhu Xiaohua,Han Inseong,Park Jaehun,et al. The northeastward current southeast of Okinawa Island observed during November 2000 to August 2001[J]. Geophysical Research Letters,2003,30 (2):43-1-43-4.
[18] 袁耀初,杨成浩,王彰贵. 2000 年东海黑潮和琉球群岛以东海流的变异: Ⅰ. 东海黑潮和其附近中尺度涡的变异[J]. 海洋学报,2006,28 (1):1-13.
[19] 楼如云,袁耀初.1995 与 1996 年夏季琉球群岛两侧海流[J].海洋学报,2004,26 (3): 1-10.

Variability of the Kuroshio in the East China Sea and the currents east of Ryukyu Islands

Ⅱ. Variability of the currents and the meso-scale eddies in the region southeast of Okinawa Island

Yuan Yaochu[1], Yang Chenghao[1], Wang Zhanggui[2]

(1. *State Key Laboratory of Satellite Ocean Environment Dynamics, Second Institute of Oceanography, State Oceanic Administration, Hangzhou* 310012, *China*; 2. *National Center for Marine Environmental Forecasts, Beijing* 100081, *China*)

Abstract: On the basis of hydrographic data obtained in 5 cruises of 2000 onboad the R/V *Chofu Maru* and the QuikSCAT wind data during 5 cruises of 2000, the velocity and volume transport (VT) of the currents in the region southeast of Okinawa Island are computed by using the modified inverse method. The following main results have been obtained. (1) The directions of wind are NE, NE, SE, NEE, and NE, respectively, in January-February, April, July, October and November. The wind speeds and wind-driver currents both are strongest in January-February, October and November among 5 cruises of 2000, and the directions of wind-driver current are northward only in July of 2000, and are westward in other months. (2) The Ryukyu Current is a northeastward and western boundary current east of Ryukyu Islands. Its current structure in 5 cruises of 2000 has as follows. The maximum velocity of Ryukyu Current is 40 cm/s more than, 15, 20, 20 and 55 cm/s, respectively, in January-February, April, July, October and November. This means that its maximum velocity is most large in January-February and November among 5 cruises of 2000, and is most small in April among 5 cruises of 2000. The Ryukyu Current extends in the vertical to 1200 m more than depths during 5 cruises of 2000, and its current core is located in the subsurface layer. There is a week and southwestward current under the Ryukyu Current. (3) The net northeastward volume transport (VT) of the Ryukyu Current is maximum in January-February and November among 5 cruises of 2000, and its VT is 20×10^6 and $14.5\times10^6 m^3/s$, respectively, and is minimum in April with $3.1\times10^6 m^3/s$. This means that its variability of VT is very large during 5 cruises of 2000. (4) There are the various scales anticyclonic and warm eddies and cyclonic cold eddies east of the Ryukyu Current in the computed region. For example, in January-February there are the anticyclonic and warm eddies W1 and W2, and cyclonic cold eddies C1 and C2, respectively, in the middle and eastern parts of computed region. In April there are the stronger and larger scale anticyclonic warm eddy and cyclonic cold eddy, which composes dipole, and there is southward flow between them. This shows that the variability of various strength and scales warm and cold eddies are very large east of Ryukyu Islands during 5 cruises of 2000. (5) The volume transport (VT) of the Ryukyu Current is strongly influenced by eddies, especially, when the strength of eddies strengthen, the VT of the Ryukyu Current decreases probably. (6) In 5 cruises of 2000, there is southward current east of Ryukyu Islands, and its maximum VT is greater than $15\times10^6 m^3/s$ in November, and the next is in January−February with $10\times10^6 m^3/s$ more than, and its minimum VT is in April with $3\times10^6 m^3/s$. From the above, the tendency of seasonal change of southward current agrees basically with that of the Ryukyu Current.

Key words: currents in the region southeast of Okinawa Island; velocities and volume transport; Ryukyu Currents; meso-scale eddies; modified inverse method

刊于:海洋学报,2007,29(3):1-13.

2002 年 4—5 月琉球群岛两侧海流的研究

杨成浩[1],袁耀初[1],王惠群[1]

(1.国家海洋局 第二海洋研究所,卫星海洋环境动力学国家重点实验室,浙江 杭州 310012)

摘要:基于日本气象厅"长风丸"调查船在 2002 年 4—5 月航次期间的 CTD 资料,结合卫星风场资料,采用改进逆方法计算了琉球群岛两侧海域各断面的流速和流量分布,并分析卫星跟踪浮标资料和同期的卫星高度计资料,得出下面一些主要结论:(1)黑潮流速在 PN 断面上只有一个流核。通过断面 PN 的净东北向流量约为 $34.7\times10^6 m^3/s$,此流量包括台湾暖流、东海黑潮和黑潮以东的反气旋涡的流量。(2)黑潮流速在断面 TK 上有两个流核,通过断面 TK 净东向的流量为 $25.6\times10^6 m^3/s$,黑潮通过海峡后流向断面 ASUKA。(3)冲绳岛东南海区琉球海流的流量约为 $8.8\times10^6 m^3/s$,并流向断面 AM。(4)奄美大岛以东的北向海流的流量为 $12.7\times10^6 m^3/s$,并流向断面 ASUKA。在断面 ASUKA 东南部出现一个中尺度反气旋涡,直径约 240 km,其流量约为 $28.5\times10^6 m^3/s$。(5)四国以南黑潮第一层水体基本来源于通过吐噶喇海峡的黑潮,第二、三层水体来自吐噶喇海峡和奄美大岛以东海域的流量大致相当,而第四层的流量则主要来自于奄美大岛以东海域。(6)浮标资料显示,奄美大岛以东的海流部分来自于断面 AM 以东海区,并通过断面 ASUKA。

关键词:黑潮;琉球海流;东海;琉球群岛以东;九州东南海域;改进逆方法

中图分类号:P722.6;P731.21　　**文献标志码:**A

1 引言

关于东海黑潮和琉球群岛以东海流,国内外已有不少的研究,较早的工作如 Nitani[1]、Guan[2-3],Nishizawa[4]、Yuan and Su[5]等。袁耀初和苏纪兰[6]对我国近来的研究工作进行了评述,关于 PN 断面上黑潮流速的多核结构和逆流等的研究概况,陈红霞等[7-8]作了简述,本文不再作详细的介绍。但说明以下几点:

(1)Nishizawa 等[4]利用 1954—1980 年 80 个航次的 PN 断面资料和 59 个航次的九州东南海域垂直于黑潮的断面资料,计算结果显示两者的年平均流量分别为 $19.7\times10^6 m^3/s$ 和 $46.5\times10^6 m^3/s$,Nishizawa 等[4]猜测这两个断面流量的差额可能来自琉球群岛以东海流。

(2)Yuan 等[9]利用 1987 年 9—10 月日本气象厅"长风丸"的调查资料,采用逆方法得到的计算结果显示九州东南断面的流量来自于吐噶喇海峡的黑潮和奄美大岛以东的北向海流。他们又利用 1990 年 1—2 月的资料进行计算,得到了相似的结论[10]。随后,1991—1992 年国家海洋局第二海洋研究所和日本筑波大学、九州大学、鹿儿岛大学在东海和琉球群岛海域进行了两次合作调查研究,取得了进一步的认识,具体研究成果参见文献[11-12]。

(3)关于冷涡和暖涡对于冲绳岛以东海流的流量和流速的影响,Zhu 等[13]利用 2000 年 11 月至 2001 年 8 月共约 270 d 的连续观测资料揭示:冷涡出现在冲绳岛以东海区时,琉球海流明显减弱,反之,暖涡出现时,琉球海流则加强。取 $2\times10^7 Pa$ 为零面的净东北向流量受涡旋变化影响显著,范围从 $-9.5\times10^6 m^3/s$ 到 $20.8\times$

基金项目:国家科技部国际合作项目(2006DFB21630);国家自然科学基金项目(40176007,40510073,40306030)。

$10^6 m^3/s$(速度垂直于观测断面，东北向为正，西南向为负，流量的正负方向和速度一致)，速度变化范围也相应的为-15~60 cm/s，在调查期间琉球海流的地转流平均流量约 $6.1\times10^6 m^3/s$。奄美大岛以东海区也有较长时间的观测研究报道，如 Ichikawa[14] 为了认识日本以南表层以下黑潮的变异，在其上游的奄美大岛东南海区进行了近 4 a 的多点锚碇海流观测，其结果显示奄美大岛东南海区表层以下存在东北向的海流，核心水深约 600 m，最大速度约 23 cm/s，这与 Yuan 等[12] 的结果相似。其次，他们还得出奄美大岛东南断面 1 500 m 以浅的平均流量约 $16\times10^6 m^3/s$[14]。关于奄美大岛以东海流的来源，Zhu 等[15] 利用日本气象厅长崎海洋气象台 2000 年 12 月在奄美大岛和冲绳岛以东海区进行的一个近封闭的调查航次资料，分析这一航次各断面的流量、流速结构和水文特征以后，他们指出，在该调查期间，奄美大岛以东的流量部分源于冲绳岛以东的东北向海流，尤其是奄美大岛以东琉球海流的次表层核心，其主要来自冲绳岛以东海区。

需要指出的是，在 2002 年 5 月下旬开始，东太平洋海表面温度比常年偏高 0.6℃，自此至 2003 年 1 月为厄尔尼诺现象发生期。日本气象厅于 2002 年 4 月 27 日至 5 月 17 日在琉球群岛两侧海域进行了水文调查，站位和地形分布如图 1 所示。该航次处在厄尔尼诺现象发生的前夕，在九州东南有一个由 4 条断面组成的近封闭区域，对于了解这一海区的流况分布很有帮助。基于这一航次的调查资料和卫星风场资料，采用改进逆方法(参见袁耀初等[16] 和 Yuan 等[17])计算上述海区的流速和流量，并结合卫星高度计资料和表面浮标资料分析东海黑潮和琉球群岛以东海流以及九州东南黑潮及其流量变化。我们将在第 2 节介绍风场资料和水文特征；第 3 节分析该航次期间的卫星高度计资料；在第 4 节讨论琉球群岛两侧海域的计算结果；第 5 节进行总结。

2　风场资料和水文资料

2.1　风场资料

如站位和地形分布图 1 所示，我们将调查资料分成东海，冲绳岛东南和九州东南 3 个海区，相应的 3 个计算单元记为 box1、box2 和 box3。风场采用了 QuikSCAT 的卫星风场资料，每 12 h 一个全球风场数据，2002 年 4 月 27 日至 5 月 17 日调查期间共有风场数据 42 个，平均风场如图 2a 所示。东海陆架区以东北风为主，自 26°N 向南，逐渐偏转为东南风，日本以南和琉球群岛以东海域以偏东风为主，最大风速出现在对马海峡，约 5 m/s。box1 和 box3 计算海区调查期间的平均风场为偏东风，box2 计算海区风场则以东南风为主。

相应的表层风海流如图 2b 所示，东海陆架区的表层风海流主要为西向流，台湾岛和巴士海峡以东则为北向流，琉球群岛以东海域以西北向流为主，最大流速约 6 cm/s。在 box1 和 box3 计算海区表层风海流为西北向流，而在 box2 计算海区表层风海流则偏北向。

2.2　水文特征

本节讨论从日本气象厅“长风丸”调查船 2002 年 4—5 月调查航次资料得到的水文特征。海表面的温度分布如图 3a 所示，在东海海区，从陆架区到黑潮中心区，断面 PN 的温度由 22.2℃逐渐增加至 25.8℃，在黑潮以东区域存在一个高温中心，中心温度比外围高约 1.4℃，以高温为中心形成一个反气旋式涡，高温中心以东，温度逐步降低。冲绳岛东南海区的东北部存在一个低温中心，中心水温比外围温度低约 2℃。九州东

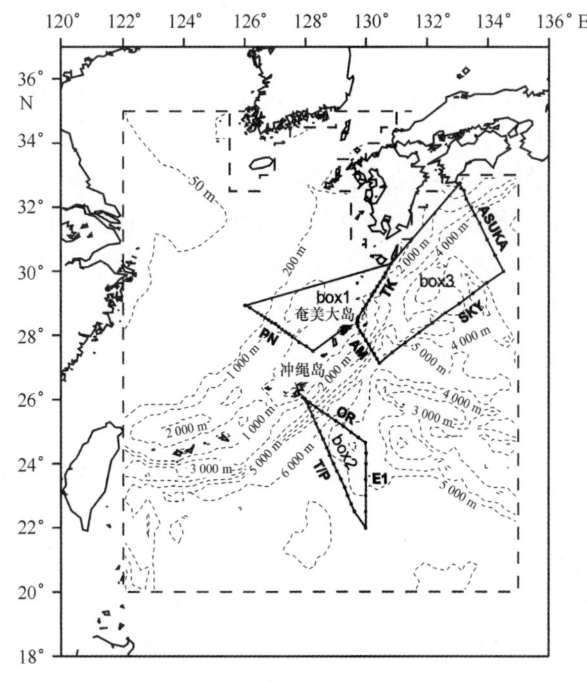

图 1　2002 年 4—5 月航次 CTD 测站和地形分布

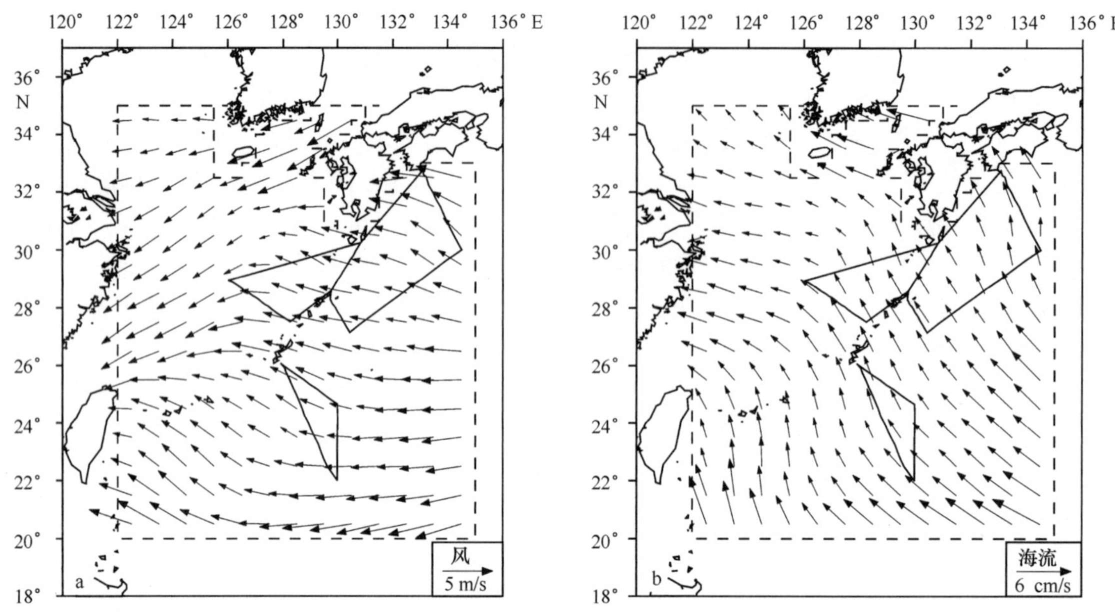

图 2　2002 年 4—5 月航次期间平均风场(a),表层风海流(b)

南海区,断面 AM 上存在一个高温中心,中心温度比外围高约 0.8℃。这一中心的东北有一个冷中心存在于断面 SKY 的南部。日本以南黑潮的高温中心靠近岸线,最高温度位于断面 ASUKA 北部的第 3 和第 4 调查点。200 m 的温度分布如图 3b 所示,断面 PN 上的高温中心,温度比外围高约 2.5℃,强度增大,并有所向东移动。冲绳岛东南海区的南部存在一个高温中心。断面 AM 上的高温中心已经消失,但其东北的冷中心仍然存在,并与断面 SKY 北部的冷中心连成一体。日本以南黑潮的高温中心和表面一样,仍位于断面 ASUKA 北部的第 3 和第 4 测量点。在 400 m、600 m 的温度分布如图 3c,d 所示,断面 ASUKA 西北侧黑潮流核东南、断面中部存在一个暖涡,而涡的表层处温度相对较低。

图 4a,b,c,d 分别表示断面 PN,OR,TK 和 ASUKA 的温度分布。断面 PN 上明显存在陆架水和黑潮水,等温线沿陆坡抬升。断面 ASUKA 上黑潮的高温中心同样位于陆坡上,接近四国岛。如苏纪兰[18]和于洪华等[19]所述,对于黑潮和琉球群岛以东水体的分层,我们按温度大致将海水垂直分成 4 层,即黑潮表层水、次表层水、中层水和深层水。表层温度大于 23℃,次表层温度约 15~23℃,中层温度约 6~15℃,深层温度低于 6℃。

图 5 为 T-S 点聚图,横坐标(S)为盐度,纵坐标(T_p)为位势温度,倾斜线为相对于海表面的位势密度(σ_θ)等值线。图 5a 中十字形和空心圆点符号分别代表断面 PN 和断面 TK 的温盐特性分布点,而空心方格符号表示断面 OR 的温盐特性分布点。表层水体特性变化较大,断面 PN 的陆架混合水在陆架区浅于 100 m,大致位于等位势密度线 $\sigma_\theta=25$ 以上部分。比较断面 PN 和 TK 的 TS 特性分布可知,断面 PN 上的陆架混合水很难进入吐噶啦海峡。

$\sigma_\theta=26$ 等位势密度面在东海黑潮处位于水深约 400 m 处,而在冲绳以东断面 OR 处约为 500 m 处。除 30 m 以浅外,断面 PN 和 OR 上 $\sigma_\theta<26$ 的水体的温盐特性较为接近,两者交换比较充分。在 $\sigma_\theta=26$ 等位势密度面以深,东海与吐噶喇海峡的水体盐度值高于冲绳岛东南的水体,明显表现为两种水体。东海海区最低盐度值 34.27,位于断面 PN 上水深 600 m 处,而断面 OR 水体的盐度最低值为 34.137,位于水深 700 m 处,即位于盐度小于 34.20 的低盐水核心处。这表明冲绳岛东南低于 34.20 的低盐水核心并未入侵到冲绳海槽,上述分析结果与于洪华等[20]的结果相似。这是由于琉球群岛海脊水深较浅,对海脊以深东西两侧的海水交换起着一定的阻挡作用[19]。如图 4a,b,c 所示,在 800 m 水深以下的深层海水温度大致低于 6℃,相对来说,TK 段面水体的温盐特性和琉球群岛以东水体的温盐特性较接近,这是因为冲绳海槽北部水深约 600~800 m,坡度较小[18],受地形影响,东海水难以进入吐噶喇海峡底部。

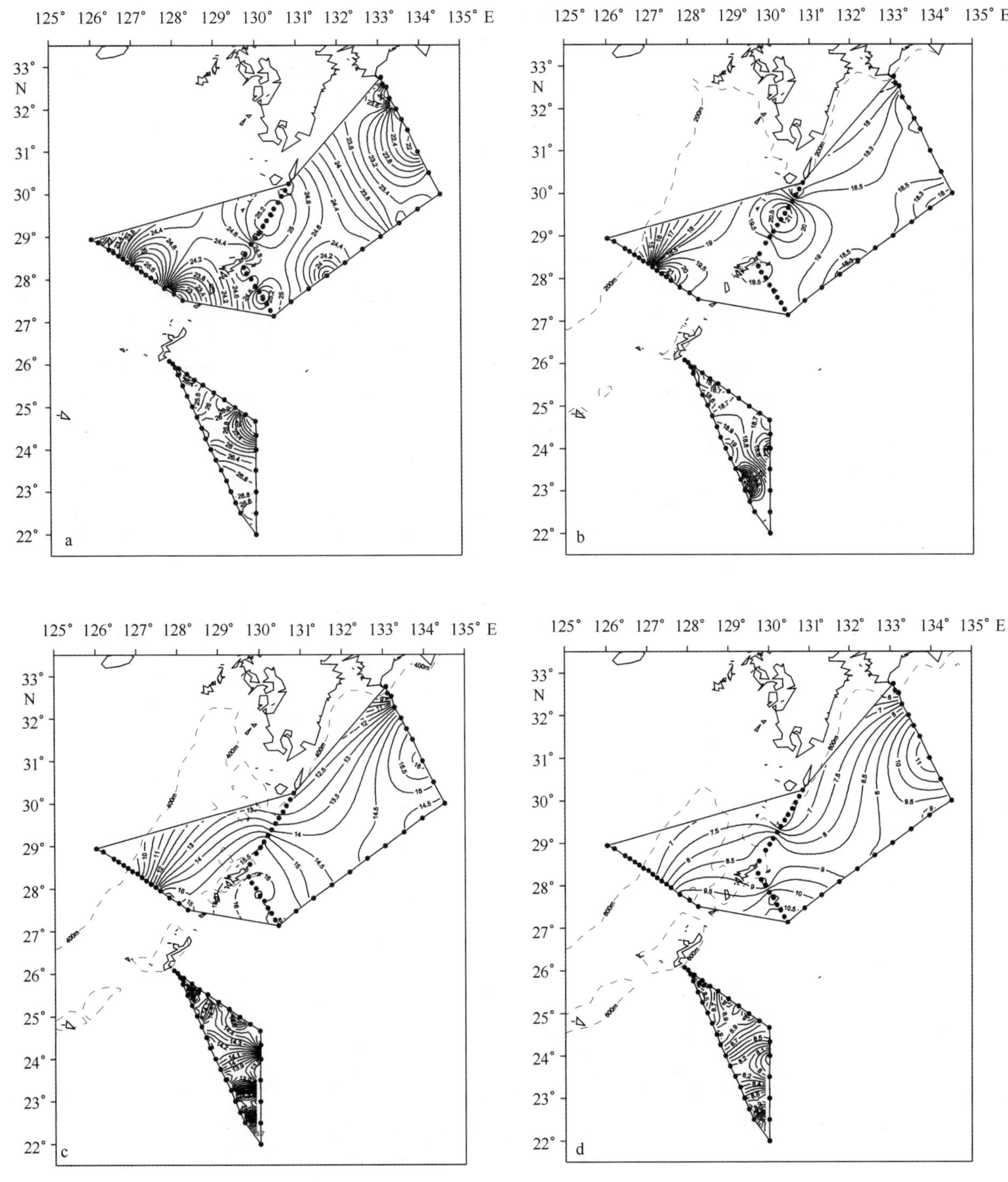

图 3　2002 年 4—5 月航次调查海区水平方向温度(℃)分布

a. 海表面, b. 200 m , c. 400 m, d. 600 m

TK, ASUKA, SKY 和 AM 四条断面水体的温盐特性分布如图 5b 所示,从中可以看出,断面 AM 和 TK 的表面温度一般大于断面 ASUKA 和 SKY 的表面温度。$\sigma_\theta=25$ 等位势密度面以上的水体温盐特性以盐度较高的一条线 1 和较低的一条线 2 为中心分叉成两个部分,这一等密度面在断面 TK 的黑潮部分和断面 AM 上大致都位于水深约 300 m,断面 ASUKA 处约 200 m 水深,而断面 SKY 上位于约 150 m 水深。除断面 SKY 南部 3 个站点的水体温盐特性接近线 2 外,断面 SKY 温盐特性集中分布在线 1 附近。断面 TK 的表层水体特性集中分布位于线 2 两侧。断面 ASUKA 的水体特性似乎最复杂,既有靠近线 1 的高盐水体;也有靠近线 2 的、

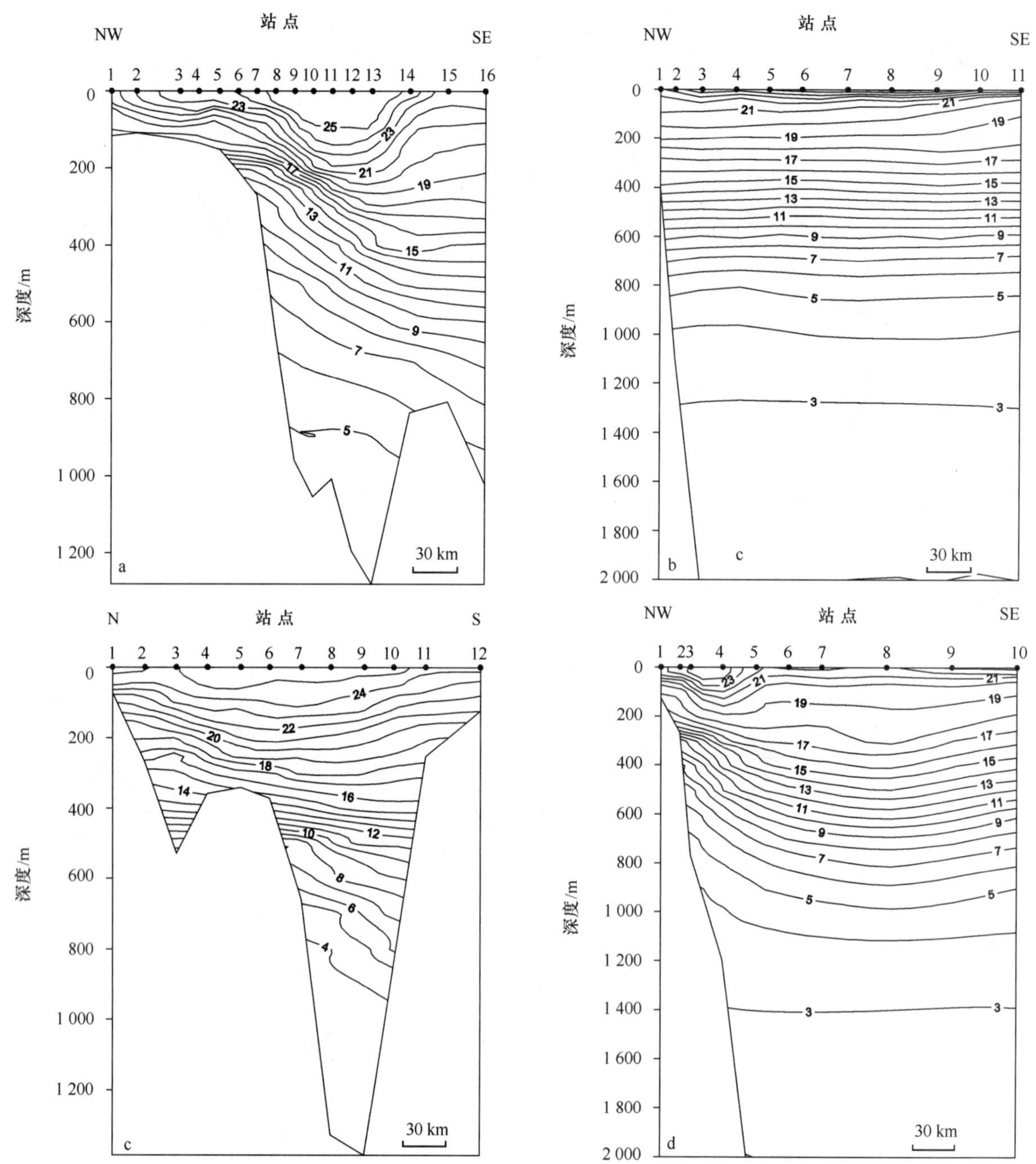

图 4　2002 年 4—5 月航次断面温度(℃)分布

a. 断面 PN，b. 断面 OR，c. 断面 TK，d. 断面 ASUKA

与断面 TK 水体特性相近的水体；断面 ASUKA 上一部分水体温盐特性与断面 TK 的水体分离，它们位于断面 ASUKA 北部的 4 个测站 200 m 以浅，似乎为陆架水和陆架混合水。断面 AM 水体同样分为两部分，其中靠近线 1 部分的水体盐度低于断面 SKY。σ_θ>25 时，AM，SKY 和 ASUKA 三条断面的水体温盐特性较为接近。

从上述分析可知，琉球群岛两侧海水都可以分成 4 层，表层水体特性变化较大。琉球群岛以东次表层水体最大盐度高于琉球群岛以西水体，而琉球群岛以西中层水体的最低盐度明显低于群岛以东水体。

3　卫星高度计资料

海表面高度异常(SSHA)采用 Aviso 的混合资料，该资料来源于法国图卢兹 CLS 空间海洋局，采用约

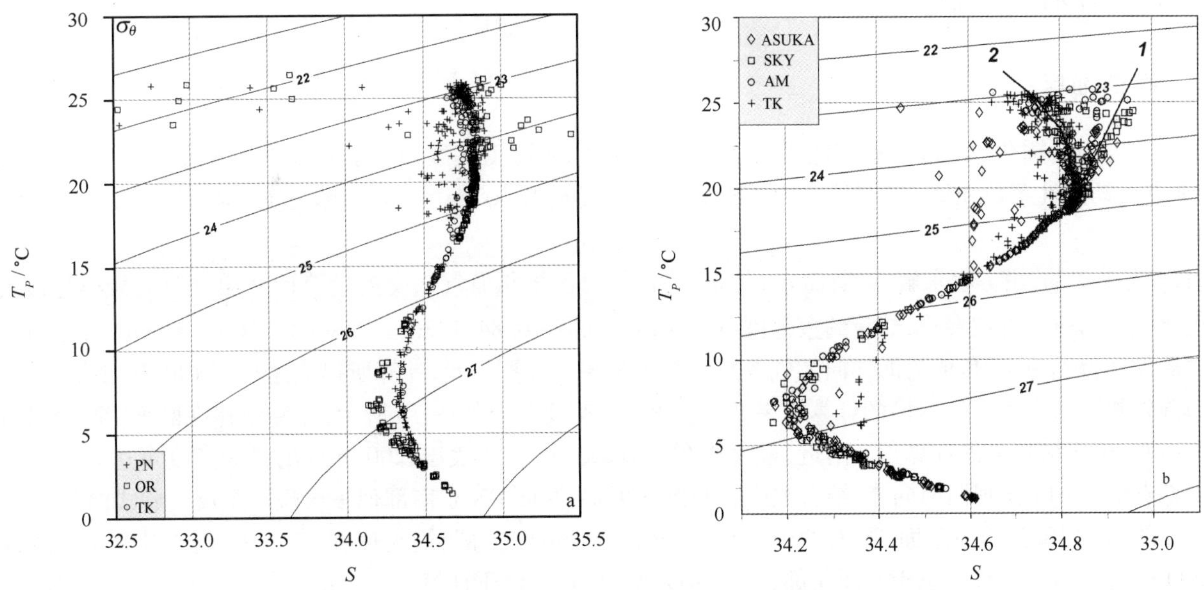

图 5　2002 年 4—5 月航次期间 T-S 点聚图

a. 断面 PN、TK 和 OR；b. 断面 TK、ASUKA、SKY 和 AM

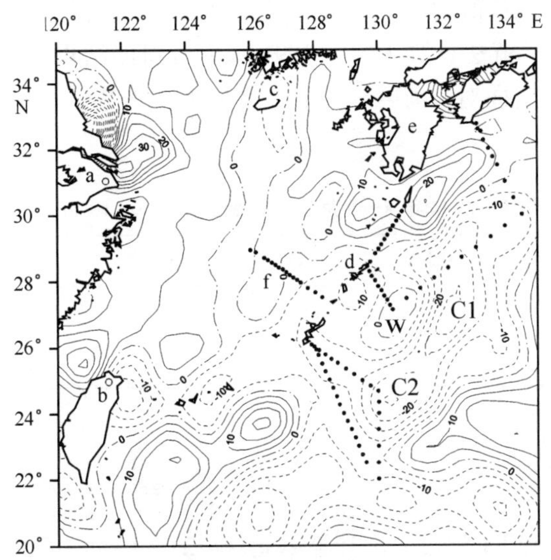

图 6　2002 年 5 月 1-15 日海表面高度异常平均值分布（单位：cm）

a. 上海，b. 台北，c. 济州岛，d. 冲绳，e. 九州，f. 断面 PN。W 为高水位中心，C1 和 C2 为低水位中心

(1/3)°×(1/3)°的非均匀网格融合了 TOPEX/Poseidon、ERS 和 Jason1 的卫星高度计资料，每 7 d 一组数据，本次计算中，从调查期间 5 月 1 日、8 日和 15 日共 3 组数据，得到的海面高度异常平均值分布如图 6，CTD 站位如图中实心圆点所示。低水位异常值的中心 C1、C2 以及高水位异常值中心 W 分别与温度分布图 3 上的低温和高温中心有较好的对应，它们分别是冷涡和暖涡，C1、C2 几乎连成一体，且有部分冷水似乎延伸到了断面 ASUKA 东部。

4　计算结果和分析

4.1　东海海区

本文采用袁耀初等的改进逆方法[16-17],3 个计算单元如图 1 实线所示。计算参数取值与文献[17]相同,垂直涡动黏性系数 A_z取 $10^{-2}m^2/s$, 垂直涡动扩散系数 K_v取 $10^{-3}m^2/s$,海气热交换 q_e满足不等式:

$$q_{e,1} \leqslant q_e \leqslant q_{e,2},$$

其中,q_e为未知的,由方程求解得到;而 $q_{e,1}$与 $q_{e,2}$为计算海区多年海气热交换量统计平均分布的最小与最大的代数值。本航次处在春季,热量约束范围($q_{e,1}$,$q_{e,2}$)取为(-0.84,1.26)[单位:$\times10^3J/(cm^2\cdot d)$],正值为海洋从大气得到热量,负值为海洋向大气放热。对于每一个计算单元,计算所得流速垂直于断面。

首先叙述东海海区(box1)的计算结果。断面 PN 的速度分布如图 7a 所示,黑潮流速在断面 PN 处只有一个核心,位于坡折处的计算点 8 附近,最大速度为 185 cm/s 位于表层,200 m 处的最大速度可达 80 cm/s。在计算点 13 与 14 出现西南向流,结合温度分布图 3 可知,断面 PN 东南部似乎出现一个反气旋式涡旋。

如图 7b,黑潮流速在断面 TK 有两个核心,主核心位于海峡中部,最大速度 93 cm/s 位于计算点 7 水深约 200 m 处。另一个核心位于断面北部,最大速度约 80 cm/s 位于计算点 3 表层。断面南部存在西向流,这与以前的结果一致[21]。800 m 以深为较弱的西向逆流。

各断面流量计算结果如表 1。2002 年 4—5 月航次的流量分布参见图 8,黑潮东北向通过断面 PN,在黑潮以东、断面 PN 东部存在一个反气旋式涡旋,通过 PN 断面的净流量为 $34.7\times10^6m^3/s$,此流量包括了台湾暖流、黑潮和上述反气旋涡的流量,该流量值大于 1987—1990 年期间 9 个航次的流量平均值 $28.6\times10^6m^3/s$[16],也大于孙湘平和金子郁雄[22]用地转流法计算 1989—1991 水文资料的结果。从图 8 可知,约 $4.5\times10^6m^3/s$ 的流量向北流出 box1,其大部分将流向对马海峡[23];东海黑潮通过吐噶喇海峡流向日本以南黑潮的流量约为 $25.6\times10^6m^3/s$。

表 1　2002 年 4—5 月航次各断面净流量($10^6m^3/s$)

	PN	TK	ASUKA	SKY	AM	OR	E1	T/P
净流量	34.7	25.6	38.3	13.7	26.4	0.7	9.9	9.2
方向	NE	E	NE	SE	NE	NE	W	SW

4.2　冲绳岛东南海区

如图 1 所示,断面 OR、T/P 和 E1 组成一个计算单元(box2)。断面 OR,位于冲绳岛以东,本航次期间的流速分布如图 7c 所示,3 000 m 以浅的陆坡上出现西南向流,最大速度约 40 cm/s 位于计算点 2 与 3 之间水深 150 m 附近。在计算点 4、5 和 6 三点上出现东北向海流,速度不大。在计算点 4 次表层出现东北向流,即琉球海流的核心,核心最大速度约为 20 cm/s,位于约 700 m 水深,这与文献[11-12]得到的琉球海流的核心也出现在次表层相似。断面东部计算点 7-10 交替地出现西南向流和东北向流。

断面 T/P 站位分布位于断面 OR 以南,与 TOPEX/Poseidon 高度计的一条测量轨道重合,本航次期间的流速分布如图 7d 所示,在近岸的计算点 1—3 同样为西南向流。计算点 4—7 为东北向海流,最大速度约 25 cm/s 位于计算点 6 表层处。断面中部流况较复杂,以西南向海流为主。在计算点 12 和 13 处出现较强的东北向流,其最大速度约为 60 cm/s 位于表层。计算点 14—16 处为西南向流,其最大速度约为 40 cm/s,位于计算点 15 表层。结合上述速度分布与温度分布(见图 3)和流量分布(图 8)可知,box2 南部为一反气旋式涡,它位于断面 T/P 上计算点 12—16 处。

限于篇幅,我们省略了断面 E1 的流速分布图。

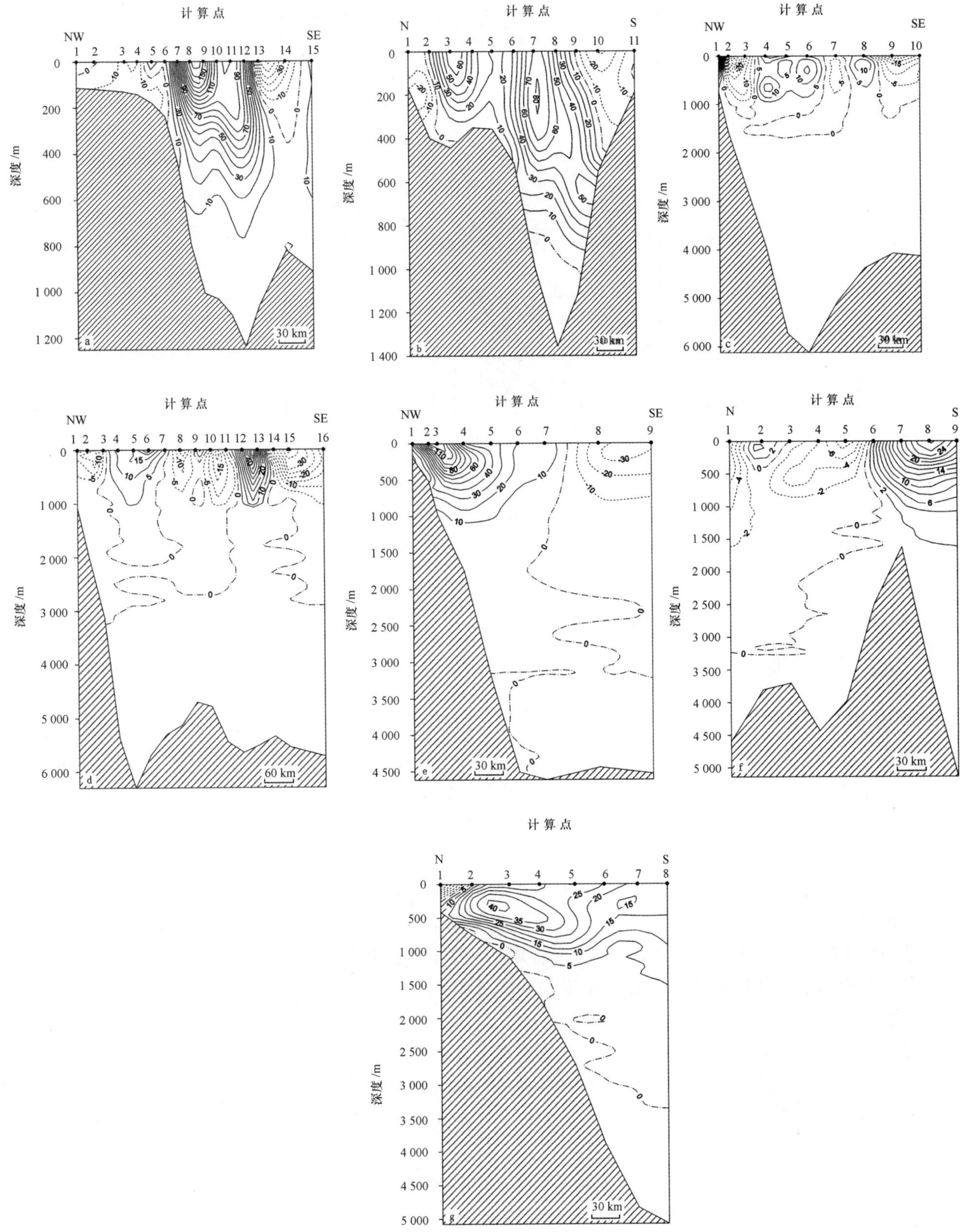

图7 2002年4—5月航次断面流速(正值:东北向、东向,单位:cm/s)分布

a. 断面PN,b. 断面TK, c. 断面OR,d. 断面T/P,e. 断面ASUKA,f. 断面SKY,g. 断面AM

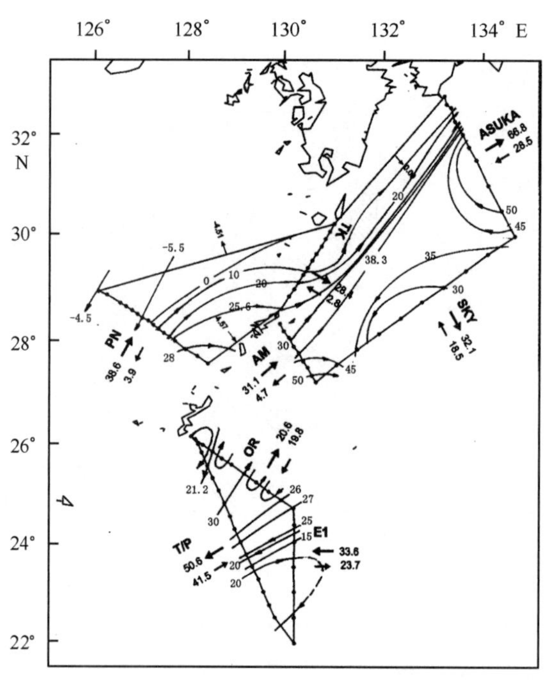

图 8　2002 年 4—5 月航次流量($10^6 m^3/s$)分布示意图

如流量分布图 8 所示,box2 的东北部,来自断面 T/P 和 OR 的琉球海流的流量约为 $8.8\times10^6 m^3/s$,似乎向北流向断面 AM。海区的中部为西南向海流,而在南部为一反气旋式环流。

4.3　九州东南海区

4.3.1　速度与流量

如图 1,断面 AM、TK、ASUKA 和断面 SKY 组成计算单元 3(box3)。2002 年 4—5 月航次断面 ASUKA 流速分布如图 7e 所示,黑潮东北向通过断面 ASUKA,只有一个核心,较接近四国岛,核心最大速度为 149 cm/s,位于计算点 3 表层,1 000 m 以浅的速度大于 10 cm/s。断面东南部为西南向流,最大速度 31 cm/s,位于计算点 9 水深 50 m 处。

从图 7f 可见,断面 SKY 的流速以计算点 6 为中心大致分为南北两个部分,北部以偏西向流为主,流速较小。南部以偏东向流为主,流速大于西向流,其最大速度 28 cm/s,位于计算点 8 表层处。

断面 AM 的流速分布如图 7g 所示,除接近奄美大岛的计算点 1 次表层存在西南向流外,断面 AM 的其余部分基本都为东北向海流,有一个核心位于次表层,最大速度为 48 cm/s,位于计算点 2 与 3 之间水深约 250 m 处。

以下讨论流量分布。从表 1 和图 8 可见,通过奄美大岛以东断面 AM 的净东北向流量约为 $26.4\times10^6 m^3/s$,其中约一半的流量($12.7\times10^6 m^3/s$)流向断面 ASUKA,成为日本以南黑潮的一部分,其余部分以反气旋流的方式通过断面 SKY 流出 box3。断面 SKY 被一个气旋式环流所控制,这与在表面和 200 m 的温度分布图 3a,b 中该处出现的冷涡有较好对应关系。

东海黑潮和断面 AM 西北部的水体都通过断面 ASUKA 的西北部,而断面 ASUKA 东南部出现一个中尺度的反气旋式涡,这也可以从 400 m 和 600 m 的温度分布图 3c,d 得知。该中尺度反气旋涡的水平尺度约为 240 km,其流量约有 $28.5\times10^6 m^3/s$。上述流态与 1987 年 9—10 月时流态(见 Yuan 等[9])十分相似,在该期间黑潮东南也存在反气旋涡,其水平尺度为 230 km,其流量约为 $18.9\times10^6 m^3/s$。而 Zhu 等[24]基于 2000 年 10—12 月的水文资料计算得到的该反气旋涡的流量为 24×10^6~$39\times10^6 m^3/s$。冲绳岛东南的琉球海流约有 $8.8\times10^6 m^3/s$ 的流量,并流向断面 AM。从上述分析可知,日本以南黑潮主要来源为通过吐噶喇海峡的黑潮和奄美大岛以东的海流，各层水体的具体来源见下面的分析。

4.3.2　九州东南黑潮各层水体来源

为了研究黑潮各层水体流出断面 TK 后的流向和奄美大岛以东断面 AM 上的海流对于日本以南黑潮的贡献，计算中我们将水体按密度分成 5 层，各层的平均深度依次为表面至 138 m，138～323 m，323～673 m，673～1 120 m，1 120 m 至海底。各断面的流量和热量分布如表 2 和表 3 所示。流量的总不平衡量为 $-0.01\times10^6\ m^3/s$。关于热通量的总不平衡量，如把计算所得的海洋表面向大气输送热量 $1.25\times10^7\ J/(m^2 \cdot d)$ 统计在内，海面放热和各断面热通量的总不平衡净余量分别为 0.16×10^{14} W，即它们基本平衡。

表 2　九州东南海区各断面流量($10^6 m^3/s$)分布

（正值流入计算单元，负值流出计算单元。表中最右边一列，正值表示界面处流量向上，负值则流量向下）

分层	流量				
	断面 TK	断面 AM	断面 SKY	断面 ASUKA	分层界面间的流量
第 1 层(L1)	8.24	1.96	−3.09	−8.26	
					L2−L1 界面：1.12
第 2 层(L2)	7.27	8.46	−6.26	−11.21	
					L3−L2 界面：2.80
第 3 层(L3)	8.51	9.82	−3.56	−13.51	
					L4−L3 界面：1.62
第 4 层(L4)	1.71	5.15	−1.06	−3.67	
第 5 层(L5)	−0.11	0.95	0.32	−1.67	
					L5−L4 界面：−0.49
总计	25.6	26.4	−13.7	−38.3	
不平衡量		−0.01			

断面 TK 热通量计算结果 18.1×10^{14} W 与 1988 年 4 月航次[16]的计算结果 17.5×10^{14} W，以及同年断面 TK 四个航次平均热通量 18.2×10^{14} W[16]比较接近。

第 1 层平均水深范围从表面至 138 m，断面 TK 的流量 $8.24\times10^6\ m^3/s$，明显大于断面 AM 的流量 $1.96\times10^6\ m^3/s$，断面 ASUKA 和 SKY 的流量分别为 $-8.26\times10^6\ m^3/s$ 和 $-3.09\times10^6\ m^3/s$，主要通过断面 ASUKA 流出海区。这表明，日本以南黑潮的第 1 层水体主要来自通过吐噶喇海峡的东海黑潮，这也能得到热通量计算结果的证明。通过断面 ASUKA 和 SKY 从计算海区输出的热量分别为 -7.63×10^{14} 和 -2.77×10^{14} W，断面 TK 和 AM 分别向计算海区输送热量 8.01×10^{14} 和 1.71×10^{14} W，在调查航次期间这一海区还向大气放热，所以计算海区的热量主要来自断面 TK 处的黑潮，并主要通过断面 ASUKA 流向日本以南海域。

表 3　九州东南海区各断面热通量(10^{14} W)分布

（正值流入计算单元，负值流出计算单元）

分层	热通量			
	断面 TK	断面 AM	断面 SKY	断面 ASUKA
第 1 层(L1)	8.01	1.71	−2.77	−7.63
第 2 层(L2)	5.65	6.45	−4.77	−8.28
第 3 层(L3)	4.03	5.06	−1.95	−5.87
第 4 层(L4)	0.42	1.10	−0.25	−0.72
第 5 层(L5)	−0.01	0.18	−0.08	−0.12
总计	18.1	14.5	−9.8	−22.6
不平衡量		0.16		

第 2 和第 3 层，平均水深范围约从 138 m 至 673 m，断面 AM 第 2、第 3 层的流量分别为 $8.46\times10^6\ m^3/s$

和 9.82×10^6 m^3/s,每一层的流量比断面 TK 多流进计算单元约 1.2×10^6 m^3/s。第 4 层平均水深范围从 673 m 至 1 120 m,断面 TK 的流量为 1.71×10^6 m^3/s,明显小于断面 AM 的 5.15×10^6 m^3/s 流量。断面 ASUKA 和 SKY 流出计算海区的流量分别是-3.7×10^6 m^3/s 和-1.1×10^6 m^3/s。第 5 层,断面 AM 和 SKY 计算流量结果都为流进海区,分别为 1.0×10^6 m^3/s 和 0.3×10^6 m^3/s。断面 TK 底部的第 5 层为逆流,流出海区的流量约 -0.1×10^6 m^3/s,断面 ASUKA 流出海区的流量约-1.7×10^6 m^3/s。

从上述分析可知,关于通过断面 ASUKA 的黑潮流量,在第 1 层基本来自于通过吐噶喇海峡的东海黑潮,第 2,3 层来自断面 TK 和 AM 的流量大致相当,而第 4 层流量则主要来自断面 AM 。上述分析结果与 1987 年 9—10 月期间的结果定性一致(参见 Yuan 等[9])。

最后简单讨论各分层之间的海水交换,每一层海水质量和盐量都是平衡的(盐量平衡在第一层除外)。如表 2,第 4 层分别向第 5 和第 3 层输送 0.49×10^6 m^3/s 和 1.62×10^6 m^3/s 的流量;第 3 层与第 2 层界面、第 2 层与第 1 层界面上流的方向都向上,流量分别为 2.80×10^6 m^3/s 和 1.12×10^6 m^3/s。

4.3.3　ARGOS 卫星跟踪浮标的轨迹

ARGOS 卫星跟踪浮标被固定在水深约 15 m 处[25]的被动拖曳装置上,资料源于加拿大海洋与渔业部,浮标被处理成 6 个小时一组数据,包括经度、纬度、海表温度和海流速度分量等。挑选出 2002 年通过断面 ASUKA、AM、OR 和 PN 的所有浮标,共有 9 个,它们的漂移轨迹如图 9a 所示。通过断面 PN 共有 3 个浮标,两个来自台湾以东黑潮海区,一个沿着冲绳海槽最深处流向东北,在断面 PN 附近作反气旋式流动。另一个浮标 4 月 2 日至 5 月 20 日的资料缺失,因为是同一个浮标,我们用直线把断隔的轨迹连接起来。可以看出,其在台湾岛以北作反气旋式流动入侵陆架[26],沿着 150 m 等深线流向断面 PN,其最终流向了黄海内部。最后一个浮标由琉球群岛以东经冲绳岛和宫古岛之间的水道进入东海,并通过吐噶喇海峡流向了四国以南断面 ASUKA。

通过断面 ASUKA 的浮标共有 7 个,除一个来自东海的浮标外,其余 5 个浮标似乎都经过黑潮再循环海区,尤其是受到了四国以南反气旋式涡旋[27]的影响,在九州东南海域加入黑潮,部分浮标接近四国岛岸线。通过断面 AM 共有两个浮标(在图 9a 中分别用粗的钻石符号和空心方格符号表示的两条线),它们也都通过断面 ASUKA,没有找到通过断面 OR 的浮标。通过断面 AM 和 OR 的浮标个数差异,尤其是钻石型符号显示的浮标从海区东部流向断面 AM,这说明奄美大岛以东的海流部分来自于断面 AM 以东海区。

将图 9a 中的虚线矩形框放大以后如图 9b,其中有 5 个浮标比较接近四国岛,经过断面 ASUKA 时流向都为东北向,把每一个浮标最接近断面 ASUKA 时的数据点依次标注为 1,2,3,4 和 5,日期和速度如表 4 所示。同样以上面的编号作为浮标编号,则第 1 个浮标来自琉球群岛以东海区,通过断面 ASUKA 的位置最接近四国岛,位置与断面 ASUKA 的第 3 个测量点(近岸的站点记为起始测量点)较近,时间在 6 月中旬,平均速度 154 cm/s,与 4—5 月航次断面 ASUKA 第 3 计算点的表层速度 149 cm/s 接近。第 2 个浮标同样经过琉球群岛以东海区,通过断面 ASUKA 的时间与第 1 个相差 6 d,位置靠近第 4 个测量点,速度只有 70 cm/s。浮标 3 与 4 通过断面的位置相近,时间不同,分别为 2 月中旬和 5 月下旬,速度分别为 121 cm/s 和 50 cm/s,两者速度相差较大,不同时期这一位置的黑潮流速存在明显变化。浮标 5 于秋季通过断面。浮标资料和断面 ASUKA 流速分布均显示,2002 年日本南部海域沿岸流速较大,黑潮沿着日本海岸线流动,没有发生大弯曲。在四国以南,如把速度大于 100 cm/s 的部分认为是黑潮的核心部分,黑潮核心存在明显的摆动,2002 年 2 月离四国岛较远,6 月接近四国岛。2002 年 4—5 月航次期间,黑潮主轴沿日本以南岸线分布,黑潮在吐噶喇海峡的核心位于断面中部,和 Kawabe[28]描述的黑潮非大弯曲年情形一致。

表 4　5 个 ARGOS 表层浮标通过断面 ASUKA 的日期和速度

浮标	1	2	3	4	5
日期	6 月 13 日	6 月 7 日	2 月 16 日	5 月 22 日	10 月 16 日
V/cm · s^{-1}	154	70	121	50	83

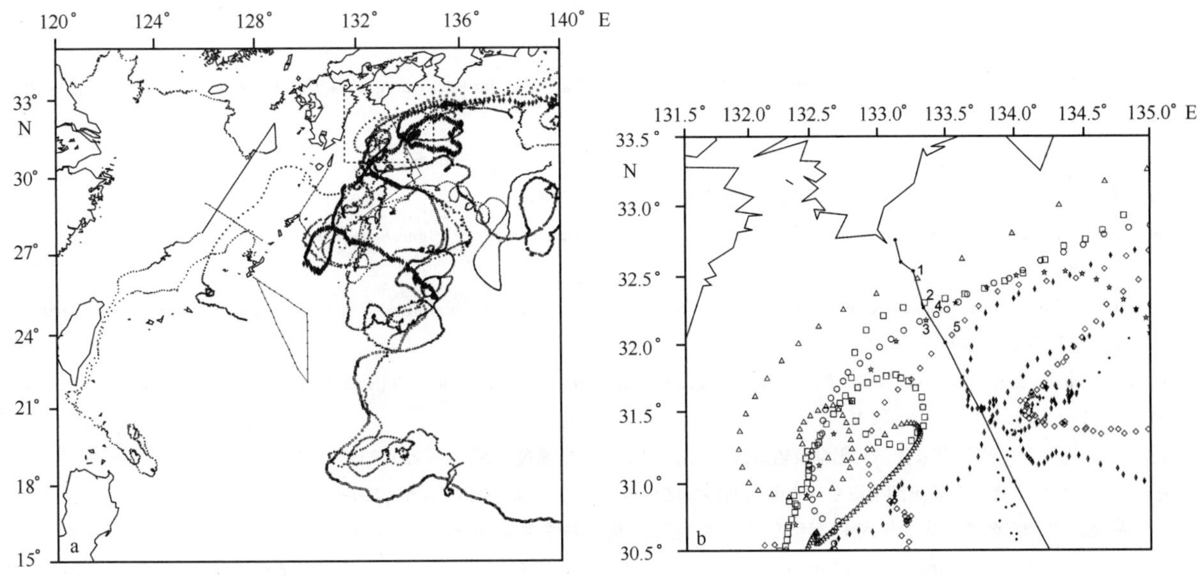

图 9　2002 年通过断面 ASUKA、AM、OR 和断面 PN 的 ARGOS 浮标轨迹(a)，四国以南圈定海区的放大图(b)

5　结语

基于 2002 年 4—5 月日本气象厅在琉球群岛两侧海域的 CTD 调查资料和 QuikSCAT 卫星风场资料，本文采用改进逆方法计算了各断面的流速和流量分布，结合 2002 年调查海区的 ARGOS 浮标资料和同期的 Aviso 卫星高度计混合资料，得出下面一些结论：

(1) 2002 年 4—5 月东海黑潮流速在断面 PN 上只有一个核心，包括台湾暖流、东海黑潮和黑潮以东的反气旋涡的流量，断面 PN 净东北向流量约为 $34.7\times10^6\ m^3/s$。此流量中约有 $4.5\times10^6\ m^3/s$ 的流量向北流出 box1，其大部分将流向对马海峡。

(2) 通过吐噶喇海峡的黑潮流量约为 $25.6\times10^6\ m^3/s$。黑潮在断面 TK 有两个核心，速度较大的核心位于断面中部的次表层，另一个核心位于断面北部的表层水体中，断面南部存在西向流。深层存在西向逆流，位于水深 800 m 以下，此深度上的温盐特性发生跃变。

(3) 分析 T-S 点聚图可知，东海的陆架混合水很难进入吐噶喇海峡。同样，受地形影响，东海黑潮的深层水也难以进入吐噶喇海峡底部。

(4) 冲绳岛东南计算海区(box2)琉球海流的流量约为 $8.8\times10^6\ m^3/s$，并流向断面 AM，在 box 2 海区中部出现西南向流，南部为一个反气旋式涡。这一海区 $\sigma_\theta=26$ 等位势密度面以上水体的温盐特性和东海水体较接近。

(5) 奄美大岛以东的北向海流流量约为 $12.7\times10^6\ m^3/s$，和通过吐噶喇海峡的黑潮都流向断面 ASUKA。断面 ASUKA 东南部出现中尺度反气旋涡，直径约 240 km，其流量约为 $28.5\times10^6\ m^3/s$，这个涡是黑潮再生环流的重要组成部分。

(6) 断面 ASUKA 第 1 层水体基本来源于通过吐噶喇海峡的东海黑潮，第 2、3 层来自断面 TK 和 AM 的流量大致相当，而第 4 层的流量则主要来自断面 AM。

(7) 浮标资料显示，奄美大岛以东的海流部分来自于断面 AM 以东海区，并通过断面 ASUKA。

致谢：感谢审稿人提出的宝贵意见和建议。水文资料来自日本长崎海洋气象台海洋气象观测报告。QuikSCAT 卫星风场资料得到了 W. Timothy Liu 和 Wenqing Tang 的许可，通过美国喷气推进实验室从 NASA 和 NOAA 联合发起的 Seaflux 数据系统中获得。ARGOS 卫星跟踪表层浮标资料源于加拿大海洋与渔业部的海洋环境数据服务系统(MEDS)。高度计资料来源于法国图卢兹 CLS 空间海洋局。对他们提供资料深表感谢。

参考文献：

[1] Nitani H. Beginning of the Kuroshio[M]//Stommel H, Yoshid A K. Kuroshio: Its Physical Aspects. Seattle:University of Washington Press, 1972:129-163.

[2] Guan Bingxian. Analysis of the variations of volume transport of Kuroshio in the East China Sea[C]//Hishida K, et al. Proceedings of the Japan-China Ocean Study Symposium. Tokai:Tokai University Press, 1982:118-137.

[3] Guan Bingxian. Major feature and variability of he Kuroshio in the East China Sea[J]. Chinese Journal of Oceanology and Limnology, 1988, 6(1): 35-48.

[4] Nishizawa J, Kamihira E, Komura K, et al. Estimation of the Kuroshio mass transport flowing out of the East China Sea to the North Pacific[J]. La Mer, 1982, 20: 37-40.

[5] Yuan Yaochu,Su Jilan. The calculation of Kuroshio current structure in the East China Sea—Early summer 1986[J]. Progress in Oceanography, 1988, 21:343-361.

[6] 袁耀初,苏纪兰. 1995年以来我国对黑潮及琉球海流的研究[J]. 科学通报,2000,45(22):2353-2356.

[7] 陈红霞,袁业立,华锋. 东海黑潮主段G-PN断面的多核结构[J]. 科学通报,2006,51(6):730-737.

[8] 陈红霞,袁业立,华锋,等. 东海黑潮主段环流子结构研究[J]. 海洋科学进展,2006,24(2):137-145.

[9] Yuan Yaochu, Endoh Masahiro, Ishizaki Hiroshi. The study of the Kuroshio in the East China Sea and the currents east of the Ryukyu Islands[J]. Acta Oceanologica Sinica, 1991, 10(3):373-391.

[10] 袁耀初,苏纪兰,潘子勤. 1990年东海黑潮流量与热通量计算[G]//黑潮调查研究论文选(五).北京:海洋出版社,1993: 298-310.

[11] Yuan Yaochu, Takano Kenzo, Pan Ziqin, et al. The Kuroshio in the East China Sea and the currents east of the Ryukyu Islands during autumn 1991[J]. La Mer, 1994, 32:235-244.

[12] Yuan Yaochu, Su Jilan, Pan Ziqin, et al. The western boundary currents east of the Ryukyu Islands[J]. La Mer, 1995, 33:1-11.

[13] Zhu Xiaohua, Han Inseong, Park Jaehun, et al. The northeastward current southeast of Okinawa observed during November 2000 to August 2001 [J]. Geophysical Research Letters, 30(2),1071,doi:1029/2002GL015867,2003.

[14] Ichikawa H, Nakamura H, Nishina A, et al. Variability of northeastward current southeast of northern Ryukyu Islands[J]. Journal of Oceanography, 2004, 60, 351-363.

[15] Zhu Xiaohua, Park Jaehun, Kaneko Ikuo. The northeastward current southeast of the Ryukyu Islands in late fall of 2000 estimated by an inverse technique[J]. Geophysical Research Letters, 32, L05608, doi:10. 1029/2004GL022135, 2005.

[16] 袁耀初,潘子勤,金子郁雄,等. 东海黑潮的变异与琉球群岛以东海流[G]//黑潮调查研究论文选(五).北京:海洋出版社,1993: 279-297.

[17] Yuan Yaochu, Su Jilan, Pan Ziqin. Volume and heat transports of the Kuroshio in the East China Sea in 1989[J]. La Mer, 1992, 30:251-262.

[18] 苏纪兰. 中国近海水文[M]. 北京:海洋出版社,2005:1-367.

[19] 于洪华,苏纪兰,苗育田,等. 东海黑潮低盐水核与琉球以东西边界流的入侵[G]//黑潮调查研究论文选(五).北京:海洋出版社,1993: 225-241.

[20] 于洪华,袁耀初. 1991年秋季琉球群岛附近海域的水文特征[G]//中国海洋学文集,第5集.北京:海洋出版社, 1995:38-46.

[21] 袁耀初,杨成浩,王彰贵. 2000年东海黑潮和琉球群岛以东海流的变异: I. 东海黑潮及其附近中尺度涡的变异[J]. 海洋学报,2006, 28(2):1-13.

[22] 孙湘平,金子郁雄. 1989~1991年黑潮的变异[G]//黑潮调查研究论文选(五).北京:海洋出版社,1993: 52-68.

[23] Liu Yonggang ,Yuan Yaochu. Variability of the Kuroshio in the East China Sea in 1993 and 1994[J]. Acta Oceanologica Sinica, 1999, 18(1): 17-36.

[24] Zhu Xiaohua, Park Jaehun, Kaneko Ikuo. Velocity structures and transports of the Kuroshio and the Ryukyu Current during fall of 2000 estimated by an inverse technique[J]. Journal of Oceanography, 2006, 62: 587-596.

[25] Centurioni L R, Niiller P P, Lee Dongkyu. Observations of inflow of Philippine Sea surface water into the South China Sea through the Luzon Strait[J]. Journal of Physical Oceanography, 2004, 34:113-121.

[26] 于非,臧家业,郭炳火,等. 黑潮水入侵东海陆架及陆架环流的若干现象[J]. 海洋科学进展,2002,20(3):21-28.

[27] Kagimoto T, Yamagata T. Seasonal transport variations of the Kuroshio: An OGCM simulation[J]. Journal of Physical Oceanography, 1997, 27: 403-418.

[28] Kawabe M. Variations of current path, velocity, and volume transport of the Kuroshio in relation with the large meander[J]. Journal of Physical Oceanography, 1995, 25: 3103-3117.

The currents on both sides of the Ryukyu Islands in April and May 2002

Yang Chenghao[1], Yuan Yaochu[1], Wang Huiqun[1]

(1.*State Key Laboratory of Satellite Ocean Environment Dynamics*, *Second Institute of Oceanography*, *State Oceanic Administration*, *Hangzhou* 310012, *China*)

Abstract: On the basis of the data obtained in cruises of April and May 2002 onboard the R/V *Chofu Maru* of Japan Meteorological Agency and the satellite wind data of QuikSCAT during April and May 2002, the velocity and volume transport (VT) of the currents on both sides of the Ryukyu Islands are computed by using the modified inverse method. In the meantime, analyzing the ARGOS satellite-tracked drifters data in 2002 and the simultaneous sea surface height anomalies merged data of CLS AVISO, the main results are obtained as follows: (1) The Kuroshio only has one core at the Section PN. the net northeastward VT through Section PN is about $34.7\times10^6 m^3/s$, including Taiwan Warm Current, Kuroshio in the East China Sea and the anticyclonic eddy east of the Kuroshio. (2) The Kuroshio has two cores in the Tokara Strait, and its VT is about $25.6\times10^6 m^3/s$, and then flows towards Section ASUKA. (3) In the area southeast of the Okinawa Island, VT of Ryukyu Current (RC) is about $8.8\times10^6 m^3/s$, and it flows towards Section AM. (4) The net VT of the northward current through the area east of the Amami-Oshima Island is about $12.7\times10^6 m^3/s$, and then flows towards Section ASUKA. There is a meso-scale anticyclonic gyre at Section ASUKA, its diameter is about 240 km, and its VT is about $28.5\times10^6 m^3/s$. (5) The VT of Kuroshio through Section ASUKA in the first layer mostly comes from the Kuroshio in the Tokara Strait. In the second and third layers, it comes from the northward current east of the Amami-Oshima Island and the Kuroshio in the Tokara Strait, and their VTs equal approximately. (6) From analyzing the drifts' data, a part of current east of the Amami-Oshima Island comes from the area east of Section AM, and then it flows through Section ASUKA.

Key words: Kuroshio; Ryukyu Current; East China Sea; area east of Ryukyu Islands; area southeast of Kyushu Island; modified inverse method

第二部分　黄、东海海气相互作用的研究“入海气旋爆发性发展过程的相互作用”

刊于：地球物理学报，2002，45（3）：319-329.

我国大陆地区和近海海域能量收支分布及其季节变化的数值模拟研究*

周明煜[1]，李诗明[1]，钱粉兰[1]，陈陟[1]，苏立荣[1]，袁耀初[2]，潘晓玲[3]

（1. 国家海洋环境预报中心，北京 100081；2. 国家海洋局第二海洋研究所，浙江 杭州 310012；3. 新疆大学，新疆 乌鲁木齐 830046）

摘要：应用美国宇航局 Goddard 地球观测系统四维资料同化系统，计算了我国大陆地区和近海海域 1998 年各月月平均能量收支各项和 10 m 气温、比湿及风矢量的地理分布特征。模式计算结果表明，地表短波净辐射最强出现在夏季（7 月）新疆和西藏中部地区，高值中心区可达 275 W/m^2，在黄海、东海海域春季（4 月）最大，其值为 250 W/m^2 左右。地表长波净辐射最强出现在夏季（7 月）我国西北地区，中心区值为 125 W/m^2，我国近海海域在冬季（1 月）最强，其值为 75~100 W/m^2。我国近海海面，冬季（1 月）潜热通量值高于一般月份，中心值可达 250 W/m^2，夏季我国大陆西南、华北和东北一带为潜热通量高值区，其值为 125 W/m^2。月平均能量收支计算结果显示，在黄海、东海海域冬季（1 月）净通量为海洋向大气输送，夏季（7 月）则反之，新疆和西藏高原中部夏季为净通量正值区。综合温度、湿度和风矢量场分布发现，夏季从南海向华东地区，孟加拉湾向印度次大陆有明显的水汽平流输送，西藏西南部也有来自西南方向的水汽输送。

关键词：能量收支；数值模拟；中国大陆地区；近中国海域

中图分类号：P401

1 引言

地气（包括陆气和海气）相互作用过程的研究对了解大气环流的演变、气候变化和环境生态演变十分重要。各国科学家都进行过不少研究，并组织过多次科学试验，如国际大气研究计划全球试验（FGGE）、季风试验（MONEX）、气团变性试验（AMTEX）、热带海洋与全球大气试验（TOGA）等。我国于 1979 年进行了第 1 次青藏高原大气科学试验（QXPMEX），1998 年进行了第 2 次高原大气科学试验（TIPEX），第 2 次青藏高原科学试验期间，进行了系统的边界层观测，取得了宝贵的资料[1]。这些试验结果对研究和了解地气相互作用的物理过程及其对东亚大气环流、全球气候变化和中国区域灾害性天气发生发展及环流生态演变的影响具有重要作用。

地气相互作用过程中地表面的能量收支问题是一个很重要的基础性课题。野外科学试验所进行的地表面能量收支各项观测对了解陆气和海气相互作用的物理过程提供了宝贵数据，但它具有很大的地区和时间的局限性。为了弥补这些局限性，本文将利用美国宇航局 Goddard 空间飞行中心（GSFC）大气试验室（GLA）发展的地球观测系统（GEOS）资料同化系统（DAS），计算 1998 年逐月我国大陆地区和近海海域能量收支各项，包括短波净辐射、长波净辐射、感热通量和潜热通量，以研究其地理分布和季节变化。

* 国家重点基金项目（49736200）、国家自然科学基金项目（40075001）、国家 973 项目（G1999043503）和国家攀登 B 项目（TIPEX）资助。

2　模式计算方法

GSFC 的 GEOS 四维资料同化系统(DAS)由 3 个子系统:分析系统、2°(纬度)×2.5°(经度)大气环流模式(GCM)及边界条件组成。

为了分析卫星探测资料和改进模式预报质量发展了一种相互作用—预报—反演—分析系统。该系统包括前后 3 个主要工作部分。由大气环流预报模式[2]提供一个用于卫星资料反演系统的一级假想场,经过反演的卫星资料和常规资料同时用于一级假想场去进行分析。地表短波净辐射(S_{W_g})和长波净辐射(L_{W_g})是同化系统的产品。温度和湿度廓线、云、地表温度、湿度和气压输入模式的辐射代码(code),从而得到 S_{W_g} 和 L_{W_g}[3-4]。

Helfand 等[5]论述了在 GLA GCM 中对行星边界层和湍流的模拟。Goddard 大气实验室发展的一个新的 20 层方案能较好地解决行星边界层垂直结构和边界层动力学问题。因为它提高了近地面层的垂直分辨率,参数化了该区域的动量、热量和水汽通量的次网格尺度,参数化包括莫宁-奥布霍夫相似性方案,预告了在"扩展的边界层"内的垂直廓线。参数化方法确定陆地及海洋的表面粗糙度,确定黏性附层内标量的梯度以及在该薄层下面的粗糙要素,并用 2.5 层、二阶矩湍流封闭模式预告在行星边界层内的湍流通量。

近地面层(GCM 模式中的最低诊断层)在 GLA GCM 的 20 层结构中,仅是 5 hPa(相当于 45 m)深的一层,在 GLA 模式中,莫宁-奥布霍夫相似性函数已经选取为实际上代表着扩展了的近地面层直至 150 m 深。

在海面上粗糙度 z_0 是表面应力速度 u_* 的函数。计算 z_0 和 u_* 之间的函数关系是由 Large 和 Pond[6]适用于中到大风速的公式与 Kondo[7]适用于小风速的倒数关系

$$z_0 = C/u_* \tag{1}$$

之间进行内插而得出,式(1)中 $C=0.017\ cm^2/s$。在冰面上 z_0 取一个固定值 0.1 mm。

陆面粗糙度随月份和地表植被情况而变。模式中取 10 种植被情况。文献[8]中详细给出了逐月粗糙度的值。

Helfand 等[5]用 2.5 层、二阶矩湍流封闭方法预告了近地面层的湍流通量,它是基于 Yamada[9]提出的统计上可靠的 2.5 层方案。这个方案预告了作为诊断变量的湍流动能(TKE)和其他的湍流二阶矩(包括垂直通量)。

Mellor 和 Yamada[10]给出的分层模式中最完全的是 4 层模式,该方案包括 10 个诊断方程(考虑水汽脉动则有 15 个方程),在 GCM 模式中这是比较繁杂和耗时的,为此考虑对 4 层模式简化。首先是用边界层近似简化模式,忽略风、温度的水平梯度,湍流通量的辐散,由连续性方程和流体力学假定,忽略垂直风速的垂直梯度和垂直动量通量的辐散。简化后,得出了用于 GCM 模式中的 2.5 层、二阶矩湍流封闭模式。

李诗明等[11-12]应用 EOS DAS 模式计算和分析了南极附近海域与西太平洋海域感热通量及潜热通量分布,得到较好的结果。

3　模式计算结果分析

模式计算每 6 h 输出一结果,然后取月平均值。本文对中国大陆地区和近海海域 1998 年 1—10 月能量收支各项以及温度、湿度、风场的月平均作了计算,并用 1、4、7、10 月作为各季的代表性月份进行讨论。

3.1　地表短、长波净辐射

图 1a 是 1998 年 1、4、7、10 月月平均地表面吸收的短波辐射分布图,由图可见,我国近海大部分海域 4 月海面接受的短波净辐射最强,大部分海域吸收辐射在 225 W/m^2 以上,我国渤海海域和日本以西,我国台湾以东海域都超过 250 W/m^2。南海海域吸收辐射低于 225 W/m^2,在海南岛附近海域为 200 W/m^2 左右。在 4 月我国华北、西北、西南大部分地区吸收辐射都在 225 W/m^2 以上,有些地区可超过 250 W/m^2,长江中

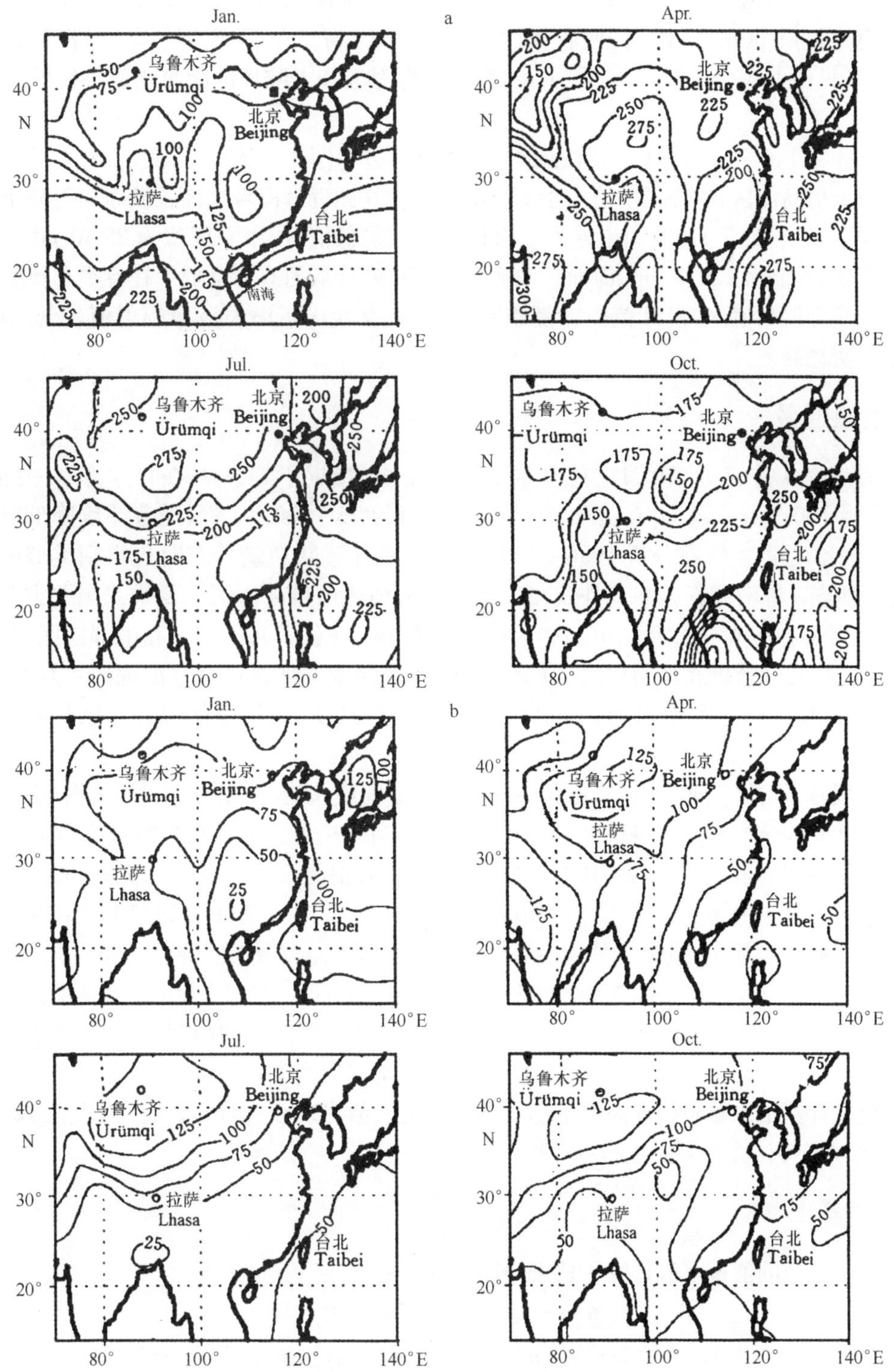

图 1　1998 年月平均地表短波(a)和长波(b)净辐射分布图(等值线间隔:25 W/m^2)

Fig. 1　Distribution of monthly mean surface short wave (a) and long wave (b) net radiation in 1998 (contour interval:25 W/m^2)

下游和华南地区较低,新疆地区最低,最低值为 150 W/m^2。夏季(7 月)黄海和东海海域吸收辐射仍较高,与 4 月的值差不多,但台湾附近海域和南海海域吸收辐射都比 4 月的低。新疆和西藏中部地区吸收辐射都比 4 月的值高,中心最高值为 275 W/m^2,但西南地区则低,其值为 175 W/m^2(图 1a 中 7 月)。在秋季(10 月)我国近海大部分海域吸收辐射都在 225 W/m^2 以上，仅在南海南部海域吸收辐射较低，在 125 W/m^2 以下。长江中下游和华南、西南地区秋季（10 月）吸收辐射比夏季（7 月）高，在 225 W/m^2 以上。但华北、西北和西藏地区则明显下降（见图 1a 中 10 月）。冬季（1 月）我国近海海域和大陆地区吸收辐射都较低，基本保持南高北低的分布形势。

图 1b 是 1998 年 1、4、7、10 月月平均地表面长波净辐射分布图。由图可见，夏季（7 月）我国西北广大地区为地面长波净辐射高值区，中心区的值大于 125 W/m^2，在我国近海海域海面长波净辐射分布较均匀，其值为 50 W/m^2 左右。在冬季（1 月）我国南方为地面长波净辐射低值区，中心区值为 25 W/m^2，日本海为海面长波净辐射高值区，其值为 125 W/m^2，海面长波净辐射随纬度降低而有所降低。在春季和秋季，我国西北地区仍为地面长波净辐射高值区，但其范围比夏季有所减小，在我国近海长波净辐射值较低，其值为 50～75 W/m^2，南北没有明显的差异。

3.2　感热、潜热通量

我国近海海域在 4 月、7 月、10 月的感热通量值非常小，接近于零，1 月在日本海有一感热通量高值区，中心区的值为 150 W/m^2 以上，在黄海、东海海域其值为 75～100 W/m^2，随着纬度降低其值逐渐减小（图 2a）。周明煜和钱粉兰[12]在分析 1986—1989 年西太平洋感热通量分布时也得到类似的分布和季节变化。在春季除华东、华南和新疆西部外我国广大地区为感热通量高值区。夏季我国北方和西藏中部都是高值区，中心区值为 75 W/m^2，我国中部和西部其值很小。在秋季我国北方和中部地区等仍是高值区，但其值比春、夏季略低。分析逐月的模式计算结果发现，在西藏中部感热通量出现在 4 月和 5 月，最小值在 11 月和 12 月。陈陟等[13]利用（1954—1992 年）的拉萨气候资料，用整体法计算感热通量的季节变化也有类似的趋势。

我国近海海域月平均潜热通量（图 2b）在冬季（1 月）出现最大值，在东海和日本海各有一极大值区，东海高值区的值为 250 W/m^2，日本海高值区为 200 W/m^2，都高于热带太平洋观测的潜热通量[14]。在夏季（7 月）潜热通量最低，在黄海和日本海为潜热通量最低值区，中心值为 25 W/m^2。与文献[12]计算结果比较，1998 年我国近海海域潜热通量值比一般年份相应值高，与出现 El Niño 事件的 1987 年的结果相近。1998 年也为 El Niño 年，这再次说明 El Niño 事件发生可能会影响我国近海海域的热通量分布，尤其是冬、春季的潜热通量分布。冬季（1 月）在我国大陆除沿海地区和北纬 30°以南地区外，广大北方地区潜热通量都接近于零。夏季（7 月）在大陆地区有一西南—东北走向的潜热通量高值带，其值为 125 W/m^2。在秋季我国南方和南海海域一带为潜热通量高值区，中心值为 175 W/m^2。春季我国南方仍为高值区，但其范围和量值都小于秋季。逐月的模式计算结果显示西藏高原中部潜热通量最大值出现在 7 月，最小值出现在 12 月和 1 月，这和文献[13]中气候资料计算结果变化趋势一致。

3.3　地表净通量

根据能量收支各项的值按下式计算了地表净通量 N_{sfc} 值，

$$N_{sfc} = S_{W_g} - L_{W_g} - H_s - H_g, \tag{2}$$

式中，S_{W_g} 为地表短波净辐射，L_{W_g} 为地表长波净辐射，H_s 为感热通量，H_g 为潜热通量。

图 3 为 N_{sfc} 在各季节的分布图。从图 3 可以看到，在冬季（1 月），黄海、东海和日本海以及孟加拉海湾 N_{sfc} 值为负值区，其值达−5 W/m^2，表明这些海域海面净通量为从海洋向大气输送。在南海海域 N_{sfc} 值为正，表明该海域海面净通量为海面向海洋深处输送。在我国大陆地区地面的 N_{sfc} 值接近零，表明辐射收入能量与感热通量、潜热通量之间保持平衡。在夏季（7 月），黄海、东海和日本海的 N_{sfc} 值为正值，其值达 50 W/m^2，表明这些海域海面净通量为从海面向海洋深处输送。在南海海域和孟加拉湾海域 N_{sfc} 为负值，海面净通量从海面向大气输送。青藏高原西部和新疆西部 N_{sfc} 为正值区，表明净通量从地面向土壤深处输送，我国其他地区其值接近于零，表明地表辐射收入与感热通量和潜热通量之间基本平衡。春季（4 月）在日本海、日本南部海域和我国东部 N_{sfc} 为负值区，而其他近中国海域和孟加拉海湾都是 N_{sfc} 正值区。新疆和青藏高原中部

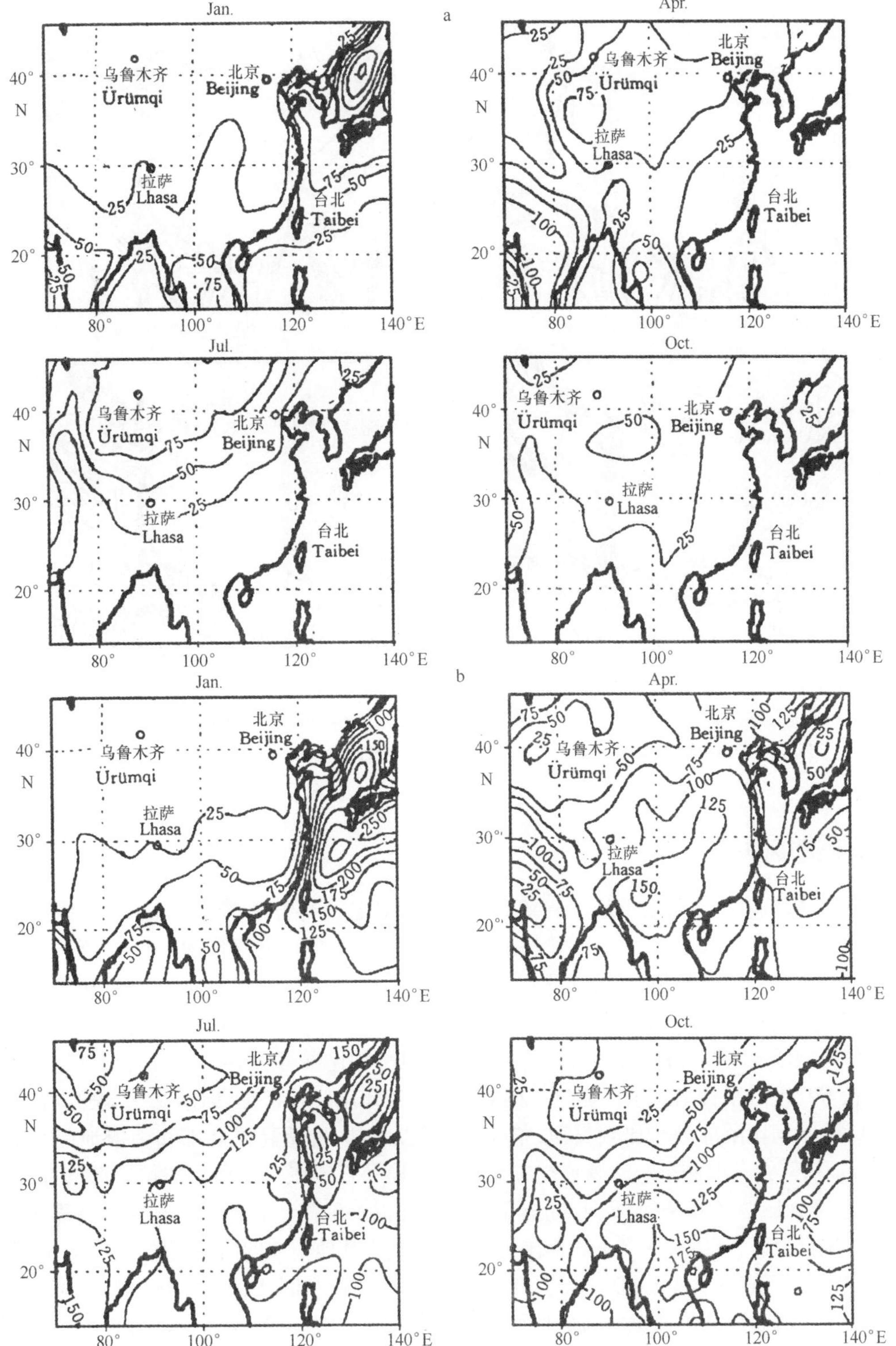

图 2　1998 年月平均感热通量(a)和潜热通量(b)分布图(等值线间隔:25 W/m²)

Fig. 2　Distribution of monthly mean sensible (a) and latent (b) heat fluxes in 1998 (contour interval:25 W/m²)

N_{sfc}为正值区。秋季(10 月)东海和日本南部海域 N_{sfc}为正值区,其他海域为负值区,我国大陆地区基本为零值区。

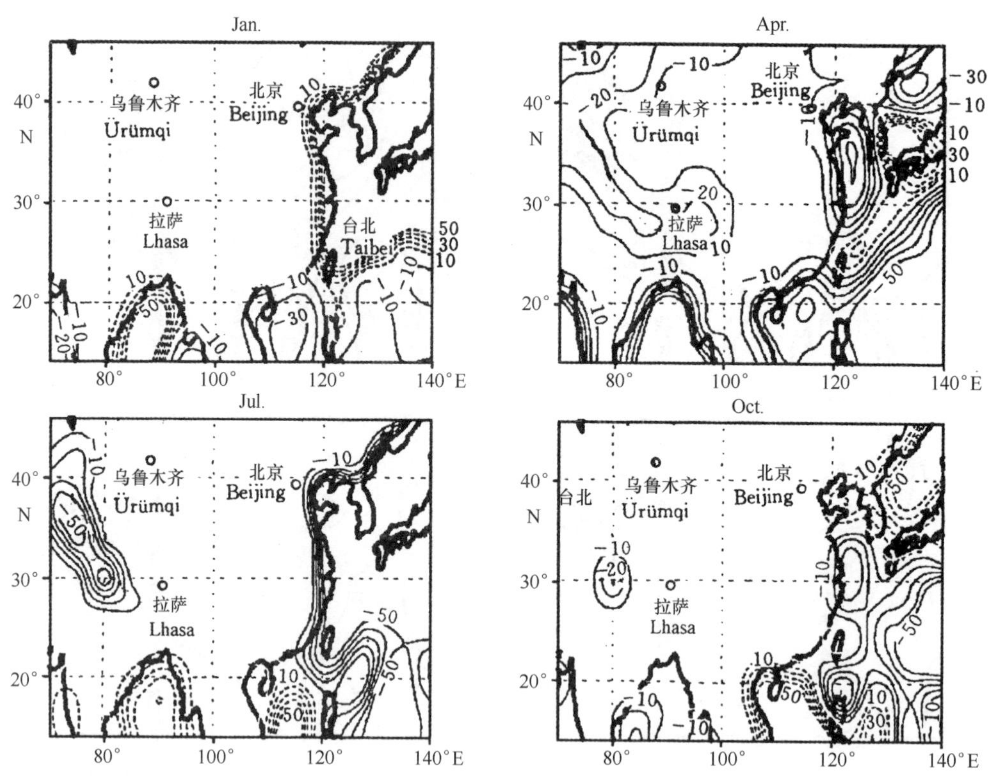

图 3　1998 年月平均净通量 N_{sfc} 分布图(等值线间隔:10 W/m²)

Fig. 3　Distribution of monthly mean net flux N_{sfc} in 1998(contour interval:10 W/m²)

3.4　气温、比湿和风矢量

图 4 为各季月平均 10 m 气温分布图。青藏高原北部和新疆南部各季都存在低温区。在我国东部和近海海域夏季(7 月)气温分布较均匀,没有明显的南北差异。其他各季南北温度梯度较大,等温线呈西南—东北走向。秋季和春季等温线分布相类似,南北温度梯度较冬季小。月平均 10 m 比湿分布图(图 5)显示,1 月我国大陆北方地区比湿比较低,华北、内蒙古、青藏高原北部和新疆地区月平均比湿在 2 g/kg 以下,大陆南方和近海南部海域湿度较高,海南岛和台湾省南部海域月平均比湿可达 14 g/kg 以上。从全国范围(包括近海海域)来看,等比湿线呈西南—东北走向。在中部地带等比湿线较密集,即南北比湿梯度较大。春季(1 月)和秋季(10 月)平均比湿的分布比较类似,华北、内蒙古西部,青藏高原北部和南疆地区为低比湿中心区,其值为 2~4 g/kg。在黄海和东海海域等比湿线相对比较平直。在南海和孟加拉湾海域都为高比湿区,中心比湿值可达 20 g/kg 左右。夏季(7 月)全国的月平均比湿一般高于其他季节。青藏高原北部和新疆大部分地区仍为比湿低值区,其中心区月平均比湿为 6 g/kg,高于其他季节的值。西藏高原西、南部和华东、华南地区为月平均比湿高值区,其中心区值可达 20 g/kg,在西藏高原东侧,四川、云南一带,形成 1 月平均比湿低值槽区。在我国近海海域和孟加拉湾都是月平均比湿高值区,分布比较均匀,其值都在 20 g/kg 左右。

月平均风矢量分布示于图 6。从图 6 可见,冬季(1 月)在我国西部、华北和东北地区为偏西风和西北风,风速较大,在 30°N 以南风速较小,顺行偏北风。在黄海、东海海域顺行西北风,台湾附近海域和南海海域顺行偏东风,风速都比较大。结合图 4~6 中 1 月情况可发现,在我国北方和东部广大地区都显示冷而干的水平平流。春季(4 月)在我国中部地区(30°~35°N,90°~100°E)顺行偏北风,风速较大,在华东和东北地区为偏南风,华南地区和南海海域为偏东风。在孟加拉海湾沿海地区有明显的偏南风。夏季(7 月)在我国东部地区顺行偏南风,在西藏中部~南北气流辐合带,高原西南部为西南气流。在我国近海海域和孟加拉湾海域都顺行较强的偏南风。比较图 5 可看到,从春季开始有较强的水汽平流从我国南部海域输送到我国东

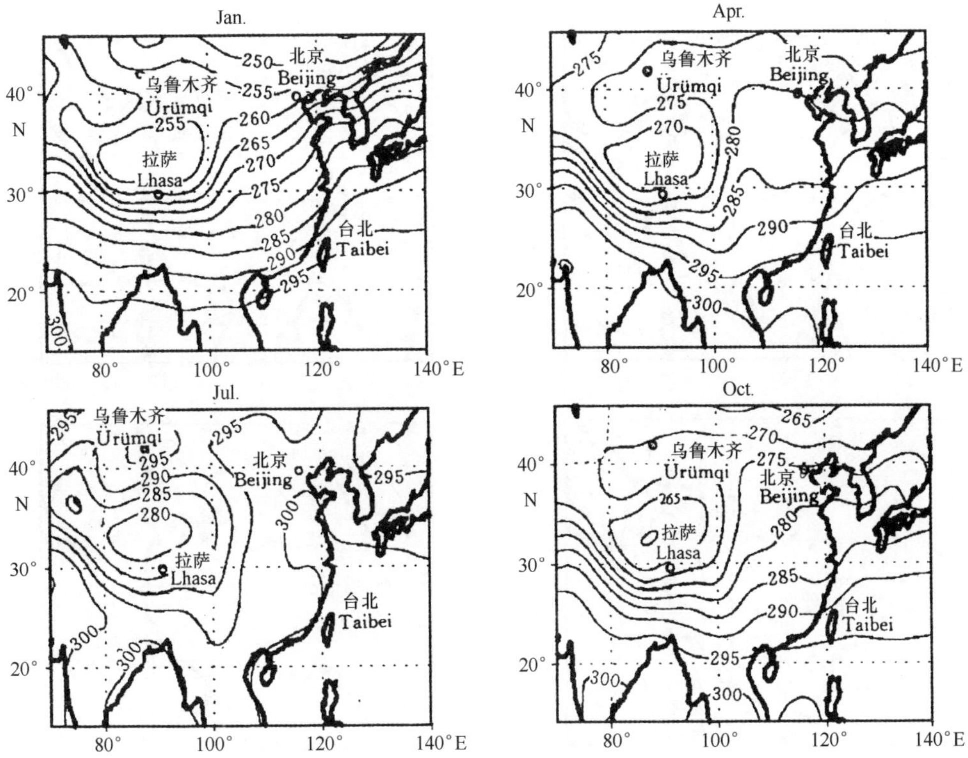

图 4 1998 年月平均 10 m 气温分布图(等值线间隔:5 K)

Fig. 4 Distribution of monthly mean air temperature at 10 m in 1998 (contour interval:5 K)

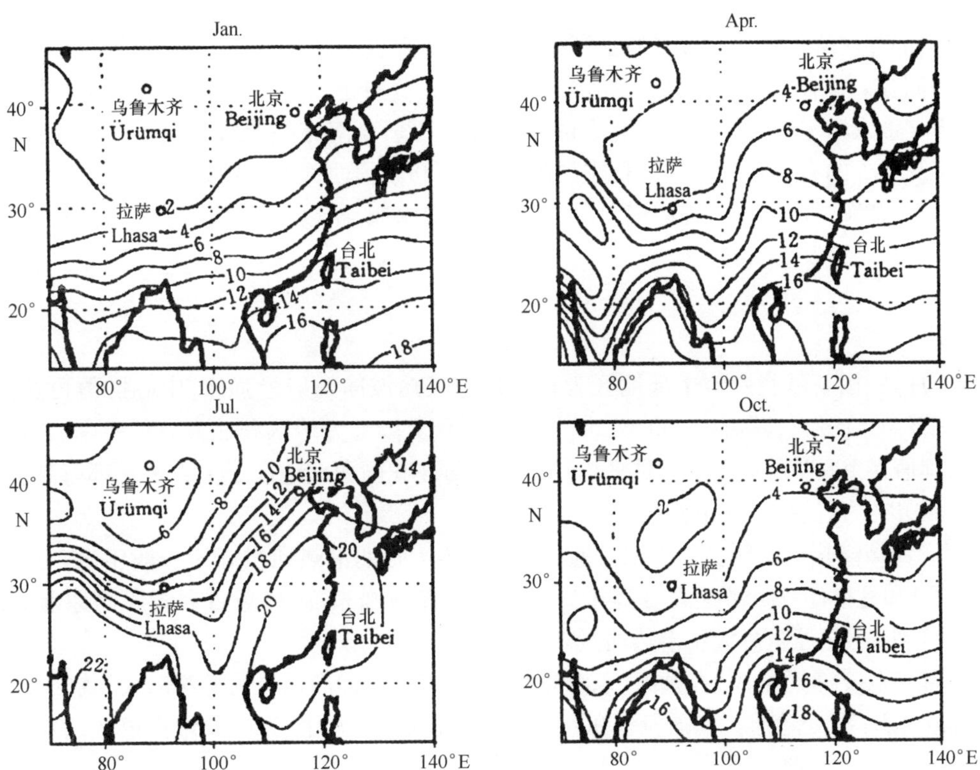

图 5 1998 年月平均 10 m 比湿分布图(等值线间隔:2 g/kg)

Fig. 5 Distribution of monthly mean specific humidity at 10 m in 1998 (contour interval:2 g/kg)

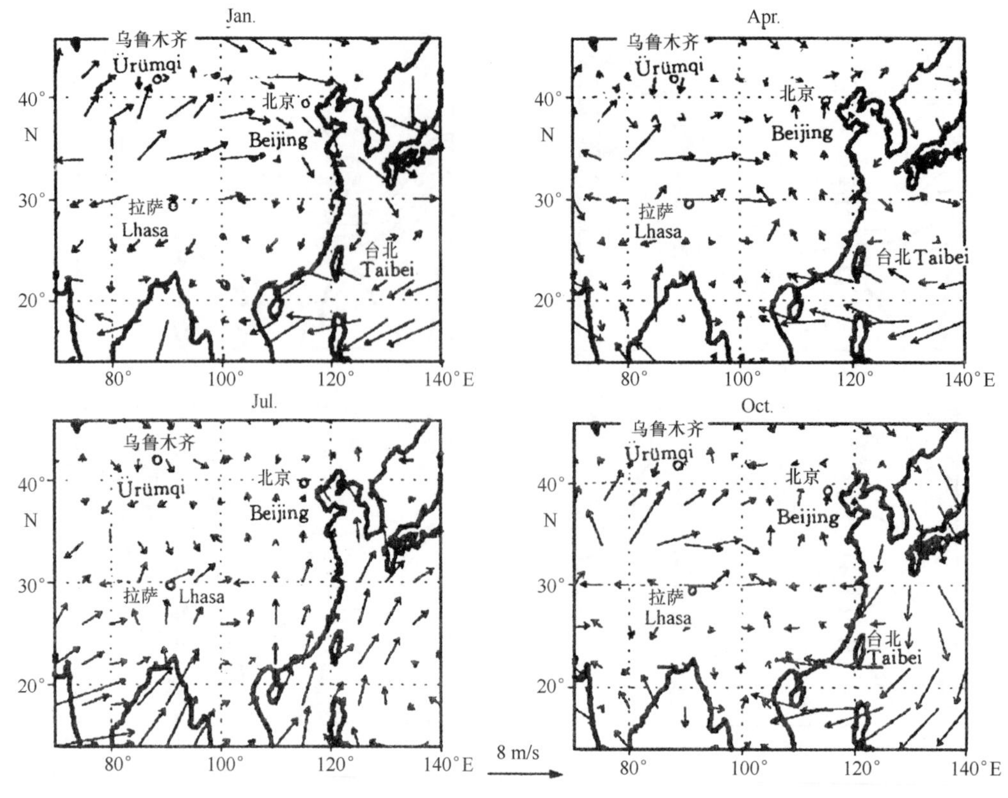

图 6　1998 年月平均风矢量分布图

Fig. 6　Distribution of monthly mean wind vector in 1998

部地区；在西藏中部存在从孟加拉湾过来的水汽，在西藏西南部也存在从西南方过来的水汽输送，到夏季这些水汽输送更为明显。徐祥德等[15]分析 1998 年夏季 NCEP 资料也发现在西藏高原类似的水汽输送现象。在西藏中部的辐合带风场区容易形成来自北方的干冷气流和来自南方的湿气流交汇。这也许是高原中部常观测到的对流发展[1]的有利背景条件。秋季（10 月）高原和新疆西部地区顺行较强的西南气流，我国大部分地区风速较小，在黄海海域顺行较强的偏北风，在南海为偏南风，所以在近中国海域一般为冷干平流。

4　结论

（1）夏季（7 月）我国新疆和西藏中部地区为月平均地表短波净辐射最强区，中心区值可达 275 W/m^2，在黄海海域，春季（4 月）最大，其值为 250 W/m^2 左右。我国大陆北方地区和北方海域冬季（1 月）月平均短波净辐射最低，其值在 100 W/m^2 以下。月平均长波净辐射在我国西北地区于 1、4、7 月都有高值区，中心区值可达 125 W/m^2，以 7 月的中心区范围最大。

（2）我国近海海域潜热通量明显高于感热通量，1998 年 1 月的潜热通量高于一般年份。我国大陆大部分地区春季（4 月）和夏季（7 月）潜热通量高于感热通量。在新疆东部、内蒙古和青藏高原北部地区，秋季（10 月）和夏季（7 月）感热通量可大于潜热通量。

（3）月平均能量收支净通量 N_{sfc} 在黄海、东海海域 1 月为负值，即净通量为海洋向大气输送，7 月为正值，即净通量由海面向海洋深处输送。我国新疆和西藏高原中部夏季（7 月）为净通量正值区，表明净通量从地面向土壤深处输送。

（4）1998 年夏季从南海向华东地区，孟加拉湾向印度次大陆存在明显的水汽平流输送，西藏西南部也有来自西南方向的水汽输送。在西藏中部夏季存在来自北方的干冷气流和来自南部暖湿气流的辐合带。这些结果对 1998 年夏季在西藏高原中部常观测到中尺度强对流活动、强积云云系的形成以及其对东亚大气环流影响、积云云系东移发展形成长江中下游暴雨系统的研究和了解都是有利的。

参考文献：

[1]　周明煜,徐祥德,卞林根,等. 青藏高原大气边界层观测与动力气象学研究. 北京:气象出版社,2000:125

Zhou Mingyu, Xu Xiangde, Bian Lingen, et al. Observational Analysis and Dynamic Study of Atmospheric Boundary Layer on Qinghai-Xizang Plateau. Beijing: Meteorological Press, 2000: 125.

[2]　Kalanay E, Balgovind R, Chao W, et al. Documentation of the CLAS fourth order general circulation model. NASA Technical Memorandum TM-86064, 1983.

[3]　Chou M D, Suarez M. An efficient thermal infrared radiation parameterization for use in general crculation model. NASA Technical Memorandum 104606, 1994, 3: 84.

[4]　Chou M D. Rideway W, Yan M H. Parameterizations for water vapor IR radiation transfer in the middle atmosphere. J Atmos Sci, 1995, 52: 1159-1167.

[5]　Helfand H M, Labraga J C. Design of a nonsingular level 2.5 second-order closure model for the prediction of atmospheric turbulence. J of the Atmos Sciences, 1988, 45: 113-132.

[6]　Large W G, Pond S. Open ocean momentum flux measurements in moderate to strong winds. J Phys Oceanogr, 1981, 11: 324-336.

[7]　Kondo J. Air-sea bulk transfer coefficients in diabatic conditions. Bound Layer Meteoro, 1975, 9: 91-112.

[8]　Koster R, Suarea M. Energyand water balance calculations in the mosaic LSM. NASA Tech. Memorandum 104606, 1996, 9.

[9]　Yamada T. A numerical experiment on pollutant dispersion in a horizontally-homogeneous atmospheric boundary layer. Atoms Environ, 1997, 11: 1015-1024.

[10]　Mellor G. Yamada T. A hirachy of turbulence closure models for planetary boundary layers. J Atmos Sci, 1974, 31: 1791-1806.

[11]　李诗明,周明煜,吕乃平,等. 50°S 以南海域的感热潜热通量的模式计算. 地球物理学报,1997,40(4):460-466.

Li Shiming. Zhou Mingyu, Lu Naiping, et al. Model calculation of sensible and latent heat fluxes in sea area south of 50°S. Chinese J Geophys (Acta Geophysica Sinica), 1997, 40(4): 460-466.

[12]　周明煜,钱粉兰. 中国近海及其临近海域海其热通量的模式计算. 海洋学报,1998,20(6):21-30.

Zhou Mingyu, Qing Fenlan. Model calculation of air-sea heat fluxes over ocean area near China. Acta Oceanologica Sinica, 1998, 20(6): 21-30.

[13]　陈陟,钱粉兰,于鸿健,等. 青藏高原与黑潮海域的潜热通量关系及其对我国东部气候变化影响初步研究//徐文耀,等. 地磁大气空间研究及应用. 北京:地震出版社,1996:259-263.

Chen Zhi, Qan Fenlan, Yu Hongjian, et al. Preliminary study on relation of sensible and latent heat fluxes between Qinghai-Xizang Plateau and Kuroshio sea area and its effect on variation of climate in eastern China//Xu Wenyao, et al. eds. Study of Application of Geomagnetism, Atmosphere and Space. Beijing: Seismological Press, 1996: 259-263.

[14]　陈陟,李诗明,吕乃平,等. TOGA-COARE IOP 期间海气通量观测结果. 地球物理学报,1997,40(6):753-762.

Chen Zhi, Li Shiming, Lu Naiping, et al. Observational study on air-sea fluxes during TOGA-COARE IOP. Chinese J Geophys (Acta Geophysica Sinica), 1997, 40(6): 753-762.

[15]　徐祥德,周明煜,陈家宜,等. 青藏高原地-气过程动力、热力结构综合物理图像. 中国科学,2001,31(5):428-441.

Xu Xiangde, Zhou Mingyu, Chen Jiayi, et al. Comprehensively physical scheme of dynamic and thermal structure in land-air process on Qinghai-xizang Platcau. Science in China, 2001, 31(5): 428-441.

Numerical simulation of energy budget distribution and its seasonal variation in China mainland and sea areas

Zhou Mingyu[1], Li Shiming[1], Qian Fenlan[1], Chen Zhi[1], Su Lirong[1], Yuan Yaochu[2], Pan Xiaoling[3]

(1. *National Center for Marine Environmental Forecasts*, *Beijing* 100081, *China*; 2. *Second Institute of Oceanography*, *State Oceanic Administration*, *Hangzhou* 310012, *China*; 3. *Xinjiang University*, *Ürümqi* 830046, *China*)

Abstract: The monthly mean values of energy budgt, air temperature, specific humidity and wind vector at 10 m over China mainland and sea areas for 1998 were calculated based on Goddard Earth Observing Data Assimilation

System, NASA, United States. The results show that the largest net radiation of surface short wave appears in summer (July) in central areas of Xinjiang and Xizang, the magnitude in the high value cenral area reaches 275 W/m^2. The largest net radiation appears in spring (April) in Yellow Sea and East China Sea, its maximum value is about 250 W/m^2. The largest net radiation of the surface long wave appears in summer (July) in northwestern China, the value of the central area is 125 W/m^2, and it appears in winter (January) in near China sea areas, the value is 75–100 W/m^2. The latent heat flux in near China sea areas in winter (January) is higher than that in other months, its value in the central area occurs in southwestern, northern and northeastern China, its value is 125 W/m^2.The calculation results of monthly mean energy budget illustrate that the net flux is transferred from ocean to atmosphere in winter (January) in Yellow Sea and East China Sea, and conversely in summer (July). The net flux value is positive in summer in Xinjiang and the central area of Xizang Plateau. The comprehensive analysis for distributions of temperature, humidity and wind vector shows that the water vapour is transported distinctly in summer from South China Sea to eastern China area and from Bay of Bengal to India subcontinent. The water vapour in southwestern area of Xizang comes from its southwestern direction.

Key words: energy budget; numercial simulation; China land area; near China sea areas

刊于:海洋学报,2002,24(增刊1):1-19.

黄海、东海入海气旋爆发性发展过程的海气相互作用研究

袁耀初[1,2],周明煜[3],秦曾灏[4]

(1. 国家海洋局 第二海洋研究所,浙江 杭州 310012; 2. 国家海洋局 海洋动力过程和卫星海洋学重点实验室,浙江 杭州 310012; 3. 国家海洋环境预报中心,北京 100081; 4. 上海台风研究所,上海 200030)

摘要:基于1999年6月中、韩、日三国联合调查的两个航次资料,对"黄东海入海气旋爆发性发展过程的海气相互作用研究"项目进行了物理海洋学与气象学相结合的研究,也结合了历史调查资料的研究,得到了以下主要结果:(1)以1999年6月资料与历史调查资料对黄海、东海海域黄海冷水团,长江冲淡水,黄海沿岸流,台湾暖流,黑潮及其两侧冷、暖涡等进行了水文分析,并采用了改进逆方法,P矢量方法,三维海流诊断、半诊断模式与预报模式,MOM2模式等,计算了1999年6月与历史资料调查期间黄海、东海海域环流,结合锚碇测流与ADCP测流等的实际观测,揭示了调查海区各流系的时空变化,以及它们的相互作用,指出这些流系的相互作用对入海气旋发展过程有重要影响。(2)计算了调查海区各流系的流速与流量分布等。(3)阐明了气旋发展过程中对海洋的反应。(4)在1999年6月海上调查时期观测发现,在气旋中心区等存在负的潜热通量和感热通量。出现负的潜热通量和感热通量的海域分别位于黑潮以西、温度相对低的气旋涡区域,黄海沿岸水向东南方向流动,然后作气旋式弯曲处,济州岛西南冷的、气旋涡区海域等。而观测发现,在黑潮区以及黑潮核心以东暖涡区出现的高的、正的感热与潜热通量,明显地与黑潮与暖涡区的高温特征直接有关。这表明观测的感热与潜热通量分布与黄海、东海海域水文特征与环流是密切相关的。从上述海-气相互作用关系得到的结果,在黄海、东海海域是首次发现的。(5)对海上调查时期所遇到的两个不同气旋发展情况进行数值模拟,计算所得的潜热和感热通量分布与实际观测的结果基本一致。在出海气旋东移例子的模拟中,气旋东移前方黑潮海域和日本西南海域存在一个强大的正热通量区,从海洋向大气提供充足的能源可能是使气旋东移的重要原因之一。(6)模式计算表明,月平均能量收支净通量在黄海、东海海域有明显季节变化,1月净通量为海洋向大气输送,7月净通量为大气由海面向海洋输送。(7)海洋的热输送对东海气旋的初期发展起着非常重要的作用,其中海洋潜热的贡献尤为重要,约为海洋感热的20倍。海洋热输送加大了低层大气的不稳定性,则是东海气旋发展的一个重要原因。(8)阐明了入海气旋发展的主要物理过程中几种主要动力学机制,有助于气旋的预报。

关键词:黄海、东海;气旋发展过程;爆发性;海气相互作用

中图分类号:P722;P732.6

1 引言

中国近海气旋主要来源于:(1)长江中、下游和淮河流域,称为江淮气旋,约占44.4%;(2)东海南部和台

基金项目:国家自然科学基金重点项目(49736200)。

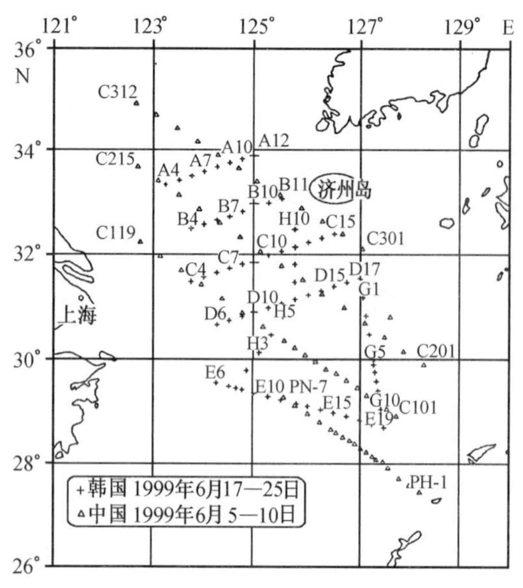

图1　1999年6月第一航次(用△表示)及第二航次(用+表示)水文观测断面与站位分布

湾东北部,称为东海气旋,约占30.7%;(3)黄河下游和海河流域(含渤海、南黄海),称为黄河气旋,约占22.9%[1]。对黄海、东海入海气旋发展过程的研究,已有不少工作(具体参见文献[1]),但从海洋与大气相结合及其相互作用方面在黄海、东海进行联合海上调查,本研究是首次。本研究由国家自然科学基金(重点项目)资助,也是中国(包括我国台湾大学海洋研究所)、韩国、日本三国国际合作研究项目。研究目标:研究黄海、东海海域海洋对入海气旋发展的作用,以及发展气旋对海洋的影响等。根据1999年中、韩、日三国科学家黄海、东海调查研究的计划,本项目实现了以下两个调查研究航次。中国国家海洋局第二海洋研究所与海洋环境预报中心、中国台湾大学海洋研究所与日本广岛大学学者在1999年6月4—19日由"向阳红14"号调查船联合在南黄海与东海执行了物理海洋学观测与海洋气象观测(以下简称航次1)[2]。在航次1物理海洋学方面观测有CTD测量,ADCP测流系统,锚碇测流系统测流、测温,温度链观测系统等;气象观测有常规气象观测、气溶胶观测及热通量观测等。韩国海洋研究与开发研究所(简称KORDI)在1999年6月17—25日执行第二航次,由韩国"Eardo"调查船也在黄海南部与东海北部进行了调查研究(以下简称航次2)[3]。关于这两航次的观测站、断面等参见图1。在1999年6月黄海、东海海上调查期间有两个江淮气旋分别发生和发展于6月10—11日和6月16—17日。在6月10—11日期间调查船从气旋的前部迎面穿过气旋的中心到达气旋的后部,取得了比较完整的气旋区域资料。6月16日由于调查船与气旋中心有一定距离,因此我们只取得了气旋部分区域的资料。本文将从观测与理论研究方面分别对该项目在物理海洋学与气象研究方面作总的概述与讨论。

2　物理海洋学与海洋气象观测

2.1　物理海洋学观测

2.1.1　第一航次观测

第一航次共在4个观测断面(PN、C1、C2、C3)(图1)上执行了CTD观测,共69个测站,垂向方向为100 hPa资料。

ADCP观测资料有两种:(1) 船载ADCP走航式全航程海流资料,1 min一次记录,垂直层次由20 m至240 m;(2) 日本国广岛大学拖曳式ADCP走航式海流观测,日方还配有3台差分GPS全航程高精度定位记录。我们比较了两种ADCP观测资料,两者甚为一致。图2a、图2b分别为在6月10日入海气旋发展与调查船相遇前与后在20 m处ADCP观测流的结果,其中C204站为ADCP测流连续站(参见图1与图2b)。

锚碇测流站位于C208站(31°49.476′N, 125°29.468′E),观测时间为1999年6月5—14日,10 min一次记录,30 m及45 m两个层次。在30 m处上述海流观测期间平均流速$(u,v)=(6.9,\ -3.0)$(单位:cm/s);而在45 m处平均流速$(u,v)=(3.7,\ -1.1)$(单位:cm/s)[2]。这表明,在C208锚碇测流站30 m与45 m处平均流速皆为东南方向。对该锚碇测流站的海流与温度的时间序列,我们都作了谱分析[4]。我们还与我国台湾学者合作施放温度链的观测,详细参见文献[4]。

2.1.2　第二航次观测

第二航次共在7个断面,即1999年6月17—25日在断面A、B、C、D、E、H及G上执行了CTD观测(见

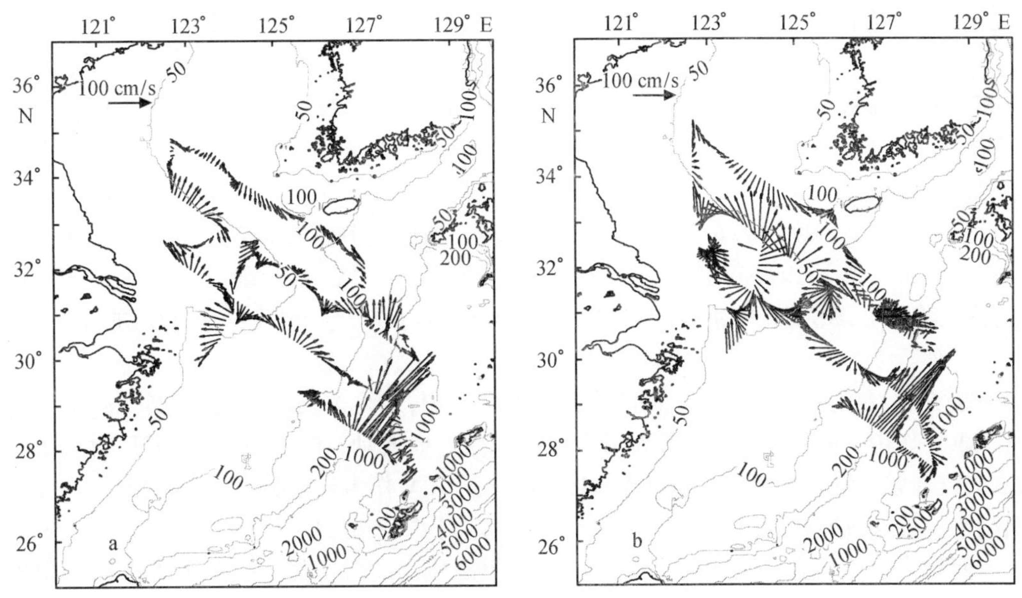

图 2　1999 年 6 月 10 日入海气旋发展前与后 ADCP 观测流的结果

a. 在 20 m 处 6 月 10 日前；b. 在 20 m 处 6 月 10 日后

图 1a)，垂向方向为1 100 hPa 资料。而第一航次共 4 条断面：PN、C1、C2 及 C3（见图 1a)，在 1999 年 6 月 5—10 日执行了 CTD 观测，这表明两个航次的 CTD 观测的时间差约为两个星期左右。

2.2　海洋气象观测

为了研究黄海、东海海域出海气旋发展过程的气象特征，1999 年 6 月在黄海、东海海上调查时进行了加密气象观测和热通量观测[5]。气象观测内容包括风速、风向、温度、湿度、气压、海表温度、能见度和浪高等。每天观测 8 次，从 02 时开始观测，23 时结束，每 3 h 观测一次。利用超声风速仪和温度脉动仪进行风速和温度脉动量观测。

3　物理海洋学的主要结果

3.1　1999 年 6 月观测资料的水文特征分析研究

对 1999 年 6 月调查海域水文特征，楼如云等[6]已作了详细分析，本文作以下概括：

（1）长江冲淡水和黄海沿岸水：长江冲淡水在近海面约 10 m 的薄层内呈低盐水舌状向济州岛方向扩展，取盐度 31 作为低盐水舌的外缘指标，其前缘越过 124°E。长江冲淡水的北面，有一股温度较低，盐度相对较高的海水南下，阻碍了长江冲淡水沿苏北海岸北上，并迫使其转向东北，向济州岛方向流动。这股低温水来自苏北沿岸，通常称为"苏北沿岸水"或"黄海沿岸水"。苏北沿岸水南下，在 15 m 及其以深发展成一支东南方向的低温水舌。在 25 m 层，以温度 17℃ 作为外缘指标，舌的前锋抵达 30°N，控制了本计算海域西北及中部的较大区域。在 31°30′N ，125°30′E 附近，14℃ 等温线呈封闭状，形成低温中心，最低温度约为 12. 7℃，对应盐度约为 33. 15。该低温中心随深度增加逐渐向东移动，至深层位于 126°E 附近[6]，最低温度约为 12. 4℃，对应盐度约为 33. 18。低温水在向东南入侵的过程中于 29°20′N，127°E 附近受到一股高温高盐水的阻挡，这股高温高盐水温度大于 21℃，盐度大于 34，为台湾暖流水。苏北沿岸水和台湾暖流的交汇处形成一支较强的锋，呈西南—东北方向，在 25 m 层宽约 25. 6 n mile，温、盐的水平梯度分别约为 0. 2℃/n mile 和 0. 03/n mile。沿冷水舌外缘南下的一部分海水，在台湾暖流及地形的作用下，于 30°N ，126°E 附近，作气旋式弯曲，先转向东，后转向东北及偏北方向流动。并在 30°40′～32°N ，125°～126°30′E 范围内，出现一个气旋式冷涡。黄海沿岸流及部分东海陆架水向南流动，沿以下所述黄海冷水团外缘作气旋式弯曲后转向东北。

（2）济州岛西南高密、冷涡：如上所述，在30°40′~32°N，125°~126°30°E处，济州岛西南出现一个气旋式冷涡，具有高密、低温水的特征，其中心位置随深度增加逐渐向东移动等等。

（3）黄海冷水团：在34°N ，124°E附近出现另一个低温中心[6]，25 m层上的最低温度约9.5℃，对应盐度32.6，50 m层上的最低温度约为8.7℃，相应盐度32.7。该低温中心正位于黄海冷水团的南边界。C3断面的温盐分布图大致反映了1999年夏季南黄海冷水团的垂直结构[6]。靠近陆架一侧海水分层明显，在20~30 m处形成较强的跃层，跃层以下为一个离底厚约20 m的均匀混合层，温度约为9℃，盐度约为32.8，呈现出低温中盐的特征。

（4）台湾暖流水：台湾暖流位于长江冲淡水以南及东南侧，对夏季长江冲淡水的转向，济州岛西南冷涡的形成等具有重要作用。前面已经提到苏北沿岸水向东南方向流动，在29°20′N，127°E附近受到台湾暖流的阻挡，形成一支较强的锋。这里我们取盐度34，对应温度20℃作为台湾暖流的外缘指标。

（5）黑潮水：高温高盐水、东海黑潮经过本计算海区东南部，表层温度大于27℃，盐度大于34.4为东海黑潮的主干。西侧为台湾暖流及陆架混合水。5—6站出现较强的锋。黑潮水的最大盐度值出现在断面东侧80~200 m深处，约为34.9。我们取PN断面3号站的温、盐垂直分布来讨论黑潮水的垂直结构，黑潮水自上而下可分为4层。① 高温次高盐的表层水：大约位于0~50 m范围内，温度最高，盐度较低，温、密分布呈准均匀状态。② 次表层的高盐水：大约位于100~200 m范围内，海水盐度达到最高值，约为34.9，温度随深度增加而降低，密度随深度增加而增加。③ 中层低盐水：大约位于500~750 m范围内，海水盐度达到最低值，最小盐度约为34.2，温度继续随深度增加而降低。④ 深层低温水：温度达到最低，深层约为4.6℃，盐度高于中层的低盐水。

上述的水文分布和环流的特征，对以下海上气象观测得到的通量分布的变化有较好对应，表明海洋表层水文和环流的特征对大气的影响。

3.2　1999年6月两个航次在调查海区环流的特征

3.2.1　1999年6月第一航次调查海区环流特征

关于该航次的环流，已在文献[2,4,6-7]作了详细叙述，在此我们作以下概述。首先从海流观测结果有以下两点：

（1）分析了ADCP测流资料，对气旋相遇（时间在6月10日20时40分前后，在PN7站附近相遇）前后获得的两次实测流场进行了分析，作了气旋相遇前后全面对比（见图2）。揭示了气旋进入与离开本海区前后调查海区海流的时空变化。

（2）对锚碇测流系统上、下层海流与温度时间序列变化进行了谱分析计算[4]。首先我们比较了台湾大学温度链的温度时间序列与安德拉海流计获得的温度时间序列，两者非常一致，表明都是高质量的资料。通过锚系测流的观测表明：① 在调查期在30 m和45 m处平均流速方向都为东南方向，如上所述。在观测期间海流变得愈来愈强，这可能是由于潮流从小潮到大潮的过渡的缘故。注意到在图2中ADCP观测流未去掉潮流部分。② 在海流振动中，半日周期振动是最主要的，其振动方向基本上是按顺时针方向旋转。除半日潮，惯性振动等周期以外，在上层与下层都还揭示了3 d左右低频周期振动。③ 海流交叉谱计算表明，在30 m深处与45 m深处海流的振动十分相似，且同步。表明此地流速方向在垂直方向分布是较为均匀的。④ 比较不同层次温度随时间变化序列表明，在不同深度上温度随时间变化基本上是同步的，这与速度场的变化相类似，这也是从观测结果首次得到的。

其次，在研究方法上，海洋模式有改进逆模式[2-3]、P矢量方法[6]、三维非线性诊断模式、半诊断模式与预报模式[7]，以及MOM2模式[8]，系统地揭示1999年6月几个航次以及以前几个航次黄海、东海海域各流系的变化特征，获得了一些重要结果。我们分别地采用改进逆模式、P矢量方法、三维非线性诊断模式、半诊断模式与预报模式，计算了海流分布，与ADCP实测流比较，都甚为一致。还计算了通过观测断面的流量与

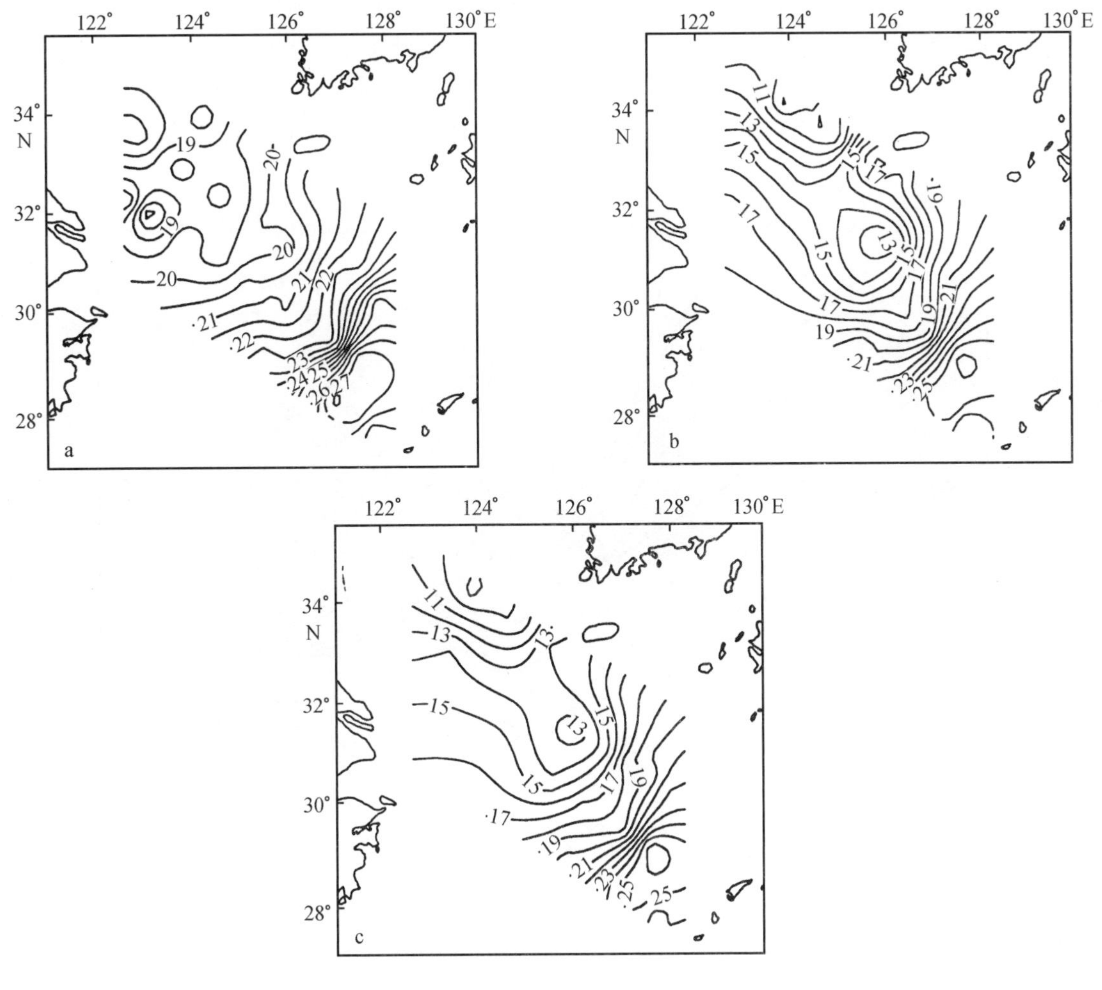

图 3　1999 年 6 月温度(℃)分布
a. 表层，b. 30 m 层，c. 50 m 层

热通量，以及海气热交换通量。限于篇幅，这里以改进逆方法得到的计算结果(见图 4)为例，阐明 1999 年 6 月第一航次在黄海、东海海域环流的以下主要特征。

(1) 黑潮在 PN 断面有一个核心，核心在陆坡上，最大流速为 120 cm/s。在 PN 断面的最东部分，也存在一支北向流。在两支北向流之间存在一个反气旋暖涡，出现在海洋上层，在 PN 断面西侧、黑潮以西存在一个很弱的气旋式涡，此处温度与盐度都相对低。这是在东海 PN 断面上海流结构的一个存在形式。从以下海上热通量观测结果可知，黑潮及其两侧暖、冷涡对气旋发展与加强所需能量以及气旋路径是很重要的。

(2) 黑潮与台湾暖流外侧分支通过 PN 断面的总的净北向流量约为 $26.2\times10^{6}\ m^{3}/s$。台湾暖流的内侧分支通过本计算海域的流量约为 $0.4\times10^{6}\ m^{3}/s$。

(3) 在本海域的最北断面 C3，在测站 C3-6 与 C3-11 之间 30 m 以深存在一个均匀冷水层，正是黄海冷水团的西南边缘。

(4) 黄海沿岸流向东南方向流入本海区，由上述水文分析可知，这支流具有低温特征。图 4 表明这支流向东南方向流动，这是与锚碇测流的结果相一致的，并向南可达 C113 站附近，这表明黄海沿岸流对黄海、东海陆架的影响。然后它受台湾暖流北上的作用，也受地形影响，作气旋式弯曲，然后向东北方向流动。台湾暖流对本海域的陆架部分海流起着重要的作用。从以下海气相互作用研究可知，因为黄海沿岸水具有冷水特征，台湾暖流则具有暖水流特征，它们之间相互作用与分布情况将直接影响海洋与大气之间热通量分布，以及海洋向大气放热或吸热等情况。

(5) 在黄海沿岸流作气旋式弯曲北侧，存在一个气旋式涡，该涡具有高密、冷水的特性。从以下可知，该

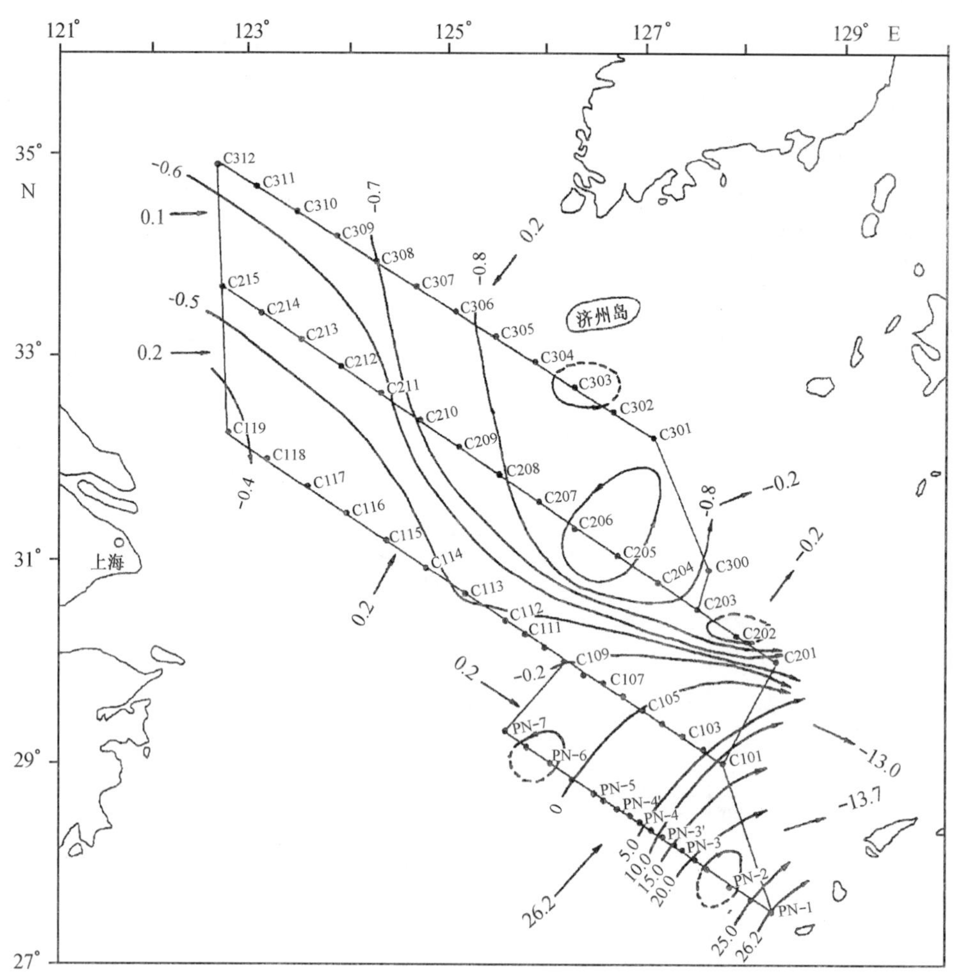

图4　1999 年 6 月在计算海域流函数与流量分布(单位:10^6 m^3/s)

冷涡也将直接影响该区域海-气热通量分布等情况。

综上所述,黄海、东海海域水文与环流特征分布对海上感热与潜热通量分布起着重要作用,从而对气旋发展与路径起着主要影响,我们将在以下再作深入讨论。

3.2.2　1999 年 6 月第二航次调查海区环流特征

在文献[3]中已比较第一、二两个航次的环流的变化。

基于 1999 年 6 月第二航次调查资料,采用改进逆方法,我们获得以下主要结果:

(1) 在断面 A 中间处 30 m 以深及断面 B 中间处 20 m 以深存在均匀混合层,它具有冷水的特征,是黄海冷水团的南侧部分。

(2) 黄海沿岸水通过断面 A 的西侧向南流入本海域。

(3) 济州岛以南 125°30′~127°E 之间在断面 C 与 D 存在一个冷的、高密水(HDW),HDW 环流是气旋式的。与第一航次相比较,表明这两个航次虽然在时间上相差两个星期左右,但在第二航次时该 HDW 气旋式涡要稍向北移动。

(4) 在断面 E 最西侧附近,存在一个低密度的暖水,其环流具有较弱的、反气旋式的特征。

(5) 部分黑潮通过 E 断面的净北向流量约为 6.2×10^6 m^3/s,其最大流速为 91.4 cm/s。与第一航次相比较,在第二航次时黑潮主流的位置似乎稍向东移动。黑潮的西侧台湾暖流的外分支通过 E 断面的净北向流量约为 0.4×10^6 m^3/s。

关于上述两个航次虽然在时间上相差两个星期左右,而它们的海流与涡出现了上述变化,是首次揭示的。

3.3 利用历史资料研究黄海、东海环流的变异及机理性探讨

如上所述,黄海、东海各流系相互作用,以及黑潮及其两侧暖涡、冷涡变化对黄海、东海入海气旋发展与路径有很大影响。为此,系统地研究黄海、东海环流的变异很重要,限于篇幅,我们列举以下几点:

(1) 系统地计算了东海黑潮与琉球海流的流量与热通量[9]。研究了它们的季节变化、年变化及其动力原因。特别研究了1997—1998年强厄尔诺现象引起的东海黑潮的变异[10]。

(2) 我们还采用MOM2模式[8]揭示底边界混合对黄海冷水团的环流结构的影响,提出新的黄海三维环流结构及其动力机制。

(3) 系统地研究在黑潮附近及其以下南向流及其变化[9-10]。

(4) 关于气旋发展过程中对海洋的反应主要有以下几个点:① 气旋发展伴随着强风,由此产生风海流,因此对风海流的影响变化主要在海洋上层。② 关于热通量的影响,观测与计算都表明在海洋表层温度反应明显,有较大的变化,但在海洋中、深层反应缓慢,要依赖于深度及海洋垂直涡动系数等参数的变化,文献[8]给出了具体几个例子。气旋发展过程中海面上热交换对海洋流速的影响变化是不大的。

4 海洋气象学的主要结果之一(主要基于本航次调查资料)

4.1 海上调查资料分析的主要结果及其分析

在调查期间潜热通量一般白天大夜间小,有明显日变化。感热通量日变化较小。潜热通量明显大于感热通量。

在黄海、东海海上调查期间有两个江淮气旋分别发生和发展,时间分别是1999年6月10—11日和6月16—17日。在6月10—11日期间调查船从气旋的前部迎面穿过气旋的中心到达气旋的后部,取得了比较完整的资料。6月16日由于调查船与气旋中心有一定距离,因此我们仅取得了气旋部分区域的资料。

6月10日08时气旋已在长江下游形成,中心位置在31°N,119°E,14时气旋开始进入东海。6月11日08时气旋到达日本西南部海域,中心位置在28°N,130°E。6月10日14时以前调查船的位置距气旋中心区域较远,6月10日14时至6月11日02时,调查船迎面穿过气旋。6月11日05时以后调查船逐渐远离气旋中心区域。6月10日14时以前潜热通量为正值,数值在17.5 W/m^{2}以上。6月10日17时和6月11日02时潜热通量是负值,数值分别为-27 W/m^{2}和-28 W/m^2。6月11日05时以后潜热通量又为正值,数值在31 W/m^{2}以上。感热通量的变化情况与潜热通量类似,但当感热通量为正数时数值都很小。海上调查资料分析结果详见文献[5]。图5a、图5b分别表示1999年6月航次感热通量和潜热通量的水平分布。我们将从海洋与大气的相互作用与关系出发,对图5感热与潜热通量的观测结果进行定性分析。为什么我们在此还要对海洋通量作进一步分析呢?因为海洋通量输送对东海气旋有非常重要作用,如文献[11]所指出。首先分析出现负的感热与潜热通量的区域,图5a、图5b都表明:(1)在C113站附近出现负的感热与潜热通量的中心,与图4相对比,此处恰好为黄海沿岸水向东南方向流动,作气旋式弯曲处,如上所述,黄海沿岸水具有温度较低的特征,这是此处出现负的热通量的原因之一;(2)在济州岛西南出现的负的感热和潜热热通量,这与济州岛西南出现的冷涡有较大关系;(3)在PN断面的西侧、黑潮以西也出现了负的感热与潜热通量,如上所述,潜热通量的最大绝对值为28 W/m^2。与图4相对比,此处是黑潮以西气旋式涡,具有温度与盐度相对低的特征,因此,此地出现的负值热通量与此处上述水文与流的特征有关。其次,从图4与图5可见,在黑潮区以及黑潮核心以东暖涡区出现高的、正的感热与潜热通量,这明显地是与黑潮与暖涡的高温特征直接有关。上述分析表明观测的感热与潜热通量分布与黄海、东海海域水文与环流特征是直接相关的。

4.2 出海气旋发展过程的数值模拟

利用NCAR中尺度模式模拟了1999年6月10—11日和6月16—17日出海气旋的发展过程,气旋出海后的发展和移动路径与实际情况比较接近[12]。

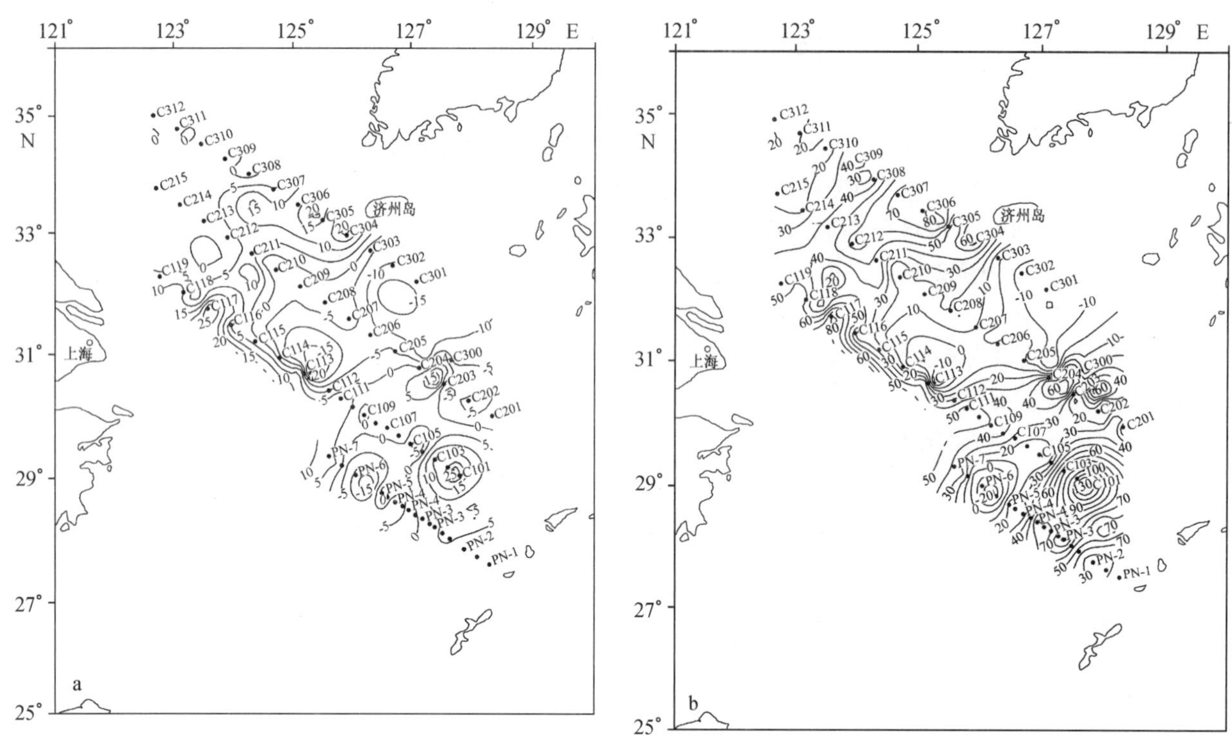

图 5　1999 年 6 月航次感热通量分布(a)与潜热通量分布(b)(单位:W/m²)

模式计算结果表明,1999 年 6 月 10 日 14 时(北京时,下同)有一气旋在长江口附近生成,有明显的气旋性环流。在气旋中心右侧,长江口附近海面上有一个负的潜热通量区,中心区的值接近-40 W/m²。在黑潮海域和日本西南海域存在一很大的正潜热通量区,中心区的潜热通量值可达 260 W/m²以上(见图 6)。感热通量的分布与潜热通量相似;在长江口东侧海域感热通量值约-20 W/m²,但日本西南海域正感热通量值仅 30 W/m²左右,比潜热通量小一个量级(图略)。此气旋出海后基本上向东移动。6 月 10 日 20 时在气旋中心区为负潜热通量和感热通量区,其中心区的潜热和感热通量值为-30~-50 W/m²。在气旋移动方向的前方黑潮海域和日本西南海域存在一强大的正热通量区,中心区潜热通量值可达 300 W/m²以上,感热通量为 80 W/m²(见图 7 潜热通量分布图,感热通量分布图略)。此后,气旋继续东移。6 月 11 日 02 时在气旋中心左侧仍有微弱的负热通量区,潜热通量约-15 W/m²,感热通量接近-30 W/m²。气旋中心右侧为正热通量区。在黑潮海域和日本西南海域仍为强大的热通量区,中心区的潜热通量为 360 W/m²,感热通量为 130 W/m²左右。6 月 11 日 08 时气旋东移至日本西南海域,整个气旋区的潜热通量都为正值,在气旋中心南部仍有微弱的负感热通量区。此后气旋继续东移,移出数值模拟研究区域。

对 6 月 16—17 日气旋出海发展过程也作了数值模拟。气旋出海后向东北方向移动,其移动路径与实际情况很接近。在气旋出海发展过程中在气旋中心区附近也存在负的热通量区,但在东海、日本以西海域的潜热通量和感热通量都明显小于 6 月 10—11 日的气旋个例的通量值。

上述数值模拟结果验证了海上调查时观测到的气旋中心区附近存在负的潜热通量和感热通量,并给出气旋出海发展过程通量的分布情况。从历史资料分析结果来看,气旋出海后一般向东北方向移动,但 1999 年 6 月 10—11 日出海气旋却向东移动。此气旋东移除受高空背景气流影响外,在出海气旋移动前方黑潮海域和日本西南海域存在强大的正热通量区,从海洋向大气提供充足的能源也可能是使气旋东移的重要原因之一,可知海洋对气旋发展与路径起着重要作用。

4.3　我国近海海域月平均能量收支的数值模拟

模式计算结果表明[14-16],1999 年 5 月和 6 月在黄海、东海海域近海面大气层有来自南方海域的暖湿空

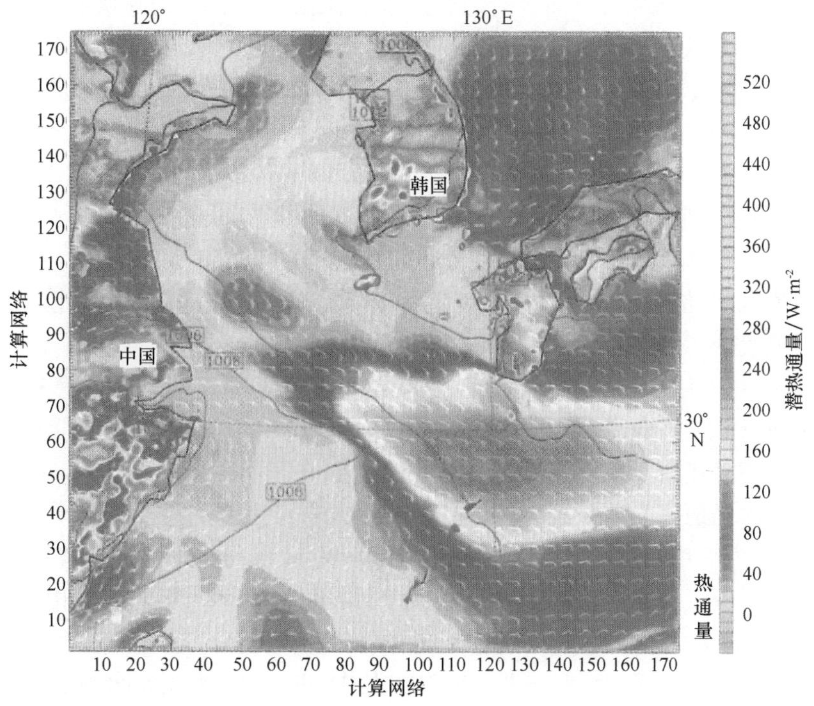

图 6 MM5 中尺度模式计算的海面风场和潜热通量分布
1999 年 6 月 10 日 14 时(北京时)

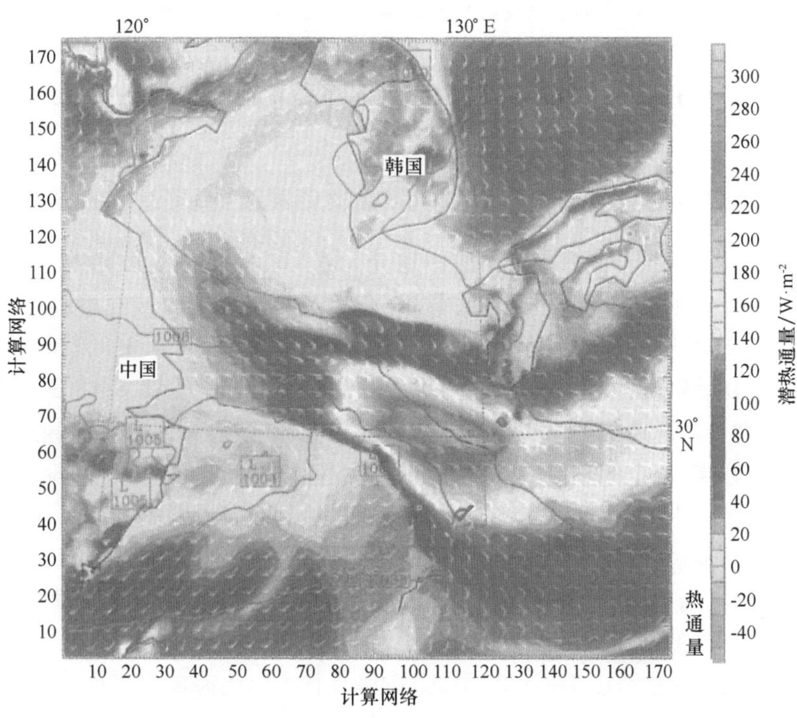

图 7 MM5 中尺度模式计算的海面风场和潜热通量分布
1999 年 6 月 10 日 20 时(北京时)

气的平流输送。6 月的平流输送比 5 月的更强。白天(14 时)海面净通量从海面向海洋深处输送,夜间(02 时)则反之。

1998 年我国近海大部分海域 4 月海面接受的短波净辐射最强，大部分海域吸收辐射在 225 W/m^2左右。我国渤海海域和日本以西及我国台湾以东海域吸收辐射都超过 250 W/m^2。南海海域吸收辐射低于 225 W/m^2，在海南岛附近海域为 200 W/m^2左右。夏季(7 月)黄海和东海海域吸收辐射仍较高，与 4 月的值差不多，但台湾附近海域和南海海域吸收辐射都比 4 月的低。在秋季(10 月)我国近海大部分海域吸收辐射都在 225 W/m^2以上，仅南海南部海域吸收辐射较低，在 125 W/m^2以下。冬季(1 月)我国近海海域吸收辐射都较低，基本保持南高北低的分布形势。

夏季(7 月)在我国近海海域海面长波净辐射分布较均匀，其值为 50 W/m^2左右。冬季(1 月)在日本海为海面长波净辐射高值区，其值为 125 W/m^2，向南随纬度降低海面长波净辐射有所降低。在春季和秋季在我国近海长波净辐射值较低，其值为 50~75 W/m^2，南北没有明显的差异。

我国近海海域在 4 月、7 月、10 月的感热通量值非常小，接近于零，1 月在日本海有一感热通量高值区，中心区的值达 150 W/m^2以上，在黄海、东海海域其值为 75~100 W/m^2，随着纬度降低其值逐渐减小。

我国近海海域月平均潜热通量在冬季(1 月)出现最大值，在东海和日本海各有一极大值区，东海高值区的值为 250 W/m^2，日本海高值区为 200 W/m^2，都高于热带太平洋观测的潜热通量[15]。在夏季(7 月)潜热通量最低，黄海和日本海为潜热通量最低值区，中心值为 25 W/m^2。与文献[16]计算结果比较，1998 年我国近海海域潜热通量值比一般年份相应值高，与出现厄尔尼诺事件的 1987 年的结果相近。1998 年也为厄尔尼诺年，这说明厄尔尼诺事件发生可能会影响我国近海海域的热通量分布，尤其是冬、春季的潜热通量分布。

模式计算的海表净通量 N_{sfc}($N_{sfc}=SW_g-LW_g-H_s-H_g$，其中 SW_g 为地表短波净辐射，LW_g 为地表长波净辐射，H_s 为感热通量，H_g 为潜热通量)分布表明，在冬季(1 月)，黄海、东海和日本海以及孟加拉海湾为 N_{sfc}值负值区，其值达-50 W/m^2，表明这些海域海面净通量为从海洋向大气输送。在南海海域 N_{sfc}值为正，表明该海域海面净通量为海面向海洋深处输送。在夏季(7 月)，黄海、东海和日本海的 N_{sfc}值为正值，其值达 50 W/m^2，表明这些海域海面净通量为从海面向海洋深处输送。在南海海域和孟加拉湾海域 N_{sfc}为负值，海面净通量从海面向大气输送。春季(4 月)在日本海、日本南部海域和我国东部海域为 N_{sfc}负值区，而其他近中国海域和孟加拉海湾都是 N_{sfc}正值区。秋季(10 月)我国东海和日本南部海域 N_{sfc}为正值区，其他海域为负值区。

4.4　我国近海气溶胶通量的计算

气溶胶样品的分析结果表明，不同海域气溶胶中地壳元素 Fe、Al 等浓度可相差一个量级。利用多年的海上气溶胶观测结果，结合两层模式计算得到[19]，黄海、东海及日本以南海域气溶胶中 Al 元素的年平均干沉降速度分别为 1.38，1.21，0.78 cm/s。拟合谱的质量平均粒径分别为 3.4，3.2，2.8 μm。

东海、黄海、日本以南海域气溶胶中 Al 元素每月的干沉降通量分别为 42.8，18.3，5.2 mg/m^2，其中各海域春季的干沉降通量均占全年总通量的40%以上。东海污染元素 Sb 和 Se 的干沉降通量的季节分布同元素分布类似，最大值出现在春季，占全年总量的 40%，而日本以南海域污染元素 Sb 和 Se 的干沉降通量最大值出现在冬季，其中以燃煤排放为主的 Sb 元素冬季干沉降通量达到全年总量的 50%。

东海、黄海、日本以南海域气溶胶中每月 Al 元素的湿沉降通量分别为 11.3，11.5，5.3 mg/m^2；湿沉降通量占总沉降通量的比例分别为 20.0%，36.7%，51.6%，越靠近沿岸海域，湿沉降通量的贡献越小。四季中，夏季的湿沉降通量最大，冬季最小。

按沙尘气溶胶中 Al 元素占总浓度 7%计算，渤海、黄海及日本以南海域每年沙尘气溶胶入海通量分别为 26.4，9.3，5.1，1.8 g/m^2，黄海通过大气输入的沙尘量占大气和河流输入总量的 20%，其中春季大气的输入量占总输入量的 40%以上。

5　海洋气象学的主要结果之二(主要基于历史资料)

基于历史资料，我们也对入海气旋发展进行了分析与诊断以及机理性研究，具体参见文献

[1,11,20-24],限于篇幅,我们概括以下几点:

(1) 分别利用1949—1988年以及1979—1989年的历史天气图资料,对中国近海气旋5—6月份,在25°~35°N,128°E以西海域上的黄海、东海气旋以及西北太平洋爆发性气旋的源地,时、空变化规律,移动和强度进行气候统计分析,归纳出其气候学特征。指出中国近海气旋(含黄海、东海气旋)大多为弱气旋,只有约15%在东移过程中获得爆发性发展。西太平洋爆发性气旋多发于冷季月份,130°E以东的中、高纬洋面上,这种时、空相对集中性是海洋气候背景下的热力、动力学共同作用的结果,并指出这种爆发性气旋具有连续爆发特点[1]。

(2) NCEP/NCAR水平分辨率为2.5°×2.5°(经、纬度),以垂直11层等压面的再分析资料为基础,对1990年与1993年6月份两例东海气旋的初期发展物理过程的敏感性试验表明,来自海洋的热输送对东海气旋的初期发展起着非常重要的作用,不计初期海洋热通量可使气旋强度减少45%以上,其中海洋潜热的贡献尤为重要,约为海洋感热的20倍。海洋热输送加大了低层大气的不稳定性,则是东海气旋发展的一个重要原因[11]。进一步论述了气旋区风垂直切变及大气斜压性的增强有利于东海气旋的初期发展。首次指出[13],在气旋整个生命期中,气旋位置有从高空急流入口区的南侧向出口区的北侧移动的趋势,有助于气旋的预报。

(3) 西太平洋中、高纬度爆发性气旋往往是黄海、东海气旋东移加深与发展的结果。考察了1995年3月两例典型黄海、东海入海气旋东移发展为爆发性气旋的全过程。模式诊断分析了入海气旋演变为爆发性气旋的不同阶段的动力过程以及入海过程水汽输送对后续气旋发展的影响。结果表明,在冷季强温度平流与积云对流产生的大量凝结潜热释放等共同作用下,气旋可获得爆发性发展。爆发时水汽凝结潜热释放所需的水汽来源于气旋的入海过程,并通过来自南方的低层水汽平流和水汽辐合以及海-气之间的潜热输送积累水汽。其中,当地海-气相互作用过程所积累的水汽起主导作用,它通过影响后续凝结潜热的释放在一定程度上制约了入海气旋能否得到爆发性发展。这对于海洋爆发性气旋的预报具有重要意义。

(4) 提出了海洋爆发性气旋形成与发展的一种新的动力学机制[24]。通过与爆发性过程相联系的涡动热通量向极输送,将季节尺度的时间平均有效位能向瞬变涡旋时间尺度的涡动有效位能的转换。在该过程中转换来的涡动有效位能与积云加热制造的涡动有效位能一起,通过暖异常区暖湿空气上升的斜压转换,使涡动动能急剧增长。补充的涡动有效位能又加强了这一上升运动,进而产生积云对流活动及其潜热释放的正反馈过程,最终导致涡动动能的急剧增长,海洋爆发性气旋形成。海-气热通量虽然不是气旋爆发性发展的直接动力,但对其形成至关重要,在爆发性气旋形成初期,海洋的潜热输送已为积云尺度对流活动及潜热释放提供了水汽潜力。

(5) 利用导出的Lagrangian坐标下广义的$Z-O$方程研究局地气旋的发展,研究气旋爆发性发展过程中各种强迫机制的相对贡献,揭示了热力强迫对海洋气旋爆发性发展所起的主要控制作用[21]。当这种主要的反应大气斜压性的温度平流、积云对流和湍流加热为主的热力强迫共同作用增强时,气旋便出现了爆发性发展。此时,涡动平流动力因子的作用较小。在气旋开始爆发时,气旋处在大范围的海温高于气温的海区,海洋通过感热和水汽向大气输送能量,其作用显著。但在爆发时刻,气旋中心区海-气温差不大,甚至气温略高于海温,此时海面感热通量作用很小,与大气的绝热冷却一起,这种大气向海洋的感热输送成为对气旋爆发性加深起阻滞作用的主要热力过程。起阻滞作用的动力过程是摩擦耗散。涡度平流、温度平流和大尺度加热均可成为爆发性发展的启动因子。

应指出,在爆发时刻的气旋西南方,仍有从海面输向大气的显著感热通量,下垫面的暖气流被带入气旋中,为凝结潜热释放提供充足的水汽。气旋爆发性发展的不同阶段,气旋中心附近热力、动力因子及有关物理量的空间分布和垂直廓线明显不同。气旋上游的位涡异常,强斜压性和高空急流的动力作用是气旋爆发性发展的共同特征。

(6) 从局地能量学研究了两个爆发性气旋涡动能量的平衡、演变和传播[20]。主要结果是:非地转位势通量散度和正压能量转换对初始涡动不稳定增长起主要作用,换言之,上游能量频散效应和正压不稳定是气旋第一次爆发性发展的主要机制;而斜压能量转换和涡动非绝热加热对后续的涡动不稳定增长起了主要作用。这两个过程紧密联系在一起的。可以认为,能量频散效应、非绝热加热、正压和斜压不稳定是促使西太平洋气旋爆发性发展的主要物理过程。

与爆发性气旋相联系的波包是不稳定的,在爆发性发展过程中,涡动动能波包也显著增大,非线性平流的能通量主要在涡动能量中心内重新分配能量,它影响着涡动能量波包的相速和气旋的移动,对能量平衡和涡动能量增长的作用较小,而非地转位势通量矢量是和能量频散相联系的,它主要从一个涡动动能中心到另一个中心之间重新分配,对局地涡动动能增长的作用较大。正是非地转位势通量矢量将 Rossby 变形半径以外的上游系统的能量频散到与爆发性气旋相对应的涡旋能量中心,才促使气旋的第一次爆发性发展[23]。

总涡动能量中心的相对群速度控制了波包的下游发展,如果在与气旋相对应的涡动能量中心的上游有较强的向下游的能量频散,且当其下游中心的非地转位势通量辐合,则该气旋可能获得爆发性发展,反之亦然。

(7) 模式的数值敏感性试验获得了湿物理过程、能量频散、海温和海面能通量,日本岛地形、及初边值条件等影响气旋加深率的认识[22-23]。水的微物理过程,尤其是网格尺度的水汽凝结未饱和层的云滴、雨滴蒸发,是气旋爆发性发展中最重要的物理过程。考虑了云水、雨水预报的显式水汽方案是模式成功的一种参数化物理过程;模式的模拟对边界条件十分敏感。能量的频散影响很大。若不考虑这一效应,气旋的加深率将减少 30%。海面能通量在初期比在爆发性发展时更重要,不计初始时的海面能通量将影响模拟加深率 25%,而不计爆发性发展时的海面能通量,这种影响不及前者一半。大气模式对海-气边界层能通量交换的变化和海洋增暖产生了显著的热力学响应。海温对气旋的影响至少反映出海洋的增暖会导致气旋的明显加深以及改变模拟的地面气压场型式。

6　结论

(1) 1999 年 6 月黄海沿岸流向东南方向流入本海区,这支流具有低温特征,向东南方向流动。然后它受台湾暖流北上的作用,也受地形影响,作气旋式弯曲,然后向东北方向流动。黄海沿岸流与台湾暖流对对黄海、东海陆架海域起着重要的作用。因为黄海沿岸水具有冷水特征,台湾暖流则具有暖水流特征,它们之间相互作用与分布情况将直接影响海洋与大气之间热通量分布,以及海洋向大气放热或吸热等情况。

(2) 在黄海沿岸流作气旋式弯曲北侧,存在一个气旋式涡,该涡具有高密、冷水的特性。该冷涡也将直接影响该区域海-气热通量分布等情况。

(3) 1999 年 6 月黑潮与台湾暖流外侧分支通过 PN 断面的总的净北向流量约为 $26.2\times10^6 m^3/s$。台湾暖流的内侧分支通过本计算海域的流量约为 $0.4\times10^6 m^3/s$。

(4) 黑潮在 PN 断面有一个核心,核心在陆坡上,最大流速为 120 cm/s。在 PN 断面的最东部分,也存在一支北向流。在两支北向流之间存在一个反气旋暖涡,出现在海洋上层,在 PN 断面西侧、黑潮以西存在一个很弱的气旋式涡,此处温度与盐度都相对低。黑潮及其两侧暖、冷涡对气旋发展与加强所需能量以及气旋路径是很重要的。

(5) 1999 年 6 月在本海域的最北断面 C3,在测站 C3-6 与 C3-11 之间 30 m 以深存在一个均匀冷水层,正是黄海冷水团的西南边缘。

(6) 1999 年 6 月两个航次虽然在时间上相差两个星期左右,与第一航次相比较,在第二航次时 HDW 气旋式涡要稍向北移动,以及黑潮主流的位置似乎稍向东移动。

(7) 气旋发展过程中对海洋的反应,主要有以下几点:① 气旋发展伴随着强风,由此产生风海流,因此对风海流的变化主要在海洋上层。② 关于热通量的影响,观测与计算均表明在海洋表层温度反应明显,有较大的变化,但在海洋中、深层反应缓慢,要依赖于深度及海洋垂直涡动系数等参数的变化。气旋发展过程中海面上热交换对海洋流速的变化是不大的。

(8) 1999 年 6 月海上调查时期观测发现,在黄海、东海出现气旋发展过程中,气旋中心区等存在负的潜热通量和感热通量。出现负的潜热通量和感热通量的海域分别位于黑潮以西、温度相对低的气旋涡区域，黄海沿岸水向东南方向流动，然后作气旋式弯曲处，济州岛西南冷的、气旋涡区海域等。而观测发现在黑潮区以及黑潮核心以东暖涡区出现的高的、正的感热与潜热通量，明显地是与黑潮与暖涡区的高温特征直接有关。这表明观测的感热与潜热通量分布与黄海、东海海域水文与环流特征是直接相关的。在黄海、东海海域从上述海-气相互作用关系得到的结果，是首次发现的。

(9) 海上调查时期所遇到的两个不同气旋发展情况进行数值模拟，计算所得的潜热和感热通量分布验证了气旋中心区附近存在负的潜热通量和感热通量的观测事实。在出海气旋东移情况的模拟中，气旋东移前方黑潮海域和日本西南海域存在一个强大的正热通量区，从海洋向大气提供充足的能源可能是使气旋东移的重要原因之一。

(10) 模式计算表明，1999 年 5 月和 6 月在黄海、东海海域近海面大气层有来自南方海域的暖湿空气的平流输送。6 月的平流输送比 5 月的更强。月平均能量收支净通量在黄海、东海海域 1 月为负值，即净通量为海洋向大气输送，7 月为正值，即净通量由海面向海洋深处输送。

(11) 渤海、黄海及日本以南海域每年沙尘气溶胶入海通量分别为 26. 4，9. 3，5. 1，1. 8 g/m^2，黄海通过大气输入的沙尘量占大气和河流输入总量的 20%，其中春季大气的输入量占总输入量的 40%以上。

(12) 海洋热通量在黄海、东海气旋及西北太平洋爆发性气旋在几个发展阶段的不同作用，尤其海洋的热输送对东海气旋的初期发展起着非常重要的作用，其中海洋潜热的贡献尤为重要，约为海洋感热的 20 倍。海-气热通量虽然不是气旋爆发性发展的直接动力，但对其形成至关重要，在爆发性气旋形成初期，海洋的潜热输送已为积云尺度对流活动及潜热释放提供了水汽潜力。海洋热输送加大了低层大气的不稳定性，则是东海气旋发展的一个重要原因。其次，海温对气旋的影响至少反映出海洋的增暖改变热通量的变化导致气旋的明显加深以及改变模拟的地面气压场型式。

(13) 进一步论述了气旋区风垂直切变及大气斜压性的增强有利于东海气旋的初期发展。首次指出，在气旋整个生命期中，气旋位置有从高空急流入口区的南侧向出口区的北侧移动的趋势，有助于气旋的预报。

(14) 研究气旋爆发性发展过程中各种强迫机制的相对贡献，揭示了热力强迫对海洋气旋爆发性发展所起的主要控制作用。其次，当这种主要的反应大气斜压性的温度平流、积云对流和湍流加热为主的热力强迫共同作用增强时，气旋便出现了爆发性发展。还提出了海上爆发性气旋形成与发展的一种新的动力学机制。

(15) 可以认为，能量频散效应、非绝热加热、正压和斜压不稳定是促使西太平洋气旋爆发性发展的主要物理过程。

参考文献：

[1] 秦曾灏，李永平，黄立文. 中国近海和西太平洋温带气旋的气候学研究[J]. 海洋学报，2002，24(增刊 1)：95-104.

[2] 袁耀初，刘勇刚，周明煜，等. 1999 年 6 月黄海南部与东海北部的环流[J]. 海洋学报，2002，24(增刊 1)：20-30.

[3] 袁耀初，刘勇刚，Lie Heung-Jae，等. 1999 年 6 月黄海南部与东海北部两个调查航次期间环流的变异[J]. 海洋学报，2002，24(增刊 1)：31-41.

[4] 刘勇刚，袁耀初，刘倬腾，等. 1999 年 6 月东海陆架海流观测与谱分析[J]. 海洋学报，2002，24(增刊 1)：53-62.

[5] 钱粉兰，周明煜，李诗明，等. 黄海、东海海域出海气旋发展过程的气象场特征和热通量的观测研究[J]. 海洋学报，2002，24(增刊 1)：77-83.

[6] 楼如云，袁耀初，卜献卫. 1999 年 6 月南黄海和东海东北部的水文及环流特征[J]. 海洋学报，2002，24(增刊 1)：42-52.

[7] 王惠群，袁耀初，刘勇刚，等. 1999 年 6 月黄海、东海海流的三维非线性数值计算[J]. 海洋学报，2002，24(增刊 1)：63-76.

[8] 许东峰，袁耀初，底边界混合对黄海冷水团环流结构的影响[J]. 海洋学报，2000，22(增刊)：65-75.

[9] 袁耀初，苏纪兰. 1995 年以来我国对黑潮及琉球海流的研究[J]. 科学通报，2000，45(22)：2353-2356.

[10] 袁耀初，刘勇刚，苏纪兰. 1997—1998 年 El Niño 至 La Niña 期间东海黑潮的变异[J]. 地球物理学报，2001，44(2)：199-210.

[11] 马雷鸣，秦曾灏，端义宏，等. 海洋热通量对东海气旋发展影响的数值试验[J]. 海洋学报，2002，24(增刊 1)：112-122.

[12] 周明煜，Hsiaoming Hsu，袁耀初. 黄海、东海海域出海气旋发展过程中尺度数值模拟[J]. 地球物理学报，2003，46(2)：175-178.

[13] 马雷鸣，秦曾灏，端义宏，等. 大气斜压性与入海江淮气旋发展的个例研究[J]. 海洋学报，2002，24(增刊 1)：95-104.

[14] 周明煜，李诗明，钱粉兰，等. 我国大陆地区和近海海域能量收支分布及其季节变化的数值模拟研究[J]. 地球物理学报，2002，45(3)：

319-329.

[15] 周明煜,钱粉兰,陈陟,等. 中国东部海域1999年5月和6月风、温、湿和能量收支平均状态数值模拟研究[J]. 海洋学报,2002,24(增刊1): 84-94.

[16] 钱粉兰,周明煜. 太平洋海域海气热通量地理分布和时间变化的研究[J]. 海洋学报,2001,23(1):21-28.

[17] 陈陟,李诗明,吕乃平,等. TOGA-COARE IOP 期间海气通量观测结果[J]. 地球物理学报,1997,40(6):753-762.

[18] 周明煜,钱粉兰. 中国近海及其邻近海域海气热通量的模式计算[J]. 海洋学报,1998,20(6):21-30.

[19] 刘毅,周明煜. 中国东部海域大气气溶胶入海通量的研究[J]. 海洋学报,1999,21(5):38-45.

[20] Huang Liwen, Qin Zenhao, We Xiuheng, et al. Local energetics on explosive development of extratropical marine cyclone[J]. Acta Meteorologica Sinica, 1999, 13(1):47-63.

[21] 黄立文,仪清菊,秦曾灏,等. 西北太平洋温带气旋爆性发展的热力-动力学分析[J]. 气象学报, 1999,57(5):581-593.

[22] 黄立文,秦曾灏,吴秀恒,等. 海洋温带气旋爆发性发展数值试验[J]. 气象学报,1998,57(4):486-503.

[23] Huang Liwen Qin Zenhao. Energy dispersion effects on explosive of marine cyclone[J].Acta Meteorologica Sinica,1998, 12(4): 486-503.

[24] 黄立文,吴国雄,宇如聪,等. 海洋风暴形成的一种动力学机制[J]. 气象学报,2001,59(6):674-684.

Investigation on the air-sea interaction process of cyclone outbreak over the Huanghai Sea and East China Sea

Yuan Yaochu[1,2], Zhou Mingyu[3], Qin Zenghao[4]

(1. *Key Lab of Ocean Dynamic Processes and Satellite Oceanography*, *State Oceanic Administration*, *Hangzhou* 310012, *China*; 2. *Second Institute of Oceanography*, *State Oceanic Administration*, *Hangzhou* 310012, *China*; 3. *National Center for Marine Environmental Forecasts*, *Beijing* 100081, *China*; 4. *Shanghai Typhoon Institute*, *Shanghai* 200030, *China*)

Abstract: On the basis of two joint cruises on the project "the air-sea interaction process of cyclone outbreak over the Huanghai Sea and East China Sea", which were carried out by Chinese, Korean and Japanese scientists in June of 1999 and historical data, the combination of the physical oceanography with the meteorology are studied for this project. The following results have been obtained. (1) The hydrographic character and circulation in the Huanghai Sea and East China Sea, such as the Huanghai Sea Cold Water Mass, Changjiang River discharge, the Huanghai Sea Coastal Current, Taiwan Warm Current, the Kuroshio and the cold and warm eddies on its both sides are analyzed and computed by using the modified inverse method, P vector method, three dimensional diagnostic, semidiagnostic and prognostic models, MOM2 model and so on. In combination with the observations of the mooring current system and the ADCP current measurement, it is pointed out that the change of each current system with time and space and the interactions between them in the Huanghai Sea and East China Sea, which have important effect on the developed process of cyclone over the Huanghai Sea and East China Sea. (2) The distributions of velocity and volume transport of each current system are computed in the investigated region. (3) The effect of the developed process of cyclone on the ocean is explained. (4) It can be found that there appeared negative latent and sensible heat fluxes near the center area of cyclone and so on in cruise of June 1999, and their positions are located in the cold eddy region west the Kuroshio, the region where the Huanghai Sea Coastal Current flowing southeastward and then making a turn cyclonically, the cold and cyclonical eddy region southwest of Cheju Island and so on, respectively. From the observed results, large and positive latent and sensible heat fluxes are occurred in the Kuroshio and the warm eddy east the Kuroshio core, which are very high temperature region. This shows that the distributions of latent and sensible heat fluxes are closely related to the hydrographic character and circulation in the Huanghai Sea and East China Sea. It is first found that the above result from the relation of air-sea interaction in the Huanghai Sea and East China Sea. (5) The numerical simulation and analyses of developing process for two examples of cyclones in June of 1999 are carried out. The simulated results of distributions of latent and sensible heat fluxes in this period are basically similar to the real observed results of those. From the numerical simulation for developing process of cyclone moving eastward, it may be one of important causes leading cyclone to moving eastward that there are the very large and positive heat fluxes in the Kuroshio and region southwest of Japan in front of the cyclone, which support enough heat fluxes transferred from the ocean to atmosphere. (6) The model computed result shows that the monthly mean net flux has distinct seasonal variation and the heat flux is transferred from ocean to atmosphere in January, and from atmosphere to ocean in July in the Huanghai Sea and East China Sea. (7) It plays a very important role for early developing process of cyclone in the East China Sea that the heat fluxes are transferred from ocean to atmosphere, in which the latent heat flux is more important than the sensible heat flux and is about 20 times of the sensible heat flux. The heat fluxes transferred from ocean to atmosphere accelerate the non-stability of the atmosphere in the lower layer, which is one of important causes leading developing cyclone in the East China Sea. (8) The several main dynamic mechanisms for the developing physical process of cyclone in the East China Sea are explained, which is necessary for the forecast of developing cyclone.

Key words: Huanghai Sea and East China Sea; developing process of cyclone; outbreak; air-sea interaction

刊于:海洋学报,2002,24(增刊1):20-30.

1999年6月黄海南部与东海北部的环流*

袁耀初[1,2],刘勇刚[1,2],周明煜[3],金子新[4],袁宙[4],江田宪彰[4]

(1. 国家海洋局 第二海洋研究所,浙江 杭州 310012; 2. 国家海洋局 海洋动力过程和卫星海洋学重点实验室,浙江 杭州,310012; 3. 国家海洋环境预报中心,北京 100081; 4. 日本广岛大学 工学部环境科学系,广岛 739-8527)

摘要:基于1999年6月4—19日航次的CTD与海流观测(锚碇测流与ADCP测流),采用改进逆方法,得出以下主要结果:(1) 黑潮在PN断面有一个主核心,主核心在陆坡上。在PN断面最东部分,也存在一支北向流。在两支北向流之间存在一个较弱的反气旋暖涡,在PN断面西侧存在一个弱的气旋式涡,这是在东海PN断面出现的流结构的一种形式;(2) 黑潮与台湾暖流外侧分支通过PN断面的总的净北向流量约为26.2×10^6 m^3/s。台湾暖流内侧分支通过本计算海域的流量约为0.4×10^6 m^3/s。台湾暖流与黄海沿岸流对本海域的陆架部分海流起着重要作用;(3) 黄海沿岸流向东南方向流入本海域,受台湾暖流北上的作用,也受地形影响,作气旋式弯曲,然后向东北方向流动;(4) 黄海沿岸流作气旋式弯曲的北侧存在一个气旋式涡,该涡具有高密、冷水的特性;(5) 在本海域的最北断面C3,在测站C306与C311之间30 m以深存在一个均匀冷水层,正是黄海冷水团的西南边缘。

关键词:黄海南部与东海北部;黑潮的流结构;台湾暖流与黄海沿岸流;高密冷水团

中图分类号:P731.2

1 引言

关于黄海、东海环流的研究,已有不少评述与研究工作,例如Su[1]、苏纪兰等[2]、管秉贤[3]等的工作,限于篇幅,在此不再作评述。1999年6月4—19日在黄海南部、东海北部海域由"向阳红14"号调查船成功地执行了中国(包括我国台湾省学者)与日本国的合作研究项目"黄东海入海气旋爆发性发展过程的海气相互作用"联合调查航次,在物理海洋学方面观测有CTD测量、ADCP测流系统、锚碇测流系统、温度链观测系统等,气象观测有常规气象观测、气溶胶观测及热通量观测等[4]。本文基于上述的物理海洋学观测资料,采用Yuan等[5]提出改进逆方法,对本调查海域(参见图1)海流进行了计算,分析与讨论1999年6月4—19日期间黄海南部与东海北部海域环流的主要特征。

2 物理海洋学观测与改进逆方法模式

2.1 物理海洋学观测

我们在4个观测断面PN、C1、C2、C3(图1)上执行了CTD观测,共69个测站,垂向方向为100 hPa资料。

* 国家自然科学基金重点项目(49736200)与项目(40176007);国家重点基础研究发展规划项目(G1999043802)。

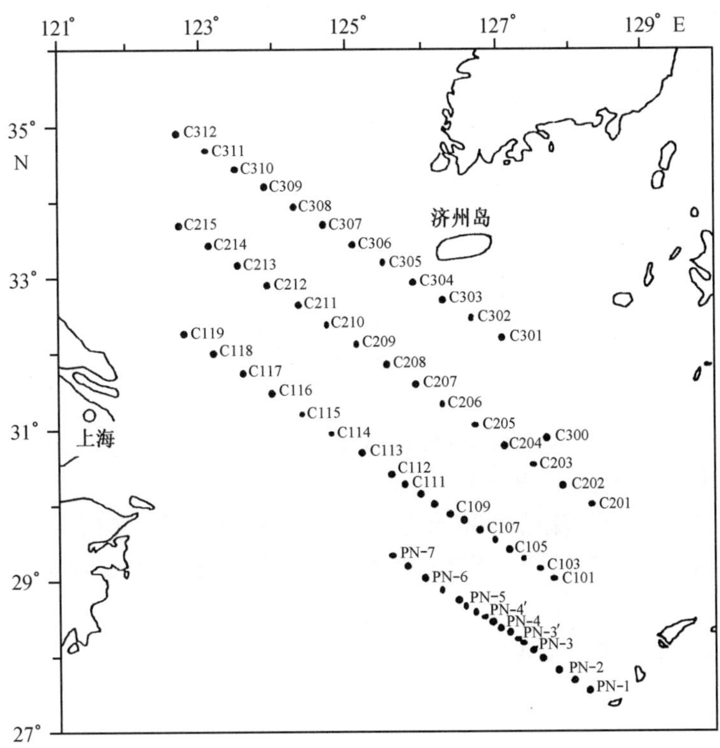

图 1　1999 年 6 月航次水文观测断面与站位分布

ADCP 观测资料有两种：(1) 船载 ADCP 走航式全航程海流资料，1 min 一次记录，垂直层次由 20 m 至 240 m；(2) 日本国广岛大学拖曳式 ADCP 走航式海流观测，日方还配有 3 台差分 GPS 全航程高精度定位记录。我们比较了两种 ADCP 观测资料，两者甚为一致。图 2a、图 2b 分别为在 6 月 10 日入海气旋发展前与后在 20 m 处 ADCP 观测流的结果。图 2b 中 C204 站为 ADCP 测流连续站。图 2 显示了 C204 站 ADCP 连续测流的速度矢量的变化。

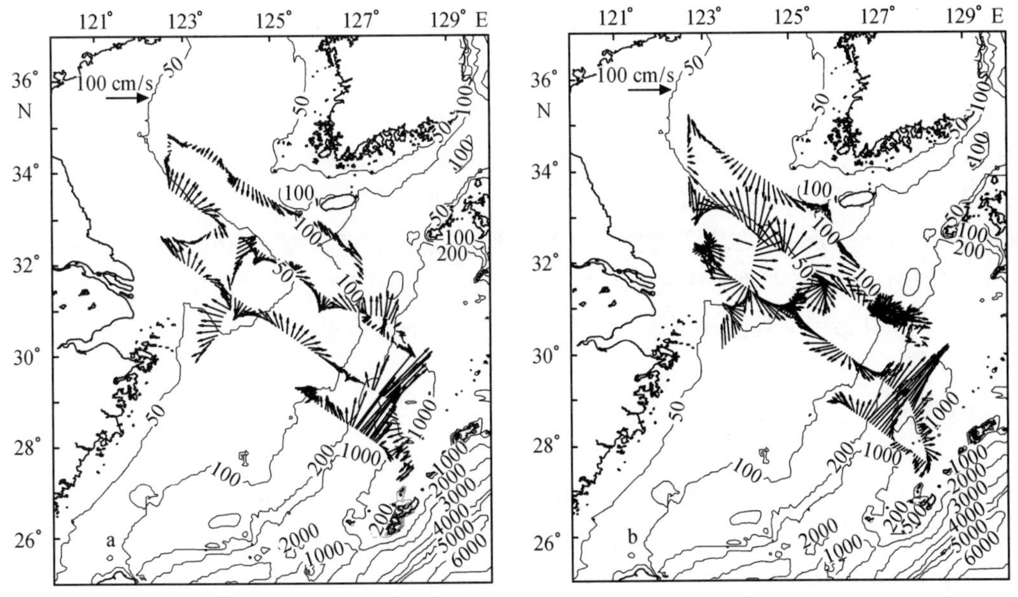

图 2　1999 年 6 月 ADCP 观测流在 20 m 处的结果

a. 6 月 10 日前，b. 6 月 10 日后

锚碇测流站位于 C208 站（31°49. 476′N，125°29. 468′E），观测时间为 1999 年 6 月 5—14 日，每 10 min 一

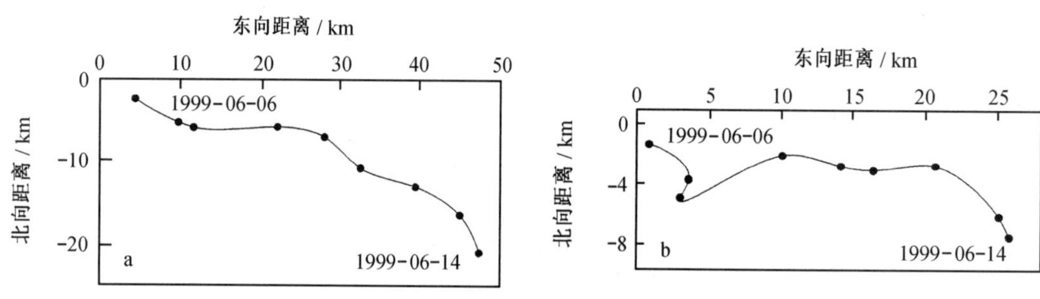

图 3　锚碇测流站观测海流(日平均)前进矢量图

a. 30 m 处, b. 45 m 处

次记录,30 m 及 45 m 两个层次。图 3a 与图 3b 分别为在 30 m 与 45 m 处海流的前进矢量图。在 30 m 处在上述海流观测期间平均流速$(u,v)=(6.9,-3.0)$(单位:cm/s);而在 45 m 处平均流速$(u,v)=(3.7,-1.1)$(单位:cm/s)。这表明,C208 锚碇测流站在 30 m 与 45 m 处平均流速皆为东南方向。对锚碇测流站的海流与温度的时间序列,我们都作了谱分析[6]。关于锚锭测流结果的详细叙述,请参见我们另一篇论文[6],在此不再重复。

我们还与我国台湾学者合作施放温度链的观测,详细结果参见文献[6]。

2.2　改进逆方法

我们采用 Yuan 等[5]改进逆模式,并作了以下 3 点重要改进:

(1) 在动量方程式中考虑垂直涡动黏性项,即海流是非地转的,因此也考虑了风应力的作用。

(2) 在密度与温度等方程式中除考虑平动项以外,还考虑垂直涡动扩散项等。

(3) 设 q 为海洋向大气放出(或吸收)热量[$q>0$ 为放热,$q<0$ 为吸热,单位为 $J/(cm^2 \cdot d)$],则在海面上热量 q 应满足以下的不等式:

$$q_1 \leqslant q \leqslant q_2,$$

其中 q_2 与 q_1 为计算海区多年统计平均热量分布的最大与最小值。在本计算中,风场资料来自本航次的观测。关于垂直涡动黏滞系数 A_z 与垂直涡动扩散系数 K_z 取值,在文献[5]对不同取值进行了数值计算并进行了比较,认为 A_z 与 K_z 分别取为 100 cm_2/s 与 10 cm^2/s 较为合理,本文也取这些值。关于参数 q_1、q_2 取值,参见文献[7],我们取$(q_1,q_2)=(-2.09,-0.21)$[单位:$10^3 J/(cm^2 \cdot d)$]。计算单元(box)共有 3 个,即分别由断面 PN 与 C1,断面 C1 与 C2 以及断面 C2 与 C3 所组成,我们分别地称它们为 box1、box2 及 box3,其中 box1 的西边界线由 PN-7 站与 C109 站联线组成。

我们采用 Fiadeiro 与 Veronis 方法[8]选择最佳参考面,取最佳参考深度 z_r 如下:如果测站水深 H 大于最佳参考面 z_r,则就取为 z_r 值,否则取为该站的水深 H。必须指出,在动力计算方法中,在参考面处流速假定为零,而在逆方法中在最佳参考面处流速不假定为零,是未知的,通过改进逆方法的方程组求得。

3　调查海区的主要水文特征

为了对 1999 年 6 月期间调查海域环流有较全面的认识,本节对该海域的水文特征作简要分析。

图 4a、图 4b 为表层温度与盐度分布,从图 4b 可见,长江淡水扩散呈舌状,其舌轴向济州岛方向,若以盐度 31 作为长江冲淡水的外边界,那么它可以扩展到 124°E。在 10 m 水平方向盐度分布有类似结果,但在 15 m 处最小盐度达 30.9。由此可知,长江冲淡水只在 10 m 厚的薄层内。

图 5a、图 5b 与图 5c、图 5d 分别为在 30 m 与 50 m 处温度及密度分布,在中间层温度与密度也十分类似图 5a 至图 5d 分布,限于篇幅,在此不再表示出来,图 5 有以下几个重要的特征:(1) 黑潮通过本调查海区东南部分,具有高温、高盐、低密的特征;(2) 调查海区北部有一个高密、冷水的核心,从图 6a 的 C3 断面温度垂

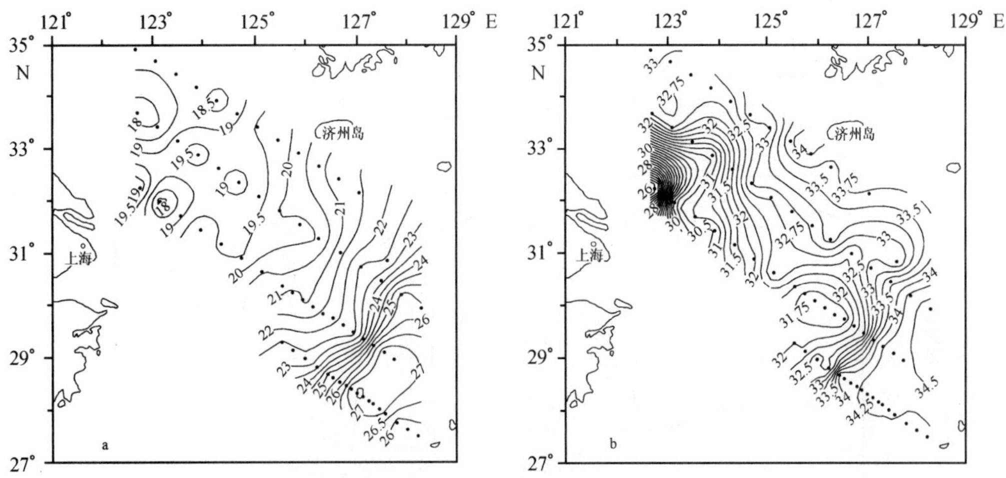

图4　1999年6月表层温度(℃)(a)与盐度(b)分布

直分布可知,冷水位于测站C306与C311之间30 m以深的均匀混合层,这里正是黄海冷水团(HSCWM)西南边缘;(3) 在125°30′E与127°E之间明显地存在一个高密、冷水核心。由图6b可知,在测站C205与209之间在25 m以深处,存在一个冷水中心,其核心在C207站附近。关于这个高密、冷水团,国内学者已有不少研究,例如潘玉球等[9]。此外,从图5可见,在调查海区西部出现黄海沿岸流水,在黑潮以西出现相对低密度暖水,即台湾暖流水,以下我们将结合海流计算结果作进一步讨论。

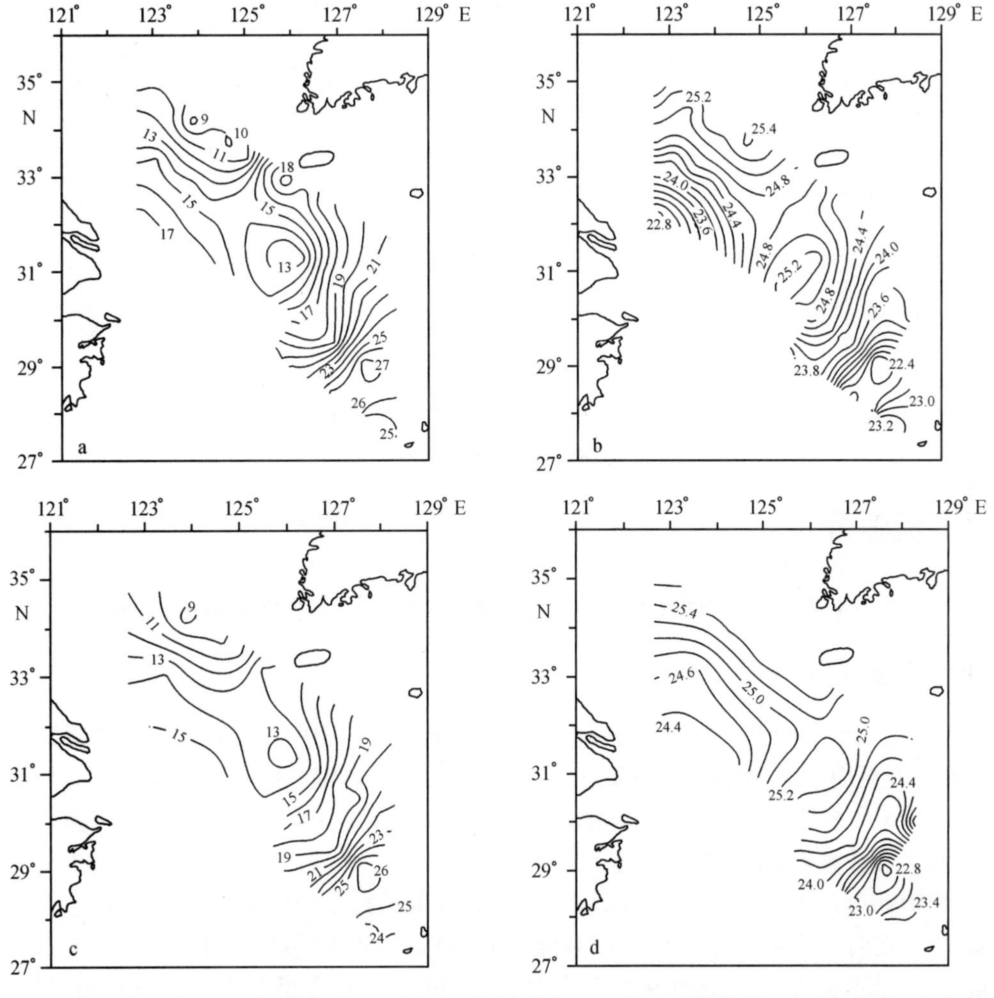

图5　1999年6月30 m层温度(℃)(a)与密度(b)分布,在50 m层温度(℃)(c)与密度(d)分布

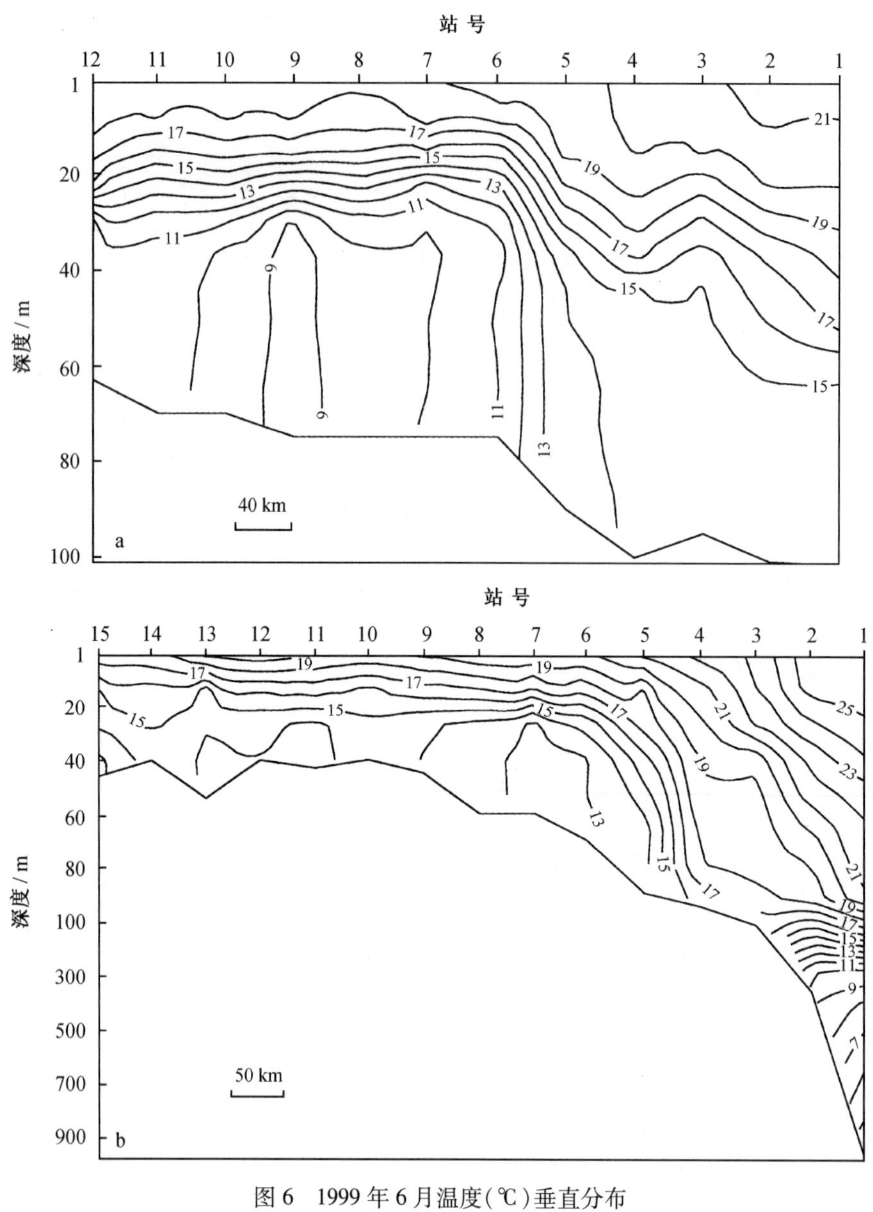

图 6　1999 年 6 月温度(℃)垂直分布

a. 断面 C3, b. 在断面 C2

4　各断面上流速分布

我们采用改进逆方法获得断面 PN、C1、C2 与 C3 上的流速分布,本节将分别地讨论。

4.1　断面 PN 流速分布

图 7a 与图 7b 分别为断面 PN 与 C1 上流速分布,注意到:(1) 图中计算点位于相邻测站中间点;(2) 计算点编号的顺序从西向东,而站位编号的顺序则从东到西,即两者编号顺序的方向相反。从图 7a 可以看出,黑潮通过断面 PN 的东部分、陆坡海域,黑潮的主核心位于计算点 9 与 10,最大流速值为 120 cm/s,在计算点 9 的 50 m 处。在计算点 9 的 100 m 以浅水层流速均大于 100 cm/s。从图 7a 可知,在断面 PN 的最东部分也存在一支北向流,其最大流速只有 23 cm/s,位于计算点 16 的表层处,这支北向流可能来自于琉球群岛以东琉球海流[10]。在两支北向流之间计算点 14 与 15 的 30 m 以浅水层存在南向流,但流速不大,最大南向流速为 11 cm/s。从水平温度分布,例如从图 5a 与图 5c 可知,此处存在暖水,因此这南向流可能是此处在上层的反气旋暖涡的一个部分。ADCP 测流(见图 3)似乎也表明存在这个暖涡。从流速分布与以下流函数分

布可知，此涡的强度较弱。在计算点1，2处上层存在较弱南向流，最大流速为5 cm/s，从下节流函数分布可知，它是弱的气旋式涡的一个部分，这与ADCP测流的结果(见图3)相一致。

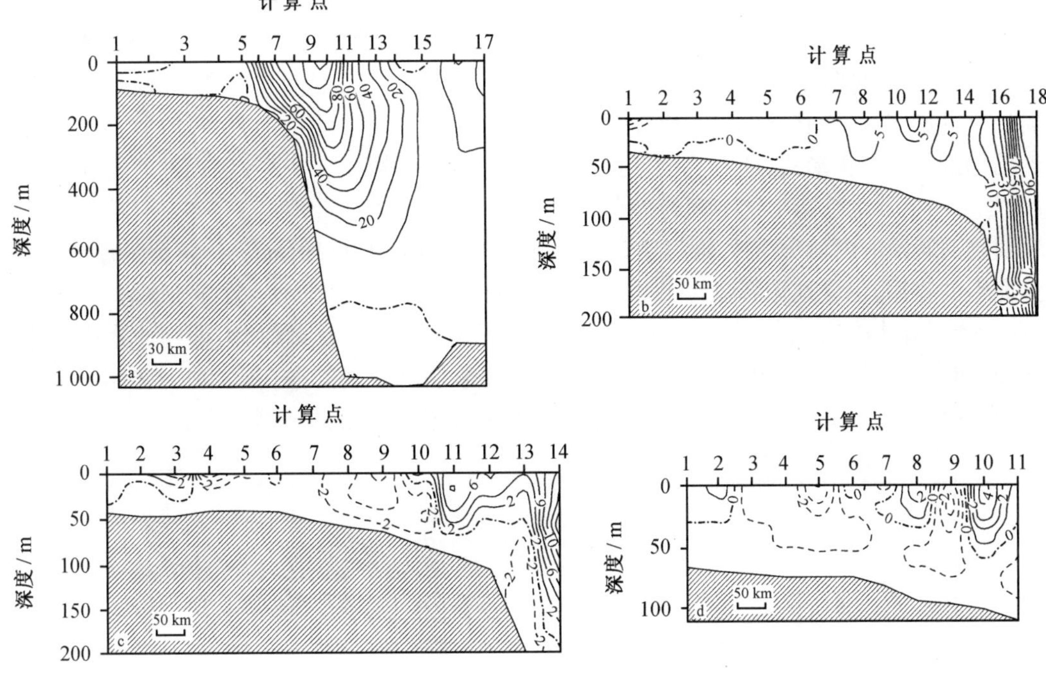

图7　1999年6月流速(cm/s)分布

a. 断面PN，b. 断面C1，c. 断面C2，d. 断面C3(实线为正值：东北向)

4.2　断面C1流速分布

图7b表明黑潮位于断面C1的东部分，但黑潮还有一部分位于断面C1以东区域。黑潮在断面C1的核心位于计算点17与18，在计算点17与18的最大流速分别为104与103 cm/s。在计算点18的150 m以浅的流速皆大于100 cm/s。在陆架上自计算点7至计算点14为北向流，在此处台湾暖流占主要的，其最大流速为13 cm/s。在计算点1至计算点6上层被南向流所支配，主要是黄海沿岸流南下，然后气旋式弯曲通过计算点7等，这从流函数分布(见图8)及水平温度分布，例如图5a与图5c可知。在计算点1至计算点6的下层被较弱北向流所支配。

4.3　断面C2流速分布

图7c与图7d分别为断面C2与C3上流速分布。从图7c可知，在断面C2计算点10以西海域基本上被南向流所控制，这与在C208锚碇测流站测流结果向东南方向流动十分一致。但计算点10以东海域基本上被北向流所控制，在计算点11与12下层出现弱的南向流。从上节水文分析可知，在测站C205与C209之间在25 m以深处存在一个冷水中心。上述流速分布表明，计算点9处南向流与计算点11处北向流都应是气旋式涡的一部分，这与下节流函数分布是一致的。气旋式涡以东被北向流所支配，它们是由以下两支流所组成的，即黄海沿岸流在气旋涡以南作气旋式弯曲后向北流动，以及台湾暖流也作气旋式弯曲向北流动。后者的一部分成为对马暖流的来源之一[11]。关于对马暖流的研究工作也可以参考文献[12-13]。

4.4　断面C3流速分布

从图7d可知，在断面C3流速值较小，在计算点1与2流速值为1 cm/s，在计算点4与5出现南向流，最大南向流速为4 cm/s，在计算点5表层处。在计算点8与10均为北向流，在计算点9又出现的南向流。在计算点8出现北向流可能是济州暖流[14](也称为济州海流)。

5　流函数与流量分布

从改进逆方法计算，我们可以得到计算海域流函数与流量分布（见图 8）。从图 8 可知，黑潮与台湾暖流的外侧分支[15]的总的净北向流量约为 26.2×10^6 m^3/s。如上节已指出，黑潮有一个主核心，在主核心以东存在一个较弱的反气旋暖涡，而在此涡以东也存在一支北向流，这支北向流可能来自琉球海流[10]，这是在 PN 断面上海流结构的一种存在形式，还有其他形式，如文献[7,10]所指出。在 PN 断面的西侧存在一个弱的反气旋式涡（见图 8），上节也已指出这个涡的存在。

图 8 表明台湾暖流的内侧分支[15]通过本计算海域的流量约为 0.4×10^6 m^3/s。黄海沿岸流向东南方向，受台湾暖流北上的作用，也受地形影响，作气旋式弯曲，然后向东北方向流动。在黄海沿岸流作气旋式变曲的北侧，存在一个气旋式冷涡，上节也已指出，其中心约位于断面 C2 的计算点 10，即在计算点 9 处南向流与计算点 11 处北向流中间处。ADCP 测流的结果（见图 2）也表明这个涡的存在。如上节指出，这个气旋式涡具有高密、冷水的特性。Yuan 与 Su[16]采用二层模式也模拟了这个气旋式冷涡存在。

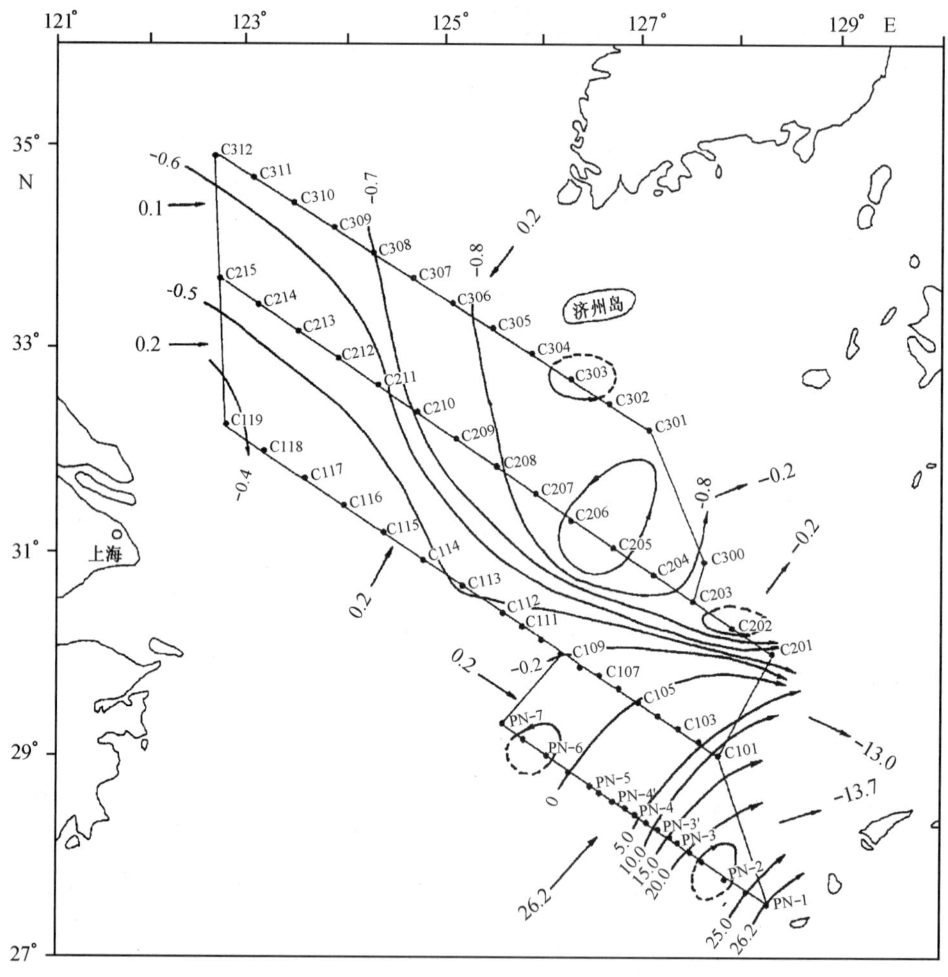

图 8　1999 年 6 月在计算海域流函数与流量分布（单位：10^6 m^3/s）

6　结语

基于上述 1999 年 6 月 4—19 日航次调查资料，采用改进逆模式，我们获得以下主要结果：

（1）黑潮在 PN 断面有一个主核心，主核心在陆坡上，最大流速为 120 cm/s。在 PN 断面的最东部分，也存在一支北向流。在两支北向流之间存在一个较弱的反气旋暖涡，在 PN 断面西侧存在一个弱的气旋式涡。

这是在东海 PN 断面出现的海流结构的一个存在形式。

（2）黑潮与台湾暖流外侧分支通过 PN 断面总的净北向流量约为 $26.2\times10^6\ m^3/s$。台湾暖流的内侧分支通过本计算海域的流量约为 $0.4\times10^6\ m^3/s$。

（3）黄海沿岸流向东南方向流入本海域，由于受台湾暖流北上的作用，也受地形影响，作气旋式弯曲，然后向东北方向流动。台湾暖流与黄海沿岸流对本海域的陆架部分海流起着重要的作用。

（4）在黄海沿岸流作气旋式弯曲北侧，存在一个气旋式涡，该涡具有高密、冷水特性。

（5）在本海域的最北断面 C3，在测站 C306 与 C311 之间 30 m 以深存在一个均匀冷水层此处，正是黄海冷水团的西南边缘。

致谢：感谢国家海洋局南海分局“向阳红 14”号全体船员积极支持与帮助。

参考文献：

[1] Su Jilan. Circulation dynamics of the China seas north of 18°N[M]//Allan R R, Kenneth H B, ed. The Sea, Vol. 11, John Wiley & Sons, Inc., 1998. 483-505.

[2] 苏纪兰，袁耀初，姜景忠. 建国以来我国物理海洋学进展[J]. 地球物理学报，1994，37(增刊1)：3-13.

[3] 管秉贤. 黄、东海浅海水文学主要特征[J]. 黄渤海海洋，1985，3(4)：1-10.

[4] 钱粉兰，周明煜，李诗明，等. 黄海、东海海域出海气旋发展过程的气象场特征和热通量的观测研究[J]. 海洋学报，2002，24(增刊1)：77-83.

[5] Yuan Yaochu, Su Jilan, Pan Ziqin. Volume and heat transports of the Kuroshio in the East China Sea in 1989[J]. La Mer, 1992, 30: 251-262.

[6] 刘勇刚，袁耀初，刘倬腾，等. 1999 年 6 月东海陆架海流观测与谱分析[J]. 海洋学报，2002，24(增刊1)：53-62.

[7] 袁耀初，刘勇刚，苏纪兰. 1997—1998 年 El Niño 至 La Niña 期间东海黑潮的变异[J]. 地球物理学报，2001，44(2)：199-210.

[8] Fiadeiro M E, Veronis G. On the determination of absolute velocities in the ocean[J]. Journal of Marine Research, 1982, 40 (Supp.): 159-182.

[9] 潘玉球，苏纪兰，徐端蓉. 东海冬季高密水的形成和演化[G]//黑潮调查研究论文选(三). 北京：海洋出版社，1991. 183-192.

[10] Yuan Yaochu, Pan Ziqin, Kaneko I, at al. Variability of the Kuroshio in the East China Sea and the currents east of the Ryukyu Islands[C]//Proceedings of JRK, Qingdao, China, 27-29, October, 1992. Beijing: China Ocean Press, 1994. 121-144.

[11] Yuan Yaochu, Su Jilan. The calculation of Kuroshio Current structure in the East China Sea—Early summer 1986[J]. Progress in Oceanography, 1988, 21: 343-361.

[12] 郭炳火，道田丰，中村保昭. 对马暖流区水文状况及其变异的研究Ⅱ. 对马暖流的起源[G]//黑潮调查研究论文选(五). 北京：海洋出版社，1993：16-24.

[13] 汤毓祥，邹娥梅，李兴宰，等. 南黄海环流的若干特征[J]. 海洋学报，2000，22(1)：1-16.

[14] Lie Heungjae, Cao Cheolho, Lee Jaehak, et al. Seasonal variation of the Cheju Warm Current in the Northern East China Sea[J]. Journal of Oceanography, 2000, 56(2): 197-211.

[15] Yuan Yaochu, Su Jilan. Xia Songyun. Three dimensional diagnostic calculation of circulation over the East China Sea shelf[J]. Acta Oceanologica Sinca. 1987, 6(Supp.1): 36-50.

[16] Yuan Yaochu, Su Jilan. A two-layer circulation model of the East China Sea[G]//Proceedings of the International Symposium on Sedimentation on the Continental Shelf, with Special Reference to the East China Sea. Beijing: China Ocean Press, 1983: 364-374.

The circulation in the southern Huanghai Sea and northern East China Sea in June 1999

Yuan Yaochu[1,2], Liu Yonggang[1,2], Zhou Mingyu[3], Kaneko Arata[4], Yuan Zhou[4], Gohda Noriaki[4]

(1. *Second Institute of Oceanography*, *State Oceanic Administration*, *Hangzhou* 310012, *China*; 2. *Key Lab of Ocean Dynamic Processes and Satellite Oceanography*, *State Oceanic Administration*, *Hangzhou* 310012, *China*; 3. *National Center for Marine Environmental Forecasts*, *Beijing* 100081, *China*; 4. *Faculty of Engineering*, *Hiroshima University*, *Higashi-Hiroshima* 739-8527, *Japan*)

Abstract: On the basis of hydrographic data, the mooring current measured data and vessel-mounted ADCP and toward ADCP data obtained in June 4 to 9, 1999, the circulations in the southern Huanghai Sea and northern East China Sea are computed by using the modified inverse method. The following results have been obtained. (1) The Kuroshio flows northeastward through a eastern part of the investigated region and has a main core at Section PN, and it is located at the shelf break. There is also a northward current at the eastern most part of Section PN. There is a weaker anticyclonic and warm eddy between these two northward currents. A weak cyclonic eddy occurs at the western part of Section PN. (2) The net northern volume transport (*VT*) of the Kuroshio and the offshore branch of Taiwan Warm Current (TWCOB) through Section PN is about 26.2×10^6 m^3/s in June 1999. The inshore branch of Taiwan Warm Current (TWCIB) through the investigated region is about 0.4×10^6 m^3/s. The Taiwan Warm Current has much effect on the currents in the continental shelf. (3) The Huanghai Sea Coastal Current flows southeastward and enters into the northwestern part of investigated region, and flows to turn cyclonically, then it flows northeastward, which is due to the influence of the Taiwan Warm Current and topograpy. (4) There is cyclonic cold eddy southwest of the Cheju Island, and it is located north of the area where the Huanghai Sea Coastal Current makes a turn cyclonically. It has high dense and cold water. (5) The cold and higher density water is occurred in the layer from about 30 m level to the bottom between Stations C306 and C311 of the northernmost Section C3. It is a southwestern part of the Huanghai Sea Cold Water Mass (HSCWM).

Key words: southern Huanghai Sea and northern East China Sea; current structure of the Kuroshio; Taiwan Warm Current and Huanghai Sea Coastal Current; high dense and cold water masses

刊于:海洋学报,2002,24(增刊1):31-41.

1999 年 6 月黄海南部与东海北部两个调查航次期间环流的变异*

袁耀初[1,2],刘勇刚[1,2],Lie Heung-Jae[3],楼如云[1,2]

(1. 国家海洋局 第二海洋研究所,浙江 杭州 310012; 2. 国家海洋局 海洋动力过程和卫星海洋学重点实验室,浙江 杭州 310012; 3. 韩国海洋研究与开发研究所(KORDI),安山)

摘要:基于1999年6月第二航次的CTD资料,采用改进逆方法并与1999年6月第一航次的观测与计算结果相比较,得出以下主要结果:(1) 部分黑潮通过E断面的流量为 $6.2\times10^6\ m^3/s$,其最大流速为91.4 cm/s。黑潮的西侧台湾暖流的外分支通过E断面的流量为 $0.4\times10^6\ m^3/s$。(2) 两个航次虽然在时间上相差两个星期左右,但有以下的变异:① 与第一航次相比较,第二航次时黑潮主流的位置稍向东移动;② 济州岛以南在125°30′E与127°E之间在断面C与D存在一个冷的、高密水(HDW),HDW环流是气旋式的。与第一航次相比较,第二航次时该HDW气旋式涡要稍向北移动。(3) 在断面A中间处30 m以深及断面B中间处20 m以深存在均匀混合层,它具有冷水的特征,是黄海冷水团的南侧部分。(4) 在断面E最西侧附近,存在一个低密度的暖水,其环流具有较弱的、反气旋式的特征。

关键词:黄海南部与东海北部; 1999年6月两个航次;环流的变异

中图分类号:P731.2

1 引言

关于黄海、东海环流的研究,已有不少评述与研究工作,例如Su[1]、苏纪兰等[2]、管秉贤[3]等的工作,限于篇幅,在此不再作评述。基于1999年中、韩、日本三国科学家在黄海、东海调查研究的计划,中国国家海洋局第二海洋研究所与海洋环境预报中心、中国台湾大学海洋研究所与日本广岛大学学者在1999年6月4—19日由“向阳红14”号调查船联合在南黄海与东海执行了物理海洋学观测与海洋气象观测(参见文献[4],以下简称航次1),韩国海洋研究与开发研究所(简称KORDI)在1999年6月17—25日由韩国“Eardo”调查船也在黄海南部与东海北部进行了调查研究(以下简称航次2)。本文基于由韩国KORDI在该期间获得的物理海洋学调查资料,采用Yuan等[5]提出的改进逆方法对航次2调查海域(参见图1)海流进行了计算,分析与讨论第二航次期间黄海南部与东海北部环流的主要特征,并与第一航次期间的观测与计算结果作比较,阐明它们在该期间水文特征与环流的变异。

2 物理海洋学观测与改进逆方法模式

2.1 CTD观测

在第二航次中共有7个断面,即于1999年6月17—25日在断面A、B、C、D、E、H及G上执行了CTD观

* 国家自然科学基金重点项目(49736200)与项目(40176007);国家重点基础研究发展规划项目(G1999043802)。

测(图 1a),垂向方向为 100 hPa 资料。而在第一航次中共有 4 条断面:PN,C1,C2 及 C3(见图 1a),在 1999 年 6 月 5—10 日执行了 CTD 观测,两个航次的 CTD 观测的时间差约为两个星期。

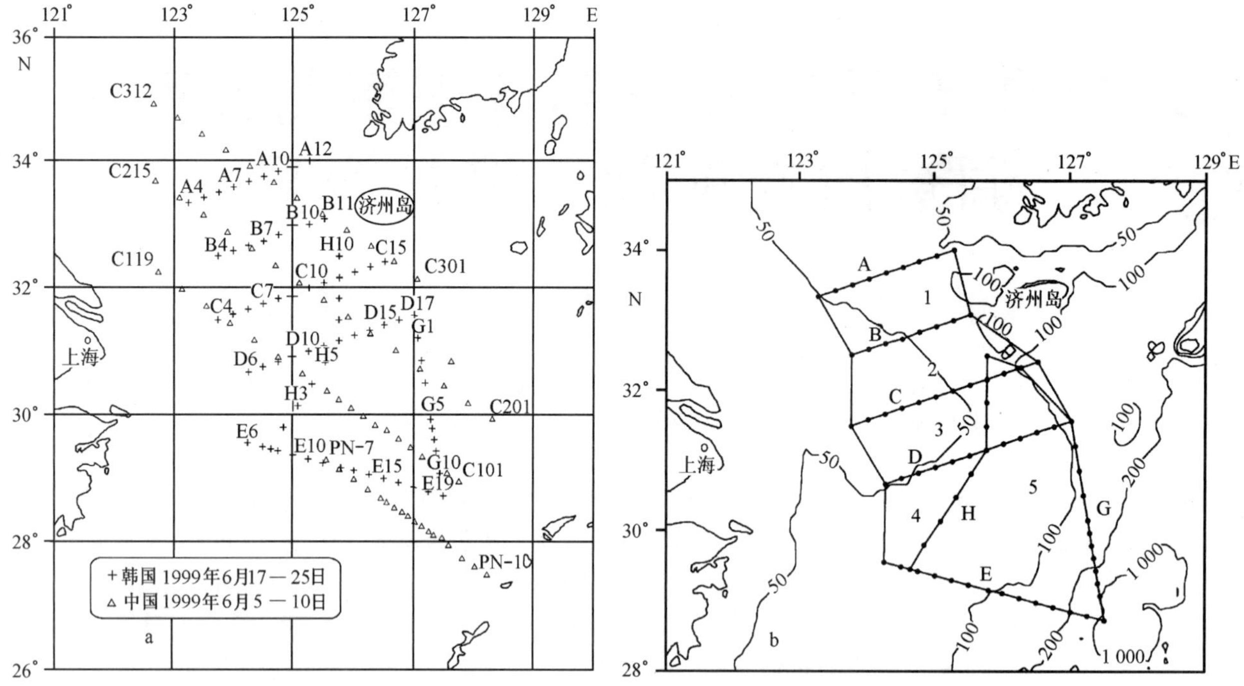

图 1　1999 年 6 月第一航次(用△表示)及第二航次(用+表示)水文观测断面与站位分布(a);第二航次计算单元(box)(b)

2.2　改进逆方法

我们采用 Yuan 等[5]改进逆模式,并作了以下 3 点重要改进:

(1) 在动量方程式中考虑垂直涡动黏性项,即海流是非地转的,因此也考虑了风应力的作用。

(2) 在密度与温度等方程式中除考虑平动项以外,还考虑垂直涡动扩散项等。

(3) 设 q 为海洋向大气放出(或吸收)热量[$q>0$ 为放热,$q<0$ 为吸热,单位为 $J/(cm^2 \cdot d)$],则在海面上热量 q 应满足以下的不等式:

$$q_1 \leqslant q \leqslant q_2,$$

其中 q_2 与 q_1 为计算海区多年统计平均热量分布的最大与最小值。在本计算中,风场资料来自本航次的观测。关于垂直涡动黏滞系数 A_z 与垂直涡动扩散系数 K_z 取值,在文献[5]对不同取值进行了数值计算并进行了比较,认为 A_z 与 K_z 分别取为 100 cm^2/s 与 10 cm^2/s 较为合理,本文也取这些值。关于参数 q_1、q_2 取值,参见文献[6],我们取$(q_1, q_2) = (-2.09, -0.21)$[单位:$10^3 J/(cm^2 \cdot d)$]。计算单元(box)共有 5 个(参见图 1b)。

我们采用 Fiadeiro 与 Veronis 方法[7]选择最佳参考面,取最佳参考深度 z_r 如下:如果测站水深 H 大于最佳参考面 z_r,则就取为 z_r 值,否则取为该站的水深 H。必须指出,在动力计算方法中,在参考面处流速假定为零,而在逆方法中在最佳参考面处流速不假定为零,是未知的,通过改进逆方法的方程组求得。

3　调查海区的主要水文特征

为了对 1999 年 6 月第二航次调查海域环流有较全面的认识,本节对该海域的水文特征作简要分析。

图 2a、图 2b 与图 3a、图 3b 分别为 30 m 与 50 m 处温度及密度分布,中间层温度与密度分布也十分类似图 2 与图 3 的分布,限于篇幅,在此不再表示出来。图 2 与图 3 有以下几个重要特征:(1) 黑潮通过本调查

海区东南部，具有高温、高盐、低密的特征；(2) 调查海区北部有一个高密、冷水核心，从图 4a、图 4c 断面 A 与 B 温度的垂直分布可知，冷水分别位于测站 A7 与 A10 之间 30 m 以深的均匀混合层以及测站 B8 与 B10 之间 20 m 以深的均匀混合层，这里正是黄海冷水团(以下简称 HSCWM)的南侧；(3)从图 2 与图 3 以及以下图 7 可知，济州岛以南在 125°30′E 与 127°E 之间测站 C10 与 C14 之间以及测站 D11 与 D15 之间在 25 m 以深处，明显地存在一个冷的、高密水(以下简称 HDW)中心，关于这个冷的、高密水，国内学者已有不少研究，例如潘玉球等[8]及文献[9]。此外，从图 2、图 3 可见，在调查海区西北部出现黄海沿岸流水，在断面 C 的西部分出现低密水，在断面 E 西部分附近出现低密的、暖水中心。在黑潮以西出现相对低密度的暖水，即为台湾暖流水。以下我们将结合海流计算结果作进一步讨论。

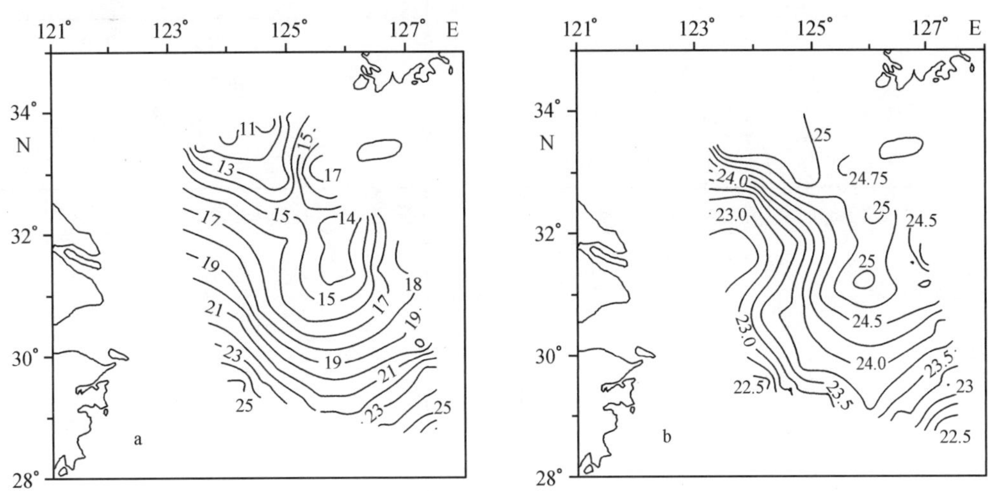

图 2　1999 年 6 月第二航次 30 m 层温度(℃)(a)与密度(b)分布

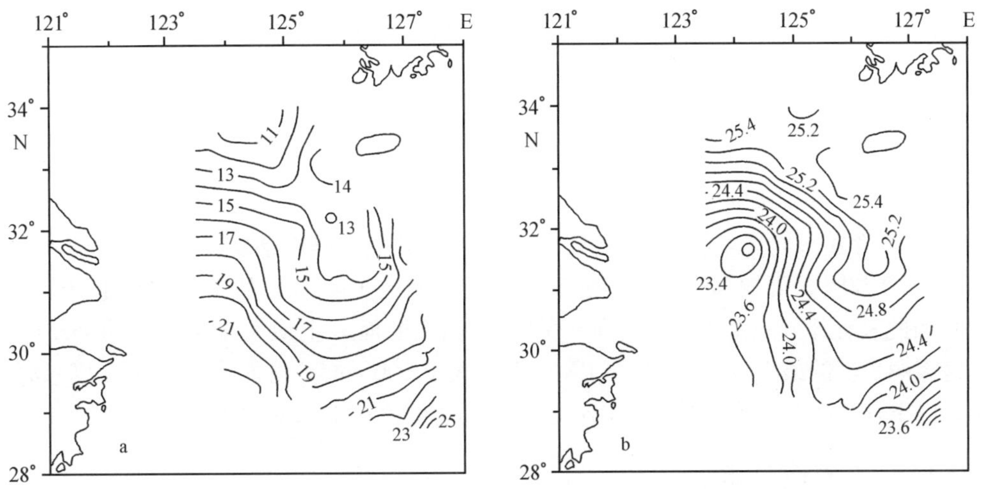

图 3　1999 年 6 月第二航次 50 m 层温度(℃)(a)与密度(b)分布

4　各断面上流速分布

对上述我们采用改进逆方法获得的断面 E、D、C、B、A 等上的流速分布，本节将分别讨论。限于篇幅，我们略去对断面 H 及 G 上流速分布的讨论。

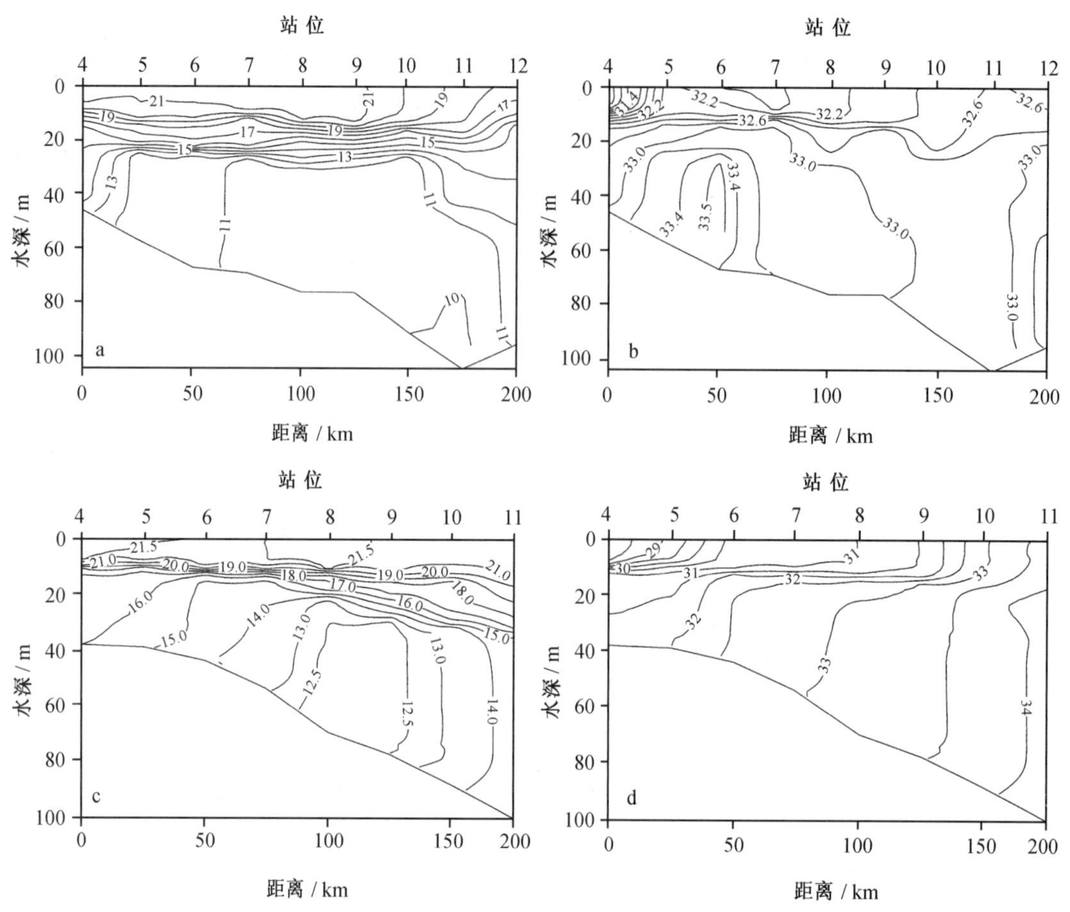

图4　1999年6月第二航次温度(℃)与盐度垂直分布

a. 断面A上温度分布，b. 断面A上盐度分布，c. 断面B上温度分布，d. 断面B上盐度分布

4.1　断面E上流速分布

图5a、图5b与图5c分别为断面E，D与C上流速分布。在断面E的西部分计算点1与2存在北向流，而在计算点3与4则存在南向流，从以下流函数分布图可知，它们可能都是反气旋式环流的一部分。从上述温度与密度分布图2与图3可知，此处是低密、暖水区。黑潮位于断面E的东部陆坡上，因为断面E位于127°30′E以西，因此只有部分的黑潮通过断面E的东部分，在断面E上最大流速为91.4 cm/s，在计算点14的20 m处。这表明黑潮的最大流速(在断面PN一般都大于100 cm/s)可能位于断面E以东海区。在计算点14的450 m以下存在南向逆流，但其流速不大，一般其速度值在1~2 cm/s的范围。

4.2　断面D与C上流速分布

从图5b可知，断面D的西部被南向流支配，但断面D的东部分，计算点9以东存在北向流，最大北向流速为12 cm/s，在计算点11的10 m处。从图2与图3温度与密度分布，以及以下流函数分布图可知，上述北向流及计算点9以西的南向流均为HDW的气旋式涡的一部分。

从图5c可知，断面C的西部分在计算点2与3分别存在南向流与北向流，但是断面C中部被南向流支配，断面C的东部计算点11存在北向流。与断面D相似，这个北向流与计算点11以西的南向流都是HDW气旋式涡的一个部分。总之，HDW的气旋式涡通过断面C与D。如上所述，与第一航次的结果相比，此HDW气旋式涡的位置稍向北移动。

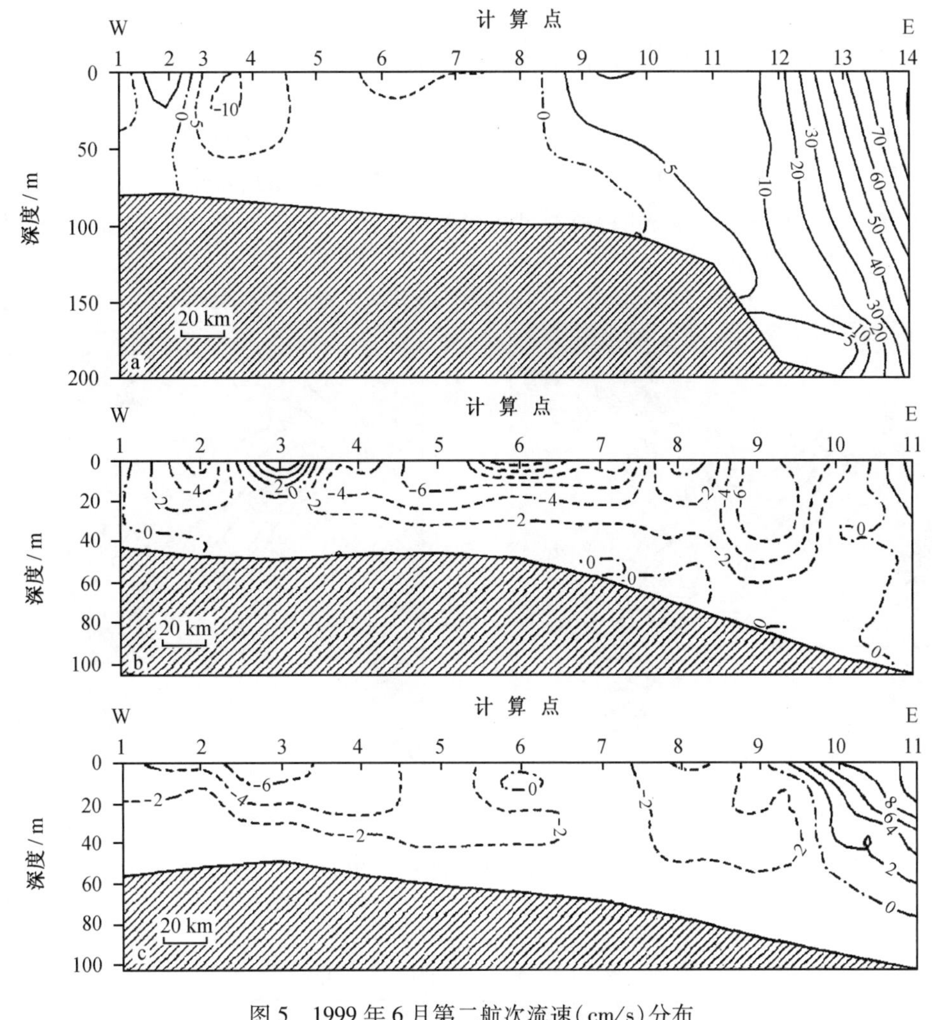

图 5　1999 年 6 月第二航次流速(cm/s)分布

a. 断面 E，b. 断面 D，c. 断面 C(实线为正值：偏北方向)

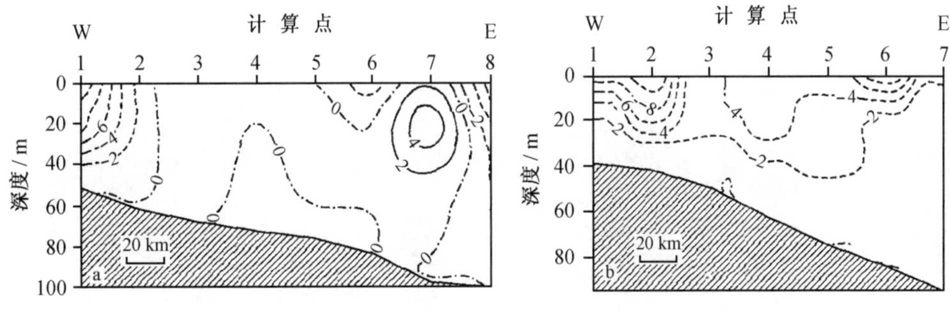

图 6　1999 年 6 月第二航次流速(cm/s)分布

a. 断面 A，b. 断面 B(实线为正值：偏北方向)

4.3　断面 A 与 B 上流速分布

从图 6a 可见，在断面 A 的计算点 1、2 与 8 都存在南向流，在计算点 3、4、5、7 都存在北向流，而在计算点 6 上层出现南向流，下层则出现北向流。黄海沿岸流是一支南向流，它主要在计算点 1 及其附近处，其最大流速为 12 cm/s。从图 6b 可见，断面 B 主要被南向流所支配。

5　比较两个航次的水文观测与流函数的结果

我们首次比较两个航次的水文观测，图 7 与图 8 分别比较了两个航次在 30 m 与 50 m 层温度与密度分布，从图 7 可知，与第一航次相比较，在第二航次 30 m 处济州岛以南冷的、高密水中心稍向北移动。在 40 m 与 50 m 处（见图 8）有相同的结果，这表明，观测时间相差两个星期左右的两个航次，在济州岛以南观测到的冷的、高密水中心的位置是变动的。

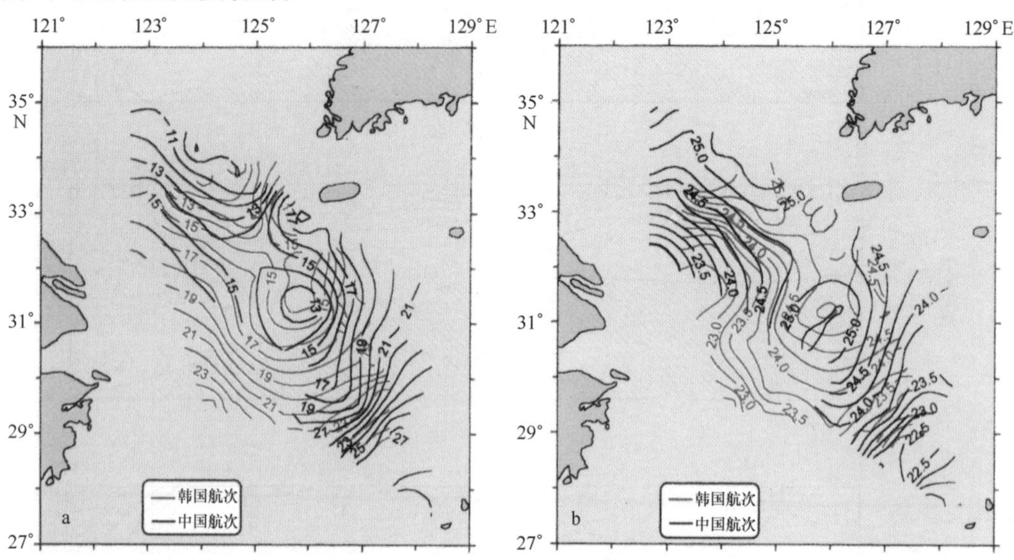

图 7　比较 1999 年 6 月在 30 m 层两个航次温度（℃）分布（a）与密度分布（b）

（黑色为第一航次的观测结果；红色为第二航次的观测结果）

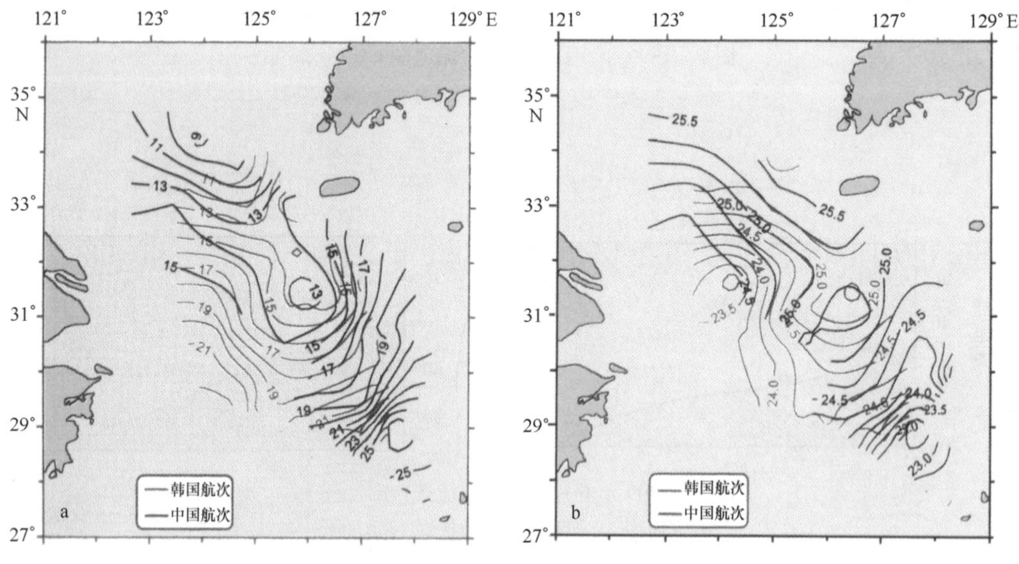

图 8　比较 1999 年 6 月在 50 m 层两个航次温度（℃）分布（a）与密度分布（b）

（黑色为第一航次的观测结果；红色为第二航次的观测结果）

图 9 表示 1999 年 6 月两个航次的流函数分布，从图 9 可知，部分黑潮通过断面 E 的流量约为 6.2×10^6 m^3/s，这表明大部分黑潮位于断面 E 以东区域。黑潮的西侧为台湾暖流的外侧分支，它的流量约为 0.4×10^6 m^3/s。在计算海区的西南侧出现反气旋式环流，这与温度与密度分布（见图 2 与图 3）所示在此处存在低密、暖水相对应。以下我们比较两个航次流速分布与流函数的主要结果。

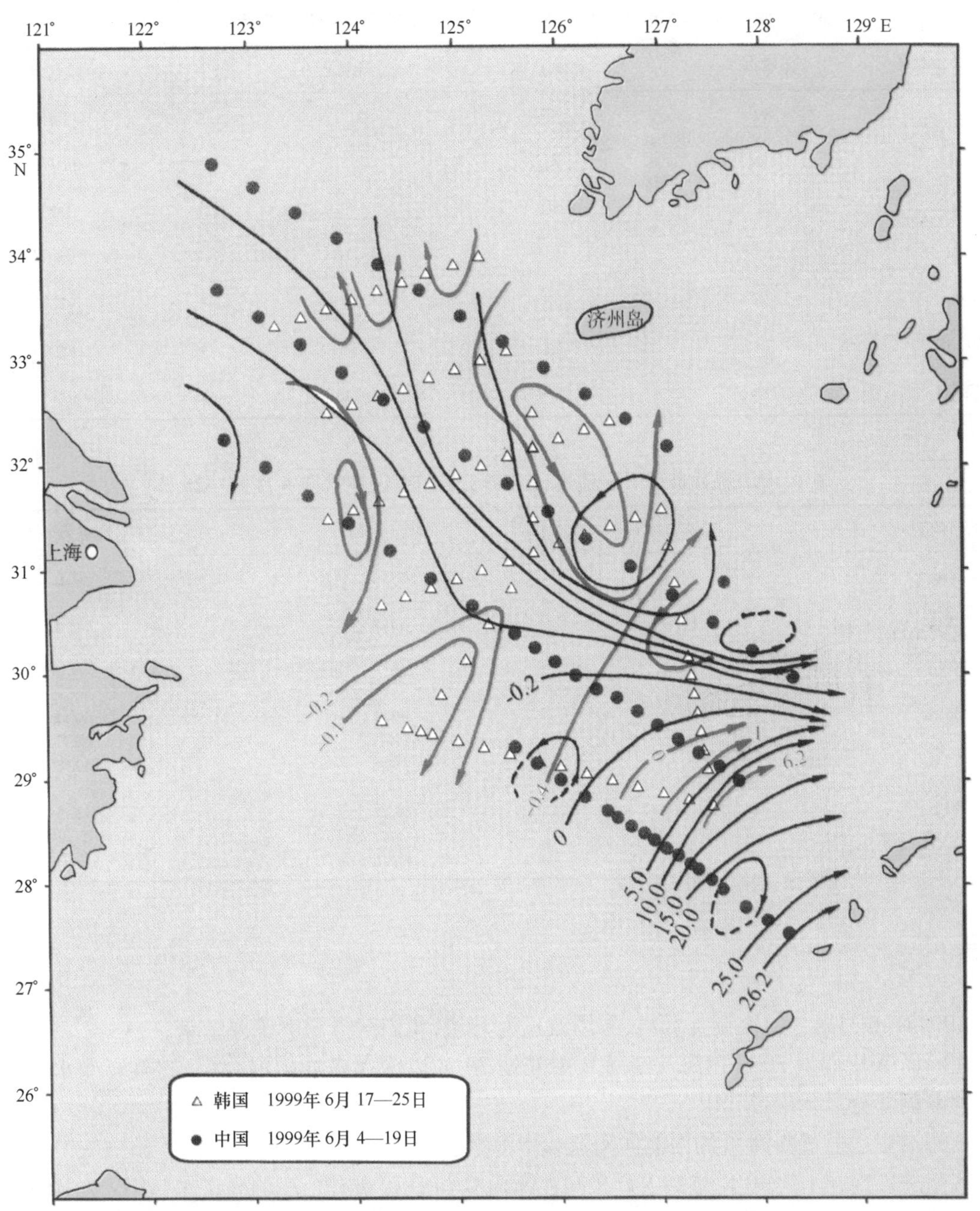

图9　1999 年 6 月两个航次流函数分布比较(黑色为第一航次;红色为第二航次)
第一航次水文观测站位用●表示,第二航次水文观测站位用△表示

图 9 表明,与第一航次时相比,第二航次时济州岛以南的 HWD 气旋式涡的位置稍向北移,这与上述水文观测结果(见图 7 与图 8)十分一致。其次,我们比较黑潮在这两个航次时的位置,图 9 表明,与第一航次时相比,黑潮主流的位置在第二航次时似乎稍向东移。我们也可以比较两个航次时流速分布所对应的位置。表 1 与表 2 分别表示第一航次在断面 PN 与第二航次在断面 E 上流速分布,在第一航次时断面 PN 黑潮的最大流速为 119 cm/s,在计算点 9 的 50 m 层处(该点水深为 458 m),而在第二航次时断面 E 最大流速为 91. 4 cm/s在计算点 14 的 20 m 层处(该点水深为 937 m)。因此,与第一航次相比,第二航次时黑潮最大流速所对应的位置似乎稍向东移。这也表明,与第一航次相比,第二航次时黑潮主流的位置似乎要稍向东移。

表 1　第一航次断面 PN 上流速(cm/s)分布(时间:1999 年 6 月 5—10 日)

垂直位置	计算点 7	计算点 8	计算点 9	计算点 10
0 m	89	85	112	111
20 m	86	81	113	110
50 m	71	80	119	104
100 m	51	71	104	98
150 m	26	58	73	97
200 m	0	28	51	88
水深/m	184	244	458	805

表 2　第二航次断面 E 上流速(cm/s)分布(时间:1999 年 6 月 17—25 日)

垂向位置	计算点 12	计算点 13	计算点 14
0 m	14. 1	62. 4	89. 0
20 m	13. 3	54. 9	91. 4
50 m	10. 4	46. 4	86. 9
100 m	12. 2	32. 1	69. 4
150 m	5. 6	13. 6	49. 7
200 m	0	2. 5	32. 5
水深/m	189	546	937

6　结语

基于 1999 年 6 月第二航次调查资料,采用改进逆方法,我们获得以下主要结果:

(1) 在断面 A 中间处 30 m 以深及断面 B 中间处 20 m 以深存在均匀混合层,它具有冷水的特征,是黄海冷水团的南侧部分。

(2) 黄海沿岸水通过断面 A 的西侧向南流入本海区。

(3) 济州岛以南在 125°30′E 与 127°E 之间在断面 C 与 D 存在一个冷的高密水(HDW),HDW 环流是气旋式的。与第一航次相比较,第二航次时该 HDW 气旋式涡要稍向北移动。

(4) 在断面 E 最西侧附近,存在一个低密度的暖水,其环流具有较弱的、反气旋式的特征。

(5) 部分黑潮通过断面 E 的净北向流量约为 6.2×10^6 m^3/s,其最大流速为 91. 4 cm/s。黑潮的西侧台湾暖流的外分支通过断面 E 的净北向流量约为 0.4×10^6 m^3/s。

(6) 与第一航次相比较,第二航次时黑潮主流的位置似乎稍向东移动。

参考文献:

[1]　Su Jilan. Circulation dynamics of the China seas north of 18°N[M]//Allan R R, Kenneth H B, The Sea, Vol. 11. John Wiley & Sons, Inc., 1998: 483-505.

[2]　苏纪兰,袁耀初,姜景忠. 建国以来我国物理海洋学进展[J]. 地球物理学报,1994,37(增刊 1):3-13.

[3]　管秉贤. 黄、东海浅海水文学主要特征[J]. 黄渤海海洋, 1985,3(4):1-10.

[4]　袁耀初,刘勇刚,周明煜,等. 1999 年 6 月黄海南部与东海北部的环流[J]. 海洋学报,2002,24(增刊 1): 20-30.

[5]　Yuan Yaochu, Su Jilan, Pan Ziqin. Volume and heat transports of the Kuroshio in the East China Sea in 1989[J]. La Mer, 1992, 30: 251-262.

[6]　袁耀初,刘勇刚,苏纪兰. 1997—1998 年 El Niño 至 La Niño 期间东海黑潮的变异[J]. 地球物理学报,2001,44(2):199-210.

[7] Fiadeiro M E, Veronis G. On the determination of absolute velocities in the ocean[J]. Journal of Marine Research, 1982, 40 (Supp.):159-182.

[8] 潘玉球,苏纪兰,徐端蓉. 东海冬季高密水的形成和演化[G]//黑潮调查研究论文选(三). 北京:海洋出版社,1991:183-192.

[9] Yuan Yaochu, Su Jilan. A two-layer circulation model of the East China Sea [G]//Proceedings of the International Symposium on Sedimentation on the Continental Shelf, with Special Reference to the East China Sea. Beijing: China Ocean Press, 1983: 364-374.

Variability of the circulation in the southern Huanghai Sea and northern East China Sea during two investigative cruises of June 1999

Yuan Yaochu[1,2], Liu Yonggang[1,2], Lie HeungJae[3], Lou Ruyun[1,2]

(1. *Second Institute of Oceanography*, *State Oceanic Administration*, *Hangzhou* 310012, *China*; 2. *Key Lab of Ocean Dynamic Processes and Satellite Oceanography*, *State Oceanic Administration*, *Hangzhou* 310012, *China*; 3. *Korea Ocean Research and Development Institute*, *Ansan*, *Korea*)

Abstract: On the basis of hydrographic data obtained in June 17 to 25, 1999 onboad the R/V *Eardo*, Korea (hereafter the second cruise), the circulations in the southern Huanghai Sea and East China Sea are computed by using the modified inverse method. The comparison between two computed results in the first cruise, which was carried out in June 4 to 19, 1999 onboad the R/V *Xiangyanghong No. 14*, China, and the second cruise is made. The following results have been obtained. (1) A part of the Kuroshio flows northward through the eastern part of Section E, and the volume transport (*VT*) of a part of the Kuroshio through Section E is about 6.2×10^6 m^3/s, and its maximum velocity is about 91.4 cm/s. The *VT* of the offshore branch of Taiwan Warm Current west of the Kuroshio through Section E is about 0.4×10^6 m^3/s. (2) There are the following variability between these two cruises, though their time difference is about two weeks. ① The position of the Kuroshio in second cruise is slightly more east than that in first cruise. ② The high dense water (HDW) with a cold water is occurred in the region south of Cheju Island between 125°30′E and 127°E at Sections D and C. The circulation in the region of HDW is cyclonic. Comparing the position of HDW during the second cruise with that during the first cruise, its position in the second cruise moves slightly northward. (3) The cold and uniform mixing layer is occurred in the layer from 30 m level to the bottom of the middle part of Section A and in the layer from 20 m level to the bottom of the middle part of Section B, respectively. They are both a southern part of the Huanghai Sea Cold Water Mass (HSCWM). (4) There is higher temperature and lower density with a weaker anticyclonic circulation in the southwestern part of the computed region. Its center is located at a western most point of Section E.

Key words: southern Huanghai Sea and northern East China Sea; two cruises in June of 1999; variability of circulation

刊于:海洋学报,2002,24(增刊1):42-52.

1999 年 6 月南黄海和东海东北部的水文及环流特征

楼如云[1,2],袁耀初[1,2],卜献卫[1,2]

(1. 国家海洋局 第二海洋研究所,浙江 杭州 310012; 2. 国家海洋局 海洋动力过程与卫星海洋学重点实验室,浙江 杭州 310012)

摘要:基于 1999 年 6 月“向阳红 14”号调查船的观测资料,对南黄海和东海东北部区域的水文及环流特征进行了分析,结果表明:(1)夏季本海域的陆架海区分层显著。长江冲淡水在近海面约 10 m 的薄层内呈低盐水舌状向济州岛方向扩展,以盐度 31 作为低盐水舌的外缘指标,其前缘越过 124°E。(2)黄海冷水团向东南方向伸展。在 C3 断面上出现一个离底厚约 20 m 的均匀混合层,温度约为 9℃,盐度约为 32.8。(3)黄海沿岸流及部分东海陆架水向南流动,沿黄海冷水团外缘作气旋式弯曲后,转向东北。(4)在济州岛西南 30°40′~31°50′N,125°~126°30′E 处出现一个气旋式冷涡,具有高密、低温水的特性,其中心位置随深度增加逐渐向东移动。(5)东海黑潮位于本计算海区东南部,为一支东北向强流,计算得到的表层最大流速为 108 cm/s,通过 PN 断面的流量约为 $26.3\times10^6\ m^3/s$。此外黑潮主流的东侧存在一个反气旋式暖涡,西侧上层存在一个弱的气旋式冷涡。

关键词:南黄海;东海东北部;夏季水文与环流特征

中图分类号:P731

1 引言

黄海、东海为北太平洋西部的一个开阔边缘海,地势自西北向东南倾斜,等深线主要呈南北走向,地形较复杂。关于黄海、东海的水文及环流特征,已有不少学者进行了研究。管秉贤[1]对本海域水文学的主要特征作了总结,指出黄海、东海环流包括两个系统,即源自大洋的高温、高盐水流系和沿岸的低盐水流系。东侧的黑潮-对马暖流-黄海暖流及其延伸部分与西侧的黄海沿岸流-东海沿岸流形成了一个气旋式的“流涡”。长江冲淡水的扩展,黄海冷水团的南侵,以及东海黑潮和台湾暖流的北上,直接影响着本海区的水文与环流状况。此外,济州岛西南气旋式冷涡的形成及变异机制也一直受到人们关注。袁耀初和苏纪兰等用东中国海陆架环流的单层模式[2]及两层模式[3],王卫和苏纪兰用黄海、东海黑潮流系和涡旋现象的正压模式[4],以及梁湘三和苏纪兰用东海环流的两层模式[5]等对本海区的环流特征及其形成机制进行了模拟,都取得了较好的结果。关于近来东海黑潮的研究,可参考文献[6]。

本文在前人研究的基础上,对“向阳红 14”号调查船 1999 年 6 月航次的资料进行了分析,并采用 Chu 提出的 P 矢量方法计算流场。关于 P 矢量方法,可参考文献[7-8]。

基金项目:国家自然科学基金重点资助项目(49736200)与项目(40176007);国家重点基础研究发展规划资助项目(G1999043802);国家海洋局青年海洋科学基金资助项目(2000209)。

2　计算区域、资料及参数说明

本计算区域及所用资料的站位图参见图 1a。

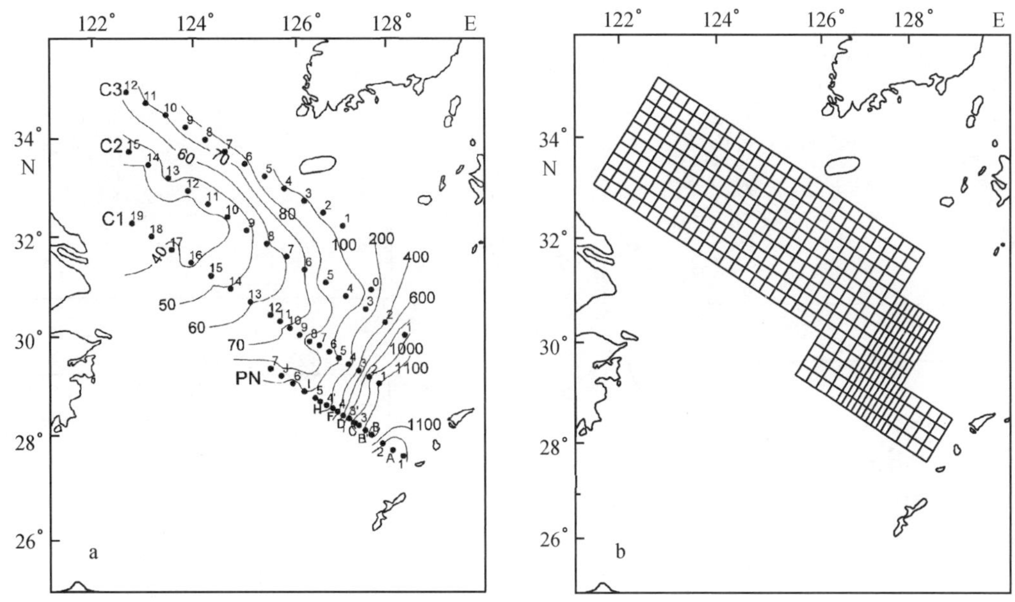

图 1　1999 年 6 月航次站位及地形(单位:m)分布 (a);计算网格 (b)

计算区域共取了 64 个站位,其中 39 个站位的深度小于 100 m,大部分计算区域位于陆架浅海区。计算采用倾斜网格坐标,如图 1b 所示:x 轴基本与断面平行,y 轴基本与断面垂直。其中,x 轴与纬度的倾角 $\theta=32.5°$,网格间距分别为:$\Delta x=27.798$ km,$\Delta y=27.798$ km。由于黑潮主干尺度约为 50 km,故在黑潮及其分支经过的区域,在 x 方向上对网格进行加密,取间距 $\Delta x=13.899$ km。垂直方向网格采用标准层深度。

3　水文及环流特征

3.1　长江冲淡水

从表层盐度分布图(见图 2a)可见,1996 年夏季由长江口指向济州岛,存在一支势力较强的低盐水舌,即“长江冲淡水”。水舌核心处的最小盐度为 26。以盐度 31 作为水舌的外缘指标,其外缘向东越过 124°E,向北到达 33°N。在 124°E 线上,水舌南北宽度约 3 个纬度(30°~33°N)。在 10 m 层(见图 2b)低盐水舌的形状、位置与表层相似,其核心处的最小盐度仍为 26。而在 15 m 层(见图 2c),该海区的盐度分布发生变化,其核心处的最小盐度为 30.9,比表层的大得多,故认为在 15 m 层处海水与表层的长江冲淡水属于两个不同的水团,长江冲淡水只存在于近海面约 10 m 的薄层内。$\sigma_t=21.9$ 的等深线分布(见图 6a)显示长江冲淡水向济州岛方向扩展。

长江冲淡水的北面,存在一股温度较低(见图 3)、盐度相对较高的海水,即“黄海沿岸水”。表层(见图 2a)及 10 m 层的盐度分布(见图 2b)显示,黄海沿岸水阻碍了长江冲淡水沿苏北海岸北上,迫使其转向东北方向流动。

C1 断面的盐度分布(见图 4b)显示,在近海面 10 m,断面西端 19—18 站出现一股低盐水,与两侧的海水形成较强的盐度锋。C2 断面 14—11 站也出现类似的现象(见图 5b)。图 2a 表明长江冲淡水从这两处经过,这两处的温盐分布大致反映了长江冲淡水的垂向结构。

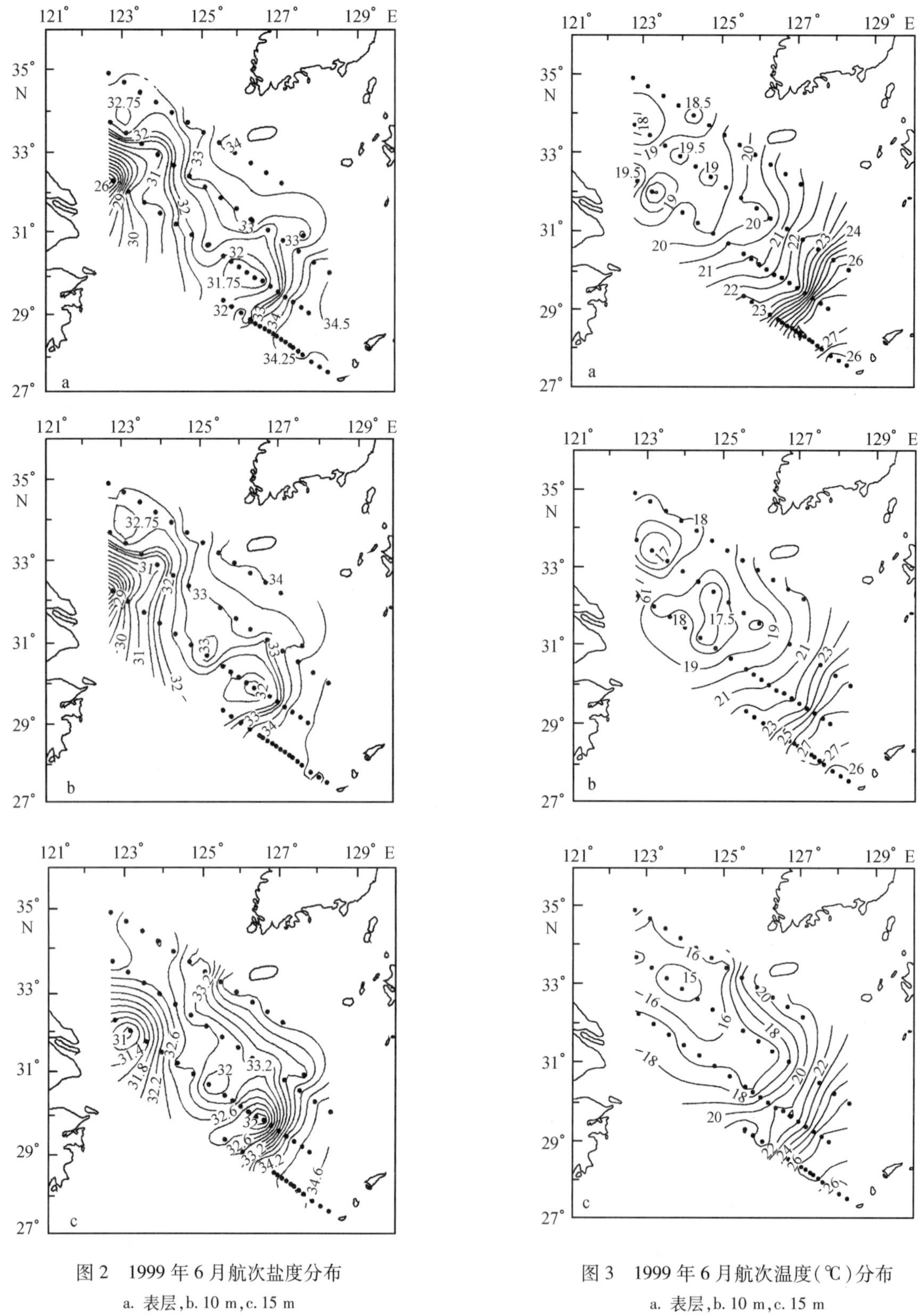

图 2　1999 年 6 月航次盐度分布

a. 表层，b. 10 m，c. 15 m

图 3　1999 年 6 月航次温度(℃)分布

a. 表层，b. 10 m，c. 15 m

长江冲淡水在 10 m 以内深度所具有的低盐特征，使该海区表层的斜压性变得显著，形成一股密度流。从 $\sigma_t = 21.9$ 的等深线分布(见图 6a)可知，长江冲淡水基本上沿 $\sigma_t = 21.9$ 的等深线方向向南流动。表层流场分布(见图 7a)也显示，在长江冲淡水及其附近海区，部分海水沿着低盐水舌的外缘等盐线向南流动，并在 30°N 附近转向东，然后向东北方向流动。

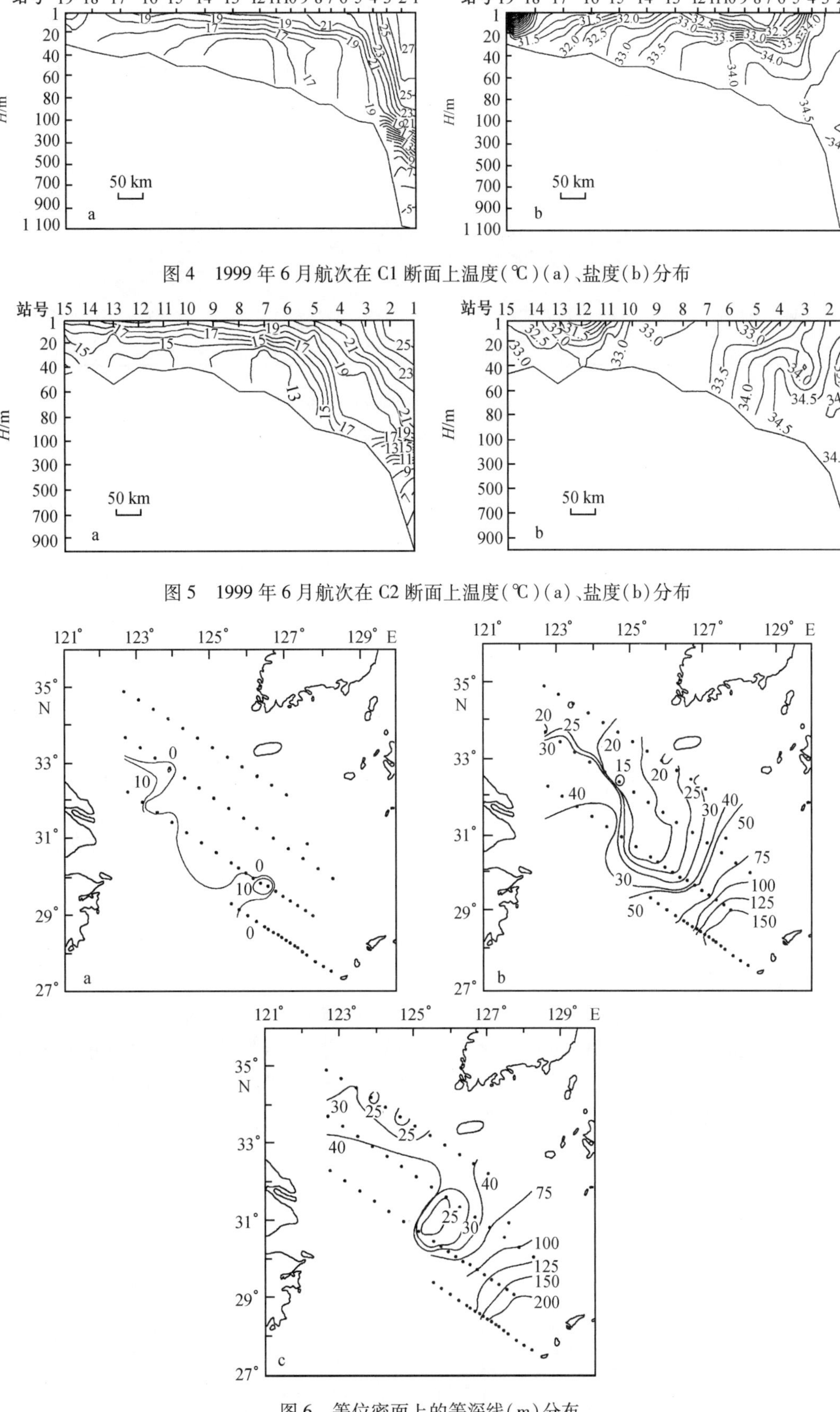

图4　1999年6月航次在C1断面上温度(℃)(a)、盐度(b)分布

图5　1999年6月航次在C2断面上温度(℃)(a)、盐度(b)分布

图6　等位密面上的等深线(m)分布

a. $\sigma_t=21.9$, b. $\sigma_t=24.5$, c. $\sigma_t=25$

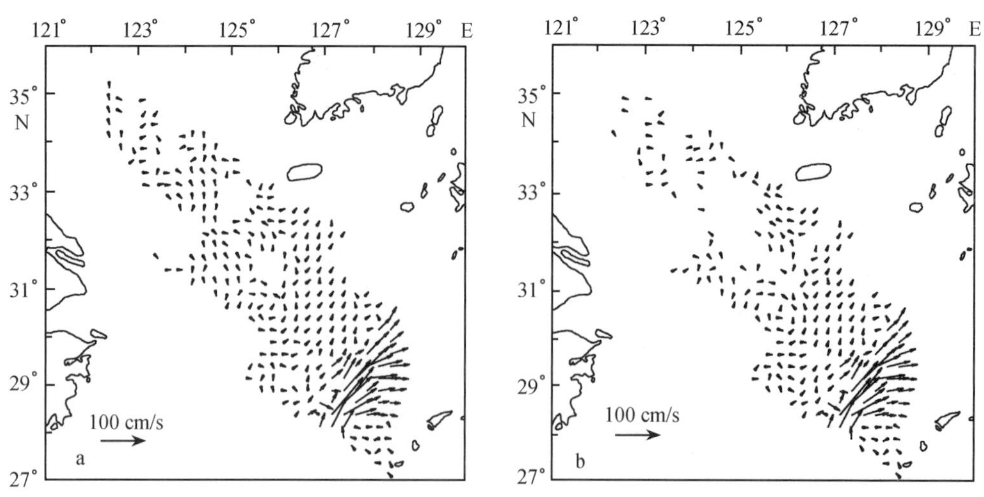

图 7　P 矢量方法计算得到的流场分布

a. 表层，b. 20 m 层

3.2　黄海沿岸水及黄海冷水团

前面已经提到，黄海沿岸水向南流动，在 15 m 及其以深发展成一支东南方向的低温水舌。在 25 m 层(见图 8a)，以温度 17℃作为外缘指标，水舌前锋抵达 30°N，控制了本计算海域西北及中部的较大区域。在 31°30′N，125°30′E 附近，14℃等温线呈封闭状，形成低温中心，最低温度约为 12.7℃，对应盐度约为 33.15。该低温中心随深度增加逐渐向东移动，至深层位于 126°E 附近(见图 8b)，最低温度约为 12.4℃，对应盐度约为 33.18。该低温水在向东南入侵的过程中于 29°20′N，127°E 附近受到一股高温高盐水的阻挡，这股高温高盐水温度大于 21℃，盐度大于 34，为台湾暖流水。关于台湾暖流我们将在下节讨论。黄海沿岸水和台湾暖流的交汇处形成一支较强的温盐锋，呈西南—东北方向，在 25 m 层宽约 25.6 n mile，温、盐的水平梯度分别约为 0.2℃/n mile 和 0.03 /n mile。此外，从 $\sigma_t = 24.5$ 的等深线分布图(见图 6b)可知，两股水的交汇处等深线密集，并向东南方向凸起，这表明黄海沿岸水到达 30°N 附近海域后，转向东偏南方向，后又转向东偏北方向，作气旋式弯曲。该结论与 P 矢量方法计算得到的表层流场分布图(图 7a)上的结果吻合。从图 7a 可见，一部分海水沿低温水舌西侧外缘南下，在台湾暖流及地形的作用下，于 30°N，126°E 附近，作气旋式弯曲，先转向东，后转向东北及偏北方向流动。在 30°40′~32°N，125°~126°30′E 附近，出现一个封闭的气旋式冷涡。关于该冷涡，我们将在后面讨论。

此外在 34°N，124°E 附近出现另一个低温中心(见图 8a)，25 m 层上的最低温度约为 9.5℃，对应盐度 32.6，50 m 层上的最低温度约为 8.7℃，对应盐度 32.7。参考翁学传等[10]对黄海冷水团分布范围的研究，我们认为该低温中心正位于黄海冷水团的南边界。C3 断面的温盐分布图(图 9)大致反映了 1999 年夏季南黄海冷水团的垂直结构。靠近陆架一侧海水分层明显，在 20~30 m 深形成较强的跃层。跃层以上等温线基本与海面平行，盐度变化不大，约为 32.6。跃层以下为一个离底厚约 20 m 的均匀混合层，温度约为 9℃，盐度约为 32.8，呈现出低温中盐的特征[10,11]。关于黄海冷水团形成的动力机制分析，可参见文献[12]。

3.3　台湾暖流

台湾暖流位于长江冲淡水以南及东南侧，对夏季长江冲淡水的转向，济州岛西南冷涡的形成等具有重要作用。袁耀初和苏纪兰[2]认为台湾暖流的北上，增强了本海域的斜压性，在与地形变化的相互作用(JEBAR)下，促使长江冲淡水向东北方向扩展。关于长江冲淡水与台湾暖流水的混合问题，Limeburner 等也作了深入的讨论[11]。受观测区域的限制，我们不可能讨论台湾暖流的来源及具体路径，只讨论台湾暖流对本海区水文及流场的影响。

前面已经提到黄海沿岸水向东南方向流动，在 29°20′N，127°E 附近受到台湾暖流的阻挡，形成一支较强

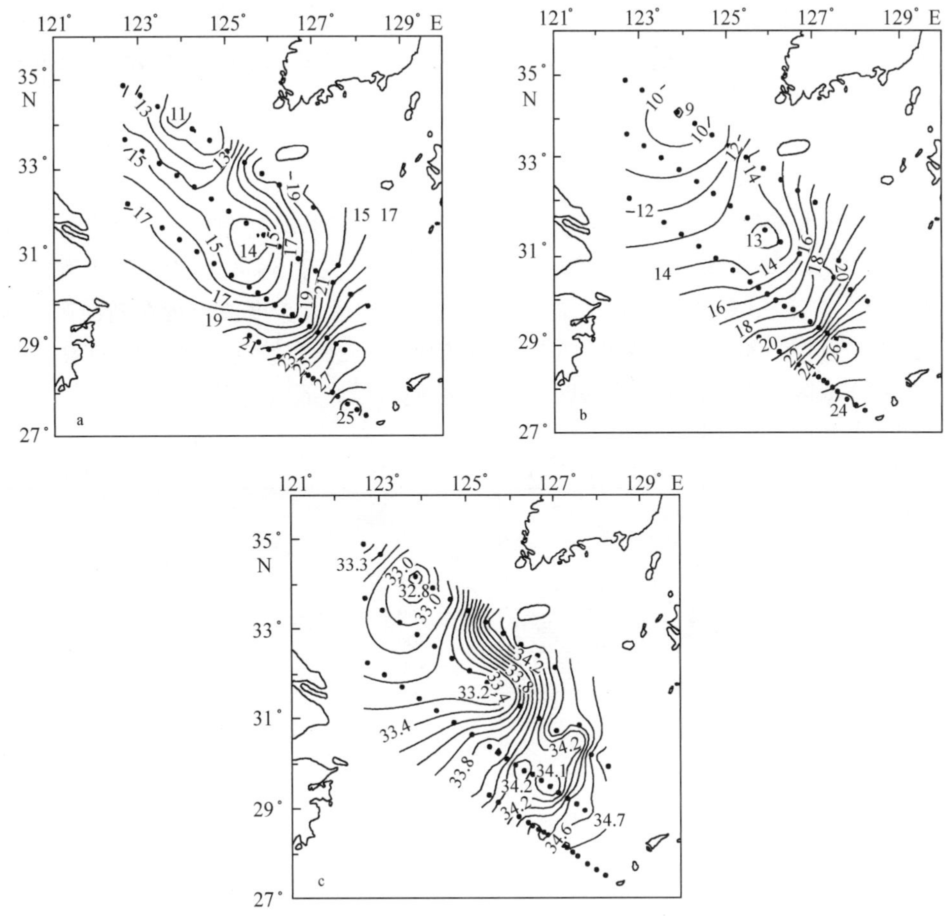

图 8　a. 25 m 层温度(℃)分布，b. 50 m 层温度(℃)分布，c. 50 m 层盐度分布

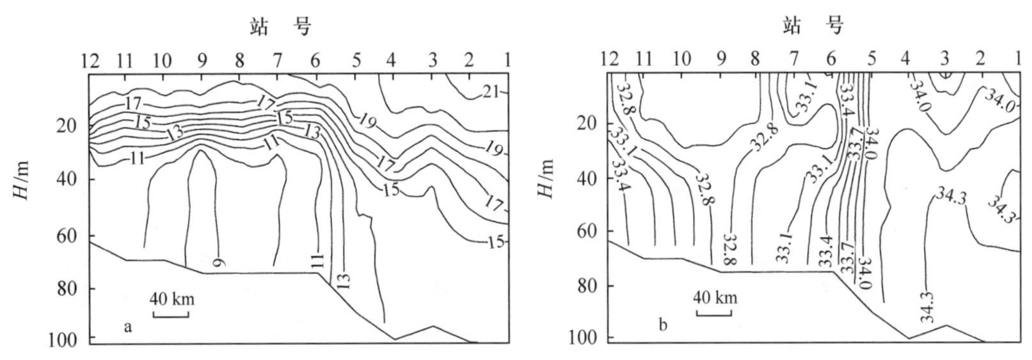

图 9　1999 年 6 月航次在 C3 断面上温(℃)、盐分布

a. 温度，b. 盐度

的温盐锋。这里我们取盐度 34，对应温度 20℃作为台湾暖流的外缘指标。此外，在图 2a、图 2b、图 2c 上，南部海区出现一个直径约为 50 n mile 的孤立低盐水块，该水块可能源自陆架水，可能被台湾暖流携带至此。在流场分布图(见图 7a、图 7b)及 $\sigma_t = 21.9$ 的等深线分布图上(见图 6a)，相应位置出现一个弱的气旋式涡旋。

由表层流场分布(见图 7a)可知，在 30°N 附近，海区西侧存在一支偏东向流，我们认为该流为台湾暖流的内侧分支，其表层流速约为 15 cm/s。此外，海区南部存在另一支东北向流，即台湾暖流的外侧分支，其表层的最大速度约为 26 cm/s。两个分支在 126°45′E 附近汇合，作气旋式弯曲后沿 100 m 等深线继续北上。在 $\sigma_t = 24.5$ 的等深线分布图(见图 6b)上可得到类似的流态。

C1 断面西侧 13—8 站为台湾暖流流经的位置。等盐线向西侧拱起（见图 5b），表示台湾暖流水存在爬坡和趋岸的现象。爬坡现象是本海域的一个重要现象。关于爬坡现象的动力机制分析，梁湘三和苏纪兰在其东海环流的两层模式中作了详细讨论[5]。

3.4　东海黑潮

PN 断面是研究东海黑潮的一个代表性断面。东海黑潮流经其东段（见图 1a），在断面 4-B′站，即最大坡折处，有一股高温高盐水经过（图 10），表层温度大于 27℃，盐度大于 34.4，此为东海黑潮的主干。西侧为台湾暖流及陆架混合水。Ⅰ-5 站出现较强的盐度锋。黑潮水的最大盐度值出现在断面东侧 80~200 m 深处，约为 34.9。此外，在陆坡 30~80 m 深处，等盐线向陆架楔入，有逆坡向岸涌升的现象。在 100~800 m 层，温度值以每 40~50 m 降低 1℃的速率随深度递减，至冲绳海槽底部，温度低于 7℃。

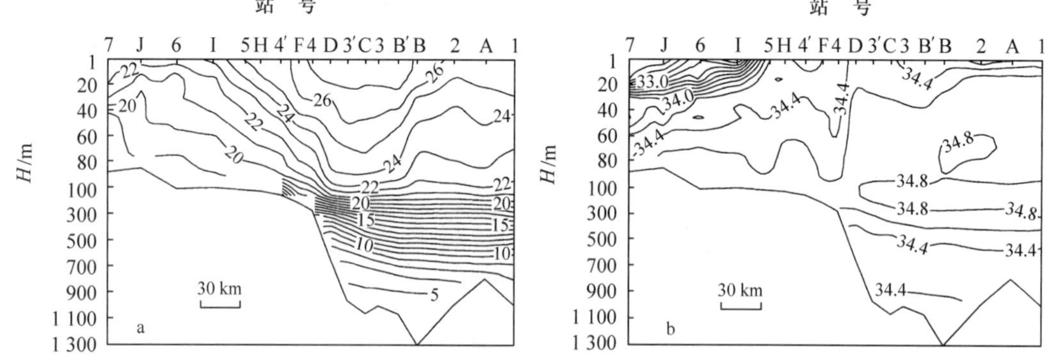

图 10　1999 年 6 月航次在 PN 断面上温度（℃）、盐度

a. 温度，b. 盐度

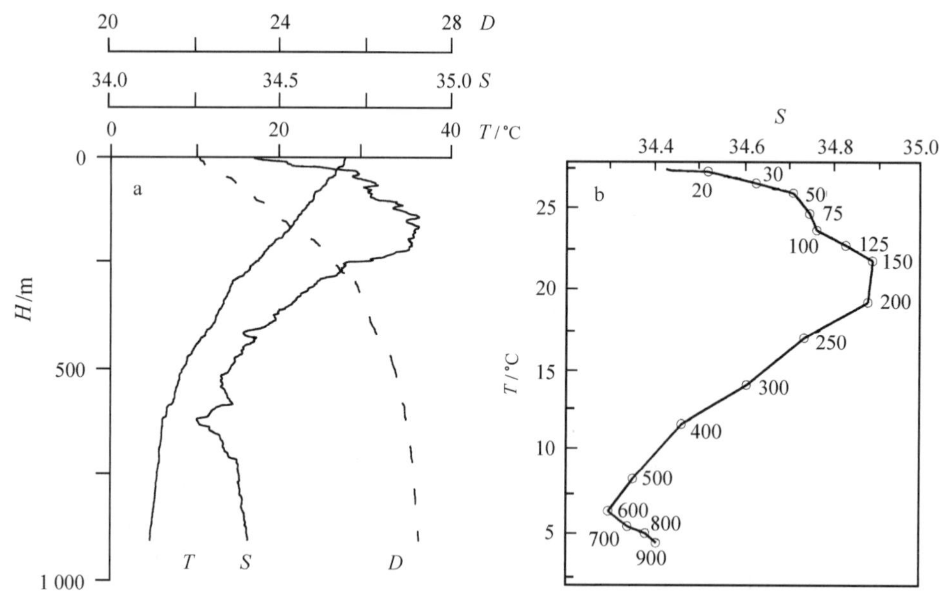

图 11　1999 年 6 月在 PN 断面 3 号站上温、盐、密的垂直分布（a）、T-S 图（b）

我们取 PN 断面 3 号站的温、盐垂直分布（图 11a）及 T-S 图（图 11b）来讨论黑潮水的垂直结构，黑潮水自上而下可分为 4 层：

（1）高温次高盐的表层水：大约位于 0~50 m 范围内，温度最高，盐度相对较高。

（2）次表层的高盐水：大约位于 100~200 m 范围内，海水盐度达到最高值，约为 34.9，温度随深度增加而降低，密度随深度增加而增加。

（3）中层低盐水：大约位于500~750 m范围内，海水盐度达到最低值，最小盐度约为34.2，温度继续随深度增加而降低。

（4）深层低温水：温度达到最低，深层约为4.6℃，盐度高于中层的低盐水。

从图7a可见，东海黑潮为本计算海域东南部的一支东北向强流。表层的最大流速约为108 cm/s，位于陆架坡度最大处。流速随深度增加而减小，但与周围流场相比，强流的特征仍很明显，例如在100 m深最大速度仍达90 cm/s（图略）。深层则出现逆流（图略）。通过PN断面的流量约为26.3×10^6 m^3/s。黑潮沿陆坡北上，大约在30°N，128°E附近转为东，经吐噶喇海峡流出东海，进入日本以南海域。此外，在29°N，125°40′E附近，即黑潮的西侧出现一个弱的气旋式冷涡。该冷涡只存在上层。黑潮东侧则伴随另一个较弱的反气旋式暖涡。50 m层的温度分布（见图8b）也表明了该暖涡的存在。

3.5　海区东北部的几支暖流

对马暖流是东海东北部的主要海流之一，对马暖流的源一直是人们关心的问题。表层及20 m层的流场分布（见图7a、图7b）以及σ_t=24.5的等深线分布（见图6b）都表明，对马暖流可能具有多源特性。一部分水可能来自黄海沿岸水与台湾暖流内侧分支的混合水。这部分水作气旋式弯曲后向北流动，成为对马暖流的一个源[16]。此外，台湾暖流（主要为外侧分支）和部分黑潮混合水向北流动，成为对马暖流的另一个源[17]。在济州岛东南，表层速度约为10 cm/s。

关于黄海暖流，刘勇刚和袁耀初的研究[13~15]表明夏季黄海暖流流速很小。我们采用*P*矢量方法计算了济州岛以西及西南的流场分布，发现该海区流速很弱。但从σ_t= 24.5的等深线分布（见图6b）可见，有一部分海水由济州岛西南进入黄海海域。C3断面正好位于黄海暖流经过的区域，从图9b可见，在6—5站出现一个较强的盐度锋，其右侧盐度大于34，温度较高，可能为黄海暖流水。此外，在各层的温盐分布图上（见图3、图8），济州岛西南海区等温、等盐线密集，呈东南—西北方向分布。

3.6　济州岛西南的气旋式涡

从表层流场分布（见图7a）可见，在济州岛西南30°40′~31°50′N，125°~126°30′E出现一个气旋式冷涡。20 m层及其以深移至30°20′~31°N，125°20′~126°E。关于该涡旋，井上尚文[18]曾根据1969年11月投放的底层流示踪器的资料分析指出：“在黄海暖流和黄海沿岸流两股底层流的中间区域，有黄海冷水伸入。在秋、冬期间，南北流向呈反时针方向旋转。从而可以认为，以调查海区的中间（济州岛南面）海底为中心，有一个范围相当大的环流存在。”其后，很多学者对该涡旋的水文特征、形成原因等作了分析。限于篇幅，这里不再评述。本航次的水文分析和计算结果都证实了该涡旋的存在。

前面已经提到在25 m层31°~32°N，125°~126°E间出现一个较均匀的冷水块（见图8a），核心温度低于14℃。从温、盐分布图可知，该水块在30~50 m层较明显，至深层一直存在。从等位密面的等深线分布图看，该水块在25.0~25.5层较明显，即具有高密水的特性。关于高密水的形成与演化，可参考潘玉球等的文章[19]。

流场分布（见图7）及σ_t= 25的等深线分布图（见图6c）表明，上述高密水所在海区，即济州岛西南存在一个气旋式冷涡。关于该涡旋的形成，可能与周围的流场及地形有关。如上所述，黄海沿岸流、台湾暖流等在济州岛西南海域作气旋式弯曲，与东侧的黑潮、东北面的对马暖流、黄海暖流形成一个气旋式环流。该气旋式环流直接诱导了冷涡的产生。此外由袁耀初和苏纪兰采用两层模式得到的结果[2]表明，无论正压或斜压情况，该气旋式冷涡总是存在，并随深度增加向东移动，与我们得到的结果一致。

4　小结

根据上述分析，可获得以下结论：

（1）长江冲淡水在近海面约10 m的薄层内呈低盐水舌状向济州岛方向扩展，取盐度31作为低盐水舌的外缘指标，水舌前缘越过 124°E。

（2）黄海沿岸流向南流入本计算海区。该流继续向东南方向流动，于 29°20′N，127°E 与北上的台湾暖流汇合，沿黄海冷水团外缘作气旋式弯曲后，转向东北，并有部分海水向黄海输送。

（3）黄海冷水团向东南方向伸展，进入本计算海区的北部。在 C3 断面出现一个离底厚约 20 m 的均匀混合层，温度约为 9℃，盐度约为 32.8。黄海冷水团是南黄海夏季重要的水文特征之一。

（4）在济州岛西南 30°40′~31°50′N，125°~126°30′E 出现一个气旋式冷涡。该冷涡具有高密、低温水的特性，其中心位置随深度增加逐渐向东移动。

（5）东海黑潮位于本计算海区东南部，为一支东北向强流，计算得到的表层最大流速为 108 cm/s，通过 PN 断面的流量约为 $26.3\times10^6\ m^3/s$。黑潮主流的东侧存在一个较弱的反气旋式暖涡，西侧上层存在一个弱的气旋式冷涡。

参考文献：

[1] 管秉贤. 黄、东海浅海水文学的主要特征[J]. 黄渤海海洋，1985，3(4)：1-10.

[2] Yuan Yaochu，Su Jilan. A two-layer circulation model of the East China Sea [G]//Proceeding of SSCS，Vol.1. Beijing：China Ocean Press，1983：364-374.

[3] 袁耀初，苏纪兰，赵金三. 东中国海陆架环流的单层模式[J]. 海洋学报，1982，4（1）：1-11.

[4] 王卫，苏纪兰. 黄、东海黑潮流系和涡旋现象的一个正压模式[J]. 海洋学报，1987，9(3)：272-285.

[5] 梁湘三，苏纪兰. 东海环流的一个两层模式[J]. 东海海洋，1994，12(1)：1-20.

[6] 袁耀初，苏纪兰. 1995 年以来我国对黑潮及琉球海流的研究[J]. 科学通报，2000，45(22)：2353-2356.

[7] Chu P C. *P*-vector method for determining absolute velocity from hydrographic data [J]. Marine Technology Society Journal，1995，29(3)：3-14.

[8] Chu P C，Fan C W，Cai W. *P*-vector inverse method evaluated using the Modular Ocean Model（MOM）[J]. Journal of Oceanography，1998，54：185-198.

[9] Wunsch C，Grant B. Towards the general circulation of the North Atlantic Ocean [J]. Prog Oceanogr，1982，11：1-59.

[10] 翁学传，张以恳，王从敏. 黄海冷水团的变化特征[J]. 海洋与湖沼，1988，19(4)：368-379.

[11] Richard Limeburner，Beardsley R C，Zhao Jinsan. Water masses and circulation in the East China Sea[G]//Proceeding of SSCS，Vol.1. Beijing：China Ocean Press，1983：285-294.

[12] 许东峰，袁耀初. 底边界混合对黄海冷水团的环流结构的影响[J]. 海洋学报，2000，22（增刊）：65-75.

[13] 刘勇刚，袁耀初. 1992 年东海黑潮的变异[J]. 海洋学报，1998，20(6)：1-11.

[14] 刘勇刚，袁耀初. 1993 和 1994 年东海黑潮的变异[J]. 海洋学报，1999，21(3)：15-29.

[15] 刘勇刚，袁耀初. 1995 年东海黑潮的变异[J]. 海洋学报，2000，22（增刊）：40-52.

[16] 郭炳火，林葵，宋万先. 对马暖流区 1986 年 6 月的水文状况[G]//黑潮调查研究论文选(一). 北京：海洋出版社，1990：1-10.

[17] Yuan Yaochu，Su Jilan. The calculation of Kuroshio Current structure in the East China Sea—early summer 1986[J]. Progress in Oceanography，1986，21：343-361.

[18] 井上尚文. Bottom currents off continental shelf in the East China Sea[J]. 海の空，1975，51(1)：5-12.

[19] 潘玉球，苏纪兰，徐端蓉. 东海冬季高密水的形成和演化[G]//黑潮调查研究论文选(三). 北京：海洋出版社，1991：183-192.

Hydrographic condition and circulation in the southern Huanghai Sea and northeast East China Sea during June 1999

Lou Ruyun[1,2]，Yuan Yaochu[1,2]，Bu Xianwei[1,2]

（1. *Second Institute of Oceanography*，*State Oceanic Administration*，*Hangzhou* 310012，*China*；2. *Key Lab of Ocean Dynamic Processes and Satellite Oceanography*，*State Oceanic Administration*，*Hangzhou* 310012，*China*）

Abstract：Based on the CTD data obtained by R/V *Xiangyanghong No.14* in the cruise of June 1999，the hydrographic characteristics are analyzed and the velocity field is computed by the *P*-vector inverse method. The results show that: (1) The stratified water occurs in this continental area during summer. The Changjiang River diluted water (CRDW) spreads toward the Cheju Island, whose thickness is about 10 m. If the 31 isohalin is considered as CRDW's boundary, it reaches east 124°E. (2) The Huanghai Sea Cold Water extends southeastward. At Section C3 near the bottom there is a 20 m thick mixed homogeneous layer with temperature 9℃ and its salinity is 22.8. (3) The Huanghai Sea Coastal Current flows to southeast. Then it makes a cyclonic turn along the boundary of the Huanghai Sea Cold Water, and flows northeastward. (4) A cyclonic eddy occurs southwest of the Cheju Island, at 30°40′—31°50′N, 125°—126°30′E. The hydrographic distributions show it's the high dense and low temperature water. Its center moves to east in the lower layer. (5) The maximum velocity of the Kuroshio is about 108 cm/s. The volume transport of the Kuroshio through Section PN is $26.3\times10^6 m^3/s$. There are an anticyclonic eddy east of the Kuroshio and a weak cyclonic eddy west of the Kuroshio, respectively.

Key words: southern Huanghai Sea; East China Sea; hydrographic characteristic and circulation in summer

刊于:海洋学报,2002,24(增刊1):53-62.

1999年6月东海陆架海流观测与谱分析

刘勇刚[1,2],袁耀初[1,2],刘倬腾[3],陈洪[1]

(1. 国家海洋局 第二海洋研究所,浙江 杭州 310012; 2. 国家海洋局 海洋动力过程和卫星海洋学重点实验室,浙江 杭州 310012; 3. 台湾大学海洋研究所,台北)

摘要:基于“向阳红14”号调查船在1999年6月执行的调查航次,在东海陆架区锚系测流站M(31°49.70′N,125°29.38′E)进行了海流与温度随时间变化的观测,通过对各种时间序列的谱分析与计算,得到以下主要结果:(1)调查期间M站30 m处与45 m处平均速度(u,v)分别为(6.9,-3.0) cm/s与(3.7,-1.1) cm/s,平均流速方向均为东南向。同时,观测期间海流速度变得愈来愈强,这可能是由于潮流从小潮向大潮过渡的缘故;(2)在海流振动中,半日周期振动是最主要的,其振动方向基本上是按顺时针方向转动。其次也存在日周期振动,由于此地惯性周期接近日周期,且是按顺时针方向转动,因此在顺时针方向分量要比逆时针方向分量相应的峰值大得多。除上述主要振动周期以外,无论在上层或下层,在逆时针方向分量谱中还存在3 d左右的周期;(3)海流交叉谱计算表明,在30 m深处与45 m深处海流的振动十分相似,是同步的,表明此地流速在垂向方向上分布较为均匀;(4)上、下层温度波动的功率谱也表明半日周期峰值最高,占主要的,其次高峰值为全日周期。此外,还存在6.8 h与2 d等其他的峰值;(5)比较不同层次16 m,30 m,35 m,45 m与50 m处温度随时间变化序列表明,在不同深度上温度的时间变化基本也是同步的,这与速度场的变化相类似。与速度随时间变化趋势相似,温度随时间变化还出现逐渐增大的趋势。

关键词:东海;陆架海流;锚系测流;谱分析

中图分类号:P722.6;P731.21

1 引言

自20世纪80年代以来,在东海陆架区采用锚碇系统对海流进行直接测量,已做了一些工作,例如赵金三等[1]、Yuan等[2]、浦泳修与苏玉芬[3]、苏玉芬[4]等。但与黑潮海域观测相比,则在黑潮海域进行直接海流测量较多,例如Sugimoto等[5]、苏玉芬与浦泳修[6]、苏玉芬[4]、Yuan等[7]、Lie等[8]、Nagamura等[9]、Yamashiro等[10]。陆架区海流直接测量少于黑潮区,其中一个原因是由于近来黄海、东海陆架海域是重要渔业区,这对锚碇测流系统的施放与回收带来了较大困难。必须指出,采用锚碇测流系统进行海流直接测量,对研究与了解海洋动力学过程是一个很重要的方面,对海洋模式的计算结果,是一个很好验证。本文基于国家自然科学重点基金项目“黄东海入海气旋爆发性发展过程的海气相互作用研究”,由“向阳红14”号调查船执行1999年6月航次,在东海陆架区锚系测流站M(31°49.70′N,125°29.38′E)进行的海流与温度随时间变化的测量,采用最大熵方法计算了海流功率谱,也采用交叉谱对观测海流时间序列在不同层次进行了相关性计算。

基金项目:国家自然科学基金重点项目(49736200)与项目(40176007);国家重点基础研究规划资助项目(G1999043802)。

2　观测

锚碇站 M 位于东海陆架北部(31°49.70′N,125°29.38′E)处(图 1)。1999 年 6 月 5 日"向阳红 14"号调查船在此站施放了一套锚碇测流系统,并成功地于 6 月 14 日回收。该系统设置了两台安德拉海流计,分别施放于 30 及 45 m 深度,在这两个深度上流速与温度采样的时间测量间隔皆为 10 min。在该锚碇系统中,我们还进行了温度链的时间变化观测,观测位置分别为 16、35 及 50 m 处,观测时间间隔皆为 8 min。

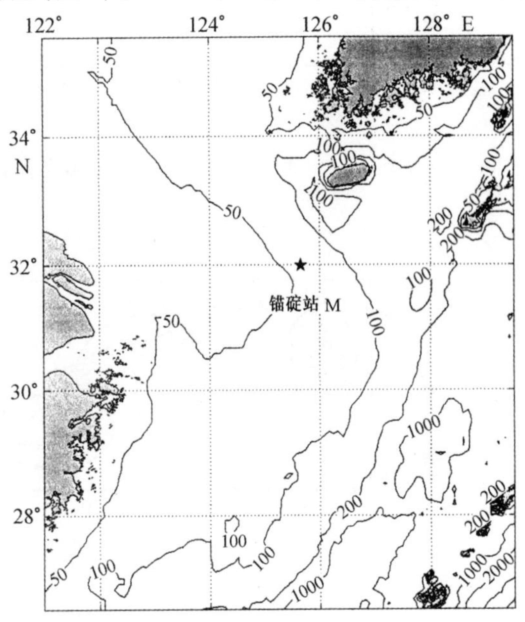

图 1　锚碇测流站 M 的位置及地形分布(m)

图 2a、图 2b、图 2c、图 2d 分别表示 30 m 及 45 m 深处实测温度数值与流速矢量,其中观测时间的间隔皆为 10 min。图 3a、图 3b 分别表示在 M 站 30 m 处间隔 10 min 与每天平均观测海流的前进矢量。图 4a、图 4b 分别表示 M 站 45 m 处间隔 10 min 与每天平均观测海流的前进矢量。由图 2b 与图 3a 可见,在 30 m 处海流计 10 min 间隔的观测海流流速的最大值约为 80 cm/s。由图 3b 可见,在 M 站 30 m 处每天平均观测流速几乎是东南向的,其最大的每日平均流速值小于 10 cm/s。由图 2d 及图 4 可见,在 M 站 45 m 处,大多数的每天平均观测流速也为东南向,但其速度值比 30 m 处相应速度值要小。另外,由图 2 与图 3 表明,M 站 30 m 处,1999 年 6 月 5—14 日平均流速(u, v)为(6.9, -3.0) cm/s,而 45 m 处,流速方向也为偏东南向,平均流速(u, v)为(3.7, -1.1) cm/s。

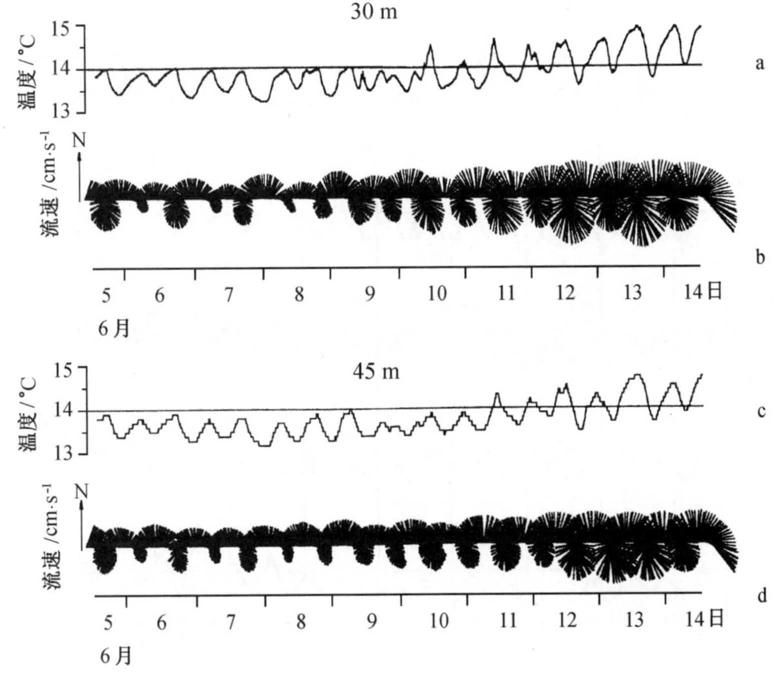

图 2　锚碇测流站 M(观测间隔皆为 10 min)的流速矢量及温度变化

a. 30 m 处温度变化,b. 30 m 处流速矢量变化,c. 45 m 处温度变化,d. 45 m 处流速矢量变化

图 5b、图 5d 为调查期间安德拉海流计分别在 30 与 45 m 处温度随时间变化曲线,图 5a、图 5c 与图 5e

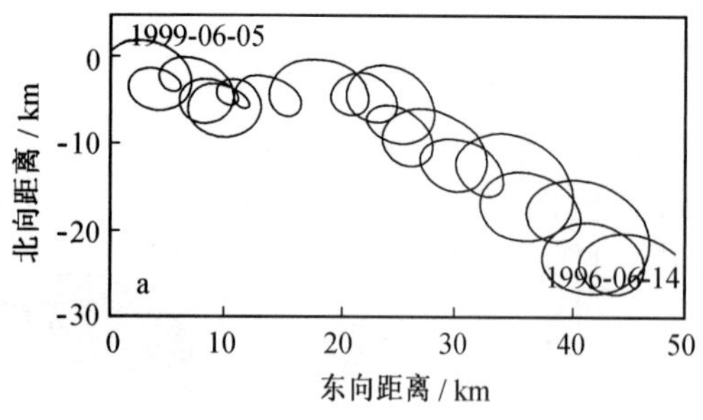

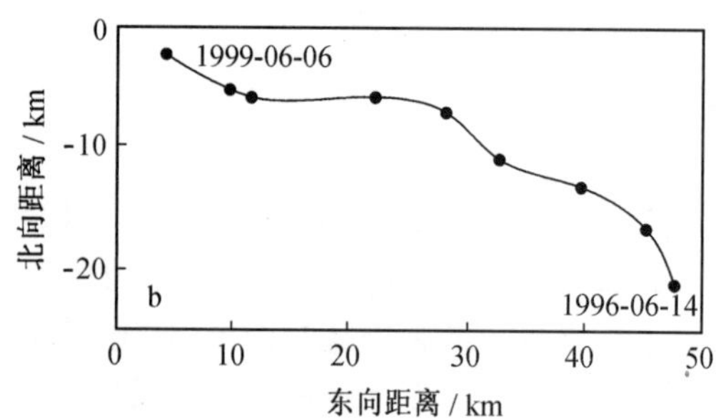

图 3　锚碇测流站 M 在 30 m 处海流的前进矢量

a. 观测间隔为 10 min，b. 日平均

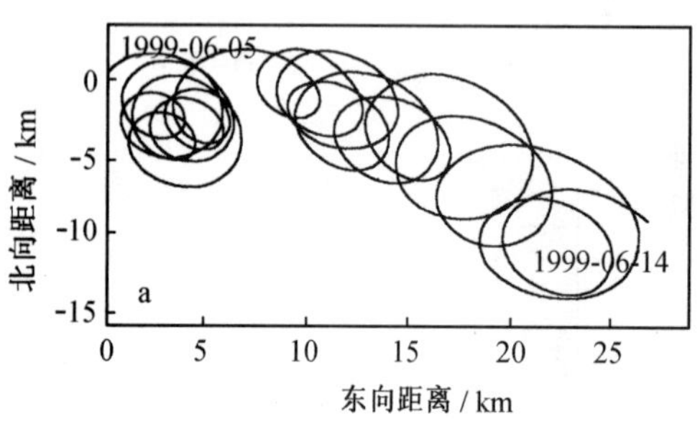

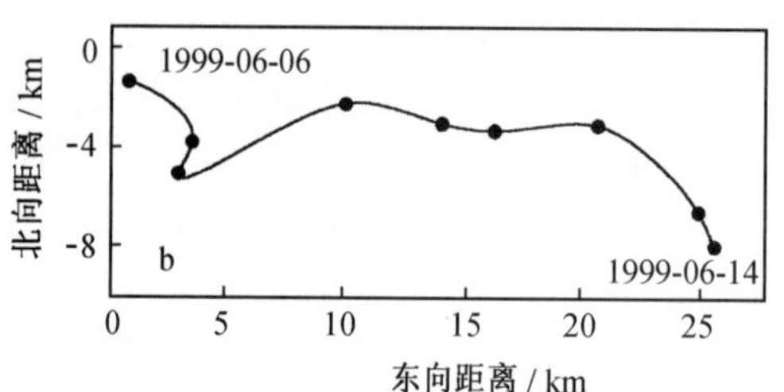

图 4　锚碇测流站 M 在 45 m 处海流的前进矢量

a. 观测间隔为 10 min，b. 日平均

分别为温度链在 16，35 与 50 m 处温度随时间变化曲线。关于图中各深度温度时间序列的分析及比较，将在下节讨论。

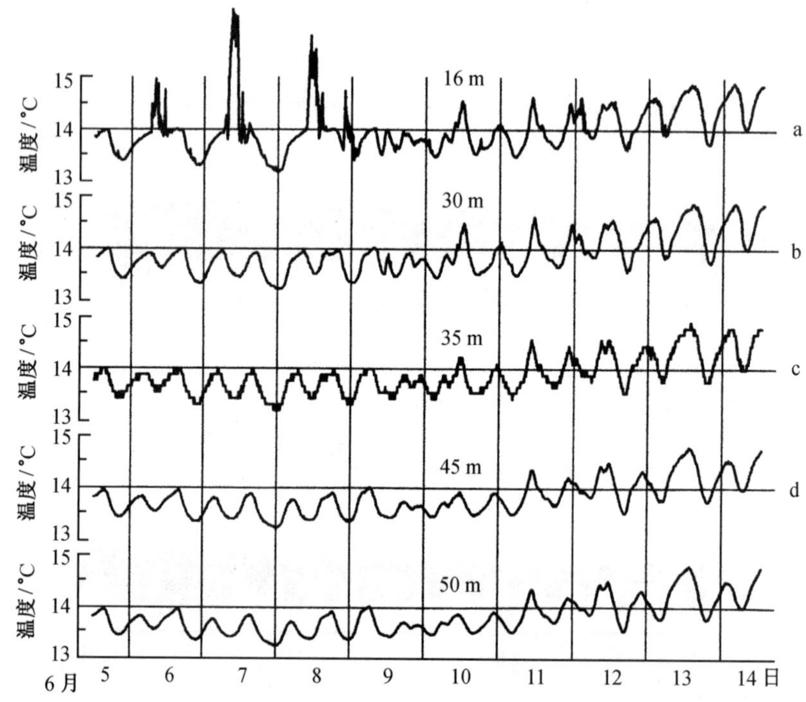

图 5　锚碇站 M 处不同深度上观测温度的变化

a、c、e 为温度链测量值，b 与 d 为海流计测量值

3　海洋波动

3.1　海流速度的旋转功率谱

为了研究 M 站海流随时间变化的特性，我们采用最大熵方法计算旋转功率谱（计算方法参见文献[11]）。图 6 及图 7 分别表示在 30 与 45 m 处海流速度的时间序列的旋转功率谱。

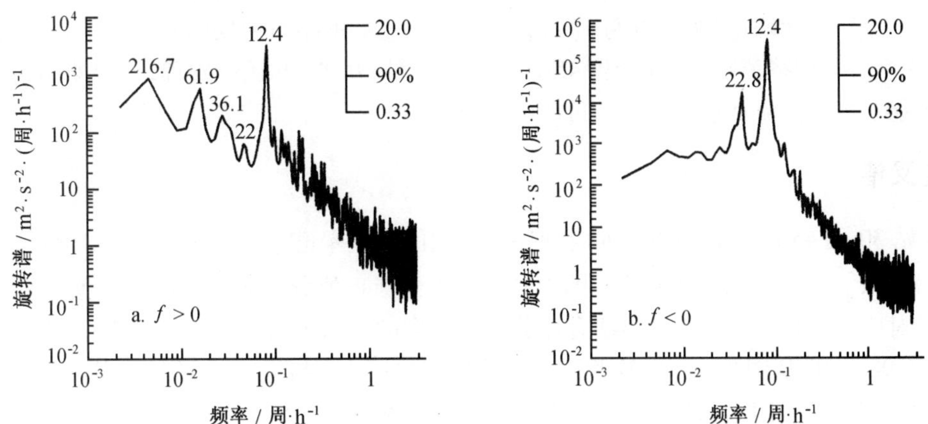

图 6　用最大熵方法计算锚碇测流站 M 在 30 m 处海流的旋转功率谱

a. 逆时针方向分量(f>0)，b. 顺时针方向分量(f< 0)（峰值附近数字表示振动周期，单位：h）

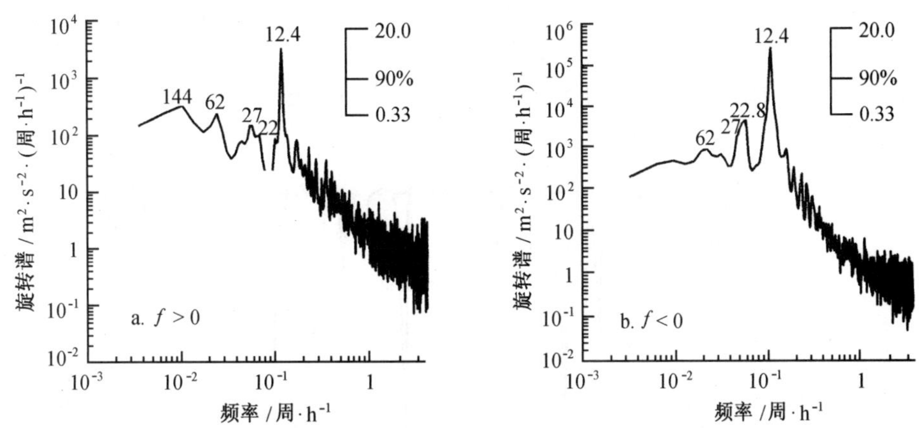

图 7　用最大熵方法计算锚碇测流站 M 在 45 m 处海流的旋转功率谱

a. 逆时针方向分量(f>0)，b. 顺时针方向分量(f< 0)（峰值附近数字表示振动周期，单位：h）

首先我们分析 M 站在 30 m 处海流的旋转功率谱。由图 6 可见，在 30 m 处观测海流的旋转功率谱无论是逆时针方向分量或顺时针方向分量，半日周期峰值最高，而日周期峰值比半日周期峰值低得多。其次，逆时针方向分量谱(f> 0)还存在 3 d 左右的周期，但其峰值比半日周期峰值低得多。从上述分析可知，在所有振动周期中半日周期是占主要的。我们再比较顺时针方向分量(f<0)（见图 6a 与图 6b），发现在顺时方向分量中半日周期峰值比逆时针方向分量的半日周期峰值要高得多（应注意，图 6a 与图 6b 两者的纵向坐标尺度不同）。这表明半日周期振动基本是顺时针方向的，这一结果也可从 10 min 时间间隔样品的流速矢量变化（见图 2b）以及图 3a 得到，图 2b 与图 3a 明显地表示半日周期运动按顺时针方向旋转。

我们再比较图 6a 与图 6b 可知，在顺时针方向分量旋转谱中有 22～23 h 宽度的峰值，它比逆时针方向的分量相应峰值高得多，注意到在此处惯性振动周期为 22.7 h，该值接近日周期振动。据我们所知，惯性周期成分在北半球仅在顺时针方向旋转谱中出现，即惯性振动是按顺时针方向转动的，这表明在顺时针方向分量的旋转谱中 22~23 h 宽度的峰值有惯性振动与日周期振动两者的贡献，因此要比逆时针方向分量大得多。

接着我们讨论 45 m 处观测海流的旋转谱（见图 7）。45 m 处观测海流的旋转谱与 30 m 处观测海流的旋转谱（见图 6）比较，它们十分类似，特别是顺时针方向的旋转谱。从图 7 可知，半日周期振动是最主要的，旋转方向主要是顺时针方向。由图 7b 可知，惯性振动与日振动周期两者十分接近，使得顺时针方向分量的旋转谱在 22~27 h 峰值要比逆时针方向分量相应的峰值大得多。其次，在逆时针方向分量谱(f>0)中也存在 3 d 左右的周期，但其峰值要比半日周期峰值小得多。这与 30 m 处海流旋转谱结果相类似。我们再比较 30 m 处与 45 m 处旋转谱中相应峰值（见图 6 与图 7），可以发现，它们的半日周期的峰值差不多，但在顺时针方向分量的旋转谱中全日周期峰值在 30 m 处比 45 m 处高。此外，从图 2b 还可发现，在观测期间海流流速变得愈来愈强，这可能是由于潮流从小潮向大潮过渡的缘故。

3.2　海流交叉谱

我们对 M 站 30 及 45 m 深处两组流速时间序列之间的内凝聚谱 $\gamma_{xy}^2(f)$ 和交相位谱 $\theta_{xy}(f)$ 进行计算（计算方法参见文献[11]），结果如图 8 所示。图中频率的负值与正值分别表示顺时针和逆时针方向分量。由图 8 可知，除了对应于顺时针方向半日周期有显著的凝聚谱的峰值外，还存在其他许多凝聚谱的峰值，它们的置信度均大于 90%。再从图 8b 可知，这些凝聚谱的峰值的相位都接近 0°或者 360°，这表明在 30 m 深处与 45 m 深处海流的振动十分相似，事实上，这一结果也可从 M 站 30 与 45 m 深处两组速度分量(u,v)时间序列变化曲线看出。图 9a、图 9b 分别为 30 与 45 m 深处 10 min 间隔的速度 u 与 v 分量的变化曲线，图 9c、图 9d 分别为 30 m 与 45 m 深处 1 h 平均速度的 u 与 v 分量的变化曲线。由图 9a 与图 9c 可见，速度的 u 分量在 30 与 45 m 深处几乎是相似图案，但它们在量值上有较小的差别，相对来说在 45 m 测深处速度的 u 分量的值比 30 m 处相应的值要小些。由图 9b 与图 9d 可见，速度的 v 分量也有同样的结果。从上述比较与分析可知，在 30 与 45 m 深处海流的振动几乎是相同方向，即它们是同步的，虽然在量值上下层海流的流速稍小些。注意到锚碇测流站 M 位于浅海陆架上，水深为 55 m，这也表明，此地流速垂直分布较为均匀。

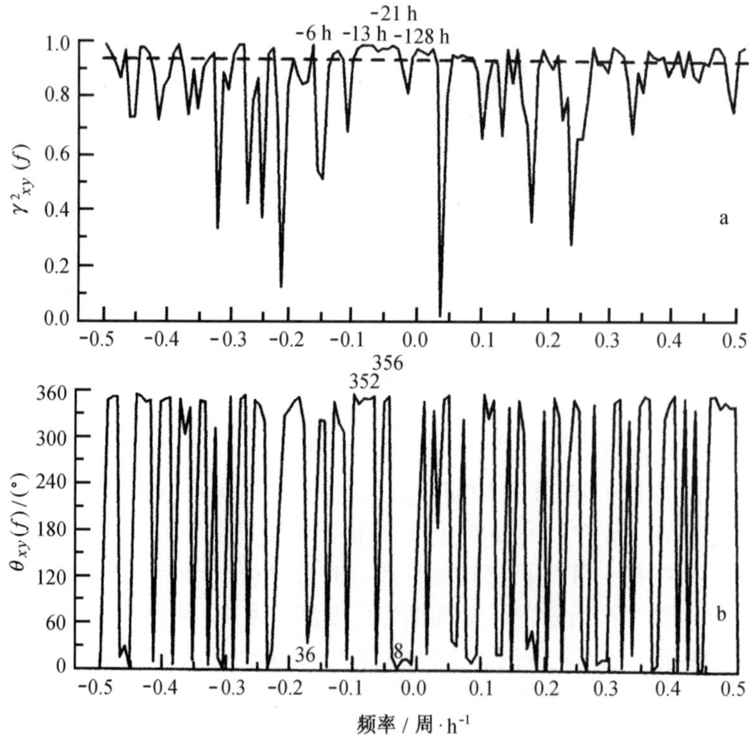

图 8　30 及 45 m 深处两组海流的时间序列之间内凝聚谱 $\gamma_{xy}^2(f)$（a）及交相位谱 $\theta_{xy}(f)$（b）

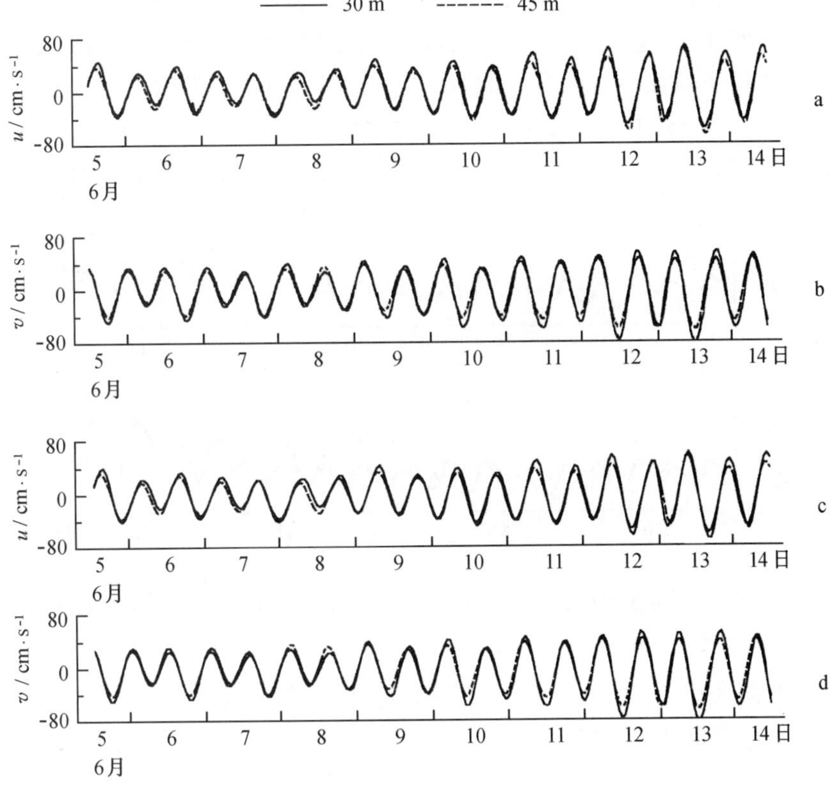

图 9　30 与 45 m 深处 10 min 时间间隔的速度 u 分量(a)与 v 分量(b)的比较，30 与 45 m 深处 1 h 时间间隔的平均速度 u 分量(c)与 v 分量的比较(d)

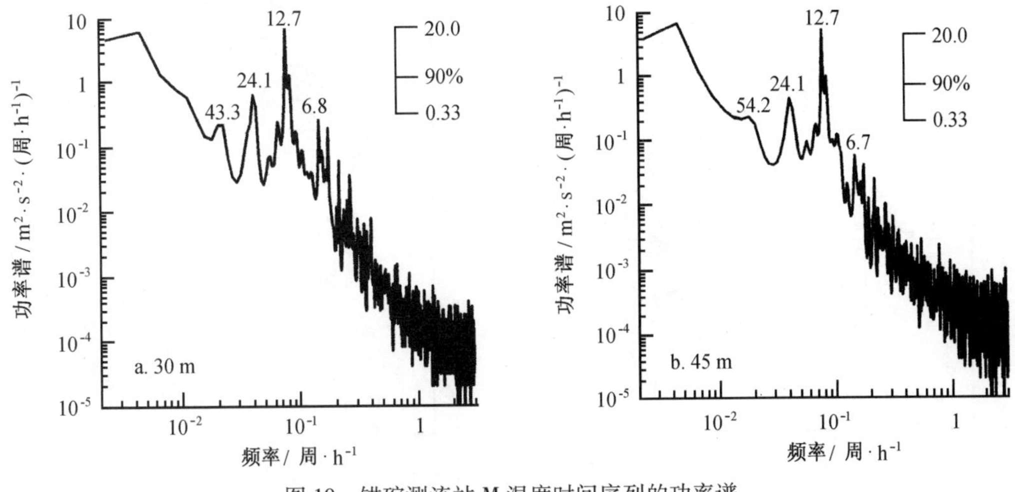

图 10　锚碇测流站 M 温度时间序列的功率谱

3.3　温度波动的功率谱

我们采用最大熵方法分别估算 30 与 45 m 深处温度时间序列的功率谱(见图 10a 与图 10b)。从 30 m 处温度功率谱(见图 10a)可知，与速度的旋转功率谱相似，半日周期(12.7 h)峰值最高，这表明此地半日周期的振动是占主要的。图 10a 也表明，其次高峰值为全日周期 24 h 振动。除上述主要振动外，还存在其他的峰值，例如存在 6.8 h 与 2 d 周期的峰值，但是它们峰值高度比半日与全日周期的峰值要低。在 45 m 深处(见图 10b)，与 30 m 深处相比较，它们有类似的结果，例如均存在半日与全日周期峰值以及 6.7 h 与 2 d 的峰值。

我们再比较在 30 与 45 m 测深处间隔为 10 min(见图 11a)与间隔为 1 h(见图 11b)温度随时间变化的

序列，可以看出，它们的变化曲线形状基本相似，且基本同步。我们再与采用温度链测量的16，35及50 m处，温度随时间变化的序列进行比较（见图5a至图5d）。从图5可见，除在16 m处温度时间序列的记录出现某些噪声外，温度的时间序列在不同深度上的时间变化基本上也是同步的，这与速度场的变化相类似。必须指出，在30与45 m处温度随时间变化的记录，采用的是安德拉海流计观测，而在16，35与50 m处温度随时间变化的记录，采用的是温度链测量的。这表明，虽然采用了不同仪器设备，但得到了类似的结果。

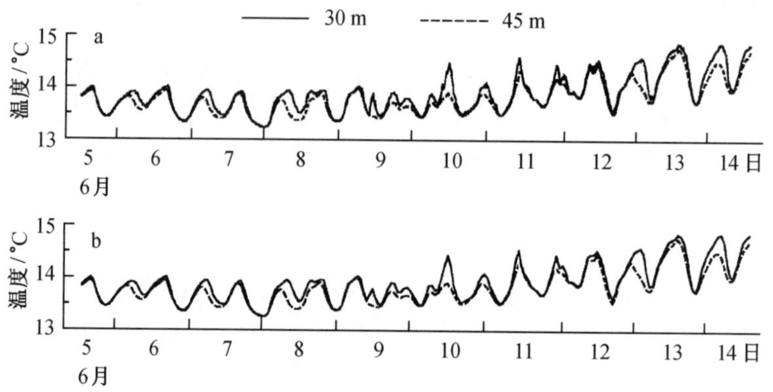

图11　30与45 m测深处温度在时间间隔为10 min(a)和1 h(b)的时间序列比较

由图2可见，随着时间变化，温度变化出现逐渐增大趋势，这与速度场相似，其原因除以上所述，在观测期间由小潮变为大潮以外，外部加热、海流平动等，也可能有一定影响。注意到锚碇测流站M位于济州岛西南冷涡附近（位于该涡西北侧）（如图12a、图12b），若该冷涡位置变化，也会影响M站各测层的温度的变化。

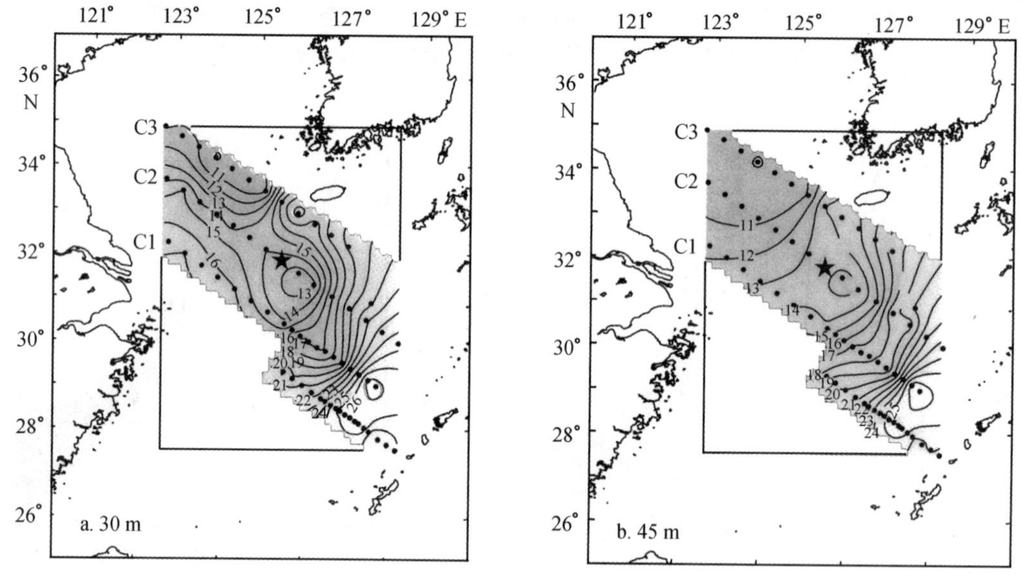

图12　1999年6月水平方向温度(℃)变化以及锚系站M的位置

4　结语

基于“向阳红14”号调查船在1999年6月执行的调查航次，在锚系测流站M进行了海流与温度随时间变化的测量，通过对各种时间序列的谱分析与计算，得到以下主要结果：

(1) 调查期间M站30与45 m处平均速度(u,v)分别为(6.9，-3.0) cm/s与(3.7，-1.1) cm/s，在30与45 m处平均流速方向均为东南向，且海流速度变得愈来愈强，这可能是由于潮流从小潮向大潮过渡的缘故。

(2) 在海流振动中，半日周期振动是占最主要的，其振动方向基本上是按顺时针方向转动。其次也存在日周期振动，由于此地惯性振动的周期为22.7 h，接近日周期振动，以及惯性振动是按顺时针方向转动，因此在顺时针方向分量的旋转谱中 22~23 h(在 30 m 处)或 22~27 h(在 45 m 处)要比逆时针方向分量相应的峰值大得多。

(3)除上述主要振动周期外，无论上层或下层，其逆时针方向分量谱中还存在 3 d 左右的周期。

(4) 海流交叉谱计算表明，在 30 m 深处与 45 m 深处海流的振动十分相似，且同步。这一结果也可以从 M 站 30 与 45 m 深处两组速度分量(u,v)时间序列变化曲线看出，表明此地流速在垂向方向分布上是较为均匀。

(5)上、下层温度波动的功率谱也表明半日周期峰值最高，占主要的，其次高峰值为全日周期，此外，也存 6.8 h 与 2 d 等其他的峰值。

(6)比较不同的层次 16,30,35,45 与 50 m 处温度随时间变化序列表明，虽然有些层采用了不同仪器，但不同深度上的温度时间变化基本也是同步的，这与速度场的变化相类似。

(7)与速度随时间变化趋势相似，温度随时间变化也出现逐渐增大的趋势，其原因除观测期间由小潮变为大潮以外，与外部加热、海流平动、锚系站附近冷涡位置的变动等原因也可能有关。

参考文献：

[1] Zhao Jinsan, Qiao Rongzhen, Dong Ruzhou, et al. An analysis of current conditions in the investigation area of the East China Sea[C]//Proceedings of International Symposium on Sedimentation on the Continental Shelf, with Special Reference to the East China Sea. Beijing: China Ocean Press, 1983: 314-327.

[2] Yuan Yaochu, Su Jilan, Xia Songyun. Three dimensional diagnostic calculation of circulation over the East China Sea shelf [J]. Acta Oceanologica Sinica, 1987, 6(Supp.1): 36-50.

[3] 浦泳修，苏玉芬. 1986 年 5—6 月东海黑潮区海流观测资料的初步分析[G]//黑潮调查研究论文选(一). 北京：海洋出版社，1990：163-174.

[4] 苏玉芬. 台湾以北海域和东海黑潮区的海流特征[G]//黑潮调查研究论文选(五). 北京：海洋出版社，1993：253-265.

[5] Sugimoto T, Kimura S, Miyaji K. Meander of the Kuroshio front and current variability in the East China Sea [J]. Journal of the Oceanographical Society of Japan, 1988, 44(3): 125-135.

[6] 苏玉芬，浦泳修. 1987 年 7—8 月东海测流点的潮和余流特征[G]//黑潮调查研究论文选(二). 北京：海洋出版社，1990：198-207.

[7] Yuan Yaochu, Kaneko A, Wang Huiqun, et al. Tides and short-term variabilities in the Kuroshio west of Yonakuni-jima[J]. Acta Oceanologica Sinica, 1999, 18(3): 311-324.

[8] Lie H J, Cho C H, Kaneko A. On the branching of the Kuroshio and the formation of slope countercurrent in the East China Sea. Proceedings of Japan-China Joint Symposium on Cooperative Study of Subtropical Circulation System[C]. Science & Technology Agency, Japan, State Oceanic Administration 310012 China, and Seikai National Fisheries Research Institute, Fisheries Agency of Japan, Nagasaki, 1997: 25-41.

[9] Nagamura H, Ichikawa H, Lie H J. The current system in the Kuroshio region in the northern Okinawa Trough[C]. 10th PAMS/JECSS Workshop, Kagoshima, Oct. 1999. 1999: 16-19.

[10] Yamashiro T, Maeda A, Sakurai M, et al. Fluctuations of current velocity and temperature related with the Kuroshio path variation in the Tokara Strait[C]//10th PAMS/JECSS Workshop, Kagoshima, Oct. 1999: 20-23.

[11] 陈上及，马继瑞. 海洋数据处理分析方法及其应用[M]. 北京：海洋出版社，1991：1-660.

Measurement of the current and spectra analysis on the continental shelf in the East China Sea in June 1999

Liu Yonggang[1,2], Yuan Yaochu[1,2], Liu Cho-teng[3], Chen Hong[1]

(1. *Second Institute of Oceanography*, *State Oceanic Administration*, *Hangzhou* 310012, *China*; 2. *Key Lab of Ocean Dynamic Processes and Satellite Oceanography*, *State Oceanic Administration*, *Hangzhou* 310012, *China*; 3. *Institute of Oceanography*, *Taiwan University*, *Taipei*, *China*)

Abstract: Direct measurements of current velocity and water temperature were undertaken at the mooring station M

(31°49.70′ N,125° 29.38′ E) on the continental shelf area in the East China Sea during June 1999 by the R/V *Xianyanghong No.14.* The relationship between oceanic fluctuations at different depths are calculated by the spectra analysis. The major results are as follows: (1) An average (u,v) of (6. 9,−3. 0) cm/s at 30 m depth is obtained during the 9-day-observation, and that at 45 m depth is (3. 7,−1. 1) cm/s, i. e. , the mean flows are southeastward at both 30 and 45 m depths. The currents become stronger gradually during the observation period. This may be mainly attributed to the transition of the tidal currents from neap to spring. (2) Semidiurnal fluctuation is the most dominant in the current fluctuations, and rotates mainly clockwise. In the next place, there is also diurnal fluctuation. The local inertial period is close to the period of diurnal fluctuation, and an inertial motion is clockwise. Thus, local inertial motion combines with diurnal fluctuation, and makes those spectral peaks in clockwise components much higher than those in counterclockwise ones. Except for the fluctuations of above main periods, there is also the peak at 3 d period for counterclockwise components in the upper and lower layers. (3) The calculation of cross spectra between two time series of current velocities at 30 and 45 m depths shows that both the current fluctuations at 30 and 45 m depths are much alike, i. e. , they are synchro. This shows that the flow field here is rather vertically homogeneous. (4) Power spectra of temperature time series at both 30 and 45 m depths show that both the semidiurnal peak is the most predominant, and second highest peak is diurnal period. Besides spectral peaks at above periods, there are also obvious spectral peaks at 6. 8 h and 2 d. (5) Plots of temperature time series at 16 m, 30 m, 35 m, 45 m and 50 m depths show that temporal variation of temperature at these depths are synchro, which are like those in velocity field. Temperature records also show a gradual rise in temperature, which also are like those in velocity field.

Key words: East China Sea; current on the continental shelf; measurements of current by the mooring system; spectra analysis

刊于:海洋学报,2002,24(增刊1):63-76.

1999 年 6 月黄海、东海海流的三维非线性数值计算

王惠群[1,2],袁耀初[1,2],刘勇刚[1,2],周明煜[3]

(1. 国家海洋局 第二海洋研究所,浙江 杭州 310012; 2. 国家海洋局 海洋动力过程与卫星海洋学重点实验室,浙江 杭州 310012; 3. 国家海洋环境预报中心,北京 100081)

摘要:基于 1999 年 6 月"向阳红 14"号调查船的水文和气象资料,用 σ 坐标下三维非线性的诊断、半诊断及预报模式计算了黄海、东海海流,计算结果表明:(1) 当 $t=3$ d 左右,密度场和速度场都已调整,得到半诊断解;当 $t=21$ d 以后,解已达到准稳定态,并取 $t=300$ d 的计算结果作为预报计算的解。(2) 诊断计算结果表明,① 计算区域的西北部有一支黄海沿岸流,为偏东向流,该流在济州岛以南流出本计算海区。在计算区域的南部西侧还有一支流,即台湾暖流内侧分支,作气旋式弯曲后,转为东北方向流。② 在以上两支流北侧,即济州岛西南处,存在一个气旋式涡,它具有高密、低温的水文特征。③ 黑潮西侧有一台湾暖流外侧分支,先作气旋式弯曲,尔后向东北方向流动。④ 黑潮在黄海、东海以较强的速度向东北方向流去;其最大水平速度在表层为 108.5 cm/s,位于北边界附近,30 m 层、75 m 层以及 200 m 层的最大水平速度分别为 106.1,102.2 及 85.1 cm/s,且均位于南边界附近。(3) 比较诊断、半诊断及预报模式计算结果,它们在定性上比较一致,在定量上有些差异。例如:① 黑潮表层的最大水平速度分别为 108.5(诊断)、122.6(半诊断)和 117.9 cm/s (预报计算)。② 在半诊断计算结果中黑潮以西台湾暖流的外侧分支作气旋式弯曲,这一点与诊断计算结果有所不同,而与预报计算结果有较好的一致性,这也反映出半诊断及预报模式中水平速度场能与温盐场更好地相符。最后,上述 3 个计算结果与锚碇测流的结果相比较,甚为一致。

关键词:非线性;诊断、半诊断及预报模式;黄海、东海海流

中图分类号:P731.21

1 引言

黄海、东海是一个令人特别关注的海区,由于该海域各水系交汇以及它们相互作用及其变化造成了复杂的水文环境,相应地该海区的环流结构也非常复杂且多变。根据以往的观测及分析研究[1],本海区的流系有:黑潮及其分支台湾暖流、对马暖流、黄海暖流、黄海沿岸流、闽浙沿岸流、济州岛南面气旋式涡旋、济州流、九州沿岸流、黑潮两侧各种涡旋等,且上述流系还有明显的季节变化。有关黄海、东海及其邻近海域海流的数值模拟研究,在东海的研究工作相对多些。主要有:(1) 有限元方法以及有限元与精确解相结合的方法。如袁耀初等的工作[2-3]。(2) 单层及两层模式。袁耀初等[4]用一包括斜压效应的单层模式模拟了中国东部海域陆架环流。1983 年袁耀初与苏纪兰等[5]首次建立了一东海陆架环流的两层模式,模拟夏季流动情况,模式再现了黄海冷水团现象、济州岛以南气旋性涡旋和黄海暖流。1987 年王卫和苏纪兰[6]建立了包括

基金项目:国家自然科学基金重点项目(49736200)与项目(40176007);国家重点基础研究发展规划资助项目(G1999043802);国家海洋局青年海洋科学基金资助项目(2000209)。

东海陆坡效应的正压模式,此模式考虑了东海的陆架区、冲绳深槽海、黄海南部、对马海峡以及黑潮影响等,且较好地反映出东海冬季环流的诸多现象,但不足之处是没有考虑斜压效应。刘先炳和苏纪兰[7]用一包括中国东部海域与南海的约化模式,详细地讨论了这些海域的水文及流态特征。此外,梁湘三与苏纪兰[8]用一两层原始方程数值模式,对东海黑潮流系与陆架环流现象进行了机制模拟。单层和双层模式由于在物理上作了较大的简化,所以一般都用作机制性研究。(3)逆模式与和改进逆模式。如袁耀初等的工作[9-11]。(4)β螺旋方法及改进β螺旋方法,如,袁耀初等[12]、周伟东与袁耀初[13]的工作。(5)三维诊断、半诊断及预报模式。自1966年Sarkiyan提出一种海流的诊断模式后,Bryan[14]以及Sarkisyan[15]等也建立了若干诊断模式。袁耀初等[9]在Sarkisyan[16]的基础上加以发展,提出了利用水文断面资料、风场及测流浮标资料的一种诊断方法,并多次应用于东海及台湾以东海域的三维海流计算,例如,袁耀初等[17-18]、袁耀初与苏纪兰[19]的工作。以上模式多数作了线性假定,孙德桐与袁耀初[20]、管卫兵与袁耀初[21]在σ坐标变换下,建立了一个有自由表面的三维非线性环流诊断模式,这种模式具有能处理实际底形下的斜压海洋以及稳定性好、计算效率高的优点,而且诊断计算结果与实测的海流比较,有相当程度的符合。虽然如此,诊断计算还是存在一些问题。因为在诊断计算中,往往人为地认为风场、密度场、底形分布以及速度场皆为定态且相互匹配,这是不符合实际情况的,特别在实测资料的质量不太高的情况下。为此,Sarkisyan和Yu[22]提出了半诊断方法,又称调整模式。在半诊断模式中,计算分两个阶段。前一阶段是纯诊断计算;后一阶段是调整阶段,即取诊断计算的解作为第一近似,将温、盐(或密度)场按流体动力学规律调整到与风应力场和海底地形等相适应。Shaw和Csanady[23]提出了一个预报模式,来研究陆架上和坡折区的底部流动以及平均流。后来,袁耀初等[24-25]采用Shaw和Csanady的预报模式思想,并进一步考虑了β效应,计算了中国东部海域冬季环流,其计算结果表明,该预报模式既得到了与诊断计算一致的中国东部海域冬季环流的一些基本特征,还显示了环流场与密度场之间的非线性作用是相当重要的。另外,袁耀初与潘子勤[26]发展了一个三维海流预报模式,并计算了东海环流。

本文基于国家自然科学基金重点课题"黄东海入海气旋爆发性发展过程的海气相互作用研究"在1999年6月"向阳红14"号调查船获得的水文气象资料,采用Sarkisyan和Yu[22]的模式思想,建立一个σ坐标下的三维非线性的诊断、半诊断及预报模式对该海域的海流进行了计算。由于计算区域受观测站位的限制,数值计算只限于观测海区,并将计算结果与锚系的实测流进行了比较与讨论。

2　模式控制方程及边界条件

2.1　控制方程

在静力假定、Boussinesq近似以及β平面假定下,采用右手直角坐标系(x,y,z),则不可压缩流体的运动方程、连续方程及密度对流-扩散方程可分别写为:

$$\frac{\partial u}{\partial t}+u\frac{\partial u}{\partial x}+v\frac{\partial u}{\partial y}+w\frac{\partial u}{\partial z}-fv=-\frac{1}{\rho_0}\frac{\partial p}{\partial x}+\frac{\partial}{\partial z}\left(A_{\mathrm{v}}\frac{\partial u}{\partial z}\right)+F_x, \tag{1}$$

$$\frac{\partial v}{\partial t}+u\frac{\partial v}{\partial x}+v\frac{\partial v}{\partial y}+w\frac{\partial v}{\partial z}+fu=-\frac{1}{\rho_0}\frac{\partial p}{\partial y}+\frac{\partial}{\partial z}\left(A_{\mathrm{v}}\frac{\partial v}{\partial z}\right)+F_y, \tag{2}$$

$$\frac{\partial p}{\partial z}=-\rho g, \tag{3}$$

$$\frac{\partial u}{\partial x}+\frac{\partial v}{\partial y}+\frac{\partial w}{\partial z}=0, \tag{4}$$

$$\frac{\partial \rho}{\partial t}+u\frac{\partial \rho}{\partial x}+v\frac{\partial \rho}{\partial y}+w\frac{\partial \rho}{\partial z}=K_{\mathrm{H}}\nabla^2\rho+\frac{\partial}{\partial z}\left(K_{\mathrm{v}}\frac{\partial \rho}{\partial z}\right). \tag{5}$$

将连续方程(3)及(4)从海底到海面垂直积分,可得水位方程:

$$\frac{\partial \zeta}{\partial t}+\frac{\partial}{\partial x}(D\bar{u})+\frac{\partial}{\partial y}(D\bar{v})=0, \tag{6}$$

其中,f 为科氏力,且 $f=f_0+\beta y\cos\theta_0-\beta x\sin\theta_0$($\theta_0$ 为模式区域相对于经线的转角);F_x 和 F_y 为水平涡动黏滞项,且

$$\left.\begin{aligned} F_x &= \frac{1}{D}\frac{\partial}{\partial x}\left(2A_{\mathrm{H}}D\frac{\partial u}{\partial x}\right)+\frac{1}{D}\frac{\partial}{\partial y}\left[A_{\mathrm{H}}D\left(\frac{\partial u}{\partial y}+\frac{\partial v}{\partial x}\right)\right] \\ F_y &= \frac{1}{D}\frac{\partial}{\partial x}\left[A_{\mathrm{H}}D\left(\frac{\partial u}{\partial y}+\frac{\partial v}{\partial x}\right)\right]+\frac{1}{D}\frac{\partial}{\partial y}\left(2A_{\mathrm{H}}D\frac{\partial v}{\partial y}\right) \end{aligned}\right\}, \tag{7}$$

其中,u 和 v 为水平速度分量;w 为垂向速度分量;p 为压力;ζ 为海面升高;H 为水深;ρ 为密度距平;ρ_0 为参考密度;A_{H} 和 A_{v} 分别为水平、垂直涡动黏滞系数;K_{H} 和 K_{v} 分别为水平、垂直涡动扩散系数。

2.2 边界条件

方程(1)~(5)对应的边界条件:

(1) 在海表面[$z=\zeta(x,y,t)$]

$$p=p_{\mathrm{a}}(x,y,t), \tag{8}$$

$$\rho_0A_{\mathrm{v}}\frac{\partial u}{\partial z}=\tau_{\mathrm{wx}}, \qquad \rho_0A_{\mathrm{v}}\frac{\partial v}{\partial z}=\tau_{\mathrm{wy}}, \tag{9}$$

$$w=\frac{\partial\zeta}{\partial t}+u\frac{\partial\zeta}{\partial x}+v\frac{\partial\zeta}{\partial y}, \tag{10}$$

$\rho|_{z=\zeta}$=给定值。

(2) 在海底[$z=-H(x,y)$]

$$\rho_0A_{\mathrm{v}}\frac{\partial u}{\partial z}=\tau_{\mathrm{bx}}, \qquad \rho_0A_{\mathrm{v}}\frac{\partial v}{\partial z}=\tau_{\mathrm{by}}, \tag{11}$$

$$w=0 \quad \text{或者} \quad w=-u_{\mathrm{b}}\frac{\partial H}{\partial x}-v_{\mathrm{b}}\frac{\partial H}{\partial y}, \tag{12}$$

$\rho|_{z=-H}$ = 给定值。

其中,$p_{\mathrm{a}}(x,y,t)$ 表示大气压;τ_{wx} 和 τ_{wy} 表示海面风应力;τ_{bx} 和 τ_{by} 表示海底摩擦力,且 $\bar{\tau}_{\mathrm{b}}=\rho_0C_{\mathrm{D}}\vec{V}_{\mathrm{b}}|\vec{V}_{\mathrm{b}}|$,$\vec{V}_{\mathrm{b}}$ 表示海底水平流速,C_{D} 表示海底摩擦系数。

(3) 侧向边界条件

关于流速,除了固体边界给出 $u=v=0$ 外,在本文中,我们采用了袁耀初等[11]改进的逆方法的计算结果作为开边界的流速条件。其次,密度的侧向边界条件由实测值给定。

2.3 σ 坐标变换

由于 σ 坐标具有可以较好地处理地形变化较大区域的优点,在本文采用了 σ 坐标,这样可以给计算带来方便。从直角坐标系(x,y,z,t)到 σ 坐标系(x_1,y_1,σ,t_1)的转换关系为:

$$\left.\begin{aligned} x_1 &= x \\ y_1 &= y \\ \sigma &= (z-\zeta)/D \\ t_1 &= t \end{aligned}\right\}, \tag{13}$$

其中,$D=H+\zeta$,为即时水深。

经过变换并消除压力项得到 σ 坐标下的控制方程(为了简化,在新坐标中略去下标“1”,以后皆相同)为:

$$\frac{\partial\zeta}{\partial t}+\frac{\partial(Du)}{\partial x}+\frac{\partial(Dv)}{\partial y}+\frac{\partial\omega}{\partial\sigma}=0, \tag{14}$$

$$\frac{\partial(Du)}{\partial t}-fDv+\frac{D}{\rho_0}\left(g\rho_0\frac{\partial\zeta}{\partial x}+\frac{\partial I}{\partial x}\right)=D\hat{x}+\frac{\partial}{\partial\sigma}\left(\frac{A_{\mathrm{v}}}{D}\frac{\partial u}{\partial\sigma}\right), \tag{15}$$

$$\frac{\partial(Dv)}{\partial t}+FDu+\frac{D}{\rho_0}\left(g\rho_0\frac{\partial\zeta}{\partial y}+\frac{\partial I}{\partial y}\right)=D\hat{y}+\frac{\partial}{\partial\sigma}\left(\frac{A_v}{D}\frac{\partial v}{\partial\sigma}\right), \tag{16}$$

$$\frac{\partial(D\rho)}{\partial t}+\frac{\partial(Du\rho)}{\partial x}+\frac{\partial(Dv\rho)}{\partial y}+\frac{\partial(\omega\rho)}{\partial\sigma}=\frac{\partial}{\partial\sigma}\left(\frac{K_v}{D}\frac{\partial\rho}{\partial\sigma}\right)+DQ, \tag{17}$$

其中,

$$\omega=w-u\left(\sigma\frac{\partial D}{\partial x}+\frac{\partial\zeta}{\partial x}\right)-v\left(\sigma\frac{\partial D}{\partial y}+\frac{\partial\zeta}{\partial y}\right)-(1+\sigma)\frac{\partial\zeta}{\partial t}, \tag{18}$$

压力项分为正压项 $\rho_0 g\zeta$ 和斜压分量 I。连续方程(14)垂直积分,可得到水位方程:

$$\frac{\partial\zeta}{\partial t}+\frac{\partial}{\partial x}(D\bar{u})+\frac{\partial}{\partial y}(D\bar{v})=0, \tag{19}$$

其中,

$$\bar{u}=\int_{-1}^{0}u\mathrm{d}\sigma,\qquad \bar{v}=\int_{-1}^{0}v\mathrm{d}\sigma. \tag{20}$$

关于σ坐标下动量方程中的水平涡动黏滞项以及密度方程中的涡动扩散项,Mellor 和 Blumberg[27] 作了较好的处理,这样不仅可以精确地计算陆坡海底边界层,而且在 σ 坐标下,它们在处理上比原来的公式更简单,计算量也减少。其计算公式为:

(1) 密度对流-扩散方程(17)右边的水平涡度扩散项

$$DQ=\frac{\partial}{\partial x}(Dq_x)+\frac{\partial}{\partial y}(Dq_y), \tag{21}$$

其中,

$$(q_x,q_y)=K_H\left(\frac{\partial\rho}{\partial x},\frac{\partial\rho}{\partial y}\right).$$

这样式(17)可写成:

$$\frac{\partial\rho}{\partial t}+u\frac{\partial\rho}{\partial x}+v\frac{\partial\rho}{\partial y}+\frac{\omega}{D}\frac{\partial\rho}{\partial\sigma}=\frac{1}{D}\left[\frac{\partial(Dq_x)}{\partial x}+\frac{\partial(Dq_y)}{\partial y}+\frac{\partial}{\partial\sigma}\left(\frac{K_v}{D}\frac{\partial\rho}{\partial\sigma}\right)\right]. \tag{22}$$

(2) 动量方程中水平涡动黏滞项

$$\left.\begin{aligned}F_x&=\frac{1}{D}\frac{\partial}{\partial x}\left(2A_HD\frac{\partial u}{\partial x}\right)+\frac{1}{D}\frac{\partial}{\partial y}\left[A_HD\left(\frac{\partial u}{\partial y}+\frac{\partial v}{\partial x}\right)\right]\\F_y&=\frac{1}{D}\frac{\partial}{\partial x}\left[A_HD\left(\frac{\partial u}{\partial y}+\frac{\partial v}{\partial x}\right)\right]+\frac{1}{D}\frac{\partial}{\partial y}\left(2A_HD\frac{\partial v}{\partial y}\right)\end{aligned}\right\}. \tag{23}$$

σ 坐标下对应的边界条件重新写为:

(1) 在海表面 $\sigma=0$

$$\left.\begin{aligned}&\omega=0\\&\frac{\rho_0A_v}{D}\frac{\partial u}{\partial\sigma}=\tau_{wx}\\&\frac{\rho_0A_v}{D}\frac{\partial v}{\partial\sigma}=\tau_{wy}\\&\rho\,|_{\sigma=0}=\text{给定值}\end{aligned}\right\}, \tag{24}$$

(2) 在海底 σ=−1

$$\left.\begin{aligned}&\omega=0\\&\frac{\rho_0A_v}{D}\frac{\partial u}{\partial\sigma}=\tau_{bx}\\&\frac{\rho_0A_v}{D}\frac{\partial v}{\partial\sigma}=\tau_{by}\\&\rho\,|_{\sigma=-1}=\text{给定值}\end{aligned}\right\}. \tag{25}$$

侧边界条件类似，不再重复。

3　数值计算差分格式及步骤

3.1　有限差分格式

在本数值方案中，采用了一种质量、动量和总能量均守恒的时间-空间差分格式。我们使用两个时间层，分别用 n 和 $n+1$ 表示，后者为下一步的时间层。我们将变量 (u,v,ζ,ρ) 定义在这两个不同的时间层上，采用了半隐式格式。其中压力项被分解成正压项 $\rho_0 g\zeta$ 和斜压项 I 两部分。半隐式格式分别用在运动方程的正压项和垂直涡动黏滞项、连续方程的积分形式以及密度对流-扩散方程的垂直涡动扩散项和垂直对流项，其余均为显格式。其次，动量方程式中的科氏力项和压力梯度项采用(2×2)的旋转矩阵近似处理，以避免科氏力项隐式处理而产生的线性不稳定。至于空间网格，水平网格上变量分布采用 B 格式，将密度、海面升高及垂向速度分布皆在同一格点上，而水平速度、切应力则分布在这些格点的周围半格点上。

3.2　数值计算步骤

在本计算中，可分为以下 3 个步骤：

(1) 诊断计算

此计算方法与以前的工作相类似，例如文献[20,21]，

$$\max_{i,j,k}\left\{\left|\frac{u_{i,j,k}^{n+1}-u_{i,j,k}^{n}}{u_{i,j,k}^{n}}\right|\right\}<10^{-3};\qquad \max_{i,j,k}\left\{\left|\frac{v_{i,j,k}^{n+1}-v_{i,j,k}^{n}}{v_{i,j,k}^{n}}\right|\right\}<10^{-3};$$

$$\max_{i,j}\left\{\left|\frac{\zeta_{i,j}^{n+1}-\zeta_{i,j}^{n}}{\zeta_{i,j}^{n}}\right|\right\}<10^{-3}. \tag{26}$$

当计算达到上述要求时，诊断计算即完成，即在此步骤中密度对流-扩散方程不参与计算。

(2) 半诊断计算

这个计算步骤，又称调节阶段，动量方程、连续方程以及密度对流-扩散方程一起求解，即求解方程(1)~(5)。我们引入判断式 α_1 及 α_2，分别定义为：

$$\alpha_1=\max_{i,j,k}\left\{\left|\frac{\rho_{i,j,k}^{n+1}-\rho_{i,j,k}^{n}}{\rho_{i,j,k}^{n}}\right|\right\}, \tag{27}$$

$$\alpha_2=\overline{\left\{(\rho^{n+1}-\rho^{n})-\sqrt{\left(\frac{\partial\rho^{n+1}}{\partial x}\right)^2+\left(\frac{\partial\rho^{n+1}}{\partial y}\right)^2}\right\}}, \tag{28}$$

式中下标 i、j、k 表示空间格点位置，“——”表示对计算区域体积平均。按照 Sarkisyan 等[22]，当 α_2 随时间变化达到极小值时，我们得到了半诊断计算的解，即解的调节阶段已完成。

(3) 预报计算

当 $\alpha_1<10^{-6}$ 时，可得到准稳定态解，即我们得到了预报计算的结果。

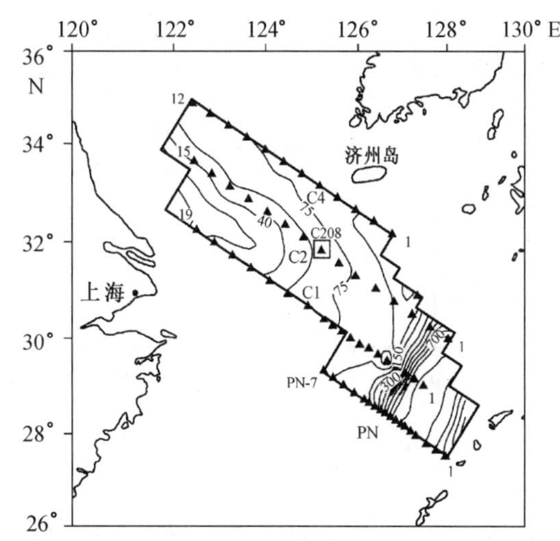

图 1　计算海区海底地形(m)及水文和锚系站(C208)分布

4　黄海、东海海流的数值计算及结果

4.1　计算区域、资料与参数

图 1 表示计算海区的海底地形和观测站位分布，计算

区域相对于正北方向的转角为:$\theta_0=32.5°$。本文所采用的 CTD 资料来自 1999 年 6 月份“黄东海入海气旋爆发性发展过程的海气相互作用研究”调查研究。由于风场多变,即风向和风速随时间及站位变化较大,特别是诊断、半诊断计算,必须假定风场是定常的。其次,我们没有详细的风场时间序列的资料,故假定风场均匀且定常,取平均风速为 1.56 m/s,风向为 68°,即东北风,是较为合理的。计算网格如下:x 和 y 均采用等步长,取 $\Delta x=23.5$ km,$\Delta y=27.7$ m。所用参数见表 1。垂直方向步长可变,垂向速度 ω 所在层的 σ 值见表 2。

表 1　模式所用参数一览表

参　数	取　值	参　数	取　值	参　数	取　值
A_H	$5.0\times10^6\ cm^2\cdot s^{-1}$	β	$2.0\times10^{-13}\ cm^{-1}\cdot s^{-1}$	g	$980\ cm\cdot s^{-2}$
A_v	$50\ cm^2\cdot s^{-1}$	Δx	2.347×10^6 cm	θ	0.5
K_H	$1.0\times10^6\ cm^2\cdot s^{-1}$	Δy	2.774×10^6 cm	C_D	0.002 5
K_v	$1\ cm^2\cdot s^{-1}$	Δt	3 600 s	θ_0	32.5°
f_0	$7.599\times10^{-5}s^{-1}$	ρ_0	$1.028\ 8\ g\cdot cm^{-3}$		

表 2　垂向速度 ω 所在层的 σ 值

层次	σ	层次	σ	层次	σ
1	0.000 00	5	−0.153 85	9	−0.769 23
2	−0.005 01	6	−0.307 69	10	−0.923 08
3	−0.019 44	7	−0.461 54	11	−1.000 00
4	−0.066 93	8	−0.615 38		

4.2　数值计算

如图 2、图 3 分别为 α_1 及 α_2 随时间变化曲线。从图 3 可知,当 $t=3$ d 时,α_2 达到了极小值,表明解已得到了调整,即我们得到了半诊断解。

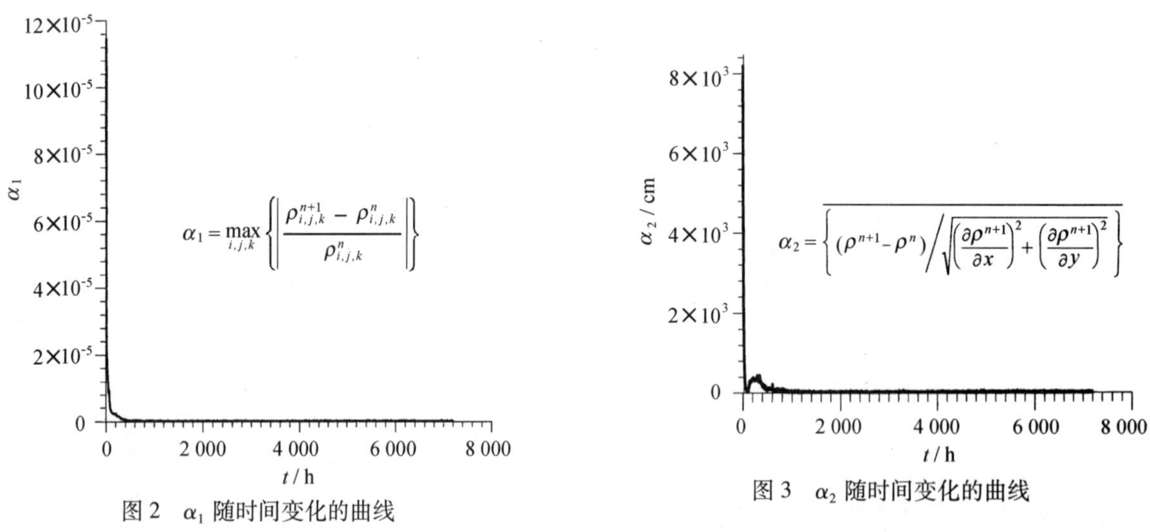

图 2　α_1 随时间变化的曲线

图 3　α_2 随时间变化的曲线

由图 2 可知,当 $t=21$ d 后,$\alpha_1<10^{-6}$已满足,说明解已达准稳定,即达到了准稳态。从我们的计算结果来看,$t=21$ d 以后与 $t=300$ d 时的计算结果基本一致,以下我们取 $t=300$ d 时的结果作为预报计算的结果。

4.3　计算结果

4.3.1　诊断计算结果

（1）海面水位场 ζ 的分布

图 4 是诊断计算得到的海面水位场 ζ 的分布。由该图可看到在计算区域的西北部有一支东向流，即黄海沿岸流，它在计算区域的中部作气旋性弯曲后，转为东北向流流出该计算区域。在计算区域的东部 ζ 等值线分布最为密集，此处即为黑潮主流区。最后，从该图上我们还发现黑潮的右侧 ζ 等值线作反气旋弯曲，说明该处存在暖涡的迹象。以下我们将结合水平速度场分布再详述该海域的流况。

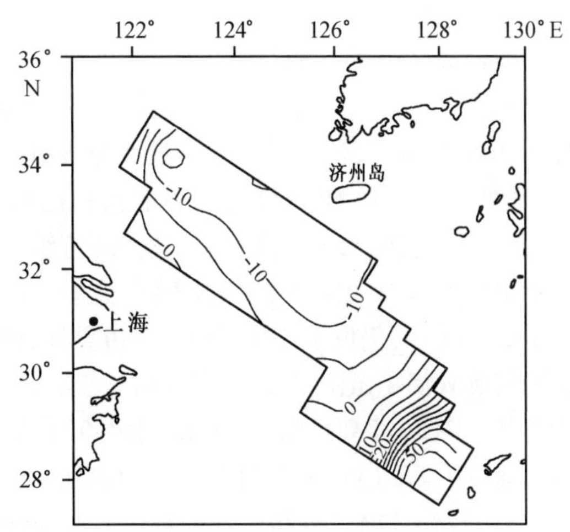

图 4　诊断计算水位场 ζ 的分布（单位：cm）

（2）水平速度场 u、v 的分布

图 5a、图 5b、图 5c、图 5d 分别是诊断计算得到在表层、30 m 层、75 m 层及 200 m 层的水平速度分布。由图 5a 可知，该计算区域的流况如下：在计算区域西北部有一支黄海沿岸流，其流速较小方向偏东，并在济州岛以南海域作气旋性弯曲，最后向偏北方向流动，并流出了该计算区域。在计算区域西侧的南边界附近，在表层是长江冲淡水与台

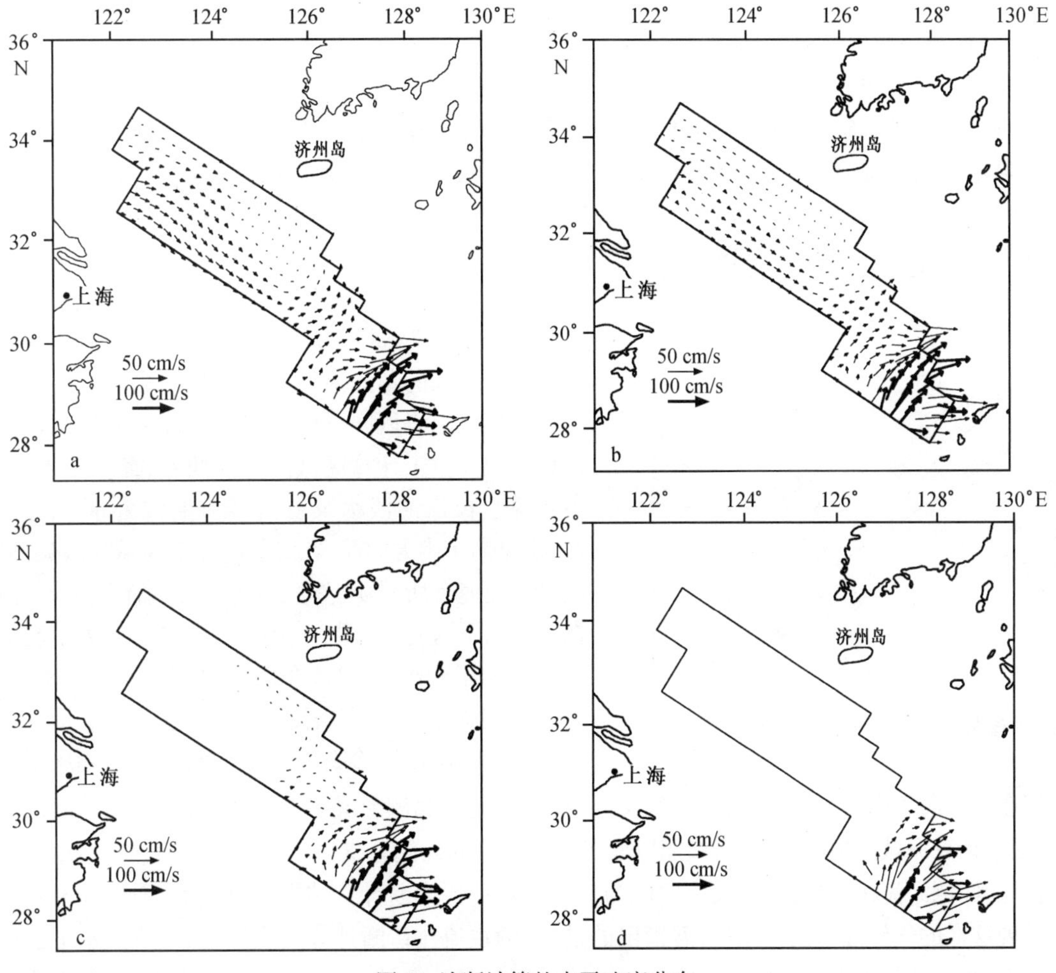

图 5　诊断计算的水平速度分布

a. 表层，b. 30 m 层，c. 75 m 层，d. 200 m 层

湾暖流的内侧分支[28]的混合水（见图 5a）。在表层以下主要来自台湾暖流的内侧分支[28]，向东南方向流（见图 5b、图 5c），在济州岛以南海域也作气旋式弯曲，与表层相似，最后也转为东北方向流流出本海区，成为对马暖流来源之一。这支流的最大速度值为 20.8 cm/s。从图 5 可知上述两支流都在济州岛以南海域相汇聚，都作气旋式弯曲，在它们北侧形成一个气旋式冷涡，该涡的位置与以往的观测结果较为一致，且该涡具有高密、低温的水文特征[28]。其次，在本计算海域南边界的东部分、黑潮以西，还有台湾暖流的另一个分支[30]，即台湾暖流的外侧分支，它向东北方向流动，其最大速度值为 29.5 cm/s，最后与黑潮西侧相汇聚，如袁耀初与苏纪兰所指出的[9]。此外，在计算区域的的东部黑潮以较大的速度向东北方向流去，其表层最大速度为 108.5 cm/s，位于计算区域的北边界处。最后，我们从该图还可看出在黑潮右侧存在一反气旋涡的趋势，显然由于受观测区域限制，不能模拟出整个涡的结构，这与上述水位场 ζ（见图 4）的分布是一致的。图 5b 是 30 m 层的水平速度分布，它的环流结构与表层十分相似，但水平速度普遍减小。黑潮在该层的最大速度为 106.1 cm/s，但所在的位置不同，位于计算区域的南边界处。由图 5c 可知，黑潮在 75 m 层的最大水平速度为 102.2 cm/s，仍位于计算区域的南边界处，但除了黑潮主流区外其他区域的流况有些不同。比如，济州岛以南的气旋式涡稍微南移，这与袁耀初与苏纪兰等[5]的两层模式的计算结果相一致。黑潮左侧的流比上层还要大等等。图 5d 主要反映了 200 m 层黑潮的流况，它的平均速度比 75 m 层的小，但流向基本一致，黑潮在该层的最大速度为 85.1 cm/s，同样位于南边界处。

此外，我们还将计算结果与锚系的实测流作了比较，锚碇测站位于 C208（31°49′N，125°30′E）处，在 30 m 层的实测值 $(u,v)=(6.9,-3.0)$ cm/s，而诊断计算结果 $(u,v)=(4.6,-2.5)$ cm/s。在 45 m 层该站的实测值 $(u,v)=(3.7,-1.1)$ cm/s，诊断计算结果 $(u,v)=(3.2,-0.9)$ cm/s。通过上述比较我们发现诊断计算结果与实测流有较好的一致性。

4.3.2 半诊断计算结果

（1）水位场 ζ 的分布

图 6 为密度场等被调整了 3 d 以后得到的半诊断计算的 ζ 场分布，它与诊断计算 ζ 场相比，基本一致，特别是计算区域西部的流况；但其他区域有些差别，例如，计算区域的东部黑潮主流区 ζ 等值线分布变得更为密集，即黑潮流速增大。此外，黑潮左侧的 ζ 等值线出现了气旋性弯曲，这与诊断计算结果有些不同。

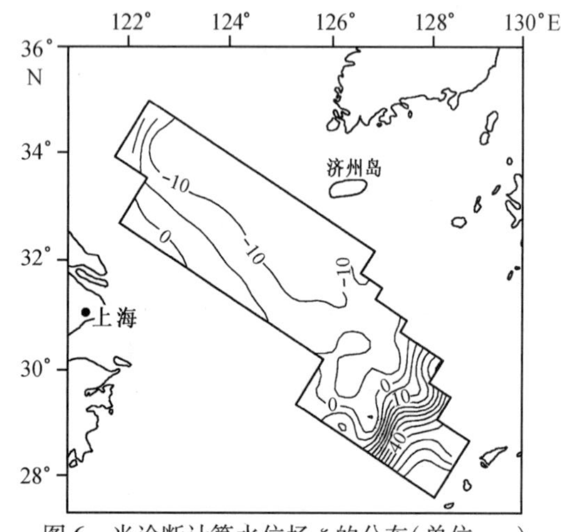

图 6 半诊断计算水位场 ζ 的分布（单位：cm）

（2）水平速度场分布

图 7a、图 7b、图 7c、图 7d 分别是半诊断计算（$t=3$ d 时）表层、30 m 层、75 m 层及 200 m 层的水平流速分布。位于计算区域西北部的黄海沿岸流其流速略微增大、方向偏东，它在济州岛以南海域同样作气旋性弯曲后向偏北方向流出该计算区域。位于计算区域的南部西侧，存在一支流，其表层主要源于长江冲淡水及台湾暖流的混合水，在表层（见图 7a）也是向东南方向流，在济州岛以南海域作气旋性弯曲，弯曲后其流速有所减小，然后转为东北向流流出该计算海域。在表层以下这支流（图 7b、图 7c）主要是台湾暖流的内侧分支[28]，它向东南方向流，在济州岛以南海域也作气旋性弯曲，最后也转为东北方向流流出本海区。这支流的最大速度值为 19.5 cm/s，比诊断计算结果略有减小。从图 7 可知上述两支流都在济州岛以南海域相汇聚，都作气旋式弯曲，在它们北侧形成一个气旋式涡，这与诊断结果比较一致。其次，在本计算海域南边界的东部、黑潮以西的台湾暖流的外侧分支[28]先作气旋式弯曲，然后流向东北方向，最后与黑潮西侧海流相汇聚，其最大速度值为 31.7 cm/s，比诊断计算结果略有增大，而在诊断计算结果中这支流没出现这样的气旋性弯曲。此外，需指出的是，黑潮主流比诊断计算结果增强，其最大水平速度在表层为 122.6 cm/s，所在的位置没有变化。在 30 m 层（见图 7b），计算区域西北部的东南向流有所增强，而在这支流流出计算区域附近略有减弱。与表层类似，该层黑潮主流也有所增强，最大水平速度为 118.8 cm/s。在 75 m

层(见图7c),黑潮也增强,其最大水平速度由102.2 cm/s(诊断计算结果)增至112.4 cm/s;但黑潮主流西侧的海流略有减弱。在200 m层(见图7d)的水平速度变化与75 m层非常相似,该层黑潮最大水平速度由85.1 cm/s(诊断计算)增至95.2 cm/s。由此可见,半诊断计算结果与诊断计算结果相比,在定性上较为一致,在定量上还是存在一些差别的,这是由于半诊断计算考虑了密度场与地形的相互作用。

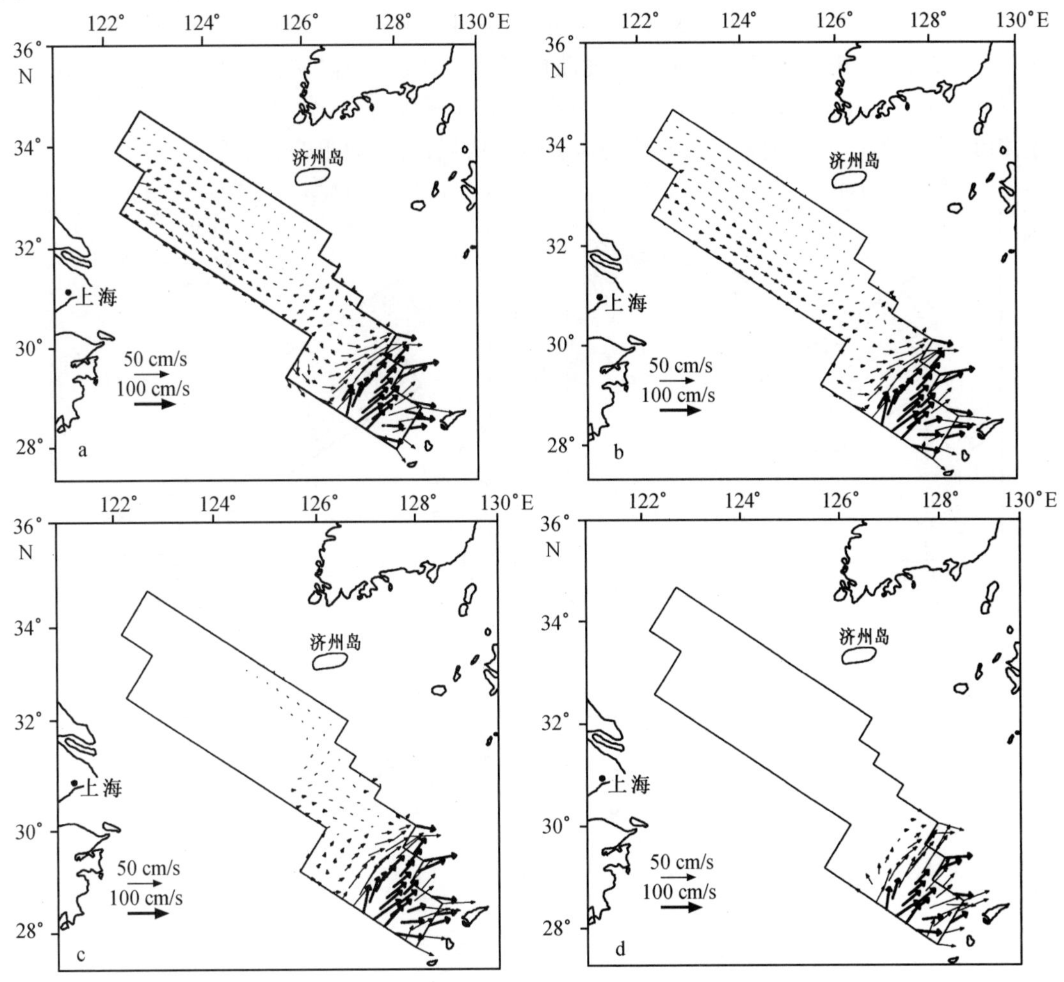

图7　半诊断计算的水平速度分布($t=D$)

a. 表层, b. 30 m层, c. 75 m层, d. 200 m层

最后,再比较半诊断计算结果与锚碇测流的结果,锚碇测流站C208(31°49′N,125°30′E),在30 m层的半诊断计算结果$(u,v)=(5.1,-2.8)$ cm/s,实测流值$(u,v)=(6.9,-3.0)$ cm/s,在45 m层的半诊断计算结果$(u,v)=(3.4,-1.1)$ cm/s,实测流值$(u,v)=(3.7,-1.1)$ cm/s,这表明,经过密度场的调整后,半诊断计算结果更接近实测流值。

4.3.3　预报计算结果

(1) 水位场ζ的分布

图8为预报计算($t=300$ d时)的ζ场分布,与半诊断计算结果(见图6)相比,较为一致,仅在个别区域ζ等值线的分布略有变化。例如,黑潮西侧的$\zeta=-5.0$ cm的等值线变得光滑且更有规则。其次,在济州岛以南的$\zeta=-10.0$

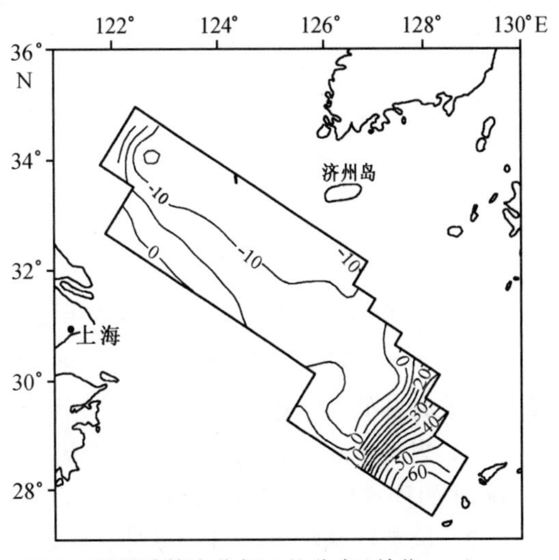

图8　预报计算水位场ζ的分布(单位:cm)

cm 的等值线略微北移。

（2）水平速度场分布

图 9a、图 9b、图 9c 分别表示 $t=300$ d 时表层、30 m 层及 200 m 层的水平流速分布。与半诊断计算结果相比，它们在定性上是一致的，特别是在 200 m 层（见图 9c）的水平速度分布。而在其他层次定量上还是稍有变化。例如，在表层（图 9a）位于计算区域西北部的东南向流在济州岛西南处流速有些增大，而位于这支流南面的另一支东南向流在作气旋性弯曲后流速略微减小。其次，黑潮主流也稍微减弱，它在表层的最大水平速度为 117.9 cm/s，比半诊断计算结果稍微小些，所在位置没有变化。30 m 层（图 9b）的水平流速分布与表层变化相似，但还有一个差别是黑潮西侧的海流略有增强，且流向也略有变化。

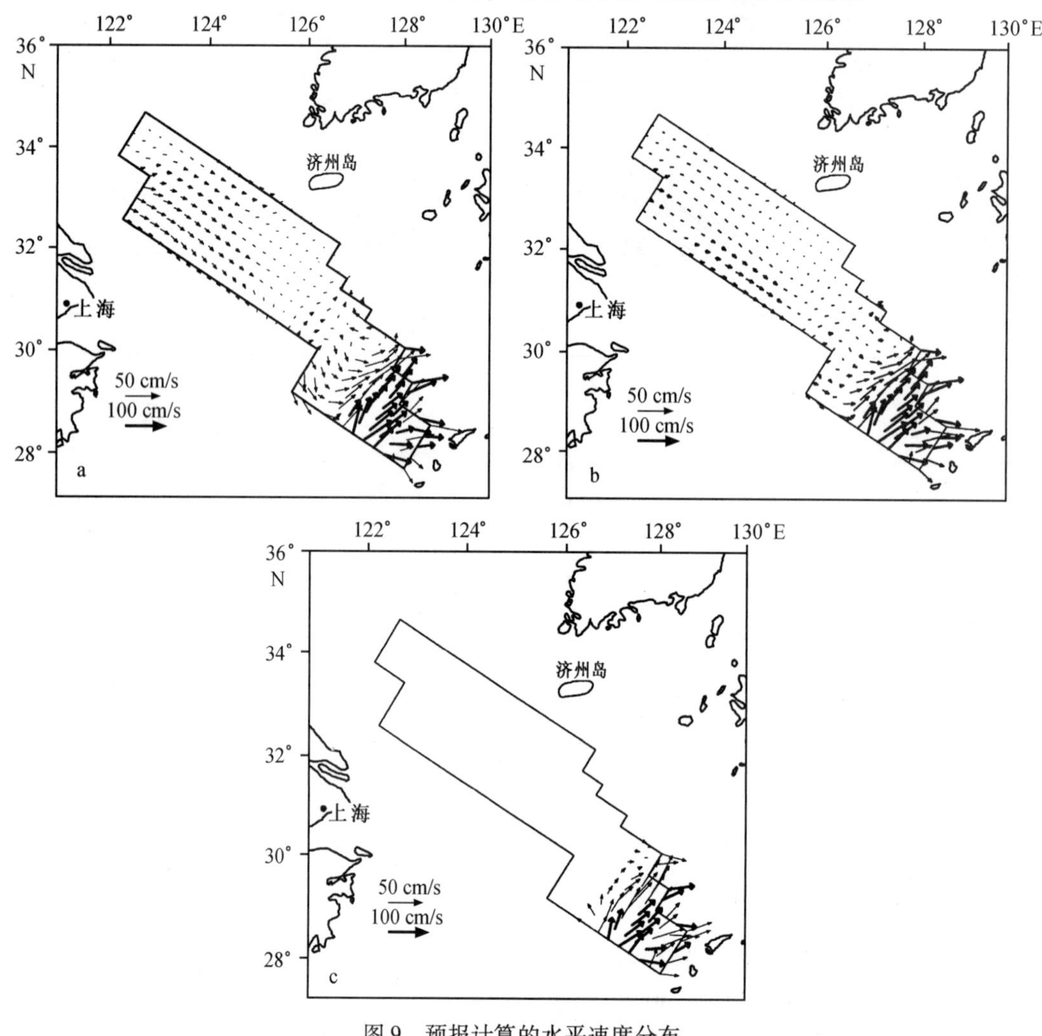

图 9　预报计算的水平速度分布

a. 表层，b. 30 m 层，c. 200 m 层

5　小结

本文基于于国家自然科学基金重点课题“黄东海入海气旋爆发性发展过程的海气相互作用研究”在 1999 年 6 月“向阳红 14”号调查船获得的水文气象资料，采用 σ 坐标下的三维非线性的诊断、半诊断及预报模式对该海域的海流进行了计算。计算结果表明：

（1）当 $t=3$ d 左右，密度场和速度场均已调整，得到半诊断解；当 $t=21$ d 以后，解已达到准稳定态，并取 $t=300$ d 的计算结果作为预报计算的解。

（2）诊断计算结果表明：① 计算区域的西北部有一支黄海沿岸流，为偏东向流，该流在济州岛以南流出本计算区域。在计算区域的南部西侧还有一支流，即台湾暖流内侧分支，它向东南方向流动，然后作气旋式弯曲，最后转向东北方向。② 在以上两支流北侧，即济州岛西南处，存在一个气旋式涡。③ 黑潮西侧有一台湾暖流外侧分支，先作气旋式弯曲，尔后向东北方向流动。④ 黑潮在中国东部海域以较强的速度向东北方向流去；其最大的水平速度在表层为 108.5 cm/s，位于北边界附近，在 30 m 层、75 m 层以及 200 m 层分别为 106.1，102.2 及 85.1 cm/s，且均位于南边界附近。

（3）比较诊断、半诊断及预报模式计算结果，它们在定性上比较一致，在定量上有些差异。例如：① 黑潮表层的最大水平速度分别为 108.5（诊断）、122.6（半诊断）和 117.9 cm/s（预报计算）。② 在半诊断计算结果中黑潮以西台湾暖流的外侧分支作气旋性弯曲，这一点与诊断计算结果有所不同，而与预报计算结果有较好的一致性，这也反映了半诊断及预报模式中水平速度场能更好与温盐场相符。

（4）上述 3 个计算结果与锚碇测流的结果相比较，甚为一致。

参考文献：

[1] 郭炳火，马宪祖，道田丰，等. 对马暖流源区水文状况及其变异的研究 I. 水文和环流[G]//黑潮调查研究论文选（五）. 北京：海洋出版社，1993：1-15.

[2] 袁耀初，许卫忆，何魁荣. 有限元方法在台湾以东海域黑潮流速计算中的应用[J]. 海洋学报，1980，2(2)：7-19.

[3] Yuan Yaochu, He Kuirong. The calculation of three-dimensional ocean current by finite element method[J]. La Mer, 1982, 20: 136-140.

[4] 袁耀初，苏纪兰，赵金三. 东中国海陆架环流的单层模式[J]. 海洋学报，1982，4(1)：1-11.

[5] Yuan Yaochu, Su Jilan. A two layer circulation model of the East China Sea[J]. SSCS Proc, 1983, 1: 364-374.

[6] 王卫，苏纪兰. 东海黑潮流系及涡旋现象的一个正压模式[J]. 海洋学报，1987，9(3)：271-285.

[7] 刘先炳，苏纪兰. 南海环流的一个约化模式[J]. 海洋与湖沼，1992，23(2)：167-174.

[8] 梁湘三，苏纪兰. 东海环流的一个两层模式[J]. 东海海洋，1994，12(1)：1-20.

[9] Yuan Y C, Su J L. The calculation of Kuroshio Current structure in the East China Sea—Early summer 1986[J]. Progress in Oceanography, 1988, 21: 343-361.

[10] Yuan Yaochu, Su Jilan, Pan Ziqin. A study of the Kuroshio in the East China Sea and the currents east of Ryuku Islands in 1988[C]. Proceedings of JECSS-V. Elsevier Science Publishere, 1991: 305-319.

[11] 袁耀初，苏纪兰，潘子勤. 1989 年东海黑潮流量与热通量计算[G]//黑潮调查研究论文选（四）. 北京：海洋出版社，1992：253-264.

[12] 袁耀初，苏纪兰，周伟东. 1986 年 5—6 月日本以南海域的黑潮流场计算[G]//黑潮调查研究论文选（一）. 北京：海洋出版社，1990：385-396.

[13] 周伟东，袁耀初. β 螺旋方法在黑潮流速计算中的应用 I. 台湾以东海域[J]. 海洋学报，1990，12(4)：416-425.

[14] Bryan K. A numerical method for the study of the circulation of the world ocean[J]. J Comput Phys, 1969, 4(3): 347-376.

[15] Sarkisyan A S. The diagnostic calculations of a large-scale ocean circulation [G]//The Sea Marine Modelling. New York-London-Sydney-Toroto: J Wiley and Sons, 1997, 6: 363-458.

[16] Sarkisyan A S. 海流数值分析与预报[M]. 乐肯堂译. 北京：科学出版社，1980.

[17] 袁耀初，苏纪兰，郑松筠. 东海 1984 年夏季三维海流诊断计算[G]//黑潮调查研究论文集. 北京：海洋出版社，1987：45-53.

[18] 袁耀初，苏纪兰，郑松筠. 东海 1984 年 12 月—1985 年 1 月冬季三维海流诊断计算[G]//黑潮调查研究论文集. 北京：海洋出版社，1987. 54-60.

[19] 袁耀初，苏纪兰. 1986 年夏初东海黑潮流场结构的计算[G]//黑潮调查研究论文选（一）. 北京：海洋出版社，1990：175-191.

[20] 孙德桐，袁耀初. 东海黑潮及琉球群岛以东海流的三维诊断计算[G]//中国海洋学文集，第 5 集. 北京：海洋出版社，1995：74-83.

[21] 管卫兵，袁耀初. 东海东北部及日本以南海域环流的三维计算[G]. 中国海洋学文集，第 5 集. 北京：海洋出版社，1995：107-118.

[22] Sarkisyan A S, Yu L Demin. 洋流计算的半诊断方法[G]. WCRP 中大尺度海洋学试验译文集. 北京：气象出版社，1983：106-112.

[23] Shaw Pingtung, Csanady G T. Shelf-advection of density perturbation on a sloping continental shelf[J]. Journal of Physical Oceanography, 1983, 13(5): 769-782.

[24] 袁耀初，苏纪兰，倪菊芬. 东中国海冬季环流的一个预报模式研究[G]//黑潮调查研究论文选（二）. 北京：海洋出版社，1990：169-186.

[25] 袁耀初. 东海三维海流的一个预报模式[G]. 黑潮调查研究论文选（五）. 北京：海洋出版社，1993：311-323.

[26] 袁耀初，潘子勤. 东海环流与涡的一个预报模式[G]//中国海洋学文集，第 5 集. 北京：海洋出版社，1995：98-106.

[27] Mellor G L, Blumberg A F. Modelling vertical and horizontal diffusivities with the sigma coordinate system[J]. Mon Wea Rev, 1985, 113: 1379-1383.

[28] 潘玉球，苏纪兰，徐端蓉. 东海冬季高密水的形成和演化[G]//黑潮调查研究论文选（三）. 北京：海洋出版社，1991：183-192.

Three-dimensional and nonlinear numerical calculations of the currents in the Huanghai Sea and East China Sea during June 1999

Wang Huiqun[1,2], Yuan Yaochu[1,2], Liu Yonggang[1,2], Zhou Mingyu[3]

(1. *Second Institute of Oceanography*, *State Oceanic Administration*, *Hangzhou* 310012, *China*; 2. *Key Lab of Ocean Dynamic Processes and Satellite Oceanography*, *State Oceanic Administration*, *Hangzhou* 310012, *China*; 3. *National Center for Marine Environmental Forecasts*, *Beijing* 100081, *China*)

Abstract: Based on the wind and hydrographic data obtained by R/V *Xiangyanghong No.14* during June of 1999, the currents in the Huanghai Sea (Yellow Sea) and East China Sea are computed by the three dimensional nonlinear diagnostic and semidiagnostic models in the σ coordinate. The computed results show that: (1) The density and velocity fields and so on have been adjusted when time is about 3 d, namely, the solution of semidiagnostic calculation is obtained. (2) From the diagnostic calculation, there are the following main results. ① In the northwest part of the computed region, the Huanghai Coastal Current flows southeastward, and then it flows out the computed region south of Cheju Island. In the west side of the southern part of the computed region, there is other current, which is mainly inshore branch of the Taiwan Warm Current, and it flows cyclonically and turns to northeast. ② In the region north of the above two currents, there is a cyclonic eddy southwest of Cheju Island, it has characteristics of high density and low temperature. ③ There is an offshore branch of the Taiwan Warm Current in the west side of the Kuroshio, and it makes a cyclonic meander, then flows northeastward. ④ The Kuroshio in the East China Sea is stronger, and flows northeastward. Its maximum horizontal velocity is 108.5 cm/s at the sea surface, which located at the northern boundary, and it is 106.1 cm/s at 30 m level, 102.2 cm/s at 75 m level and 85.1 cm/s at 200 m level, respectively, which all located at the southern boundary. (3) Comparing the results of diagnostic calculation with those of semidiagnostic and prognostic calculations indicate that the horizontal velocity field agrees qualitatively, and there is a little difference between them in quantity. For example, ① the maximum horizontal velocity of the Kuroshio at the sea surface at $t=0$ d (diagnostic), 3 d (semidiagnostic) and 300 d (prognostic) are 108.5, 122.6 and 117.9 cm/s, respectively, ② in semidiagnostic results the current west of the Kuroshio makes a cyclonic meander, and then flows northeastward, which is some different from the diagnostic result, and difference between the prognositic and semidiagnostic results is very small. This also shows that the horizontal velocity field can be better coincided with the distribution of salinity and temperature for the semidiagnostic and prognostic results. Comparing the computed velocities with the observed velocities at the mooring station show that they agree each other.

Key words: nonlinear; diagnostic; semidiagnostic and prognostic models; currents in the East China Sea and Huanghai Sea

刊于:海洋学报,2002,24(增刊1):77-83.

黄海、东海海域出海气旋发展过程的气象场特征和热通量的观测研究

钱粉兰[1],周明煜[1],李诗明[1],陈陟[1],袁耀初[2,3]

(1. 国家海洋环境预报中心,北京 100081; 2. 国家海洋局 第二海洋研究所, 浙江 杭州 310012; 3. 国家海洋局 动力过程和卫星海洋学重点实验室,浙江 杭州 310012)

摘要:利用1999年6月在黄海、东海海域进行的出海气旋爆发性发展过程海上调查期间获得的观测资料,对气旋发展过程的海气相互作用进行了分析研究。研究结果表明,在黄海、东海海域,海表水温、气温和比湿变化趋势相同,且变化幅度较大。潜热通量一般白天大夜间小,有明显的日变化。感热通量的日变化幅度很小。并且潜热通量明显高于感热通量。气旋在海上发展期间,潜热通量和感热通量变化较大,在气旋中心区域,出现了负的潜热通量和感热通量。气旋的移动轨迹基本上受500 hPa高度上风场影响,也可能受海洋本身状况的影响。

关键词:出海气旋;感热通量;潜热通量

中图分类号:P732

1 引言

中国近海典型的海气相互作用的例子是气旋进入海域后的爆发性发展。这些爆发性气旋主要来自黄海气旋、江淮气旋和东海气旋,其中以江淮类气旋最多,5—6月发生的频率最高[1]。爆发性气旋是一种重要的海洋灾害性天气系统,它的发展对海上生产和运输危害极大。然而,目前对它发生、发展的物理机制不是十分清楚。国外在这方面的研究主要是在大西洋,对太平洋的研究极少。国内学者对中国近海和西太平洋爆发性气旋也有一些研究[2-6],但主要集中在统计学分析和动力学的诊断分析等方面,尚未有实地的海洋和大气的同步观测,在研究结果上多数是宏观的、天气和气候分析性的,缺少对气旋爆发性发展时的大气和海洋有关物理量的同步观测。本文利用1999年6月在黄海、东海海域进行的入海气旋爆发性发展过程海上调查期间获得的观测资料,对气旋发展过程的海气相互作用进行了分析研究。

2 海上调查路线和观测仪器

本次黄海、东海爆发性气旋海上调查于1999年6月4—18日进行,调查路线如图1所示,“向阳红14”号科学调查船6月4日从宁波北仑港出发,沿图1调查航线航行两次,于6月18日返回北仑港。

本次调查期间用于平均量观测的仪器包括:风杯风速计、空盒气压表、干湿球温度计、海水温度计。每天观测8次,从02时开始观测,23时结束,每3 h观测1次,观测内容包括风速、风向、温度、湿度、气压、海表温度、能见度和浪高等。用于脉动量观测的仪器是超声风速仪和温度脉动仪,在3个定点海域对风、温的脉动量进行了观测。观测仪器安放在船前部的顶层甲板上,温度计距海面10 m,风速计距海面20 m。脉动仪

基金项目:国家自然科学基金重点项目(49736200)。

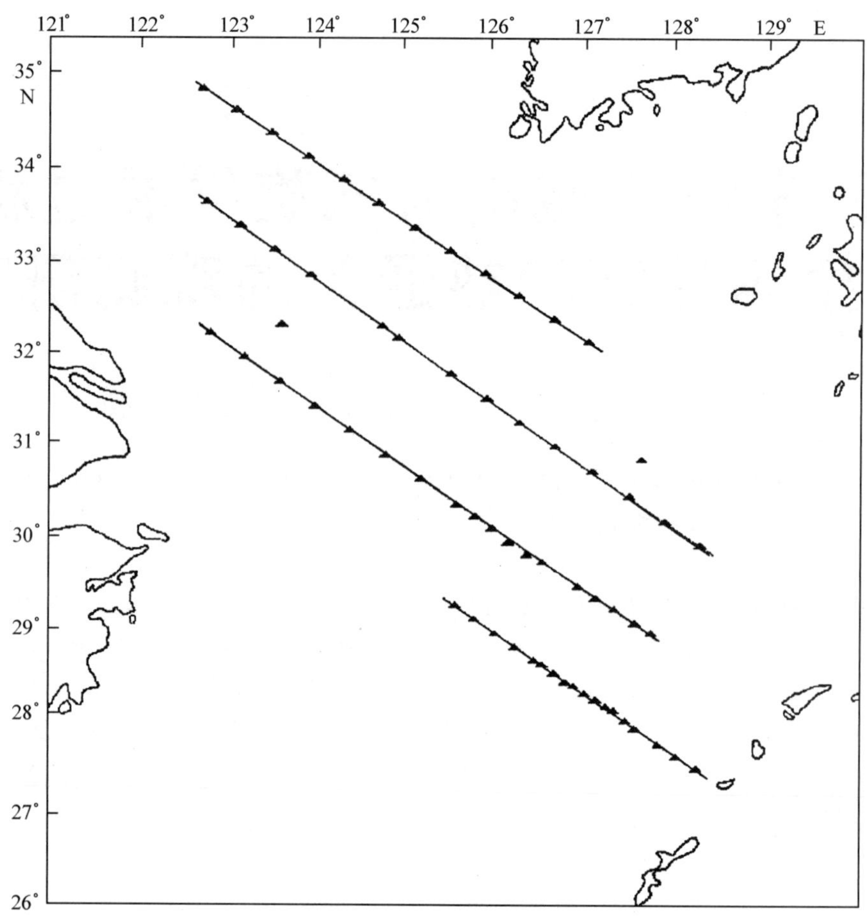

图 1　出海气旋爆发性发展过程海上调查航线图

器距海面 15 m。

3　通量计算方法

整体输送法

感热通量

$$H_S = -\rho C_H U_{10}(T_{10} - T_S). \tag{1a}$$

潜热通量

$$H_E = -\rho L_E C_E U_{10}(q_{10} - q_S), \tag{1b}$$

式中，C_H 和 C_E 分别是温度和水汽的整体交换系数。关于这些系数，许多学者作过讨论[7-9]，它们可表示为：

$$C_H = C_{HN}/\{[1-(\alpha_1 k)^{-1}C_{DN}^{1/2}\Psi_M(z/L)][1-(\alpha_2 k)^{-1}C_{HN}^{1/2}\Psi_H(z/L)]\}, \tag{2a}$$

$$H_E = C_{EN}/\{[1-(\alpha_1 k)^{-1}C_{DN}^{1/2}\Psi_M(z/L)][1-(\alpha_2 k)^{-1}C_{EN}^{1/2}\Psi_q(z/L)]\}, \tag{2b}$$

式中，C_{HN}和 C_{EN}是中性层结下的系数值；k 为卡曼常数；L 为 Obukhov 长度，$\alpha_1=1$，$\alpha_2=1.3$。层结函数表达如下：

$$\Psi_M = 2\ln[(1+x)/2] + \ln[(1+x^2)/2] - 2\tan^{-1}(x) + \pi/2, \quad z/L < 0,$$
$$x = (1-15z/L)^{1/4}, \tag{3}$$
$$\Psi_M = -4.7z/L, \quad z/L > 0,$$
$$\Psi_H = \Psi_q = \ln[(1+y)/2], \quad z/L < 0,$$
$$y = (1-9z/L)^{1/2}, \tag{4}$$

$$\Psi_H = \Psi_q = -4.7z/L, \qquad z/L > 0,$$

整体 Richardson 数与 z/L 的关系[10] 如下：

$$Rib = \begin{cases} -0.052(-z/L)0.74, & z/L < 0, \\ 0.043(z/L)0.69, & z/L > 0, \end{cases} \tag{5}$$

根据 Richardson 数的定义：

$$Rib = \frac{g}{\bar{\theta}} \frac{\overline{\partial\theta/\partial z}}{(\overline{\partial u/\partial z})^2}, \tag{6}$$

由常规气象观测数据可由式(6)求出整体 Richardson 数，并由式(5)解出 z/L，由方程(1)~(4)即可得到感热通量和潜热通量。

4　结果分析

4.1　气象要素和热通量的时间变化特征

图 2 是黄海、东海海域海表水温(SST)、气温(T)、比湿(q)和风速随时间的变化。图中结果显示在此海域，海表水温、气温和比湿变化趋势相同，且变化幅度较大。海表水温的变化范围为 17.8~26.8℃，气温变化范围为 16.7~27.3℃。有些海域气温高于海温，有些海域海温高于气温，比湿的变化特征与温度一致。比湿在 10.2~20.9 g/kg 之间变化。平均海表水温为 21.9℃，平均气温为 21.8℃，平均比湿为 15 g/kg。风速从 1.8 m/s 变化到 12.7 m/s，平均风速为 6.6 m/s。

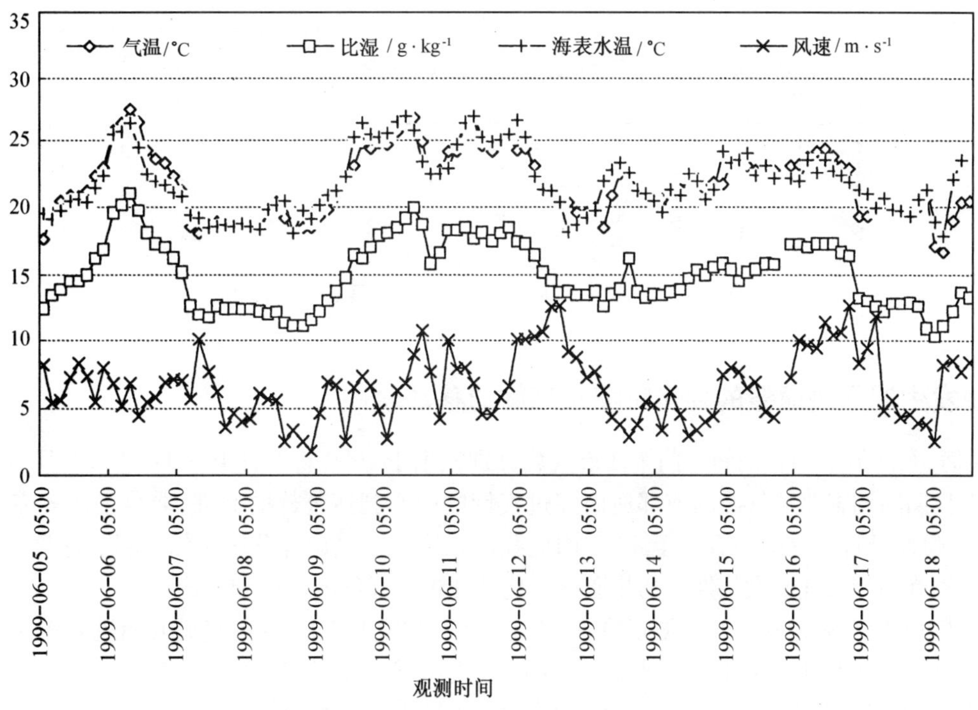

图 2　黄海、东海海域气象要素随时间变化

利用常规气象资料采取整体输送法得出了黄海、东海海域感热通量和潜热通量随时间的变化特征(如图 3 所示)。从图中可以看出，感热通量和潜热通量随时间的变化规律一致，但潜热通量的变化幅度较大。在此海域，在海上调查期间经常为阴或雾天，潜热通量和感热通量一般较小，而且潜热通量明显高于感热通量，平均潜热通量和感热通量分别为 32.9 W/m^{2}和 1.6 W/m^2(如图 4 所示)。

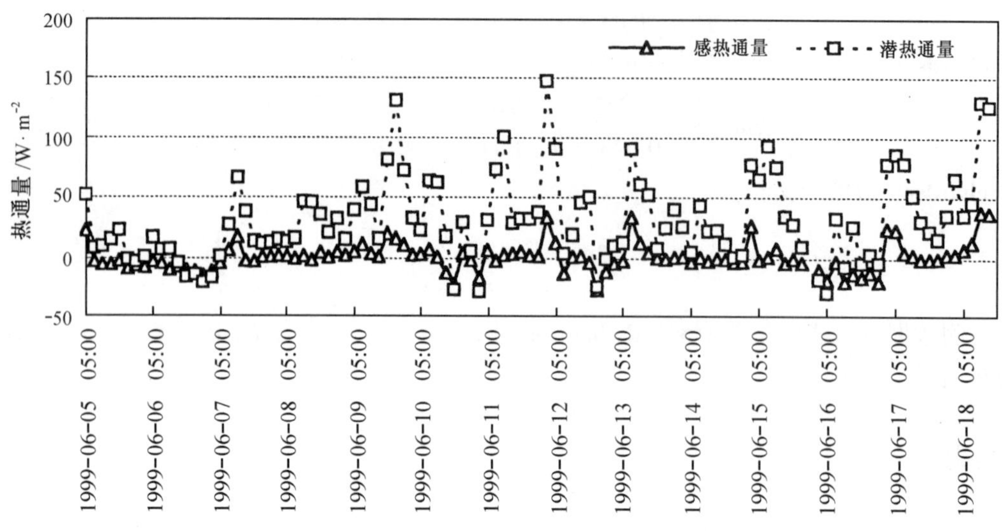

图 3　黄海、东海海域感热通量和潜热通量随时间变化

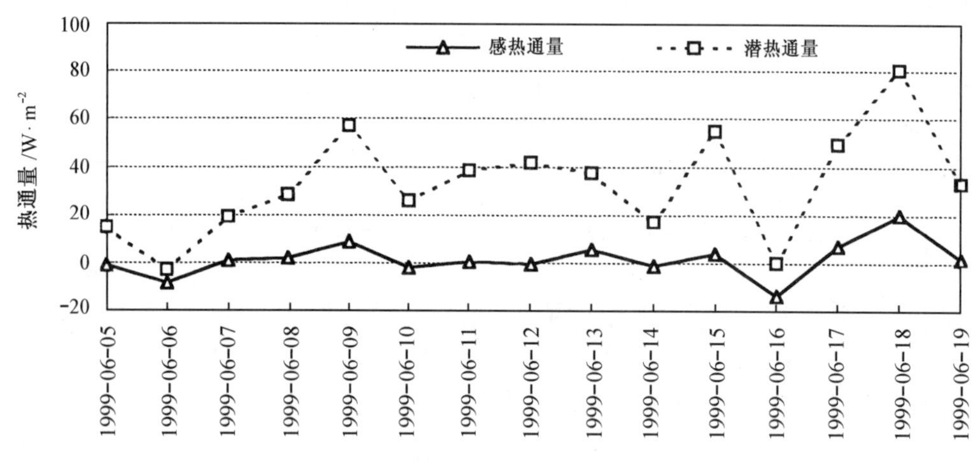

图 4　黄海、东海海域感热通量和潜热通量的日平均值

4.2　气旋发生期间热通量的变化特征及气旋的移动轨迹

这次黄海、东海海上调查期间有两个江淮气旋分别发生于 1999 年 6 月 10—11 日和 6 月 16—17 日。在 6 月 10—11 日期间调查船从气旋的前部迎面穿过气旋的中心到达气旋的后部,取得了比较完整的资料。6 月 16 日由于调查船与气旋中心有一定距离,因此我们只取得了气旋部分区域的资料。这里仅以 6 月 10—11 日发生的气旋为例对气旋发生期间的热通量变化特征进行详细的分析和讨论。

6 月 10 日 08 时气旋已在长江下游形成,中心位置在 31°N,119°E,14 时气旋开始进入东海,中心位置位于 30°N,124°E。6 月 11 日 08 时气旋到达日本南部海域,中心位置在 28°N,130°E。6 月 10 日 14 时以前调查船的位置距气旋中心区域较远,6 月 10 日 14 时至6 月 11 日 02 时,调查船迎面穿过气旋。6 月 11 日 05 时以后调查船逐渐远离气旋中心区域。图 5 是气旋发生期间感热通量和潜热通量变化曲线。从图中可以看出,6 月 10 日 14 时以前潜热通量为正值,数值在 17.5 W/m^{2}以上。6 月 10 日 17 时和 6 月 11 日 02 时潜热通量是负值,数值分别为-27 W/m^2 和-28 W/m^2。6 月 11 日 05 时以后潜热通量又为正值,数值在 31 W/m^{2}以上。感热通量的变化情况与潜热通量类似,但当感热通量为正数时数值都很小。

以上结果说明在气旋的前部或后部区域,感热通量和潜热通量为正值,进入气旋中心区域以后,感热通量和潜热通量都出现了负值。在此期间近海面层存在逆温层,使感热通量形成负值,又由于空气中湿度较大,接近饱和状态,因而潜热通量也出现负值。观测资料显示,6 月 10 日 17 时和 6 月 11 日 02 时,气温分别

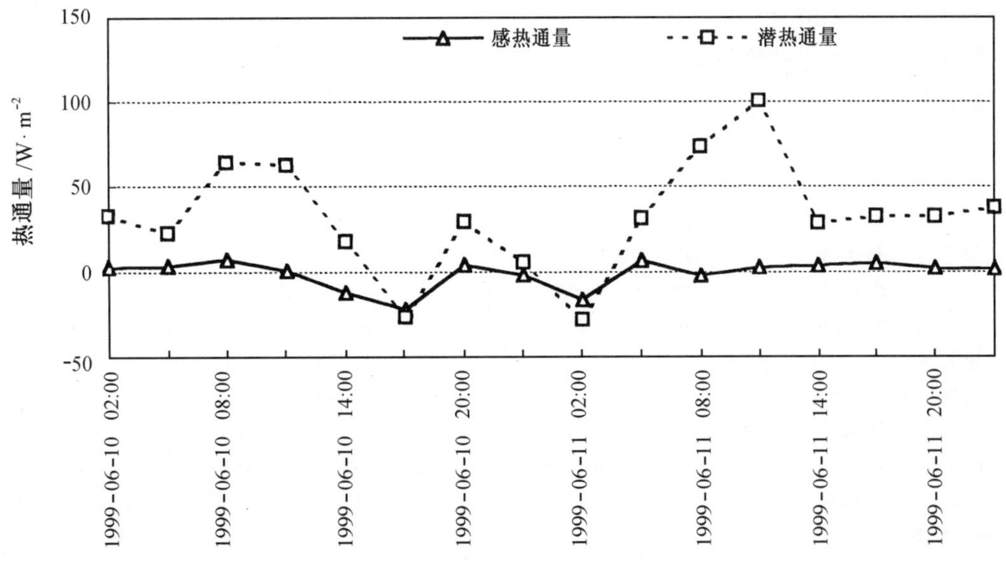

图5　气旋发生期间热通量变化

比海面温度高 1.5℃和 1.2℃，相对湿度分别为 95%和 98%，而此时计算得出对应的空气比湿分别大于海面比湿 0.8 g/kg 和 0.9 g/kg，因此出现了负潜热通量。

1999 年 5 月和 6 月共有 6 个气旋在江淮一带形成并进入黄海、东海海域，气旋的移动轨迹如图 6 所示，其中 5 个气旋移向黄海海域，只有一个移向东海海域。根据对气旋发展期间的高空天气形势进行分析发现，气旋的移动轨迹受到 500 hPa 高度上风场的影响，同时也可能受海洋本身状况的影响。

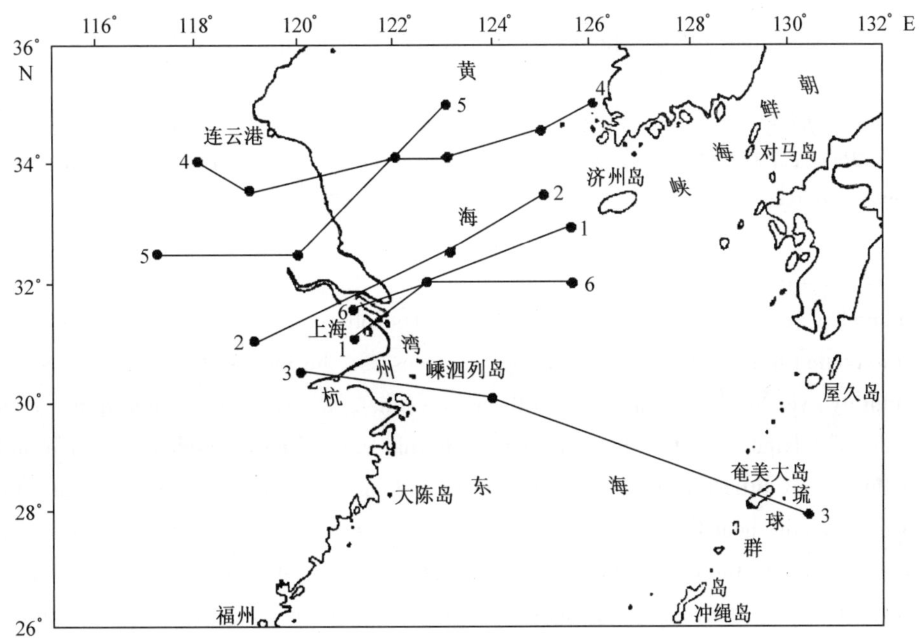

图6　气旋的移动轨迹

1. 5 月 18 日 02:00—14:00; 2. 5 月 23 日 14:00 至 24 日 02:00; 3. 6 月 10 日 08:00 至 11 日 08:00; 4. 6 月 15 日 14:00 至 16 日 20:00; 5. 6 月 23 日 02:00—14:00; 6. 6 月 28 日 08:00—20:00

5　结论

在黄海、东海海域，在海上调查期间海表水温、气温和比湿变化趋势相同，且变化幅度较大。潜热通量一般白天大夜间小,有明显的日变化。感热通量的日变化幅度很小,并且潜热通量明显高于感热通量。气旋在海上发展期间,潜热通量和感热通量变化较大,在气旋中心区域,出现了负的潜热通量和感热通量。气旋的移动轨迹基本上受 500 hPa 高度上风场影响,也可能受海洋本身状况的影响。

参考文献:

[1] 史树森. 我国沿海气旋大风天气气候分析[J]. 气象, 1990, 13(11): 33-38.

[2] 吕筱英,孙淑清.气旋爆发性发展过程的动力特征和能量学研究[J]. 大气科学, 1996, 20(1):90-100.

[3] 仪清菊,丁一汇. 东海地区温带气旋爆发性发展的动力分析[J]. 气象学报, 1992, 50(2):152-166.

[4] 徐祥德,丁一汇,解以扬,等.不同垂直加热率对爆发性气旋发展的影响[J]. 气象学报, 1996, 54(1):102-107.

[5] 谢柳森,王彬华,左中道. 黑潮加热场对气旋发展影响的动力学分析[J]. 海洋学报, 1985, 7(2):154-164.

[6] 杜俊,余志豪. 中国东部一次入海气旋的次级环流分析[J].海洋学报,1991,13(1):43-50.

[7] Blanc T V. Accuracy of bulk-method-determined flux, stability, and sea surface roughness [J]. J Geophys Res, 1987,92:3867-3876.

[8] Boyle P J. Davidson K L ,Spiel D E. Characteristics of water surface stress during STREX [J]. Dyn Atmos Oceans, 1987,10:343-358.

[9] Coulter R L,Wesely M L. Estimates of surface heat flux from sodar and laser scintillation measurement in the unstable boundary layer [J]. J Appl Meteor, 1980,9:1209-1211.

[10] Smith S D. Wind stress and heat flux over the ocean in gale force winds [J]. J Phys Oceanogr, 1980, 10:709-726.

Observational study on the meteorological characteristics of the cyclone developing processes over the Huanghai Sea and the East China Sea area

Qian Fenlan[1], Zhou Mingyu[1], Li Shiming[1], Chen Zhi[1], Yuan Yaochu[2,3]

(1. *National Research Center for Marine Environmental Forecasts*, *Beijing* 100081, *China*; 2. *Second Institute of Oceanography*, *State Oceanic Administration*, *Hangzhou* 310012, *China*; 3. *Key Lab of Ocean Dynamic Processes and Satellite Oceanography*, *State Oceanic Administration*, *Hangzhou* 310012, *China*)

Abstract: In June 1999, a research cruise was carried out to observe the developing processes of the land-to-sea cyclones over the Huanghai Sea and the East China Sea area. The observational data during the cruise are used to study the air-sea interaction during the cyclone developing processes. The results show that the SST, the air temperature, and the humidity over the Huanghai Sea and the East China Sea area vary in same trends, and the variation ranges are very wide. The latent heat flux has an obvious diurnal variation with high in daytime and low in night. The sensible heat flux varies little during a day without any obvious diurnal variation law. The latent heat flux is much bigger than the sensible heat flux. During the cyclone developing process, both the latent heat flux and the sensible heat flux vary a lot. In the center area of the cyclone, negative latent heat flux and sensible heat flux are observed. The moving trace of the cyclone is generally influenced by the wind field at the altitude of 500 hPa, and might also be influenced by the ocean conditions.

Key words: land-to-sea cyclone; sensible heat flux; latent heat flux

刊于:海洋学报,2002,24(增刊1):84-94.

中国东部海域1999年5月和6月风、温、湿和能量收支月平均状态数值模拟研究

周明煜[1],钱粉兰[1],陈陟[1],李诗明[1],苏立荣[1],袁耀初[2,3]

(1. 国家海洋环境预报中心,北京 100081; 2. 国家海洋局 第二海洋研究所,浙江 杭州 310012; 3. 国家海洋局 动力过程和卫星海洋学重点实验室,浙江 杭州 310012)

摘要:应用美国宇航局(NASA)Goddard空间飞行中心(GSFC)的地球观测系统(GEOS)资料四维同化系统(DAS)模拟了1999年5月和6月中国东部海域月平均风速、温度和湿度场以及能量收支各项。根据模拟计算结果分析了我国东部海域温度、湿度以及风矢量的月平均分布状态。分析结果表明,黄海、东海海域近海面大气层于5月和6月无论白天和夜间都有来自南方海域的暖湿空气的平流输送。6月的平流输送比5月更强。能量收支的计算结果显示,5月和6月白天海面净通量是从海面向海洋深处输送,夜间海面净通量是从海洋向大气输送。

关键词:中国东部海域;能量收支;数值模拟

中图分类号:P732

1 引言

从我国大陆形成的气旋东移出海后,在适当条件下由于海洋向大气提供能量,使气旋强烈发展,有时还可形成所谓"爆发性气旋"。出海气旋强烈发展大多发生在冬、春两季,其中以江淮气旋入海最多,它多发于3—6月,以5—6月最多。气旋出海后在海上发展过程产生的大风会对海上生产和运输等造成重大经济损失与人员伤亡。据统计,渔汛期我国沿海重大海损事故有三分之二是气旋大风引起的。

我国不少科学家对温带气旋出海后在海上发生的爆发性发展过程从天气学分析和动力学分析方面作过不少研究工作,也取得一定研究成果[1-3],但是由于缺乏气旋在海上发展过程海洋和大气的同步观测资料,至今对出海气旋发展的物理过程,特别是海洋和大气之间的能量交换过程不很清楚。在国家自然科学基金委重点基金项目的支持下,我们于1999年6月在黄海、东海海域对出海气旋发展过程进行海洋和大气同步观测,以研究在海上气旋发展对海洋和大气之间的能量交换过程。海上观测资料已由钱粉兰等[4]进行了分析和讨论。为了配合这项研究任务,本文将应用美国宇航局(NASA)Goddard空间飞行中心(GSFC)的地球观测系统(GEOS)资料同化系统(DAS)对1999年5月和6月中国东部海域海面上10 m高度气温、湿度和风场以及海面能量收支各项进行数值模拟,并在此基础上讨论中国东部海域1999年5月和6月白天(14时,北京时)和夜间(02时,北京时)这些气象要素和能量收支各项的月平均分布情况,以此作为背景研究。

2 模式计算方法

美国宇航局Goddard空间飞行中心(GSFC)的地球观测系统(GEOS)四维资料同化系统(DAS)由3个子

基金项目:国家自然科学基金重点项目(49736200)。

系统[即分析系统,2°(纬度)×2.5°(经度)大气环流模式(GCM)和边界条件]组成。

为了分析卫星探测资料和改进模式预报质量发展了一种相互作用-预报-反演-分析系统。该系统包括前后3个主要工作部分。由大气环流预报模式[5]提供一个用于卫星资料反演系统的一级假想场,经过反演的卫星资料和常规资料同时用于一级假想场去进行分析。地表短波净辐射(S_{wg})和长波净辐射(L_{wg})是同化系统的产品。温度和湿度廓线、云、地表温度、湿度和气压输入模式的辐射代码(*code*),从而得到S_{wg}和L_{wg}[6-7]。

Helfand等[8]论述了在GLA GCM中对行星边界层和湍流的模拟。Goddard大气实验室(GLA)发展的一个新的20层方案能较好地解决行星边界层垂直结构和边界层动力学问题。因为它提高了近地面层的垂直分辨率,参数化了该区域的动量、热量和水气通量的次网格尺度。参数化包括莫宁-奥布霍夫相似性方案,预告了在“扩展的边界层”内的垂直廓线。参数化方法确定陆地及海洋的表面粗糙度,确定黏性附层内标量的梯度以及在该薄层下面的粗糙要素,并用2.5层、二阶距湍流封闭模式预告在行星边界层内的湍流通量。即由卫星观测资料获得温、湿、风的平均量,再推算出通量值。模式计算每6 h可输出一结果,然后取月平均值。

近地面层(GCM模式中的最低诊断层)在GLA GCM的20层结构中,仅是5 hPa(相当于45 m)深的一层,在GLA模式中,莫宁-奥布霍夫相似性函数已经选取为实际上代表着扩展了的近地面层直至150 m深。

在海面上粗糙度是表面应力速度U_*的函数,计算Z_0和U_*之间的函数关系是由Large和Pond[9]适用于中到大风速的公式和Kondo[10]适用于小风速的倒数关系

$$Z_0 = C/u_* \tag{1}$$

之间进行内插而得出,在冰面上Z_0取一个固定值0.1 mm。

Helfand等[8]用2.5层、二阶距湍流封闭方法预告了近地面层的湍流通量,它是基于Yamada[11]提出的统计上可靠的2.5层方案。这个方案预告了作为诊断变量的湍流动能(TKE)和其他的湍流二阶矩(包括垂直通量)。

Mellor和Yamada[12]给出的分层模式中最完全的是4层模式,该方案包括10个诊断方程(考虑水汽脉动则有15个方程),在GCM模式中这是比较繁杂和耗时的,为此考虑对4层模式简化。首先是用边界层近似简化模式,忽略风、温度的水平梯度,忽略湍流通量的辐散,由连续性方程和流体力学假定,忽略垂直风速的垂直梯度,同样也忽略垂直动量通量的辐散。简化后,得出了用于GCM模式中的2.5层、二阶矩湍流封闭模式。

李诗明等[13]与周明煜和钱粉兰[14]应用GEOS DAS模式计算和分析在南极附近海域与西太平洋海域感热通量和潜热通量分布,得到较好的结果。

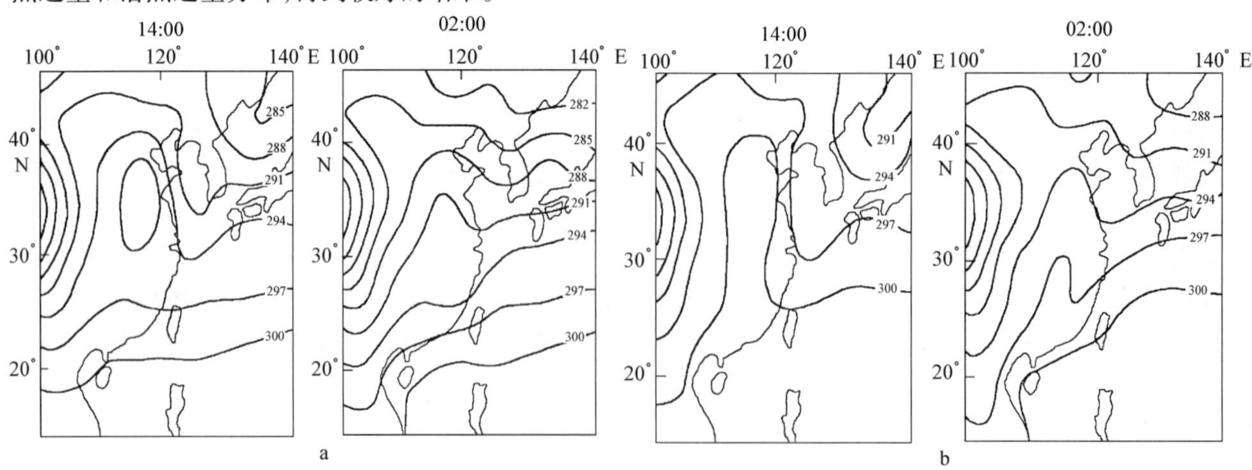

图1　月平均10 m气温(K)分布(1999年)

a. 5月, b. 6月

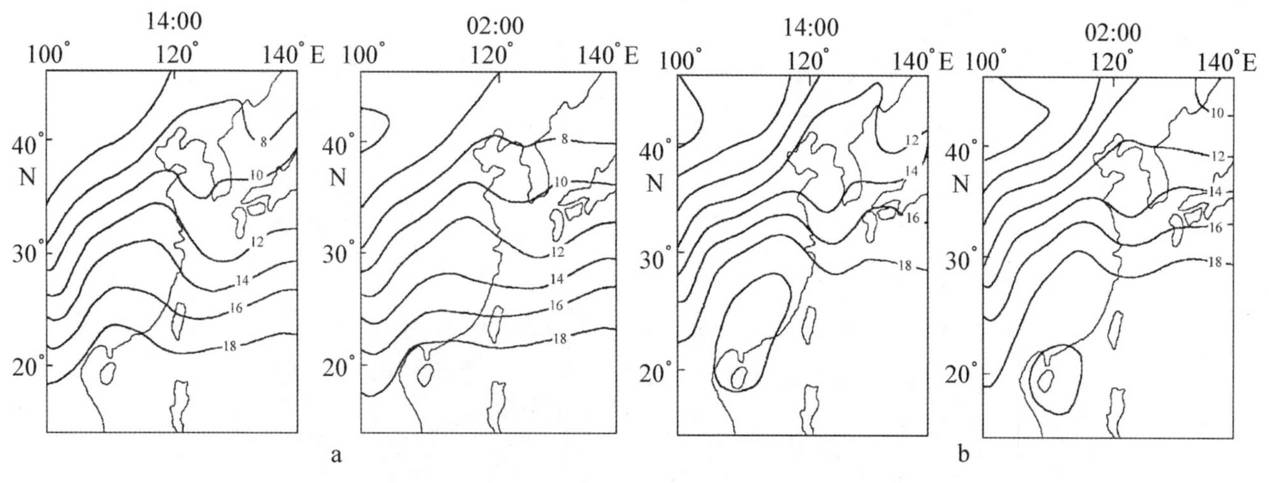

图 2　月平均 10 m 比湿(g/kg)分布(1999 年)
a. 5 月，b. 6 月

3　模拟计算结果分析

图 1 是 1999 年 5 月和 6 月中国东部海域白天(14 时，北京时，以下同)和夜间(02 时，北京时，以下同)月平均 10 m 高度气温的分布情况。从图 1 可见，5 月白天 14 时月平均 10 m 气温基本上呈北低南高分布，在日本海、黄海和东海海域有一低温槽，在台湾海峡和南海海域等温线比较平直呈东西走向。夜间 02 时月平均 10 m 气温也呈北低南高分布，但黄海和东海海域低温槽不太明显，在日本海海域有一弱高温脊。6 月白天 14 时月平均 10 m 气温一般比 5 月份高，在黄海、东海海域 6 月白天平均气温比 5 月高 3 K 左右，也存在一明显的低温槽。6 月夜间的月平均气温分布与 5 月的很相似，但比 5 月高 2~3 K。

1999 年 5 月和 6 月白天(14 时)和夜间(02 时)中国东部海域月平均 10 m 高度比湿分布显示在图 2。5 月 14 时月平均比湿在黄海东海海域有一低湿槽，南北比湿梯度较大，黄海比湿为 10 g/kg，台湾南部海域比湿可达 18 g/kg。5 月 02 时中国东部海域月平均比湿分布与 14 时非常相似，表明在海上比湿的日变化很小。6 月 14 时黄海、东海海域月平均比湿明显高于 5 月，一般高 3~4 g/kg。但在日本以南海域，6 月 14 时月平均比湿与 5 月基本上差不多，只是在海南岛附近海域高 2 g/kg 左右。6 月 02 时月平均比湿分布与 14 时很相近，说明昼夜差异很小。

图 3 为中国东部海域月平均风矢量分布图。由图 3 可看到，1999 年 5 月 14 时和 02 时在中国东部海域月平均风矢量分布非常相似。在东海、黄海海域顺行偏南风，在 25°N 以南海域顺行偏东风。6 月月平均风场与 5 月相比，中国东部海域风速明显增大，6 月份白天和夜间的风场很相近。南部海域 6 月的风向也转变为偏南风或东南风。对图 1、图 2 与图 3 进行对比分析发现，黄海、东海近海面大气层 5 月和 6 月无论白天和夜间都有来自南方海域的暖湿空气的平流输送，6 月的平流输送比 5 月更强。此外，5 月和 6 月进入华南、华东地区的暖湿空气在低层大气主要来自南海海域。

一般在中国东部海域海面接受太阳辐射最多时期为春夏之交。图 4 显示，1999 年 5 月 14 时在渤海、黄海东海和日本海南部为海面吸收辐射(短波净辐射)高值区，中心区的值可达 750 W/m^2，台湾东部海域为次高值区，其值为 700 W/m^2。南海海域海面吸收辐射相对较低，其中心区值为 600 W/m^2。从图 4 还可见到，6 月 14 时黄海、渤海海域为中心区的月平均海面吸收辐射比 5 月的强，中心区的吸收辐射值高达 800 W/m^2，台湾以东海域的强吸收辐射区的范围比 5 月有所扩大，吸收辐射强度也有所增强，中心区值可达 750 W/m^2，南海海域的海面吸收辐射比 5 月要低，中心区的值仅 500 W/m^2。

由于海面上空大气湿度较大，大气长波辐射较强。对 1998 年 5 月和 6 月的模式计算结果表明，无论白天或夜间我国近海广大海域月平均海面长波净辐射都很小，接近于零。只有在狭长的海岸带附近和渤海海

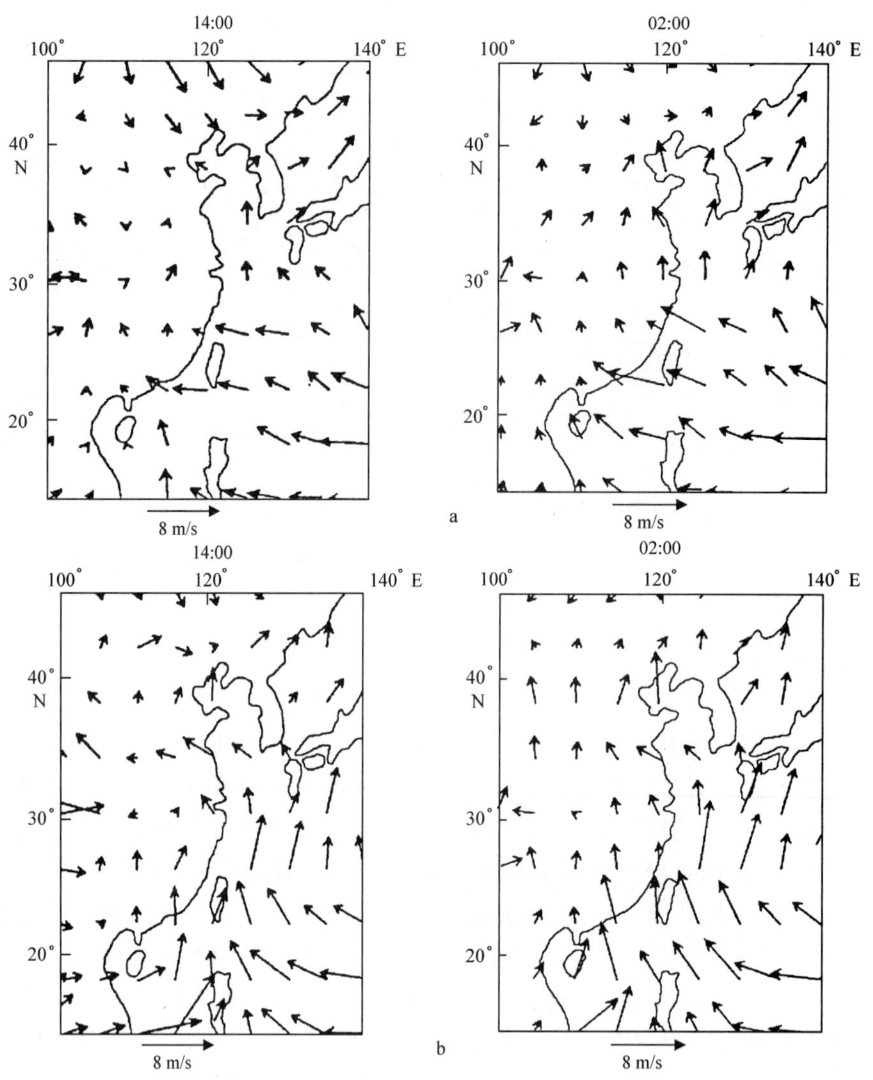

图 3 月平均海面风矢量分布(1999 年)

a. 5 月,b. 6 月

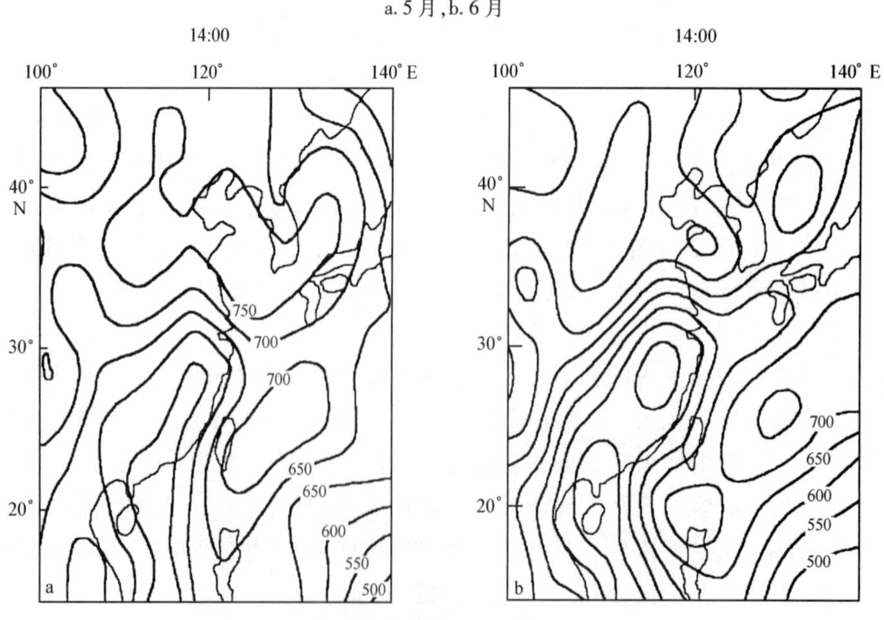

图 4 月平均海面吸收辐射(W/m^2)分布(1999 年)

a. 5 月,b. 6 月

域 5 月和 6 月 14 时的月平均长波净辐射可达 25~100 W/m^2(图略)。

图 5 为 1999 年 5 月和 6 月月平均感热通量分布。从图 5 可见,5 月和 6 月 14 时月平均感热通量在我国近海广大海域都很小,接近于零。在我国狭长沿岸和日本海沿岸 5 月和 6 月 14 时月平均感热通量一般在 25 W/m^2 左右,渤海海域沿岸月平均感热通量可达 150 W/m^2(感热通量从海面输向大气),随着距海岸距离增大迅速减小。5 月和 6 月 02 时在渤海和黄海海域月平均感热通量为负值,感热通量从大气输向海洋,在渤海湾沿岸感热通量可达 -15 W/m^2。在台湾以东,日本以南海域 5 月月平均通量为正值,中心区值为 10 W/m^2,表明感热从海洋向大气输送。6 月正感热通量区比 5 月更偏南。

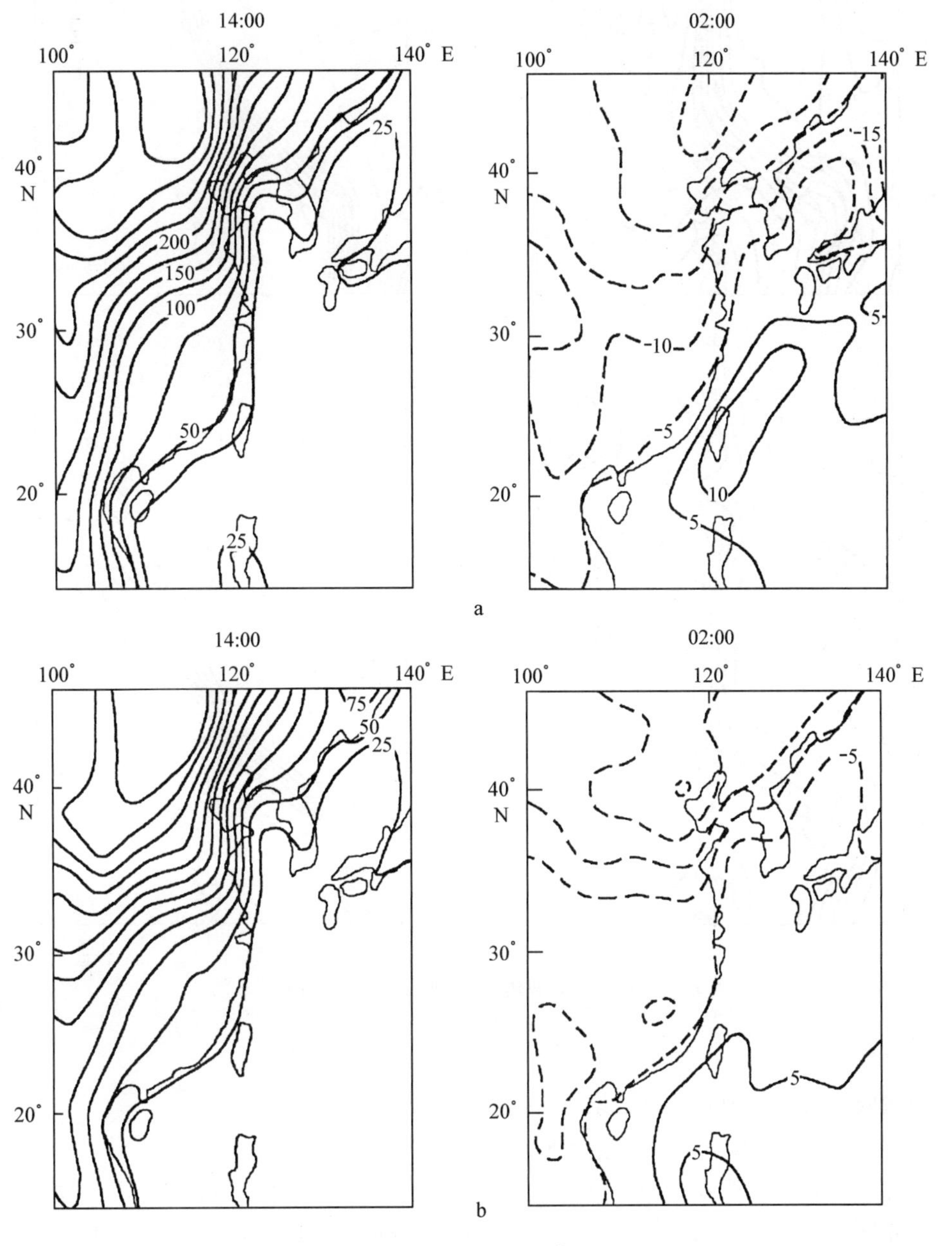

图 5　月平均海面感热通量(W/m^2)分布(1999 年)

a. 5 月, b. 6 月

中国东部海域 5 月和 6 月海面潜热月平均通量明显大于感热通量(见图 6)。在东海海域和日本海为 14 时月平均潜热通量低值区,中心区值为 50 W/m^2,越靠近海岸潜热通量越大。在中国东部海域 5 月和 6 月 02 时的月平均潜热通量都比 14 时的小,大部分海域潜热通量值为 30 W/m^2,渤海和黄海海域潜热通量值略小。5 月和 6 月 02 时月平均潜热通量都是远离海岸的值高,靠近海岸的值低。

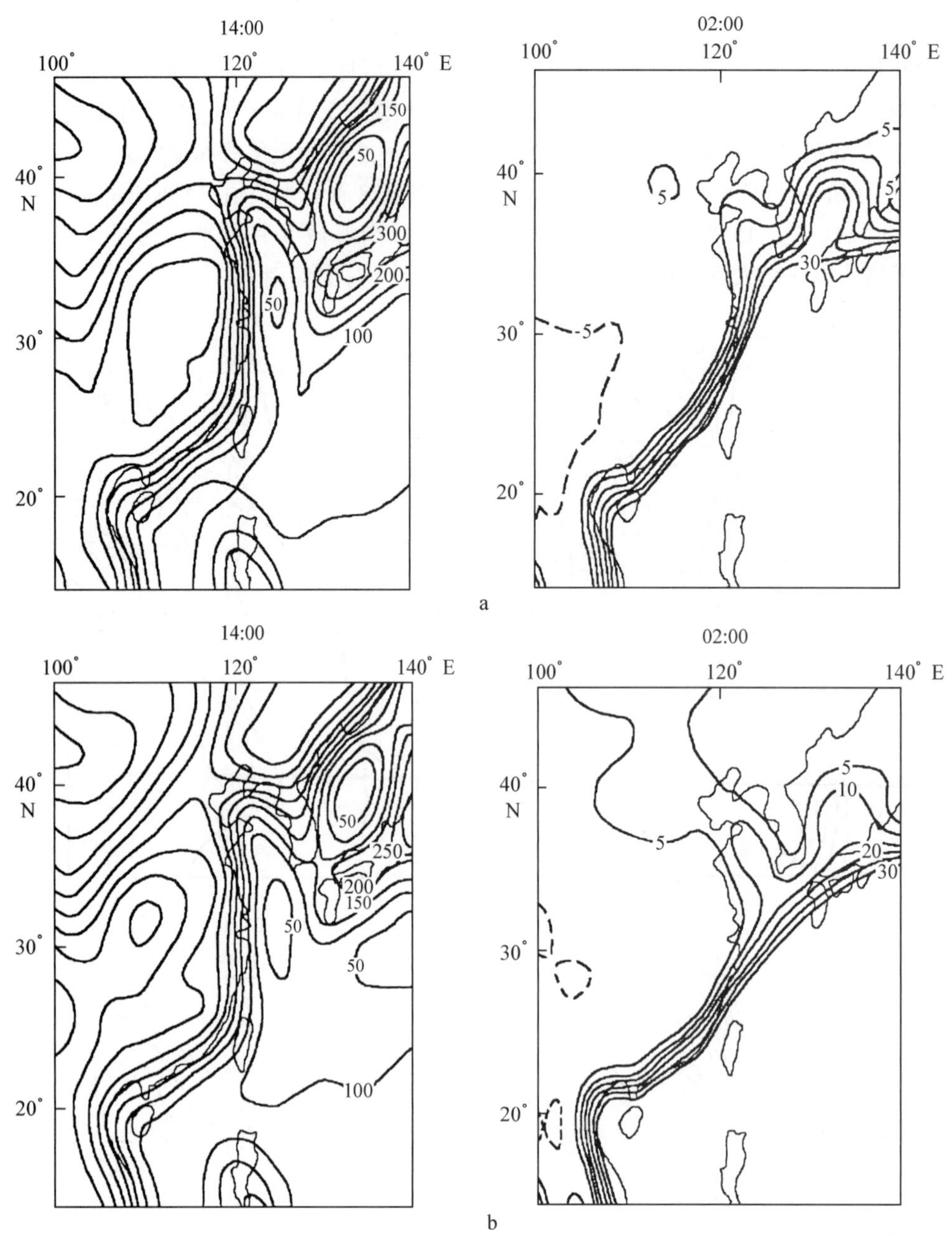

图 6　月平均海面潜热通量(W/m²)分布(1999 年)

a. 5 月, b. 6 月

根据以上能量收支各项的模式计算结果,可以由下式计算净通量 N_{sfc}

$$N_{\mathrm{sfc}} = S_{\mathrm{wg}} - L_{\mathrm{wg}} - H_{\mathrm{e}} - H_{q},$$

式中,S_{wg}为海面短波净辐射通量;L_{wg}为海面长波净辐射通量;H_{e} 和 H_{q} 为海面感热通量和潜热通量。图 7 是月平均净通量分布图。从图 7 可以看到,我国近海海域 5 月和 6 月白天(14 时)月平均净通量 N_{sfc}值都为正值,而且其值随离海岸距离增加而增大。夜间(02 时)大部分近海海域净通量 N_{sfc}为负值,其值随离海岸距离增加而减小。这说明,我国近海海域于 5 月和 6 月白天海面接受大量太阳辐射,除长波辐射、感热通量和潜热通量消耗外,还有相当多的能量输送到海洋深处。夜间则相反,由于提供能量通过长波辐射,感热通量和潜热通量输送给大气。但夜间从海洋输送给大气的能量远小于白天海洋接受的能量,这表明在 5 月和 6 月总体来看我国近海海域海洋可积累相当多的能量。

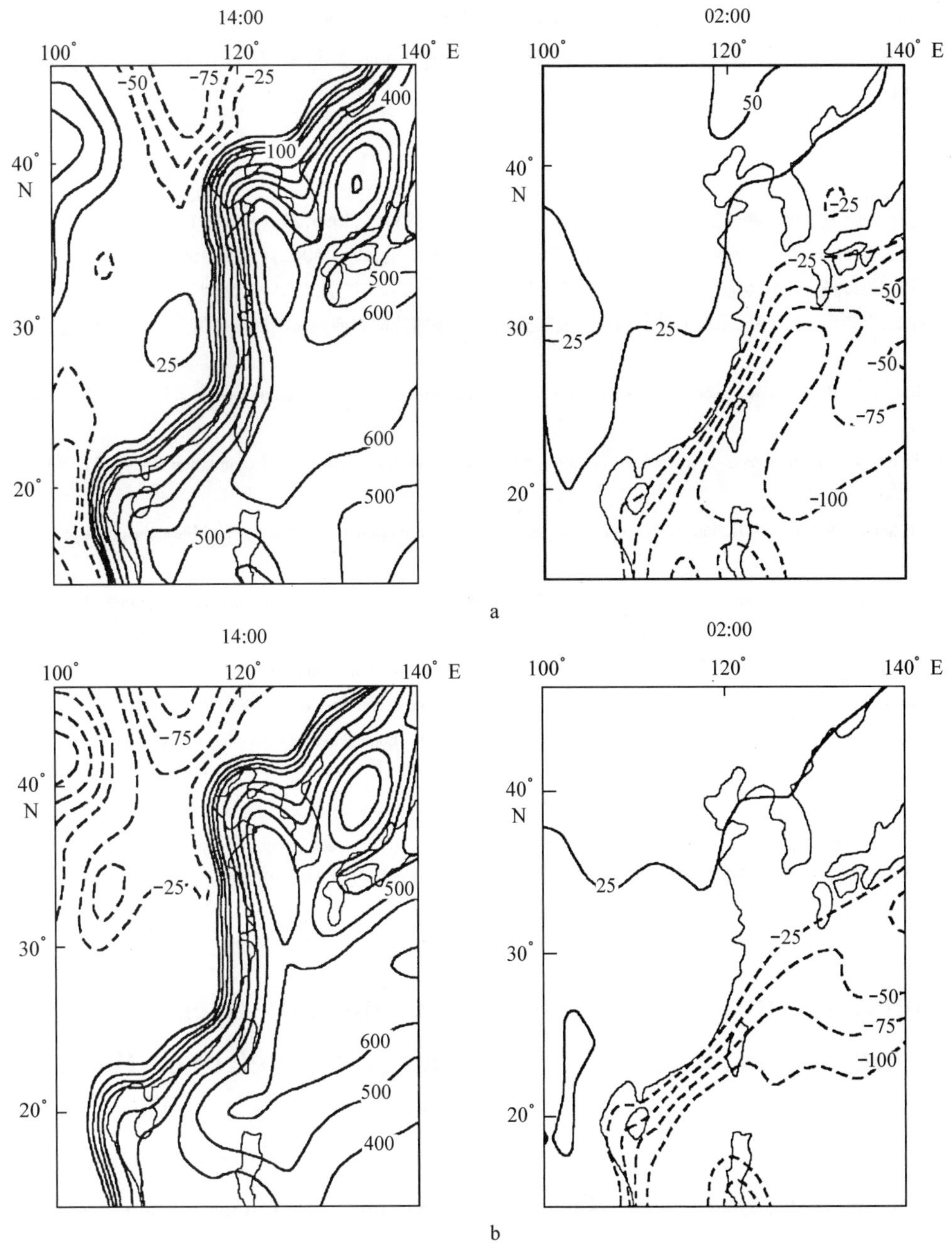

图 7　月平均净通量 N_{sfc}值（W/m^2）分布（1999 年）

a. 5 月，b. 6 月

4　结论

由于海上资料的不足，我们利用 Goddard 的地球观测系统（GEOS）资料四维同化系统（DAS）对 1999 年 5 月和 6 月中国东部海域 10 m 高度上温度、湿度和风速以及海面能量收支各项进行了数值模拟。在此基础上分析了我国近海海域 5 月和 6 月白天（14 时）和夜间（02 时）月平均温度、湿度和风矢量分布以及海面能量收支各项的分布。

从月平均气象要素场分布来看，在黄海、东海海域近海面大气层于 5 月和 6 月无论白天（14 时）和夜间（02 时）都有来自南方海域暖湿空气的平流输送，6 月的这类平流输送比 5 月的更强。此外，5 月和 6 月在低层大气进入华南、华东地区的暖湿空气主要来自南海海域。

我国近海海域5月和6月白天(14时)海面净通量从海面向海洋深处输送,夜间(02时)则反之,但夜间海洋向大气输送的能量远小于白天海洋接受的能量。这表明在5月和6月总体来看,我国近海海域海洋可积累相当多能量。

参考文献:

[1] 吕筱英,孙淑清.气旋爆发性发展过程的动力特征及能量学研究[J].大气科学,1996,20(1):90-100.

[2] 仪清菊,丁一汇.东海地区温带气旋爆发性发展的动力学分析[J].气象学报,1992,50(2):152-166.

[3] 徐祥德,丁一汇,解以扬,等.不同垂直加热率对爆发性气旋发展的影响[J].气象学报. 1996,54(1):102-107.

[4] 钱粉兰,周明煜,李诗明,等.黄海、东海海域出海气旋发展过程的气象场特征和通热量的观测研究[J]. 海洋学报,2002, 24(增刊1):77-83.

[5] Kalanay E, Balgovind R, Chao W. Documentation of the CLAS fourth order general circulation model[Z]. NASA Technical Memoyandum TM-86064, 1983.

[6] Chou M D, Suarez M. An efficient thermal infrared radiation parameterization for use in general circulation model[Z]. NASA Technical Memorandum 104606, Vol.3,1994:84.

[7] Chou M D, Ridgwway W, Yan M H. Parameterizations for water vapor IR radiation transfer in the middle atmosphere[J]. J Atmos Sci, 1995, 52(8): 1159-1167.

[8] Helfand H M, Labraga J C. Design of a nonsingular level 2.5 second-order closure model for the prediction of atmospheric turbulence[J]. J Atmos Sci, 1988,45:113-132.

[9] Larje W G, Pond S. Open ocean momentum flux measurements in moderate to strong winds[J]. J Phys Oceanogr, 1981, 11: 324-336.

[10] Kondo J. Air-sea bulk transfer coefficients in diabatic conditions[J]. Bound Layer Meteoro, 1975, 9: 91-112.

[11] Yamada T. A numerical experiment on pollutant dispersion in a horizontally homogeneous atmospheric boundary layer[J]. Atmos Environ, 11: 1015-1024.

[12] Mellor G, Yamada T. A heirachy of turbulence closure models for planetary boundary layers[J]. J Atmos Sci, 1974, 31: 1791-1806.

[13] 李诗明,周明煜,吕乃平,等. 50°以南海域的感热潜热通量的模式计算[J].地球物理学报,1997, 40(4):460-466.

[14] 周明煜,钱粉兰.中国近海及其邻近海域海气热通量的模式计算[J]. 海洋学报,1998, 20(6):21-30.

Numerical simulation study on the monthly average of wind, temperature, humidity and energy budget over the East China Sea area in May and June, 1999

Zhou Mingyu[1], Qian Fenlan[1], Chen Zhi[1], Li Shiming[1], Su Lirong[1], Yuan Yaochu[2,3]

(1. *National Research Center for Marine Environmental Forecasts*, *Beijing* 100081, *China*; 2. *Second Institute of Oceanography*, *State Oceanic Administration*, *Hangzhou* 310012, *China*; 3. *Key Lab of Ocean Dynamic Processes and Satellite Oceanagraphy*, *State Oceanic Administration*, *Hangzhou* 310012, *China*)

Abstract: The data assimilation system (DAS) for the Geostationary Operational Environmental Satellite (GOES) of the Goddard Space Flight Center of NASA is used to simulate the monthly average of the wind, temperature, humidity and energy budget over the near China sea area in May and June, 1999. According to the simulating results, the distribution of the monthly average of the temperature, the humidity and wind fields are analyzed. The results show that over the Huanghai Sea and the East China Sea area there is warm and humid air advection from south sea area in the near surface atmosphere in both day and night in May and June. The advection in June is more than that in May. The results of the energy budget show that in May and June the sea surface net flux is transferred from the sea surface to the deep ocean during daytime, and transferred from the sea surface to the atmosphere during night.

Key words: near China sea area; energy budget; numerical simulation

刊于:地球物理学报,2003,46(2):175-178.

黄海、东海海域出海气旋发展过程中尺度数值模拟

周明煜[1],Hsiaoming Hsu[2],袁耀初[3]

(1. 国家海洋环境预报中心,北京 100081;2. National Center for Atmospheric Research, Boulder, CO 80307, U.S.A.;3. 国家海洋局 第二海洋研究所,浙江 杭州 310012)

摘要:利用 MM5 中尺度模式对 1999 年 6 月两个出海气旋发展过程进行数值模拟。数值模拟的气旋出海后移动路径与实际情况基本一致。在数值模拟基础上重点讨论了出海气旋发展过程潜热通量和感热通量的分布及其演变情况。气旋出海后在气旋中心区南方和东方存在负潜热通量和感热通量区。出海气旋的东移和发展,其前方强大正热通量区的存在可能是重要原因之一。

关键词:数值模拟;出海气旋;潜热通量;感热通量;黄海、东海海域

中国分类号:P404

1 引言

从中国大陆东移入海的气旋由于海气相互作用往往很快发展,有的可成为爆发性气旋。气旋出海后爆发性发展过程对海上生产和交通运输带来极大危害,它是重要的海洋灾害天气过程之一。这种爆发性气旋主要来自黄海气旋、江淮气旋和东海气旋,其中江淮气旋最多,以 5—6 月发生的频率最高[1]。至今对气旋出海后发展的物理过程还不十分清楚。国外学者在这方面的研究主要在大西洋,对太平洋海域的研究极少,国内学者对中国近海爆发性气旋有过一些研究[2-6],但主要集中在统计学分析和动力学诊断分析等方面。

为了更好地了解出海气旋发展的海气相互作用过程,1996 年 6 月在黄、东海海域进行了入海气旋发展过程的海洋大气同步观测。从观测资料的分析得到一些有意义的结果,例如,在出海气旋发展过程出现海面负的感热通量和潜热通量[7]。由于海上观测为船舶走航观测,在观测时间和海域有一定的局限性。为了克服这些局限性,本文对 1999 年 6 月海上调查时期两个出海气旋发展个例进行中尺度数值模拟,以对出海气旋发展过程有更全面的了解。

2 数值试验设计

本文中所用的数值模拟是非静力美国宾夕法尼亚州立大学国家大气研究中心的 MM5 中尺度模式。一个简单的显示云微物理处理方法和具有长波和短波辐射与云、降水和地面相互作用的辐射方案被选用于模式中。近来已将国家环境预报中心(NCEP, National Center for Environmental Prediction)中期预报模式中的行星边界层参数化方法用于中尺度模式。

基金项目:国家自然科学重点基金项目(49736200)。

作者简介:周明煜,男,研究员。专长于大气边界层物理和海气相互作用的研究。E-mail: mingyuzhou@yahoo.com

所有的模拟是在一个水平三重套网格中完成。它们的外、中和内区域的水平格距分别为 81,27 和 9 km,格点分别为 91×91,121×121 和 175×175。在套网格上模拟时是相互作用的。垂直方向具有 35 个计算层,模式顶层位于 35 hPa 以上。

实施 MM5 时所需的三维场首先从全球同化资料(2.5°分辨率)内插,然后应用有效的探空和地面观测资料通过 MM5 预处理器进行提升。背景海面温度是从 NCEP 全球 2.5°×2.5°同化分析(全球资料同化系统 GDAS,Global Data Assimilation System)中获得。模拟设计的指导性原则是从计算区域以外获得尽可能多的天气信息并在计算区域内进行中尺度数值模拟。

3　数值模拟结果

1999 年 6 月 10—11 日有一气旋在长江下游形成,从长江口附近出海,出海后东移发展[7]。模式计算结果表明,1999 年 6 月 10 日 08:00(北京时,下同)在江苏、浙江一带有一气旋形成,在日本西南海域有一范围很大的正潜热通量(Q)区,中心区的 Q 值可达 240 W/m^2。在黄海、东海海域潜热通量都很小。感热通量分布大致与潜热通量类似,但其值明显低于潜热通量。6 月 10 日 14:00 气旋出海,在长江口以东海域可看到气旋性环境(见图 1a),气旋中心海面风速有所增大。在气旋中心附近海域出现负潜热通量区,中心区的值略低于-30 W/m^2。该区的感热通量也为负值,但非常微弱(感热通量图略,下同)。在日本西南海域仍为正潜热通量区,其范围比 08:00 时有所扩大,强度有所加强,中心区的值可达 260 W/m^2 以上。日本西南海域正感热通量区分布与潜热通量相似,感热通量中心区的值约 30 W/m^2,比潜热通量小一个量级。6 月 10 日 20:00 时气旋继续东移(见图 1b),气旋中心位于 30°N,124°E 附近,气旋范围有所扩大。在气旋中心区存在负潜热通量区,在气旋中心东南和西南方各有一负潜热通量中心,西南方中心负潜热通量更低,其值可达-50 W/m^2,东南方中心潜热通量为-30 W/m^2。负感热通量区位于气旋中心南方,其中心区值约-50 W/m^2。在浙江以东海域感热通量也为负值,其值约-60 W/m^2。在日本西南海域正潜热通量区与14:00 时相比其范围更向西北方向伸展,中心区的潜热通量值可达 300 W/m^2 以上。该区域的感热通量区也有类似的变化,中心区的值可达 80 W/m^2 以上。此后气旋继续东移,6 月 11 日 02:00 时气旋中心到达 30°N,125°E。在气旋中心西南方仍有负潜热通量区,但强度有所减弱,中心区的值为-15 W/m^2 左右。负感热通量区也位于气旋中心西南,其中心区值约-30 W/m^2。在日本西南海域仍为正潜热通量,其强度还在加强,中心区的值可达 360 W/m^2(图略)。该区域的感热通量也有所加强,其中心区值达 130 W/m^2 以上。6 月 11 日 08:00 气旋中心已移到 29°N,130°E(见图 1c)。此时该气旋中心附近的负潜热通量区已消失。日本西南海域正潜热通量区有所东移,中心区的值为 240 W/m^2,与 20:00 时相比明显下降。该区域的感热通量没有减弱,还略有增强,中心区的值可达 180 W/m^2 以上。此后该气旋,移出该研究区域。

数值模拟上述出海气旋移动路径与实际情况基本符合。6 月 10 日 14:00 至 6 月 11 日 02:00 调查船曾穿越该气旋,在此期间观测到负的感热通量和潜热通量,其值接近 30 W/m^2。6 月 11 日 08:00 以后调查船位于气旋中心区以外海域曾观测到较强的潜热通量(达 100 W/m^2)。这可定性地验证数值模拟结果的可靠性。

1999 年 6 月 16—17 日又有一气旋出海发展的例子。对这个例子模拟结果表明,6 月 16 日 02:00 时有一气旋从山东一带开始出海(见图 1d)。在山东以东海域直到长江口以东海域为一范围很大的负潜热通量区,具有两个负值中心,其中之一位于山东以东海域,中心区潜热通量约为-50 W/m^2,另一中心位于长江口以东海域,中心区潜热通量低于-30 W/m^2,黄、东海其余海域为较弱的正潜热通量区,其值为 10~40 W/m^2。日本西南海域也为正潜热通量区,其中心区值为 80 W/m^2 左右。气旋出海后不断发展,6 月 17 日 02:00 气旋中心移至 34°N,123°E(见图 1e),黄、东海海域风速明显增大。在气旋中心南方、东南方和东方为一大范围的负潜热通量区,具有若干个负值中心,中心区的潜热通量值一般为-40 W/m^2 或-50 W/m^2 左右,黄海其余海域和日本西南海域为正潜热通量区,其较大范围高值区通量值为 80 W/m^2 左右。6 月 17 日 08:00 气旋已于韩国西南部登陆(见图 1f)。此时,在韩国和日本之间海域有一负潜热通量区,其中心区值为 48 W/m^2,

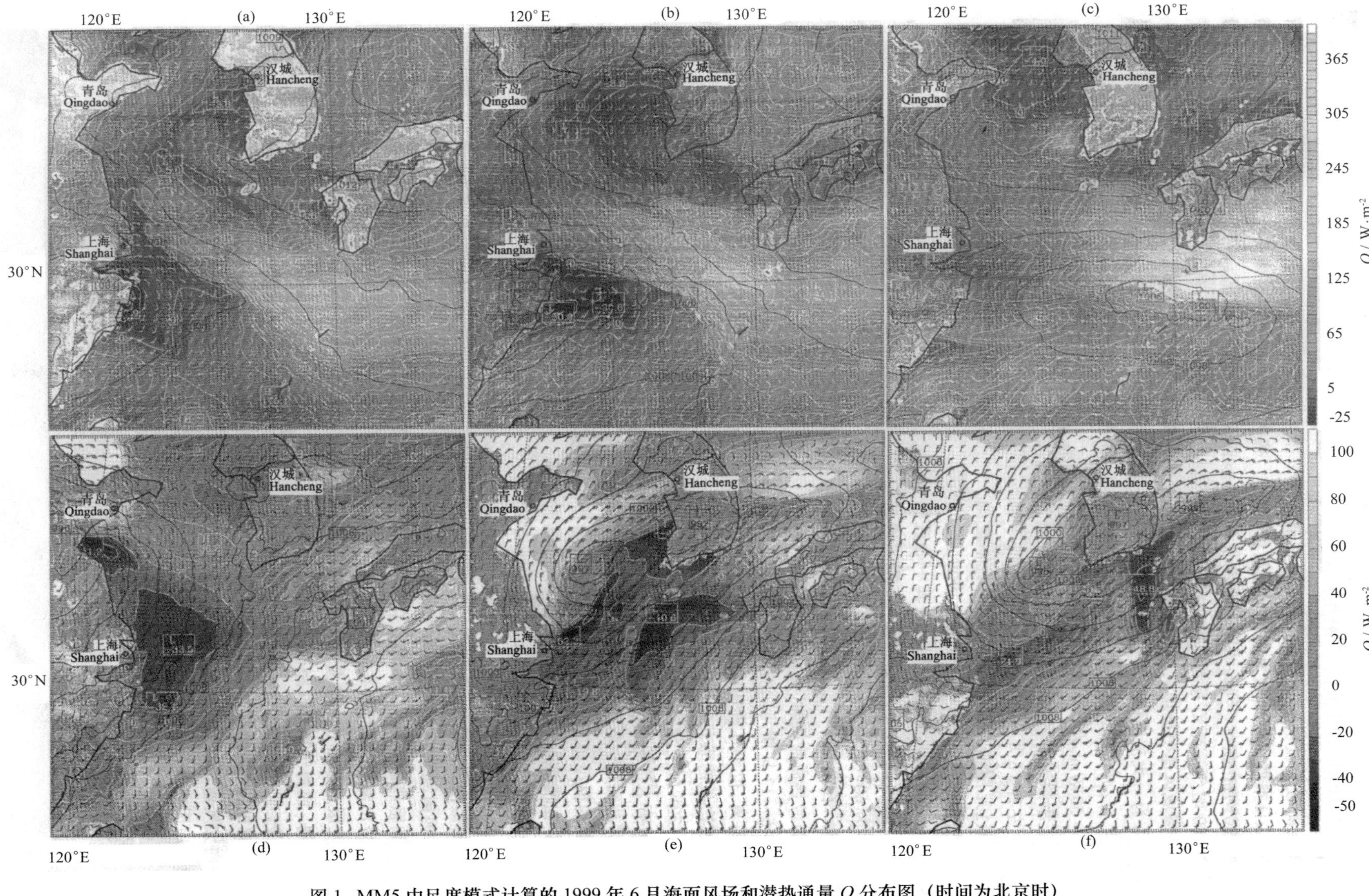

图 1　MM5 中尺度模式计算的 1999 年 6 月海面风场和潜热通量 Q 分布图（时间为北京时）

（黑色曲线为气压等值线，白色曲线为潜热通量 Q 等值线，箭头为风矢量。a.1999-06-10-14:00；b.1999-06-10-20:00;c.1999-06-11-08:00;d.1999-06-16-02:00;
e.1999-06-17-02:00;f.1999-06-17-08:00.

Fig.1 Sea surface wind field and distribution of latent heal fux calculated by MMS meso-scale model(Black curve-ressure contour,white-latent beat flux,arrow-wind vectar)

在长江口以东海域为一弱负潜热通量区,其中心区值为-22 W/m^2。数值试验区内其他海域为正潜热通量区,其值大都为60~80 W/m^2,此后该气旋越过韩国向东北方移动。在此出海气旋发展过程中感热通量的分布大致与潜热通量相似,但其值低于潜热通量。

在6月16—17日期间调查船调查海域离气旋中心有一定距离,位于气旋中心的东南方向。观测资料显示了5次负的感热通量和潜热通量,其值一般在-20~-30 W/m^2。这与数值模拟结果显示气旋南方和东南方有大范围负潜热通量是一致的。数值模拟的气旋移动路径也与实际情况基本一致。综合以上两个实例的模拟结果可以发现,在气旋出海发展过程中都存在潜热通量和感热通量负值区,其值一般为负几十瓦每平方米。这两个气旋出海后移动方向不同。6月10—11日个例,气旋从长江口附近出海,出海后向东略偏南方向移动,在气旋出海后移动方向前方,日本西南海域存在一范围和强度都很大的正潜热通量和感热通量区。6月16—17日个例,气旋从山东一带出海,出海后向东偏北方向移动。此气旋在海上发展过程中正热通量区较弱,其值明显低于前一个例。出海气旋东移路径一般与上层大气背景形势有关。但6月10—11日个例出海气旋向东略偏南方向移动,在其移动方向前方强大的热通量区从海洋向大气输送大量的热量和水汽可能是使其东移的重要原因之一。

4 结论

应用MM5中尺度模式成功地模拟了1999年6月两个出海气旋发展过程,重点讨论了出海气旋发展过程潜热通量和感热通量的分布及其演变情况。在这两个出海气旋发展过程中热通量分布和强度有很大差异。在气旋出海后,气旋中心区存在负的潜热通量和感热通量区。6月10—11日期间气旋出海发展过程在日本西南存在一强大的正热通量区。在出海气旋移动过程中除了上层大气背景形势外,在气旋移动前方强大的正热通量区,从海洋向大气大量输送热量和水汽可能对气旋东移产生重要作用。

参考文献:

[1] 史树森. 我国沿海气旋大风天气气候分析[J]. 气象,1990,13(11):33-38.
Shi Shusen.Climatic analysis of cyclone strong wind weather in coastal area of China[J]. Meteorology,1990,13(11):33-38.

[2] 谢柳森,王彬华,左中道. 黑潮加热场对气旋发展影响的动力分析[J]. 海洋学报,1985,7(2):154-164.
Xie Liusen,Wang Binhua,Zuo Zhongdao.Dynamic analysis of effect of Kurosio heating field on cyclone development[J]. Acta Oceanologica Sinica,1985,7(2):154-164.

[3] 杜俊,余志豪. 中国东部一次入海气旋的次级环流分析[J]. 海洋学报,1991,13(1):43-50.
Du Jun,Yu Zhihao. Secondary circulation analysis of a cyclone going to sea in Eastern China[J]. Acta Oceanologica Sinica,1991,13(1):43-50.

[4] 仪清菊,丁一汇. 东海地区温带气旋爆发性发展的动力学分析[J]. 气象学报,1992,50(2):152-166.
Yi Qingju,Ding Yihui. Dynamic analysis of explosive development of the temperate zone cyclone in East China Sea[J]. Acta Meteorologica Sinica,1992,50(2):152-166.

[5] 吕筱英,孙淑清. 气旋爆发性发展过程的动力特征和能量学研究[J]. 大气科学,1996,20(1):90-100.
Lu Xiaoying,Sun Shuqing.The study on dynamic characteristics and energy analysis of cyclone explosive developing process[J]. Acta Atmosherica Sinica,1996,20(1):90-100.

[6] 徐祥德,丁一汇,谢以扬,等. 不同垂直加热率对爆发性气旋发展的影响[J]. 气象学报,1996,54(1):102-107.
Xu Xiangde,Ding Yihui,Xie Yiyang,et al.The influence of different vertical heating rate on cyclone explosive development[J]. Acta Meteorologica Sinica,1996,54(1):102-107.

[7] 钱粉兰,周明煜,李诗明,等. 黄海、东海海域出海气旋发展过程的气象场特征和热通量的观测研究[J]. 海洋学报,2002,24(增刊1):77-83.
Qian Fenlan,Zhou Mingyu,Li Shiming,et al. Observational study on the meteonological characteristics of the cyclone developing process over Huanghai Sea and the East China SEa area[J]. Acta Oceanologica Sinica,2002,24(Suppl.1):77-83.

Meso-scale numerical simulation in developing preocess of cyclone moved to sea in Yellow Sea and East China Sea

Zhou Mingyu[1], Hsiaoming Hsu[2], Yuan Yaochu[3]

(1. *National Center for Marine Environmental Forecost, Beijing* 100081, *China*; 2. *National Center for Atmospheric Research, Boulder, CO* 80307, *U. S. A*; 3. *Second Institute of Oceanography, State Oceanic Administration, Hangzhou* 310012, *China*)

Abstract: A numerical simulation was made for developing processes of two cyclones going to sea in June 1999 by using the MM5 meso-model. The calculated moving paths of the cyclones over ocean area is consistent with the observations. The distribution and variation of latent and sensible heat fluxes of the cyclones were discussed based on the numerical simulation. There were negative latent and sensible heat fluxes in south and east of the cyclone central area after it moved to ocean. A strong positive heat flux area in the front of cyclone maybe one of important reasons for eastward movement and development of cyclone going to sea.

Key words: numerical simulation; cyclone going to sea; latent heat flux; sensible heat flux; Yellow Sea and East China Sea

第三部分　评述性论文

刊于:黑潮调查研究综合报告.北京:海洋出版社,1995:17-22.

东海黑潮海流结构及其变异

袁耀初[1],孙湘平[2]

(1. 国家海洋局 第二海洋研究所,浙江 杭州 310012;2. 国家海洋局 第一海洋研究所,山东 青岛 266061)

1 锚系浮标实测流的分析

1.1 东海东北部的海流

以1986—1988年为例,3年来5个航次共回收浮标9套,获得27个6~30天长度不等的海流资料序列。主要结果如下:

在东海东北部陆架区,暖半年有一支沿着200 m等深线北上的海流。上层(90 m以浅)的余流较为稳定,流向基本沿等深线方向;底层余流比较复杂,流向多变。有些测站,如30°00′N,128°00′E附近(1986年6月),其底层余流与上层余流方向相反。从季节变化来看,春季的余流最为稳定,夏季次之,冬季变化较大,秋季因无资料,不予讨论。东海东北部陆架海区,以半日潮流为主导,海流具有明显的顺时针旋转的特性。

无论是海流或温、盐度,均有10天的显著变化周期;余流互相关分析得到20天变化周期。因此,该海区的海流,具有10~20天的变化周期。若采用最大熵谱法作谱分析,选用30天的资料序列,得到25.6天较长的变动周期。

1.2 东海南部的海流

自1984年至1990年,在该海区布设多个锚碇测流浮标站,回收浮标10套。其中最长资料天数为20.6天(1990年10—11月)。此外,还进行了GEK表层流观测和多普勒测流等。主要结果如下。

黑潮流轴附近的锚碇测流结果表明,表层与次表层,流向(东北向)比较稳定;但流速变动较大。而底层存在着逆流。在其他航次的海流观测中,也证实了在黑潮主干区存在着与黑潮上、中层流向相反的黑潮深层逆流。

从Aanderaa海流计获得的海流、温度与盐度资料可知,黑潮不仅是一支强大的西边界流,而且还存在横向摆动,其摆动的平均速度,估算为10 cm/s左右。该海区的海流与水温资料分析表明,其海况变动有2~9天的长周期变化。除钓鱼岛周围海域外,GEK测得的结果,在东海南部大多数情况下,基本沿23.00等σ_t面上等深度分布趋势流动。1988年春、秋季,用多普勒测流结果证实,在75 m以浅的水层中,冷、暖涡的分布与等密度面所分析的结果基本吻合。可见,用等σ_t面的深度分布,来分析海流与冷、暖涡的分布趋势,仍有一定的意义。

2 东海黑潮流速分布与结构

我们用3个典型断面来阐明合作调查期间,东海黑潮的流速分布及其特性。这3个断面是:S_2或IS(位于台湾东北，东海黑潮入口处，南段），PN（东海黑潮中段）和 TK（位于吐噶喇海峡，东海黑潮出口处，北段）。

黑潮在台湾东北进入东海时，流速较为复杂，主流进入 150～1 000 m 等深线陆坡带，方向东北。在主流右侧有一个反气旋式涡。在它右侧深槽上，有时也有一支向东北方向的海流，此时，中间伴有一个气旋式涡。在海区中部，黑潮流轴也基本上在陆坡上；在 27°～28°N 附近，台湾暖流外侧分支在此陆坡带与黑潮汇合，其中陆架部分海流继续向东北方向流动，成为对马暖流的"源"；而绝大部分海流在 29°45′N 附近，作反气旋偏转，通过吐噶喇海峡向日本以南海域流去。多种计算结果表明，黑潮表层最大流速出现在坡度较大处，随深度增加，黑潮最大流速出现的位置，随着东移。模式计算表明，垂向的速度度变化范围为 10^{-4}～10^{-2} cm/s 量级，最大值出现在陆坡处。在东海陆架陡坡处，底部地转流速度不能忽略。

台湾东北 S_2（或 IS）断面的流速分布，随季节和年际差异都很大，通常该断面流速分布呈单核结构，但个别季节，如 1989 年秋季航次都出现双核。流速以夏季强，秋季弱为特点。在所有航次中，该断面上最大流速值 v_{max} 都小于 PN 断面上的 v_{max}。大部分航次，该断面上 v_{max} 都小于 100 cm/s。唯有 1989 年夏季航次，v_{max} = 113 cm/s。所有航次，该断面的深层都出现逆流现象。

在 PN 断面，多数航次的调查结果表明，该断面的流速结构有时为双核，有时为单核，双核的居多。如 1988 年冬、春、夏、秋季 4 个航次，除冬季航次的流速结构为单核外，其他 3 个航次是两个流核。从流核的位置来看，冬季的核心距陆架最近，春季的流核离陆架最远。反映冬季东海黑潮入侵陆架较强。流速以春、冬季最强，秋季为最弱。与 S_2（或 IS）断面相比较，PN 断面上的流速较大，其中一个原因是与 PN 断面上地形变浅有关。该断面上的最大流速（v_{max}），都大于 100 cm/s。例如，1988 年冬、春、夏、秋四季的 v_{max} 分别为 151 cm/s，159 cm/s，129 cm/s 和 120 cm/s（图 1）。而在所有航次中，PN 断面底层都出现程度不同的逆流。在 PN 断面东侧，几乎所有航次都出现大小不同的南向流——逆流。

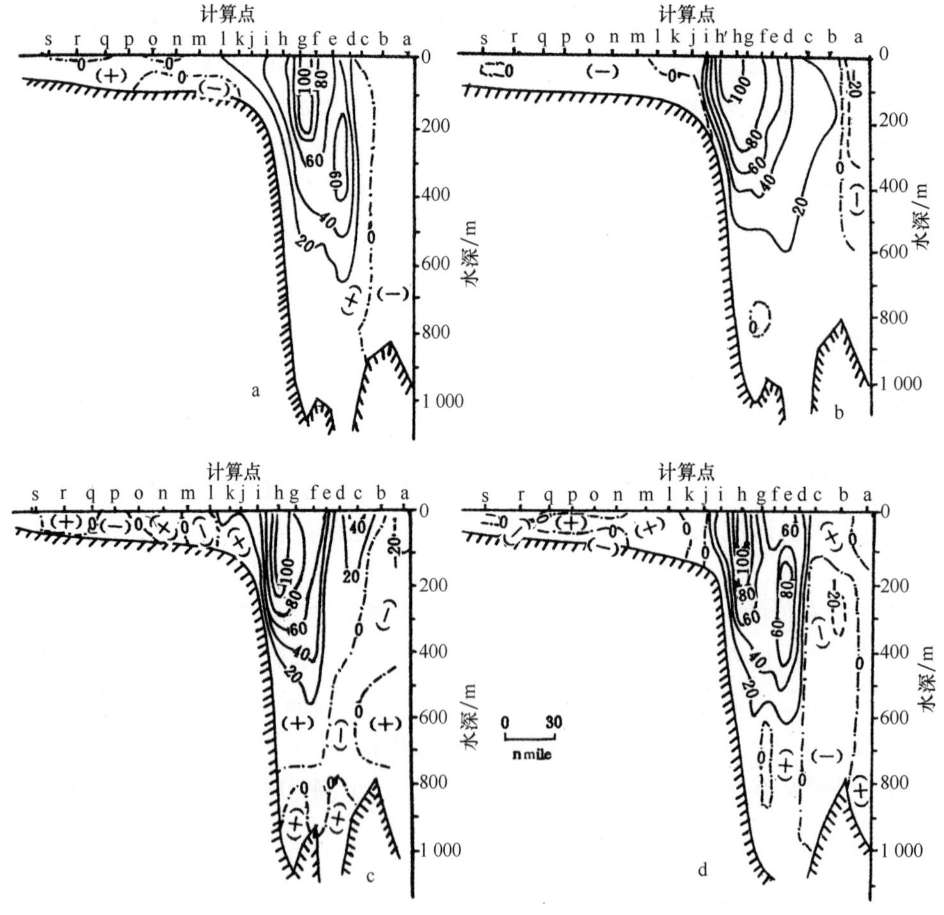

图 1　1988 年东海黑潮 PN 断面的流速分布

a. 冬季；b. 春季；c. 夏季；d. 秋季

TK 断面的流速结构，与 S_2 及 PN 断面有所不同，这里的流速呈现为多核结构。如 1988 年冬、春、夏 3 个航次，出现两个流核，而秋季航次还出现 3 个流核（图 2）。TK 断面上最大流速（v_{max}），在 1988 年冬、春、夏、秋四季分别为 85 cm/s，83 cm/s，156 cm/s 与 105 cm/s。所有航次在 TK 断面上都出现西向逆流。各航次的逆流位置也不相同。如 1988 年，除 4 个航次在深槽都出现逆流外，冬季与春季，在该断面西南部还存在逆流，夏季在断面北部也存在逆流。秋季，在该断面西南部与北部均存在着逆流。

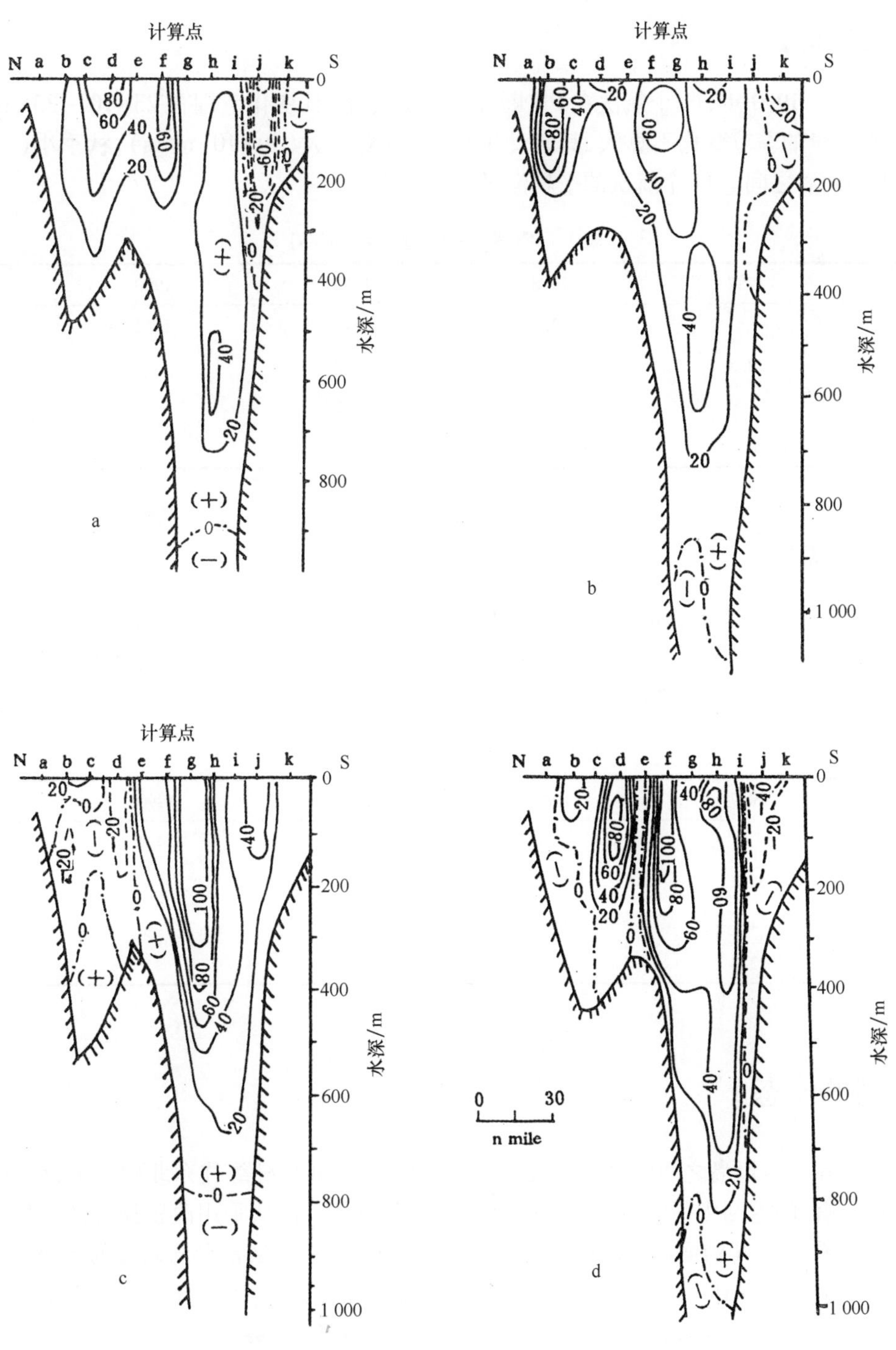

图 2　1988 年吐噶喇海峡 TK 断面的流速分布

a. 1 月；b. 4 月；c. 7 月；d. 10 月

3　东海黑潮流量及其变化

以下所说的流量，指整个断面的净流量，即黑潮、逆流和深层逆流三者之和，后二者一般甚小。所有计算皆采用逆方法。

3.1　PN 断面的流量

表 1 列出 1987—1990 年，11 个航次在 PN 断面上流量变化，其变化范围在 $23\times10^6\sim33\times10^6$ m^3/s 之间。可见该断面黑潮流量的季节变化不算大，其统计平均趋势：夏季大（30×10^6 m^3/s），秋季小（27×10^6 m^3/s），冬、春季介于上述两者之间。11 个航次的平均流量为 28×10^6 m^3/s。

表 1　PN 断面的流量（10^6 m^3/s）

航次	1987	1988	1989	1990	平均
1 月		32.0	28.5	25.2	28.6
4 月	32.5	28.4	24.2		28.4
7 月		28.5	31.2		29.9
10 月	26.0	29.3	25.5		26.9

3.2　TK 断面的流量

表 2 列出 9 个航次在 TK 断面的黑潮流量。其变化范围为 $22\times10^6\sim35\times10^6$ m^3/s 之间。像 PN 断面一样，TK 断面上流量的季节变化也不太明显。平均而言，春季流量最大，秋季次之，其他两季彼此接近。9 个航次 TK 断面的平均流量为 26×10^6 m^3/s。

表 2　TK 断面的流量（10^6 m^3/s）

航次	1987	1988	1989	1990	平均
1 月		22.0	30.8	24.4	25.7
4 月	35.1	24.8			30.0
7 月		26.4	22.5		24.5
10 月	23.3	26.4			24.9

4　东海黑潮的流态

黑潮从台湾东岸—石垣岛之间的水道进入东海，然后沿东海陆架外缘往东北向北上，约在 30°N 附近转向东流，通过吐噶喇海峡返回太平洋。这是一般公认的黑潮路径。但从采用改正逆方法，对 1987 年春季航次的资料计算结果看，在 PN 断面以南海域的流量来自两个方面：一是来自台湾东北的 S_2 断面的黑潮，流量仅约 16×10^6 m^3/s；其余 12×10^6 m^3/s 的流量，则来自冲永良部岛与宫古岛之间海域。由于冲永良部岛与宫古岛之间无调查资料，不能肯定此流量以集中的海流形式进入东海。1988 年春季航次也有类似情况。这表明，黑潮从源地北上经台湾东岸时，并非全部通过台湾与那国岛之间的水道进入东海，而有一部分海水沿西表岛、石垣岛和宫古岛东南侧北上，在宫古岛与冲绳岛之间再进入东海。此外，琉球群岛两侧的水交换，有的航次较大（如 1989 年秋季航次），有的航次较小（如 1988 年冬季航次等）。

相对讲，东海黑潮路径比较稳定，如日本以南海域的黑潮大弯曲现象在东海不存在。但东海黑潮路径的东西向摆动仍十分明显。这种流轴摆动还存在着显著的周期，用最大熵谱分析算出，在奄美大岛和种子岛附近，黑潮流轴摆动的周期为12.3个月和3.3个月。

5 东海黑潮的热通量

以下结果皆由改正逆方法计算所得。

5.1 PN断面的热通量

表3列出了PN断面上10个航次的热通量，其变化范围在$1.7\times10^{15}\sim2.4\times10^{15}$ W之间。与流量变化类似，热通量的季节变化也不甚明显。平均而言，夏季最大，秋季最小，平均热通量为2.1×10^{15} W。从热通量分量来看，所有航次都是正压分量大于斜压分量。

表3 PN断面的热通量(10^{15} W)

航次	1月	4月	7月	10月	平均
1987	—	2.3	—	—	—
1988	2.5	2.1	2.2	2.2	2.3
1989	2.1	1.7	2.4	1.7	2.0
1990	1.7	—	—	—	—
平均	2.1	2.0	2.3	2.0	2.1

5.2 TK断面的热通量

TK断面的热通量变化有些类似于PN断面的热通量变化，季节变化也不太明显。1988年4个航次的热通量变化范围为$1.5\times10^{15}\sim2.1\times10^{15}$ W之间，平均值为1.8×10^{15} W（表4）。其正压分量也大于斜压分量。

表4 TK断面的热通量(10^{15} W)

时间	1月	4月	7月	10月	平均
热通量	1.5	1.7	2.1	1.9	1.8

5.3 海面上的热通量交换

冬季与秋季，所有的航次都是海洋向大气输送热量，其中冬季最大；但夏季却相反，大气向海洋输送热量；至于春季，情况十分复杂，有时海洋向大气输送热量，有时是大气向海洋输送热量。例如，1988年冬、春、秋3季，海洋向大气输送热量率分别为6.28×10^3、0.27×10^3、1.74×10^3 J/(cm^2·d)；而夏季则相反，大气向海洋输送热量率为0.21×10^3 J/(cm^2·d)。

刊于:黑潮调查研究综合报告.北京:海洋出版社,1995:28-31.

琉球群岛以东海域的水文特征与海流

袁耀初[1]

(1. 国家海洋局 第二海洋研究所,浙江 杭州 310012)

琉球群岛以东海域,很少开展过系统的专题调查。因此,对该海域的水文特征以及海流状况了解甚少。在中日黑潮合作调查研究期间,我们在西表岛与石垣岛以东、冲绳岛东南和奄美大岛东南进行了断面观测,并结合日本调查资料一并研究,这里着重叙述冲绳岛东南及奄美大岛以东和东南的水文特征与海流。

1 水文特征

通过几个航次的水文资料分析,看出在琉球海脊两侧,温、盐、溶解氧的垂直分布呈3层结构:(1)高盐、高氧的黑潮上层水,高盐水核心的最高盐度大于34.9,核心深度变化不大,分别位于100~150 m之间。若以34.50等盐线作为它的下界,则厚度约为400 m,在陆架坡折附近厚度变薄。(2)以低盐、低氧为主要特征的黑潮中层水。如取34.50和34.40分别为它的上、下界,那么冲绳海槽中黑潮中层水约处在400~900 m之间,盐度变化在34.31~34.50之间,最低盐度在500~600 m层。在琉球海脊以东,低盐的中层水处于400~1 000 m层,主要特征是具有一个明显的低盐和低溶解氧核,低盐中心在600~700 m,最低盐度值小于34.20(资料中最低值为34.03)。(3)深层水,位于1 000 m以深,盐度随深度增加而增大,温度、溶解氧均随深度增加而减小。

断面图中反映,上层盐度呈舌形,由断面右侧向左推移,34.80等盐线一直可抵达东海陆架坡折附近。但500 m以深,盐度小于34.30的低盐水,却没有越过琉球海脊进入冲绳海槽之中。或者说,海脊以浅,琉球群岛西侧的水文特征比较接近;而海脊以深,却存在着明显的差异。而在前面所叙述的PN断面中层(500~700 m),常出现小于34.30的低盐核,这个低盐核,可能来自冲绳岛东南海域的低盐水团,通过宫古岛—冲绳岛之间水道入侵的结果(图1)。

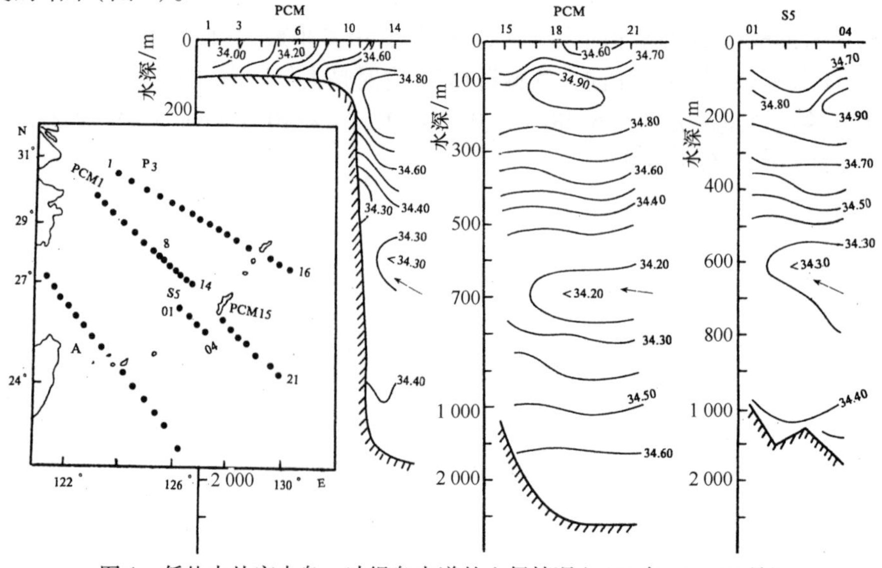

图1 低盐水从宫古岛—冲绳岛水道的入侵情况(1991年10—11月)

奄美大岛东南海域的表层温度状况是：冬季 22～24℃，夏季 28～29℃，并有两个温度变化较大的水层：季节性跃层和主温跃层。冬、夏季的季节性跃层，分别位于 100～150 m 和 50～100 m 之间，主温层位于 400～700 m 之间。跃层深度和强度，没有显著的地理差异，无强流带的水文结构。该海域的表层盐度比较高，约 34.7～34.8。

2　海流结构及其变异

利用 1987—1990 年 7 个航次调查资料，分别采用逆方法与改正逆方法，对琉球群岛以东海流进行了计算。

2.1　流速结构

2.1.1　冲绳岛以东断面的流速分布

在 1987 年秋季航次的 C_2 断面（位于冲绳岛以东）上，北向的流量约为 21×10^6 m^3/s。北向海流速度，在整个水层都不强。表层流速较弱，随深度增加，流速缓慢地增加（图 2）。125～900 m 水层的流速大于 20 cm/s，最大流速 25 cm/s（699 m 处）。深层至 1 500 m 处，流速仍有 7 cm/s，并非很小。其他航次的计算结果，也得出类似的速度分布特性。

2.1.2　奄美大岛以东断面的流速分布

从 1988 年初夏航次调查的 F_8（奄美大岛以东）断面看，北向流明显，通过该断面北向流量为 27×10^6 m^3/s。表层最大流速度为 17.8 cm/s，流速随着深度增强，与冲绳岛以东的断面流速分布趋向一致。流核向东倾斜（图 3），核心位于 400～800 m 水层。最大流速度为 38 cm/s，位于 400 m 水层。深层流速也不小。奄美大岛以东断面其他航次的流速分布也有上述的类似特性。

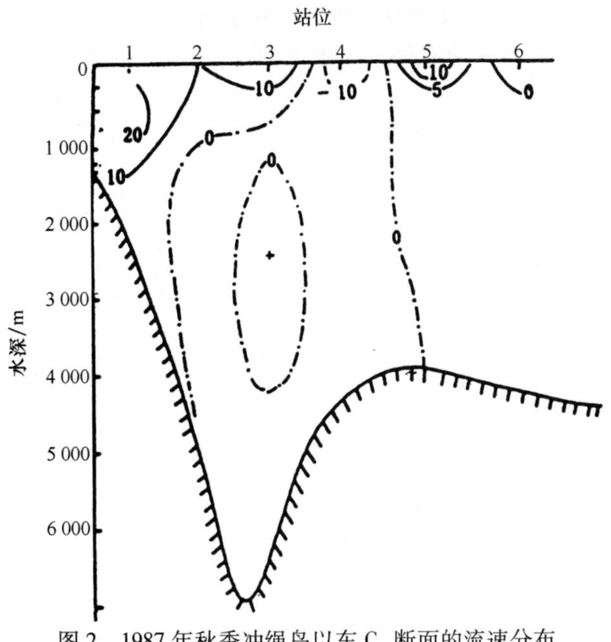

图 2　1987 年秋季冲绳岛以东 C_2 断面的流速分布

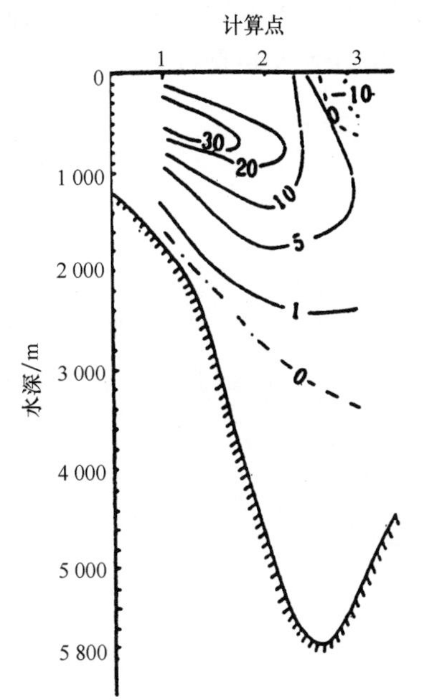

图 3　1988 年初夏航次 F_8 断面的流速分布

2　琉球群岛以东海域的流量与琉球群岛两侧的水交换

表 1 列出 1987—1990 年，7 个航次琉球群岛以东海域的北向流量。其中 NS′为宫古岛东南断面，RK 为冲绳岛以东断面，NS 为 IS 断面的延伸，位于石垣岛以东海域，AE 为奄美大岛以东断面。流量的变化幅度甚

大,其中一部分原因是断面有时过短。此外,在 1990 年 1 月,通过 AE 断面北向流与南向流的流量高达 38.2 $\times10^6$ m^3/s 与 18.8$\times10^6$ m^3/s。这与该断面上一个强的反气旋涡有关。

表 1　通过琉球群岛以东断面的北向流量(10^6 m^3/s)

航次	断面	流量
1987 年 4 月	NS′	22.5
10 月	NS′	21.0
1988 年 4 月	RK	15.0
5—6 月	AE	26.9
1989 年 1 月	NS′	12.8
1989 年 7 月	AE	28.5
1990 年 1 月	AE	38.2
1991 年 10—11 月	RK	14.1

上述琉球群岛以东的西边界流存在无疑,已被实测流资料证实。国家海洋局第二海洋研究所与日本筑波大学、九州大学、鹿儿岛大学合作调查研究时(1991 年 10—11 月),在冲绳岛以东 $P_{cm,1-2}$断面,施放了 3 套锚系浮标,并在 1992 年 9 月顺利回收。观测时间长达 10 个多月。实测流表明,在 OC 站(水深 4 625 m)的 2 000 m 处,流向基本偏北,平均流速大于 5 cm/s,最大流速超过 10 cm/s。研究这支海流对西北太平洋环流意义重大。如 1987 年秋季航次,东海黑潮通过吐噶喇海峡的流量为 21$\times10^6$ m^3/s;而通过九州东南断面,流向日本以南海域的流量为 57$\times10^6$ m^3/s,它们的差额,正是奄美大岛以东的海流流量,其值为 36$\times10^6$ m^3/s。本课题组有人曾试称此海流为“琉球海流”,是一个值得进一步探讨的问题。

琉球群岛东西两侧的水交换极为复杂。从计算结果看,有的航次,如 1987 年与 1988 年春季航次,进入东海的流量都约为 12$\times10^6$ m^3/s;但有的航次,如 1988 年和 1990 年冬季航次,1989 年夏季航次,仅为 1$\times10^6$~3$\times10^6$ m^3/s。这个水交换是否主要通过水文分析所建议的宫古岛—冲绳岛之间水道,有待进一步研究。

刊于:黑潮调查研究综合报告.北京:海洋出版社,1995:31-37.

日本以南海域的黑潮

孙湘平[1],袁耀初[2]

(1. 国家海洋局 第一海洋研究所,山东 青岛 266061;2. 国家海洋局 第二海洋研究所,浙江 杭州 310012)

1 水文特征及其变异

1.1 温、盐特征

日本以南海域黑潮区的温、盐平面分布,除表层易受气象因子影响外,主要取决于黑潮自身的流态状况。温、盐平面分布出现两种类型:一类是黑潮非弯曲时期(如1986年1—11月,1989年1—11月,1991年8月以后),等温线、等盐线大致与日本海岸方向平行,温、盐值由岸向外递增,温、盐分别为11~17℃和34.40~34.80(以200 m为例,下同)。在黑潮流轴附近,等温线尤为密集,温度梯度约为0.1℃/km。在黑潮流轴的外(南)侧,存在着一个高温(18℃)、高盐(34.85~34.90)暖水块(团),这个暖水块大体位于四国和纪伊半岛外海。温、盐的这种分布形式,大致从100至3 000 m层。另一类是黑潮大弯曲时期(如1987年1月—1988年9月和1989年12月—1991年5月)。在伊豆海岭以西及远州滩—熊野滩以南海域,等温线和等盐线出现一个U字型的大弯曲现象。弯曲的程度,视黑潮大弯曲的强弱程度而定。在大弯曲的内(北)侧,出现一个温差大、盐差小、以低温为主体的大型冷水块(团),冷水块的范围约为1.5°×2°经纬距。冷中心温度一般为10~11℃,最低达6℃,比周围温度低6~10℃;盐度为34.40,比周围盐度低0.10~0.20。这个冷水团很深厚,厚度达3 000 m以上。同样,在黑潮流轴的外(南)侧,四国外海的暖水块仍然存在。

日本以南海域黑潮区的T-S曲线,基本上为一个拉长的倒S状,这个倒S状显著特点是,大体以温度16℃为一个分界线:高于16℃的T-S点逐渐分散,在18~22℃之间,盐度值最大;低于16℃时,T-S点聚集,限于一个线性变化的窄带内,并在6℃附近,盐度达最小值。因此,16℃线,尤其是200 m层的16℃等温线,是一个重要的温度指标。它可以表征黑潮流轴的指标温度。这条等温线的分布和走向,基本上与黑潮流轴位置相当。在400 m层,大致可用10℃等温线的走向与分布,来确定400 m层黑潮流轴的概貌。

在垂直分布上,温、盐度随深度变化可分为4层结构。表层水,因受季节性跃层的影响,占据薄薄的水层,约20~50 m。在200 m左右,盐度出现最大值(高于34.90),这就是次表层水。在季节性跃层(20~75 m)和永久性跃层(350~700 m)之间,出现一个温、盐度相当均匀的水层。在永久性跃层的底部,约800 m附近,显示低盐特性的中层水。中层水以下,温、盐垂直分布,呈单一的递减(深层水)和递增(底层水)。

在1986—1991年间,该海域温、盐度的年际变异有3个显著特点。第一,50 m以浅,与东海黑潮区类似,1987年的盐度普遍比1989年的偏高0.05~0.10。如1987年1—3月(冬)和7—9月(夏),表层盐度分别为34.75和34.45;50 m层分别为34.80和34.65;而1989年同期,同层的盐度,分别为34.70,34.00;34.75,34.60。50 m以深水层,这种显著的盐度年际差异不明显。第二,中层水的强度各年不同。若以137°E断面为准,并以34.20等盐线为例,1986年1—3月和7—9月,中层水势力最强,可达32°N附近;1987年和1990年同期的势力最弱,34.20低盐水在该断面未出现,位于该断面上30°N以南海域。第三,四国—纪伊半岛外海的暖水块位置和强弱程序的差异。以夏季800 m层为例,1989年暖涡位置偏东,中心位于31°N、

136°E 附近；1987 年偏西，位于 30°30′N，134°E 附近。在强度上，1987 年的水温为 8.5℃；1989 年的为 8.0℃。

1.2 水团

日本以南海域黑潮区的水团，主要有 4 个：黑潮表层水、黑潮次表层水、黑潮中层水和黑潮深层水。其中，嵌于黑潮次表层水和中层水之间的混合水，又称为“温跃层水”；把黑潮次表层高盐水中，温、盐垂直分布较均匀的水层，又称为“副热带模态水”或“18℃水”。黑潮表层水以高温、次高盐为其主要特征，约位于季节性温跃层以上，约 0~60 m。温、盐范围分别为：24~29℃和 34.00~34.60。黑潮次表层水，以盐度高为其特色。盐度值为 34.92，温度为 17~22℃。它大约位于 70~350 m 之间。副热带模态水，在垂直方向上表现为等温和等盐。大约位于 100~300 m。其温、盐指标分别为 18.5℃和 34.86。该水团分布在黑潮主轴的右侧。四国海盆可能为该水团的源地之一。温跃层水的特性，在 $T-S$ 图上几乎呈线性分布，温、盐度范围分别为 $T=8\sim17$℃，$S=34.30\sim34.70$。黑潮中层水，以低盐为主要特征。温、盐指标分别为 3~8℃和 34.20~34.30。其所在深度约为 300~1 000 m，即永久性跃层的底界，尤其是 800 m 附近，低盐特色尤为明显。黑潮深层水，约位于 1 000 m 以深的深层。主要特色是具有低温、高盐特性。该水团的温、盐核心指标，分别为 2.3℃和 34.65。

1.3 海洋锋

日本以南海域黑潮的海洋锋，以温度锋为主，盐度锋不明显。与东海黑潮锋相比较（表 1），有其相似处和不同点。相似处是，从垂直方向看，锋的强度随深度增加而增加，也呈倾斜状。不同的是，锋的宽度比较狭窄，厚度也较大。和东海黑潮锋一样，锋的强度亦随地点而异。强锋位于四国以南及日本东北海域。另外，日本以南海域的海洋锋，有明显的季节变化：1986 年春季，在四国以南附近海域，平均锋宽仅 8 km，锋的平均强度为 0.4℃/km；该年秋季，锋的平均宽度为 13 km，锋的强度减弱，约为 0.13℃/km。

表 1 东海和日本以南海域黑潮锋主要特征值的比较

海域	强度/℃ · km^{-1}		宽度/km	厚度/m
	平均值	极大值	平均值	
东海	0.1	0.2	35~70	0~400
日本以南海域	0.13~0.37	0.9	8~13	0~500

由于日本以南海域的黑潮路径为双型分布，因此，该海域的温度锋也有两种类型。在黑潮大弯曲消失时期，于夏季和秋末，黑潮流轴内侧存在一条连续的温度锋。冬季和春季，温度锋大为减弱，只在潮岬至四国一带出现。当黑潮发生大弯曲时，温度锋也出现 U 型弯曲。弯曲程度视黑潮大弯曲本身的弯曲程度而定。

强型大弯曲和弱型大弯曲期间，温度锋的位置明显不同：前者位置偏南、偏西；后者偏北、偏东。温度锋大致位于 50~500 m 水层内。冬季，温度锋下沉，其余 3 季上浮。

2 海流结构及其变异

2.1 日本以南海域黑潮的流速结构

1986—1988 年，日本以南海域的黑潮出现大弯曲现象，大弯曲发生需经过 3 个过程（阶段）。因此，我们计算了大弯曲形成前（1986 年 5—6 月航次），大弯曲强盛期（1987 年 12 月—1988 年 1 月航次和 1988 年 5—6 月两个航次），以及大弯曲衰消期（1988 年 10—11 月航次）的流速分布，以便探讨一次黑潮大弯曲全过程的流速分布特征。

2.1.1　大弯曲形成前的流速分布

1986 年 5—6 月，日本以南的黑潮流轴紧靠近岸，黑潮路径基本平直，但也出现了 4 次小弯曲。首先在都井岬以南海域出现气旋式弯曲，再进入 U_1 断面以东海域；又在足摺岬以南海域经历了反气旋式弯曲后，流向偏东；当它通过伊豆诸岛，流向由偏东逐渐以气旋式转向东北。当黑潮进入日本以东海域时，犬吠崎附近又出现反气旋式弯曲。在此期间，黑潮位于潮岬西南与大王崎东南海域，表层最大流速可达 123～129 cm/s，一直到 400 m 以浅处，流速仍较强。但在 400 m 以深，主流位置逐渐向南移动。在主流南侧，有一个自表层至 600 m 层的反气旋式涡，涡旋中心在 31°N、135°E 附近，为中尺度涡，其强度较强。

2.1.2　大弯曲强盛期的流速分布

逆方法计算结果表明，黑潮在表层最大速度，与 200 m 层温度分布所对应的指示温度，是随经度增加有递减的趋向；在 132°E 附近断面上，指示温度为 17℃左右；在 133°30′～134°30′E 之间，为 16.5℃；在 137°30′～139°30′E 为 15℃。在 1987 年 11 月—1988 年 1 月航次期间，黑潮在都井岬东南的 U_1 断面的表层流速最大，为 120 cm/s；在平行于 136°E 的 U_2 断面，黑潮流幅有所增大，最大流速减小，为 92 cm/s。黑潮经过大弯曲进入平行于 139°E 的 U_3 经向断面时，表层最大流速略增，为 105 cm/s。最后又经过反气旋弯曲进入房总半岛东南端呈西北—东南向的 U_4 断面，表层最大流速又增至为 115 cm/s。1988 年 5—6 月航次的情况基本类同。

2.1.3　大弯曲衰消期间的流速分布

1988 年 10—11 月航次期间，黑潮大弯曲明显减弱，冷涡尺度也明显减小。在 U_2 断面，最大流速约为 84 cm/s。在 U_3 断面，表层最大流速可达 136 cm/s，比大弯曲期间有明显增加。其他水层流速也较大。在此期间，日本以南黑潮流速结构都是单核。

2.2　流态与流量

这里着重讨论大弯曲强盛期和衰消期两个阶段的流态与流量（以 3 个航次调查为例）以及流量与 PO_4 通量的变化。黑潮通过 U_3 断面有两种流态：一种是主流经过气旋式弯曲，流向 U_4 断面时，分离出一支西北向的分支，并伴随着出现一个冷涡，如 1987 年 12 月—1988 年 1 月及 1988 年 5—6 月两个航次。这两个航次的分支流量与黑潮主流量之比，分别为 0.54∶1 与 0.16∶1，前者处于大弯曲强盛期，后者开始向衰消期转换。另一种流态是，黑潮通过 U_3 断面后，向东北方向流动而不存在分支。此流态发生于衰消期间的情况。

3 个航次的流量列入表 2。这 3 个航次的黑潮流量，在 U_1 断面比较接近，但在 U_2 断面却相差较大，最大值为 $82.7\times10^6\ m^3/s$，出现在 1987 年 12 月—1988 年 1 月航次。该航次自四国近岸有一部分流量进入。3 个航次通过 U_2 断面后，黑潮主流都分离出一支南下小分支，它们流量相差不大。在 U_3 与 U_4 断面上，1987 年 12 月—1988 年 1 月弯曲强盛期，流量都增大；而后两个航次，在 U_3 和 U_4 断面的流量就非常接近。通过 U_4 断面后，黑潮仍存有两种不同的流态：一是黑潮通过 U_5 断面向东北偏转后继续东流（如 1987 年 12 月—1988 年 1 月航次），二是黑潮不经过 U_5 断面，就直接东流（如 1988 年 5—6 月航次）（图 1）。由表 2 可知，表中所列 3 个航次黑潮离开日本而流向太平洋的流量，分别为 $64\times10^6\ m^3/s$，$51\times10^6\ m^3/s$ 与 $50\times10^6\ m^3/s$。

表 2　各航次在日本以南海域各断面的黑潮流量（$10^6\ m^3/s$）

序号	时间	U_1 断面	U_2 断面	U_3 断面	U_4 断面	U_5 断面	通过 U_2 断面后南下分支流量
1	1987 年 12 月—1988 年 1 月	62.95	82.65	60.64	64.29	-10.59	14.60
2	1988 年 5—6 月	67.50	67.50	49.32	51.06	51.08	16.16
3	1988 年 10—11 月	69.74	69.38	50.31	50.33	—	19.06

关于日本以南海域黑潮流量与 PO_4 通量的变化，以 1986—1989 年冬、夏季 8 个航次调查来说明。在 PK

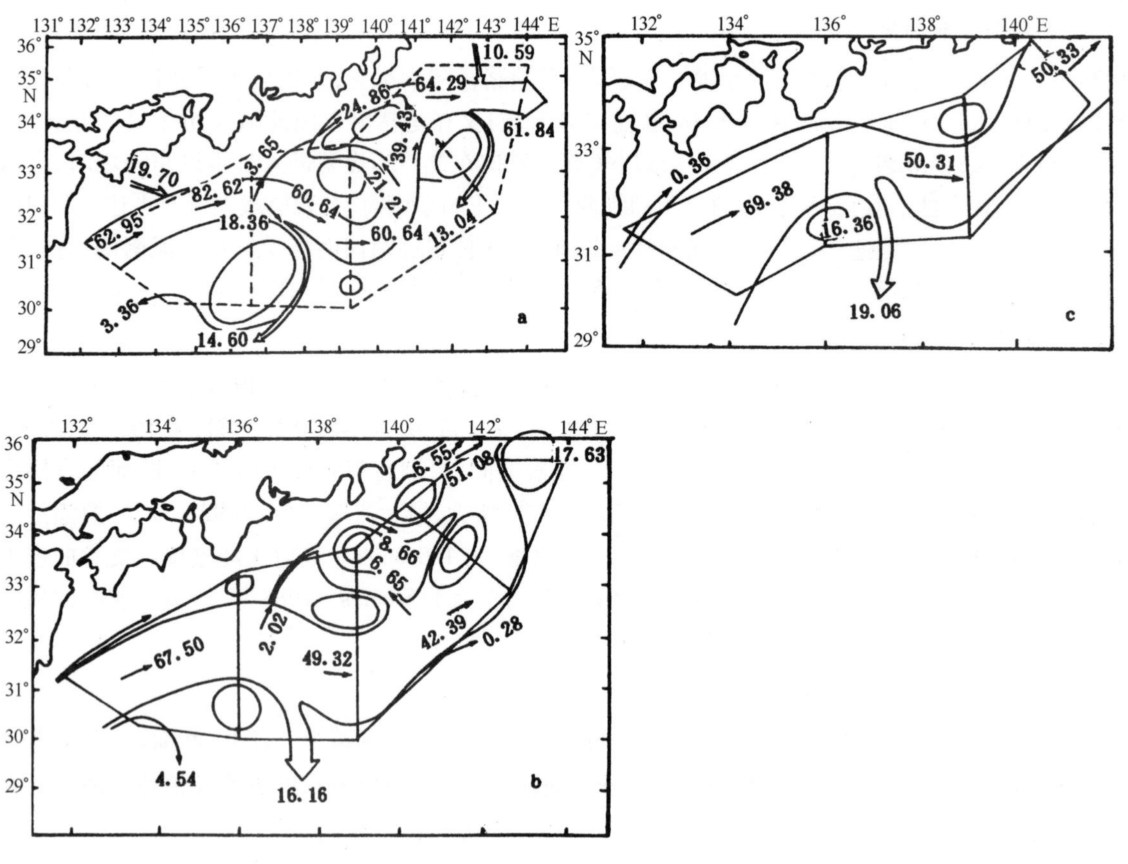

图 1 日本以南海域黑潮的流量与流态

a. 1987 年 12 月—1988 年 1 月航次;b. 1988 年 5—6 月航次;c. 1988 年 10—11 月航次

断面(135°25′E 断面)上,4 年间冬季 4 个航次通过断面的平均流量与 PO_4 通量分别为 49.2×10^6 m^3/s 与 30.7×10^6(μmol/L)(m^3/s);而 4 年间夏季 4 个航次通过该断面的流量与 PO_4 通量分别为:59.0×10^6 m^3/s,44.0×10^6(μmol/L)(m^3/s)。表明夏季的流量与 PO_4 通量都大于冬季的流量和 PO_4 的通量。就年际差异而言,1988 年 7 月航次的流量和 PO_4 通量为最大,分别为 69.0×10^6 m^3/s 与 49.0×10^6(μmol/L)(m^3/s);1986 年冬季航次的流量和 1987 年冬季航次的 PO_4 通量均为最小,分别为 47.0×10^6 m^3/s 和 27.4×10^6(μmol/L)(m^3/s)。

3 黑潮路径的变异

通常,日本以南海域的黑潮。大体沿日本海岸流动。但有些年份黑潮发生大弯曲现象。此时,黑潮路径不再沿日本海岸流动,而在 135°~140°E 这一海域,黑潮路径出现一个 U 字型的大弯曲。这种大弯曲,最长持续 120 个月,最短持续 21 个月。伴随着大弯曲的出现,在黑潮流轴的左(内)侧,也出现一个约 1.5°×2°经纬距的大型冷涡(冷水团)。在黑潮流轴右(外)侧,有时出现一个"反气旋式"暖涡。上述黑潮流轴内侧的大型冷水团,是伴随着黑潮大弯曲的消失而告终。

在中日黑潮合作调查研究期间,黑潮路径的最大特点,发生两次大弯曲现象:一次是 1986 年 12 月—1989 年 10 月的第六次大弯曲;另一次是 1989 年 12 月—1991 年 8 月的第七次大弯曲。这两次大弯曲的主要特征:持续时间短,分别为 22 个月和 21 个月。大弯曲南端位置偏北,冷水团中心位置集中,且偏北,没有出现流环分离现象,均属弱型大弯曲类型。

自 20 纪世 30 年代以来,黑潮曾发生过 7 次大弯曲。我们对 7 次大弯曲作了对比,可得知它们的相似处和不同点(表 3)。相似处是:黑潮大弯曲有着明显的 3 个阶段,形成期、强盛期和衰消期。大弯曲的形成,首先是在九州东南的都井岬—种子岛一带，黑潮路径出现偏离海岸的小弯曲，并在那里出现低温的冷水块。随着时间的推移，冷水块沿日本海岸北上、东移，黑潮路径呈现为波状，并向东传播。在东移过程中，冷水块势力逐步加强。当冷水块东移至熊野滩—远州滩近海，便逐渐进入强盛期，由原来的冷水块发展为大型冷水团。此时，冷水团不再继续东移，而是停滞在远州滩以南及伊豆海岭以西海域，黑潮运行受阻，在冷水团南侧绕行而过，形成大弯曲。大弯曲内侧冷水团的势力很强，冷中心温度比周围温度低6~10℃。冷水团中心有明显的上升现象。到了衰消阶段，冷水团范围逐渐缩小，U字型路径和冷水团重新开始东移，并越过伊豆海岭；在东移过程中，随着冷水团范围的缩小，黑潮路径不断北缩（退），以致使原来为U字型的弯曲部分，逐渐变小而拉平，大弯曲逐渐消失而恢复为平直类型。不同点是：各次大弯曲的持续时间大等，大致可分为长（5~10年）、中（3~4年）、短（21~34个月）3种情况。大弯曲的弯曲程度也不同，有的偏南，有的偏北；有的有流环分离，有的没有流环分离（表3）。

根据这些特点，我们把黑潮大弯曲划分为强型大弯曲（Ⅰ型）和弱型大弯曲（Ⅱ型）两种类型：前者指大弯曲持续时间长，有流环分离出现，大弯曲南伸强，大型冷水团中心位置偏南等；后者具有持续时间短，无流环分离现象，大弯曲南伸弱，大型冷水团中心位置偏北等特点。第一次、第四次黑潮大弯曲属于强型，其余5次均属弱型（表3）。

表3 7次黑潮大弯曲的简况与特点

数次	出现时间	形成期	强盛期	衰消期	持续时间/月	两次大弯曲的间隔时间/月	特点				
							时间尺度	南界位置	冷中心位置	流环分离	大弯曲类型
1	1934.3—1943.3	—	1934.8—1943.8	1943.9—1944.3	120	111	最长	偏南	偏南	3次	强型
2	1953.7—1955.12	1953.1—7	1953.7—1955.4	1955.5—12	30	40	短	偏北	集中偏北	无	弱型
3	1959.5—1963.6	1959.1—5	1959.6—1963.11	1963.2—6	49	145	中等	有时偏北有时偏南	集中	无	弱型
4	1975.8—1980.8	1975.4—8	1975.10—1979.12	1980.1—8	60	14	长	偏南	分散偏南	3次	强型
5	1981.11—1984.8	1981.7—11	1981.12—1984.3	1984.4—8	34	27	较短	偏北	集中偏北	无	弱型
6	1986.12—1988.10	1986.7—12	1987.1—1988.5	1988.6—10	22	13	短	偏北	集中偏北	无	弱型
7	1989.12—1991.8	1989.7—12	1989.12—1991.2	1991.3—8	21		最短	偏北	集中偏北	无	弱型

由于黑潮大弯曲存在着形成、发展和消失3个过程，根据这些过程，又对黑潮路径划分为若干种类型，其最基本的仍为A、B、C、D四种，对于强型大弯曲而言，还有流环分离现象。我们把这种流环分离的路径命名为Φ型，加上非弯曲时期的路径——平直型（N），就划分出日本以南海域黑潮的基本路径——A、B、C、D、N和Φ6型。事实上，黑潮路径除了大弯曲外，还有准弯曲和小弯曲出现。那么，何以见得黑潮发生大弯曲？大弯曲的定义是什么？如何判别和确定大弯曲？我们对各次大弯曲的特点进行分析后认为，所谓黑潮大弯曲，系指日本以南海域，黑潮路径发生U字型弯曲而言，其他黑潮路径的变异和摆动，均不属于黑潮大弯曲的本意。判别黑潮大弯曲的标准或指标，我们提出4条。

（1）稳定性。黑潮路径有无出现较稳定的U字型路径，以及远州滩外有无较稳定的大型冷水团，即有没有较稳定的A、B型路径。

(2)连续性。黑潮大弯曲必须具备有生成、强盛、衰消 3 个过程，即 N→A、B→C→D→N 的路径转换，是否连续存在。

(3)持续性。黑潮大弯曲必须有一定的持续时间，从 7 次大弯曲来看，最长达 120 个月，最短也在 21 个月以上。

(4)对大型冷水团的要求。范围，水平尺度约 1.5°×2°经纬距；冷中心水温在 11.0℃以下(200 m)；厚度为 3 000 m 以上。

上述 4 条，必须同时具备，缺一不可。满足以上 4 条，我们认为黑潮发生大弯曲；反之，就不能算是黑潮大弯曲。日本以南海域黑潮路径的变异，主要指这种双型路径的转换和演变过程而言。关于形成这种大弯曲的机制，迄今还不太清楚。

黑潮变异，指路径、流速和流量的变化而言，三者中以路径变异最显著。我们对黑潮路径变异分析的独到之处是：

(1)比较细致地分析了黑潮大弯曲的形成、强盛和衰消过程，并对各次大弯曲进行对比分析，找出各次大弯曲的相似处和不同点，把黑潮大弯曲归结为强型大弯曲和弱型的大弯曲两类，以及总结出强型和弱型的特点和差异；

(2)总结出判别或识别黑潮是否属于大弯曲的 4 条判别原则；

(3)根据各次大弯曲的相似性和不同点，对正在持续的第七次黑潮大弯曲(1989 年 12 月—1991 年 8 月)的持续时间作了预测，其结果与实际情况基本相符；

(4)在日本以南海域的黑潮路径类型方面，提出了流环分离时的路径类型，即 Φ 型。

刊于:科学通报,2000,45 (22):2353-2356.

1995 年以来我国对黑潮及琉球海流的研究

袁耀初[1],苏纪兰[1]

(1. 国家海洋局 第二海洋研究所,国家海洋局动力过程和卫星海洋学重点实验室,浙江 杭州 310012)

黑潮及琉球群岛以东的东北向海流(以下简称琉球海流)都是北太平洋西边界流,特别是黑潮,它与大西洋湾流齐名为世界瞩目的两支强流,具有流速强、流量大、高温及高盐等特点。我国对黑潮及琉球群岛以东海流的调查研究开始于 20 世纪 80 年代中期,例如在 1986—1992 年进行了中日黑潮联合调查研究;1991—1993 年国家海洋局第二海洋研究所与日本筑波大学、九州大学及鹿儿岛大学进行了联合调查研究。在 1995 年以后有以下调查研究:1995—1998 年开展了中日副热带环流调查研究;1990 年 10 月—1996 年 5 月我国台湾省学者在台湾岛以东 PCM1 断面(24. 5°N 附近)对黑潮进行了 16 个航次调查。国家自然科学基金还有一些其他项目,支持对黑潮及琉球群岛以东海流进行调查研究。基于上述调查研究,本文叙述 1995 年以来我国学者在台湾以东与东海黑潮及琉球海流的主要研究成果;1995 年以前有关黑潮及琉球海流研究可参见苏纪兰等人[1-3]的评述及管秉贤[4]的工作。

1 台湾以东黑潮

台湾以东黑潮来自于菲律宾以东黑潮源地,其流量在不同区域有所变化。对不同期间的航次观测资料分别采用了 Yuan 等人[5]的改进逆模式计算得到黑潮通过台湾东南 K_2 断面(约 21°30′N)流量[6-10],及改进三维海流诊断、半诊断及预报模式计算得到黑潮通过 K_2 断面流量[11-12]。1995 年 10 月及 1996 年 5 月黑潮通过断面 K_2 的流量分别为 57.8×10^6 和 44.6×10^6 m^3/s[8,11]。但是在 1997 年强 El Niño 期间,7 和 12 月黑潮通过台湾东南 K_2 断面的流量分别为 37.6×10^6[9] 及 27.6×10^6 m^3/s。这表明在 1997 年强 El Niño 期间台湾以东黑潮的强度与流量都明显地减小。此外,1997 年 12 月最强 El Niño 期间黑潮在台湾东南的位置要比任何航次都要远离台湾岛[9-10];并且还发现在此期间黑潮没有分支入侵南海[10]。黑潮沿台湾岛向北向流动,由于受地形等影响,特别黑潮通过台湾岛至西表岛之间的通道(位于约 24. 5°N,即断面 PCM1)进入东海,地形变浅,造成黑潮流量不能全部通过此通道。

问题是有多少黑潮流量能通过此通道呢? 基于 1985 年初夏台湾大学获得的水文资料,Yuan 等人[5]采用改进逆方法计算表明,黑潮通过断面 K_2 的净北向流量约为 45×10^6 m^3/s,其中大约有 56%流量(25×10^6 m^3/s)能通过台湾岛至西表岛之间通道进入东海[6]。其次,Liu 等人[13]与 Yang 等人[14]对 11 个航次在 PCM1 断面的水文资料采用了地转流计算并结合 ADCP 测流,结果表明,通过 PCM1 断面黑潮的流量约为 $(23\pm3)\times10^6$ m^3/s。这与 Yuan 等人[6,8]的计算结果——1985 年初夏及 1996 年初夏黑潮从台湾岛至西表岛之间的通道进入东海的流量皆约为 25×10^6 m^3/s 是相当的。

近年的调查研究表明,黑潮在台湾以东至少存在以下两个不同形态.例如在 1995 年 10 月以及 1996 年 5 月期间,通过海流计算[7-8,11]以及实测流[8]都表明,台湾以东黑潮存在 2 或 3 个分支,而黑潮主流则通过台湾岛苏澳以东海脊作反气旋式弯曲进入东海。黑潮有一个东分支向东北方向流向琉球群岛以东海域并被

ADCP 观测流所证实[8]，这是一个重要发现。许东峰等人[15]进行了数值模拟，也表明在台湾以东黑潮明显地分为主流及东分支：主流穿过苏澳海脊进入东海，东分支则流向琉球群岛以东海域。但是，在 1997 年强 El Niño 现象时期，7 和 12 月都未发现存在黑潮的这个东分支流向琉球群岛以东海域[10-11]。这表明，在台湾以东海域黑潮存在两种不同的流态。袁耀初等人[7-10]指出，在台湾以东黑潮存在上述两种不同流态是与黑潮邻近海域存在的气旋式涡、反气旋式涡强度及其相对位置密切相关的。

有关研究还揭示：(1)黑潮以东及以下都存在南向逆流[6-10]，地形变化是造成南向逆流的原因之一[6]；Liu 等人[16]通过实测流及水文资料也指出在台湾岛以东海域、兰屿东南存在逆流，并认为造成这支逆流的主要原因是地形变化的影响。(2)在台湾以东存在几个不同尺度的气旋式涡及反气旋式涡[6-15]，其中有些涡的流速可以与黑潮流速相比拟[10,13-15]。(3)关于黑潮及周围涡的周期振动，Yuan 等人[17]对与那国岛以西黑潮区一套锚碇测流数据进行旋转谱估算表明，那里的流速存在 3~7 d 的振动周期。其次，在 290 及 594 m 处两个海流时间序列之间存在 3~5 d 时间范围内的重要相关性。此外，Yang 等人[14]通过对观测流的分析，发现台湾以东气旋与反气旋涡以 100 d 左右周期影响黑潮。

2 东海黑潮

黑潮自台湾以东流入东海，其流量在不同区域有所变化，也存在季节变化。以东海著名 PN 断面(位于冲绳岛西北)为例，有关的研究计算了 1985—1998 年黑潮的流量的年与季节变化[6,8-10,18-21]①。这些计算结果表明，黑潮流量的多年统计季节平均值在夏季时最大，秋季最小，多年平均值为 $27.0\times10^6\ m^3/s$。黑潮通过 TK 断面(在吐噶喇海峡附近)的流量也是夏季最大[8-10,18-21]1)。关于东海黑潮的季节变化的原因，许东峰等人[15]指出一个原因是与风应力涡度的零线的位置有关。其次，他们还揭示：(1)在 1997 年 El Niño 期间，东海黑潮流量减小，1997 年通过 PN 断面的平均流量为 $25.0\times10^6\ m^3/s$①，低于多年平均值。(2)东海黑潮在 1995[21]及 1998 年①都出现异常现象。在 1995 年黑潮通过 PN 断面的流量在春季时最强，夏季时则最小。黑潮通过 TK 断面的流量的季节变化也是类似的，这与上述东海黑潮多年统计的季节变化规律，即夏季时最强的结论相反。以后，袁耀初等人①研究了 1997—1998 年东海黑潮的变异，发现东海黑潮在 1998 年也出现异常现象，即黑潮通过 PN 断面的流量夏季时较小，约为 $21.3\times10^6\ m^3/s$，而春季时则最大，约为 $28.5\times10^6\ m^3/s$。为什么在 1995 及 1998 年会出现东海黑潮异常现象呢？袁耀初等人①指出这可能是与冲绳岛以南出现的反气旋涡的强度变化以及从 El Niño 现象过渡到 La Niña 现象时期有关。

关于东海黑潮还有以下几个问题：(1)不少学者都指出[6,8-10,18-21]①，黑潮流速剖面的结构具有单核及多核特性，但多数呈多核结构，特别在 TK 断面；(2)关于地形对黑潮的影响，袁耀初等人[22]及王惠群等人[23]的计算结果都表明，黑潮的最大流速总是出现在东海海区南部最大的地形坡度处；(3)袁耀初等人[24]也讨论了黑潮与涡的相互作用，从模式计算得到涡的寿命一般约为 45~50 d，这有待实际观测流来证实；(4)关于黑潮水与陆架水的交换也是一个重要问题。根据 1992 年春季东海黑潮锋面涡的专题调查资料，郭炳火等人[25]分析了黑潮锋面涡的基本形态以及它在陆架-黑潮水相互交换中的作用。郭炳火等人[26]指出东海黑潮锋面涡旋在陆架水与黑潮水的交换中起着十分重要的作用。对于整个东海陆架边缘，锋面涡作用可使 $1.8\times10^6\ m^3/s$ 的陆架混合水卷入黑潮。

3 琉球群岛以东海流

首先通过实测流及数值研究相结合[18,27]，揭示在琉球群岛以东存在一支稳定的、北向的西边界流(即琉球海流)，发现琉球海流常存两个流核，一个位于地形梯度较大处，另一个位于其东侧，其中一个总位于次表层，占有相当部分的流量；而日本以南黑潮的中、下层流量则主要来自这支流的次表层流核。研究还发现，

① 袁耀初，刘勇刚，苏纪兰. 1997—1998 年 El Niño 至 La Niña 期间东海黑潮的变异. 地球物理学报(出版中)(注：后刊于 2001，44(2)：199-210).

琉球海流的垂向结构存在季节变化,它在垂向方向扩展的深度冬春季较深,秋季则较浅[27]。

琉球海流的季节变化不很明显,有关计算结果表明[18,27-30],1987—1997 年琉球海流沿着几个断面的流量变化,除 1996 年外,大都在秋、夏季相对较大,春季较小。刘勇刚等人[30]计算了 1997 年冲绳岛东南琉球海流的流量,表明在春、夏和秋季分别为 5×10^6,16×10^6 和 17×10^6 m^3/s,即流量在春季较小,而在夏、秋季则较大。

关于琉球海流在各断面的流量变化,刘勇刚等人[29]计算了 1994 年 3 月航次资料的结果,表明在奄美大岛东南海域东北向海流的强度比冲绳岛东南海域东北向海流要强,它们的流量分别为 20.8×10^6 及 7.2×10^6 m^3/s。关于年间流量变化,琉球海流的流量在 1995 年最大,1996 年最小。其次,从流量的变化及 T-S 变化曲线,他们还发现 1995 年也是琉球群岛以东海流的异常年[28],与东海黑潮在 1995 年发生异常年相类似[21]。

关于琉球海流的来源,Yuan 等人[7-8]及卜献卫等人[31]都揭示琉球海流来源于 3 个方面,即冲绳岛东南海域反气旋式的再生环流、在 130°E 断面中纬度处的西向流以及上述台湾以东黑潮的东分支。必须指出,黑潮东分支的来源有时不存在[9-10]。但是,冲绳岛东南海域这个反气旋式再生环流在任何季节总是存在的[6-11,27-31]。

有关研究还指出:(1)琉球海流东侧及以下都存在西南向逆流,平均南向流量在 1995 年最大,但在 1993 与 1996 年最小[27-32];(2)结合长期锚碇测流资料分析及数值研究,Yuan 等人[27]进一步揭示在任何季节在琉球群岛以东约 3 000 m 以深海域存在一支稳定的西南向的边界流;(3)东海与西北太平洋水通过琉球海脊的水交换(包括中层低盐水)是一个重要课题,Yuan 等人[27]首先定量地计算通过琉球海脊的水交换流量,表明在 1992 年 9 月航次从琉球海脊进入东海净西向流量约为 3.7×10^6 m^3/s;(4)基于 1991 年 11 月—1992 年 9 月在琉球群岛以东获得的 3 套锚碇系统在中、深层海流资料,对这一海区海流进行了谱分析,计算结果表明[32]:(i)海流的低频振动的动能谱随着深度和位置的变化而具有不同形态;(ii)该海区海流明显地存在 5 ~7 d 的周期振动,其逆时针谱大于顺时针谱。

致谢:本工作为国家自然科学基金重点资助项目(批准号:49736200)及国家重点基础研究发展规划资助项目(G1999043802, G1999043805)。

参考文献:

[1] Su J L, Guan B X, Jiang J Z. The Kuroshio, Part 1,Physical Features. Oceanogr Mar Biol Annu Rev, 1990,28:11-71.

[2] 苏纪兰、袁耀初,姜景忠. 建国以来我国物理海洋学进展. 地球物理学学报,1994,37(增刊 1):3-13.

[3] Su J L, Lobanov V B. Eastern Asia, Kamchatka to the eastern coast of the Philippines//Robinson A R, Brink K H. The Sea, Vol.11. New York: John Wiley and Sons Inc, 1998:415-427.

[4] 管秉贤. 黑潮流速流量分布、变化及其与地形关系的初步分析. 海洋与湖沼,1994,6:229-251.

[5] Yuan Y C, Su J L, Pan Z Q. Volume and heat transport of the Kuroshio in the East China Sea in 1989. La Mer, 1992,30:251-262.

[6] Yuan Y C, Liu C T, Pan Z Q, et al. Circulation east of Taiwan and in the East China Sea and cast of the Ryukyu Islands during early summer 1985. Acta Oceanologica Sinica, 1996,15(4):423-435.

[7] Yuan Y C, Liu Y G, Liu C T, et al. The Kuroshio east of Taiwan and the currents east of the Ryukyu Islands during October of 1995. Acta Oceanologica Sinica, 1998,17(1):1-13.

[8] Yuan Y C, Kaneko A, Su J L, et al. The Kuroshio east of Taiwan and in the East China Sea and the currents east of the Ryukyu Islands during early summer of 1996. Journal of Oceanography, 1998,54:217-226.

[9] 袁耀初,刘勇刚,苏纪兰,等. 1997 年夏季台湾岛以东与东海黑潮//中国海洋文集,第 12 集. 北京:海洋出版社,2000:1-10.

[10] 袁耀初,刘勇刚,苏纪兰,等. 1997 年夏季台湾岛以东与东海黑潮//中国海洋文集,第 12 集. 北京:海洋出版社,2000:11-20.

[11] Yuan Y C, Kaneko A, Wang H Q, at al. Numerical calculation of the Kuroshio east of Taiwan and the currents east of the Ryukyu Islands during early summer of 1996//Proceedings of Japan-China Joint Symposium of Cooperative Study on Subtropical Circulation System. Nagasaki:Seikai National Fisheries Research Institutes Publisher, 1998:87-110.

[12] 袁耀初,王惠群,刘勇刚,等. 1997 年 7 月台湾岛以东环流的三维诊断、半诊断及预报计算//中国海洋文集,第 12 集,北京:海洋出版社,2000:56-67.

[13] Liu C T, Cheng S P, Chuang W S, et al. Mean struture and transport of Taiwan Current (Kuroshio). Acta Oceanographica Taiwanica, 1998,36(2):159-176.

[14] Yang Y, Liu C T, Hu J H, et al. Taiwan Current (Kuroshio) and Impinging Eddies. Journal of Oceanography, 1999,55:609-617.

[15] 许东峰,袁耀初,吉冈典哉. 西北太平洋环流的季节变化的 MOM2 模拟. 海洋学报,2000,22(增刊):53-64.

[16] Liu C T, Yang Y, Cheng S P, et al. The counter current southeast of Lanyu Island. Acta Oceanographica Taiwanica, 1995,34(1):41-56.

[17] Yuan Y C, Kaneko A, Wang H Q, et al. Tides and short-term variability in the Kuroshio west of Yonakuni-jima. Acta Oceanologica Sinica, 1999,18(3):311-324.

[18] 袁耀初,高野健三,潘子勤,等. 1991 年秋季东海黑潮与琉球群岛以东的海流//中国海洋学文集,第 5 集.北京:海洋出版社,1995:1-11.

[19] 刘勇刚,袁耀初. 1992 年东海黑潮的变异. 海洋学报,1998,20(6):1-11.

[20] Liu Y G, Yang Y C. Variability of the Kuroshio in the East China Sea in 1993 and 1994. Acta Oceanologica Sinica, 1999, 18(1):17-36.

[21] Liu Y G, Yang Y C. Variability of the Kuroshio in the East China Sea in 1995. Acta Oceanologica Sinica, 1999, 18(4):459-475.

[22] 袁耀初,苏纪兰,孙德桐,等. 东海黑潮与琉球群岛以东海流半诊断计算. 海洋学报,1997,19(1):1-21.

[23] 王惠群,袁耀初. 东海环流的三维诊断、半诊断及预报计算. 海洋学报,1997,19(4):15-25.

[24] 袁耀初,潘子勤. 东海黑潮与涡的一个预报模式//中国海洋文集,第 5 集. 北京:海洋出版社,1995:57-73.

[25] 郭炳火,汤毓祥,陆赛英,等. 春季东海黑潮锋面涡旋的观测与分析. 海洋学报,1995,17(1):13-23.

[26] 郭炳火,葛人峰. 东海黑潮锋面涡旋在陆架水与黑潮水交换中的作用. 海洋学报,1997,19(6):1-11.

[27] Yuan Y C, Su J L, Pan Z Q, et al. The western boundary current east of the Ryukyu Islands. La Mer, 1995,33(1):1-11.

[28] Liu Y G, Yuan Y C, Nakao T, et al. Variability of the currents east of the Ryukyu Islands during 1995-1996//Proceedings of Japan-China Joint Symposium of Cooperative Study on Subtropical Circulation System. Nagasaki: Seikai National Fisheries Research Institute Publisher, 1998:21-232.

[29] 刘勇刚,袁耀初,山本浩文. 1993 年夏季至 1994 年初夏琉球群岛东南海域海流//中国海洋文集,第 12 集.北京:海洋出版社,2000:31-39.

[30] 刘勇刚,袁耀初,志贺达,等. 1997 年琉球群岛以东海流季节变化//中国海洋文集,第 12 集.北京:海洋出版社,2000:21-30.

[31] 卜献卫,袁耀初,刘勇刚. *P* 矢量方法在台湾以东和东海黑潮以及琉球群岛以东海流的数值计算应用. 海洋学报,2000,22(增刊):76-85.

[32] 潘子勤,袁耀初,高野健三,等. 琉球群岛以东海域深层流的动能谱//中国海洋学文集,第 5 集. 北京:海洋出版社,1995:26-37.

刊于:中国物理海洋学现状与展望.青岛:中国海洋大学出版社,2004:21-27.

黑潮及琉球海流研究的一些重要问题探讨

袁耀初[1,2]

(1. 国家海洋局 第二海洋研究所,浙江 杭州 310012;2. 国家海洋局海洋动力过程和卫星海洋学重点实验室,浙江杭州 310012)

摘要:着重讨论在台湾以东与东海黑潮以及琉球海流的研究中,有哪些重要问题在今后需要进一步研究探讨和亟须解决。在黑潮研究中提出了14个问题,在琉球海流研究中提出了5个问题,这些问题中不少是与全球变化等有关,也是我国学者今后亟须攻克的一些前沿性科学的问题。

黑潮及琉球群岛以东的北向海流(以下简称琉球海流)都是北太平洋西边界流,特别是黑潮。黑潮主要来自北赤道流,经过菲律宾及我国台湾岛以东海域,流经东海,然后流向日本以南海域进入太平洋(参见图1)。由于黑潮携带了巨大的流量和热量等,对我国及周边国家的气候、海洋环境、渔业资源、污染物的输运、航运及国防等社会与经济活动都有很大影响。同样,琉球海流对上述社会与国民经济活动也有重要影响。从科学上来讲,琉球海流与黑潮在一些水道进行的水交换,以及相互作用等方面,都是在学术上要研究的问题。关于我国作者黑潮及琉球群岛以东海流研究,可参见苏纪兰等的评述[1-2],袁耀初与苏纪兰[3],Yuan[4]等的文章。

本文着重讨论在台湾以东与东海黑潮以及琉球海流的研究中还有哪些问题,今后需要进一步研究探讨。限于篇幅,只列举一些重要问题。

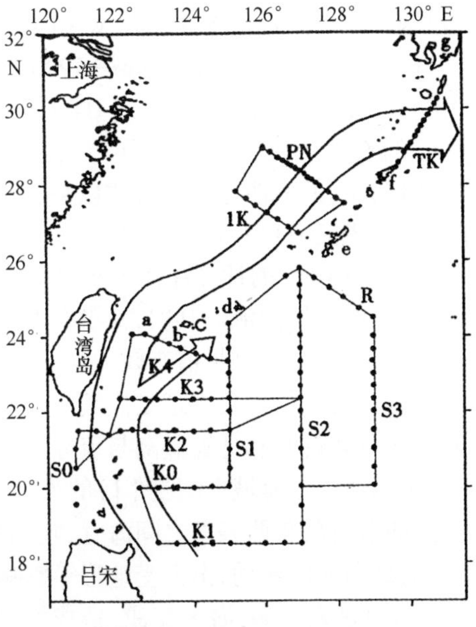

图1 黑潮路径及各断面位工的示意图

a:与那国岛,b:西表岛,c:石垣岛,d:宫古岛,e:冲绳岛,f:奄美大岛,g:九州

1 黑潮研究

1.1 黑潮通过各海域的流量与热量的变化

首先是关于黑潮通过各海域(参见图1)的流量与热量的变化,这个问题是十分重要的。我们以全球气候变化为例阐明此问题的科学意义,在中纬度海洋与大气的热量输运都是向北的,通过人造卫星观测与模式的计算都发现在中纬度上海洋输运热量要大于大气输运热量,可知海洋在全球气候变化的重要性。在北半球中纬度处湾流与黑潮的热输运量,起着很重要的作用。为此,我们讨论 Brydent 等的结果及一些改进的结果[5-6](参见表1)。

表 1　Bryden 等的结果(在 24°N 上,1991)以及袁耀初等的结果

各分量 / 区域		海洋						大气
		太平洋				大西洋		
		24°N		断面 PN*				
		HT/10^{15} W	VT/10^6 $m^3\cdot s^{-1}$	HT/10^{15} W	VT/10^6 $m^3\cdot s^{-1}$	HT/10^{15} W	VT/10^6 $m^3\cdot s^{-1}$	HT/10^{15} W
西边界流	正压	0.88				1.88		
	斜压	0.85				0.5		
	合计	1.73	28.3	2.10	28.6	2.38	29.5	
中间海洋南向流(地转流)	正压	−0.84						
	斜压	−1.06						
	合计	−1.90	−40.3			−1.58		
Ekman 层贡献		0.93	12.0			0.42		
总和		0.76	0	1.13		1.22		1.7

* 袁耀初等计算的在 PN 断面上 1986—1990 年平均热输运量(HT)的结果。

由表 1 可知:

(1)Bryden 等的结果,在 24°N 上海洋热输运量(HT)为 2.0×10^{15} W,大于大气 HT 值 1.7×10^{15} W。这样,海洋 HT 与大气 HT 之和为 3.7×10^{15} W。接近于从前地球辐射收支估算值 4.0×10^{15} W。但与最近人造卫星辐射收支测量值 5.3×10^{15} W 相差甚远。

(2)按袁耀初等计算,1986—1990 年在 PN 断面上平均 HT 的结果为 2.10×10^{15} W,这样海洋 HT 为 2.35×10^{15} W。总的海洋 HT 与大气 HT 之和为 4.0×10^{15} W,结果有所改进。

(3)在传热机制上,大西洋传热方式与太平洋传热方式有较大不同。在太平洋传热方式是以水平方向的环流为主,而大西洋传热方式以垂直子午方向环流为主。大西洋西边界流 HT (2.38×10^{15} W)也要大于太平洋西边界流 HT(1.73×10^{15} W)。

关于 Bryden 的计算存在一些问题[5],例如对黑潮的流量计算,采用简单的地转流计算的方法,没有考虑黑潮以下的深层逆流。其次,他没有考虑到琉球群岛以东西边界流的热输运等。这些都是缺点,并造成与最近卫星辐射收支测量值有较大误差。因此,从全球热量输运和热量平衡的重要问题来考虑,以太平洋为例,向北输运热量主要贡献是黑潮与琉球海流,而琉球海流以东至北美广大海域海流输运净热通量的方向为南向,可知观测和计算黑潮与琉球海流的流量和热通量是非常重要的。

黑潮通过各海域(参见图 1)的流量与热量在空间上有较大的变化,特别地,黑潮分别通过以下 3 个主要通道,即台湾岛与西表岛之间海脊,吐噶喇海峡以及日本以南伊豆海脊,流量发生很大的变化。例如,黑潮沿台湾岛向北向流动,由于受地形等影响,特别黑潮通过台湾岛至西表岛之间的通道(约位于 24.5°N,即断面 PCM1)进入东海,海水变浅,造成黑潮流量不能全部通过此通道。问题是有多少黑潮流量能通过此通道呢?

1.2　黑潮的季节与年际变化

黑潮自台湾以东流入东海,其流量在不同区域有所变化,也存在时间上季节与年际变化。以东海著名 PN 断面(位于冲绳岛西北)为例,有关的研究计算了 1985—1998 年黑潮的流量的年与季节变化。这些计算结果表明,黑潮流量的多年统计季节平均值在夏季时最大,秋季最小,多年平均值为 27.0×10^6 m^3/s。黑潮通过 TK 断面(在吐噶喇海峡附近)的流量要减小,其季节变化也是夏季最大[3]。其次,ENSO 对黑潮的年际变化起着很重要作用。这些问题尚未深入研究,特别是在观测方面。

1.3　黑潮通过各海域的流量与热量的正压与斜压分量的估算

直接测量与模式相结合,分别对黑潮流量的正压与斜压分量进行估算,此项研究尚未很好地进行。

1.4 在黑潮上游区黑潮与中尺度涡相互作用

观测与理论模式计算都发现[3,7]，黑潮在台湾以东至少存在以下两种形态。台湾以东黑潮存在 2 个或 3 个分支，黑潮有一个东分支向东北方向流向琉球群岛以东海域并被 ADCP 观测流所证实[7]。但是，在 1997 年 7 月与 12 月强厄尔尼诺现象时期，都未发现存在黑潮的这个东分支流向琉球群岛以东海域。研究表明，这与在台湾以东海域黑潮与中尺度涡相互作用有关（Yuan 等[7-8]的结果）。关于此项研究，无论从观测上，还是理论模式研究，都需要深入下去。

1.5 黑潮在流经各海域的深层逆流

不少研究揭示黑潮在流经各海域的深层常有逆流存在[3]。例如中日黑潮合作调查研究，观测与模式都表明，在黑潮以下深层存在南向逆流。确定黑潮以下深层逆流的流量与热通量，也是一个重要的问题。

1.6 厄尔尼诺现象与拉尼娜现象对黑潮变化的影响

揭示在 1997 年强厄尔尼诺期间，台湾以东黑潮的强度与流量都明显地减小[9-11]，东海黑潮流量也减小，1997 年通过 PN 断面的平均流量为 $25.0\times10^6\ m^3/s$，低于多年平均值[12]。由此可见，强厄尼诺期间对黑潮变化有较大响应。关于这个问题，无论从观测上，还是理论模式研究，都需要深人下去。

1.7 黑潮的不稳定性

通过观测，东海黑潮的弯曲性已被发现，其周期为 7~23 d，波长为 100~350 km，相速为 8~22 km/d（见 Sugimoto 等[13]，Iti 等[14]）。但理论探讨与机理分析尚未深人进行。

1.8 黑潮的多核结构及其机理

中日黑潮合作调查研究有不少工作揭示了黑潮的多核结构特性[3]，近来袁业立等[15]从运动不稳定性形成机理作了分析，但尚待今后继续深入研究。

1.9 黑潮的流量变化与冲绳岛东南出现反气旋涡的强度变化的关系

冲绳岛东南出现反气旋涡的强度加强时，东海黑潮的流量增大，或反之[12]。有关此项研究工作的说明，请参见以下的 2.3。

1.10 东海黑潮出现异常现象

1995 年[16]及 1998 年[12]都出现异常现象，揭示了东海黑潮的流量可能是与冲绳岛以南出现的反气旋涡的强度变化以及从厄尔尼诺现象过渡到拉尼娜现象时期有关[12]。关于异常现象发生机理，尚待今后深入研究。

1.11 琉球群岛两侧水交换，黑潮与琉球海流相互作用，以及地形变化对它们的影响

这个问题，无论从观测上还是数值模式研究方面，都尚未很好地得到解决，但近来日本科学家在 KOP 计划（Kuroshio Observation Program）中在观测与理论方面做了不少工作。

1.12 东海黑潮锋面涡旋在陆架水与黑潮水交换中的作用

东海黑潮锋面涡旋在陆架水与黑潮水的交换中起着十分重要的作用。对于整个东海陆架边缘，锋面琉球群岛以东海流的研究涡作用可使 $1.8\times10^6\ m^3/s$ 的陆架混合水卷人黑潮[17]。但都是一些初步结果，尚待深人进行下去。

1.13　黑潮水通过吕来海峡入侵南海的问题

黑潮水入侵南海有明显的季节变化,也存在年际变化,近来有不少数值模式研究的结果,但这些结果相差较大。可以说,这个问题远远没有得到解决,最重要的是,在巴士海峡两侧进行长期的、大面积的观测。

1.14　东海黑潮的变化与日本以南黑潮大弯曲的关系

这是十分有趣的理论问题,国外学者有不少工作,希望我国学者也能展开这方面研究。

1.15　黑潮海域海-气相互作用研究,风场,海-气热通量观测等

黑潮在海气相互作用有重要影响,作为一个例子,在"黄东海入海气旋爆发性发展过程相互作用研究"的国家自然科学重点基金[18],其主要成果之一揭示了黄东海海域各流系的时空变化,以及它们的相互作用。特别是黑潮,对入海气旋发展过程有重要影响。气旋东移前方黑潮海域和日本西南海域存在一个强大的正热通量区,从海洋向大气提供充足的能源可能是使气旋东移的重要原因之一。这些工作,希望今后继续下去。

2　琉球群岛以东海流研究

1986 年以后,我国学者对琉球群岛以东海流的研究,取得了不少重要进展,现列举以下方面的研究工作。

2.1　琉球海流的结构及其变化

首先通过实测流及数值研究相结合,揭示在琉球群岛以东存在一支稳定的、北向的西边界流(即琉球海流),发现琉球海流常存两个流核,一个位于地形梯度较大处,另一个位于其东侧,其中一个总位于次表层,占有相当部分的流量[19];而日本以南黑潮的中、下层流量则主要来自这支流的次表层流核。近来日本科学家展开了 KOP(Kuroshio Observation Program),其规模较大,希望我国学者关注他们的工作。

2.2　琉球海流来源

揭示琉球海流来源于 3 个方面,即冲绳岛东南海域反气旋式的再生环流、在 130°E 断面中纬度处的西向流以及上述台湾以东黑潮的东分支[3,7,20]。关于它的来源,还需进一步观测,并在理论方面再深入下去。

2.3　冲绳岛东南海域反气旋暖涡

冲绳岛东南海域反气旋暖涡在任何季节总是存在的。这个暖涡很活跃,有时强度很大[3]。如上所述,这个暖涡强度的变化,直接影响东海黑潮流量的变化,可知琉球群岛两侧海流与这个暖涡有直接相关[12]。近来日本科学家在执行 KOP 计划中发现在 2001 年 7 月暖涡核心的温度异常高,流速很大,这种异常现象发现,机理不甚清楚,需待今后努力解决。

2.4　琉球群岛以东深层流

从长期锚碇测流资料分析及数值研究相结合,袁耀初等进一步揭示任何季节在琉球群岛以东约 3 000 m 以深海域存在一支稳定的西南向的边界流[19]。这是对菲律宾海深层流研究的一个重要贡献。菲律宾海是一个边缘海,它通过几个海沟与北太平洋相连,在 Stommel 与 Arons 经典深层流理论中,完全忽略了菲律宾海深层流。对这支深层流研究,是很有兴趣与有意义的工作,也是今后一个研究方向。

2.5　东海与西北太平洋水通过琉球海脊的水交换(包括中层低盐水)

东海与西北太平洋水通过琉球海脊的水交换(包括中层低盐水)是一个重要课题,袁耀初等首先定量地

计算通过琉球海脊的水交换流量，例如在1992年9月航次琉球海流从琉球海脊进入东海净西向流量约为 $3.7\times10^6\ m^3/s$[19]。但我国学者在这方面的工作尚不多，近来日本学者在KOP计划中做了不少工作，希望大家关注此项研究。

关于上述研究工作，希望国家自然科学基金会等重要部门，在今后大力支持与关注这些前沿性研究，使我国海洋科学发展到更高、更深层次。

参考文献：

[1] Su J L, Guan B X, Jiang J Z. The Kuroshio. Part Ⅰ: Physical Features. Oceanogr Mar Biol Annu Rev, 1990, 28: 11-71.

[2] 苏纪兰，袁耀初，姜景忠．建国以来我国物理海洋学进展．地球物理学学报，1994，37(增刊1)：3-13.

[3] 袁耀初，苏纪兰．1995年以来我国对黑潮及琉球海流的研究．科学通报，2000，45(22)：2353-2356.

[4] Yuan Yaochu. Circulation in the East China Sea, the Kuroshio and the currents east of the Ryukyu Island//1999—2000 China National Report on Physical Sciences of the Oceans. Chinese National Committee for IUGG, China, 2003.

[5] Bryden H L, Roemmich D H, Church J A. Ocean transport across 24°N in the Pacific. Deep-Sea Res, 1991, 38: 297-324.

[6] 袁耀初．海洋深层环流与海洋对气候的影响//叶笃正主编．地球科学：进展、趋势、发展战略研究等．北京：气象出版社，1998，410-416.

[7] Yuan Yaochu, Arata Kaneko, Su Jilan, et al. The Kuroshio east of Taiwan and in the East China Sea and the currents east of the Ryukyu Islands during early summer of 1996. Journal of Oceanography, 1998, 54: 217-226.

[8] Yan Yih, Liu Cho-Teng, Hu Jian-Hwa, et al. Taiwan Current (Kuroshio) and impinging eddies. Journal of Oceanography, 1999, 55: 609-617.

[9] 袁耀初，刘勇刚，苏纪兰，等．1997年夏季台湾岛以东与东海黑潮//中国海洋文集，第12集．北京：海洋出版社，2000：1-10.

[10] 袁耀初，刘勇刚，苏纪兰，等．1997年冬季台湾岛以东与东海黑潮//中国海洋文集，第12集．北京：海洋出版社，2000：11-20.

[11] 袁耀初，王惠群，刘勇刚，等．1997年7月台湾岛以东环流的三维诊断、半诊断及预报计算//中国海洋文集，第12集．北京：海洋出版社，2000：56-67.

[12] 袁耀初，刘勇刚，苏纪兰．1997—1998年El Niño期间东海黑潮的变异．地球物理学报，2001，44(2)：199-210.

[13] Sugimoto T, Kimura S, Miyaji K. Meander of the Kuroshio front and current variability in the East China Sea. J Oceanogr Soc Japan, 1988, 44: 125-135.

[14] Ito T, Kaueko A, Fuiukawa H, et al. A structure of the Kuroshio and its related upwelling on the East China Sea shelf slope. J Oceanogr, 1995, 51: 267-278.

[15] 袁业立，万振文，张庆华．东海黑潮多结构的运动不稳定性形成机理．中国科学(D辑)，2002，32(12)：1011-1019.

[16] Liu Yonggang, Yuan Yaochu. Variability of the Kuroshio in the East China Sea in 1995. Acta Oceanologica Sinica, 1999, 18(4): 459-475.

[17] 郭炳火，葛人峰．东海黑潮锋面涡旋在陆架水与黑潮水交换中的作用．海洋学报，1997，19(6)：1-11.

[18] 袁耀初，周明煜，秦曾灏．黄海、东海入海气旋爆发性发展过程的海气相互作用研究．海洋学报，2002，24(增刊1)：1-19.

[19] Yuan Yaochu, Su Jilan, Pan Ziqin, et al. The western boundary current east of the Ryukyu Islands. La Mer, 1995, 33(1): 1-11.

[20] Yuan Yaochu, Liu Yonggang, Liu Choteng, et al. The Kuroshio east of Taiwan and the currents east of the Ryukyu Islands during October of 1995. Acta Oceanologica Sinica, 1998, 17(1): 1-13.

刊于:海洋学报,2007,29(2):1-17.

中国近海及其附近海域若干涡旋研究综述

Ⅱ.东海和琉球群岛以东海域

袁耀初[1],管秉贤[2]

(1. 国家海洋局 第二海洋研究所,卫星海洋环境动力学国家重点实验室,浙江 杭州 310012;2. 中国科学院 海洋研究所,山东 青岛 266071)

摘要:综述东海和琉球群岛以东海域若干气旋型和反气旋型涡旋的研究。对东海陆架、200 m 以浅海域,主要讨论了东海西南部反气旋涡、济州岛西南气旋式涡和长江口东北气旋式冷涡。东海两侧和陆坡附近出现了各种不同尺度的涡旋,其动力原因之一是与东海黑潮弯曲现象有很大关系,其次也与地形、琉球群岛存在等有关。东海黑潮有两种类型弯曲:黑潮锋弯曲和黑潮路径弯曲。黑潮第一种弯曲出现了锋面涡旋,评述了锋面涡旋的存在时间尺度与空间尺度和结构等;也指出了黑潮第二种弯曲,即路径弯曲时在其两侧出现了中尺度气旋式和反气旋涡,讨论了它们的变化的特性。特别讨论了冲绳北段黑潮弯曲路径和中尺度涡的相互作用,着重指出,当气旋式涡在冲绳海槽北段成长,并充分地发展,其周期约在1~3个月时,它的空间尺度成长到约为200 km(此尺度相当于冲绳海槽的纬向尺度)时,黑潮路径从北段转移到南段。也分析了东海黑潮流量和其附近中尺度涡的相互作用。最后指出在琉球群岛以东、以南海域,经常出现各种不同的中尺度反气旋式和气旋式涡,讨论了它们在时间与空间尺度上变化的特征。

关键词:东海;琉球群岛以东海域;气旋型和反气旋型涡旋;东海黑潮和中尺度涡相互作用
中图分类号:P722.6;P731.21

1 引言

关于中国近海及其附近海域若干涡旋的特征,我们已在上文[1]首先对南海和台湾以东海域若干涡旋研究作了重点综述。最近对从 TOPEX/Poseidon(T/P),Aviso 混合资料等获得的海面高度偏差(SSHA)资料的广泛应用,也包括从多种卫星资料获得的地转流速水平分布等,使这一领域的研究更为活跃和积极。本文将再对东海和琉球群岛以东海域若干涡旋研究作综述。

关于本文所涉及的内容东海和琉球群岛以东海域若干气旋型和反气旋型涡旋研究综述,近来评述性论文不是很多,例如 Su[2],袁耀初与苏纪兰[3],Guan[4]以及 Lie 与 Cho[5]等等进行了综述。本文在上述评述性论文基础上,对东海和琉球群岛以东海域若干涡旋研究作重点的综述,并适当地、重点说明不同涡旋变化的时间与空间特性及其成因的初步分析。

2 东海涡旋

东海存在着许多活跃的中尺度涡,东海环流和涡旋结构分布具有较强的季节变化特性。图 1 为 Guan[4]

基金项目:国家科技部国际合作项目(2006DFB21630);国家自然科学基金会项目(40510073,40176007)。

提出的东海及其附近海域 1966—1981 年出现过涡旋的综合示意图。图 2a,b 分别表示 2002 年 1 月 16 日和 5 月 15 日在东海和琉球群岛以东海域绝对地转流速在水平方向上的分布。图 3a,b 分别表示 2002 年 8 月 14 日和 11 月 13 日在东海和琉球群岛以东海域绝对地转流速在水平方向上的分布。卫星资料都是每 7 d 一张，但有时因天气不好，如多雨、多云等的影响，分辨率较差。为此，我们选择了较好的产品。请注意到，图 2a 和图 3a 中，在长江口附近几个点，分辨率较差，得到的流速失真。其次，从卫星遥感获得的观测资料，数据库系统已作了数据处理，特别是去掉了高频噪音引起的效应。但相对来说，在近岸海域由于海况等复杂，例如在长江口附近，还不能完全去掉所有的噪音引起的效应。因此，在图 2 和图 3 中，在中国近岸海域所示的流速分布，仅作参考。从图 1 可知，在台湾东北存在气旋式冷涡，关于此冷涡，已在文献[1]作了评述，我们不再讨论。从图 1、图 2b、图 3a 和图 3b 可知，在 5 月、夏季和 11 月东海西南部、台湾东北气旋式冷涡以北存在一个反气旋式暖涡。Guan 根据 1967 年 7—8 月日本调查水文资料的分析早已指出这涡的存在[4]。从图 2 和图 3 可知，在黑潮两侧存在若干涡旋，在东侧以反气旋式涡为主，有些涡的水平尺度较大，例如在奄美大岛西北海域存在一个反气旋式涡，最大水平尺度为 200 km 以上。在黑潮西侧以气旋式涡为主，以下将详细地分析和讨论。在冲绳海槽北段沿着东海陆架外缘，还存在黑潮锋面涡。关于锋面涡的特性及其变化，我们也在以下再详细讨论。图 1~3 还揭示出现以下的两个冷涡：(1)济州岛西南存在冷的、气旋式涡；(2)长江口东北海域在 122°~124°E 之间，32°N 以北存在气旋式冷涡。上述的两个冷涡，也将在以下讨论。最后我们将

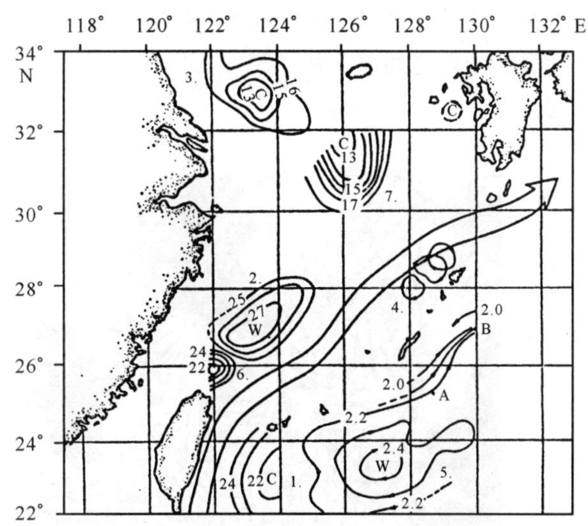

图 1　东海及其附近海域 1966—1981 年出现过涡旋的综合示意图(据文献[4])

1.台湾岛以东冷涡，2.东海西南部反气旋暖涡，3.长江口东北气旋式冷涡，4.浮标漂浮途径：反气旋式涡，5.琉球群岛以南反气旋式暖涡，6.台湾岛东北气旋式冷涡，7.济州岛西南冷涡，A 和 B 分别为气旋式涡旋途径的中心

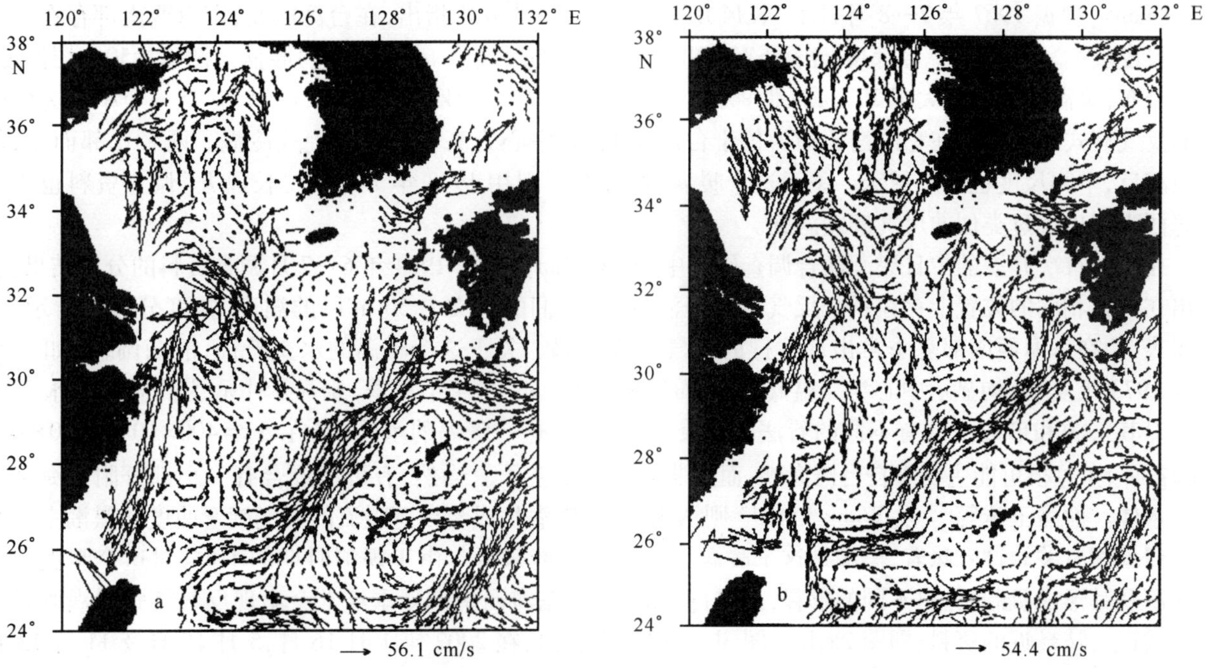

图 2　2002 年东海和琉球群岛以东海域绝对地转流速(cm/s)在水平方向上的分布

资料来自混合资料获得的绝对地转流速矢量(madt-oer-merged-UV, SSALTO/DUACS).a.1 月 16 日,b.5 月 15 日

讨论东海黑潮和其附近中尺度涡的相互作用的问题,着重讨论以下两个问题:(1)东海黑潮流量的变化和中尺度涡的变化之间的关系;(2)东海黑潮路径弯曲和中尺度涡的相互作用。以下我们将分别地讨论上述的问题。

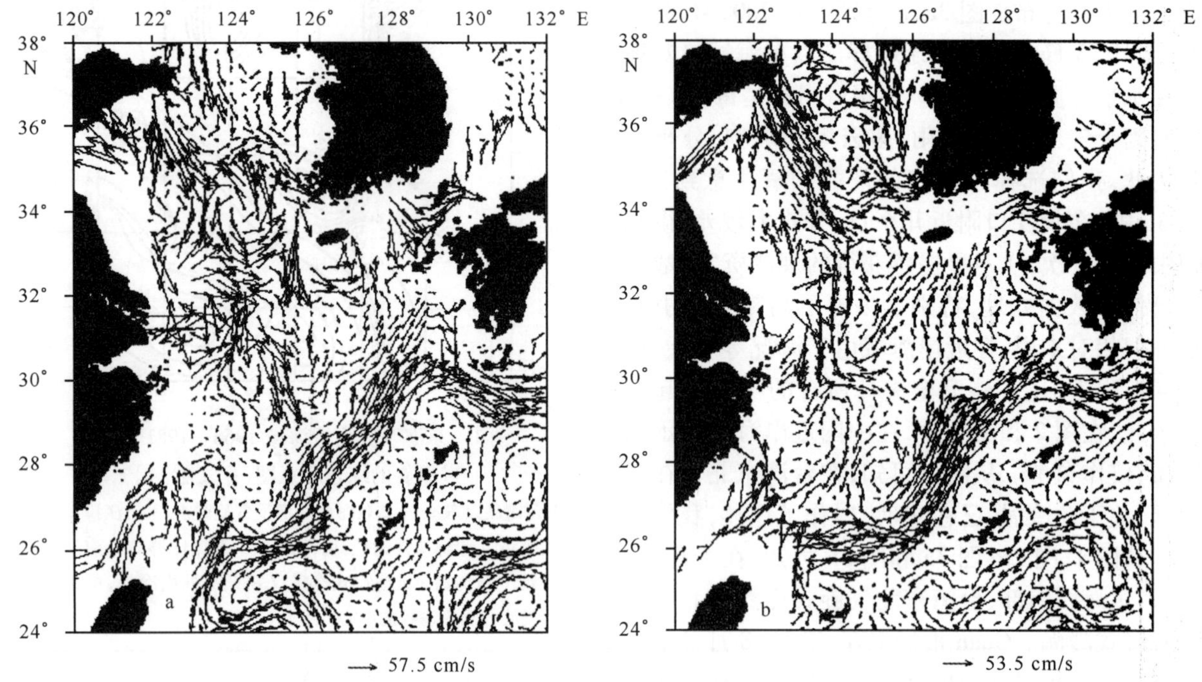

图3 2002年东海和琉球群岛以东海域绝对地转流速(cm/s)在水平方向分布

资料来自混合资料获得的绝对地转流速矢量(madt-oer-merged-UV, SSALTO/DUACS).a.8月14日,b.11月13日

2.1 东海西南部反气旋暖涡

Guan[4]根据1967年7—8月日本“长风丸”调查船资料的分析指出,在台湾以北,东海西南部存在一个空间尺度较大,约占3°×2°经纬度,略呈SW—NE向椭圆形的反气旋(高温、低盐)暖涡。图4为50 m层温度、盐度分布,暖涡中心温度大于27℃,而盐度小于34.1,温度、盐度梯度都比较大,所以,它是一个中心为低密度的反气旋式暖涡。而在它的南部即为位于台湾东北部、中心为高密度的气旋式冷涡。两者比邻而立,但性质相反,空间尺度也相差悬殊。关于这个暖涡,邢成军[6]引用1973年7—8月“长风丸”调查资料也指出东海西南部出现过类似的反气旋式涡旋。

在我国首次开展的中日黑潮联合调查研究中,Su和Pan[8]根据1984年6—7月调查资料的分析结果,也指出在大致相同的位置上存在一个反气旋式暖涡,如在他们的论文中50 m层的温度、盐度分布图所示[8]。上述表明,在东海西南部夏季常出现这样的反气旋式暖涡。关于这个暖涡的水文特征,前期调查(如1967年及1973年夏季)均显示中心为高温低盐水,而后期调查(如1984年夏季)则显示中心为高温高盐水[8-9],从而对其来源和形成机制有不同的看法。管秉贤[7]认为,这一暖涡的水体(指在$\Delta_{st}=400\times10^{-5}\sim500\times10^{-5}$ cm^3/g面上的)很可能主要来自台湾海峡,而并非来自黑潮主干。当然,有可能混合有一小部分附近海区的其他水体。而潘玉球等[10]及Wang和Su[9]则认为,这个暖涡生成与台湾暖流的反气旋弯曲度和黑潮上层水的入侵堆积有关。这意味着,黑潮是这个暖涡水体一个可能来源。由于观测时期的不同,对这个暖涡的水体来源及其形成机制,作出不同的解释,是很自然的事;而东海西南部夏季经常会出现反气旋式暖涡则是大家的共识。从最近的资料,即图2a,b及图3b可进一步看出,在2002年1月16日,5月15日及11月13日在东海西南部也曾出现反气旋式涡旋,它们的中心位置大致位于28°30′N,123°E附近,与图1中的东海西南部暖涡的位置相当接近,只是前者略偏北而已。涡旋位置及强度的各种年际、年及季节变化,是正常现象,因为无论是涡旋或海流,总处于不断变化中。由这几幅图可以初步认为,东海西南部的暖涡不仅夏季出现,冬半年(2002 年 1 月 16 日及 11 月 13 日)也曾出现过,从而增进了人们在 20 世纪 80 年代的认识,即当年尚未发现冬季也存在暖涡的证据(据 Wang 和 Su[9])。更有意义的是,在图 2a,b 及图 3b 上还可看出:在上述反气旋式涡旋的东侧,并列着尺度大致相同的一个气旋式涡旋,它的中心位置大致位于 28°30′N,125°20′E 附近。显然,这个气旋式涡旋与东海黑潮在这附近作气旋式弯曲有关(详见下文)。在上述反气旋式涡旋与气旋式涡旋之间有南向流。可惜,有关在东海西南部冬季出现反气旋式涡旋这一现象,目前尚无温度、盐度资料可加以进一步佐证,这有待大家的努力。值得指出的是,在 2002 年 1 月 16 日(见图 2a)5 月 15 日(见图 2b)及 11 月 13 日(见图 3b)3 个时期,这个反气旋式涡旋的位置相当接近,这意味着在这期间,它是比较稳定的。然而,当年 8 月 14 日(见图 3a)的资料较零乱,但仍可看出似是反气旋式的,只是位置略偏南,因此我们不予同样考虑。

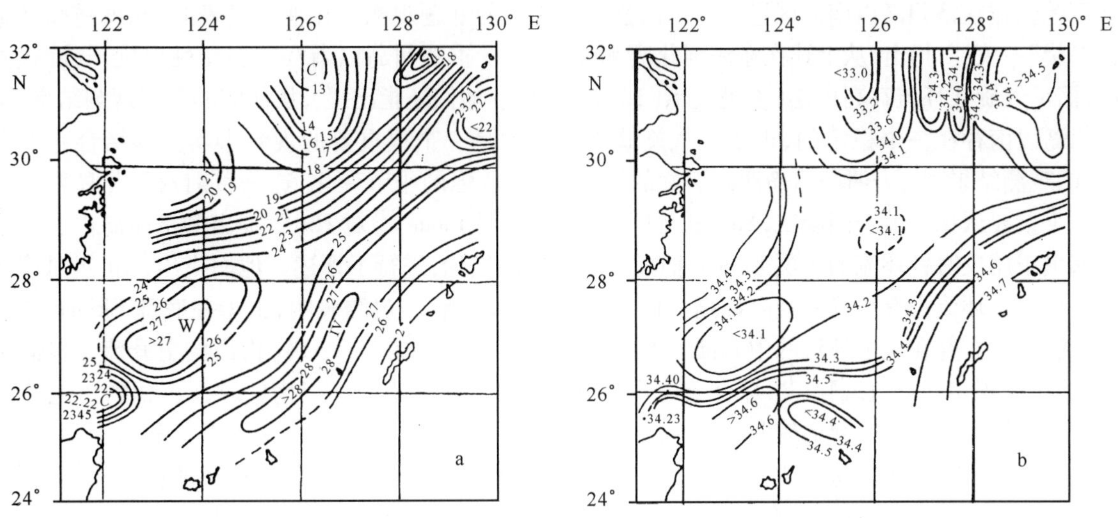

图 4　东海 1967 年夏季 50 m 层处温度(℃)分布(a)和盐度分布(b)(据文献[7])

2.2　济州岛西南气旋式冷涡

由图 1 可以看出,在济州岛西南海域存在着一个温度梯度较强的气旋式冷涡。这个气旋式涡(或称反时针环流[11],是同一现象的两种完全等同的提法)是日本学者井上尚文根据 1969 年 11 月投放的海底漂流器试验结果[11]首次发现的(参见图 5)。正如胡敦欣等[12]和毛汉礼等[13]都先后指出:“井上尚文(1975)根据 1969 年 11 月在该海区投放的海底漂流器资料分析结果表明,济州岛西南海域的底层流,在秋、冬季为一范围相当大的反时针水平环流。”接着胡敦欣等[12]提出问题:“春、夏两季,尤其是在夏季是否还有这类涡旋存在呢?”他们根据上世纪几年来的水文观测资料(夏季月份)对夏季该涡旋的存在和成因作了初步探讨。他们认为[12]:“研究海区内的冷中心是这个气旋型涡旋引起的。反过来说,在这个海区内只要有冷中心出现,我们就可以认为有气旋型涡旋存在。”从这点出发,他们分析了每年夏季各月份出现的冷中心(以有封闭等温线为代表)等。胡敦欣等[12,14]进一步指出,夏季在大约以 31°30′N,125°30′E 为中心,尺度为 100~200 km 的范围内存在着一个气旋型涡旋。毛汉礼等[13]又根据多次专题性调查,作进一步分析研究,得出以下的一些结论:(1)这个涡旋年年而且常年存在,但并不是时时存在,很可能在某段时间并不存在,但这段时间不会超过一个季度,很可能小于 1 个月;(2)这一涡旋在夏季有明显的年变化以至月变化;(3)这一涡旋,一般多出现于中层而不达表面等。由此可见,毛汉礼等[12]的研究进一步发展了以前的工作[11-12]。关于这一涡旋形成的动力原因,他们指出[12-14]:“黄海暖流,黄海沿岸流和黑潮北上余脉三股流的相互作用,是产生这个涡旋的主要动力因子,而夏季底层冷水的存在,也可能是加强这个涡旋的重要热力学因子。”“涡旋常年存在是圆形海底软泥沉积区形成的决定性因子。涡旋的平均位置与软泥中心相当吻合。”从上可知,胡敦欣等[12,14]和毛汉礼等[13]的工作对这个涡旋开展了多方面的调查研究,将井上尚文[11]的发现推进了一步。接着,Yuan 和 Su[15](1983)采用两层模式并考虑斜压效应模拟了东海夏季环流,其结果也显示了济州岛西南气旋式冷涡的存在,计算得到冷涡中心与毛汉礼等[13]得到的涡中心位置较为接近,并认为台湾暖流的地形诱导作用是形成该冷涡的主要动力原因。在此还需要指出,关于济州岛西南出现的冷的、高密水的特性,在 20 世纪 90 年代以后有不少研究,例如潘玉球等[16]通过中日黑潮调查研究,讨论了高密水的形成和演化。最近 Yuan 等[17]在 1999 年 6 月在南黄海及东海北部的二次调查中,水文资料及 ADCP 测流结果均显示济州岛以南海域存在一气旋式冷涡。他们通过两次调查研究(两个调查航次时间相差两个星期左右),发现在第二航次济州岛以南气旋式冷涡位置稍向北移。在此,我们还应继续讨论以下几个问题:一、济州岛西南涡旋的结构及其季节变化;二、济州岛以南软泥沉积物的形成问题;三、济州岛西南冷涡的水平尺度的估算和动力机制等探讨等问题。关于问题一,约在 10 a 前,日本学者 Yanagi 等[18]在 1995 年 6 月 15—19 日采用包括 CTD 和 ADCP 等仪器在济州岛以南海区进行了一次强化而深入的专题观测。在他们发表的“东海济州岛以南的斜压性涡旋”一文[18]指出,从上述在东海强化观测证实,在夏季济州岛以南存在斜压性涡旋,气旋式涡只存在上层,而反气旋式环流存在下层(参见文献[18]的图 4)。他们还指出[18],从他们的夏季观测结果,不能同意在济州岛以南存在一个稳定的、正压性气旋式涡旋。这是一个很重要的观测事实。再结合井上尚文在秋、冬季的观测结果[11],表明济州岛西南涡旋的结构,存在较强的季节变化,这是目前对济州岛西南涡旋的变化的一个重要认识。关于问题二,Yanagi 等[18]和 Yanagi 与 Inoue[19]对 Hu[20]提出的济州岛以南的软泥沉积物是那里正压反时针环流的底层 Ekman 抽吸作用所致的结论,进行了评述。他们指出,Hu[20]对济州岛以南的正压反时针环流没有准确的观测证据。而从上述 Yanagi 等[18]观测表明,由于在底部 Ekman 层为顺时针环流,是发散的,并在这个环流的中心部分形成下降流,而不是文献[12-14]指出的上升流。他们再采用在黄海、东海沉积物的数值试验[19],综合上述观测的结果[18],认为济州岛以南的软泥沉积物可能是由于在那里小的潮流振幅和风浪引起的较弱的海流的结果。从而对 Hu[20]提出的“上升流与沉积动力学”的研究结论表明了不能接受的见解。从上述,关于济州岛以南软泥沉积物的形成的机制,存在两种截然相反的看法,这是值得大家重视的。我们认为,至少从目前观测结果和数值研究(文献[18—19])来看,文献[18-19]的观点更为合理。关于问题三,在胡敦欣等[12]论文中总共只有 3 张夏季时图:图 1 为夏季 20 m 层海水温度多年平均距平分布;图 2 为 1972 年 7—8 月 10 m 层动力高度平面分布;图 3 为多年夏季冷中心的封闭等温线位置的分布。问题是如何从这 3 张图确定气旋涡的水平尺度呢?我们认为只从这 3 张图确定气旋涡的水平尺度,是有困难的。因为从封闭等温线等来确定中尺度涡的尺度大小,是有问题的。这是由于等温线位置和尺度大小与中尺度涡的尺度大小是两种不同概念,况且在夏季时在每一水层上等温线的位置和大小都是变化的,也有可能某些水层并不出现冷水核心等等。其次的问题是他们为什么要选在 20 m 水层温度分布来确定冷涡的水平尺度呢?我们认为这是一个疑点。严格地说,确定中尺度涡的大小必须从观测流或数值计算得到流场结构才能确定。如从动力计算方法得到流场结构,也是不行的,因为存在流速参考零面的选取等问题。正如 Yuan 等[21]曾指出,东海陆架流是满足非地转流的特性。关于机理探讨,在胡敦欣等论文中[12],并没有作任何的严格论证。我们认为今后必须通过实际观测流,并结合数值模拟,作进一步论证,才能清楚其动力原因。

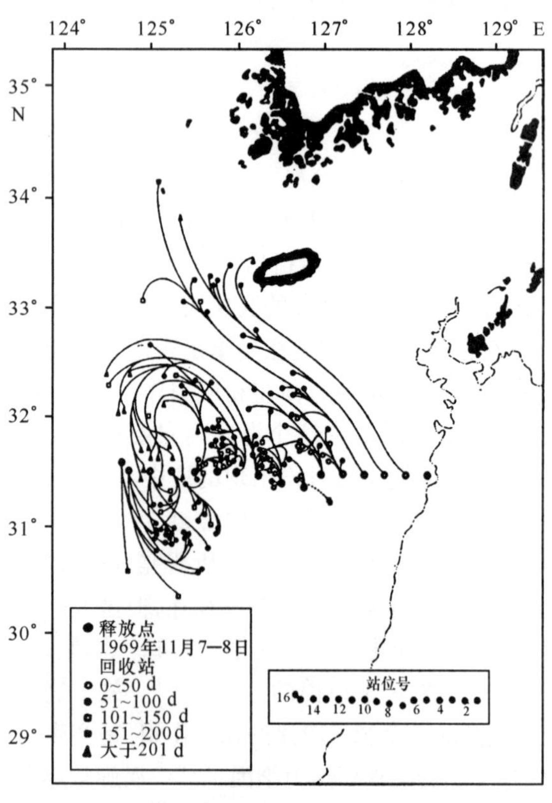

图 5　1969 年 11 月投放的海底漂流器试验结果（据井上尚文[11]）

最后,我们必须澄清一些历史事实。近期胡敦欣等[22]却称“中国的海洋学家于1970年代中，通过现场考察和历史资料的分析，首先在东海北部济州岛西南发现了一个直径为100~200 km的气旋式中尺度涡（胡敦欣等[12]，1980），俗称‘东海冷涡’，具有低温高盐特征，中尺度涡的中心的上升流速量级为10^{-3} cm/s。”显然，胡敦欣等[20]称济州岛西南的气旋式中尺度涡首先是由他们（中国的海洋学家）发现的，这是不符合事实的。从科学的历史事实来讲，济州岛西南气旋式冷涡的发现，井上尚文[11]显然早于胡敦欣等[12]（参见井上尚文[11]在1969年11月投放的海底漂流器试验结果，如图5所示）。对此，Pu[23]早已指出过：“这一现象首先是由井上尚文（Inoue，1975）发现的，……”事实上，如上述，胡敦欣等早期论文[12,14]和毛汉礼等[13]都也承认这一历史事实。这是无可非议的历史事实 。不仅如此，胡敦欣等[22]还认为，“自从‘东海冷涡’发现之后，中国海许多海域都发现了冷涡或暖涡，中尺度涡进入了中国陆架环流动力学。”这一结论更与科学历史事实不符，因为无论是整个中国邻近海域或是其陆架海域，早在济州岛西南气旋式冷涡发现前10余年期间，就有不少中尺度涡被先后发现（参见管秉贤和袁耀初[1]）。所以，所谓的“东海冷涡”不是中国邻近海域或其陆架海域第一个被发现的中尺度涡，这也是不争的事实。附带说明，称“东海冷涡”显然是很不合理的，东海存在很多冷涡（见图1~3），济州岛以南一个冷涡能代替这么多的东海冷涡吗？

2.3 长江口东北气旋式冷涡

在长江口东北、济州岛以西海域也曾出现过温度梯度较强的气旋式冷涡。图1中长江口东北冷涡是Pu[23]根据1977年6月的表层温度分布绘制的这个冷涡的范围，其冷中心的温度较边缘约低4℃。他根据若干年的水文调查结果指出，在春、夏季，这个低温中心曾几次出现在海表面，这主要与深层气旋式环流的强度有关，即如前者强度弱，深层冷水就不能出现在海面。而在冷半年，这个低温中心仍然存在，但较暖半年东移约一个经度，空间尺度也趋于缩小。平均讲来，这个气旋式冷涡的中心位置，约在江苏北部外海33°N附近，夏季西移而冬季东移，即在123°~124°E之间摆动。由图1可以看到，这个冷涡与济州岛西南的冷涡位置相当接近（当然两者不是同时调查的结果），两者是否有联系，据作者所知，目前尚未见到有关这方面的报道。

Yuan和Su[15]采用二层数值模拟东海环流，得到在长江口外存在气旋式涡，底层漂流物移动路径证实此涡旋存在[24]。基于1984年初夏水文调查资料，郭炳火等[24]证实在长江口外，舟山群岛北面的海域，明显存在冷水块，冷水上升至近表面，可以推断这里存在一个气旋式的冷涡。他们查阅水产部门观测资料，发现冷水块并非每年都存在，而且冷水块的出现时间只是在6月和7月，此冷水块出现的位置[24]，是与上述的二层数值模拟得到的气旋式涡的位置[15]相吻合。

2.4 东海黑潮锋面涡

20世纪80年代初，通过海洋调查，证实了在湾流西侧存在锋面涡（参见文献[25]）。日本学者Shibata[26]通过分析红外照片也得出冬、春期间在东海黑潮存在锋面涡。这些特性是与黑潮锋面沿着东海外缘弯曲密切相关的。Shibata[26]指出黑潮锋面的弯曲的波长和相速度分别为300 km和20 cm/s。Sugimoto等[27]从海流观测得到东海黑潮锋面的弯曲的周期为11~14 d，波长为300~350 km，它的相速为30 cm/s，他们并指出，黑潮锋面的弯曲，伴随着出现冷核心，其水平尺度约为40~60 km[27]。

在中日黑潮合作调查研究期间（JRK，1986—1992），曾多次观测到在东海陆架上和陆坡附近出现黑潮锋面涡旋，以春季最为频繁[28-29]，尤其是在九州西南海域陆架坡折处，锋面涡旋更是十分发达，发育亦较为典型。1988，1989和1992年的3次春季观测，都在屋久岛西侧海域观测到黑潮锋面涡旋。其发生周期约在10 d以上，水平空间尺度约几百千米。由于流速切变的非线性作用，造成黑潮锋面的弯曲（蛇行），然后黑潮水倒卷，陆架水被卷入黑潮中，以及伴随的深层水涌升，这是黑潮锋面涡旋的典型特征。黑潮锋面涡旋在陆架和黑潮的水量和物质交换中起着重要作用。以下我们分别地简述3次观测[28,29]：1989年4月10—16日，1989年4月17—21日，每次约5 d，以及1992年4月26—29日的第三次观测。在第一次观测中，在29°~31. 5°N，127°~129°E之间海域观测到黑潮锋面涡，主要结果综述如下。

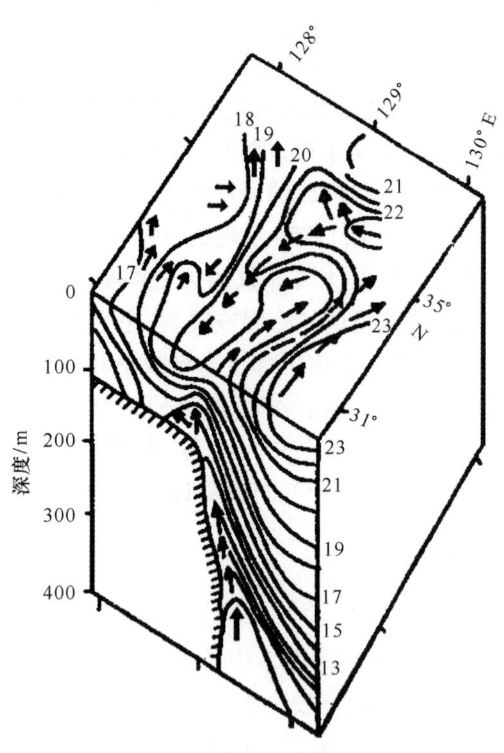

图 6　东海黑潮锋面涡的特征示意图
（据郑义芳等[28]）

图 6 表示东海黑潮锋面涡的特征示意图[28]。从图 6 可知，黑潮西侧扩展出一股暖的水舌，先是向西北，然后转为西南向，其周围为冷水核，形成一个东海黑潮锋面涡的结构。锋面涡中心水温低于 20℃，冷涡中心与陆架水相联系。锋面涡范围随深度增加而缩小，温度也逐渐降低。通过第一次观测结果，郑义芳等[28]总结了以下 3 个特点：

（1）冷涡中心的等温线不封闭，由于在表层冷中心的低温、低盐水中不断地有陆架水卷入，形成一条冷水带，其宽度约为 33 km，长度大于 100 km。这样使其等温线不封闭，表明它与一般中尺度冷涡有所区别。

（2）冷涡中心出现上升流（图 6）。当锋面涡通过时，将引起海水强的上升流，将深层营养盐带至表层，此现象所影响深度可达 400~500 m。

（3）锋面冷涡中心浮游动物总含量低于两侧的测站。

通过第二次观测，他们讨论了黑潮锋面涡存在、移动对测区水文状况的影响[28]。他们也估算了黑潮锋面涡的平均移动速度约为 23 cm/s，锋面涡生命期约为 10～11 d[28]。

第三次观测在 1992 年 4 月 26—29 日，观测得到了有关黑潮锋面涡旋的温度、盐度及动力高度分布（参见 Guo 等[29]，限于篇幅，略去该图）。从他们观测和分析结果可知，弯曲的黑潮水和向西南突入陆架的上层黑潮暖水舌，构成锋涡的外围，沿陆架坡折涌升的低盐冷水构成锋涡的内核，从而约在 30°N，128°E 附近形成封闭的气旋式涡旋。从断面分布看，最主要的是等温线在涡中心上拱，形成峰状冷中心，封闭形低盐水核显示被卷入进来的陆架水。冷中心的低温宽度约为数十千米，长度大于 100 km，有时这种冷水中心呈圆形。

长崎大学在 1996 年 5 月 27 日至 6 月 1 日作了航次调查[30]，他们进行了 CTD，ADCP 和卫星跟踪的浮标观测。基于该调查航次，Yanagi 等[30]分析和讨论了沿着东海陆架外缘黑潮锋面涡的结构，他们得到的结构类似于图 6 所表示的示意图。他们的结果表明，黑潮锋面涡的冷核心的长度和宽度分别为 60 km 和 40 km，而相速度为 30 cm/s。这与 Sugimoto 等结果[27]基本相一致。再与郑义芳等[28]和 Guo 等[29]的结果相比，两者的冷涡核心的宽度的计算值相差不大，但两者的长度计算值相差甚大。其次，需要着重指出 Yanagi 等[30]还获得以下的两点结果：（1）在深层区冷涡的中心向岸方向移动；（2）黑潮锋面涡不仅对营养盐输运起着重要作用，也对通过东海陆架外缘的物质相互作用的影响起着重要影响。这表明研究东海黑潮锋面涡有着重要意义。

2.5　东海黑潮两侧涡旋

东海黑潮两侧经常存在各种不同尺度的涡旋，一般说来，在黑潮西侧出现气旋涡几率较大，而其东侧出现反气旋涡几率较大。我们首先以 2002 年 4 个季度为例，通过从多种卫星资料获得的图 2a，b 和图 3a，b，讨论东海黑潮两侧涡旋。黑潮自台湾以东入侵东海，首先作反气旋式弯曲（例如参见文献[31]），从数值模拟表明黑潮作反气旋式弯曲，其右侧出现了反气旋式涡。通过中日黑潮调查研究获得的水文资料分析也表明，在澎佳屿以东黑潮进入东海时，在其东侧出现反气旋式暖涡（例如参见文献[32]）。因区域限制，在图 2 和 3 中并未显示出上述的反气旋式弯曲，在以下我们不再说明它。从图 2b 可见，2002 年 5 月 15 日在黑潮西侧，分别以（26°50′N，124°E），（28°30′N，125°30′E）和（29°30′N，127°10′E）等为涡中心，出现不同尺度的气旋涡，其中台湾东北海域出现的气旋涡的尺度较大，其最大水平尺度约为 200 km。该涡的位置，正是在台湾东北海域黑潮向东北流动作气旋式弯曲，伴随出现一个水平尺度较大的气旋涡。在黑潮东侧也存在几个不同尺度的反气旋涡,特别在奄美大岛以西海域存在一个尺度较大的反气旋涡,其最大水平尺度大于 200 km。该反气旋涡的位置,正是东海黑潮通过吐噶喇海峡前,作了反气旋弯曲,并在其东侧伴随出现一个尺度较大的反气旋涡。从图 3b 可见,在 2002 年 11 月 13 日,东海黑潮西侧也存在几个尺度不同的气旋涡,特别在台湾东北海域,当黑潮作气旋式弯曲时在其西侧出现一个气旋涡,该涡中心为 27°30′N,125°15′E,与 5 月 15 日(见图 2b)相比较,在 11 月时该气旋涡向东北方移动。其次,从图 3b 可见,在 2002 年 11 月 13 日,在黑潮东侧也存在几个尺度不同的中尺度反气旋涡,特别在奄美大岛以西海域,当东海黑潮作反气旋弯曲通过吐噶喇海峡前,也伴随出现一个尺度较大的反气旋涡,其水平尺度约为 200 km 左右。在冬、夏两季,例如从图 2a 可见,在 2002 年 1 月 16 日,在台湾东北海域黑潮向东北流动作气旋式弯曲时,在东海黑潮西侧也伴随出现一个水平尺度较大的气旋涡,该涡中心为 28°N,125°30′E,其最大水平尺度约为180 km。同时,在黑潮东侧也存在几个尺度不同的中尺度反气旋涡,在奄美大岛以西海域,当东海黑潮作反气旋弯曲通过吐噶喇海峡前,也伴随出现一个尺度较大的反气旋涡,但其最大水平尺度略减小,约为 180 km 左右。最后,从图 3a 可见,在 2002 年 8 月 14 日,当台湾东北海域黑潮向东北流动作气旋式弯曲时,在东海黑潮西侧也伴随出现一个水平尺度较大的气旋涡,该涡中心为 27°15′N,124°50′E,其最大水平尺度减小,约为 120 km。在黑潮东侧也存在几个尺度不同的中尺度反气旋涡,在奄美大岛以西海域,当东海黑潮作反气旋弯曲通过吐噶喇海峡前,也伴随出现一个尺度较大的反气旋涡,其最大水平尺度减小,约为150 km 左右。

我们查阅了 2002 年其他月份黑潮及其两侧各种涡旋,发现东海黑潮路径总是明显弯曲的,有时东海黑潮明显地弯曲两次(如图 2a 和图 3b),有时明显地弯曲 3 次(例如图 2b 和图 3a),有时弯曲更多次,例如 2002 年 10 月 16 日弯曲 4 次(图略)。东海黑潮经历上述气旋式或反气旋式弯曲,一般地都会伴随出现对应的不同尺度的气旋式涡或反气旋式涡,其涡旋强度和水平尺度都与黑潮强度和黑潮弯曲程度有关。例如,在 2002 年 12 月 18 日(图略),在奄美大岛以西海域东海黑潮弯曲大,反气旋涡尺度也很大,大于两个经度。这表明在 10—12 月时该反气旋涡的水平尺度一般较大,但在 2002 年 6—8 月该反气旋涡的水平尺度一般要减小。当然,这是东海黑潮与中尺度涡相互作用的一个值得探讨的问题,我们将在以下再讨论它们。

关于东海黑潮弯曲及其两侧涡旋,国内外学者作了许多海流和水文观测与分析,以及数值模拟等工作,以下我们简述这两个方面的研究工作。

第一,限于篇幅,我们重点叙述以下 3 个海域:

(1)在上述的台湾东北海域,东海黑潮经常作气旋式弯曲时,并在其西侧出现气旋涡。关于这个气旋涡的存在,通过水文资料分析也获得证实,例如郭炳火等[24]基于 1984 年初夏水文调查资料表明在27°~28°N,124~125°E 附近有一个不大的气旋式涡旋。这是与上述从多种卫星资料获得的气旋涡大致相符合。其次,从以下数值模拟也证实该涡存在。由于该气旋涡经常出现,我们称它为东海黑潮南段、西侧气旋涡。

(2)在奄美大岛以西海域,当黑潮通过吐噶喇海峡前,也经常作反气旋弯曲,也出现一个反气旋涡,我们称它为奄美大岛以西反气旋涡旋。关于奄美群岛以西的反气型涡旋,首先发现的应是以下的现场观测,即 1980 年 3 月和 1981 年 2 月,日本海上保安厅水路部在冲绳岛西北海域先后投放了 5 个漂移浮标,采用卫星跟踪,得到漂移路径。其中 1980 年 3 月 11 日投放的一个浮标在奄美大岛西北绕行了一圈反气旋轨迹,直径约 70 km,运转周期约 7 d。1981 年 2 月 6 日投放的另一浮标,在奄美大岛以西及西南分别绕行两圈反气旋轨迹,直径分别约为 70 及 90 km,运转周期约 6~7 d。奄美群岛以西位于黑潮右侧逆流区域,在这里观测到套流(looped current)(见 Ishii 等[33];Guan[4])。这是首次揭示了奄美大岛以西海域存在反气旋涡(见图 1 中 4)。其次,孙湘平[34]在分析东海黑潮表层流路的年际变化中观测到,于某些年份的夏季,特别在 1977,1978,1979,1980 年连续 4 个夏季,在冲绳岛以西或奄美大岛与冲绳岛之间以西海域,分别在 50,100,200 m 甚至 400 m 水层,均有暖水块出现。他还认为"无论是漂移浮标的漂移路径,或是 GEK 观测的表面流图,还是从表层以下温度分布图来看,在奄美大岛以西或冲绳岛以西海域,由黑潮逆流而产生的涡旋现象是存在的,特别是夏季,暖涡尤为明显。"[34]

(3)在冲绳岛以西海域,在该海域经常出现涡旋,如上述图 2 和图 3。同时,孙湘平[34]也指出冲绳岛以西海域,在夏季时暖涡尤为明显。其次,袁耀初等[35-36]指出在该海域黑潮以东出现涡旋有季节变化,黑潮以东出现反气旋涡几率较大，但有时也会出现气旋式涡旋。例如在 1997 年 1 月时在冲绳岛以西海域出现一个气旋式冷涡，但 1997 年 6—7 月出现了反气旋式暖涡[36]。在 2000 年也有类似情况，详细情况在下节再讨论。

第二，关于东海黑潮弯曲和相应中尺度涡的出现，在不少数值模拟研究中也得到类似结果，例如 Yuan 和 Su[37] 以及 Yuan 等[38] 分别采用三维海流诊断模式计算不同年和季节时东海黑潮的特征；Liang 和 Su 采用二层模式计算东海黑潮夏季环流[39]；Wang 和 Yuan[40] 采用三维诊断、半诊断和预报模式计算 1994 年春季时东海环流；卜献卫等[41] 基于 1997 年夏季 3 个航次资料数值计算台湾以东和东海黑潮；王凯和冯士筰[31] 采用了三维斜压模式计算渤海、黄海、东海冬季环流；朱建荣等[42] 采用 ECOM-Si 模式对黄海、东海的海洋模式进行模拟，以及 Guo 等[43] 采用三重套的海洋模式模拟了黑潮等等。他们的研究都模拟了黑潮弯曲及其两侧涡旋的变化。限于篇幅，我们不再一一评述。但指出以下一点，Yuan 和 Su[37] 计算 1986 年夏初东海黑潮结构时，黑潮以东北方向流向台湾东北海域时，黑潮作气旋式弯曲，并分为黑潮主流和一个分支，气旋式涡出现在它们之间，其涡中心位于 25°30′N，124°E。这表明，与上述的流态是十分不同的。其次，再比较上述的 2002 年不同季节时东海黑潮南段气旋涡的位置，它们的变化也较大。这再次表明东海黑潮及其两侧涡旋变化较大。

2.6　东海黑潮和其附近中尺度涡的相互作用

2.6.1　东海黑潮流量和其附近中尺度涡的相互作用

东海黑潮流量的变化与其附近中尺度涡的变化有密切关系，本小节将讨论此问题。

最近袁耀初等[44] 基于日本"长风丸"调查船在 2000 年 1，4，7，10 与 11 月共 5 个调查航次水文资料，研究和分析了这个问题。在此我们介绍他们的工作。

首先讨论 2000 年 5 个航次在东海流量分布及其变化（参见图 7 以及表 1）[44]。从图 7 及表 1 可知，在 2000 年 5 个航次通过 PN 断面的净东北向流量在 11 月时最大，为 28.1×10^6 m^3/s，7 月时其次，为 27.2×10^6 m^3/s，最小值在 10 月与 4 月。从表 1 可知，黑潮以东西南向流量以 10 月时最大。在此必须指出，上述的东北向流量，并不包括反气旋式涡或气旋式涡的流量。再从图 7d 流量函数分布可知，此西南向流是较强的、暖的反气旋涡的一部分。因此，在 10 月时通过 PN 断面的净东北向流量最小，为$24.6\times$ m^3/s。在 11 月时，黑潮以东暖的、反气旋涡消失。在 11 月时，断面 PN 的东部出现范围不大的、较冷水，再结合流函数分布（见图 7e）可以发现，11 月时在黑潮以东出现了弱的、气旋涡。因此，在 11 月时通过 PN 断面净东北向流量最大。2000 年 5 个航次通过 PN 断面的净东北向流量年平均值为 26.4×10^6 m^3/s。再定性地、深入地讨论在 PN 断面黑潮流量与黑潮以东暖的反气旋涡和冷的气旋涡的关系[44]。在 1—2 月、7 月、10 月时在黑潮以东都出现暖的、反气旋涡。在 PN 断面上此反气旋涡的流量在 1—2 月、4 月、7 月和 10 月时分别为 5×10^6，3.7×10^6，2.4×10^6 和 7.1×10^6 m^3/s。这表明，黑潮以东反气旋涡在 10 月时最强，7 月时最弱。如上述，从图 7e 可知，11 月时黑潮以东暖的、反气旋涡消失，代之是弱的、气旋式涡，其流量约为 1×10^6 m^3/s。上述事实表明，黑潮以东反气旋涡加强时，黑潮流量似乎减小，例如 10 月；相反地，当黑潮以东反气旋涡减弱（例如在 7 月）或者代之出现气旋涡（例如在 11 月）时，则黑潮流量似乎加强。比较 10 月和 11 月在 PN 断面附近流态，显示它们的环流变化是较大的，这也进一步表明，黑潮和其附近中尺度涡的相互作用是重要的，这有待于今后从数值模拟研究来进一步认识其动力机制。

表 1　2000 年 5 个航次通过 PN 断面的净东北向流量

（不包括反气旋式涡或气旋式涡的流量）（文献[44]）

	1—2 月航次	4 月航次	7 月航次	10 月航次	11 月航次	平均值
净东北向流量/10^6 $m^3\cdot s^{-1}$	26.7	25.6	27.2	24.6	28.1	26.44
东北向流量/10^6 $m^3\cdot s^{-1}$	34.5	30.2	30.5	33.6	31.3	32.02
西南向流量/10^6 $m^3\cdot s^{-1}$	7.8	4.6	3.3	9.0	3.2	5.58

上述我们讨论了东海黑潮流量的变化和其附近中尺度涡的相互作用。其次,也存在东海黑潮流量的变化与较远中尺度涡的变化的相关的事实。Kagimoto 和 Yamagata[45]采用 POM 模式模拟黑潮流量的季节变化时,指出在夏季时东海黑潮通过 PN 断面的流量比其他季节要大,其原因是由于在夏季时琉球南西诸岛附近出现的反气旋涡增强,这对东海黑潮流量的增加起着重要作用。袁耀初等的工作[36]也证实了上述的结论,但他们进一步指出,还有其他原因,造成东海黑潮流量的变化。

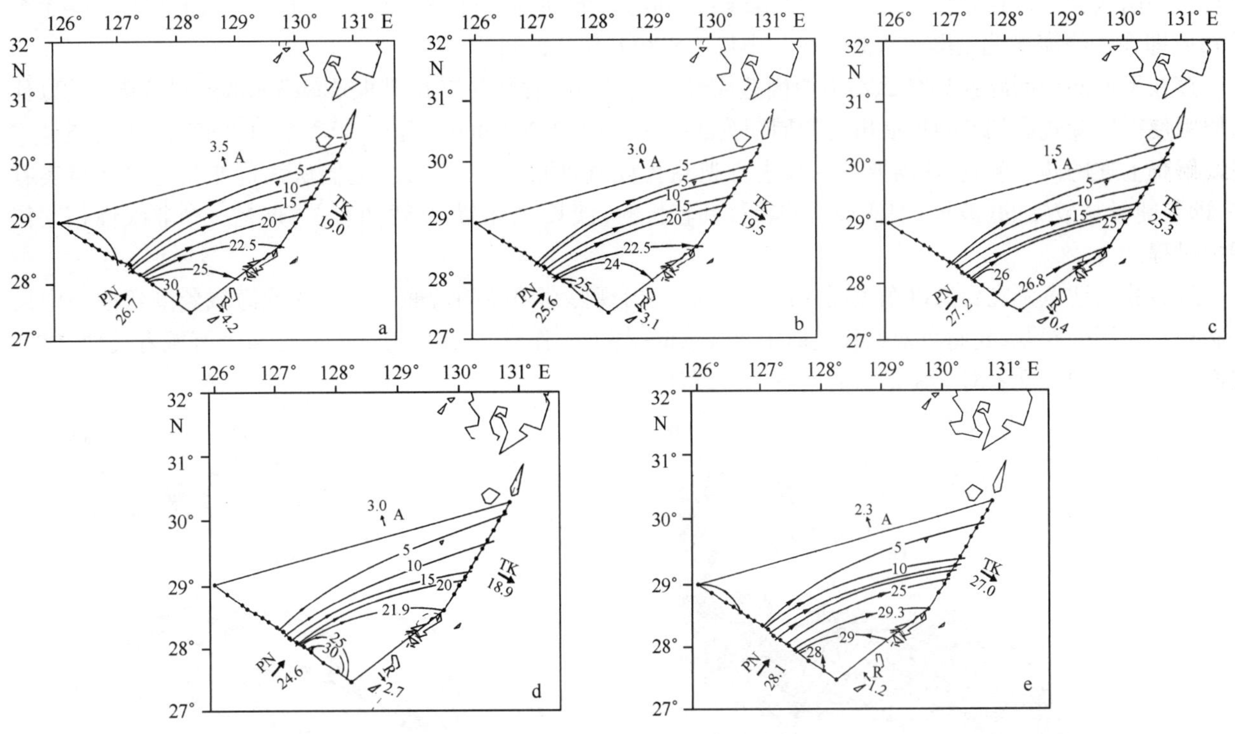

图 7 2000 年东海计算海域流函数与流量(10^6 m^3/s)分布

a.1—2 月航次,b.4 月航次,c.7 月航次,d.10 月航次,e.11 月航次(据袁耀初等[44])

2.6.2 在陆坡和吐噶喇海峡之间东海黑潮路径弯曲和中尺度涡的相互作用

本小节主要介绍最近 Nakamura 等的工作[46],以下的内容都是他们的研究成果。首先关于在陆坡和吐噶喇海峡之间冲绳海槽北段,东海黑潮存在两种类型的弯曲现象,一种类型是东海黑潮路径弯曲存在 1~3 个月的周期,并在冲绳海槽北段伴随着黑潮路径出现大的位移(具体参见下述);另一种类型是黑潮锋的弯曲,沿着陆坡其周期约为 10~20 d,后一种我们已在 2.4 节中讨论了。前者称为黑潮路径弯曲,而后者称为黑潮锋弯曲[46]。

Nakamura 等[46]采用表层漂移浮标跟踪轨迹资料,NOAA 海表面温度(SST)观测;ADCP 流速观测,以及沿着陆坡,在 28.8°~30.5°N 海域 4 个锚碇测流和测温站,时间序列长达 1 a 资料,进行各种分析和谱分析计算等等[46],例如图 8a,b。图 8a 为 50 个表面漂移浮标的轨迹,它们通过两个断面,即通过陆坡断面 S(line S)和通过吐噶喇海峡断面 T(line T)。图 8b 表示 4 条表面漂移浮标轨迹中出现南、北段两种不同类型。在图 8a,b 中的粗线,其速度都大于 1 m/s;在图 8a 中细线表示其速度在 0.5 m/s 与 1.0 m/s 之间,而图 8b 中细线表示其速度小于1.0 m/s。他们从图 8a,b 以及其他分析和计算,获得了一些重要成果[46],我们概括以下几点:

(1)从图 8a,b,在陆架坡和吐噶喇海峡之间黑潮在上层的路径具有双轨特征。从图 8a,b 可知,黑潮通过吐噶喇海峡路径有以下两个不同的通道:一条是北通道,其深度相对浅,约 500 m 左右;而另一条是南通道,其深度较深,约为 1 200 m 左右。图 8a,b 表明黑潮路径在 500 m 上层,有时通过北通道,有时则通过南通道,即在南、北两个通道之间变动,形成双轨结构。其次,在 500 m 以深水层,黑潮只能通过南通道流动。

(2)从黑潮位移指标(KPI)时间序列等分析表明[46],黑潮轨迹通过北通道较持久,而通过南通道是间歇的,其周期约为1—3个月。存在上述的两个通过北、南通道的轨迹,问题是黑潮路径的弯曲如何从北段轨迹转移到南段轨迹呢?具体过程如下。如上述,黑潮锋弯曲的周期约为10~20 d和波长约为200 km,并沿着黑潮北段轨迹向下游传播,并经常地发展成为气旋式涡,可以扩展到冲绳海槽的北端。只当该气旋式涡充分地发展,以扩展到冲绳海槽北部的尺度东西向为200 km,南北向为250 km时,黑潮弯曲路径才从北段路径转移到南段路径。这表明黑潮路径从北段转移到南段的周期正好是气旋式涡充分发展的周期(1~3个月),此即在冲绳海槽北段黑潮弯曲路径与中尺度涡相互作用的过程[46]。

存在下面两个问题:(1)什么动力原因造成气旋式锋面涡发展并扩展到冲绳海槽北部的尺度呢?(2)什么原因使得气旋式涡的空间扩展出现的周期为1~3个月呢?Nakamura等认为[46],他们的观测数据还是不足以解释上述的两个问题,还需要进一步进行观测和数值研究工作。但是,他们认为可能是与以下事实有关,即与能量从较短的(波长)黑潮锋弯曲转移到较长的(波长)黑潮路径弯曲有关,这是一个非线性相互作用的过程。

最后我们注意到在台湾以东黑潮入侵东海时,也出现黑潮路径的弯曲。关于在此海域黑潮弯曲与中尺度涡相互作用的问题,我们尚未见到类似于Nakamura等的工作[46]。在动力学方面这两个海域有类似之处,我们希望今后中外学者对上述指出的问题能继续地工作。

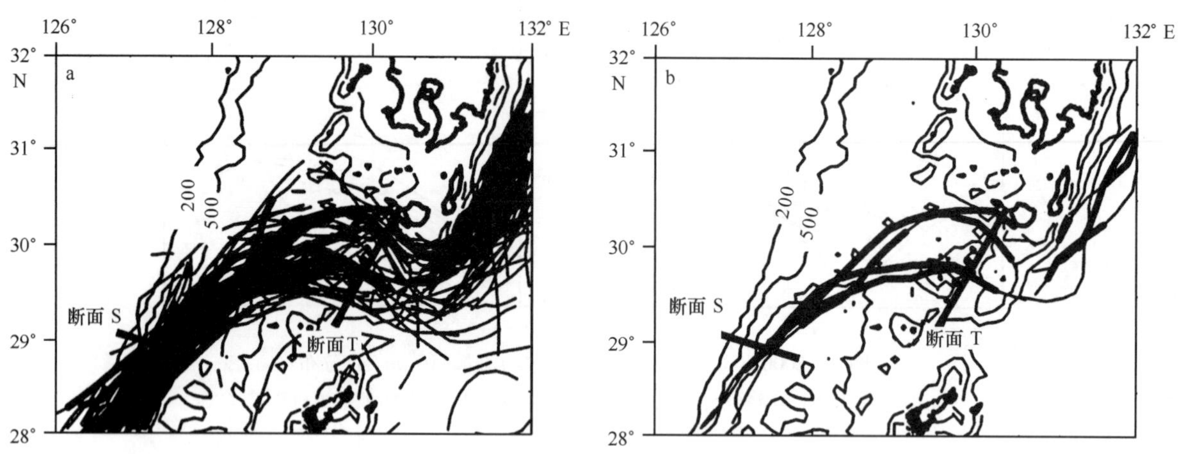

图8　50个表面漂移浮标跟踪的轨迹(a),4条表面漂移浮标轨迹中出现南、北段两种不同类型(b)(据Nakamura等[46])

3　琉球群岛以东、以南海域涡旋

在琉球群岛以东、以南海域,存在着各种不同的中尺度气旋式和反气旋式涡旋,日本学者研究较早[47]。20世纪80年代初,Guan[4]和管秉贤[7]等引用日本调查所得的水文、GEK测流及浮标漂移资料,揭示了出现在琉球群岛以南海域的一些涡旋及其主要特征。我国在1986年以后,通过中日黑潮调查研究以及国家海洋局第二海洋研究所与日本筑波大学、九州大学和鹿儿岛大学合作调查研究[48],以及中日副热带环流合作调查研究等,对琉球群岛以东海域的海流和涡旋变异等的研究,取得了不少重要进展[3]。日本学者在2000年以后开展了黑潮观测计划(简称KOP),在琉球群岛以东及以南海域进行较大规模的观测和研究[49],包括宫古岛以南,冲绳岛以东海域断面(简称OK断面),奄美大岛东南海域以及九州东南海域等等。限于篇幅,我们简述这些研究成果。

3.1　冲绳岛以东海区涡旋

1980年3月投放的那个浮标从东海通过冲永良部岛—冲绳岛之间的海峡后,在冲绳岛以东停留了200

d左右，一直以25°20′N，128°40′E和27°N，130°E（图见Guan[4]）两处为中心沿气旋型轨迹运动。浮标绕行半径平均为70 km，转速约40 cm/s。涡旋中心移动速度平均为45 km/d（约1 kn）（据Ishii[33]，转引自Guan[4]）。事实上，在冲绳岛以东海域不仅出现上述气旋式涡，也出现反气旋式涡（见下），特别还可能出现偶极子，例如楼如云和袁耀初[50]报道了在1995与1996年夏季在琉球海流以东出现了偶极子，并在冷涡与暖涡中间出现了南向流。

我们再简述日本的KOP的研究工作，例如Zhu等[51]的工作，他们基于自2000年至2001年8月的水文观测、PIES和ADCP连续观测资料，采用地转流方法，得到一些有趣结果。首先我们叙述一个重要现象，在冲绳岛以东海域，在2001年4—5月份出现冷涡，但在6月出现暖涡，而在7月份，特别是7月13日暖涡核心的温度异常高，流速很大，暖水涡可能从东传播而来，但这种异常现象的机理不甚清楚，待以后努力解决。Zhu等[51]采用动力计算方法分析与计算了自2000年11月至2001年8月在冲绳岛东南的东北向海流，他们计算了每观测时间通过冲绳岛东南在130.85°E以西断面相对于200 000 hPa面的东北向的地转流量，其时间平均东北向流量约为6.1×10^6 m^3/s。他们进一步指出，在200 000 hPa面上层，净的流量值强烈地受各种涡的影响，流量值的时间变化幅度很大，在观测期间内其变化在-9.5×10^6到20.8×10^6 m^3/s范围内[51]。注意到，上述东北向流的流量变化是包括中尺度涡的流量的，这样较大的流量变化依赖于自东而来的中尺度涡。其次，Zhu等[52]在另一个研究工作中，基于冲绳岛东南海域在1992年至2001年长达9 a时间调查的资料，得到东北向流量也有较大的变化，自-10.5×10^6至30×10^6 m^3/s范围内变化。同样地，上述东北向流的流量变化也是包括涡的流量的，这样较大的流量变化依赖于自东而来的中尺度涡。这些工作都表明中尺度涡对东北向流的流量有很强的影响。限于篇幅，不再叙述他们其他研究工作。

基于日本“长风丸”调查船2000年5个航次水文资料及来自同时期QuikSCAT风场资料，袁耀初等[53]采用改进逆方法计算了琉球群岛以东调查海区的流速与流量等，获得了以下的主要结果[53]。

在2000年5个调查航次中，琉球海流以东调查海域都存在尺度不同的、各种冷的气旋式和暖的反气旋式涡（见图9[53]）。例如在1—2月时，计算区域中部与东部，分别存在反气旋暖涡W1，W2和气旋式冷涡C1，C2等；在4月时存在一对水平尺度都较大、较强的、暖的反气旋涡和冷的气旋式涡，它们可能组成一个偶极子，在它们中间出现南向海流（见图9[53]）。在计算海域东部也出现反气旋式暖涡W2与气旋式冷涡C2；在7月时计算海区中部和东部分别存在一个尺度较大的反气旋暖涡W1和气旋式冷涡C1；在10月时，在计算海区中部和东部分别存在两个气旋式冷涡C1与C2和两个反气旋式暖涡W1与W2；在11月时，在琉球海流以东分别存在一个反气旋暖涡W1和一个尺度较小、弱的反气旋式暖涡W2，在计算海区东部存在一个弱的气旋式涡C（见图9[53]）。这些表明，在2000年5个航次中，琉球群岛以东调查海域存在各种强度不等的中尺度涡，其变化都是很大的（见图9[53]）。

3.2　九州东南和以南海区涡旋

基于日本“长风丸”调查船在1987年9—10月航次的水文资料，袁耀初等[54]采用改进逆方法计算了在琉球群岛以东调查海区的流速与流量等，获得了以下的结果：在九州东南、黑潮东南出现一个中尺度反气旋暖涡，其强度较强，水平尺度约为230 km，其流量约为19.0×10^6 m^3/s.上述流态与2002年4—5月航次的流态（参见杨成浩等[1)]）十分相似，该中尺度反气旋涡的水平尺度约为240 km，流量约有28.5×10^6 m^3/s。而Zhu等[55]得到的该反气旋涡的流量为$24\times10^6 \sim 39\times10^6$ m^3/s。在此必须指出，不少数值模拟研究都指出该涡存在，且水平尺度较大，例如Kagimoto和Yamagata[45]等等。

基于日本“长风丸”调查船在2002年4—5月航次的水文资料，杨成浩等①指出在上述反气旋暖涡东南存在一个气旋式环流，其中心位置约在28°15′N，132°10′E，其水平尺度大约200 km。这与在表面和200 m层的温度分布显示在该处出现的冷涡有较好对应关系。

① 杨成浩，袁耀初，王惠群，等.2002年4—5月琉球群岛两侧海流的研究[J]. 海洋学报，2007，29(3)：1-13.

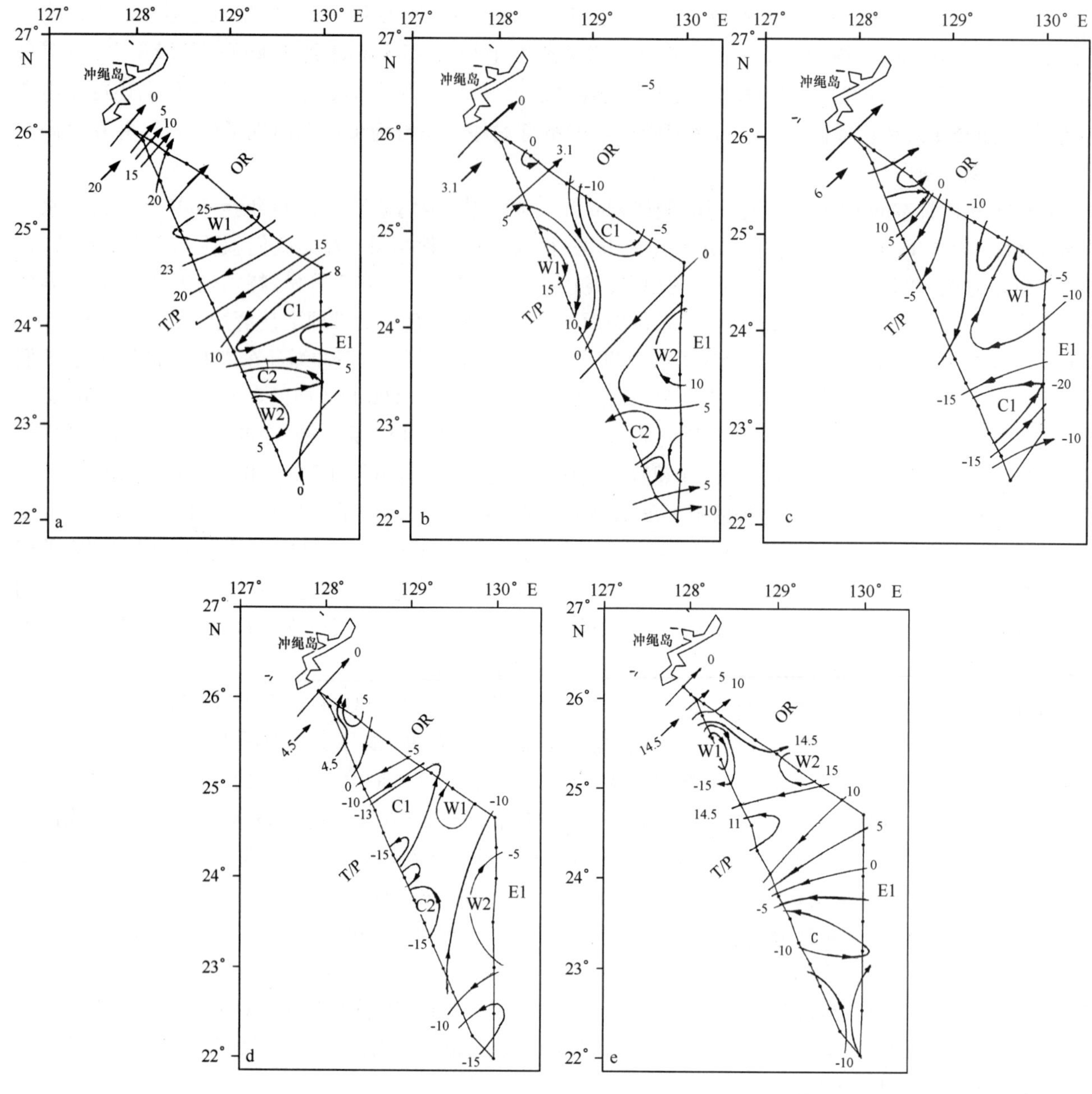

图 9　2000 年冲绳岛东南海域流函数与流量(单位:10^6 m^3/s)分布(据袁耀初等[53])

a.1—2 月航次,b.4 月航次,c.7 月航次,d. 10 月航次,e.11 月航次

3.3　琉球群岛以南海区涡旋

基于 1975 年 4 月 29 日至 5 月 10 日日本“长风丸”调查船在琉球群岛以南海域进行的水文和 GEK 观测资料,Guan[56] 指出在该海域存在一个尺度较大的暖涡(见图 10)。琉球群岛以南海域约在 150~600 m层间存在一块暖水,其中心位于 22°~24°N,126°~128°E 区域内。温度水平梯度以 500~600 m 层为最大,暖中心和边缘温差约为 3~4℃。暖中心为高盐水,温度、盐度等值线分布趋于一致,但盐度梯度极小,600 m 层上中心和边缘盐差仅 0. 15。所以,围绕这块以高温(低密)为主要特征的水体应有一个反气旋式涡旋。图 10 为这一暖涡表层动力高度分布与 GEK 观测结果的比较。可以看出,两者分布趋势相当一致。同时表层地转流速平均值约为 30 cm/s(约 0. 6 kn),而 30 余个 GEK 实测流速平均值约为0. 8 kn。所以不仅反气旋流动趋势一致,流速计算值与观测值亦相当接近。从而可以认为这个暖涡具有较明显的地转或准地转性。这个暖涡不仅水平尺度大,且垂直伸展深邃,可达 1 000 m 上下(Guan[56])。在 1989—1996 年期间施放的卫星跟踪海

面漂流浮标轨迹得出的流速矢量图(Lie 等[57])表明,在此期间琉球群岛(冲绳群岛-奄美群岛)东南海域为一明显而较强的反气旋式涡旋所占(图略)。这是上述暖涡存在的最新重要证据。但其位置,与 1975 年春季相比,1989—1996 年期间有向东北方向移动并扩展范围的趋势。这个反气旋式暖涡(或称"再生环流的反气旋式涡")的西、北侧部分即是琉球群岛以东的西边界流(即"琉球海流")的重要组成部分之一(见 Yuan 等[58-59])。

基于 1987 年 9—10 月水文调查资料,Yuan 等[54]采用改进逆方法计算得到在琉球群岛以南海域,在位于 22°~24°N,128°~130°E 区域出现一个中尺度反气旋暖涡,其强度较强,水平尺度约为250 km。与上述反气旋式涡出现的位置相比较,出现位置在纬度基本相同,但在经度的位置,要向东移动。其次,采用 1993 年夏季水文资料,Liu 等[60]也采用了改进逆方法,也得到以下两个涡旋:(1)在21°~24°N,宫古岛东南出现较强的反气旋涡旋,其位置与上述暖涡大致相同;(2)但在 22°~23°N,在西表岛和石垣岛以南出现较弱的冷涡旋,在这两涡旋之间,出现了东北方向海流,并流向冲绳岛以东海域,成为琉球海流的来源之一[60]。

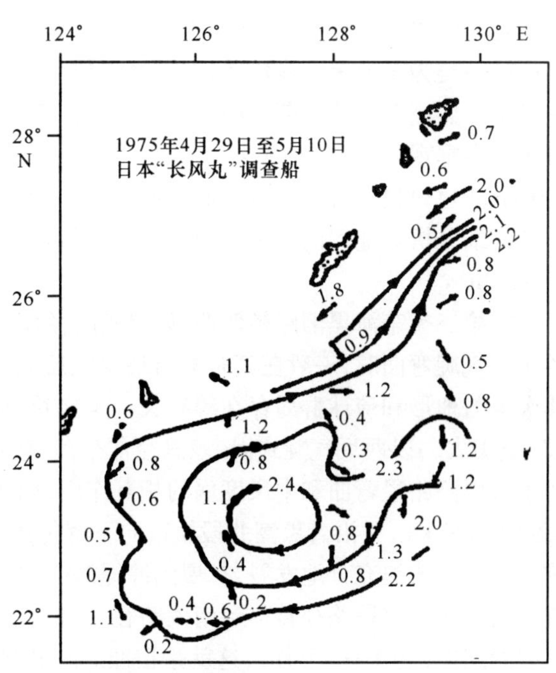

图 10　琉球群岛以南海域表层动力高度(0/100 000 hPa,动力米)分布与 GEK 测流结果(单位:kn)的比较(1975 年 4 月 29 日至 5 月 10 日,据 Guan[56])

4　结语

本文对东海和琉球群岛以东海域若干气旋型和反气旋型涡旋研究作了重点综述,结语如下。

4.1　东海陆架、200 m 以浅海域涡旋

在此海域存在以下一些涡旋:

在台湾东北存在气旋式冷涡,我们已在文献[1]作了评述。

东海西南部反气旋涡[4]。关于该反气旋涡的大小和位置都存在年、月和季节变化,特别在夏季经常出现这个反气旋涡,本文初步揭示这个涡在冬季时存在的证据(见图 2、图 3)。关于该涡的来源和形成机制,有不同的看法。

济州岛西南气旋式冷涡,日本学者井上尚文在 1975 年首先在秋、冬季时发现该气旋式涡[11]。以后,胡敦欣等[12]于 1980 年在夏季时也证实了该涡存在。而 Yanagi 等[18]在 1995 年 6 月 15—19 日在济州岛以南海区进行了一次强化的观测证实,在夏季济州岛以南存在斜压性涡旋,气旋式涡只存在于上层,而反气旋式环流存在于下层;不能同意在济州岛以南存在一个稳定的、正压性气旋式涡旋。这是一个很重要的观测事实。再结合井上尚文在秋、冬季的观测结果[11],表明济州岛西南涡旋的结构存在较强的季节变化,这是目前对济州岛西南涡旋的变化的一个重要认识。关于济州岛以南软泥沉积物的形成的机制,存在两种截然相反的看法。我们认为,至少从目前观测结果和数值研究(文献[18-19])来看,文献[18-19]的观点更为合理。

长江口东北气旋式冷涡,在长江口东北、济州岛以西海域出现温度梯度较强的气旋式冷涡,有季节变化。平均来讲,该涡中心位置约在江苏北部外海 33°N 附近,夏季西移,而冬季东移。其次在长江口外也存在一个气旋式涡旋。

4.2　东海黑潮两侧和陆坡附近出现的涡旋

东海黑潮存在两种类型的弯曲现象,一种类型是黑潮锋的弯曲,沿着陆坡其周期约为 10~20 d;另一种

类型是东海黑潮路径弯曲,存在 1~3 个月的周期.前者称为黑潮锋弯曲,而后者称为黑潮路径弯曲[46]。

第一类为东海黑潮锋弯曲,在东海陆架上和陆坡附近出现的黑潮锋面涡旋,以春季最为频繁。本文讨论了中日黑潮合作调查期间(1986—1992 年)3 次调查研究观测和分析的结果[28-29]。1988、1989 和 1992 年的 3 次春季观测,都在屋久岛西侧海域观测到黑潮锋面涡旋。其发生周期约 10~20 d,水平空间尺度约 100 km。也讨论了日本学者的研究成果,特别对 Yanagi 等[30]对东海陆架外缘黑潮锋的结构和对物质输运作了详细分析。他们的结果表明,黑潮锋面涡的冷核心的长度和宽度分别约为 60 km 和 40 km,而相速度约为 30 cm/s。

在第二类东海黑潮路径弯曲,如黑潮路径作气旋式弯曲时,一般则在其西侧出现气旋式涡旋,若黑潮路径作反气旋弯曲时,一般在其东侧出现反气旋式涡。其动力原因之一是与东海黑潮弯曲现象有很大关系,其次也与地形和琉球群岛存在等有关。本文特别讨论了以下几个问题:(1)东海黑潮南段、西侧气旋式涡;(2)奄美大岛以西反气旋式涡,该涡经常存在,其水平尺度较大,约为 100~250 km;(3)陆坡和吐噶喇海峡之间东海黑潮路径弯曲和中尺度涡的相互作用,如 Nakamura 等[46]指出,黑潮锋弯曲的周期约为 10~20 d 和波长约为 200 km,并沿着黑潮北段轨迹向下游传播,并经常发展成为气旋式涡,可以扩展到冲绳海槽的北端。只当该气旋式涡充分地发展,扩展到冲绳海槽北部的尺度:东西向约为 200 km,南北向约为 250 km 时,黑潮弯曲路径才从北段路径转移到南段路径。这表明黑潮路径从北段转移到南段的周期正好是气旋式涡充分发展的周期(为 1—3 个月),这就是在冲绳海槽北段黑潮弯曲路径与中尺度涡相互作用的过程[46]。

本文通过 2000 年 5 个航次也讨论了东海黑潮流量和其附近中尺度涡的相互作用。

4.3　琉球群岛以东、以南海域涡旋

在琉球群岛以东、以南海域,存在着各种不同的中尺度气旋式和反气旋式涡旋,本文分别地讨论了冲绳岛以东海域,九州东南和以南海域以及琉球群岛以南海域各种不同的中尺度涡。在冲绳岛以东海域,经常同时存在反气旋式暖涡和气旋式冷涡(如图 9 所示),有时也存在偶极子。特别是有时反气旋暖涡强度很强,例如 2001 年 7 月份,出现暖涡核心的温度异常高,流速很大,它可能是从东传播而来。其次,中尺度涡对冲绳岛以东海域东北向流的流量有较强的影响。在九州东南、黑潮东南经常出现一个中尺度涡旋,其强度较强,水平尺度大于 200 km。在琉球群岛以南宫古岛东南存在一个中尺度暖涡(见图 1 及图 10),其强度较强,水平尺度大于 200 km,其西、北部分成为琉球海流的重要组成部分之一。此外,在 1993 年夏季也发现在西表岛和石垣岛以南出现一个较弱的冷涡。

致谢:我们对审稿专家提出的宝贵修改意见和建议,深表谢意。也感谢楼如云等同志对本文图幅作了不少修改。

参考文献:

[1] 管秉贤,袁耀初. 中国近海及其附近海域若干涡旋研究综述:Ⅰ.南海和台湾以东海域[J]. 海洋学报,2006,28(3):1-16.

[2] Su Jilan .Circulation dynamics of the China seas: north of 18°N[M]//Robinson A R, Brink K.The Sea, Vol. 11, The Global Coastal Ocean: Regional Studies and Syntheses. John Wiley, 1998:483-506.

[3] 袁耀初,苏纪兰.1995 年以来我国对黑潮及琉球海流的研究[J].科学通报,2000,45(22):2353-2356.

[4] Guan Bingxian. A sketch of the current structure and eddy characteristics in the East China Sea[C].SSCS Proc. Beijing: China Ocean Press, 1983:52-73.

[5] Lie Heungjae, Chu Cheolho. Recent advances in understanding the circulation and hydrography of the East China Sea[J]. Fisheries Oceanography, 2002, 11(6): 318-328.

[6] 邢成军.1973 年夏季一个反气旋型涡旋的初步分析[J].海洋与湖沼,1983,14(3):263-271.

[7] 管秉贤.黑潮源地区域若干冷暖涡的主要特征[C]//第二次中国海洋湖沼科学会议论文集.北京:科学出版社,1983:19-30.

[8] Su Jilan, Pan Yuqiu. On the shelf circulation north of Taiwan[J]. Acta Oceanologica Sinica, 1987,6(supp.1):1-20.

[9] Wang Wei, Su Jilan. A barotropic model of the Kuroshio system and eddy phenomena in the East China Sea[J]. Acta Oceanologica Sinica, 1987, 6(supp.1):21-35.

[10] 潘玉球,苏纪兰,徐端蓉. 1984 年 6-7 月台湾暖流附近区域的水文状况[G].黑潮调查研究论文集.北京:海洋出版社,1987: 116-131.

[11] 井上尚文.東シナ海大陸棚上の海底付近の流動[J]. 海と空,1975,51(1):5-12.

[12] 胡敦欣,丁宗信,熊庆成. 东海北部一个气旋型涡旋的初步分析[J].科学通报,1980,25(1):29-31.

[13] 毛汉礼,胡敦欣,赵保仁,等.东海北部的一个气旋型涡旋[G]//海洋科学集刊.北京:科学出版社,1986,27: 23-31.

[14] 胡敦欣,丁宗信,熊庆成.东海北部一个夏季气旋型涡旋的初步分析[G]//海洋科学集刊. 北京:科学出版社,1984,21: 87-99.

[15] Yuan Yaochu , Su Jilan. A two-layer circulation model of the East China Sea [C]//Proceedings of the International Symposium on Sedimentation on the Continental Shelf, with Special Reference to the East China Sea. Beijing: China Ocean Press, 1983:364-374.

[16] 潘玉球,苏纪兰,徐端蓉. 东海冬季高密水的形成和演化[G]//黑潮调查研究论文选(三).北京:海洋出版社,1991:183-192.

[17] Yuan Yaochu, Liu Yonggang, Zhou Mingyu, et al. The circulation in the southern Huanghai Sea and northern East China Sea in June 1999[J]. Acta Oceanologica Sinica,2003,22(3): 321-332.

[18] Yanagi T, Takanori S, Takeshi M. Baroclinic cddies south of Cheju Island in East China Sea[J]. Journal of Oceanography,1996, 52:763-769.

[19] Yanagi T,Inoue K.A numerical experiment on the sedimentation processes in the Yellow Sea and the East China Sea[J]. Journal of Oceanography,1995, 51: 537-552.

[20] HU Dunxin. Upwelling and sedimentation dynamics: 1. The role of upwelling in sedimentation in the Huanghai Sea and East China Sea—A description of general features[J]. Chin J Oceanol Limnol, 1984, 2(1):12-19.

[21] Yuan Yaochu, Su Jilan , Xia Songyun . A diagnostic model of summer circulation on the northwest shelf of the East China Sea[J]. Progress in Oceanography, 1986, 17(3/4): 163-176.

[22] 胡敦欣,侯一筠,王凡.中国物理海洋学进展概述[G].叶笃正. 赵九章纪念文集.北京: 科学出版社,1997: 325-344.

[23] Pu Yongxiu. The upwelling and eddy phenomena in the north part of the East China Sea[C]//Proceedings of the Japan-China Ocean Study Symposium on"Physical Oceanography and Marine Engineering in the East China Sea" (1981,Shimizu). Special Report of Institute of Oceanic Research, Tokai University, 1982: 79-94.

[24] 郭炳火,林葵,左海滨,等.东海环流的某些特征[G]//黑潮调查研究论文集.北京:海洋出版社,1987. 15-32.

[25] Lee T N, Atkinson L P, Legeckis R. Observations of a Gulf Stream frontal eddy on the Georgia continental shelf, April 1977[J]. Deep-Sea Research, 1981, 28: 347-378.

[26] Shibata A. Meander of the Kuroshio along the edge of continental shelf in the East China Sea[J]. Umi to Sora, 1983, 58: 113-120 (in Japanese with English abstract and captions).

[27] Sugimoto T, Kimura S, Miyaji K. Meander of the Kuroshio front and current variability in the East China Sea[J]. Journal of Oceanographic Society of Japan, 1988, 44: 125-135.

[28] 郑义芳,郭炳火,汤毓祥,等.东海黑潮锋面涡旋的观测[G]//黑潮调查研究论文选(四).北京:海洋出版社,1992: 23-32.

[29] Guo Binghuo, Tang Yuxiang, Lu Saiying, et al. Obserrations and analysis of the Kuroshio frontal eddy in the East China Sea in spring[C]//Proceedings of China-Japan JSCRK Beijing. Beijing:China Ocean Press,1994: 248-263.

[30] Yanagi Tetsuo Takanori ,Shimizu Heung-Jae LIE. Detailed structure of the Kuroshio frontal eddy along the shelf edge of the East China Sea[J]. Continental Shelf Research, 1998, 18: 1039-1056.

[31] 王凯,冯士筰.渤海、黄海、东海冬季环流的一个三维斜压模式[J].海洋学报,2000, 22(增刊):86-94.

[32] 于洪华,苏纪兰.东海南部黑潮区的反气旋涡旋特征分析[G]//黑潮调查研究论文选(四).北京:海洋出版社,1992: 228-238.

[33] Ishii H, Saruwatari R, Ueno Y, et al. Application of drifting buoys in ocean research[J]. Report of Hydrographic Researches, 1982, 17: 347-365.

[34] 孙湘平.东海黑潮表层流路(途径)的初步分析[G]//黑潮调查研究论文集.北京:海洋出版社,1987: 1-14.

[35] 袁耀初,苏纪兰. 1995 年以来我国对黑潮及琉球海流的研究[J]. 科学通报,2000,45(22):2353-2356.

[36] 袁耀初,刘勇刚,苏纪兰.1997—1998 年 El Niño 至 La Niña 期间东海黑潮的变异[J].地球物理学报,2001, 44(2): 199-210.

[37] Yuan Yaochu, Su Jilan. The calculation of Kuroshio current structure in the East China Sea—Early summer 1986[J]. Progress in Oceanography, 1988, 21: 343-361.

[38] Yuan Yaochu, Su Jilan, Xia Songyun. Three dimensional diagnostic calculation of circulation over the East China Sea shelf[J].Acta Oceanologica Sinica, 1987, 6 (supp.1): 36-50.

[39] Liang Xiangsan, Su Jilan. A two-layers model for the summer circulation of the East China Sea[J]. Acta Oceanologica Sinica, 1994, 13(3): 325-344.

[40] Wang Huiqun, Yuan Yaochu. Three dimensional diagnostic, semidiagnostic and prognostic calculations of current in the East China Sea in April of 1994[J]. Acta Oceanologica Sinica ,2001, 20(1): 15-28.

[41] 卜献卫,袁耀初,刘勇刚.P 矢量方法在台湾以东和东海黑潮以及琉球群岛以东海流的数值计算应用[J].海洋学报,2000, 22(增刊):76-85.

[42] 朱建荣,丁平兴,朱首贤.黄海、东海夏季环流的数值模拟[J].海洋学报,2002, 24(增刊):123-133.

[43] Guo X Y, Hukuda H, Miyazawa Y,et al. A triply Nested Ocean Model for simulating the Kuroshio—roles of horizontal resolution on JEBAR [J]. J Phys Oceanogr, 2003, 33: 146-169.

[44] 袁耀初,杨成浩,王彰贵. 2000 年东海黑潮和琉球群岛以东海流的变异: Ⅰ.东海黑潮及其附近中尺度涡的变异[J]. 海洋学报,2006,28

(2):1-13.

[45] Kagimoto T, Yamagata T. Seasonal transport variations of the Kuroshio: An OGCM simulation[J]. Journal of Physical Oceanography, 1997, 27: 403-418.

[46] Nakamura H, Ichikawa H, Nishina A, et al. Kuroshio path meander between the continental slope and Tokara Strait in the East China Sea[J]. Journal of Geophysical Research, 2003, 108(C11):3360. doi:10. 1029/2002JC001450.

[47] Nitani H. Beginning of the Kuroshio[M].Stommel H, Yoshida K.Kuroshio: Its Physical Aspects[M]. Seattle:University of Washington Press, 1972: 129-163.

[48] Yuan Yaochu, Su Jilan, Pan Ziqin, et al. The western boundary currents east of the Ryukyu Islands [J]. La Mer, 1995, 33: 1-11.

[49] 袁耀初.黑潮及琉球海流研究的一些重要问题探讨[M]//冯士筰,王辉.中国物理海洋学现状与展望.青岛:中国海洋大学出版社,2004: 21-27.

[50] 楼如云, 袁耀初.1995 与 1996 年夏季琉球群岛两侧海流[J].海洋学报,2004,26(3): 1-10.

[51] Zhu XiaoHua, Han In-Seong, Park Jae-Hun, et al. The northeastward current southeast of Okinawa observed during November 2000 to August 2001[J]. Geophysical Research Letters, 2003, 30(2): 1071,doi:1029/2002GL015867.

[52] Zhu Xiao-Hua, Ichikawa H, Ichikawa K, et al. Volume transport variability southeast of Okinawa Island estimated from satellite altimeter data [J]. Journal of Oceanography, 2004, 60: 953-962.

[53] 袁耀初, 杨成浩, 王彰贵.2000 年东海黑潮和琉球群岛以东海流的变异: Ⅱ.琉球群岛以东海流和其附近中尺度涡的变异[J].海洋学报, 2006,28(3):17-28.

[54] Yuan Yaochu, Endoh M, Ishizaki H. The study of the Kuroshio in the East China Sea and the currents east of the Ryukyu Islands[J]. Acta Oceanologica Sinica, 1991, 10(3): 373-391.

[55] Zhu Xiao-Hua, Park Jae-Hun, Kaneko I. Velocity structures and transports of the Kuroshio and the Ryukyu Current during fall of 2000 estimated by an inverse technique[J]. Journal of Oceanography, 2006, 62: 587-596.

[56] Guan Bingxian.Major features of warm and cold eddies south of the Nansei Islands[J]. Chin J Oceanol Limnol, 1983, 1(3): 248-257.

[57] Lie Heung-Jae, Cho Cheol-Ho, Kaneko A. On the branching of the Kuroshio and the formation of slope countercurrent in the East China Sea [C]//Proceedings of Japan-China Joint Symposium on CSSCS. Fisheries Agency of Japan, 1998: 25-41.

[58] Yuan Yaochu, Liu Choteng, Pan Ziqin, et al. Circulation east of Taiwan and in the East China Sea and east of the Ryukyu Islands during early summer 1985[J]. Acta Oceanologica Sinica, 1996, 15 (4): 423-435.

[59] Yuan Yaochu, Kaneko A., Su Jilan, et al. The Kuroshio east of Taiwan and in the East China Sea and the currents east of the Ryukyu Islands during early summer of 1996[J]. Journal of Oceanography, 1998, 54: 217-226.

[60] Liu Yonggang, Yuan Yaochu, Tatsushi S, et al. Circulation southeast of the Ryukyu Islands [C]//Proceeding of China-Japan Joint Symposium on Cooperative Study of Subtropical Circulation System, Nov. 23-27, 1998, Xiamen. Beijing: China Ocean Press, 2000: 23-38.

Overview of studies on some eddies in the China seas and their adjacent seas

Ⅱ. The East China Sea and the region east of the Ryukyu Islands

Yuan Yaochu[1], Guan Bingxian[2]

(1.*State Key Laboratory of Satellite Ocean Environment Dynamics*, *Second Institute of Oceanography*, *State Oceanic Administration*, *Hangzhou* 310012, *China*;2.*Institute of Oceanology*, *Chinese Academy of Sciences*, *Qingdao* 266071, *China*)

Abstract: Overview of studies on some cyclonic and anti-cyclonic eddies is made in the East China Sea and the region east of the Ryukyu Islands. In the continental shelf above 200 m level in the East China Sea (ECS), we discuss mainly an anti-cyclonic eddy in southwestern part of the ECS, a cyclonic mesoscale eddy southwest of Cheju Island and a cyclonic eddy northeast of Changjiang. In the region near continental slope and both sides of the Kuroshio in the ECS, there are some mesoscale eddies with the different scales, and one of their dynamical causes may be due to the Kuroshio meander in the ECS. The second dynamical causes are related to the topographic relief and existence of Ryukyu Islands. There are two types of the meanders of the Kuroshio in the ECS: the Kuroshio front meander and the Kuroshio path meander. For the Kuroshio front meander, their time and space scales and the structure of the Kuroshio frontal eddy are reviewed. For the Kuroshio path meander, we discuss the mesoscale cyclonic and anti-cyclonic eddies on both sides of the Kuroshio and the variability of their character. Especially, we discuss with emphasis the interaction between the Kuroshio path meander and the mesoscale eddy, and point out that the following fact. When the growing cyclonic eddy in the northern Okinawa Trough dominates variability at periods of 1 ~ 3 months and its scale grows to about 200 km corresponding to the zonal scale grows to about Okinawa Trough, the Kuroshio path translates from the northern path to southern one. We also review the interaction between the volume transport of the Kuroshio in the ECS and the mesoscale eddy. In the regions east and south of the Ryukyu Islands, there are some mesoscale cyclonic and anticyclonic eddies with different scales, and the variability of their character is also reviewed.

Key words: East China Sea; region east of the Ryukyu Islands; cyclonic and anti-cyclonic eddies; interaction between the Kuroshio and the mesoscale eddy in ECS